KB088989

지금 다시 계몽

사이언스 클래식 37

ENLIGHTENMENT NOW

김한영 옮김

이성, 과학, 휴머니즘,
그리고
진보를 말하다

스티븐 핑커

지금
다시 계몽

사이언스
SCIENCE
BOOKS 북스

낙천주의자 해리 핑커(Harry Pinker, 1928~2015년),

솔로몬 로페즈(Solomon Lopez, 2017년~), 그리고 22세기에

이 책을 바친다.

이성의 지배를 받는 사람은 나머지 인류에게 바라지 않는 것을

그 자신에게 바라지 않는다.

— 바뤼흐 스피노자(Baruch Spinoza, 1632~1677년)

올바른 지식이 있다면 자연의 법칙이 금하지 않는 모든 것을 성취할 수 있다.

— 데이비드 도이치(David Deutsch, 1953년~)

책을 시작하며

세 번째 밀레니엄의 10년대 후반부는 진보와 그 원인을 역사적으로 망라하는 책을 발표하기에 상서로운 시기는 아닌 듯하다. 이 책을 쓰고 있는 지금 우리나라를 이끄는 사람들마저 현재 상황을 어둡게 보고 있다. "편모 가정은 가난의 덫에 걸려 있다. …… 교육 제도는 우리의 젊고 아름다운 학생들을 모든 지식에서 소외시키고 있다. …… 범죄, 조직 폭력단, 마약으로 지금까지 너무 많은 생명이 희생되었다." 우리가 치르고 있는 이 "공공연한 전쟁"은 계속 "확대되고 전이되고 있다." 이 악몽의 책임은 "세계적인 권력 구조"가 "기독교의 영적, 도덕적 기초"를 잠식한 데에서 찾을 수 있다.[1]

이어지는 글에서 나는 세계의 상태를 암담하게 평가한 이 말들이 틀렸음을 증명할 것이다. 약간 틀린 것이 아니라 완전히, 평평한 지구처럼, 재고할 여지조차 없이 틀렸음을 말이다. 하지만 이 책은 아메리카 합중국 제45대 대통령과 그의 참모들에 관한 책이 아니다. 나는 도널드 존 트럼프(Donald John Trump, 1946년~)가 입후보를 발표하기 몇 년 전부터 이 책을 구상했으며, 트럼프의 임기가 끝난 뒤에도 오랫동안 이 책이 살아남기를 희망한다. 사실 그의 당선에 기초가 되었던 생각들은 좌파와 우파를 막론하고 지식인들과 일반인들 사이에 널리 퍼져 있다. 예를 들어 세계가 나아가고 있는 방향에 대한 비관론, 근대적인 제도에 대한 냉소, 종교가 아닌 다른 무언가에서는 고귀한 의미를 상상하지 못하는 좁은 시야가 그것이다. 나는 다른 세계관, 사실에 기초하고 계몽주의의 이념 — 이성, 과학, 휴머니즘, 진보 — 이 고취해 온 세계관을 소개하고자 한다. 계몽주의의 이념은 시간을 초월한다는 것이 내가 입증하고자 하는 바이지만, 지금보다 더 유의미한 적은 한 번도 없었다.

～

사회학자 로버트 킹 머턴(Robert King Merton, 1910~2003년)은 보편주의(universalism), 무관심성(disinterestedness), 조직화된 회의주의(organized skepticism)와 함께 공유주의(communalism)를 과학자 사회의 덕목으로 규정했다. (앞글자를 따서 큐도스(CUDOS)라고 한다.)[2] 그 공유의 정신에 따라 자신의 자료를 공유하고 내 질문에 빠르고 완벽하게 응대해 준 과학자들에게는 최상급의 상찬이 바쳐져야 한다고 생각한다. 그중 첫 번째가 맥스 로저(Max Roser, 1983년~)이다. 로저는 우리 생각의 폭을 넓혀 주는 웹사이트 '데이터로 본 우리 세계(Our World in Data)'의 운영자로, 2부 진보에 관한 절에서 여러 논의를 하는 데 없어서는 안 될 통찰과 아량을 베풀어 주었다. 인류의 상태를 이해하는 데 더없이 귀중한 도움을 준 두 정보원(情報源), 인터랙티브 데이터 제공 프로그램인 '휴먼프로그레스(HumanProgress)'의 매리언 튜피(Marian Tupy)와 비영리 통계 분석 서비스를 제공하는 '갭마인더(Gapminder)'의 올라 로슬링(Ola Rosling)과 한스 로슬링(Hans Rosling)에게도 감사드린다. 한스는 영감의 샘이었고, 2017년 그의 죽음은 이성, 과학, 휴머니즘, 진보에 헌신하는 사람들에게 참으로 슬픈 일이었다.

나에게 괴롭힘을 당한 다른 데이터 과학자들과 그 데이터를 수집하고 관리하는 기관들에도 감사를 보낸다. 칼린 보먼(Karlyn Bowman), 대니얼 콕스(Daniel Cox, PRRI), 타마르 에프너(Tamar Epner, 사회 진보 지수(Social

Progress Index)), 크리스토퍼 패리스(Christopher Fariss), 첼시 폴릿(Chelsea Follett, 휴먼프로그레스), 앤드루 겔먼(Andrew Gelman), 예어 기차(Yair Ghitza), 에이프릴 잉그럼(April Ingram, 사이언스 히어로스(Science Heroes)), 질 재너차(Jill Janocha, 노동 통계국(Bureau of Labor Statistics)), 게일 켈치(Gayle Kelch, 미국 소방청(US Fire Administration/FEMA)), 앨레이나 콜로시(Alaina Kolosh, 전미 안전 위원회(National Safety Council)), 칼레프 리타루(Kalev Leetaru, GDELT(Global Database of Events, Language, and Tone)), 몬티 마셜(Monty Marshall, 폴리티 프로젝트(Polity Project)), 브루스 메이어(Bruce Meyer), 브랑코 밀라노비치(Branko Milanović, 세계 은행(World Bank)), 로버트 무가(Robert Muggah, 호미사이드 모니터(Homicide Monitor)), 피파 노리스(Pippa Norris, 세계 가치 조사(World Values Survey)), 토머스 올샨스키(Thomas Olshanski, 미국 소방청), 에이미 피어스(Amy Pearce, 사이언스 히어로스), 마크 페리(Mark Perry), 테레제 페테르손(Therese Pettersson, 웁살라 분쟁 데이터 프로그램(Uppsala Conflict Data Program)), 레안드로 프라도스 델라 에스코수라(Leandro Prados de la Escosura), 스티븐 래들릿(Stephen Radelet), 아우커 레입마(Auke Rijpma, OECD 클리오 인프라(OECD Clio Infra)), 해나 리치(Hannah Ritchie, 데이터로 본 우리 세계), 세스 스티븐스다비도위츠(Seth Stephens-Davidowitz, 구글 트렌드(Google Trends)), 제임스 제이비어 설리번(James Xavier Sullivan), 삼 타우브(Sam Taub, 웁살라 분쟁 데이터 프로그램), 카일라 토머스(Kyla Thomas), 제니퍼 트루먼(Jennifer Truman, 사법 통계국(Bureau of Justice Statistics)), 진 마리 트웽이(Jean Marie Twenge), 바스 판 레이우엔(Bas van Leeuwen, OECD 클리오 인프라), 카를로스 빌랄타(Carlos Vilalta), 크리스티안 벨첼(Christian Welzel, 세계 가치 조사), 저스틴 울퍼스(Justin Wolfers), 빌리 우드워드(Billy Woodward, 사이언스 히어로스).

데이비드 도이치, 리베카 뉴버거 골드스타인(Rebecca Newberger Goldstein), 케빈 켈리(Kevin Kelly), 존 밀러(John Mueller), 로슬린 핑커(Roslyn Pinker), 맥스

로저, 브루스 슈나이어(Bruce Schneier)는 초고 전체를 읽고 가치를 헤아릴 수 없는 조언을 해 주었다. 또한 이 책의 한 꼭지나 발췌문을 읽어 준 전문가들의 비평도 나에게 소중한 도움이 되었다. 스콧 아론슨(Scott Aaronson), 레다 코스미데스(Leda Cosmides), 제러미 잉글랜드(Jeremy England), 폴 이월드(Paul Ewald), 조슈아 골드스타인(Joshua Goldstein), 앤서니 클리퍼드 그레일링(Anthony Clifford Grayling), 조슈아 그린(Joshua Greene), 세사르 이달고(Cesar Hidalgo), 조디 잭슨(Jodie Jackson), 로런스 크라우스(Lawrence Krauss), 브랑코 말리노비치, 로버트 무가, 제이슨 네미로(Jason Nemirow), 매슈 녹(Matthew Nock), 테드 노드하우스(Ted Nordhaus), 앤서니 패그던(Anthony Pagden), 로버트 핑커(Robert Pinker), 수전 핑커(Susan Pinker), 스티븐 래들릿, 피터 스코블릭(Peter Scoblic), 마틴 셀리그먼(Martin Seligman), 마이클 셸렌버거(Michael Shellenberger), 크리스티안 벨첼에게 감사드린다.

다른 친구들과 동료들도 질문에 답을 해 주거나 중요한 제안을 해 주었다. 찰린 애덤스(Charleen Adams), 로절린드 아든(Rosalind Arden), 앤드루 밤퍼드(Andrew Balmford), 니콜라 보마르(Nicolas Baumard), 브라이언 부트웰(Brian Boutwell), 스튜어트 브랜드(Stewart Brand), 데이비드 번(David Byrne), 리처드 도킨스(Richard Dawkins), 대니얼 데닛(Daniel Dennett), 그레그 이스터브룩(Gregg Easterbrook), 에밀리로스 이스탑(Emily-Rose Eastop), 닐스 페테르 글레딧슈(Nils Petter Gleditsch), 제니퍼 재킷(Jennifer Jacquet), 배리 래처(Barry Latzer), 마크 릴라(Mark Lilla), 캐런 롱(Karen Long), 앤드루 맥(Andrew Mack), 마이클 맥컬로(Michael McCullough), 하이너 린더만(Heiner Rindermann), 짐 로시(Jim Rossi), 스콧 세이건(Scott Sagan), 샐리 새틀(Sally Satel), 마이클 셔머(Michael Shermer)가 그들이다. 하버드의 동료들, 마자린 바나지(Mahzarin Banaji), 메르세 크로사스(Mercè Crosas), 제임스 엥겔(James Engell), 대니얼 길버트(Daniel Gilbert), 리처드 맥날리(Richard McNally), 캐스린 시킹크(Kathryn

Sikkink), 로런스 서머스(Lawrence Summers).

데이터를 구하고 분석하고 도표로 만들어 준 레아 하워드(Rhea Howard)와 러즈 로페즈(Luz Lopez)의 초인적인 노력에 감사드리고, 회귀 분석 몇 건을 해 준 키헙 용(Keehup Yong)에게 감사드린다. 또한 멋진 그래프를 고안해 주고 형식과 내용에 관해서 아이디어를 제안해 준 일라베닐 수비아(Ilavenil Subbiah)에게 감사드린다.

나의 편집자들인 웬디 울프(Wendy Wolf)와 토머스 펜(Thomas Penn), 내 출판 에이전트 존 브록만(John Brockman)에게 깊이 감사한다. 그들은 프로젝트가 끝날 때까지 나를 이끌어 주고 격려해 주었다. 카티야 라이스(Katya Rice)는 이번으로 내 책을 여덟 권째 교정했는데 매번 세심한 손길로 책의 가치를 높여 준 것에 감사한다.

내 가족, 로슬린(Roslyn), 수전(Susan), 마틴(Martin), 에바(Eva), 칼(Carl), 에릭(Eric), 로버트(Robert), 크리스(Kris), 잭(Jack), 데이비드(David), 야엘(Yael), 솔로몬(Solomon), 대니얼(Danielle), 그리고 누구보다 내 스승이자 파트너로서 계몽주의의 이상을 함께 고찰한 리베카에게 특별히 감사한다.

차례

3부

이성, 과학, 휴머니즘

1부

계몽

18세기의 상식, 인간이 고통을 받고 있다는 명백한 사실과

인간 본성의 노골적인 요구에 대한 파악은

이 세계에 도덕적 정화 작용 같은 역할을 했다.

— 앨프리드 노스 화이트헤드 (Alfred North Whitehead,
1861~1947년)

지난 수십 년 동안 대중 앞에서 언어, 마음, 인간 본성에 대해 강연을 하는 도중에 나는 굉장히 이상한 질문들을 받고는 했다. 어떤 것이 가장 좋은 언어인가? 대합조개와 굴에도 의식이 있을까? 언제쯤이면 나의 마음을 인터넷에 업로드할 수 있을까? 비만도 일종의 폭력일까?

하지만 가장 솔깃한 질문을 받은 자리는 과학자들 사이에서는 이미 진부해진 개념, 즉 마음 활동(mental life)은 뇌 조직들의 활성 패턴으로 이루어져 있다는 생각을 설명하는 강연회였다. 청중 가운데에서 한 여학생이 손을 들고 이렇게 물었다.

"우리는 왜 살아야 하죠?"

천진난만한 말투로 보아서 그 학생은 자살을 생각하고 있거나 빈정거릴 의도로 질문한 것이 아니었고, 만일 불멸의 영혼을 믿는 오랜 종교적 믿음이 우리의 최신 과학 때문에 허물어진다면 의미와 목적을 어떻게 찾아야 할지가 진심으로 궁금한 것 같았다. 나의 방침은 세상에 어리석은 질문이란 없다는 것인데, 그 순간 그 학생과 청중, 그리고 누구보다도 나 자신이 놀랍게도 내 입에서 썩 괜찮은 대답이 나왔다. 내가 기억하고 있는 — 틀림없이 기억 왜곡과 사후 지혜로 윤색되었을 — 그 말은 대충 다음과 같다.

그런 질문을 한다는 것 자체가 학생 자신이 믿고 있는 신념의 **이유(reasons)**를 찾고 있다는 뜻이겠지요. 학생은 자신에게 중요한 것을 알아내고 정당화하는 수단으로 이성에 호소하는 것입니다. 그렇다면 살 이유는 아주 많습니다!

학생은 지각을 가진 존재로서 **활짝 피어날(flourish)** 잠재력이 있습니다. 학습과 토론을 하면서 이성이라는 능력 자체를 멋지게 다듬을 수 있지요. 과학을 통해서 자연계에 대한 설명을 찾을 수 있고, 예술과 인문학을 통해서 인간 조건을 통찰할 수도 있겠고요. 쾌감과 만족의 능력을 최대한 활용할 수도 있어요. 그 능력 덕분에 우리 조상들이 번성했고 그렇게 해서 우리가 존재하는 것이지요. 또 자연계와 문화계의 아름다움과 풍부함을 감상할 수도 있습니다. 수십억 년 동안 이어져 온 생명의 상속인으로서 이번에는 학생이 그 생명을 물려줄 수 있어요. 학생은 **공감(sympathy)**이라는 느낌, 즉 좋아하고 사랑하고 존중하고 도와주고 친절을 베푸는 능력을 부여받았으니 친구, 가족, 동료들과 즐겁게 호의를 주고받을 수도 있습니다.

그리고 이성이 일러 주듯이 이 모든 것은 **당신에게만** 특별한 것이 아니기 때문에, 학생은 학생 자신이 누릴 수 있다고 기대하는 것을 남들에게도 제공해 줄 책임이 있습니다. 삶, 건강, 지식, 자유, 풍족함, 안전, 아름다움, 평화를 증진해서 지각력을 가진 다른 존재의 복지를 향상할 수도 있겠지요. 역사가 가르쳐 주듯이 타인들을 동정하고 인간 조건을 개선하는 일에 우리의 재능을 쓸 때 우리는 진보할 수 있고 그 진보가 멈추지 않게 일조할 수 있습니다.

인생의 의미를 설명하는 것은 인지 과학자가 평소에 하는 직무가 아니어서 만일 그 대답을 할 때 나의 불가해한 전문 지식이나 미덥지 않은 개인적 지혜에 의존했다면 나는 학생의 질문에 그렇게 자신만만하게 답하지 못했을 것이다. 하지만 그때 나의 생각은 지금까지 200여 년 동안 모습을 갖추어 왔고 그 어느 때보다 지금 더 큰 타당성을 지닌 믿음과 가치관에 연결되어 있었다. 다름 아닌 계몽주의(enlightenment)라는 이념이다.

우리가 이성과 동정심을 사용해서 인류의 번영에 이바지할 수 있다는 계몽주의의 원리는 너무 뻔하고 고리타분하고 시대에 뒤떨어지게 들린다. 하지만 내가 이 책을 쓴 이유는 그렇지 않다는 것을 깨달았기 때문이다. 그 어느 때보다 우리는 이성, 과학, 휴머니즘, 진보라는 이상을 더욱 성심성의껏 지킬 필요가 있다. 우리는 그 은혜를 너무 당연히 여긴다. 80년 이상 살아갈 신생아, 식량이 넘쳐흐르는 시장, 손가락을 까닥거리면 나오는 정수와 또 한 번 까닥거리면 사라지는 오수, 고통스러운 감염병을 없애 주는 알약, 전쟁터에 끌려가지 않는 아들, 안전하게 거리를 활보하는 딸, 권력자를 비판하고도 감방에 가거나 총에 맞지 않는 평론가, 휴대하면서 쓸 수 있는 세계의 지식과 문화를 말이다. 하지만 이 모든 것은 우주적 생득권(cosmic birthright)이 아니라 인간이 이룬 업적이다. 이 책을 읽는 많은 독자의 기억 속에서 — 그리고 세계의 불운한 지역에 사는 사람들의 경험 속에서 — 전쟁, 기근, 질병, 무지, 치명적 위협은 삶의 자연스러운 일부분이었다. 우리는 많은 나라가 이 원시적인 조건으로 슬며시 되돌아갈 수도 있음을 알고 있다. 우리도 계몽주의의 성과를 무시한다면 위험해진다.

여학생의 질문에 답을 한 뒤로 몇 년이 흐르는 동안 나는 계몽주의의 이념(그리고 휴머니즘, 열린 사회, 세계주의적 혹은 고전적 자유주의)을 새롭게 묘사할 필요가 있다고 자주 느꼈다. 그 학생이 던진 것과 비슷한 질문이 내 이메일 수신함에 자주 떠서만은 아니다. ("핑커 교수님, 교수님의 책과 과학이 말하는 생각들을 마음에 새기고 자기 자신을 원자의 집합으로 보는 사람에게 어떤 충고의 말을 해 주실 수 있는지요? 제한된 지능을 갖고 있고, 이기적 유전자들로 이루어져 있으며, 특정한 시공간에 거주하고 있는 어떤 기계에게 말이죠?") 다른 한편으로는, 인류 진보가 미치는 범위를 망각할 때 실존적 불안보다 더 나쁜 증상들이 발생할 수 있어서이다. 그 망각에 빠지면, 계몽주의의 정신에서 탄생해서 이 진보를 안전하게 지키고 있는 제도 — 예를 들어 자유 민주주의나 국제 기구들 — 에 냉소적이 되고, 그런 제도를 격세 유전이 되는 대안쯤으로 치부하게 된다.

계몽주의의 이념은 인간 이성의 산물이지만, 인간 본성의 다른 갈래들과 끊임없이 투쟁하기도 한다. 부족이나 종족에 대한 충성, 권위에 대한 복종, 마술적 사고, 마녀 사냥 같은 것들과 말이다. 2010년대가 끝나가는 지금 기이한 정치 운동이 출현해서 암세포 같은 정치 세력이 나라를 끔찍한 디스토피아로 끌고 가고 있다고 주장하고 있다. 그들은 강력한 지도자가 나타나 "다시 위대한 나라"를 세워야만 그 암세포들을 물리칠 수 있다고 외친다. 이 운동은 그들의 가장 맹렬한 반대자들이 즐겨 사용하는 화법에 오염되어 있다. 근대적인 제도는 실패했으며 삶의 모든 양상이 점점 더 깊이 위기에 빠져들고 있다는 화법 말이다. 이 제도를 파멸시켜야 세계가 더 나은 곳이 될 수 있다고 양쪽이 섬뜩하게 동의하고 있는 셈이다. 진보를 배경에 놓고서 세계의 문제를 바라보고 이 문제들을 차근차근 해결하면서 진보를 이루어 나가고자 하는 긍정적인 시각은 찾아보기 어렵다.

이슬람 급진주의 운동 분석가인 시라즈 마허(Shiraz Maher)의 진단을 들어 보자. "서양은 자신의 가치를 부끄러워한다. 고전적 자유주의를 적극적으로 변호하지 않는다. …… 우리는 서양의 가치를 믿지 못하고 불편함을 느낀다." 스스로 "정확히 무엇을 상징하는지"를 아는 이라크 레반트 이슬람 국가(Islamic State of Iraq and the Levant, IS)는 대조적이다. 그들의 확신은 "믿을 수 없을 정도로 유혹적"이다. 그 유혹은, 한때 지하드 단체인 '히즈브 우트타흐리르(Hizb ut-Tahrir, 이슬람 해방당)'의 지방 관리자였던 마허가 더 잘 알 것이다.[1]

자유주의가 최대의 시련을 견뎌 내고 얼마 지나지 않은 1960년대를 돌아보면서 경제학자 프리드리히 아우구스트 폰 하이에크(Friedrich August von Hayek, 1899~1992년)는 다음과 같이 말했다. "오래된 진리가 인간의 마음(men's minds)에 붙박여 있으려면 후세들의 언어와 개념으로 새롭게 진술되어야 한다." ('남자의 마음'이라고 번역될 수 있는 "men's minds"라는 오래된 표현을 부지불식간에 사용해 자신의 주장을 한층 더 강하게 증명하고 있다.) "한때 가장 적절했던 표현들이 반복 사용되면서 조금씩 닳아 결국에는 명확한 의미를 담아내지 못하게 된다. 기초에 놓인 개념은 계속 유효할 수 있지만 그 어휘는 우리에게 여전히 남아 있는 문제를 가리킬 때에도 예전과 같은 확신을 전달하지 못한다."[2]

나는 이 책에서 21세기의 언어와 개념으로 계몽주의의 이념을 지금 다시 기술하고자 한다. 나는 먼저 근대 과학이 밝힌 인간 조건 — 우리는 누구인가, 우리는 어디서 왔는가, 우리가 추구할 과제는 무엇인가, 우리는 어떻게 그 과제를 해결해 낼 수 있는가? — 을 이해할 수 있는 틀 하나를 펼쳐 보일 것이다. 그리고 21세기 특유의 방식인 데이터로 계몽주의의 이상을 옹호하는 일에 이 책의 많은 지면을 할애할 것이다. 이렇게 증거에 기초해서 계몽주의 프로젝트를 고찰하면 그 운동이 순진한 희망이 아니었음이 드러난다. 계몽주의는 실제로 **효력**을 발휘해 왔다. 가장 중요한데도 모두가 외면해 온 이야기일지도 모른다. 계몽주의의 승리를 노래하는 사람이 거의 없기 때문에, 그 토대가 되는 이성, 과학, 휴머니즘이라는 이념마저도 인정을 받지 못하고 있다. 그 이념들은 합의가 이루어져서 무덤덤해지기는커녕, 오늘날의 지식인들에게 관심을 받지 못하고 있고, 회의적으로, 때로는 모욕적으로 다루어진다. 올바르게 이해할 때 계몽주의의 이념은 진정한 감동과 영감과 숭고함을 다시 불러낸다고, 다시 말해 살아갈 이유를 준다고 나는 믿는다.

1장
감히 알려고 하라!

계몽이란 무엇인가? 이 질문을 제목으로 한 1784년의 에세이에서 이마누엘 칸트(Immanuel Kant, 1724~1804년)는 다음과 같이 답했다. 계몽은 "인류가 스스로 초래한 미성숙" 상태나 종교적 권위나 정치적 권위의 "도그마와 인습"에 "나태하고 소심하게" 복종하는 상태에서 탈출하는 것이다.[1] 계몽주의의 모토는 "감히 알려고 하라!(*Sapere Aude!*)"이며, 여기에 기본적으로 필요한 것은 사상과 표현의 자유이다. "후세가 그들의 통찰을 확대해서 자신의 지식을 늘리고 자신의 오류를 바로잡는 것을 앞선 시대가 미리 가로막아서는 안 된다. 그렇게 한다면 인간 본성에 대한 범죄가 될 것이다. 인간의 진정한 운명은 바로 그런 진보에 있기 때문이다."[2]

같은 생각을 진술한 21세기의 예로 물리학자 데이비드 도이치가 계몽주의를 옹호한 책, 『무한의 시작(*The Beginning of Infinity*)』이 있다. 우리가 감히 알려고 한다면 과학, 정치, 도덕의 모든 분야에서 진보를 이룰 수 있다고 도이치는 주장한다.

> (내가 주장한 의미에서의) 낙관론은 모든 실패 ― 모든 악 ― 의 탓을 불충분한 지식으로 보는 이론이다. …… 우리의 지식은 항상 완벽함에 턱없이 못 미치기 때문에 문제는 불가피하다. 어떤 문제는 어렵지만, 어려운 문제와 도저히 해결할 수 없는 문제를 혼동하는 것은 잘못이다. 문제는 해결할 수 있으며,

구체적인 악 하나하나는 해결할 수 있는 문제이다. 낙관적인 문명은 열려 있고, 혁신을 두려워하지 않으며, 비판의 전통에 기초해 있다. 그 제도는 꾸준히 개선될 것이며, 그 제도가 실체화하는 가장 중요한 지식은 오류를 어떻게 탐지하고 제거할 것인가를 밝히는 지식이다.[3]

계몽주의란 무엇인가?[4] 공식적인 답은 존재하지 않는다. 칸트의 에세이에 거론된 시대는 올림픽처럼 개막식과 폐막식이 있어 기간을 구분할 수 있는 것도 아니고, 그 사상 역시 선서나 강령으로 명기된 바 없다. 계몽주의는 17세기의 과학 혁명과 이성의 시대에서 흘러나왔고 19세기 후반 고전적 자유주의 전성기로 흘러 들어갔지만, 관행상 18세기의 뒤쪽 3분의 2와 일치한다. 과학과 탐험이 일반 통념에 도전한 것에 자극을 받고, 피비린내 나는 종교 전쟁을 마음에 새기고, 사상과 사람의 이동이 쉬워진 것에 고취된 계몽 사상가들은 인간 조건을 새롭게 이해하고자 했다. 사상이 풍요롭게 흘러넘쳤다고 할 만한 시대였다. 어떤 생각은 모순적이었지만, 네 가지 주제가 그 생각들을 하나로 묶었다. 이성, 과학, 휴머니즘, 진보.

맨 첫 번째는 이성이다. 이성은 비타협적이다. 당신이 인간은 무엇을 위해 살아야 하는가 하는 문제(또는 다른 어떤 문제이든)를 논하는 대화에 참여한다고 가정해 보자. 그 순간부터, 당신이 뭐라고 답하든 그 답변이 이성적이거나 정당하거나 참이고, 그래서 다른 사람들도 그렇게 믿어야 한다고 주장하는 한, 당신은 이성에게 모든 것을 맡긴 것이며 당신의 믿음을 객관적 기준으로 설명할 수 있다고 주장하는 셈이다.[5] 계몽 사상가들에게는 공통점이 하나 있었다. 세계를 이해하는 데 있어 이성이라는 기준만을 적용했을 뿐, 신앙, 도그마, 계시, 권위, 카리스마, 신비, 점, 환상, 직감, 신성한 문헌 해석 같은 망상의 원천에 기대지 않았다는 것이다.

사람의 모습을 한 신이 인간사에 관심을 기울인다는 믿음을 계몽 사상가들이 거부한 것도 이성에 이끌려서였다.[6] 이성을 적용하자 기적을 보고한 이야기들이 의심스러워지고, 성서의 저자들이 너무나 인간적이고, 자연의 사건들이 인간의 이익과 무관하게 펼쳐지고, 서로 다른 문화에서 상호 양립할 수 없는 신이 숭배되고, 모든 신이 똑같이 상상의 산물이라는 점이 확연히 드러났다. (샤를루이 드 몽테스키외(Charles-Louis de Montesquieu, 1689~1755년)는 "만약에 삼각형들이 신을 만들었다면 신에게 세 변을 주었을 것"이라고 썼다.) 하지만 모든 계몽 사상가가 무신론자는 아니었다. 일부는 (유신론자가 아닌) 이신론자로서, 신이라는 존재는 우주를 작동시킨 뒤 우주가 자연 법칙에 따라 전개되도록 내버려 두고 한 걸음 뒤로 물러났다고 생각했다. 또 다른 사상가들은 범신론자로서, '신'이라는 말을 자연 법칙과 동의어로 사용했다. 그러나 거의 어떤 사상가도 법칙을 부과하고 기적을 행사하고 아들을 낳는다고 기록된 성서 속의 신에 기대지 않았다.

이성을 승인하는 계몽주의의 태도와 인간이 완벽하게 합리적인 행위자라는 황당한 주장은 분명 다르지만, 오늘날 많은 저술가가 이 둘을 혼동한다. 역사적 진실은 확연히 다르다. 칸트, 스피노자, 토머스 홉스(Thomas Hobbes, 1588~1679년), 데이비드 흄(David Hume, 1711~1776년), 애덤 스미스(Adam Smith, 1723~1790년) 같은 사상가들은 탐구심이 강한 심리학자이기도 해 우리의 불합리한 감정과 약점을 아주 잘 알고 있었다. 그런 불합리성을 극복하기를 바란다면 온갖 어리석음의 원천을 경계하는 방법밖에 없다고 그들은 주장했다. 이성을 신중하게 사용하는 것은 필수였다. 우리의 일반적인 사고 습관이 그다지 이성적이지 않기 때문이다.

여기서 나온 계몽주의의 두 번째 이념이 바로 세계를 이해하기 위해 이성을 정밀하게 사용하는 과학과 이어지게 된다. 과학 혁명은 그 발견들이 우리에게 제2의 본성처럼 자연스럽게 다가오는 지금에도 우리가 이해하기 힘들 만큼 혁명적이었다. 역사학자 데이비드 리처드 존 우튼 (David Richard John Wootton, 1952년~)은 과학 혁명의 전야인 1600년에 교양 있는 영국인의 세계 이해가 어떤 수준이었는지를 들려준다.

> 그는 마녀들이 항해 중인 배를 침몰시킬 정도로 강한 태풍을 일으킬 수 있다고 믿는다. …… 그는 늑대 인간을 믿으며 그런 존재가 영국에는 하나도 없지만 벨기에에는 있다고 생각한다. …… 그는 키르케가 정말로 오디세우스의 선원들을 돼지로 만들었다고 믿고 생쥐는 짚단 속에서 자연히 생겨난다고 믿으며 당대의 마법사들을 믿는다. …… 그는 유니콘은 못 보았지만 유니콘의 뿔은 본 적이 있다.
>
> 그는 살해당한 시체가 살인자와 한자리에 있으면 피를 흘린다고 믿고, 부상을 입힌 단검에 어떤 연고를 바르면 그 부상이 낫는다고 믿으며, 신은 자연을 설계할 때 인간이 해석할 수 있도록 설계했기 때문에 식물의 형태, 색, 감촉을 단서로 그 식물의 약효가 무엇인지 알 수 있다고 믿는다. 그는 아무도 그 방법은 모르지만 금속을 금으로 바꾸는 것이 가능하다고 믿고, 자연은 진공을 싫어한다고 믿으며, 무지개는 신의 징후이고 혜성은 악의 전조라고 믿는다. 또한 꿈을 해석하는 방법을 알면 미래를 알 수 있다고 믿으며. 당연히 지구는 멈추어 서 있고 태양과 별이 24시간마다 지구 둘레를 돈다고 믿는다.[7]

그로부터 130년이 흐른 뒤 이 영국인에게 교양 있는 후손이 있었다면, 이런 것들을 하나도 믿지 않았을 것이다. 과학 혁명은 무지로부터의 탈출만이 아니라 공포로부터의 탈출이기도 했다. 사회학자 로버트 스콧 (Robert Scott, 1935년~)은 중세에 "외부의 힘이 일상 생활을 지배한다는 믿음이 일종의 집단 망상을 일으켰다."라고 지적한다.

> 폭풍우, 천둥, 번개, 돌풍, 일식이나 월식, 한파, 혹서, 가뭄, 지진을 모두 신의
> 노여움을 가리키는 징후와 신호로 간주했다. 그 결과 삶의 모든 영역에 걸쳐
> '두려움의 요귀'가 거주하게 되었다. 바다는 악마의 영토가 되었고, 숲은 야
> 수, 귀신, 마녀, 악마, 그리고 진짜 도둑과 살인자의 거주지가 되었다. …… 어
> 두워진 후에 세계는 온갖 위험을 미리 알리는 흉조로 가득했다. 혜성, 유성,
> 월식, 야생 동물의 울부짖음…….[8]

무지와 미신에서 탈출한 계몽 사상가들은 우리의 통념이 얼마나 심하게 오류에 빠질 수 있는가 하는 것과, 회의주의, 가류주의(可謬主義, fallibilism. 모든 지식은 원리적으로, 언젠가 틀린 것으로 밝혀지고 수정될 수 있다는 생각. —옮긴이), 열린 토론, 경험적 검증 같은 과학적 방법이 믿을 만한 지식에 도달하는 유일한 패러다임(paradigm)이라는 것을 이해하고 있었다.

그 지식에는 우리 자신에 대한 이해도 포함되었다. '인간 과학(science of man)'의 필요성은 몽테스키외, 흄, 스미스, 칸트, 니콜라 드 콩도르세(Nicholas de Condorcet, 1743~1794년), 드니 디드로(Denis Diderot, 1713~1784년), 장 바티스트 르 롱 달랑베르(Jean-Baptiste le Rond d'Alembert, 1717~1783년), 장자크 루소(Jean-Jacques Rousseau, 1712~1778년), 지암바티스타 비코(Giambattista Vico, 1668~1744년) 등 다른 많은 문제에서 의견이 달랐던 계몽 사상가들을 하나로 묶어 준 주제였다. 보편적인 인간 본성 같은 것이 존재하고 과학적으로 연구될 수 있다고 믿은 덕분에 그 사상가들은 수백 년 후에야 이름을 갖게 될 과학의 조숙한 전문가가 되었다.[9] 그들은 뇌의 물리적 메커니즘에 의거해서 생각, 감정, 정신 질환을 설명하고자 했다는 점에서 인지 신경 과학자였고, 자연 상태에서의 삶을 규명하고 "우리 가슴에 주

입되어 있는" 동물적 본능을 확인하고자 했다는 점에서 진화 심리학자였다. 그들은 우리를 묶어 주는 도덕 감정, 우리를 가르는 이기심, 우리의 훌륭한 계획들을 뒤죽박죽으로 만드는 근시안적 약점에 대해 글을 썼다는 점에서 사회 심리학자였고, 여행가와 탐험가의 기록을 발굴해서 인간의 보편적 특성에 관한 데이터와 세계 문화에 퍼져 있는 관습과 습속의 다양성에 관한 데이터를 함께 찾아냈다는 점에서 문화 인류학자였다.

보편적인 인간 본성이라는 개념은 세 번째 주제인 휴머니즘으로 우리를 이끈다. 이성의 시대와 계몽주의 시대의 사상가들은 도덕의 세속적 토대를 확립하는 게 시급하다고 보았다. 종교가 수백 년에 걸쳐 십자군 전쟁, 종교 재판, 마녀 사냥, 유럽의 종교 전쟁 같은 대량 학살을 저지른 역사적 기억이 뇌리에 깊이 박혀 있었다. 사상가들은 우리가 현재 휴머니즘이라 부르는 것으로 계몽주의의 기초를 다졌다. 휴머니즘은 부족, 인종, 국가, 종교의 영광이 아닌 남자와 여자, 아이 개개인의 안녕(安寧)과 복리(福利)에 특권을 부여한다. 쾌감과 통증, 만족과 고통을 느끼는 지각 있는 **존재**(sentient)는 집단이 아니라 개인이다. 그 기본 틀이 최대 다수의 최대 행복이라는 목표로 주어지든, 타인을 수단이 아닌 목적으로 취급하라는 정언 명령으로 주어지든 간에, 인간이라면 보편적으로 가진 기뻐하고 괴로워할 줄 아는 능력이 우리의 도덕적 관심을 불러일으킨다고, 그들은 주장했다.

다행히 우리의 인간 본성은 그 부름에 응할 준비가 되어 있다. 우리가 **공감**이라는 정서를 타고났기 때문인데, 계몽 사상가들은 그것을 박애, 연민, 동정이라는 이름으로 부르기도 했다. 일단 타인에게 공감할 수 있다면 그 어떤 것도 공감의 범위를 가족과 부족에서 시작해 전 인류를 포괄하기까지 확대하는 것을 방해하지 못한다.[10] 특히 우리 자신이나 우리가 속한 집단만 특별 취급을 할 이유가 어디 있느냐며 이성이 우리를 들쑤실 때는 더욱 그렇다. 우리는 세계주의(cosmopolitanism)를 받아들여 우리가 세계 시민임을 인정할 수밖에 없다.[11]

계몽 사상가들은 휴머니즘적 감성의 명령에 따라 종교의 폭력뿐 아니라 그 시대의 세속적 잔인함도 비난했다. 당시에는 노예제, 전제정, 절도나 밀렵 같은 경범죄도 극형으로 다스리는 관습과 채찍질, 팔다리 절단, 내장 제거, 말뚝형, 거열형(車裂刑), 화형 같은 가학적인 형벌이 횡행하고 있었다. 계몽 운동이 인도주의 혁명이라고 불리는 까닭은 수천 년 동안 전 세계의 모든 문명에서 아무렇지 않게 자행되어 온 야만적인 관행을 결국 몰아낸 데 있다.[12]

노예제와 잔인한 형벌의 폐지가 진보가 아니라면 어떤 것도 진보일 수 없을 것이다. 여기서 우리는 계몽주의의 네 번째 이념을 만나게 된다. 과학이 세계에 대한 우리의 이해를 두텁게 하고 이성과 세계주의가 공감의 범위를 넓혀 준 덕분에 인류는 지적, 도덕적으로 진보할 수 있었다. 인류는 현재의 불행과 비합리성에 몸을 내맡길 필요가 없고, 잃어버린 황금 시대로 시계를 되돌리고자 애쓸 필요도 없다.

진보에 대한 계몽주의의 신조를 19세기 낭만주의가 고안해 낸 신비한 힘, 신비로운 법, 변증법, 투쟁, 전개, 신비의 발현, 인간의 시대들, 진화의 원동력처럼 인류를 유토피아로 꾸준히 밀어 올리는 힘 같은 것에 대한 신조와 혼동해서는 안 된다.[13] "지식을 늘리고 오류를 제거한다."라는 칸트의 말에서 알 수 있듯이, 진보에 대한 계몽주의적 믿음은 더 산문적이었고, 이성과 휴머니즘이 결합된 것이었다. 우리의 법과 예절이 어떻게 돌아가고 있는지를 추적하고 개선 방안을 구상하고 그 방안을 시험해 보고 삶을 더 풍요롭게 하는 것들만 지켜 나간다면 우리는 점차 더 좋은 세계를 만들 수 있다. 과학도 본래 이러한 이론과 실험의 순환을 통해 조금씩 앞으로 나아간다. 가끔 멈추어 서거나 후퇴하기는 해도 그 부단한 항진을 멈추지 않는다면 진보가 이루어질 수 있음을 보여 준다.

또한 계몽주의적 진보 이념을 기술 관료와 사회 설계자의 편의에 따라 사회를 개조하려는 20세기의 운동, 즉 정치 과학자 제임스 스콧(James C. Scott, 1936년~)이 권위주의적 하이 모더니즘(authoritarian high modernism)이라고 부른 운동과 혼동해서는 안 된다.[14] 이 운동은 인간 본성이 존재한다는 사실과 거기에 딸린 아름다움, 자연, 전통, 사회적 친밀감 같은 것과 관련된 번잡한 욕구를 부정했다.[15] "깨끗한 식탁보(clean tablecloth, 주민의 삶과 문화 유산을 '덮어 버리는' 국가의 고압적인(high-handed) 개발 정책을 상징하는 말이다. ─ 옮긴이)"로 시작해서 모더니스트들은 활력이 넘치는 동네를 자동차 전용 도로, 고층 건물, 휑한 광장, 브루탈리즘 건축(brutalist architecture, 거대한 콘크리트나 철제 블록 등을 사용해 추하게 여겨지기도 하는, 특히 1950~1960년대의 건축 양식을 말한다. ─ 옮긴이)으로 대체하는 도시 재생 사업을 설계했다. "인류는 다시 태어나 전체와 질서 정연한 관계를 맺고 살 것"이라고 그들은 주장했다.[16] 이런 식의 개발 계획은 가끔 **진보**라는 말과 연결되기도 했지만 이 용법은 반어적이었다. 휴머니즘에 기초하지 않은 '진보'는 진보가 아니기 때문이다.

진보를 향한 계몽주의의 바람은 인간 본성의 개조가 아니라 인간의 제도를 다시 빚는 데 맞추어져 있었다. 정부, 법률, 교육, 시장, 국제 기구 같은 인간의 체제들은 이성을 인류의 개선에 적용하고자 할 때 자연스럽게 떠오르는 대상들이다.

이 사고 방식에서 정부는 신이 부여한 통치권을 가진 존재도 아니고 사회의 동의어도 아니며 민족, 종교, 인종의 정신이 구현된 신비한 몸통도 아니다. 정부는 암묵적으로 합의된 사회 계약을 통해 만들어진 인간의 발명품으로, 시민들의 행동을 조율하고 또 모든 개인이 하고 싶어 하지만 모든 사람을 어렵게 만들 수도 있는 이기적인 행동들을 저지해서 시민의 복리를 증진하도록 설계된 것이다. 계몽주의 운동의 가장 유명한 성과라 할 미국 독립 선언은 생명, 자유, 그리고 행복 추구의 권리를 보장하기 위해 그 생각을 다음과 같이 표현했다. "인간이 정부를 만들었으며, 정부의 정당한 권력은 인민의 동의에서 나온다."

정부의 권한 중에는 형벌을 주는 권한이 있다. 몽테스키외, 체사레 베카리아(Cesare Beccaria, 1738~1794년), 미국의 건국자들 같은 저술가들은 시민에게 위해를 가할 수도 있는 정부의 권한에 관해 새로운 생각을 제시했다.[17] 정부가 가진 형사 처벌의 권한은 우주의 정의를 실현하기 위해 위임된 권리가 아니라, 필요 이상의 고통을 주지 않고서 반사회적 행동을 저지하기 위한 동기 부여 시스템의 일부라고 말이다. 구체적인 예로, 형벌이 범죄에 비례해야 하는 이유는 어떤 신비한 정의의 저울의 균형을 잡기 위해서가 아니라 범죄자가 더 큰 범죄를 저지르지 않고 작은 범죄에서 멈추게 하기 위함이다. 잔인한 형벌은 어떤 면에서 '그럴 만하.'라고 느껴진다고 해도, 적당하지만 더 확실한 형벌보다는 그 억지력이 크지 않다. 오히려 구경꾼들은 잔혹함에 둔감해지고 그런 형벌을 실행하는 사회는 잔인해질 뿐이다.

계몽 사상가들은 또한 번영을 이성적으로 분석한 최초의 이론을 내놓기도 했다. 분석의 출발점은 부(富)가 어떻게 분배되는가가 아니라 애초에 부가 어떻게 생겨나는가 하는가였다.[18] 애덤 스미스는 프랑스, 네덜란드, 스코틀랜드의 변화를 보면서, 풍족한 양의 유용한 물자는 농부나 장인이 따로따로 일해서는 생겨날 수 없다는 사실에 주목했다. 그런 풍족함은 각자가 물건을 최대한 효율적으로 제작하는 법을 알고 자신의 재능, 기술, 노동의 결실을 결합하고 교환하는 전문가 네트워크에 의존한다. 예를 들어, 스미스는 핀 제작자가 혼자 일하면 핀을 하루에 고작 1

개를 만드는 반면에, 작업장에 모여서 "한 사람은 철사를 뽑고, 한 사람은 똑바로 펴고, 한 사람은 자르고, 한 사람은 끝을 날카롭게 만들고, 한 사람은 반대쪽 끝을 갈아서 대가리를 만든다고 하면" 1인당 약 5,000개를 만들 수 있다고 추산했다.

이런 식의 분업은 전문가들이 재화와 용역을 교환할 수 있는 시장에서만 기능할 수 있기 때문에, 경제 활동은 일종의 호혜적 협력이 된다고 스미스는 설명했다. (요즘 말로는 포지티브섬 게임(positive-sum game)이다.) 각자는 자기가 내주는 것보다 자기에게 더 가치 있는 무엇인가를 갖고 온다. 자발적인 교환을 통해 사람들은 이익을 취하는 동시에 남들에게 이익을 준다. 스미스는 이렇게 말했다. "우리가 저녁 식사를 기대할 수 있는 것은 푸주한, 양조업자, 제빵사가 자비로워서가 아니라, 그들이 자신의 이익을 중시하기 때문이다. 우리가 마주하는 것은 그들의 인간애가 아니라 자기애이다." 스미스는 사람들이 무자비하게 이기적이라거나 사람들이 반드시 그래야 한다고 이야기한 게 아니었다. 그는 역사상 가장 예리하게 인간의 공감을 꿰뚫어 본 사상가 중 한 사람이었다. 그의 말은 시장에서는 사람들이 자기 자신과 자기 가족만 챙기더라도 그 경향이 모두를 좋게 만들 수도 있다는 뜻이었다.

교환은 사회 전체를 더 풍요롭게 만들뿐더러 더 좋게 만든다. 효율적으로 작동하는 시장에서는 물건은 훔치기보다는 사는 편이 값이 싸고, 타인은 죽었을 때보다 살아 있을 때 더 가치 있기 때문이다. (몇 세기 후에 경제학자 루트비히 폰 미제스(Ludwig von Mises, 1881~1973년)가 말한 바로는, "재단사가 제빵사와 전쟁을 벌인다면 그 후에는 자기가 먹을 빵을 직접 구워야 한다.") 몽테스키외, 칸트, 볼테르(Voltaire, 1694~1778년), 디드로, 아베 드 생피에르(Abbé de Saint-Pierre, 1658~1743년) 등 많은 계몽 사상가들은 온화한 상업(doux commerce)이라는 이상을 지지했다.[19] 미국의 건국자들 — 조지 워싱턴(George

Washington, 1732~1799년), 제임스 매디슨 2세(James Madison Jr., 1751~1836년), 특히 알렉산더 해밀턴(Alexander Hamilton, 1755~1804년) ― 은 그런 상업이 무럭무럭 자랄 수 있게 젊은 국가의 제도를 설계했다.

여기서 우리는 계몽주의의 또 다른 이념, 평화를 만난다. 인간의 역사는 전쟁으로 가득해서 과거에는 자연스럽게 전쟁을 인간 조건의 영속적인 부분으로 보고 평화를 메시아의 시대에나 누릴 수 있는 것으로 생각했다. 하지만 이제 전쟁은 참고 견디면서 한탄만 해야 하는 신의 형벌이나, 어떻게든 승리하고 축하해야 할 영광스러운 시련이 아니라, 줄이고 언젠가는 해결해야 할 현실적인 문제로 보고 있다. 『영구 평화론(*Zum ewigen Frieden*)』에서 칸트는 지도자들이 자기 나라를 전쟁으로 끌고 가지 않기 위해서 어떻게 해야 하는지를 논했다.[20] 칸트는 국제적인 자유 교역과 함께 대의 공화 체제(우리가 부르는 말로, 민주주의 정치 체제), 상호 투명성, 정복과 내정 간섭을 막는 규범, 여행과 이민의 자유, 국가 간의 분쟁을 해결할 연맹체를 꼽았다.

분명, 미국의 국부들, 헌법의 초안을 작성한 사람들, 그리고 계몽 사상가들은 선견지명을 가진 사람들이었다. 그러나 이 책은 계몽 숭배서가 아니다. 계몽주의 사상가들은 그들의 시대, 18세기의 사람들이었다. 그들 중에는 인종주의자, 성 차별주의자, 반(反)유태주의자, 노예 소유주, 결투 만능주의자도 있었다. 그들이 걱정했던 문제 중에는 우리가 거의 이해할 수 없는 것들이 있고, 훌륭한 생각들 사이사이에 어리석은 생각들이 자주 출몰한다. 요컨대 그들은 현재 우리가 알고 있는 세계의 근본 원리를 모두 알기에는 너무 일찍 태어났다.

그래도 그들은, 다른 누구보다 먼저 그 한계를 인정했을 것이다. 만일 우리가 이성을 찬양한다면 중요한 것은 사상가들의 개성이 아니라 그 사상의 정합성이다. 또한 우리가 진보에 종사한다고 하면, 우리가 진보와 관련된 모든 사항을 남김없이 알고 있다고 주장할 수도 없는 일이다. 인간 조건과 진보의 본질에 관한 어떤 중요한 개념을 우리는 알고 그들은 몰랐다고 해도 계몽 사상가들은 여전히 위대하다. 한데 그런 개념이 무엇인가 하면, 바로, 엔트로피(entropy), 진화(evolution) 그리고 정보(information)라는 개념이다.

2장
엔트로피, 진화, 정보

인간 조건을 이해할 수 있는 첫 번째 초석은 엔트로피 혹은 무질서도라는 개념이다. 이 개념은 19세기 물리학에서 출현했고 물리학자 루트비히 에두아르트 볼츠만(Ludwig Eduard Boltzmann, 1844~1906년)이 현재와 같은 형태로 정의했다.[1] 열역학 제2법칙은 고립된 계(주변 환경과 상호 작용하지 않는 계) 안에서 엔트로피는 절대 감소하지 않는다고 말한다. (제1법칙은 에너지 보존 법칙이고, 제3법칙은 절대 영도라는 온도에는 도달할 수 없다는 법칙이다.) 닫힌 계는 그 구조와 질서가 불가역적으로 흐트러지고, 흥미롭고 유용한 결과를 만들어 내는 가능성도 줄어들고, 결국 창백하고 미지근하고 지루한 균질의 평형 상태에 도달해 거기 머무르게 된다.

제2법칙의 원래 공식은 열이 따뜻한 물체에서 차가운 물체로 흐름에 따라 두 물체 사이에 온도 차이 형태로 존재하는 가용 에너지가 불가피하게 소진되는 과정을 기술하는 것이었다. (음악 그룹인 플랜더스 앤드 스완(Flanders & Swann)은 이렇게 설명했다. "차가운 쪽에서 뜨거운 쪽으로 열을 전달할 순 없어. 원한다면 해 봐. 하지만 안 하는 게 훨씬 나아.") 잔에 담긴 커피는 전열기 위에 놓지 않으면 식기 마련이다. 증기 기관의 연료인 석탄이 다 떨어지면 피스톤의 한쪽에서 식어 버린 수증기는 더는 피스톤을 밀지 못한다. 반대쪽에서 공기가 미지근해진 수증기와 같은 힘으로 밀어 대기 때문이다.

일단 열이 보이지 않는 유체가 아니라 분자의 운동으로 존재하는 에너지라는 점과 두 물체 사이의 온도 차이가 그 분자들의 평균 속도의 차이라는 점이 이해되자 더 일반적이고 통계학적인 형태로 엔트로피 개념과 제2법칙이 구체화되었다. 이제 질서나 무질서 같은 개념을 어떤 계의 미시적 개별 상태를 모두 모은 집합으로 정의할 수 있게 되었다. (앞서 언급한 열을 예로 들자면, 두 물체를 구성하는 모든 분자가 취할 수 있는 속도와 위치 조합을 모두 모은 집합으로 다룰 수 있다.) 이 모든 상태 중에서 우리가 조감했을 때 유용하다고 할 수 있는 상태(한 물체가 다른 물체보다 더 뜨거운 상태가 그 예인데, 바꿔 말하면 이 상태는 한 물체를 구성하는 분자들의 평균 속도가 다른 물체를 구성하는 분자들의 평균 속도보다 높은 상태이다.)는 그 가능성 중 극히 일부분이고, 절대 다수는 하나같이 무질서하거나 무익한 상태(온도 차이가 없는 상태로, 두 물체 속 분자들의 평균 속도가 똑같은 상태를 말한다.)이다. 따라서 계 일부에 무작위적인 흔들림이 일어나거나 외부에서 강한 충격이 주어져 계에 어떤 식으로든 변화가 일어나면 확률의 법칙에 따라 그 계는 아무리 질서 정연하고 유용한 상태였다고 하더라도 슬그머니 무질서하거나 이용 불가능한 상태로 바뀌게 된다. 자연이 무질서를 위해 노력하기 때문이 아니라, 질서 있는 상태보다 무질서한 상태가 될 확률이 훨씬 높기 때문이다. 모래성을 쌓고 나서 집에 돌아가면 성이 내일도 그대로 있기는 힘들다. 바람, 파도, 갈매기, 어린아이 등이 모래알을 흩뜨릴 때마다 모래알들의 배열은 성처럼 생긴 아주 드문 형태보다는 그렇지 않은 수많은 형태 중 하나로 바뀔 확률이 훨씬 높다. 나는 앞으로 제2법칙의 통계학적 버전을 자주 언급할 것이다. 온도 차이의 균등화가 아니라 더 일반적인 질서의 소실을 기술하는 엔트로피 법칙을 말이다.

엔트로피는 인간사에 어떻게 관계할까? 우리의 생명과 행복은 천문학적으로 많은 가능성 가운데 극소수밖에 없는 질서 정연한 물질 배열에 달려 있다. 우리 몸은 분자들의 있을 법하지 않은 집합체이고 그 질서를 유지할 때에도 다른 불가능에 가까운 집합체들에 의존하는데, 몇몇 물질은 우리에게 자양분을 공급하고, 몇몇 물질은 우리에게 옷과 거처, 그리고 물체를 원하는 대로 이동하는 수단을 제공한다. 지구에 존재하는 물질 배열 중 훨씬 많은 것들이 우리에게 현실적으로 쓸모가 없고, 그래서 인간 행위자가 관리하지 않은 변화는 대개 나빠지는 쪽이다. 다음과 같은 속담에서 알 수 있듯이 엔트로피 법칙이 일상 속에 작용하고 있음을 모두가 인정하고 있다. "형태 있는 것은 모두 무너지는 법이다." "녹은 절대 잠들지 않는다." "살다 보면 재수 없는 일이 일어난다." "잘못될 수 있는 것은 잘못되기 마련이다."(그리고 미국 텍사스 주 하원 의원인 샘 레이번(Sam Rayburn, 1882~1961년)이 말했듯이) "헛간은 어떤 수탕나귀의 발길질에도 무너질 수 있지만, 헛간을 짓는 데는 목수가 필요하다."

과학자들은 열역학 제2법칙이 일상 생활을 성가시게 하는 것들을 설명하는 데 그치지 않고 훨씬 더 많은 것들을 설명하고 있음을 잘 알고 있다. 우주와 그 안에서 우리가 차지하는 위치를 이해할 수 있는 기본 원리인 것이다. 1928년에 물리학자 아서 스탠리 에딩턴(Arthur Stanley Eddington, 1882~1944년)은 다음과 같이 썼다.

> 엔트로피가 항상 증가한다는 법칙은 …… 자연 법칙 가운데 최고의 자리를 차지할 것이다. 만일 우주에 관한 당신의 지론이 맥스웰 방정식과 모순된다고 누군가가 지적한다면, 그건 맥스웰 방정식의 탓일 수 있다. 만일 당신의 지론이 관찰 결과와 모순된다고 하면, 그래도 기죽을 필요는 없다. 실험가들도 가끔 서툰 실수를 하니까. 하지만 당신의 이론이 열역학 제2법칙에 어긋난다고 하면 당신에게는 일말의 희망도 남지 않는다. 그것보다 창피한 일이 또 있으랴.[2]

1959년의 유명한 리드 강연과 그 내용을 담은 책『두 문화(*The Two Cultures and the Scientific Revolution*)』에서 과학자 겸 소설가인 찰스 퍼시 스노(Charles Percy Snow, 1905~1980년)는 당대의 교양 있는 영국인들 사이에 퍼져 있는 과학을 멸시하는 태도를 다음과 같이 논평했다.

> 나는 전통 문화의 기준에서 교양이 높다고 생각하는 사람들 모임에 지금까지 여러 번 참석했다. 그들은 꽤 즐거운 듯이 과학자들의 무식함에 혀를 내둘렀다. 한두 번인가 나는 은근히 화가 나서 그들에게 몇 명이나 열역학 제2법칙을 말로 설명할 줄 아느냐고 물었다. 반응은 시들했고 부정적이었다. 하지만 내 질문은 **셰익스피어의 작품은 읽어나 보셨는지** 하는 것의 과학적 등가물이었다.[3]

화학자 피터 윌리엄 앳킨스(Peter William Atkins, 1940년~)는 자기 책의 제목을『우주를 움직이는 네 가지 법칙(*Four Laws That Drive the Universe*)』이라고 지으면서 그중 하나인 열역학 제2법칙의 중요성을 강조했다. 필자의 전공 분야 가까이에서도 진화 심리학자 존 투비(John Tooby, 1952년~), 레다 코스미데스(Leda Cosmides, 1957년~), 해럴드 클라크 배럿(Harold Clark Barrett)이 마음의 과학적 토대들을 다룬 최신 논문에 이런 제목을 붙였다. "열역학 제2법칙은 심리학 제1법칙이다."[4]

제2법칙을 그렇게 경외하는 이유는 무엇일까? 올림포스 산에서 보자면 제2법칙은 우주의 운명과 함께 생명, 마음, 인간의 분투의 궁극적 목적, 그러니까 에너지와 지식을 동원해서 엔트로피라는 조류에 맞서고 유익한 질서라는 피난처를 개척하려는 노력의 궁극적 목적을 정의한다. 지상에서 보자면 더 구체적으로 말할 수 있지만, 익숙한 땅 위에 내려서기 전에 먼저 다른 두 기본 개념을 살펴볼 필요가 있겠다.

~

얼핏 보기에 엔트로피 법칙은 실망스러운 역사와 암울한 미래만 허락한다고 할 수도 있다. 우주는 엔트로피가 아주 낮은 상태, 에너지가 헤아릴 수 없으리만치 조밀하게 축적되어 있는 대폭발(Big Bang)에서 출발했다. 그 후 모든 것이 내리막을 달려 왔다. 우리 우주에서는 모든 입자들이 공간 전체에 균일하고 희박하게 분포한 멀건 죽 같은 상태를 향해 서서히 흩어져 왔고 앞으로도 계속 그럴 것이다. 물론 우리가 보는 우주는 죽처럼 멀겋지 않다. 아직 우주는 수많은 은하, 행성, 산, 구름, 눈송이, 우리를 포함한 울긋불긋한 동식물상으로 활기가 넘친다.

우주에 그렇게 흥미로운 물질이 가득한 이유 중 하나는 제한된 구역들 안에서 질서를 출현시키는 자기 조직화(self-organization)라는 과정이 있기 때문이다.[5] 어떤 계에 에너지가 쏟아져 들어오면 계는 그 에너지를 계 안에 흩뜨리면서 엔트로피 증가 쪽으로 서서히 미끄러진다. 그때 계는 원, 나선, 방사상 폭발, 소용돌이, 물결, 결정 혹은 프랙털같이 질서 정연하고 더없이 아름다운 형태를 만들어 내기도 한다. 이 형태들이 우리에게 아름답게 다가온다는 사실은 아름다움이 그저 보는 사람의 눈에 있지 않다는 것을 암시한다. 뇌의 심미적 반응은 자연에서 출현할 수 있는 반(反)엔트로피 패턴에 대한 수용성이 있기 때문일지도 모른다.

하지만 자연에는 설명해야 할 질서가 또 한 종류 있다. 물질계의 우아한 대칭과 리듬이 아니라 생명계의 기능적 설계가 그것이다. 생물은 이질적인 부분들을 가진 기관들로 이루어져 있고, 이 기관들은 기기묘묘한 형태와 배열을 통해 유기체의 생명을 유지한다. (즉 기기묘묘한 형태와 배열은 끊임없이 에너지를 흡수해서 엔트로피에 저항하기 위한 것이다.)[6]

흔히 생물의 설계를 대표하는 예로 눈을 꼽지만, 이 책에서는 내가 두 번째로 좋아하는 감각 기관을 통해 설명해 보겠다. 인간의 귓속에는 아주 약한 공기의 흔들림에도 반응해 진동하는 탄력성 있는 고막, 진동의 세기를 증폭시키는 귓속뼈, 그 진동을 유체로 채워진 귓속 터널 속으로 밀어 주는 피스톤(머리뼈 안쪽 벽에 맞게 돌돌 말려 있다.), 터널의 길이 방향으로 점점 가늘어지면서 그 진동을 물리적으로 배음(倍音) 파형으로 나누는 막, 진동하는 막에 의해 앞뒤로 흔들리면서 뇌에 전기 신호를 보내는 작은 털들이 달린 세포들이 있다. 어째서 이 막과 뼈와 유체와 털이 그렇게 불가능에 가까운 형태로 배열되어 있는지를 설명할 수 있는 길은 하나뿐이다. 이 형태 덕분에 뇌가 이 소리의 패턴을 인식할 수 있다는 것이다. 심지어 살로 이루어진 바깥귀 — 위아래 앞뒤로 비대칭이고, 마루와 골이 있는 주름진 부위 — 가 기묘한 형태를 취하고 있는 이유도 그 형태 덕분에 소리를 적당히 다듬어 음원이 상하좌우 어디에 있는지 뇌에 보고할 수 있기 때문이라고 설명하지 않으면 이해할 수가 없다.

유기체는 눈, 귀, 심장, 위장처럼 불가능에 가까운 살의 배열들로 가득한데, 모두 설명해 달라고 아우성을 친다. 1859년에 찰스 로버트 다윈(Charles Robert Darwin, 1809~1882년)과 앨프리드 러셀 월리스(Alfred Russel Wallace, 1823~1913년)가 그런 설명을 제시하기 전까지는 그 배열들이 전지전능한 설계자의 수공예품이라는 것이 조리 있는 생각이었다. 아마 이런 이유에서도 그렇게 많은 계몽 사상가가 완전한 무신론자가 아니라 이신론자였을 것이다. 다윈과 월리스는 그런 설계자를 불필요하게 만들었다. 일단 물리적, 화학적 자기 조직화 과정에서 자기 복제 능력을 가진 물질의 배열이 탄생하면, 사본이 사본을 만들고 다시 사본의 사본을 만드는 방식으로 기하 급수적인 폭발이 일어날 것이다. 복제하는 계들은 사본을 만드는 데 필요한 재료와 에너지를 두고 경쟁을 벌일 것이다. 어떤 복제 과정도 완벽하지 않기 때문에 — 엔트로피 법칙이 그렇게 손을 쓴다. — 오류가 발생한다. 이 돌연변이는 대부분 복제자를 퇴화시키지만(이 역시 엔트로피의 손길이 닿은 것이다.) 가끔은 눈먼 행운이 끼어들어 복제를 더 잘하는 사본을 만들게 되고 그 후손들이 경쟁에서 압승을 거두는 일이 발생한다. 계의 안정성과 번식력을 강화시켜 주는 복제 오류가 여러 세대에 걸쳐 누적되면, 그 결과 생긴 복제하는 계 — 우리는 이를 유기체라고 부른다. — 는, 비록 과거에 생존과 번식을 조금 유리하게 해 주었던 복제 오류를 보존하고 있을 뿐인데도, 미래의 생존과 번식을 위해 처음부터 그렇게 설계된 것처럼 보이게 된다.

창조론자들은 대개 열역학 제2법칙을 갖고 생물학적 진화, 즉 시간에 따른 질서의 증가는 물리학적으로 불가능하다고 주장한다. 그 법칙에서 창조론자들이 빼먹은 부분은 '닫힌 계 안에서'라는 핵심 조건이다. 유기체는 열린 계이다. 다시 말해 태양, 음식, 해저 열수공 등으로부터 에너지를 포획해서 몸과 둥지 안에서 일시적인 질서 주머니를 빚고 동시에 열과 폐기물을 환경에다 내버려서 세계 전체의 무질서를 증가시킨다. 유기체가 엔트로피의 압력에 맞서서 자신의 완전성을 유지하기 위해 에너지를 사용한다는 것은 **코나투스**(conatus)라는 원리에 대한 현대적 설명이라고 할 수 있다. 스피노자의 정의에 따르면 코나투스는 "자신을 보존하고 번영하기 위한 노력"으로, 생명과 마음에 대한 계몽주의 시대의 몇몇 이론을 떠받치는 기본 개념이었다.[7]

환경에서 에너지를 빨아들여야 자신의 완전성을 유지할 수 있다는 엄중한 조건은 생물에게 비극을 하나 안긴다. 식물은 태양 에너지를 쬐고 깊은 바다에 사는 몇몇 식물은 해저의 틈에서 스며 나오는 화학 수프를 빨아들이는 반면에, 동물은 타고난 착취자이다. 동물은 식물이나 다른 동물의 생명을 빼앗고 그들이 어렵게 축적한 에너지를 섭취하지 않으면 살아갈 수 없다. 동물의 체내에서 그 몸을 갉아 먹는 바이러스, 세균, 여타 병원균과 기생 생물도 사정이 비슷하다. 과일을 포함해 우리가 '음식'이라 부르는 것은 모두 다른 유기체의 신체 일부나 에너지 저장고인데, 거기에는 우리처럼 그 유기체에도 똑같이 소중한 것이 담겨 있다. 자연은 전쟁이고, 자연계에서 우리의 관심을 사로잡는 것은 대부분 군비 경쟁이다. 피식자 동물은 껍질, 등딱지, 발톱, 뿔, 독, 위장술, 비행술, 방어술로 자신의 몸을 보호하고, 식물은 가시, 외피, 나무껍질, 자극성 물질, 조직에 흠뻑 배어 있는 독으로 무장하고 있다. 동물은 이 방어 체계를 돌파하는 무기를 진화시킨다. 육식 동물에게는 빠른 발, 예리한 발톱, 날카로운 눈이 있고, 초식 동물에게는 식물 조직을 으깰 수 있는 이빨, 자연 독을 해독하는 간이 있다.

~

이제 우리는 세 번째 초석인 정보에 이르렀다.[8] 정보란 엔트로피가 감소하는 임의의 계, 즉 수없이 많은 쓸모없는 무작위적 계로부터 질서와 조직을 갖춘 계를 구분할 수 있는 요소라고 생각할 수 있다.[9] 원숭이가 타자기를 두드려서 종이 위에 무작위로 써 내려간 문자들, 라디오의 두 채널 사이에서 잡힌 백색 소음, 혹은 컴퓨터 파일이 깨졌을 때 나타나는 화소가 색종이 조각처럼 가득 흩어져 있는 화면을 상상해 보자. 문자, 소리, 화소가 취할 수 있는 무의미한 배열은 수조 개일 테고, 모두가 하나같이 지루할 것이다. 반대로 이제 타자기, 라디오, 모니터 같은 장치에 어떤 신호가 주어져 문자나 음파나 화소를 세계에 존재하는 어떤 것 — 예를 들어 미국 독립 선언문, 「헤이 주드(Hey Jude)」의 첫 마디, 선글라스를 낀 고양이 — 과 상호 연관되어 있는 패턴으로 배열했다고 가정해 보자. 이때 우리는 그 신호가 독립 선언문이나 노래나 고양이에 관한 **정보**를 전달한다고 말할 수 있다.[10]

어떤 패턴에 어떤 정보가 담겨 있는지는 세계를 보는 우리의 관점이 얼마나 조잡한지 혹은 얼마나 정교하고 세밀한지에 달려 있다. 만일 우리가 원숭이가 만들어 낸 문자들의 순서 **그 자체**, 갑자기 터져 나온 어떤 소음과 다른 소음의 정확한 차이, 혹은 우연히 배치된 픽셀의 구체적인 패턴에 주목한다면, 세 패턴 모두 같은 정도의 정보를 담고 있다고 말해야 한다. 심지어 경우에 따라서는 흥미로운 패턴일수록 오히려 정보가 적다고 할 수도 있다. 왜냐하면 신호 없이도 한 부분을 보고 다른 부분을 추측할 수 있기 때문이다. (예를 들어 영어에서는 문자열에 q가 나오는 경우 그 다음에 u가 나오는 게 대부분이다.) 하지만 일반적으로 우리는 무작위로 보여서 한결같이 지루하기만 한 절대 다수의 형태들을 하나로 묶고 실제 사물과 상관성이 있어 보이는 극소수의 형태들을 다르게 묶어 구분한다. 이 시각에서 볼 때는 고양이 사진이 색종이 조각이 뒤죽박죽 흩어진 화면보다 더 많은 정보를 담고 있다. 무질서하기만 한 수많은 형태 중에서 드물게 질서 있는 형태를 골라내려면 수다스러운 메시지가 있어야 한다. 우주가 무작위적이지 않고 질서 정연하다는 말은 우주에 이런 의미의 정보가 담겨 있다는 뜻이다. 어떤 물리학자들은 우주의 기본 요소로 물질과 에너지 옆에 정보를 나란히 모셔 놓는다.[11]

정보는 진화 과정에서 유전체(genome)에 축적되기도 한다. DNA 분자 속의 염기 서열은 유기체의 몸을 이루는 단백질의 아미노산 배열과 상관성이 있으며, 그런 배열은 그 유기체의 조상들이 에너지를 포획하고 성장하고 번식하게 해 주는, 존재 자체가 말도 안 되는 형태를 손에 넣었을 때 — 엔트로피가 감소했을 때 — 갖추어졌다.

정보는 또한 살아 있는 동물의 신경계를 통해 수집되기도 한다. 귀는 소리를 신경 사이에서 뛰는 불꽃으로 변환하는데, 이 두 가지 물리적 과정 — 공기의 진동과 이온의 확산 — 은 대단히 다르다. 하지만 두 과정의 상관성 덕분에 동물의 뇌에서 일어나는 신경 활성의 패턴이 그 소리에 관한 정보를 지니게 된다. 그때부터 정보는 전기 신호와 화학 신호를 넘나들면서 시냅스를 건너 뉴런에서 뉴런으로 이동하고, 이 모든 물리적 변환을 거치면서도 원래의 정보는 유지된다.

20세기에 이론 신경 과학은 중대한 발견을 했다. 신경망은 정보를 보존할 뿐 아니라 변형시키는데, 그 과정을 통해서 뇌가 **지능**을 가지게 되었음을 이해하게 된 것이다. 입력 뉴런 2개가 출력 뉴런 1개와 연결될 때, AND, OR, NOT 같은 논리 관계, 혹은 들어온 증거의 무게(가중치)에 따라 내려지는 통계적 결정에 해당하는 점화 패턴이 만들어진다. 이 사실 덕분에 신경망은 정보 처리 능력이나 계산 능력을 갖게 된다. 이 논리 및 통계 회로들(그리고 수십억 개의 뉴런들, 뇌에는 충분한 공간이 있다.)로 신경망이 구축되고 그 신경망이 충분히 커지면 뇌는 복잡한 함수도 계산할 수 있게 되는데 이것이 지능의 선행 조건이다. 뇌는 감각 기관으로부터 얻은 정보를 세계를 지배하는 법칙들이 고스란히 반영되도록 변형할 수 있기 때문에, 뇌는 여기서 유용한 추론과 예측을 만들어 낼 수 있다.[12] 이때 만들어지는 심적 표상이 세계의 상태와 믿을 만하게 상호 관련되어 있고, 그래서 올바른 전제에서 올바른 관계를 곧잘 끌어낼 수 있도록 해 주는 것이라면 그것이 곧 지식이다.[13] 어떤 사람이 울새를 볼 때마다 '울새'라는 생각을 하고 울새가 봄에 나타나 땅에서 벌레를 쪼는 새라고 추론할 줄 안다면 그 사람은 울새가 무엇인지를 안다고 할 수 있다.

진화로 되돌아가 보자. 유전체 속 정보에 따라 배선되어 감각 기관을 통해 들어오는 정보에 의거해서 계산을 수행할 수 있게 된 뇌는 에너지를 포획하고 엔트로피에 저항하기 위해 동물의 행동을 체계화할 수 있다. 예를 들어, "찍찍거리면 추적하고, 짖으면 피하라."라는 규칙을 심어 주는 것이다.

이 추적과 도피는 단순한 근육의 수축 운동이 아니라 **목표 지향적** 행동이다. 추적 행동은 상황에 따라 달리기나 기어오르기, 뛰어오르기나 매복하기처럼 먹이를 잡을 가능성을 높여 주는 행동들이 될 수 있다. 도피 행동은 숨기나 꼼짝하지 않기나 지그재그 달리기가 될 수 있다. 여기서 우리는 사이버네틱스(cybernetics), 되먹임(feedback), 혹은 제어(control)라고 불리는 20세기가 낳은 중요한 개념들을 만나게 된다. 이 개념들은 물질계가 어떻게 목적론적으로 보일 수 있는지, 다시 말해 목적이나 목표를 갖고 있는 것처럼 보이는지를 설명해 준다. 필요한 것은 네 가지뿐이다. 자기 자신과 환경의 상태를 감지하는 방법, 목표 상태('원하는' 것, '이루기 위해 애쓰는' 것)의 표명, 현재 상태와 목표 상태의 차이를 계산하는 능력, 그 결과를 대략적으로 알고 있는 전형적인 행동 레퍼토리. 만일 그 계가 현재 상태와 목표 상태의 차이를 잘 줄여 주는 방식으로 구성되어 있다면, 그 계는 목표를 추구한다고 말할 수 있다. (그리고 세계가 충분히 예측 가능하다면, 목표를 달성한다고 말할 수 있다.) 자연 선택은 이 원리를 항상성의 형태로 생명체에 장착했다. 우리 몸이 몸을 떨고 땀을 흘림으로써 체온을 조절하는 방식이 좋은 예이다. 인류도 이 원리를 발견해서 처음에는 온도 조절 장치와 크루즈 컨트롤(cruise control, 선박이나 항공기, 미사일 등에 쓰이는 순항 제어 장치) 같은 아날로그 체계에, 나중에는 체스 플레이 프로그램과 자율 로봇 같은 디지털 체계에 응용했다.

정보, 계산, 제어라는 원리는 원인과 결과로 이루어진 물리적 세계와 지식, 지능, 목적으로 이루어진 심리적 세계의 깊은 틈에 다리를 놓아 준다. 생각이 세계를 바꿀 수 있다는 말은 그저 수사적 열망이 아니라 뇌의 물리적 구조와 관련된 엄연한 사실이다. 계몽 사상가들은 생각이 물질의 패턴으로 이루어져 있다는 것을 어렴풋이 알아챈 듯, 생각을 밀랍에 찍힌 도장 자국, 현의 진동, 지나가는 배 뒤에 생기는 파도에 비유했다. 그리고 홉스 같은 사람들은 "논리적 사고는 계산(reckoning)에 불과하다."라고 말했다. 하지만 정보와 계산 개념이 지금처럼 명료해지기 전에는 몸과 마음을 나누는 심신 이원론을 믿고 정신 활동은 비물질적인 영혼에서 나온다고 생각하는 것이 합리적이었다. (진화라는 개념이 명료해지기 전에는 창조론을 믿고 자연의 설계가 우주의 설계자로부터 나온다고 생각하는 것이 합리적이었듯이 말이다.) 그것이 그렇게 많은 계몽 사상가가 이신론자였던 또 다른 이유일 것이다.

물론 당신의 휴대 전화가 당신이 자주 쓰는 전화 번호를 정말로 '알고' 있는지, 당신의 GPS가 최적의 귀갓길을 정말로 '생각'해 내는지, 당신의 로봇 청소기가 바닥을 청소하려고 정말 '노력'하는지에 대해서는 당연히 재고해 볼 필요가 있다. 하지만 정보 처리 체계들이 점차 정교해짐에 따라 — 즉 그 체계에 들어 있는 세계에 관한 표상이 더 풍부해지고, 목표가 계층화되고, 목표 달성을 위한 행동이 더 다양해지고 예측하기 어려워짐에 따라 — 앞의 재고 주장은 호미닌(hominin, 사람과에 속하는 현생 인류와 그 조상 그룹)의 근거 없는 쇼비니즘처럼 보이기 시작한다. (정보와 계산이 지식, 지능, 목적뿐 아니라 **의식**도 설명하는가의 문제는 마지막 장을 위해 남겨 두고자 한다.)

그래도 인간의 지능은 인공 지능의 기준이 될 것이고, 호모 사피엔스 (*Homo sapiens*)를 특별한 종으로 만든 요인은 우리 조상들이 커다란 뇌에 더 많은 투자를 해서 세계에 관한 정보를 더 많이 모으고, 그 정보로 더 정교한 추론을 하고, 목표를 이루기 위해 더 다양한 행동을 전개한 것이라는 사실은 바뀌지 않을 것이다. 그리고 우리 조상들은 문화 적소 혹은 수렵 채집인 적소라고도 불리는 인지 적소(cognitive niche)를 자신들의 생태적 지위로 삼았다.[14] 이 과정에서 세계에 대한 정신 모형(mental model, 행동 결과를 예측하거나 결론을 도출해 낼 때 사용하는 전제라고 할 수 있다. — 옮긴이)들을 조작해 새로운 일을 시도했을 때 일어날 수 있는 일을 예측하는 능력과, 혼자서 해결할 수 없는 일을 해결하기 위해 팀을 이루어 다른 사람과 협조하는 능력, 그리고 사람들의 행동을 조정하고 경험의 결실을 모아 우리가 문화라고 부르는 기술과 규범의 집적물을 만들 수 있게 해 주는 언어 능력 같은 새로운 적응을 얻었다.[15] 이 투자 덕분에 초기의 호미닌은 동식물의 광범위한 방어 전략과 전술을 깨고 그 보상으로 에너지를 수확했으며, 더 나아가 이 에너지를 통해 팽창하는 뇌에 불을 지펴 훨씬 더 영리하고 훨씬 더 많은 에너지에 접근할 줄 아는 동물이 되었다. 탄자니아의 하드자(Hadza) 족은 현존하는 수렵 채집 부족으로 현생 인류가 처음 진화한 생태계에 살고 있어서 생활 방식이 그때와 비슷할 듯한데, 880여 종의 동식물에서 하루에 1명당 3,000킬로칼로리를 획득한다.[16] 하드자 족은 독침이 달린 화살로 큰 동물을 쓰러뜨리고, 벌집에 연기를 쐬어 꿀을 훔치고, 고기와 덩이줄기를 불로 요리해서 영양가를 높이는 등 인간 특유의 독창적인 방법을 통해 멋진 식단을 만들어 낸다.

지식을 통해 획득한 에너지는 엔트로피에 저항할 수 있게 해 주는 영약이므로, 에너지 획득 능력의 향상은 인간 운명의 향상으로 직결된다. 1만 년쯤 전에 농업이 발명되면서 인류는 경작과 목축으로 에너지 이용도를 높일 수 있었고, 인구의 일부분에게서 사냥과 채집의 요구를 덜어 줄 수 있게 되었다. 그 결과 글쓰기, 생각, 생각의 축적이라는 사치를 누리게 되었다. 철학자 카를 테오도어 야스퍼스(Karl Theodor Jaspers, 1883~1969년)가 "축의 시대(Axial Age)"라고 명명한 기원전 500년경에 서로 멀리 떨어져 있는 몇몇 문화가 불행을 피하기에 급급한 제사와 제물 체계를 버리고, 금욕을 장려하고 영적 초월을 약속하는 철학 및 종교 체계로 선회했다.[17] 중국의 도교와 유교, 인도의 힌두교와 불교와 자이나교, 페르시아의 조로아스터교, 제2성전 유태교(예루살렘에 제2성전을 건축한 기원전 515년경부터 로마 제국이 성전을 파괴한 기원후 70년까지의 유태교를 말한다. ─옮긴이), 고대 그리스 철학과 연극은 몇 세기 안에 동시에 출현했다. (공자, 부처, 피타고라스, 아이스킬로스, 마지막 히브리 예언자들은 같은 시대에 지구 위를 걸어 다녔다.) 얼마 전에 한 학제 간 연구진은 이러한 선회에 공통되는 요인을 확인했다.[18] 지상에 드리운 영적 기운처럼 시적인 것이 아니라 그것보다 더 현실적인 것, 즉 에너지 획득 방식의 변화를 발견한 것이다. 축의 시대는 농업과 경제의 발전으로 에너지가 급격히 늘어나서 음식, 사료, 연료, 원자재 형태로 한 사람이 하루에 획득하는 에너지가 2만 킬로칼로리를 넘어선 시대였다. 이 획득 에너지 급증 덕분에 문명들은 더 큰 도시를 세우고, 학자와 종교 계급을 만들고, 단기적인 생존에서 장기적인 조화로 우선 순위를 재설정할 수 있었다. 베르톨트 브레히트(Bertolt Brecht, 1898~1956년)는 몇 천 년 후에 이렇게 표현했다. "먹는 것이 우선, 도덕은 그다음."[19]

산업 혁명이 일어나 석탄, 석유, 낙하하는 물에서 가용 에너지가 터져 나오자 가난, 질병, 기아, 문맹, 조기 사망으로부터 **탈출**하는 행렬이 먼저 서양에서, 다음으로 점차 전 세계에서 출현하기 시작했다. (이것에 대해서는 5~8장에서 살펴볼 것이다.) 인간 안녕과 복리의 다음 도약 — 극빈의 박멸과 풍요, 그리고 그에 수반하는 무수한 도덕적 이익의 전파 — 도 전 세계가 받아들일 수 있는 경제적, 환경적 비용으로 에너지를 공급하는 기술의 진보에 의존한다. (10장)

~

엔트로피, 진화, 정보. 이 세 개념은 인간의 진보 이야기의 핵심 줄거리이다. 우리가 어떤 비극 속에서 태어났고, 조금 더 나은 생존을 위해 어떤 수단을 동원해 왔는지를 알려준다.

세 개념이 일러 주는 첫 번째 지혜는 **불행은 그 누구의 잘못도 아니라는 것**이다. 과학 혁명이 이룬 약진 가운데 하나 — 어쩌면 가장 큰 약진일지도 모른다. — 는 우주는 목적으로 충만하다는 직관을 논박한 것이다. 원시적이지만 도처에 널려 있는 이 관점에 따르면 모든 것은 이유가 있어서 일어나고, 따라서 나쁜 일 ─ 사고, 질병, 기근, 가난 ─ 이 일어나면 분명 어느 행위자가 그렇게 되기를 **원해서** 그렇게 된 것이다. 이 생각에 때문에 한 개인을 불행의 원인으로 지목하고 그를 처벌하거나 재산을 몰수해서 피해를 보상하려고 한다. 만일 누구도 지목할 수가 없으면, 근처에 있는 종족적, 종교적 소수자 탓으로 돌려서 린치를 가하거나 학살을 자행한다. 만일 어떤 인간에게 그럴듯하게 책임을 돌릴 수 없으면, 마녀를 찾아내 화형에 처하거나 익사시킨다. 그마저도 실패하면 가학적인 신들을 탓하게 되지만, 신을 처벌할 수는 없는지라 기도를 올리거나 제물을 바쳐서 달래 보려고 한다. 게다가 업보, 숙명, 신탁, 우주적 정의 같은 실체 없는 힘들이 "모든 일은 이유가 있어서 일어난다."라는 직관을 보증한다.

갈릴레오 갈릴레이(Galileo Galilei, 1564~1642년), 아이작 뉴턴(Isaac Newton, 1642~1727년), 피에르시몽 라플라스(Pierre-Simon Laplace, 1749~1827년)는 이 우주적 도덕극을 끝내고, 누군가의 목표가 아니라 현재의 조건들 때문에 사건이 일어나는 시계 장치 같은 우주를 등장시켰다.[20] **사람**에게는 당연히 목표가 있지만, 그런 목표를 자연의 작용에 투사하는 것은 착각이다. 어떤 일이 인간의 행복에 어떤 영향을 미치는지 고려하는 존재가 없다고 해도, 일어날 일은 일어난다.

과학 혁명과 계몽주의의 이 통찰은 엔트로피의 발견으로 깊이를 획득했다. 우주는 우리의 바람에 신경 쓰지 않을뿐더러, 그런 바람은 사건이 자연스럽게 일어나는 과정에서 오히려 방해가 되는 것처럼 보인다. 세상일은 잘되는 경우보다 잘못되는 경우가 훨씬 많기 때문이다. 집은 불이 나고, 배는 가라앉고, 편자에 못 하나가 부족해서 전투에 패한다.

진화에 대한 이해는 우주가 인간에 무관심하다는 깨달음을 한층 더 깊게 해 주었다. 포식자, 기생 생물, 병원균은 시시각각 우리를 잡아먹으려 하고, 해충과 부패 미생물은 우리의 식량과 재산을 갉아먹는다. 그들은 우리를 불행에 몰아넣을 수 있지만, 그것은 그들의 문제가 아니다.

가난도 설명이 필요 없어졌다. 엔트로피와 진화가 지배하는 세계에서 가난은 인류의 초깃값이다. 물질은 저절로 집이나 옷으로 배열되지 않고, 생물은 우리의 식량이 되는 것을 피하려고 가진 재주를 다 부린다. 애덤 스미스가 지적했듯이, 설명이 필요한 것은 부이다. 하지만 천재지변이나 질병에 가해자가 있다고 믿는 사람이 거의 없는 오늘날에도 가난을 논할 때는 가난이 누구 탓인가 하는 주장들이 난무한다.

이 모든 말은 자연계에 악의가 없다는 뜻이 절대 아니다. 오히려 정반대로 진화는 이 세계에 악의가 차고 넘치게 만들어 놓았다. 자연 선택은 다음 세대에도 발현되고자 하는 유전자들의 경쟁이고, 오늘날 우리가 보는 유기체들은 짝, 음식, 우위를 차지하기 위한 싸움터에서 적수들을 몰아낸 승자의 후손들이다. 그렇다고 해서 모든 생물이 항상 탐욕스러운 것은 아니다. 현대의 진화론은 이기적 유전자에서 어떻게 이타적 유기체가 태어날 수 있는지를 설명한다. 하지만 그 이타적 유기체의 관대함은 한도가 있다. 몸속의 세포들이나 군체 생물의 개체들과는 달리 인간은 유전적으로 하나밖에 없는 존재이다. 즉 저마다 자신의 계통 안에서 수많은 세대에 걸쳐 엔트로피 증가 경향의 영향을 받으며 복제되어 온 서로 다른 돌연변이들이 독자적으로 축적되거나 재조합된 결과물이다. 유전적 개별성은 우리에게 나만의 취미와 욕구를 부여하고, 그렇게 해서 투쟁의 무대를 펼쳐 놓는다. 가족, 부부, 친구, 동맹자, 사회는 사소한 이해 갈등으로 끓어오르고, 충돌이 벌어지는 곳마다 긴장, 주장, 때로는 폭력이 불꽃을 튀긴다.

엔트로피 법칙의 또 다른 의미는 유기체 같은 복잡계는 있을 법하지 않은 수많은 조건을 동시에 만족시켜야 제 기능을 하기 때문에 쉽게 망

가질 수 있다는 것이다. 머리를 돌로 치거나, 목을 손으로 감아쥐거나, 독화살을 명중시키면 경쟁은 일시 중단된다. 언어를 사용하는 유기체에게 더 솔깃한 방법이 있다. 폭력을 가한다고 **위협**만 해도 경쟁자를 억압할 수 있다. 압제와 착취의 문이 열리는 것이다.

진화는 우리 어깨에 다른 짐을 하나 더 지웠다. 우리의 인지, 감정, 도덕과 관련된 기능들은 현대의 환경에서 모두가 번영하는 데 맞추어진 것이 아니라 원시 환경에서 개인의 생존과 번식에 맞게 적응한 것이다. 이 짐을 제대로 평가하기 위해 구태여 우리는 자신을 시대에 뒤처진 원시인이라고 믿을 필요는 없다. 다만 진화에는 여러 세대를 단위로 한 속도 제한이 있기 때문에 우리의 뇌를 현대의 과학 기술과 제도에 맞게 적응시킬 수 없었다는 정도만 인식하면 된다. 아직도 우리는 전통 사회에서 충분히 잘 작동했던 인지 기능들에 의존하고 있다. 현대적 관점에서 볼 때는 오류투성이로 보이지만 말이다.

인간은 본래 문맹에 수맹(數盲, innumeracy)이라, '하나, 둘, 여럿'과 어설픈 추정으로 세계를 수량화한다.[21] 인간은 물리적 대상 속에 물리학이나 생물학이 아니라 공감 주술이나 부두교의 법칙대로 움직이는 숨겨진 본질이 있다고 이해한다. 시간과 공간을 건너뛰어 서로 닮은 물체나 과거에 접촉했던 물체가 서로 영향을 미칠 수 있다고 생각하는 것이다. (과학 혁명 이전 영국인들의 믿음을 생각해 보라.)[22] 말과 생각이 기도와 저주의 형식으로 물질계에 영향을 준다고 여긴다. 우연의 일치가 편재한다는 사실을 과소 평가하기도 한다.[23] 자신의 경험 같은 한 줌에 불과한 표본을 일반화하고, 고정 관념으로 추론을 해서 어떤 집단의 전형적 특징을 그 집단에 속한 개인에게 함부로 투사한다. 상관 관계에서 인과 관계를 추론하기도 한다. 인간은 전일론, 흑백 논리 등에 빠져서 추상적인 관계를 구체적인 물질로 취급한다. 인간은 직관적인 법률가, 직관적인 정치가가 아니듯 직관적인 과학자도 아니어서 자신의 확신과 일치하는 증거는 꼼꼼하게 모으고, 모순되는 증거는 허투루 대하거나 무시한다.[24] 인간은 자신의 지식, 이해, 정당성, 능력, 운수를 과대 평가한다.[25]

인간의 도덕 관념도 인류의 안녕과 복리가 충돌하는 쪽으로 작동하고는 한다.[26] 사람들은 의견이 다른 사람을 악마로 만들고, 견해 차이를 어리석음과 부정직의 결과로 돌린다. 불행한 일이 일어날 때마다 속죄양을 찾는다. 인간은 경쟁자를 악마화하고 그들에 대한 분노를 동원하는 근거로 도덕성을 이용한다.[27] 그런 공격의 근거는 피고자가 타인을 해친 것이 될 수도 있지만, 관습을 경멸하거나 권위를 의문시하거나 부족의 결속을 흔들거나 불결한 성 습관과 식습관에 탐닉하는 것도 그런 비판의 구실이 된다. 인간은 폭력을 부도덕한 것이 아니라 도덕적인 것으로 본다. 그 증거로, 전 세계에서, 그리고 인류 역사 전체에서 탐욕보다는 정의의 이름으로 살해된 사람이 더 많다.[28]

〜

하지만 우리가 하나부터 열까지 나쁜 것은 아니다. 인간의 인지 능력에는 이 한계를 초월하는 수단이 될 수 있는 두 가지 자질이 있다.[29] 첫번째는 추상화 능력이다. 사람들은 어떤 장소에 있는 어떤 물체에 대한 개념을 어떤 상황에 있는 어떤 존재에 대한 개념으로 차용할 수 있다. "The deer ran from the pond to the hill.(그 사슴은 연못에서 산으로 내달았다.)" 같은 생각의 패턴을 취해서 "The child went from sick to well.(그 아이는 아픈 상태에서 건강한 상태가 되었다.)"에 적용하는 것이 좋은 예이다. 인간은 행위자가 물리력을 행사한다는 개념을 차용해서 다른 종류의 인과 관계를 개념화하는 데 쓸 수도 있다. 그 예로 우리는 "She forced the door to open.(그녀는 문을 억지로 열었다.)"의 이미지를 확장해서 "She forced Lisa to join.(그녀는 리사를 억지로 끌어들였다.)"이나 "She forced herself to be polite.

(그녀는 억지로 예의를 갖추었다.)"에 적용한다. 이 공식들 덕분에 우리는 어떤 값을 가진 변수, 그리고 어떤 원인과 그 결과에 대해 생각할 수 있는 수단 — 이론과 법칙을 세울 때 필요한 개념 장치 — 을 가질 수 있게 되었다. 사람들은 생각의 요소들만이 아니라 더 복잡한 생각의 조립물들도 이렇게 다룰 수 있게 되었다. 그러니까 은유와 유추로 생각할 줄 알게 되었다. 열은 유체, 메시지는 그릇, 사회는 가족, 의무는 끈이다.

인지 능력의 두 번째 발판은 인식의 조합과 반복을 가능하게 하는 힘이다. 마음은 물건, 장소, 경로, 행위자, 원인, 목적 같은 기본 개념들을 명제로 조립해서 엄청나게 다양한 생각을 자아 낸다. 그리고 명제뿐 아니라 명제에 관한 명제, 명제에 관한 명제에 관한 명제도 생각할 수 있다. 다음이 그 예이다. '몸에는 체액이 있다. 병은 몸에 있는 체액의 불균형이다. 나는 병이란 몸에 있는 체액의 불균형 때문에 생긴다는 이론을 믿지 않는다.'

언어 덕분에 생각은 개인의 머리 안에서 추상화되고 조합되는 데에서 그치지 않고 사람들 사이에서 퍼지고 그 공동체 안에서 축적될 수가 있다. 토머스 제퍼슨(Thomas Jefferson, 1743~1826년)은 언어의 힘을 다음과 같이 비유했다. "내 촛불로 자신의 양초에 불을 붙인 사람은 나를 침침하게 하지 않고서도 불빛을 얻는다. 마찬가지로 내게서 생각을 받은 사람은 내 생각을 감소시키지 않고서도 가르침을 얻는다."[30] 최초의 공유 애플리케이션으로서 문자가 발명되자(그리고 이후에 인쇄술이 발달하고 문해력이 확산되며 전자 미디어가 발명되자) 언어의 힘은 더욱 세졌다. 서로 생각을 주고받는 네트워크는 인구가 증가하고 사람들이 섞이고 도시 집중화가 진행됨에 따라 계속 확대되었다. 그리고 사용 가능한 에너지가 생존에 필요한 최저선을 돌파하게 되자 더 많은 사람이 생각하고 대화하는 여유를 누리게 되었다.

공동체가 커지고 그 연결이 어느 정도 형태를 갖추게 되자 구성원들의 상호 이익을 증진하는 방향으로 인간사를 조직하는 방법들이 출현한다. 틀리기를 바라는 사람은 없을 테지만, 사람들이 각자 자기 견해를 표명하기 시작하면 서로 모순되는 견해가 나오기 시작하고 모든 사람이 모든 것에 대해 옳을 수는 없다는 사실이 분명해진다. 또한 올바르고자 하는 욕망이 진리를 알고자 하는 욕망과 충돌하기도 한다. 이 논쟁에서 어느 편이 이기는가에 이해 관계가 걸려 있지 않은 구경꾼들은 이 두 번째 욕망이 강해진다. 이렇게 해서 공동체는 난폭하고 거친 논쟁에서 옳은 믿음이 출현할 수 있는 규칙을 만들어 낸다. 예를 들어 어떤 믿음을 주장하든 근거를 제시해야 하고, 다른 믿음의 결함을 지적하는 것이 허용되어야 하며, 의견이 다른 사람의 말을 강압적으로 차단해서는 안 된다는 등의 규칙이다. 당신의 믿음이 옳은지 틀리는지를 세계가 검증하는 것을 허용해야 한다는 규칙이 여기에 더해진 것을 우리는 과학이라고 부른다. 어떤 공동체가 완전히 합리적이지는 않은 생각을 하는 사람들로 이루어져 있더라도 적절한 규칙들만 확립되어 있으면 합리적인 생각을 키워 낼 수 있다.[31]

집단의 지혜 또한 우리의 도덕 감정을 고양할 수 있다. 충분히 많은 사람이 모여 서로 어떻게 대하는 게 최고의 방법인지 협의하다 보면 그 대화는 몇 가지 방향으로 수렴되기 마련이다. 만일 내가 덜컥 다음과 같이 제안한다고 가정해 보자. "나는 당신과 당신의 친족을 약탈하거나 때리거나 노예로 부리거나 죽일 수 있지만, 당신은 나와 내 친족을 약탈하거나 때리거나 노예로 부리거나 죽이지 못한다." 그러면 당신은 이 제안에 동의하지 않을 것이다. 어느 제3자라도 재가하지 않을 것이다. 나는 나이고 당신은 내가 아니라는 이유만으로 내가 특권을 누려야 할 이유가 전혀 없기 때문이다.[32] 또한 우리는 다음과 같은 제안에도 동의하지 않을 것이다. "나는 당신과 당신의 친족을 약탈하고 때리고 노예로 부리고 죽일 수 있고, 당신은 나와 내 친족을 약탈하고 때리고 노예로 부리고 죽일 수 있다." 공평하기는 해도, 다른 사람을 괴롭혀 얻을 이익보다 다른 사람의 괴롭힘을 당해 입을 불이익이 훨씬 크기 때문이다. (이것 역시 엔트로피 법칙의 또 다른 결과이다. 이익을 주기보다는 손해를 입히기가 더 쉽고, 이익보다 손해가 더 큰 영향을 미친다.) 따라서 포지티브섬 게임으로 사회 계약을 맺는 것이 더 현명하다. 어느 쪽도 상대방을 해치지 않고, 양쪽 모두 상대방을 도우라고 장려하는 것이다.

인간 본성은 결함투성이지만, 그 안에 개선을 꾀할 수 있는 씨앗들이 담겨 있다. 단, 편협한 이해의 물꼬를 터서 보편 이익과 연결해 주는 규범과 제도를 찾아내야 한다. 그런 규범으로는 표현의 자유, 비폭력, 협동, 세계주의, 인권, 인간의 오류 가능성 인정이 있고, 제도로는 과학, 교육, 언론, 민주정, 국제 기구, 시장이 있다. 이 모두가 계몽주의가 낳은 개념들이라는 사실은 결코 우연이 아니다.

3장
반(反)계몽

누가 이성, 과학, 휴머니즘, 혹은 진보에 반대할 수 있을까? 말은 그지없이 달콤하고, 이상은 나무랄 데가 없다. 이미 학교, 병원, 자선 단체, 통신사, 민주 정부, 국제 기구 같은 현대의 모든 제도들의 사명을 규정하고 있다. 그런데도 지금 다시 이 이념들을 옹호할 필요가 있을까?

분명히 있다. 1960년대부터 근대적인 제도에 대한 믿음이 침몰하더니, 2010년대에는 계몽주의의 이상을 노골적으로 부인하는 대중 운동이 출현했다.[1] 이 운동들은 세계주의가 아니라 부족주의를 내걸고, 민주주의가 아니라 권위주의를 칭송하며, 지식을 존중하기보다는 전문가를 경멸하고, 더 나은 미래를 바라기보다는 목가적인 과거를 그리워한다. 그러나 이 반응은 결코 21세기의 정치적 포퓰리즘(20장과 23장에서 살펴볼 운동이다.)에 한정된 것이 아니다. 이성, 과학, 휴머니즘, 진보에 대한 경멸은 풀뿌리 민중들 사이에서 싹터 올라오는 것이거나 못 배운 계층의 분노를 대변하는 것이 아니라, 엘리트 지식인들과 예술가들의 문화 속에 오랜 계보를 갖고 있다.

사실 계몽주의와 그 운동은 서양의 발명품일 뿐, 다양성이 가득한 세계에는 맞지 않는다는 일반적인 비판은 이중으로 비뚤어져 있다. 우선, 모든 사상은 어딘가에서 나오지만 그 발상지는 사상의 장점과 무관하다. 계몽주의의 이념이 가장 분명하고 강력한 형태로 표현된 것은 18세기 유럽과 미국에서이지만 그 내용은 이성과 인간 본성에 뿌리를 둔 탓에 이성이 있는 사람이면 누구라도 진심으로 공감하게 된다. 비서양 문명들에서도 역사상 여러 차례에 걸쳐 계몽주의의 이념이 반복적으로 표출된 것도 그런 이유에서이다.[2]

하지만 누군가가 계몽주의를 서양이 주도해 온 이념이라고 주장할 때마다 나는 이렇게 생각한다. '그럼 얼마나 좋겠어!' 계몽주의 운동이 등장하자마자 반계몽주의가 빠르게 출현했고, 그 후 서양은 둘로 나뉘었다.[3] 사람들이 햇볕에 나오자마자, 어둠도 결국 그렇게 나쁘지는 않다고, 감히 너무 많이 알려고 하지 말라고, 교리와 인습도 한 번 더 기회를 가질 만하다고, 인간 본성의 운명은 진보가 아니라 퇴보라고 속삭이는 충고가 여기저기에서 들려왔다.

낭만주의 운동이 계몽주의의 이상에 특히 강하게 저항했다. 루소, 요한 고트프리트 폰 헤르더(Johann Gottfried von Herder, 1744~1803년), 프리드리히 빌헬름 요제프 폰 셸링(Friedrich Wilhelm Joseph von Schelling, 1775~1854년) 등은 이성은 감정과 분리될 수 있고, 개인을 문화와 분리해서 생각할 수 있으며, 사람은 자신의 행동에 이유를 제시해야 하고, 시간과 장소를 뛰어넘어 적용되는 가치가 있으며, 평화와 번영은 바람직한 목표라는 점들을 부정했다. 그리고 이렇게 주장했다. 개인은 유기적 전체 — 문화, 인종, 국가, 종교, 정신 혹은 역사의 힘 — 의 일부분이고, 사람들은 그들이 속한 통일체를 초월적 조화로 이끌기 위해 창조적으로 길을 터야 한다. 문제 해결이 아니라 영웅적 투쟁이 최고선이며, 폭력은 자연에 내재되어 있는 것이기에 그것을 억누르면 삶은 활력을 잃고 만다. "존경할 만한 집단은 단 셋이다." 샤를 보들레르(Charles Baudelaire, 1821~1867년)는 이렇게 썼다. "사제, 전사, 시인. 알고, 죽이고, 창조하기 때문이다."

정신 나간 말처럼 들린다. 하지만 21세기에도 이 반계몽주의 이념은 엘리트 문화와 지식인들 사이에 의외로 넓게 퍼져 있다. 번영을 확대하고 고통을 줄이기 위해 집단 이성을 활용해야 한다는 생각은 아둔하고 순진하고 답답하고 고리타분하다는 취급을 당한다. 이제 이성, 과학, 휴머니즘, 진보의 인기 있는 대안을 몇 가지 소개하고자 한다. 이 책의 다른 장에도 다시 등장할 테고, 3부에서는 정면으로 파헤쳐 볼 생각이다.

가장 눈에 띄는 대안이 종교적 신앙이다. 어떤 것을 신앙에 기초해서 받아들인다는 것은 마땅한 이유 없이 그것을 믿는다는 뜻이며, 또한 초자연적 존재가 존재한다는 믿음은 그 자체로 이성과 충돌한다. 종교는 휴머니즘과도 자주 충돌한다. 인간의 안녕보다 도덕적 선을 더 강조하면서, 가령 구세주를 인정하거나, 신성한 이야기를 인가하거나, 제의나 터부를 강요하거나, 다른 사람들을 개종시켜 그런 관행을 강요하거나, 거부하는 사람을 처벌하거나 악마로 몰아세울 때 항상 그 같은 충돌이 일어난다. 종교가 생명보다 영혼에 더 가치를 부여할 때도 휴머니즘과 충돌하는데, 이런 가치 부여는 그 어감처럼 구원적이지는 않다. 내세에 대한 믿음은 건강과 행복이 그리 중요한 문제가 아님을 의미한다. 지상에서의 삶은 우리 존재 중 극히 일부분이기 때문이다. 또한 내세에 대한 믿음은 사람들에게 구원을 인정하도록 강요하는 것이 그들에게 호의를 베푸는 것임을 의미하고, 순교는 우리에게 일어날 수 있는 가장 좋은 일일 수 있음을 의미한다. 종교와 과학의 불화로 말하자면, 갈릴레오 재판과 스콥스 원숭이 재판에서부터 줄기 세포 연구와 기후 변화에 이르기까지 그런 불화를 대표하는 전설과 사건이 역사에 즐비하다.

두 번째 반계몽주의 이념은, 사람은 어떤 초유기체(superorganism) — 씨족, 부족, 민족, 종교, 인종, 계급, 국가 — 의 소모품이며 따라서 지고선은 그런 집합체의 영광이지, 그 구성 세포인 인간의 안녕이 아니라는 생각이다. 민족주의가 명백한 예이다. 여기서 초유기체는 민족 국가, 즉 정부를 가진 민족 집단이다. 다음과 같은 섬뜩한 애국적 슬로건에서도 민족주의와 휴머니즘의 충돌을 볼 수 있다. "조국을 위해 죽는 것은 즐겁고 명예로운 일이다."라는 퀸투스 호라티우스 플라쿠스(Quintus Horatius Flaccus, 기원전 65~8년)의 말과 "(죽음과 승리가) 하나라는 강렬한 믿음으로 승리의 여신과 죽음의 신을 (모두) 끌어안은 자는 행복하여라."[4]라는 말을 보라. 존 피츠제럴드 케네디(John Fitzgerald Kennedy, 1917~1963년)가 외친 슬로건 역시 덜 소름 끼치기는 해도 그런 긴장을 분명히 보여 준다. "조국이 당신을 위해 무엇을 할 수 있는가를 묻지 말고 당신이 조국을 위해 무엇을 할 수 있는가를 물으라."

민족주의를 시민의 가치, 공공 정신, 사회적 책무, 혹은 문화적 자부심과 혼동해서는 안 된다. 인간은 사회적 동물이며, 모든 개인의 안녕은 자신이 속한 공동체와 어떤 협동과 조화의 패턴을 그리느냐에 달려 있다. '국가'가 그 구성원의 번영에 필수적인 수단이라는 것은 그것을 콘도 소유주 조합처럼 영토를 공유하는 사람들의 무언의 사회 계약이라고 간주할 때 쉽게 이해할 수 있다. 물론 개인이 다수를 위해 자신의 이익을 희생하는 것은 진심으로 칭찬할 만한 일이다. 하지만 카리스마 지도자, 사각형 천 조각, 지도 위의 색깔을 위해 개인에게 최고의 희생을 강요할 때는 전혀 다른 문제가 된다. 또한 어떤 지방의 분리를 막거나, 세력권을 확장하거나, 잃어버린 영토를 되찾는 성전을 위해 죽음과 포옹하는 것도 즐거운 일도, 명예로운 일도 아니다.

종교와 민족주의는 정치적 보수파의 대표적인 대의이며, 지금도 여러 나라에서 수십억 명의 운명이 그 그늘 아래 있다. 내가 이성과 휴머니즘에 관한 책을 쓰고 있다는 것을 알게 된 좌파 동료 중 많은 이들이 우파를 공격할 거리가 엄청나게 많다며 즐겁게 나를 격려했다. 하지만 불과 얼마 전까지 좌파도 마르크스주의적 해방 운동과 어울릴 때는 민족주의에 공감했다. 지금도 많은 좌파 지식인들이 정체성 정치인(identity politician)과 사회 정의 투사(social justice warrior)를 격려한다. 그들이 인종, 계급, 젠더(gender) 등의 불평등 문제를 제로섬 경쟁으로 인식하고 개인의 권리를 경시하고 있는데도 말이다.

종교도 정치 스펙트럼의 양극단에 옹호자를 거느리고 있다. 어떤 저술가들은 종교의 내용을 곧이곧대로 변호하기를 꺼리면서도 종교를 맹렬히 옹호하고, 과학과 이성이 도덕성에 대해 발언할 수 있다는 생각에 적개심을 드러낸다. (그들 대부분은 휴머니즘이 존재라도 한다는 인식을 거의 보여 주지 않는다.)[5] 신앙을 옹호하는 사람들은 종교에는 궁극적 질문을 다룰 수 있는 배타적 권리가 있다고 주장하거나, 우리같이 고상한 사람들은 종교가 없어도 도덕적으로 살 수 있지만 허다한 대중은 그렇지 않다고 주장하거나, 신앙이 없어도 모든 사람이 잘살 수는 있지만 종교는 인간 본성의 일부분이기 때문에 종교가 세계에서 차지하는 위치를 논하는 것은 무의미하며, 바로 그 때문에 종교는 계몽주의자들의 희망을 조롱하면서 그 어느 때보다 더 완강하게 살아 있는 것이라고 주장한다. 나는 23장에서 이 주장들을 살펴볼 것이다.

좌파의 또 다른 경향은 인간의 이익을 또 다른 초월적 존재인 생태계에 종속시키는 운동에 공감한다는 것이다. 낭만적인 녹색 운동(green movement)은 인간의 에너지 포획을 엔트로피에 저항하고 인간의 번영을 증진하는 방법으로 보는 대신 자연에 대한 극악한 범죄라고 보고, 자연이 결국에는 자원 전쟁, 오염된 공기와 물, 문명을 파멸시키는 기후 변화의 형태로 무섭게 보복할 것이라고 주장한다. 우리의 유일한 구원은 과학 기술과 경제 성장을 뉘우치고 중단하는 것이며 더 소박하고 자연적인 생활 방식으로 되돌아가는 데 있다고 믿는다. 물론 생각이 있는 사람은 누구도 인간의 활동이 자연계에 준 피해가 적지 않았고, 만일 우리가 손을 쓰지 않으면 그 피해는 재앙이 될 수 있음을 부인하지 않는다. 문제는, 복잡하고 기술적으로 진보한 사회가 환경 문제에 손을 쓰지 않겠는가 하는 것이다. 10장에서 우리는 낭만주의적이라기보다는 계몽주의에 가깝고 가끔은 생태 모더니즘(ecomodernism)이나 생태 실용주의(ecopragmatism)라고도 불리는 휴머니즘적 환경론을 들여다볼 것이다.[6]

정치 이데올로기는 좌든 우든 그 자체로 세속 종교가 되어서, 생각이 똑같은 형제들의 공동체, 신성한 믿음의 교리 문답, 악마가 득실대는 귀신론, 올바른 교의에 대한 즐거운 자신감을 사람들에게 심어 준다. 21장에서 우리는 정치 이데올로기가 어떻게 이성과 과학을 침식하는지를 살펴볼 것이다.[7] 정치 이데올로기는 사람들의 판단을 휘젓고, 원시적인 동족 우선주의에 불을 지르고, 세계를 개선할 수 있게 해 주는 더 충실한 세계 이해를 가로막는다. 하지만 우리의 가장 큰 적은 결국 우리의 정적이 아니라 엔트로피, 진화(유행병과 인간 본성의 약점의 형태로 나타날 것이다.), 그리고 특히 무지(우리의 문제를 가장 잘 해결할 수 있는 지식의 부족)일 것이다.

남은 반계몽주의 이념 두 가지는 좌파와 우파의 경계를 넘나든다. 거의 200년 동안 다양한 부류의 작가들이 현대 문명은 진보하기는커녕 꾸준히 퇴보해서 붕괴 직전에 이르렀다고 선언해 왔다. 『서양사의 쇠퇴 개념(The Idea of Decline in Western History)』에서 역사학자 아서 허먼(Arthur Herman, 1956년~)은 지난 2세기 동안 인종, 문화, 정치, 혹은 생태계의 악화를 경고해 온 예언자들을 하나하나 살펴본다. 정말 세계는 오래전부터 **종말**을 향해 가고 있는 듯하다.[8]

어떤 쇠퇴주의는 우리가 프로메테우스처럼 손을 대서는 안 되는 과학 기술에 손을 댔다고 한탄한다.[9] 우리는 신들에게서 불을 훔쳤을 때부터 스스로 멸망할 운명에 빠지고 말았다. 환경을 오염시키고 핵무기, 나노 기술, 사이버 테러, 바이오 테러, 인공 지능 등 세계를 노리는 실존적 위협들(19장)을 풀어놓은 것은 그 필연적 결과일 뿐이다. 그리고 비록 기술 문명이 어렵사리 파멸을 피한다고 해도, 세계는 폭력과 부정이 판치는 디스토피아 — 테러리즘, 드론 무기, 착취 공장, 폭력단, 밀매, 난민, 불평등, 사이버 폭력, 성폭행, 증오 범죄가 난무하는 멋진 신세계 — 로 서서히 바뀌고 있다고 걱정한다.

다른 성격의 쇠퇴주의는 정반대의 문제로 괴로워한다. 근대성이 삶을 힘들게 하고 위험에 빠뜨린 것이 아니라 오히려 삶을 너무 즐겁고 안전하게 만들었다는 것이다. 이 비판자들에 따르면 건강, 평화, 부는 인생에서 진짜 중요한 것들로부터 우리를 멀어지게 하는 부르주아적 유희에 불과하다. 기술 자본주의가 공급하는 이 속물적인 쾌락에 젖을 때 사람들은 결국 원자화되고, 체제 순응적이고, 소비주의와 물질주의가 가득하며, 부조리하고 불안정하고 불안하고 영혼을 좀먹는 황무지로 내몰리게 된다. 이 부조리한 삶 속에서 사람들은 소외, 불안, 아노미, 무기력, 부정직, 권태, 위기감, 혐오감으로 고생하고, "고도(Godot)를 기다리면서 황무지에서 발가벗은 채 점심을 먹고 있는 투명 인간들"[10]이 된다. (17장과 18장에서 이런 주장들을 검토할 것이다.) 퇴폐적이고 타락한 문명의 황혼기에 진정한 해방은 메마른 합리성이나 맥빠진 휴머니즘이 아니라, 진실하고 영웅적이고 전일론적이고 유기적이고 신성하고 생기 넘치는 존재-그-자체, 그리고 권력에의 의지(will to power)에 있다. 이 신성한 영웅주의가 도대체 무엇인지 궁금해하는 사람들에게, 권력에의 의지라는 말을 만든 프리드리히 니체(Friedrich Nietzsche, 1844~1900년)는 "금발의 튜턴 족 짐승들"과 사무라이, 바이킹과 호메로스의 영웅들이 보여 준 귀족적인 폭력을 추천한다. (튜턴 족은 기원전 4세기경부터 유럽 중부에 살던 민족으로 지금의 독일, 네덜란드, 스칸디나비아 반도 등지의 북유럽 민족, 특히 독일인을 가리킨다. 튜턴주의는 나치즘의 기초가 되었다. — 옮긴이) 그 폭력은 "격렬하고, 냉혹하고, 무섭고, 감정이 없고, 양심이 없으며, 모든 것을 짓밟고, 모든 것에 피를 튀긴다."[11] (마지막 장에서 이 도덕성을 더 자세히 살펴볼 것이다.)

문명의 붕괴를 예견한 지식인들과 예술가들은 이 예언에 두 가지 방식으로 반응한다고 허먼은 지적한다. 역사 비관론자들은 붕괴를 걱정하면서도 우리가 무기력해서 그 흐름을 멈추지 못한다며 슬퍼한다. 문화 비관론자들은 "추한 샤덴프로이데(Schadenfreude, 남의 불행에 대해 느끼는 쾌감. ─ 옮긴이)"의 심정으로 붕괴를 환영한다. 근대성은 무너질 대로 무너져서 개량이 불가하고 이제 초월당할 일만 남았으며, 붕괴한 잔해에서 그 잔해보다 더 우월할 수밖에 없는 새로운 질서가 출현하리라는 것이다.

계몽주의적 휴머니즘의 마지막 반대 주장은 계몽주의가 과학을 수용한 것을 규탄한다. 스노를 따라 우리는 이 주장을 과학이라는 제1문화와 구별해서, 많은 문예 지식인들과 문화 평론가들의 세계관인 제2문화(second culture)라고 부를 수 있을 것이다.[12] 스노는 두 문화 사이에 드리워진 철의 장막을 공공연히 비난하고, 과학이 지식 세계 속으로 더 넓게, 더 깊게 파고들 것을 요구했다. 과학이 단지 "지적으로 깊이가 있고, 복잡하고, 명료하고, 인간의 마음을 가장 아름답고 훌륭하게 드러낸 공동 저작물"이기 때문만은 아니다.[13] 과학 지식은 질병을 치료하고, 굶주림을 해결하고, 영유아와 어머니의 생명을 구하고, 여성의 수정 능력을 제어할 수 있게 해서 지구적 규모로 고통을 줄여 주기 때문에 도덕적 명령이라는 것이다.

지금은 스노의 주장이 선견지명처럼 느껴지지만, 1962년에 문학 평론가 프랭크 레이먼드 리비스(Frank Raymond Leavis, 1895~1978년)가 제기한 유명한 반박은 독설로 가득해서, 《스펙테이터(Spectator)》는 출간 전에 스노에게 명예 훼손죄로 고소하지 않을 것을 약속해 달라고 요청해야 했다.[14] 리비스는 먼저 스노의 글이 "지적 탁월성이 전무하고, 문체가 당황스러울 정도로 저속하다."라고 지적한 뒤, "궁극적인 기준이 고작 '생활 수준'이고 최종 목표가 그 향상에 불과하다."라면서 스노의 가치관을 조롱했다.[15] 대안으로 리비스는 이렇게 말한다. "위대한 문학과 타협할 때, 우리가 진정 마음속으로 믿는 것이 무엇인지를 깨닫는다. 무엇을 위해서 — 인간은 궁극적으로 무엇을 위해서, 무엇으로 사는가? — 라는 질문이, 내가 생각과 감정의 종교적 깊이라 부를 수밖에 없는 수준에서 꿈틀대고 답을 건넨다." (생활 수준이 향상된 덕분에 무사히 아이를 낳은 가난한 나라의 여자를 목격하고서 "생각과 감정의 깊이"라는 공감을 수천만 배로 늘린 사람이라면, "우리가 진정 마음속으로 믿는 것"의 기준으로서 "위대한 문학과 타협하는 것"이 "생활 수준의 향상"보다 무엇 때문에 도덕적으로 우월한지, 혹은 그 둘을 왜 서로의 대안으로 보아야 하는지 궁금해할 것이다.)

22장에서 보겠지만, 리비스의 사고 방식은 오늘날에도 제2문화에서 흔히 볼 수 있다. 과학은 일상 생활 문제에 대한 임시 방편적 해결책밖에는 될 수 없다면서 많은 지식인들과 비평가들이 경멸을 표한다. 그들은 엘리트 예술의 소비가 궁극의 도덕선인 듯 글을 쓴다. 그들이 진리를 추구하는 방법론은 가설을 세우고 증거를 인용하는 것이 아니라, 자신의 박식함과 평생에 걸친 독서에서 나온 선언문을 낭독하는 것이 주를 이룬다. 종합 잡지들은 정치와 예술 같은 인문학의 영토에 과학이 말 한마디만 해도 '과학주의(scientism)'라고 애사롭게 비난한다. 수많은 대학에서 과학은 올바른 설명을 추구하는 일이 아니라 그저 또 하나의 이야기나 신화로 취급된다. 과학이 인종 차별, 제국주의, 냉전, 홀로코스트에 책임이 있다고 비난한다. 그리고 과학이 인생에서 황홀함을 훔쳐 가고 인간에게서 자유와 존엄을 앗아 간다고 비난한다.

이렇게 계몽주의적 휴머니즘은 누구에게도 만족을 주지 못한다. 지식을 사용해서 인류의 안녕과 복리를 증진하는 것이 최고선이라는 생각에 사람들은 냉랭하기만 하다. 우주, 지구, 생명, 뇌를 깊이 있게 설명한다고? 마술을 부리지 않고서 그것이 가능할까? 수십억의 생명을 구하고, 질병을 근절하고, 굶주린 사람을 먹인다고? 따분한 이야기. 사람들이 동정심을 전 인류로 확대하고 있다고? 그것으로는 충분하지 않아. 우리는 **물리 법칙**이 우리에게 관심을 기울여 주기를 원해. 장수, 건강, 이해, 아름다움, 자유, 사랑? 인생에는 그 이상이 필요해!

하지만 그중에서도 가장 무시받는 것은 다름 아닌 진보라는 이념이다. 지식을 이용한 인류의 안녕과 복리 향상이 이론적으로는 좋은 생각이라고 생각하는 사람마저도 실제로 그런 일은 불가능하다고 주장한다. 그리고 매일 쏟아지는 뉴스가 세계를 눈물의 골짜기, 비통한 넋두리, 실망의 늪으로 묘사하면서 그들의 냉소를 든든히 뒷받침한다. 계몽주의 이후로 250년 동안 우리의 삶이 암흑 시대의 조상들보다 나아진 게 하나도 없다면, 이성, 과학, 휴머니즘을 어떻게 옹호한다고 해도 모두 허사에 불과하므로, 우리의 출발점은 인류의 진보를 평가하는 것이 되어야 한다.

2부

진보

만일 여러분이 역사상 태어날 순간을 선택해야 하는데 어떤 사람으로 태어날지, 부잣집에서 태어날지 가난한 집에서 태어날지, 어느 나라에서 태어날지, 남자가 될지 여자가 될지를 모르고, 눈을 가린 채 태어나고 싶은 순간을 선택해야 한다면, 바로 지금을 선택할 것입니다.

—버락 후세인 오바마(Barack Hussein Obama, 1961년~),
2016년

4장
진보 공포증

지식인은 진보를 싫어한다. 자칭 '진보적'이라는 지식인들이 진보를 싫어하다니. 그래도 진보의 **결실**은 싫어하지 않는다. 잘난 지식인, 비평가, 그들의 고리타분한 독자들도 깃이 달린 펜과 잉크병이 아니라 컴퓨터를 사용하고, 맨정신이 아닌 마취 상태에서 수술을 받고 싶어 한다. 그 공론가 계층을 들쑤시는 것은 진보의 **개념**, 즉 세계를 이해하면 인간 조건을 향상할 수 있다는 계몽주의적 믿음이다.

두툼한 독설 사전이 그들의 경멸을 보여 준다. 지식이 문제 해결에 유용할 수 있다고 생각한다면 당신은 "공약"으로 그친 "필연적인 진보"의 "일방향적 전진"이라는 "신화"를 "맹목적으로 신뢰"하는 "유사 종교적 신앙"을 품은 사람이 된다. 당신은 "중역 회의실 이데올로기", "실리콘밸리", "상공 회의소"를 "저급한 미국적 할 수 있다 정신(can-doism)"으로 열광적으로 응원하는 "치어리더"가 된다. 또한 "휘그주의 역사(Whig history)"의 대변자, "순진한 낙관주의자", "폴리애나(pollyanna)", 그리고 또 하나, 볼테르의 『캉디드(Candide)』에서 "가능한 세계들 가운데 최선의 세계에서는 모든 것이 최선이다."라고 주장하는 소설 속 철학자 팡글로스의 21세기 버전이 된다. (휘그주의는 역사를 더 많은 자유와 계몽을 향한 필연적인 전진으로 해석하는 역사학의 관점이며, 현대적 형태의 자유 민주주의와 입헌 군주제를 그 정점으로 보고 인류사는 그 방향으로 간다고 믿는다. 폴리애나는 지나친 낙천주의자를 뜻한다. 미국 엘리너 호지

맨 포터(Eleanor Hodgman Porter, 1868~1920년)의 소설 『폴리애나(*Pollyanna*)』의 주인공 소녀 이름에서 유래한 단어이다. 그리고 "가능한 세계들 가운데 최선의 세계에서는 모든 것이 최선이다."라는 말은 '이 세계에서는 모든 것이 최선'이라는 뜻으로, 팡글로스 박사, 즉 라이프니츠의 낙관주의를 풍자한 말이다. 그의 낙관주의에 따르면, 화산이 폭발하지 않았다면 그 압력이 쌓여서 지구가 터졌을 테니 화산 폭발이 최선이었다는 식이다. ─ 옮긴이)

그런데 팡글로스 박사는 현재의 기준으로는 비관주의자라 불릴 만한 사람이다. 요즘의 낙관주의자들은 세계가 지금보다 **훨씬 더** 좋아질 수 있다고 믿기 때문이다. 또한 볼테르가 풍자한 것도 진보를 희망하는 계몽주의가 아니라 반대로 고통을 종교적으로 합리화하는 신정론(神正論, theodicy)이었다. 악의 존재를 신의 섭리라고 하는 신정론에 따르면, 전염병과 대학살이 없다면 세계는 형이상학적으로 불가능하기 때문에 신은 그런 것들을 허락할 수밖에 없었다는 것이다.

진보에 대한 독설적인 어휘를 제쳐 두더라도, 세계가 과거보다 더 좋아졌고 앞으로 더욱 좋아질 수 있다는 생각은 학자들 사이에서 오래 전에 구식이 되었다. 『서양사의 쇠퇴 개념』에서 허먼은 다음과 같은 운명의 예언자들이 교양 과목 커리큘럼의 올스타 팀을 이루고 있음을 보여 주었다. 니체, 아르투르 쇼펜하우어(Arthur Schopenhauer, 1788~1860년), 마르틴 하이데거(Martin Heidegger, 1889~1976년), 테오도어 비젠그룬트 아도르노(Theodor Wiesengrund Adorno, 1903~1969년), 발터 베냐민(Walter Benjamin, 1892~1940년), 헤르베르트 마르쿠제(Herbert Marcuse, 1898~1979년), 장폴 사르트르(Jean-Paul Sartre, 1905~1980년), 프란츠 오마르 파농(Frantz Omar Fanon, 1925~1961년), 미셸 푸코(Michel Foucault, 1926~1984년), 에드워드 와디 사이드(Edward Wadie Said, 1935~2003년), 코넬 웨스트(Cornel West, 1953년~), 그리고 에코페시미즘(eco-pessimism, 비관적 생태주의) 합창단.[1] 허먼은 20세기 말의 지적 풍경을 둘러보면서 "사회에 갈등과 문제를 일으키는 것도 사람이고,

그 갈등과 문제를 해결하는 것도 사람이다."라고 믿는 사람들, 즉 계몽주의적 휴머니즘의 "명석한 옹호자들"이 "전반적으로 퇴장했다."라면서 애통해했다. 『진보 개념의 역사(*History of the Idea of Progress*)』에서 사회학자 로버트 알렉산더 니스벳(Robert Alexander Nisbet, 1913~1996년)도 같은 의견을 표명했다. "서양의 진보에 관한 회의주의는 19세기에는 아주 적은 수의 지식인에게 국한되어 있었지만, 금세기의 마지막 4분기에는 대다수의 지식인을 넘어 서양의 수많은 일반인으로 퍼지고 확산되었다."[2]

그렇다. 세계가 손수레에 실려 지옥으로 굴러 내려가고 있다고 생각하는 사람은 사유를 생업으로 삼고 있는 사람들만이 아니다. 보통 사람들도 생각이 지적으로 바뀔 때는 그렇게 생각한다. 심리학자들은 사람들이 자기 자신의 삶에 대해서는 장밋빛 안경을 끼고 본다는 사실을 오래전에 발견했다. 자신은 이혼, 해고, 사고, 병, 혹은 범죄의 희생양이 될 확률이 일반 사람보다 낮다고 생각하는 것이다. 하지만 그들의 **삶**에서 그들의 **사회**로 질문이 바뀌면 폴리애나에서 이요(Eeyore, 「위니 더 푸(Winnie the Pooh)」에 나오는 우울하고 비관적인 당나귀. ─ 옮긴이)로 돌변한다.

여론 연구자들은 이것을 낙관주의 간극(optimism gap)이라고 부른다.[3] 20여 년 동안 좋을 때도 있고 나쁠 때도 있었지만, 여론 조사원이 유럽인들에게 내년에 그들 **자신의** 경제적 상황이 좋아질지 나빠질지를 물었을 때 절반 이상이 좋아질 것이라고 응답했지만, 그들 **나라의** 경제적 상황에 관해 물었을 때는 절반 이상이 나빠질 것이라고 응답했다.[4] 영국인 대다수가 이민, 10대 임신, 쓰레기, 실업, 범죄, 반달리즘, 마약이 국가적 차원의 문제라고 생각하지만, 그들이 사는 지역의 문제라고 생각하는 사람은 거의 없다.[5] 환경의 질에 대해서도 대부분의 나라에서 사람들은 지역 사회보다 국가 차원에서 더 나쁘고, 국가보다 세계 차원에서 더 나쁘다고 판단한다.[6] 폭력 범죄율이 수직으로 떨어진 1992년부터 2015년까지 거의 해마다 미국인의 과반은 폭력이 증가하고 있다고 여론 조사원에게 응답했다.[7] 2015년 말에 선진국 11개국의 국민 대다수가 "세계는 나빠지고 있다."라고 말했고, 지난 40년 동안 대부분의 해에 미국인 대다수가 미국은 "잘못된 방향으로 나아가고 있다."라고 말했다.[8]

과연 그럴까? 비관주의가 옳은 것일까? 이 세계의 상태는 이발소 간판 기둥의 줄무늬처럼 계속 아래로 침몰하고 있을까? 왜 사람들이 이렇게 느끼는지를 우리는 쉽게 알 수 있다. 전쟁, 테러, 범죄, 오염, 불평등, 약물 남용, 압제가 날마다 뉴스를 가득 채운다. 게다가 그것은 우리의 대화 주제에 머물지 않고, 사설란과 특집 기사의 단골 메뉴로 등장한다. 잡지의 표지들은 무정부 상태, 역병, 유행병, 붕괴, 그리고 수많은 위기(농업, 보건, 은퇴, 복지, 에너지, 재정)가 다가오고 있다고 경고하는데, 카피라이터들은 강조의 수위를 높이다가 급기야 의미 중복을 무릅쓰고 "심각한 위기(serious cries)"라는 제목을 붙인다.

세계가 실제로 좋아지든 나빠지든 간에, 뉴스의 본성은 인간의 인지기능과 상호 작용해서 우리의 생각을 그렇게 유도한다. 뉴스는 안 일어난 일이 아니라 일어난 일을 전한다. 어느 기자도 카메라 앞에서 "저는 지금 전쟁이 터지지 않은 나라에서 생중계로 전해 드리고 있습니다."라고 말하거나, 폭탄이 터지지 않은 도시, 총격이 일어나지 않은 학교의 사정을 전하지 않는다. 지상에서 나쁜 일들이 사라지지 않는 한 뉴스를 채울 사건은 언제나 충분하고, 특히 수억 대의 스마트폰을 가진 사람들이 전 세계에서 범죄 기자와 종군 기자로 활약할 수 있는 시대에는 더욱더 그렇다.

그리고 실제로 일어나는 일 중 긍정적인 일과 부정적인 일은 펼쳐지는 시간대가 다르다. 뉴스는 "역사의 초고"이기는커녕 스포츠 경기의 생중계에 더 가깝다. 뉴스는 개별 사건에 초점을 맞추는데, 각각의 사건은 마지막 판 발행 이후에(이전 시대, 어제, 이제는 몇 초 전에) 일어난 것이다.[9] 나쁜 일은 빨리 일어날 수 있지만 좋은 일은 하루아침에 이루어지지 않는다. 그래서 사건의 주기가 뉴스의 주기와 어긋난다. 평화 문제 연구자이자 운동가인 요한 빈센트 갈퉁(Johan Vincent Galtung, 1930년~)은 만일 신문이 50년에 한 번씩 나온다면 반세기 동안 일어난 연예계 가십과 정치 스캔들을 구구절절 보도하지는 않을 것이라고 지적했다. 그때의 보도 내용은, 예를 들어 기대 수명의 증가 같은 중대한 세계사적 변화들일 것이다.[10]

뉴스의 성격은 사람들의 세계관을 왜곡하는 경향이 있다. 그 이유가 되는 심리적 오류(bug)를 심리학자 아모스 트버스키(Amos Nathan Tversky, 1937~1996년)와 대니얼 카너먼(Daniel Kahneman, 1934년~)은 가용성 휴리스틱(availability heuristic) 편향이라고 명명했다. 사람들은 구체적인 사례가 얼마나 잘 기억나는가에 따라 그런 사건의 확률이나 빈도를 추정한다는 것이다.[11] 이 법칙은 삶의 많은 분야에서 유용한 눈대중 척도가 된다. 사건이 빈번하면 기억에 흔적이 더 강하게 남고, 그래서 더 강한 기억은 일반적으로 더 빈번한 사건을 가리킨다. 도시에 꾀꼬리보다 비둘기가 많다고 추정할 때 당신은 조류 개체수 조사가 아닌 비둘기와 마주쳤던 기억에 의존하고 있지만 거기에는 확실한 이유가 있는 것이다. 그러나 마음의 검색 엔진이 빈도가 아닌 다른 이유로, 즉 최근에 일어났거나, 생생하거나, 잔혹하거나, 특이하거나, 당황스럽다는 이유로 작성한 목록의 순위를 바꿀 때마다 우리는 그 일이 세계에서 얼마나 자주 일어나는지를 과대 평가한다. 영어에 k로 시작하는 단어가 더 많을까, k가 세 번째로 나오는 단어가 더 많을까? 사람들은 대부분 전자라고 대답한다. 실은 세 번째에 k가 나오는 단어(ankle, ask, awkward, bake, cake, make, take, ……)가 3배나 많지만, 우리는 첫 소리로 단어를 생각해 내기 때문에 질문을 받으면 keep, kind, kill, kid, king 등을 곧잘 떠올린다.

가용성 휴리스틱이라는 오류는 인간의 추론에 자주 끼어드는 오류의 원천이다. 의과 대학 1학년 학생들은 발진(發疹)을 볼 때마다 외래 전염병의 증상으로 해석하고, 휴가 여행자들은 상어 공격에 관한 글을 읽은 뒤나 그냥 영화 「조스(Jaws)」를 보기만 했어도 물에 들어가지 않는다.[12] 비행기 사고는 항상 뉴스에 나오지만, 그것보다 훨씬 더 많은 사람이 죽는 자동차 사고는 뉴스에 거의 나오지 않는다. 당연히 많은 사람이 비행기 타는 것을 두려워하면서도 운전은 겁을 내지 않는다. 사람들이 토네이도를 두려워하는 것도(미국에서 1년에 50명 정도가 사망한다.) 아마 그 장면이 텔레비전 방송에 더 적합하기 때문일 것이다.

가용성 휴리스틱이 "If it bleeds, it leads.", 즉 "피가 최고의 도입부다."라는 뉴스 정책과 맞물려서 어떻게 세계의 상태를 우울하게 비추는지 우리는 어렵지 않게 알 수 있다. 미디어 학자들은 다양한 종류의 새로운 기사를 대조하거나, 편집자들에게 가능한 기사의 목록을 준 뒤 그들이 어떤 이야기를 선정하고 그것을 어떻게 보여 주는지를 조사하는 방법으로, 이 문지기(gatekeeper)들이 긍정적인 사건보다 부정적인 사건을 선호하면서 보도를 통제한다는 것을 확인했다.[13] 이 사실은 사설란을 보는 비관적인 독자들에게 딱 맞는 손쉬운 공식이 된다. 그 주에 세계에서 일어나는 최악의 사건들을 모두 모아 목록을 만들면 우리 문명이 '역대급'으로 심각한 위험에 빠져 있다는 그럴듯한 증거가 되는 것이다.

부정적인 뉴스의 결과는 원래 부정적이다. 뉴스 중독자들은 더 현명해지기는커녕 세상을 가늠하는 그들의 눈금자가 왜곡될 수 있다. 발생률이 하락하고 있는데도 범죄가 더 심각해진다고 걱정하고, 때로는 현실과 완전히 유리된다. 2016년의 한 여론 조사에서 밝혀진 바에 따르면, 미국인 대다수가 IS에 관한 뉴스를 매일 챙겨 보고 있으며, 77퍼센트는

"시리아와 이라크에서 작전을 펴고 있는 IS의 전투원들이 미국의 존망을 심각하게 위협하고 있다."라는 망상에 가까운 믿음을 갖고 있었다.[14] 부정적인 뉴스에 빠진 소비자들은 당연히 음울해진다. 최근에 한 문예 비평에서는 "위험에 대한 오해, 불안, 기분 수치의 하락, 학습된 무기력, 타인에 대한 경멸과 적대감, 타인에 대한 둔감화, 그리고 어떤 경우에는 …… 뉴스를 완전히 기피하는 현상"을 열거했다.[15] 사람들은 숙명론에 젖어서 이렇게 말한다. "뭐하러 투표를 해?", 혹은 "기부할 수도 있어, 다음 주에는 또 다른 아이가 굶주리고 있겠지만……."[16]

저널리즘의 습성과 인지 편향이 서로 맞물려 최악으로 치닫는 상황에서 우리가 세계의 상태를 믿을 만하게 평가할 수 있는 방법은 과연 무엇일까? 그 답은 **숫자**에 있다. 폭력에 희생된 사람이 살아 있는 사람의 수를 기준으로 몇 퍼센트나 되는가? 아픈 사람이 얼마나 되고, 굶주리는 사람이 얼마나 되고, 가난한 사람, 문맹자, 불행한 사람이 얼마나 되는가? 그 수는 늘어나고 있는가, 줄어들고 있는가? 정량적 사고 방식은 일견 촌스러운 분위기를 풍기지만 실은 도덕적이고 개화된 사고 방식이다. 우리와 가장 가깝거나 가장 유명한 사람들에게 특권을 주지 않고, 모든 인간의 생명을 동등한 가치로 취급하기 때문이다. 그래서 우리가 고통의 원인을 확인할 수 있고, 그 후에는 어떤 수단이 고통을 줄이는 데 가장 유용할지를 알아낼 수 있으리라는 희망을 갖게 한다.

이것이 내가 2011년에 펴낸 『우리 본성의 선한 천사(*The Better Angels of Our Nature*)』의 목표였다. 그 책은 그래프와 지도 100개를 통해 폭력과 폭력을 조장하는 조건들이 역사의 흐름 속에서 어떻게 감소했는지를 보여 주었다. 그 감소가 각기 다른 시대에 다른 원인으로 일어났음을 강조하기 위해 나는 그 과정들에 이름을 붙였다. 먼저, 평화화 과정(Pacification Process)으로 부족의 약탈과 반목으로 인한 사망률이 5분의 1로 감소했는데, 이는 유력한 국가들이 영토를 지배한 결과였다. 문명화 과정(Civilizing Process)으로는 근대 초기에 유럽에서 법률과 자제의 규범이 정착한 뒤로 살인과 그밖의 폭력 범죄가 40분의 1로 감소했다. 인도주의 혁명(Humanitarian Revolution)은 계몽주의 시대에 노예제, 종교적 박해, 잔인한 형벌이 폐지된 과정의 다른 이름이다. 긴 평화(Long Peace)는 제2차 세계 대전 이후에 열강 간의 전쟁과 국가 간 전쟁이 감소한 것에 역사가들이 붙인 이름이다. 냉전이 끝난 뒤 세계는 내전, 대량 학살, 독재가 줄어든 새로운 평화(New Peace)를 누려 왔다. 그리고 1950년대 이래로 권리 혁명(Rights Revolutions)의 물결들이 세계를 뒤덮고 있다. 시민권, 여성의 권리, 동성애자의 권리, 아동의 권리, 그리고 동물권까지.

이 감소의 경향 중 숫자에 익숙한 전문가들 사이에서 논란이 된 것은 거의 없다. 예를 들어, 역사 범죄학자들은 중세 이후에 살인 사건 발생률이 수직으로 떨어졌다는 생각에 모두 동의하고, 국제 관계학 연구자들 사이에서는 1945년 이후로 큰 전쟁이 점차 소멸해 왔다는 생각이 일반적이다. 하지만 학계를 벗어나 더 큰 세계로 나가면 사람들은 대부분 그런 감소를 뜻밖의 일로 여긴다.[17]

나는 시간을 수평축으로, 사망자 수나 여타 폭력 지표를 수직축으로 해서, 왼쪽 위에서 오른쪽 아래로 떨어지는 그래프들을 나열하면 독자들의 가용성 휴리스틱 편향을 치료하고 최소한 이 영역에서만큼은 세계가 진보해 왔다고 설득하게 될 줄 알았다. 하지만 사람들의 질문과 반대를 접하면서, 진보 개념에 대한 거부감이 통계적 오류보다 더 깊은 곳에 닿아 있음을 알게 되었다. 물론 어떤 데이터 집합이라도 실재를 불완전하게 반영하므로, 그 숫자들이 얼마나 정확하고 대표적인지를 묻는 것은 정당하고 합리적이다. 하지만 내가 부딪힌 반대들은 데이터에 대한 회의를 드러냈을뿐더러, 인간 조건이 향상되어 왔을 **가능성** 자체에 대한 불신도 포함하고 있었다. 진보가 일어났는지 아닌지를 확인할 수 있는 개념적 도구를 모르는 경우가 많았고, 세상이 좋아질 수 있다는 생각 자체가 숫자와 무관하다고 생각했다. 다음은 내가 질문자들과 자주 나누었던 대화를 양식화한 것이다.

역사가 시작된 이래로 폭력이 일직선으로 꾸준히 감소했다! 멋지다!

아니, '일직선으로' 감소하지는 않았다. 사실 그렇게 변화무쌍한 인간 행동을 어떻게 측정한다고 해도 10년이나 100년을 단위로 꾸준히 하락하기란 불가능에 가깝다. 또한 단조롭게(아마 질문자들은 이것을 염두에 두고 있었을 것이다.) 그 선이 절대 오르지 않고 계속 감소하거나 같은 수준을 유지해 왔다는 뜻도 아니다. 실제로 역사가 보여 주는 곡선들은 상승과 하강을 반복하고, 때로는 멀미가 날 정도로 급격히 오르내린다. 대표적인 예로 양차 세계 대전이 있고, 1960년대 중반부터 1990년대 초반까지 서양에서 범죄율이 폭등한 것, 그리고 1960년대와 1970년대의 탈식민지화 이후에 개발 도상국에서 내전이 일시적으로 증가한 것이 있다. 진보는 이런 변동을 아우르는 추세 — 일시적으로 증가한 뒤 급격히 혹은 서서히 하락하면서 기준선에 점점 가까워지는 장기적인 추세 — 를 말한다. 진보는 계속 단조로울 수는 없다. 정체나 후퇴를 동반한다. 어떤 문제를 해결한 해결책은 새로운 문제를 낳기 마련이다.[18] 하지만 새로운 문제를 해결하면서 세상은 다시 앞으로 나아간다.

그런데 사회적 데이터가 변동성을 갖고 있다는 사실은 뉴스 매체들의 안이한 공식과 수법의 근거가 되고, 세상사의 부정적인 측면이 강조되어 보도된다. 만일 어떤 문제의 지표가 감소해 온 모든 세월을 무시하고 소폭 증가한 것을 (어쨌든 '뉴스'라는 이유로) 모두 보도한다면, 삶이 계속 좋아지는 중에도 독자들은 점점 더 나빠지고 있다는 인상을 받게 된다. 2016년 상반기 6개월 동안 《뉴욕 타임스(*New York Times*)》는 자살, 수명,

교통 사고 사망자의 수치를 갖고 세 번이나 이 잔재주를 부렸다.

글쎄, 폭력의 수치가 항상 내려가는 것이 아니라면 순환된다는 뜻이고, 그렇다면 지금 당장은 낮다고 해도 다시 올라가는 것은 시간 문제 아닐까?

아니다. 시간에 따른 변화는 **통계적**이고, 예측할 수 없는 변동이 있기는 해도 **순환적**이지 않으며, 양극단 사이를 오가는 추처럼 왕복 운동을 하지 않는다. 다시 말해서, 어느 때나 역전될 수 있지만 시간이 흐를수록 역전될 가능성이 더 커진다는 뜻은 아니다. (주식 투자에서, 사실은 예측할 수 없는 변동인데도 많은 투자자가 '경기 순환'으로 착각하고 큰 손해를 본다.) 진보는 긍정적으로 변해 가는 추세 속에서 그런 역전이 덜 빈번해지거나, 덜 극심해지거나, 어떤 경우에는 완전히 멈출 때 이루어진다.

정말 폭력이 감소했다고 말할 수 있을까? 오늘 아침 뉴스에서 학교 총격 사건(또는 폭탄 테러, 포격, 축구장 난동, 술집의 칼부림 사건)**을 보지 못했는가?**

감소는 사라졌다는 뜻이 아니다. ("$y>x$."라는 진술은 "$y=0$."이라는 진술과 다르다.) 완전히 사라지지는 않아도 크게 감소할 수는 있다. 다시 말해서, 오늘날의 폭력 수위는 역사의 흐름 속에서 폭력이 감소해 왔는가 하는 문제와 **완전히 무관하다.** 그 질문에 답할 수 있는 단 한 가지 방법은 현재의 폭력 수준을 과거의 폭력 수준과 비교하는 것이다. 그리고 과거의 폭력 수준을 볼 때마다 오늘 아침의 뉴스 제목이 기억나지 않더라도 지금에 비해 그 정도가 아주 심했음을 알게 된다.

폭력이 감소하고 있다고 말하는 당신의 그 모든 멋진 통계들은 희생자들에게는 아무 의미가 없다.

맞다. 하지만 그 통계들은 우리가 희생자가 될 가능성이 작다는 것을 의미한다. 그런 이유로 그 수치들은 희생자는 아니지만, 폭력 발생률이 줄어들지 않았다면 희생자가 될 수 있었던 수많은 사람들에게 너무나도 큰 의미가 있다.

그래서 편안히 앉아 있으면 폭력이 저절로 사라질 것이라는 말인가?

그건 논리적이지 않습니다, 선장님. (「스타 트렉(Star Trek)」에서 스폭 박사가 커크 선장에게 종종 하는 대사. — 옮긴이) 빨래 더미가 줄어들었다는 것은 빨래가 저절로 세탁되었다는 것이 아니라 누군가가 빨래를 했다는 뜻이다. 폭력의 한 유형이 줄어들었다면 사회적, 문화적, 물질적 환경에 어떤 변화가 생겨서 그 폭력이 감소했을 것이다. 만일 변화의 조건이 계속 유지된다면 폭력은 계속 낮은 수준에 머물거나 더욱더 감소할 수 있으며, 그렇지 않다면 다시 올라갈 수 있다. 따라서 중요한 것은 그 원인이 무엇인지를 밝혀내는 것이고, 그 후에는 폭력의 감소를 더 확산하기 위해 그 조건들을 보강하고 응용하고자 노력할 수 있다.

폭력이 감소했다는 말은 순진하고, 감상적이고, 이상주의적이고, 낭만적이고, 공상적이고, 선형적이고, 유토피아적이며, 폴리애나와 팡글로스의 생각과 똑같다.

그렇지 않다. 폭력이 감소했음을 입증하는 데이터를 보고 "폭력이 감소했다."라고 말하는 것은 객관적인 사실을 묘사하는 것이다. 폭력이 감소했음을 입증하는 데이터를 보고서 "폭력이 증가했다."라고 말한다면 망상이 의심되며, 폭력에 관한 데이터를 무시하고 "폭력이 증가했다."라고 말한다면 무식한 사람일 것이다.

낭만주의의 비난에 대해서 나는 자신 있게 응답할 수 있다. 또한 나는 철저하게 비낭만주의적이고 반유토피아적인 책, 『빈 서판(The Blank Slate)』(개정판 2016년 출간. 개정판의 한국어판은 2017년에 출간되었다. — 옮긴이)을 쓰면서 인간은 진화를 통해 탐욕, 성욕, 지배욕, 복수심, 자기 기만 같은 여러 가지 파멸적 동기들을 갖게 된 존재라고 주장했다. 하지만 동시에 동정심, 자신의 곤경을 숙고하는 힘, 새로운 생각을 떠올리고 공유하는 능력도 있다고 믿는다. 에이브러햄 링컨(Abraham Lincoln, 1809~1865년)이 "우리 본성의 선한 천사"라고 지칭한 것들을 갖고 있다고 말이다. 사실을 확인하기만 해도 우리는 주어진 시간과 장소에서 우리의 선한 천사들이 내면의 악마들보다 얼마나 우세한지를 금방 알 수 있다.

폭력이 계속 감소하리라고 어떻게 예측할 수 있는가? 내일 전쟁이 터진다면 당신의 이론은 물거품이 될 수 있다.

폭력이 감소했다는 기술은 '이론'이 아니라 관찰된 사실이다. 그리고 물론, 어떤 측정치가 시간에 따라 변해 왔다는 사실은 그런 변화가 영원히 계속되리라는 예측과는 다르다. 투자 광고에서 해야 할 말이지만, 과거의 실적은 미래의 결과를 보증하지 못한다.

그렇다면 그 모든 그래프와 분석은 무슨 소용이 있는가? 과학적 이론이라면 검증 가능한 예측을 할 수 있어야 하지 않을까?

과학적 이론은 인과적 영향력을 통제한 **실험**에 대해서만 예측을 한다. 어떤 이론도 세계 전체에 대해서는 예측을 하지 못한다. 70억 명의 사람이 전 지구적인 네트워크로 연결된 무수히 많은 입과 귀를 통해 생각을 퍼뜨리고, 혼란스럽게 순환하는 기후 및 자원과 상호 작용을 하는 세계에서 그런 예측은 불가능하다. 통제할 수 없는 세계에서, 왜 사건들이 그렇게 펼쳐질지를 설명하지 않고서 미래가 어떻게 되리라고 선언하는 것은 예측이 아니라 **예언**이다. 데이비드 도이치는 이렇게 말한다. "지식의 창조를 제약하는 모든 한계 중에서 가장 중요한 것은 우리가 예언을 할 수 없다는 것이다. 즉 아직 창조되지 않은 생각의 내용이나 그 결과를 예측할 수 없는 것이다. 이 한계는 지식의 무한한 증가와 모순되지 않을 뿐 아니라, 그로부터 빚어지는 필연적인 결과이기도 하다."[19]

물론 예언을 할 수 없다는 것이 사실을 무시할 수 있는 구실이 되는 것은 아니다. 인간의 안녕과 복리가 얼마간 향상되었다는 것은 전체적으로 더 많은 것들이 그릇된 방향이 아니라 옳은 방향으로 나아갔음을 의미한다. 진보가 계속되리라는 예상은 그 힘들이 무엇이고 얼마나 오래 유지될지를 아는가에 달려 있다. 그것은 추세에 따라 다를 것이다. 어떤 추세는 무어의 법칙(Moore's law, 마이크로칩 하나에 들어가는 트랜지스터의 숫자가 해마다 2배씩 늘어난다는 법칙)처럼 자신 있게(확실하게는 아니지만) 말할 수 있는 기반을 준다. 다른 추세는 주식 시장 같아서 단기적인 변동은 예측할 수 있지만 장기적인 결과는 알 수가 없다. 또 어떤 추세는 요동이 커서 통계 분포의 '꼬리'가 두꺼운데, 이 경우 비록 확률이 낮다고 해도 극단적인 사건들을 배제할 수 없다.[20] 또 다른 추세는 순환적이거나 혼란스럽다. 19장과 21장에서 우리는 불확실한 세계에서 합리적으로 예측하는 문제를 살펴볼 것이다. 지금으로서는 다음과 같은 점을 기억하는 것이 좋다. 긍정적인 추세는 우리가 잘해 온 게 무엇인지를 확인하고 그 방향으로 더 열심히 노력하는 것에 달려 있다.

이상과 같은 반론이 소진되고 나면 사람들은 종종 머리를 쥐어짜 내서 우리 시대의 뉴스가 데이터보다 더 나쁠 수밖에 없는 **어떤** 주제를 찾는다. 막다른 골목에서 그들은 의미론을 끌어들인다.

인터넷도 폭력을 조장하고 있지 않은가? 노천 채굴도 일종의 폭력 아닌가? 가난도 일종의 폭력 아닌가? 소비자 중심주의도 일종의 폭력 아닌가? 이혼도 일종의 폭력 아닌가? 광고도 일종의 폭력 아닌가? 폭력에 대한 통계도 일종의 폭력 아닌가?

은유는 물론 수사적 장치로서는 훌륭하지만, 인류의 상황을 평가하기에는 부적합하다. 도덕적 추론에는 균형이 필요하다. 누군가가 트위터에 나쁜 말을 올리면 많은 사람이 불쾌할 수 있지만, 그래도 노예 무역이나 홀로코스트와 똑같지는 않다. 또한 수사와 실재를 구분할 필요가 있다. 지역에 있는 강간 위기 센터(rape crisis center, 1970년대부터 미국 각지에 설치되어 반강간 운동과 연계해 강간, 성적 학대, 성폭력의 희생자를 돕는 단체이다. —옮긴이)에 당당히 들어가서 자연에 대한 강간이라고 할 수 있는 환경 문제에 대해서 어떤 일을 했는지를 물어보는 것은 강간 피해자나 지역 환경에 아무런 도움도 되지 않는다. 마지막으로, 세계를 개선하려면 원인과 결과를 이해해야 한다. 우리가 이해하고 제거하고자 노력할 수 있는 '나쁜 일들'에는 통일된 현상이 거의 없다. (엔트로피와 진화가 그런 일들을 대량으로 만들어 낸다.) 전쟁, 범죄, 오염, 가난, 질병, 야만적 행위 같은 악폐들은 공통성이 거의 없어서, 그런 것들이 줄어들기를 원한다면 말꼬투리 잡기에 빠져 개별적인 논의조차 불가능하게 해서는 안 된다.

~

내가 이 반론들을 살펴본 것은 인간의 진보를 다른 방식으로 펼쳐 보일 길을 닦기 위해서이다. 『우리 본성의 선한 천사』에 대한 회의적인 반응을 보고 나는 사람들이 진보에 대해 운명론자가 되는 것이 가용성 휴리스틱 편향 때문만은 아니라고 확신했다. 또한 언론이 나쁜 뉴스를 좋아하는 것도 눈길과 클릭만을 붙잡고 싶어 하는 냉소적 태도만으로는 완전히 설명하지 못한다. 사실 진보 공포증(progressophobia)의 심리적 뿌리는 더 깊은 곳에 있다.

가장 깊은 편향을 잘 요약해서 보여 주는 것이 "악이 선보다 더 강하다."라는 슬로건이다.[21] 이 생각은 트버스키가 제안한 일련의 사고 실험에서 명확해진다.[22] 당신은 바로 지금 느끼고 있는 것보다 얼마나 더 좋게 느낄 수 있겠는가? 그리고 얼마나 더 나쁘게 느낄 수 있겠는가? 첫 번째 요청에 응할 때 사람들은 대개 발걸음이 살짝 경쾌해지거나 눈이 좀 더 반짝거리는 정도를 상상하지만, 두 번째 요청에 응할 때는 바닥이 안 보이는 정도를 상상한다. 이런 기분의 불균형은 삶의 불균형(엔트로피 법칙의 당연한 결과이다.)으로 설명된다. 오늘 당신에게 지금보다 훨씬 잘살게 해 줄 일들이 얼마나 많이 일어날 수 있을까? 반대로, 지금보다 훨씬 못

살게 만들 일들이 얼마나 많이 일어날 수 있을까? 이번에도 첫 번째 질문에 답할 때는 뜻밖의 습득이나 우연한 행운을 떠올리지만, 두 번째 질문에 대한 대답은 끝이 없다. 하지만 상상에 의존할 필요도 없다. 심리학 문헌에 따르면, 사람들은 수익을 기대하기보다는 손실을 더 많이 두려워하고, 칭찬을 듣고 기운이 나기보다는 비판에 더 괴로워한다. (심리 언어학자로서 하나 덧붙이자면, 영어에는 긍정적인 감정의 단어보다 부정적인 감정의 단어가 훨씬 많다.)[23]

다만, 자전적 기억은 부정 편향의 영향을 덜 받는다. 우리는 좋은 사건과 나쁜 사건을 모두 기억하는 경향이 있지만, 불행한 일들, 특히 나에게 일어난 일들의 부정적인 채색은 시간이 흐르면 희미해진다.[24] 우리 마음에는 향수(鄕愁)를 느끼도록 하는 장치가 내장되어 있다. 인간의 기억 속에서 상처는 대개 시간으로 치유되는 것이다. 그 외에도 우리는 두 가지 착각에 빠져서 세상이 예전 같지 않다고 생각한다. 첫째, 나이가 들고 부모가 되어 늘어난 짐을 덜 순수해진 세계 탓으로 착각하고, 둘째, 자기 능력의 저하를 시대의 쇠퇴로 착각한다.[25] 칼럼니스트 프랭클린 피어스 애덤스(Franklin Pierce Adams, 1881~1960년)가 지적했듯이, "옛 시절이 좋았던 것은 무엇보다도 나쁜 기억력 때문이다."

지식인 문화는 우리의 인지 편향에 경종을 울려야 함에도 도리어 그것을 강화할 때가 너무나 많다. 가용성 편향의 해법은 정량적 사고이지만, 영국의 인문학자 스티븐 코너(Steven Connor, 1955년~)가 지적했듯이 "예술과 인문학에는 숫자에 대한 공포가 음험한 합의처럼 어디에나 존재한다."[26] "우연하다기보다는 이데올로기적 성격이 강한 이 수맹" 탓에 저술가들은 예를 들어, 전쟁은 지금도 일어나고 과거에도 일어났으니 "변한 것은 아무것도 없다."라고 결론짓는다. 몇 건의 전쟁이 수천 명의 목숨을 앗아 가는 시대와 수십 건의 전쟁이 수백만 명의 목숨을 앗아 간 시대의 차이를 무시하는 것이다. 그리고 장기간에 걸쳐 조금씩 개선이 이루어지고 있는 점진적인 과정들도 인정하지 않는다.

지식인 문화는 또한 부정 편향을 다룰 능력도 없다. 실제로 우리 주변에서 나쁜 일이 일어나는 것을 경계하다 보면 우리가 놓쳤을지 모르는 나쁜 것들에 우리의 주의를 집중시키는 전문적인 괴짜들의 시장이 형성된다. 실험에 따르면, 사람들은 책을 칭찬하는 비평가보다는 혹평하는 비평가가 더 능력이 있다고 인지하는데, 사회 비평가에 대해서도 그렇게 인식한다.[27] 언젠가 풍자 시인이자 수학자이며 음악가인 톰 앤드루 레러(Tom Andrew Lehrer, 1928년~)는 "항상 최악의 경우를 예언하면, 예언자로 칭송받을 것이다."라고 충고했다. 적어도 사회 비판과 재앙 경고를 잘 버무렸던 히브리 예언자들 이후로 비관주의는 도덕적 진지함과 동일한 것으로 여겨져 왔다. 언론인들은 부정적인 면을 강조함으로써 그들이 감시, 폭로, 고발, 경각심 불러일으키기 같은 책임을 다하고 있다고 믿는다. 또한 지식인들은 미해결 문제를 지적하고 그 문제가 병든 사회의 증상이라고 이론화하면 즉시 엄중한 반응이 나온다는 것을 알고 있다.

그 역도 참이다. 투자 전문가 모건 하우슬(Morgan Housel)은, 비관주의자들의 말은 당신을 돕고자 하는 것처럼 들리는 반면에 낙관주의자들의 말은 당신에게 뭔가를 팔고자 하는 것처럼 들린다고 지적했다.[28] 누군가가 어떤 문제의 해결책을 제시할 때면 그 즉시 비판가들은 그것은 묘약도, 특효약도, 만병 통치약도 아니고, 1회용 반창고나 기술적인 미봉책일 뿐이라서 근본적인 원인에는 듣지 않고 결국 부작용과 의도하지 않은 결과만 남게 된다고 지적한다. 물론 만병 통치약은 없고 모든 것에는 부작용이 따르기 때문에(좋은 것만 골라 가질 수는 없다.) 비판가들의 그런 말씀은 어떤 것도 개선될 수 없으니 꿈도 꾸지 말라는 것과 진배없다.[29]

지식인들 사이에서 비관주의는 일종의 '기선 제압' 수법일 수도 있다.

현대 사회는 정치, 산업, 금융, 기술, 군사, 지식 엘리트들의 연합체인데, 모두가 각자의 분야를 책임지고 운용하면서 위신과 영향력을 두고 경쟁을 벌인다. 현대 사회에 대해 불평하는 것은 경쟁자를 간접적으로 압도하는 방법이 될 수 있다. 학자는 사업가보다, 사업가는 정치가보다 우월하다고 느낄 수 있기 때문이다. 1651년에 토머스 홉스는 이렇게 지적했다. "칭찬에 대한 경쟁은 예로부터 존경받는 경향이 있었다. 죽은 자들이 아니라 산 자들과 경쟁하기 때문이다." (『리바이어던(Leviathan)』11장. ─ 옮긴이)

물론 비관주의에도 밝은 면이 있다. 공감의 범위가 넓어지면서 갈수록 무감각해지는 시대에 못 보고 지나칠 수도 있는 불행에 관심을 갖게 된다. 요즘 우리는 시리아 내전을 인도주의적 비극으로 인정한다. 이전 시대의 전쟁들, 즉 중국의 국공 내전, 인도와 파키스탄의 분할, 한국 전쟁은 훨씬 더 많은 사람이 죽임을 당하거나 추방당했지만 그런 비극으로 기억되지는 않았다. 내가 클 때 괴롭힘은 남자아이들의 자연스러운 행동으로 여겨졌다. 2011년에 버락 오바마가 했듯이, 언젠가 미국 대통령이 연설 중에 그 폐해를 언급하리라고는 상상하기 어려웠다. 우리가 인류를 더 염려함에 따라, 우리 주위의 불행들을 우리의 기준이 상승한 징표가 아니라 세계가 그만큼 몰락한 징표라고 착각하는 경향이 생겨났다.

하지만 무자비한 부정은 의도치 않은 결과로 이어질 수 있는데, 최근에 몇몇 저널리스트가 그 점을 지적하기 시작했다. 2016년 미국 대선이 끝난 뒤에《뉴욕 타임스》의 기자 데이비드 본스타인(David Bornstein)과 티나 로젠버그(Tina Rosenberg)는 선거의 충격적인 결과에 미디어가 무시하지 못할 역할을 했다고 회고했다.

트럼프는 '진지한 뉴스'란 본래 '무엇이 잘못되고 있는가?'로 정의될 수 있다는 믿음 — 미국 언론들의 거의 보편적인 믿음 — 의 수혜자였다. …… 수십 년 동안 언론은 온갖 문제들과 고질적인 것처럼 보이는 병폐들에 초점을 맞추면서 트럼프가 퍼뜨린 불만과 절망의 씨앗이 뿌리를 내릴 토양을 마련하고 있었다. …… 그 한 결과로, 현재 많은 미국인이 체제가 점진적으로 변하리라는 희망을 상상하거나 중요시하거나 믿는 것조차 어려워하고, 결국 혁명적이고 파괴적인 변화를 더 갈망하게 되었다.[30]

본스타인과 로젠버그는 흔히들 지목하는 범인(케이블 텔레비전, 소셜 미디어, 심야 코미디 프로)을 탓하는 대신, 베트남 전쟁과 워터게이트 시대에 지도자를 찬양하는 분위기에서 그들의 권력을 비난하는 분위기로 바뀐 데에서, 즉 무차별적인 냉소를 남발하면서 공공 영역에서 활동하는 사람들의 모든 행동을 공격적으로 비하하는 것에서 그 원인을 찾는다.

진보 공포증의 뿌리가 인간 본성에 있다면, 그 증상이 심각해지고 있다는 내 말 역시 가용성 편향의 착각이 아닐까? 내가 뒤에서 사용할 방법들을 미리 가져와서, 즉 객관적으로 점검해 보자. 칼레프 리타루는《뉴욕 타임스》에 1945년부터 2005년까지 실린 모든 기사, 그리고 1979년과 2010년 사이에 130개국에서 보도된 기사와 방송의 번역본에 감정 채굴 (sentiment mining)이라고 불리는 기법을 적용했다. 이 기법은 긍정적인 의미와 부정적인 의미를 지닌 단어 — 예를 들어 좋은(good), 훌륭한(nice), 끔찍한(terrible), 무서운(horrible) — 의 수와 맥락을 기록해서 글의 감정적 논조를 평가한다. 그림 4.1에 그 결과가 담겨 있다. 당대의 위기를 반영하는 부분적인 파동을 제외하면, 시간이 흐름에 따라 뉴스가 더 부정적으로 변해 왔다는 인상이 사실임을 알 수 있다. 1960년대 말부터 1970년대 초까지《뉴욕 타임스》는 계속 침울해졌고, 1980년대와 1990년대

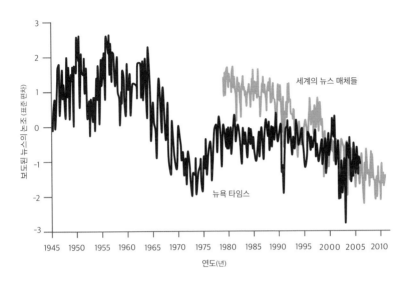

그림 4.1. 1945~2010년 뉴스의 논조 변화. 1월부터 월별로 기입했다. (Leetaru 2011)

에는 약간(약간에 불과하다.) 밝아졌다가, 21세기의 첫 10년 동안에는 다시 상태가 악화되었다. 다른 나라의 뉴스 매체들 역시 1970년대 말부터 현재에 이르기까지 갈수록 더 우울해졌다.

세계는 정말로 이 기간 동안 꾸준히 내리막을 걸었을까? 다음 장들에서 인류의 상태를 살펴볼 때 그림 4.1을 기억하자.

～

진보란 무엇일까? 여러분은 이 질문이 너무 주관적이고 문화마다 달라서 영원히 대답할 수 없다고 생각할지 모른다. 하지만 이 질문은 대답하기 쉬운 축에 든다.

사람들은 대부분 삶이 죽음보다 좋다는 것에 동의한다. 건강이 병보다 좋고, 배부른 것이 굶주림보다 좋으며, 풍요가 가난보다 좋다. 평화가 전쟁보다 좋고, 안전이 위험보다 좋고, 자유가 독재보다 좋으며, 평등한 권리가 편견과 차별보다 좋다. 또한 읽고 쓸 줄 아는 것이 문맹보다 좋고, 지식이 무지보다 좋고, 지혜로움이 우둔함보다 좋으며, 행복이 불행보다 좋다. 그리고 가족, 친구, 문화, 자연을 향유할 기회가 힘들고 단조로운 생활 조건보다 좋다.

이 모든 것은 측정할 수 있다. 만일 이것들이 시간과 함께 향상되어 왔다면, 그것이 진보이다.

그렇다고 해도 아마 모든 사람이 정확한 목록에는 동의하지 않을지 모른다. 이 가치들은 명백히 휴머니즘적이며, 구원, 은총, 신성함, 영웅 정신, 명예, 영광, 진정성 같은 종교적, 낭만적, 귀족적 가치는 배제한다. 하지만 이것이 꼭 필요한 출발점이라는 데에는 대부분 동의할 것이다. 초월적 가치들을 추상적으로 칭송하기는 어렵지 않지만, 사람들은 대부분 생명, 건강, 안전, 문해력, 생계, 자극을 우선시한다. 이 요소들이 다른 모든 것의 선행 조건이라는 이유가 너무나 명백하기 때문이다. 당신이 지금 이 글을 읽고 있다면, 죽었거나, 굶주리고 있거나, 빈곤하거나, 빈사 상태에 있거나, 겁을 먹었거나, 예속되어 있거나, 문맹이 아닐 텐데, 이것은 당신이 이 가치들을 비웃을 — 또는 다른 사람들도 당신의 행운을 공유해야 한다는 것을 부인할 — 입장이 아님을 의미한다.

놀랍게도 전 세계가 이 가치들에 대해 동의한다. 2000년에 유엔 회원국 189개 나라와 24개의 국제 단체가 이 목록과 정확히 일치하는 새천년 개발 목표(Millennium Development Goals) 8개 항에 동의했다.[31]

따라서 놀라운 사실이 하나 있다. **세계는 인간의 안녕과 복리의 모든 방면에서 괄목할 만한 진보를 이루어 왔다는 것이다.** 놀라운 사실이 하나 더 있다. **그것을 아는 사람이 거의 없다.**

주요 뉴스 매체와 학문적인 포럼에는 없어도 인간의 진보에 관한 정보는 쉽게 찾아볼 수 있다. 그 데이터는 따분한 보고서가 아니라 멋진 웹사이트들, 특히 맥스 로저의 '데이터로 본 우리 세계', 매리언 튜피의

'휴먼프로그레스', 한스 로슬링의 '갭마인더'에 잘 정리되어 있다. (하지만 로슬링은 2007년 TED 강연에서 검을 직접 삼켜도 세계의 관심을 끌어내기는 부족하다는 것을 보여 주었다.) 노벨상 수상자들의 책을 비롯한 훌륭한 저서들이 같은 주장을 해 왔으며, 다음과 같은 제목으로 그 소식을 자랑스럽게 전한다. 『진보(Progress)』, 『진보의 역설(The Progress Paradox)』, 『무한한 진보(Infinite Progress)』, 『무한한 자원(The Infinite Resource)』, 『이성적 낙관주의자(The Rational Optimist)』, 『이성적 낙관주의를 위한 주장(The Case for Rational Optimism)』, 『리얼리스트를 위한 유토피아 플랜(Utopia for Realists)』, 『대번영의 조건(Mass Flourishing)』, 『풍요(Abundance)』, 『세계의 상태를 개선하다(The Improving State of the World)』, 『진보(Getting Better)』, 『운명의 종말(The End of Doom)』, 『도덕의 궤적(The Moral Arc)』, 『문명과 식량(The Big Ratchet)』, 『위대한 탈출(The Great Escape)』, 『거대한 파도(The Great Surge)』, 『거대한 수렴(The Great Convergence)』.[32] (이중 어느 책도 큰 상을 받지 못했다. 반면에 이 책들이 출간된 시기에 퓰리처 논픽션 부문 상은 대량 학살에 관한 책 4종, 테러리즘에 관한 책 3종, 암에 관한 책 2종, 인종 차별에 관한 책 2종, 멸종에 관한 책 1종에 돌아갔다.) 그리고 리스티클(listicle, 목록이라는 뜻의 리스트(list)와 기사라는 뜻의 아티클(article)을 합쳐 만든 신조어로 특정 주제에 관한 목록 기사 혹은 순위 정보 기사를 가리킨다. ─옮긴이)을 즐겨 읽는 사람들을 위해 최근 몇 년 동안에 나온 제목을 소개하자면, 「아무도 전하지 않고 있는 대단히 좋은 뉴스 5」, 「2003년이 인류 역사에서 최고의 해였던 5가지 이유」, 「세계가 실제보다 나쁘게 보이는 7가지 이유」, 「세계가 급격히 좋아지고 있음을 보여 주는 차트와 지도 26」, 「세계가 좋아지고 있는 40가지 방식」, 그리고 내가 좋아하는, 「우리가 세계 역사에서 가장 위대한 시대에 살고 있는 50가지 이유」가 있다. 이제 그 이유를 살펴보자.

5장
생명

살아남고자 하는 투쟁은 살아 있는 존재의 원초적 욕구이며, 인간은 최대한 오래 죽음을 면하기 위해 창의력을 발휘하고 머리를 짜낸다. 구약 성서에서 하느님은 "너와 네 자손이 살기 위하여 생명을 택하라."(「신명기」 20장. ─ 옮긴이)라고 명하고, 딜런 토머스(Dylan Thomas, 1914~1953년)는 "빛의 소멸에 맞서 분노, 분노하라."라고 말한다. 장수는 최고의 축복이다.

오늘날 사람이 평균적으로 얼마나 오래 살 수 있다고 생각하는가? 인구가 많은 개발 도상국에서 기아와 질병으로 발생하는 조기 사망 때문에 세계 평균이 떨어진다는 점을 기억하라. 특히 영아 사망으로 인해 수많은 0들이 평균값을 끌어내린다.

2015년의 답을 말하자면, 71.4세이다.[1] 여러분의 추측과 얼마나 가까운가? 한스 로슬링의 최근 조사에 따르면, 세계의 평균 수명을 그렇게 높게 추측한 것은 스웨덴 인의 경우 4명 중 1명도 되지 않았다. 로슬링이 "이그노런스 프로젝트(Ignorance Project)"라고 명명한 연구를 통해 기대 수명, 문해력, 빈곤에 관한 국가별 의견을 조사한 다른 결과들도 그에 못지않게 형편없다. 이그노런스 프로젝트의 로고는 침팬지인데, 로슬링의 설명을 빌리자면 "내가 각 문제의 선택지를 바나나에 쓴 다음 동물원에 있는 침팬지에게 정답을 고르라고 하면 응답자들보다 더 잘 맞는다."라는 것이 그 이유였다. 사실 세계 보건 분야의 학생과 교수로 이루어진 그 응

답자들은 무지하기보다는 비관적이어서 오류를 범했다.[2]

그림 5.1은 맥스 로저가 수백 년 동안의 기대 수명을 도표화한 것으로 세계사의 일반적인 패턴을 보여 준다. 선이 시작되는 18세기 중반에 유럽과 남북아메리카의 기대 수명은 약 35세였는데, 이 수치는 우리가 데이터를 확보하기 225년 전(16세기 초반)부터 그 수준에 머물러 있었다.[3] 당시 전 세계의 기대 수명은 29세였다. 인류 역사의 대부분 동안 기대 수명은 이 범위를 벗어나지 않았다. 수렵 채집인의 기대 수명은 약 32.5세지만, 처음 농경을 시작한 민족들의 경우에는 탄수화물이 많은 식습관과 가축 및 이웃에게서 전염된 질병 때문에 기대 수명이 낮아졌을 것이다. 청동기 시대에는 기대 수명이 30세 초반으로 회복되었고, 이 수치가 수천 년 동안 그대로 유지되면서 세기와 지역에 따라 약간씩 변동했다.[4] 인류 역사에서 이 기간은 맬서스 시대(Malthusian Era)라고 불린다. 이 '시

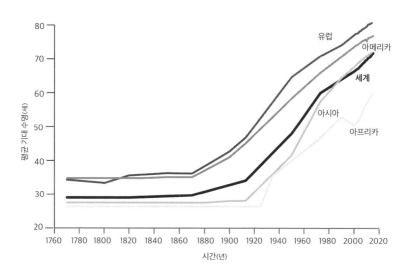

그림 5.1. 1771~2015년의 기대 수명. 데이터로 본 우리의 세계 웹사이트에서. (Roser 2016n, 2000년 이전은 Riley 2005를, 그 후는 세계 보건 기구와 세계 은행의 데이터를 기반으로 했다. 맥스 로저가 제공한 데이터를 업데이트한 것이다.)

대'라는 용어가 우리 종이 존재한 시간의 99.9퍼센트를 나타내는 이상한 말이기는 하지만, 이 시기에는 농경이나 보건 분야가 개선되어도 인구 급증이 그 개선을 금방 상쇄하고 말았다.

그러나 19세기부터 전 세계에서 "위대한 탈출(Great Escape)"이 시작되었다. 경제학자인 앵거스 스튜어트 디턴(Angus Stewart Deaton, 1945년~)의 이 용어는 인류가 빈곤, 질병, 조기 사망의 세습에서 해방된 것을 말한다. 기대 수명은 증가하기 시작해 20세기에 속력이 붙었고 이제는 그 수치가 줄어들 기미가 보이지 않는다. 경제사 학자 요한 노르베리(Johan Norberg, 1973년~)가 지적하듯이 우리는 "매년 나이를 먹을수록 1년씩 죽음에 가까워지지만, 20세기에는 매년 나이를 먹을수록 평균 7개월씩 죽음에 가까워진다."라고 생각하는 경향이 있다. 흥미롭게도, 장수라는 선물은 인류 전체에게 전파되고 있으며 세계에서 가장 가난한 나라도 예외는 아니다. 심지어 부유한 나라에 비해 전파 속도가 더 빠르다. "케냐의 기대 수명은 2003년과 2013년 사이에 거의 10년이 증가했다."라고 노르베리는 말한다. "케냐의 보통 사람들은 그 10년 동안 내내 생활하고 사랑하고 고군분투했지만 남은 수명 중 단 한 해도 잃지 않았다. 모두 열 살씩 더 나이 먹었지만, 죽음에는 한 발짝도 가까워지지 않았다."[5]

그 결과 기대 수명의 불평등은 위대한 탈출의 시기에 운이 좋은 몇몇 국가들이 무리에서 이탈하면서 시작되었는데, 이후에 나머지 국가들이 따라잡으면서 그 격차가 줄어들고 있다. 1800년에는 전 세계적으로 기대 수명이 40세 이상인 나라가 없었다. 1950년에 이르자 유럽과 아메리카의 기대 수명은 약 60세에 도달했지만, 아프리카와 아시아는 한참 뒤처진 상태였다. 하지만 그 후 유럽의 기대 수명이 증가하는 속도에 비해 아시아는 2배, 아프리카는 1.5배 증가했다. 오늘날 태어나는 아프리카 사람들은 1950년에 아메리카에서 태어났거나 1930년대에 유럽에서 태어난 사람만큼 오래 살 수 있다. 에이즈(AIDS)라는 재앙이 없었다면 평균 기대 수명은 더 늘어났을 것이다. 에이즈의 영향으로 1990년대에는 기대 수명이 극도로 줄어들었는데, 당시에는 항(抗)레트로바이러스 약물로 에이즈를 통제하기 전이었다.

에이즈로 인한 아프리카의 기대 수명 감소를 보면 진보가 언제 어디서나 모든 인간의 안녕을 계속해서 향상하는 수단이 아님을 알 수 있다. 진보가 마법처럼 보일 수 있겠지만, 그건 마법의 결과라기보다는 문제를 해결한 결과이다. 문제는 불가피하고, 인간의 특정 분야에서는 때때로 극심한 역행이 나타나기도 한다. 아프리카에서 에이즈 전염병이 발발한 시기 외에도 스페인 독감이 유행한 1918~1919년 시기의 청년들과 21세기 초에 대학 교육을 받지 않은 비라틴아메리카계 백인 중년 미국인들의 수명이 줄어드는 방향으로 역행했다.[6] 그렇지만 문제는 해결할 수 있으며, 다른 서구 지역의 인구 집단에서도 예외 없이 계속 수명이 증가했다는 사실은 문제의 해결책도 존재한다는 것을 의미한다.

영유아의 사망률이 감소하면 평균 수명이 가장 큰 폭으로 늘어난다. 아이들은 취약하고, 유아의 사망은 60세 성인의 사망보다 평균 수명을 더 많이 떨어뜨리기 때문이다. 그림 5.2는 각 대륙을 어느 정도 대표한다고 볼 수 있는 5개국에서 계몽 시대 이후 유아 사망률이 어떻게 변화했는지를 보여 준다.

세로축의 숫자들을 보라. 그 숫자는 5세가 되기 전에 사망한 아이들의 비율을 가리킨다. 그렇다. 보다시피 세계에서 가장 부유한 나라인 스웨덴에서는 19세기에 들어서도 한참 동안 5세 이전에 사망한 아이들의 수가 4분의 1과 3분의 1 사이에 있었고, 사망자 수가 절반에 이른 해도 몇 년 있었다. 이러한 현상은 인류 역사에서 전형적인 것으로 보인다. 수렵 채집인 아이 중 5분의 1이 태어난 첫해에 사망하고 절반 정도가 성인

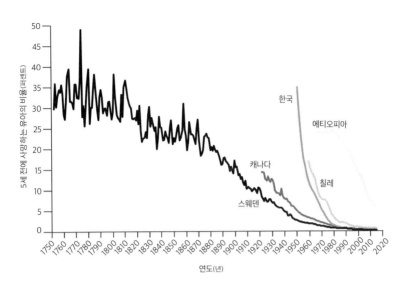

그림 5.2. 1751~2013년의 유아 사망률. 데이터로 본 우리의 세계에서. (Roger 2016a, 유엔 유아
사망률 추정치(http://www.childmortality.org/)와 인간 사망률 데이터베이스(Human Mortality Database,
http://www.mortality.org/) 데이터를 기반으로 작성한 것이다.)

이 되기 전에 사망한다.[7] 그래프에서 20세기 전에 뾰족하게 나타난 선들
은 데이터의 잡음이 아니라 삶이라는 게 본래 위태로움을 반영한다. 전
염병이나 전쟁, 기근이 발생하면 인간은 언제라도 죽음으로 내몰릴 수
있다. 부유한 사람조차도 비극을 당한다. 찰스 다윈은 두 자식을 유아
때 잃었고 사랑하는 딸 애니마저 10세 때 잃고 말았다.

그런 뒤 놀라운 일이 발생했다. 유아 사망률이 100배나 급감해 선진
국에서는 1.0퍼센트로 떨어졌고 이 하향세는 세계적인 현상이 되었다.
2013년에 디턴이 관측한 바에 따르면, "오늘날에는 영아나 유아의 사망
률이 1950년의 수치보다 더 높은 나라는 세계적으로 한 군데도 없다."[8]
사하라 사막 이남 아프리카 지역의 유아 사망률은 1960년대 4분의 1에
서 2015년 10분의 1 이하로 떨어졌으며, 세계적으로는 18퍼센트에서 4퍼
센트로 떨어졌다. 여전히 높은 수치이기는 하지만, 지금처럼 세계 보건을

향상하려는 노력이 계속된다면 그 수치는 분명 더 떨어질 것이다.

숫자 너머에 있는 두 가지 사실을 기억하자. 하나는 인구 통계학적 사실이다. 사망하는 아이의 수가 줄어들수록 부모는 아이를 더 적게 가진다. 온 가족을 잃지 않기 위해 분산 투자하듯이 출산하는 방편을 더는 채택하지 않아도 된다. 그래서 아이들의 목숨을 구하면 '인구 폭발(population bomb)'이 촉발되리라는 우려(1960년대와 1970년대에 대두한 심각한 환경 공포로, 개발 도상국의 보건 의료 지원을 축소하자는 요구로까지 이어졌다.)와는 달리, 유아 사망률이 감소하자 인구 폭발의 뇌관이 자연히 사라졌다.[9]

또 다른 사실은 개인적이다. 아이를 잃는 것은 그 어떤 경험보다도 충격적이다. 그 비극을 상상해 보라. 그런 다음 그 비극을 100만 번 더 상상해 보라. 이것은 **작년 한 해에만** 사망하지 않은 아이들의 4분의 1에 해당하는 숫자로, 만약 15년 전에 태어났더라면 이 아이들은 모두 목숨을 잃었을 것이다. 이제 유아 사망률이 감소하기 시작한 이후의 연도들에 대해서 200번가량 거듭 상상해 보라. 그림 5.2와 같은 그래프들은 인간이 자신의 안녕과 복리와 관련해서 이룬 위업을 보여 준다. 그 규모는 사람의 머리로 도무지 이해할 수 없을 정도이다.

그리고 인간이 자연의 또 다른 잔혹함인 산모 사망을 곧 극복함으로써 성취하게 될 위업도 똑같이 이해하기 어렵다. 히브리 성서의 신은 이번에도 자비롭게, 최초의 여자에게 "내가 네게 임신하는 고통을 크게 더하리니 네가 수고하고 자식을 낳을 것이다."라고 일렀다. 최근까지도 임산부의 약 1퍼센트가 출산 중에 사망했다. 100년 전에 임신한 미국인 여성은 오늘날 유방암에 걸리는 것과 맞먹을 정도로 위험했다.[10] 그림 5.3은 각 지역을 대표하는 4개국에서 1751년 이후 산모 사망률이 어떻게 변했는지를 보여 준다.

유럽에서는 18세기 말 이후로 사망률이 1.2퍼센트에서 0.004퍼센트

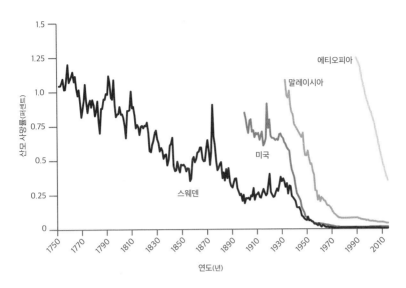

그림 5.3. 1751~2013년의 산모 사망률. 데이터로 본 우리 세계에서. (Roser 2016p, 일부는 '갭마인더'에 있는 클라우디아 핸슨(Claudia Hanson)의 데이터를 기반으로 했다. https://www.gapminder.org/data/documentation/gd010/.)

로 300분의 1로 감소했다. 사망률 감소는 세계적으로 확산되었고 최빈국도 예외는 아니었다. 그 국가들은 후발 주자였기 때문에 사망률이 더 짧은 기간 동안 더 빠른 속도로 떨어졌다. 전 세계 사망률은 25년 만에 절반 가까이 감소했으며 현재에는 스웨덴의 1941년도 사망률과 같은 약 0.2퍼센트가 되었다.[11]

그림 5.1에서 본 수명의 증가가 모두 유아 사망률의 감소 때문이라고 설명할 수 있을지 의문이 생길 수도 있다. 우리는 정말로 더 오래 살게 된 것일까? 아니면 단지 살아남은 아이의 수가 더 많아진 것일까? 어쨌든 19세기 이전에 사람들의 평균 기대 수명은 약 30세였지만 이것이 모든 사람이 서른 번째 생일에 급사했음을 의미하지는 않는다. 많은 아이들이 목숨을 잃으면서 평균 기대 수명을 끌어내리고 늙어 죽는 사람으로 인한 기대 수명 증가를 상쇄했는데, 이런 노인들은 어느 사회에서

나 발견할 수 있다. 성서 시대에는 평균 수명이 70세였다고 하고, 기원전 399년 소크라테스도 바로 그 나이에 자연사가 아니라 독미나리가 든 잔을 마시고 숨을 거두었다. 대부분의 수렵 채집인 부족에는 70대인 사람도 많고 심지어 80대도 있다. 하드자 족 여성의 기대 수명은 32.5세이지만, 만약 45세에도 살아 있다면 앞으로 21년을 더 산다고 기대할 수 있다.[12]

당신이 지금 몇 살이든 수십 년이나 수백 년 전에 당신과 나이가 같았던 사람보다는 살아갈 날이 훨씬 더 많다. 영국의 한 아이가 위험천만한 생애 첫해에 살아남는다면 1845년에는 47세까지, 1905년에는 57세까지, 1955년에는 72세까지, 2011년에는 81세까지 살 것이다. 30세 성인이라면 1845년에는 33년, 1905년에는 36년, 1955년에는 43년, 2011년에

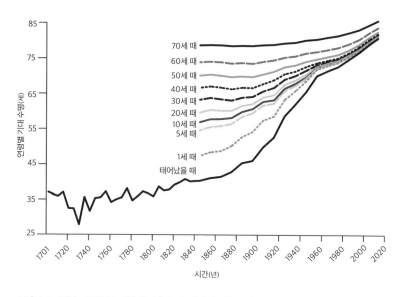

그림 5.4. 1701~2013년 영국의 기대 수명. 데이터로 본 우리의 세계에서. (Roger 2016n. 1845년 이전의 데이터는 잉글랜드와 웨일스에 관한 것이며 OECD 클리오 인프라에서 발췌한 것이다. van Zanden et al. 2014. 1845년 이후의 데이터는 10년대 중간에 측정한 수치이며, 인간 사망률 데이터베이스에서 발췌한 것이다. http://www.mortality.org/.)

는 52년을 더 살 수 있다. 만약 소크라테스가 1905년에 무죄를 선고받았다면 9년 더 살았을 것이고, 1955년에는 10년, 2011년에는 16년 더 살았을 것이다. 1845년에 80세의 노인은 5년 더 살 수 있었지만, 2011년에는 9년 더 살 수 있다.

비록 수치는 영국만큼 늘어나지는 않았지만 세계 모든 곳의 기대 수명 증가 추세도 그와 비슷하다. 1950년에 10세였던 에티오피아 인은 44세까지 살았을 테지만, 지금 10세라면 61세까지 살 것이다. 경제학자인 스티븐 래들릿(Steven Radelet, 1957년~)은 이렇게 지적했다. "지난 수십 년간 전 세계 빈곤층의 건강 증진은 엄청난 규모로 일반화되었다. 그야말로 인류 역사상 가장 위대한 업적이라 할 수 있다. 세상 사람들의 기본적인 건강 상태가 그토록 상당한 규모로 빠르게 좋아진 적은 없었다."[13]

이렇게 기대 수명이 늘어난 사람들이 그저 흔들의자에 앉아 늙어 가는 것으로 여생을 보내지는 않을 것이다. 물론 오래 살수록 노인으로 살아갈 날이 많아지고 통증과 고통을 피할 수 없게 된다. 그렇지만 치명적인 타격에 저항력이 뛰어난 신체는 그보다 약한 타격인 질병, 부상, 쇠약에도 저항력이 뛰어나다. 수명이 늘어날수록, 늘어난 햇수만큼은 아니지만 우리의 활력도 증가한다. 세계 질병 부담(Global Burden of Disease) 연구라는 대대적인 프로젝트에서는 질병과 신체 장애 291개를 골라 해당 항목이 원인으로 작용해 사망한 사람의 수를 기록했을 뿐만 아니라 건강하게 살아갈 수 있는 시간을 몇 년 줄였는지 — 개개인이 처한 환경으로 인해 삶의 질이 떨어지는 정도 — 도 조사했다. 이 결과, 1990년도의 경우 세계 평균 기대 수명인 64.5세인 데 비해 **건강** 수명은 56.8세로 추정되었다. 그리고 2010년에 대해 추산치가 나온 선진국의 경우, 그 20년 동안 기대 수명이 4.7년 늘어났는데, 그중 3.8년이 늘어난 건강 수명이었다.[14] 이 수치들은 건강한 해와 병든 해를 모두 살았던 우리 조상들보다 현대인들이 더 오랜 시간을 건강한 상태로 산다는 것을 보여 준다. 기대 수명이 늘어나면서 사람들이 가장 우려하는 것은 치매인데, 뜻밖에도 희소식이 하나 더 생겼다. 2000년과 2012년 사이에 65세 이상 되는 미국인 중 치매에 걸린 사람의 비율이 4분의 1가량 떨어졌고, 치매 진단을 받은 사람의 평균 연령이 80.7세에서 82.4세로 증가한 것이다.[15]

훨씬 더 좋은 소식도 있다. 그림 5.4에 있는 곡선들은 운명의 3여신이 잣고 감고 끊어 버리는 생의 태피스트리가 아니다. 그것보다는 오늘날의 인구 동태 통계에서 나온 전망이며, 의학 지식이 현 상태로 동결될 것이라는 전제에 기초해 있다. 이것은 누구나 그 전제를 믿어야 한다는 말이 아니라, 미래의 의학 발전을 투시하는 능력이 없으니 현 상태로 동결시키고 볼 수밖에 없다는 뜻이다. 말하자면 여러분은 틀림없이 세로축에서 읽어 낸 수치보다 더 오래 — 아마 훨씬 더 오래 — 살 것이다.

사람들은 별걸 다 갖고 불평을 한다. 2001년에 조지 워커 부시(George Walker Bush, 1946년~)는 대통령 생명 윤리 자문 위원회를 설립했는데, 더 건강하고 오래 사는 삶을 보장하는 생물 의학의 발전 때문에 머지않아 위협이 출현할 것이라고 믿었기 때문이다.[16] 의장이 된 사람은 의사이자 대중 지식인인 리언 리처드 카스(Leon Richard Kass, 1939년~)였다. 카스는 "젊음을 연장하려는 열망은 후손을 위한 헌신과 양립할 수 없는 유치하고 자아 도취적인 소망의 발로"이며, 남들이 늘려 주는 몇 년의 시간은 살 가치가 없다고 선언했다. (카스는 이렇게 묻는다. "프로 테니스 선수들이 테니스 경기를 25퍼센트 더 뛴다고 정말로 좋아할까요?") 사람들은 대부분 자신이 직접 그 문제를 결정하고 싶어 하며, 설령 "죽음이 있기에 삶이 중요해진다."라는 카스의 의견이 옳다고 해도, 장수는 불멸과 동일하지 않다.[17] 하지만 기대 수명이 최대 몇 년까지 늘어날 수 있는가에 대한 전문가들의 주장이 번번이(발표된 지 평균 5년 뒤에) 빗나갔다는 사실을 알고 나면, 수명이 무한정 늘어나서 언젠가는 죽음이라는 가혹한 굴레에서 영원히 벗어날 수 있지 않을까 하는 의문이 피어오른다.[18] 우리는 수백 살 먹은 고리타분한 노인들이 90대 풋내기들이 추진하는 혁신에 저항하고, 성가신 아기들이 생기는 것을 모두 금지하는 세계를 걱정해야 할까?

실리콘밸리의 많은 혁신가들이 그런 세계를 앞당기고자 노력하고 있다.[19] 그들에게서 자금을 지원받는 연구 기관들은 질병을 한 번에 하나씩 퇴치해서 사망률을 조금씩 낮추는 것이 아니라 노화 과정 자체를 역설계해서 세포 차원의 하드웨어를 노화라는 버그가 없는 버전으로 개선하는 데 주안점을 둔다. 그래서 인간의 평균 수명이 50년, 100년, 심지어 1,000년까지 늘어나기를 혁신가들은 희망한다. 발명가인 레이먼드 커즈와일(Raymond Kurzweil, 1948년~)은 2005년에 자신의 베스트셀러 『특이점이 온다(The Singularity Is Near)』에서 유전학, 나노 기술(이를테면 혈류 속을 흐르면서 우리 체내에서 고장 난 곳을 치료하는 나노봇(nanobot)이 발명되면 어떨까.), 인공 지능의 발전 덕분에 2045년까지 살아남은 사람은 영원히 살 수 있으리라고 예측한다. 특히 인공 지능은 이 모든 일을 어떻게 해야 하는지 알아낼 뿐만 아니라 자기 지능을 무한정, 그리고 재귀적으로 향상할 것이라고 덧붙인다.

의학 정보지 독자와 그 밖의 건강 염려증 환자들은 불멸에 대해 다소 다르게 전망한다. 지난 25년 동안 암 사망률이 해마다 1퍼센트가량 감소하면서 미국에서만 100만 명의 목숨을 구하는 등 기념비적인 진보가 점진적으로 일어난 것은 분명한 사실이다.[20] 하지만 위약(僞藥, placebo)에 불과한 기적의 신약, 질병보다 더 심한 부작용을 일으키는 치료법, 메타 분석을 해 보면 깨끗이 사라지는 부풀려진 효과들을 보고 우리는 수시로 실망한다. 오늘날 의학 발전은 특이점이라기보다는 시시포스에 더 가깝다.

우리에게는 예언의 재능이 없으므로 과학자들이 불멸의 치료법을 발견하게 될지 아무도 장담하지 못한다. 하지만 진화와 엔트로피가 있어 그럴 일은 없을 듯하다. 노화는 생체 조직의 모든 계층과 차원에서 작용하도록 우리의 유전체 속에 내장되어 있다. 자연 선택은 수명을 최대한 늘려 오래 살게 만드는 유전자보다는 젊을 때 혈기왕성하게 살게 만드는 유전자를 선호하기 때문이다. 이 편향은 시간의 비대칭성 때문에 생긴다. 다시 말해서, 어떤 수를 쓰든 우리가 벼락이나 산사태와 같은 예기치 못한 사고로 쓰러져서 값비싼 장수 유전자의 이점이 무의미해질 수 있는 확률을 0으로 만들 수는 없기 때문이다. 생물학자들이 불멸로의 비약을 시작하기 위해서는 수천 개의 유전자 혹은 분자 이동 경로 — 각각은 수명에 미세하면서도 불확실한 영향을 미친다. — 를 다시 프로그래밍해야 할 것이다.[21]

또한 우리가 완벽하게 조율된 생물학적 하드웨어를 갖추는 데 성공한다고 해도 엔트로피의 행진이 그 하드웨어를 손상시킬 것이다. 물리학자 페터 만프레트 호프만(Peter Manfred Hoffmann)이 지적하듯이, "생명은 죽음의 전투에서 생물학과 물리학에게 싸움을 붙인다." 심하게 요동치는 분자는 우리 세포 조직과 끊임없이 충돌하는데, 여기에는 오류를 바로잡고 손상된 부분을 복구해서 엔트로피를 피하는 조직도 포함된다. 여러 손상 통제 시스템에 생긴 결함이 누적되면 붕괴 위험이 기하 급수적으로 늘어나고, 암과 장기 부전처럼 끝없이 계속되는 위험에 맞서도록 생물 의학이 우리에게 제공하는 모든 보호막을 언젠가는 영원히 잠식할 것이다.[22]

내가 보기에 우리가 수백 년 동안 죽음과 벌인 전투에서 나올 결과를 가장 잘 예측한 구절은 스타인의 법칙(Stein's Law), 즉 "영원히 계속될 수 없는 것은 언젠가는 멈춘다."를 데이비스의 따름 정리에 따라 수정한 구절이다. "영원히 계속될 수 없는 것이라고 해도 생각보다는 훨씬 오래 간다." (스타인의 법칙은 1970년대 미국의 제37대 대통령 리처드 밀하우스 닉슨(Richard Milhous Nixon, 1913~1994년)의 경제 보좌관을 역임한 허버트 스타인(Herbert Stein, 1916~1999년)이 1986년에 한 말을 바탕으로 한 것이다. ― 옮긴이)

6장
건강

18세기 말부터 생명 연장이라는 선물이 점점 더 많은 사람에게 주어지고 있는 것을 우리는 어떻게 설명할 수 있을까? 그 단서는 시간에 있다. 디턴은 『위대한 탈출』에서 이렇게 말한다. "계몽주의 시대에 권위에 저항하고, 삶을 개선하기 위해 이성의 힘을 사용하기 시작한 이래로 사람들은 계속 방법을 찾아 왔고, 그 결과 앞으로 죽음의 힘에 맞서 우리가 계속 승리하리라는 점에는 의심의 여지가 없다."[1] 앞 장에서 언급했던 생명 연장은 여러 가지 물리력 — 질병, 기아, 전쟁, 살인, 사고 — 에 맞서서 얻은 전리품이다. 나는 이 장과 이어지는 장들에서 각각의 전리품을 소개하려고 한다.

인류사의 대부분에서 가장 강력한 죽음의 힘은 전염병이었다. 전염병은 진화의 고약한 특징으로, 작고 빠르게 번식하는 유기체가 우리를 망가뜨리며 살아가고, 세균, 벌레, 신체 배설물 등을 통해 몸에서 몸으로 옮겨 다니는 과정이다. 전염병은 수백만 명을 죽음으로 내몰고 문명을 송두리째 멸망시켰으며 주민들에게 돌연한 재난을 안겨 주었다. 예를 들어, 황열병은 모기가 전파하는 바이러스성 질병인데, 이 병에 걸리면 누렇게 변한 뒤 고통스럽게 숨을 거두기 때문에 황열이라는 이름이 붙었다. 1878년 미국 멤피스 시의 기록에 따르면, 환자들은 "형체를 알아볼 수 없을 정도로 일그러진 채 구덩이로 기어들어 갔다. 나중에 그들의 몸을 발견했을 때는 썩어 가는 살 냄새뿐이었다. …… (죽은 채 발견된 한 어머니는) 침대에 널브러져 있었고 …… 커피 찌꺼기 같은 시커먼 토사물이 사방에 흩어져 있었다. …… 아이들은 바닥을 뒹굴며 신음하고 있었다."[2]

부자들도 예외는 아니었다. 1836년에 세계 최고의 부호였던 네이선 메이어 로스차일드(Nathan Mayer Rothschild, 1777~1836년)는 감염된 종기 때문에 사망했다. 권력자들도 마찬가지였다. 영국의 여러 국왕이 이질, 천연두, 폐렴, 장티푸스, 결핵, 말라리아로 목숨을 잃었다. 미국의 대통령들도 취약했다. 1841년에 윌리엄 헨리 해리슨(William Henry Harrison, 1773~1841년)은 취임하자마자 병에 걸려 31일 후 패혈성 쇼크로 죽었고, 1849년에 제임스 녹스 포크(James Knox Polk, 1795~1849년)는 퇴임하고 나서 3개월 뒤에 콜레라에 걸려 죽었다. 1924년까지만 해도 당시 대통령이었던 존 캘빈 쿨리지(John Calvin Coolidge, 1872~1933년)의 16세 아들이 테니스를 치다가 생긴 물집이 감염되는 바람에 사망하는 일이 일어났다.

언제나 창의력을 발휘하는 호모 사피엔스는 기도문, 제물, 사혈, 부항, 유독성 금속, 동종 요법, 감염된 신체 부위에 닭을 대고 문지르기 등 엉터리 치료 방법들로 병을 이겨 보고자 오랫동안 고군분투했다. 하지만 18세기 후반에 백신이 발명되고 19세기에 질병과 관련된 배종설이 급속히 받아들여지면서 전세가 바뀌기 시작했다. 손 씻기, 조산술, 모기 퇴치법을 적용하고 무엇보다 공공 하수도를 건설하고 염소 처리된 수돗물로 식수를 보호하고부터 수십억 명이 목숨을 구했다. 20세기 이전에는 도시 거리와 골목마다 분뇨가 무더기로 쌓여 있었고 강과 호수는 오물로 끈적거려서 주변에 사는 사람들은 거무튀튀하고 썩은 액체를 식수로 마시거나 빨래하는 데 썼다.[3] 최초의 전염병 학자인 존 스노(John Snow, 1813~1858년)가 콜레라에 시달리는 런던 사람들이 하수도 하류 지역의 취수원에서 물을 마셨다는 것을 확인하기 전까지는 장기(瘴氣, miasma. 악취가 나는 공기) 때문에 전염병이 생긴다고 여겼다. 의사들도 건강을 위협하는 주된 요소였는데, 부검을 하고 나서 피와 고름이 말라붙은 검은색 외투를 입은 채 진료실로 들어와서는 손을 씻지 않은 상태에서 환자의 상처를 살폈고, 이그나즈 필리프 제멜바이스(Ignaz Philipp Semmelweis, 1818~1865년)와 조지프 리스터(Joseph Lister, 1827~1912년)가 손과 도구를 소독하는 법을 알리기 전까지는 단추 구멍에 끼워 둔 봉합사로 상처를 꿰맸다. 방부제, 마취법, 수혈이 가능해지면서 수술로 인해 고통에 시달리고 불구가 되기보다는 병에서 치유될 확률이 높아졌고, 항생제와 항독소를 비롯한 의학적 진보들이 쏟아져 나와 전염병의 공격을 더욱 효과적으로 물리치게 되었다.

배은망덕이라는 죄가 7대 죄악에 들지는 않겠지만, 단테는 그 죄를 지은 사람들을 제9원(Ninth Circle of Hell, 친족을 배반한 영혼들, 조국과 자기 당파를 배반한 자들, 배은망덕한 영혼들, 손님을 배반한 자들이 가는 곳이다. ─ 옮긴이)에 보낸다. 1960년대 이후의 지식인 문화도 그곳에 갈 것이다. 질병 정복자들에 대한 기억을 까맣게 잊지 않았는가. 물론 항상 그렇지는 않았다. 내가 어렸을 때 어린이들에게 인기 있는 문학 장르는 에드워드 제너(Edward Jenner, 1749~1823년), 루이 파스퇴르(Louis Pasteur, 1822~1895년), 조지프 리스터, 프레더릭 그랜트 밴팅(Frederick Grant Banting, 1891~1941년), 찰스 허버트 베스트(Charles Herbert Best, 1899~1978년), 윌리엄 오슬러(William Osler, 1849~1919년), 알렉산더 플레밍(Alexander Fleming, 1881~1955년) 같은 의학계 선구자들의 영웅적 삶과 업적을 그린 위인전이었다. 1955년 4월 12일에는 과학자들이 조너스 에드워드 소크(Jonas Edward Salk, 1914~1995년)의 소아마비 백신이 안전하다고 발표했다. 연간 수천 명을 죽음에 이르게 하고 프랭클린 델러노 루스벨트(Franklin Delano Roosevelt, 1882~1945년)를 마비시켰으며 많은 아이들을 철제 호흡 장치로 들어가게 한 병의 종식이 시작된 것이다.

리처드 카터가 기록한 발견의 역사에 따르면, 그날 "사람들은 잠시 묵념을 한 뒤 종을 울리고, 경적을 불고, 공장의 사이렌을 울리고, 축포를 쏘아 댔다. …… 휴업을 하거나 학교 문을 닫았고, 흥분에 휩싸인 사람들을 불러모아 축배를 들고, 아이들을 끌어안고, 교회에 가고, 낯선 사람들에게 미소 짓고, 원수를 용서했다."[4] 뉴욕 시는 성대한 축하 퍼레이드를 열어 소크에게 경의를 표하려고 했지만 그는 정중히 거절했다.

최근 사람인 카를 란트슈타이너(Karl Landsteiner, 1868~1943년)에 대해 얼마나 생각해 보았는가? 카를 누구? 그는 혈액형을 발견해서 **10억의 생명**을 구했다. 그렇다면 다음 표의 영웅들은 어떤가?

연구자들의 추정치는 매우 보수적이지만, 이들이 고른 100여 명의 과학자 덕분에 (지금까지) **50억** 명 이상이 생명을 구했다고 한다.[5] 물론 영웅담은 과학이 실제로 이루어지는 방식을 제대로 다루지 않는다. 과학자들은 과거의 발견을 토대로 진리를 발견하고, 팀을 이루어 협력하고, 세상에 알려지지 않은 채 고생을 하고, 웹을 뛰어다니며 생각을 모은다. 사람들이 등한시하는 것이 과학자든 과학이든 간에, 삶을 더 낫게 변화시킨 발견에 무관심하다는 사실은 우리가 현대의 인간 조건을 감사히 여기지 않는다는 고발장에 적혀야 한다.

과거 시제를 주제로 책 한 권을 썼던 심리 언어학자로서 나는 영어의 역사에서 흥미로운 예를 발췌할 수 있다.[6] 위키피디아 항목에 첫 문장으로 나오는 것이다.

> **천연두**는 두 가지 바이러스, 즉 대두창과 소두창 중 하나가 원인으로 작용하여 발생하는 전염병이었다.

그렇다. "천연두는 전염병**이었다**." 환자의 피부, 입, 눈을 뒤덮는 고통스러

과학자	발견	구한 생명
에이블 월먼(Abel Wolman, 1892~1989년), 린 엔슬로(Linn Enslow, 1891~1957년)	물 염소화 처리	1억 7700만 명
윌리엄 허버트 포지(William Herbert Foege, 1936년~)	천연두 퇴치 전략	1억 3100만 명
모리스 랠프 힐만(Maurice Ralph Hilleman, 1919~2005년)	백신 8종	1억 2900만 명
존 엔더스(John Enders, 1897~1985년)	홍역 백신	1억 2000만 명
하워드 플로리(Howard Florey, 1898~1968년)	페니실린	8200만 명
가스통 라몽(Gaston Ramon, 1886~1963년)	디프테리아 및 파상풍 백신	6000만 명
데이비드 날린(David Nalin, 1941년~)	경구 수액 요법	5400만 명
파울 에를리히(Paul Ehrlich, 1854~1915년)	디프테리아 및 파상풍 혈청	4200만 명
안드레아스 그륀트치히(Andreas Grüntzig, 1939~1985년)	혈관 성형술	1500만 명
그레이스 엘더링(Grace Eldering, 1900~1988년), 펄 켄드릭(Pearl Kendrick, 1890~1980년)	백일해 백신	1400만 명
거트루드 엘리언(Gertrude Elion, 1918~1999년)	합리적 약제 설계	500만 명

운 고름에서 이름이 유래한 천연두는 20세기에 3억 명 이상을 죽음으로 내몰았다가 최근에 자취를 감추었다. (마지막 진단은 1977년 소말리아에서였다.) 이 놀라운 도덕적 승리에 대해서는 무엇보다 1796년에 백신을 발견한 에드워드 제너, 1959년에 천연두 퇴치라는 대담한 목표를 세운 세계 보건 기구(World Health Organization, WHO), 수는 적더라도 전략적으로 일부 취약 계층을 선택해서 백신 접종을 하는 것이 효과가 있음을 알아낸 윌리엄 포지에게 사의를 표해야 한다. 경제학자인 찰스 케니(Charles Kenny, 1970년~)는 『진보(Getting Better)』에서 다음과 같이 말한다.

그때 10년 동안 프로그램의 전체 비용은 …… 그 지역에서 3억 1200만 달러였다. 감염된 나라들에서 1인당 약 32센트가 들어간 것이다. 천연두 퇴치 프로그램에 들어간 비용은 최근에 나온 할리우드 블록버스터 영화 다섯 편이나 B-2 스텔스 폭격기의 날개를 만드는 비용과 비슷하고, 빅 딕(Big Dig)이라고 불리는 보스턴 도로 정비 예산의 10분의 1에 약간 못 미치는 정도였다. 보스턴 해안가의 개선된 경치, 스텔스 폭격기의 외장, 「캐리비안의 해적(Pirates of the Caribbean)」에 나온 키이라 나이틀리(Keira Knightley)의 연기력, 혹은 「킹콩(King Kong)」에 나온 고릴라의 연기력을 높이 산다고 해도, 천연두 퇴치 프로그램은 아주 괜찮은 거래인 듯하다.[7]

보스턴 해안가에 거주하는 나조차도 수긍할 수밖에 없다. 하지만 이 엄청난 성취는 시작에 불과했다. 우역(rinderpest) — 이 소 전염병 때문에 역사상 수많은 농부와 목동이 금쪽같은 가축을 폐사해야 했고 가난에 시달렸다. — 에 대한 위키피디아의 정의도 과거형이다. 게다가 개발 도상국에서 고통의 원인인 다른 네 가지 질병도 이대로 가면 곧 퇴치될 예정이다. 조너스 소크는 살아생전에 국제 소아마비 근절 프로젝트(Global Polio Eradication Initiative)가 목표를 달성하는 것을 보지 못했다. 소아마비는 3개국(아프가니스탄, 파키스탄, 나이지리아)에서 37건에 그치는 것으로 줄어들어 역사상 가장 낮은 발생률을 기록했고, 2017년에는 그 비율이 더 낮아졌다.[8] 메디나충(Dracunculus medinensis)은 90센티미터 길이의 기생충인데, 환자의 하지로 기어 들어가서 고통을 일으키는 수포를 극악무도하게 생성한다. 환자가 고통을 완화하려고 발을 물에 담그면 수포가 터지면서 수천 개의 유충이 다른 사람들이 마시는 물로 방출되고 이 과정이 계속 반복된다. 유일한 대처법이라면 며칠이나 몇 주에 걸쳐 유충을 잡아 빼내는 것이다. 하지만 카터 센터(Carter Center)가 30년간 벌인 교육 캠페인과 물 처리 덕분에 메디나충에 감염되는 사례가 줄어들어 1986년에 21개국에서 350만 건 발생했던 것이 2016년에는 3개국에서 불과 25건 발생했다. (2017년 1/4분기에는 1개국에서 단 3건 발생했다.)[9] 상피병, 사상충증, 눈을 멀게 하는 트라코마는 그 명칭만큼 증상도 끔찍한데, 2030년에 이르면 이 질환들도 과거형으로 정의될 것이다. 그리고 전염병 학자들은 홍역, 풍진, 딸기종, 수면병, 십이지장충도 그렇게 되리라고 생각한다.[10] (이런 승리를 거두었을 때도 잠시 묵념을 한 뒤 종을 올리고, 경적을 불고, 낯선 이들에게 미소 짓고, 원수들을 용서했다고 기록될까?)

근절되지 않은 질병들도 꾸준히 소멸되는 중이다. 2000년과 2015년 사이에 말라리아로 인한 사망자 수가 60퍼센트까지 줄어들었다. (과거에는 지구에 태어난 사람의 절반을 죽인 병이다.) WHO는 2030년까지 사망률을 90퍼센트 더 낮추고, 현재 말라리아가 풍토병으로 존재하는 97개국 중 35개국에서 말라리아를 퇴치하겠다는 계획을 채택했다. (1951년까지 말라리아가 풍토병이었던 미국에서 이 전염병을 없앤 것과 비슷하다.)[11] 빌과 멜린다 게이츠 재단(Bill & Melinda Gates Foundation)에서도 말라리아를 모두 퇴치하는 목표를 세웠다.[12] 5장에서 살펴보았듯이, 1990년대에 아프리카의 에이즈는 생명 연장을 향한 인류의 진보를 방해하는 큰 걸림돌이었다. 하지만 이후 10년간 상황이 바뀌면서 전 세계 아동 사망률이 반으로 줄었으며, 이에 용기를 얻어 2016년에 유엔은 2030년까지 HIV/에이즈를 (근절하는 것까지는 아니더라도) 퇴치하기로 한 계획에 동의했다.[13] 그림 6.1 역시 가장 치명적인 5대 전염병 때문에 사망한 아동의 수가 2000년과 2013년 사이에 급격히 하락했음을 보여 준다. 1990년부터 이루어진 전염병 관리는 총 1억 명이 넘는 아동의 생명을 구했다.[14]

무엇보다 야심 찬 계획은, 경제학자 딘 제이미슨(Dean Jamison)과 로런스 서머스가 이끄는 국제 보건 전문가 팀이 2035년도까지 달성하겠다

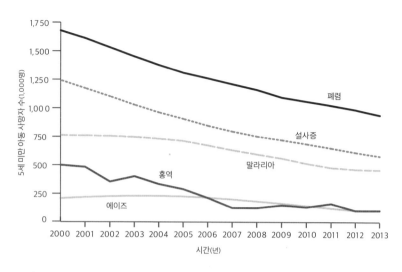

그림 6.1. 2000~2013년 전염병으로 인한 아동 사망자 수. WHO 아동 보건 역학 자문 그룹(Child Health Epidemiology Reference Group) 자료에서. (Liu et al. 2014, supplementary appendix.)

고 제시한 '국제 보건 대통합(Grand Convergence in Global Health)' 로드맵이다. 그때가 되면 전 세계적으로 전염병으로 인한 사망, 산모 사망, 유아 사망이 현재 가장 건강한 중간 소득 국가의 수준으로 떨어질 것이다.[15]

유럽과 미국에서 전염병을 정복한 것만큼이나 인상적인 사실은 전세계의 저개발국에서 더욱 놀라운 진보를 보이고 있다는 것이다. 이렇게 된 이유는 부분적으로 경제 발전(8장 참조)에서 찾을 수 있는데, 부유한 세계일수록 건강한 세계이기 때문이다. 또 부분적으로는 공감의 범위가 확장되어서이기도 하다. 여기에 고무된 빌 게이츠(Bill Gates, 1955년~), 지미 카터(Jimmy Carter, 1924년~), 빌 클린턴(Bill Clinton, 1946년~) 등 여러 세계 지도자가 가까운 곳에 화려한 건물을 올리기보다는 먼 대륙에 있는 가난한 사람들에게 유산을 남겼다. 조지 워커 부시도 수백만 명의 목숨을 살린 아프리카 에이즈 퇴치 정책 덕분에 혹독하기 그지없는 비평가들에게도 찬사를 들었다.

하지만 가장 큰 공헌은 과학이 했다. "중요한 것은 지식이다." 디턴은 이렇게 주장한다. "소득 — 그 자체로 중요하기도 하고 좋은 삶의 구성 요소지만 — 은 행복한 삶의 궁극적인 요인은 아니다."[16] 과학이 일군 결실은 백신, 항생제, 항레트로바이러스제, 구충제 같은 최첨단 의약품에 그치는 것이 아니다. 과학의 결실에는 **아이디어**, 즉 실행하는 데 돈이 들지 않고 돌이켜 생각해 보면 너무나 뻔하지만, 수백만 명의 목숨을 구하는 생각들도 있다. 물을 끓이거나 여과시키거나 소독제를 첨가하기, 손 씻기, 임부에게 아이오딘(요오드) 영양제 제공하기, 유아에게 모유를 먹이고 안아 주기, 들판과 길거리와 수로 대신 화장실에서 배변하기, 살충제가 배어 있는 모기장을 쳐서 자는 아이들을 보호하기, 염분과 당분이 용해된 깨끗한 물로 설사증 치료하기 등이 여기에 해당한다. 반대로 잘못된 지식 때문에 진보가 역행할 수도 있다. 가령, 백신이 이슬람 소녀들을 불임으로 만든다고 떠든 탈레반과 보코 하람(Boko Haram)의 음모론, 백신 때문에 자폐증이 생긴다고 소문을 퍼뜨린 부유한 미국 운동가들의 음모론 등이 그런 예이다. 디턴은 이런 작은 아이디어들은 물론이고 '지식이 우리를 더 잘살게 해 준다.'라는 계몽주의의 중심적인 생각까지도, 사람들이 열악한 건강 상태를 체념하고 받아들이면서 제도와 규범의 변화로 건강 상태가 개선될 수 있음을 꿈에서조차 생각하지 못하는 지역에서 계시처럼 불현듯 출현할 수 있으리라고 지적한다.[17]

7장
식량

진화와 엔트로피는 노화, 출산, 병원균 같은 함정으로 우리를 골탕 먹인다. 에너지를 끊임없이 필요하게끔 만든 것도 그런 함정 중 하나이다. 굶주림은 오랫동안 인간 조건의 일부였다. 구약 성서에는 이집트에 7년간 흉년이 든 이야기가 나오고, 신약 성서에는 묵시록의 네 기사 중 하나가 기근을 상징한다. 19세기까지도 흉작은 세계의 부유한 지역들마저도 불시에 불행에 빠뜨렸다. 요한 노르베리는 1868년에 스웨덴에서 겨울을 났던 조상의 입으로 당시의 유년기 추억을 이렇게 전한다.

우리는 엄마가 혼자 울고 있는 모습을 보고는 했다. 배고픈 자식들을 위해 식탁에 내놓을 음식이 아무것도 없다는 사실이 엄마를 힘겹게 했던 것이다. 비쩍 마르고 굶주린 아이들이 이 농장 저 농장을 다니면서 빵 부스러기를 구걸하는 것도 심심찮게 보았다. 어느 날에는 아이 셋이 우리에게 찾아와 배고픔을 달랠 수 있게 먹을 것 좀 달라고 울면서 간청했다. 하지만 안타깝게도, 엄마는 눈물을 글썽이며 우리가 먹을 빵 부스러기밖에 없다고 말해야만 했다. 간절히 바라는 낯선 아이들의 눈에 비통함이 서리는 것을 보면서 우리는 울음이 터져 버렸고 우리가 가진 빵 부스러기를 그 애들에게 나눠 주자고 엄마를 졸랐다. 엄마는 마지못해 우리 요구에 응했고, 낯선 아이들은 빵 조각들을 마구 먹어 치운 뒤 다음 농장으로 향했다. 그 농장은 우리 집에서

멀리 떨어져 있었다. 이튿날 3명 모두 우리 농장과 다음 농장 사이에서 죽은 채로 발견되었다.[1]

역사학자 페르낭 폴 브로델(Fernand Paul Braudel, 1902~1985년)은 근대 이전에 유럽은 수십 년마다 한 번씩 기근에 시달렸다고 기록했다.[2] 절박한 농민들은 곡식이 익기도 전에 수확했고, 풀이나 인육을 먹었으며, 구걸을 하려고 도시로 몰려들었다. 호시절에도 많은 이들이 빵이나 죽으로 대부분의 열량을 섭취했고 그마저도 풍족하지 않았다. 경제학자 로버트 윌리엄 포겔(Robert William Fogel, 1926~2013년)은 『기아와 조기 사망으로부터의 도피, 1700~2100년(The Escape from Hunger and Premature Death, 1700–2100)』에서 "18세기 초 프랑스 대표 음식의 에너지 양은 1965년 르완다 — 그해 가장 영양이 부족한 국가였다. — 대표 음식의 에너지 양만큼 낮았다."라고 썼다.[3] 굶주리지 않은 사람들도 일을 하기에는 너무 허약했고 결국 빈곤 상태에 빠져들었다. 배고픈 유럽 인들은 풍요의 땅코케인(Cockayen) 이야기 같은 음식 포르노에 흥분했다. 코케인이라는 낙원은 나무에서 팬케이크가 자라고, 거리마다 빵이 깔려 있으며, 구운 돼지가 살을 쉽게 저밀 수 있도록 등에 칼을 꽂은 채 어슬렁거리고, 익힌 생선이 물 밖으로 뛰쳐나와 발밑에 떨어지는 나라였다.

오늘날 우리는 낙원에 산다. 우리의 문제는 열량이 너무 적은 것이 아니라 너무 많은 것이다. 코미디언인 크리스 록(Chris Rock, 1965년~)은 "이곳은 역사상 최초로 가난한 사람이 뚱뚱한 사회이다."라고 말했다. 제1세계는 대개 감사하는 마음이 부족하고, 현대의 사회 평론가들은 기아에 쏟을 만한 분노를 비만이라는 신종 유행병에 퍼붓는다. (다시 말해서, 비만 혐오, 깡마른 패션 모델, 섭식 장애에는 욕을 퍼붓지 않으면서 말이다.) 물론 비만이 공중 보건의 문제이기는 하지만, 역사의 잣대로 보면 좋은 문제이다.

나머지 나라들은 어떠한가? 서양인들이 아프리카 및 아시아와 연관 짓는 기아는 결코 요즘 현상이 아니다. 인도와 중국은 늘 기아에 허덕였다. 수많은 사람이 쌀로 연명하는데, 논에 물을 대려면 불규칙한 호우나 허술한 관개 시설에 기대야 했고, 수확한 후에는 쌀을 멀리 운반해야 하는 문제도 있었다. 브로델은 1630년부터 1631년까지 기근이 발생했을 때 인도에 있었던 네덜란드 상인의 증언을 들려준다.

"사람들은 마을과 고장을 떠나 정처 없이 떠돌았다. 그들의 상태는 한눈에 파악할 수 있었다. 두 눈은 안쪽으로 움푹 꺼지고, 창백한 입술은 침 범벅인데다, 피부는 거칠었다. 뼈가 앙상하게 드러났고, 배는 그저 텅 비어서 축 늘어진 가죽 껍질에 불과했다. …… 누군가는 배고픔에 울부짖었고, 또 다른 누군가는 바닥에 몸을 뻗고 고통 속에 죽어 갔다." 이어서 익숙한 인간 드라마가 펼쳐졌다. 아내와 아이들이 유기되고, 부모는 자식을 내다 팔았다. 부모가 자식을 버리거나 파는 이유는 살기 위해서였다. 동반 자살이 잇따랐다. …… 다음 단계로 넘어가면 굶주린 이들이 죽은 사람 혹은 죽어 가는 사람의 배를 가른 다음 "내장을 끄집어내서 자기 배를 채우는" 지경에 이르렀다. "수십만 명이 굶어 죽었고 온 나라가 매장되지 않은 시체로 뒤덮였다. 심한 악취는 공기를 가득 메우고 오염시켰다. …… 수순트라 마을에서는 …… 일반 시장에서 인육을 팔았다."[4]

하지만 최근에 세계 각국은 주목할 만한데도 거의 주목받지 못하고 있는 또 다른 발전의 혜택을 누리고 있다. 인구가 수적으로 급증했음에도 불구하고 개발 도상국들이 자급자족을 이룬 것이다. 이러한 현상이 가장 두드러진 중국에서 오늘날 13억의 인구는 1인당 하루 평균 3,100킬로칼로리를 섭취한다. 미국 정부의 지표에 따르면 이 수치는 매우 활동적인 젊은 남성에게 필요한 열량 수치에 해당한다.[5] 인도인 10억 명은 하루 평균 2,400킬로칼로리를 섭취하며, 이는 매우 활동적인 젊은 여성 혹은 활동적인 중년 남성에게 필요한 열량 수치에 해당한다. 아프리카 대륙의 수치는 중국과 인도의 중간치인 2,600킬로칼로리이다.[6] 그림 7.1은 선진국 및 개발 도상국을 대표하는 국가와 전 세계의 유효 열량을 보여 주는데, 앞선 그래프들과 패턴이 비슷하다. 19세기 이전에는 어디든 궁핍했고, 다음 2세기 동안에 유럽과 미국에서는 이 상황이 빠르게 개선 되었으며, 근년에는 개발 도상국이 이들을 따라잡고 있다.

그림 7.1에 표시된 수치는 평균치이므로, 단지 부유한 사람들이 열량을 더 많이 섭취해서 평균치가 오른 것이라면(미국의 뚱뚱한 가수 마마 캐스 (Mama Cass) 외에는 아무도 뚱뚱해지지 않았다면) 행복의 지표로서 보기에는 적 절하지가 않다. 다행히 이 숫자들은 밑바닥 계층을 포함한 모든 영역에

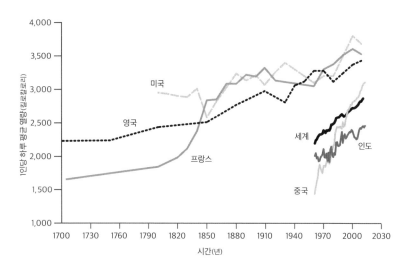

그림 7.1. 1700~2013년 평균 섭취 열량. (미국, 영국, 프랑스: 데이터로 본 우리의 세계에서. Roger 2016d, Fogel 2004의 데이터를 기반으로 했다. 중국, 인도, 전 세계: 유엔 식량 농업 기구(Food and Agriculture Organization of the United Nations) 데이터에서. http://www.fao.org/faostat/en/#data.)

서 유효 열량이 증가했음을 반영한다. 아이들이 음식을 제대로 먹지 못하면 발육이 부진해지고 평생 병에 걸리고 죽을 확률이 높아진다. 그림 7.2는 가장 오랫동안 데이터를 확보해 온 국가들을 표본으로 해서 발육이 부진한 아이들의 비율을 보여 준다. 케냐와 방글라데시 같은 가난한 나라는 발육이 부진한 아이들의 비율이 그들이 아직도 비참한 상황에 처해 있음을 보여 주지만, 단 20년 만에 그 비율이 반으로 감소한 것도 볼 수 있다. 콜롬비아와 중국 같은 나라도 얼마 전에는 발육 부진 아동의 비율이 높았지만, 최근에는 그 수치가 훨씬 더 낮아졌다.

그림 7.3은 세계가 어떻게 굶주림을 해결해 왔는지를 다시 한번 보여 준다. 여기에는 5개 지역의 개발 도상국과 전 세계 개발 도상국의 영양 실조율(1년 이상 영양이 부족한 상태)이 나타나 있다. 그래프에 반영되지 않은 선진국의 영양 실조율은 전 기간 통틀어 5퍼센트 미만으로, 통계상 0이

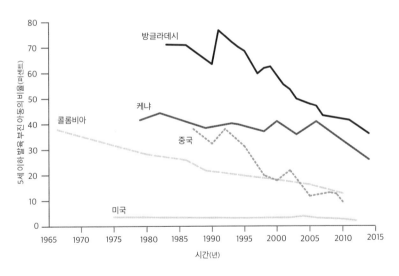

그림 7.2. 1966∼2014년 아동의 발육 부진. 데이터로 본 우리의 세계에서. (Roger 2016j. WHO 영양 상태 정보 시스템 데이터를 기반으로 한 것이다. http://www.who.int/nutrition/nlis/en/.)

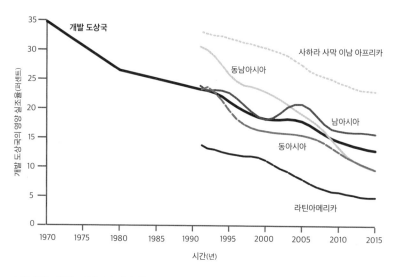

그림 7.3. 1970~2015년 영양 실조. (데이터로 본 우리의 세계, Roger 2016j. 2014년도 유엔 식량 농업 기구 데이터를 기반으로 한 것이다. http://www.fao.org/economic/ess/ess-fs/ess-fadata/en/에도 실려 있다.)

나 마찬가지이다. 개발 도상국의 영양 실조 비율인 13퍼센트는 너무 큰 수치이지만, 45년 전에 그 수치가 35퍼센트였던 것이나, 68년 전인 1947년에 전 세계 영양 실조율이 50퍼센트였던 것(그래프에는 나타나 있지 않다.)에 비하면 크게 나아진 편이다.[7] 여기에 표시된 숫자들은 비율임을 명심해야 한다. 70년 동안 세계적으로 늘어난 인구는 약 **50억 명**이다. 그렇다면 전 세계에서 기아의 비율이 줄어들면서 수십억 명이 추가로 굶주린 배를 채운 셈이다.

만성 영양 실조뿐만 아니라 파국을 초래하는 기근도 줄어들었다. 기근은 수많은 사람의 목숨을 앗아 가고, (몸무게가 예상 몸무게보다 표준 편차 2 이하인 상태인) 소모성 콰시오르코르(kwashiorkor, 단백질 부족으로 아이들의 배가 부풀어 오르는 현상. 그 아이들 사진이 기근을 상징하게 되었다.)를 퍼뜨렸다.[8] 그림 7.4는 지난 150년간 10년마다 대대적인 기근으로 사망한 사람의 수를 당시 세계 인구에 대비해 보여 준다.

경제학자 스티븐 데버루(Stephen Devereux, 1959년~)는 2000년에 쓴 글에서 20세기의 세계 진보를 다음과 같이 요약했다.

기근에 대한 취약성은 사실상 아프리카를 제외한 전 지역에서 근절되었다. …… 아시아와 유럽의 고질적인 문제인 기근은 과거의 일이 되어 버린 듯하다. 중국, 러시아, 인도, 방글라데시는 '기근의 땅'이라는 가혹한 꼬리표를 떼어 버렸고, 1970년대 이후로는 에티오피아와 수단만 남았다.

(그리고) 흉작과 기근 사이의 연결 고리가 끊어졌다. 최근에 가뭄이나 홍수로 야기된 식량 위기들은 지역과 국제 사회 공동의 인도적 대응으로 적절히 해결되었다. ……

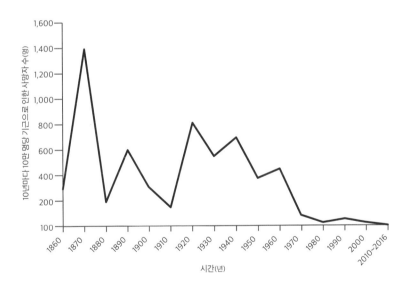

그림 7.4. 1860~2016년 기근으로 인한 사망자 수. (데이터로 본 우리의 세계에서. Hasell & Roser 2017. 이 문헌은 다음 문헌의 데이터를 바탕으로 한 것이다. Devereux 2000; Ó Gráda 2009; White 2011, EM-DAT, *The International Disaster Database*, http://www.emdat.be/. 그리고 기타 문헌 참조. '기근'의 정의는 Ó Gráda 2009의 정의를 따랐다.)

이러한 추세가 계속된다면 20세기는 식량 부족으로 수많은 사람이 사망한 최후의 세기로 기록될 것이다.[9]

이 추세는 지금도 **계속**되고 있다. (선진국의 빈곤층을 포함해) 굶주림은 여전히 존재하고, 2011년에는 동아프리카, 2012년에는 사헬, 2016년에는 남수단에서 기근이 발생했다. 그밖에도 소말리아, 나이지리아, 예멘이 기근에 가까운 상태를 겪었다. 하지만 수백 년 전에 정기적으로 발생한 대재앙의 수준으로 사람이 죽지는 않았다.

이런 일들은 일어나지 않았어야 했다. 1798년에 토머스 로버트 맬서스(Thomas Robert Malthus, 1766~1834년)는 당시의 잦은 기근은 불가피한 것이며 상황은 갈수록 악화될 것이라고 말하면서 "인구는 억제하지 않으면 기하 급수적으로 증가한다. 생존 수단은 산술적으로만 증가한다. 숫자에 대한 지식이 조금이라도 있다면 후자에 비해 전자가 막대한 영향을 미친다는 것을 알 수 있다."라고 지적했다. 그 말의 의미는 굶주린 사람들에게 식량을 제공하려는 노력이 오히려 더한 궁핍을 초래한다는 것이다. 제 차례가 되면 결국 배고픔에 시달릴 아이를 더 많이 낳기 때문이다.

곧 맬서스식의 사고가 우후죽순으로 부활했다. 1967년에 윌리엄 패덕(William Paddock)과 폴 패덕(Paul Paddock)은 『기근 1975년!(*Famine 1975!*)』를 썼고, 1968년에 생물학자 폴 랠프 에를리히(Paul Ralph Ehrlich, 1932년~)는 『인구 폭발(*The Population Bomb*)』을 썼다. 에를리히는 "모든 인간에게 식량을 제공하려는 전투는 끝났다."라고 주장하면서 1980년대까지 미국인 6500만 명과 다른 나라 국민 40억 명이 굶어 죽을 것으로 내다보았다. 《뉴욕 타임스 매거진(*New York Times Magazine*)》 독자들은 **트리아지(triage, 부상 입은 군인들을 살릴지 운명에 맡길지 분류하는 응급 처치를 말한다.)**라는 전쟁 용어를 알게 되었고, 사람들로 가득 찬 구명 보트가 전복되어 모두 물에 빠져 죽는 것을 막고자 누군가를 배 밖으로 내던지는 것이 도덕적으로 용인되는가 하는 철학적인 논쟁을 읽어야 했다.[10] 에를리히와 그밖의 환경 운동가들은 경제가 마비된 것처럼 보이는 국가에는 식량을 원조하지 말아야 한다고 주장했다.[11] 1968년부터 1981년까지 세계 은행 총재였던 로버트 스트레인지 맥나마라(Robert Strange McNamara, 1916~2009년)도 "의료 서비스가 인구 억제와 전적으로 관련이 있지 않은 한 자금을 지원할 수 없다. 왜냐하면 의료 시설은 보통 사망률을 낮추는 데 기여하고, 또 그 때문에 인구가 폭발적으로 증가하기 때문이다."라면서 의료 서비스에 대한 자금 지원을 꺼렸다. 인도와 중국에서는 인구 억제 계획(특히 중국의 한 자녀 정책)으로 인해 여성들은 불임 수술과 임신 중절은 물론, 고통이 따르는 패혈성 자궁 내 피임 장치 삽입 시술을 강제로 받아야 했다.[12]

맬서스의 수학은 어디서 잘못된 것일까? 그의 첫 번째 커브를 보자마자 여러분은 인구가 기하 급수적으로 무한정 증가할 필요가 없음을 알았을 것이다. 부유해지고 아이가 더 많이 살아남을수록 사람들은 아이를 더 적게 낳기 때문이다. (그림 10.1 참조) 반대로, 기근 때문에 인구 증가가 장기간 꺾이는 것도 아니다. 아이들과 노인들이 대거 사망하는데, 형편이 나아지면 생존자들이 빠르게 인구를 보충한다.[13] 한스 로슬링이 말한 것처럼 "가난한 아이들을 죽게 내버려 두는 방식으로는 인구 증가를 막을 수 없다."[14]

그의 두 번째 커브를 보고는, 지식을 응용한다면 얼마 안 되는 땅에서도 거두어들이는 식량의 양을 늘릴 수 있고, 식량 공급이 기하 급수적으로 **증가할** 수 있음을 깨닫게 된다. 1만 년 전에 농경이 시작된 이후부터 인간은 열량이 가장 높고 독소가 적은 품종, 파종하고 수확하기 가장 쉬운 품종 등을 선택적으로 개량함으로써 동식물의 유전자를 조작해 왔다. 옥수수의 야생 원종은 단단한 씨앗이 몇 개 달린 풀이었다. 당근의 원종은 민들레 뿌리와 닮았고 맛도 비슷했다. 여러 야생 과일의 원종은 더 쓰고 떫었으며 과육보다는 씨가 더 크고 많았다. 슬기로운 농부들은 관개, 개간, 유기질 비료에도 손을 대고 농업 기술을 발전시켜 왔지만, 맬서스의 주장은 흔들리지 않았다.

사람들은 계몽주의와 산업 혁명의 시대에 들어서야 맬서스의 곡선을 상승 곡선으로 휘게 하는 법을 알아냈다.[15] 조너선 스위프트(Jonathan Swift, 1667~1745년)의 1726년 소설에서는 거인국 왕이 걸리버에게 도덕적 의무를 이렇게 설명했다. "풀 한 포기나 옥수수 한 대밖에 자라지 않던 밭에서 풀 두 포기나 옥수수 두 대를 재배할 수 있다면 누구든 훌륭한 사람이 될 자격이 있고, 정치인 일당을 모두 합친 것보다 국가에 더 이바지하는 것이다." 그림 7.1에서 보았듯이, 머지않아 더 많은 옥수수 대가 자랐고, 그것이 이른바 영국의 농업 혁명이었다.[16] 윤작, 쟁기와 파종기의 개선에 이어 기계화가 진행되었고, 인간과 동물의 근력을 화석 연료가 대신했다. 19세기 중반에는 하루에 곡물 1톤을 수확하고 탈곡하는 데 25명이 필요했지만, 지금은 수확용 기계를 작동하면 1명이 6분 안에 해치울 수 있다.[17]

기계는 본질적인 식량 문제를 해결하기도 한다. 8월에 텃밭에서 애호박을 기르는 사람은 누구나 알고 있듯이, 어느 해에는 한꺼번에 많은 수확을 얻고 다음 해에는 병충해를 입기도 하고 모든 작물이 말라 죽기도 한다. 철도, 운하, 트럭, 곡물 창고, 냉장 시설 등은 공급량의 변동을 안정시키고, 가격이라는 정보는 공급과 수요를 맞추었다. 하지만 사실 엄청난 생산량 증대는 화학에서 비롯되었다. 학생들이 화학 공부할 때 외우곤 하는 SPONCH(황, 인, 산소, 질소, 탄소, 수소)에서 N은 우리 몸의 대부분을 구성하는 화학 원소의 약자로 질소를 의미한다. 질소는 단백질과

DNA, 엽록소, 그리고 에너지 운반체인 ATP의 주성분이다. 질소 분자는 공기 중에 많지만 둘씩 짝을 지어 붙어 있고(그래서 화학식이 N_2다.), 식물이 이용할 수 있도록 분리하기가 좀처럼 쉽지 않다. 1909년에 카를 보슈(Carl Bosch, 1874~1940년)는 프리츠 하버(Fritz Haber, 1868~1934년)가 발명한 반응과 공정을 공업적으로 완성했다. 메테인(메탄)과 수증기를 이용해서 공기 중의 질소를 추출한 뒤 이것을 비료로 만드는 대량 생산 공정이었다. 이로써 질소가 고갈된 토양에 질소를 재주입하는 데 쓰였던 어마어마한 양의 새똥을 비료가 대신하게 되었다. 이 두 화학자는 역사상 가장 많은 생명 — 27억 명 — 을 구한 20세기 최고의 과학자이다.[18]

그러므로 식량이 산술적으로 증가한다는 맬서스의 말은 잊어야 한다. 지난 100년 동안 곡물의 실질 가격은 하락했고 헥타르당 수확량은 급증했다. 절감된 비용은 믿기 어려울 정도이다. 만약 질소를 투입하기 이전 농법으로 오늘날의 작물을 재배해야 한다면 러시아만 한 지역을 경작해야 한다.[19] 1901년 미국에서는 1시간 일하고 번 임금으로 우유 2.8리터 정도를 살 수 있었다. 1세기 후에는 같은 임금으로 우유 **15.1리터**를 살 수 있었다. 1시간 임금으로 살 수 있는 다른 식료품들의 양도 엄청나게 늘어났다. 버터 500그램이 2,500그램으로, 달걀 10개가 120개로, 돼지고기 1킬로그램이 2.5킬로그램으로, 밀가루 4킬로그램이 22킬로그램으로 불어났다.[20]

1950년대와 1960년대에 무수한 생명을 구한 또 다른 영웅, 노먼 어니스트 볼로그(Norman Ernest Borlaug, 1914~2009년)는 진화의 의표를 찔러 개발 도상국들에서 녹색 혁명을 일으켰다.[21] 자연에서 식물은 많은 에너지와 양분을 나무줄기에 쏟는다. 그러면 잎과 꽃이 자라 주변의 풀과 인접한 식물 위로 그늘을 드리운다. 록 콘서트를 즐기는 팬들처럼 모두 일어서 있지만 아무도 가수와 무대를 보지 못한다. 진화는 원래 이런 식으로 이루어진다. 근시안적으로 개체의 이익을 선택할 뿐, 다른 종의 이익은 고사하고 자기가 속한 종의 더 큰 이익을 취하지 않는다. 농부의 입장에서 보면 키가 큰 밀은 먹을 수 없는 줄기에 에너지를 낭비한다. 그뿐만 아니라 비료로 양분이 많아지면 이삭의 무게를 못 견디고 무너진다. 볼로그는 직접 진화를 일으켰는데, 수천 개의 밀 품종을 이종 교배한 다음 작은 줄기를 가진 자손, 높은 수확량, 녹병에 대한 저항, 일장(日長) 비감응성을 지닌 자손을 골라냈다. 여러 해 동안 "심사가 꼬이는" 이 지루한 작업을 통해 볼로그는 원종 수확량의 몇 배를 생산하는 밀(그리고 옥수수와 쌀) 품종을 진화시켰다. 그리고 이 품종들은 현대적 관개 기술, 토지 비옥법, 작물 관리법과 결합되어 멕시코에 이어 인도, 파키스탄, 그밖에 기근에 잘 시달리던 국가들을 거의 하룻밤 사이에 곡물 수출국으로 만들었다. 녹색 혁명은 사탕수수, 조, 카사바, 덩이줄기의 개량에서 동력을 얻어 지금도 "아프리카의 1급 비밀"이라고 불리며 계속되고 있다.[22]

녹색 혁명 덕분에 세계는 과거의 3분의 1에 못 미치는 토지에서 같은 양의 식량을 생산한다.[23] 또 다른 혜택을 들자면, 1961년과 2009년 사이에 식량 재배에 사용된 땅의 면적은 12퍼센트 증가했지만 수확량은 300퍼센트 증가했다는 점이다.[24] 더 적은 토지에서 더 많은 식량을 재배하는 능력은 기아를 물리치는 것 외에도 전반적으로 지구에 이롭게 작용했다. 농지는 목가적인 매력을 지니고 있지만, 생물학적으로는 숲과 목초지를 훼손하고 제멋대로 펼쳐진 생태학적 사막이나 다름없다. 이제 세계 일부 지역에서는 농지가 축소되었기 때문에 온대림이 다시 돌아오고 있다. 이 현상은 10장에서 짚어 볼 것이다.[25] 만약 지난 50년간 농업의 효율성이 변하지 않은 상태에서 세계가 같은 양의 식량을 재배했다면 미국, 캐나다, 중국을 합친 크기의 지역을 개간해서 경작해야 했을 것이다.[26] 환경 과학자 제시 헌틀리 오수벨(Jesse Huntley Ausubel)은 세계적으로 농지가 최댓값에 이르렀으며, 다시는 오늘날 우리가 이용하는 만큼의 농지가 필요하지 않을 것이라고 추산했다.[27]

모든 진보가 그렇듯 녹색 혁명도 시작하자마자 공격을 받았다. 비평가들은 최첨단 농업이 화석 연료와 지하수를 소비하고, 제초제와 살충제를 사용하고, 전통적인 자급 농업을 방해하고, 생물학적으로 부자연스러우며, 기업에 이윤을 가져다준다고 비판했다. 첨단 기술이 적용된 농업으로 10억 명의 생명을 구하고 대대적인 기근을 역사의 뒤안길로 사라지게 한 점을 감안할 때, 이것은 응당 치러야 할 대가처럼 보인다. 무엇보다 중요한 것은 그 대가를 영원히 치를 필요가 없다는 점이다. 과학 발전의 아름다움은 우리를 결코 어느 한 기술에 가두지 않고 이전 기술보다 문제점이 더 적은 새로운 기술의 개발로 이끈다는 데 있다. (이 역동적 과정에 대해서는 10장에서 다룰 것이다.)

이제 유전 공학은 옛 농부들이 수천 년에 걸쳐 성취한 것과, 볼로그가 "심사가 뒤틀릴 정도로 지루한" 세월을 견디며 성취한 것을 며칠 내에 이룰 수 있다. 유전자 변형 작물은 수확량이 많고, 생명을 구하는 비타민이 풍부하고, 가뭄과 염분을 잘 견디고, 병, 해충, 부패에 저항력이 있으며, 토지, 비료, 경작에 필요한 노동력을 절약해 준다. 수많은 연구 기관과 주요 보건 기관 및 과학 기관, 100명 이상의 노벨상 수상자들이 유전자 변형 작물의 안전성을 보증했다. (놀랄 일도 아닌 것이, 유전적으로 조작되지 않은 작물이란 없기 때문이다.)[28] 그렇지만 전통적인 환경 운동가 그룹 ― 생태 작가 스튜어트 브랜드(Stewart Brand, 1938년~)가 "기아에 대해 습관적으로 무관심"한 이들이라고 칭한 이들 ― 은 사람들이 유전자 변형 작물을 멀리하도록 광적인 반대 운동을 벌였다. 선진국의 고급 유기농 식품 애호 소비자들은 물론 개발 도상국의 가난한 농부들까지도 유전자 변형 작물을 취급해서는 안 된다고 주장했다.[29] 그들은 먼저 "자연스러움"이라는 신성하지만 무의미한 가치를 전면에 내세운 뒤, 유전자 변형 기술을 "유전자 공해", "자연에 대한 농락"으로 매도하고 "생태 농업"을 기반으로 한 "진정한 자연 식품"을 장려한다. 그런 다음에는 과학에 무지한 대중이 가진 본질주의와 오염에 대한 원초적 직관을 활용한다. 그 결과, 일반인의 절반가량이 일반적인 토마토에는 유전자가 없지만 유전자 조작을 거친 토마토에는 유전자가 있고, 식품에 유전자를 주입하면 그것이 음식을 섭취한 사람의 유전체로 흘러들며, 오렌지에 시금치 유전자를 삽입하면 시금치 맛이 난다고 믿는다는 우울한 연구 결과가 나왔다. 일반인의 80퍼센트가 "DNA를 함유한" 모든 식품에 성분 표시 라벨을 붙이게 만드는 법을 제정해야 한다는 데 찬성했다.[30] 브랜드는 이렇게 말한다. "감히 말하건대, 환경 운동은 유전 공학에 반대함으로써 우리가 범한 그 어떤 과오보다 더 큰 손해를 끼쳤다. 우리는 사람들을 굶기고, 과학을 방해하고, 자연 환경을 해치고, 현장의 실무자들에게서 결정적인 수단을 앗아 갔다."[31]

브랜드가 혹독하게 비판한 이유 중 하나는 어쩌면 최대 혜택을 누렸을지도 모를 일부 국가들이 유전자 변형 작물에 대한 반대 운동 때문에 치명적인 영향을 받아서였다. 사하라 이남 아프리카는 토양이 척박하고, 강수량 변화가 심하고, 항구와 가항(可航) 하천이 부족한 자연 환경에 계속 시달렸으며, 도로, 철도, 운하의 연결망이 대규모로 개발된 적이 없었다.[32] 모든 농지가 그렇듯 그곳의 토양도 황폐해졌지만 다른 나라들과는 달리 아프리카의 토양에는 화학 비료가 보급되지 않았다. 이미 상용화된 동시에 아프리카에 맞게 설계된 유전자 변형 작물들이 무경간 농법(밭을 갈지 않고 도랑에 씨를 심어 농사 짓는 방법. ─ 옮긴이)과 점적 관개(작은 관을 따라서 흐르는 물이 원하는 지점에서 방울방울 배출되도록 하는 관개법. ─ 옮긴이) 같은 현대식 기술과 함께 도입되었더라면 아프리카는 1차 농업 혁명의 침습적인 농법을 훌쩍 뛰어넘어 농업 증산을 이루었을 것이고, 아직도 남아 있는 영양 실조의 문제를 퇴치했을 것이다.

경종학(耕種學, 작물 생산과 토양 관리에 관한 이론 및 실제를 다루는 농업 과학의 분야. ―옮긴이)이 중요하기는 해도 식량 안보는 농사만의 문제가 아니다. 기근은 식량이 부족해서 일어날 뿐 아니라, 사람들이 식량을 구할 형편이 안 되거나, 군대가 식량 수급을 막거나, 정부가 보유 식량에 신경 쓰지 않을 때에도 발생한다.[33] 그림 7.4의 높은 지점과 낮은 지점은 기근을 정복한 것이 농업의 효율성을 꾸준히 높이는 것만으로는 이루어질 수 없음을 보여 준다. 19세기에는 주로 가뭄과 병충해 때문에 기근이 일어났는데, 식민지 시대의 인도와 아프리카에서는 국민 복지에 온정 어린 관심이 없는 통치자가 기본적으로 무신경하고 어설프지만 이따금 계획적인 정책을 펼쳐서 기근이 들기도 했다.[34] 20세기 초에는 식민지 정책이 식량 위기에 더 관심을 기울이고 농업이 발전한 덕분에 기근이 줄어들었다.[35] 하지만 이후에 끔찍한 정치적 참사가 도화선이 되어 20세기 말까지 기근이 산발적으로 발생하기도 했다.

20세기에 대규모 기근으로 사망한 7000만 명 중 80퍼센트는 공산주의 정권이 강제한 집단 농장, 징벌적 몰수, 전체주의적 중앙 계획의 희생자였다.[36] 러시아 혁명, 적백 내전, 제2차 세계 대전의 여파로 (구)소련을 덮친 기근, 1932년부터 1933년까지 우크라이나에서 이오시프 비사리오노비치 스탈린(Iosif Vissarionovich Stalin, 1879~1953년)이 일으킨 홀로도모르(Holodomor, 대기근), 1958년부터 1961년까지 마오쩌둥(毛澤東, 1893~1976년)이 주도한 대약진 운동, 1975년부터 1979년까지 폴 포트(Pol Pot, 1925~1998년)가 강제한 영년(Year Zero) 운동, 1990년대 후반 북한에서 김정일(金正日, 1941~2011년)이 주도한 고난의 행군 등이 여기에 포함된다. 식민지 독립 이후 아프리카와 아시아의 신생 정부들은 이념적으로는 시류에 뒤지지 않지만 경제적으로는 재앙에 가까운 정책을 펼치고는 했다. 이를테면 전면적인 농업 집단화, '자급자족'을 장려하기 위한 수입 제한, 인위적인 식품 가격 통제로 정치적 영향력이 있는 도시인은 이득을 얻고 농민들은 손해를 보는 일이 다반사였다.[37] 신생 독립 국가들은 자주 내전에 빠져들었는데, 그럴 때는 식량 배급에 차질이 생겼을 뿐만 아니라 양 진영이 기아를 무기로 삼았고 이를 위해 가끔 냉전을 배경으로 한 지원국들과 결탁했다.

다행히 1990년대 이후로 점점 더 많은 나라에서 부를 얻기 위한 필수 조건들이 자리 잡기 시작했다. 일단 식량을 대량 재배하는 비밀이 풀리고 식량 운반의 인프라가 자리 잡고 나면, 굶주림의 감소는 빈곤, 전쟁, 독재 정치를 어떻게 없애 갈 것인가 하는 데 종속된 문제가 된다. 이제 세계가 그런 골칫거리들을 어떻게 극복하고 진보했는지 하나씩 살펴보자.

8장
부

"빈곤에는 원인이 없고, 부에는 원인이 있다."라고 경제학자 피터 토머스 바우어(Peter Thomas Bauer, 1915~2002년)는 말했다. 엔트로피와 진화가 지배하는 세계에는 거리마다 빵이 깔려 있지도 않고, 익힌 생선이 우리 발밑에 떨어지지도 않는다. 그럼에도 이 자명한 이치는 잊어버리고 부가 언제나 우리 곁에 존재한다고 생각하기 쉽다. 역사는 승자보다는 부자에 의해 씌어졌다. 부자는 역사를 기록할 여유가 있었고 교육을 받은 소수에 속했기 때문이다. 경제학자 네이선 로젠버그(Nathan Rosenberg, 1927~2015년)와 법학자 L. E. 버드젤 2세(L. E. Birdzell Jr.)가 지적했듯이, "우리는 문학, 시, 모험담, 고아한 전설 때문에 옛날의 압도적인 빈곤을 어느 정도 잊게 된다. 저 문헌들은 부유한 사람들을 기리고 빈곤의 적막 속에 살던 사람들을 망각한다. 빈곤의 시대는 미화되어 왔으며, 목가적이고 소박한 황금 시대로 기억되기까지 한다. 사실은 그렇지 않다."[1]

브로델의 기록을 토대로 노르베리는 빈곤의 시대를 다음과 같이 묘사한다. 당시에 내린 빈곤의 정의는 간단했다. "빵을 사서 하루 더 목숨을 부지할 수 있다면 가난한 것이 아니다."

부유한 제노바에서는 매년 겨울이면 가난한 사람들이 갤리선 노예로 몸을 팔았다. 파리의 극빈자들은 둘씩 짝을 이루어 하수구를 청소하는 노역을 해야 했다. 영국의 가난한 사람들은 구빈원에서 일을 해야 구호 물자를 받았는데, 거의 아무런 보수도 없이 장시간 노동했다. 개중에는 개, 말, 소의 뼈를 바수어 비료를 만드는 일이 떨어질 때가 있었다. 1845년에 어느 구빈원의 조사 기록에는 굶주린 빈민들이 골수를 빼먹으려고 썩어 가는 뼈를 놓고 다툼을 벌였다는 사실이 적혀 있다.[2]

또 다른 역사가 카를로 치폴라(Carlo Cipolla, 1922~2000년)는 이렇게 썼다.

산업화 이전에 유럽에서는 옷이나 옷감을 구매하는 것이 큰 사치여서 보통 사람들은 평생 몇 차례만 옷을 살 수 있었다. 병원 원무과의 주요 업무 중 하나는 망자의 옷이 도난당하지 않고 법정 상속인에게 전해지도록 잘 지키는 일이었다. 역병이 유행하는 동안 시 당국은 망자의 옷을 압수해서 불태워 버리기 위해 고군분투했다. 사람들이 옷을 노리고 죽어 가는 사람 옆에서 기다리고 있었기 때문이다. 이 때문에 전염병이 더욱 빨리 확산되었다.[3]

부의 창출을 설명해야 할 필요가 다시 한번 모호해지는 경우는 현대 사회에서 부를 어떻게 분배해야 하는가에 대한 정치 논쟁이 벌어질 때다. 그런 논쟁들은 애당초 분배할 만한 부가 있다고 전제하기 때문이다. 경제학자들은 '총량 오류(lump fallacy)' 혹은 '물리적 오류(physical fallacy)'라는 용어를 쓰면서 한정된 양의 부가 태초부터 마치 금광맥처럼 존재했고 그 후로 줄곧 사람들이 부를 어떻게 나눌 것인지를 두고 다투어 왔다고 주장한다.[4] 계몽주의의 발명품 중에는 **부가 창출되었다**는 자각이 포함되어 있다.[5] 부는 주로 지식과 협력을 통해 창출된다. 다시 말해, 사람들이 관계망을 이루어서 불가능해 보이지만 쓸모 있는 형태로 물질을 배열하고, 그 과정에서 각자의 재주와 노동의 결실을 결합하는 것이다.

결론은, 급진적으로 들리겠지만, 우리는 어떻게든 부를 더 많이 창출하는 법을 알아낸다는 것이다.

오랜 빈곤과 그 빈곤에서 현대의 풍요로움으로 넘어가는 과정을 단순하지만 놀라움을 자아내는 그래프들로 살펴보자. 다음 그림 8.1의 그래프를 보면 인류가 창출해 온 부가 그 표준 척도인 세계 총생산으로 2,000년에 걸쳐 표시되어 있다. 단위는 2011년도 국제 달러(international dollar)로 환산되어 있다. (국제 달러란 특정 연도의 미국 달러에 상응하는 가상의 화폐 단위로, 인플레이션과 구매력 평가 지수에 맞추어 조정된다. 구매력 평가 지수는 비교 가능한 재화와 용역의 국가별 차이 ─ 이를테면 런던보다 다카에서 머리를 자르는 비용이 적게 드는 것 ─ 를 상쇄한다.)

그림 8.1에 묘사된 것처럼 인류 역사에서 부의 증가는 거의 다음과 같았다. 제로 …… 제로 …… 제로 …… (몇 천 년 동안 반복) …… **콰!** 기원

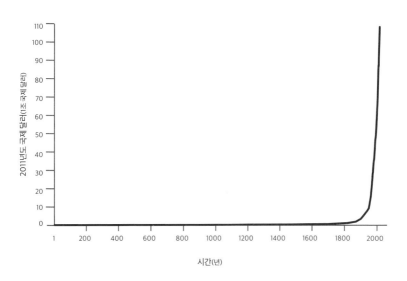

그림 8.1. 1~2015년 세계 총생산. (데이터로 본 우리의 세계에서. Roger 2016c. 세계 은행, 앵거스 매디슨(Angus Maddison, 1926~2010년)과 매디슨 프로젝트(Maddison Project)의 2014년도 데이터를 기반으로 한 것이다.)

후 1년부터 1,000년이 지나도 세계는 예수가 탄생한 때보다 조금도 부유해지지 않았다. 다시 500년이 지나고 나서야 소득이 2배로 늘어났다. 가끔 급성장하는 지역도 있었지만, 꾸준하고 점진적인 성장으로 이어지지는 않았다. 그러다 19세기부터 소득이 비약적으로 증가했다. 1820년과 1900년 사이에 전 세계 소득이 3배 늘었다. 그 후 약 50년이 지나자 세계 소득이 다시 3배 증가했다. 여기에서 3배 더 증가하기까지는 25년밖에 걸리지 않았고, 또다시 3배 증가하기까지는 33년이 걸렸다. 오늘날 세계 총생산은 1820년에 산업 혁명이 본격화된 이래로 거의 100배 증가했고, 18세기 계몽주의가 시작된 이후로 약 200배 증가했다. 경제 분배와 성장에 관한 논쟁들은 종종 파이를 나누는 것과 더 큰 파이를 굽는 것(혹은 조지 워커 부시가 잘못 말한 것처럼 "파이를 더 높게 만드는 것")을 대비시킨다. 1700년에 분배되던 파이가 표준적인 지름 20센티미터 팬에서 구워진 것이라면, 현재 우리 앞에 있는 파이는 지름이 3미터가 넘는다. 그 파이를 우리가 생각할 수 있는 가장 작은 조각 — 가령, 가장 넓은 지점이 5센티미터인 파이 조각 — 으로 치밀하게 자른다면 그 조각이 1700년의 파이 크기에 해당한다.

사실, 세계 총생산은 부의 팽창을 터무니없이 **과소 평가**한다.[6] 여러 세기에 걸쳐 있는 파운드나 달러 같은 화폐 단위를 어떻게 계산해야 하나의 곡선으로 나타낼 수 있을까? 2000년도의 100달러는 1800년도의 1달러보다 많을까, 적을까? 화폐는 숫자가 적힌 금속 조각이나 종잇조각에 불과하다. 화폐의 가치는 당시 사람들이 그 돈으로 무엇을 살 수 있는지에 달려 있다. 그래서 인플레이션과 평가 절상에 따라 화폐 가치가 달라지기도 한다. 1800년도의 1달러와 2000년도의 1달러를 비교하는 유일한 방법은 일반적인 장바구니 물가, 마켓 바스켓(market basket)의 비용 — 일정량의 식료품, 의복, 의료 서비스, 연료 등을 구매하는 데 드는 비용 — 을 살펴보는 것이다. 그림 8.1처럼 달러와 파운드로 표시된 그래프들은 바로 이 방식을 적용해서 '2011년도 국제 달러' 같은 단일 척도로 숫자들을 바꾼 것이다.

문제는 기술의 발달이 마켓 바스켓은 불변이라는 개념을 망가뜨리고 있다는 것이다. 우선 마켓 바스켓에 속하는 물건의 품질이 시간이 흐를수록 향상되고 있다. 1800년에는 '의복' 중 하나인 판초 우의가 뻣뻣하고 무겁고 비가 새는 유포로 만들어졌다면, 2000년에 지퍼가 달린 레인코트는 가볍고 통기성이 좋은 합성 물질로 만들어졌다. 1800년에 '치아 관리'는 이 뽑는 집게와 목재 의치를 뜻했지만, 2000년에는 치과용 국부 마취제인 노보카인(Novocain)과 임플란트를 의미했다. 그렇다면 2000년에 일정량의 의복과 의료 서비스를 이용할 때 쓰인 300달러가 1800년에 '똑같은 양'의 의복과 의료 서비스를 이용할 때 쓰인 10달러와 동일하다고 보는 것은 잘못이다.

또한, 기술은 오래된 것들을 개선할 뿐만 아니라 새로운 발명품들을 만들어 낸다. 냉장고, 음반, 자전거, 휴대 전화, 위키피디아, 자녀의 사진, 노트북, 프린터, 피임약, 항생제를 사려면 1800년에는 돈이 얼마나 들었을까? 정답은 이 세상의 돈을 다 들여도 구입할 수 없었다는 것이다. 더 나은 제품들과 새로운 제품들이 어우러지면 수십 년이나 수백 년 단위의 물질적 풍요 변화는 거의 추적할 수 없게 된다.

가격 폭락은 또 다른 문제를 끌어들인다. 오늘날 냉장고는 500달러 정도이다. 누군가가 당신에게서 식품 냉장을 포기하라면서 돈을 지불해야 한다면 얼마를 줘야 할까? 당연히 500달러보다 훨씬 큰 돈이다! 애덤 스미스는 이것을 가치의 역설(paradox of value)이라 불렀다. 중요한 상품이 풍부해지면 그 상품은 사람들이 지불하고자 하는 비용보다 훨씬 저렴해진다. 이때 발생하는 차이를 소비자 잉여(consumer surplus)라고 하는

데, 시간이 흐르면서 소비자 잉여가 폭발적으로 증가한 것은 도표화하기가 어려울 정도이다. 오스카 와일드(Oscar Wilde, 1854~1900년)의 작품에 나오는 냉소적인 사람처럼 경제학자들은 자신들의 측정법이 모든 상품의 가격을 포착하면서도 그 가치는 포착하지 못한다는 사실을 누구보다 먼저 지적한다.[7]

인플레이션과 구매력 평가 지수에 따라 조정한 화폐 단위로 여러 시대와 장소의 부를 비교하는 것이 무의미하다는 뜻은 아니다. 아무것도 모르거나 어림짐작하는 것보다는 낫다. 하지만 그 방법은 진보에 대한 계산을 속이게 되어 있다. 현재 지갑 속에 2011년도 국제 달러로 100달러에 상응하는 돈을 가진 사람은 200년 전 지갑 속에 같은 액수를 지녔던 조상보다 훨씬 더 부유하다. 잠시 후에 보겠지만 이런 비교법은 개발 도상국의 부(8장), 선진국의 소득 불평등(9장), 경제 성장의 미래(20장)를 평가할 때에도 영향을 미친다.

~

어떤 바람이 불어 위대한 탈출이라는 배를 바다로 띄웠을까? 가장 확실한 원인은 물질적 생활의 개선에 과학을 응용한 결과로 경제사 학자 조엘 모키어(Joel Mokyr, 1946년~)가 말한 "계몽 경제(enlightened economy)"가 출현한 것이다.[8] 산업 혁명 시기에 기계와 공장이, 농업 혁명 시기에 비옥한 농지가, 공중 보건 혁명 시기에 수도가 출현한 덕에 옷, 도구, 차량, 책, 가구, 열량, 깨끗한 물 등 인간이 원하는 물건들이 1세기 전 장인들과 농부들이 제공하던 것보다 더 풍부해졌다. 증기 기관, 방직기, 정방기, 주물 공장, 제분소 등 일찌감치 구축된 기술 혁신은 땜장이들의 작업장과 뒤뜰에서 이론과 상관없이 싹을 틔웠다.[9] 하지만 시행착오는 가능성의 나뭇가지를 풍성하게 살찌운다. 대부분의 가지는 아무 도움이 되지 않지만, 과학적인 응용으로 가지가 갈라져 나가면서 새로운 발견에 박차를 가한다. 모키어가 지적한 것처럼 "1750년 이후로 지식 기반 기술이 서서히 확장하기 시작했다. 새로운 상품과 기술이 등장했을뿐더러 예전의 상품이 왜, 그리고 어떻게 작동하는지를 잘 이해하게 되었고, 그렇게 해서 기존의 상품과 기술을 다듬고, 수리하고, 개선하고, 기발한 방식으로 다른 기술과 접목하고, 새로운 용처에 적용하는 과정이 활발히 진행되었다."[10] 1643년에 발명된 기압계로 기압의 실체가 입증된 결과 대기압 기관(atmospheric engine)이라고 불린 증기 기관이 탄생했다. 과학과 기술이 상호 작용을 주고받은 또 다른 사례로는, 전지의 발명으로 화학이 발전해 비료를 합성할 수 있게 된 것과, 현미경에 기초한 병원균 이론을 적용해서 식수, 의사의 손, 도구에서 병원균을 몰아낸 것이 있다.

두 가지 혁신이 이루어지지 않았더라면 응용 과학자들은 일상의 고통을 줄이는 데 가진 능력을 최대한 발휘하지 않았을 테고, 그들의 도구는 실험실과 차고에 그대로 남아 있었을 것이다.

하나는 재화, 서비스, 생각이 원활히 돌게끔 하는 **제도**의 발달이다. 오죽하면 애덤 스미스가 부를 창출하는 원동력으로 꼽았을까. 경제학자 더글러스 세실 노스(Douglass Cecil North, 1920~2015년), 존 조지프 월리스(John Joseph Wallis), 배리 로버트 와인가스트(Barry Robert Weingast, 1952년~)는 역사 기록과 오늘날의 세계 곳곳을 둘러볼 때 가장 자연스러운 국가 운영 방식 중 하나는 엘리트 계층이 서로 강탈하거나 죽이지 않기로 하는 일종의 연고주의(cronyism)였다고 한다. 엘리트층은 그 대가로 영토나 참정권, 특권, 전매권, 세력권을 얻거나 경제의 특정 부문을 장악해서 지대(rent, 경제학자의 관점에서 볼 때 자원에 대한 독점적 접근으로 얻는 수입)를 받아 먹고살 수 있는 네트워크를 확보했다.[11] 18세기 잉글랜드에서는 이 같은 연고주의가 누구나 타인에게 무엇이든 팔 수 있는 **개방** 경제로 대체되었고, 상거래는 법규, 재산권, 법률적 강제력이 있는 계약, 그리고 은행, 기업, 정부 부처 같은 기관 ─ 인맥보다는 신의 성실 의무로 운영되는 조직과 제도 ─ 의 보호를 받게 되었다. 오늘날 사업을 하는 사람은 시장에 새로운 종류의 상품을 들인다든지, 본인이 물건을 더 낮은 가격에 공급할 수 있다면 다른 상인들보다 싸게 판다든지, 나중에 제공할 재화나 서비스를 위해 지금 돈을 받아 둔다든지, 몇 년 동안 수익이 나지 않을 장비나 토지에 돈을 투자해 묻어둘 수가 있다. 우유가 필요할 때 편의점에 가면 선반에 1리터짜리 우유가 있고, 그 우유는 희석되거나 상하지 않았으며, 판매 금액은 감당할 수 있는 정도이고, 카드를 한 번 긁고 나면, 서로 만난 적이 없고, 다시는 못 만날 수도 있으며, 우리의 진정한 거래를 증명해 줄 공동의 친구가 없다고 해도 편의점 주인은 내가 우유를 갖고 나가는 것을 허락해 준다. 두서너 집 건너에서 청바지나 전동 드릴, 컴퓨터, 자동차를 구입할 때도 그렇게 할 수 있다. 이 거래를 비롯해 현대 경제를 구성하는 수많은 익명의 거래가 수월하게 이루어지려면 많은 제도가 갖추어져야 한다.

과학과 제도에 이은 세 번째 혁신은 가치관의 변화로, 경제사 학자 디어드리 맥클로스키(Deirdre McCloskey, 1942년~)는 이것을 두고 "부르주아의 미덕(bourgeois virtue)"이라고 치켜세웠다.[12] 귀족 문화, 종교 문화, 군사 문화는 항상 상업을 저속하고 부패한 것으로 취급했다. 하지만 18세기에 잉글랜드와 네덜란드에서 상업은 도덕적이고 희망적인 것으로 여겨지게 되었다. 볼테르와 그밖의 계몽주의 **철학자(philosophe)**들은 상인 정신에 파벌 간, 종파 간 반감을 해소하는 힘이 내재되어 있다고 높이 평가했다.

런던 증권 거래소를 보라. 이곳은 여느 재판소보다 더 숭고하고, 만국의 대표자들이 인류의 이익을 위해 만나는 장소이다. 유태인, 이슬람교도, 기독교도가 마치 모두 같은 종교를 믿는다고 공언을 한 듯 서로 거래하고, 파산자에게만 이단자라는 이름을 붙인다. 그곳에서 장로파는 재세례파를 신뢰하고, 국교회 신자는 퀘이커교도의 말을 믿는다. 그리고 모두가 만족한다.[13]

역사가 로이 시드니 포터(Roy Sydney Porter, 1946~2002년)는 이 구절에 대해 언급하면서 다음과 같이 지적했다. "**계몽 철학자**들은 사람들이 서로가 서로에게 만족하는 — 다르지만 다름을 인정하는 — 모습을 묘사함으로써 **최고선**(summum bonum)에 대한 생각이 달라지고 있음을, 즉 신에 대한 두려움에서 심리에 더 집중한 자기 본위로 (생각의 중심이) 바뀌고 있음을 지적했다. 그렇게 해서 계몽주의는 '어떻게 하면 내가 구원받을 수 있을까?'라는 궁극적인 질문을 '어떻게 하면 내가 행복해질 수 있을까?'라는 실용적인 질문으로 바꾸어 놓았고, 개인과 사회를 조정하는 새로운 실천(praxis)을 예고했다."[14] 이 실천에는 예법, 절약, 자제 같은 규범과 과거 회귀적이지 않은 미래 지향적인 사고 방식, 군인과 성직자와 조신(朝臣)만이 아니라 상인과 발명가에게도 품격과 권위를 부여하는 태도 등이 포함되어 있었다. 무위(武威)를 떨친 대표적인 인물인 나폴레옹은 잉글랜드를 "장사꾼의 나라"로 업신여겼다. 그렇지만 당시 잉글랜드 사람은 프랑스 사람보다 83퍼센트 더 벌었고 열량은 3분의 1 더 소비했다. 그리고 우리는 워털루에서 무슨 일이 일어났는지 알고 있다.[15]

영국과 네덜란드에서 위대한 탈출이 벌어지고 나서, 독일 연방과 북유럽 국가, 그리고 오스트레일리아, 뉴질랜드, 캐나다, 미국 등의 영국 식민지에서도 곧 위대한 탈출이 일어났다. 1905년에 사회학자 막스 베버(Max Weber, 1864~1920년)는 자본주의는 "프로테스탄트 윤리"에 의존한다고 주장했다. (이 가설을 믿으면 유태인은 자본주의 사회에서 특히 사업과 금융에 소질이 없을 것이라는 흥미로운 예측을 할 수 있다.) 하지만 유럽의 가톨릭(구교) 국가도 얼마 지나지 않아 빈곤에서 벗어났다. 또한 그림 8.2에서 볼 수 있는 것처

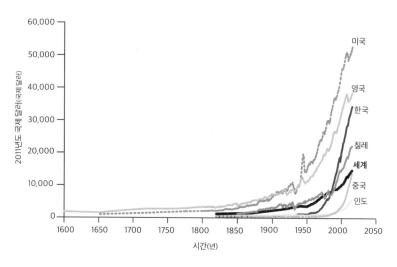

그림 8.2. 1600~2015년 1인당 국내 총생산(GDP). (데이터로 본 우리의 세계에서. Roger 2016c, 세계 은행과 매디슨 프로젝트 2014년 데이터를 기반으로 한 것이다.)

럼 연속으로 탈출이 이어지면서, 불교, 유교, 힌두교 혹은 총칭해서 '아시아적' 가치나 '라틴적' 가치가 역동적인 시장 경제와 양립할 수 없다고 본 수많은 이론은 결국 틀린 것으로 드러났다.

그림 8.2에서 영국을 제외한 다른 국가들의 그래프를 보면, 번영의 이야기에 숨어 있는 놀라운 사건을 하나 더 접하게 된다. 20세기 말부터 가난한 나라들이 차례차례 빈곤에서 벗어나고 있다는 것이다. 위대한 탈출이 거대한 수렴(Great Convergence)이 되고 있다.[16] 최근까지 지독하게 가난했던 한국, 대만, 싱가포르 같은 나라들이 편안하게 살 정도로 부유해졌다. (싱가포르 인인 내 전 장모는 어릴 적 저녁 식사 때 가족이 달걀 하나를 4등분해 먹었다고 했다.) 1995년부터 전 세계의 109개 개발 도상국 중 30개국(방글라데시, 엘살바도르, 에티오피아, 조지아, 몽골, 모잠비크, 파나마, 르완다, 우즈베키스탄, 베트남 등)은 18년마다 소득이 2배로 증가하는 놀라운 경제 성장을 달성했다. 다른 40개국은 35년마다 소득이 2배 늘었는데, 이것은 미국이 전체

역사에 걸쳐 달성한 경제 성장률에 맞먹는다.[17] 중국과 인도의 2008년 1인당 소득이 각각 스웨덴의 1950년과 1920년 1인당 소득과 동일하다는 사실은 놀랄 만하다. 하지만 인구 몇 명으로 나눠 산출한 소득인지를 생각해 보면 더욱 놀라게 된다. 각각 13억 명과 12억 명이었다. 2008년의 세계 인구 67억 명의 평균 소득은 1964년 서유럽의 평균 소득에 해당했다. 물론 부자들이 엄청나게 더 부유해지고 있어서만은 아니다. (사실 그렇기는 하지만, 이 주제는 다음 장에서 살펴보기로 하자.) 극빈자는 사라지고 세계는 중간층이 되고 있다.[18]

통계학자 올라 로슬링(Ola Rosling, 1975년~. 한스 로슬링의 아들이다.)은 전 세계 소득 분포를 히스토그램(histogram)으로 나타냈다. 곡선의 높이는 주어진 소득 수준의 인구를 나타내며, 역사적으로 의미 있는 세 시기를 비교할 수 있도록 되어 있다.[19] (그림 8.3) 산업 혁명이 시작될 무렵인 1800년에는 거의 모든 사람이 가난했다. 당시의 평균 소득은 오늘날 가장 가난한 아프리카 국가의 평균 소득과 같았고(국제 달러로 연간 약 500달러), 세계의 약 95퍼센트가 지금으로 치면 '극빈' 상태(하루에 1.9달러 미만)로 살았다. 1975년에 위대한 탈출을 완료한 유럽과 그 파생 국가들과 소득이 그들의 10분의 1밖에 안 되는 다른 나라들이 분리되면서 쌍봉낙타 모양의 그래프가 형성되었다.[20] 21세기에는 그래프가 단봉낙타로 바뀌었다. 하나뿐인 혹은 오른쪽으로 이동했고 왼쪽의 꼬리는 더 낮아졌다. 세계는 더 부유해지고, 더 평등해졌다.[21]

점선의 왼쪽은 따로 떼어서 볼 가치가 있다. 그림 8.4는 '극빈' 상태로 살아가는 세계 인구의 비율 변화를 보여 준다. 빈곤 상태를 구분하는 것은 분명 자의적이지만, 유엔과 세계 은행은 최선을 다해 각국(개발 도상국의 일부)의 빈곤선을 조합해 국제 빈곤선을 만들고, 각국은 표준적인 가구 하나의 최저 생활비를 근거로 빈곤선을 정한다. 1996년에는 극빈의

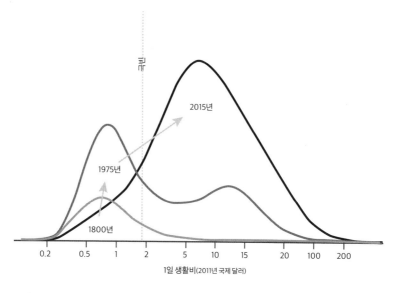

그림 8.3. 1800, 1975, 2015년 세계 소득 분배. (갭마인더에서. 올라 로슬링과 http://www.gapminder. org/tools/mountain의 자료를 참조했다. 2011년 국제 달러 기준이다.)

기준이 두운에 맞게 1인당 1일 1달러였고, 현재는 2011년 국제 달러를 기준으로 1일 1.9달러이다.[22] (극빈의 기준을 더 올리면 그래프는 더 높아지고 평탄하게 진행되다가 더 급격히 떨어진다.)[23] 곡선의 형태도 중요하지만 현재까지 얼마나 낮아졌는지도 눈여겨보라. 무려 10퍼센트로 떨어졌다. 200년 동안전 세계에서 극빈자가 차지하는 비율은 90퍼센트에서 10퍼센트로 줄어들었고, 이 감소의 거의 절반이 지난 35년 동안에 일어났다.

세계의 진보를 평가하는 방법은 두 가지이다. 한 가지는 지금까지 내가 보여 준 것처럼 비율과 1인당 금액을 기준으로 삼는 것이다. 이것을진보의 척도로 삼는 것은 도덕적으로도 적절하다고 생각한다. 존 롤스(John Rawls, 1921~2002년)가 공정한 사회를 정의할 때 했던 사고 실험 — 무지의 베일을 쓰고 어떤 환경에 처할지 모르는 채로 임의의 시민으로 태어나고 싶은 세계를 구체적으로 말하라. — 에 부합하기 때문이다.[24] 건

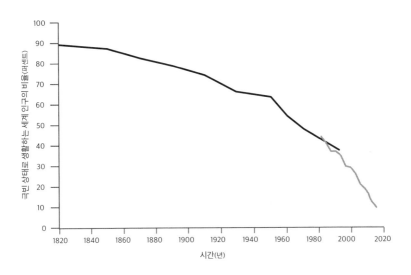

그림 8.4. 1820~2015년 극빈자 비율. (데이터로 본 우리의 세계에서. Roser & Ortiz-Ospina 2017. Bourguignon & Morrisson 2002 (1820-1992)의 데이터에 기초했지만, 그들의 '극빈' 비율과 '빈곤' 비율을 평균 내서 World Bank 2016g에 수록된 1981~2015년 '극빈' 데이터와 일치시켰다.)

강하게 오래 살고 잘 먹고 잘사는 사람의 비율이 높은 세계가 사람들이 출생의 복권을 돌리고 싶어 하는 세계일 것이다. 하지만 또 다른 기준인 절대적 수치도 중요하다. 건강하게 오래 살고 잘 먹고 잘사는 사람이 늘어날수록, 그런 사소한 일들에서 행복을 느낄 줄 아는 사람이 더 많아질수록 세계는 더 좋은 곳이 된다. 또한 엔트로피의 마모력과 진화의 생존투쟁을 견딜 수 있는 사람의 증가는 과학, 시장, 좋은 정부, 그밖의 현대적인 제도가 베푸는 혜택의 알짜 크기가 늘어나고 있다는 뜻이기도 하다. 그림 8.5의 그래프에서 아랫부분 높이는 극빈 상태에서 살아가는 사람의 수를 나타내고, 윗부분 높이는 극빈 상태에서 생활하지 않는 사람의 수를 나타낸다. 그리고 두 부분을 더한 높이는 전 세계 인구에 해당한다. 그래프를 보면, 1970년에 37억 명이던 전체 인구가 2015년에 73억 명으로 급증한 반면에 가난한 사람의 수는 오히려 감소했음을 알 수 있

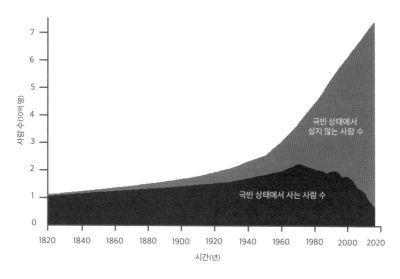

그림 8.5. 1820〜2015년 극빈 인구. (데이터로 본 우리 세계에서. Roser & Ortiz-Ospina 2017, Bourguignon & Morrisson 2002 (1820 – 1992)와 World Bank 2016g (1981-2015)에 기초했다.)

다. (맥스 로저는 언론 매체들이 변화하는 세계의 상황을 사실대로 보도했다면 25년 동안 매일 「극빈 상태로 사는 사람의 수, 지난 25년 동안 매일 하루에 13만 7000명 감소」 같은 헤드라인을 단 기사를 썼을지도 모른다고 지적한다.) 우리는 극빈 상태로 사는 사람들의 비율이 더 낮아진 세계, 66억 명이 극빈자가 아닌 세계에 살고 있다.

역사상 놀라운 일들은 대체로 불쾌하지만, 이 소식은 낙관주의자에게도 즐거운 충격을 안겨 주었다. 2000년에 유엔은 새천년 개발 목표 여덟 가지를 정하고, 그 출발선을 1990년으로 소급해서 잡았다.[25] 당시 유엔 산하 기구들의 부진한 성과에 냉소하던 논평자들은 유엔이 세운 이 목표가 허울 좋은 상투 문구에 불과하다고 일축했다. 전 세계 빈곤율을 절반으로 줄이고, 인구 10억 명을 가난에서 구제하는 일을 25년 안(1990~2015년)에 한다? 아이고 편이나. 하지만 세계는 **예정보다 5년 먼저** 목표를 달성했다. 개발 전문가들은 아직도 놀라 눈을 문지른다. 디턴은 "아마 제2차 세계 대전 이후 세계의 삶의 질과 관련해서 가장 중요한 사실일 것"이라고 말한다.[26] 경제학자 로버트 에머슨 루카스 2세(Robert Emerson Lucas Jr., 1937년~. 디턴처럼 노벨 경제학상 수상자이다.) 역시 "(빠른 경제 성장이 어떤 것인지를 이해하는 것과 관련해서) 인간 복리를 증진시킨 이 결과는 그야말로 엄청나다. 일단 그 결과에 생각이 미치면 다른 어떤 것도 생각하기 힘들다."라고 주장했다.[27]

여기서 멈추지 말고 미래를 생각해 보자. 역사의 곡선을 추정하는 일은 항상 위험하지만, 한번 시도해 본다면 어떤 일이 벌어질까? 그림 8.4의 세계 은행 데이터에 자를 대어 보면, 2026년에 자와 x축이 교차하는 것(빈곤율 0)을 볼 수 있다. 유엔은 2015년 새천년 개발 목표의 후속 프로그램인 지속 가능 발전 목표(Sustainable Development Goals)라는 보완책을 마련해서, 2030년까지 "전 세계 전 인구의 극빈 퇴치"를 목표로 정했다.[28] 전 세계 모든 사람의 극빈을 없앤다! 그날이 올 때까지 살 수 있기를. (예수도 그렇게 낙관적이지는 않았다. 그는 한 제자에게 이렇게 말했다. "가난한 사람들은 언제나 너희와 곁에 있겠지만⋯⋯.")

물론 그날이 오려면 한참 멀었다. 아직도 수많은 사람이 극빈 속에 살고 있으며, 빈곤율을 0으로 떨어뜨리려면 자를 대어 추정하는 것보다 더 큰 노력을 기울여야 한다. 인도와 인도네시아 같은 국가에서는 그 수치가 감소하고 있지만, 콩고, 아이티, 수단 같은 최빈국의 빈곤율 수치는 증가하고 있는 데다, 최후의 빈곤 지역들은 없애기가 매우 어려울 것이다.[29] 또한 최종 목표에 가까워짐에 따라 골대를 이동시킬 필요가 있다. 극심하지 않은 빈곤도 빈곤이기 때문이다. 진보라는 개념을 소개할 때 나는 어렵게 이룬 진척과 마법처럼 자연스럽게 일어난 진보를 혼동해서는 안 된다고 당부했다. 진보에 관심을 불러일으키는 목적은 자기 만족이 아니라 진보의 원인을 밝혀내서 더 효과적으로 실행하기 위해서이다. 또한 어떤 것이 효과가 있음을 인식한 이후에는, 사람들의 무관심을 타파할 목적으로 계속해서 개발 도상국을 경제가 망가진 나라로 그릴 필요가 없다. 자칫하면 사람들이 추가 지원을 그저 쓸데없는 낭비로 여길 위험이 있다.[30]

그렇다면 현재 세계는 어떤 면에서 잘 굴러가고 있을까? 대부분의 경우에 진보는 좋은 일 여러 가지가 한꺼번에 일어나 서로 강화할 때 이루어지기 때문에 첫 번째 도미노를 확인하기가 쉽지 않다. 냉소적인 설명들, 즉 제3세계의 부는 석유와 기타 상품들의 가격 급등이 가져온 일회성 배당금이라거나, 통계 수치가 급등한 것은 인구가 많은 중국의 급부상 때문이라고 보는 견해들은 검토 결과 틀린 것으로 나타났다. 스티븐 래들릿을 비롯한 개발 전문가들은 다섯 가지 원인을 지적한다.[31]

래들릿은 이렇게 말한다. "1976년에 마오는 간단한 행동 하나로 전 세계 빈곤의 방향을 혼자, 그것도 극적으로 바꾸었다. 그의 죽음이었다."[32] 중국의 부상이 거대한 수렴의 유일한 원인은 아니지만 중국 자체의 발전도 그 덩치 때문만은 아닌 게 분명하며, 중국의 진보를 설명하는 원리들은 다른 나라에도 적용된다. 마오쩌둥의 죽음은 거대한 수렴을 초래한 세 가지 주요 원인을 상징한다.

첫 번째 원인은 공산주의(그리고 각국에 침투한 사회주의)의 몰락이다. 앞에서 설명한 것처럼 시장 경제는 막대한 부를 낳지만, 전체주의적 계획 경제는 식량난, 불황, 그리고 종종 기근을 불러들인다. 시장 경제에서는 분업화의 혜택을 누릴 수 있고, 타인이 원하는 상품을 생산하는 사람들이 인센티브를 거머쥘 수 있으며, 가격이라는 정보를 활용해서 수요와 입수 가능성에 대한 정보를 아주 멀리까지 퍼뜨리는 식으로 수억 명 규모의 노동을 조정하는 어렵고 복잡한 문제를 해결할 수 있다. 중앙 집권적 관료제에서는 아무리 명석한 행정가라도 이 막대한 계산 문제를 해결하지 못한다.[33] 1980년대 초에 여러 나라에서 집단화, 중앙 집중식 관리,

정부의 독점과 전매, 숨 막히는 인허가 체계(인도에서는 이 체계를 가리켜 "규제 왕국(license raj)"이라고 부른다.)에서 개방 경제로의 전환이 일어났다. 덩샤오 핑(鄧小平, 1904~1997년)은 중국에 자본주의를 도입했고, (구)소련과 그 동유럽 지배가 붕괴했으며, 인도, 브라질, 베트남을 비롯한 많은 나라에서 경제 자유화가 일어났다.

지식인들은 자본주의 옹호론을 읽는 순간 입에 물고 있는 음료를 바지에 쏟지만, 자본주의의 경제적 혜택은 너무나 명백해서 숫자를 들여다볼 필요도 없다. 말 그대로 우주에서도 그 경제적 혜택을 확인할 수 있다. 자본주의 한국은 환히 빛나고 공산주의 북한은 짙은 어둠 속에 잠겨 있는 한반도의 위성 사진은 지리, 역사, 문화 면에서 다름이 없지만 경제 체제는 다른 두 나라가 부를 창출하는 능력에는 현저한 차이가 있음을 여실히 보여 준다. 실험군과 대조군으로 짝을 맞춘 또 다른 사례에서도 같은 결과를 확인할 수 있다. 철의 장막으로 분단된 서독 대 동독, 보츠와나 대 로버트 게이브리얼 무가베(Robert Gabriel Mugabe, 1924~2019년) 치하의 짐바브웨, 칠레 대 우고 라파엘 차베스 프리아스(Hugo Rafael Chávez Frías, 1954~2013년)와 니콜라스 마두로 모로스(Nicolás Maduro Moros, 1962년~) 치하의 베네수엘라가 그런 경우이다.[34] 베네수엘라의 경우 석유 부국으로 한때 부유했다가 지금은 전국적인 기아와 심각한 의료 서비스 부족에 시달린다. 중요한 사실을 덧붙이자면, 개발 도상국들 중 운이 좋은 나라에서 꽃 피웠던 시장 경제는 우파의 환상과 좌파의 악몽이 뒤섞인 자유 방임의 무질서 상태가 아니다. 정도 차이는 있지만, 각 정부는 교육, 공중 보건, 사회 기반 시설, 농업 및 직업 훈련은 물론이고 사회 보장과 빈곤 퇴치 프로그램에도 투자했다.[35]

래들릿이 말하는 거대한 수렴의 두 번째 원인은 리더십의 교체이다. 마오쩌둥은 중국에 공산주의만 짐지운 게 아니었다. 그는 말도 안 되는

정책을 국민에게 강요한 변덕스러운 과대 망상증 환자였다. 대약진 운동
(대규모 인민 공사, 쓸모없는 뒷마당 제련소, 기이한 농경법 등을 강요했다.)과 문화 혁명
(젊은 세대들이 교사, 경영자, '부농'의 후손을 탄압하는 폭력단으로 변했다.)이 그런 예이
다.[36] 1970년대부터 1990년대 초에 이르는 경기 침체 시기에 다른 많은
개발 도상국에서도 사이코패스 같은 독재자들이 시민의 복지를 향상시
키는 임무를 외면하고, 이념적이거나 종교적, 종족적, 편집증적, 자기 과
시적인 정책을 펼치며 국민을 착취했다. 독재자들은 공산주의에 동조
하느냐, 혐오하느냐에 따라 (구)소련이나 미국의 지원을 받았다. 두 진영
의 원칙은 "그는 개자식일 수 있지만, **우리** 개자식이다."였다.[37] 1990년대
와 2000년대에는 민주주의가 확산되면서(14장) 분별력 있고 휴머니즘
적인 지도자가 등장했다. 넬슨 롤리랄라 만델라(Nelson Rolihlahla Mandela,
1918~2013년), 마리아 코라손 아키노(Maria Corazon Aquino, 1933~2009년), 엘런
존슨 설리프(Ellen Johnson Sirleaf, 1938년~) 같은 정치인뿐만 아니라, 지방의
종교 지도자들과 시민 사회 지도자들도 동포의 삶을 개선하기 위해 행
동했다.[38]

　세 번째 원인은 냉전의 종식이었다. 냉전이 끝나자 별 볼 일 없는 독재
자들은 기댈 곳이 없어졌고, 1960년대에 독립을 이룬 뒤로 개발 도상국
들을 괴롭혀 온 수많은 내전이 촛불 꺼지듯 종료되었다. 내전은 인도주
의적 재난이자 경제적 재난이다. 온갖 시설이 파괴되고, 자원이 유출되
고, 아이들은 학교에 다닐 수 없게 되며, 경영자와 노동자는 일터에서 밀
려나거나 죽는다. 전쟁을 "역행하는 발전(development in reverse)"이라고 부
르는 경제학자 폴 콜리어(Paul Collier, 1949년~)는 한 국가가 감당해야 하는
전형적인 내전 비용을 500억 달러로 추산한다.[39]

　네 번째 원인은 세계화이다. 특히 컨테이너선과 제트 비행기 덕분에
무역이 폭발적으로 증가하고, 투자와 거래에 드는 관세와 여타 장벽이

무너졌다. 고전 경제학과 상식에 따라, 거래망의 규모가 커지면 평균적으로 모든 사람이 부유해진다. 나라마다 서로 다른 재화와 용역을 전문적으로 취급할수록 그 재화와 용역을 더 효율적으로 생산할 수 있으며, 수천 명보다는 수십억 명에게 상품을 제공하는 것이 비용 면에서 유리하다. 동시에 바이어들은 세계 시장에서 최저 가격으로 구매할 수 있으므로 원하는 상품을 더 많이 구매할 수 있다. (상식으로는 비교 우위라고 불리는 개념을 선뜻 이해하지 못할 수 있다. 이 개념에 따르면 각국이 자신이 가장 효율적으로 생산할 수 있는 재화와 용역을 생산하는 데 전념한다면, **비록** 바이어들이 훨씬 더 효율적으로 재화와 용역을 직접 생산할 수 있다고 해도, 직접 만들기보다는 사는 쪽을 택할 것이고, 평균적으로 모든 사람이 부유해진다.) 세계화라는 단어를 들으면 정치 스펙트럼 여기저기서 공포스럽다, 혐오스럽다 하는 반응이 튀어나온다. 그러나 개발 전문가들은 세계화가 각국의 빈곤층에게 수지맞는 일이었다는 점에 동의한다. 디턴은 이렇게 지적한다. "어떤 사람들은 세계화에 대해 큰 비용을 들이고도 극소수만 부유해지도록 고안된 신자유주의적 음모라고 주장한다. 만일 그렇다면 그 음모는 대실패이거나, 적어도 의도하지 않은 결과로 10억 명 이상에게 도움을 주었다. 의도하지 않은 결과가 항상 이렇게 좋은 것이라면 얼마나 좋을지."[40]

2세기 전에 산업 혁명이 그랬듯이 개발 도상국의 산업화가 현대 선진국의 기준으로 보기에는 열악하기만 한 근로 환경을 만들어 내자 매서운 비난이 일었다. 19세기 낭만주의 운동은 부분적으로 "악마의 맷돌(dark satanic mills)"에 대한 반작용이었다. (이 표현은 윌리엄 블레이크(William Blake, 1757~1827년)의 것이다.) 그 후에도 이 산업 혐오는 사라지지 않았고 스노가 규정한 제2문화에 속하는 인문학적 지식인들은 이것을 신성한 가치로 여기고 있다.[41] 자신을 공격한 리비스를 향해 스노는 이 글만큼 분노를 표출한 적이 없었다.

우리는 우아하게 앉은 채 물질적인 생활 수준은 그리 중요하지 않다고 생각할 수 있다. 누군가는 개인적인 선택에 따라 산업화를 거부할 수도 있다. 내키면 현대판 월든을 만들든지, 충분한 음식이 없어 당신의 아이들이 대부분 어릴 때 목숨을 잃어도 지켜만 보고, 문해력의 편리함을 무시하고, 당신의 인생이 20년 줄어드는 것을 받아들여라. 그러면 당신의 강한 미학적 반감을 존중하겠다. 그러나 만약 당신이 선택할 자유가 없는 타인에게 간접적으로라도 같은 선택을 강요하려고 한다면, 나는 당신을 조금도 존중하지 않을 것이다. 사실, 우리는 그 사람들이 어떤 선택을 내릴지 알고 있다. 기회만 있다면 모든 나라에서 빈곤층은 공장이 그들을 데려가기 전에 제 발로 농촌을 떠나 공장으로 향한다.[42]

앞서 보았듯이 생명과 건강의 향상에 대한 스노의 주장은 정확했다. 그리고 산업화된 국가에서 빈곤층이 놓인 상태를 가늠하는 적절한 기준은 언제, 어디에서 살아야 할지를 고를 수 있는 일련의 선택지라고 한 것도 옳았다. 스노의 주장은 50년 후에 래들릿 같은 개발 전문가들을 통해 메아리가 되어 울려 퍼지고 있다. 래들릿은 이렇게 말한다. "공장에서 일하는 것이 노동 착취라고 많은 사람이 말하지만 모든 노동 착취의 할아버지 격인 농사보다 나을 때가 많다. 논밭에서 일용 농업 노동자로 일하는 것보다 말이다."

나는 1990년대 초에 인도네시아에 도착할 때만 해도 논에서 일하는 사람들의 모습은 다소 미화해서 바라보고, 빠르게 증가하는 공장의 일자리는 의심의 눈으로 보았다. 하지만 그곳에서 오래 지낼수록 논에서 일하는 것이 믿을 수 없으리만치 힘들다는 사실을 더욱 깊이 깨닫게 되었다. 농사는 몹시 고된 일이다. 사람들은 장시간 땡볕에서 허리를 구부린 채 일하며 논을 계단식으로 만들고, 씨를 뿌리고, 잡초를 뽑고, 모를 심고, 해충을 쫓아내고, 곡식을 수확하면서 간신히 생계를 꾸려 나간다. 물웅덩이에 서 있다 보면 거머리에 물리기도 하고, 말라리아, 뇌염, 그밖의 다른 질병의 위험에 끊임없이 노출된다. 그리고 물론, 내내 덥다. 그렇다 보니 일당 2달러를 주는 공장에 일자리가 생겼을 때, 수백 명의 사람이 지원이라도 해 보려고 줄을 선 것은 그리 놀라운 일이 아니었다.[43]

산업화에 따른 고용 창출이 주는 혜택은 물질적 생활 수준의 향상에 그치지 않는다. 산업 현장에서 일자리를 구한 여성들에게는 고용이 곧 해방일 수 있다. 첼시 폴릿(Chelsea Follett, 휴먼프로그레스의 편집국장)이 쓴 기사, 「페미니스트의 관점에서 본 노동 착취 현장(The feminist side of sweatshops)」에 따르면, 19세기에 공장 노동이 농장과 농촌 생활의 전통적인 성 역할에서 여성을 벗어나게 했고, 그래서 일부 남성들은 공장 노동이 "훌륭하고 정숙한 여자들에게 불명예를 안겨 주기 때문에 충분히 비난할 만하다."라고 주장했다. 당사자인 여성들은 그렇게 생각하지 않았다. 1840년에 미국 매사추세츠 주 로웰의 직물 공장 노동자는 다음과 같이 썼다.

우리가 모인 것은 …… 최대한 많이, 가능한 한 빨리 돈을 벌기 위해서이다. …… 돈을 좋아하는 뉴잉글랜드에서 수고스럽다거나 몇몇 사람에게 편견이 있다는 이유로 여성이 돈벌이가 가장 잘 되는 일자리를 거부한다면 이상할 것이다. 뉴잉글랜드 여자들은 **그렇게** 하기에는 **독립심**이 지나치게 강하다.[44]

다시 한번 산업 혁명기의 경험들이 오늘날의 개발 도상국에서 고스란히 나타난다. 세계 여성 기금(Global Fund for Women)의 대표인 카비타 람

다스(Kavita Ramdas)는 2001년에 인도 마을에서 "여성이 할 수 있는 일이라고는 남편과 친척들에게 순종하고, 조를 빻고, 노래를 부르는 것뿐이다. 만약 여성이 도시로 이사 간다면 일자리를 구하고, 사업을 시작하고, 아이들을 교육할 수 있다."라고 말했다.[45] 방글라데시에 관한 연구에서는 의류 산업에 종사하는 여성들이 (1930년대에 캐나다에서 내 조부모가 그랬듯이) 더 많은 임금을 받고, 더 늦게 결혼하고, 아이를 더 적게 갖고, 자녀에게 더 나은 교육을 제공한다는 사실이 밝혀졌다.[46] 한 세대 만에 슬럼가, 바리오(barrio, 스페인 어 사용자들의 거주 지역. ─ 옮긴이), 빈민가는 반듯한 주택가가 되고, 노동자 계급은 중산 계급이 되었다.[47]

산업화의 장기적인 혜택을 받아들인다고 해서 산업화의 잔인한 행태도 당연하다는 듯 받아들일 필요는 없다. 현대적인 감성을 더 일찍 반영해서 아동 노동 없이 공장을 운영하고 어른들에게도 더 나은 노동 환경을 제공하는 새로운 산업 혁명의 역사를 우리는 충분히 상상할 수 있다. 오늘날 개발 도상국에는 노동자를 더 인간적으로 대우하면서도 똑같이 많은 일자리를 제공하고 이윤을 내는 공장들이 분명히 존재한다. 다자간 무역 협상과 소비자 운동의 압력으로 많은 나라에서 노동 환경이 상당히 개선되었다. 이것은 각국이 부유해지는 동시에 지구 공동체로 통합되는 과정에서 일어나는 자연스러운 진보이다.[48] (이 주제는 12장에서, 그리고 우리 사회의 노동 환경의 역사를 살펴보는 17장에서 다룰 것이다.) 진보는 한 덩어리의 패키지로 주어지는 것이 아니다. 산업 혁명이나 세계화나 통째로 좋고 나쁨을 판단해 받아들이냐 마냐 결정할 수 있는 것도 아니다. 진보는 사회가 작동하는 과정에서 발견할 수 있는 여러 특징을 최대한 세분화해서 인간의 이익을 극대화하고 피해를 최소화하는 것이 무엇인지 알아내고 그것을 반복, 응용하는 과정이다.

마지막으로, 여러 연구자들이 거대한 수렴의 가장 중요한 요인으로 지목한 것은 과학과 기술이다.[49] 우리의 삶은 좋은 의미로 점점 더 저렴해지고 있다. 기술 발전에 힘입어 1시간 노동으로 음식, 건강, 교육, 의복, 건축 자재, 소소한 생필품, 사치품 등을 예전보다 더 많이 살 수 있게 되었다. 사람들은 더 싼 값으로 음식을 먹고, 약을 복용한다. 아이들은 맨발로 다니는 대신 값싼 플라스틱 샌들을 신고, 어른들은 값싼 태양 전지판과 가전 제품을 이용해서 함께 모여 머리를 하거나 축구 경기를 본다. 건강, 농업, 상업에 관한 유용한 정보들은 싼 것보다 더 좋은 것, 바로 공짜이다.

요즘은 세계적으로 성인의 약 절반이 스마트폰을 갖고 있고, 휴대 전화 서비스 가입자 수는 인구와 동일하다. 도로, 전화, 우편 제도, 신문, 은행이 없는 일부 지역에서 휴대 전화는 가십과 고양이 사진을 공유하는 용도 그 이상으로 쓰인다. 사람들은 휴대 전화로 돈을 송금하고, 물품을 주문하고, 날씨와 시장 상황을 지켜보고, 일거리를 찾고, 건강과 농법에 대한 정보를 얻고, 심지어 초등 교육을 받는다.[50] 경제학자 로버트 젠슨(Robert Jensen, 1958년~)은 "정보의 미시 경제 및 고등어 경제"라는 부제가 달린 연구에서 인도 남부의 소규모 선원들이 어떻게 수입을 늘리고 지역의 생선 가격을 낮추는지를 보여 준다. 선원들은 바다에서 자신의 휴대 전화로 그날 가장 좋은 가격을 제시하는 시장을 찾는데, 이렇게 함으로써 생선이 없는 지역이 아니라 생선이 넘치는 지역에 부패하기 쉬운 어획물을 내리는 수고를 하지 않게 된다.[51] 이런 식으로 수많은 영세 농민들과 어민들이 휴대 전화를 통해 경제학 교과서에나 나오는 마찰 없는 이상적인 시장의 박식하고 합리적인 행위자가 되었다. 어느 추정치에 따르면, 휴대 전화가 1대 늘 때마다 개발 도상국의 연간 국내 총생산(GDP)이 3,000달러 증가한다고 한다.[52]

지식의 이로운 힘은 국제 개발의 규칙을 다시 썼다. 개발 전문가들은 해외 원조가 지혜로운 일인지 아닌지 견해가 엇갈린다. 어떤 사람들은 원조가 부패한 정부를 부유하게 하고 지역 경제와 경쟁을 부추기기 때문에 도움이 되기보다는 해가 된다고 주장한다.[53] 또 어떤 사람들은 최근의 수치를 제시하면서, 현명하게 분배된 원조가 실제로 엄청난 도움이 되어 왔다고 주장한다.[54] 식량과 자금의 원조가 낳은 효과에 대해서는 사람마다 의견이 다르지만, 기술 원조 — 의약품, 전자 기술, 작물 품종, 그리고 농업, 상업, 공중 보건의 실천 모델 — 는 정말로 큰 이익이 되었다는 점에 모두가 동의한다. (제퍼슨이 지적했듯이, 내게서 생각을 받은 사람은 내 생각을 감소시키지 않고서도 가르침을 얻는다.) 또한 내가 1인당 GDP에 역점을 두기는 했지만, 지식의 가치를 고려하면 1인당 GDP는 우리가 정말로 관심을 가지는 문제, 즉 삶의 질을 나타내는 기준으로는 덜 중요해진다. 만약 그림 8.2의 오른쪽 아래에 아프리카의 곡선을 넣었다면, 인상적으로 보이지 않았을 것이다. 분명 그래프는 상향 곡선을 그리겠지만, 유럽과 아시아의 그래프처럼 급격하게 솟아오르지는 않을 것이다. 찰스 케니는 아프리카의 평평한 그래프로는 실제로 이루어진 진보를 포착하지 못한다고 경고한다. 그리고 그것은 건강과 수명, 교육에 드는 비용이 예전보다 저렴해졌기 때문이라고 역설한다. 일반적으로는 부유한 나라의 사람들이 더 오래 살지만(이 관계를 처음 발견한 경제학자의 이름을 따서 프레스턴 곡선(Preston curve)이라고 부른다.), 모두의 수명이 소득에 상관없이 점점 더 늘고 있어서 전체 곡선이 위쪽으로 올라간다.[55] 2세기 전에 가장 부유한 국가(네덜란드)의 기대 수명은 정확히 40세였고, 당시에 기대 수명이 45세 이상인 국가는 없었다. 현재 세계에서 **가장 가난한** 나라(중앙 아프리카 공화국)의 기대 수명도 54세이며, 기대 수명이 45세 **이하**인 국가는 찾아볼 수 없다.[56]

국민 소득은 피상적이고 물질주의적인 척도라고 경시하기 쉽지만, 인간의 번영을 나타내는 모든 지표와 관련이 있다. 이 내용에 대해서는 다음에 이어지는 장들에서 재차 살펴볼 것이다. 지극히 분명한 사실은 1인당 GDP가 수명, 건강, 영양과 관계가 있다는 것이다.[57] 또한 쉽게 와닿지는 않겠지만 1인당 GDP는 평화, 자유, 인권, 관용 같은 숭고한 윤리적 가치와도 관련이 있다.[58] 부유한 나라는 대체로 다른 나라와 전쟁을 더 적게 벌이고(11장), 내전으로 분열될 가능성이 작고(11장), 민주주의를 견지할 가능성이 크며(14장), 인권을 더 존중한다. (14장) (평균적으로 그렇다는 것이다. 달리 말하면, 예외도 있다. 아랍 산유국은 부유하지만 억압적이다.) 또한 부유한 나라의 시민들은 '해방적(emancipative)'이거나 자유주의적인 가치, 이를테면 남녀 평등, 언론 자유, 동성애자 권리, 참여 민주주의, 환경 보호 등을 더 존중한다. (10장과 15장) 당연히, 나라가 더 부유해질수록 국민은 더 행복해진다. (18장) 더욱 놀라운 사실은 나라가 더 부유해질수록 국민이 더 똑똑해진다는 것이다.[59] (16장)

국민 소득에 따라 국가들을 분류해 보면, 한쪽 끝에 가난하고 폭력적이고 억압적이며 불행한 나라가 있고, 반대쪽 끝에 부유하고 평화롭고 자유주의적이며 행복한 나라가 있다. 소말리아에서 스웨덴에 이르는 이 모든 나라의 실정을 규명할 때 상관 관계는 인과 관계가 아니며, 교육, 지리, 역사, 문화 같은 다른 요소들도 원인으로 작용할 수 있다.[60] 그렇지만 이 모든 원인을 땀 흘려 조사하는 정량 분석 전문가들은 경제 발전이 인간의 안녕과 복리의 주요한 동력일 수 있음을 발견한다.[61] 학계에 오래된 농담이 하나 있다. 학과장이 교수 회의를 열고 있는데 지니가 나타나서 세 가지 소원 — 돈, 명예, 지식 — 중 한 가지를 들어 주겠다고 제안한다. 학과장은 이렇게 답한다. "그것참 쉬운 일이군. 난 학자일세. 평생을 앎에 바쳐 왔다오. 당연히 지식을 택해야지." 지니는 손을 흔들며 한 줄기 연기가 되어 사라진다. 연기가 걷히자 머리에 손을 댄 채 골똘히 생각하는 학과장의 모습이 드러난다. 1분이 지나고, 10분이 지나고, 15분째. 결국 한 교수가 묻는다. "어때요? 어떤가요?" 학과장이 구시렁댄다. "돈을 택할 걸 그랬어."

9장
불평등

하지만 이 모두가 부자들에게 가고 있다면? 21세기에 접어들고 20년 가까이 흐르면서 경제적 불평등이 강박이 되어 가는 시기에 선진국에서 이런 질문이 나오는 것은 당연하다. 프란치스코 교황은 불평등을 가리켜 "사회악의 근원"이라고 했고, 오바마는 "이 시대의 중요한 도전"이라고 했다. 2009년과 2016년 사이에 **불평등**이라는 단어가 들어간《뉴욕 타임스》기사는 10배 증가해서 73개 신문 중 1위를 차지했다.[1] 또한 상위 1퍼센트에 속하는 가장 부유한 사람들이 최근 수십 년간 이룬 경제성장의 이점을 모조리 착복하고, 나머지 사람들은 간신히 버티거나 서서히 가라앉고 있다는 것이 새로운 사회적 통념으로 등장했다. 그렇다면 앞장에서 설명한 부의 폭발적인 증가는 더는 칭송할 만한 것이 못 된다. 부가 인간의 안녕과 복리 전반에 기여한 것을 끝장내는 셈이기 때문이다.

경제적 불평등은 오랫동안 좌파의 상징적 이슈로, 2007년에 대침체 (Great Recession. 2009년 9월 서브프라임 사태 이후 미국과 전 세계가 겪은 경기 침체 상황. —옮긴이)가 시작된 이후 크게 부상했다. 그러다 2011년에 월스트리트 점거 시위, 2016년에는 사회주의자라고 자칭하는 버니 샌더스(Bernie Sanders, 1941년~)의 대통령 입후보에 도화선으로 작용했다. 샌더스는 "극소수의 사람들이 너무 많이 갖고 다수는 너무 적게 가지면 국가는 도덕적으로나 경제적으로 살아남을 수 없다."라고 주장했다.[2] 하지만 그해에 혁명의 소산은 흔적도 없이 사라지고 오히려 트럼프가 후보로 오르는 데에 보탬이 되었다. 트럼프는 미국이 "제3세계 국가"가 되어 간다고 주장하면서 노동자 계급의 부가 줄어드는 것은 월스트리트와 상위 1퍼센트의 부유층 때문이 아니라 이민과 자유 무역 때문이라고 비난했다. 저마다 다른 이유로 경제적 불평등에 격분한 정계의 극좌와 극우는 서로 엎치락뒤치락 뒤엉켜 싸웠고, 양쪽이 모두 갖고 있는 현대 경제에 대한 냉소주의로 인해 최근 들어 가장 급진적인 미국 대통령이 탄생했다.

불평등이 증가하면 국민 대다수가 정말로 궁핍해질까? 경제적 불평등은 1980년대에 최저점을 기록한 이후 서양 국가의 대부분에서 계속해서 증가하는 추세이며, 특히 미국과 영미권 국가에서 가장 부유한 계층과 나머지 간의 차이가 극심해지고 있다.[3] 경제적 불평등은 대개 지니 계수(Gini coefficient)로 측정한다. 모든 사람이 다른 사람과 똑같이 가지는 경우를 0, 한 사람이 모두 다 갖고 나머지 사람들은 아무것도 가지지 못하는 경우를 1이라고 할 때, 그 사이에서 지니 계수의 수치가 다양하게 나타난다. (일반적으로 지니 계수는 북유럽 국가들처럼 세금과 급부금을 공제한 뒤 소득 분배가 가장 평등하게 이루어질 때 0.25로 나타나고, 남아프리카 국가들처럼 소득 분배가 매우 불평등하게 이루어질 때 0.7로 나타난다.) 미국의 경우 (세금과 급부금을 공제하기 전) 시장 소득에 대한 지니 계수는 1984년에 0.44였다가 2012년에 0.51로 상승했다. (우리나라는 전체 가구를 대상으로 한 가계 동향 조사 결과, 2016년 현재 0.304이다. ─옮긴이) 불평등은 인구의 한 분위가 벌어들인 총수입의 비율로도 측정할 수 있다. 미국에서는 가장 부유한 상위 1퍼센트가 차지하는 소득 점유율이 1980년에 8퍼센트였다가 2015년에 18퍼센트로 증가했고, 0.1퍼센트에 해당하는 부유층의 소득 점유율은 2퍼센트에서 8퍼센트로 상승했다.[4]

시장 경제, 기술 진보, 자유 무역을 포기하자는 주장처럼 저들이 선동하는 파멸적인 의제를 이겨 내기 위해서라도, 불평등의 척도(많은 척도가 있다.)에 포착되는 일부 현상들을 중요하게 보고 진지하게 다루어야 한다는 데에는 의심의 여지가 없다. 불평등은 분석하기가 매우 복잡한 데다(인구가 100만 명일 때 그들의 불평등을 분석할 수 있는 방법은 99만 9999가지가 있다.) 이미 여러 책에서 이 주제를 다루었다. 너무나 많은 사람이 디스토피아적 미사여구에 휩쓸려 버렸고, 너무 많은 사람이 근대성이 인간의 상황을 개선하지 못했음을 보여 주는 표상이 불평등이라고 여기기 때문에 나는 이 주제에 한 장을 할애하지 않으면 안 된다. 앞으로 보겠지만 그런 시각은 잘못되었으며 그 이유도 여러 가지이다.

～

인간의 진보라는 맥락에서 불평등을 이해하는 출발점은 소득 불평등이 인간의 안녕과 복리를 좌우하는 기본 요소가 아님을 인식하는 것이다. 소득 불평등은 건강, 부, 지식, 안전, 평화, 그리고 여러 장에서 밝힌 진보의 다른 영역들과는 다르다. 그 이유는 (구)소련의 오래된 농담에 정확히 드러나 있다. 이고르와 보리스는 찢어지게 가난한 농민이다. 이들은 손바닥만 한 땅뙈기를 경작해서 가족이 근근이 풀칠하고 산다. 차이가 딱 하나 있는데, 보리스에게는 비쩍 마른 염소 한 마리가 있다. 어느 날 이고르에게 요정이 나타나 소원을 들어주겠다고 한다. 그러자 이고르는 이렇게 말한다. "보리스의 염소가 죽었으면 좋겠어요."

물론 이 농담의 요지는, 두 농민이 평등해진다고 해도 이고르의 악의적인 질투심이 충족되기만 할 뿐 어느 쪽도 형편이 나아지지는 않는다는 것이다. 이 논점은 철학자 해리 프랭크퍼트(Harry Frankfurt, 1929년~)가 2015년에 쓴 『불평등에 관하여(On Inequality)』에서 더 의미심장해진다.[5] 프랭크퍼트는 불평등 그 자체는 도덕적으로 반대할 만한 것이 아니며, 반대해야 할 것은 **빈곤**이라고 주장한다. 사람이 건강하게 오래 살고 즐겁게 자극적으로 살 수 있다면, 이웃들이 얼마나 버는지, 집이 얼마나 큰지, 차를 몇 대 모으는지는 도덕적으로 중요하지 않다. 그는 이렇게 말한다. "도덕성의 관점에서 볼 때 모두가 **똑같이** 가져야 한다는 것은 중요한 문제가 아니다. 도덕적으로 중요한 것은 각자가 **충분히** 가져야 한다는 점이다."[6] 불평등 자체가 문제가 아니라 경제적 불평등을 편협하게 바라보는 시각이 문제라는 것이다. 이고르가 어떻게 하면 염소 한 마리를 얻을지 고민하는 대신에 어떻게 하면 보리스의 염소를 죽일지 고민하는 것처럼, 그런 관점은 파괴적인 결과를 낳을 수 있다.

불평등과 빈곤을 혼동하는 것은 총량 오류, 즉 부는 영양의 사체처럼 유한한 자원이므로 제로섬 방식으로 나누어야 하고, 따라서 더 많이 갖게 된 사람이 있으면 누군가는 반드시 더 적게 갖게 된다는 사고 방식에서 비롯되었다. 이미 살펴보았듯이, 부는 그렇지 않다. 산업 혁명 이후에 부는 기하 급수적으로 증가했다.[7] 이것은 곧 부유한 사람들이 더 부유해졌을 때 가난한 사람들도 더 부유해졌음을 의미한다. 심지어 전문가들조차도 개념을 혼동해서라기보다는 수사학적 열정 때문에 총량 오류를 되풀이하는 것으로 보인다. 2014년의 베스트셀러 『21세기 자본(*Capital in the Twenty-First Century*)』은 불평등에 관한 논란을 크게 불러일으켰는데, 이 책의 저자 토마 피케티(Thomas Piketty, 1971년~)는 이렇게 썼다. "인구의 가난한 절반은 지금도 예전만큼 가난하다. 가난한 사람들은 1910년에 그랬듯이 2010년에도 전체 부의 5퍼센트밖에 갖고 있지 않다."[8] 하지만 현재 부의 총량은 1910년에 비해 훨씬 크기 때문에 가난한 절반이 같은 비율의 부를 소유하고 있다면 더 부유해진 것이지 "예전만큼 가난"한 것이 아니다.

총량 오류로 발생할 수 있는 더 위협적인 결과는, 누군가가 더 부유해질 경우에 그들이 자신의 몫보다 많은 부를 누군가에게서 훔쳤다는 확신을 사람들에게 주는 것이다. 철학자 로버트 노직(Robert Nozick, 1938~2002년)이 21세기에 맞게 새 버전으로 고친 유명한 사례를 보면 그 러한 확신이 왜 틀렸는지 알 수 있다.[9] 세계의 억만장자 중에는 소설『해 리 포터(*Harry Potter*)』의 저자 조앤 캐슬린 롤링(Joanne Kathleen Rowling, 1965 년~)이 있다. 그녀의 소설은 4억 부 이상 팔렸고, 영화로 각색되어 그만 큼 많은 사람에게 선보였다.[10] 1억 명의 사람들이『해리 포터』라는 책 혹 은 영화를 즐긴 대가로 10달러씩 냈다고 가정하면, 수익금의 10분의 1 이 롤링에게로 갔다. 롤링은 억만장자가 되었고 불평등은 늘어났지만, 그녀는 사람들을 궁핍하게 만든 것이 아니라 더 부유하게 만들었다. (모 든 부자가 사람들을 더 부유하게 만들어 왔다는 말은 아니다.) 그렇다고 해서 롤링이 얻은 부가 노력이나 능력에 대한 당연한 보수라거나, 세상에 문해력과 행복을 전파한 것에 대한 보상이라는 뜻은 아니다. 어떤 위원회도 롤링 이 그 정도로 부유할 자격이 있다고 판단하지는 않았다. 그녀의 부는 책 을 사고 영화를 본 수많은 사람의 자발적인 결정으로 생긴 부산물이다.

물론 빈곤만이 아니라 불평등 자체를 신경 써야 할 이유가 있을 것이 다. 어쩌면 사람들 대부분은 이고르와 비슷해서, 절대적인 의미로 얼마 나 부유한가보다는 동료 시민들과 비교해서 더 위인지 더 아래인지를 기준으로 행복을 결정짓는다. 부자들이 너무 부유해지면 나머지 사람 들은 상대적 빈곤감을 느끼게 되므로 모두가 더 부유해지고 있다고 하 더라도 불평등은 행복감을 떨어뜨린다. 이것은 사회 심리학에서 오래전 부터 다뤄 온 문제이기도 한데, 사회 비교 이론, 준거 집단, 지위 불안, 상 대적 박탈감 등 여러 가지 개념으로 설명되어 왔다.[11] 그렇지만 문제는 보다 넓고 보다 균형 잡힌 시각으로 바라보아야 한다. 가령, 시마와 샐리 라는 두 여성을 상상해 보자. 시마는 가난한 나라의 시골에 붙박여 사 는 까막눈 여성이다. 아이들 절반을 병으로 잃었고, 지인들 대부분처럼 그녀도 50세에 생을 마감할 것이다. 이제 샐리를 생각해 보자. 부유한 나라에 사는 샐리는 교육을 받은 사람이다. 여러 도시와 국립 공원을 둘러본 경험이 있고, 아이들이 자라는 것을 지켜보았으며, 80세까지 살 것이다. 하지만 중하층에 머물러 있어서, 결코 갖지 못할 과시적인 부에 의기소침하고는 한다. 여기서 샐리가 유달리 행복하지 않다고 생각할 수도 있다. 작은 은혜에도 감사히 여기는 시마보다 더 불행할 수도 있다. 그렇지만 샐리가 더 못산다고 생각하는 것은 터무니가 없고, 시마의 삶을 개선해 주면 이웃들의 삶도 더 많이 개선되어 시마가 더 불행해지기 때문에 그러지 않는 것이 낫겠다고 결론짓는 것도 도덕적으로 확실히 문제가 있다.[12]

어떤 경우든 이 사고 실험은 논란의 여지가 있다. 실제의 삶에서는 샐리가 더 행복한 것이 거의 확실하기 때문이다. 사람들이 더 부유한 이웃들을 의식하느라 자기가 얼마나 잘 지내고 있는지는 잊은 채 자신의 행복 기준치를 자꾸만 다시 설정한다는 과거의 생각과는 달리, 18장에서 보겠지만, 부유한 사람들과 부유한 나라에 사는 사람들은 (일반적으로) 가난한 사람들과 가난한 나라에 사는 사람들보다 더 행복하다.[13]

하지만 국민과 국가가 더 부유해질 때 국민이 더 행복해지기는 해도, 주변 사람들이 훨씬 더 부유해진다면 — 말하자면, 경제적 불평등이 증가한다면 — 사람들이 더 비참해지지 않을까? 유행병 학자 리처드 윌킨슨(Richard Wilkinson, 1943년~)과 케이트 피킷(Kate Pickett, 1965년~)은 잘 알려진 저서 『평등이 답이다(The Spirit Level)』에서 소득 불평등이 큰 국가에서는 살인, 수감, 10대 임신, 유아 사망, 신체적 및 정신적 질환, 사회 불신, 비만, 약물 남용의 비율도 높다고 주장한다.[14] 그러면서 경제적 불평등이 온갖 병폐를 **유발**한다고 말한다. 불평등한 사회에서는 사람들이 주도권을 차지하려는 승자 독식 경쟁에 말려들었다고 느끼며, 그 스트레스 때문에 병에 걸리고 자기 파괴적인 행동을 한다는 것이다.

"좌파의 새로운 만물 이론"이라고 불리는 이 수평기 이론(Spirit Level theory)은 복잡하게 얽힌 상관 관계를 단 하나의 원인으로 넘겨짚는 다른 이론들처럼 문제가 많다. 한 가지 예로, 사람이 직업, 연애, 사회적 성공의 측면에서 자기 지역의 경쟁 상대가 아니라, 조앤 롤링과 구글의 창업자 세르게이 브린(Sergey Brin, 1973년~)의 존재 때문에 경쟁 불안을 느끼는지는 확실하지 않다. 게다가 스웨덴과 프랑스 같은 평등한 국가는 브라질과 남아프리카 공화국같이 불평등한 국가와 비교할 때 소득 분배 외에도 여러 가지 면에서 차이가 난다. 특히 평등한 국가는 더 부유하고, 더 나은 교육을 받고, 더 잘 통치되며, 문화적으로 더 균일하다. 그러므로 불평등과 행복(혹은 그밖의 사회적 가치)의 관계를 섣부르게 상관 관계로 규정하면 우간다보다 덴마크에서 사는 것이 더 나은 이유를 보여 주는 것밖에 되지 않는다. 윌킨슨과 피킷의 표본은 선진국에 국한되어 있지만, 그 표본에 어떤 국가를 포함하느냐에 따라 그 상관 관계가 널을 뛸 정도로 모호하다.[15] 싱가포르와 홍콩처럼 부유하지만 불평등한 국가는, 가령 예전의 공산주의 동유럽처럼 가난하지만 평등한 국가들보다 사회적으로 더 건강하다.

가장 치명적인 결론은 사회학자 조너선 켈리(Jonathan Kelley)와 머라이어 에번스(Mariah Evans)에게서 나왔다. 두 사람은 30년 동안 68개국 20만 명을 대상으로 조사한 연구에서 불평등과 행복감을 잇는 인과 관계를 잘라 버렸다.[16] (행복감과 삶의 만족도를 측정하는 방법은 18장에서 다룰 것이다.) 켈리와 에번스는 행복감에 영향을 미친다고 알려진 주요 요소들, 가령 1인당 GDP, 나이, 성별, 교육, 결혼 여부, 종교 생활 등을 상수로 고정한 결과, 불평등이 불행을 일으킨다는 이론이 "사실들로 이루어진 암초에 걸려 난파하고 있"음을 발견했다. 개발 도상국에서 불평등은 사람들의 기를 꺾는 것이 아니라 힘을 실어 주기 때문에 불평등한 국가에 사는 사람들이 **더 행복**하다는 것이다. 두 저자는 가난하고 불평등한 국가에서 사람들이 느끼는 질투심이나 지위 불안, 상대적인 박탈감은 여하간 **희망**에 압도되고 만다고 말한다. 불평등을 기회의 징조, 즉 교육을 비롯한 여러 가지 신분 상승의 길이 국민과 자식들의 성공을 보장하리라고 여긴다는 것이다. 반면에 (과거에 공산주의 체제였던 국가를 제외한) 선진국에서는 불평등이 어떤 식으로든 차이를 낳지 않는다. (과거 공산주의 체제였던 국가에서도 결과는 모호하다. 공산주의 체제에서 자라난 구세대에게는 불평등이 나쁜 영향을 미쳤지만, 신세대에게는 도움이 되었거나 별다른 효과가 없었다.)

불평등이 행복감에 미치는 영향력에 일관성이 없다 보니 이런 논의를 할 때 자주 혼동하는 문제가 또 있다. 불평등을 **불공정**과 혼용한다는 것이다. 여러 심리학 연구에 따르면, 사람들은 — 어린이들까지 포함해서 — 뜻밖의 이익이 생겼을 때 종국에는 할당되는 몫이 적을지라도 모두 똑같이 나누기를 선호한다고 한다. 그래서 일부 심리학자들은 이 현상에 불평등 회피(inequity aversion)라는 이름을 붙였다. 부를 고루 나누고자 하는 심리적 경향이 분명 존재한다는 것이다. 그러나 심리학자 크리스티나 스타먼스(Christina Starmans), 마크 셰스킨(Mark Sheskin), 폴 블룸(Paul Bloom)은 「왜 사람들은 불평등한 사회를 선호하는가(Why people prefer unequal societies)」라는 최근 논문에서 그 연구들을 다시 살펴본 뒤에, 실험 참가자나 국민이나 모두 — 더 고된 일을 하는 노동자나 아낌없이 베푸는 도우미, 공정한 복권에 당첨된 운 좋은 사람까지 — 분배 방법이 **공정**하다고 느낀다면, 그 결과가 **불평등**해도 받아들인다는 것을 밝혀냈다.[17] 저자들은 "현재로서는 아이들이나 성인들이 불평등을 회피한다는 증거는 존재하지 않는다."라고 결론 내린다. 사람들은 국가가 능력을 중시한다고 느끼는 한 경제적 불평등을 받아들인다. 다만 그렇지 못하다고 느낄 경우에는 분노한다. 사람들의 마음에는 불평등의 **존재**보다는 불평등의 **원인**과 관련된 이야기가 더 크게 다가가는 듯 보인다. 정치인들은 복지 여왕(welfare queen, 미국의 제40대 대통령 로널드 월슨 레이건(Ronald Wilson Reagan, 1911~2004년)이 "일은 안 하면서 복지 지원금으로 잘 먹고 잘 사는" 사람을 공격할 때 썼던 용어. ─ 옮긴이), 이민자, 외국인, 은행가, 가끔 소수 민족과 동일시되는 부자 등을 자기 몫보다 더 챙기는 사기꾼이라고 대중을 선동할 때 이 특성을 이용해 먹는다.[18]

개개인의 심리에 영향을 미치는 것 외에도, 불평등은 경기 침체, 금융 불안정, 세대 간의 유동성 저하, 정치 권력 남용 등 사회 전반의 역기능과도 관련이 있는 것으로 여겨지기도 한다. 물론, 각각의 이러한 폐해는 반드시 진지하게 고려되어야 할 문제들이다. 하지만 이 폐해들의 원인을 불평등에서 찾는 것은 상관 관계에서 인과 관계로 비약하는 오류를 범하는 짓이다.[19] 어쨌든 나는 각 문제의 해결책에 초점을 두는 것이 효과적이지, 수많은 사회악의 뿌리에 지니 계수가 있다고 하는 것은 효과가 덜하지 않나 생각한다. 문제 해결책이라면, 경기 침체에서 벗어나기 위한 연구 및 제반 시설에 대한 투자, 불안정성 감소를 위한 금융 규제, 경제적 유동성 촉진을 위한 교육 및 직업 훈련 확대, 부정한 권력 남용 근절을 위한 선거 투명성 확보 및 정치 자금 개혁 등을 들 수 있다. 정치 자금 문제는 다른 모든 개혁 정책을 망가뜨릴 수도 있기 때문에 무척 중요하지만, 그것과 불평등 문제는 별개의 것이다. 결국 선거 개혁이 이루어지지 않는 한, 가장 부유한 정치 자금 후원자들은, 그들이 국민 소득의 2퍼센트를 벌든 8퍼센트를 벌든, 정치인들의 귀를 잡고 흔들 것이다.[20]

따라서 경제적 불평등은 인간의 안녕과 복리를 좌우하는 문제가 아니며, 불공정이나 빈곤과 혼동되어서도 안 된다. 불평등의 도덕적 의미를 검토하는 것은 여기서 마무리하고, 왜 시간이 지나면서 불평등이 변해 왔는지를 살펴보기로 하자.

~

불평등의 역사를 가장 단순하게 보는 이야기에서는 불평등이 근대성과 함께 왔다고 말한다. 우리는 분명 애초에 평등한 상태에서 출발했다. 부가 없었을 때에는 모든 사람이 부를 가지지 못했기 때문에 평등할 수밖에 없었다. 부가 생기고 나자 비로소 누군가가 다른 사람보다 더 많이 가질 수 있게 되었고 불평등이 생겨났다. 이 이야기에 따르면, 불평등은 처음에는 0이었고, 시간이 흘러 부가 증가하자 불평등도 함께 증가했다는 것이다. 하지만 그다지 옳은 이야기는 아니다.

수렵 채집인은 언뜻 보기에는 고도의 평등주의자이다. 여기서 영감을 받아 카를 하인리히 마르크스(Karl Heinrich Marx, 1818~1883년)와 프리드리히 엥겔스(Friedrich Engels, 1820~1895년)는 '원시 공산주의' 이론을 정립했다. 그렇지만 민족지학자들은 수렵 채집인을 평등주의자로 그린 이 그림은 잘못되었다고 지적한다. 우선, 오늘날 우리가 연구할 수 있는 수렵 채집인 집단은 조상의 생활 방식을 따르지 않는다. 그들은 경작 한계지 밖 변두리 지역으로 밀려났으며, 유목 생활로 부를 축적하기가 불가능하다. (다른 이유가 있다면, 갖고 다니기가 성가시다는 것뿐일 것이다.) 하지만 연어, 딸기류, 모피동물이 많은 태평양 북서부의 원주민 사회에서 알 수 있듯이, 정주형 수렵 채집인은 노골적 불평등주의자였다. 특히 세습 귀족은 노예를 두고 사치품들을 모으고 휘황찬란한 축제에서 부를 과시했다. 또한 유목형 수렵 채집인들도, 비록 사냥이 운에 크게 달린 일인 데다 수확물을 나누어야 누구도 빈손으로 귀가하는 일이 없기 때문에 고기를 나누기는 해도, 식물성 식품을 나누는 경우는 그것보다 드물다. 채집은 수고로움이 따르는 일이며, 무분별한 나눔은 무임 승차를 유발하기 때문이다.[21] 어느 정도의 불평등은 불평등에 대한 인식과 마찬가지로 모든 사회에 보편적이다.[22] 수렵 채집인들이 소유할 수 있는 부의 형태(집, 배, 수렵 및 채집 수확물)로 불평등을 조사한 최근의 한 연구에서는 그들이 "'원시 공산주의' 상태와 거리가 멀다."라는 결과가 나타났다. 그들 사회의 지니 계수는 평균 0.33으로, 2012년도 미국 국민의 가처분 소득의 그 값에 근접한 수치였다.[23]

사회가 많은 부를 창출하기 시작하면 무슨 일이 벌어질까? **절대적** 불평등(가장 부유한 사람과 가장 가난한 사람 간의 차이)이 증가하는 것은 수학적으로 불가피한 현상이다. 이상적인 몫을 나누어 주는 '소득 분배청'이 없는 상황에서는 운이나 능력, 노력 여하에 따라 누군가는 남들보다 새로운 기회를 더 잘 이용할 수밖에 없고, 그래서 편중된 보상을 받기 때문이다.

상대적 불평등(지니 계수 혹은 소득 점유율로 측정하는 불평등)이 증가하는 것은 수학적으로 필연적이지는 않지만, 가능성이 매우 큰 현상이다. 경제학자 사이먼 스미스 쿠즈네츠(Simon Smith Kuznets, 1901~1985년)의 유명한 가설에 따르면, 나라가 부유해지면 국민들은 덜 평등해지는데, 어떤 사람들은 농사일을 그만두고 보수를 더 많이 주는 일을 찾아 농촌을 떠나는 반면에 다른 사람들은 농촌에 남아 가난한 채 살기 때문이다. 하지만 결국에는 밀물이 차올라 모든 배를 들어 올린다. 더 많은 사람이 현대 경제에 휩쓸리면서 불평등은 감소하고 뒤집힌 U자 모양을 그린다. 시간에 따라 뒤집어진 U자 모양 곡선을 그리게 되는 이 불평등 곡선을 쿠즈네츠 곡선(Kuznets curve)이라고 부른다.[24]

우리는 이미 앞 장에서 나라 간 불평등이 쿠즈네츠 곡선을 그린다는 징후들을 보았다. 산업 혁명 시기에 유럽 국가들은 증기의 힘을 빌려 다른 나라들보다 훨씬 일찍 보편적 빈곤에서 벗어나는 위대한 탈출에 성공했다. 디턴의 주장처럼, "더 나은 세계는 차별적인 세계의 조건을 만들고, 탈출은 불평등의 조건을 만든다."[25] 그런 뒤 세계화가 진행되고 부를 창출하는 노하우가 전파되면서 가난한 국가들이 유럽을 따라잡기 시작했고 거대한 수렴을 만들어 냈다. 우리는 아시아 국가의 GDP가 급부상할 때(그림 8.2), 전 세계 소득 분포의 형태가 달팽이에서 쌍봉낙타로, 그러다 단봉낙타로 바뀔 때(그림 8.3), 극빈 상태로 사는 사람의 비율(그림 8.4)과 그 수(그림 8.5)가 급감할 때, 세계의 불평등이 감소한다는 징후를 확인한 바 있다.

이러한 진보들이 실제로 불평등 감소 — 부유한 나라가 더 부유해지는 것보다 가난한 나라가 더 빠른 속도로 부유해지고 있다. — 에 기여했는지를 확인하기 위해서 우리는 그 진보들을 통합하는 단일 척도, 즉 국제 지니 계수가 필요하다. 각각의 나라를 사람처럼 취급하는 계수이다. 그림 9.1에서는 국제 지니 계수가 모두가 가난했던 1820년에 최저치인 0.16을 기록했다가, 그중 일부가 부유했던 1970년에 최고치인 0.56으로

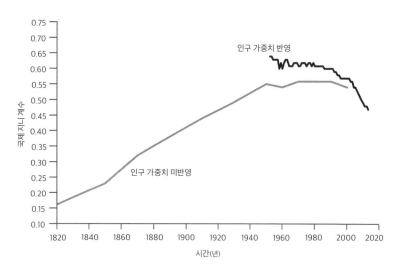

그림 9.1. 1820~2013년 세계의 불평등. 국제 지니 계수로 나타냈다. (OECD Clio Infra Project, Moatsos et al. 2014. 데이터는 각국의 세대당 시장 소득이다. 인구 가중치가 반영된 국제 지니 계수는 Milanović 2012를 참조했다. 2012년과 2013년 데이터는 브랑코 밀라노비치가 개인적으로 제공해 준 것이다.)

상승하는 것을 확인할 수 있다. 그 후에 지니 계수는 쿠즈네츠가 예측한 대로 정체기에 머물다가 1980년대에 아래로 떨어지기 시작했다.[26] 하지만 국제 지니 계수는 약간 오해의 소지가 있다. 중국인 10억 명의 생활 수준이 개선된 것과 이를테면 파나마 인 400만 명의 생활 수준이 개선된 것을 동일시하기 때문이다. 그래서 그림 9.1에는 경제학자 브랑코 밀라노비치(Branko Milanović, 1953년~)가 계산한 국제 지니 계수의 변화도 굵은 선으로 표시했다. 이것은 각국의 인구 가중치를 반영해서 셈한 것이기 때문에 불평등 감소 경향이 더욱 분명하게 드러낸다.

하지만 여전히 국제 지니 계수는 모든 중국인이 똑같이 벌고, 모든 미국인이 미국 평균치 소득을 버는 것으로 취급한다. 결국 인류 전체에 걸쳐 있는 불평등을 과소 평가하게 된다. 국가 차이를 무시하고 전 인류를 일률적으로 비교할 수 있는 전 세계 지니 계수는 과연 계산할 수 있

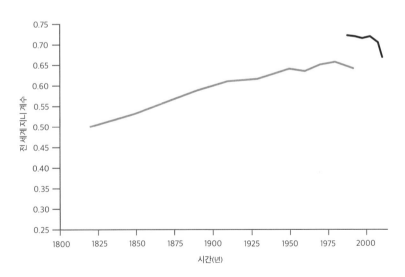

그림 9.2. 1820~2011년 세계의 불평등. 전 세계 지니 계수로 나타냈다. (Milanović 2016, fig, 3,1,) 왼쪽 곡선은 1990년 국제 달러로 1인당 가처분 소득을 나타낸 것이다. 오른쪽 곡선은 2005년 국제 달러로 계산했으며, 1인당 가처분 소득과 소비에 대한 가구 조사 결과를 통합한 것이다.

을까? 사정이 서로 다른 여러 나라의 가구별 소득을 한꺼번에 다루어야 하기 때문에 계산하기가 더 어렵다. 그림 9.2를 보면 두 가지 추정치가 나타나 있다. 그래프의 높이가 다른 이유는 연도별로 다른 구매력을 달러로 환산해 표시했기 때문이다. 하지만 두 그래프는 쿠즈네츠 곡선과 유사한 모습을 그린다. 산업 혁명 이후로 세계의 불평등은 서서히 증가하다가 1980년대에 이르러 감소하기 시작했다. 서양 국가에서 불평등이 증가한다는 우려에도 불구하고 국제/전 세계 지니 계수 곡선은 **세계적으로 불평등이 감소하고 있다**고 말한다. 이것은 **진보하고 있다**를 우회적으로 표현하는 말이기도 하다. 불평등의 감소에서 중요한 사실은 그것이 곧 빈곤의 감소라는 것이다.

　최근에는 미국과 영국 같은 선진국에서의 불평등 확대가 크게 이슈화되고 있다. 장기적인 관점에서 두 국가를 분석한 결과가 그림 9.3에 나타나 있다. 미국과 영국의 경우 최근까지 쿠즈네츠 곡선과 유사하게

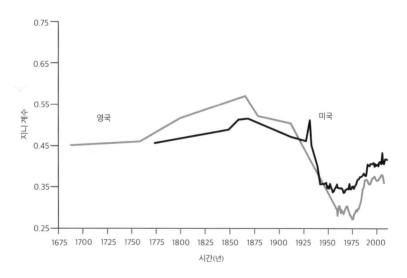

그림 9.3. 1688~2013년 영국과 미국의 불평등. (Milanović 2016, fig. 2.1에서. 1인당 가처분 소득을 기준으로 한 것이다.)

변화했다. 불평등은 산업 혁명 시기에 증가했다가 19세기 말에 처음으로 서서히 감소하기 시작해 20세기 중반에 급격히 줄어들었다. 그러다 1980년대부터 확실히 쿠즈네츠 곡선과 반대로 상승하기 시작했다. 이제 각각의 부분을 차례로 살펴보자.

19세기에 불평등 곡선이 오르내린 것은 쿠즈네츠가 말한 확장 경제를 반영한다. 점점 더 많은 사람이 도시에서 일하게 되고, 숙련자가 되고, 보수를 더 많이 받는 일자리로 옮겨 간 결과다. 하지만 20세기에 나타난 불평등의 급감 — 대평준화(Great Leveling) 혹은 대압착(Great Compression)이라고 한다. — 에는 더 갑작스러운 원인들이 있었다. 불평등이 급격히 하락한 시기는 두 차례의 세계 대전과 겹치는데, 이것은 우연이 아니다. 대규모 전쟁은 대개 소득 분포를 평준화한다.[27] 전쟁이 일어나면 부를 창출하는 자본이 파괴되고, 인플레이션으로 채권자의 자산이 날아가며, 부자에게 더 많은 세금이 매겨진다. 정부는 그렇게 확보한 세금을 가지고 군인과 군수 산업 노동자의 급료로 재분배하는데, 이것은 나머지 경제 부문들에서 노동 수요가 증가하는 결과로 이어지고 불평등을 축소하게 된다.

전쟁은 이고르와 보리스의 논리로 평등을 구현하는 재앙 가운데 하나이다. 역사학자 발터 샤이델(Walter Scheidel, 1966년~)은 "평준화의 네 기사"로, 대중을 동원하는 전쟁, 변화를 일으키는 혁명, 국가의 붕괴, 치명적인 유행병을 언급한다. 네 기사는 부를 (공산주의 혁명에서는 부를 가진 사람들과 함께) 없애는 것 외에도 수많은 노동자를 죽이고 생존자들의 임금을 끌어올려서 불평등을 감소시킨다. 샤이델은 이렇게 결론짓는다. "우리는 모두 경제적 평등이 늘어나는 것을 높이 평가하지만, 경제적 평등은 거의 예외 없이 슬픔에서 비롯되었음을 기억해야 한다. 소원은 신중하게 빌어야 한다."[28]

샤이델의 경고는 장구한 역사에 잘 들어맞는다. 하지만 근대는 그가 언급한 기사들보다 좀 더 온화한 방법으로 불평등을 감소시켰다. 이미 확인한 바와 같이 시장 경제는 우리가 아는 최고의 전국 빈곤 퇴치 프로그램이다. 하지만 한 나라 안에서 교환할 것이 없는 사람들, 예를 들어 청소년, 노인, 환자, 불운한 사람들, 그리고 남부럽잖게 벌어 먹고살기에는 가진 기술과 노동력의 가치가 떨어지는 사람들을 부양하기에는 미흡하다. (달리 말하면, 시장 경제는 평균을 극대화하지만 우리는 분산과 범위도 신경 써야 한다.) 한 나라에서 공감의 범위가 확대되어 가난한 사람들을 포용할수록(그리고 사람들이 자기가 가난해질 것에 대비해서 자신을 안전하게 지키고 싶어 할수록) 사람들은 자신들이 모아 둔 자원 ― 정부의 재정 ― 의 일부분을 점점 더 많이 빈곤 퇴치에 할당한다. 그 자금은 어딘가에서 나와야 한다. 법인세나 소비세, 국부 펀드에서 나올 수도 있지만, 대부분의 나라에서는 주로 누진적 소득세에서 나온다. 누진세를 내야 하는 부유한 사람들이 더 높은 세율로 세금을 내는 것을 받아들이는 것은 가난한 사람들처럼 그 손실액을 뼈저리게 느끼지 않기 때문이다. 그렇게 '재분배'가 이루어지지만, 이 명칭은 다소 부적절하다. 실제로는 최상위층의 부가 줄어들기는 하지만, 그 목표는 최하위층을 끌어올리는 것이지, 최상위층을 떨어뜨리는 것이 아니기 때문이다.

현대 자본주의 사회가 가난한 사람들에게 냉담하다고 비난하는 이들은 자본주의 이전의 사회가 얼마나 빈민 구제에 돈을 적게 썼는지 아마 알지 못할 것이다. 절대적인 의미에서 지출할 부가 부족했던 것만은 아니다. 실제로 갖고 있는 부의 일부분을 할애했다. 하지만 **극히** 작은 부분이었다. 르네상스 시대부터 20세기 초까지 유럽 국가들이 빈민 구제, 교육, 사회 보장에 쓴 돈은 평균적으로 GDP의 1.5퍼센트였다. 다른 시대에 다른 나라의 경우에는 한 푼도 쓰지 않았다.[29]

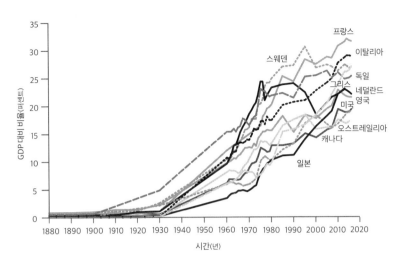

그림 9.4. 1880~2016년 OECD 국가들의 사회 지출. (데이터로 본 우리의 세계에서. Ortiz-Ospina & Roser 2016b에서. Lindert 2004의 자료와 OECD 1985, 2014, 2017의 자료를 기반으로 한 것이다. OECD에는 시장 경제 체제의 민주 국가 35개국이 포함되어 있다.)

이제 현대 사회는 부의 상당 부분을 건강, 교육, 연금, 소득 지원에 쏟는다. 이것을 가끔 평등주의 혁명(Egalitarian Revolution)이라고 부르며 진보의 사례 가운데 하나로 거론하기도 한다.[30] 그림 9.4에서 볼 수 있듯이 사회 지출은 20세기 중반에 급증하기 시작했다. (미국에서는 1930년대에 뉴딜 정책으로, 다른 선진국들에서는 제2차 세계 대전 이후에 복지 국가 증가로 사회 지출이 증가하기 시작했다.) 오늘날 사회 지출은 평균적으로 GDP의 22퍼센트를 차지한다.[31]

사회 지출의 폭발적인 증가와 함께 정부는 자신의 임무를 재정립했다. 전쟁을 벌이고 치안을 유지하는 것에 그치지 않고 국민을 보살피는 것이 추가되었다.[32] 정부가 이렇게 탈바꿈한 데에는 몇 가지 이유가 있었다. 사회 지출이 이루어지면 공산주의와 파시즘의 호소에 국민이 물들지 않는다. 보편적 교육과 공중 보건 같은 일부 혜택은 직접적인 수혜자

뿐만 아니라 모두가 혜택을 누리는 공공재이다. 여러 프로그램의 도움으로 국민들은 스스로 감당할 수 없거나 감당할 의지마저 꺾는 불행을 이겨 낸다. (그래서 완곡한 표현으로 '사회 안전망'이라고 한다.) 그리고 빈궁한 자들을 돕지 않으면, 성냥팔이 소녀가 얼어 죽거나, 장 발장이 굶주린 여동생을 구하려고 빵을 훔친 대가로 감옥살이를 하거나, 조드 일가가 66번 도로변에 할아버지를 묻는 것(존 스타인벡(John Steinbeck, 1902~1968년)의 『분노의 포도(The Grapes of Wrath)』의 한 장면. ─ 옮긴이)을 차마 생각지도 못하는 현대인들은 양심을 추스르지도 못할 것이다.

모든 사람이 정부에 돈을 보낸 뒤 (관료의 몫을 제하고) 즉시 되돌려 받는 것은 아무 의미가 없으므로, 사회 지출은 많이 가진 사람이 낸 돈으로 적게 가진 사람들을 도울 수 있도록 고안되어 있다. 이것은 재분배, 복지 국가, 사회 민주주의, 사회주의의 원칙으로 알려져 있다. (오해의 소지가 있는 것이, 자유 시장 자본주의는 사회 지출이 아무리 많아진다고 해도 성립하지 않는 것은 아니다.) 사회 지출이 불평등을 줄이기 위해 고안되었든 아니든 간에, 불평등 감소는 사회 지출이 만들어 낸 결과 중 하나이며, 1930년대부터 1970년대까지 사회 지출이 증가한 것은 지니 계수가 감소하게 된 원인을 일정 부분 설명해 준다.

사회 지출은 진보의 무시무시한 면모를 입증하는데, 그 내용은 다음 장들에서 다루고자 한다.[33] 나는 역사적 필연성이라든가 우주의 힘, 정의의 신비한 곡선 같은 개념이 미덥지 않지만, 어떤 사회 변화들은 정말로 멈출 수 없는 지각 변동 때문에 일어나는 것처럼 보인다. 사회 변화가 계속될수록 반대 세력은 거세게 저항하지만, 그런 저항은 결국 헛수고로 끝난다. 사회 지출이 대표적이다. 미국은 재분배라는 공격에 맹렬히 저항하는 것으로 유명하다. 하지만 미국은 GDP의 19퍼센트를 사회 복지 사업에 할당하며, 보수주의자들과 자유 지상주의자들이 총력을 다했음에도 지출액은 계속 늘어나고 있다. 가장 최근에 지출이 늘어난 부분은 조지 워커 부시가 도입한 처방약 보험과 그의 후임자가 자신의 이름을 따서 명명한 의료 보험인 오바마케어(Obamacare)이다.

실제로 미국의 사회 지출은 보이는 것보다 규모가 크다. 대다수 미국인은 정부가 아니라 고용주를 통해서 건강 보험, 실업 보험, 장애 보험 등의 보험금을 납부하게 되어 있기 때문이다. 이렇게 민간에서 시행되는 사회 지출을 공적 부문에 더하면 미국은 35개 OECD 국가 중 24위에서 프랑스 바로 뒤인 2위로 올라선다.[34]

큰 정부와 높은 세율에 반대하는 온갖 주장에도 불구하고, 사람들은 사회 지출을 **좋아한다.** 사회 보장 제도는 미국 정치의 제3레일(third rail, 전기 철도에서 전차 등에 전류를 공급하기 위해 궤도 축을 따라서 부설한 레일. ─옮긴이)로 불리고는 하는데, 정치인들이 이것을 건드리면 정치 생명이 끊기기 때문이다. 전하는 이야기에 따르면 공개 주민 회의(town hall meeting)에 참석한 성난 유권자가 의원에게 "당신네 정부는 내 메디케어(Medicare, 노인을 대상으로 한 미국 정부의 의료 보험 제도)를 건드리지 마시오."라고 경고했다고 한다.[35] 오바마케어가 통과되자마자 공화당은 어떻게든 폐지하기 위한 명분을 만들었다. 하지만 공화당의 이 반격은 2017년에 그들이 대통령 자리를 차지하자마자 공개 주민 회의에 참석한 성난 유권자들의 반대에 부딪혔고, 의원들은 유권자들의 분노에 몸을 사렸다. 캐나다 국민이 하키 다음으로 좋아하는 오락거리가 둘 있는데, 자기 나라의 의료 보험 제도를 불평하는 것과 의료 보험 제도를 자랑하는 것이다.

1세기 전에 선진국들이 그랬듯이 오늘날 개발 도상국들은 사회 지출에 인색하다. 예를 들어 인도네시아는 GDP의 2퍼센트, 인도는 2.5퍼센트, 중국은 7퍼센트를 지출한다. 하지만 부유해질수록 점점 더 관대해지고 있다. 이 현상을 바그너 법칙(Wagner's law)이라고 부른다.[36] (독일 경제학자 아돌프 바그너(Adolf Wagner, 1835~1917년)의 이름을 딴 것으로 정부 지출의 지속적 증가 현상을 나타내는 법칙이다. ─옮긴이) 1985년과 2012년 사이에 멕시코는 사회 지출의 비율이 5배 증가했고, 현재 브라질은 16퍼센트에 달한다.[37] 바그너 법칙은 거만한 정부와 관료제 팽창을 경계하라는 메시지라기보다는 진보의 징후에 훨씬 가까워 보인다. 경제학자 레안드로 프라도스 델라 에스코수라(Leandro Prados de la Escosura, 1951년~)는 OECD 국가가 1880년부터 2000년까지 발전하면서 사회 보장에 할당한 GDP 대비 지출 비율은 부, 건강, 교육을 종합적으로 측정한 값과 밀접한 상관 관계가 있음을 밝혀냈다.[38] 그리고 분명한 것은, 이 세상에 자유 지상주의자들의 파라다이스 ─ 사회 지출을 많이 하지 않는 선진국 ─ 는 한 군데도 없다는 사실이다.[39]

사회 지출과 사회적 행복은 어느 선까지만 상관 관계가 있다. 사회 지출은 GDP 대비 25퍼센트쯤에서 횡보하기 시작하고, 비율이 더 올라가면 떨어질 수 있다. 모든 일이 그렇듯 사회 지출에도 부정적인 면이 있다. 어떤 보험이든 보험은 '도덕적 해이'를 일으킬 수 있다. 피보험자는 보험에 가입했다는 이유만으로 자신이 실패하거나 다쳐도 보험사가 구제해 줄 것을 기대하며 의무를 게을리하거나 보험 한도를 넘는 무모한 짓을 저지르기도 한다. 그리고 보상을 보험료로 해 주어야 하므로 보험 계리사가 숫자를 틀리거나 일부러 바꾸어서 들어오는 돈보다 나가는 돈이 더 많아지면 시스템이 붕괴할 수 있다. 그러나 사회 지출은 보험과 전혀 다르다. 오히려 보험, 투자, 자선을 합쳐 놓은 것에 가깝다. 따라서 사회 지출의 성공은 국민이 자신을 공동체의 일부로 느끼는 정도에 달려 있으며, 수혜자가 이민자나 소수 민족에 치우쳐 있으면 그 연대감이 상할 수 있다.[40] 이러한 긴장 관계는 사회 지출에 응당 따르는 것이고, 항상 정치적으로 논란이 된다. 비록 '적정 비용'이라 할 만한 것은 없지만, 모든 선진국은 사회 보장이 주는 혜택이 사회 보장에 들어가는 비용보다 더 크다고 결론짓고, 막대한 부를 완충 장치 삼아서, 적당히 많은 양을 사회 지출 비용으로 할당한다.

~

불평등의 역사 투어는 이것으로 마치고, 그림 9.3의 마지막 구간인 1980년대부터 부유한 국가들의 불평등이 증가하기 시작하는 현상을 살펴보자. 이것은 가장 부유한 사람들을 제외하고 나머지 모든 사람의 생활이 악화되었다는 주장에 힘을 실어 준 사건이다. 그 반등 구간은, 불평등이 줄어들다가 낮은 상태에서 안정화된다고 말하는 쿠즈네츠 곡선을 거스른다. 이 예기치 않은 현상에 많은 사람이 다양한 설명을 내놓았다.[41] 경제적 경쟁에 대한 규제는 전시에 끈적끈적하게 달라붙었고 제2차 세계 대전이 끝나고도 잔존했다. 하지만 마침내 규제가 풀리면서 부자들은 투자 이익으로 더 부유해졌고, 역동적인 경쟁의 장에서 승자가 모든 수익을 취했다. 로널드 윌슨 레이건과 마거릿 힐다 대처(Margaret Hilda Thatcher, 1925~2013년)로 상징되는 이데올로기적 변화로 인해, 부자들의 세금을 재원으로 삼아 사회 지출을 더 늘리고자 하는 운동은 주춤한 반면, 지나치게 많은 급여와 과시적 부를 제한하는 사회 규범은 약화되었다. 점점 더 많은 사람이 독신으로 지내거나 이혼하게 되고, 그와 동시에 점점 더 많은 상류층 부부들이 맞벌이로 고액을 벌어들이면서 급여는 그대로인데도 가구 간 소득 격차가 커지게 되었다. 그런 다음에는 전자 기술이 추동한 '2차 산업 혁명'이 일어나 쿠즈네츠 곡선이 다시 상승했다. 이때 고도로 숙련된 전문가에 대한 수요가 창출되면서 이 전문가들과 적게 배운 사람들의 간격이 벌어졌고, 동시에 적게 배운 사람들의 일자리는 자동화 때문에 사라졌다. 세계화 덕분에 기업들은 전 세계 노동 시장에서 중국, 인도를 비롯한 다른 나라의 노동자를 미국인 노동

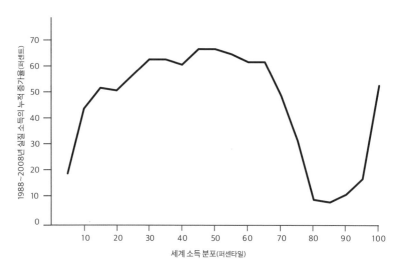

그림 9.5. 1988~2008년의 소득 증가율. (Milanović 2016, fig. 1.3에서.)

자보다 싼 값에 쓸 수 있게 되었고, 외주를 주지 않은 국내 기업은 가격 면에서 경쟁력이 떨어졌다. 동시에 가장 성공한 분석가, 기업가, 투자자, 창작자의 지적 생산물이 거대한 세계 시장에서 더 많이 팔릴 수 있게 되었다. 폰티액 자동차 노동자들은 실업자가 되었지만, 조앤 캐슬린 롤링은 억만장자가 되었다.

밀라노비치는 지난 30년간 나타난 두 가지 불평등 현상 ─ 세계적으로 불평등이 감소하는 현상과 부유한 나라에서 불평등이 증가하는 현상 ─ 을 그래프 하나로 종합했는데, 흥미롭게도 곡선은 코끼리 모양으로 나타났다. (그림 9.5) 이 분위 성장 곡선(growth incidence curve)은 세계 인구를 가장 가난한 사람부터 가장 부유한 사람까지 20구간 혹은 분위(그래프에는 10개 구간으로 축약되어 있다. ─ 옮긴이)로 분류한 뒤, 1988년(베를린 장벽이 붕괴하기 직전)과 2008년(대침체 직전) 사이에 각 구간의 1인당 실질 소득이 얼마나 늘었는지 혹은 줄었는지를 보여 준다.

세계화를 가리키는 상투적인 표현은 세계화가 승자와 패자를 양산한다는 것이다. 코끼리 그래프는 그 둘을 최고점과 최저점으로 표시한다. 인류의 대부분이 승자에 해당한다. 전 세계 인구 약 10분의 7에 해당하는 코끼리의 몸통과 머리는 "급부상하는 세계 중간층(emerging global middle class)"으로 이루어져 있고, 주로 아시아에 있다. 30년간 이 집단은 실질 소득의 누적 증가율이 40~60퍼센트에 달했다. 코끼리의 콧구멍 부분은 전 세계 상위 1퍼센트에 해당하는 부유층으로, 그들의 소득 또한 껑충 뛰었다. 코끼리 코끝의 나머지 부분인 그다음 상위 4퍼센트에 속하는 이들 역시 상황이 나쁘지 않았다. 코끼리 코가 바닥을 훑으며 휜 85퍼센트 부근에서 세계화의 '패자들'을 볼 수 있다. 이들은 부유한 나라의 중하위층으로, 실질 소득의 누적 증가율이 10퍼센트 미만이다. 불평등이 커진다는 새로운 근심은 바로 이들, "공동화된 중간층(hollowed-out middle class)", 트럼프 지지자들, 세계화에서 밀려난 사람들에게 초점이 맞추어져 있다.

나는 밀라노비치의 동물 그래프 중 가장 눈에 띄는 이 코끼리(그림 9.5)를 언급하지 않을 수가 없었다. (이 코끼리는 그림 8.3의 쌍봉낙타, 단봉낙타와 더불어 근사한 미니 동물원을 완성한다.) 그렇지만 이 그래프는 세계를 실제보다 더 불평등한 것으로 보여 주는데, 여기에는 두 가지 이유가 있다. 첫째는 그래프에 포함된 시기 이후인 2008년의 금융 위기이다. 이상하게도 금융위기는 세계를 평등하게 만드는 효과가 있었다. 밀라노비치의 지적대로 대침체는 사실 북대서양 양안 국가의 침체였다. 세계에서 가장 부유한 상위 1퍼센트의 소득은 감소했지만 다른 나라 노동자의 소득은 급증했다. (중국 노동자의 소득은 2배가 되었다.) 금융 위기가 있고 3년이 지나자 코끼리 그래프는 여전한데, 코끝은 낮아지고 등은 2배로 뚱뚱해졌다.[42]

코끼리의 형태를 일그러뜨린 또 다른 원인은, 불평등과 관련된 여러 논의에서 혼란을 야기하는 개념적 오해와 관계가 있다. 우리가 "하위 5 퍼센트" 혹은 "상위 1퍼센트"를 말할 때는 누구를 지칭하는 것일까? 대부분의 소득 분포는 경제학자들이 '익명의 데이터'라고 하는 것을 활용해 계산한다. 실제 사람이 아니라 통계학적 범주의 데이터를 추적하는 것이다.[43] 가령 내가 당신에게 미국인 연령의 중간값이 1950년에는 30세였다가 1970년에는 28세로 줄어들었다고 말한다고 하자. 처음 드는 생각이 "와, 그 사람 어떻게 두 살이나 젊어졌지?"라면 두 가지를 혼동한 것이다. 중간값은 일종의 등급이나 순위이지 사람이 아니다. 독자들도 같은 오류를 저지른다. "2008년도 상위 1퍼센트는 1988년도 상위 1퍼센트보다 소득이 50퍼센트 더 높다." 같은 문장을 읽고 같은 부자 집단이 1.5배 더 부유해졌다고 결론을 내린다. 하지만 사람들은 소득 계층을 넘나들고, 순위가 달라지기도 한다. 따라서 이러한 비교를 할 때 우리는 똑같은 사람에 대해 말하는 것이 아니다. "하위 5퍼센트"와 그밖의 통계 구간을 말할 때도 마찬가지이다.

대부분의 나라에서는 익명이 아닌 비익명 데이터나 오랜 기간에 걸쳐 개인을 추적하는 종단 데이터를 구할 수가 없다. 그래서 밀라노비치는 차선책으로 같은 나라에서 같은 분위에 속한 사람들의 데이터를 추적했고, 그래서 더는 1988년의 가난한 인도인들과 2008년의 가난한 가나인들을 비교하지 않게 되었다.[44] 그래프는 여전히 코끼리 모양을 유지했는데, 이번에는 꼬리와 엉덩이 부분이 훨씬 높아졌다. 많은 국가의 빈곤층이 극빈 상태에서 벗어났기 때문이다. 그래프의 전체 형태는 유지되었지만 차이는 보다 완만해졌다. (세계화는 부유한 나라의 중하위층보다 가난한 나라의 저소득층과 중간층, 부유한 나라의 고소득층에게 더 큰 도움이 되었다.)

~

불평등의 역사와 그 변화 배경을 살펴보았으니, 이제는 지난 30년간 불평등이 확대되어 온 현상이 세계가 점점 더 나빠져 왔음을 의미한다고 보는 주장, 즉 부자들만 부유해지고, 다른 사람들은 그대로이거나 더 고통스러워졌다는 주장을 평가해 보자. 부자들은 분명 다른 사람들보다 더 부유해졌고, 아마 가져야 할 몫보다 더 많이 갖고 있겠지만, 나머지 사람들에 대한 주장은 잘못되었다. 여기에는 몇 가지 이유가 있다.

무엇보다도, 세계 전체를 보았을 때 그 주장에는 오류가 있다. 사실 대다수 사람이 훨씬 더 부유해졌다. 쌍봉낙타는 단봉낙타가 되었고, 코끼리는 코끼리답게 커졌다. 극빈자는 급감했고 앞으로 더 줄어들 것이다. 또한 불평등을 나타내는 국제/전 세계 지니 계수 역시 감소하고 있다. 현재 전 세계의 빈곤층이 어느 정도는 미국 중하층의 희생으로 부유해졌다는 것은 사실이다. 만일 내가 미국 정치인이라면 이 거래는 그럴 만한 가치가 있다고 공공연하게 말하지는 않을 것이다. 하지만 인류 전체를 염려하는 세계 시민으로서 우리는 이 거래가 가치 있다고 말해야 한다.

부유한 나라의 저소득층과 중하층의 소득 증가율이 완만해졌다고 해서 그들의 생활 수준이 저하되었다고 할 수는 없다. 오늘날 불평등에 대한 논의를 하다 보면 종종 현재가 황금 시대보다 못하다고 말을 듣게 된다. 황금 시대 때 보수가 좋고 기품이 있던 생산직은 자동화와 세계화로 자취를 감추었다. 그럼에도 당시 고된 노동자 계급의 삶을 그린 르포(예를 들면 1962년에 마이클 해링턴(Michael Harrington, 1928~1989년)이 출간한 『또 다른 미국(The Other America)』과 「워터프론트(On the Waterfront)」, 「블루 칼라(Blue Collar)」, 「광부의 딸(Coal Miner's Daughter)」, 「노마 레이(Norma Rae)」 같은 사실주의 영화)를 지금 봐도 황금 시대의 목가적인 이미지가 여지없이 깨진다. 역사학자 스테파니 쿤츠(Stephanie Coontz, 1944년~)는 다음과 같은 수치를 동원해서 1950년대의 실상을 폭로했다.

1950년대 중반에는 미국인의 25퍼센트에 해당하는 4000만~5000만 명이 가난했다. 식비 보조 프로그램도, 주택 지원 프로그램도 없었기 때문에 당시의 빈곤은 극심했다. 1950년대 말이 되어서도 미국 아이들의 3분의 1이 궁핍했다. 1958년에는 65세가 넘는 미국인의 60퍼센트가 소득으로 1,000달러 미만을 벌었는데, 중간층 소득에 해당하는 3,000~1만 달러를 훨씬 밑도는 액수였다. 게다가 노인의 과반수는 들어 놓은 의료 보험이 없었다. 1959년에는 인구의 절반만 저축했고, 인구의 4분의 1은 유동 자산이 전혀 없었다. 토박이 백인 가정만 고려한다고 해도 그중 3분의 1은 가장의 수입으로 생활을 꾸릴 수가 없었다.[45]

분명 생활 수준은 최근 수십 년간 급격히 향상되었다. 그러나 사람들은 정체 혹은 침체에서 벗어나지 못했다고 믿는다. 이 사실과 통념의 차이를 어떻게 조화시켜야 할까? 경제학자들은 불평등 통계치가 사람들의 생활 방식을 잘못 그려 보일 수 있다고 지적하면서 네 가지 이유를 드는데, 넷 각각이 우리가 지금까지 살펴본 구분 내지 혼동과 관련이 있다.

첫 번째는 상대적 부와 절대적 부의 차이이다. 모든 학생이 평균 점수 이상의 성적을 딸 수 없듯이, 만일 하위 5분의 1이 버는 소득의 비율이 시간에 따라 증가하지 않는다고 해서 그것을 퇴보의 징후로 보는 것은 문제가 있다. 복리와 관계있는 것은 사람이 얼마나 버느냐이지, 얼마나 높은 등급에 속하느냐가 아니다. 경제학자 스티븐 로스(Stephen Rose)는 최근 연구에서 분위수가 아닌 고정된 지표를 사용해서 미국 인구를 계층화한 다음, 그 변화를 추적했다. "저소득층"은 3인 가구의 소득이 0~3만 달러(2014년 달러)인 경우를 뜻하며, "중하층"은 소득이 3만~5만 달러인 경우이다. 이 연구 결과, 절댓값으로 볼 때 미국인의 생활 수준은 향상되고 있다는 사실이 밝혀졌다.[46] 1979년과 2014년 사이에 빈곤층이 미국 전체 인구에서 차지하는 비율은 24퍼센트에서 20퍼센트로 떨어졌고, 중하층은 24퍼센트에서 17퍼센트로 떨어졌으며, 중간층은 32퍼센트에서 30퍼센트로 줄어들었다. 다들 어디로 갔을까? 많은 사람이 중상층(10만~35만 달러)으로 진입하면서 전체 인구의 13퍼센트였던 중상층이 30퍼센트로 늘었다. 고소득층은 0.1퍼센트에서 2퍼센트로 증가했다. 결론적으로, 중간층이 공동화된 것은 부분적으로 많은 미국인이 부유해졌기 때문이다. 불평등은 확실히 증가했지만 — 저소득층과 중간층이 부유해지는 것보다 부유층이 더 빨리 부유해졌다. — 평균적으로 모든 사람이 더 부유해진 것이다.

두 번째는 익명 데이터(포함되는 사람이 바뀌는 데이터)와 종단 데이터(포함되는 사람이 바뀌지 않는 데이터)를 혼동하는 것이다. (가령) 하위 5분의 1에 해당하는 미국 국민의 소득이 20년 동안 조금도 증가하지 않았다고 해도 이것은 백인 중간층 노동자를 대표하는 배관공 조(Joe the Plumber, 2008년 미국 대선에서 당시 민주당 대선 후보였던 오바마에게 비판적 질문을 던져 유명해진 새뮤얼 조지프 워젤바커(Samuel Joseph Wurzelbacher, 1973년~)를 말한다. — 옮긴이)가 1988년에 받았던 임금을 2008년에도 똑같이(혹은 물가 상승률을 반영해서 조금 더 많이) 받았다는 뜻은 아니다. 사람들은 나이가 들고 경험이 쌓일수록 돈을 더 많이 받는다. 혹은 급여가 낮은 직업에서 높은 직업으로 이동한다. 그래서 조는 하위 5분의 1에서 가령 중위 5분의 1로 이동했을 테고, 더 어린 사람이나 여성이나 이민자가 조를 대신해서 하위를 메울 것이다. 이러한 변화는 결코 적지 않다. 종단 데이터를 이용한 최근 연구에 따르면, 미국인의 절반이 최소 1년간 소득 상위 10퍼센트에 진입하는 경험을 하고, 9분의 1이 소득 상위 1퍼센트에 드는 경험을 한다고 한다. (대부분은 오래 머물지 못하지만 말이다.)[47] 이것은 사람들의 경제 관련 견해가 낙관주의 간극('나는 괜찮지만 저들은 아니야.')에 잘 빠지는 이유 가운데 하나일 수 있다.

실제로 대다수의 미국인은 근래에 중간층의 생활 수준이 나빠졌지만 자신의 생활 수준은 좋아졌다고 생각한다.[48]

불평등이 증가해도 저소득층의 형편이 더 나빠지지 않는 세 번째 이유는 사회 이전 소득으로 빈곤이 완화된 것이다. 개인주의가 만연한 사회임에도 불구하고 미국은 재분배를 많이 한다. 누진적으로 오르는 소득세와 '숨은 복지 제도(hidden welfare state)'를 통해 저소득이 완화된다. 여기에는 고용 보험, 사회 보장, 메디케어, 메디케이드(Medicaid, 저소득층을 위한 미국의 의료 보장 제도를 말한다. ─옮긴이), 빈곤 가정 일시 지원 제도, 푸드 스탬프(food stamp, 미국에서 식료품을 살 때만 쓸 수 있도록 빈곤층에 나눠주는 식권. ─옮긴이), 근로 소득 세액 공제(정부가 저소득층의 소득을 높이기 위해 시행하는 일종의 역소득세)가 포함된다. 이 모두를 종합할 때 미국은 훨씬 더 평등해지고 있다. 2013년에 미국인 시장 소득(세금과 사회 보장 공제 이전)의 지니 계수는 최고치인 0.53이었고, 가처분 소득(세금과 사회 보장 공제 이후)에서 산출한 지니 계수는 중간치인 0.38이었다.[49] 미국은 독일과 핀란드만큼 나아가지는 못했다. 두 나라도 시장 소득의 불평등 정도는 비슷하지만, 더 공격적으로 재분배를 추진해서 지니 계수를 최고 0.2대까지 떨어뜨렸고, 1980년대 이후 나타난 불평등 증가의 파도를 대부분 피해 갔다. 유럽의 후한 복지 제도가 장기간 지속 가능한지, 미국에 이식할 수 있는지의 여부와 상관없이, 선진국에는 어떤 형태로든 복지 제도가 있으며, 복지 제도가 숨겨져 있을 때도 불평등은 감소한다.[50]

이런 제도로 소득 불평등이 완화되었을 뿐만 아니라(그 자체로는 의심스러운 성과이다.) 부자가 아닌 사람들의 소득이 높아졌다. (실질적인 성과이다.) 경제학자 게리 버틀리스(Gary Burtless)의 분석에 따르면, 1979년과 2010년 사이에 하위 5분의 4의 가처분 소득이 아래에서부터 각각 49퍼센트, 37퍼센트, 36퍼센트, 45퍼센트 증가했다.[51] 그리고 그때는 대침체 이후 장

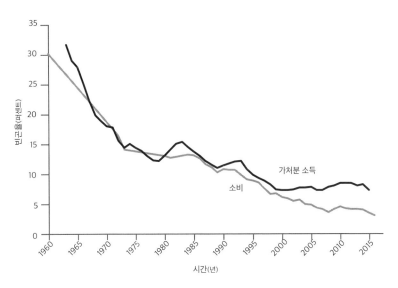

그림 9.6. 1960~2016년 미국의 빈곤. (Mayer & Sullivan 2017a, b에서. '가처분 소득'은 공제액을 제한 '세후 소득'을 말하며, 편향을 보정한 CPI-U-RS(Consumer Price Index Research Using Current Methods, 현행 방법으로 조사한 소비자 물가 지수)로 인플레이션을 반영해 조정했다. 1가구는 성인 2명, 아이 2명으로 간주했다. '소비'는 음식, 주택, 자동차, 가전 제품, 가구, 의류, 보석류, 보험, 그밖의 소비에 관한 노동 통계국의 소비자 지출 조사 데이터에 근거한 것이다. '빈곤'은 1980년도 미국 국세 조사에 근거한 것으로 인플레이션을 반영해 조정했다. 빈곤선을 고정하면 절대적 수치는 달라지지만 경향과 추세는 크게 바뀌지 않는다. 더 자세한 내용은 Mayer & Sullivan, 2011, 2012, 2016, 2017a, b를 보라.)

기적 회복이 시작되기 이전이었다. 2014년과 2016년 사이에는 소득의 중간값이 사상 최고치로 뛰어올랐다.[52]

더욱 중요한 것은 저소득층에서 나타난 현상이다. 미국의 좌파와 우파 모두 오랫동안 빈곤 퇴치 프로그램을 비웃었고, 로널드 레이건은 이렇게 신랄한 말을 한 것으로 유명하다. "몇 년 전 미국 연방 정부는 빈곤과의 전쟁을 선포했는데 빈곤이 승리했다." 사실은 빈곤이 지고 있다. 사회학자 크리스토퍼 젱크스(Christopher Jencks, 1936년~)는 숨은 복지 제도의 혜택을 추가하고, 소비재의 품질 향상과 가격 인하를 고려해 생활비를 계산하면 지난 50년 동안 빈곤율이 4분의 3 이상 떨어져서, 2013년에는 4.8퍼센트가 되었다고 추산했다.[53] 다른 연구 3건에서도 같은 결론에 도달했다. 그중 경제학자 브루스 메이어와 제임스 설리번의 데이터가 그림 9.6의 짙은 색 선으로 표시되어 있다. 진보는 대침체 시기에 정체되었다가 2015년과 2016년(그래프에 나타나 있지 않다.)에 회복되었다. 이때 중간층의 소득이 사상 최고를 기록했고 빈곤율은 1999년 이후 최대로 떨어졌다.[54] 또 하나 알려지지 않은 성과는 2007년과 2015년 사이에 대침체에도 불구하고 극빈층 — 보호를 받지 못하는 노숙자들 — 의 수가 3분의 1 가까이 감소한 것이다.[55]

그림 9.6에서 회색 그래프는 불평등과 관련된 논의에서 부유한 나라의 중간층과 저소득층의 상황 개선이 과소 평가되는 네 번째 이유를 가르쳐 준다.[56] 소득은 목적 달성을 위한 수단일 뿐이다. 그 목적은 사람들이 필요로 하고 원하고 좋아하는 것을 얻기 위해 돈을 지불하는 행위, 경제학자들이 건조하게 소비라고 말하는 것이다. 사람들의 벌이가 아니라 소비로 빈곤을 정의한다면, 미국의 빈곤율은 1960년 이후에 **90퍼센트** 하락했다. 그래서 인구의 30퍼센트였던 빈곤층이 단 3퍼센트로 줄어들었다. 소득 불평등을 크게 증가시킨 두 가지 힘에는 어떤 형태로든 소비 불평등을 감소시키는 효과도 있었다. 첫 번째 힘은 세계화이다. 세계화는 소득 면에서 승자와 패자를 양산하지만, 소비 면에서는 거의 모두를 승자로 만든다. 아시아의 공장, 컨테이너선, 효율적인 소매 판매 시스템 덕분에 과거에는 부자들을 위한 사치품이었던 것들이 대중에게 공급된다. (2005년에 경제학자 제이슨 퍼먼(Jason Furman, 1970년~)은 월마트 덕분에 일반적인 미국 가정은 매년 2,300달러를 절약한다고 추정했다.)[57] 또 다른 힘은 기술 발전이다. 기술은 (8장에서 살펴보았듯이) 소득의 가치를 계속해서 변화시킨다. 인플레이션에 맞추어 아무리 크게 조정한다고 해도, 과거의 1달러보다

는 오늘날의 1달러로 훨씬 더 나은 삶을 꾸릴 수 있다. 예전에는 존재하지 않았던 냉장고, 전기, 수세식 변기, 백신, 전화기, 피임 기구, 비행기 탑승권을 살 수 있고, 예전부터 존재했던 것들도 더 나은 것을 살 수 있다. 예를 들어, 교환원이 연결해 주던 공중 전화는 무제한 통화가 가능한 스마트폰으로 바뀌었다.

기술 발전과 세계화가 손을 잡자 적어도 선진국에서는 가난 혹은 빈곤의 말뜻이 변하게 되었다. 과거에 정형화된 빈곤의 이미지는 누더기를 걸친 수척한 빈민이었다. 오늘날 가난한 사람은 고용주 못지않게 몸무게가 많이 나가고 똑같이 플리스, 스니커즈, 청바지를 입는다. 가난한 사람은 못 가진 자로 불리고는 했다. 2011년에는 빈곤선 아래에 속하는 미국 가정의 95퍼센트 이상이 전기, 수도, 수세식 화장실, 냉장고, 가스레인지, 컬러 텔레비전을 갖고 있었다.[58] (150년 전에는 로스차일드 가, 애스터 가, 밴더빌트 가 사람들도 이런 것들을 가지지 못했다.) 빈곤선 이하 가구의 약 절반이 식기 세척기를, 60퍼센트가 컴퓨터를, 약 3분의 2가 세탁기와 건조기를, 80퍼센트 이상이 에어컨, 비디오 녹화기, 휴대 전화를 갖고 있었다. 내가 자라 온 소득 평등의 황금기에 중산층 '가진 자들'은 이중 극히 일부만 갖고 있거나 아예 없었다. 그 결과 가장 귀중한 자원 — 시간, 자유, 값진 경험 — 을 갖게 된 이들이 전반적으로 증가했다. 이 주제는 17장에서 다룰 것이다.

부유한 사람들은 더 부유해졌지만 그들의 삶이 **그렇게까지** 나아진 것은 아니다. 워런 에드워드 버핏(Warren Edward Buffett, 1930년~)은 대부분의 사람보다 더 많거나 더 좋은 에어컨을 갖고 있겠지만, 역사적 기준에서 보자면 가난한 미국인 대다수에게 에어컨이 **있다**는 사실이 놀라울 뿐이다. 소득이 아니라 소비로 지니 계수를 계산한다면, 그 그래프는 밋밋하거나 평평할 것이다.[59] 미국인을 대상으로 한 행복감 앙케이트 조사에서도 실제로 불평등은 감소하는 추세이다.[60] 나는 수명, 건강, 교육 관련 지니 계수가 감소하는 것을 축하해야 할 일이라고 생각하면 그리 달갑지 않을뿐더러 심지어 그로테스크하다고 느끼지만(마치 가장 건강한 사람을 죽이고 가장 똑똑한 사람을 학교에서 내쫓는 것이 인류에게 득이 된다는 주장처럼 들리기 때문이다.), 사실 지니 계수가 감소한 데는 기분 좋은 이유가 있다. 가난한 이들의 삶이 부유한 이들의 삶보다 더 빨리 개선되고 있다는 것이다.[61]

~

최근 수십 년간 선진국에서 중간층과 저소득층의 삶이 나아졌음을 인정한다고 해서, 21세기 경제에 불어닥친 만만치 않은 문제들을 부정하는 것은 아니다. 가처분 소득은 증가했지만 증가 속도는 느리다. 이러한 수요 부진은 경제 성장의 둔화를 야기할 수 있다.[62] 인구의 일부 — 교육을 적게 받고 도시에 거주하지 않는 중년의 백인 미국인 — 가 직면한 어려움은 현실적이고 비극적이라서, 많은 사람이 약물 중독(12장)에 빠지거나 자살(18장)을 한다. 로봇의 발전은 다시 수백만 개의 일자리를 쓸모없게 만들 것이다. 예를 들어, 대부분의 나라에서 트럭 운전사는 가장 일반적인 직업이다. 하지만 자율 주행 차량이 등장하면 필경사, 수레바퀴 제조인, 전화 교환수의 길을 밟을 것이다. 경제적 지위의 유동성을 높여 주는 중요한 요소인 교육은 현대 경제의 수요를 따라잡지 못하고 있다. 제3차 교육(teritary education, 대학과 직업 교육을 말한다. —옮긴이)의 학비가 (거의 모든 것의 가격이 낮아진 것과 대조적으로) 천정부지로 치솟았고, 미국의 가난한 지역에서는 초중등 교육의 수준이 터무니없이 낮다. 미국 조세 제도의 상당 부분이 역진적이며, 돈 많은 이들의 정치적 영향력이 너무도 크다. 가장 심각한 문제는, 현대 경제가 미국 국민의 대부분을 팽개쳐 버리고 성장을 위한 성장에만 매달리고 있다는 인상에 사로잡혀서, 모두를 가난에 빠뜨릴 러다이트(Luddite, 기술 혁신 반대 운동)와 근린 궁핍화

(beggar-thy-neighbor, 자국 상품의 경쟁력을 강화하기 위해 자국 통화 가치를 하락시키거나, 무역 상대국이나 이웃 나라에 실업 등 경제 위기의 책임을 떠넘기는 정책) 정책에 힘을 실어 줄 수 있다는 점이다.

하지만 소득 불평등에만 초점을 맞추는 좁은 시각과 20세기 중반의 대압착 시대를 그리워하는 관점은 분명히 잘못되었다. 지니 계수나 고소득층의 소득 점유율이 계속 높게 유지된다고 해도(지니 계수나 고소득층의 소득 점유율을 높이는 세력이 쉽게 사라지지 않을 것이기 때문이다.) 현대 세계는 계속 좋아질 수 있다. 당연하다. 아무도 미국인들에게 프리우스 대신 폰티액을 사라고 강요하지 않는다. 『해리 포터』로 조앤 캐슬린 롤링이 억만장자가 됐다고 해서 전 세계 아이들의 손에서 그 책을 빼앗을 수 있는 것도 아니다. 의류 산업의 일자리 수만 개를 지키기 위해 가난한 미국인 수천만 명이 더 비싼 옷값을 감당해야 하는 것은 어불성설이다.[63] 그뿐 아니라 장기적으로 볼 때 단지 사람들에게 일자리를 제공하기 위해 기계가 훨씬 더 효율적으로 할 수 있는 단조롭고 위험한 일들을 사람에게 맡겨야 한다는 것도 납득이 되지 않는다.[64]

불평등 자체를 공격하기보다는 불평등과 연결된 구체적인 문제에 초점을 맞추는 편이 더 건설적이다.[65] 최우선 과제는 경제 성장률을 높이는 것이다. 그렇게 되면 모든 사람이 차지하는 파이의 크기가 커지고 재분배에 쓸 파이도 더 커지기 때문이다.[66] 지난 세기의 경향과 세계 각국의 조사 결과는 정부의 역할이 경제 성장과 재분배 영역 모두에서 커지고 있음을 말해 준다. 그리고 교육, 기초 연구, 인프라 정비에 투자하고, 의료 보험과 연금을 떠맡고(그러면 기업이 사회 복지를 제공해야 하는 부담이 줄어든다.), 시장 가격보다 높은 수준으로 소득을 보충해 주는 일(사회가 전반적으로 부유해지더라도 시장 소득이 감소하는 사람이 수백만 명씩 나올 수 있다.)을 정부보다 잘할 수 있는 인간 조직도 사실 거의 없다.[67]

역사적으로 사회 지출은 계속 증가해 왔다. 다음 단계는 보편 기본 소득(universal basic income, 비슷한 것으로 역소득세가 있다.)이다. 이 개념은 수십 년 동안 떠돈 만큼 이제 안착할 때도 되었다.[68] 사회주의의 향기가 나기는 해도 보편 기본 소득 개념은 정치적 우파로 분류되는 경제학자들(예를 들어 밀턴 프리드먼(Milton Friedman, 1912~2006년)), 정치가들(예를 들어 리처드 닉슨)과 관련 주들(예를 들어 알래스카 주)이 옹호해 왔고, 오늘날에는 정치 스펙트럼 전반에 있는 분석가들이 주장하고 있는 생각이다. 보편 기본 소득을 도입하기는 결코 쉽지 않지만(재정 수지를 어떻게 맞출 것인가, 교육, 노동, 위험 감수와 관련된 동기 부여를 어떻게 할 것인가 같은 문제가 있다.) 그것이 가져올 이익은 무시할 수가 없다. 기본 소득이 생기면 누더기를 이어 붙인 것 같은 숨은 복지 제도가 합리적으로 개선될 수 있고, 노동자가 로봇으로 서서히 대체되고 있는 지금의 재앙이 풍요의 뿔(로마 신화에 나오는 풍요의 여신 코피아(Copia)가 지닌 물건. ─ 옮긴이)로 바뀔 것이다. 로봇에게는 주로 사람들이 좋아하지 않는 일이 넘어갈 것이고, 로봇이 제공해 줄 생산성, 안전성의 증대, 여가의 확대 같은 혜택은 널리 공유되는 한에서 사람들에게 이득이 될 것이다. 기본 소득을 시험적으로 도입한 지역에 대한 연구 분석에 따르면, 기본 소득이 사람들을 무기력, 무규율 상태에 빠뜨릴 것이라는 우려는 필시 과장된 것으로, 시장과 로봇이 넘겨받지 못하는 공공 부문의 일자리는 여전할 테고, 하이테크 자원 봉사(high-tech volunteering)와 효율적 이타주의(effective altruism)를 실현할 수 있는 새로운 형태의 기회들이 생겨날 것이다.[69] 기본 소득의 실제 효과는 불평등을 줄이는 것이지만, 부수적으로 사람들의 생활 수준을 향상하는 효과, 특히 경제적으로 취약한 사람들의 생활 수준을 높이는 효과가 발생할 것이다.

~

요컨대 소득 불평등은 인류가 퇴보했다는 증거가 되지 못한다. 우리는 수백 년 동안 이어진 부의 증가가 역전되어 소득이 감소하는 디스토 피아에 살고 있지 않다. 로봇을 부수자거나, 이민자가 들어오는 도개교를 올리자거나, 사회주의로 체제를 바꾸자거나, 1950년대로 돌아가자는 부름도 아니다. 이제 불평등이라는 복잡한 주제를 다룬 나의 복잡한 이야기를 짧게 요약해 보자.

불평등은 빈곤과 다르고, 인류의 번영을 좌우하는 기본 요소도 아니다. 전 세계 각국의 행복감을 비교해 볼 때 불평등은 부의 총량에 비해 중요성이 떨어진다. 그리고 불평등의 증가가 꼭 나쁜 것만은 아니다. 사회가 보편적 빈곤에서 탈출할 때는 더 불평등해지기 마련이며, 새로운 부의 원천이 발견될 때마다 불평등의 물결은 다시 인다. 불평등의 축소가 항상 좋은 것도 아니다. 경제적 불평등을 가장 효과적으로 줄이는 것들은 전염병, 대규모 전쟁, 격렬한 혁명, 국가의 붕괴이기 때문이다.

그렇다고 해도 계몽주의 시대부터 시작된 역사의 장기적인 추세는 모든 사람의 부가 증가하는 것이었다. 현대 사회는 막대한 부를 생산하는 것 외에도 가난한 사람들의 형편을 향상시키는 일에 그 부를 점점 더 많이 할당하고 있다.

세계화와 기술 발전으로 수많은 사람이 빈곤에서 벗어나고 세계적으로 중간층이 늘어남에 따라 국제/전 세계 지니 계수도 감소했고, 동시에 분석력, 창의력, 재력으로 전 세계에 영향을 미치는 엘리트들도 부유해졌다. 선진국의 저소득층이 가진 부는 그 정도로 증가하지는 않았지만, 형편이 개선되어 왔다. 그들 중 많은 이들이 그 위 계층으로 이동했다는 것도 그 이유 중 하나이다. 사회 지출과 더불어 사람들이 원하는 물건의 품질이 향상되고 가격이 낮아진 것도 이 경향에 박차를 가했다. 여러모로 세계는 덜 평등해졌지만, 그것보다 더 다양한 방식으로 전 세계 사람들이 부유해지고 있는 것이다.

10장

환경

하지만 진보는 지속 가능할까? 우리의 건강, 부, 영양 상태가 향상되었다는 좋은 소식이 아무리 많이 들려와도, 진보가 계속 될 수 없다는 반응은 결코 사라지지 않는다. 우리는 엄청난 인구로 세계를 뒤덮고, 자원의 유한성은 개의치 않고 지구의 과실을 먹어 치우고, 공해와 폐기물로 터전을 더럽히면서 환경이 우리를 심판할 날을 앞당기고 있다. 설사 우리가 인구 과잉, 자원 고갈, 환경 오염 때문에 끝장나지 않더라도 기후 변화가 그 일을 대신할 것이다.

불평등을 다룬 9장과 마찬가지로, 나는 모든 경향을 긍정적으로 여기거나, 우리가 맞닥뜨린 문제가 사소한 것인 양하지 않을 것이다. 대신 나는 우울한 통념과는 다른 방향으로 문제를 사고하는 방법을 제시하고, 통념이 부추기는 급진주의나 숙명론과 구분되는 건설적인 대안을 제시하고자 한다. 결론부터 말하자면, 다른 문제들과 마찬가지로 환경 문제 역시 올바른 지식만 있다면 해결할 수 있는 문제이다.

분명, 환경 문제가 **있다**는 생각 자체는 쉽게 떠올릴 수 있는 것은 아니다. 개인의 관점에서 보면 지구는 무한정해 보이고, 우리가 지구에 미치는 영향도 미미해 보인다. 그러나 과학의 관점에서 보면 전망은 더욱 비관적이다. 미시적으로 보면 인간과 우리가 존중하고 의지하는 종들이 각종 오염 물질에 소리 없이 중독되고 있음을 알 수 있다. 거시적으로 보면 개별 행위가 생태계에 미치는 영향을 쉽게 감지하기는 어렵지만, 그 영향을 총합하면 우리가 환경을 비극적으로 오염시키고 있음을 알 수 있다. 1960년대가 시작할 무렵에 과학적 지식(생태학, 공중 보건학, 그리고 지구 과학 및 대기 과학에서 유래한 지식들)과 낭만주의적 자연 숭배 사이에서 태어난 환경 운동은 지구의 건강을 인류의 영구적이고 최우선적인 의제로 만들었다. 뒤에서 보겠지만, 환경 운동은 커다란 성취를 거뒀고 그 공로를 인정받아 마땅하다. 환경 운동은 인간 진보의 또 다른 형태라고도 할 수 있다.

역설적으로 기존의 환경 운동계에서는 그것이 진보라는 것은 물론이고 애당초 진보가 가치 있는 목표라는 것조차도 인정하기를 거부한다. 이번 장에서 나는 공기, 물, 종, 생태계를 보호해야 한다는 목표는 공유하되, 낭만적 쇠퇴주의보다는 계몽주의적 낙관주의에 근거한 새로운 환경주의 개념을 제시하고자 한다.

~

앨 고어(Al Gore, 1948년~)에서 유나바머(Unabomber, 본명이 시어도어 존 카진스키(Theodore John Kaczynski, 1942년~)인 우편물 폭탄 테러리스트. — 옮긴이), 프란치스코 교황에 이르는 다양한 지지자의 선언에서 볼 수 있듯이, 1970년대에 들어 주류 환경 운동은 어느 정도 종교적인 면을 지닌 이데올로기, 녹색주의(greenism)와 결합했다.[1] 녹색주의 이데올로기의 출발점은 지구를 인간의 탐욕으로 더럽혀진 순진한 소녀의 모습으로 표상하는 것이다. 프란치스코 교황은 2015년에 모든 성직자에게 보내는 회칙, 「찬미받으소서(Laudato Si')」를 통해 이렇게 말했다. "우리의 공동의 집이 우리와 함께 삶을 나누는 누이이며 두 팔 벌려 우리를 품어 주는 아름다운 어머니와 같다는 것을 상기시켜 주십시오. …… 이 누이가 지금 울부짖고 있습니다. 하느님께서 지구에 선사하신 재화들이 우리의 무책임한 이용과 남용으로 손상을 입었기 때문입니다." 이 서사에 따르면 피해는 멈출 수 없이 악화되고 있다. "우리의 집인 지구가 점점 더 엄청난 쓰레기 더미처럼 보이기 시작합니다." 그 근본 원인은 이성, 과학, 진보를 향한 계몽주의의 노력이다. "과학과 기술 발전이 인류와 역사의 발전과 동일시될 수 없"다고 교황은 썼다. "더 나은 미래로 향하는 길은 근본적으로는 다른데" 있다. 이를테면 "문제가 얽히고설킨 관계의 비밀"과 (당연히도) "그리스도교 영성 체험의 보화"를 올바르게 이해함으로써 그 길을 갈 수 있다. 우리가 역성장, 역산업화를 통해 우리의 죄를 회개하고, 과학, 기술, 진보라는 가짜 신을 거부하지 않는다면 인류는 환경에 닥칠 심판의 날에 무시무시한 벌을 받을 것이다.

다른 종말론적인 운동들과 마찬가지로 녹색주의에도 인간을 혐오하는 염세적인 태도가 가미되어 있다. 기아 문제를 외면하고, 인구를 감소시키겠다는 잔인한 환상을 품고, 나치가 그랬듯이 인간을 해충, 병원균, 암에 비유하는 것이다. 예를 들어 시 셰퍼드 해양 생물 보호 협회(Sea Shepherd Conservation Society)의 폴 왓슨(Paul Watson)은 이렇게 썼다. "우리는 급진적이되 지혜로운 방법을 통해 인구를 10억 이하로 줄일 필요가 있다. …… 암에 걸린 신체를 치료하려면 급진적이고 침습적인 외과 치료가 필요하다. 인간이란 이름의 바이러스로 뒤덮인 생물계를 치료하기 위해서도 급진적이고 침습적인 접근법이 필요하다."[2]

최근에 존 아사푸아자예(John Asafu-Adjaye), 제시 오수벨(Jesse Ausubel), 앤드루 밤퍼드, 스튜어트 브랜드, 루스 디프리스(Ruth DeFries), 낸시 놀턴(Nancy Knowlton), 테드 노드하우스, 마이클 셸렌버거를 위시한 많은 사람이 환경 보호에 새롭게 접근하는 관점을 주장했다. 이 접근법은 생태 모더니즘(ecomodernism), 생태 실용주의(ecopragmatism), 지구 낙관주의(earth optimism), 청록색 혹은 터키색 운동(blue-green or turquoise movement)이라고 불려 왔는데, 이 책의 관점에서 보자면, 이것을 계몽주의적 환경주의(enlightenment environmentalism), 혹은 휴머니즘적 환경주의(humanistic environmentalism)라고 부를 수 있겠다.[3]

생태 모더니즘의 출발점은 일정 수준의 오염은 열역학 제2법칙의 피할 수 없는 결과라는 인식이다. 사람들이 에너지를 사용해서 자신의 몸과 집 안에 조직화된 영역을 만들면 폐기물, 오염, 여타 다른 형태의 무질서로 인해 바깥 환경에 엔트로피가 증가하게 된다. 인류는 언제나 이 일에 특출한 재능을 보였으며(다른 포유류와 우리를 구분해 주는 점이다.) 환경과 조화를 이루고 살아간 적은 한 번도 없었다. 일단 새로운 생태계에 발을 들이고 나면 원주민은 보통 사냥을 통해 대형 동물을 멸종시켰고, 광대한 면적의 숲을 불태우거나 벌목하고는 했다.[4] 자연 보호 운동의 한 가지 불쾌한 비밀은 미국의 국립 공원이든 동아프리카의 세렝게티이든, 자연 보호 구역이 지정되기 전에는 늘 그곳에 거주하던 토착민을 대량 학살하거나 강제로 이주시켜야 했다는 것이다.[5] 환경사 학자 윌리엄 크로넌(William Cronon, 1954년~)이 썼듯이, 사람이 살지 않는 "황야(wilderness)"는 성스러운 원시의 땅이 아니라 문명의 산물이다.

농경을 시작한 인간은 더욱 파괴적이었다. 고기후학자 윌리엄 러디먼(William Ruddiman, 1943년~)에 따르면, 약 5,000년 전 아시아에서 습식 벼농사가 시작된 이후 초목이 부패하는 과정에서 엄청난 양의 메테인이 대기 중에 배출되어 기후가 변화했을 수 있다. 그는 주장한다. "철기 시대의 인간은 물론이고 어쩌면 후기 석기 시대의 인간들까지도, 개개인이 지구 지형에 미친 영향은 평균적으로 현대의 인간보다 훨씬 크다고 말할 근거가 있다."[6] 그리고 브랜드가 7장에서 지적했듯이 "자연 농법"은 모순적인 용어이다. 그는 **자연 식품(natural food)**이라는 말을 들을 때마다 애써 욕설을 참는다.

생태학자가 보기에 농업의 산물 중 자연적인 것은 존재하지 않는다! 농업이란 복잡한 생태계를 네모반듯하게 다듬은 뒤 말끔하게 밀어 버리고 망치로 두들겨서 영구적인 조기 천이(early succession, 생물 군락이 환경의 변화에 따라 새로운 생물 군락으로 변해 가는 과정을 일컫는다. ─옮긴이)를 일으키는 것이다! 농부는 땅 위의 잡초를 제거하고, 땅을 평평하게 펴고, 엄청난 양의 물을 지속적으로 공급해서 그곳을 흠뻑 적신다! 거기에, 이제는 너무 큰 손상을 입어서 제힘으로는 살아갈 수 없는 단일 품종의 식물을 심는 것이다! 모든 식량 식물은 한심하리만치 한정적인 단 하나의 형질만을 갖고 있고, 수천 년에 걸친 근친 교배의 결과로 유전적 백치가 되어 버렸다! 이 식물은 너무나 연약한 나머지 자신을 영원히 돌봐 주도록 인간을 길들이지 않으면 안 되었다![7]

생태 모더니즘 운동의 근거가 되는 두 번째 인식은 산업화가 인류에게 좋은 것이었다는 것이다.[8] 산업화는 수십억 명의 사람들을 먹여 살리고, 수명을 2배로 늘리고, 극심한 빈곤을 감소시키고, 근육을 기계로 대체함으로써 노예제 근절에 일조했으며, 여성을 해방시키고 아동을 교육했다. (7, 15, 17장) 그 덕에 사람들은 밤에도 글을 읽고, 원하는 곳에 거주하고, 겨울을 따뜻하게 보내고, 세계 곳곳을 볼 수 있게 되었으며, 사람들의 사회적 접촉도 곱절로 증가했다. 공해와 서식지 손실로 인한 비용은 이런 혜택과 견주어 평가되어야 한다. 경제학자 로버트 해리스 프랭크(Robert Harris Frank, 1945년~)의 말대로, 가정에 적정량의 먼지가 있는 것처럼 환경에도 적정량의 오염이 있다. 깨끗한 것은 좋지만, 삶의 다른 것들을 전부 포기할 만큼 좋지는 않다.

세 번째 전제는, 인간 복리 대 환경 손상의 맞거래 내용은 기술을 통해 재조정될 수 있다는 것이다. 오염과 땅 사용량을 줄이면서 열량, 루멘(lm, 빛이 비치는 표면적의 단위. ─옮긴이), BTU(British thermal unit, 1파운드(약

453.6그램)의 물을 대기압 조건에서 화씨 1도 올리는 데 필요한 열량을 나타내는 영국식 단위. — 옮긴이), 비트, 마일을 더 많이 누리는 방법은 그 자체로 기술적인 문제가 되었으며, 세계는 점점 그 문제를 해결해 가고 있다. 경제학자는 경제 성장과 소득 불평등의 함수 관계를 나타내는, U자 곡선과 유사한 환경 쿠즈네츠 곡선(environmental Kuznets curve)을 언급한다. 국가는 처음 발전하는 동안에는 깨끗한 환경보다 성장을 우선시한다. 하지만 국가가 부유해지면 생각이 환경에 미치게 된다.[9] 사정이 넉넉지 않아 전기를 만들 여유만 있고 스모그 문제를 해결할 여력이 없을 때라면 사람들은 스모그를 참고 살지만, 전기와 깨끗한 공기 양쪽에 돈을 지불할 여유가 생기면 사람들은 깨끗한 공기에도 돈을 내는 법이다. 이 과정은 기술 발전을 통해 자동차, 공장, 발전소가 배출하는 오염 물질이 줄어들고, 이것을 통해 깨끗한 공기가 저렴해지면 한층 가속화된다.

경제 성장은 기술 발전뿐 아니라 가치관의 변화를 통해서도 환경 쿠즈네츠 곡선을 휘게 만든다. 환경에 관한 우려 가운데 일부는 철저하게 현실적이다. 이를테면, 도시의 스모그나 녹지를 뒤덮은 아스팔트에 불만을 제기하는 것이다. 하지만 어떤 우려는 더욱 정신적이다. 검은코뿔소의 운명이나 2525년을 살아갈 후손들의 행복은 중대한 도덕적 관심사이기는 하지만 당장 그것부터 걱정하는 것은 일종의 사치라 할 수 있다. 사회가 부유해지고 식탁에 올릴 음식이나 머리 위를 덮을 지붕을 걱정할 필요가 없어지면 사람들은 욕구의 위계를 타고 오르고, 관심의 범위 역시 시공간적으로 더욱 확장된다. 로널드 잉글하트(Ronald Inglehart, 1934~2021년)와 크리스티안 벨첼(Christian Welzel, 1964년~)은 세계 가치 조사(World Values Survey) 데이터를 활용해서, 풍족함과 교육 수준에 비례해 증가하는 경향이 있는 해방적 가치(emancipative value, 관용, 평등, 생각과 표현의 자유)를 강하게 가진 사람일수록 재활용을 하거나 환경 보호를 위해 정부

와 기업을 압박할 가능성이 크다는 사실을 발견했다.[10]

~

흔히 생태 비관주의자는 이런 사고 방식 전체를 "기술이 우리를 구원하리라는 믿음"이라고 일축한다. 하지만 그런 사고야말로 현재 상황이 우리를 멸망케 하리라는 회의주의라 할 수 있다. 지식은 아무런 발전 없이 그대로 얼어붙어 있을 것이고 사람들은 상황과 무관하게 현재의 행동을 기계적으로 지속하리라는 믿음이기 때문이다. 실제로 발전을 염두에 두지 않은 안일한 신념은 단 한 번도 실현된 적 없는 환경 종말론의 예언들을 낳고는 했다.

그 첫 번째가 '인구 폭발'인데, (7장에서 보았듯이) 그 뇌관은 저절로 제거되었다. 어떤 나라의 경제가 발전하고 교육 수준이 상승하면, 그 나라는 인구학자들이 인구 변천(demographic transition)이라 부르는 과정을 거치게 된다.[11] 우선 영양 상태와 건강이 향상되면서 사망률이 하락한다. 이것은 인구 증가로 이어지는데, 슬퍼할 일은 전혀 아니다. 요한 노르베리가 지적하듯 이때의 인구 증가는 빈곤한 국가의 사람들이 토끼처럼 아이들을 낳기 시작해서가 아니라 파리처럼 단명하기를 멈춘 데에서 나온 현상이기 때문이다. 어쨌든 이 증가는 일시적이다. 적어도 두 가지 이유로, 출산율은 정점에 이른 뒤 하락한다. 우선 부모로서는 자녀가 일찍 사망할 것에 대비해 아이를 많이 낳을 필요가 없어진다. 그리고 여성은 교육 수준이 높아질수록 결혼과 출산을 미루게 된다. 그림 10.1은 세계 인구 증가율이 1962년에 2.1퍼센트로 정점에 이른 뒤 2010년에 1.2퍼센트로 떨어지고, 아마 2050년에는 0.5퍼센트 이하로 하락한 뒤, 2070년에 0에 가까워져서 한동안 그 상태를 유지하리라 예측한다. 출산율이 가장 눈에 띄게 하락한 곳은 유럽과 일본 등 선진국이지만, 종종 그렇듯이 세계의 다른 지역에서 갑자기 쑥 떨어져 인구학자들을 놀라게 할 수

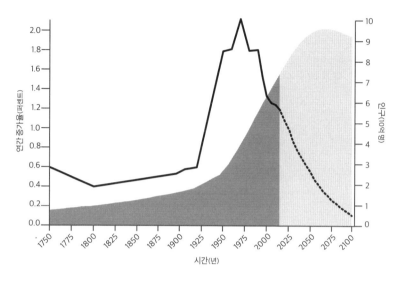

그림 10.1. 1750~2015년과 2100년까지 인구 및 인구 증가 추계. (데이터로 본 우리 세계에서. Ortiz-Ospina & Roser 2016d. 1750-2015: United Nations Population Division and History Database of the Global Environment (HYDE), PBL Netherlands Environmental Assessment Agency (undated). 2015년 이후의 추계는 연간 증가율을 1750~2015년과 동일하게 두고 계산했다. 10억 명 단위로 표시된 인구는 국제 응용 시스템 분석 연구소(International Institute for Applied Systems Analysis)에서 교육 수준을 고려해 국가별 추정치를 합산했다. Lutz, Butz, & Samir 2014를 참조했다.)

도 있다. 이슬람 사회는 서양을 변형시킨 사회적 변화에 거부감이 크고 따라서 영원히 유스퀘이크(youthquake, 젊은 세대의 인구 비율이 높아 그들의 행동이 다른 세대보다 사회에 큰 영향을 미치는 현상. ─ 옮긴이)에 시달릴 것이라는 통념과는 달리, 출산율은 이란에서는 70퍼센트, 방글라데시와 아랍 7개국에서는 60퍼센트가 하락하는 등 지난 30년간 40퍼센트가 하락했다.[12]

1960년대의 또 다른 공포는 세계의 자원이 고갈되리라는 것이었다. 하지만 자원은 쉽게 고갈되기를 거부한다. 미국의 수천만 인구와 전 세계 수십억 인구가 굶주릴 기아가 찾아올 것이라던 예상과 달리 1980년대는 아무런 사건 없이 지나갔다. 그리고 1992년도 별 탈 없이 지나갔다. 1972년의 베스트셀러 『성장의 한계(*The Limits to Growth*)』의 예측이나 그와 유사한 단언들과는 달리, 세계의 알루미늄, 구리, 크로뮴(크롬), 금, 니켈, 주석, 텅스텐, 아연은 고갈되지 않았다. (1980년, 폴 에를리히는 줄리언 사이먼(Julian Simon, 1932~1998년)에게 이중 다섯 가지 금속이 부족해져 1980년대가 끝날 무렵에는 가격이 크게 상승한다는 것에 내기를 걸었다. 에를리히는 이 다섯 가지 내기에서 모두 졌다.)[13] 1970년대부터 2000년대 초반까지 시사 잡지들은 주기적으로 세계의 석유 공급량을 다룬 주요 기사를 내면서 연료계가 바닥을 가리키는 그림으로 표지를 장식했다. 2013년 《디 애틀랜틱(*The Atlantic*)》은 셰일 가스를 추출하는 수압 파쇄법 혁명에 관한 표지 기사를 내고 "석유가 고갈되는 일은 절대 없을 것"이라는 제목을 붙였다.

그리고 이트륨, 스칸듐, 유로퓸, 란타넘 같은 희토류가 있다. 아마 화학 시간에 본 주기율표나 톰 레러의 음악 「원소(The Elements)」에서 접한 기억이 있을지 모르겠다. 이 금속들은 자석, 형광등, 디스플레이, 촉매, 레이저, 축전기, 광학 유리, 그리고 다른 첨단 기술 응용 분야에 필수적인 원소이다. 사람들은 이 자원들이 고갈되기 시작하면 치명적인 공급 부족이 일어나 기술 산업이 붕괴하고, 어쩌면 해당 자원의 세계 공급량 가운데 95퍼센트를 차지하는 중국과 전쟁이 벌어질 수도 있다며 목소리를 높였다. 이것은 20세기 후반의 유로퓸 대위기(Great Europium Crisis)로 이어졌다. 컬러텔레비전과 컴퓨터 모니터에 들어가는 음극선관의 빨간색 인광체의 주요 성분이 고갈되면 마지막 남은 컬러텔레비전을 비축해 둔 가진 자와, 어쩔 수 없이 흑백 텔레비전을 볼 수밖에 없어 분노하는 못 가진 자로 사회는 분열될 터였다. 뭐라고? 그런 일은 들어 본 적이 없는데? 그런 위기가 발생하지 않은 이유 중 하나는, 음극선관이 흔한 원소들로 만든 LCD로 교체되었기 때문이다.[14] 그렇다면 희토류 전쟁은? 실제로 2010년에 중국이 수출량을 크게 축소하자(자원이 부족해서가 아니라 지정학적 무기로, 또 무역 전쟁의 무기로 활용하기 위해), 다른 국가들은 자국의 광산에서 희토류를 채굴하고, 산업 폐기물에 포함되어 있는 것을 재활용하고, 제품을 개량해 희토류를 사용할 필요를 없애기 시작했다.[15]

자원 부족에 관한 종말론적 예측이 번번이 빗나간다면, 우리는 인류가 할리우드 액션 영화의 주인공처럼 거의 확실한 죽음의 순간에서 기적적으로 탈출해 왔다고 결론짓거나, 자원 부족에 관한 종말론적 예측에 결함이 있다고 결론 내려야 한다. 이 결함은 여러 차례 지적되었다.[16] 인류는 빨대를 꽂아 밀크셰이크를 마시듯 그릇이 비어 꾸르륵거리는 소리가 날 때까지 지구의 자원을 빨아들이는 한심한 먹보가 아니다. 대신, 가장 쉽게 추출할 수 있는 자원의 공급량이 부족해지고 가격이 상승하면 그 자원을 보존하고, 접근이 더 어려운 매장량에 눈을 돌리거나, 더 저렴하고 풍부한 대체 자원을 찾아야겠다고 생각한다.

게다가 사람들이 '자원을 필요로 한다.'라고 생각하는 것부터가 잘못이다.[17] 사람들이 필요로 하는 것은 먹을거리를 키우는 방법, 이동하는 방법, 집을 밝히는 방법, 정보를 나타내는 방법 등과 같은 인간 안녕과 복리의 원천들이다. 사람들은 **생각**을 통해 이런 필요를 충족시킨다. 물질 세계를 조작해서 원하는 것을 얻을 수 있는 요리법이나 공식, 기술, 청사진, 알고리듬 등을 활용하는 것이다. 인간의 정신은 끝없는 조합 능력을 통해 무한한 생각의 공간을 탐사할 수 있으며, 이것은 땅에 묻힌 특정한 물질의 많고 적음에 제한되지 않는다. 한 생각이 더는 유효하지 않게 되면 다른 생각이 그 자리를 대신할 수 있다. 이것은 확률의 법칙을 거스르는 것이 아니라, 따르는 이야기이다. 인간이 자기 욕망을 물리적으로 충족할 수 있는 방법을 자연 법칙이 많지도 적지도 않게 **꼭 한 가지만** 허락해 주었을 이유가 어디 있겠는가?[18]

틀림없이 이런 식의 사고는 '지속 가능성'의 가치 체계에는 잘 들어맞지 않는다. 그림 10.2에서 만화가 랜들 먼로(Randall Patrick Munroe, 1984년~)

는 이 멋진 단어이자 신성한 가치가 어디서 잘못되었는지를 보여 준다. 지속 가능성이라는 교의는 그래프가 천장에 닿을 때까지 현재의 자원 사용 속도가 미래까지 계속 연장될 것이라고 가정한다. 그 교의가 은연 중에 뜻하는 것은 우리가 사용하는 만큼 채워지는 재생 가능한 자원을 찾아야 한다는 것이다. 하지만 실제로는, 사회는 늘 자원이 고갈되기 오래전에 더 효율적인 새로운 자원을 찾아서 기존 자원의 사용을 중단하고는 했다. 흔히 말하듯 석기 시대가 끝난 것은 돌이 고갈되어서가 아니며, 이것은 에너지의 경우도 마찬가지이다. "세계가 석탄을 사용하기 시작했을 때에도, 아직 충분한 양의 목재와 건초가 남아 있었다."라고 오수벨은 지적한다. "석유가 부상했을 때에도 석탄은 넉넉하게 남아 있었

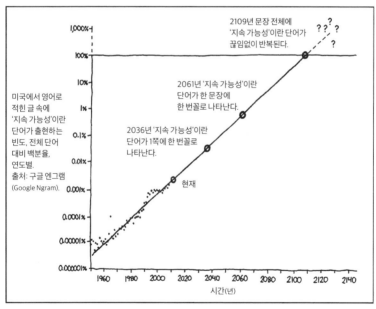

'지속 가능성'이란 단어는 지속 불가능하다.

그림 10.2. 1955～2109년 '지속 가능성'이란 단어의 지속 가능성. (Randall Munroe, XKCD, http://xkcd.com/1007/에서. Randall Munroe, xkcd.com.)

다. 메테인(천연 가스)이 부상한 지금도 석유는 많이 남아 있다."[19] 앞으로 살펴보겠지만, 천연 가스 역시 마지막 남은 한 통이 푸른 불꽃이 되어 날아가기 훨씬 전에 탄소 배출량이 더 적은 다른 에너지 자원으로 대체될 것이다.

식량 공급도 마찬가지로 지속 가능한 식량 재배법이 단 하나가 아니었음에도 기하 급수적으로 성장해 왔다. (7장) 지리학자 루스 디프리스는 『문명과 식량: 인류는 자연 환경의 위기에 맞서 어떻게 번성하는가(The Big Ratchet: How Humanity Thrives in the Face of Natural Crisis)』에서 그 과정을 "톱니바퀴-도끼-피벗(ratchet-hatchet-pivot)"으로 묘사한다. 사람들이 더 많은 식량을 생산할 방법을 발견하면, 톱니바퀴가 맞물려 돌아가면서 인구가 증가한다. 그 방법이 수요를 따라잡지 못하거나 그리 즐겁지 않은 부작용을 일으키면, 도끼가 떨어진다. 그러면 사람들은 새로운 방법으로 갈아탄다. 농부들은 화전 농법으로, 사람의 분뇨로, 윤작법으로, 구아노 비료로, 초석(질산포타슘)으로, 으깬 들소 뼈로, 화학 비료로, 잡종 작물로, 농약으로, 그리고 녹색 혁명으로 여러 차례에 걸쳐 생산 방법을 바꿔 왔다.[20] 미래의 전환에는 유전자 변형 작물, 수경 재배, 공중 재배, 도심 속 수직 농장, 로봇 수확, 시험관 배양육, 바이오센서와 GPS에서 데이터를 얻는 인공 지능 알고리듬, 하수에서 걸러 낸 에너지와 비료, 다른 물고기 대신 두부를 먹는 물고기 양식장 등이 포함될 테고, 인간이 자신의 창의성을 마음껏 발휘한다면 어떤 방법이 나올지 모른다.[21] 물은 사람이 절대 등을 돌릴 수 없는 자원 중 하나인데, 만일 전 세계 농부들이 이스라엘식 정밀 농법을 받아들인다면 엄청난 양의 물을 절약할 수 있을 것이다. 그리고 만약 세계가 (이후에 탐구할 주제인) 탄소를 배출하지 않고 생산량도 풍부한 에너지 자원을 개발한다면, 바닷물을 담수화해서 물을 필요한 만큼 확보할 수도 있다.[22]

1970년대에 **녹색주의**가 예언했던 재난은 일어나지 않았고, 그들이 일어날 리 없다고 여겼던 발전은 실현되었다. 세계가 부유해지고 환경 곡선이 정점에 달하면서 자연은 회복하기 시작했다.[23] 프란치스코 교황처럼 "엄청난 쓰레기 더미" 같은 표현을 쓰는 사람은 오랜 잠에서 깨어나 지금이 1965년이고, 굴뚝에서 검은 연기가 나오고, 폐수가 폭포를 이루고, 강에 불이 나고, 뉴욕 사람들은 공기를 직접 보지 않고는 마시지 않으려 한다는 농담이 진짜라고 믿는 사람과 다를 바 없다. 그림 10.3은 1970년에 미국 환경 보호청(Environmental Protection Agency)이 설립된 이후 미국에서 5대 대기 오염 물질 배출량이 거의 3분의 2 수준으로 감소했

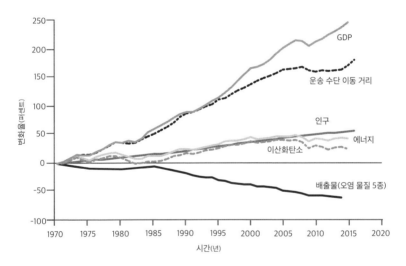

그림 10.3. 1970~2015년 미국의 오염, 에너지, 성장. (US Environmental Protection Agency 2016에서. 다음 자료를 바탕으로 한 것이다. GDP: 미국 경제 분석국(U. S. Bureau of Economic Analysis), 운송 수단 이동 거리: 미국 연방 고속 도로 관리국(Federal Highway Administration), 인구: 미국 통계국(US Census Bureau), 에너지 소비량: 미국 에너지부, 이산화탄소: 미국 온실 기체 조사 보고(US Greenhouse Gas Inventory Report). 배출물(일산화탄소, 질소산화물, 10마이크로미터 이하의 입자상 물질, 이산화황, 휘발성 유기 화합물): EPA, https://www.epa.gov/air-emissions-inventories/air-pollutant-emissions-trends-data.)

음을 보여 준다. 같은 기간 동안 인구는 40퍼센트 이상 증가했고, 사람들은 2배가 넘는 거리를 운전하고 2.5배 더 부유해졌다. 에너지 사용량은 그대로 유지되었고, 심지어 이산화탄소 배출량은 최고점을 찍고 방향을 틀었다. 이 문제에 관해서는 다시 살펴볼 것이다. 이 같은 하락이 그저 중공업을 개발 도상국으로 이전한 효과만은 아니다. 에너지 사용량과 오염 물질 배출량의 상당 부분은 교통, 난방, 발전 등 외주로 돌릴 수 없는 부문에서 나오고 있기 때문이다. 이것은 주로 효율성의 증가와 오염 물질의 배출 규제 덕분이다. **이 갈라지는 곡선들은** 역성장만이 오염을 억제할 수 있다는 정통파 녹색주의 주장과, 환경 보호는 경제 성장과 사람들의 생활 수준 향상에 방해가 되리라는 정통파 우익의 주장을 모두 반박한다.

많은 발전을 눈으로 확인할 수 있다. 도시가 보라색과 갈색의 안개로 뒤덮이는 일이 줄었고, 런던은 이제 인상주의 그림, 고딕 소설, 거슈윈의 노래, 레인코트 상표를 통해 불멸성을 얻은 안개(실은 석탄 연기)에 휩싸이지 않는다. 죽었다 치고 내버려 두었던 도시의 수로들 ― 퓨젓사운드, 체서피크 만, 보스턴 항만, 이리 호, 허드슨 강, 포토맥 강, 시카고 강, 찰스 강, 센 강, 라인 강, 템스 강(벤저민 디즈레일리(Benjamin Disraeli, 1804~1881년)는 템스 강을 "형언할 수도 없고 견딜 수도 없는 공포의 냄새를 뿜어내는 스틱스 강의 웅덩이"라 묘사했다.)은 다시금 물고기, 새, 해양 포유류, 그리고 가끔 수영하는 사람들로 북적인다. 교외 거주자는 늑대, 여우, 곰, 살쾡이, 오소리, 사슴, 물수리, 야생 칠면조, 대머리독수리를 보게 되었다. 농업의 효율성이 상승하면서(7장), 뉴잉글랜드의 삼림지를 하이킹하던 중 숲을 가로지르는 돌담과 마주칠 때만큼이나 생소하게도 농경지는 온대림으로 돌아가고 있다. 열대림의 경우, 여전히 놀랄 만한 수준으로 벌목이 이루어지고 있지만, 20세기 중반과 21세기 초 사이에 그 속도는 3분의 1로 떨어졌다.[24]

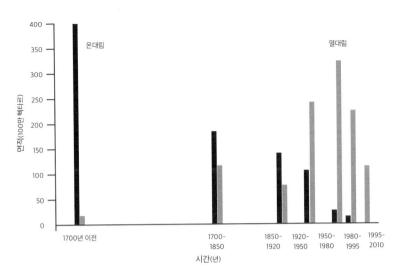

그림 10.4. 1700~2010년 삼림 벌채. (United Nations Food and Agriculture Organization 2012, p. 9 에서.) 그래프의 막대들은 연도별 비율이 아니라 서로 다른 기간의 합계를 표시하고 있기 때문에 직접 비교할 수는 없다.

(그림 10.4) 세계에서 가장 큰 열대림인 아마존의 벌채 속도는 1995년 정점에 이른 뒤 2004년과 2013년 사이에 5분의 1로 급락했다.[25]

열대림의 벌목이 시차를 두고 다시 줄어들었다는 것은 환경 보호가 선진국에서 출발해 세계의 다른 지역으로 확산되고 있음을 나타내는 신호이다. 대기, 물, 숲, 어장, 농장, 자연 서식지의 질 등의 지표를 조합한 환경 성과 지수(Environmental Performance Index)를 성적표 삼아 우리는 환경 보호 문제와 관련된 세계의 진보를 추적할 수 있다. 그 지수에 따르면 10년 이상 추적 조사해 온 180개국 가운데 두 곳을 제외한 모든 국가가 점점 발전하는 모습을 보여 준다.[26] 평균적으로 부유한 국가일수록 환경이 깨끗하다. 가장 깨끗한 곳은 북유럽 국가들이고, 환경 오염이 가장 심각한 곳은 아프가니스탄, 방글라데시, 그리고 일부 사하라 이남 아프리카 국가들이다. 가장 치명적인 두 가지 형태의 오염 — 오염된 식수와 실내 요리 연기 ― 은 가난한 국가가 겪는 불행이다.[27] 하지만 최근 수십 년간 빈곤 국가가 부유해짐에 따라 이들도 그런 해악에서 벗어나고 있다. 세계 인구 가운데 오염된 물을 마시는 비율은 8분의 5, 요리 연기를 마시는 비율은 3분의 1 감소했다.[28] 인디라 프리야다르시니 간디(Indira Priyadarshini Gandhi, 1917~1984년)의 말대로 "가장 큰 오염원은 가난이다."[29]

환경을 욕보이는 가장 대표적인 사례는 원시의 해변을 검은빛의 독성 침전물로 뒤덮고 해양 조류의 깃털과 수달과 물개의 털을 더럽히는 유조선의 기름 유출 사고이다. 우리의 집단적 기억에는 1967년 토리 캐넌(Torrey Canyon) 호와 1989년 엑손 발데스(Exxon Valez) 호 침몰 같은 악명 높은 사고가 여전히 남아 있지만, 석유의 해양 운송이 이제 훨씬 안전해졌다는 것을 알고 있는 사람은 많지 않다. 그림 10.5는 연간 기름 유출 사고가 1973년 100건 이상에서 2016년 고작 5건으로 줄어들었음을 보

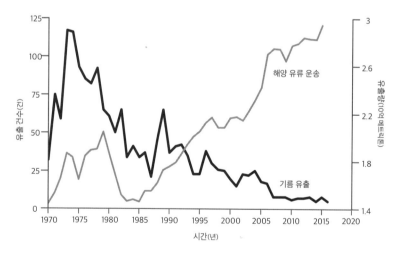

그림 10-5: 1970~2016년 기름 유출. (데이터로 본 우리 세계에서. Roser 2016r, 국제 유조선 선주 오염 연맹(International Tanker Owners Pollution Federation, ITOPF)에서 (업데이트한) 데이터에 근거한 것이다. http://www.itopf.com/knowledge-resources/data-statistics/statistics/. 기름 유출은 최소 7메트릭톤의 기름 손실이 발생한 사고를 집계했다. 기름 운송은 '원유, 석유 제품, 가스를 적재한 경우 전체'를 집계했다.)

여 준다. (대규모 유출 사고는 1978년 32건에서 2016년 1건으로 줄었다.) 또한 그래프에 따르면 기름 유출 사고는 줄었지만 기름의 운송량은 오히려 증가했다. 교차하는 두 곡선은 환경 보호가 경제 성장과 공존 가능하다는 또 하나의 증거로 볼 수 있다. 정유사가 유조선 사고를 줄이기를 **원하는** 것은 신기한 일이 아니다. 그들의 이해 관계는 환경 보호의 이해 관계와 서로 맞아 떨어진다. 기름 유출 사고는 기업 홍보의 측면에서 재난과 다름 없고(더구나 부서진 배 위에 회사 이름이 떡하니 새겨져 있다면 더 그럴 것이다.) 엄청난 과징금을 발생시키며, 물론 값비싼 기름을 바다에 버리게 된다. 그것보다 흥미로운 것은 기업이 그 방면에서 큰 성과를 이루었다는 점이다. 기술이 학습 곡선(learning curve, 학습 결과로 일어나는 행동 변화를 도식화한 것. ― 옮긴이)을 따르고 설계 과정에서 전문 기술자가 위험성이 있는 취약점을 수정하면 시간이 지날수록 위험은 감소한다. (12장에서 이 문제를 다시 살펴볼 것이다.) 하지만 사람들은 사고는 기억하지만 점진적인 발전은 인지하지 못한다. 그리고 다양한 부문의 기술 발전은 서로 다른 시간표에 따라 전개된다. 2010년 해양 운송 과정의 기름 유출 사고는 역대 최저치를 기록했지만, 이번에는 석유 시추 시설에서 역대 세 번째에 해당하는 최악의 유출 사고가 발생했다. 멕시코 만에서 발생한 딥워터 호라이즌(Deepwater Horizon) 사고는 폭발 방지 장치, 안전 설계, 감시 및 방지 대책을 강화하는 새로운 규제로 이어졌다.[30]

또 다른 발전으로, 광활한 육지와 바다가 더 이상 사용되지 않고 완전히 보호되고 있는 것을 들 수 있다. 보전 전문가들은 누구라 할 것 없이 자연 보호 구역이 아직 부족하다고 평가하지만, 일이 진행되는 기세는 놀라운 수준이다. 그림 10.6은 육지 전체에서 국립 공원, 야생 보호 구역, 그밖의 다른 방식으로 보호되는 지역의 비율이 1990년 8.2퍼센트에서 2014년 14.8퍼센트로 증가해서 현재 그 면적이 미국의 2배에 달한

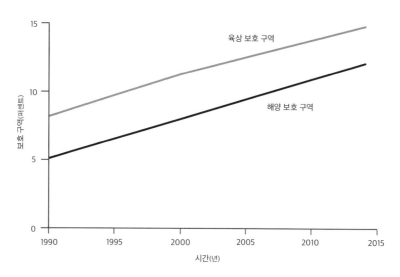

그림 10.6. 1990~2014년 보호 구역. (World Bank 2016h, 2017. 유엔 환경 계획(United Nations Environment Programme, UNEP)의 세계 보전 모니터링 센터(World Conservation Monitoring Centre, WCMC)의 데이터에 근거해 세계 자원 연구소(World Resources Institute)가 편집했다.)

다는 것을 보여 준다. 마찬가지로 해양 보호 구역도 같은 기간 동안 2배 이상 증가해서 지금은 바다 전체의 12퍼센트가 보호를 받고 있다.

서식지 보호 노력과 개별 개체에 집중한 보존 노력 덕분에 신천옹, 콘 도르, 매너티, 오릭스, 판다, 코뿔소, 태즈메이니아데빌, 호랑이 등 사람 들이 좋아하는 많은 동물들이 멸종의 문턱에서 돌아올 수 있었다. 생태 학자 스튜어트 레너드 핌(Stuart Leonard Pimm, 1949년~)에 따르면 조류 멸종 속도는 75퍼센트 감소했다.[31] 여전히 많은 종이 위태로운 곤경에 처해 있 지만, 다수의 생태학자와 고생물학자는 인간이 페름기와 백악기의 대량 멸종에 맞먹는 멸종 사건을 일으키고 있다는 주장은 과장된 것이라고 믿고 있다. 브랜드는 이렇게 말한다. "해결해야 하는 야생 문제는 끝이 없지만, 이를 너무 쉽게 멸종 위기라고 묘사한 탓에 사람들은 자연이 극 도로 취약하다거나 이미 손쓸 수 없이 망가졌다고 믿으면서 더욱 총체적인 혼란에 빠지고 말았다. 이것은 사실과 거리가 멀다. 하나의 전체로 볼 때 자연은 여느 때와 다름없이 건강하다. 어쩌면 더 건강해졌을지도 모른다. …… 이런 건강함을 염두에 두고 잘 활용해야 보존이라는 목표를 달성할 수 있다."[32]

다른 발전들도 그 범위가 지구적이다. 1963년 대기권 핵 실험을 금지한 협약은 가장 끔찍한 오염인 방사능 낙진의 위험을 제거했고, 세계 정부 없이도 국제 사회가 지구를 보호하는 조치에 합의할 수 있음을 증명했다. 이후 다양한 과제에 대처하기 위해 전 지구적인 협력이 이루어져 왔다. 황 배출량을 비롯해서 '장거리 월경 대기 오염(long-range transboundary air pollution)'을 감축하기 위한 국제 협약이 1980년대와 1990년대에 비준되어 산성비의 공포를 씻어 내는 일에 크게 기여했다.[33] 또한 1987년에 197개국이 비준한 염화플루오린화탄소(프레온가스) 금지 조치 덕분에 21세기 중반이면 오존층이 회복되리라는 것이 일반적인 예상이다.[34] 뒤에서 살펴보겠지만 이런 성공 사례들은 2015년에 역사적인 기후 변화를 위한 파리 협정(Paris Agreement)이 채택되는 기틀이 되었다.

～

어떤 영역에서든 진보의 실례를 보여 주는 일이 다 그렇듯, 환경 상태가 개선되고 있다는 보고는 흔히 분노와 비논리가 뒤섞인 반응에 부딪힌다. 환경의 질이 향상되었음을 보여 주는 다양한 평가는 모든 것이 괜찮다거나, 환경이 저 스스로 좋아진다거나, 혹은 우리가 두 손 놓고 편히 있어도 좋다는 뜻은 아니다. 오늘날 우리가 누리는 깨끗한 환경에 관해서라면, 우리는 지난날의 논쟁, 운동, 입법, 규제, 조약, 그리고 발전을 희구했던 사람들의 기술적 창의성에 감사해야 한다.[35] 지금까지 이룬 진보를 지속시키고 퇴보를 방지하기 위해서는 (특히 트럼프가 집권한 이상) 언급한 모든 면에서 더 노력해야 하고, 바다의 건강과 앞으로 살펴볼 대기의 온실 기체처럼 여전히 우리가 마주하고 있는 위험한 문제들을 해결하기 위한 노력을 확장해야 한다.

하지만 여러 가지 이유에서, 이제 산업 혁명을 되돌리고, 기술을 포기하고, 자연과 금욕적으로 조화를 이루지 않으면 종말이 앞당겨질 것이라 말하면서, 현대인을 약탈과 도적질을 벌이는 사악한 집단으로 매도하는 도덕극을 멈출 때가 되었다. 그 대신 우리는 환경 보호를 우리가 해결할 수 있는 문제로 받아들여야 한다. 어떻게 하면 환경 오염과 서식지 파괴를 최소화하면서 더 안전하고, 편안하고, 활기찬 삶을 영위할 수 있을까? 이 문제와 관련해서 지금까지 우리가 일구어낸 진보는 자기 만족을 승인해 주기보다는 우리가 더 많은 것을 위해 투쟁할 수 있도록 힘을 불어넣어 주었다. 그리고 우리는 진보를 함께 이끌었던 다른 힘들을 확인할 수 있다.

한 가지 열쇠는 생산성과 자원의 결합을 깨는 것이다. 이제 인간은 더 적은 물질과 에너지에서 더 많은 이득을 뽑아낼 수 있다. 이제는 **밀도**에 프리미엄이 붙는다.[36] 더 적은 땅, 물, 비료를 사용해서 더 많은 단백질, 열량, 섬유질을 만들어 내도록 품종 교배를 하거나, 개량 작물을 재배해서 농업을 집약화하면 그만큼 농지를 절약할 수 있고, 절약한 만큼을 자연 서식지로 되돌릴 수 있다. (생태 모더니스트는 식량 1킬로그램을 생산하는 데 훨씬 많은 땅을 필요로 하는 유기 농법은 더 환경적이지도 않고 지속 가능하지도 않다고 지적한다.) 사람들이 도시로 이주하면 시골 지역의 땅이 남게 될 뿐 아니라, 누군가의 천장이 누군가의 바닥이 되어 출근, 건축, 난방에 필요한 자원도 절약하게 된다. 고밀도 조림지에서 자연림의 5배에서 10배에 이르는 목재를 수확하면 임지를 확보하고 그곳에 서식하는 깃털과 털과 비늘이 달린 동물을 지킬 수 있다.

이 모든 과정에는 지구의 또 다른 친구라고 할 **탈물질화**(dematerialization)가 큰 도움이 된다. 기술 진보 덕분에 우리는 더 적은 것으로 더 많은 일을 하게 되었다. 85그램이었던 음료용 알루미늄 캔은 이제 15그램도 되지 않는다. 휴대 전화는 수백 킬로미터에 달하는 전신주와 전화선을 더는 필요로 하지 않는다. 디지털 혁명은 원자를 비트로 대체함으로써 우리 눈앞에서 세계를 탈물질화하고 있다. 내가 수집한 몇 세제곱미터의 LP판들은 몇 세제곱센티미터의 CD들에 자리를 내주었고, 뒤이어 CD는 아무 부피도 없는 MP3에 자리를 내주었다. 아이패드(iPad)는 내 아파트를 채우던 신문의 홍수를 잠재웠다. 테라바이트 단위의 저장 공간을 갖춘 노트북이 있어 이제는 상자 단위로 책을 구입할 필요가 없다. 게다가 스마트폰 하나로 대신할 수 있는 것들을 생각해 보라. 전화기, 자동 응답기, 전화 번호부, 카메라, 캠코더, 녹음기, 라디오, 자명종 시계, 계산기, 사전, 주소록, 달력, 거리 지도, 손전등, 팩스, 나침반, 심지어 메트로놈과 실외 온도기, 음주 측정기 등 40여 가지 물품에 사용되는 플라스틱, 금속, 종이를.

디지털 기술은 공유 경제를 가능하게 해서 세계를 탈물질화하기도 한다. 이제 자동차, 도구, 숙소를 대량으로 만들어 놓고 그 많은 시간 동안 놀릴 필요가 없다. 카피라이터 로리 서덜랜드(Rory Sutherland, 1965년~)는 탈물질화 과정은 사회적 지위 기준의 변화에 힘입기도 한다고 지적한다.[37] 오늘날 런던에서 가장 비싼 부동산은 빅토리아 시대의 부유층이 보기에는 턱없이 비좁을 테지만, 이제는 교외 지역보다는 시내 중심가에 사는 쪽이 멋지다고 평가받는다. 젊은이들은 소셜 미디어에서 자동차나 옷장보다는 경험을 자랑하고, 힙스터들은 맥주, 커피, 음악 취향으로 자신을 차별화한다. 비치 보이스(Beach Boys, 10대 서핑 문화를 주제로 밝은 노래를 했던 밴드. ―옮긴이)와 「청춘 낙서(American Graffiti)」(1962년 여름밤 고등학교 졸업생들의 통과 의례를 그린 이야기로 학생들은 자동차에 폭 빠져 있으며 중간에 자동차 경

주를 벌이기도 한다. ─ 옮긴이)의 시대는 끝났다. 18세 미국인 가운데 절반은 운전 면허가 없다.[38]

1970년대 에너지 위기 이후 유명세를 치른 '석유 생산 정점(Peak Oil)' 이라는 말은 전 세계 석유 생산량이 최고점에 이르는 해를 가리킨다. 오수벨은 또한 인구 변천, 고밀도화, 탈물질화로 인해 우리가 이미 출산 정점, 농지 정점, 목재 정점, 종이 정점, 자동차 정점에 도달했을지 모른다고 지적한다. 어쩌면 우리는 물건 생산 정점(peak stuff)에 다가서고 있는지도 모른다. 오수벨이 언급한 물건 100여 가지의 절대 사용량은 미국에서 이미 정점에 이르렀고, (물, 질소, 전기를 포함하는) 다른 53종의 사용량은 감소할 준비를 하는 것처럼 보이며, 여전히 사용량이 증가하는 물건은 11종에 불과하다. 영국 역시 물건 생산 정점을 지나서, 연간 원료 사용량이 2001년 1인당 15.1메트릭톤에서 2013년 10.3메트릭톤으로 감소했다.[39]

주목할 만한 이 경향에는 강제력, 법률, 혹은 도덕적 교화 운동도 필요하지 않다. 사람들이 살아가는 방식을 결정하는 과정에서 자연스럽게 이루어지는 것이기 때문이다. 그렇다고 환경 법안이 불필요하다는 의미냐면 전혀 아니다. 어떻게 보아도 환경 보호 기구, 에너지 기준의 의무화, 멸종 위기종의 보호, 국가적이고 국제적인 대기질 및 수질 개선을 위한 법안은 엄청나게 유익한 효과를 가져왔다.[40] 오히려 그것은 인류를 휩쓴 근대성의 물결이 역사적으로 유례없는, 지속 불가능한 수준의 자원 사용과 낭비의 카니발을 불러온 것이 아니라는 점을 시사한다. 기술의 본성, 특히 정보 기술의 본성에 포함된 무언가가 인류의 번영을 물리적인 물질과의 결합으로부터 떼어 놓고 있는 것이다.

~

인류가 환경의 모든 측면을 가차 없이 망가뜨리고 있다는 이야기를 받아들여서는 안 되는 것처럼, 우리가 지금 하는 행위를 그대로 유지하기만 하면 환경의 모든 측면이 되살아나리라는 이야기 역시 그대로 받아들여서는 안 된다. 계몽주의적 환경주의는 희망적인 것이든 우려스러운 것이든 간에 있는 그대로의 사실과 대면해야 한다고 요구하며, 일련의 사실들은 의문의 여지 없이 여전히 경고를 보내고 있다. 지구의 기후에 미치는 온실 기체의 효과가 특히 그렇다.[41]

목재, 석탄, 기름, 혹은 가스를 태우면 연료에 포함된 탄소가 산화해 이산화탄소(CO_2)를 형성하고, 이것은 대기 중에 섞여 들어간다. 일부 이산화탄소는 바다에 용해되거나, 암석과 화학적으로 결합하거나, 광합성 과정에서 식물에 흡수되기도 하지만, 자연적인 흡수 작용은 우리가 매년 대기 중에 뿜어내는 이산화탄소 380억 톤을 모두 소화할 수 없다. 석탄기에 축적된 대량의 탄소가 연기가 되어 날아가면서, 대기의 이산화탄소 농도는 산업 혁명 이전 270피피엠(ppm)에서 오늘날 400피피엠 이상으로 상승했다. 이산화탄소는 온실의 유리처럼 지구 표면에서 방출되는 열기를 가두기 때문에, 지구의 평균 기온 역시 섭씨 0.8도가량 상승해 2016년은 역대 가장 뜨거운 해로 기록되었고, 2015년은 두 번째, 2014년은 세 번째 자리에 올랐다. 게다가 탄소를 흡수하는 삼림을 없애는 벌목과, 가스가 새는 가스정과, 영구 동토층의 해빙 과정과, 소의 앞뒤 구멍에서 나온 메테인(더욱 강력한 온실 기체)으로 인해 대기권 역시 따뜻해져 왔다. 만약 열기를 반사하는 새하얀 눈과 얼음이 열기를 흡수하는 어두운 땅과 물로 대체되고, 영구 동토층의 해빙이 가속화되고, 더 많은 수증기(또 다른 온실 기체이다.)가 공기 중에 들어가면 폭주하는 되먹임 순환 과정이 발생해 기온이 더 상승할 수 있다.

온실 기체 배출이 지금 같은 수준으로 지속된다면 21세기가 끝날 무렵에는 지구의 평균 기온이 산업화 이전 시기보다 섭씨 1.5도, 어쩌면 섭씨 4도까지 상승할 수 있다. 그 결과 더 극심하고 잦은 무더위, 더 거친 태풍, 더 격렬한 허리케인이 찾아올 수 있고, 습한 지역에서는 홍수가, 건조한 지역에서는 가뭄이, 온화한 지역에서는 수확량 감소가 잦아질 수 있으며, 더 많은 동물 종이 절멸되고, (바다가 더 따뜻해지고 산성화되어) 산호초가 사라지며, 또한 육지 빙하가 녹아 바닷물이 팽창하면서 해수면이 0.7미터에서 1.2미터까지 상승할 수 있다. (해수면은 1870년 이후 이미 20.3센티미터 가까이 상승했고, 상승 속도는 더 빨라지고 있다.) 저지대는 물에 잠기고, 도서 국가는 파도 속으로 사라지고, 상당한 면적의 농지가 경작이 불가능해지며, 수백만 명이 살 곳을 잃게 된다. 온실 기체 효과는 22세기와 그 후로도 계속 악화될 수 있으며, 이론상으로는 멕시코 만류의 흐름 변화나 남극 빙하의 붕괴 같은 격변을 초래할 수도 있다. 2012년 세계 은행 보고서에 따르면, 이 세계가 합리적으로 적응해 낼 것으로 보이는 기온 상승 폭은 최대 섭씨 2도이며, 기온이 섭씨 4도 상승하는 경우는 "절대 일어나서는 안 된다."[42]

기온 상승을 섭씨 2도나 그 이하로 막아 내려면, 최소한 온실 기체 배출량이 21세기 중반까지 절반 이상 감소해야 하고, 22세기가 찾아오기 전에는 완전히 없어져야 한다.[43] 쉽지 않은 과제이다. 세계 에너지 공급의 86퍼센트를 차지하는 화석 연료로 지구상의 거의 모든 승용차, 트럭, 기차, 비행기, 선박, 트랙터, 용광로, 공장을 비롯해 대부분의 발전소가 돌아가고 있다.[44] 인류는 단 한 번도 이런 문제와 마주해 본 적이 없다.

기후 변화의 전망에 대한 한 가지 반응은 그 진위, 혹은 인간 활동이 원인이라는 점을 부정하는 것이다. 물론 과학적 근거를 바탕으로 인간이 일으킨 기후 변화 가설에 반박하는 것은 전적으로 타당한 일이며, 가설이 사실일 경우에 그것이 요구하는 극단적인 조치를 고려하면 특히 더욱 그렇다. 과학의 커다란 미덕은 만약 가설이 참이라면 수많은 반증 시도를 끝내 이겨 낼 수 있다는 것이다. 인간이 일으킨 기후 변화는 역사상 가장 격렬한 반박이 쏟아진 과학적 가설이다. 이제 주요 반론 — 지구 기온 상승은 멈추었지만 도시의 열섬에서 기온을 측정하기 때문에 기온이 상승하는 것처럼 보인다거나, 실제로 기온이 상승하고 있기는 하지만, 이것은 태양이 점점 뜨거워지기 때문이라는 등의 반론 — 은 모두 논박되었고, 여러 회의주의자마저 기후 변화 가설을 수긍하게 되었다.[45] 최근의 조사 결과에 따르면, 동료 평가를 거친 과학 문헌 6만 9406편의 저자 가운데 **단 4명**이 인간에 의한 지구 온난화 가설을 부정하고 있으며, "동료 평가를 받은 문헌들에는 (가설을) 반증하는 설득력 있는 증거가 포함되어 있지 않다."라고 한다.[46]

그럼에도 화석 연료 사업에 상당한 지분을 갖고 있으며 미국의 정치적 우파에 속해 있는 운동은 온실 기체가 지구를 따뜻하게 만들고 있음을 부정하는 거짓투성이 캠페인을 광신적으로 벌여 왔다.[47] 그들은 그 과정에서 과학계가 정치적 올바름에 심각하게 오염되어 있고, 이 이데올로기에 빠져 경제의 통제권을 탈취하려 한다는 음모론을 펼쳤다. 학계에서 정치적 올바름이라는 도그마를 감시하는 한 사람으로서 나는 그 말이 터무니없다고 단언할 수 있다. 자연 과학자는 정치적 올바름에 오염되지 않으며, 증거로만 말한다.[48] (그리고 바로 이 문제 때문에, 모든 분과의 학자에게는 정치적 신념을 주장하지 않음으로써 학문의 신뢰성을 지킬 의무가 있는 것이다.)

물론 기후 변화 회의주의자 중에도 신중한 사람이 있다. 때로 온건파로 불리기도 하는 이들은 주류 과학은 받아들이되, 그 가운데 긍정적인 면을 강조한다.[49] 이들은 기온 상승이 가능한 가장 느리게 진행될 일말의 가능성을 지지하고, 폭주하는 되먹임 과정을 강조하는 최악의 시나리오는 가설에 지나지 않는다고 지적한다. 또한 기온과 이산화탄소 농도의 경미한 상승은 작물 수확량의 증가를 가져오니 이 점이 기온 상승에 따른 비용과 맞거래되어야 한다고 말하고, 만일 (화석 연료를 규제해서 성장을 저해하지 않고) 국가들이 최대한 부유해질 수 있게 한다면 진행 중인 기후 변화에 적응할 준비를 더 잘 할 수 있을 것이라고 주장한다. 하지만 경제 학자 윌리엄 도브니 노드하우스(William Dawbney Nordhaus, 1941년~)가 지적 하듯이 이것은 그가 말한 "기후 카지노(Climate Casino)" 판에서 벌이는 무 모한 도박이라 할 수 있다.[50] 이를테면 만일 현상황이 유지된다고 할 때 세계의 상황이 심각하게 악화될 확률이 반반이고, 임계점을 넘어 파국 을 맞이할 확률이 5퍼센트라면, 설사 최악의 결과가 확실하지 않다고 해도 예방 조치를 취하는 편이 분별 있는 결정이다. 집에다 소화기를 사 다 놓고, 보험을 들고, 차고에 둔 휘발유통 뚜껑을 열어 두지 않는 것처 럼 말이다. 기후 변화 대처는 수십 년에 걸쳐 노력해야 하는 일이기 때문 에, 만약 기쁘게도 기온, 해수면, 해양 산성도가 상승하기를 멈춘다면 그 때 가서 규제를 철회해도 늦지 않다.

기후 변화에 대해서 정치적으로 훨씬 왼쪽에서 나온 또 다른 반응 은 훨씬 오른쪽에서 제기된 음모론을 변호하기 위해 설계된 것처럼 보인 다. 2014년에 언론인 나오미 클라인(Naomi Klein, 1970년~)이 발표한 베스 트셀러 『이것이 모든 것을 바꾼다: 자본주의 대 기후(*This Changes Everything: Capitalism vs. Climate*)』를 통해 대중화된 이른바 "기후 정의(climate justice)" 운 동에 따르면, 우리는 기후 위기를 기후 변화를 막기 위한 과제로만 여겨 서는 안 된다. 그렇다, 자유 시장을 철폐하고, 세계 경제를 재구축하고, 우리의 정치 체제를 재탄생시킬 기회로 여겨야 한다.[51] 환경 정치의 역 사에서 가장 초현실적인 일화 가운데 하나는, 2016년에 거의 모든 분석 가들이 기후 변화 대처의 전제 조건으로 지지한 탄소세를 미국 최초로 시행하기 위해 워싱턴 주에서 주민 발의를 하려 했을 때, 클라인이 이를 부결시키려고 억만장자 석유 사업가이자 기후 변화 부정론에 자금을 대는 악명 높은 데이비드 해밀턴 코크(David Hamilton Koch, 1940~2019년)와 찰스 드 가날 코크(Charles de Ganahl Koch, 1935년~) 형제의 편에 합류한 것이다.[52] 도대체 왜였을까? 그 조치가 "우파 친화적"이며, "오염을 일으킨 기업에게 돈을 물려서 그들의 부도덕한 이득으로 그들이 만들어 낸 피해를 복구하게끔" 하지 않는다는 이유에서였다. 심지어 클라인은 2015년 인터뷰에서 기후 변화의 정량적 분석조차도 반대했다.

우리는 콩 세기 게임으로 승리하지는 않을 겁니다. 콩 세기는 그들의 게임이고 우리는 이길 수 없어요. 하지만 이것은 가치, 인권, 옳고 그름의 문제이기 때문에 우리는 반드시 승리할 겁니다. 우리는 정확한 통계를 무기로 사용해야 하지만 그건 임시방편에 불과합니다. 정말로 사람들의 마음을 움직이는 것은 삶의 가치에 근거한 주장이라는 사실을 잊어선 안 됩니다.[53]

정량적 분석을 "콩 세기"라고 부르며 일축하는 것은 반지성적인 처사일 뿐 아니라 "가치, 인권, 옳고 그름"에도 **반하는 일이다.** 인간의 생명에 가치를 부여하는 사람이라면 건강하고 충만한 삶을 살 수 있는 수단을 제공하면서 사람들을 강제 이주나 기아로부터 구해 줄 확률이 가장 높은 정책을 지지할 테니 말이다.[54] 마법이나 요술이 아니라 자연 법칙을 따르는 우주에서는 콩 세기가 필요하다. 설사 순전히 "사람들의 마음을" 움직이기 위한 수사적 표현이라고 할지라도, 그 유효성을 확인하는 것은 중요한 일이다. 사람들은 기후 변화가 얼마나 끔찍한지를 말하는 무시무시한 경고를 들을 때보다는 그것이 기술과 정책의 혁신을 통해 해결 가능한 문제라는 말을 들을 때 기후 변화라는 사실을 받아들일 가능성이 더 크다.[55]

기후 변화를 저지하는 방법에 대한 또 다른 일반적인 반응은 내가 종종 받고는 하는 다음과 같은 편지에 잘 표현되어 있다.

> 핑커 교수님께
>
> 우리는 지구 온난화를 해결하기 위해 뭐라도 해야 합니다. 왜 노벨상을 받은 과학자들은 탄원서에 서명하지 않죠? 왜 그분들은 아무리 많은 사람이 홍수와 가뭄으로 목숨을 잃든 돼지 같은 정치인들은 전혀 신경 쓰지 않는다는 사실을 솔직하게 말하지 않는 건가요?
>
> 왜 교수님과 친구들은 지구 온난화와 싸우기 위해 진짜 희생을 감내하자는 인터넷 서명 운동을 벌이지 않죠? 그게 진짜 문제입니다. 누구도 희생하려 하지 않아요. 사람들은 무시무시한 위급 상황이 아니라면 비행기를 타지 않겠다고 맹세해야 합니다. 비행기는 엄청나게 많은 연료를 연소시키니까요. 사람들은 일주일에 최소한 사흘은 고기를 먹지 않겠다고 맹세해야 합니다. 육류 생산이 대기에 엄청나게 많은 탄소를 더하니까요. 사람들은 결코 보석을 사지 않겠다고 맹세해야 합니다. 금과 은의 세공은 상당히 에너지 집약적인 일이니까요. 우리는 관상용 도자기 생산을 금지해야 합니다. 너무 많은 탄소를 태우거든요. 대학교 예술학과에 있는 도예가들은 우리가 계속 이렇게 살아갈 수는 없다는 사실을 받아들여야 합니다.

다시금 콩 세기 하는 것을 양해해 주리라 믿고 말하건대, 설사 모두가 보석을 포기한다고 해도 전 세계의 온실 기체 배출량에는 흠집 하나 가지 않는다. 온실 기체 배출량의 대부분은 중공업(29퍼센트), 건설(18퍼센트), 운송(15퍼센트), 토지 이용도 변화(15퍼센트), 그리고 에너지 공급에 사용되는 에너지(13퍼센트)에서 나오기 때문이다. (전체 배출량의 5.5퍼센트를 차지하는 가축은 이산화탄소보다는 메테인을 주로 배출하며, 항공기는 전체 배출량의 1.5퍼센트를 배출한다.)[56] 물론, 내게 편지를 보낸 사람은 보석과 도자기를 포기하는 것은 **효과**보다는 **희생**의 문제라고 주장했고, 그녀가 본질적으로 사치품인 보석을 특정한 것도 놀라운 일은 아니다. 하지만 내가 그녀의 천진한 제안을 소개하는 것은 여기에 우리가 기후 변화에 대처하는 과정에서 마주하는 두 가지 심리적 장애물이 담겨 있기 때문이다.

첫 번째는 인지적인 장애물이다. 사람들은 규모를 생각할 때 어려움을 겪는다. 이산화탄소 배출량을 1,000톤, 100만 톤, 10억 톤 단위로 감축하는 행동들을 서로 구분하지 않는 것이다.[57] 수치, 속도, 가속도, 고계 도함수를 구별하지도 않는다. 이산화탄소 배출량의 **증가** 속도에 영향을 미치는 행동이 있고, 이산화탄소 배출의 **비율**에 영향을 미치는 행동이 있고, 대기 중 이산화탄소의 **수치**에 영향을 미치는 행동이 있으며, 지구의 **기온**에 영향을 미치는 행동이 있다. (이산화탄소 수치가 증가하지 않고 그대로 유지되더라도 기온은 상승할 것이다.) 사람들은 내가 언급한 것들 가운데 마지막 사안에만 집중한다. 그러나 규모와 변화 순서를 고려하지 않는다면 무의미한 정책에 만족하기 십상이다.

두 번째는 도덕적인 장애물이다. 2장에서 언급했듯이, 인간의 도덕 감각은 특별히 도덕적이지 않다. 인간의 도덕 감각은 탈인간화("돼지 같은 정치인")와 처벌 목적의 공격성("오염을 일으킨 기업에 돈을 물려서")을 부추긴다. 또한 낭비를 악에, 금욕을 선에 빗대 아무 의미도 없는 희생 정신을 신성화한다.[58] 다양한 문화에 속한 사람들이 금식, 순결, 자기 부정을 다짐하고, 장식품을 불태우고, 동물(때로는 인간) 제물을 바침으로써 자신의 올바름을 과시한다. 현대 사회에서조차 타인에 대한 존경심은 상대가 얼마나 훌륭한 성취를 이루었는가보다는 이타적인 행위를 위해 얼마나 많은 시간과 돈을 포기했는가에 달려 있다. (내가 심리학자 제이슨 네미로, 맥스 크라스노(Max Krasnow), 레아 하워드(Rhea Howard)와 함께했던 연구이다.)[59]

대중이 기후 변화 완화에 대해 나누는 대화는 대부분 재활용, 식료품 운송 거리 단축하기, 충전기 뽑아 놓기 등 자발적인 희생에 해당하는 내용으로 이루어져 있다. (나 자신도 하버드 대학교 학생들이 주도하는 그런 종류의 캠페인 포스터에 적잖게 등장한다.)[60] 하지만 얼마나 선하게 느껴지든 간에 그런 말은 우리가 마주한 거대한 도전에서 눈을 돌리게 할 뿐이다. 문제는 탄소 배출 문제가 흔히 공유지의 비극(tragedy of the commons)이라고 알려진 전형적인 공공재 게임이라는 것이다. 사람들은 타인의 희생에서는 이익을 얻고 자신의 희생에서는 손해를 보기 때문에, 누구나 타인을 희생시키고 무임 승차자가 되면 이득을 얻고, 그를 제외한 모든 사람은 손해를 본다. 공공재 게임의 딜레마를 바로잡는 표준적인 방법은 강압적인 권력으로 무임 승차자를 처벌하는 것이다. 하지만 관상용 도자기의 생산을 금지할 수 있을 만큼 전제 권력을 휘두르는 정부가 있다고 해도 공공선을 극대화하기 위해 그 힘을 그런 식으로 소모하지는 않을 것이다. 그것이 어렵다면 도덕심에 호소해서 모든 사람이 저마다 희생을 감내하도록 설득할 수 있다고 백일몽을 키우는 방법도 있다. 하지만 인간의 대중적 감정을 고려할 때, 수십억 인구가 자발적으로 자신의 이익에 반하는 행동을 하리라는 희망에 지구의 운명을 거는 것은 그리 현명한 방법이 아니다. 더욱 중요한 것은, 탄소 배출량을 절반으로 줄이고 내처 0으로 만들기 위해서는 보석을 포기하는 것보다 훨씬 큰 희생이 필요하다고 주장할 수 있다는 점이다. 모르기는 몰라도 전기, 난방, 시멘트, 철강, 종이, 여행, 그리고 값이 적당한 음식과 의류까지 포기해야 한다고 말이다.

기후 정의 투사들은 개발 도상국이 흔쾌히 동의하리라는 환상에 빠져서 '지속 가능한 발전'의 체제를 주장한다. 셸렌버거와 노드하우스가 비꼬듯이 그런 주장은 "아마존 숲의 작은 협동 조합에 소속된 농부와 원주민이 견과류와 산딸기를 주워서 유명 아이스크림 업체인 벤 앤드 제리 사에 '우림 견과'의 재료로 납품하라는" 것과 같다.[61] 그들에게 LED

조명을 밝히거나 휴대 전화를 충전할 수 있는 수준의 태양광 패널은 허락되겠지만, 그 이상은 주어지지 않을 것이다. 말할 것도 없이 정작 그런 나라에 살고 있는 사람들은 다른 생각을 갖고 있다. 가난에서 벗어나려면 풍부한 에너지가 필요하다. 휴먼프로그레스의 운영자인 매리언 튜피는 보츠와나와 부룬디의 사례를 지적한다. 1962년에 두 국가는 1인당 연평균 소득이 70달러 정도로 매우 가난했고, 이산화탄소 배출량도 많지 않았다. 2010년에 보츠와나의 1인당 연간 소득은 여전히 가난한 부룬디의 32배에 해당하는 7,650달러를 기록했고, 이산화탄소 배출량은 89배로 늘었다.[62]

이런 사실을 마주한 기후 정의 투사들은 빈곤한 국가를 부유하게 만들기보다는 부유한 나라를 빈곤하게 만들어, 이를테면 "노동 집약 농업"으로 되돌아가야 한다고 반응한다. (응당 돌려줄 답은, 너부터 하라는 것이겠다.) 셸렌버거와 노드하우스는 시골 지역에 전기를 보급하고 경제를 성장시키는 일이 진보 정치의 대표적인 프로젝트였던 시절에서 우리가 얼마나 멀리까지 왔는지 지적한다. "이제는 가난한 나라에 민주주의의 이름으로 그들이 원하는 것, 이를테면 값싼 전기를 제안하는 것이 아니라, 그들이 원하지 않는 것, 이를테면 가끔 정전이 되는 값비싼 전력을 제안하고 있는 셈이다."[63]

부국과 빈국 할 것 없이 경제 성장이 반드시 필요한 이유는, 지금 일어나고 있는 기후 변화에 적응하기 위해 꼭 필요한 것이기 때문이다. 번영의 큰 도움 덕분에 인류는 건강해졌고(5장과 6장), 잘 먹게 되었고(7장), 평화를 얻었고(11장), 자연 재해와 위험으로부터 더 안전해졌다. (12장) 이런 발전을 통해 인류는 자연적인 위협과 인간이 만들어 낸 위협이 닥치더라도 그로부터 회복할 수 있는 힘을 갖추게 되었다. 질병이 발생해도 유행병으로 확산하는 경우는 흔치 않으며, 어느 지역에 흉작이 발생해도 다른 지역의 잉여 농작물을 가져와 피해를 줄일 수 있다. 국지적인 충돌은 전쟁으로 이어지기 전에 진정되고, 인구는 태풍, 홍수, 가뭄의 피해에서 안전하게 보호받고 있다. 기후 변화에 대한 온당한 반응은 한층 강해진 회복력의 이점을 살려서, 점점 따뜻해지는 지구가 우리에게 가할 위협을 앞지를 수 있도록 해야 한다는 것이다. 개발 도상국이 부유해지면 그들은 제방과 저수지를 만들고, 공중 보건 서비스를 개선하고, 수면이 상승하는 바다를 피해 사람들을 이주시킬 수 있는 자원을 더 많이 확보할 것이다. 그러므로 그들이 에너지 빈곤 상태에 머무르도록 내버려 둬서는 안 된다. 하지만 나중에 기상 재해로 모든 사람을 짓누르게 될 대규모 석탄 발전을 통해 소득을 증가시킨다는 것도 이치에 맞지 않는다.[64]

~

그렇다면 우리는 어떻게 기후 변화에 대처해야 할까? 우선, 대처해야 한다는 점에는 이론의 여지가 없다. 나는 기후 변화 저지가 도덕적인 문제라는 점에 있어서는 프란치스코 교황과 기후 정의 투사들에게 동의하는데, 기후 변화는 잠재적으로 수십억 인구에게 해를 끼칠 수 있고, 피해는 특히 세계의 가난한 이들에게 집중될 것이 분명하기 때문이다. 하지만 도덕은 도덕적 설교와 다르고, 도덕적 설교는 대체로 도덕에 별 도움이 되지 않는다. (교황의 회칙은 역효과를 일으켜, 오히려 이미 문제를 인지하고 있던 보수적인 가톨릭 교인들의 관심을 떨어뜨렸다.)[65] 우리에게 필요한 에너지를 판매하는 화석 연료 기업을 악마화하거나 과시적인 희생을 통해 우리의 미덕을 표현하면 기분은 좋아지겠지만, 그런 자기 도취로는 파괴적인 기후 변화를 막지 못한다.

기후 변화에 대한 계몽주의적 대처법은, 어떻게 하면 온실 기체 배출량은 최소화하면서 에너지 생산량은 최대화할 수 있는지 생각하는 것이다. 물론, 현대를 비극적으로 바라보는 관점으로는 불가능한 일이다. 그런 사람들이 보기에, 탄소를 연소시켜 전력을 얻는 산업화 사회는 자기 자신을 파괴할 연료를 스스로 채워 넣고 있다. 하지만 이 비극적인 관점은 틀렸다. 오수벨은 현대 세계가 점진적으로 탈탄소화 과정을 밟아 왔다고 지적한다.

우리가 태우는 물질에는 탄소와 수소로 이루어진 탄화수소가 포함되어 있는데, 이 물질이 산소와 결합해서 물과 이산화탄소를 형성하고 에너지를 방출한다. 가장 오래된 탄화수소 연료인 마른 목재의 경우, 가연성 탄소 원자와 수소 원자의 비율은 대략 10 대 1이다.[66] 산업 혁명기에 목재를 대체한 석탄의 평균 탄소 대 수소 비율은 2 대 1이다.[67] 등유 등 석유 연료의 비율은 1 대 2이다. 화학식으로 CH_4인 메테인을 주성분으로 하는 천연 가스는 그 비율이 1 대 4이다.[68] 산업화된 세계가 목재에서 석탄으로, 석유로, 그리고 가스로 에너지 사다리를 오르는 동안(마지막 전환 과정은 21세기에 수압 파쇄법을 통해 셰일 가스를 대량으로 채굴하며 더욱 가속화되고 있다.) 에너지원의 탄소 대 수소 비율은 꾸준히 하락했고, 단위 에너지를 방출하기 위해 연소시켜야 하는 탄소량도 그만큼 감소했다. (10억 줄, 즉 1기가줄당 탄소량은 1850년 30킬로그램에서 오늘날 15킬로그램으로 줄었다.)[69] 그림 10.7은 탄소 배출량의 쿠즈네츠 곡선을 보여 준다. 미국과 영국 등 부유한 국가들이 처음 산업화되던 시기에는 GDP 1달러를 벌기 위해 배출하는 이산화탄소의 양은 점점 더 늘어났지만, 1950년대에 분기점을 돈 이후로 이 국가들의 GDP 1달러당 이산화탄소 배출량은 점점 감소해 왔다. 그 뒤를 따르는 중국과 인도의 배출량은 각각 1970년대 후반과 1990년대 중반에 정점에 이르렀다. (중국의 기록은 1950년대 후반에 치솟는데, 마오쩌둥의 멍청한 계획에 따라 뒤뜰에 세워져 어마어마한 양의 탄소를 배출하면서 경제적인 결과는 전혀 만들어 내지 못한 철강 제련소 탓이었다.) 세계적으로 탄소 집약도는 반

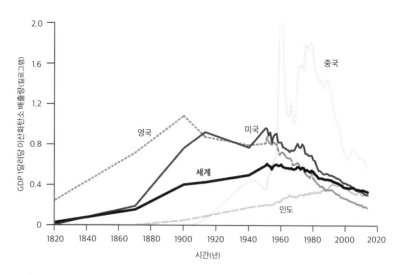

그림 10.7. 1820~2014년 탄소 집약도. GDP 1달러당 이산화탄소 배출량. (Ritchie & Roser 2017. 이산화탄소 정보 분석 센터(Carbon Dioxide Information Analysis Center)의 데이터에 근거했다. http://cdiac.ornl.gov/trends/emis/tre_coun.html. GDP는 2011년 국제 달러 기준이고 1990년 이전의 GDP 는 Maddison Project 2014를 참조했다.)

세기에 걸쳐 감소해 왔다.[70]

　탈탄소화는 사람들의 선호도 변화에 따른 자연스러운 결과이다. "탄소는 광부들의 허파를 검게 만들고, 도시의 공기를 위태롭게 하며, 위험한 기후 변화를 야기한다."라고 오수벨은 설명한다. "수소는 가장 순수한 무해한 원소로, 연소가 끝나면 물이 된다."[71] 사람들은 고농축된 깨끗한 에너지를 원하고, 도시로 이주한 사람들은 오직 침대와 화구로 직접 배달되는 전기와 가스만을 사용한다. 놀랍게도 이와 같은 자연스러운 발전을 통해 세계는 석탄 생산 정점에 이르렀으며, 어쩌면 이미 탄소 배출 정점에 도달했는지도 모른다. 그림 10.8이 보여 주는 것처럼 2014년부터 2015년까지 국제 탄소 배출량에는 큰 변화가 없었고, 최대 탄소 배출원 세 곳인 중국, 유럽 연합, 미국의 배출량은 오히려 감소했다. (그림 10.3에 나타난 미국의 그래프에서 볼 수 있듯이, 탄소 배출량이 유지된 기간에도 번영도는 상

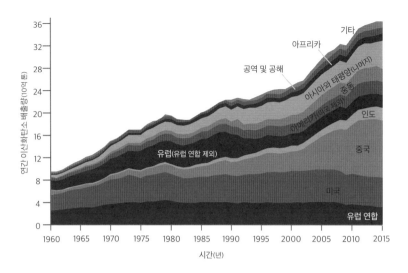

그림 10.8. 1960~2015년 이산화탄소 배출량. (데이터로 본 우리 세계에서. Ritchie & Roser 2017 과 https://ourworldindata.org/grapher/annual-co2-emissions-by-region, 이산화탄소 정보 분석 센터의 http://cdiac.ornl.gov/CO₂_Emission/, 그리고 Le Quéré et al. 2016의 데이터에 근거한 것이다. '공역 및 공해' 는 항공 운송과 해양 운송을 가리키며, 원문의 '벙커C유'에 해당한다. '기타'는 전 세계 이산화탄소 배출량 추정 치와 지역별, 국가별 배출량 총합의 차이로, '통계학적 차이'에 해당한다.)

승했다. 2014년과 2016년 사이에 세계 총생산이 연 3퍼센트씩 증가한 것이다.)[72] 탄소 배 출량 감소분 중 일부는 풍력 발전과 태양광 발전의 증가에 따른 것이지 만, 대부분은(특히 미국에서는) $C_{137}H_{97}O_9NS$ 석탄을 CH_4 가스로 대체한 결과이다.

장기적인 탈탄소화 흐름이 보여 주는 것은, 경제 성장이 탄소 태우기 와 동의어가 아니라는 점이다. 일부 낙관주의자는 만일 이 추세가 다음 단계 — 저탄소 천연 가스에서 탄소 제로의 핵에너지로 이어지는, 약칭 'N2N' 과정 — 로 이어진다면 기후 변화가 연착륙하리라고 믿는다. 하 지만 가장 해맑은 사람들이나 이 과정이 저절로 일어날 수 있다고 믿을 것이다. 연간 이산화탄소 배출량이 360억 톤 수준에서 한동안 유지된다 고 해도 여전히 아주 많은 양의 이산화탄소가 매년 대기에 더해지는 셈이며, 해로운 결과를 막는 데 필요한 급격한 탄소 배출량 감소의 징후는 아직 어디에서도 나타나지 않고 있다. 그것보다는 정책과 기술을 활용해 탈탄소화 과정을 강화할 필요가 있는데, 이런 의견을 '대폭적 탈탄소화(Deep Decarbonization)'라고 부른다.[73]

대폭적 탈탄소화의 시작은 탄소 유료화(carbon pricing)이다. 탄소 유료화는 사람과 기업이 공기 중에 탄소를 배출해서 일으키는 피해에 비용을 청구하는 것으로, 탄소 배출에 세금을 매기거나 국가들끼리 할당량을 거래할 수 있는 '탄소 배출 상한제'를 도입하면 된다. 서로 다른 정치적 입장을 가진 경제학자들도 정부와 시장의 고유한 이점을 잘 조합하고 있다는 점에서 한목소리로 탄소 유료화를 지지한다.[74] 원래 대기에는 소유자가 없으니, 사람(그리고 기업) 입장에서는 타인에게 피해를 주는 탄소 배출을 막고자 굳이 에너지 사용을 자제할 이유가 없다. 이와 같은 고약한 결과를 경제학자들은 '부정적 외부 효과'라고 부른다. (또 다른 이름으로는 공공재 게임에서 말하는 '집단 비용', 공유지의 비극에서 말하는 '공유지 훼손' 등이 있다.) 정부만이 부과할 수 있는 탄소세를 도입해서 공공 비용을 '내재화'하면 사람들은 탄소를 배출하는 모든 결정에서 피해 정도를 계산에 넣을 수밖에 없다. 수십억 인구가 자신의 가치관과 가격이 말해 주는 정보에 근거해서 무엇이 절약에 가장 유리한 방법인지 직접 결정하게 하는 일은, 분명 정부 분석가를 책상 앞에 앉혀 놓고 최선의 조합을 계산하게 하는 것보다 훨씬 효율적이고 인도적일 것이다. 도예가도 탄소 경찰의 눈을 피해 가마를 은폐할 필요가 없고, 그저 샤워 시간을 줄이거나, 휴일에 드라이브를 자제하거나, 쇠고기 대신 가지를 먹으면서 지구를 구하는 데 제 몫을 하면 된다. 부모도 기저귀 대여 서비스의 운송 및 세탁 과정에서 배출하는 탄소가 많은지, 아니면 일회용 기저귀 생산에서 배출하는 탄소가 많은지 하나하나 계산할 필요가 없다. 탄소 배출량 차이는 가격으로 쉽게 드러날 테고, 따라서 기업은 탄소 배출량을 낮추어 경쟁에서 유리한 위치를 점할 수 있다. 발명가와 기업가가 위험을 감수하고 탄소 제로 에너지원 사업에 뛰어든다고 해도, 지금처럼 연료가 대기 중에 쓰레기를 토해내도 아무런 비용도 치르지 않는 기울어진 운동장이 아니라, 평평한 운동장에서 화석 연료와 경쟁할 수 있다. 탄소 유료화 정책이 없는 상황에서는 화석 연료 — 상당히 풍부하고, 운송이 용이하고, 에너지 밀도가 높은 연료 — 가 다른 대안에 비해 훨씬 유리할 수밖에 없다.

물론, 탄소세는 좌파가 우려하듯이 가난한 이들에게 타격을 가하고, 우파가 불쾌해하듯이 돈을 민간 부문에서 공공 부문으로 이전시킨다. 하지만 그런 효과는 판매, 급여, 소득, 그 외 다른 종류의 세금과 자금 이전 경로를 조정하는 방식으로 충분히 중화할 수 있다. (앨 고어의 표현대로, 버는 것이 아니라 태우는 것에 따라 세금을 납부하게 하는 것이다.) 그리고 만일 세금을 처음에는 낮게 책정했다가 시간이 지남에 따라 예측 가능한 방식으로 빠르게 인상한다면, 초기에 사람들은 세금 인상분을 장기적인 물품 구입과 투자 계획에 반영할 수 있고, 발전 가능성이 있는 유망한 저탄소 기술을 우선 선택함으로써 관련 세금에서 서서히 벗어날 것이다.[75]

대폭적 탈탄소화의 두 번째 열쇠는 전통적인 환경 보호 운동의 불편한 진실을 끄집어낸다. 바로, '핵에너지'가 세계에서 가장 풍부하고, 동시에 확장 가능한 탄소 없는 에너지원이라는 사실이다.[76] 태양광과 풍력을 중심으로 재생 에너지는 상당히 저렴해졌고, 세계 에너지 공급에서 차지하는 비중도 3배 이상 증가하기는 했지만, 그래 봐야 전체 에너지 대비 1.5퍼센트에 지나지 않고, 앞으로 증가할 수 있는 정도에도 한계가 있다.[77] 바람은 잦아들 때가 많고, 태양은 매일 밤 저무는 데다 구름에 가릴 때도 있다. 하지만 사람들은 비가 오든 개든 매시간 에너지가 필요하다. 재생 에너지를 대량으로 저장했다가 방출할 수 있는 전지도 도움은 되겠지만, 여러 도시에 전력을 공급할 수 있는 규모의 전지가 개발되기까지는 아직 긴 시간이 필요하다. 게다가 광대한 면적을 차지하는 풍력 발전과 태양광 발전은 환경 친화적인 고밀도화 과정에 역행한다. 에너지 저널리스트 로버트 브라이스(Robert Bryce, 1960년~)는 세계의 에너지 사용량 증가를 따라가는 데만도 매년 독일 전체 면적에 해당하는 땅만큼 새롭게 풍력 발전 시설이 들어서야 한다고 추정한다.[78] 2050년까지 재생 에너지를 통해 세계의 에너지 수요를 채우기 위해서는, 미국 영토(알래스카 포함)와 멕시코, 중앙아메리카, 그리고 캐나다의 인구 거주 지역을 더한 만큼의 면적에 풍차와 태양광 패널을 설치해야 한다.[79]

반면, 핵에너지는 궁극의 고밀도화를 보여 주는데, 핵반응은 $E = mc^2$이라는 공식에 따라 아주 작은 질량에서 어마어마한(광속의 제곱에 비례하는) 에너지를 추출해 내기 때문이다. 핵발전을 위해 우라늄을 채굴하는 과정은 석탄, 석유, 가스를 채굴할 때보다 환경에 훨씬 작은 상처를 남기고, 발전소 자체도 풍력 발전소나 태양광 발전소에 필요한 땅 면적의 500분의 1에 불과하다.[80] 핵에너지는 매시간 사용할 수 있고, 필요한 곳에 에너지를 집중적으로 공급해 주는 전력망에 연결할 수 있다. 핵에너지의 탄소 발자국은 태양광, 수소, 바이오매스 에너지보다 작으며, 안전성은 더 높다. 핵발전이 시작된 이후 60년 동안 우리는 소비에트 체제에서 흔치 않은 실수로 체르노빌 핵발전소 사고가 나서 31명이 사망하고, 수천 명이 암으로 조기 사망하고, 피폭 인구 가운데 10만 명이 자연적인 암 발병으로 사망하는 것을 한 번 목격했다.[81] 하지만 그 유명한 1979년 스리 마일 섬 핵발전소 사고와 2011년 일본 후쿠시마 핵발전소 사고로는 사망자가 발생하지 않았다. 반면에 가연성 물질을 연소하는 과정에서 배출되는 공해와, 이를 채굴하고 운송하는 과정에서 발생하는 사고로 매일 엄청난 수의 사람들이 사망하지만, 그중 어떤 것도 헤드라인에 오르지 못한다. 핵에너지와 비교할 때, 전기 1킬로와트시를 생산할 때마다 천연 가스는 38배 많은 사망자가 발생하고, 바이오매스는 63배, 석유는 243배, 석탄은 387배 많은 사망자가 발생한다. 아마 1년에 100만 명은 될 것이다.[82]

노드하우스와 셸렌버거는 점점 늘어나고 있는 기후 과학자들의 계산을 다음과 같이 요약한다. "핵에너지의 대폭적인 확대가 아니고서는 전 세계 탄소 배출량을 감축할 수 있는 확실한 방법이 없다. 핵에너지는 오늘날 우리가 가진 저탄소 기술 가운데, 전력을 집중적으로 대량 생산할 수 있음을 증명한 유일한 기술이다."[83] 대폭적 탈탄소화 프로젝트(Deep Decarbonization Pathways Project, DDPP)는 다수의 연구 팀으로 구성된 컨소시엄으로, '섭씨 2도' 목표를 달성하는 데 필요한 만큼 탄소 배출량을 감축할 수 있도록 각국의 로드맵을 만들어 왔는데, 프로젝트의 결론은 미국이 2050년까지 핵발전을 통한 전기 생산 비율을 30퍼센트와 60퍼센트 사이(이것은 기존 비율의 1.5~3배에 달한다.)로 늘려야 하고, 동시에 가정 난방, 운송 수단의 연료 공급, 그리고 철강, 시멘트, 비료를 생산하는 데 사용되는 화석 연료를 대체하기 위해서도 핵발전을 통한 전기 생산량을 크게 늘려야 한다는 것이다.[84] 한 시나리오에 따르면, 이를 위해서는 핵발전 능력을 4배 증가시켜야 한다. 또한 중국, 러시아, 다른 국가에서도 비슷한 수준으로 핵발전 능력을 확대할 필요가 있다.[85]

안타깝게도 핵에너지를 더 많이 활용해야 할 시기에 각국은 오히려 핵발전을 감축하고 있다. 미국에서는 원자로 11기가 최근 폐쇄되었거나 폐쇄될 상황에 놓여 있다. 이렇게 하면 태양광 에너지와 풍력 에너지 사용량 증가에 따른 탄소 배출량 감축이 전량 무위로 돌아간다. 대부분의 전력 생산을 핵발전에 의존해 오던 독일에서도 핵발전소를 폐쇄하며 부족해진 전력을 충당하느라 석탄 화력 발전소의 탄소 배출량이 증가하고 있다. 프랑스와 일본 역시 독일의 전철을 밟을 수 있다.

서양 국가들은 왜 잘못된 길로 향하는 것일까? 핵에너지는 수많은 심리적 버튼을 누르고(피폭은 공포스럽고, 재난은 상상하기 쉬우며, 낯선 것과 인간이 만든 것은 불신을 부른다.), 거기에 더하여 전통적인 환경 보호 운동과 미심쩍은 '진보' 운동의 지지자들이 그 공포를 증폭시켜 왔다.[86] 한 평론가는 지구 온난화의 책임을 1979년 핵 반대(No Nukes) 콘서트를 열고 영화를 만들어 베이비붐 세대의 반핵 정서를 자극한 두비 브라더스(Doobie Brothers)와 보니 레이트(Bonnie Raitt, 1949년~) 같은 록스타에게 돌린다. (콘서트 마지막 곡의 가사는 다음과 같았다. "내게 태양의 따뜻한 힘을 줘. …… 대신 원자력 독은 모두 가져가 버려.")[87] 제인 폰다(Jane Fonda, 1937년~)와 마이클 더글러스(Michael Douglas, 1944년~), 그리고 1979년에 개봉한 재난 영화 「차이나 신드롬(The China Syndrome)」의 제작자에게도 책임이 있을 것이다. 영화의 제목은 노심 용융(meltdown)이 발생하면 우선 "펜실베이니아 주 넓이에 해당하는 땅"만큼 거주가 불가능해지고, 이후에 그 여파가 지구의 지각을 뚫고 반대편에 있는 중국에까지 미칠 수 있다는 가설에서 비롯되었다. 악마적인 우연의 장난으로, 영화 개봉 2주 만에 펜실베이니아 주 중심에 위치한 스리 마일 섬 핵발전소에서 부분적인 노심 용융이 발생해 커다란 공황을 일으켰고, 핵에너지가 우라늄 원료만큼이나 방사능이 강하다는 생각을 만들어 냈다.

기후 변화에 관해서는 흔히 가장 많이 아는 사람이 가장 불안해한다고들 하지만, 핵에너지는 가장 많이 아는 사람이 가장 덜 불안해한다.[88] 유조선, 자동차, 비행기, 건물, 공장의 경우(12장)처럼, 기술 공학자는 실제로 일어난 사고와 일촉즉발로 지나간 상황에서 많은 것을 배우고, 그 과정에서 꾸준히 노심의 안전성을 강화하면서 사고와 오염의 위험을 화석 연료보다 크게 낮추었다. 마찬가지로 방사능 역시 핵에너지 쪽이 더 안전한데, 석탄을 연소할 때 배출되는 연도 가스와 비산회가 방사능을 함유하고 있기 때문이다.

하지만 핵발전은 비용이 많이 든다. 무엇보다, 허가가 쉽게 나는 경쟁 에너지와 달리 핵발전은 극심한 규제라는 허들을 넘어야 하기 때문이다. 또한 미국에서는 건설이 오래 중단된 이후에 민간 기업이 핵발전소를 건설하고 있는데, 이들은 저마다 독특한 설계 방식을 활용하기 때문에 핵발전 기술은 기술적 학습 곡선을 따를 수도 없었고, 최선의 설계, 제작, 건설 방식을 확정할 수도 없었다. 반면 스웨덴, 프랑스, 한국은 표준화된 원자로를 10여 기씩 건설한 결과, 지금은 상당히 적은 양의 탄소를 배출하면서도 값싼 전기를 사용하고 있다. 미국 원자력 규제 위원회 (Nuclear Regulatory Commission)의 의장인 아이번 셀린(Ivan Selin, 1937년~)은 이렇게 표현한다. "프랑스에는 두 종류의 원자로와 수백 종의 치즈가 있는데, 미국은 그 반대이다."[89]

핵에너지가 탈탄소화 과정에 크게 기여하기 위해서는 결국 현재의 2세대 경수 원자로를 뛰어넘는 기술적 도약이 이루어져야 한다. ('1세대' 는 1950년대와 1960년대 초반의 원형로를 포함한다.) 곧 배치될 몇몇 3세대 원자로 는 현재의 설계에서 몇 가지 진화를 거쳐 효율성과 안정성이 향상되었지만, 아직도 꼬일 대로 꼬인 재정 문제와 건설 문제를 풀어내지 못하고 있다. 4세대 원자로에는 여섯 가지 설계 방식이 있는데, 4세대 원자로가 실용화되면 핵발전소도 구하기 힘든 한정판이 아닌 대량 생산품이 되리라 기대할 수 있다.[90] 4세대 원자로의 한 유형은 제트 엔진처럼 조립 라인에서 생산할 수 있고, 크기는 화물 컨테이너에 들어갈 정도가 되어 철도로 운송할 수도 있으며, 바지선에 설치해 해안가 도시 근처에 배치할 수도 있다. 그 덕분에 '님비(NIMBY)'라는 허들을 넘기도 쉽고, 태풍이나 쓰나미를 이겨 낼 수도 있으며, 유용한 삶을 마치고 퇴역할 때가 오면 원자로를 간단히 견인해 갈 수도 있다. 설계에 따라 원자로를 땅에 묻어 지하에서 작동시킬 수도 있고, 압축이 필요 없는 비활성 기체나 용융염으로 냉각시킬 수도 있고, 연료봉 교체를 위해 가동을 중단할 필요 없이 조약돌만 한 구체 연료를 줄줄이 투입해서 연료를 계속 공급할 수도 있고, (가장 깨끗한 연료인) 수소를 함께 생산할 수도 있으며, 과열되면 전기 신호나 인간의 조작 없이 스스로 차단되게 만들 수도 있다. 어떤 유형은 상대적으로 매장량이 풍부한 토륨을 연료로 사용하고, 다른 유형은 바닷물, 해체 핵무기(검을 녹여서 쟁기를 만드는 궁극의 사례가 될 것이다.)나 기존 원자로의 폐기물에서 추출한 우라늄, 심지어는 그 원자로의 폐기물에서 추출한 우라늄을 연료로 사용할 수 있다. (마지막 유형의 기계는 우리가 만들어 낼 수 있는 것 가운데 영구 운동 기계에 가장 근접한 기술로, 수천 년에 걸쳐 전 세계에 전력을 공급할 수 있다.) 게다가 오랫동안 "30년 앞으로 다가온, 그리고 영원히 30년 앞에 있을" 에너지라고 놀림을 받았던 핵융합 에너지 역시, 이번에는 정말로 30년 앞으로(혹은 더 가까이) 다가와 있을지 모른다.[91]

핵기술의 발전에 따른 이익은 헤아릴 수 없을 정도이다. 기후 변화에 대응하는 노력은 대체로 (탄소 유료화처럼) 논쟁의 여지가 많은 정책 변경을 요구하고, 최상의 시나리오를 따른다고 해도 전 세계가 함께 정책을 시행하기는 쉽지 않다. 반면에 화석 연료보다 저렴하고 밀도가 높고 깨끗한 에너지원은 그 자체로 매력적이라서 정치가의 영웅적인 의지나 국제적인 협력이 필요하지 않다.[92] 고도로 발전한 핵에너지 기술은 기후 변화를 완화해 줄 뿐 아니라, 그밖에도 많은 혜택을 제공한다. 개발 도상국 세계의 사람들은 에너지 사다리의 중간 단계를 건너뛰어 석탄 연기에 숨 막히는 일 없이 서양 수준으로 생활 수준을 끌어올릴 수 있다. 엄청난 에너지를 잡아먹는 해수 담수화 작업 비용이 적당한 수준으로 조정되면 농장에 물을 대거나 식수를 공급하기가 쉬워지고, 표층수와 수력 전기의 필요성이 줄어들면 댐을 해체하고 강의 흐름을 호수와 바다로 돌려 전체 생태계를 되살릴 수 있다. 이 세계에 깨끗하고 풍부한 에너지를 가져다줄 이들은 역사 속의 성인, 영웅, 예언자, 순교자, 계관 시인을 모두 합친 것보다 더 큰 이익을 인류에게 안겨 줄 것이다.

에너지 혁신은 이상주의적인 발명가들이 설립한 스타트업 회사에서 나올 수도 있고, 에너지 기업의 연구 개발 팀에서 나올 수도 있고, 기술 억만장자의 과시성 프로젝트에서 나올 수도 있다. 특히 그들에게 확실한 계획과 미친 계획이 뒤섞인 다양한 포트폴리오가 있다면 더욱더 그럴 것이다.[93] 하지만 연구 개발 분야는 정부의 적극적인 협조가 필요하다. 민간 기업의 입장에서 국제 공공재는 보상은 작고 위험은 큰 사업이기 때문이다. 여기에 정부의 역할은 필수적이다. 브랜드는 그 이유를 이렇게 설명한다. "인프라는 우리가 정부를 고용한 이유 가운데 하나이다. 에너지 인프라는 특히 더 그렇다. 법안, 채권, 통행권, 규제, 보조금, 연구, 그리고 철저한 감시가 끝없이 이어지는 공공-민간 계약이 필요하기 때문이다."[94] 정부의 역할에는 1970년대의 기술 공포증과 핵 불안이 아니라 21세기의 과제에 적합한 규제 환경을 조성하는 일도 포함되어 있다. 4세대 원자로 기술 가운데 일부는 이미 첫 삽을 뜰 준비가 되어 있음에도 규제라는 녹색 올가미에 꽁꽁 묶여 있는 탓에 적어도 미국에서는 영원히 빛을 보지 못할 수가 있다.[95] 중국, 러시아, 인도, 인도네시아처럼 에너지에 굶주리고 스모그에 신물 난, 그리고 미국적인 결벽증과 정치적 정체로부터 자유로운 국가가 사업을 선도할지 모를 일이다.

누가 되었든, 어떤 연료를 사용하든, 대폭적 탈탄소화의 성공은 기술 발전에 달려 있을 것이다. 2020년에 세계가 가진 지식이 최고라고 여길 이유가 어디 있다는 말인가? 탈탄소화를 위해서는 원자력 기술뿐 아니라 다른 영역의 혁신도 필요하다. 단속적으로 공급되는 재생 에너지를 저장해 둘 전지, 분산된 공급원에서 모은 전기를 분산된 사용자에게 분산된 시간에 분배할 수 있는 인터넷과 유사한 지능형 전력망, 시멘트, 비료, 강철 생산 같은 산업 공정에 전기를 공급하고 공정을 탈탄소화할 기술, 고밀도의 운송 가능한 에너지가 필요한 대형 트럭과 비행기에 사용할 액화 바이오 연료, 그리고 이산화탄소를 포집하고 저장할 방법 등이 그것이다.

~

이 가운데 마지막 기술이 특히 결정적인 것은 아주 단순한 이유에서이다. 온실 기체 배출량을 2050년까지 절반으로 줄이고 2075년까지 0으로 만든다 해도, 이미 배출된 이산화탄소는 대기권에 아주 오래도록 잔존하는 탓에 위험천만한 온난화도 그대로 유지될 것이다. 온실의 유리가 두꺼워지는 것을 막는 것만으로는 충분하지 않다. 어느 시점에는 온실을 해체해야 한다.

기본적인 기술은 10억 년 전부터 존재해 왔다. 식물은 태양광 에너지를 사용해서 이산화탄소와 물을 합성하고 당($C_6H_{12}O_6$), 섬유소($C_6H_{10}O_5$ 사슬), 리그닌($C_{10}H_{14}O_4$ 단위체 사슬)을 생산하는데 그 과정에서 공기 중의 탄소를 빨아들이며, 마지막 두 가지 물질로는 목재와 줄기의 생물량 대부분을 만든다. 따라서 공기 중의 이산화탄소를 제거하는 확실한 방법은, 탄소에 굶주린 식물을 최대한 많이 고용해서 우리를 돕게 하는 것이다. 삼림 파괴가 재삼림화와 조림(새로운 숲의 조성) 사업으로 전환될 수 있도록 장려하고, 경작지와 파괴된 습지를 되돌려 놓고, 해안 서식지와 해양 서식지를 복원하면 된다. 또 죽은 나무가 부패하는 과정에서 대기 중으로 뱉어내는 탄소의 양을 줄이기 위해서는 목재를 비롯한 식물 재료로 집을 짓도록 장려하거나, 바이오매스를 구워 잘 썩지 않는 숯으로 만든 뒤, 땅에 묻어 토양 개량제로 사용할 수 있다. 이 토양 개량제를 바이오 차(biochar)라고 부른다.[96]

탄소 포집을 위한 다른 아이디어들은 적어도 현재의 기술 기준으로는 넓고 얕게 퍼져 있다. 그 스펙트럼의 공상적인 극단은 지구 공학의 냄새를 풍긴다. 풍화되면서 이산화탄소를 흡수하는 돌을 가루로 빻아 퍼뜨리는 계획, 구름이나 해양에 알칼리 성분을 첨가해서 더 많은 이산화탄소를 물에 녹이는 계획, 바다에 철분을 비료처럼 공급해서 플랑크톤의 광합성을 가속화하는 계획이 그런 것들이다.[97] 나름 입증된 극단적 계획 중에는 화석 연료를 사용하는 공장의 굴뚝에서 나오는 이산화탄소를 긁어모아 지각의 틈새에 투하하자는 것도 있다. (대기 중에 400피피엠으로 희박하게 존재하는 탄소를 걸러 내는 방법은 이론상으로는 가능하지만, 핵에너지가 충분히 저렴해진다면 모를까 터무니없이 비효율적이다.) 이 기술은 기존의 공장과 발전소에 적용될 수 있으며, 그렇게 된다면 그 자체로 에너지를 많이 잡아먹는 기술이기는 해도 이미 가동되고 있는 방대한 에너지 기간 산업의 탄소 배출량을 대폭 줄여 줄 것이다. (이른바 깨끗한 석탄 화력 발전이 탄생할 것이다.) 이 기술은 또한 석탄을 액체 연료로 전환하는 가스화 공정에도 적용할 수 있는데, 여기서 나온 액체 연료는 비행기와 대형 트럭에 그대로 쓰일 수 있다. 지구 물리학자 대니얼 폴 슈래그(Daniel Paul Schrag, 1966년~)는 가스화 공정 자체가 가스에서 이산화탄소를 분리해야 하므로, 대기를 보호하기 위해 그 이산화탄소를 격리하는 데에는 그리 큰 추가 비용을 들지 않으며, 그 과정에서 생산되는 액체 연료는 석유보다 작은 탄소 발자국을 남길 것이라고 주장한다.[98] 훨씬 더 좋은 방안으로, 만일 석탄 원료에 바이오매스(잔디, 농업 폐기물, 벌목한 목재, 지방 자치 단체에서 나오는 쓰레기, 그리고 언젠가는 유전 공학 식물이나 조류(藻類)까지도)를 보충하다 보면 탄소 중립 연료가 나올 수 있다. 가장 좋은 것은 원료를 완전히 바이오매스로만 구성해서 '탄소 네거티브(carbon-negative)' 연료를 만드는 방안이다. 대기에서 이산화탄소를 끌어들인 식물의 바이오매스를 에너지로 사용(연소, 발효, 가스화)할 때, 탄소 포집 공정을 적용해서 대기 중의 탄소를 줄이는 것이다. 가끔 BECCS(bio-energy with carbon capture and storage, 바이오 에너지 탄소 포집 및 저장)라고도 불리는 이 조합은 기후 변화의 구세주 기술이라고 불리고 있다.[99]

이 가운데 실현될 수 있는 것이 있을까? 세계 에너지 수요의 증가, 광대한 기반 시설을 갖춘 화석 연료의 편의성, 당면한 문제를 부정하는 에너지 기업과 정치적 우파, 전통적인 환경 보호 진영과 기후 정의 좌파가 드러내는 기술적 해결책에 대한 적대감, 탄소 공유지의 비극 같은 수많은 장애물이 기운을 쏙 빼놓는다. 그러나 이 모든 장벽에도 불구하고, 기후 변화 저지라는 생각은 이미 제철을 만났다. 2015년에 3주 동안 《타임》을 장식한 다음 세 헤드라인이 그 징후이다. "중국이 기후 변화 문제에 진지함을 보이다.", "월마트, 맥도날드를 비롯한 79개 기업이 지구 온난화에 맞서 싸울 것을 약속하다.", "기후 변화를 부정하는 미국인 수가 사상 최저치를 기록하다." 같은 시기에 《뉴욕 타임스》는 이렇게 보도했다. "여론 조사 결과, 기후 변화를 저지할 국제적 협약 필요해." 설문 조사에 참여한 40개국 가운데 한 곳(파키스탄)을 제외한 모든 나라에서 과반수의 응답자가 온실 기체 배출 제한에 찬성했는데, 미국인의 찬성률은 69퍼센트였다.[100]

국제적 합의는 순전한 허풍이 아니다. 2015년 12월에 195개국은 세계 기온 상승을 섭씨 2도보다 "충분히 낮은" 수준(목표는 섭씨 1.5도이다.)으로 막도록 노력하고 개발 도상국들을 위해 연간 1000억 달러의 기후 변화 완화 기금을 마련하겠다는 역사적인 협정에 서명했다. (기금 모금은 이전까지 국제적 합의에 실패하던 과정에서 항상 걸림돌로 작용한 문제였다.)[101] 이 협정은

2016년 10월 115개국에서 비준을 통과해 발효되기 시작했다. 대부분의 협정 조인국은 2025년 혹은 2030년까지 목표를 어떻게 달성할지 구체적인 계획안을 제출했고, 모든 국가가 5년마다 더욱 강화된 조치를 통해 계획을 갱신하기로 약속했다. 이 단계적인 강화 조치가 꼭 필요한 이유는 현재의 계획을 갖고서는 충분하지 않기 때문이다. (강화 조치 없이) 현재 계획안대로만 한다면 지구의 기온은 섭씨 2.7도 상승할 것이고, 2100년에 기온 상승 폭이 상당히 위험한 수준인 섭씨 4도까지 도달할 가능성을 75퍼센트밖에 낮추지 못할 것이다. 안심하기에는 너무 아슬아슬하다. 하지만 전파력 강한 기술 발전과 결합한다면 이 공약은 톱니바퀴를 위로 밀어 올릴 수 있다. 그럴 때 파리 협정은 기온이 섭씨 2도 상승할 가능성을 크게 줄이고, 섭씨 4도 상승할 가능성을 사실상 지워 버릴 수 있다.[102]

이 전략은 기후 변화가 중국의 날조라 주장한 것으로 유명한 도널드 트럼프가 2017년에 미국이 파리 협정에서 탈퇴하겠다고 발표하면서 기세가 꺾였다. 그러나 2020년(탈퇴가 가능한 가장 이른 시기이다.)에 미국이 협정에서 탈퇴한다고 해도 기술과 경제가 주도하는 탈탄소화 과정은 계속 이어질 테고, 시, 주, 기업, 기술 분야 지도자, 그리고 다른 국가들까지 변함없이 기후 변화 정책을 추진해 나갈 것이며, 협정 내용이 "비가역적"이라 선언한 타 국가들이 미국의 수출 품목에 탄소 관세를 부과하고 그밖의 제재를 가해서 미국이 약속을 지키도록 압박할 것이다.[103] (미국은 새 대통령이 취임하면서 2021년 1월 21일 협정에 복귀했다. — 옮긴이)

～

바람과 물결이 우리에게 유리한 상황이라고 해도 기후 변화를 막기 위해서는 막대한 노력이 필요한 데다, 커다란 피해를 받기 전에 지구 온난화를 늦출 수 있도록 기술적, 정치적 변혁이 제때 이루어진다는 보장이 있는 것도 아니다. 따라서 우리는 최후의 예방 조치를 생각해야 한다. 지표면과 하층 대기에 도달하는 일사량을 감소시켜서 지구의 기온을 낮추는 것이다.[104] 여러 대의 비행기로 미세한 황산, 방해석, 혹은 나노 입자 연무를 성층권에 뿌려서, 위험한 수준의 온난화를 방지할 만큼만 태양광을 차단하도록 얇은 장막을 치는 것이다.[105] 이것은 1991년 필리핀의 피나투보 산이 화산 폭발을 일으키며 대기권에 엄청난 양의 이산화황을 뱉어내 지구 온도를 2년간 섭씨 0.5도가량 떨어뜨린 효과를 재현할 것이다. 혹은 여러 대의 구름 제조선이 바닷물을 미세한 입자의 연무로 만들어 대기 중에 뿌리는 방법도 있다. 물이 증발하는 과정에서 소금 결정은 구름이 되어 부유하고, 그 주변에 응축된 수증기가 물방울을 형성함으로써 구름을 하얗게 만들어 더 많은 태양광을 우주로 반사하는 것이다. 이 방법은 상대적으로 비용이 덜 들고, 이국적인 신기술을 요구하지 않으며, 지구 기온을 빠르게 낮출 수 있다. 대기와 해양에 조작을 가하는 다른 아이디어에 관해서도, 이제 막 연구가 시작된 단계이기는 하지만 이런저런 이야기가 들려오고 있다.

기후 공학(climate engineering)이라고 불리는 이런 생각들은 미친 과학자의 정신 나간 계획처럼 들리기도 해서 한때는 금기에 가까웠다. 기후 공학이 강우 패턴을 교란하고 오존층에 손상을 입히는 등 의도치 않은 결과를 낳을 수 있는 프로메테우스적 우행(愚行)이라고 생각하는 비평가도 있다. 게다가 기후 공학으로 어떤 조치를 취하든 전체 지구에 미치는 효과는 지역마다 다를 수밖에 없기 때문에, 누구의 손에 지구의 온도 조절기를 맡겨야 하는가 하는 질문이 튀어나온다. 마치 말다툼을 하는 연인처럼, 한 국가가 다른 국가에 피해를 주면서 온도를 낮추려고 하면 전쟁이 일어날지도 모른다. 일단 세계가 기후 공학에만 의존했다가 어떤 이유에서든 일이 제대로 되지 않는다면, 탄소를 흠뻑 머금은 대기의 온도는 사람들이 적응할 수 없을 만큼 빠르게 상승할 것이다. 누군가가 기후 위기에서 빠져나갈 탈출구를 언급하기만 해도 각국이 도덕적 해이에 빠져서 온실 기체 배출량 감축이라는 의무를 회피할 것이다. 그리고 대기 중에 이산화탄소가 누적되면 끊임없이 바닷물에 녹아서 바다가 천천히 탄산수로 변할 것이다.

따라서 제정신을 가진 사람이라면 그 누구도 성층권에다 자외선 차단제를 잔뜩 발라 놓기만 하면 공기 중에 계속 탄소를 뿌려 대도 괜찮다고 주장하지 못할 것이다. 하지만 2013년에 물리학자 데이비드 키스(David W. Keith, 1963년~)가 자신의 책을 통해 "온건하고, 책임감 있고, 일시적인"이라는 조건을 붙이면 기후 공학도 쓸 만한 것이 될 수 있다고 주장했다. "온건"하다는 것은 황산 혹은 방해석의 양을 온난화를 완전히 멈추는 수준이 아니라, 온난화의 속도를 늦추는 수준으로만 유지한다는 뜻이다. 온건함이 미덕인 까닭은 경미하게 개입할 때 의외의 달갑지 않은 결과가 나올 확률도 그만큼 낮아지기 때문이다. "책임감" 있다는 것은 어떤 종류의 개입이든 신중하게 단계적으로 수행하고, 면밀하게 감시하며, 지속적으로 조정하고, 필요하다면 완전히 중단한다는 뜻이다. "일시적"이라는 것은 인류가 온실 기체 배출을 멈추고 대기 중의 이산화탄소를 산업화 이전 수준으로 되돌릴 때까지만, 숨 돌릴 틈을 만들기 위한 용도로만 기후 공학 프로그램을 설계한다는 뜻이다. 세계가 영원히 기후 공학에 중독되리라는 공포에 관해서 키스는 이렇게 말한다. "예를 들어 2075년이 될 때까지 공기 중에서 매년 5기가톤의 탄소를 추출하는 법을 알아내지 못한다는 것이 과연 그럴듯한 이야기일까? 나는 그렇게 생각하지 않는다."[106]

키스는 세계 최고의 기후 공학자 중 한 명이지만 혁신의 흥분에 들떠 있다고 비난할 수는 없다. 언론인 올리버 모턴(Oliver Morton)이 2015년 출간한 『다시 만든 지구(*The Planet Remade*)』에서도 키스와 같은 신중한 태도를 발견할 수 있다. 책은 기후 공학의 기술적 발전 수준과 더불어 그 역사적, 정치적, 도덕적 차원을 함께 다룬다. 모턴은 인류가 1세기 이상 물, 질소, 탄소의 지구적 순환을 교란해 왔기 때문에 지구의 원시적인 시스템을 보존하기는 너무 늦었음을 보여 준다. 게다가 기후 변화 문제의 위중함을 고려할 때, 우리가 그 문제를 빠르게, 혹은 쉽게 해결할 수 있다고 가정하는 것은 현명하지 못한 일이다. 따라서 해결책이 완전히 자리 잡기 전까지는 수백만의 사람들이 받을 피해를 어떻게 하면 최소화할 수 있을지 연구하는 것만이 유일하게 분별 있는 대응으로 보이는데, 모턴은 이상적인 세계 정부가 없는 세계에서 어떻게 하면 온건하고 일시적인 기후 공학 프로그램을 시행할 수 있을지에 관해서 다양한 시나리오를 제시한다. 그리고 법학자 댄 케이헌(Dan Kahan)은 기후 공학에 관련된 정보를 제공하는 일이 도덕적 해이를 일으키기는커녕, 사람들이 기후 변화에 "더 많이" 주의하게 되고 정치적 이데올로기에 따른 편향도 완화될 수 있음을 보여 주었다.[107]

～

반세기에 걸친 혼란에도 불구하고 인류는 생태적 자살로 이어지는 돌아올 수 없는 길을 걷고 있지 않다. 자원 부족의 공포는 오해에서 비롯된 것이었다. 현대인을 원시적인 지구의 악랄한 약탈자로 바라보는 염세적인 환경주의도 마찬가지이다. 계몽주의적 환경주의는 인간이 에너지를 사용해 엔트로피와 진화가 몰아넣은 빈곤의 상태에서 스스로를 빼낼 필요가 있음을 인식한다. 그리고 지구와 생명계에 최대한 해를 가하지 않으면서 그렇게 할 수 있는 수단을 모색한다. 이처럼 현대적이고 실용적이며 휴머니즘적인 환경주의가 제대로 기능할 수 있음을 역사가 보여 준다. 더 부유하고 기술에 정통할수록 그 세계는 땅과 생물 종을 잘 보존하면서 탈물질화, 탈탄소화, 고밀도화한다는 것과, 더 부유해지고 교육 수준이 높아질수록, 사람들은 환경에 더 많은 주의를 기울이고, 환경을 보호할 방법을 알아내고, 비용을 지불할 능력을 갖추게 된다는 것도 보여 준다. 여러 곳에서 되살아나고 있는 환경은 여전히 남아 있는 심각한 문제에 적극 대처하라고 우리를 뜨겁게 격려한다.

그 문제 중 하나가 온실 기체 배출과 그로 인한 기후 변화의 심각한 위협이다. 이따금 나는 인간이 적극적으로 나서서 과제를 해결할 수 있다고 생각하는지, 혹은 손 놓고 앉아 재난이 펼쳐지게 놓아 둘 것이라고 생각하는지 질문을 받고는 한다. 무슨 의미가 있겠는가마는, 나는 우리가 과제를 해결할 수 있다고 믿는다. 하지만 이 낙관주의의 성격을 이해하는 것이 중요하다. 경제학자 폴 마이클 로머(Paul Michael Romer, 1955년~)는 크리스마스 아침에 선물을 기다리는 아이의 마음 같은 **자족적** 낙관주의와, 트리하우스를 갖고 싶은 아이가 나무와 못을 구하고 다른 친구들이 자신을 돕게 만들면 되겠다고 생각하는 식의 **조건적** 낙관주의를 구분한다.[108] 기후 변화 앞에서는 자족적 낙관주의가 아닌 조건적 낙관주의를 품어야 한다. 우리는 피해를 방지할 수 있는 몇 가지 실질적인 방법을 알고 있으며, 더 많이 배울 수 있는 수단을 갖고 있다. 문제는 해결된다. 문제가 저절로 해결된다는 뜻은 아니다. 다만 우리가 지금까지 다양한 문제를 해결해 왔듯이 사회적 번영, 지혜로운 시장 규제, 글로벌 거버넌스(global governance, 지구 규모의 인간 조직을 만들기 위해 제정된 초국가적 규제 혹은 그런 규제를 만드는 행위. ─옮긴이), 과학과 기술 분야에 대한 투자 등 현대적 선의 힘을 꾸준히 이어 간다면 이 문제도 해결할 수 있다는 뜻이다.

11장
평화

진보의 물결은 깊이가 얼마나 될까? 갑자기 멈춰 버리거나 역류하지는 않을까? 폭력의 역사는 이런 질문과 마주할 기회를 제공한다. 나는 전작『우리 본성의 선한 천사』에서 21세기의 첫 10년대 직전까지 폭력과 관련된 모든 객관적인 측정값이 하락했음을 밝혔다. 내가 책을 쓰는 동안에 원고를 검토한 사람들은 책이 서점에 깔리기도 전에 모든 것이 끝장날 수도 있다고 경고했다. (당시에는 이스라엘이나 미국이 이란과 전쟁을 벌일지 모르고, 어쩌면 핵전쟁이 될지도 모른다는 걱정이 있었다.) 2011년 책이 나온 이후로 시리아 내전, IS의 만행, 서유럽의 테러, 동유럽의 독재, 미국 경찰의 총격, 서구 문명 전반에 대해 분노한 포퓰리스트들의 증오 범죄 및 다른 형태의 인종주의와 여성 혐오 등 나쁜 소식들이 폭포수처럼 쏟아져 나오는 바람에 그 책은 시대에 뒤진 것으로 보일 것만 같았다.

하지만 폭력이 감소했을 가능성을 의심하게 했던 것은 가용성 휴리스틱 편향과 부정 편향이었다. 그리고 잠시 감소했더라도 다시 원점으로 돌아갔다고 성급히 결론짓게 하는 것도 바로 그 편향이다. 다음 5개 장에서 나는 다시 데이터로 돌아가 한 발 떨어진 시점에서 최근의 나쁜 소식들을 살펴볼 것이다. 나는『우리 본성의 선한 천사』를 인쇄한 시점에 확인할 수 있었던 가장 최근의 사건을 포함해 먼 과거부터 오늘날에 이르기까지 몇 가지 유형의 폭력이 그리는 역사적 궤적을 그래프로 나타낼 것이다.[1] 7년 남짓한 시간은 역사적으로 눈 깜빡할 사이이지만, 그 책이 운 좋게 맞아떨어진 짧은 평화를 이용한 것인지 아니면 오래전부터 진행 중인 경향을 알아본 것인지를 거칠게나마 말해 줄 수는 있다. 더 중요하게는, 나는 그 경향을 이 책의 주제인 진보의 서사 안에 놓고서, 더욱 깊은 역사적 힘들에 의거해서 설명하고자 할 것이다. (나는 그 과정에서 그 힘이 무엇인지를 밝히는 몇 가지 새로운 견해를 소개할 것이다.) 우선 가장 격렬한 폭력인 전쟁부터 시작해 보자.

~

인류사의 대부분에서 전쟁은 국가의 자연스러운 오락거리였고, 평화는 전쟁들 사이에 낀 휴식기에 불과했다.[2] 지난 500년간 당대의 열강들이 전쟁을 벌였던 기간의 비율을 표시한 그림 11.1에서 이것을 확인할 수 있다. (열강이란 자신의 힘을 국경 너머로 분출할 수 있는 몇몇 나라나 제국으로, 그들끼리는 서로를 동등하게 대하며, 세계 군사 자원을 대부분 통제한다.)[3] 세계 대전을 포함한 열강 간의 전쟁은 가엾은 인간이라는 종이 상상할 수 있는 가장 강도 높은 파괴 행위로, 모든 전쟁을 합친 총 희생자의 대부분을 만들어 냈다. 이 그래프는 근대의 여명기에 열강이 거의 매 순간 전쟁을 벌이고 있었음을 보여 준다. 하지만 근래에는 전쟁 중인 열강이 전무하다. 열강 간의 마지막 전쟁은 한국에서 벌어진 미국과 중국의 전쟁으로, 이미 60년도 더 된 일이다.

열강 간 전쟁의 들쭉날쭉한 감소세에는 최근까지 서로 반대쪽을 향해 달린 두 가지 경향이 감추어져 있다.[4] 450년 동안 열강이 참전한 전쟁은 점점 짧고 드물어졌다. 하지만 군대의 동원력, 훈련, 무장 수준이 강화됨에 따라 일단 발발한 전쟁은 더욱 치명적인 힘을 발휘하더니 마침내 짧지만 어마어마하게 파괴적인 세계 대전으로 이어졌다. 두 번째 세계 대전이 끝난 뒤에야 전쟁의 세 가지 평가 항목인 빈도, 기간, 치사율

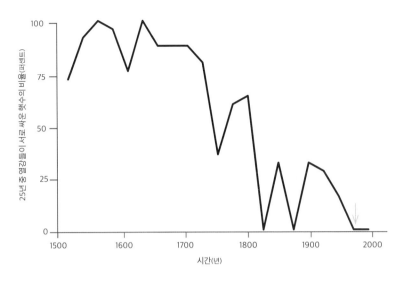

그림 11.1. 1500~2015년 열강 간의 전쟁. (Levy & Thompson 2011에서. 21세기 직전까지 업데이트했다. 열강 간에 전쟁이 벌어진 햇수의 비율은 25년 단위로 합산을 했으며 2000~2015년은 제외했다. 회색 화살표가 가리키는 시점은 1975~1999년으로, Pinker 2011의 fig. 5.12에 수록되어 있다.)

이 다 같이 감소하기 시작했고, 그 후 세계는 긴 평화(Long Peace)라고 불리는 시기에 들어섰다.

열강만 서로 싸움을 멈춘 것이 아니다. 고전적인 의미의 전쟁, 즉 두 나라의 정규군이 벌이는 무장 갈등은 과거의 것이 된 듯 보인다.[5] 1945년 이후 그런 유형의 전쟁은 1년에 3건을 넘지 않았고 1989년 이후로는 전쟁이 벌어지지 않은 해가 대부분이었던 데다가 2003년 미국의 이라크 침공 이후로는 1건도 발생하지 않아 제2차 세계 대전 종전 이후 가장 긴 기간 동안 국가 간 전쟁이 벌어지지 않고 있다.[6] 역사상 민족 국가 간 총력전이 사망자를 수십만, 수백만씩 낳은 것과 달리, 오늘날 정규군이 벌이는 소규모 전투의 사망자는 수십 명 수준이다. 물론 긴 평화는 2011년 아르메니아와 아제르바이잔, 러시아와 우크라이나, 그리고 한국과 북한 간의 충돌로 시험에 들기도 했지만, 어떤 경우에나 갈등 상황에 놓인 국가들은 총력전을 벌이지 않고 한발 물러서는 쪽을 택했다. 물론 갈등이 대규모 전쟁으로 확대되는 것이 불가능하다는 뜻은 아니다. 그저 대규모 전쟁은 매우 이례적인 사건으로 여겨지고, 국가는 (거의) 어떤 비용이 들든 간에 전쟁을 피하려 한다는 것이다.

전쟁의 지리적 규모도 꾸준히 줄어들고 있다. 2015년 콜롬비아 정부와 마르크스주의 콜롬비아 무장 혁명군(FARC) 게릴라가 평화 협정을 체결함으로써 서반구(영국 그리니치 천문대를 기준으로 서쪽 180도 부분, 아메리카 대륙과 태평양 반쪽이 포함된다. ─옮긴이)에서 활성화되어 있던 마지막 정치적 무장 갈등이자 냉전의 마지막 잔불이 꺼졌다. 이것은 불과 수십 년 전 상황을 생각하면 중대한 변화라고 할 수 있다.[7] 과테말라, 엘살바도르, 페루, 그리고 콜롬비아에서는 좌파 게릴라가 미국의 지원을 받는 정부와 전투를 벌였고, 니카라과에서는 그 반대의 경우(미국이 지원하는 반군이 좌파 정부와 전투를 벌였다.)가 이어져 모두 65만 명 이상의 사망자가 발생했다.[8] 반구 하나가 평화 상태로 넘어간 것은 세계의 다른 넓은 지역들이 먼저 그 길을 개척한 결과이다. 핏빛으로 물든 서유럽의 긴 전쟁은 양차 세계 대전으로 정점을 찍은 뒤 70년 넘게 평화에 자리를 내주고 있다. 동아시아에서는 20세기 중반에 일본의 침략 전쟁, 중국의 국공 내전, 한국 전쟁과 베트남 전쟁 등으로 수백만 명이 목숨을 잃었다. 정치적 분쟁은 여전히 심각하지만, 오늘날 동아시아와 동남아시아는 국가 간 열전(熱戰)에서 거의 벗어났다고 할 수 있다.

현재 세계에서 벌어지는 전쟁은 나이지리아에서 파키스탄에 이르는, 전 세계 인구의 6분의 1 이하가 거주하는 지역에 거의 한정되어 있다. 이곳에서 벌어지는 전쟁은 대개 내전으로, 웁살라 분쟁 데이터 프로그램(Uppsala Conflict Data Program, UCDP)의 정의에 따르면 내전이란 확인할 수 있는 군인 및 민간인 사망자가 연간 최소 1,000명 이상 발생하는 정부와 조직된 세력 간의 무장 갈등을 말한다. 이곳에서 우리는 사람들을 낙담하게 만들 만한 최근의 근거들을 발견하게 된다. 진행 중인 내전의 수는 냉전이 끝난 뒤 급격히 감소했다가 — 1990년 14건에서 2007년 4건으로 감소했다. — 2014년과 2015년에 11건으로, 2016년에 다시 12건으로 증가했다.[9] 반등을 주도한 것은 대체로 급진 이슬람주의 집단이 한편에 얽혀 있는 갈등이다. (2015년 11건 가운데 8건, 2016년 12건 가운데 10건이 여기에 해당했다.) 그들이 아니었다면 진행 중인 전쟁의 수는 전혀 증가하지 않았을 것이다. 어쩌면 2014년과 2015년에 발발한 두 전쟁에 연료를 공급한 것이 계몽주의에 역행하는 또 하나의 이데올로기, 러시아 민족주의인 것은 우연이 아닐 것이다. 블라디미르 블라디미로비치 푸틴(Vladimir Vladimirovich Putin, 1952년~)의 지원을 받은 분리주의 세력이 우크라이나의 두 지방에서 정부와 전투를 일으킨 것이다.

현재 진행 중인 최악의 전쟁은 시리아에서 벌어지고 있다. 시리아의 바샤르 알아사드(Bashar al-Assad, 1965년~) 정부는 러시아와 이란의 지원을 받아 이슬람주의 진영과 비이슬람주의 진영 등 다양한 종류의 저항 세력을 물리치기 위해 자신의 나라를 산산조각 내고 있다. 2016년에 전투 사망자를 25만 명(보수적으로 추정한 수치이다.)이나 발생시킨 시리아 내전은 그림 11.2에 나타난 세계 전쟁 사망자 발생률의 일시적 상승에 가장 큰 책임이 있다.[10]

하지만 이 반등은 60년 동안 급격하게 진행된 하락세의 꼬리일 뿐이다. 제2차 세계 대전 중 최악의 시점에는 10만 명당 300명에 가까운 전투 사망자가 발생했다. 그 기간은 그래프에 넣지 않았는데, 넣었다가는 그 후의 뾰족한 봉우리들이 짓뭉개져서 주름진 카펫처럼 보이게 되기 때문이다. 그래프가 보여 주듯이 전후에는 사망자 비율이 롤러코스터처럼 떨어져서, 한국 전쟁 기간에 22명으로 정점을 찍은 뒤, 1960년대 말

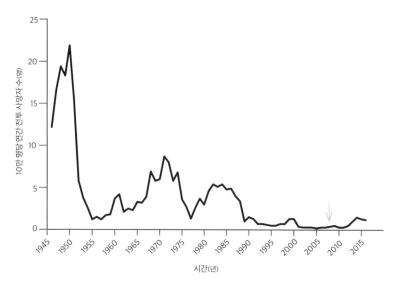

그림 11.2. 1946~2016년 전투 사망자. (Human Security Report Project, 2007에서 변형하여 수록했다. 1946~1988년: 오슬로 평화 연구소(Peace Research Institute of Oslo) 1946~2008년 전투 사망자 데이터와 Lacina & Gleditsch 2005를 참조했다. 1989~2015년: UCDP의 전투 관련 사망자 데이터 버전 5.0(Battle-Related Deaths Dataset version 5.0)과 Uppsala Conflict Data Program 2017, Melander, Pettersson, & Themnér 2016, UCDP의 테레제 페테르손과 삼 타우브의 정보를 반영해 최신화했다. 세계 인구 수치: 1950~2016년은 미국 통계국(US Census Bureau)의 데이터를, 1946~1949년은 McEvedy & Jones 1978의 데이터를 조정해 사용했다. 화살표가 가리키는 것은 2008년으로, Pinker 2011, fig. 6.2에 기입된 마지막 연도이다.)

부터 1970년대 초까지 베트남 전쟁 기간에 9명, 1980년대 중반 이란과 이라크의 전쟁 기간에 5명을 기록했고, 2001년과 2011년 사이에는 0.5명 아래에서 움찔거리게 되었다. 수치는 2014년에 1.5명으로 기어올랐다가 데이터를 확인할 수 있는 가장 최근 연도인 2016년에는 1.2명으로 다소 진정되었다.

2010년대 중반에 꾸준히 뉴스를 확인한 사람이라면 시리아의 대학살로 앞선 수십 년의 역사적 진보가 몽땅 삭제되는 것은 아닌지 우려할 것이다. 그런 우려는 2009년 이후 별다른 소식 없이 종결된 많은 (앙골라,

차드, 인도, 이란, 페루, 스리랑카에서 벌어진) 내전을 잊은 탓이며, 마찬가지로 그 전에 엄청난 사망자를 발생시킨 인도차이나 반도(1946~1954년 약 50만 명 사망), 인도(1946~1948년 약 100만 명 사망), 중국(1946~1950년 약 100만 명 사망), 수단(1956~1972년 약 50만 명 사망, 1983~2002년 약 100만 명 사망), 앙골라(1975~2002년 약 100만 명 사망), 모잠비크(1981~1992년 약 50만 명 사망)도 잊었기 때문이다.[11]

시리아 내전으로 난민이 되어 절망에 빠진 채 유럽으로 피난해 온 사람들의 참담한 모습을 가리켜 어떤 사람들은 지금 세계에 역사상 가장 많은 난민이 존재한다고 주장한다. 하지만 이 주장은 역사적 기억 상실증과 가용성 편향의 또 다른 증상에 불과하다. 정치 과학자 조슈아 골드스타인은 오늘날 400만 명에 이르는 시리아 난민의 수도 1971년 방글라데시 독립 전쟁 당시 발생한 난민 1000만 명, 1947년 인도 분할 과정에서 발생한 난민 1400만 명, 인구가 현재의 몇 분의 1에 불과했던 제2차 세계 대전 당시 유럽에서만 발생한 난민 600만 명보다 그 수가 적다고 지적한다. 불행을 수량화하는 일이 끔찍한 고통을 겪고 있는 오늘날의 희생자들에게 냉혹한 처사는 아닐 것이다. 그런 수량화는 과거 희생자의 고통을 기리는 일이며, 정책 입안자들이 세계를 정확하게 이해해서 희생자의 이익을 위해 행동하게 만든다. 무엇보다도, 정책 입안자들이 '전쟁 중인 세계'에 관한 위험한 결론을 이끌어 내서 글로벌 거버넌스 체제를 무력화시키거나, 냉전 대립 당시의 신화적인 '안정'으로 돌아가야겠다는 마음이 들지 않도록 막아 줄 것이다. "세계가 문제인 것이 아니다."라고 골드스타인은 말한다. "시리아가 문제인 것이다. …… (다른 곳의) 전쟁을 끝냈던 정책과 조치로도, 노력과 지성을 더한다면 현재 남수단과 예멘에서 벌어지는 전쟁을 끝낼 수 있으며, 어쩌면 시리아의 전쟁도 끝낼 수 있을 것이다."[12]

대량 학살, 민간인 학살, 혹은 일방적 폭력이라고 알려진 비무장 민간인에 대한 대량 살상 행위는 전쟁만큼이나 치명적일 수 있으며, 종종 전쟁과 함께 나타나고는 한다. 역사학자 프랭크 초크(Frank Chalk)와 커트 조너슨(Kurt Jonassohn, 1920~2011년)에 따르면, "대량 학살은 역사의 모든 시기에, 세계 모든 지역에서 발생했다."[13] 제2차 세계 대전 시기에 히틀러, 스탈린, 일본 제국의 살육 행위, 그리고 양 진영의 의도적인 민간인 구역 폭격(두 번의 핵무기 공격 포함)으로 민간인 약 1000만 명이 사망했다. 민간인 사망자 비율은 최고조에 이르렀을 때 10만 명당 연간 350명에 달했다.[14] 하지만 "세계는 홀로코스트에서 아무것도 배우지 못했다."라는 주장과는 반대로, 전후 시기에는 1940년대와 같은 피의 홍수가 발생하지 않았다. 전후 시기만 떼어 놓고 보아도, 대량 학살로 인한 사망자 비율은 그림 11.3의 두 가지 데이터 집합이 보여 주듯이 삐죽삐죽한 톱니바퀴를 그리며 가파르게 하락했다.

그래프에서 높이 솟아오른 지점들이 나타내는 것은 인도네시아의 반공 세력이 주도한 "가장 위험한 해"(1965~1966년 약 70만 명 사망)와 중국 문화 혁명 과정에서 벌어진 대량 살상 행위(1966~1975년 약 60만 명 사망), 부룬디에서 벌어진 투치 족의 후투 족 학살(1965~1973년 약 14만 명 사망), 방글라데시 독립 전쟁(1971년 약 170만 명 사망), 남수단을 상대로 한 북수단의 폭력 행위(1956~1972년 약 50만 명 사망), 우간다의 이디 아민(Idi Amin, 1924/1925~2003년) 정권(1972~1979년 약 15만 명 사망)과 캄보디아의 폴 포트 정권이 자행한 학살(1975~1979년 약 250만 명 사망), 베트남의 정적 숙청(1965~1975년 약 50만 명 사망), 그리고 더욱 최근의 예로는, 보스니아(1992~1995년 약 22만 5000명 사망), 르완다(1994년 약 70만 명 사망), 수단 다르푸르(2003~2008년 약 37만 3000명 사망)에서 벌어진 학살이다.[15] 새로운 폭력의 시대가 왔다는 인상을 풍기는 만행들은 거의 알아보기 힘든 2014년부터 2016년까지의 상승폭에 속해 있다. IS가 야지디교, 기독교, 시아파에 속

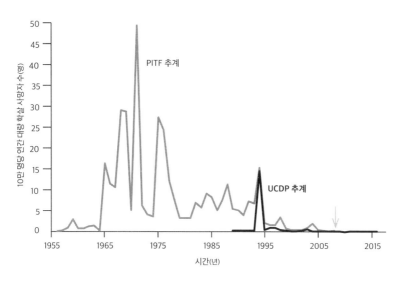

그림 11.3. 1956~2016년 대량 학살 사망자. (PITF의 1955~2008년 데이터 집합: 정치적 불안정성 태스크포스(Political Instability Task Force, PITF)의 1955~2008년 국가 실패 문제 데이터 집합(State Failure Problem Set)과 Marshall, Gurr, & Harff, 2009; Center for Systemic Peace 2015를 참조했다. 산출 과정은 Pinker 2011, p. 338에서 설명했다. UCDP의 1989~2016년 데이터 집합: 2016년에 나온 UCDP 일방적 폭력 데이터 집합(One-Sided Violence Dataset) 버전 2.5와 Melander, Pettersson, & Themnér 2016; Uppsala Conflict Data Program 2017를 참조했고, 사망자 수 추정치는 UCDP의 샘 타우브가 제공한 자료를 반영해 업데이트했다. 미국 통계국의 세계 인구 수치를 기준으로 했다. 화살표가 가리키는 연도는 2008년으로, Pinker 2011의 fig. 6.8에 실린 마지막 연도이다.)

한 민간인을 최소 4,500명 살해했고, 보코 하람이 나이지리아, 카메룬, 차드에서 5,000여 명을 살해했으며, 이슬람 민병대와 기독교 민병대가 중앙 아프리카 공화국에서 1,750여 명을 살해했다.[16] 무고한 이들의 죽음과 관련해서 절대로 '다행'이라는 단어를 사용할 수는 없겠지만, 21세기에 발생한 대량 학살 사망자 수는 이전 수십 년의 몇 분의 일에 불과하다.

물론 데이터 집합에 나타난 수치를 전쟁의 근본적인 위험도로 직접 해석해서는 안 된다. 아주 드물면서도 아주 파괴적인 전쟁의 가능성이 어떻게 변할지를 추정하는 일에 역사적 기록은 특히나 불충분하다.[17] 역사가 반복되지 않는 세계에서 빈약한 데이터를 제대로 이해하기 위해서는 전쟁의 발생 원인에 관한 지식을 통해 수치를 보완해야 한다. "전쟁은 인간의 마음에서 비롯된다."라는 유네스코 헌장의 문구가 그 지식이 무엇인지 말해 준다. 또한 전쟁에서 멀어진다는 것이 그저 전쟁과 전쟁 사망자의 감소로만 나타나는 것이 아님을 우리는 알고 있다. 국가들의 전쟁 대비 상황에서도 그것을 확인할 수 있다는 뜻이다. 전 세계의 징병 비율, 군대의 규모, GDP 대비 군사비 지출 비율 등이 최근 수십 년간 다같이 감소해 왔다.[18] 가장 중요한 요인은 인간의 마음에 변화가 일어나고 있다는 것이다.

～

어떻게 그런 일이 벌어졌을까? 이성과 계몽의 시대에는 블레즈 파스칼(Blaise Pascal, 1623~1662년), 조너선 스위프트(Jonathan Swift, 1667~1745년), 볼테르, 새뮤얼 존슨(Samuel Johnson, 1709~1784년), 퀘이커교도가 특히 전쟁을 비난했다. 칸트의 유명한 에세이, 『영구 평화론』처럼 전쟁을 줄이고 내처 전쟁을 없애기 위한 실질적인 방안을 제안한 경우도 있었다.[19] 이런 생각의 확산이 18세기와 19세기 열강 간의 전쟁 감소를 비롯해서 같은 기간에 벌어지고 있던 전쟁이 멈추는 데도 큰 역할을 했다고 인정받아 왔다.[20] 하지만 칸트를 비롯한 이들이 공감했던 평화를 만드는 힘은 제2차 세계 대전 종전 이후에야 체계적으로 실현될 수 있었다.

1장에서 보았듯이 많은 계몽 사상가들은 온화한 상업이라는 이론을 제시했다. 그 이론에 따르면 국제 무역은 전쟁의 매력을 떨어뜨린다. 아니나 다를까, 전후에 무역이 GDP에서 차지하는 비중은 치솟았으며, 정량적 분석에 따르면 다른 모든 조건이 일정할 때 무역 관계가 밀접한 나라들끼리는 전쟁을 벌일 가능성이 작다.[21]

계몽주의가 낳은 또 다른 이론에서는 민주적인 정치가 영광에 취해 국가를 의미 없는 전쟁으로 끌고 들어가는 지도자에게 제동을 건다고 주장한다. 1970년대부터 시작해서 1989년 베를린 장벽 붕괴 이후에는 더욱 빠른 속도로 더 많은 국가가 민주주의에 희망을 걸었다. (14장) 민주 국가들끼리는 서로 전쟁을 벌이지 않을 것이라고 단언하기는 어렵겠지만, 데이터는 그것보다 완화된 민주주의 평화 이론을 지지한다. 즉 더 민주적인 국가들은 서로 군사 분쟁에 돌입할 가능성이 더 작다는 것이다.[22]

긴 평화는 현실 정치의 도움을 받기도 했다. 미국과 (구)소련 군부가 가진 강력한 파괴력(핵무기는 제쳐 놓더라도) 앞에서 냉전 시대의 초강대국들은 상대와 전장에서 겨루겠다는 생각을 재고할 수밖에 없었다. 세계로서는 놀랍고 다행스럽게도, 그런 상황은 일어나지 않았다.[23]

하지만 국제 질서에 일어난 가장 큰 변화는 오늘날 우리가 그 진가를 제대로 평가하지 못하고 있는 개념의 등장이다. 이제 **전쟁은 불법이다.** 인류사에서 거의 없었던 일이다. 힘이 곧 정의였고, 전쟁은 수단만 달리한 정치의 연장이었으며, 전리품은 승자에게 돌아갔다. 만일 어떤 국가가 다른 국가의 대우가 부당하다고 느끼면, 그 국가는 선전 포고를 하고 잘못된 대우의 보상으로 상대 국가의 영토를 점령한 뒤, 합병에 대한 다른 세계의 인정을 기대할 수 있었다. 애리조나, 캘리포니아, 콜로라도, 네바다, 뉴멕시코, 유타가 미국의 주인 것은 1846년 미국이 받지 못한 빚을 이유로 멕시코를 침략했기 때문이다. 오늘날에는 일어날 수 없는 일이다. 세계의 국가들은 자위(自衛) 목적이나 유엔 안전 보장 이사회의 인준 없이는 전쟁을 벌이지 않겠다고 약속했다. 국가는 불멸을 얻었고, 국경은 정해졌으며, 정복 전쟁을 벌이는 국가는 다른 세계의 묵인이 아닌 비난을 예상해야 한다.

법학자 우나 앤 해서웨이(Oona Anne Hathaway, 1972년~)와 스콧 샤피로(Scott J. Shapiro)는 긴 평화의 가장 큰 공이 전쟁의 불법화에 돌아가야 한다고 말한다. 국제 사회가 합의를 통해 전쟁을 불법화해야 한다는 발상을 개진한 것은 1795년의 칸트였다. 이런 내용은 모두가 조롱했던 1928년 파리 조약, 혹은 켈로그-브리앙 조약(Kellogg-Briand Pact)에서 처음 합의되었지만, 실제적인 효과는 1945년 유엔이 설립되고 나서야 빛을 발했다. 이후 침략 전쟁 금기는 1990~1991년 이라크의 쿠웨이트 침공을 국제적 연합이 원상 복구시킨 사례에서 볼 수 있듯이 때로는 군사적 대응을 통해 강제로 실현되었고, 보통은 "문명 국가는 전쟁을 하지 않는다."라는 규범에 바탕을 둔 경제적 제재와 상징적 처벌로 실행되었다. 그런 불이익의 효과는 국가들이 국제 공동체에서의 입지에 얼마나 가치를 부여하는가에 따라 달라진다. 이것은 포퓰리즘적 민족주의의 위협과 마주한 상황에서 우리가 국제 공동체를 소중히 여기고 강화해야 하는 이유를 다시금 떠올리게 해 준다.[24]

물론 규범은 가끔 위반을 통해 빛나기도 한다. 가장 최근의 사례는 2014년 러시아의 크림 반도 병합이다. 이것은 세계 정부가 없는 국제 규범은 이가 빠진 호랑이나 마찬가지이며, 처벌 권한이 없는 이상 업신여김을 받고 말리라는 냉소적인 견해를 확증해 주는 것처럼 보인다. 해서웨이와 샤피로는 주차 위반부터 살인에 이르기까지, 한 국가의 법 또한 위반되고는 한다고 응수한다. 그들은 크림 반도 규모의 병합은 파리 평화 조약 이전의 세기에는 1년에 11건씩 일어났고, 병합 상태는 대부분 그대로 고착되었다고 추정한다. 하지만 1928년 이후에 침략을 받은 영토는 사실상 마지막 땅 한 조각까지 원래의 국가로 되돌아갔다. (각각 미국 국무부 장관과 프랑스 외무부 장관이었던) 프랭크 켈로그(Frank Kellogg, 1856~1937년)와 아리스티드 브리앙(Aristide Briand, 1862~1932년)이 회심의 미소를 지을 만하다.

해서웨이와 샤피로는 국가 간 전쟁의 불법화에도 폐해는 있다고 지적한다. 유럽이 자신들이 점령했던 식민지 영토에서 철수한 뒤 그 자리에는 국경이 모호하고 인정을 받는 계승자가 단 한 사람도 없는 취약한 국가가 들어서고는 했다. 그런 국가는 자주 내전과 공동체 간의 폭력 사태에 휘말리고는 했다. 그러나 새로운 국제 질서 아래에서는, 그런 국가들도 더욱 효율적인 힘을 가진 국가들의 정당한 침략 대상이 될 수 없게 되었고, 몇 년, 혹은 몇 십 년씩 준(準)무정부 상태로 보낼 수밖에 없게 되었다.

그럼에도 국가 간 전쟁이 감소한 것은 진보의 훌륭한 사례였다. 내전으로 인한 사망자는 국가 간 전쟁의 사망자보다 적은데, 1980년대 이후로는 내전도 감소했다.[25] 냉전이 끝나자 열강은 어떤 진영이 내전에서 승리할지보다 어떻게 내전을 종결시킬지에 더 큰 관심을 기울이게 되었고, 교전 세력 사이에 투입되지만 실제로 평화를 지키는 경우가 그렇지 못한 경우보다 더 많은 유엔 평화 유지군과 그밖의 국제 무장 병력을 지원했다.[26] 또한 국가가 부유해지면 내전이 일어날 가능성이 줄어든다. 의료, 교육, 치안 등의 행정 서비스를 제공할 여유가 있으면 정부는 시민의 충성심을 결집하는 측면에서 저항 세력보다 큰 경쟁력을 갖게 되고, 이를 통해 군벌, 마피아, 게릴라(같은 사람들인 경우가 많다.)가 우두머리 노릇을 하는 국경 지역에서 통제권을 회복할 수 있다.[27] 또한 전쟁은 선제 공격을 하지 않으면 자신이 선제 공격을 당해 전멸할지 모른다는 상호 공포에서 불붙는 경우가 많기 때문에(게임 이론 시나리오에서 안보의 딜레마(security dilemma) 혹은 홉스의 덫(Hobbesian trap)이라고 부른다.) 최초의 원인이 무엇이든 일단 한 지역에 평화의 빛이 밝혀진다면, 그 빛은 저 스스로 밝아질 수 있다. (거꾸로, 전쟁은 전염성이 강하다.)[28] 이것은 지구의 대부분에서 평화가 유지되는 동시에 전쟁의 지리적 범위가 점점 줄어드는 현상을 설명해 준다.

~

개념 및 정책과 더불어서 전쟁의 발생률을 낮춘 것은 가치관의 변화였다. 우리가 지금까지 살펴본 평화를 만드는 힘은 어떤 의미에서는 기술적인 힘, 즉 사람들이 평화를 원한다는 조건에서 확률을 평화 쪽으로 기울게 해 주는 도구였다. 적어도 포크송과 우드스톡(Woodstock)으로 대표되는 1960년대 이후로 서양인의 사고에는 평화가 본래 가치 있는 것이라는 생각이 제2의 천성으로 자리 잡았다. 그 후로는 군사적 개입이 이루어질 때마다 안타깝지만 더 큰 폭력을 막기 위해서는 꼭 필요한 일이었다는 말로 합리화를 해야 했다. 하지만 불과 얼마 전까지만 해도 가치는 **전쟁** 쪽에 주어졌다. 전쟁은 영광스럽고 짜릿하고 숭고하고 남자답고 고결하고 영웅적이고 이타적인 일이었으며 퇴폐적인 부르주아 사회의 나약함, 이기주의, 소비주의, 쾌락주의를 정화해 주는 하제였다.[29]

사람들을 죽이거나 불구로 만들고 그들의 도로, 다리, 농장, 집, 학교, 병원을 부수는 일이 본래 고결하다는 생각은 오늘날 우리에게 미친 사람의 광기와 같은 충격으로 다가온다. 하지만 이것은 19세기의 반계몽주의적인 낭만적 군국주의(romantic militarism)의 시대에는 나무랄 데 없는 견해였다. 당시 사람들은 낭만적 군국주의를 선망했는데, 뾰족한 쇠붙이로 장식한 투구를 쓴 장교뿐 아니라 많은 예술가와 사상가도 한통속이었다. 전쟁은 "사람의 정신을 넓히고 인격을 도야해 준다."라고 알렉시 드 토크빌(Alexis de Tocqueville, 1805~1859년)은 썼다. 에밀 졸라(Émile Zola, 1840~1902년)는 전쟁이 "삶 자체"라고 말했다. 존 러스킨(John Ruskin, 1819~1900년)은 전쟁이 "모든 예술의 토대이자 …… 인간의 고귀한 미덕과 드높은 능력의 토대"라고 썼다.[30]

낭만적 군국주의는 이따금 민족 집단의 언어, 문화, 고향, 인종(혈통과 토양의 기풍)을 찬양하고, 국가는 민족적으로 정화된 주권 국가를 통해서만 자신의 운명을 실현할 수 있다고 주장하는 낭만적 민족주의와 결합했다.[31] 이 결합은 폭력적인 투쟁이야말로 자연의 생명력이며 인간 진보의 엔진이라는 모호한 개념에서 힘을 끌어 왔다. (문제 해결이 인간 진보의 엔진이라는 계몽주의와 뚜렷하게 구분된다.) 투쟁에 대한 높은 평가는 역사의 힘이 우월한 민족 국가를 만들어 낸다는 게오르크 빌헬름 프리드리히 헤겔(Georg Wilhelm Friedrich Hegel, 1770~1831년)의 변증법 이론과 상통했다. 헤겔은 "사회적 무감각과 침체로부터 국가를 구해 주기 때문에" 전쟁이 필요하다고 썼다.[32] 카를 마르크스는 헤겔의 사상을 경제 체제 이론에 차용하면서, 폭력적인 계급 갈등의 과정이 절정에 이르면 공산주의 유토피아가 찾아올 것이라고 예언했다.[33]

하지만 낭만적 군국주의를 추동한 가장 큰 힘은 평화와 번영 속에서 삶을 향유하던 보통 사람들에게 반감을 느낀 지식인들이 조장한 쇠퇴주의일 것이다.[34] 문화적 비관주의는 특히 쇼펜하우어, 니체, 야코프 크리스토프 부르크하르트(Jacob Christoph Burckhardt, 1818~1897년), 게오르크 짐멜(Georg Simmel, 1858~1918년), 그리고 1918~1923년에 『서양의 몰락(*The Decline of the West*)』을 쓴 오스발트 마누엘 아르놀트 고트프리트 슈펭글러(Oswald Manuel Arnold Gottfried Spengler, 1880~1936년)의 영향을 받은 독일에서 깊숙이 자리 잡았다. (이들의 사상에 관해서는 23장에서 다시 살펴볼 것이다.) 오늘날까지도 제1차 세계 대전을 연구하는 역사학자들은 왜 수많은 공통점을 가진 — 서양에 속하고, 기독교를 믿고, 산업화되고, 부유한 — 영국과 독일이 아무 의미도 없이 피를 흘리기로 결정했는지에 골머리를 앓고 있다. 수많은 이유가 복잡하게 얽혀 있지만 이데올로기의 측면에서 제1차 세계 대전 이전에 독일인은 "자신을 유럽 혹은 서양 문명의 **바깥**에 있는 민족으로 보았다."라고 아서 허먼은 지적한다.[35] 특히 그들은 자신들이 계몽주의 이래로 영국, 미국과 공모해서 서양의 생명력을 갉아먹고 있는 소름 끼치는 자유주의, 민주주의, 상업주의 중심 문화에 용감하게 저항하고 있다고 생각했다. 많은 이들이 속죄를 위한 대격변의 잿더미에서만 새로운 영웅적인 질서가 솟아날 수 있다고 생각했다. 그들은 대격변의 소망을 성취했다. 두 번째로 일어난 더 끔찍한 전쟁을 치른 뒤에야 결국 전쟁에서 낭만을 제거할 수 있었고, 비로소 평화는 서양과 국제 사회가 세운 모든 제도의 명시적인 목표가 되었다. 인간 생명의 가치는 격상되었고, 영광, 명예, 탁월함, 남자다움, 영웅주의를 비롯한 테스토스테론 과잉의 증상들은 평가 절하되었다.

평화를 향한 진보가 비록 일정치는 않아도 가능하기는 하다는 믿음을 많은 사람이 거부한다. 그들은 인간 본성에는 정복과 침략을 향한 채울 수 없는 충동이 존재한다고 주장한다. (이것은 인간 본성에만 한정되지 않는다. 일부 비평가들은 호모 사피엔스 남성의 망상을 다른 모든 지적 존재에 투사한 끝에, 진보한 외계인이 우리의 존재를 발견하고 지구에 와서 우리를 정복할 수 있으니 외계 생명체를 찾으려고 해서는 안 된다고 경고한다.) 세계 평화의 전망은 존 레넌(John Lennon, 1940~1980년)과 오노 요코(Ono Yoko, 1933년~)에게는 멋진 노래를 만들게 해 줬을지언정, 현실 세계에서는 구제할 길 없이 순진한 태도라는 것이다.

사실 전쟁은 전염병, 굶주림, 빈곤과 마찬가지로 계몽된 종이 넘어서는 법을 깨우친 또 하나의 장애물일지 모른다. 침략은 단기적으로는 솔깃한 생각일지 모르지만, 궁극적으로는 파괴적인 갈등이나 칼로 생명을 위협하지 않고서 원하는 것을 얻어내는 방법을 알아내는 편이 낫다. 말하자면, 망나니짓을 한다는 것은 가장 먼저 제 자신이 파괴될 이유를 다른 이들에게 만들어 주는 것과 다름없다. 장기적으로 보면 모든 세력이 전쟁을 자제하는 세계가 모두에게 더 이로운 세계이다. 무역, 민주주의, 경제 성장, 평화 유지군, 그리고 국제법과 국제 규범 같은 발명품은 그런 세계를 건설할 수 있는 도구이다.

12장
안전

인간의 몸은 연약하다. 아무리 충분히 연료를 공급받고, 멀쩡하게 기능하고, 병원균에서 멀리 벗어나 있다고 해도, "육체가 받게 마련인 자연의 천 가지 충격"(셰익스피어)에는 어쩔 수 없이 취약하다. 우리의 조상은 악어나 대형 고양잇과 동물 같은 포식자에게 손쉬운 먹잇감이었다. 뱀, 거미, 곤충, 달팽이, 개구리의 독에 목숨을 잃기도 했다. 잡식 동물의 딜레마에서 벗어나지 못한 처지라, 물고기, 콩, 식물의 뿌리, 씨앗, 버섯 등 광범위한 식단에 퍼져 있는 독 성분에 중독될 수도 있었다. 꿀과 과일을 따러 나무 위에 올라갈 때면 뉴턴의 보편 중력에 따라 초속 9.8미터의 속도로 땅에 처박히기 쉬웠다. 호수나 강 깊이 들어갈 때면 물에 잠겨 산소 공급이 막힐지도 몰랐다. 불을 사용하다 화상을 입기도 했다. 또한 악의 넘치는 계획에 희생될 수도 있었다. 동물을 쓰러뜨릴 수 있는 기술이라면 경쟁하는 인간쯤은 쉽게 쓰러뜨릴 수 있었다.

오늘날 동물에게 잡아먹히는 사람은 거의 없지만, 매년 수만 명의 사람이 뱀에 물려 목숨을 잃고 다른 위험들도 계속 수많은 사람의 목숨을 빼앗는다.[1] 사고사는 미국인의 사망 원인 중 심장 질환, 암, 호흡기 질환에 이어 상위 네 번째에 위치한다. 세계적으로 상해는 전체 사망 원인의 10분의 1을 차지해서 에이즈, 말라리아, 결핵을 모두 합친 것보다 더 심각하고, 사망과 장애로 인한 수명 손실의 11퍼센트를 일으키는 주범이다.[2] 개인 간의 폭행 역시 큰 피해를 낳는다. 특히 미국에서는 젊은 층에서, 라틴아메리카와 사하라 이남 아프리카에서는 모든 사람에서 다섯 번째로 높은 사망 원인이다.[3]

사람들은 오랫동안 위험과 위험의 원인을 막고자 고민해 왔다. 유태교의 관습 가운데 마음을 가장 크게 뒤흔드는 순간은 경외의 날(Days of Awe)에 토라의 궤를 열기 전에 기도를 암송하는 시간일 것이다.

> 로시 하샤나(Rosh Hashanah, 새해 첫날)에 쓰이고 욤 키푸르(Yom Kippur, 속죄의 날)에 봉인되리라. …… 누가 살고 누가 죽을 것인가. 누가 천수를 누리다 죽고 누가 그 전에 죽을 것인가, 누가 물에 죽고 누가 불에 죽으며, 누가 칼에 죽고 누가 짐승에 죽으며, 누가 기아에 죽고 누가 갈증에 죽으며, 누가 지진에 죽고 누가 역병에 죽으며, 누가 목이 졸려 죽고 누가 돌에 맞아 죽을 것인가. …… 그러나 참회와 기도와 자선이 천명의 가혹함을 소멸케 하리라.

다행히도 사망 원인에 관한 우리의 지식은 신의 말씀에 기댈 필요가 없고, 죽음을 막기 위한 우리의 수단은 참회, 기도, 자선보다 더 믿음직하다. 인간의 창의성은 앞의 기도에 열거된 생명의 주요 위험들을 정복했고, 그 결과 이제 우리는 역사상 그 어느 때보다 안전한 시대에 살고 있다.

앞선 장들에서 우리는 인지 편향과 도덕적 편향이 어떻게 현재를 깎아내리고 과거를 사면하는지 살펴봤다. 이 장에서는 우리의 편향이 진보를 은폐하는 또 다른 방식을 살펴볼 것이다. 치명적인 상해 사고는 인간의 삶을 망가뜨리는 큰 재앙이지만, 그 발생률을 낮추는 일은 그리 매력적인 대의가 아니다. 고속 도로 가드레일의 발명자는 노벨상을 받지 못했고, 약병의 라벨에 기입된 처방과 경고 문구가 선명하게 보이도록 한 디자이너에게도 휴머니즘 상은 돌아가지 않았다. 그럼에도 인류는 온갖 종류의 상해 사고에서 비롯되는 사망 사건을 크게 줄이고도 주목받지 못한 노력으로부터 엄청난 혜택을 받아 왔다.

~

칼에 죽는 자. 상해의 유형 가운데 무엇보다 사고가 아니기 때문에 근절하기가 가장 어려운 범주인 살인부터 시작해 보자. 세계 대전을 예외로 친다면 살인 사망자는 전쟁 사망자보다 많다.[4] 전사자가 많았던 2015년에도 그 비율은 4.5 대 1이었다. 보통 그 비율은 10 대 1을 넘는다. 과거에 살인은 훨씬 더 큰 위협이었다. 중세 유럽에서 영주는 경쟁자의 농노를 학살했고, 귀족과 그 종자(從者)는 서로 결투를 벌였으며, 도적과 노상 강도는 물건을 노려 피해자를 살해했고, 보통 사람은 저녁을 먹다가 자신을 모욕했다며 상대방을 찔렀다.[5]

하지만 서유럽은 독일의 사회학자 노르베르트 엘리아스(Nobert Elias, 1897~1990년)가 문명화 과정(Civilizing Process)이라고 부른 광범위한 역사적 발전을 통해 14세기부터 덜 폭력적인 방법으로 문제를 해결하기 시작했다.[6] 엘리아스는 남작령과 공작령이 짜깁기된 땅덩이에서 출현한 중앙 집권적인 왕국에 변화의 공을 돌린다. 그때부터 지방 간 분쟁, 약탈, 군벌의 통치 등이 "왕의 평화(king's peace)" 아래 길들여졌다. 19세기에는 지방 도시의 경찰력과 심의 기능이 강화된 법정을 통해 형사 사법 제도가 더욱 전문화되었다. 같은 기간에 유럽의 상업적 기반도 잘 포장된 도로와 성능 좋은 운송 수단 같은 물질적인 측면에서나, 화폐와 계약 같은 재정적인 측면에서 모두 발전했다. 온화한 상업이 확산됨에 따라 토지를 약탈하는 제로섬 게임은 재화와 용역을 거래하는 포지티브섬 게임에 자리를 내주었다. 사람들은 법률 및 행정상의 규칙이 정한 상업적, 직업적 의무라는 네트워크 안에 엮이게 되었다. 일상의 행동을 규율하는 규범은 모욕에는 폭력으로 답하는 마초적인 명예의 문화에서 예의와 자기 통제의 표현을 통해 지위를 얻는 신사적인 품위의 문화로 전환되었다.

역사 범죄학자 마누엘 아이스너(Manuel Eisner, 1959년~)는 유럽에서 발생하는 살인 관련 데이터 집합을 모아 1939년에 출간된 엘리아스의 줄거리에 그 숫자를 대입했다.[7] (시신을 그냥 지나치기는 어렵기 때문에 살인 사건 발생률은 시간과 장소를 불문하고 폭력 범죄의 가장 신뢰할 만한 지표가 되고, 또한 살인 사건 발생률은 강도, 폭행, 강간 등 다른 폭력 범죄와도 상관 관계가 있다.) 아이스너는 엘리아스의 이론이 맞았으며, 그 이론이 비단 유럽에만 적용되는 것도 아니라고 주장한다. 정부가 접경 지역을 법치의 범위 안에 두고 그 지역 거주자들이 상업 사회에 통합되면, 폭력 사건 발생률은 자연히 떨어진다. 그림 12.1에서 나는 아이스너가 사용한 잉글랜드, 네덜란드, 이탈리아의 데이터를 2012년까지 포함하도록 업데이트해서 표시했다. 다른 서유럽 국가의 곡선도 유사하다. 법과 질서가 조금 늦게 정착한 미국의 일부 지역도 추가했다. 식민지 시대의 뉴잉글랜드가 먼저, 다음으로 '개척 시대의 서부(Wild West)', 그리고 오늘날에도 폭력이 만연한 곳으로 악명이 높지만 과거에는 지금보다 훨씬 더 폭력적이었던 멕시코가 차례로 나온다.

진보의 개념을 소개할 때 나는 어떤 진보도 필연적인 것은 아니라고 했는데, 그 대표적인 사례가 폭력 범죄이다. 1960년대가 시작되던 무렵, 대다수의 서양 민주주의 국가에서는 1세기 동안의 진보를 삭제해 버린 것처럼 개인 간 폭력이 폭발적으로 증가했다.[8] 증가세가 가장 극적이었던 미국의 경우, 살인 사건 발생률은 2.5배나 폭등했고, 도시와 정치는 광범위하게 퍼진(그리고 부분적으로 정당한) 범죄에 대한 공포로 얼어붙었다. 하지만 이와 같은 진보의 역행에서도 진보의 본질에 관한 나름의 교훈을 얻을 수 있다.

범죄가 들끓던 그 시기에 대다수의 전문가는 폭력 범죄를 막기 위해 할 수 있는 일은 아무것도 없다고 조언했다. 폭력 범죄는 폭력적인 미국

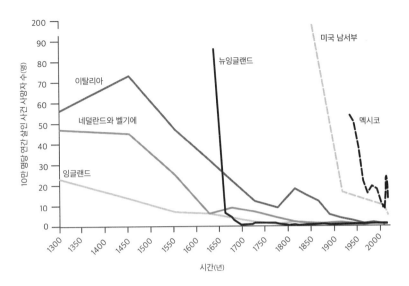

그림 12.1. 1300~2015년 서유럽, 미국, 멕시코의 살인 사건 사망자. (잉글랜드, 네덜란드, 벨기에, 이탈리아, 1300~1994년: Eisner 2003, Pinker 2011 fig. 3.3. 잉글랜드, 2000~2014년: 영국 통계청(UK Office for National Statistics). 이탈리아와 네덜란드, 2010~2012년: 유엔 마약 범죄 사무소(United Nations Office on Drugs and Crime)의 2014년 보고서. 뉴잉글랜드(백인 거주 지역 한정), 1636~1790년, 버몬트와 뉴햄프셔, 1780~1890년: Roth 2009, Pinker 2011 fig. 3.13; FBI Uniform Crime Reports 2006, 2014. 미국 남서부(애리조나, 네바다, 뉴멕시코), 1850년, 1914년: Roth 2009, Pinker 2011 fig. 3.16; FBI Uniform Crime Reports 2006, 2014. 멕시코: 카를로스 빌랄타(Carlos Vilalta)와의 개인적 교신, 원래 출처는 Instituto Nacional de Estadística y Geografía 2016; Botello 2016. 2010년까지 10년 단위로 평균을 구한 것이다.)

사회라는 커다란 천에 단단히 누벼져 있기 때문에, 인종 차별, 빈곤, 불평등 같은 근본 원인을 해결하지 않고서는 통제할 수 없다는 것이다. 이런 종류의 역사적 비관주의를 근본 원인주의(root-causism)라고 부를 수 있겠다. 즉 모든 사회적 병폐는 보다 깊은 곳에 자리한 도덕적 질병의 증상이며, 썩어 있는 핵심을 치료하지 않는 단순한 치료법으로는 완화할 도리가 없다고 말하는, 심오해 보이는 헛소리이다.[9] 근본 원인주의의 문제는 현실 세계의 문제가 실은 단순하기 때문이 아니다. 오히려 그 반대이다. 현실의 문제는 전형적인 근본 원인주의 이론이 허용하는 것보다 훨씬 복잡하고, 그 이론이 데이터가 아니라 도덕적 설교용 잔소리에 근거할 때면 특히 더 그렇다. 사실 문제가 너무나 복잡하기 때문에 표면적인 증상을 치료하는 것이 문제에 대처하는 최선의 방법일 수가 있다. 문제 해결을 위해 복잡하게 얽혀 있는 실제 원인을 완벽하게 꿰뚫고 있을 필요는 없기 때문이다. 게다가 실제로 무엇이 그 증상을 줄이는지를 살펴본다면, 원인에 대한 가설이 옳다고 추정하는 단계에서 한 걸음 더 나아가 그 가설을 검증해 볼 수 있다.

범죄가 급증한 1960년대의 경우, 당장 손에 쥔 사실부터가 근본 원인주의 이론을 논박한다. 당시는 인종 차별이 급격하게 감소한 시민권의 시대(15장)이자, 불평등과 실업률의 하락이 우리에게 향수를 불러일으킬 만큼 경제적 호황을 누리던 시대였다.[10] 그것과 대조적으로 1930년대는 대공황의 시대로, 짐 크로 법(Jim Crow laws, 1876~1965년에 미국 몇몇 주에서 시행된, 인종 차별을 합법화한 주법. ― 옮긴이)이 존재하고 매달 린치 사건이 발생한 시대였지만, 전체적인 폭력 범죄 발생률은 곤두박질쳤다. 근본 원인주의 이론이 완전히 뿌리 뽑힌 것은 모두를 깜짝 놀라게 한 발전을 통해서였다. 미국의 살인 사건 발생률은 불평등이 급격하게 심화되던 1992년부터 자유 낙하했고, 2007년 시작된 대침체기에 다시 한번 낙하했다. (그림 12.2)[11] 잉글랜드와 캐나다를 비롯한 대부분의 산업화 국가 역시 지난 20년간 살인 사건 발생률이 하락했다. (반대로, 차베스와 마두로 정권 치하의 베네수엘라에서는 불평등이 급감하고 살인 사건이 급증했다.)[12] 세계 전체를 아우르는 숫자는 2000년 이후로만 확인이 가능하고, 데이터가 부족한 국가들의 경우에는 용감하게 어림짐작한 추정치를 사용하고 있지만, 마찬가지로 그 경향은 2000년 10만 명당 8.8건에서 2012년 6.2건으로 하향세를 보인다. 이것은 만일 세계 살인 사건 발생률이 12년 전 수준에 머물러 있었다면, 오늘날 멀쩡히 걸어 다니는 사람들 가운데 18만 명은 이미 작년에

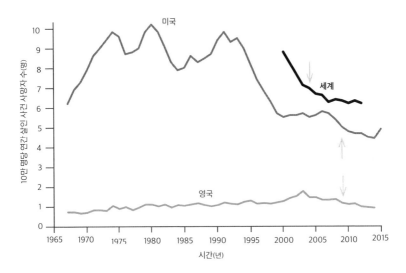

그림 12.2. 1967~2015년 살인 사건 사망자. (미국: FBI 범죄 보고서, https://ucr.fbi.gov/, Federal Bureau of Investigation, 2016a. 잉글랜드(웨일스 포함): 영국 통계청의 2017년 데이터. 세계, 2000년: Krug et al.2002. 세계, 2003~2011년: United Nations Economic and Social Council 2014, fig. 1. 백분율은 2012년 비율을 6.2로 맞춰 살인 사건 발생률로 전환, 추정치는 United Nations Office on Drugs and Crime 2014, p.12에서 발표. 화살표가 가리키는 지점은 Pinker 2011에 실린 세계(2004, fig. 3.9), 미국(2009, fig. 3.18), 잉글랜드(2009, fig. 3.19)의 가장 최근 연도이다.)

살해당했을 것이라는 뜻이다.[13]

폭력 범죄는 해결 가능한 문제이다. 세계의 살인 사건 발생률은 쿠웨이트(10만 명당 0.4건), 아이슬란드(10만 명당 0.3건), 싱가포르(10만 명당 0.2건) 수준까지는 절대 떨어지지 않을 테고, 완전히 0이 되는 것은 말할 것도 없다.[14] 하지만 2014년에 아이스너는 세계 보건 기구에 자문하는 과정에서 전 세계 살인 사건 발생률의 50퍼센트를 30년 이내에 줄이자고 제안했다.[15] 살인 통계에 관한 두 가지 사실에 따르면 이 제안은 이상적인 목표가 아니라 실현 가능한 열망이다.

첫 번째는 살인 사건의 분포가 측정 단위마다 어느 한 곳에 집중되어 있다는 점이다. 온두라스(10만 명당 연간 90.4건), 베네수엘라(53.7건), 엘살바도르(41.2건), 자메이카(39.3건), 레소토(38건), 남아공(31건) 등 가장 위험한 국가의 살인 사건 발생률은 가장 안전한 국가의 수백 배에 달한다.[16] 인류의 10분의 1이 거주하는 단 23개국에서 세계 살인 사건의 절반이 발생하고, 브라질(25.2건), 콜롬비아(25.9건), 멕시코(12.9건), 베네수엘라, 단 4개국에서 세계 살인 사건 중 4분의 1이 발생한다. (세계에서 살인 사건이 가장 많이 발생하는 지역인 라틴아메리카 북부와 사하라 이남 아프리카 남부는 나이지리아에서 중동을 거쳐 파키스탄으로 뻗어 있는 전쟁 지역과 구분된다.) 이 편향성은 프랙털 도형처럼 계속 내려간다. 한 나라 안에서 대부분의 살인 사건은 카라카스(10만 명당 120건), 산페드로술라(온두라스, 187건) 같은 몇몇 도시에 몰려 발생한다. 도시에서 벌어지는 살인 사건은 몇몇 동네에 집중되어 있다. 동네에서 벌어지는 살인 사건은 몇몇 거리에서 일어난다. 거리에서 발생하는 살인 사건의 상당수는 몇몇 개인이 저지른다.[17] 내가 사는 보스턴에서는 총격의 70퍼센트가 도시 넓이의 5퍼센트에 해당하는 지역에서 발생하고, 젊은 층의 1퍼센트가 총격 사건의 절반을 일으킨다.[18]

'50-30', 즉 살인 사건 발생률을 30년 안에 절반으로 줄이자는 목표에 영감을 준 또 하나의 사실은 그림 12.2에 분명하게 나타나 있다. 높은 살인 사건 발생률을 빠르게 끌어내릴 수 있다는 것이다. 부유한 민주주의 국가 가운데 살인이 가장 많이 일어나는 미국에서 9년 사이에 살인 사건 발생률이 절반 가까이 떨어졌다. 같은 기간에 뉴욕 시의 하락세는 특히 가팔라서 75퍼센트에 달했다.[19] 러시아(2004년 10만 명당 19건에서 2012년 9.2건으로), 남아공(1995년 60건에서 2012년 31.2건으로), 콜롬비아(1991년 79.3건에서 2015년 25.9건으로) 등 미국보다 더 폭력적인 것으로 유명한 국가들도 급격한 하락세를 보였다.[20] 신뢰할 만한 데이터를 가진 88개 국가 중 67개국에서 지난 15년간 살인 사건 발생률이 하락했다.[21] 운이 좋지 못한 곳(대부분 라틴아메리카)은 살인 사건의 끔찍한 증가로 홍역을 치렀지만, 그

곳에서도 도시와 지역의 지도자들은 피 흘리는 일을 줄이겠다고 결심했으며, 실제로 많이 성공한다.[22] 일례로 그림 12.1에 나타난 것과 같이, 2007년부터 2011년까지 멕시코에서는 살인 사건 발생률(전적으로 조직 범죄에 기인한 사건들이다.)이 다시 치솟았지만 2014년에는 재역전을 이루어냈고, 특히 2010년부터 2012년까지 악명 높은 후아레스 시의 살인 사건 발생률은 90퍼센트 가까이 떨어졌다.[23] 보고타와 메데인의 살인 사건 발생률은 20년간 5분의 4나 하락했고, 상파울루와 리우데자네이루의 변두리 지역은 3분의 2나 하락했다.[24] 심지어 살인에 있어 세계의 수도라 할 수 있는 산페드로술라의 살인 사건 발생률조차 **겨우 2년** 사이에 62퍼센트나 떨어졌다.[25]

이제 폭력 범죄의 편중된 분포와 폭력 범죄의 높은 발생률은 빠르게 낮출 수 있다는 검증된 가능성을 합쳐 보자. 간단한 산수이다. 30년 동안 50퍼센트를 줄인다는 목표는 현실적일 뿐 아니라 오히려 보수적인 수치에 가깝다.[26] 통계의 속임수도 아니다. 수량화의 도덕적 가치는 모든 생명을 똑같이 귀중하게 대한다는 것이다. 따라서 가장 높은 살인 사건 발생률을 낮추는 조치는 인간의 비극을 가장 많이 막아 준다.

폭력 범죄의 편향된 분포는 범죄를 줄일 최선의 방법을 빨간 화살표로 표시해 준다.[27] 근본 원인은 잊어라. 증상 ─ 폭력의 가장 큰 부분을 차지하는 동네와 개인 ─ 에 달라붙어 폭력을 유발하는 나쁜 이익과 기회를 없애야 한다.

대책은 법의 집행에서 시작된다. 이성의 시대에 토머스 홉스가 주장했듯이 무정부 상태에 놓인 지역에서는 폭력이 성행한다.[28] 만인이 만인을 잡아먹고자 하기 때문이 아니라, 정부가 없는 곳에서는 폭력이 자가 증식할 수 있기 때문이다. 해당 지역에 몇몇 잠재적 포식자가 도사리고 있거나 불시에 나타날 수 있기만 해도, 사람들은 그들을 억제하고자 공격적인 태도를 취한다. 억제의 효과를 보장하는 방법은 치러야 할 비용과 무관하게 모욕에는 응징으로, 약탈에는 보복으로 대응해서 굳은 의지를 널리 알리는 것뿐이다. 이따금 '홉스의 덫'이라고 불리기도 하는 이 전략은, 아주 간단하게 갈등과 복수의 연쇄를 촉발한다. 동네북이 되지 않으려면 최소한 상대편에게만큼은 폭력을 사용해야 한다. 가장 빈번하게 발생하고 시대와 장소에 따라 변화가 가장 큰 살인은 서로 적당히 아는 젊은 남성들이 영역이나 평판 혹은 복수 때문에 벌이는 살인이다. 이해 관계가 없고 물리력을 적법하게 독점적으로 사용하는 제3자 ─ 경찰과 사법 체계를 갖춘 국가 ─ 만이 그런 연쇄적인 폭력을 싹부터 잘라낼 수 있다. 그렇게 하면 처벌의 위협을 통해 공격적인 사람이 얻는 이익을 없앨 뿐 아니라, 공격자가 얻을 수 있는 이익은 사라졌으니 당신 역시 호전적으로 자기 방어에 나설 필요가 없다는 확신을 주게 된다.

법 집행의 효과를 가장 적나라하게 보여 주는 증거는 그림 12.1에 나타난 곡선들의 왼쪽 위에서 볼 수 있듯이, 법 집행 체계가 미약했던 시대와 지역에서 폭력 발생률이 하늘을 찔렀다는 것이다. 경찰이 파업을 할 때 약탈자들과 자경단들이 출현하는 현상도 비슷한 설득력을 갖고 있다.[29] 하지만 법 집행 체계가 단지 비효율적인 경우에도 범죄율이 치솟을 수 있다. 집행자가 너무나 무능력하거나 부패하거나 주눅이 들어 있어 사람들이 법을 어겨도 처벌 없이 넘어갈 수 있다는 사실을 알기 때문이다. 이것은 베이비붐 세대가 범죄를 일으키기 쉬운 나이에 진입했지만 사법 체계가 그 추이를 따라잡기에 역부족이었던 1960년대에 범죄가 만연했던 한 요인이었으며, 오늘날 라틴아메리카의 특정 지역에서 범죄가 만연하는 이유이기도 하다.[30] 반대로, 경찰력의 확대와 형사 처분의 강화는 (과잉 구금의 위험이 있지만) 1990년대에 출현한 미국 내 범죄의 대대적 감소(Great American Crime Decline) 현상을 상당 부분 설명해 준다.[31]

아이스너는 30년 내에 살인 사건 발생률을 반 토막 낼 방법을 한 문장으로 설명한다. "적법한 법 집행, 피해자 보호, 신속하고 공정한 판결, 적정한 처벌, 인도적인 수감 시설 등에 기초한 효과적인 법치는 치명적인 폭력을 지속적으로 줄이는 데 결정적인 역할을 한다."[32] **효과적인, 적법한, 신속한, 공정한, 적정한, 인도적인** 같은 형용사를 보면 그의 조언이 범죄는 강력하게 응징해야 한다는 우파 정치인들의 수사와 다르다는 것을 알 수 있다. 일찍이 250년 전에 체사레 베카리아가 그 이유를 설명했다. 가혹하게 처벌하겠다는 위협은 비용이 저렴하고 감정적으로도 만족스럽지만 효과는 딱히 크지 않다. 상습적인 범죄자는 가혹한 처벌을 드물게 발생하는 사고쯤으로, 물론 끔찍하기는 하지만 직업에 수반되는 자연스러운 위험으로 간주하기 때문이다. 오히려 사람들은 가혹하지 않더라도 확실한 처벌을 일상적인 의사 결정에 더 잘 반영한다.

법이 적절하게 집행되고 있느냐와 더불어 정권이 **정당한가**도 영향을 미치는 것으로 나타난다. 사람들은 법률적으로 정당한 권위를 그 자체로 존중할뿐더러, 잠재적인 적들이 이 권위를 얼마나 존중하는지도 계산에 넣기 때문이다. 역사학자 랜돌프 로스(Randolph Roth)와 마찬가지로 아이스너도, 남북 전쟁이 벌어지던 시기와 1960년대의 미국, 그리고 소비에트 연방이 해체된 뒤의 러시아에서처럼 사람들이 사회와 정부에 의문을 품는 시기에는 범죄 발생 건수가 치솟는다고 지적한다.[33]

범죄 예방에 무엇이 효과적이고 무엇이 그렇지 않은지를 검토한 결과는 아이스너의 조언을 뒷받침해 준다. 특히 최근 수십 년간 시도된 거의 모든 정책, 계획, 프로그램, 프로젝트, 주민 발의, 개입, 처방, 술책을 평가한 2,300가지 연구에 대해 포괄적 검토를 시행한 사회학자 토머스 앱트(Thomas Abt, 1972년~)와 크리스토퍼 윈십(Christopher Winship, 1950년~)의 대규모 메타 분석이 대표적이다.[34] 이들은 폭력 범죄를 줄이는 전략 가운데 가장 효과적인 것은 **집중적 억제**(focused deterrence)라고 말한다. 우선 범죄가 만연한 동네나 범죄 발생이 이제 막 증가하기 시작하는 지역에서 실시간으로 수집한 데이터를 통해 "위험 장소"를 식별한 뒤 그곳에 "레이저처럼 정확히 초점"을 맞춰야 한다. 나아가 희생자들을 괴롭히거나 싸움을 일으키고 있는 개인과 패거리를 겨냥할 필요가 있다. 다음으로는, "총질을 멈추면 당신을 도울 테지만, 총질을 계속하면 감옥에 집어넣겠다."라는 식으로 그들에게 기대하는 행동을 단순하고 구체적인 메시지로 전달해야 한다. 메시지를 전달하고 이를 실행하는 일의 성공 여부는 가게 주인, 목사, 운동부 코치, 보호 감찰관, 친척 등 다른 사회 구성원들의 협조에 달려 있다.

검증 가능한 또 하나의 효과적인 방법은 인지 행동 치료(cognitive behavioral therapy)이다. 이것은 범법자의 파란만장한 유년기를 정신 의학적으로 분석하거나 「시계 태엽 오렌지(A Clockwork Orange)」에서처럼 기계로 눈꺼풀을 벌려 둔 채 헛구역질이 나올 때까지 폭력적인 영상을 보여 주는 일과는 무관하다. 그것보다는 범죄 행동으로 이어지기 쉬운 사고와 행동 습관을 극복하도록 일련의 지침을 설계해야 한다. 문제를 일으키는 사람들은 충동적이다. 장기적인 결과는 생각하지 않고 순간적인 절도나 파괴의 기회를 붙잡고, 자신을 거스르는 사람은 일단 들이받고 본다.[35] 이런 유혹은 자기 통제의 전략을 알려주는 치료를 통해 억제할 수 있다. 또한 문제를 일으키는 사람은 자기애 성향이 강하고 반사회적 인격 장애에 가까운 사고 패턴을 갖고 있다. 자신은 항상 옳고, 보편적으로 존경받을 자격이 있고, 반박은 자신에 대한 모욕이며, 타인은 감정도 이해 관계도 없다는 식이다. 망상은 '치료'할 수는 없어도, 인식하고 억제하도록 훈련할 수는 있다.[36] 이런 건달 같은 사고 방식은 명예를 중시하는 문화에서 쉽게 증폭되므로, 위험에 처한 청소년들을 상담이나 범죄 방지 프로그램에 참여시켜서 분노 관리 치료와 사회성 기술 훈련을 실시한다면 더 효과적으로 해체할 수 있다.

잠재적인 불한당들의 성급한 충동을 통제하지 못했더라도, 환경으로부터 손쉬운 만족의 기회를 제거한다면 그들을 문제에서 벗어나게 할 수 있다.[37] 차를 훔치기 어렵게, 집을 털기 어렵게, 장물을 처분하기 어렵게 만들고, 행인들이 현금 대신 카드를 들고 다니고, 어두운 골목에 불을 밝히고 카메라로 감시한다면, 잠재적 범죄자들이 나쁜 충동의 배출구를 찾지 않을 것이다. 유혹이 잦아들면 범죄도 움츠린다. 저렴한 소비재도 의지가 약한 범법자들이 악한 본성을 이겨 내고 준법 시민으로 남을 수 있게 하는 값진 요인이다. 요즘 누가 시계 기능이 있는 라디오를 훔치겠다고 무모하게 아파트에 침입하겠는가?

무정부 상태, 충동, 기회와 더불어 폭력 범죄를 촉발하는 또 다른 주된 원인으로 밀거래가 있다. 불법적인 상품과 오락을 거래하는 사업가들은 사기를 당했다고 느끼더라도 소송을 제기할 수 없고, 누가 자신을 위협해도 경찰을 부를 수 없으니, 자신의 이익을 지키기 위해 보다 확실한 폭력의 위협을 사용한다. 미국에서는 주류 판매를 금지한 1920년대와 크랙 코카인(crack cocaine)이 유행하던 1980년대에 폭력 범죄가 급증했으며, 오늘날 코카인, 헤로인, 마리화나가 밀거래되는 라틴아메리카와 카리브 해 연안 국가들에서도 같은 현상이 일어나고 있다. 마약과 관련된 폭력 사건은 여전히 해결되지 못한 국제 문제로 남아 있다. 어쩌면 현재 진행되고 있는 마리화나의 합법화와 미래에 있을지 모를 다른 약물의 합법화가 관련 산업을 무법천지의 지하 세계에서 지상으로 끌어올릴지 모른다. 한편 앱트와 윈십은 "마약을 공격적으로 단속하면 마약 퇴치효과는 거의 없고 일반적으로 폭력이 증가"하는 반면에, "마약 법원과 중독 치료는 실효성을 보인 오랜 역사가 있다."라고 논평한다.[38]

증거에 기초한 검토는 상상의 극장에서는 희망적으로 보였던 프로그램들에 찬물을 끼얹는다. 효과적인 예방책에 포함되지 않아서 오히려 눈에 띄는 무모한 조치로는 슬럼가 정비, 총기 매입, 무관용 경찰 활동, 가혹한 처벌, 삼진 아웃제, 경찰 주도의 마약 인식 교육, 그리고 위험한 상태에 있는 청소년을 열악한 교도소와 난폭한 재소자에게 노출시키는 '갱생' 프로그램이 있다. 또한 증거도 없이 의견만 강하게 내세우는 사람들에게 가장 큰 실망을 주는 것으로, 총기 규제 법안의 효과가 모호하다는 사실도 있다. 우파가 지지하는 총기 소지법도, 좌파가 지지하는 총기 금지 및 규제도 별다른 차이를 만들어 내지 못하는 것으로 드러났다. 물론 아직 우리가 알지 못하는 것도 많으며, 더 많은 것을 알아내기까지 숱한 정치적, 실질적 장애물을 넘어야 하는 것은 사실이다.[39]

~

나는 『우리 본성의 선한 천사』에서 다양한 폭력의 감소를 설명하면서 '과거에는 인간의 목숨이 쌌으나 점점 비싼 것이 되었다.' 같은 견해를 그다지 염두에 두지 않았다. 너무 막연하고 검증 불가능하고 거의 순환 논리 같아서 나는 정부 형태나 무역 같은 현상을 클로즈업해 설명하는 데 집중했다. 원고를 떠나보낸 뒤 이를 달리 생각해 볼 일이 있었다. 엄청난 일을 마무리한 자신에게 상을 줄 겸 나는 낡고 녹슨 차를 바꾸기로 했고, 차를 사기 전에 《카 앤드 드라이버(Car and Driver)》의 최신호를 구입했다. 첫 기사의 제목은 "숫자로 본 안전: 교통 사고 사망자 수 역대 최저 수준"이었고, 한눈에 봐도 익숙한 그래프가 실려 있었다. x축은 시간, y축은 사망률을 나타내고 선은 뱀처럼 왼쪽 위에서 오른쪽 아래로 기어 내려가는 그래프였다.[40] 1950년부터 2009년까지 교통 사고 사망률은 6분의 1로 하락했다. 또 다른 폭력적인 죽음의 감소가 나를 올려다보고 있었지만, 이번에는 지배나 증오와 아무런 관련이 없었다. 어떤 힘의 조합이 수십 년 동안 자동차 운전의 사망 위험을 감소시켜 오고 있었다. 마치 목숨이 좀 더 비싸진 듯 말이다. 부유해진 사회는 소득, 창의성, 도덕적 열정을 도로 위에서 생명을 구하는 일에 더 많이 사용했다.

나중에 나는 《카 앤드 드라이버》가 보수적이었음을 알게 되었다. 그들이 데이터 집합의 첫해를 1921년으로 잡았더라면, 사망률이 거의 24분의 1로 줄어들었을 것이다. 그림 12.3은 전체 시대를 보여 준다. 하지만 이 역시 모든 이야기를 담고 있는 것은 아니다. 누군가가 사망한 사고에는 장애가 생기고 신체가 훼손되고 통증에 시달리게 된 사람이 있기 마련이다.

잡지에 게재된 그래프는 자동차 안전의 역사에서 중요한 순간들을 주석으로 달아 거기에 기여한 기술, 상업, 정치, 도덕의 요인들을 밝히고

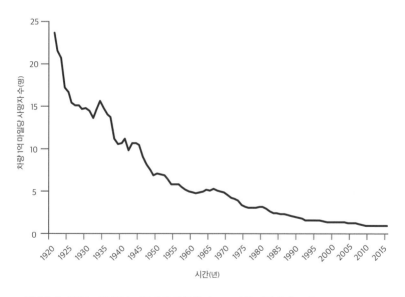

그림 12.3. 1921~2015년 미국에서 자동차 사고로 인한 사망자 수. (미국 도로 교통 안전국 (National Highway Safety Administration) 데이터에서. http://www.inforedforlife.org/demos/FCKeditor/ UserFiles/File/TRAFFICFATALITIES(1899-2005).pdf, http://www-fars.nhtsa.dot.gov/Main/index. aspx, http://crashstats.nhtsa.dot.gov/Api/Public/ViewPublication/812384 참조.)

있었다. 단기적인 측면에서 각각의 요인들은 서로를 밀쳐내기도 했지만, 장기적인 측면에서는 모든 요인이 다 함께 사망률을 끌어내리고, 끌어내리고, 또 끌어내렸다. 때로는 대학살의 희생자를 줄이기 위해 도덕적 십자군이 자동차 제조사를 악당으로 만들기도 했다. 1965년에는 랠프 네이더(Ralph Nader, 1934년~)라는 젊은 변호사가 『어떤 속도도 안전하지 않다(*Unsafe at Any Speed*)』를 출간해서 자동차 설계에서 안전성을 무시하는 산업계를 강력하게 고발했다. 곧이어 미국 도로 교통 안전국(National Highway Traffic Safety Administration)이 설립되었고, 새로 만드는 차에 여러 안전 장치를 요구하는 법안이 통과되었다. 하지만 그래프는 이런 운동과 법안이 존재하기 전부터 가파른 감소세를 보여 준다. 때로는 자동차 제조업계가 고객과 규제 기관을 앞지를 때도 있었다. 그래프에서 1956년을 가리키는 이정표는 이렇게 적고 있다. "포드 사가 '생명 보호' 패키지를 제공하다. …… 여기에는 안전 벨트, 패드를 댄 대시보드, 패드를 댄 햇빛 가리개, 그리고 충돌 시 운전자를 케밥으로 만들어 버리지 않도록 오목하게 파인 운전대 중심부 등이 포함되었다. 실적은 참담했다." 이런 설계가 의무화되기까지는 10년이 지나야 했다.

하강하는 경사면 위에는 기술 공학자, 소비자, 기업인, 정부 관료가 서로 밀고 당겨 온 여러 일화가 흩어져 있었다. 서로 다른 시기에 충격 흡수대, 사륜 이중 브레이크 장치, 충격 흡수식 조향축, 후면 중앙 상단에 위치한 보조 브레이크등, 몸을 꽉 죄는 안전 벨트, 에어백, 안전 제어 장치 등이 연구실에서 나와 자동차 전시장으로 향했다. 길고 구불구불한 시골길을 포장하고, 차선을 나누고, 반사경을 세우고, 가드레일을 설치하고, 곡선 주로를 완만하게 정비하고, 갓길이 넓은 고속 도로를 만든 것도 생명을 구한 요인이었다. 1980년에는 미국 어머니들이 음주 운전 방지 어머니회(Mothers Against Drunk Driving)를 조직해서 음주 가능 연령을 높이고, 법정 혈중 알코올 농도를 낮추고, 음주 운전에 오명을 씌웠으며, 대중 문화는 음주 운전을 코미디화했다. (영화 「북북서로 진로를 돌려라(North by Northwest)」와 「아서(Arthur)」에 나온 것처럼.) 충돌 검사, 도로 교통법의 시행, 운전자 교육도(혼잡한 도로와 뜻하지 않게도 경기 침체도) 많은 생명을 살렸다. 아주 많은 생명이었다. 1980년 이래로 교통 사고 사망률이 그대로 유지 됐더라면 이미 사망했을 미국인은 약 65만 명에 이른다.[41] 이 수치는 10 년 단위로 나눠 생각하면 더욱 놀랍다. 미국인들이 운전하는 거리는 점 점 더 늘어났는데(1920년 886억 킬로미터, 1950년 7370억 킬로미터, 1980년 2.4조 킬 로미터, 2013년 4.8조 킬로미터), 꼭 그만큼 더 녹음이 우거진 교외에서 즐거운 시간을 보내거나, 축구하는 아이들을 바라보거나, 쉐보레를 몰고 아메 리카 대륙을 유람하거나, 아니면 그저 어느 토요일 밤에 남들의 시선을 의식하지 않고 거리를 드라이브하면서 여자를 물색한 뒤 가진 돈을 몽 땅 써 버릴 수 있었다는 이야기이다.[42] 운전 거리는 증가했지만 그 증가 분이 안전상의 이득을 깎아 먹지 않았다. 자동차 사고로 인한 인구별 사 망률(운전 거리당 사망률과 다르다.)은 1937년에 연간 10만 명당 30명에 가까 운 사망자 수를 기록하며 정점에 이르렀다가 1970년대 말 이후 지금까 지 서서히 하락한 결과, 2014년에는 1917년 이후 최저치인 10.2명을 기 록했다.[43]

살아서 돌아오는 운전사의 수로 드러나는 진보가 미국만의 현상은 아니다. 프랑스, 오스트레일리아, 그리고 물론 안전 의식이 철저한 스웨 덴 같은 다른 부유한 국가에서도 사망률은 하락했다. (나는 결국 볼보를 구입 했다.) 하지만 이것은 그들이 부유한 국가에 사는 덕이라고 할 수 있다. 인 도, 중국, 브라질, 나이지리아 등 신흥국의 1인당 교통 사고 사망률은 미 국의 2배에 달하고, 스웨덴의 7배에 이른다.[44] 부는 생명을 살 수 있다.

만일 자동차가 발명되기 이전보다 현재가 더 위험하다면, 도로 위 사망자 수의 감소는 다소 미심쩍은 성취가 될 것이다. 하지만 자동차 이전의 삶도 그다지 안전하지는 않았다. 사업가이자 기록 사진 수집가 오토 루트비히 베트만(Otto Ludwig Bettmann, 1903~1998년)은 마차가 다니던 시대에 도시 거리가 어땠는지를 동시대인의 증언으로 들려준다.

"브로드웨이를 건너는 데에는 …… 어선을 타고 대서양을 건너는 것보다 많은 기술이 필요하다." …… 도시를 대혼란에 빠뜨리는 주범은 말이었다. 굶주리고 긴장한, 없어선 안 될 이 짐승은 "극도로 광포하게 법을 거스르고 세상을 파괴하는 기쁨을 느끼면서" 말을 몰아붙이는 무자비한 주인의 채찍질에 탈진하고는 했다. 폭주는 흔한 일이었다. 그로 인한 혼란에 수천 명이 목숨을 잃었다. 미국 안전 위원회(National Safety Council)에 따르면, 말과 관련된 사망률은 자동차와 관련된 현대의 사망률보다 10배나 높았다. (1974년의 인구별 사망률은 오늘날의 2배에 이른다. — 지은이)[45]

로스앤젤레스로 연고지를 옮기기 전까지 브루클린 다저스(Brooklyn Dodgers)라고 불린 야구 팀은 달려오는 전차를 잽싸게 피하는 기술로 유명한 뉴욕의 보행자에게서 이름을 따왔다. (모두가 전차를 잘 피한 것은 아니었다. 내 고모할머니는 1910년대에 바르샤바에서 전차에 치어 돌아가셨다.) 운전자와 승객의 생명처럼 보행자의 생명도 갈수록 더 귀중해졌다. 가로등, 횡단 보도, 고가 도로가 생기고, 교통 법규가 시행되고, 보닛에 붙인 작은 조각상과 범퍼 장식용 뿔 등 무기나 진배없는 크롬 도금의 금속 장식이 사라진 덕분이었다. 그림 12.4에서 볼 수 있듯이, 이제 미국에서 거리를 걷는 일은 1927년보다 6배 더 안전하다.

2014년에 거의 5,000명에 이르는 사망자 수는 여전히 놀라운 수치이지만(44명의 목숨을 빼앗고 훨씬 크게 보도되는 테러와 비교해 보라), 인구가 5분의 2

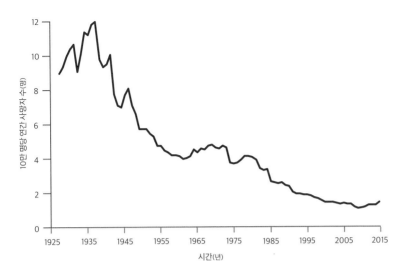

그림 12.4. 1927~2015년 미국의 보행자 사고 사망자 수. (미국 도로 교통 안전국 자료에서. 1927~1984년: Federal Highway Administration 2003. 1985~1995년: National Center for Statistics and Analysis 1995. 1995~2005년: National Center for Statistics and Analysis 2006. 2005~2014년: National Center for Statistics and Analysis 2016. 2015년: National Center for Statistics and Analysis 2017.)

에 불과하고 차도 훨씬 적었던 1937년에 1만 5500명의 보행자가 목숨을 잃은 것보다는 낫다. 게다가 가장 큰 구원이 다가오고 있다. 이 글을 쓰는 시점으로부터 10년 안에 대부분의 신차는 굼뜨고 산만한 인간이 아니라 컴퓨터가 운전하게 될 것이다. 자율 주행차가 널리 보급되면 매년 100만 명의 생명을 더 구하게 될 텐데, 인간의 생명에는 항생제의 발명 이후 가장 큰 선물이 될 것이다.

위험 인식에 관해 흔히 듣는 이야기가 있다. 항공 여행이 훨씬 안전한데도 많은 사람이 비행은 두려워하면서 운전은 거의 두려워하지 않는다는 것이다. 하지만 항공 교통의 안전을 담당한 감독관들은 만족을 모른다. 그들은 비행기 사고가 발생하면 그 잔해와 블랙박스를 샅샅이 조사해서, 이미 안전한 운송 방식을 더욱 안전하게 만들어 왔다. 그림 12.5

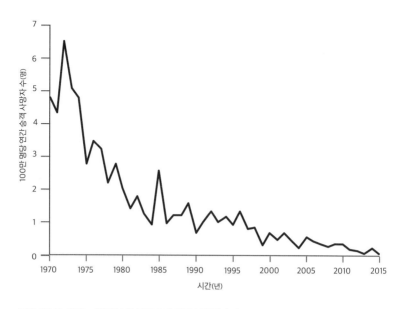

그림 12.5. 1970~2015년 항공기 추락 사고 사망자 수. (Aviation Safety Network 2017. 승객 수 데이터는 World Bank 2016b.)

는 1970년대에 여객기 승객이 추락 사고로 사망할 확률이 100만 명 가운데 5명도 채 되지 않았음을 보여 준다. 2015년에는 그 작은 위험성마저도 100분의 1로 추락했다.

～

물에 죽는 자와 불에 죽는 자. 자동차와 비행기가 발명되기 한참 전에 사람들은 그들이 속한 환경의 치명적인 위험에 속수무책이었다. 사회학자 로버트 스콧은 중세 유럽의 생활사에 관한 책을 이렇게 시작한다. "1421년 12월 14일, 잉글랜드의 솔즈베리 시에 사는 14세 소녀 아그네스가 뜨겁게 달궈진 쇠꼬챙이에 몸이 꿰 찔리는 극심한 부상을 입었다." (소녀는 성 오스먼드(Saint Osmund, ?~1099년)의 기도로 치료되었다고 알려졌다.)[46] 이것은 중세 유럽의 지역 사회가 "아주 위험한 곳"이었음을 보여 주는 일례에 지나지 않는다. 부모가 일하는 동안 돌보는 이 없이 남겨진 영아와 유아는 특히 위험했다. 역사학자 캐럴 로클리프(Carole Rawcliffe, 1946년~)는 이렇게 설명한다.

어둡고 갑갑한 환경에 노출된 난로, 지푸라기 침대, 급하게 땜질한 바닥, 가리개 없이 드러난 불꽃이 줄줄이 놓여 있어 호기심 많은 유아들을 끊임없이 위협했다. 연못, 농기구, 기계, 목재 더미, 방치된 보트와 짐을 실은 수레 때문에 (놀 때조차) 아이들은 위험에 처했다. 이 모든 것들이 검시 보고서에 어린 아이들의 사망 원인으로 암울하리만치 자주 등장했다.[47]

『역사와 사회 속의 아동 및 유년기 백과사전(*Encyclopedia of Children and Childhood*)』은, "제프리 초서(Geoffrey Chaucer, 1343?~1400?년)의 「기사 이야기(The Knight's Tale)」에 나오는 아기를 집어삼키는 암퇘지의 이미지는 현대의 독자들에게 기이하게 느껴지겠지만, 거기에는 분명 동물이 아이들에게 가한 일반적인 위협이 반영되어 있다."[48]라고 이야기한다.

어른들도 안전하지 않았다. "16세기 영국의 일상과 치명적인 위험(Everyday Life and Fatal Hazard in Sixteenth-Century England)"이라는 제목의 웹사이트(https://tudoraccidents.history.ox.ac.uk/, 튜더 다윈 상(Tudor Darwin Awards)이라는 별명으로 불리기도 한다.)는 16세기 검시관들의 보고서를 분석한 역사학자들의 결과를 매달 게재한다. 사람들은 상한 고등어를 먹고, 창문을 넘다 몸이 끼고, 이탄 더미에 깔리고, 다른 사람이 어깨에 멘 바구니의 줄에 목이 감기고, 가마우지를 사냥하다 벼랑 밑으로 떨어지고, 돼지를 잡다 다른 사람이 들고 있던 칼 위로 넘어져서 사망했다.[49] 인공 조명이 없으니 어두워진 후에 길을 나선 사람은 우물, 강, 도랑, 해자, 운하, 오물 웅덩이에 빠질 위험이 있었다.

오늘날에는 아기가 암퇘지에게 잡아 먹힐까 걱정하는 일은 없지만,

다른 위험은 여전히 우리 곁에 존재한다. 교통 사고 다음으로 가장 일어나기 쉬운 사고사는 추락사이며, 다음이 익사와 화재사, 그리고 중독사 순이다. 우리가 이 사실을 알고 있는 것은 역학자들과 안전 공학자들이 가장 높은 사망 원인을 규명하고, 위험을 줄이는 방법을 알아내기 위해 사고사의 종류를 분류하고, 다시 하위 항목으로 분류해서 추락한 비행기의 잔해를 조사하듯 세심하게 정리한 덕이다. (『국제 질병 분류 (*International Classification of Diseases*)』의 열 번째 수정판은 추락사와 관련해서만 153종의 코드와 39종의 제외 항목을 수록하고 있다.) 이들의 조언을 법에 반영해 규정을 만들고, 감독 체계를 수립하고, 최선의 조치를 취하면서 세계는 더욱 안전해졌다. 1930년대 이후로 미국인이 추락사하는 확률은 72퍼센트

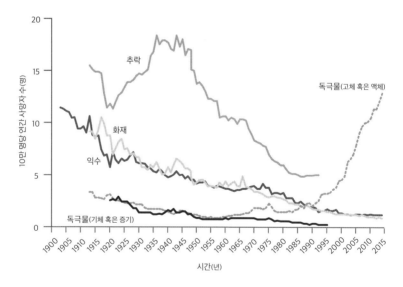

그림 12.6. 1903~2014년 미국의 추락, 화재, 익수, 독극물로 인한 사망. (National Safety Council 2016. 화재, 익수, 독극물(고체 혹은 액체)의 경우는 1903~1998년 데이터와 1999~2014년 데이터를 취합한 것이다. 1999~2014년의 경우, 독극물(고체 혹은 액체) 관련 데이터에는 기체 혹은 증기로 인한 중독이 포함되어 있다. 추락 사고 관련 데이터가 1992년에서 끝나는 것은, 신고 방식의 변화 과정에서 발생한 부작용 때문이다. 자세한 설명은 후주 50을 참조하라.)

하락했다. 난간, 표지판, 추락 방지 안전망, 막대형 손잡이, 작업자용 안전 벨트, 더 안전해진 바닥과 사다리, 관리 감독 등으로 보호가 강화된 덕분이었다. (아직 남아 있는 사망 사고는 대부분 허약한 노인들이 당하고 있다.) 그림 12.6은 추락 사고 사망률의 하락과 더불어,[50] 1903년 이후로 주요 사고사의 위험이 변해 온 궤적을 보여 준다.

불로 인한 죽음과 물로 인한 죽음이라는 전통적인 범주의 그래프도 거의 동일한데, 각각의 희생자 수는 90퍼센트 이상 감소했다. 미국에서 익사자의 수가 줄어든 것은 구명 조끼, 인명 구조대, 수영장의 난간, 수영 및 인명 구조 교육, 그리고 욕조, 변기, 심지어 양동이에서도 익사할 수 있는 작은 아이들의 취약성에 대한 인식의 개선 덕분이었다.

불과 연기에 목숨을 잃는 사람도 줄어들었다. 19세기에 전문적인 소방서를 설립한 목적은 불이 대화재로 번져서 도시 전체를 태워 버리기 전에 진화하기 위해서였다. 20세기 중반이 되자 소방서의 주요 업무는 화재 진압에서 화재 예방으로 바뀌었다. 1942년에 보스턴의 나이트클럽 코코넛 그로브(Cocoanut Grove)에 화재가 나서 492명이 사망한 끔찍한 사고로 화재 예방 캠페인이 시작되었는데, 불타는 집에서 소방관이 생명이 다한 작은 아이를 안고 나오는 가슴 아픈 사진이 캠페인을 널리 홍보했다. 대통령 직속 위원회의 「불타는 미국(America Burning)」 같은 보고서들을 통해 화재는 국가의 도덕적 위기로 지목되었다.[51] 캠페인의 결과 이제는 스프링클러, 연기 탐지기, 화재 비상구, 화재 탈출구, 화재 시 대피 훈련, 소화기, 방화 재료, 스모키 더 베어(Smokey the Bear)와 소방견 스파키(Sparky the Fire Dog) 같은 화재 안전 교육 마스코트를 어디서나 볼 수 있다. 결국 소방서는 자신이 할 일을 없애고 있는 셈이다. 현재 신고 전화의 약 96퍼센트가 심장 마비를 비롯한 다른 의학적 응급 상황에 대한 것이고, 아직 신고가 들어오고 있는 화재 사고는 주로 소규모이다. (사랑스러운 이미지이기는 하지만, 나무 위에 올라간 새끼 고양이를 구조하는 것은 소방관의 일이 아니다.) 소방관이 불붙은 건물에 투입되는 것은 고작해야 1년에 한 번 정도이다.[52]

유독성 가스로 사망하는 사고도 줄어들었다. 우선 1940년대부터 가정에서 요리와 난방에 쓰는 유독성 가스를 무독성의 천연 가스로 대체했다. 또한 설계와 정비 기술이 발달해서 가스 화로와 난방 기기가 연료를 완전 연소하게 된 뒤로 집안에 일산화탄소가 돌아다니는 일도 없어졌다. 1970년대부터 자동차에 촉매 변환 장치를 설치했다. 원래는 대기 오염을 줄이기 위한 장치였지만, 자동차가 움직이는 가스실로 돌변하는 일도 막아 주었다. 그리고 사람들도 1세기가 지나면서 실내에서나 창문 밑에서 차의 시동을 걸고, 발전기를 돌리고, 숯불로 요리하고, 연소식 난방기를 사용하는 일이 그리 좋은 생각이 아님을 확실히 알게 되었다.

그림 12.6에는 사고사를 정복해 온 역사를 비웃듯 분명한 예외가 하나 있다. 이 범주의 이름은 "독극물(고체 혹은 액체)"이다. 1990년부터 가파르게 상승한다. 걸쇠, 경보기, 완충재, 가드레일, 경고 스티커가 점증해 온 사회에서 이례적인 현상이다. 나도 처음에는 왜 살충제를 삼키거나 표백제를 마시는 미국인이 늘어나고 있는지 이해하지 못했다. 그러다 이 중독 사고에 약물 과다 복용이 포함된다는 것을 깨달았다. (욤 키푸르의 기도를 변형해서 레너드 노먼 코언(Leonard Norman Cohen, 1934~2016년)이 "누가 그녀의 외로운 속옷을 입고서 / 누가 진통제에 취해서"라고 노래했다는 것을 진작에 떠올리지 못했다.) 2013년에 "독극물"로 인한 사망 사고의 98퍼센트는 약물(92퍼센트)과 알코올(6퍼센트) 섭취 때문이었고, 나머지는 거의 기체와 증기(대부분 일산화탄소)를 마신 결과였다. 가정과 직장에서 흔히 볼 수 있는 용매, 세제, 살충제, 라이터의 유체 연료 같은 위험 물질이 독극물 중독으로 인한 사망 사고에서 차지하는 비율은 0.5퍼센트에도 미치지 않아서, 아마 그것만 따로 계산했다면 그림 12.6에서 바닥을 기었을 것이다.[53] 여전히 어린이

들은 개수대 밑을 뒤져 신기한 약품을 맛보고 구급차에 실려 독극물 통제 센터로 이송되지만, 사망에 이르는 경우는 거의 없다.

따라서 그림 12.6의 유일한 상승 곡선은 생활 환경이 주는 위험을 줄여 나가는 인류의 꾸준한 행보를 반증하지 않는다. 하지만 또 다른 종류의 위험인 약물 남용과 관련해서는 분명히 퇴보하고 있다. 곡선은 환각의 시대인 1960년대부터 상승하기 시작해서 크랙 코카인이 유행한 1980년대에 다시 솟아오르고, 아편류 중독이 그보다 훨씬 심각한 유행을 불러일으킨 21세기에 폭발적으로 치솟는다. 1990년대 들어 의사들은 중독성이 강할 뿐 아니라 헤로인 사용으로 이어지기 쉬운 약물인 옥시코돈, 하이드로코돈, 펜타닐 같은 합성 아편류 진통제를 과다 처방하기 시작했다. 합법적인 아편류와 불법적인 아편류의 과다 복용은 모두 커다란 골칫거리가 되어 연간 4만 명의 목숨을 빼앗았고, 그로 인해 독극물은 교통 사고마저 추월해서 사고사의 가장 큰 범주가 되었다.[54]

분명 약물 과다 복용은 교통 사고, 추락, 화재, 익수, 가스 중독과는 종류가 다른 현상이다. 사람들은 일산화탄소에 빠져들지 않고, 사다리를 타고 더 높이 오르기를 갈망하지도 않기 때문에, 아주 효과적으로 환경적 위험을 줄여 준 기계적인 안전 장치로는 아편류의 유행을 종결하기 어렵다. 문제의 심각성을 깨닫기 시작한 정치인들과 공중 보건 관계자들은 처방을 감독하고, 보다 안전한 진통제 사용을 권장하고, 무분별하게 약물 영업을 하는 제약 회사에게 망신이나 처벌을 주고, 길항제인 날록손을 더 쉽게 구할 수 있게 하고, 아편류 길항제와 인지 행동 치료를 통해 중독자를 치료하는 등 문제 해결을 위해 팔을 걷어붙였다.[55] 처방된 아편류(불법적인 헤로인과 펜타닐 제외)를 과다 복용하는 사례가 수치상으로 2010년에 정점에 이른 뒤 내려오기 시작하면서 정부의 조치가 효과적이라는 징후가 나타나고 있다.[56]

또 한 가지 언급할 만한 것은 아편류의 과다 복용 중 상당 부분이 (이제 중년에 접어들기 시작한) 약을 좋아하는 베이비붐 세대 사이에서 퍼진 유행에서 비롯되었다는 점이다. 2011년에 중독으로 인한 사망에서 가장 큰 비중을 차지한 연령대는 50대 전후였다. 2003년에는 40대 초반, 1993년에는 30대 후반, 1983년에는 30대 초반, 1973년에는 20대 초반이었으니 천천히 상승한 셈이다.[57] 뺄셈을 해 보면 10년마다 약에 취해 가장 많이 사망한 이들이 1953년과 1963년 사이에 태어난 세대임을 알 수 있다. 사람들은 10대를 끊임없이 우려하지만, 상대적으로 볼 때 오늘날의 아이들은 멀쩡하거나 최소한 예전보다 낫다고 말할 수 있다. 10대를 대상으로 한 대규모 종단 연구인 모니터링 더 퓨처(Monitoring the Future, MTF)에 따르면, 고등학생의 (마리화나와 전자 담배를 제외한) 주류, 담배, 약물 사용은 조사가 시작된 1976년 이후 최저 수준으로 떨어졌다.[58]

～

제조업 경제가 서비스업 경제로 전환되자 많은 사회 평론가들이 공장, 광산, 제분소 시대에 대한 향수를 표명했다. 아마 그런 곳에서 한 번도 일해 보지 않아서일 것이다. 산업 현장은 우리가 살펴본 온갖 치명적인 위험 위에 다시 수많은 위험을 더한다. 기계가 원자재에 하는 일 ― 톱질하고 부수고 굽고 녹이고 압착하고 탈곡하고 다지는 등의 작업 ― 은 그 기계를 다루는 노동자에게도 똑같이 적용될 수 있다. 1892년 벤저민 해리슨(Benjamin Harrison, 1833~1901년) 대통령은 "미국의 노동자는 전시의 병사 못지않게 목숨과 팔다리를 잃을 위험에 처해 있다."라고 지적했다. 베트만은 자신이 수집한 당시의 끔찍한 사진과 그 설명에 대해 이렇게 논평한다.

이런 말이 있었다. 광부는 "언제 머리 위에서 닫힐지 모르는 무덤 속으로 일하러 들어간다." …… 무방비 상태의 수직 갱도에서 후프스커트 차림의 노동자는 죽거나 불구가 되었다. …… 오늘날 곡예사와 시험 비행사는 고액의 생명 보험에 들 수 있지만, 기관차의 경적을 듣고 자신을 향해 돌진하는 화물차 사이를 위태롭게 피해 다녀야 했던 지난날의 (철도) 제동수에게 그건 꿈같은 일이었다. …… 또 다른 급사의 대상은 …… 기차의 차량 연결수로, 원시적인 차량 결합 장치 때문에 언제 어디서든 손과 손가락을 잃을 위험에 처해 있었다. …… 노동자의 몸이 전기톱에 잘리든, 들보에 끼어 뭉개지든, 광산에 파묻히든, 갱도에서 추락하든, 그것은 항상 '그 사람의 불운'이었다.[59]

"불운"은 고용주에게는 편리한 설명이 되어 주었고, 사망 사고를 신의 뜻이나 운명으로 돌리는 숙명론은 최근까지도 널리 퍼져 있었다. (오늘날 안전 공학자들과 공중 보건 연구자들은 운명의 변덕스러운 손가락을 암시한다는 이유로 **사고 (accident)**라는 말을 아예 쓰지 않고, 대신 **비의도적 상해(unintentional injury)**라는 기술적인 용어를 사용한다.) 18세기와 19세기에 만들어진 최초의 안전 조치와 보험 정책은 사람이 아니라 재산을 보호했다. 산업 혁명기에 인명 사고와 상해 사고가 무시할 수 없을 정도로 증가하기 시작하자, 사람들은 '진보'를 인간의 안녕과 복리를 셈에 넣지 않은 비인간적인 것이라고 정의하고, 이것을 '진보의 대가'로 치부했다. 철도 관리자는 하역장 지붕 설치 거부를 정당화하면서, "사람이 지붕 널보다 싸다. …… 1명이 죽는다 해도 줄 선 사람이 12명은 있다."라고 이유를 댔다.[60] 산업 생산 부문의 비인간적 속도는 영화 「모던 타임스(Modern Times)」에서 조립 라인 노동자로 분한 찰리 채플린(Charlie Chaplin, 1889~1977년)과 「왈가닥 루시(I Love Lucy)」에서 초콜릿 공장 노동자로 등장한 루실 볼(Lucile Ball, 1911~1989년)을 문화적 아이콘으로 만들면서 영원한 생명을 얻었다.

19세기 후반에 처음 노동 조합이 조직되고, 언론인들이 행동에 나서고, 정부 기관이 사망자 수 데이터를 수집하면서부터 작업장 환경은 점차 변하기 시작했다.[61] 철도 노동자의 사망 위험에 관한 베트만의 논평은 그저 사진에만 근거한 것은 아니었다. 1890년대에 철도 노동자의 연간 사망률은 거의 1퍼센트에 육박하는 10만 명당 852명이라는 충격적인 수치를 기록했다. 사망 사고가 감소한 것은 1893년, 작업장의 안전을 개선하기 위해 최초의 연방법이 제정되고 이것을 통해 모든 화물 열차에 공기 제동기와 자동 차량 결합 장치 설치가 의무화되면서였다.

진보의 시대(Progressive Era)라고 불리는 20세기 초에 수십 년에 걸쳐 다른 직업 영역에도 안전 장치가 확산되었다. 개혁가, 노동 조합, 언론인, 그리고 업턴 벨 싱클레어(Upton Beall Sinclair, 1878~1968년)처럼 현실을 고발하는 작품을 쓰는 소설가들이 여론을 자극한 결과였다.[62] 가장 효과적인 개혁은 유럽식으로 법을 살짝 바꾼 것이었다. 이제 고용주의 책임과 노동자에 대한 보상이 강화되었다. 이전에 상해를 입은 노동자나 사고에서 살아남은 노동자가 보상을 받기 위해서는 고소를 해야 했고, 보통은 좋은 결과를 얻기가 어려웠다. 법률 개정과 함께 고용주는 고정 비율에 따라 의무적으로 보상을 해야 했다. 이 변화는 노동자와 경영진 양측에 모두 만족을 주었다. 경영진 입장에서는 비용을 예측하기가 수월했고, 노동자와 협조적인 관계를 맺을 수 있었다. 더 중요한 것은, 이것을 통해 노동자의 이익과 경영진의 이익이 결합했다는 점이다. 작업장을 안전하게 만드는 일은 양측 모두에게 이익이 되었고, 보상금을 부담하는 보험사와 정부 기관 역시 마찬가지였다. 기업은 때로는 경제적인 동기나 인도적인 동기에서, 때로는 재난 사고가 널리 알려진 뒤 대중의 비난에 대응하는 과정에서, 그리고 더 흔하게는 소송 결과와 정부의 규제에 따라서, 안전 관리 위원회와 안전 관리 부서를 설치하고, 안전 기사를 고용하고, 다양한 보호 조치를 시행했다. 그 결과는 그림 12.7에 분명하게 나타

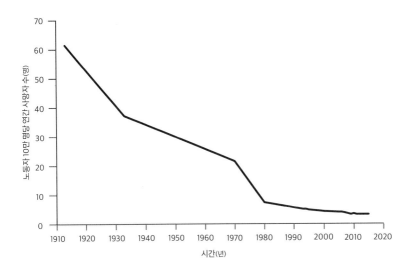

그림 12.7. 1913~2015년 미국의 직장 내 사망 사고. (각 데이터는 서로 다른 출처에서 가져온 것으로, 완전히 호환되지 않을 수 있다. 자세한 내용은 후주 63을 보라. 1913년, 1933년, 1980년: 미국 노동 통계국(US Bureau of Labor Statistics), 미국 국립 안전 위원회(National Safety Council), 미국 국립 직업 안전 위생 연구소(CDC National Institute for Occupational Safety and Health)의 자료를 참조해 만들었다. 각각 Centers for Disease Control 1999에서 인용했다. 1970년: 미국 직업 안전 건강 관리청(Occupational Safety and Health Administration, OSHA), 「OSHA 40년사 타임라인(Timeline of OSHA's 40 Year History)」, https://www.osha.gov/osha40/timeline.html. 1993~1994년: 미국 노동 통계국 데이터로 Pegula & Janocha 2013에서 인용했다. 1995~2005년: National Center for Health Statistics 2014, table 38. 2006~2014년: Bureau of Labor Statistics 2016a. 마지막 데이터는 정규직 환산 인력당 사망자 수를 보고하고 있는데, 앞선 시기와 대략 같은 비중으로 다루기 위해 업무상 사망 재해 조사(Census of Fatal Occupational Injuries)가 2007년 전체 인력(3.8)과 정규직 환산 인력(4.0)별 비율을 모두 보고한 내용에 근거해 기존 값에 0.95를 곱했다.)

나 있다.[63]

2015년에 거의 5,000명에 이르는 직장 내 사망자 수는 여전히 높지만, 인구가 지금의 5분의 2가 채 되지 않았던 1929년의 2만 명에 비하면 크게 나아진 수치이다. 사망자 수가 줄어든 것은 주로 농장과 공장에서 가게와 사무실로 노동력이 이동한 결과이다. 하지만 한편으로는 이전과 동일한 양의 제품을 생산하면서도 목숨을 앗아 가는 사고를 줄이는 일이 인간이 해결할 수 있는 기술 공학적 문제라는 사실을 깨달은 덕분이었다.

~

지진에 죽은 자. 변호사들이 "하느님의 행하심"이라고 부르는 가뭄, 홍수, 들불, 태풍, 화산, 눈사태, 산사태, 싱크홀, 폭염, 한파, 운석 충돌, 그리고 당연히 지진처럼 본래 통제가 불가능한 천재지변들을 과연 인간의 노력으로 완화할 수 있을까? 답은 그림 12.8이 보여 주는 것처럼 그렇다는 것이다.

아이로니컬하게도 1910년대에 세계 대전과 독감이 휩쓸고 간 뒤 세계는 자연 재해로부터 상대적으로 안전해졌고, 이후 재해로 인한 사망

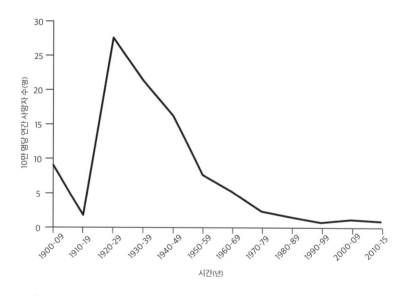

그림 12.8. 1900~2015년 자연 재해로 인한 사망자 수. (데이터로 본 우리 세계에서. Roser 2016q. EM-DAT의 국제 재해 데이터베이스(The International Disaster Database, www.emdat.be)의 데이터에 근거한 것이다. 그래프는 가뭄, 지진, 극단적 기온, 홍수, 운석 충돌, 산사태, 중력 사면 이동(건식), 태풍, 화산 활동, 들불(전염병 제외)로 인한 사망률의 합계를 나타낸다. 10년 단위마다, 한 가지 종류의 재해가 대부분의 사망자를 낳고는 했다. 1910년대, 1920년대, 1930년대는 가뭄, 1930년대와 1950년대는 홍수, 1970년대, 2000년대, 2010년대는 지진이었다.)

률은 최고점에서 급격히 하락했다. 10년 단위로 지진, 화산, 운석이 기적처럼 드물게 발생해서 그런 것은 아니었다. 사회가 더 부유해지고 기술적으로 더 발달하면서 자연이 주는 위험이 인간 사회의 재앙으로 번지는 일을 방지할 수 있었기 때문이다. 지진이 강타하더라도 사람들은 이전처럼 붕괴된 석벽에 깔리거나 화염에 휩싸여 허무하게 목숨을 잃지 않는다. 비가 내리지 않더라도 저수지에 모아 둔 물을 사용할 수 있다. 기온이 급상승하거나 급하강하더라도 기후로부터 안전한 실내에 머무를 수 있다. 강이 둑을 넘쳐 범람하더라도 생활 폐기물과 산업 폐기물로부터 식수를 안전하게 보호할 수 있다. 애초에 식수와 관수를 저장하는 댐과 제방을 제대로 설계하고 건축했다면 범람이 일어날 가능성이 줄어든다. 사람들은 조기 경보 체계를 통해 열대성 폭풍이 상륙하기 전에 위험 지역을 떠나거나 안전 대피소로 피신할 수 있다. 지질학자는 여전히 지진을 예측할 수 없지만, 대신 화산 분출을 예측해서 '불의 고리(Rim of Fire, 환태평양 지진대)'와 같은 단층계에 거주하는 사람들이 사전에 구명 대책을 취할 수 있게 해 준다. 그리고 물론, 부유한 세계는 부상자를 빠르게 구조하고 치료할 수 있으며, 피해 복구도 신속히 할 수 있다.

오늘날 자연의 위협에 가장 취약한 곳은 빈곤 국가들이다. 2010년 아이티에서 발생한 지진은 20만 명 이상의 목숨을 앗아 갔지만, 몇 주 후 칠레에서 더 강력한 지진이 발생했을 때 사망자는 500명에 불과했다. 또한 아이티에 허리케인이 닥쳐왔을 때에도 똑같이 히스파니올라 섬에 자리한 도미니카 공화국보다 10배 많은 사망자가 발생했다. 좋은 소식은 빈곤 국가가 부유해지면 그만큼 국민도 안전해진다는 것이다. (적어도 경제 성장 속도가 기후 변화 속도보다 빠른 한.) 저소득 국가에서 자연 재해로 인한 연간 사망률은 1970년대에 10만 명당 0.7명에서 오늘날 0.2명으로 감소했는데, 이것은 1970년대 중상위 소득 국가의 연간 사망률보다 낮은 비

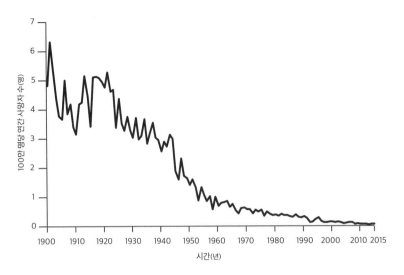

그림 12.9: 1900~2015년 미국 낙뢰로 인한 사망자 수. (데이터로 본 우리 세계에서. Roser 2016q, 미국 해양 대기청(National Oceanic and Atmospheric Administration, http://www.lightningsafety.noaa. gov/victim.sthml)의 데이터와 López & Holle 1998의 데이터에 근거해서 작성했다.)

율이다. 오늘날의 고소득 국가(0.09명에서 0.05명으로 하락)에 비하면 여전히 높은 수치이기는 하지만, 빈국도 부국 못지않게 잔혹한 신에 맞서 자신을 보호할 수 있음이 충분히 입증되었다.[64]

그렇다면 지극히 전형적인 신의 행위는 어떨까? 제우스가 올림포스 산 위에서 내리꽂는 분노, 다시 말해 예측 불가능한 치명적 재앙을 가리키는 표준적인 관용어가 된 청천벽력이라는 재해는? 그림 12.9가 그 역사를 보여 준다.

그렇다. 도시화와 더불어 기상 예보, 안전 교육, 의료, 전기 설비의 발전으로 20세기에 미국인이 벼락에 맞아 사망할 확률은 37분의 1로 떨어졌다.

～

일상의 위험을 정복한 진보는 이상하리만치 제대로 된 평가를 받지 못한다. (이 장의 초고를 읽은 독자들 가운데 어떤 이들은 진보를 다룬 책에 이런 내용이 왜 들어가는지 의아해 했다.) 최악의 전쟁을 제외하면 사고는 다른 어떤 요인보다 많은 사람의 목숨을 빼앗지만, 도덕의 렌즈를 통해 사고를 바라보는 일은 드물다. 우리는 사고는 일어나게 마련이라고 말한다. 신나게 속도를 내며 자기 소유의 차를 모는 편리함이, 과연 매년 100만여 명의 목숨을 빼앗고 수천만 명에게 상해를 입혀도 될 만큼 가치 있는 일이냐고 물으면, 그렇다고 대답할 사람은 거의 없을 것이다. 그러나 우리는 은연중에 그런 괴물 같은 선택을 하고 있다. 다만 질문이 그런 형식으로 제기된 적이 없을 뿐이다.[65] 간혹 위험이 도덕적 교화의 대상이 되고 이를 근절하기 위해 십자군 전쟁이 벌어질 때도 있다. 재난이 뉴스가 되고 재난을 일으킨 악당(탐욕스러운 공장주나 태만한 공무원)을 쉽게 지목할 수 있을 때면 더욱 그렇다. 하지만 이내 사고는 다시 각자의 운에 달린 일이 되고 만다.

사람들은 (적어도 자기가 희생자가 되지 않는 이상) 사고를 일종의 잔혹 행위로 보지 않을뿐더러, 안전 측면에서 거둔 성과를 도덕적 승리로 여기지도 않는다. (그나마 그런 성과를 인지했을 때 가능한 일이다.) 하지만 수백만 명의 목숨을 살리고 신체적 장애, 손상, 고통을 대폭 경감시킨 그 같은 성과는 충분히 감사할 만한 일이자 설명할 필요가 있는 주제이다. 이 사실은 심지어 가장 강한 도덕적 설교의 대상이 되는 행위인 살인에도 적용될 수 있다. 근본 원인을 해결하지 않는 한 절대 줄지 않으리라던 살인 사건 발생률은 일반적인 견해와는 정반대의 이유들 때문에 급감하고 있다.

다른 형태의 진보와 마찬가지로, 안전성의 향상은 몇몇 영웅이 주도한 결과이기도 하지만, 동시에 같은 방향으로 조금씩 힘을 가한 수많은 행위자들이 함께 거둔 결실이기도 하다. 풀뿌리 운동가, 온정주의적인 입법자, 주목받지 못한 발명가와 공학자, 정책 연구자, 그리고 수치에 따라 예측하는 사람이 그들이다. 때로는 거짓 경보와 국가의 간섭에 짜증이 날 때도 있지만, 이제 우리는 목숨과 신체를 노리는 위협에서 벗어나 기술의 축복을 누리게 되었다.

안전 벨트, 화재 경보기, 요주의 지역에 집중된 경찰 활동은 계몽주의의 일반적인 무용담은 아니지만, 계몽주의의 가장 깊은 주제를 드러내 보인다. 누가 살고 누가 죽을지는 하느님의 생명책(Book of Life)에 새겨져 있는 것이 아니라 인간의 지식과 행동에 달려 있다는 것 말이다. 이것은 세계에 대한 우리의 이해가 더 깊어지고 생명의 가치가 훨씬 더 귀중해짐에 따라 더 분명해질 것이다.

13장
테러리즘

앞 장에서 우리가 역사상 가장 안전한 시대에 살고 있다고 말할 때 나는 그 글이 불러일으킬 의구심을 모르지 않았다. 최근 몇 년간 널리 보도된 테러리스트의 공격과 무차별 학살로 세계는 불안에 떨었고, 우리가 다시 위험한 시대에 진입했다는 착각이 고개를 들었다. 2016년에 미국이 마주한 가장 중요한 문제로 미국인의 절반 이상이 테러리즘을 지목하고, 자신이나 가족이 테러의 희생자가 될까 우려하고 있다고 말했으며, IS가 미국의 존망을 위협한다고 응답했다.[1] 테러에 대한 공포는 설문 조사 전화를 빨리 끊고픈 보통의 시민들만이 아니라, 사회 참여 지식인, 특히 서양 문명이 (언제나처럼) 붕괴에 직면해 있다는 징후를 찾아 영원히 헤매는 문화적 비관주의자들까지 혼란에 빠뜨렸다. 진보 공포증에 빠진 사람이라고 스스로 인정한 정치 철학자 존 니콜라스 그레이(John Nicholas Gray, 1948년~)는 동시대 서유럽 사회를 "평화와 전쟁의 경계가 위험할 만큼 흐릿한" "폭력적 분쟁의 땅"으로 묘사하기도 했다.[2]

하지만 이 모든 것은 착각이다. 테러리즘이 독특한 위험인 이유는 큰 공포와 작은 피해가 결합해 있기 때문이다. 나는 테러리즘의 경향을 진보의 사례에 포함하지는 않을 것이다. 테러리즘은 질병, 기아, 빈곤, 전쟁, 폭력 범죄, 상해 사고처럼 장기적으로 하락하는 추세를 보이지는 않는다. 하지만 나는 테러리즘이 진보에 대한 제대로 된 평가를 교란하고 있으며, 어떤 면에서는 진보에 보내는 비틀린 헌사라는 점을 드러낼 것이다.

그레이는 폭력의 실제 데이터를 "부적"이나 "마술"로 폄하한다. 표 13.1은 왜 그가 이데올로기적인 수맹이 안 되고서는 이런 식의 넋두리를 늘어놓을 수 없었는지 보여 준다. 표는 데이터로 확인할 수 있는 가장 최근의 해(2015년이나 그 전)에 발생한 네 종류의 사망 사건 사고 — 테러, 전쟁, 살인, 사고 — 와 그 희생자의 수, 그리고 전체 사망자 수 총계를 보여 준다. 그래프를 그리기가 불가능한 까닭은 테러리즘으로 인한 희생자 수가 너무 적어서 픽셀 하나로도 표시되지 않기 때문이다.

미국부터 시작해 보자. 표에서 눈에 띄는 것은 2015년 테러로 인한 사망자 수가 그만큼 격앙된 반응을 불러일으키지 않거나 아무 반응도 일으키지 않는 다른 위험으로 인한 사망자 수에 비해 상대적으로 미미하다는 것이다. (테러 공격으로 인한 2014년 사망자 수는 19명으로 더 적다.) 44명이라는 추정치도 넉넉하게 계산한 것이다. 세계 테러리즘 데이터베이스(Global Terrorism Database)의 데이터는 증오 범죄와 총기 난사 사건을 '테러리즘'에 포함한다. 총 사망자 수는 아프가니스탄과 이라크에서 사망한 군인의 수와 비슷하지만(2014년 58명, 2015년 28명), 오랫동안 평가 절하되어 온 군인의 생명은 그만큼 큰 뉴스거리가 되지 못했다. 다음 줄은 2015년에 경찰이 기록한 살인 사건의 희생자가 될 확률이 테러 공격으로 인해 사망할 확률의 350배가 넘고, 교통 사고로 사망할 확률은 그 800배에 달하며, 종류를 불문하고 어떤 사고로 인해 사망할 확률은 그 3,000배에 이른다는 것을 말해 준다. (해당 연도에 44명 이상의 사망자를 낸 대표적인 사고로는 "벼락", "뜨거운 수돗물 접촉", "호박벌, 말벌, 꿀벌과의 접촉", "개가 아닌 다른 포유류에게 물리거나 받힌 경우", "욕조에 들어가 있는 동안이나 욕조 안으로 넘어져서 익사하거나 익수한 경우", 그리고 "잠옷이 아닌 다른 의류나 의복이 불타거나 고열로 녹은 경우" 등이 있다.)[3]

표 13.1. 테러, 전쟁, 살인, 사고로 인한 사망자 수(명).

	미국	서유럽	세계
테러	44	175	38,422
전쟁	28	5	97,496
살인	15,696	3,962	437,000
교통 사고	35,398	19,219	1,250,000
전체 사고	136,053	126,482	5,000,000
전체 사망자	2,626,418	3,887,598	56,400,000

'서유럽'은 세계 테러리즘 데이터베이스(Global Terrorism Database)의 정의에 따른 것으로, 24개국이며 2014년 기준으로 총인구는 4억 1824만 5997명(Statistics Times 2015)이다. 안도라, 코르시카, 지브롤터, 룩셈부르크, 맨 섬은 제외했다. (테러리즘, 2015년: National Consortium for the Study of Terrorism and Responses to Terrorism 2016. 전쟁, 미국과 서유럽(영국+NATO), 2015년: http://icasualties. org. 전쟁, 세계, 2015년: Uppsala Conflict Data Program 2017. 살인, 미국, 2015년: Federal Bureau of Investigation 2016a. 살인, 서유럽과 세계, 2012년 또는 가장 최근: United Nations Office on Drugs and Crime 2013. 노르웨이 데이터의 경우 우토야 섬 테러 공격은 제외했다. 교통 사고, 전체 사고, 전체 사망자, 미국, 2014년: Kochanek et al.2106, table 10. 교통 사고, 서유럽, 2013년: World Health Organization 2016c. 전체 사고, 서유럽, 2014년 또는 가장 최근: World Health Organization 2015a. 교통 사고와 전체 사고, 세계, 2012년: World Health Organization 2014. 전체 사망자, 서유럽, 2012년 또는 가장 최근: World Health Organization 2017a. 전체 사망자, 세계, 2015: World Health Organization 2017c.)

　　표에 따르면 서유럽은 테러 위험이 미국보다 비교적 컸다.《샤를리 에브도(*Charlie Hebdo*)》사무실, 바타클랑(Bataclan) 극장, 그리고 파리와 그 주변 지역이 치명적인 공격을 받는 등 테러리즘에 있어서는 2015년이 서유럽의 **끔찍한 해**(annus horribilis)였던 탓이다. (2014년의 사망자는 5명에 불과했다.) 하지만 상대적으로 높은 테러 위험도는 다른 면에서는 유럽이 훨씬 더 안전하다는 것을 알리는 지표이기도 하다. 서유럽 사람들은 미국인만큼 사람을 많이 죽이지도 않고(살인 사건 발생률은 4분의 1 수준이다.), 차에도 덜 미쳐 있기 때문에 길 위에서 죽는 사람도 훨씬 적다.[4] 이런 요인들 때문에 테러의 비중이 높아지기는 하지만, 그럼에도 2015년 서유럽 사람이 (상대적으로 드문) 살인 사건으로 사망할 확률은 테러 공격으로 사망할 확률보다 20배 높고, 교통 사고로 사망할 확률은 100배 높으며, 무거운 물체에 깔리거나 중독되거나 불에 타거나 질식하거나 그밖의 사고로 사망할 확률은 700배 높다.

　표의 세 번째 열은 근래에 테러에 신음하고 있는 서양도 다른 지역에 비하면 사정이 훨씬 낫다는 것을 보여 준다. 전 세계 인구에서 미국과 서유럽이 차지하는 비중은 10분의 1 정도이지만, 2015년을 기준으로 미국과 서유럽에서 발생한 테러로 인한 사망자 수는 0.5퍼센트에 불과하다. 테러가 다른 지역의 주요 사망 원인이어서는 아니다. 이것은 현재의 정의에 따라 테러리즘은 대체로 일종의 전쟁 현상이고, 미국과 서유럽에서는 전쟁이 진행되고 있지 않기 때문이다. '폭동'이나 '게릴라 전쟁'이라 불렸던 폭력이 2001년 9월 11일 공격 이후에는 '테러리즘'으로 분류되고는 한다.[5] (그러나 세계 테러리즘 데이터베이스는 베트남 전쟁의 마지막 5년 사이에 발생한 사망자를 '테러리즘'으로 인한 사망자로 분류하지 않는다.)[6] 테러 공격으로 인한 전 세계 사망자의 대다수는 내전 지역에서 발생하고(이라크에서 8,831명, 아프가니스탄에서 6,208명, 나이지리아에서 5,288명, 시리아에서 3,916명, 파키스탄에서 1,606명, 리비아에서 689명), 이중 많은 수가 전쟁 사망자로 중복 집계된다. 내전 시기의 '테러리즘'은, 정부가 아닌 다른 집단이 자행한 전쟁 범죄 — 민간인을 향한 의도적인 공격 — 에 포함되기 때문이다. (6곳의 내전 지역을 제외하면, 2015년에 테러로 인한 사망자 수는 1만 1884명이다.) 그러나 21세기 들어 전쟁 사망자가 가장 많이 발생한 해를 기준 삼아 테러와 전쟁 사망자의 수를 중복으로 집계해도, 이 세계에서 민간인이 살인 사건의 피해자가 될 확률은 테러리스트의 공격으로 사망할 확률보다 11배 높고, 교통 사고로 사망할 확률은 30배 이상 높으며, 어떤 종류든 사고로 사망할 확률은 125배 이상 높다.

사망자 수는 논외로 하고, 과연 테러 사건은 시간이 지나면서 증가했을까? 역사적인 경향을 파악하기는 쉽지 않다. '테러리즘'이라는 범주가 탄력적인 탓에, 내전에서 발생하는 전쟁 범죄, 복수의 사망자가 발생하는 살인 사건(여기에는 다수의 희생자를 내는 강도 사건이나 마피아의 범죄가 포함된다.), 혹은 이전부터 정치적 불만을 내뱉어 온 살인자가 자살과 함께 벌이는 대량 학살이 데이터 집합에 포함되는지에 따라 경향을 나타내는 선의 모습이 달라지기 때문이다. (예를 들어, 세계 테러리즘 데이터베이스에 1999년 컬럼바인 고등학교 총기 난사 사건은 포함되어 있지만 2012년 샌디훅 초등학교 총기 난사 사건은 포함되어 있지 않다.) 또한 대량 학살의 경우, 언론의 주도로 이루어지는 선정적인 보도가 모방 범죄를 자극하기 때문에, 사건이 갓 일으킨 충격이 잠잠해질 때까지는 한 사건이 다른 사건을 부추겨서 그 수가 들쭉날쭉하게 나타날 수 있다.[7] 미국의 경우 1976년부터 2011년까지 "대량 살인(mass murders, 한 번에 4명 이상의 사망자가 발생하는 사건)" 사건의 수에는 체계적인 변화가 나타나지 않지만(굳이 변화를 찾는다면 약간의 감소가 나타난다.), "활발한 총격 사건(active shooter incidents, 공공 장소에서 총기를 무차별 난사하는 사건)"의 발생 추이는 2000년 이후 주춤주춤 상승해 왔다.[8] '테러리즘'으로 인한 미국의 인구별 사망자 비율은 뒤죽박죽 상태인 서유럽 및 전 세계의 경향과 함께 그림 13.1에 나타나 있다.

2001년 테러로 인한 사망률에 9·11 공격에서 발생한 3,000여 명의 사망자가 포함된 미국이 그래프를 압도한다. 그 외에는 1995년 오클라호마시티의 폭탄 테러로 툭 솟아오른 부분이 보이고, 다른 기간은 겨우 알아볼 수 있을 정도의 주름을 그리고 있다.[9] 9·11과 오클라호마시티의 사례를 제외하면 1990년 이후 우익 극단주의자에게 살해된 미국인이

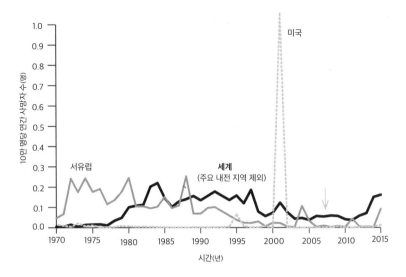

그림 13.1. 1970∼2015년 테러로 인한 10만 명당 연간 사망자 수. (세계 테러리즘 데이터베이스, National Consortium for the Study of Terrorism and Responses to Terrorism 2016, http://www.start. umd.edu/gtd/. 나이지리아는 2009년 이후, 시리아는 2011년 이후, 리비아는 2014년 이후. 세계와 서유럽의 인구는 유엔의 「세계 인구 추계(World Population Prospects)」(https://esa.un.org/unpd/wpp/) 2015년도 개정판을 따른다. 미국 인구 집계는 US Census Bureau 2017를 참조했다. 수직 화살표가 가리키는 연도는 2007년으로, Pinker 2011의 fig. 6.9, 6.10, 6.11에 표시된 마지막 연도이다.)

이슬람 테러 단체에 살해된 미국인보다 2배 많다.[10] 서유럽의 사망자를 나타내는 선은 2015년 들어 이전 10년간 비교적 변동 폭이 크지 않다가 갑자기 상승하는데, 이 또한 서유럽이 겪은 최악의 경우는 아니다. 테러로 인한 서유럽의 사망자 발생률은 마르크스주의 단체와 분리주의 단체(아일랜드 공화국군(IRA)과 바스크 조국과 자유(ETA) 운동 포함)가 주기적으로 폭탄을 터뜨리고 총격을 가했던 1970년대와 1980년대에 더 높았다. 세계 전체(평화를 주제로 한 장에서 살펴본 주요 분쟁 지역의 사망자 제외)를 나타내는 선은 1980년대와 1990년대에 높이 솟은 상태로 한동안 유지되다가 냉전 종식 이후 하락하고, 최근 다시 상승한 높이도 과거 수십 년간보다 여전히 낮은 수준이다. 결국 현시점의 수치와 마찬가지로 역사적 경향은 우리가 또 다른 위험의 시대를 살고 있다는 공포가 허위임을 드러내며, 서양의 경우 특히 더 그렇다.

～

다른 위험 요인에 비해 피해가 미미한 편임에도 테러리즘이 거대한 혼란과 히스테리를 불러일으키는 것은 테러리즘이 바로 그런 효과를 겨냥하고 설계되었기 때문이다. 현대의 테러리즘은 언론의 도달 범위가 넓어진 데 따른 부산물이다.[11] 집단이나 개인은 조금이나마 세계의 이목을 끌기 위해 가장 확실한 수단을 사용한다. 그들의 표적은 무고한 사람들, 특히 기사를 접하는 독자들이 쉽게 상상할 수 있는 상황에 놓인 사람들이다. 언론사는 미끼를 물고 잔혹한 범죄를 대대적으로 보도한다. 그 뒤에는 가용성 휴리스틱이 작동하고, 사람들은 위험의 크기와 무관하게 공포에 사로잡힌다.

끔찍한 사건은 눈에 띄기 쉽다는 사실만 테러의 배를 채워 주는 것은 아니다. 우리의 감정은 불운한 사고가 아니라 사악한 의도에서 비롯된 비극에 더 깊이 몰입한다.[12] (런던을 자주 방문하는 사람으로서 나 역시 "유명 예술품 수집가, 옥스퍼드 거리에서 버스와 충돌한 뒤 사망"이라는 헤드라인보다는 "러셀 광장에서 칼부림 '테러'로 여성 사망"이라는 헤드라인을 접했을 때 더 화가 났다는 사실을 고백해야겠다.) 어떤 인간이 자신을 죽이고 싶어 한다는 생각은 다른 일에서는 느끼기 힘든 독특한 불안감을 불러일으키는데, 여기에는 진화론적 근거가 있다. 인명 사고는 **애써** 당신을 노린 것도 아니고, 당신이 어떻게 반응하든 개의치 않는다. 반면에 인간 가해자는 당신보다 한발 앞서기 위해 자신의 지능을 활용하고, 당신도 그보다 한발 앞서기 위해 머리를 굴린다.[13]

테러리스트가 아무 생각이 없는 위험이 아니라 목적을 가진 인간 행위자라는 점을 고려할 때, 그들이 가하는 피해가 그렇게 작은 데도 그들에 대해 근심하는 것은 과연 **이성적**인 태도일까? 어쨌든 우리는 반대 세력을 처형하는 독재자에게도 정당하게 격분한다. 희생자의 수는 테러리즘만큼 적을 텐데 말이다. 둘 사이의 차이는, 독재자의 폭력은 단순히 시신의 수 이상으로 훨씬 큰 전략적 효과를 만들어 낸다는 점이다. 정권의 가장 큰 위협을 제거하고, 다른 사람이 그 자리를 대체하는 일을 억제하는 것이다. 테러리스트의 폭력은 테러의 정의에 걸맞게 무작위로 희생자를 공격한다. 그렇다면 테러 위협의 객관적인 의의는 직접적인 피해를 뛰어넘어 무차별 살인으로 무엇을 성취하고자 하느냐에 달려 있다.

많은 테러리스트의 목표는 자신을 널리 알리는 것 이상이 아니다. 법학자 애덤 랭포드(Adam Lankford)는 스스로 급진화한 단독범에서부터 테러 조직의 지도자가 모집한 인간 소모품에 이르기까지, 자살 테러리스트, 총기 난사범, 증오 범죄 살인자 등 서로 중첩되는 범주에 속한 테러리스트들의 동기를 분석했다.[14] 살인자들은 외톨이거나 사회적 실패자로, 정신 질환이 있지만 치료를 받지 않는 경우가 많았고, 원한에 사로잡혀 있거나 복수와 인정의 환상을 품는 경향이 있었다. 그 가운데 일부는 자신의 괴로움을 이슬람주의 이데올로기와 결합했고, 일부는 "인종 전쟁을 개시"한다거나 "연방 정부, 세금, 총기 규제 법안에 대항한 혁명"을 일으킨다거나 하는 허황한 명분과 결합했다. 설사 그것이 착각에 지나지 않는다고 해도, 그들은 수많은 사람을 살해함으로써 비로소 의미 있는 사람이 될 수 있었고, 영광의 불길 속에서 산화함으로써 대량 학살 이후에 벌어질 골치 아픈 일을 겪지 않을 수 있었다. 또한 천국을 약속하고 대량 학살을 거대한 선에 봉사하는 일로 합리화하는 이데올로기는 사후 명성을 더욱 매력적으로 치장해 준다.

무장 단체에 속한 다른 테러리스트들은 그들이 내세우는 대의에 이목을 집중시키기 위해, 힘을 사용해서 정부의 정책을 바꾸기 위해, 극단적인 반응을 일으켜서 새로운 동조자를 모집하거나 무질서 상태에 빠진 지역을 착취하기 위해, 혹은 정부가 시민을 보호할 능력이 없다는 인상을 확산시켜 정부의 힘을 약화하기 위해 테러를 저지른다. 그들이 "미국의 존망을 위협하고 있다."라는 결론을 내리기 전에, 우선 실질적으로 그들의 전략이 얼마나 빈약한 것인지 생각해 볼 필요가 있다.[15] 역사가 유발 노아 하라리(Yuval Noah Harari, 1976년~)는 테러리즘이 적군의 강한 반격 능력에 손상을 입히고자 하는 군사 행동과는 정반대라고 지적한다.[16] 1941년 일본의 진주만 공습은 미국이 동남아시아에 파견할 수 있는 영격(迎擊) 함대를 궤멸시켰다. 일본이 군사 행동을 벌이는 대신 테러 사건을 일으켜, 이를테면 미국을 도발한답시고 반격할 수 있는 해군력은 그대로 놔둔 채 여객선을 노려 격침시켰다면 그만한 미친 짓도 없었을 것이다. 열세에 놓인 테러리스트가 노리는 것은 손상을 입히는 것이 아니라 극적 효과를 일으키는 것이라고 하라리는 지적한다. 거의 모든 사람이 9·11을 생각할 때 떠올리는 이미지는 알카에다가 펜타곤 — 실제로 그들의 사령부를 일부 파괴하고 지휘관들과 분석가들의 목숨을 빼앗은 군사 시설 — 을 공격했다는 것이 아니라, 미국인의 토템 기둥인 세계 무역 센터를 공격해서 중개인, 회계사, 그밖의 민간인들을 죽였다는 것이다.

테러리스트는 최상의 결과를 바라지만, 그들이 가하는 미미한 폭력으로 원하는 것을 얻는 경우는 거의 없다. 정치 과학자 맥스 에이브럼스(Max Abrahms), 오드리 커스 크로닌(Audrey Kurth Cronin), 버지니아 페이지 포트나(Virginia Page Fortna)가 각자 진행한 조사에 따르면, 1960년대 이후 조직되었던 수백 건의 테러리즘 운동은 전략적 목표를 달성하지 못한 채 소멸하거나 서서히 사라졌다.[17]

사실 대중의 인식에 테러리즘이 부상한 것은 세계가 얼마나 위험해졌는지를 나타내는 징후가 아니라 오히려 그 반대라고 할 수 있다. 정치과학자 로버트 저비스(Robert Jervis, 1940년~)는 위협의 목록에서 테러리즘이 최상단에 자리한 것은 "어느 정도는 놀랄 만큼 긍정적인 안보 환경에서 연유한다."라고 논평한다.[18] 국가 간 전쟁만 드물어진 것이 아니다. 국내를 무대로 정치적 폭력을 활용하는 것도 줄어들었다. 중세에는 사회의 모든 영역 — 귀족, 조합, 마을, 심지어 교회와 수도원 — 이 사설 군사조직을 갖추고 있었으며, 무력으로 자신들의 이익을 보호했다고 하라리는 지적한다. "만약 1150년에 예루살렘에서 소수의 무슬림 극단주의자들이 한 줌의 시민을 살해하면서 십자군에게 성지를 떠나라고 요구했다면, 공포가 아니라 조롱 섞인 반응이 돌아왔을 것이다. 진지하게 받아들여지고 싶다면 적어도 요새화된 성을 한두 곳 정도는 점거해야 했을 것이다." 무력의 독점에 성공한 현대 국가는 국경 안쪽에서 발생하는 살인 사건 발생률을 떨어뜨렸고, 자연히 테러리즘이 들어설 자리가 마련되었다.

국가는 국경 내에서 벌어지는 정치적 폭력을 용인하지 않겠다고 수없이 강조해 왔기 때문에, 테러리즘을 용인할 수 없는 것으로 여기지 않을 도리가 없다. 시민들 입장에서는 정치적 폭력이 존재하지 않는 상황에 익숙해졌기 때문에, 테러라는 연극이 상연되면 무정부 상태에 대한 본능적인 공포가 되살아나고 사회 질서가 붕괴하기 직전인 것처럼 느끼게 된다. 수백 년에 걸쳐 피비린내 나는 투쟁을 끝낸 뒤 우리는 폭력의 블랙홀에서 빠져나왔다. 하지만 그 블랙홀이 여전히 거기에 있으며, 다시 우리를 집어삼키기 위해 웅크리고 있다고 느낀다. 그러다 몇 차례 끔찍한 잔학 행위가 벌어지면 우리가 다시 블랙홀로 떨어지고 있다고 상상하는 것이다.[19]

국가가 언제 어디서나 모든 종류의 정치적 폭력으로부터 시민을 보호하겠다는 불가능한 임무에 집착할 때 시민들은 그들 자신의 연극으로 대응하고자 하는 유혹에 더 쉽게 빠진다. 9·11 이후 미국 주도로 아프가니스탄 침공과 이라크 침공이 이루어진 것처럼, 테러리즘의 가장 위험한 효과는 그것에 대한 국가의 과잉 반응이다.

그럴 필요 없이 국가는 그들이 가진 최고의 이점을 활용해서 테러리즘에 대응할 수 있다. 지식과 분석, 그중에서도 숫자에 대한 지식을 활용하는 것이 좋다. 가장 큰 목표는 대량 파괴 무기를 안전하게 관리해서 사상자의 수를 작게 유지하는 것이다. (19장) 호전적인 종교, 민족주의, 마르크스주의처럼 무고한 이들에 대한 폭력을 정당화하는 이데올로기는 더 나은 가치관과 신념 체계로 대응할 수 있다. (23장) 언론은 객관적인 위험에 보도의 초점을 맞추고, 그들 자신의 뒤틀린 동기를 깊이 성찰함으로써 테러리즘의 공연 사업에서 그들 자신이 수행하고 있는 중심적인 역할을 재고할 수 있다. (랭포드는 사회학자 에릭 매드피스(Eric Madfis)와 함께, 이미 캐나다에서 시행되고 있는 미성년자 총격범에 대한 보도 규정과 더불어, 면밀하게 계산된 언론의 자율 규제 전략을 토대로 "이름 붙이지 말고, 보여 주지도 말고, 대신 다른 모든 것을 보도"할 것을 권고하는 총기 난사 사건 보도 지침을 제시했다.)[20] 정부는 테러 조직의 네트워크와 자금 조달책을 파악하기 위한 정보 수집 업무와 그들을 상대로 한 비밀 작전을 강화할 수 있다. 그렇게 되면 사람들은 마음을 다잡고, 지금보다 훨씬 위험했던 제2차 세계 대전 때 영국인을 다그쳤던 전시 포스터의 유명 문구("Keep Calm and Carry On." — 옮긴이)처럼, 평정심을 유지하고 하던 일을 계속할 것이다.

테러 활동은 국지적인 고통과 공포를 일으킬 수는 있겠지만, 장기적으로 볼 때는 작은 폭력으로 전략적 목표를 달성하는 데 실패하면서 결국 다 쓴 폭죽처럼 소멸하고 만다.[21] 20세기 초에는 무정부주의 운동이 (수많은 폭발을 일으키고 사람들을 암살한 뒤) 그 길을 갔고, 20세기 후반에는 마르크스주의자들과 분리주의 단체가 그랬으며, 21세기에는 IS가 분명히 그럴 것이다. 테러리즘으로 인한 사상자의 수를 이미 낮은 수치에서 0까지 끌어내리기는 힘들겠지만, 테러리즘에 대한 공포는 우리 사회가 얼마나 위험한지를 알리는 신호가 아니라 거꾸로 안전함을 알려주는 신호라는 사실을 기억할 수는 있을 것이다.

14장
민주주의

대략 5,000년 전에 최초의 정부가 등장한 뒤로 인류는 무정부 상태의 폭력과 독재 정치의 폭력 사이에서 방향을 잡고자 노력해 왔다. 정부나 강력한 이웃이 없는 부족들은 침략과 반목의 순환에 빠지는 경향이 있고, 이때 사망률은 현대 사회에서 가장 폭력적인 시대의 사망률을 능가한다.[1] 초창기의 정부는 인민의 흥분을 진정시키고 상호 파괴적인 폭력을 감소시켰지만, 노예제, 하렘, 인간 제물, 즉결 처형을 시행하고 정부에 반대하거나 규범에서 일탈하는 사람들을 고문하고 불구로 만들면서 공포 체제를 유지했다.[2] (성서에는 그런 예가 차고 넘친다.) 역사적으로 폭정이 지속될 수 있었던 것은 그 자리에 오를 수만 있다면 폭군도 꽤 괜찮은 자리여서가 아니라, 인민의 입장에서 다른 대안이 더 나쁜 경우가 많았기 때문이다. 자신을 죽음의 통계학자라고 부르는 매슈 화이트(Matthew White)는 2,500년간의 인간 역사에서 벌어진 가장 참혹한 사건들의 사망자 수를 추산했다. 그가 목록에서 패턴을 찾아본 뒤 가장 먼저 보고한 내용은 다음과 같다.

무질서는 폭정보다 치명적이다. 대부분의 대량 학살은 권력을 휘두른 결과가 아니라 권력이 붕괴한 결과로 발생한다. 나는 이디 아민과 사담 후세인처럼 절대 권력을 행사해 수십만 명을 살해한 몇몇 독재자보다, 오히려 러시아동란 시대(17세기), 중국의 국공 내전(1926~1937년, 1945~1949년), 멕시코 혁명(1910~1920년)처럼 충분한 통제력으로 수백만의 죽음을 막을 권력자가 없어서 발생한 격변이 더 빈번하고 더 치명적이었다는 결과를 얻었다.[3]

민주주의 정부는 사람들이 서로를 잡아먹지 않도록 막되, 권력자 자신도 사람들을 잡아먹는 일이 벌어지지 않게끔 절묘하게 꼭 필요한 만큼의 권력을 행사하도록 강제하는 정부 형태라고 할 수 있다. 좋은 민주주의 정부는 사람들이 안전하게 삶을 꾸리고, 무정부의 폭력에서 보호받고, 자유를 누리고, 독재자의 폭력에서 보호받게 해 준다. 그것만으로도 민주주의는 인간 번영의 주된 요인이라 할 수 있다. 하지만 그것이 민주주의를 해야 하는 유일한 이유는 아니다. 민주주의는 더 높은 경제 성장률, 전쟁과 대량 학살의 감소, 더 건강하고 잘 교육받은 시민을 만들어 내고, 기아를 사실상 근절한다.[4] 시간이 흐르는 동안 세계가 더욱 민주적인 곳이 되었다면 그 세계는 진보한 것이다.

꾸준히 차오르는 밀물처럼은 아니었지만, 실제로 세계는 더 민주적인 곳이 되었다. 정치 과학자 새뮤얼 필립스 헌팅턴(Samuel Phillips Huntington, 1927~2008년)은 민주화의 역사를 총 세 번의 파도로 정리했다.[5] 첫 번째는 19세기에 밀려왔다. 위대한 계몽주의의 실험장이었던 미국에서 헌법을 제정해 정부의 권력을 견제하는 입헌 민주주의가 제 기능을 한다는 게 입증되었다. 그러자 주로 서유럽에서 많은 나라들이 지역적 변형을 가미하면서 이 실험을 모방했고, 1922년에는 파도가 서유럽 29개국을 뒤덮었다. 하지만 첫 번째 파도는 파시즘에 밀려나서 1942년에 12개국 수준으로 후퇴했다. 제2차 세계 대전에서 파시즘이 패퇴하자 두 번째 파도가 일었고, 유럽의 피식민 국가들의 독립으로 힘을 얻어 1962년에 공인된 민주주의 국가 수를 36개까지 밀어 올렸다. 하지만 유럽의 민주주의는 여전히 동쪽의 소비에트 독재 정권, 남서쪽의 포르투갈과 스페인의 파시스트 정권 사이에 끼어 있었다. 머지않아 두 번째 파도는 그리스와 라틴아메리카의 군사 정부, 아시아의 권위주의 정권, 그리고 아프리카, 중동, 동남아시아를 장악한 공산주의 정권에 밀려났다.[6] 1970년대 중반 민주주의의 전망은 암담해 보였다. 서독 수상 빌리 브란트(Willy Brandt, 1913~1992년)는 다음과 같이 한탄했다. "서유럽에 남은 민주주의의 시간은 고작해야 20~30년이다. 이후로는 엔진도 방향타도 없이 독재의 바닷속으로 가라앉을 것이다." 미국의 상원 의원이자 사회 과학자인 대니얼 패트릭 모이니헌(Daniel Patrick Moynihan, 1927~2003년)도 같은 생각을 썼다. "미국을 모델로 한 자유 민주주의가 점점 19세기 군주제와 같은 상황이 되어 가고 있다. 여기저기 고립된 장소나 특별한 장소에 잔류하는 형태로 남아 있다. 특수한 환경에서라면 충분히 제 역할을 할 수도 있겠지만, 설령 그렇다고 해도 미래와는 아무 관련이 없다. 과거에는 미래를 향해 나아갔지만 지금 세계는 길을 잃었다."[7]

한탄의 잉크가 마르기도 전에 민주화의 세 번째 파도, 차라리 쓰나미에 가까운 파도가 솟구쳐 올랐다. 남유럽(1974년 그리스와 포르투갈, 1975년 스페인), 라틴아메리카(1983년 아르헨티나, 1985년 브라질, 1990년 칠레), 아시아(1986년경 대만과 필리핀, 1987년경 한국, 1998년 인도네시아)에서 군사 정권과 파시스트 정권이 무너졌다. 1989년에는 베를린 장벽의 붕괴로 자유를 얻은 동유럽 국가들이 민주주의 정부를 수립했고, 1991년 (구)소련에서 공산주의가 붕괴해 러시아와 대부분의 공화국이 전환의 기회를 맞았다. 몇몇 아프리카 국가는 독재자를 축출했고, 대체로 카리브 해 지역과 오세아니아 대륙에 위치해 있던 유럽의 마지막 식민지도 독립에 성공한 뒤 첫 번째 정부 형태로 민주정을 채택했다. 1989년에 정치 과학자 프랜시스 후쿠야마(Francis Fukuyama, 1952년~)는 잘 알려진 에세이를 출간하며 자유주의적 민주주의가 "역사의 종말(the end of history)"을 대변한다고 주장했다. 다시는 어떤 일도 일어나지 않으리라는 의미에서가 아니라, 인간이 만들어 낼 수 있는 가장 최선의 통치 형태에 전 세계가 합의했으며, 이제 이 문제로 싸울 필요가 없다는 의미였다.[8]

후쿠야마의 밈(meme)은 폭주했다. 그의 글이 출간된 이후 수십 년 동안 많은 책과 논문이 자연, 과학, 신앙, 빈곤, 이성, 화폐, 남성, 변호사, 질병, 자유 시장, 섹스의 "종말"을 선언한 것이다. 하지만 후쿠야마는 동네북이 되기도 했다. 논설 위원들은 나쁜 뉴스라도 나오면 만면에 미소를 머금은 채 "역사의 귀환"을 선언하고, 이슬람 세계의 신권 정치와 중국의 권위주의적 자본주의 등 민주주의의 대안이 부상하고 있음을 선언했다. 또 폴란드와 헝가리에서 포퓰리스트가 승리하고, 터키와 러시아에서 레제프 타이이프 에르도안(Recep Tayyip Erdoğan, 1954년~)과 블라디미르 푸틴이 권력을 거머쥐자(술탄과 차르의 귀환), 기존의 민주주의 국가들조차 권위주의로 뒷걸음치는 듯 보였다. 역사적 비관주의자들은 평소 습관대로 음침한 미소를 지으며, 민주화의 세 번째 파도가 "저류", "침체", "침식", "역행", "용융"에 길을 내주었다고 선언했다.[9] 그들은 민주화란 자신의 기호(嗜好)를 다른 세계에 투사한 서양인의 교만일 뿐, 인류의 대부분에게는 권위주의가 잘 맞는 것처럼 보인다고 말했다.

정말 최근의 역사가 자신을 짐승처럼 취급하는 정부에 사람들이 만족한다는 것을 암시할까? 이 견해는 두 가지 이유에서 의심스럽다. 무엇보다도, 민주주의 국가가 아닌 곳에서 사람들의 생각을 어떻게 알 수 있단 말인가? 구금이나 총살을 무릅쓰고 표현할 수는 없지만 민주주의를 향한 거대한 요구가 억눌려 있는 것인지 모른다. 다른 하나는 헤드라인의 오류이다. 자유화의 성공보다는 자유의 붕괴가 더 자주 보도되기 때문에, 우리는 가용성 휴리스틱 편향에 따라서 서서히 민주화되고 있는 따분한 나라를 전부 잊었는지 모른다.

세계가 어느 방향으로 가는지 알 수 있는 유일한 방법은 늘 그렇듯 숫자 세기뿐이다. 이때 무엇을 '민주주의'로 간주해야 하는가 하는 문제가 발생한다. 그동안 이 단어는 거의 좋음의 동의어가 되어, 이제는 오히려 의미 없는 단어가 되어 버렸다. 공식 명칭에 '민주'라는 표현이 들어가는 국가를 꼽는 방법은 조선 민주주의 인민 공화국(북한)이나 독일 민주 공화국(동독)도 있으니 적절치 않은 듯하다. 비민주주의 국가의 시민에게 단어의 뜻을 묻는 것도 부질없다. 그 가운데 절반은 "군대가 무능한 정부를 무너뜨리고 국가를 바로세워야 한다."라거나 "최종적으로 종교 지도자가 법을 해석해야 한다."라고 이야기할 것이다.[10] 전문가의 평가 역시, 평가 기준이 "사회 경제적 불평등으로부터의 자유"나 "전쟁으로부터의 자유"처럼 좋은 말로 범벅되어 있다면 비슷한 문제가 생길 수밖에 없다.[11] 또 다른 문제는, 표현의 자유, 정치적 절차의 개방성, 지도자의 권력 제한 등 민주주의의 개별 요소마다 국가들이 스펙트럼을 그리듯 조금씩 다르고, 따라서 '민주주의 국가'와 '전제주의 국가'를 가르는 기준은, 그 경계 위에 떠돌고 있는 국가를 어느 한쪽에 귀속시키는 임의적일 수밖에 없는 결정에 따라 해마다 달라진다는 것이다. (시간의 경과에 따라 평가 기준이 점점 높아질 때 문제는 더 악화된다. 이 현상은 나중에 다시 다룰 것이다.)[12] 폴리티 IV 프로젝트(Polity IV Project)는 해마다 모든 국가를 대상으로 시민의 정치적 선호 표현 능력, 정부 권력의 제한, 시민적 자유의 보장 등을 중심으로 일련의 고정된 평가 기준을 활용, 국가가 얼마나 전제적인지 또는 민주적인지를 −10점부터 10점까지로 매기는 방법으로 이 어려움에 대처한다.[13] 민주화의 세 차례 파도를 아우르는, 1800년 이후의 세계를 집약한 결과가 그림 14.1에 나와 있다.

그래프는 민주화의 세 번째 파도가 비록 1989년 베를린 장벽의 붕괴

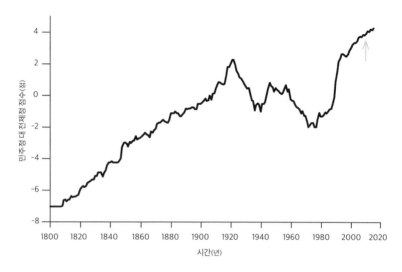

그림 14.1. 1800~2015년 민주주의 정부와 전제주의 정부. (HumanProgress, http://humanprogress.org/f1/2560, Polity IV Annual Time-Series, 1800~2015, Marshall, Gurr, & Jaggers 2016에 근거한 것이다. 인구 50만 이상의 독립 국가를 대상으로 점수를 매겨 합산한 것이며 완벽한 전제제는 −10점, 완벽한 민주제는 10점이다. 화살표는 2008년으로, Pinker 2011의 fig. 5.23이 나타내는 마지막 해이다.)

와 인접한 시기처럼 계속 치솟는 것은 아니지만, 썰물이 되어 밀려나기는커녕 아직 끝나지도 않았음을 보여 준다. 1971년에 31개국이던 민주주의 국가(폴리티 프로젝트가 세운 평가 기준에서 6점 이상을 기록한 국가)는 베를린 장벽 붕괴 당시 52개국으로 증가했다. 1990년대에 높이 솟은 세 번째 파도는 21세기까지 퍼져나가 크로아티아(2000년), 세르비아(2000년), 조지아(2003년), 우크라이나(2004년), 키르기스스탄(2005년)을 포함한 '색깔 혁명(Color Revolution)'을 무지개처럼 띄웠고, 오바마의 임기가 시작된 2009년에 민주주의 국가는 총 87개국이 되었다.[14] 오바마가 지켜보는 가운데 역류나 용융이 일어났다는 통념과는 달리 그 숫자는 꾸준히 증가했다. 데이터상 가장 마지막인 2015년에 민주주의 국가는 103개국에 이른다. 그해에는 튀니지의 민주주의 이행 과정을 확고하게 뒷받침한 튀니지 국민 4자 대화 기구(The National Dialogue Quartet)가 노벨 평화상을 수상하며 2011년 아랍의 봄에서 시작한 성공담을 완성했다. 또한 미얀마와 부르키나파소가 민주주의로 이행했으며, 나이지리아와 스리랑카를 포함한 다른 5개국에서도 긍정적인 움직임이 나타났다. 2015년에 103개 민주주의 국가는 세계 인구의 56퍼센트를 아우르며, 여기에 전제주의보다 민주주의에 가까운 17개국을 더한다면 세계 인구의 **3분의 2**가 자유로운 국가, 혹은 비교적 자유로운 국가에 살고 있다. 그 비율이 1950년에는 5분의 2에도 미치지 못했고, 1900년에는 5분의 1, 1850년에는 7퍼센트, 1816년에는 1퍼센트에 불과했다. 오늘날 60개의 비민주주의 국가(완전한 전제 국가 20개와 민주제보다 전제제에 가까운 국가 40개)에 거주하는 사람 중 **5분의 4**가 단 한 나라인 중국에 거주한다.[15]

역사가 종말을 맞은 것은 아니지만 후쿠야마의 말에도 일리는 있다. 민주주의는 그 찬미자들이 알고 있는 것보다 더욱 매력적이라는 것을 스스로 증명했다.[16] 민주화의 첫 번째 파도가 시작된 이후, 가톨릭 국가, 비서양 국가, 아시아, 이슬람 국가, 빈곤 국가, 혹은 다양한 민족으로 구성된 국가에는 민주주의가 뿌리내리지 못한다고 '설명'하는 이론들이 나왔지만, 모두 차례차례 반증되었다. 안정적이고 최선의 형태를 갖춘 민주주의 정부가 보다 부유하고 교육 수준이 높은 국가에서 발견되는 것은 사실이다.[17] 하지만 "비교적 민주적"인 정부는 보다 다채로운 목록을 이룬다. 이들은 라틴아메리카의 거의 전역에, 다채로운 다민족 국가인 인도에, 이슬람 국가인 말레이시아, 인도네시아, 니제르, 코소보, 그리고 사하라 이남의 아프리카 국가 14개(나미비아, 세네갈, 베냉을 포함)에, 그리고 네팔, 동티모르, 대다수의 카리브 해 연안 국가 등 도처의 빈곤 국가에 분포해 있다.[18]

전제주의 국가인 러시아와 중국은 자유화의 징후를 거의 드러내지 않지만, 거기에서도 지금은 스탈린, 브레즈네프, 마오쩌둥 정권과는 비교할 수 없을 만큼 억압이 완화되었다.[19] 요한 노르베리는 중국의 삶을 이렇게 요약한다. "오늘날 중국의 인민은 거의 원하는 대로 이사하고, 집을 사고, 교육을 받고, 직업을 고르고, 사업을 시작하고, 종교 활동을 할 수 있고(불교나 도교, 이슬람, 가톨릭, 개신교를 믿는다면), 원하는 대로 입고, 원하는 사람과 결혼하고, 공공연히 동성애자임을 알려도 강제 노동 수용소에 갇히지 않고, 자유롭게 여행하고, 심지어 당의 정책을 비판할 수도 있다. (물론 누구의 반대도 받지 않고 통치할 권리까지는 비판할 수 없지만.) 심지어 '자유롭지 않다.'는 말도 예전과 의미가 달라졌다."[20]

~

왜 민주화의 물결은 늘 예상보다 강했을까? 이제까지 민주화는 다양한 퇴보, 역행, 어두운 함정의 방해를 받아 왔다. 그 결과 민주주의는 성가신 전제 조건과 고된 시련이 따른다고 단정하는 이론까지 생겨났다. (이것은 민주주의를 채택하기에는 국가가 아직 준비가 되지 않았다고 주장하는 독재자들의 편리한 구실이 되어 왔다. 우디 앨런(Woody Allen, 1935년~)의 「바나나 공화국(Bananas)」에 등장하는 혁명 지도자는 권력을 탈취한 뒤 이렇게 선언한다. "대중은 배운 게 없는 사람들이야. 투표를 하기엔 너무 무식해.") 민주주의에 대한 이런 식의 막연한 두려움은 깨어 있는 시민 대중이 공공선을 깊이 고민하고 자신의 선호를 실현해 줄 지도자를 신중하게 선택한다고 시민 계급을 이상화하면 할수록 더욱 강화된다.

그런 기준으로 보면 지구에 민주주의 국가는 과거에 한 곳도 없었고, 지금도 없으며, 미래에도 거의 확실하게 없을 것이다. 정치 과학자들은 사람들의 정치적 신념이 얼마나 얕고 지리멸렬한지, 그리고 그들이 투표 과정에서 우선시하는 점과 투표의 결과로 뽑힌 대표자의 연관성이 얼마나 약한지를 확인하며 거듭 충격을 받는다.[21] 유권자의 대다수는 당면한 정치적 선택의 내용에 무지할 뿐 아니라, 주요 정부 조직이 어떻게 구성되어 있는지, 제2차 세계 대전 때 미국의 상대가 누구였는지, 당시 어떤 나라가 핵무기를 사용했는지 등 기본적인 사실조차 알지 못한다. 질문에 어떤 단어를 사용하느냐에 따라 응답자의 의견이 뒤집히기도 한다. 정부가 "복지"에 지나치게 많은 예산을 투입한다고 불평하면서 동시에 "가난한 사람들을 돕는 데"에는 돈을 쓰지 않는다고 비판하거나, "군사력을 사용"하기는 하되 "전쟁에 나가서는 안 된다."라고 주장한다. 그래서 어떤 선호를 명확히 공식화해 본 뒤에는 정반대 후보자에게 투표할 때가 많다. 하지만 큰 의미는 없다. 일단 공직에 선출된 정치인은 선거구민의 의견과 무관하게 정당의 입장을 따르기 때문이다.

투표는 정부의 직무 수행에 대한 되먹임 신호를 적절히 제공하지도 못한다. 유권자는 근래에 발생한 거시적인 경제적 변동이나 테러 공격처럼 과연 현직 정치인에게 통제력이 있을까 싶은 사건이나 가뭄, 홍수, 상어의 공격처럼 통제력이 있을 리 없는 사건을 토대로 정치인을 심판한다. 많은 정치 과학자들이 내린 결론에 따르면, 대다수의 사람이 최근에 자신의 투표가 선거 결과에 별다른 영향을 미치지 못한다는 사실을 정확히 깨닫고는 정치적 소양을 쌓거나 어떻게 투표할지를 고심하느니, 차라리 일, 가족, 여가를 우선시하게 되었다고 한다. 그것보다 유권자는 참정권을 자기 표현의 한 양식으로 활용해서, 자신과 비슷하거나 자신과 같은 유형의 사람들을 대표하는 후보에게 투표한다.

따라서 선거가 민주주의의 본질이라는 광범위한 믿음과 달리, 선거는 정부가 주민에게 제공할 책임이 있는 민주주의의 메커니즘 중 하나에 지나지 않으며, 늘 건설적인 것도 아니다. 선거가 야심 가득한 독재자들의 경쟁이 될 때 경쟁 관계에 있는 당파들의 가장 큰 공포는 상대편이 선거에서 승리해 표의 힘으로 서로를 위협하는 것이다. 또한 독재자 역시 선거를 유리하게 활용하는 법을 익힐 수 있다. 최근 유행하는 독재 정치는 경쟁적 권위주의, 선거 권위주의, 도둑 정치적 권위주의, 국가 통제적 권위주의, 혹은 보호주의적 권위주의 정권으로 불린다.[22] (푸틴의 러시아가 그 전형이다.) 정권은 국가의 막강한 자원을 활용해서 반대 세력을 괴롭히고. 가짜 야당을 만들고, 언론을 통제해 가며 자신의 입맛에 맞는 이야기를 퍼뜨리고, 선거 규칙을 주무르고, 선거구를 유리하게 조정하고, 선거 자체를 조작한다. (그럼에도 보호주의적 권위주의 정권이 천하무적인 것은 아니다. 색깔 혁명은 그런 정권을 쓰레기통에 담아 날려 버렸다.)

유권자나 그들이 선출한 지도자 모두 민주주의 이념의 담지자가 아닌데도 불구하고, 이런 정부 형태 — 윈스턴 레너드 스펜서처칠(Winston Leonad Spencer-Churchill, 1874~1965년)의 유명한 말대로라면 인간이 시도한 적이 있는 다른 모든 정부 형태를 제외하면 최악의 것일 이 정부 형태 — 가 그럭저럭 나쁘지 않게 작동하는 이유는 무엇일까? 철학자 칼 레이먼드 포퍼(Karl Raimund Popper, 1902~1994년)는 1945년 『열린 사회와 그 적들(The Open Society and Its Enemies)』에서 민주주의는 누가 통치해야 하는가 하는 질문에 대한 답(즉 '인민')이 아니라, 나쁜 지도자를 어떻게 피 흘리지 않고 쫓아낼 것인가 하는 문제의 해결책으로 이해해야 한다고 주장했다.[23] 정치 과학자 존 뮐러(John Mueller, 1937년~)는 민주주의 개념을 모 아니면 도인 심판의 날에서 매일매일 끊임없이 이어지는 되먹임 과정으로 확장한다. 그의 주장에 따르면, 사람들에게 불평의 자유를 제공할 때 민주주의의 기본 토대가 마련된다. "민주주의는 인민이 폭력을 통해 지도자를 교체하지 않기로 합의할 때, 그리고 폭력이 아닌 다른 방법을 사용한다면 어떤 식으로든 자유롭게 지도자를 몰아낼 수 있도록 지도자가 인민을 내버려 둘 때 출현한다."[24] 그는 이것이 어떻게 작동 가능한지 설명한다.

만일 시민에게 불평하고, 탄원하고, 조직하고, 저항하고, 시위하고, 파업하고, 이민 가거나 떠나겠다고 위협하고, 소리치고, 출판하고, 자금을 외부로 보내고, 불신감을 표현하고, 복도 뒤에서 애걸복걸할 권리가 있다면, 정부는 소리치는 사람의 말이나 청원자의 성가신 요청에 반응하게 될 것이다. 즉 선거가 있든 없든, 필연적으로 그 일 — 주의를 기울이는 것 — 은 정부의 책임이 될 것이다.[25]

여성 참정권 운동이 그런 예다. 당연히 여성은 여성의 투표권을 보장하도록 투표할 수 없었지만, 그들은 다른 수단을 통해 투표권을 얻어냈다.

민주주의의 엉망진창인 현실과 시민 계급 이상화의 대조는 영구적인 환멸을 일으킨다. 언젠가 존 케네스 갤브레이스(John Kenneth Galbraith, 1908~2006년)는 만일 돈이 되는 출판 계약을 맺고 싶다면 『미국 민주주의의 위기(The Crisis of American Democracy)』라는 책을 쓰겠다 하라고 조언했다. 뮐러는 역사를 검토한 끝에 이렇게 결론짓는다. "불평등, 불화, 무관심, 무지는 민주주의의 비정상 상태가 아니라 정상 상태처럼 보이며, 그 형식의 아름다움은 주로 그런 특성에도 불구하고, 또는 몇몇 중요한 측면에서는 바로 그 특성 때문에 민주주의가 작동한다는 데서 나온다."[26]

이런 최소주의적 개념으로 보면 민주주의도 특별히 난해하거나 까다로운 정부 형태는 아니다. 중요한 전제는 정부가 무정부주의적 폭력으로부터 국민을 보호할 능력을 갖춤으로써, 사람들이 문제 해결을 약속하는 독재자의 먹잇감이 되거나, 심지어 두 손 벌려 독재자를 환영하지 않게 해야 한다는 것이다. (무질서는 폭군보다 많은 사람을 죽인다.) 이것은 사하라 이남 아프리카처럼 정부가 무기력한 극빈국과 아프가니스탄과 이라크처럼 미국이 주도한 침공을 경험한 이후 정부의 목이 잘린 국가에서 민주주의가 발판을 마련하는 데 곤란을 겪는 이유이기도 하다. 정치 과학자 스티븐 레비츠키(Steven Levitsky, 1968년~)와 루컨 아흐마드 웨이(Lucan

Ahmad Way, 1968년~)가 지적하듯이, "국가의 실패는 폭력과 불안정을 불러온다. 민주화를 불러오는 일은 절대 없을 것이다."[27]

생각도 중요하다. 민주주의가 뿌리를 내리기 위해서는 영향력 있는 사람들(특히 총을 쥔 사람들)의 생각이 신권 정치, 왕권신수설, 식민주의적 보호주의, 프롤레타리아(실제로는, 그 '혁명적 전위'의) 독재, 혹은 인민의 뜻이 직접 구현된 카리스마 넘치는 지도자의 전제적 통치 같은 대안들보다 민주주의가 더 낫다는 지점에 이르러야 한다. 이것은 민주주의가 교육 수준이 낮은 나라, 서양의 영향이 미치지 않는 나라(예를 들어, 중앙아시아), 정권이 이데올로기를 토대로 폭력적인 혁명을 통해 탄생한 나라(중국, 쿠바, 이란, 북한, 베트남 등)에서 뿌리내리기 어려운 이유를 비롯해 민주화의 연대기에 나타나는 다양한 패턴을 설명하는 데 유용하다.[28] 거꾸로, 사람들이 민주주의 국가가 상대적으로 살기 좋은 곳이라는 점을 깨닫게 되면, 민주주의 사상이 널리 전파되어 장기적으로 민주주의 국가의 수도 증가할 것이다.

~

불평의 자유는 불평 분자들을 처벌하거나 침묵시키지 않겠다는 정부의 보증에 달려 있다. 따라서 민주화의 최전선은 정부가 독점적인 물리력을 남용해서 고집 센 시민들을 잔혹하게 다루지 못하도록 저지하는 일이다.

1948년 세계 인권 선언을 시작으로 일련의 국제적 합의가 이루어진 덕분에 특히 고문, 비사법적 살인, 반체제 인사의 구금, 그리고 (1976년부터 1983년까지 아르헨티나 군사 정권 치하에서 만들어진 "실종시키기(to disappear someone)"라는 추악한 타동사로 대표되는) 정부의 깡패 같은 전략 주위에 빨간 선이 그어졌다. 유권자는 대부분 자신이 목표물이 되지 않는 이상 정부의 잔혹함에 무관심하다는 점에서 이 빨간 선은 선거 민주주의와 다르다. 실제로 민주주의 국가가 다른 국가보다 인권을 더 존중한다.[29] 하지만 세계에는 싱가포르처럼 자애로운 독재 국가도 있고, 파키스탄처럼 억압적인 민주주의 국가도 있다. 여기서 민주화의 물결이 정말로 진보의 한 형태인가 하는 중요한 질문이 발생한다. 민주주의가 확산되면 인권이 개선될까? 아니면 그저 독재자가 미소를 띤 채 선거를 비롯한 민주주의적 함정을 이용하면서 권력의 남용을 은폐하는 것일까?

지난 수십 년간 미국 국무부, 국제 앰네스티, 여타 기구들이 인권 침해 사례를 감시해 왔다. 이들이 1970년 이후에 내놓은 숫자를 살펴보면 민주주의, 인권 규범, 국제 형사 재판소, 그리고 바로 그들과 같은 감시 기구의 확산에도 불구하고 각국 정부가 유례없이 억압적이라는 사실이 드러났다. (경각심에 찬 인권 활동가와 기쁨에 찬 문화적 비관주의자의 입을 통해) 우리가 "인권의 종말", "인권법의 황혼기", 그리고 물론, "포스트-인권 세계"에 이르렀다는 선언들이 뒤를 이었다.[30]

하지만 진보는 자신의 흔적을 잘도 숨긴다. 해를 거듭할수록 도덕적 기준이 높아짐에 따라, 우리는 과거에 알아채지 못했을 위해를 경계하게 된다. 게다가, 운동 단체는 항상 '위기'를 외쳐 열기를 유지해야 한다고 느낀다. (지난 수십 년의 운동이 시간 낭비에 불과했다고 암시하는 역효과를 일으킬 수 있음에도.) 정치 과학자 캐스린 시킹크(Kathryn Sikkink, 1955년~)는 이것을 "정보의 역설(information paradox)"이라고 부른다. 인권의 감시견이 감탄을 자아낼 만큼 더 엄격하게 박해 행위를 감시할수록, 혹시 누군가가 박해당하고 있지는 않은지 더 많은 곳을 들여다볼수록, 더 다양한 행위를 박해로 규정할수록 박해의 사례가 더 많이 발견된다는 뜻이다. 한층 예민해진 그들의 탐지력을 보정해서 받아들이지 않는다면, 우리는 찾아내야 할 박해가 곳곳에 존재한다고 오해할 수 있다.[31]

정치 과학자 크리스토퍼 패리스(Christopher Fariss)는 시간이 지날수록 더 엄격해지는 보고들을 보정해 지구 전체에서 발생하는 인권 침해의 양을 정확하게 추정할 수 있는 수학 모형을 만들어 문제를 해결했다. 그림 14.2에는 1949년부터 2014년까지 4개 국가를 평가한 점수와 세계 전체를 평가한 점수가 나와 있다. 그래프가 보여 주는 숫자는 패리스의 수학 모형에서 나온 것이므로 정확한 수치 자체에 촉각을 곤두세울 필요는 없지만 이것을 통해 차이와 경향을 확인할 수 있다. 위쪽에 있는 선은 인권의 황금 기준을 보여 주는 국가를 나타낸다. 인간 번영의 거의 모든 지표가 그렇듯 그 주인공은 스칸디나비아 국가인 노르웨이로, 출발부터 높은 점수를 기록하고 이후로도 꾸준히 상승한다. 그리고 2개의 선으로 나뉜 2개의 한국을 볼 수 있다. 북한은 낮은 점수로 출발해 그보다 더 밑으로 가라앉았고, 한국은 냉전 시기에 반공 전체주의 국가로 출발했으나 오늘날에는 긍정적인 수준에 진입했다. 중국의 인권은 문화 혁

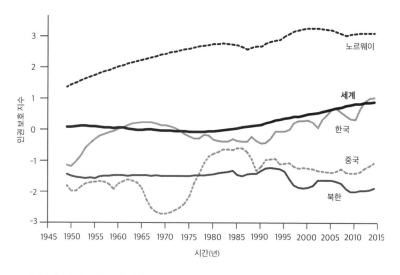

그림 14.2. 1949~2014년 인권. (데이터로 본 우리 세계에서. Roser 2016i, 지표의 그래프화는 Fariss 2014를 참조했다. 고문, 비사법적 살인, 정치적 수감, 실종으로부터 사람들이 보호받는 정도를 추정한 것이다. 0은 모든 국가와 모든 시기의 평균을 나타내며, 단위는 표준 편차이다.)

명기에 바닥을 쳤다가 마오쩌둥의 사후 급격하게 치솟았고, 1980년 민주화 운동 시기에 절정에 이르렀다가 정부가 천안문 시위를 탄압한 이후 다시 하락했지만, 그럼에도 마오주의 시절의 저지대를 벗어나 꽤 높은 곳까지 올라왔다. 하지만 가장 중요한 곡선은 세계 전체를 나타내는 선이다. 그 많은 실패에도 불구하고 인권 곡선은 위쪽을 향해 간다.

정부 권력의 축소 과정을 어떻게 실시간으로 확인할 수 있을까? 국가가 행사하는 궁극적인 폭력, 즉 시민을 의도적으로 살해하는 제도의 결말을 살펴보면 인간 진보의 복잡한 과정을 들여다볼 수 있는 흔치 않은 기회를 잡을 수 있다.

한때 사형 제도는 어느 나라에나 존재했고, 경범죄자에게까지 무수히 적용되어 대중에게 고문과 굴욕이 뒤섞인 소름 끼치는 볼거리를 제공했다.[32] (좀도둑 2명과 함께 집행된 예수의 십자가형이 무엇보다 또렷하게 상기시켜 준다.) 계몽 운동 이후에 유럽 국가들은 극악무도한 범죄를 제외하고는 사형 집행을 중단했다. 19세기 중반에 영국의 사형 판결은 222건에서 4건으로 감소했다. 또한 유럽 국가들은 무시무시한 형 집행도 최대한 인간적으로 보일 수 있도록 교수형 같은 처형 방법을 찾았다. 제2차 세계 대전이 끝나고 세계 인권 선언을 통해 제2의 휴머니즘 혁명이 시작된 뒤로 유럽에서는 점차 사형이 폐지되었으며, 이제 사형 제도를 존치하는 국가는 벨라루스밖에 남지 않았다.

사형 제도 폐지는 전 세계로 확산되어(그림 14.3) 이제는 사형 제도가 자신의 사형 집행을 기다리고 있다.[33] 지난 30년간 해마다 두세 국가가 사형 제도를 폐지해 왔고, 이제 전 세계 국가들 가운데 5분의 1만이 사형 제도를 존치하고 있다. (사형은 90개국의 법전에 명문화되어 있지만, 그중 대다수는 적어도 지난 10년간은 사형을 집행하지 않았다.) 유엔 사형 특별 조사관 크리스토프 헤인스(Christof Heyns, 1959~2021년)는 (자신이 그렇게 예측하는 것은 아니지

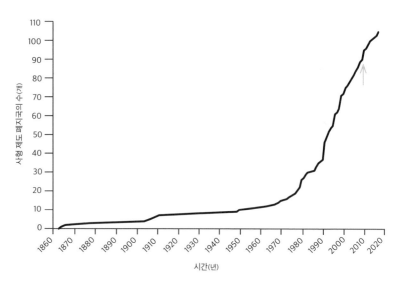

그림 14.3. 1863~2016년 사형 제도 폐지국 변화. (「각국의 사형 제도: 폐지의 연대기(Capital Punishment by Country: Abolition Chronology)」, 위키피디아(Wikipedia), 2016년 8월 15일 최종 수정. 다수의 유럽 국가들이 여기서 나타나는 것보다 이른 시기에 본토에서의 사형을 폐지했지만, 여기 제시된 시간축은 유럽 국가의 사법권이 미치는 모든 영토에서의 폐지를 기준으로 한다. 화살표가 가리키는 연도는 2008년으로, Pinker 2011, fig. 4.3이 나타내는 마지막 연도이다.)

만) 만일 현재의 폐지 속도가 유지된다면 2026년에는 사형제가 지구상에서 사라질 것이라고 지적한다.[34]

쉽게 모일 것 같지 않은 국가들이 여전히 가장 많은 사형을 집행하는 상위 5개국으로 모였다. 중국과 이란(각각 매년 1,000건 이상), 파키스탄, 사우디아라비아, 그리고 미국이다. 인간의 번영을 보여 주는 다른 영역(범죄, 전쟁, 건강, 장수, 사고, 교육)처럼, 미국은 부유한 민주주의 국가들 사이에서 홀로 뒤처져 있다. 미국의 예외성은 철학적 논쟁에서 출발해서 실제 현실을 향해 나아가는 도덕적 진보의 굽이진 행로를 분명하게 보여 준다. 또한 미국의 예외성은 우리가 지금까지 검토해 온 민주주의의 두 개념, 즉 민주주의란 시민에게 폭력을 행사하는 권력이 철저하게 제한된 정부 형태라는 개념과, 국민 다수의 뜻을 실행에 옮기는 정부 형태라는 개념 사이의 긴장을 보여 준다. 미국이 아웃사이더처럼 아직도 사형을 집행하는 이유는 어떤 면에서 미국이 **너무** 민주적이기 때문이다.

법학자 앤드루 하멜(Andrew Hammel, 1968년~)은 유럽이 사형 제도를 폐지해 온 역사를 다루는 중에, 대부분의 시간과 장소에서 사형은 완벽하게 공정한 처벌로 여겨졌다는 점을 지적한다. 다른 이의 목숨을 빼앗았다면 내 목숨도 내놓아야 한다는 것이다.[35] 단호하게 사형에 반대하는 주장은 계몽주의 시대에 이르러서야 비로소 나타나기 시작했다.[36] 한 가지 주장은 국가의 폭력 행사 권한도 인간의 생명이라는 신성한 영역을 침범할 수는 없다고 말하고, 또 다른 주장은 보다 확실하되 덜 잔인한 처벌을 통해 사형과 동일한 억지 효과를 달성할 수 있다고 말한다.

소수의 철학자와 지식인 사이에서 물방울처럼 맺힌 생각은 물줄기가 되어 교육받은 상류 계급, 특히 의사, 변호사, 작가, 언론인 등 리버럴한 직업군으로 흘러 들어갔다. 사형 제도 폐지는 곧 의무 교육, 보편적 참정권, 노동자의 권리 등 다른 진보적 이상들과 어깨를 나란히 했고, '인권'의 후광 아래 신성화되어 '우리가 살기로 선택한 종류의 사회와 우리가 되기로 선택한 종류의 사람'을 상징하게 되었다. 유럽의 엘리트 계층이었던 사형 제도 폐지론자들은 보통 사람들의 우려를 무시하고 자신들의 뜻을 관철했다. 당시 유럽의 민주주의 국가는 보통 사람들의 의견을 정책화하는 곳이 아니었다. 유럽 국가의 형법은 저명한 학자들로 구성된 위원회가 초안을 마련했고, 천부적인 귀족 정치가임을 자부하는 입법자들이 법으로 제정했으며, 지명을 받고 평생을 공복으로 지내 온 판사들이 그 법을 집행했다. 수십 년이 지난 뒤 사람들은 나라가 여전히 무질서한 혼돈에 빠지지 않은 것 ─ 만일 혼돈에 빠졌다면 힘을 모아 사형 제도를 **부활**시켰을 것이다. ─ 을 확인했으며, 대중은 생각을 고쳐먹고 사형 제도가 불필요하다고 여기기 시작했다.

하지만 미국은 좋든 싫든 간에 국민에 의한, 국민을 위한 정부에 한층 더 가깝다. 테러와 반역죄 같은 소수의 연방 범죄를 제외하고 각 주는 사형 제도 존치 여부를 직접 결정하고, 유권자와 밀접한 거리를 유지하는 입법자가 표결을 하며, 재임용을 생각해야 하는 검사와 판사가 사형을 구형하고 승인한다. 오랫동안 명예를 중시하는 문화를 지켜 온 남부에는 복수를 정당화하는 풍조가 남아 있기 때문에, 미국에서 집행되는 사형이 대부분 텍사스, 조지아, 미주리를 중심으로 남부의 몇몇 주, 특히 그 주들의 몇몇 카운티에 몰려 있는 것은 놀라운 일이 아니다.[37]

하지만 미국 역시 역사의 조류에 휩쓸려 온 탓에, 사형은 대중의 인기는 여전하지만(2015년 찬성률 61퍼센트)[38] 점차 사라지는 추세이다. 지난 10년간 7개 주가 사형 제도를 폐지했고, 16개 주가 사형 집행을 중단했으며, 30개 주는 최근 5년간 사형을 1건도 집행하지 않았다. 2000년에 40건의 사형을 집행한 텍사스 주조차 2016년에 단 7명만 사형에 처했다. 그림 14.4는 미국의 사형 제도 활용이 꾸준히 줄어들고 있음을 보여 준다. 곡선의 오른쪽 끝은 0으로 향하는 출구가 될지 모른다. 또한 유럽의 패턴과 마찬가지로, 사형이 구시대의 유물이 되어 감에 따라 대중의 지지도 뿔뿔이 흩어지고 있다. 2016년 사형 제도 지지율은 거의 50년 만에 처음으로 50퍼센트를 밑돌았다.[39]

미국은 어떻게 자기도 모르게 사형 제도를 폐지하고 있는 것일까? 여기서 우리는 도덕의 진보가 발생하는 또 다른 경로를 보게 된다. 미국의 정치 체제는 다른 서양 국가들보다 더 포퓰리즘적이지만, 그럼에도 고대 아테네(신랄하게 말하면, 소크라테스를 죽음으로 몰아넣은 그 사회)와 같은 직접 참여 민주주의라고 하기에는 부족하다. 공감 능력과 이성의 확대와 함께 사형 제도의 가장 확고한 지지자조차도 린치를 가하는 군중, 목매달

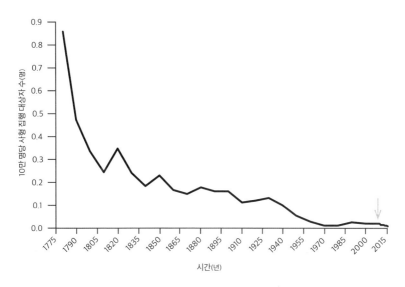

그림 14.4. 1680~2016년 미국의 사형 집행. (Death Penalty Information Center 2017. 인구 집계는 US Census Bureau 2017. 화살표는 Pinker 2011, fig. 4.4에 표시된 마지막 연도인 2010년을 가리킨다.)

기 좋아하는 재판관, 요란한 공개 처형에 진저리를 치면서 형 집행이 약간의 존엄성과 배려라도 갖춰야 한다고 주장하고 있다. 이를 위해서는 기술자들이 운용하고 보수하는 복잡한 사형 장치가 필요하다. 그러나 기계는 낡아 가는데 기술자들이 유지 보수를 거부함에 따라 사형 장치는 점차 거추장스러운 고철 덩어리가 되어 가고 있다.[40] 미국의 사형 제도는 사라져 가는 것이 아니라 한 조각 한 조각씩 뜯겨 나가고 있다.

첫째, 과학 수사, 특히 DNA 감정 기술의 발달로 무고한 사람들이 거의 사형당할 뻔했다는 사실이 밝혀지자 사형 제도를 열렬히 지지하는 사람들조차 아연실색했다. 둘째, 생명을 빼앗는 무시무시한 작업은 십자가형과 할복의 잔혹한 사디즘에서 출발해서 그보다는 빠르지만 여전히 눈에 비치는 밧줄, 총알, 칼로, 그리고 가스와 전기 같은 무형의 물질로, 마지막에는 치사 약물을 주입하는 유사 의학적 절차로 진화해 왔다. 하지만 의사는 약물 투여를 거부하고, 제약사는 약품 공급을 거부하고, 참관인은 어설픈 형 집행 과정에서 사형수가 고통 받는 모습에 괴로움을 느낀다. 셋째, 교도소가 탈옥과 폭동을 거의 완벽하게 방지할 수 있게 되면서 사형 제도의 유력한 대안인 종신형이 더 큰 안정성을 갖추게 되었다. 넷째, 폭력 범죄 발생률이 곤두박질치면서(12장), 사람들은 예전만큼 가혹한 해결책이 필요하다고 여기지 않게 되었다. 다섯째, 사형을 상당히 중대한 사안으로 간주함에 따라 이전 시대의 약식 처형이 길고 번거로운 법적 절차로 대체되었다. 유죄 평결 이후의 형 선고 과정은 제2의 재판이나 다를 바 없어서, 사형 선고가 내려지기까지 사형수의 대다수가 자연사로 죽을 만큼 기나긴 재심 및 항소 과정이 진행된다. 긴 재판 기간에 주에서 비용을 지불해야 하는 변호사 선임 기간은 종신형에 필요한 선임 기간의 8배에 달한다. 여섯째, 빈곤한 흑인 피고인에 대한 판결이 비대칭적으로 많은(무전유죄(無錢有罪), "Those without the capital get the punishment.") 같은 말이 어울리는) 사형 제도의 사회적 불평등 때문에 국가는 양심에 점점 더 큰 부담을 안게 되었다. 마지막으로, 이 조각조각 이어붙인 누더기에 일관된 근거를 마련하는 일을 담당하고 있는 연방 대법원은 사형 제도를 합리화하고자 애써 왔는데, 그 과정에서 누더기의 조각들을 하나씩 뜯어냈다. 최근에 연방 대법원은 주 정부가 미성년자, 정신 장애가 있는 사람, 혹은 살인죄가 아닌 다른 죄를 저지른 범죄자를 사형해서는 안 된다고 판결했고, 치사 주사라는 도덕적으로 불확실한 방법을 거의 금지할 뻔했다. 법원을 지켜보는 사람들은 연방 대법원이 이 섬뜩한 관행과 관련된 모든 변덕에 똑바로 대면하고, "품위의 기준을 마련"해야 할 필요성에 근거해, 잔혹하고 비정상적인 처벌을 완전히 금지한 수정 헌법 8조를 근거로 삼아 사형 제도를 폐지할 날이 머지않았다고 확신한다.

사람을 죽일 수 있는 권력을 박탈하고자 정부를 압박하는 과학, 제도, 법, 사회의 힘이 기묘한 조합을 이룬 탓에, 정의를 향해 구부러지는 신비한 궤적이 실제로 존재하는 것처럼 느껴진다. 보다 산문적으로 말하자면, 우리는 사형 제도를 존속시키기 위해 서로 협력해야 하는 광범위한 관계자 및 기관 사이에서 하나의 도덕적 원리 — 생명은 신성한 것이며, 따라서 살인은 곤란한 일이라는 원리 — 가 퍼져나가는 모습을 보고 있다. 이 관계자들과 기관들이 그 원리를 보다 일관되고 철저하게 실천한다면, 목숨에는 목숨으로 복수하고자 하는 충동으로부터 국가를 영원히 격리할 것이다. 그 길은 여러 갈래에다 복잡하고, 효과는 느리다가 갑자기 나타나지만, 시간의 넉넉한 품 안에서 계몽주의가 잉태한 생각은 분명히 세상을 변화시킬 것이다.

15장
평등권

인간은 다른 범주에 속한 인간을 목표에 종속된 수단이나 치워 버려야 할 골칫거리로 대하는 경향이 있다. 인종이나 종교로 뭉친 동맹은 라이벌 동맹보다 우세해지기를 바란다. 남성은 여성의 노동, 자유, 성을 통제하고자 애를 쓴다.[1] 사람들은 성적 소수자들에 대한 불편함을 도덕적 비난으로 표출한다.[2] 이런 현상은 인종 차별, 성차별, 동성애 혐오라고 불리며, 정도는 다를지언정 역사적으로 거의 모든 문화에서 만연했다. 이런 악을 거부하는 일이 우리가 말하는 시민권 혹은 평등권 운동의 대부분을 차지한다. 셀마(Selma), 세네카 폴스(Seneca Falls), 스톤월(Stonewall)의 이야기로 이어진 평등권 확대의 역사는 인간 진보의 서사 중 특히 우리의 가슴을 휘저어 놓는 대목이다.[3] (셀마는 흑인 참정권을 요구한 1965년 셀마 몽고메리 행진을, 세네카 폴스는 최초의 여성권 집회인 1848년 세네카 폴스 회의를, 스톤월은 동성애자 합법화 투쟁인 1969년 스톤월 항쟁을 뜻한다. ― 옮긴이)

소수 인종, 여성, 동성애자의 권리는 꾸준히 전진하고 있으며, 최근에는 빛나는 역사의 이정표를 세우기도 했다. 2017년, 우리는 미국 최초로 아프리카계 미국인 대통령이 두 번째 임기를 마치는 모습을 목격했다. 영부인 미셸 오바마(Michelle Obama, 1964년~)가 2016년 미국 민주당 전당대회 연설을 통해 그 성취를 감동적으로 표현했다. "저는 매일 아침 한때 노예들이 지은 집에서 깨어나, 예쁘고 지적이고 젊은 흑인 여성인 우리 두 딸이 개와 함께 백악관 잔디밭에서 노는 모습을 지켜봅니다." 버락 오바마를 계승한 후보는 미국에서 여성에게 투표가 허용된 지 100년도 채 지나지 않아 탄생한, 주요 정당 최초의 여성 대통령 후보였다. 그녀는 일반 투표에서 확실한 표 차이로 앞섰기 때문에, 기묘한 선거인단 제도와 선거가 치러진 해에 일어난 몇 가지 이상한 일만 아니었더라면 대통령이 되었을 것이다. 2016년 11월 8일 이전까지 지금의 세계와 아주 유사했던 평행 우주에서는 세계에서 가장 영향력 있는 세 국가(미국, 영국, 독일)의 지도자가 모두 여성이었다.[4] 그리고 2015년에는 미국 연방 대법원이 동성애는 범죄가 아니라고 판결한 지 12여 년 만에 동성 커플의 결혼권을 보장했다.

하지만 자신이 지나온 흔적을 지우는 것이 진보의 본성인지라, 진보의 투사들은 남아 있는 불의에 시선을 고정한 채 우리가 얼마나 많이 전진했는지를 잊고는 한다. 특히 대학에서는 우리가 여전히 인종 차별, 성차별, 동성애 혐오가 심각한 사회에서 살고 있다는 인식이 진보적인 견해이자 자명한 이치로 통한다. 이런 시각에는 진보주의가 시간 낭비이며 지난 수십 년간 투쟁을 통해 이룬 것이 아무것도 없다는 뜻이 내포되어 있다.

다른 형태의 진보 공포증과 마찬가지로 각종 기사의 자극적인 헤드라인이 인권 개선의 역사를 부정하도록 부추긴다. 스마트폰과 영상 매체들을 통해 미국 경찰이 무장하지 않은 아프리카계 미국인 용의자를 사살한 사건들이 널리 보도되면서 나라 전체가 흑인 남성을 향한 경찰의 인종 차별적 공격에 몸살을 앓고 있다는 느낌에 사로잡힌다. 운동 선수가 여자 친구나 아내를 공격한 사건, 대학 교정 내에서 벌어진 강간 사건을 다룬 언론 기사를 보고 많은 사람이 여성을 대상으로 한 공격이 급증했다고 느낀다. 게다가 2016년에는 올랜도의 한 게이 클럽에서 오마르 미르 세디크 마틴(Omar Mir Seddique Mateen, 1986~2016년)이 총기를 난사해 49명이 사망하고 53명이 부상당한 미국 역사상 최악의 범죄에 드는 사건이 발생했다.

진보가 존재하지 않는다는 믿음을 강화한 것은 바로 우리가 살아가는 이 세계에서 벌어진 최근의 역사였다. 2016년 미국 선거인단 제도의 수혜자는 힐러리 클린턴이 아니라 도널드 트럼프였다. 트럼프는 선거 운동 기간에 미국 정치 담론의 규범에서 크게 벗어난 여성 혐오, 반히스패닉, 반무슬림 발언을 뱉어냈고, 유세 과정에서 그가 부추긴 지지자들의 난폭한 언사는 더 모욕적이었다. 일부 평론가는 그의 승리가 평등과 권리를 향해 나아가던 미국의 진보 과정이 반환점에 다다랐음을 보여 주었다고, 아니면 애초에 우리가 단 한 번도 진보를 이룩한 적이 없다는 추악한 진실을 들춰냈다고 개탄했다.

이번 장의 목표는 평등권을 실어 나르는 물결의 깊이를 측정하는 것이다. 이 물결은 고여 있는 연못의 사나운 소용돌이처럼 환상에 불과한 것일까? 그렇게 쉽게 방향을 바꿔 역류할 수도 있는 것일까? 아니면 정의는 물같이, 공의는 마르지 않는 강같이 흐르는 것일까?[5] 마지막으로 나는 피해에 가장 취약한 대상인 아동의 권리 증진을 다루고 장을 마감할 것이다.

～

이제 우리는 헤드라인을 통해 읽는 역사에 회의를 품을 줄 알아야 한다. 바로 평등권에 대한 최근의 공격이 그런 대상이다. 데이터에 따르면 경찰의 총격 횟수는 최근 수십 년간 증가하지 않고 오히려 감소했다. (동영상으로 촬영된 사건의 건수는 늘었지만 말이다.) 독립적인 세 분석에 따르면 흑인 용의자가 경찰에게 사살될 확률은 백인 용의자가 사살될 확률보다 높지 않다.[6] (미국 경찰은 너무 쉽게 사람들에게 총을 쏘지만, 이것은 애초에 인종 문제가 아니다.) 강간 사건 보도가 쏟아져 나온다는 점만 갖고는 그것이 여성 대상 폭력이 최근 증가하고 있다는 나쁜 소식인지, 우리가 여성 대상 폭력에 더 많은 관심을 기울이고 있다는 좋은 소식인지 알 수가 없다. 또한 지금 이 순간까지도 올랜도 나이트클럽 학살 사건이 동성애 혐오에서 비롯한 것인지, IS에 동조해서 저지른 일인지, 혹은 대다수의 총기 난사 가해자가 그렇듯 사후 명성을 얻기 위해 벌인 일인지는 불분명하다.

가치관을 보여 주는 데이터와 인구 동태 통계에 근거한다면 역사의 초고를 더 정확히 작성할 수 있다. 퓨 리서치 센터(Pew Research Center)는 지난 25년간 인종, 성별, 성적 지향에 관한 미국인의 의견을 조사해 왔고, 그 결과를 토대로 미국인의 태도는 관용과 권리 존중을 향한 "근본적인 전환"을 겪었으며, 한때 팽배했던 편견은 망각 속으로 가라앉고 있다고 보고했다.[7] 이것을 포함해 다양한 측면을 함께 드러내는 세 가지 설문에 사람들이 응답한 결과를 나타낸 그림 15.1에 그 전환이 나타나 있다.

다른 조사도 동일한 전환을 보여 준다.[8] 미국인들은 점점 리버럴해지고 있을 뿐만 아니라, 각 세대가 이전 세대보다 더 리버럴하다.[9] 뒤에서 보겠지만, 사람들은 나이를 먹어도 자신의 가치관을 유지하기 때문에, 국가 평균보다도 편견이 약한 밀레니얼 세대(1980년 이후 출생자)를 통해 이 나라가 어디로 향하고 있는지 알 수 있다.[10]

물론 그림 15.1이 편견의 실질적 감소를 드러내는지, 혹은 사회가 편견을 잘 수용하지 않는 탓에 응답자가 자신의 부끄러운 태도를 감추려고 하는 경향을 드러내는지 의구심을 품을 수 있다. 이 문제는 오랫동안 사회 과학자들을 괴롭혀 왔지만, 최근 경제학자 세스 스티븐스다비도위츠(Seth Stephens-Davidowitz, 1982년~)가 발견한 지표는 디지털판 진실의 약이라 할 만한 수준으로 사람들의 태도를 정확히 보여 준다.[11] 사람들은 키보드와 모니터 앞에 앉아 당신이 상상할 수 있는 것은 물론이고 상

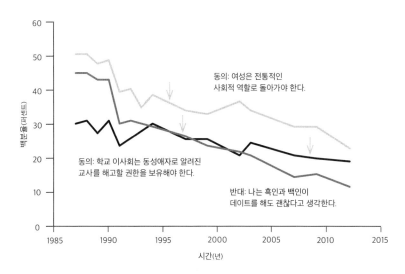

그림 15.1. 1987~2012년 미국의 인종 차별, 성차별, 동성애 혐오에 관한 견해. (Pew Research Center 2012b. 화살표는 Pinker 2011에 수록된, 이와 유사한 조사 내용의 가장 최근 연도를 가리킨다. 흑인, 1997년: fig. 7.7; 여성: fig. 7.11; 동성애자, 2009년, fig. 7.24를 참조했다.)

상할 수도 없는 온갖 호기심, 불안, 떳떳하지 못한 즐거움을 남몰래 구글에서 검색한다. (흔한 검색어로는 "음경을 더 크게 만드는 법", "질에서 생선 냄새가 나요." 등이 있다.) 구글은 월별로, 지역별로 사람들이 검색한 내용을 빅 데이터로 축적하고 분석한다. (이용자를 특정하거나 식별할 수 있는 정보는 포함되지 않는다.) 스티븐스다비도위츠는 (주로 인종 차별적 농담을 찾는 과정에서) "검둥이 (nigger)"라는 단어를 검색하는 이용자는 지역을 불문하고, "2008년에 버락 오바마의 총득표수가 민주당 지지자가 예상한 득표수보다 낮았다."[12]라는 내용을 검색하는 등 다른 인종 차별적 편견을 나타내는 지표와 관련이 있다는 사실을 발견했다. 그는 이런 검색이 겉으로 드러나지 않는 은밀한 인종 차별을 나타낸다고 주장한다.

이것을 활용해 최근의 인종주의 경향, 그리고 내친김에 사적인 성차별과 동성애 혐오의 흔적까지 살펴보자. 내 사춘기를 생각하면, 공중파

텔레비전 프로그램이나 신문 만화에는 멍청한 폴란드 인, 얼빠진 아줌마, 혀짤배기, 계집애 같은 호모 등의 농담이 흔하게 등장했다. 오늘날 주류 언론은 그런 말을 금기시한다. 편한 사람끼리 만난 모임에서는 편견에 찬 농담이 여전히 이어지고 있을까? 아니면, 사람들의 사적인 태도 역시 크게 변한 탓에 그런 농담에는 모욕을 느끼거나, 기분이 상하거나, 혹은 재미를 느끼지 못하게 되었을까? 그림 15.2가 결과를 보여 준다. 그래프는 미국인이 자신의 편견을 고백할 때 예전보다 더 큰 수치심을 느낄 뿐만 아니라, 사적인 자리에서도 그런 농담을 즐겁게 받아들이지 못한다는 것을 보여 준다.[13] 또 트럼프의 부상이 편견을 반영(혹은 강화)한다는 두려움과 반대로, 그래프의 선은 그가 화제의 중심에 섰던 2015~2016년부터 대통령에 취임한 2017년 초까지 꾸준히 하향 곡선을

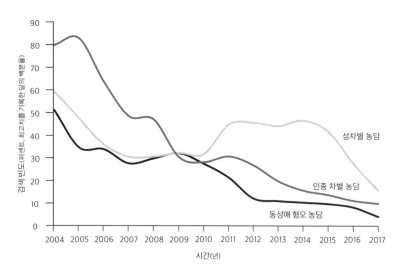

그림 15.2. 2004~2017년 미국의 인종 차별, 성차별, 동성애 혐오 관련 인터넷 검색. (구글 트렌드 (Google Trends, www.google.com/trends), "nigger jokes", "bitch jokes", "fag jokes"의 검색 내용, 총 검색량 대비 비율. 데이터(2017년 1월 22일 접속)는 월별로 집계되며, 각 검색 단어가 최고치를 기록한 달을 백분율로 나타낸 뒤, 각 해의 월별 평균을 산출해 간략화한 것이다.)

그런다.

스티븐스다비도위츠는 구글 이용자가 변했기 때문에 이 곡선에 편견의 하향세가 적게 반영되었을 수 있다고 내게 지적해 주었다. 기록이 시작된 2004년에 구글 이용자는 대체로 도시에 거주하는 젊은 사람이었다. 나이 든 시골 거주자는 기술을 늦게 접하기 때문에, 만일 모욕적인 단어를 검색할 가능성이 더 높은 집단이 그 사람들이라면 그들이 유입된 이후 기간에는 검색 비율이 더 높아질 수 있고, 따라서 편협성의 감소세가 제대로 드러나지 않을 수 있다. 구글은 이용자의 연령이나 교육 수준을 저장하지는 않지만, 대신 검색이 이루어진 지역을 기록으로 남겨둔다. 스티븐스다비도위츠는 내 궁금증에 답하면서 편견이 심한 내용을 검색하는 경우는 상대적으로 나이가 많고 교육 수준이 낮은 지역에 집중되는 경향이 있음을 확인해 주었다. 국가 평균과 비교하면 전체 은퇴자 집단은 "검둥이 농담"을 검색하는 확률이 7배 높았고, "호모 농담"을 검색할 확률은 30배 높았다. (그는 미안하다는 듯이 말했다. "구글 애드워즈(Google AdWords)에서는 '나쁜 년(bitch) 농담' 데이터는 나오지 않습니다.") 스티븐스다비도위츠는 AOL의 검색 데이터 수집 목록에도 손을 뻗었다. AOL은 구글과 달리 검색 정보를 개개의 이용자별로 추적한다. (물론 이용자가 누구인지는 알 수 없다.) AOL의 검색 기록을 보면 인종주의자가 사라져 가는 중일 수 있음을 확인하게 된다. "검둥이"를 검색하는 사람은 동시에 "사회 보장"과 "프랭크 시나트라"처럼 노년층이 좋아할 만한 주제도 검색할 확률이 높다. 주요 예외는 소수의 10대 청소년으로, 이들은 수간, 참수 영상, 아동 포르노 등 검색해서는 안 될 것들을 함께 검색했다. 하지만 이런 비행 청소년을 제외하면(그리고 그런 청소년은 늘 존재해 왔다.), 사적인 편견은 시간과 함께, **그리고** 젊은 층과 함께 감소한다. 결국 편협한 노년층이 무대에서 물러나 편견이 덜한 집단에게 자리를 내주면 하락세는 더 강해지리라고 예상할 수 있다.

그때가 되기 전까지는 교육 수준이 낮은 노년층(주로 백인 남성)은 사회 주류의 두 번째 천성이 된 선량한 반인종 차별, 반성차별, 반동성애 혐오를 존중하지 않을 수 있고, 어쩌면 그런 가치가 '정치적 올바름'에 불과하다며 일축할지 모른다. 오늘날 그런 사람들은 인터넷에서 서로를 만나 선동가 아래 결집할 수 있다. 20장에서 살펴보겠지만, 다른 서양 국가에서 우파 포퓰리스트가 약진한 것과 마찬가지로 트럼프의 성공은 평등권을 위한 1세기 동안의 운동에 돌연 역전이 발생했다고 이해하기보다는, 양극화된 정치 지형에서 인구학적으로 위축되어 가는 분개한 이들이 집결했다고 이해하는 편이 정확할 것이다.

～

평등권의 진보는 정치적 이정표와 여론의 향방뿐 아니라 사람들의 실생활을 가리키는 데이터에서도 발견할 수 있다. 아프리카계 미국인의 빈곤율은 1960년에 55퍼센트에서 2011년에 27.6퍼센트로 떨어졌다.[14] 기대 수명은 1900년에 33세에서(백인보다 17.6세 낮다.) 2015년에 75.6세(백인보다 3세 낮다.)로 상승했다.[15] 65세까지 생존한 아프리카계 미국인은 같은 연령의 백인보다 오래 산다. 1900년에 45퍼센트였던 아프리카계 미국인의 문맹률은 오늘날 사실상 0퍼센트에 이르렀다.[16] 다음 장에서 보겠지만, 아동 학습 준비도의 인종 격차도 점점 줄어들고 있다. 18장에 나와 있듯이, 행복감의 인종 격차도 마찬가지이다.[17]

아프리카계 미국인을 대상으로 한 인종 차별 폭력은 한때 야간 습격과 집단 구타의 형태로 꾸준히 발생했지만(20세기 초에 일주일에 3건), 그림 15.3에 나타나 있듯 그 수치는 20세기 들어 곤두박질치기 시작했고, 1996년에 FBI에서 증오 범죄 보고를 통합하기 시작한 이후에는 더욱 하락했다. (이런 범죄 가운데 살인 사건은 대부분 연간 1건 혹은 0건일 정도로 극소수에 불과하다.)[18] 2015년(확인 가능한 가장 최근 연도)에 수치가 약간 상승한 것을 트럼프 탓으로 돌리기 어려운 것은, 해당 연도에 전체 폭력 범죄 발생 건수가 함께 상승했고(그림 12.2), 증오 범죄는 정치인의 논평보다는 전체 범죄 발생률을 더 강하게 따르기 때문이다.[19]

그림 15.3은 아시아계, 유태인, 백인을 대상으로 한 혐오 범죄 역시 하락하고 있음을 보여 준다. 또한 미국에서 이슬람 혐오가 팽배해 있다는 주장에도 불구하고, 무슬림을 표적으로 삼은 증오 범죄는 9·11 이후의 일시적 증가와 2015년 파리와 샌버너디노에서 이슬람 주도 테러 공격이 발생한 이후 잠깐 증가한 것 외에는 별다른 변화를 보이지 않았다.[20] 이 글을 쓰는 시점에 FBI의 2016년도 자료를 확인할 수 없기에, 해당 연도에 트럼프로 인한 증오 범죄가 급등했다는 일반적인 주장을 받아들이기에는 무리가 있다. 이런 주장은 조사 결과와 이해 관계가 없는 기록원이 아니라 공포를 얼마나 크게 부풀리느냐에 따라 재정 지원의 규모가

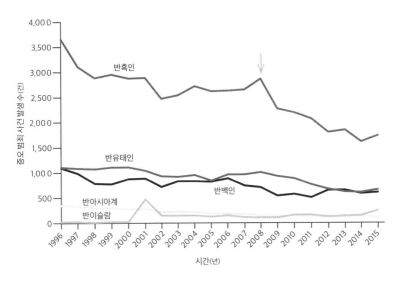

그림 15.3. 1996~2015년 미국의 증오 범죄. (Federal Bureau of Investigation 2016b. 화살표가 가리키는 지점은 2008년으로, Pinker 2011, fig. 7.4에 표시된 마지막 연도이다.)

달라지는 압력 단체가 제시한 것으로, 일부 사건은 어처구니없는 날조이고 대부분은 진짜 범죄라기보다는 분노를 경솔하게 표출한 사례에 가깝다.[21] 테러 공격 이후의 반응과 범죄와 관련된 일시적 변동을 제외하면, 증오 범죄는 감소 추세에 있다.

여성의 지위 역시 향상되고 있다. 내 유년 시절만 해도 미국의 대부분 주에서 여성은 자기 명의로 대출을 받거나 신용 카드를 발급받을 수 없었고, "일손 구함: 여성"이라고 따로 분류된 구인 광고를 통해 직장을 찾아야 했으며, 남편을 강간죄로 고발할 수도 없었다.[22] 오늘날 여성은 전체 노동력의 47퍼센트, 대학생의 과반수를 차지한다.[23] 여성 대상 폭력은 피해자 설문 조사를 통해 가장 정확하게 측정할 수 있다. 여성 대상 폭력이 경찰에 실제보다 적게 신고되는 문제가 있기 때문이다. 조사에 따르면, 아내와 여자 친구를 대상으로 한 폭력 및 강간 발생률이 수십 년 동안 감소해 왔으며, 현재는 과거에 가장 높은 수치를 기록했을 때의 4분의 1 이하이다. (그림 15.4)[24] 물론 여전히 여성 대상 범죄의 발생 건수는 상당히 많지만, 우리는 여성 대상 폭력에 관해 높아진 경각심이 그저 헛된 도덕적 설교에 그치지 않고 실제로 측정 가능한 진보를 이루어 냈다는 사실에서 힘을 얻어야 한다. 꾸준히 경계를 늦추지 않아야 더 큰 진보를 이룰 수 있다.

거저 오는 진보는 없지만, 특히 인종 차별, 성차별, 동성애 혐오의 역사적인 침식은 일시적인 유행에 그치지 않는다. 앞으로 보겠지만 이것은 근대성의 물결을 타고 나아가는 현상인 듯하다. 세계주의적인 사회에서 다양한 사람들과 어깨를 부딪치며 사업을 하다 보면 모두 한 배에 타고 있음을 깨닫게 되고, 그 과정에서 타인에게 더 많이 공감하게 된다.[25] 또한 본능, 종교, 역사의 타성에 따라 타인을 지배하기보다는 상대를 정당하게 대해야 하는 상황에서 편견을 갖고 타인을 대하는 태도는

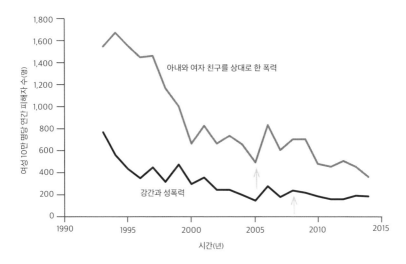

그림 15.4. 1993~2014년 미국의 강간과 가정 폭력 사건. (미국 사법 통계국(US Bureau of Justice Statistics, BJS)의 「국가 범죄 피해자 조사(National Crime Victimization Survey)」, 피해자 분석 툴 (Victimization Analysis Tool), http://www.bjs.gov/index.cfm?ty=nvat. BJS의 제니퍼 트루먼(Jennifer Truman)이 제공한 추가 데이터도 포함하고 있다. 회색 선은 여성 피해자를 대상으로 한 '친밀한 파트너의 폭력' 을 나타낸다. 화살표가 가리키는 지점은 2005년, 2008년으로, 각각 Pinker 2011, fig. 7.13, fig. 7.10에 실린 마지막 연도이다.)

제아무리 합리화해 본들 물거품처럼 사라질 수밖에 없다.[26] 인종 분리, 남성만의 선거권, 동성애의 범죄화는 어떤 말로도 변호가 불가능하다. 한때 변호를 시도한 이들도 있었지만 결국 논쟁에서 패배했다.

이 힘은 포퓰리즘의 역풍이 발목을 잡더라도 장기적으로는 우월한 세력을 유지할 것이다. 사형 제도가 대중에게 꾸준히 매력적이기는 해도 사형 제도 폐지를 향해 나아가는 국제적 움직임(14장)은 진보의 번잡한 행보 속에서 값진 교훈을 던져 준다. 옹호할 수 없거나 비현실적인 생각들이 배제됨에 따라, 심지어 엉뚱한 것까지 고려해 보기를 좋아하는 사람들 사이에서도 그런 생각은 고려해 볼 만한 선택지에서 제외되고 있으며, 정치적 비주류들은 저도 모르게 역사의 흐름에 끌려가고 있다.

그런 이유로 최근에 미국 역사에서 가장 퇴행적인 정치 운동이 고개를 든 시기에도 짐 크로 법을 복원하자거나, 여성의 정치 참여를 차단하자거나, 동성애를 다시 범죄화하자는 요구는 제기되지 않았다.

~

인종적, 민족적 편견은 서양뿐 아니라 전 세계에서 감소 추세에 있다. 1950년에는 전 세계에서 거의 절반에 가까운 국가에 소수 민족이나 소수 인종을 차별하는 법이 존재했다. (물론, 미국도 포함된다.) 2003년에는 그 수가 전 세계의 5분의 1이 채 되지 않았고, 차별받는 소수에게 유리하도록 차별 철폐 정책을 시행하는 나라의 수가 더 많았다.[27] 2008년에 세계 여론 조사(World Public Opinion)가 21개의 선진국 및 개발 도상국을 대상으로 대규모 설문 조사를 시행했을 때, 모든 국가에서 대다수의 응답자(평균 90퍼센트 내외)가 다른 인종, 민족, 종교인이 평등한 대우를 받아야 한다고 응답했다.[28] 서양의 지식인들은 서양의 인종 차별을 습관적으로 개탄하지만, 이 문제에서 관용도가 가장 떨어지는 곳은 비서양 국가들이다. 하지만 최하위에 위치한 인도에서조차 응답자 가운데 59퍼센트가 인종 평등을 지지했고, 76퍼센트가 종교 평등을 지지했다.[29]

여성의 권리 또한 전 세계에서 진보하고 있다. 1900년에 여성이 투표할 수 있는 국가는 오직 뉴질랜드 한 곳이었다. 오늘날에는 바티칸 시국 한 곳을 제외하면, 남성이 투표할 수 있는 모든 국가에서 여성도 투표할 수 있다. 여성은 전 세계 노동력의 40퍼센트, 국회 의원의 5분의 1 이상을 차지한다. 세계 여론 조사와 퓨 국제 태도 조사 프로젝트(Pew Global Attitudes Projects)가 독립적으로 얻은 결과에 따르면 응답자의 85퍼센트가 남성과 여성이 완전히 평등해야 한다고 믿었다. 응답 비율은 인도가 60퍼센트, 무슬림이 다수인 6개 국가가 88퍼센트, 멕시코와 영국이 98퍼센트 등이었다.[30]

1993년 유엔 총회는 '여성에 대한 폭력 근절 선언(Declaration on the Elimination of Violence Against Women)'을 채택했다. 그 후로 대부분의 국가가 강간, 강제 결혼, 조혼, 성기 절제, 명예 살인, 가정 폭력, 전시 잔혹 행위를 금지하는 법안을 제정하고, 인식 개선을 위한 공공 캠페인을 벌였다. 일부는 강제력이 없는 조치이지만, 장기적으로 볼 때 상황을 낙관적으로 바꿔 줄 토대가 될 수 있다. 세계적으로 망신 주기 캠페인(shaming campaign, 인권 문제나 환경 파괴 같은 문제를 일으킨 단체나 개인의 지도자 이름이나 실명을 공개하고 비판하는 운동. ─옮긴이)은 순수한 열망에서 출발했지만, 지금까지 노예제, 결투, 포경, 전족, 해적 행위, 상선 나포, 화학 무기 사용, 아파르트헤이트, 대기권 내 핵무기 실험을 극적으로 감소시켰다.[31] 여성의 성기 절제(여성 할례)가 대표적이다. 여성 할례는 아프리카 29개국(인도네시아, 이라크, 인도, 파키스탄, 예멘과 함께)에서 여전히 자행되고 있지만, 해당 국가의 남성과 여성 가운데 과반수가 그 관행을 중단해야 한다고 믿고 있으며, 실제로 지난 30년간 성기를 절제한 비율도 3분의 1로 하락했다.[32] 2016년에 범아프리카 의회(Pan-African Parliament)는 유엔 인구 기금(UN Population Fund)과 함께 조혼과 할례 관습의 철폐에 지지를 표명했다.[33]

동성애자 권리 역시 본격적으로 인정받기 시작했다. 과거 동성애는 지구 거의 모든 국가에서 형사 범죄에 해당했다.[34] 성인 간의 합의된 행동은 다른 이가 간섭할 일이 아니라는 주장이 처음 나온 것은 몽테스키외, 볼테르, 베카리아, 제러미 벤덤(Jeremy Benham, 1748~1832년)의 계몽주의 시대였다. 이후 소수의 국가가 동성애를 비범죄화했고, 1970년대 동성애자 권리 혁명과 함께 그 수가 대폭 증가했다. 비록 동성애는 여전히 70개가 넘는 국가에서 범죄로 취급당하고(11개의 이슬람 국가에서는 사형을 당한다.), 러시아와 일부 아프리카 국가에서도 그 권리가 후퇴하고 있지만, 세계적으로는 유엔과 다른 인권 기관의 노력에 힘입어 꾸준히 자유화가

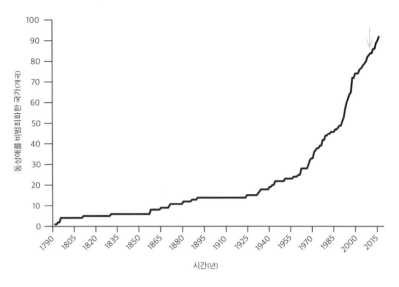

그림 15.5. 1791~2016년 동성애의 비범죄화. (Ottosson 2006, 2009. 추가된 16개국의 동성애 비범죄화 시점은 위키피디아의 「국가별 또는 지역별 LGBT 권리(LGBT Rights by Country or Territory)」(2016년 7월 31일 최종 수정)에서 얻은 것이다. 최근에 동성애를 허용한 36개국의 비범죄화 시점은 어떤 출처에도 나와 있지 않다. 화살 표가 가리키는 지점은 2009년으로, Pinker 2011, fig. 7.23에 표시된 마지막 연도이다.)

이루어지고 있다.[35] 그림 15.5는 시간에 따른 변화 과정을 보여 준다. 지난 6년 사이에 새로 8개 국가가 형법에서 동성애 항목을 삭제했다.

~

인종 차별, 성차별, 동성애 혐오에 저항하는 세계적인 진보는 때로 덜 컹거리기도 하고 때로 후퇴하기도 하지만, 이미 막을 수 없는 물결로 봐도 무방하다. 마틴 루서 킹 2세(Martin Luther King Jr., 1929~1968년)는 노예 제 폐지론자인 시어도어 파커(Theodore Parker, 1810~1860년)의 유명한 이미지, "정의를 향해 구부러지는 궤적(arc bending toward justice)"을 인용했다. 파커는 자신이 그 궤적이 완성되는 모습을 눈으로 볼 수는 없어도 "양심을 통해 예언"할 수는 있다고 말했다. 정의를 향해 구부러지는 역사의 궤적이 실제로 존재하는지를 보다 객관적인 방법으로 확인할 수는 없을까?

만약 있다면, 무엇이 그 궤적을 휘게 할까?

세계 가치 조사가 도덕의 궤적을 확인할 수 있는 방법을 보여 준다. 이 기관은 세계 인구의 거의 90퍼센트를 차지하는 95개 이상의 국가에서 15만여 명을 상대로 수십 년에 걸쳐 설문 조사를 진행해 왔다. 정치 과학자 크리스티안 벨첼은 『자유의 부상(*Freedom Rising*)』이라는 책에서 (로널드 잉글하트, 피파 노리스(Pippa Norris, 1953년~) 등과의 공동 연구를 통해) 근대화 과정이 "해방적 가치"를 수면 위로 밀어 올렸다고 주장했다.[36] 농경 사회가 산업 사회가 되고 다시 정보 사회로 넘어가는 과정에서 시민은 외부의 적과 그밖의 실존적 위협을 막아야 한다는 불안을 덜게 되었고, 자신의 이상을 표현하고 삶의 기회를 추구하고자 하는 열망을 갖게 되었다는 것이다. 이것은 자신과 타인이 누릴 자유에 더 큰 가치를 부여하게 한다. 이 전환은 욕구의 위계가 생존과 안전에서 출발해 소속감, 존경심, 자기 실현으로 올라간다는 심리학자 에이브러햄 해럴드 매슬로(Abraham Harold Maslow, 1908~1970년)의 이론에 부합한다. (또한 브레히트의 "먹는 것이 우선, 도덕은 그다음."이라는 말에도 부합한다.) 사람들은 어느 시점이 되면 자유를 안전보다, 다양성을 획일성보다, 자립을 권위보다, 창의성을 규율보다, 개성을 순응보다 우선시하기 시작한다. 해방적 가치관은 또한 (정치적 좌파의 의미보다는) 고전적인 의미의 '자유(liberty)'와 '해방(liberation)' 개념과 통하는 것으로 리버럴한 가치(liberal value)라고 부를 수도 있다.

벨첼은 공통의 역사와 문화를 지닌 인구, 국가, 지역에서는 일련의 설문 항목에 대한 답변 내용에 상관 관계가 엿보인다는 결과에 근거해서, 해방적 가치에 대한 헌신성을 숫자 하나로 나타내는 방법을 고안했다. 설문 항목에는 성 평등(여성이 직업, 정치적 리더십, 대학 교육에서 평등한 권리를 가져야 한다고 믿는지), 개인의 선택(이혼, 동성애, 낙태가 정당하다고 느끼는지), 정치적 목소리(사람들이 언론의 자유와 정부, 공동체, 직장에 관해 발언할 자유를 보장받아야 한다고 믿는지), 그리고 양육 철학(자녀가 부모의 말에 복종하면서 커야 한다고 느끼는지, 혹은 독립적이고 창의적으로 커야 한다고 느끼는지)이 들어 있다. 이 항목들의 상관관계는 완벽하다고 할 수는 없지만 ― 특히 낙태에 대해서는 다른 항목에서는 대체로 동의하는 사람들 사이에서도 의견이 크게 갈린다. ― 대체로 함께 가는 경향이 있으며, 함께 모아놓으면 그 국가의 많은 것을 예측할 수 있다.

가치관의 역사적 변화를 살펴보기 전에, 그저 시간의 흐름만으로 달력을 넘길 수는 없다는 사실을 염두에 둘 필요가 있다. 시간이 흐르면 사람들은 늙어서 결국 죽음을 맞고, 새로운 세대가 그 자리를 대체한다. 그렇다면 인간 행동의 어떤 세속적인 (역사적 혹은 장기적 맥락의) 변화든지, 세 가지 이유에서 비롯될 수 있다.[37] 첫째, 변화의 경향은 시대 효과(period effect) 때문에 발생한 것일 수 있다. 시대, 시대 정신, 국가적인 풍조가 변함에 따라 사회라는 배들이 떠올랐다가 가라앉았다 하는 것이다. 둘째, 연령 효과(age effect, 혹은 생애 주기 효과(life cycle effect)라고 한다.)가 원인일 수 있다. 가냘프게 울던 갓난아기가 징징대는 학창 시절을 지나 한숨짓는 연인이 되고 나이가 들어 배 나온 판사가 되는 동안 사람은 변하게 마련이다. 한 나라의 출생률은 상승하기도 하고 하락하기도 하기 때문에, 어떤 연령대에 도달하면 사람들이 특정 가치관을 가지게 된다고 가정하더라도, 청년, 중년, 노년의 인구 비율이 달라지기 때문에 모집단의 평균은 자연스럽게 변한다. 마지막으로, 변화의 경향은 코호트 효과(cohort effect, 혹은 세대 효과(generation effect)라고도 한다.) 탓일 수 있다. 사람들이 출생한 시대는 그들에게 평생 품고 갈 특성을 새겨 넣는다. 한 세대가 퇴장하고 다른 세대가 입장함에 따라 모집단의 평균값에는 집단 구성(코호트)의 변화가 반영된다. 연령, 시기, 코호트의 효과를 완벽하게 분리하기란 불가능하다. 한 시대에서 다음 시대로 넘어가면 각 집단도 나이가 들기 때문이다. 하지만 여러 시대에 걸쳐 어떤 모집단 안에 나타나는 특성을 측정하고, 각각의 시대에 각기 다른 코호트에 나타나는 데이터를 추출해 낼 수 있으면 세 종류의 변화를 합리적으로 추론할 수 있다.

우선 북아메리카, 서유럽, 일본 등 발전 수준이 가장 높은 나라들의 역사를 살펴보자. 그림 15.6은 1세기에 걸친 해방적 가치관의 변화 궤적을 보여 준다. 그림에 표시된 데이터는 두 시기(1980년과 2005년)에 걸쳐 성인(18세에서 85세까지)을 조사한 결과로, 1895년과 1980년 사이에 태어난 코호트들의 의견을 나타낸다. (미국의 코호트는 보통 1900년과 1924년 사이에 출생한 GI 세대(제2차 세계 대전 기간에 청년이었던 세대. 용병 세대라고도 한다. — 옮긴이), 1925년과 1945년 사이에 출생한 침묵 세대(Silent Generation. 제2차 세계 대전에 참전하기에는 너무 늦게 태어난 세대. — 옮긴이), 1946년과 1964년 사이에 출생한 베이비붐 세대, 1965년과 1979년 사이에 출생한 X세대, 1980년과 2000년 사이에 출생한 밀레니얼 세대로 나눈다.)

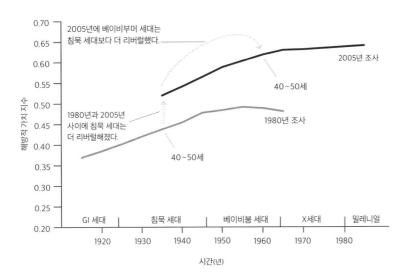

그림 15.6. 1980~2005년 선진국들의 시대 및 세대별 해방적 가치관의 변화. (Welzel 2013, fig. 4.1. 세계 가치 조사의 데이터는 오스트레일리아, 캐나다, 프랑스, 서독, 이탈리아, 일본, 네덜란드, 노르웨이, 스웨덴, 영국, 미국에서 얻은 것이다. 각국은 동등한 비중으로 다뤄졌다.)

코호트는 출생 연도에 따라 수평축 위에 배치되어 있고, 각각의 조사 연도에 따른 결과는 2개의 선으로 표시되어 있다. (1996년에 출생한 밀레니얼 후반 세대를 포함하는 2011년부터 2014년까지의 데이터는, 2005년의 데이터와 유사하다.)

그래프는 시끄러운 정치 논쟁에서는 거의 평가되지 않는 역사적 경향을 드러낸다. 우파의 역습과 분노한 백인 남성을 언급하는 온갖 말에도 불구하고, 서양 국가의 가치관은 꾸준히 리버럴해졌다. (뒤에서 보겠지만, 바로 그 때문에 백인 남성들이 화가 났다.)[38] 2005년의 선은 1980년의 선보다 높은 곳에 위치하며(모든 사람이 시간이 지나면서 더 리버럴해졌다.), 두 곡선 모두 우상향하는 모습이다. (두 시기 모두 젊은 세대가 늙은 세대보다 더 리버럴하다.) 상승 폭은 현저하다. 25년이 흐르는 동안, 25년의 격차를 둔 각 세대 간에는 각각 표준 편차의 4분의 3가량의 상승이 나타났다. (이 상승세 역시 별다른 관심을 받지 못하고 있다. 2016년 입소스(Ipsos) 설문 조사에 따르면, 거의 모든 선진국의 국민이 다른 자국민을 실제보다 사회적으로 더 보수적이라고 평가한다.)[39] 그래프에는 결정적인 발견도 하나 담겨 있다. 리버럴한 청년 인구가 나이를 먹어도 다시 보수주의로 회귀하지는 않는다는 것이다. 만약 그랬다면, 두 곡선은 지금처럼 한 곡선이 다른 곡선 위에 떠 있는 형태가 아니라 옆에 나란히 위치할 테고, 주어진 코호트에서 수직선을 그리면 늙으면 보수적이 된다는 가정을 반영해서 1980년 곡선보다 더 낮은 값에서 2005년 곡선과 만날 것이다. 그러나 실제 그래프에서는 각 코호트의 가치관은 보다 리버럴해진 시대 정신을 반영해 1980년 곡선보다 높은 값들을 가진다. 젊은 층은 나이가 들어도 해방적 가치관을 그대로 간직한다. 20장에서 진보의 미래를 고찰할 때 이 결과를 다시 다룰 것이다.[40]

그림 15.6에 나타난 가치관의 리버럴화 경향은 양산 하이브리드차인 프리우스를 몰고, 남아시아 지역에서 건너온 차이를 마시고, 케일을 먹는 서양의 후기 산업화 국가에서 나온 것이다. 다른 나라, 문화의 사람

들은 어떨까? 벨첼은 세계 가치 조사를 통해 조사한 95개국을 역사와 문화가 유사한 10개 지역으로 묶었다. 그는 또한 나이가 들면 보수화된다는 생애 주기 효과가 없다는 사실을 이용해 해방적 가치 지수를 추정했다. 다시 말해, 어떤 나라 전체가 40년 동안 리버럴해진 결과에 따라 그 나라에서 2000년에 60세가 된 사람의 가치관을 보정해 그가 20세였던 1960년에 지녔던 가치관의 값을 추산한다는 것이다. 그림 15.7은 거의 50년 동안 각국의 시대 정신이 변화한 효과(그림 15.6에서 두 곡선 사이의 격차)와 코호트의 변화(각 곡선의 상승)를 하나의 선으로 조합해 세계 곳곳에

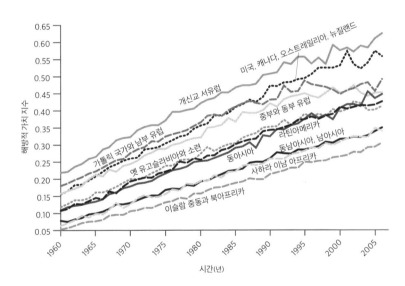

그림 15.7. 1960~2006년 시간에 따른 세계 문화권별 해방적 가치관의 변화(추정값). (세계 가치 조사, Welzel 2013, fig. 4.4에서 분석한 대로 벨첼이 제공한 데이터를 더해 최신화했다. 각국의 연도별 해방적 가치관 추정치는 고정 연령의 가설적 표본에 따라 계산된 것으로, 개별 응답자의 출생 집단, 평가 연도, 국가-특이적 기간 효과에 근거한 것이다. 지역 분류는 벨첼이 지정학적으로 구분한 '문화권'에 따른 것이며, 문자 그대로 해당 지역에 속하는 국가들이 포함되는 것은 아니다. 나는 일부 지역의 명칭을 수정했다. 개신교 서유럽은 벨첼의 '개혁된 서양'에 해당한다. 미국, 캐나다, 오스트레일리아, 뉴질랜드는 '신서양', 가톨릭 남유럽은 '구서양', 중부와 동부 유럽은 '귀환 서양', 동아시아는 '중국계 동부', 옛 유고슬라비아와 소련은 '정통 동유럽', 남아시아와 동남아시아는 '인도계 동부'이다. 각 지역에 속한 국가는 동등한 비중으로 다뤄졌다.)

서 해방적 가치관이 변해 온 경향을 보여 준다.

예상대로 그래프는 문화권 간의 차이가 상당하다는 것을 보여 준다. 네덜란드, 스칸디나비아 국가, 영국 등 서유럽의 개신교 국가가 세계에서 가장 리버럴하고, 미국과 그밖의 부유한 영어권 국가, 가톨릭 국가와 남부 유럽 국가, 중부 유럽의 구공산권 국가가 차례로 뒤를 잇는다. 라틴아메리카와 동아시아의 산업화된 국가들, 그리고 (구)소련과 (구)유고슬라비아에 속했던 공화국들은 사회적으로 더 보수적이며, 남아시아와 동남아시아, 사하라 이남 아프리카 국가들이 그 뒤를 잇는다. 마지막으로 세계에서 가장 비자유주의적인 지역은 중동의 이슬람 국가들이다.

놀라운 사실은 **세계 모든 지역의 사람들이 점점 더 리버럴해지고 있다**는 것이다. 세계는 훨씬 더 리버럴해졌다. 세계에서 가장 보수적인 문화권에 속하는 중동의 젊은 무슬림은 세계에서 가장 리버럴한 문화권인 서유럽의 젊은 층이 1960년대 초반에 보였던 것과 비슷한 가치관을 갖고 있다. 모든 문화의 시대 정신과 세대가 점점 더 리버럴해지고 있지만, 중동의 이슬람 국가 같은 일부 지역에서 리버럴화는 세대 변화에서 추동력을 얻는 것처럼 보인다. 세대 변화는 아랍의 봄에서 분명한 역할을 하기도 했다.[41]

지역의 차이를 만들어 내고 전 세계를 계속해서 리버럴하게 만드는 원인을 밝혀낼 수 있을까? 많은 사회의 전반적 특성이 해방적 가치관과 상관 관계에 있고, 또한 — 우리가 계속해서 부딪히는 문제처럼 — 각각의 특성들도 서로 상관 관계가 있기 때문에, 상관 관계와 인과 관계를 구분하고자 하는 사회 과학자들에게 골칫거리를 안겨 준다.[42] 번영(1인당 GDP로 측정된다.)이 해방적 가치관과 상관 관계에 있는 것은, 사람들이 더 건강해지고 삶이 더 안정됨에 따라 그들의 사회에서 자유주의를 실험할 수 있기 때문이다. 또한 데이터에 따르면 자유주의적인 국가일수록 교육 수준이 높고, 도시적이고, 출산율이 낮고, 근친혼이 적고(사촌 간 결혼이 드물다.), 평화롭고, 민주주의적이고, 부패가 적고, 범죄와 쿠데타에 삶이 좌우되지 않는다.[43] 과거나 현재나 더 자유주의적인 국가의 경제는 대규모 농업이나 석유 및 광물의 채굴보다는 무역 네트워크에 기초하는 경향이 있다.

하지만 해방적 가치의 단일 예측 인자 가운데 가장 정확한 것은, 1인당 교육 수준(성인의 문해율과 고등학교 및 대학교 입학자 수), 정보 접근성(전화, 컴퓨터, 인터넷 사용자 수), 과학 기술 생산성(연구자, 특허, 학술지 게재 논문 수), 제도의 투명성(법치, 규제의 질, 경제 개방 수준)을 조합한 세계 은행의 지식 지수(Knowledge Index)일 것이다.[44] 벨첼은 지식 지수가 각국의 해방적 가치 지수 편차의 70퍼센트를 설명하고, 따라서 GDP보다 훨씬 정확한 예측 인자라는 사실을 발견했다.[45] 이러한 통계 결과는 계몽주의의 중요한 통찰, 즉 지식과 좋은 제도가 도덕적 진보로 이어진다는 생각의 정당성을 입증해 준다.

~

인권의 진보를 제대로 파악하기 위해서는 인류의 가장 취약한 계층이자, 자신의 이익을 관철할 능력이 없어 타인의 연민에 의존할 수밖에 없는 어린이들을 살펴봐야 한다. 우리는 이미 전 세계 어린이들의 삶이 향상되었음을 확인했다. 어머니 없이 자라고, 다섯 번째 생일을 맞기 전에 사망하고, 음식이 없어 제대로 발육하지 못할 가능성이 예전보다 크게 줄어들었다. 이제 우리는 어린이들이 이런 자연의 공격에서 벗어났을 뿐 아니라 인간의 공격에서도 점차 벗어나고 있음을 볼 것이다. 어린이들은 예전보다 더 안전해졌고, 진정한 유년기를 즐길 가능성도 더욱 커졌다.

아동 복지는 선정적인 헤드라인 때문에 독자들이 불필요하게 겁을 내고는 하는 또 다른 예이다. 언론이 교내 총기 난사, 유괴, 괴롭힘, 인터넷 괴롭힘, 음란 문자, 데이트 강간, 성적, 물리적 폭력을 다룰 때는 마치 어린이들이 점점 더 위험해지는 시대를 사는 것처럼 보도한다. 데이터는 다르게 말한다. 12장에서 언급했듯이, 10대가 위험한 약물에서 멀어지고 있는 것이 대표적이다. 2014년에 사회학자 데이비드 핀켈러(David Finkelhor, 1947년~)와 동료들은 미국의 아동 폭력에 관한 문헌을 검토한 뒤 다음과 같이 보고했다. "드러난 50개 현상의 경향을 조사한 결과, 2003년과 2011년 사이에 27개 현상이 유의미하게 하락하는 경향을 보였으며, 유의미하게 증가한 현상은 하나도 없었다. 폭행 피해, 괴롭힘, 성적 피해는 하락폭이 특히 컸다."[46] 이 세 가지의 경향은 그림 15.8에 나타나 있다.

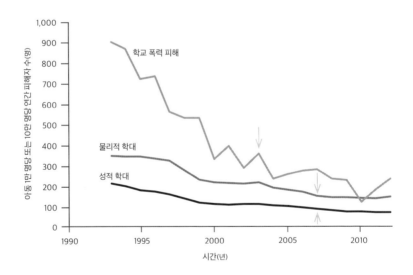

그림 15.8. 1993~2012년 미국의 아동 피해. (물리적 학대와 성적 학대(주로 양육자에 의한): 미국 국립 아동 학대 방임 데이터 시스템(National Child Abuse and Neglect Data System, http://www.ndacan.cornell.edu/) 자료. 분석은 Finkelhor 2014; Finkelhor et al, 2014를 참조했다. 학교 폭력 피해: 미국 사법 통계국 국립 피해자 조사, 피해자 분석 툴(http://www.bjs.gov/index.cfm?ty=nvat) 자료를 바탕으로 했다. 물리적, 성적 학대 비율은 18세 이하 아동 10만 명당 비율이다. 학교 폭력 피해 비율은 12~17세 아동 1만 명당 비율이다. 화살표가 가리키는 지점은 2003년 과 2007년으로, 각각 Pinker 2011, fig. 7.22, 7.20에 표시된 마지막 연도이다.)

아동이 당하는 또 다른 형태의 폭력인 체벌도 감소 추세에 있다. 엉덩이를 때리고, 머리를 때리고, 종아리를 때리고, 손으로 때리고, 몽둥이로 때리고, 회초리로 때리고, 두들겨 패는 등 적어도 기원전 7세기부터 "매를 아끼면 아이를 망친다."라는 조언을 따라 부모와 교사가 무력한 아이에게 가해 온 잔인한 행동 교정법이 줄어들고 있는 것이다. 체벌은 수많은 유엔 결의안에서 규탄의 대상이 되었고, 전 세계의 절반이 넘는 국가에서 불법화되었다. 이번에도 미국은 선진 민주주의 국가들 사이에서 혼자 떨어져 나와 학교 체벌을 허용하고 있다. 하지만 미국에서도 모든 형태의 체벌이 느리지만 꾸준히 감소하고 있다.[47]

영국의 한 구빈원에서 타르로 범벅이 된 밧줄을 풀어 뱃밥(oakum, 낡은 밧줄을 푼 것으로, 틈새를 메워 누수를 방지하는 데 쓰인다. — 옮긴이)을 만들던 올리버 트위스트는 가장 일반적인 형태의 아동 학대인 아동 노동의 현장을 픽션이지만 생생하게 보여 준다. 찰스 존 허펌 디킨스(Charles John Huffam Dickens, 1812~1870년)의 소설과 더불어 엘리자베스 배럿 브라우닝(Elizabeth Barrett Browning, 1806~1861년)이 1843년에 쓴 시, 「아이들의 울음(The Cry of the Children)」과 수많은 언론 보도에 19세기 독자들은 정신을 차리고 당시 아이들이 강제 노동하던 끔찍한 환경을 바라보았다. 제분소, 광산, 통조림 공장에서 작은 아이들이 면직물과 석탄 먼지로 가득한 공기를 들이마시며 상자 위에 서서 제분소, 광산, 통조림 공장의 위험한 기계들을 손질했다. 졸기라도 하면 얼굴에 찬물이 쏟아졌고, 고된 일이 끝나면 음식을 입에 문 채 쓰러져 잠이 들었다.

하지만 이처럼 잔혹한 아동 노동은 빅토리아 시대에 공장이 들어서면서 시작된 것이 아니었다.[48] 어떤 시대에나 아이들은 농장 일꾼이나 가정부로 일해야 했고, 걸음마를 떼자마자 가내 수공업의 일꾼이나 다른 집의 하인으로 고용되는 경우가 허다했다. 예를 들어 17세기에 아이들은 부엌의 화덕 앞에서 몇 시간 동안 고기 굽는 꼬챙이를 돌려야 했는데, 그동안 거센 불을 막아 주는 것은 물에 적신 건초더미뿐이었다.[49] 누구도 아동 노동이 착취라고 생각하지 않았다. 노동은 도덕 교육의 한 형태였고, 게으름과 나태로부터 아이들을 보호하는 역할을 했다.

1693년에는 존 로크(John Locke, 1632~1704년), 1762년에는 장자크 루소(Jean-Jacques Rousseau, 1712~1778년)가 중요한 논문으로 큰 파장을 일으키면서 유년기는 새로운 개념을 얻게 되었다.[50] 걱정 없는 유년기가 인간의 생득권으로 여겨지게 되었다. 놀이가 학습의 기본 형태가 되었고, 생애 초기는 개인의 성인기를 빚고 사회의 미래를 결정하는 시기가 되었다. 20세기 전후로 수십 년 사이에 유년기는 경제학자 비비아나 로트먼 젤리저(Viviana A. Rotman Zelizer, 1946년~)의 표현대로 "신성화"되었고, 아이들은 "경제적인 가치는 없지만 정서적으로는 값을 매길 수 없는" 현재와 같은 지위를 획득했다.[51] 아동 권리 활동가의 압력, 그리고 부유한 핵가족의 증가, 공감의 확대, 아동 교육에 대한 관심 증대에 힘입어 서양 사회는 서서히 아동 노동을 금지시켜 나갔다. 1921년에 잡지 《석세스풀 파밍(Successful Farming)》에 실린 "아이는 학교에 두세요."라는 카피의 광고는 여러 힘이 하나의 방향으로 작용해 새로운 변화를 만들어 내는 경우를 간략하고 분명하게 보여 준다.

시급한 봄철 작업으로 남자아이를 몇 달 동안 학교에 보내지 않는 경우가 많습니다. 물론 일손은 필요하지요. 하지만 애는 무슨 죄랍니까! 아이의 교육 기회를 빼앗는 것은 아이의 삶에 불리한 조건을 안겨 주는 것과 다르지 않습니다. 현시대에, 삶의 온갖 도정에서 성공과 영광을 얻기 위한 교육의 중요성은 날로 커지고 있습니다. 농업도 예외는 아닙니다.

어린 시절 자신의 의견과 무관하게 교육에서 배제되었다면, 당신의 자녀는 진정한 교육의 혜택을 누리기를 바랄 것입니다. 당신이 놓친 것을 얻기 바랄 것입니다.

케이스 등유 트랙터(Case Kerosene Tractor)만 있다면, 같은 시간에 건강한 남자와 근면한 소년이 말을 데리고 일하는 것보다 더 많은 일을 혼자서 할 수 있습니다. 케이스 트랙터와 그라운드 디투어 필로 앤드 해로(Ground Detour Pilow and Harrow) 사의 장비에 투자해, 당신의 아들이 방해받지 않고 학교 공부에 전념하게 하십시오. 아이가 없어도 봄철 작업에는 아무런 지장이 없을 것입니다.

아이는 학교에 두세요. 들판에는 케이스 등유 트랙터를 두세요. 두 가지 투자 가운데 어느 쪽도 후회하지 않을 것입니다.[52]

아동 노동에 가해진 최후의 일격은 많은 나라가 초등 교육을 의무화하는 법안을 제정한 것이었다. 그 결과 아동 노동은 완전히 불법화되었다. 그림 15.9에서 볼 수 있듯이, 영국에서는 1918년 모든 아동 노동이 불법화되기 이전인 1850년부터 1910년까지 아동이 차지하는 노동력 비율이 절반으로 감소했고, 미국도 비슷한 궤적을 그렸다.

또한 그래프는 이탈리아에서 일어난 급격한 하락과 최근에 세계적으로 두 번에 걸쳐 잇따라 일어난 하락을 보여 준다. 연령 범위와 '아동 노동'의 정의가 다르기 때문에 각 선이 같은 값을 나타내지는 않지만, 그래도 동일한 하락세를 보여 준다. 2012년에 세계 전체 아동의 16.7퍼센트가 일주일에 1시간 이상 일했고, 10.6퍼센트는 불쾌한 아동 노동(장시간 일하게 하거나 아주 어린 아동을 일하게 하는 것)에 투입됐으며, 5.4퍼센트는 위험한 일을 떠맡았다. 여전히 너무 높은 수치지만, 불과 10여 년 전에 비하면 절반 이하로 떨어진 것이다. 언제나 그랬듯이 지금도 아동 노동은 제조업보다는 농업, 임업, 어업에 집중되어 있으며, 그 원인이자 결과인 빈곤

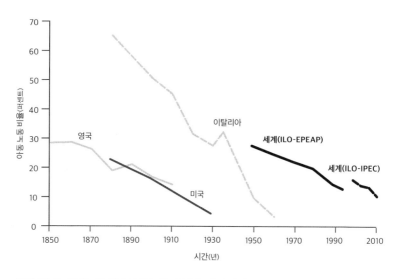

그림 15.9. 1850~2012년 아동 노동. (데이터로 본 우리 세계에서. Ortiz-Ospina & Roser 2016a, 그 외에는 다음과 같다. 영국: 10~14세 아동 중 노동한 것으로 기록된 아동 비율, Cunningham 1996. 미국: Whaples 2005. 이탈리아: 10~14세 아동 노동 비율, Toniolo & Vecchi 2007. 세계 ILO-EPEAP: 국제 노동 기구 경제 활동 인구 추산 및 예상 프로그램(International Labour Organization Programme on Estimates and Projections of the Economically Active Population), 10~14세 아동 노동, Basu 1999. 세계, ILO-IPEC: 국제 노동 기구 국제 아동 노동 근절 프로그램(International Labour Organization International Programme on the Elimination of Child Labour), 5~17세 아동 노동, International Labour Organization 2013.)

국가에서 발견된다. 가난한 나라일수록 아동 노동 비율이 더 높은 것이다.[53] 임금이 오르거나 국가가 자녀의 취학 비용을 지급하면 아동 노동은 줄어든다. 이것은 가난한 부모들이 자녀에게 일을 시키는 이유가 욕심보다는 절박함에 가깝다는 것을 말해 준다.[54]

인간 조건을 망가뜨린 다른 범죄와 비극이 그랬듯이, 아동 노동을 종결시킨 진보도 부의 세계적인 증가와 휴머니즘적인 도덕 캠페인에서 힘을 얻었다. 1999년에 180개 국가는 '아동 노동의 가장 나쁜 형태에 대한 협약(Worst Forms of Child Labour Convention)'을 비준했다. 금지된 가장 나쁜 형태의 아동 노동에는 위험성이 높은 노동과 노예제, 인신 매매, 채무 노예화, 성매매, 포르노, 마약 거래, 전쟁에서의 아동 착취가 포함되어 있다. 2016년까지 가장 나쁜 형태의 아동 노동을 완전히 제거하겠다는 국제 노동 기구(International Labour Organization, ILO)의 목표는 이루어지지 못했지만, 목표를 향해 나아가는 움직임은 분명하게 나타난다. 이 목표는 아동 노동 반대 활동가로 1999년 결의안 채택에 큰 역할을 한 카일라시 사티아르티(Kailash Satyarthi, 1954년~)가 2014년 노벨 평화상을 수상함으로써 상징적 비준을 얻었다. 그해에 노벨 평화상은 두 사람에게 수여되었고, 다른 수상자는 여자 어린이의 교육을 위해 싸워 온 영웅적인 운동가, 말랄라 유사프자이(Malala Yousafzai, 1997년~)였다. 이러한 움직임은 인간 번영을 향한 또 하나의 발전으로 우리를 안내한다. 바로 지식 접근성의 확대이다.

16장
지식

'슬기로운 사람' 호모 사피엔스는 정보를 이용해서 엔트로피라는 부식 작용과 진화라는 부하에 저항하는 종이다. 어디에 거주하든 인간은 사는 곳의 지형, 그 지역의 동식물상, 그것을 지배할 수 있는 도구와 무기, 그리고 자신을 둘러싼 친족, 동맹, 적으로 이루어진 관계망과 규범에 관한 지식을 습득하고, 언어, 몸짓, 직접적인 지도나 감독을 통해서 그런 지식을 축적하고 공유한다.[1]

인간은 역사적으로 지식의 증가를 몇 배, 아니, 기하 급수적으로 촉진한 문자, 인쇄술, 전자 매체 같은 기술을 만들어 냈다. 지식의 초신성 폭발은 인간 존재의 의미를 끊임없이 재규정한다. 우리가 누구이고, 어디서 왔고, 세계는 어떻게 작동하는지, 그리고 삶에서 중요한 것이 무엇인지에 대한 우리의 이해는 유례없이 확대되고 있는 지식의 광대한 저장고에 접근할 수 있는 능력에 달려 있다. 물론 문자를 알지 못하는 사냥꾼, 목동, 농부도 완전한 인간이지만, 인류학자는 그들이 현재라는 시간, 구체적인 지역, 물질에 치우쳐 있다고 지적하고는 한다.[2] 자신이 속한 국가와 그 역사를 아는 것, 지역과 시대에 따른 관습과 신념의 다양성을 깨닫는 것, 과거 문명의 성공과 실패를 인지하는 것, 세포와 원자의 소우주를 알고 행성과 은하의 대우주를 아는 것, 수와 논리와 패턴의 추상적 세계를 아는 것은 실제로 우리를 더 높은 의식의 차원으로 데려간다. 이것은 오랜 역사를 지닌 지적인 종에 속한 덕분에 거머쥘 수 있었던 선물이다.

우리 문화의 지식 저장고가 이야기와 도제 교육을 통해 전해지기 시작한 것은 아주 오래전 일이다. 정규 학교만 해도 1,000년이 넘었다. 나는 탈무드에 나오는 1세기의 랍비 히렐(Hillel, 기원전 110~기원후 10년) 이야기를 들으며 자랐다. 그는 젊은 시절 수업료를 낼 돈이 없어 천창 너머로 수업을 엿들을 수 있을까 하고 학교의 지붕 위로 올라갔다가 얼어 죽을 뻔했다. 학교는 실용적인, 종교적인, 혹은 애국적인 지혜를 젊은이들에게 일방적으로 주입한다고 여러 차례 비난을 받기도 했지만, 계몽주의는 지식을 신성화해서 학교의 면책권을 확대해 주었다. 교육 이론가 조지 실베스터 카운츠(George Sylvester Counts, 1889~1974년)는 이렇게 논평했다. "근대의 도래와 함께 정규 교육은 다른 무엇과도 비할 수 없고, 세계가 한 번도 목격하지 못한 커다란 중요성을 갖게 되었다. 학교는 과거 대다수 사회에서 부차적인 사회적 주체로서 삶에 직접적인 영향을 미치면서도 인구 중 극소수에게만 허락되었지만, 점차 수평적으로 수직적으로 확대되어 사회의 가장 강력한 주체로서 국가, 교회, 가족, 그리고 재산권과 어깨를 나란히 하게 되었다."[3] 오늘날에는 대부분 국가에서 교육을 의무화하고 있다. 유엔에 가입한 170개국은 1966년 경제적, 사회적 및 문화적 권리에 관한 국제 규약(International Covenant on Economic, Social and Cultural Rights)에 서명함으로써 교육이 인간의 기본 권리임을 공인했다.[4]

교육이 사람의 의식에 미치는 효과는 명백한 방식으로든, 보다 미묘한 방식으로든 삶의 어느 영역에나 작용할 수 있다. 가장 명백한 사례는 6장에서 보았듯이 위생, 영양, 안전한 성관계에 관한 약간의 지식으로 건강을 증진하고 수명을 연장하는 목표에 성큼 다가간 것이다. 또한 현대의 부를 창조한 원천이 된 문해력과 산술 능력도 명백한 사례에 속한다. 개발 도상국에서는 간단한 메모를 읽을 수 없거나 물품의 수를 세지 못하는 젊은 여성은 가정부 일을 구할 수도 없다. 좋은 직업을 얻기 위해서는 그 어느 때보다 향상된 기술적 이해 능력이 필요하다. 19세기에 보편적 빈곤으로부터 위대한 탈출에 성공한 최초의 국가들과 그 후에 가장 빠른 속도로 성장한 국가들은 모두 아동 교육을 가장 치열하게 시킨 국가들이다.[5]

사회 과학의 모든 문제에서 그렇듯이, 상관 관계는 인과 관계가 아니다. 과연 교육 수준이 높은 국가가 부유해지는 것일까, 아니면 부유한 국가라서 교육에 더 큰 비용을 투자하는 것일까? 답은 원인이 결과에 선행한다는 사실에 있다. 다른 요소는 고정해 놓고 교육 수준과 부의 관계를 시간의 흐름에 따라 분석한 연구에 따르면, 교육 부문의 투자는 실제로 국가를 부유하게 만든다. 적어도 교육 내용이 세속적이고 합리주의적이라면 말이다. 20세기 이전까지 스페인은 서양 국가들 사이에서 경제 발전이 가장 느린 국가였다. 교육 수준은 높았지만, 가톨릭 교회가 교육을 통제했고, "전체적으로 아이들은 오직 구술을 통해서만 사도신경, 교리 문답, 그리고 몇 가지 간단한 기술을 배울 수 있었다. …… 과학, 수학, 정치 경제학, 세속 역사는 훈련받은 신학자가 아닌 사람에게는 너무나 논쟁적이라고 여겨졌다."[6] 마찬가지로 오늘날에는 일부 아랍 세계의 종교계가 경제적 지체의 원인이라는 비판을 받고 있다.[7]

이 스펙트럼의 정신적인 끝단에서 교육은 실용적인 지식과 경제 성장을 뛰어넘는 귀중한 선물을 가져다준다. 현재의 좋은 교육은 미래의 국가를 더 민주적이고 평화롭게 만든다.[8] 교육의 효과는 광범위하게 작용하기 때문에 정규 교육에서 사회적 조화로 이어지는 인과 관계의 연쇄에서 교육이 잇고 있는 연결 고리를 분간해 내기는 쉽지가 않다. 어떤 고리는 단순히 인구학적이고 경제적이다. 다시 말해서, 교육을 잘 받은 여자아이는 커서 아이를 적게 낳고, 따라서 어린이의 급증과 함께 문제를 잘 일으키는 젊은 남성층이 팽창할 가능성도 줄어든다.[9] 또한 교육 수준이 높은 국가는 더 부유하고, 11장과 14장에서 보았듯이 부유한 국가는 더 평화롭고 민주적인 경향이 있다.

게다가 몇몇 인과 경로가 계몽주의의 가치를 입증한다. 교육을 받으면 큰 변화가 일어난다! 교육을 통해, 가령 지도자는 신에게 통치권을 위임받았다거나, 자신과 닮지 않은 사람은 인간 이하의 존재라는 위험한 미신을 타파할 수 있다. 다른 문화 역시, 자신의 문화가 그렇듯 나을 것도 못할 것도 없는 이유에서, 다른 삶의 방식과 밀접하게 연결되어 있다는 사실도 배울 수 있다. 카리스마 넘치는 구원자가 국가를 재앙으로 이끌어 왔다는 것도 배울 수 있다. 자신의 신념이 아무리 진정성 있거나 대중적이라고 해도 잘못된 것일 수 있음을 배울 수도 있다. 삶에는 항상 더 좋은 방식과 나쁜 방식이 있고, 내가 모르는 것을 다른 사람과 다른 문화가 알 수도 있다는 사실을 배울 수 있다. 무엇보다도, 폭력 없이 갈등을 해결하는 방법이 있다는 것을 배울 수 있다. 이 모든 깨달음 덕분에 우리는 독재자의 통치에 굴복하거나 다른 이웃을 지배하고 죽이는 십자군에 들어가지 않는다. 물론, 이런 지혜를 쉽게 얻을 수 있다는 보장은 없다. 특히 권력이 그들에게 유리한 도그마, 대안적 사실, 음모론을 널리 퍼뜨리고, 지식의 힘에 입에 발린 찬사를 보내면서 다른 한편으로는 자신을 불신하는 사람과 사상을 억누를 때는 더욱 그렇다.

교육 효과를 다룬 연구에 따르면 교육을 받은 사람이 실제로 더 계몽적이다. 교육받은 사람은 인종 차별, 성차별, 외국인 혐오, 동성애 혐오, 권위주의의 성향이 더 약하다.[10] 교육받은 사람은 상상력, 독립성, 표현의 자유에 높은 가치를 부여한다.[11] 교육받은 사람은 투표하고, 자원 봉사에 참여하고, 정치적 견해를 표현할 가능성이 더 크고, 노조, 정당, 종교 단체, 지역 사회 조직 같은 시민적 협의체에 참여할 가능성이 크다.[12] 교육받은 사람은 다른 시민을 신뢰할 가능성이 크다. 이것은 사회적 자본이라고 불리는 값진 특효약의 가장 중요한 성분이다. 남들이 자신을 속일 것이라는 두려움 없이 자신 있게 계약하고, 투자하고, 법을 준수할 수 있게 해 주기 때문이다.[13]

이 모든 이유로 교육의 발달 — 그리고 그 첫 번째 결실인 문해력 — 은 인간의 진보를 이끄는 사령부이다. 진보의 다른 많은 차원에서처럼 우리는 익숙한 진행 과정을 보게 된다. 계몽주의 이전까지 거의 모든 국가의 사정은 비참했다. 그러다 소수의 국가가 무리에서 이탈하기 시작했다. 근래에 다른 세계도 그들을 따라잡기 시작했고, 곧 그 행렬은 거의 보편적인 것이 될 터이다. 그림 16.1에서 볼 수 있듯이, 17세기 이전

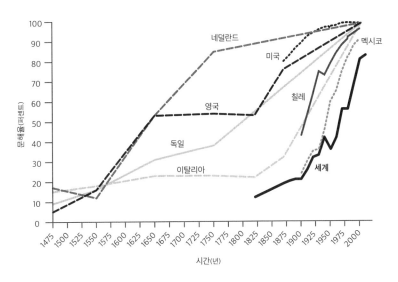

그림 16.1. 1475∼2010년 문해율. (데이터로 본 우리 세계에서. Roser & Ortiz-Ospina 2016b, 다음 출처에서 얻은 데이터를 포함하고 있다. 1800년 이전: Buringh & van Zanden 2009. 세계: van Zanden et al. 2014. 미국: 미국 국립 교육 통계 센터(National Center for Education Statistics). 2000년 이후: Central Intelligence Agency 2016.)

에 서유럽에서 문해력은 인구의 8분의 1에도 못 미치는 소수 엘리트의 특권이었고, 세계는 19세기가 한참 지날 때까지도 그런 상태를 벗어나지 못했다. 19세기에 세계의 문해율은 2배로 증가했고, 20세기에는 4배가 되었으며, 지금은 세계 인구의 83퍼센트가 글을 읽고 쓴다. 심지어 인구의 5분의 1에 해당하는 문맹자는 대개 중년이나 노년층이라, 그림에 나타난 문해율의 향상 수준은 과소 평가된 것이라 할 수 있다. 많은 중동 및 북아프리카 국가에서는 65세 이상의 인구 중 4분의 3 이상이 문맹인 반면에 10대와 20대의 문맹률은 한 자리 수에 불과하다.[14] 2010년에 이 국가들에서 젊은 성인(15~24세)의 문해율은 91퍼센트로, 1910년 미국 전체 인구의 문해율과 대동소이하다.[15] 당연히 문해율이 가장 낮은 곳은 남수단(32퍼센트), 중앙 아프리카 공화국(37퍼센트), 아프가니스탄(38퍼센트) 등 세계에서 가장 빈곤하고 전쟁으로 피폐해진 국가들이다.[16]

문해력은 다른 교육의 근간이다. 그림 16.2는 자녀를 학교에 보내는 데에서, 즉 기초 교육 분야에서 세계가 진보해 온 모습을 보여 준다.[17] 그래프는 익숙한 모습이다. 1820년에는 세계 인구의 80퍼센트 이상이 학교 교육을 받지 못했다. 1900년에는 서유럽과 영어권 주민의 대다수가 기초 교육의 혜택을 누렸다. 오늘날에는 전 세계 인구의 80퍼센트 이상이 기초 교육을 받은 사람이다. 가장 불운한 지역인 사하라 이남 아프리카의 기초 교육률은 1980년의 전 세계, 1970년의 라틴아메리카, 1960년대의 동아시아, 1930년대의 동유럽, 1880년대의 서유럽과 비슷하다. 현재의 예측에 따르면, 이번 세기 중반이 되면 국민의 5분의 1 이상이 교육받지 못한 국가는 5개로 떨어지고, 이번 세기가 끝날 즈음에는 전 세계 비교육 인구의 비율이 0이 될 것이다.[18]

"많은 책들을 짓는 것은 끝이 없고 많이 공부하는 것은 몸을 피곤하게 하느니라."[19] 전쟁과 질병처럼 0퍼센트라는 자연적인 바닥이 존재하

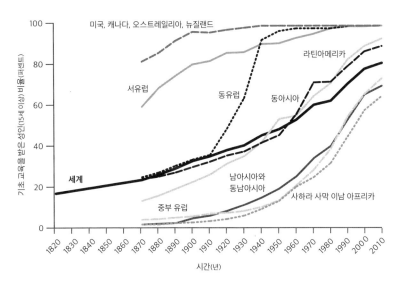

그림 16.2. 1820~2010년 기초 교육. (데이터로 본 우리 세계에서. Roser & Ortiz-Ospina 2018, van Zanden et al.2014의 데이터에 근거. 그래프는 최소 1년 이상(후반부에 해당하는 시대에는 그 이상)의 교육을 이수한 15세 이상 인구 비율을 나타낸다. van Leeuwen & van Leeuwen-Li 2014, pp. 88-93을 보라.)

거나, 영양 공급과 문해력처럼 100퍼센트라는 자연적인 천장이 존재하는 다른 복지 기준과는 달리 지식의 탐구에는 한계가 없다. 지식은 그 자체로 무한히 뻗어 나간다. 게다가 기술의 발달과 더불어 지식이 경제에 제공하는 이점도 하늘로 솟구치고 있다.[20] 전 세계의 문해율과 기초 교육률이 자연적인 천장을 향해 솟아오르는 동안 학교 교육의 기간은 모든 국가에서 꾸준히 증가하면서 대학교와 대학원 과정으로까지 연장되고 있다. 1920년에 미국에서 14세부터 17세까지 10대의 고등학교 재학률이 28퍼센트에 불과했지만, 1930년에는 그 비율이 절반 가까이 상승했고, 2011년에는 10대의 80퍼센트가 고등학교를 졸업하고 그 가운데 거의 70퍼센트가 대학에 진학했다.[21] 1940년에는 미국인 중 5퍼센트 미만이 학사 학위를 취득했지만, 2015년에는 미국인의 거의 3분의 1이 학사 학위 소지자이다.[22] 그림 16.3은 표본 국가들의 학교 교육 기간이

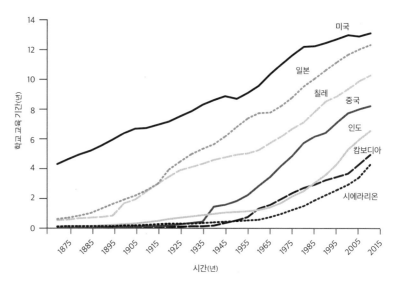

그림 16.3: 1870~2010년 학교 교육 기간. (데이터로 본 우리 세계. Roser & Ortiz-Ospina 2016a, Lee & Lee 2016의 데이터에 근거. 15~64세 인구 기준.)

비슷한 궤적을 그리면서 늘어났음을 보여 준다. 최근에 기록한 최고치는 시에라리온의 4년에서부터 미국의 13년(대학 교육을 일부 받는 사람이 있다는 뜻이다.)에 걸쳐 있다. 한 예측에 따르면 이번 세기가 끝날 쯤에는 세계 인구의 90퍼센트 이상이 중등 교육을 받고, 40퍼센트는 대학 교육을 경험할 것이라고 한다.[23] 교육을 받은 사람은 아이를 더 적게 낳는 경향이 있기 때문에 교육 기회의 확대는 세계 인구가 이번 세기 후반에 정점에 이른 뒤 감소하리라 예상하는 중요한 근거이기도 하다. (그림 10.1)

지금 당장 정규 교육 기간에서 세계적인 수렴이 보이는 것은 아니지만, 현재 진행 중인 지식 보급의 혁명이 그 격차를 완화해 준다. 이제 세계에 존재하는 지식의 대부분은 도서관에 갇혀 있는 것이 아니라 온라인에 (대부분이 무료로) 존재하며, 스마트폰을 가진 사람이라면 누구나 개방형 온라인 강좌(massive open online course, MOOC)를 비롯한 다양한 원격 학습에 쉽게 접근할 수 있다.

교육의 다른 격차들도 줄어들고 있다. 미국에서 저소득층, 히스패닉, 아프리카계 미국인 아동의 입학 준비도는 1998년과 2010년 사이에 크게 상승했다. 아마 취학 전 프로그램이 무료로 널리 보급되었고, 요즘 빈곤한 가정에도 책, 컴퓨터, 인터넷이 늘어났으며, 부모가 자녀와 함께 더 오랜 시간을 보내기 때문일 것이다.[24]

그것보다 훨씬 더 중요한 요인으로, 궁극적인 형태의 성차별 — 여자아이를 학교에 보내지 않는 것 — 이 감소하고 있다. 이 변화가 필연적인 것은, 비단 여성이 인구의 절반을 차지하기 때문에 그들을 교육하면 기술을 익힌 노동력이 2배로 늘어나기 때문만은 아니다. 요람을 흔드는 손이 세계를 지배하고 있다. 여자아이가 교육을 받으면 더 건강해지고, 더 건강한 자녀를 더 적게 낳으며, 생산성이 높아지고, 결국 국가도 그렇게 된다.[25] 이런 점 때문에 서양 국가들은 고환이 달린 절반의 인구만 교육하는 것보다 인구 전체를 교육하는 편이 더 낫다고 여기게 되었다. 그림 16.4에서 영국을 나타내는 선에 따르면, 영국 여성의 문해율은 1885년에야 영국 남성과 동등해졌다. 세계 전체는 그것보다 늦게 해당 지점에 도달한 대신 잃어버린 시간을 빠르게 따라잡아, 1975년에 읽기를 배우는 여자아이 수는 남자아이의 3분의 2에 불과했지만 2014년에는 여자아이와 남자아이가 동등한 비율로 교육받게 되었다. 2015년에 유엔은 초등, 중등, 고등 교육의 성 평등을 실현하겠다는 새천년 개발 목표를 달성했다고 선언했다.[26]

다른 선 2개도 각자의 이야기를 들려준다. 문해율 성비가 최악인 곳은 아프가니스탄이다. 아프가니스탄은 다른 거의 모든 인간 개발 평가 (여기에는 전체 문해율도 포함되는데, 2011년에는 처참한 수준인 0.52를 기록했다.)에서 최하위에 가깝다. 뿐만 아니라 근본주의 이슬람 운동인 탈레반의 통제

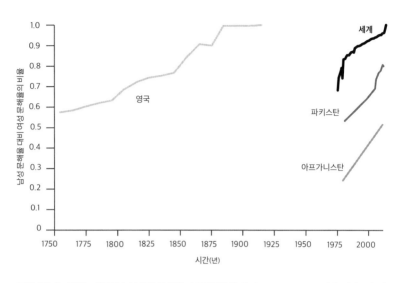

그림 16.4. 1750~2014년 여성의 문해율. (영국(전원 성인): Clark 2007, p.179. 세계, 파키스탄, 아프가니스탄(15~24세): 휴먼프로그레스(http://humanprogress.org/f1/2101), 유네스코 통계 연구소(UNESCO Institute for Statistics)의 데이터에 근거한 World Bank 2016f를 요약했다. 세계 데이터는 다른 연도를 기준으로, 다소 다른 국가들을 중심으로 평균값을 산출했다.)

아래 있었던 1996년부터 2001년까지 아프가니스탄의 집권 세력은 다른 악행도 악행이지만 무엇보다 아동 및 성인 여성의 학교 교육을 금지했다. 탈레반은 그들이 통제하던 아프가니스탄 및 인접한 파키스탄 지역에서 여자아이들이 교육을 받지 못하도록 끊임없이 위협했다. 2009년 초에 파키스탄의 스와트(Swat) 지역에서 여러 과정의 학교를 운영하는 가족의 일원이었던 12세 여성 말랄라 유사프자이는 여자아이가 교육받을 권리를 공개적으로 지지했다. 그리고 영원히 수치스럽게 기억될 2012년 10월 9일, 탈레반의 무장 대원이 통학 버스에 올라가 그녀의 머리에 총을 발사했다. 그러나 총격에서 살아남은 유사프자이는 최연소 노벨 평화상 수상자이자 세계에서 가장 존경받는 여성이 되었다. 이처럼 빛이 닿지 않는 지역에서조차 진보가 스스로 빛을 발한다.[27] 지난 30

년 사이에 문해율 성비는 아프가니스탄에서는 2배, 파키스탄에서는 절반가량 상승했다. 현재 파키스탄의 문해율 성비는 1980년의 세계 수준, 1850년의 영국 수준에 이르렀다. 확실한 것은 없지만, 지구를 뒤덮고 있는 적극적인 운동, 경제 성장, 양식의 확대 같은 물결은 이 비율을 자연적인 천장까지 밀어 올릴 것이다.

~

세계가 단순히 문해력을 올리고 지식을 쌓는 데 그치지 않고 정말로 더 똑똑해질 수 있을까? 사람들이 새로운 기술을 학습하는 능력, 추상적인 생각을 이해하는 능력, 예상치 못한 문제를 해결하는 능력을 향상시킬 수 있을까? 놀랍게도, 답은 그렇다는 것이다. 세계 전역에서 지능지수(IQ) 점수가 1세기 이상에 걸쳐 10년마다 약 3점(표준 편차의 5분의 1)가량 높아졌다. 철학자 제임스 로버트 플린(James Robert Flynn, 1934~2020년)이 이런 현상을 지적해서 심리학자들의 이목을 집중시킨 1984년에 많은 이들이 이것은 오류이거나 눈속임일 것으로 생각했다.[28] 한 가지 이유는, 우리가 아는 한 지능은 상당히 유전적인 형질이고, 전 세계가 대규모 우생학 프로젝트를 벌인 결과 똑똑한 사람들이 각 세대마다 아이를 더 많이 낳은 것도 아니기 때문이다.[29] 그렇다고 이러한 지능 지수의 상승을 설명할 수 있을 만큼 오랜 시간에 걸쳐 충분히 많은 사람이 자신의 가문과 부족 밖에서 결혼을 해 온 것(이것을 통해 근친 교배를 피하고 잡종 강세를 강화해 온 것)도 아니다.[30] 또한, 1910년의 평균적인 사람이 타임머신을 타고 현재로 오면 그가 우리 기준에 아슬아슬하게 모자란 사람이 된다거나, 오늘날의 평균적인 사람이 과거로 가면 프록코트를 걸치고 수염을 기른 에드워드 시대 사람들의 98퍼센트보다 훨씬 똑똑해서 그들이 두 손을 들어 환영해 줄까 생각해 보면 그런 믿음은 현실성을 잃는다. 하지만 놀랍게도 '플린 효과(Flynn effect)'는 이제 의심의 여지가 없는 사실이

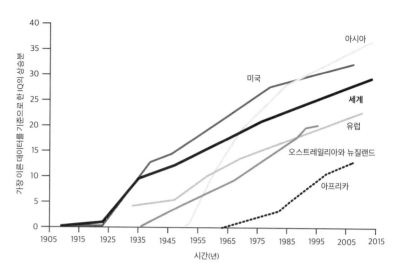

그림 16.5. 1909~2013년 IQ 상승. (Pietschnig & Voracek 2015, 온라인 자료를 통해 보충했다. 각각의 선들이 나타내는 IQ 변화는 다른 시기에 다른 시험으로 측정한 것이라, 서로 비교할 수 없다.)

다. 최근에 31개 국가의 400만 명을 포함하는 271개 표본을 메타 분석 한 결과를 통해 확증되었기 때문이다.[31] 그림 16.5는 심리학자들이 말하 는 이른바 'IQ의 장기적 상승'을 보여 준다.

각각의 선은 데이터를 확보할 수 있었던 가장 이른 연도의 평균 IQ 점수에 대비한 점수의 **변화**를 나타내며, 각 대륙별 시험 내용과 기간을 동일한 기준으로 직접 비교할 수 없기 때문에 기준 점수를 임의로 0으 로 설정했다는 점에 주의하자. 앞선 그래프들에서도 그랬듯이, 2007년 아프리카의 IQ가 1970년 오스트레일리아와 뉴질랜드의 IQ와 같은 값 을 갖는다는 식으로 그래프를 읽어서는 안 된다. 당연하게도, IQ 점수 의 상승은 스타인의 법칙을 따른다. 즉 영원히 계속될 수 없는 것은 언 젠가는 멈춘다. 이제 플린 효과는 그 효과가 가장 오래 이어져 온 일부 국가에서는 점차 효력을 다하고 있다.[32]

IQ 상승의 원인을 분명하게 집어내기는 어렵지만, 유전 형질이 환경 변화에 따라 향상될 수 있다는 말도 역설은 아니다. 상당히 유전적인 형질 중 하나인 신장(키) 역시 수십 년 동안 증가해 왔고, 원인도 어느 정도 비슷하다. 영양 상태가 좋아지고, 질병이 줄어든 것이다. 뇌는 욕심이 많은 기관이라, 신체 열량의 5분의 1가량을 소비하며, 신체가 생산해 내기 쉽지 않은 지방과 단백질로 구성되어 있다. 감염과의 싸움은 많은 신진 대사 비용을 초래해서, 병든 아이의 면역계는 뇌 발달에 들어갈 자원을 징발해야만 한다. 납과 다른 독성 물질의 수치가 낮은 깨끗한 환경도 뇌 발달을 돕는다. 음식, 건강, 환경의 질은 부유한 사회가 얻는 부수입으로, 당연히 플린 효과는 1인당 GDP 상승과 상관 관계가 있다.[33]

하지만 영양과 건강은 플린 효과의 일부만 설명해 준다.[34] 우선, 그로 인한 이익은 IQ 점수 종형 곡선의 하위 절반, 즉 그동안 열악한 음식과 건강에 발목을 잡혀 똑똑해지지 못했던 사람들을 끌어올리는 데 집중될 것이다. (결국 특정 시점을 지나면 더 많은 음식은 사람들을 살찌울 뿐, 더 똑똑하게 만들지는 않는다.) 실제로 플린 효과는 어떤 시대와 장소에서는 하위 절반에만 집중되어 덜 똑똑한 사람들을 평균에 가깝게 끌어올리는 역할을 한다. 하지만 다른 시대와 장소에서는 전체 곡선이 오른쪽으로 조금씩 이동하기도 한다. 건강하고 잘 먹는 상태에서 출발했는데도, 똑똑한 사람들이 더 똑똑해진 것이다. 둘째, 건강과 영양 상태의 향상은 대부분 아동에게 효과를 미치고, 그 결과로 그 아이의 성인기에 어느 정도 효과를 미친다. 하지만 플린 효과는 아동보다 성인에서 더 강하게 나타난다. 이는 유년기 초기의 생물학적 구성뿐 아니라, 성년기로 이어지는 기간의 경험 역시 IQ 점수를 높은 곳으로 밀어 올렸다는 것을 시사한다. (이런 경험의 가장 명백한 사례가 교육이다.) 또한, 수십 년간 IQ가 상승하고, 수십 년간 영양 상태, 건강, 신장이 향상되고 증가하는 동안에 이 항목들의 상승 구간과 정체 구간이 특별히 밀접하게 서로를 따라다니지 않았다.

하지만 건강과 영양이 IQ의 상승을 충분히 설명해 주지 못하는 가장 큰 이유는, 시간의 경과와 더불어 상승한 지능이 종합적인 지능이 아니라는 데 있다. 플린 효과는 일반 지능 인자(general intelligence factor, g)를 올려 주지 않는다. 일반 지능 인자는 모든 특수 지능 인자(언어 능력, 공간 지각 능력, 수리 능력, 기억력 등)의 기저를 이루는 것으로, 유전자의 영향을 가장 직접 받는 부분이다.[35] 전체적인 IQ가 상승하고 부분 검사의 각 평가 점수가 모두 상승하는 동안, 일부 부분 검사의 점수는 유전자와 연관된 패턴과는 다른 패턴을 보이면서 다른 영역보다 더 빠르게 상승한 것은 사실이다. 그러나 환경 개선만으로는 설명할 수 없는 상승이 존재하는 것도 사실이다. 이것은 플린 효과가 IQ의 높은 유전성을 의심하지 않는 또 다른 이유이다.

그렇다면 어떤 종류의 지적 수행 능력이 최근 수십 년간의 환경 개선으로 인해 향상되었을까? 놀랍게도, 가장 가파른 향상세를 보인 것은 학교에서 직접 가르쳐 주는 일반 지식, 산술 능력, 어휘력 같은 구체적인 능력이 아니었다. 가장 가파르게 향상된 것은 유사성 문제(시간과 해의 공통점은 무엇인가?), 유추 문제(새의 알에 해당하는 것은 나무의 무엇인가?), 도형 과제(피시험자가 규칙에 따라 배치된 일련의 복잡한 기하학적 도형을 보고 다음에 위치할 도형을 고르는 것)를 해결하는 과정에서 확인할 수 있는 추상적이고 유동적인 종류의 지능이었다. 그다음으로 가장 크게 향상된 것은 분석적 사고 능력이었다. 다시 말해서, 추상적인 범주들로 개념을 분류하고(시간과 해는 '시간 단위'이다.), 대상을 하나의 전체로 받아들이기보다는 정신적 분석을 통해 각 부분과 부분들의 관계로 파악하고, 일상적 경험은 옆으로 제쳐 둔 채 특정한 규칙에 따라 규정된 가상의 세계 속에 자기 자신을 놓고서 그 규칙의 논리적 함의를 탐구하는 능력이었다. (X라는 나라에서는 모든 사물을 플라스틱으로 만든다고 가정하자. 오븐도 플라스틱으로 만들어졌을까?)[36] 분석적 사고 능력은 교사가 수업 중에 그것을 특별히 가르치지 않아도, 커리큘럼이 학생들에게 기계적인 암기 능력이 아니라 이해와 추론 능력을 요구하기만 한다면(이것은 20세기 초부터 수십 년 동안 계속된 교육 경향이다.), 정규 교육을 통해 충분히 길러질 수 있다.[37] 학교 밖에서는 시각적 상징(지하철 노선도, 디지털 화면), 분석적 도구(스프레드시트, 재고 보고서), 일상 언어에 스며든 학문적 개념(수요와 공급, 평균, 인권, 원원(win-win), 상관 관계 대 인과 관계, 긍정 오류) 등이 넘쳐나는 현대 문화가 분석적 사고 능력을 향상시킨다.

현실 세계에서 플린 효과가 중요할까? 틀림없이 중요하다. 높은 IQ는 단지 술자리에서 자랑을 하거나 멘사 클럽에 가입하는 데 필요한 숫자가 아니다. IQ는 인생의 순풍이다.[38] 사회 경제적 지위를 상수로 놓을 때, 지능 검사에서 높은 점수를 받은 사람들은 더 좋은 직업을 얻고, 업무 능력이 더 뛰어나고, 더 건강하게 오래 살고, 법과 관련된 문제에 얽힐 가능성이 작으며, 창업을 하거나 특허를 취득하거나 훌륭한 예술 작품을 창조하는 영역에서 눈에 띄는 성취를 훨씬 많이 이룬다. (좌파 지식인들이 여전히 좋아하는, IQ는 존재하지 않는다거나 측정에 신뢰성이 없다는 신화는 이미 수십 년 전에 논박되었다.) 이런 보너스가 오직 일반 지능 인자에서 나오는 것인지, 아니면 플린 효과와 관련된 지능 인자에서도 나오는 것인지 확언할 수는 없지만, 아마 답은 양쪽 다일 것이다. 나도 동의하는 생각이지만, 플린은 추상적 추론 능력이 도덕 감각을 함양할 수도 있다고 추정했다. 구체적인 삶에서 자기 자신을 분리해서 '그저 내가 운이 좋았던 거라면?'이나 '만약 모든 사람이 이런 행동을 한다면 세상은 어떻게 될까?'와 같은 질문을 숙고하는 인지 활동은 공감과 윤리로 나아가는 통로일 수 있다.[39]

～

지능이 좋은 결과들을 가져오고 또 계속 향상되어 왔다면, 세계를 개선하는 일에 지능의 상승이 기여하는 부분을 찾아볼 수 있을까? 일부 회의주의자(우선, 플린을 포함해)는 실제로 20세기가 흄, 괴테, 다윈의 시대 보다 더 멋진 생각들을 탄생시켰는지 의심한다.[40] 이번에도 역시, 과거의 천재들에게는 미개척지를 탐사한다는 이점이 있었다. 누군가가 먼저 분석 판단과 종합 판단의 차이나 자연 선택 이론을 발견하면, 다른 사람이 다시 발견할 수는 없다. 오늘날 지성의 땅은 이미 잘 다져진 상태가 되어 버린 나머지 어떤 천재라도 저 혼자서는 상당한 지식과 연결망을 갖춘 채 지식의 모든 오지와 틈새를 측량하고 있는 사상가들의 무리를 능가 하기가 어려워졌다. 그럼에도 대중이 더 똑똑해지고 있음을 보여 주는 몇 가지 징후가 있는데, 일례로 세계 최상위권의 체스 선수와 브리지 선수의 나이가 점점 더 어려지고 있다. 또한 지난 반세기 동안 과학과 기술이 어마어마한 속도로 발전해 왔다는 사실에는 누구도 뒷말을 하지 못할 것이다.

가장 극적인 예로, 추상적 지능의 한 종류가 세계적으로 눈에 띄게 향상되었다. 바로 디지털 기술의 통달이다. 사이버스페이스는 궁극적인 추상 영역으로, 공간 안에서 물질을 이리저리 건드려 보는 것이 아니라, 무형의 상징과 패턴을 조작해서 원하는 목표를 이루는 곳이다. 1970년 대에 VCR(videocassette recorder, 비디오테이프 재생 겸 녹화 장치. ─ 옮긴이)나 새로운 지하철 시스템의 매표기 같은 디지털 인터페이스를 처음 접한 사람들은 적잖이 당황했다. 1980년대에는 거의 모든 집의 VCR가 주인이 시간을 설정할 줄 몰라서 영원히 "12:00"만 반짝거리고 있다는 농담이 유행하기도 했다. 하지만 X세대와 밀레니얼 세대는 디지털 영토를 자유롭게 누비는 것으로 유명하다. (새천년의 어느 만화에서는 아버지가 어린 아들에게 이렇게 말한다. "아들, 엄마 아빠가 네가 인터넷에서 보는 것을 통제하는 소프트웨어를 사왔단다. 음, 이것 좀 설치해 주겠니?") 개발 도상국 세계도 디지털 세계에 잘 대처하고 있으며, 스마트폰을 비롯한 모바일 뱅킹, 온라인 교육, 실시간 주식 거래 등의 애플리케이션을 수용하는 면에서는 심심찮게 서양을 뛰어넘기도 한다.[41]

우리가 앞의 장들에서 살펴봤던 다른 복지 향상을 설명하는 데 플린 효과가 도움이 될 수 있을까? 경제학자 R. W. 해퍼(R. W. Hafer)의 분석은 그럴 수 있다고 말한다. 대체로 혼란을 일으키는 변수 ― 교육, GDP, 정부 지출, 국가의 종교 구성 및 식민 지배 역사까지 ― 를 고정한 뒤에 해퍼는 한 국가의 평균 IQ를 갖고 이후의 1인당 GDP 성장에서부터 수명과 여가 시간에 이르기까지 다양한 비경제적 복지 평점의 향상을 예측할 수 있다는 결과를 얻었다. 그는 IQ가 11점 상승하면 국가의 성장률을 가속화해서 복지 수준이 2배에 이르는 기간이 27년에서 19년으로 줄어든다고 추정했다. 플린 효과를 촉진하는 정책, 이를테면 건강, 영양, 교육 투자 등은 미래의 국가를 부유하게, 안전하게, 행복하게 만든다.[42]

~

인류에게 좋은 것이 사회 과학에도 늘 좋은 것은 아니며, 가끔은 삶을 향상시킨 방식들 사이에 존재하는 상관 관계의 매듭을 풀고 그 인과의 방향을 확실하게 추적하기가 불가능할 때도 있다. 하지만 잠시 꼬인 줄을 푸는 일이 얼마나 어려울지 걱정하는 일은 멈추고, 삶을 향상시킨 방식들이 나아가는 공통의 방향에 주목해 보자. 국가와 시대마다 인간의 안녕과 복리의 여러 측면이 상호 연관되어 있다는 사실을 통해 우리는 그 아래에 일관성 있는 현상이 잠복해 있다고 추측할 수 있다. 통계학자는 이것을 일반 인자, 주성분, 혹은 숨은 변수, 잠재 변수, 매개 변수라고 부른다.[43] 우리는 그 인자의 이름도 알고 있다. 바로 진보이다.

그전까지 인간 번영의 모든 차원을 관통하는 진보의 벡터를 계산한 사람은 없었지만, 경제학자 마붑 울 하크(Mahbub ul Haq, 1934~1998년)와 아마르티아 쿠마르 센(Amartya Kumar Sen, 1933년~)에게서 영감을 받은 유엔 개발 계획은 주요 요소들 가운데 세 가지, 기대 수명, 1인당 GDP, 교육을 평가한 인간 개발 지수(Human Development Index)를 제안했다.[44] (즉 건강, 부, 지혜를 평가하는 지표이다.) 지금까지 이 장에서 세 항목을 모두 검토했으니, 다음 두 장에서 인간 진보의 보다 질적인 측면을 다룰 것이다. 그 전에 잠시 고개를 돌려 양적인 인간 진보의 역사를 살펴보는 것도 나쁘지 않을 듯하다.

경제학자 2명이 각자 수명, 소득, 교육 수준을 측정해서 종합하고, 19세기의 상황까지 소급해서 추정할 수 있는 인간 개발 지수를 만들어 냈다. 레안드로 프라도스 델라 에스코수라가 개발한 역사적 인간 개발 지수는 1870년까지 거슬러 올라가는데, 산술 평균이 아닌 기하 평균으로(한 항목에서 나온 극단적인 값이 다른 항목을 압도해 버리지 않도록) 세 가지 측정값의 평균을 내고, 수명과 교육의 측정값을 변형해서 각각의 값이 최상단에 이를 때의 수확 체감을 보충한다. 아우케 리프마(Auke Rijpma)는 "과거의 삶은 어떠했는가?(How Was Life?)"라는 프로젝트를 통해(이 프로젝트의 데이터는 이 책의 여러 그래프에 사용되었다.) 1820년까지 거슬러 올라가는 삶의 질 종합 지수(Well-Being Composite)를 개발했다. 이 지수는 앞에서 말한 주요 항목 세 가지와 함께 신장(건강의 대체물), 민주주의, 살인 사건, 소득 불평등, 생물 다양성을 측정한다. (마지막 두 가지만이 지난 2세기 동안 체계적으로 향상되지 않았다.) 그림 16.6은 두 성적표에 나타난 세계의 점수를 보여 준다.

이 그래프를 보면 인간의 진보를 한눈에 파악할 수 있다. 두 선에는 아주 중요한 두 가지 이야기가 담겨 있다. 하나는 세계가 여전히 불평등하기는 해도 모든 지역이 함께 발전하고 있으며, 세계에서 가장 열악한 곳조차 얼마 전에 가장 풍족했던 곳보다 사정이 낫다는 것이다.[45] (만약 세계를 서양과 나머지로 나눈다면, 2007년의 나머지는 1950년의 서양 수준에 도달했음을 알

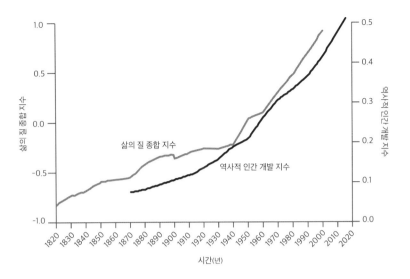

그림 16.6: 1820~2015년 세계 삶의 질. (인간 개발 지수: Prados de la Escosura 2015, 실제로는 0~1의 척도이다. Roser 2016h에서 확인할 수 있다. 삶의 질 종합 지수: Rijpma 2014, p. 259, 표준 편차의 척도는 국가별-10년별이다.)

수 있다.) 다른 하나는 인간의 안녕과 복리의 거의 모든 지표가 부와 상호 연관되지만, 그래프의 두 선은 단순히 더 부유해진 세계를 반영하지 않는다는 점이다. 그동안 부가 성장하지 않은 수많은 시대와 장소에서도 장수, 건강, 지식이 계속 향상되어 왔다.[46] 서로 완벽하게 조화를 이루지는 않아도 인간 번영의 모든 측면이 오랜 시간에 걸쳐 꾸준히 향상되어 왔다는 사실은 진보가 존재한다는 생각을 충분히 입증하고도 남는다.

17장
삶의 질

인정머리 없는 사람이 아니고서는 질병, 기아, 문맹의 퇴치가 엄청난 성취라는 점을 부정하지 않겠지만, 그래도 경제학자들이 측정하는 항목들의 지속적 발전을 과연 진정한 진보로 여길 수 있는지 의문을 품는 것은 가능한 일이다. 일단 기본적인 욕구가 충족되면, 그 이상의 부는 그저 사람들의 얄팍한 소비 심리를 부추기고 말지 않을까? 그리고 (구)소련, 중국, 쿠바에서 5개년 계획을 추진한 사람들은 건강과 문해력이 향상되었다고 선전하지만, 그 나라들 모두 국민이 살기에 암울한 곳이 아니었는가? 사람들이 건강하고 금전적으로 여유가 있고 글을 읽고 쓸 줄 안다고 해도, 반드시 풍요롭고 의미 있는 삶을 누리는 것은 아니다.

몇 가지 의구심에는 이미 답이 나왔다. 우리는 공산주의자가 이른바 유토피아 혹은 지상 낙원이라고 부른 곳에서 좋은 삶의 가장 큰 장애물인 전체주의가 후퇴하는 모습을 목격했다. 또한 표준적인 지표를 통해서는 포착되지 않는 번영의 가장 주요한 측면 — 여성, 아동, 소수자의 권리 — 이 꾸준히 향상되는 모습도 목격했다. 이번 장에서는 보다 광범위한 문화적 비관주의를 다루고자 한다. 우리가 추가로 얻은 건강, 수명, 수입이 그저 광적인 출세주의, 공허한 소비, 의식 없는 오락, 영혼을 말살하는 사회적 무질서를 부추긴다면 결국 인간은 진보하지 못하는 게 아닌가 하는 우려에 답해 보고자 한다.

분명히 하자면, 그런 비관론은 어렵지 않게 반박할 수 있다. 사실 그 원천은 부르주아와 프롤레타리아의 삶을 공허하다 여기고 비웃어 온 문화적, 종교적 엘리트들의 오랜 전통이다. 문화 비판은 얇은 천으로 가려놓은 속물성의 발현이며, 이 속물성은 인간 혐오로 곧잘 옮아 간다. 비평가 존 캐리(John Carey, 1934년~)는 『지식인과 군중(*The Intellectuals and Masses*)』을 통해, 20세기 초반에 몇십 년 동안 영국의 인문계 지식인들이 평범한 사람들을 향해 자칫 대량 학살이라도 할 듯 강한 경멸을 감추지 않았음을 보여 준다.[1] 그러나 '소비주의(consumerism)'는 사실 '다른 사람의 소비'를 뜻할 때가 많고, 오히려 이것을 비난한 엘리트들이 양장 서적, 좋은 음식과 와인, 예술 공연, 해외 여행, 아이비리그 수준의 자녀 교육 등으로 과도한 사치를 누릴 때가 많았다. 만약 더 많은 사람이 각자 내키는 대로 사치를 부릴 수 있다면, 그게 문화적으로 우월한 이들의 눈에 얼마나 하찮은 사치로 보이든, 좋은 일로 여겨야 마땅할 것이다. 오래된 농담 가운데, 가두 연설가가 공산주의의 영광에 관해 대중에게 연설을 하는 이야기가 있다. "혁명이 오면 모두가 딸기와 크림을 먹게 될 것이오!" 앞줄에 있던 남자가 투덜거린다. "하지만 전 딸기와 크림을 안 좋아하는데요." 연설가가 외친다. "혁명이 오면 당신도 딸기와 크림을 좋아하게 될 것이오!"[2]

아마르티아 센은 『자유로서의 발전(*Development as Freedom*)』에서 발전의 궁극적인 목표는 사람들이 선택권을 갖게 되는 것이라 주장하면서 그런 함정을 피해 간다. 철학자 마사 누스바움(Martha Nussbaum, 1947년~)은 이 개념을 좀 더 밀어붙여 일련의 "근본적 가능성(fundamental capabilities)"이란 개념을 제시한 뒤 모든 사람에게 그 가능성을 행사할 기회가 주어져야 한다고 말한다.[3] 이것을 인간 본성이 우리를 위해 마련한 만족과 성취의 정당한 원천으로 생각할 수도 있다. 그녀가 제시한 목록은, 장수,

건강, 안전, 문해력, 지식, 표현의 자유, 정치 참여 등으로, 지금까지 살펴본 대로 현대 세계가 우리에게 조금씩 깨우쳐 준 가능성에서부터 시작한다. 나아가 이 목록은 심미적 경험, 여가와 놀이, 자연의 향유, 감정적 애착, 사회적 소속감, 그리고 좋은 삶에 대해 스스로 고민하고, 그런 삶을 사는 것으로 확장된다.

나는 이번 장을 통해, 사람들이 그런 가능성을 실현할 수 있는 여건을 근대성이 마련해 주고 있음을 드러내고자 한다. 삶은 장수와 부유함 같은 표준 경제학의 평가 기준 이상으로 나아지고 있다. 물론 많은 사람이 여전히 딸기와 크림을 좋아하지 않을 수 있고, 심미적 경험이나 자연의 향유 같은 가능성을 포기하고 다른 가능성 — 예를 들어, 텔레비전을 보고 비디오 게임을 할 자유 — 을 실현할 수 있을 것이다. (도로시 파커(Dorothy Parker, 1893~1967년)는 "원예(horticulture)"라는 단어를 넣어 문장을 완성해 보라고 요구하자 이렇게 응수했다. "매춘부를 교양으로 이끌 수는 있지만(horticulture=whore to culture), 생각하게 만들 수는 없다.") 하지만 진보의 궁극적인 형태는 세계의 미적, 지적, 사회적, 문화적, 자연적 즐거움을 누릴 수 있는 가능성이 뷔페처럼 차려져 있는 카페테리아에서 사람들이 접시에 무엇이든 마음껏 담을 수 있는 세상을 만드는 게 아닐까 한다.

～

삶은 시간으로 구성되어 있으므로, 진보를 측정하는 한 방법은 사람들이 삶의 즐거움들을 포기하고 목숨을 부지하는 데 들이는 시간이 얼마나 단축됐는지 확인하는 것이다. 더없이 자비로운 신은 아담과 이브를 추방하면서 "얼굴에 땀이 흘러야 빵을 먹을 것"이라 했고, 과연 역사적으로 거의 모든 사람이 땀을 뻘뻘 흘렸다. 농사야 해가 뜰 때부터 해가 질 때까지 계속되는 일이고, 수렵 채집인이 사냥과 채집에 사용한 시간은 고작 하루에 몇 시간에 불과했지만, 대신 음식을 가공하고(예를 들어, 돌처럼 단단한 견과류 껍데기를 깨는 등), 땔감을 모으고, 물을 긷고, 다른 허드렛일을 하는 데 그것보다 긴 시간을 써야 했다. 한때 "태초의 풍요로운 사회"라고 불렸던 칼라하리의 산 족은 식량을 구하는 데만 하루에 적어도 8시간 이상, 일주일에 6일에서 7일 일하는 것으로 밝혀졌다.[4]

디킨스의 『크리스마스 캐럴』의 등장 인물인 밥 크래치트는 일주일에 60시간 일하고 1년에 단 하루(물론, 크리스마스) 쉴 수 있었지만, 당시 기준으로는 사실 꽤 관대한 조건이었다. 그림 17.1에서 볼 수 있듯이 1870년에 서유럽 사람들은 일주일에 평균 66시간(벨기에는 72시간) 일했고, 미국인은 평균 62시간 일했다. 150년이 지나는 동안 노동자는 점차 임금 노예라는 지위에서 해방되었고, 특히 사회 민주주의적인 서유럽(이제 28시간 더 적게 일한다.)의 노동 시간은 일한 만큼 벌 수 있다고 믿는 미국(22시간 적게 일한다.)보다 더 극적으로 감소했다.[5] 그리 오래지 않은 1950년대에 나의 친할아버지는 난방도 되지 않는 몬트리올 시장의 치즈 가게 계산대

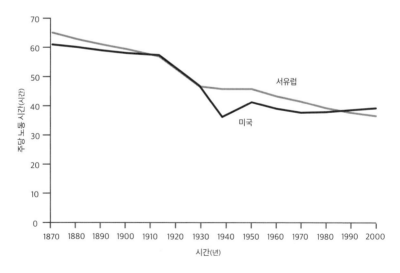

그림 17.1. 1870~2000년 서유럽과 미국의 노동 시간. (Roser 2016t, 비농업 활동에 종사하는 상근 생산 노동자(성별 무관)의 경우 Huberman & Minns 2007의 데이터에 근거했다.)

뒤에서 일주일 내내 밤낮으로 일했고, 혹시 다른 사람을 고용할까 겁이 나서 근무 시간을 줄여 달라고 말도 꺼내지 못했다. 젊은 부모님이 할아버지를 대신해 항의하자, 결국 할아버지에게는 드문드문 휴일이 생겼고 (사장은 분명 스크루지처럼 이 항의를 "다른 사람의 주머니를 털어먹으려는 어림없는 핑계"라고 여겼을 것이다.), 이후에 조금 더 나은 노동법이 제정되고 나서야 주 6일 노동하고 하루 쉴 수 있었다.

우리 가운데 운이 좋은 사람은 일을 통해 우리의 근본적인 가능성을 탐구하고 기꺼이 빅토리아 시대의 노동 시간을 받아들이지만, 대다수의 노동자는 일주일에 20시간 이상 다른 일을 하면서 자기를 실현할 수 있다는 것에 상당히 감사할 것이다. (나의 할아버지는 힘들게 얻은 휴일에 이디시어 신문을 읽거나, 재킷, 넥타이, 중절모를 갖춰 입고 고모할머니나 우리 가족을 방문하셨다.)

마찬가지로 나 같은 교수들은 얼굴 위에 흰 천을 덮고 연구실에서 실려 나오면서 생을 마감하지만, 다른 직종의 노동자들은 즐거운 마음으로 독서를 하거나, 강좌를 듣거나, 캠핑카를 타고 국립 공원들을 둘러보거나, 와이트 섬의 전원 주택에서 손주들을 어르며 인생의 황금기를 보낸다. 이것 또한 근대성의 선물이다. 모건 하우셀이 언급했듯이, "우리는 은퇴라는 개념 자체가 지난 50년 사이에 나타난 특수한 현상이라는 점을 인지하지 못한 채 불쾌한 '퇴직 연금 위기'를 끊임없이 우려한다. 평균적인 미국인 남성에게 노동과 죽음이라는 두 단계의 삶만 존재했던 것은 오래전 일이 아니다. …… 이렇게 생각해 보자. 현재 평균적인 미국인은 62세에 은퇴한다. 100년 전, 평균적인 미국인은 51세에 사망했다."[6] 그림 17.2는 1880년에 현재 우리가 은퇴 연령으로 치는 나이의 미국인 남성 중 거의 80퍼센트가 여전히 노동력에 포함되었지만, 1990년에는 그 비율이 20퍼센트 이하로 떨어졌다.

사람들은 은퇴를 기대하기보다는 행여 다치거나 허약해져서 직장을

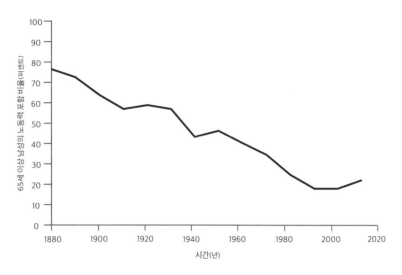

그림 17.2. 1880~2010년 미국의 은퇴자 비율. (Housel, 2013 미국 노동 통계국(Bureau of Labor Statistics)과 Costa 1998의 데이터에 근거했다.)

잃고 구빈원에 가게 되지 않을까 두려워했다. "삶의 겨울에 찾아오는 떨쳐낼 수 없는 공포"라는 표현이 그런 사정을 잘 말해 준다.[7] 1935년에 사회 보장법(Social Security Act)이 제정되어 노인이 완전한 빈곤으로부터 보호받게 된 뒤에도 가난은 노동자의 일반적인 결말이었고, 내가 어렸던 시절에 연금 생활자의 이미지는 (아마 도시 전설이겠지만) 개 사료를 먹으면서 연명하는 사람이었다. 하지만 공공 및 민간 영역의 안전망이 보다 강력하게 자리 잡으면서 오늘날의 노년층은 노동 연령에 있는 사람들보다 부유해졌다. 65세 이상의 빈곤율은 1960년에 65퍼센트에서 2011년에 10퍼센트 이하로 곤두박질쳤고, 전국 평균인 15퍼센트보다 훨씬 낮아졌다.[8]

노동 운동, 노동 관계법, 향상된 노동 생산성 덕분에, 한때 정신 나간 몽상에 불과했던 또 하나의 꿈이 실현되었다. 바로 유급 휴가이다. 오늘날 5년 이상 근무한 평균적인 미국인 노동자는 1년에 22일의 유급 휴가를 받는데(1970년에는 16일이었다.), 서유럽의 기준으로는 오히려 인색하다고 할 수준이다.[9] 줄어든 주당 근무일, 늘어난 유급 휴가, 길어진 은퇴 기간이 합쳐지면 무엇을 의미할까? 개인의 삶에서 일에 붙잡혀 있던 시간의 비중이 1960년 이후 불과 50여 년 만에 4분의 1이나 떨어진 것이다.[10] 개발 도상국의 경향은 나라마다 다르지만, 그들도 부유해질수록 서양의 전철을 밟을 것이다.[11]

삶의 큰 덩어리를 더 고귀한 소명을 추구하도록 사람들에게 내준 또 하나의 흐름이 있다. 9장에서 우리는 냉장고, 진공 청소기, 세탁기, 전기 오븐 같은 가전 제품이 미국의 빈곤층까지 거의 보편화되었다고 할 수 있을 정도로 보급되었음을 확인했다. 1919년에 미국의 평균적인 임금 소득자가 냉장고를 구입하기 위해서는 1,800시간을 일해야 했다. 2014년에는 24시간도 일할 필요가 없다. (게다가 최신 냉장고는 서리 방지 기능도 있고, 얼음도 만든다.)[12] 이것을 생각 없는 소비주의라고 비판할 수 있을까? 의식주가 삶의 3대 필수품이라는 사실, 엔트로피가 이 세 가지 모두를 분해한다는 사실, 그것들을 온전히 보존하는 데 필요한 시간이 곧 다른 활동에 투입할 수 있는 시간이라는 사실을 떠올리면 그런 생각은 들지 않을 것이다. 전기, 수도, 가전 제품(혹은 예전 용어로 '노동력 절감 장치')은 우리에게 시간을 돌려주었다. 우리네 할머니들은 많은 시간을 펌프질을 하고, 통조림을 만들고, 버터를 만들기 위해 우유를 휘젓고, 음식을 절이고, 말리고, 쓸고, 닦고, 문지르고, 빨래하고, 빨래를 짜고 말리고, 바느질하고, 옷을 수선하고, 털옷을 짜고, 구멍 난 자리를 꿰매고, 손주에게 흔히 말하듯, "뜨거운 화덕 앞에서 뼈가 빠지게 노예처럼 일"하며 보냈다. 그림 17.3은 20세기에 미국 가정에 전기, 가스, 수도 설비와 가전 제품이 침투하면서, 사람들이 집안일 — 놀랄 것도 없이, 사람들이 시간을 보내는 방법으로 가장 덜 선호하는 소일거리이다. — 에 빼앗기는 삶의 양

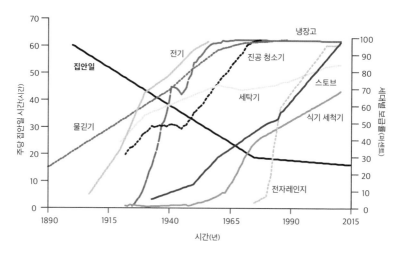

그림 17.3. 1900~2015년 미국의 전기, 수도, 가전 제품의 보급률과 집안일. (2005년 이전: Greenwood, Seshadri, & Yorukoglu 2005. 가전 제품, 2005년 및 2011년: 미국 통계국, Siebens 2013. 집안 일, 2015년: 데이터로 본 우리 세계, Roser 2016t, 미국 시간 사용 조사(American Time Use Survey), Bureau of Labor Statistics 2016b에 근거했다.)

이 1900년에 주당 58시간에서 2011년에 15.5시간으로 거의 4분의 3이나 줄어들었음을 보여 준다.[13] 빨래에 사용하는 시간만 놓고 보면 1920년에 주당 11.5시간에서 2014년에 1.5시간으로 줄었다.[14] 한스 로슬링이 말했듯이, "세탁하는 날"을 우리에게 돌려준 것만으로도 세탁기는 산업 혁명의 가장 위대한 발명이라고 불릴 만하다.[15]

페미니즘 시대를 살아가는 남편으로서 나는 일인칭 복수형을 써 가며 이 혜택을 진심으로 축하할 수 있다. 하지만 대부분의 시대와 장소에서 집안일은 성 편향적이었기 때문에, 가사 노동에서 인류가 해방된 것은 사실상 가사 노동에서 **여성**이 해방된 것을 말한다. 어쩌면 모든 영역에서의 여성 해방일지도 모른다. 여성의 평등권에 대한 주장은 메리 아스텔(Mary Astell, 1666~1731년)의 1700년 글로 거슬러 올라가는데, 그 내용은 무엇으로도 반박할 수 없다. 그렇다면 왜 그 주장을 따라잡기까지 몇 세기란 시간이 걸렸던 것일까? 1912년 토머스 앨바 에디슨(Thomas Alva Edison, 1847~1931년)은 잡지 《굿 하우스키핑(Good Housekeeping)》과의 인터뷰에서 20세기의 가장 위대한 사회적 변혁을 예언했다.

미래의 주부는 하인을 부릴 필요도 없고, 직접 고된 일을 하지 않아도 될 것입니다. 집에는 거의 신경을 쓰지 않게 될 겁니다. 그럴 필요가 없을 테니까요. 주부는 가정의 노동자가 되기보다 가정의 공학자에 가까워질 것입니다. 가장 위대한 하녀인 전기가 그녀를 도울 것입니다. 전기와 그밖의 기계적 힘이 여성의 세계에 혁명을 일으킨 결과, 여성들은 에너지 총량의 큰 부분을 더 다양하고 더 건설적인 일에 활용할 수 있게 될 것입니다.[16]

우리의 삶을 풍요롭게 할 수 있도록 기술이 허락해 준 자원은 시간만이 아니다. 빛도 있다. 빛은 우리에게 상당히 큰 힘을 부여하기 때문에 우월한 지성과 추구할 만한 정신을 가리키는 은유로 사용된다. 계몽주의라는 뜻의 enlightenment처럼 말이다. 자연 상태에서 우리는 존재하는 시간의 절반을 어둠 속에 빠져 있어야 하지만, 인간이 만들어 낸 빛으로 밤을 되찾음으로써 우리는 책을 읽고, 이동하고, 다른 사람의 얼굴을 보고, 우리를 둘러싼 환경과 또 다른 방식으로 교류할 수 있게 되었다. 경제학자 윌리엄 노드하우스는 모두에게 보물 같은 가치를 지닌 이 자원의 가격 하락(따라서 가용성의 급증)을 진보의 상징으로 언급했다. 그림 17.4는 물가 상승분을 보정한 100만 루멘-시간(하루에 2시간 30분씩 1년 동안 책을 읽을 수 있는 양)의 가격이 중세(한때 암흑 시대라고 불리던 시대) 후반인 1300년에 약 3만 5500파운드에서 오늘날에는 그 1만 2000분의 1인 3파운드 이하로 떨어진 것을 보여 준다. (1파운드는 1600원 정도이다. ─ 옮긴이) 우리가 오늘날(특히 밤에) 독서, 대화, 외출, 그밖의 자기 계발 활동을 하지 않는 것은

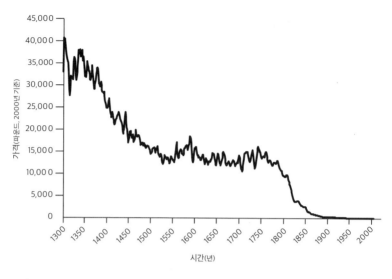

그림 17.4. 1300~2006년 영국에서 빛의 가격. (데이터로 본 우리 세계에서. Roser 2016o, Fouquet & Pearson 2012의 데이터에 근거했다. 파운드화로 나타낸 100만 루멘-시간(80와트 백열등을 대략 833시간 동안 밝힌 것)의 가격이다. 2000년 기준으로 물가 상승분 보정을 했다.)

불을 밝힐 여유가 없어서는 아니다.

　인공 조명의 가격 하락은 진보의 성취를 실제보다 낮게 반영한다. 애덤 스미스가 지적했듯이, "모든 상품의 진정한 가격에는 …… 그것을 얻기 위한 수고와 고생이 포함되어야 한다."[17] 노드하우스는 역사의 시기별로 사람 1명이 1시간 동안 독서할 수 있는 빛을 구입하려면 몇 시간이나 일해야 하는지를 추산했다.[18] 기원전 1750년 바빌로니아에서는 50시간을 일해야 1시간 동안 참기름 램프를 켜놓고 설형 문자 서판을 읽을 수 있었다. 1800년 영국에서는 6시간을 일해야 1시간 동안 수지 양초를 밝힐 수 있었다. (조명을 중심에 두고 살림 예산을 짠다고 상상해 보라. 아마 그냥 어둠에 익숙해져야 할 것이다.) 1880년에 등유 램프를 1시간 동안 켜기 위해서는 15분을 일해야 했다. 1950년에는 8초만 일하면 1시간 동안 백열등을 켜놓을 수 있었다. 1994년에는 0.5초만 일해도 편리한 형광등을 1시간 동안 켤 수 있었다. 2세기 만에 4만 3000분의 1로 줄어든 것이다. 진보는 끝나지 않았다. 노드하우스가 논문을 발표한 것은 LED 전구가 시장에 넘쳐나기 전이었다. 곧 저렴하고, 태양 에너지를 활용하는 LED 전등이 나오면 전기를 구하지 못하는 10억이 넘는 사람이 쓰레기를 태우는 드럼통 주변에 둘러서지 않고도 뉴스를 읽거나 숙제를 할 수 있을 것이다.

빛, 가전 제품, 음식을 위해 포기해야 하는 삶의 비율이 감소하는 것은 일종의 일반 법칙일지도 모른다. 기술 전문가 케빈 켈리는 "기술이 충분히 오래 지속된다면 시간이 흐름에 따라 그 가격은 (0에 도달하지는 않아도) 0에 근접할 것이다."[19] 삶의 필수품들이 점점 저렴해지면서 우리는 깨어 있는 동안 그것들을 얻기 위해 들이는 시간을 줄일 수 있고, 대신 다른 모든 것이 쓸 수 있는 시간과 돈이 늘어날 것이다. 그리고 '다른 모든 것' 역시 점점 더 저렴해지기 때문에 온갖 것을 더 많이 누릴 수 있다. 그림 17.5에서처럼 1929년에 미국인은 가처분 소득의 60퍼센트 이상을 필수품 구입에 썼지만, 2015년에 그 비율은 3분의 1로 감소했다.

사람들은 추가로 얻은 시간과 돈을 어디에 쓸까? 자신의 삶을 진정으로 풍요롭게 만드는 데 쓸까? 아니면 그저 골프채와 명품 핸드백을 사는 데 쓸까? 다른 사람이 자신의 시간을 어떻게 쓰는지 판단하는 것은 주제넘은 일일 수 있지만, 사랑하는 사람이나 친구와 연결되고, 자연 세계와 문화 세계의 풍요로움을 경험하고, 지적이고 예술적인 창의성의 결실을 즐기는 일처럼 대다수 사람이 동의하는 좋은 삶의 구성 요소에 초점을 맞추고 볼 수도 있다.

최근에 맞벌이 부부, 과도한 일정에 얽매인 아이들, 디지털 기기의 등장으로 시간 부족이 가족의 저녁 식사 자리를 없애 버리고 있다는 믿음(그리고 되풀이되는 언론의 공황)이 폭넓게 자리 잡았다. (앨 고어와 댄 퀘일(Dan Quayle, 1947년~) 모두 2000년에 대통령 선거 운동을 할 때 오붓한 가족 식사의 죽음을 애

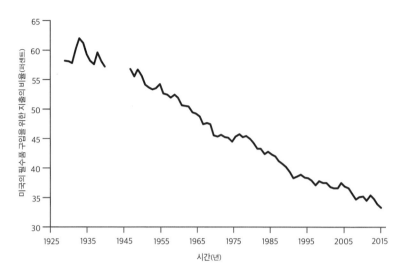

그림 17.5. 1929~2016년 미국의 필수품 구입을 위한 지출. (휴먼프로그래스(http://humanprogress.org/static/1937), 마크 페리(Mark Perry)의 그래프를 수정했고, 미국 경제 분석국(Bureau of Economic Analysis, https://www.bea.gov/iTable/index_nipa.cfm)의 데이터를 사용했다. 가정 식료품, 자동차, 의류, 가구, 주택 보수, 공공 시설, 기름 구입에 사용한 가처분 소득의 비율이다. 1941년부터 1946년까지의 데이터는 배급 및 제2차 세계 대전 참전 군인의 임금으로 왜곡되어 제외했다.)

도했다. 그때는 스마트폰과 소셜 미디어가 등장하기 전이었다.) 하지만 새롭게 나타난 장애물과 방해 요소를 평가할 때에는 근대화로 한 가구의 주요 소득자가 얻게 된 주 24시간의 추가 시간과 가사 노동자가 얻게 된 주 42시간의 추가 시간을 감안해야 한다. 미칠 만큼 바쁘다는 사람들의 불평(어느 경제학자 연구진의 표현대로, "여피의 불평(yuppie kvetching)")은 점점 증가하고 있지만, 실제로 시간을 어떻게 썼는지 물어보면 불평과는 다른 그림이 나온다. 그림 17.6을 보자. 2015년에 남성은 일주일에 42시간을 여가에 썼다고 보고했는데, 이것은 50년 전의 남성에 비해 10시간가량 증가한 수치이며, 여성은 50년 전보다 6시간 증가한 36시간을 여가에 사용했다고 보고했다.[20] (공정하게 말하자면, 여피의 불평에도 일리는 있다. 저교육층이 여가 시간을

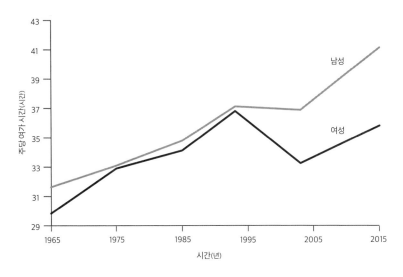

그림 17.6. 1965~2015년 미국의 여가 시간. (1965~2003년: Aguiar & Hurst 2007, table Ⅲ, Leisure Measure 1. 2015년: 미국 시간 사용 조사, Bureau of Labor Statistics 2016c, Leisure and Sports, Lawn and Garden Care, Volunteering을 Aguiar & Hurst 2007의 Measure 1과 직접 비교할 수 있도록 합쳤다.)

더 많이 보낸다고 보고한 것이다. 이처럼 역전된 불평등은 지난 50년간 지속적으로 강화되어 왔다.) 서유럽의 경향도 비슷하다.[21]

미국인이 갈수록 시간에 쫓긴다고 느끼는 것도 아니다. 사회학자 존 로빈슨(John Robinson)이 조사한 바로는, 1965년과 2010년 사이에 사람들이 "항상 시간에 쫓기는" 느낌을 보고한 비율이 변하기는 했지만(1976년에 18퍼센트로 가장 낮았고, 1998년에 35퍼센트로 가장 높았다.), 45년간 일관된 경향은 나타나지 않았다.[22] 그리고 하루가 끝날 무렵의 가족 식사는 잘 살아 있다. 많은 연구와 설문 조사의 일치된 결과에 따르면, 1960년과 2014년 사이에 아이폰, 플레이스테이션, 페이스북이 등장했음에도 가족이 함께하는 저녁 식사의 횟수는 크게 변하지 않았다.[23] 오히려 20세기가 지나는 동안 일반적인 미국인 부모가 아이들과 함께 보내는 시간은 실제로는 점점 늘어났다.[24] 1924년에 하루에 2시간 이상을 자녀와 함께 보내는 어머니는 전체 45퍼센트에 불과했고(7퍼센트는 함께 보내는 시간이 1분도 없었다.), 최소 1시간 이상 자녀와 함께하는 아버지는 60퍼센트에 지나지 않았다. 하지만 1999년에 그 비율은 각각 71퍼센트와 83퍼센트로 증가했다.[25] 사실은 오늘날 직업을 가진 미혼의 어머니가 1965년에 전업 주부인 기혼의 어머니보다 더 많은 시간을 자녀와 함께 보낸다.[26] (자녀를 돌보는 데 사용하는 시간의 증가는 그림 17.6에서 여가 시간이 감소한 가장 큰 원인이다.)[27] 하지만 시간 활용 연구들은 미국 중산층 가정을 섬세하게 그린 노먼 록웰(Norman Rockwell, 1894~1978년)의 그림과, 말썽꾸러기 아이의 성장을 다룬 가정 드라마 「비버는 해결사(Leave it to Beaver)」의 상대가 될 수 없는지라, 많은 사람이 20세기 중반이 가족 결속의 황금기였다는 잘못된 기억을 품는다.

흔히 전자 미디어는 인간 관계를 위태롭게 하는 주범으로 지목된다. 분명 페이스북 친구는 피와 살을 가진 친구와의 직접 대면을 대체하기에는 한참 모자라다.[28] 하지만 전반적으로 보면 전자 기술은 사람들의 거리를 좁혀 주는 값을 따질 수 없는 선물이다. 1세기 전에는 다른 가족이 멀리 떨어진 도시로 이주하면, 다시는 그의 목소리를 듣거나 얼굴을 보지 못할 수도 있었다. 손주들은 자라는 동안 조부모의 눈길조차 받지 못했다. 학업, 직장, 전쟁으로 떨어지게 된 연인은 한 통의 편지를 수십 번씩 읽고 또 읽었고, 행여 다음 편지가 늦기라도 하면 우체국에서 편지를 분실했는지, 연인이 화가 났는지, 자신을 잊은 것은 아닌지, 혹 죽지는 않았는지 노심초사하며 절망에 빠졌다. (이런 고통은 마블레츠와 비틀스의 「집배원 아저씨 제발요(Please Mr. Postman)」와 사이먼 앤드 가펑클의 「왜 편지 안 해?(Why Don't You Write Me?)」 같은 곡에 잘 묘사되어 있다.) 장거리 전화가 등장해서 멀리 있는 사람들이 서로 연락할 수 있게 되었을 때에도 터무니없이 비싼 비용으로 교류가 제한되었다. 나와 같은 세대의 사람들은 공중 전화 앞에서 경고음이 들릴 때마다 동전을 집어넣으며 득달같이 뱉어내던 말들이나 집으로 전화를 걸어 맹렬한 속도로 쏟아내던 말들("장거리 전화라고!!!"의 어색함, 혹은 즐거운 대화가 이어지는 동안에도 집세로 내야 할 돈이 증발하는 듯한 울적한 느낌을 기억한다.) 소설가 에드워드 모건 포스터(Edward Morgan Forster, 1879~1970년)는 "연락만이라도 하라."라고 조언했는데, 전자 기술이 우리를 전에 없이 연결해 주고 있다. 오늘날 전 세계 인구의 거의 절반이 인터넷을 사용하고, 4분의 3이 휴대 전화를 사용한다. 장거리 통화의 비용은 사실상 0에 도달했고, 전화를 하는 사람들은 이제 서로의 목소리를 들으면서 얼굴을 볼 수도 있다.

내친김에 보는 것에 대해 말해 보자. 사진 비용의 폭락은 경험을 풍요롭게 하는 또 다른 선물이다. 지난 시대의 사람들은 산 사람이든 죽은 사람이든, 가족의 모습을 떠올릴 때 머릿속의 이미지에 기대는 수밖에 없었다. 오늘날 나는 수십억의 다른 사람과 마찬가지로 사랑하는 이들의 사진을 볼 때마다 하루에도 몇 번씩 큰 축복을 받은 듯 감사하는 마음에 젖어 든다. 저렴한 사진은 삶의 최고의 시기를 여러 번 다시 살 수 있게 해 주기도 한다. 소중한 시간, 놀라운 광경, 오래전에 사라진 도시의 모습, 노인의 한창 시절, 성인의 어린 시절, 어린이의 갓난쟁이 시절을 말이다.

미래가 되어 촉각을 인지하는 외골격 장갑을 끼고 3D 홀로그램과 입체 음향을 갖춘 가상 현실을 즐기게 된다고 해도, 우리는 여전히 멀리 떨어진 사랑하는 사람들을 만나고 싶을 것이다. 따라서 이동 비용의 절감은 인류에게 주어진 또 다른 혜택이다. 기차, 버스, 자동차 덕분에 사람들이 함께 만날 기회가 몇 배로 늘어났으며, 비행기 여행의 괄목할 만한 민주화로 거리와 바다라는 장벽은 말끔히 사라졌다. 세련된 유명 인사를 지칭하던 '제트족(jet set)'이란 용어는 비행기 여행을 해 보지 못한 미국인이 전체의 5분의 1 이하로 감소한 1960년대 이후에 시대 착오적인 표현이 되었다. 연료 가격이 폭등했음에도 비행기 여행의 실제 가격은 항공사 규제가 풀린 1970년대 후반에 비해 절반 이상 떨어졌다. (그림 17.7) 1974년에 뉴욕에서 로스앤젤레스까지 가는 비행기 삯은 1,442달러 (2011년 달러 가치 기준)였다. 오늘날엔 300달러도 들지 않는다. 가격이 떨어지자 더 많은 사람이 비행기에 올랐다. 2000년에는 미국인의 절반 이상이 최소 한 번 이상의 왕복 비행을 했다. 물론 보안 직원 앞에서 팔다리를 벌리고 서 있으면 마법의 지팡이가 당신의 가랑이 사이를 훑고, 좌석에 앉아서는 팔꿈치를 옆구리에 꼭 붙이고 턱을 앞 좌석에 얹어야 할지도 모르지만, 멀리 떨어진 연인도 쉽게 만날 수 있고, 먼 곳에 있는 어머니가 아프다고 해도 당장 다음날 어머니 곁을 지킬 수 있다.

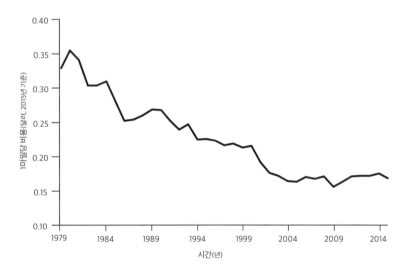

그림 17.7. 1979~2015년 미국의 항공 여행 비용. (Thompson 2013, 미국 항공 운송 협회(Airlines for American, http://airlines.org/dataset/annual-round-trip-fares-and-fees-domestic/)의 데이터로 최신화한 것이다. 국내 여행 기준이며 수하물 보관 비용은 제외했다. 해당 비용을 포함하면, 2008년 이후 수하물을 맡긴 승객의 평균 비용은 1.6킬로미터당 약 0.5센트 증가한다.)

저렴한 운송 비용은 사람들을 재회시키고 말지는 않는다. 그 덕분에 사람들은 지구 곳곳의 환상적인 모습을 일부나마 직접 볼 수 있게 되었다. 대개 우리가 이런 여가 활동을 할 때는 "여행(travel)"한다고 자랑하고, 남이 할 때는 "관광(tourism)"한다고 낮춰 말한다. 하지만 삶을 더욱 가치 있게 해 주는 경험인 것은 분명하다. 그랜드캐니언, 뉴욕, 오로라, 예루살렘을 직접 보는 것은 단지 감각적으로 즐거운 일에 그치는 것이 아니라, 광대한 공간, 시간, 자연, 인간 진취성을 받아들여 의식의 지평을 확장하는 것이기도 하다. 비록 관광 버스, 여행 가이드, 관광객의 싸구려 반바지에 꽂혀 있는 셀카봉을 보면 치가 떨릴 수도 있지만, 사람들이 태어난 곳을 중심으로 걸어 다닐 수 있는 거리에 갇혀 살기보다는 많은 곳을 직접 보고 인간이 살아가는 행성과 인간이라는 종에 대한 앎을 확장할 수 있다면 당연히 삶이 더 나아졌다고 인정해야 한다. 그림 17.8에서 볼 수 있듯이, 오늘날 가처분 소득의 증가와 항공 여행의 비용 감소로

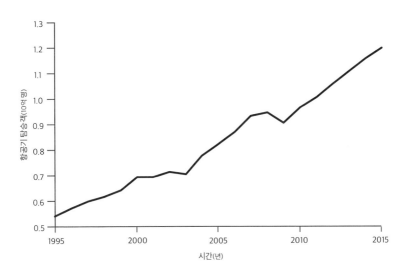

그림 17.8. 1995~2015년 국제 관광. (World Bank 2016e, 세계 관광 기구(World Tourism Organization), 『관광 통계 연감(*Yearbook of Tourism Statistics*)』의 데이터에 근거한 것이다.)

더욱 많은 사람이 세계를 탐험하고 있다.

물론, 여행자들이 그저 밀랍 인형 박물관과 디즈니월드의 놀이 기구 앞에만 줄을 서는 것은 아니다. 오늘날 개발과 경제적 착취로부터 보호받고 있는 지역은 세계적으로 16만 곳이 넘으며, 그 수는 매일 증가하고 있다. 그림 10.6에서 보았듯이, 자연계의 훨씬 많은 영역이 자연 보호를 위해 보존되고 있다.

우리의 심미적 경험을 확장한 또 다른 부문은 음식이다. 19세기 후반에 미국인의 주요 식단은 돼지고기와 전분이었다.[29] 냉장 기술과 화물 운송 기술이 발달하기 이전에 과일과 채소는 소비자에게 닿기도 전에 상하기 일쑤였고, 그래서 농부들은 주로 잘 상하지 않는 순무, 콩, 감자를 재배했다. 사과 정도가 유일한 과일이었고, 그나마 대부분은 사이다에 들어갔다. (1970년대만 해도 플로리다의 기념품 가게에서는 선물용 오렌지 바구니를 판매했다.) 미국의 음식은 "흰 빵"과 "고기와 감자"로 불렸고, 이것은 정당한 명칭이었다. 모험심이 강한 요리사는 스팸 프리터를 만들거나, 리츠 크래커로 애플파이를 흉내 내거나, "마무리 샐러드(Perfection Salad, 레몬 젤로(Jell-O)에 코슬로를 넣은 샐러드)"를 함께 준비하기도 했다. 이민자들이 들여온 새로운 요리법은 너무나 이국적이어서 농담거리가 될 정도였다. 이탈리아("맘마미아, 매운 미트볼이네!"), 멕시코("석유 부족 문제를 해결하겠군."), 중국("1시간만 지나면 다시 배가 고플 거야"), 일본("음식은 없고 미끼만 있네.") 요리가 그랬다. 오늘날 작은 마을과 쇼핑몰의 푸드코트는 이런 음식에다 그리스, 태국, 인도, 베트남, 중동 요리를 더한 국제적인 메뉴를 갖추고 있다. 식료품점도 판매 품목이 점차 늘어나, 1920년대에 수백 종에 불과했던 상품이 1950년대에는 2,200여 종으로, 1980년대에는 1만 7500여 종으로, 그리고 2015년에는 3만 9500여 종으로 증가했다.[30]

마지막으로 그러나 역시 중요한 것으로, 인간의 정신이 만들어 낸 가장 훌륭한 제품에 믿을 수 없으리만치 폭넓고 자유롭게 접근할 수 있게 된 현상을 들 수 있다. 지난 시절에 고립된 시골 가정이 얼마나 지루했는 지를 상상하기란 쉽지 않은 일이다.[31] 19세기 후반에는 인터넷만 없었던 것이 아니라 라디오, 텔레비전, 영화관, 녹음된 음악도 없었으며, 대부분 가정에는 책이나 신문도 없었다. 남성들은 오락거리로 술집에서 술을 마시고는 했다.[32] 작가 겸 편집자인 윌리엄 딘 하웰스(William Dean Howells, 1837~1920년)는 어린 시절 오하이오에서 아버지가 오두막의 벽지로 사용한 오래된 신문을 읽고 또 읽으며 시간을 보냈다.

오늘날의 시골 주민은 텔레비전 채널 수백 개, 웹 사이트 5억 개, 전 세계의 신문과 잡지(1세기도 넘게 거슬러 올라가는 과월호 목록 포함), 저작권 기한이 만료된 온갖 위대한 문학 작품, 브리태니커 백과사전보다 70배나 크면서도 정확성은 그대로이고, 고전 미술과 음악 작품을 모두 아우르는 온라인 백과사전 가운데 무엇이든 선택할 수 있다.[33] 스놉스(Snopes)에서 소문의 진위를 확인할 수도 있고, 칸 아카데미(Khan Academy)에서 수학과 과학을 공부할 수도 있고, 아메리칸 헤리티지 사전(American Heritage Dictionary)으로 어휘력을 키울 수도 있고, 스탠퍼드 철학 백과사전(Standford Encyclopedia of Philosophy)으로 자기 자신을 계몽할 수도 있고, 대부분 고인이 된 전 세계의 위대한 학자, 작가, 비평가의 강의를 시청할 수도 있다. 요즘 같으면 가난한 히렐이 학교 천창을 통해 강의를 훔쳐보다가 추위에 정신을 잃는 일은 없을 것이다.

예술과 문학에 접근할 가능성이 엄청나게 확장된 것은 문화의 궁전들을 항상 자유롭게 드나들었던 서양의 부유한 도시인들도 마찬가지다. 내가 학생이었을 때 영화광은 고전 영화 한 편을 보려고 재개봉관이나 심야 방송에서 영화를 틀어 줄 때까지 몇 년이고 기다려야 했다. 그것도 틀어 주기나 하면 다행이었다. 오늘날에는 단추만 누르면 영화를 스트리밍으로 볼 수 있다. 나는 달리기나 설거지를 하면서, 혹은 자동차 등록증을 갱신하기 위해 줄을 서 있는 동안에 수천 곡의 노래 중 듣고 싶은 노래를 골라 듣는다. 키보드를 조금 두드리면 카라바조(Caravaggio, 1571~1610년)의 전작이나, 「라쇼몬(羅生門)」의 개봉 당시의 예고편, 딜런 토머스가 암송하는 "그리고 죽음은 우리를 지배하지 못하리."나, 엘리너 루스벨트(Eleanor Roosevelt, 1884~1962년)가 낭독하는 세계 인권 선언, 마리아 칼라스(Maria Callas, 1923~1977년)가 부르는 「오 사랑하는 나의 아버지(O mio babbino caro)」, 빌리 홀리데이(Billie Holiday, 1915~1959년)가 부르는 「내 남자는 나를 사랑하지 않아(My Man Don't Love Me)」, 솔로몬 린다(Solomon Linda, 1909~1962년)가 부르는 「음부베(Mbube)」에 흠뻑 빠져들 수 있다. 얼마나 좋아하든, 얼마를 지불하든, 이 모두가 몇 년 전만 해도 불가능했던 경험이다. 게다가 저렴한 고음질 헤드폰, 그리고 판지로 만든 가상 현실 안경을 이용하면, 내가 어린 시절에 듣고 봤던 양철통을 두드리는 듯한 스피커와 흐릿한 흑백 영상과는 차원이 다른 심미적 경험을 할 수 있다. 그리고 종이를 좋아하는 사람이라면, 도리스 레싱(Doris Lessing, 1919~2013년)의 『황금 노트북(The Golden Notebook)』, 블라디미르 나보코프(Vladimir Nabokov, 1899~1977년)의 『창백한 불꽃(Pale Fire)』, 월레 소잉카(Wole Soyinka, 1934년~)의 『아케: 유년의 시절(Aké: The Years of Childhood)』을 단돈 1달러에 중고로 살 수 있을 것이다.

인터넷 기술과 자원자 수천 명이 참여한 크라우드소싱(crowdsourcing)이 합쳐진 결과로 요즘 사람들은 인류의 위대한 작품에 깜짝 놀랄 만큼 쉽게 접근한다. 어떤 시대가 문화적으로 가장 위대한 시대인가에 의문이 있을 수 없다. 내일이 오기 전까지 그 답은 당연히 오늘이다. 이 답은 오늘날의 작품과 과거의 작품을 비교하는 부당한 관점과는 무관하다. (우리는 그런 평가를 할 위치에 있지 않다. 과거의 위대한 작품은 대부분 당시에는 인정받지 못했다.) 그 답을 해 주는 것은 우리의 부단한 창조력과 놀라운 속도로 쌓여 가고 있는 우리의 문화적 기억이다. 우리는 지난 시대의 천재적인 작품들을 사실상 우리 손바닥만큼 잘 알고 있으며, 우리 시대의 작품들도 잘 알고 있다. 이전 시대에 살았던 사람들은 둘 중 어느 것에 대해서도 그렇지 못했다. 뿐만 아니라 세계의 문화적 유산은 이제 좋은 도시에 거주하는 부유한 사람들만이 아니라, 인터넷의 광대한 지식에 접속한 사람이라면 누구나, 즉 인류의 대다수가 쉽게 이용할 수 있으며, 머지않아 인류 전체가 그렇게 될 것이다.

18장
행복

하지만 우리는 더 행복한가? 만일 우리가 우주적 감사(cosmic gratitude, 구체적인 시혜물 없이, 큰 차원에서 느끼는 감사. ─옮긴이)를 조금이라도 안다면, 마땅히 그래야 한다. 2015년의 미국인은 반세기 전의 미국인과 비교할 때 9년을 더 살고, 3년을 더 교육받고, 가족 구성원당 3만 3000달러를 더 벌고(그 가운데 절반도 아니고 3분의 1만을 필수품 구입에 쓴다.), 주당 8시간의 여가를 더 즐긴다. 2015년의 미국인은 여가 시간에 인터넷에서 무언가를 읽을 수 있고, 스마트폰으로 음악을 들을 수도 있고, 고화질 텔레비전으로 영화를 스트리밍할 수도 있고, 친구나 친척과 화상 통화를 할 수도 있고, 스팸 프리터 대신 태국 음식을 맛볼 수도 있다.

하지만 대중의 인상을 지침으로 삼는다면 오늘날의 미국인은 반세기 전의 미국인보다 1.5배(만약 행복이 소득을 따른다면) 더 행복하지도 않고, 3분의 1만큼(교육 수준을 따른다면) 더 행복하지도 않으며, 심지어는 8분의 1만큼(수명을 따른다면) 더 행복하지도 않다. 사람들은 어느 때 못지않게 불평하고, 우는소리를 하고, 징징대고, 투덜대고, 푸념하는 듯하다. 또한 설문 조사에서 행복하다고 답한 미국인의 비율은 몇십 년째 계속 제자리걸음이다. 자신의 행복을 감사할 줄 모르는 배은망덕한 마음은 대중 문화에서는 트위터 해시태그 #제1세계한정문제(#firstworldproblems) 같은 인터넷 밈이나, "모든 게 놀라운데 누구도 행복하지 않아."라는 말로 유명한 코미디언 루이 C.K.(Louis C.K., 1967년~)의 1인 공연을 통해 주목을 받아 왔다.

"자본주의의 토대가 무너지고 있다." 같은 기사를 읽으면, 그런 느낌이에요. 어쩌면 옆구리에 항아리를 덜거덕거리는 당나귀를 끌고 다니던 시절로 돌아가야 하는 게 아닌가. …… 우리는 지금 놀라운 세계에 살고 있는데, 버릇 없고 멍청하고 한심한 세대가 그걸 허비하고 있죠. …… 비행이 제일 심합니다. 사람들은 공항에서 돌아와서 여행 이야기를 늘어놓지요. …… 이런 식으로요, "생애 최악이었어. …… 비행기를 탔는데 활주로에 40분 동안이나 앉아 있게 하잖아?" 오, 그런가요? 그다음에 무슨 일이 있었죠? '하늘을 날아갔죠?' 믿을 수 없게, 새처럼? 구름 속으로 높이 날아올랐죠? 인간의 비행이라는 '기적'을 경험하지 않았나요? 그리고 거대한 바퀴를 내려서 부드럽게 착륙했죠? 당신은 그 바퀴에 어떻게 공기를 주입하는지도 모르는데? …… 당신은 '하늘' 위에서 '의자'에 앉아 있었어요. 이 정도면 그리스 신화의 주인공이죠! …… 연착됐다고요? …… 비행이 너무 오래 걸린다고요? 뉴욕에서 캘리포니아까지 5시간 걸리는데, 원래는 30년이나 걸리는 길이었단 말입니다! 여러분 대부분은 가는 길에 죽었을 거예요! 목에 화살을 맞았을 수도 있죠. 그러면 다른 여행객들이 아무렇게나 묻어 주고 막대기를 꽂은 뒤 당신의 모자를 걸어두고 다시 길을 떠나겠죠. …… 라이트 형제가 알았으면 우리(가랑이)를 걷어찰 겁니다.[1]

1999년에 존 밀러는 근대성에 대한 당시의 일반적인 이해를 다음과 같이 요약했다. "사람들이 성큼성큼 전진하는 놀라운 경제적 발전을 아무렇지 않게 받아들이고, 화를 낼 만한 새로운 걱정거리를 재빨리 찾는 듯하다. 따라서 아주 중요한 면에서, 사정은 결코 나아지지 않았다."[2] 밀러의 이해는 그저 '미국병(American malaise)'에 관한 인상 비평에 그치는 것이 아니다. 1973년에 경제학자 리처드 에인리 이스털린(Richard Ainley Easterlin, 1926년~)은 이후 그의 이름을 따서 불리게 된 역설 하나를 발견했다.[3] 한 국가 안에서 비교를 하면 부유한 사람이 더 행복하지만, 여러 국가를 비교하면 부유한 국가가 가난한 국가보다 더 행복하지 않은 것으로 나타난다는 것이다. 그리고 시간적으로 비교하면, 국가가 부유해져도 사람들은 더 행복해지지 않는 것으로 나타난다.

이스털린의 역설(Easterlin paradox)은 두 가지 심리학 이론을 통해 설명된다. 쾌락의 쳇바퀴 이론(theory of the hedonic treadmill)에 따르면, 우리 눈이 빛이나 어둠에 적응했다가 금세 선천적인 초깃값으로 회귀하듯이, 사람들은 부의 변화에 적응한다.[4] 사회 비교 이론(혹은 9장에서 살펴본 준거 집단, 지위 불안, 상대적 박탈감에 대한 이론)에 따르면, 사람들의 행복감은 자신이 다른 사람에 비해 얼마나 잘해 나가고 있는지에 따라 결정된다. 따라서 국가 전체가 부유해져도 누구도 행복해지지 않는다. 사실, 국가의 불평등이 심해지면 사람들은 더 부유해졌다고 해도 더 불행해질 수 있다.[5]

그런 맥락에서 만일 사정이 절대 나아지지 않는다면, 이른바 경제, 의학, 기술의 진보가 과연 가치 있는 것인지 의문이 생길 수 있다. 그리고 많은 사람이 가치 없다고 주장한다. 그들은 개인주의, 물질주의, 소비주의, 퇴폐적인 졸부 집단이 부상하고, 또 따뜻한 사회적 유대가 있고 종교가 내려주는 의미와 목적 의식으로 가득한 전통적 공동체가 파괴되면서 우리의 영혼이 가난해졌다고 말한다. 그 때문에 우울증, 불안, 외로움, 자살이 급증하고 있다는 기사가 그렇게 자주 나오고, 세속의 낙원이라는 스웨덴이 높은 자살률로 유명하다는 것이다. 2016년에 사회 운동가 조지 몬비오(George Monbiot, 1963년~)는 "신자유주의가 외로움을 만들어 내고 있다. 그것이 우리의 사회를 갈가리 찢어놓는다."라는 제목의 칼럼을 통해 문화적 비관주의자들의 유서 깊은 반(反)근대성 캠페인에 가담했다. 핵심적인 내용은 이러했다. "정신 질환의 유행이 수백만 명의 마음과 몸을 부수고 있다. 우리가 어디로, 왜 가고 있는지 질문해야 할 때다." 칼럼은 이렇게 경고했다. "영국 아동들의 정신 건강을 보여 주는 재앙과도 같은 최신 통계는 전 지구적인 위기를 반영한다."[6]

만일 그 모든 수명 연장과 건강 증진이, 그 모든 지식과 여가, 경험의 확장이, 그 모든 평화와 안전과 민주주의와 권리의 향상이 우리를 조금도 행복하게 만들지 않고 오히려 더 외롭게 만들고 자살을 생각하게 한다면, 이것은 인류 역사상 가장 큰 농담이 될 것이다. 하지만 옆구리에 물단지를 매달고 덜거덕거리는 당나귀를 끌고 다니기 전에, 우선 인간 행복에 관한 사실들을 면밀하게 살펴보는 게 좋을 듯하다.

~

늦어도 축의 시대 이후로 사상가들은 무엇이 좋은 삶을 만드는지 숙고해 왔고, 오늘날 행복은 사회 과학의 가장 중요한 주제가 되었다.[7] 일부 지식인들은 행복이 시인, 문필가, 철학자가 아니라 경제학자의 주제가 되었다는 것에 불신을 품고, 심한 경우 불쾌감을 느끼기까지 한다. 하지만 접근법은 크게 다르지 않다. 사회 과학자는 예술가들과 철학자들이 처음 상상했던 개념을 통해 행복에 관한 연구를 시작하고, 제아무리 통찰력 있는 사람이라도 홀로 숙고해서는 답을 내릴 수 없는 역사적 패턴과 세계적 경향에 문제 제기를 하기도 한다. 진보가 사람들을 더 행복하게 했느냐고 묻는 질문은 특히 더 그렇다. 여기에 답을 하려면 우선 행복의 측정 가능성을 불신하는 비평가들을 진정시킬 필요가 있다.

예술가, 철학자, 사회 과학자는 좋은 삶이 단 하나의 차원으로 이루어져 있지 않다는 데 동의한다. 사람들은 어떤 차원에서는 잘살고, 어떤 차원에서는 못살 수 있다. 이제 거기서 중요한 차원들을 구분해 보자.

좋은 삶의 객관적인 측면들로 살펴보는 데에서 시작할 수 있다. 우리가 본래적 가치가 있다고 여기는 선물의 목록 가운데 최상위에 있는 것은 소유자들이 인정하든 안 하든, 바로 생명 그 자체일 것이다. 생명과 함께 건강, 교육, 자유, 여가도 그 목록에 오른다. 바로 이 사고 방식이 루이 C.K.의 사회 비판에 담겨 있고, 부분적으로는 아마르티아 센과 마사 누스바움의 인간의 근본적 가능성에도 담겨 있다.[8] 그런 맥락에서 오래, 건강하게, 치열하게 살아가는 사람들은, 기질상 시무룩하든, 기분이 나쁘든, 혹은 축복을 감사히 여길 줄 모르는 버릇없는 멍청이든, 더 잘살고 있다고 말할 수 있다. 이렇게 명백한 온정주의를 정당화해 주는 한 가지 근거는, 생명, 건강, 자유야말로 지금처럼 삶에서 가치 있는 것이 무엇인지 고민하는 행위는 물론이고 다른 모든 행위의 전제 조건이며, 따라서 이들은 바로 그 본성상 가치가 있다는 것이다. 또 다른 근거는, 자신의 부를 감사할 줄 모르고 사치를 누리는 사람들이 운 좋은 생존자 편향의 표본을 구성하고 있다는 점이다. 만약 전쟁, 기아, 질병으로 사망한 아이들, 어머니들, 여타 희생자들의 영혼을 대상으로 여론 조사를 할 수 있거나, 시간을 뒤로 돌려 그들이 전근대 세계나 근대(현대) 세계 가운데 자신이 살아갈 세계를 고를 수 있게 한다면 아마 진정한 객관적 가치에 부합하는 근대성의 진가를 밝혀낼 수 있을 것이다. 이 행복의 다양한 차원은 앞선 장들에서 주제로 다뤄졌고, 그것들이 정말 향상됐는지에 관한 판결 역시 내려졌다.

본래적인 선 가운데 하나가 자유, 혹은 자율성이다. 자유란 좋은 삶을 만들어 갈 수 있는 방안이 열려 있고(적극적 자유), 어느 한 방안을 선택하지 못하게 하는 강압이 부재한다(소극적 자유)는 의미이다. 『자유로서의 발전』에서 센은 이 가치를 저서의 제목으로 붙이고 국가 발전의 궁극적 목표로 다뤘다. 적극적 자유는 경제학자의 유용성(사람들이 원하는 것. 사람들이 자신의 부를 사용해서 갖고자 하는 대상) 개념과 관련되어 있고, 소극적 자유는 정치 과학자의 민주주의 및 인권 개념과 관련되어 있다. 앞서 언급했듯이, (생명, 이성과 더불어) 자유는 무엇이 삶에서 **좋은** 것인지를 평가하는 바로 그 행위의 전제 조건이다. 무기력하게 우리의 운명을 한탄하거나 찬양하지 않는 이상, 우리가 우리의 조건을 평가할 때에는 항상 과거의 사람들이 다른 길을 선택할 수 있었다고 전제한다. 또한 우리가 어디로 가고 있는지 물을 때마다 우리는 무엇을 추구할지를 결정할 권한이 우리에게 있다고 전제한다. 그런 이유에서 자유는 그 자체로 본래적 가치가 있다.

이론상, 자유는 행복과 무관하다. 사람들은 치명적인 유혹에 굴복하거나, 자신에게 해로운 쾌락을 탐닉하거나, 다음 날 아침에 자신의 선택을 후회하거나, 함부로 무엇이든 소망하지 말라는 조언을 무시할 수도 있다.[9] 실제로, 자유를 비롯한 삶의 좋은 것들은 서로 보조를 맞춘다. 국가 전체의 민주주의 지수를 통해서 객관적으로 평가하든, 아니면 "자유로운 선택권과 삶에 대한 통제력을 갖고 있는가?"에 대한 각자의 느낌에 따라 주관적으로 평가하든, 한 국가의 행복 수준은 자유의 수준과 상관관계가 있다.[10] 또한 사람들은 자유가 행복한 삶으로 이어지는가의 여부와 무관하게, 자유를 의미 있는 삶의 요소로 꼽는다.[11] 프랭크 시나트라처럼 사람들은 후회를 할 수도 있고 불행을 겪을 수도 있지만(프랭크 시나트라의 대표곡, 「마이 웨이(My Way)」의 한 구절. ─옮긴이), 자신의 방식으로 그렇게 한다. 심지어 사람들은 자율성을 행복보다 높게 평가하기도 한다. 예를 들어, 고통스러운 이혼을 경험한 사람이라도 부모가 결혼 상대를 정해주는 시대로 돌아가겠다고 하지는 않을 것이다.

행복은 어떨까? 과연 과학자들은 주관적인 안녕처럼 주관적인 것을 어떻게 측정할 수 있을까? 사람들이 얼마나 행복한지를 알아내는 가장 좋은 방법은 그들에게 직접 묻는 것이다. 그보다 나은 판관이 누가 있을까? 오래전 「새터데이 나이트 라이브(Saturday Night Live)」의 한 꼭지에서 코미디언 길다 래드너(Gilda Radner, 1946~1989년)는, 연인과 성관계를 나눈 뒤 혹시 그녀가 오르가슴을 느끼지 못한 것은 아닐까 걱정하는 상대(체비 체이스(Chevy Chase, 1943년~)가 연기했다.)를 위로한다. "가끔은 느끼고도 모를 때가 있어." 우리가 이 말에 웃는 것은, 주관적 경험에서 최고의 권위자는 경험자인 그녀 자신이기 때문이다. 하지만 사람들의 말에만 의존할 필요는 없다. 행복의 자기 보고는 우리가 행복을 드러내는 것으로 간주하는 다른 모든 것들 — 미소, 쾌활한 태도, 귀여운 아기를 볼 때의 뇌 반응 — 과 상관성이 있으며, 길다와 체비의 말에도 불구하고 타인의 판단과도 관련되어 있기 때문이다.[12]

여기 행복감에는 두 가지 측면이 있다. 경험적 혹은 정서적 측면과, 평가적 혹은 인지적 측면이다.[13] 경험적 요소는 고양감, 기쁨, 자부심, 환희 같은 긍정적인 감정과 걱정, 분노, 슬픔 같은 부정적 감정의 균형으로 구성된다. 과학자는 행복감을 측정하기 위해 사람들에게 임의로 울리는 삐삐를 채우고, 삐삐가 울릴 때마다 지금 기분이 어떤지를 표현하게 해서 감정적 경험을 실시간으로 확인한다. 행복감의 궁극적인 측정값은 사람들이 얼마나 행복하다고 느끼는지, 그리고 얼마나 오랫동안 행복을 느끼는지를 평생에 걸쳐 적분하거나 가중 합산해야 알 수 있을 것이다. 경험의 표본 추출은 주관적인 행복을 평가하는 가장 직접적인 방법이지만, 노동력과 비용이 많이 들고, 다른 나라의 사람들과 비교하거나 오랜 시간에 걸쳐 실험 대상을 추적한 적절한 데이터 집합도 없는 실정이다. 차선책은 사람들에게 지금 기분이 어떤지를 묻거나, 그날 하루에 혹은 일주일 전에 기분이 어땠는지 묻는 것이다.

여기서 우리는 행복의 또 다른 측면, 즉 자신이 어떤 삶을 살고 있는

지에 대한 사람들의 **평가**로 넘어간다. 사람들에게 '요즘', '전체적으로', 혹은 '모든 것을 합쳤을 때' 얼마나 만족하는지를 생각해 보라고 요구할 수도 있고, '가능한 최악의 삶'부터 '가능한 최선의 삶'까지 총 10단계로 이루어진 사다리가 있다고 할 때 지금 몇 번째 다리를 밟고 있느냐 하고 묻는 식으로 거의 철학적인 판단을 요구할 수도 있다. 사람들은 대개 질문이 어렵다고 느끼고(놀랍지 않은 것이, 정말 어려운 질문이기 때문이다.), 또한 사람들의 반응은 날씨, 현재의 기분, 바로 직전의 질문(대학생에게 물은 연애 관련 질문이나, 상대가 누구든 정치에 관한 질문은 답변자를 우울하게 만드는 효과를 확실하게 일으킨다.)에 따라 널을 뛴다. 결국 사회 과학자들은 행복, 만족, 가능한 최선, 가능한 최악의 삶이 사람들의 마음속에 흐릿하게만 존재하므로, 그저 그 평균을 구하는 것이 가장 쉬운 방법일 때가 많다는 사실을 받아들이게 되었다.[14]

감정과 삶의 질 평가는 완벽하게는 아니지만 서로 관련되어 있다. 넘치는 행복감은 더 나은 삶에 기여하지만, 걱정과 슬픔의 부재는 그렇지 않다.[15] 이것은 좋은 삶의 마지막 차원으로 우리를 데려간다. 의미와 목적이다. 의미와 목적은 행복과 함께 아리스토텔레스의 이상인 **에우다이모니아**(eudaemonia), 즉 '좋은 영혼'의 성질이다.[16] 행복이 전부는 아니다. 우리는 단기적으로는 우리를 불행하게 하지만 생애 전체에 걸쳐 성취감을 주는 결정을 내릴 수 있다. 아기를 키우거나 책을 쓰거나 가치 있는 명분을 위해 싸우는 일이 그렇다.

무엇이 **정말로** 삶을 의미 있게 만드는지를 필멸자인 인간이 규정할 수는 없겠지만, 심리학자 로이 바우마이스터(Roy F. Baumeister, 1953년~)와 동료들은 사람들이 무엇을 통해 삶이 의미 있다고 **느끼는지**를 조사했다. 응답자는 각각 자신의 삶이 얼마나 행복한지, 얼마나 의미 있는지를 평가했고, 그들의 생각, 활동, 환경에 관한 수많은 질문에 답했다. 그 결과에 따르면, 타인과의 연결, 생산적이라는 느낌, 혼자가 아니라거나 지루하지 않다는 생각 등 사람을 행복하게 만드는 많은 것들이 또한 삶을 의미 있게 만들어 준다. 하지만 어떤 것들은 삶을 행복하게 만들기는 해도, 삶을 더 의미 있게나 덜 의미 있게 만들지는 못한다.

행복하지만 반드시 의미 있지는 않게 사는 사람들은 모든 욕구가 충족되어 있다. 건강하고, 충분한 돈이 있고, 많은 시간을 기분 좋게 보낸다. 의미 있는 삶을 사는 사람은 그중 어떤 혜택도 누리지 못할 수 있다. 행복한 사람은 현재를 산다. 의미 있는 삶을 사는 사람은 과거의 이야기와 미래의 계획 속에 산다. 행복하지만 의미 없는 삶을 사는 사람은 받는 사람이고 수혜자이다. 의미 있지만 행복하지 않은 삶을 사는 사람은 주는 사람이고 증여자이다. 부모는 자녀로부터 의미를 얻지만 반드시 행복을 얻지는 못한다. 친구와 보내는 시간은 삶을 행복하게 만들고, 사랑하는 사람과 보내는 시간은 삶을 의미 있게 만든다. 스트레스, 걱정, 논쟁, 도전, 투쟁은 삶을 불행하지만 의미 있게 만든다. 의미 있는 삶을 사는 사람들은 남을 괴롭히기 위해 문제를 찾아다닌다는 것이 아니라, 야심을 실현하기 위해 목표를 좇는다는 것이다. "사람은 계획하고 신은 웃는다." 마지막으로, 의미는 자신을 만족시키기보다는 자신을 표현하는 일이다. 즉 삶의 의미는 그 사람을 규정하고 평판을 쌓아 주는 활동을 통해 강화된다.

행복감은 자연 환경에서 적응도를 높이는 데 유리한 징후들을 좇아간 우리 발자취가 고스란히 간직되어 있는 오래된 생물학적 되먹임 체계의 산물이라고 볼 수 있다. 일반적으로 우리는 건강하고, 편안하고, 안전하고, 먹을 것이 있고, 사회적으로 연결되어 있고, 성적으로 활발하고, 사랑받을 때 더 행복하다. 행복감의 기능은 적응도의 열쇠를 찾도록 우리를 들볶는 것이다. 불행할 때 우리는 자신의 운명을 더 낫게 해 줄 것을 얻기 위해 싸운다. 행복할 때 우리는 지금 상황을 소중히 여긴다. 이것과 대조적으로 의미는 인간 특유의 인지 적소를 점한 사회적이고 총명하고 수다스러운 종에게 열려 있는 새롭고 폭넓은 목표들과 일치한다. 우리가 중요하게 생각하는 목표는 먼 과거에 뿌리를 두고 먼 미래로 뻗어 나가는 목표, 아는 사람의 범위를 넘어 수많은 사람에게 영향을 미치는 목표, 동료들에게 그 가치를 설득하는 우리의 능력과 자비롭고 유능한 사람이라는 우리의 평판에 기초해서 그들에게 비준을 받아야 하는 목표 등이다.[17]

인간의 심리에서 행복감의 역할이 이처럼 제한적이라는 것에는 더 많은 사람이 더 많이 행복감에 취하기를 바라면서 행복감을 한없이 증가시키는 것이 진보의 목표가 아니라는 뜻이 내포되어 있다. 하지만 세상에는 우리가 줄일 수 있는 불행이 넘쳐나고, 우리의 삶이 얼마나 큰 의미를 지닐 수 있는가에는 한계가 없다.

～

재산과 자유가 엄청나게 늘어났음을 고려할 때 선진국 국민은 아주 행복해야 하지만 실제로는 그렇게 행복하지 않다는 이야기가 사실이라고 해 보자. 하지만 그들이 조금이라도 더 행복해지지 않았을까? 삶이 너무나 공허해져서 생을 마감하겠다고 결정하는 사람들의 수가 기록적으로 늘고 있을까? 타인과 연결될 수 있는 믿기 어려울 정도로 많은 기회를 거부하면서 유행병 같은 외로움에 고통스러워만 하고 있을까? 젊은 세대가 우울증과 정신 질환에 신음하면서 우리의 미래에 불길한 그림자를 드리우고 있을까? 곧 보겠지만, 이 모든 질문의 답은 확실히 **아니올시다**.

증거도 없이 인류의 불행을 선언하는 것은 사회 비평가들이 흔히 빠지는 직업적 함정이다. 1854년에 헨리 데이비드 소로(Henry David Thoreau,

1817~1862년)는 고전 『월든(Walden)』을 통해 유명한 말을 남겼다. "많은 사람이 절망한 상태로 살아간다." 호숫가의 오두막에 틀어박혀 사는 사람이 그것을 어떻게 아는지는 확실하지 않지만, 수많은 사람이 그와 다르게 생각한다. 세계 가치 조사에서는 행복하냐는 질문에 86퍼센트의 응답자가 "행복한 편"이거나 "매우 행복"하다고 답했고, 『2016년 세계 행복 보고서(World Happiness Report 2016)』에 포함된 150개국의 응답자들은 평균적으로 자신의 삶이 최악에서 최고를 나타내는 사다리의 상위에 위치한다고 평가했다.[18] 소로는 낙관주의 간극('난 괜찮은데 사람들은 그렇지 않아.'라는 착각)의 희생자였으며, 행복감의 경우에 그 간극은 협곡에 더 가깝다. 모든 나라의 국민은 행복하다고 말하는 자국민의 비율을 평균 42퍼센트 낮게 추정한다.[19]

역사적인 궤적은 어떨까? 이스털린이 흥미로운 역설을 내놓은 것은 빅 데이터의 시대보다 수십 년 앞선 시점이었다. 현재 우리는 부와 행복감에 관한 증거를 훨씬 더 많이 갖고 있는데, 그 증거에 따르면 이스털린의 역설은 존재하지 않는다. 한 국가 내에서도 더 부유한 사람이 더 행복할 뿐 아니라, 더 부유한 나라의 사람들은 더 행복하고, 시간이 흘러 국가가 부유해지면 국민들이 더 행복해진다. 이런 식의 새로운 이해는 앵거스 디턴, 세계 가치 조사, 『2016년 세계 행복 보고서』 등 여러 독립적인 분석의 결과물이다.[20] 내가 가장 좋아하는 분석은 경제학자 벳시 스티븐슨(Betsey Stevenson, 1971년~)과 저스틴 울퍼스(Justin Wolfers, 1972년~)의 분석으로 다음 그래프에 요약되어 있다. 그림 18.1은 131개국의 평균 소득 대비 평균 삶의 만족도 평가 점수(로그 척도)를 각각 점으로 나타내며, 그것과 함께 각 나라 국민의 소득과 삶의 만족도 간의 연관성을 점을 관통하는 화살표로 나타낸다.

몇 가지 패턴이 튀어나온다. 가장 즉각적인 패턴은 국가 간에 이스털

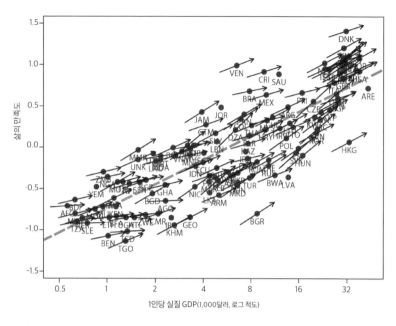

그림 18.1. 2006년 삶의 만족도와 소득. (Stevenson & Wolfers 2008a, fig. 11, Gallup World Poll 2006 의 데이터에 근거해 작성했다. 벳시 스티븐슨과 저스틴 울퍼스 제공.)

린의 역설이 존재하지 않는다는 것이다. 화살표는 구름처럼 대각선 방향으로 몰려가는데, 부유한 나라일수록 국민들이 더 행복하다는 뜻이다. 소득 척도가 로그 척도라는 점을 생각하라. 선형 척도라면 저 구름은 왼쪽 아래에서 오른쪽 위로 더욱 급격하게 상승했을 것이다. 이것은 소득 증가가 부유한 나라보다 빈곤한 나라에서 사람들의 행복감을 더 크게 증가시키며, 부유한 나라의 사람들이 더 행복해지기 위해서는 그것보다 더 많은 소득 증가가 필요하다는 뜻이다. (이것은 애초에 이스털린의 역설이 탄생한 이유이기도 하다. 잡음이 많았던 당시의 데이터로는 소득 척도의 최상위에 위치한 국가에서 나타나는 상대적으로 미미한 행복감의 상승을 포착하기가 어려웠다.) 하지만 어떤 척도에서도 선은 평평해지지 않는데, 기본적인 욕구를 채우기 위한 최소한의 돈만 필요할 뿐 그 이상의 돈이 사람들을 전혀 행복하게 해 주지 못한다면 그런 결과는 나오지 않을 것이다. "아무리 부유해도 지나치지 않고 아무리 날씬해도 지나치지 않아."라는 월리스 심프슨(Wallis Simpson, 1896~1986년) 윈저 공작 부인의 말은, 행복과 관련해 절반은 맞았다.

가장 놀라운 것은, 화살표의 각도들이 서로 비슷하고 화살표 무리 전체의 각도(화살표 무리의 뒤에 숨어 있는 회색 점선의 각도)와도 일치한다는 점이다. 이것은 개인의 소득이 다른 사람에 비해 증가할 때 그 개인의 행복감이 커지듯이, 국가 전체의 소득이 증가해도 개인의 행복감이 커진다는 뜻이다. 사람들이 다른 사람과 비교할 때에만 행복하거나 불행하다는 생각이 의심스러워지는 대목이다. 상대적 소득이 아니라 절대적 소득이 행복감에 가장 큰 영향을 미치는 요인이다. (이 결론은 9장에서 논의했듯이, 불평등과 행복감은 서로 무관하다는 연구 결과와 일치한다.)[21] 이것은 행복감이 시력처럼 주변 환경에 적응한 뒤 다시 기준점으로 돌아온다거나, 혹은 쾌락의 쳇바퀴 위에서 헛되이 뜀박질하듯 제자리에 머무른다는 오랜 통념을 논박하는 수많은 연구 결과 중 하나이다. 사람들은 실패에서 다시 일어서기도 하고 자신의 성공을 숨기기도 하지만, 그들의 행복감은 실직이나 장애 같은 시련으로 장기적인 타격을 입기도 하고, 결혼을 잘하거나 행복한 국가로 이주하는 등의 행운으로 장기적인 상승 효과를 얻기도 한다.[22] 또한 기존의 믿음과 대조적으로, 복권 당첨은 장기간에 걸쳐 사람을 더 행복하게 만든다.[23]

우리는 국가가 시간이 흐를수록 **더 부유해진다**는 것을 알기 때문에(8장), 그림 18.1을 시간이 흐를수록 인류가 **더 행복해진다**는 것을 보여 주는 영화의 정지 화면으로 생각할 수 있다. 행복감의 증가는 인간 진보의 또 다른 지표이자 가장 중요한 지표이다. 물론 이런 단편적인 그래프로는 전 세계인을 대상으로 수 세기 동안 설문 조사를 해서 시간에 따른 그들의 행복감 변화를 나타낸 장기적인 연대기를 대신할 수는 없다. 그런 데이터는 존재하지 않는다. 하지만 스티븐슨과 울퍼스는 이미 존재하는 장기적 연구 문헌을 철저히 조사해서, 1973년과 2009년 사이에 유럽 국가 9곳 중 8곳에서 1인당 GDP 상승과 함께 행복감이 증가했다는 결과를 얻었다.[24] 전 세계를 대상으로 한 증거는 세계 가치 조사에서 나온다. 1981년과 2007년 사이에 52개국 중 45개국에서 행복감이 증가했다.[25] 여기서 나타나는 시간적 경향은 이스털린의 역설의 논란에 종지부를 찍는다. 이제 우리는 한 국가 내에서 더 부유한 사람들이 더 행복하고, 더 부유한 나라의 사람들이 더 행복하며, 국가가 부유해지면 국민도 행복해진다는 것, 즉 시간이 지날수록 사람들이 더 행복해진다는 것을 알게 되었다.

물론 소득 외에도 많은 것이 행복감에 영향을 미친다. 이것은 삶의 역사와 내적 기질이 저마다 다른 개인뿐 아니라, 그래프의 회색 점선 주변에 흩어져 있는 점들을 통해서 알 수 있듯이, 국가에도 해당하는 말이다. 국가는 국민이 더 건강할 때 더 행복하고(소득을 고정했을 때), 앞서 언급했듯이 국민들이 자신의 삶을 자유롭게 자율적으로 결정할 수 있다고 느낄 때 더 행복하다.[26] 흔한 고정 관념이 말하듯, 문화와 지리도 중요하다. 라틴아메리카 국가는 소득에 비해 더 행복하고, 동유럽의 구공산권 국가는 소득에 비해 덜 행복하다.[27] 『2016년 세계 행복 보고서』는 국가의 행복감과 나란히 움직이는 세 가지 특성을 발견했다. 사회적 지원(사람들이 힘든 시기에 기댈 수 있는 친구나 친척이 있다고 답하는지), 관대함(사람들이 자선 단체에 기부를 하는지), 부패(자국의 경제가 부패했다고 여기는지)이다.[28] 하지만 이 특성들이 더 큰 행복감을 **야기한다**고 결론지을 수는 없다. 한 가지 이유로, 행복한 사람들은 세계를 장밋빛 안경 너머로 보고, 그래서 자신의 삶과 사회의 좋은 점들을 관대하게 평가할 수 있기 때문이다. 또 다른 이유로, 행복감은 사회 과학자의 말마따나 내인성(內因性)이기 때문이다. 행복감은 사람들로 하여금 남을 돕고, 관대해지고, 양심적으로 행동하게 만들지만, 그 반대는 아니다.

～

부와 행복이 따로 노는 국가들 가운데 하나가 미국이다. 어떤 기준으로 봐도 미국인은 불행하지 않다. 90퍼센트에 가까운 미국인이 자신은 적어도 "꽤 행복하다."라고 평가하고, 3분의 1에 가까운 미국인이 자신은 "매우 행복하다."라고 평가하면서, 최악의 삶부터 최고의 삶을 가정할 때 10단계 사다리 중 어디에 위치하느냐는 질문에 일곱 번째 단을 고른다.[29] 하지만 2015년에 미국은 전 세계 국가 중 13위를 기록했는데(서유럽 8개국, 영연방 3개국, 이스라엘의 뒤를 이어), 상위 국가 중 미국보다 평균 소득이 높은 국가는 노르웨이와 스위스뿐이었다.[30] (영국은 최악의 삶에서 6.7단계 높은 만큼 행복하다고 답해 23위를 기록했다.)

또한 미국은 해를 거듭할수록 행복감이 체계적으로 상승하는 모습을 보이지 않았다. (이것은 이스털린의 역설을 성급하게 끌어낸 또 다른 미끼로, 미국은 행복감 데이터가 과거로 가장 멀리 거슬러 올라가는 나라이기 때문이다.) 미국인의 행복감은 1947년 이후로 좁은 범위 안에서 불황, 회복, 침체, 거품 경제 등에 반응하면서 등락을 거듭했지만, 그 등락에는 아무런 일관성이 없었다. 한 데이터 집합에 따르면 미국인의 행복감은 1955년과 1980년 사이에 살짝 하락하고, 2006년에 상승했다. 다른 데이터에 따르면, 1972년부터 자신이 "매우 행복"하다고 말하는 사람의 비율이 살짝 하락했다. (하지만 "매우 행복"하다고 말한 사람과 "꽤 행복"하다고 말한 사람을 합친 비율은 변하지 않았다.)[31]

미국이 겪고 있는 행복감의 침체가 부와 행복감이 함께 상승하는 세계적 경향을 반증하지는 않는다. 부유한 나라의 변화를 고작 수십 년 살펴본다는 것은 전체 폭의 일부만을 슬쩍 엿보는 것이기 때문이다. 디턴이 지적하듯이, 이를테면 미국과 토고에서 250년 동안 경제가 성장한 결과로 50배의 소득 격차가 발생한 과정을 들여다볼 때는 그로 인한 효과가 뚜렷한 추세로 나타나지만, 가령 한 나라 안에서 20년 동안 2배의 소득 격차로 발생한 효과를 들여다볼 때는 잡음에 묻혀 잘 보이지 않는다.[32] 또한 미국은 서유럽 국가보다 소득의 불평등 수준이 매우 높아져서(9장), 비교적 소수에 해당하는 인구만이 GDP 상승의 혜택을 누렸다.[33] 미국의 예외성을 반추하는 일은 한없이 매력적인 소일거리이지만, 그 이유가 무엇이든 간에 행복 연구자들은 주관적인 행복의 세계적인 경향에서 미국이 별종이라는 점에 의견을 모은다.[34]

개별 국가에서 행복감의 경향성이 들어맞기 어려운 또 다른 이유는 국가라는 것이 어쩌다 보니 땅 한 자리를 차지하게 된 수천만의 인간이 모여 사는 곳이기 때문이다. 이들에게서 평균을 구해 어떤 공통점을 발견한다면 그것이야말로 놀라운 일일 테니, 시간이 흐르는 동안 인구의 다른 계층들이 각기 다른 방향으로 나아가면서 때로는 평균값을 이리저리 흔들고, 때로는 서로의 변화를 상쇄시킨다고 해도 놀라서는 안 된다. 지난 35년 동안, 백인 미국인은 조금 덜 행복해진 반면에 아프리카계 미국인은 훨씬 더 행복해졌다.[35] 여성은 남성보다 더 행복해지는 경향이 있지만, 서양 국가들에서는 남성이 여성보다 더 빠른 속도로 행복해지면서 그 차이가 줄어들었다. 정반대로 미국에서는 여성이 더 불행해지고, 남성은 엇비슷한 수준을 유지했다.[36]

하지만 역사적 경향을 이해하는 과정에서 가장 복잡한 문제는 바로 우리가 15장에서 마주했던 내용, 즉 생애 주기(연령)에 걸친 변화, 시대 정신(시기)의 변화, 세대(코호트)에 따른 변화를 구별하는 것이다.[37] 타임머신을 타지 않고서야 세 요소의 상호 작용은 물론이고 연령, 코호트, 시기의 효과를 완벽하게 분리해 내기란 논리적으로 불가능하다. 예를 들어,

2005년에 50대 인구가 불행하다면, 우리는 그 원인이 베이비붐 세대가 중년에 접어들어 힘든 시간을 보내고 있기 때문인지, 베이비붐 세대가 새천년에 적응하느라 힘든 시간을 보내고 있기 때문인지, 혹은 새천년이 중년에게는 힘든 시기인지 판별할 수 없다. 하지만 여러 세대와 시대를 포괄하는 데이터 집합이 있고 더불어 사람과 시대가 얼마나 빨리 변할 수 있는가에 대한 몇 가지 가정이 있다면, 긴 시간에 걸친 각 세대의 점수, 전체 인구의 연도별 점수, 연령별 점수의 평균을 구하고, 시간에 따른 세 가지 요인의 독립적인 변화 궤적을 추산할 수 있다. 그럴 때 우리는 진보의 두 버전을 확인해 볼 수 있다. 하나는 모든 연령의 사람들이 근래에 더 행복해졌을 가능성이고, 다른 하나는 이전 세대보다 행복한 젊은 세대가 윗세대를 대체하면서 전체 평균을 끌어올렸을 가능성이다.

사람들은 나이가 들면 더 행복해지는 경향이 있다. (연령 효과) 아마 성년기의 장애물을 넘어서고 실패에 대처하는 지혜가 생겨 더 넓은 관점에서 자신의 삶을 바라볼 수 있기 때문이다.[38] (그들은 중년의 위기를 겪을 수도 있고, 노년기 막바지에 최후의 미끄럼을 탈 수도 있다.)[39] 행복감은 시대에 따라, 특히 경제 변화에 따라 등락을 거듭한다. 경제학자들이 물가 상승률과 실업률의 합을 괜히 경제 고통 지수(misery index)라고 부르는 것이 아니다. 미국 국민은 2007년 말 시작된 대공황이 만든 골짜기에서 이제 막 빠져나왔다.[40]

세대들을 가로지르는 패턴도 등락을 보인다. 두 가지 대규모 표본에 따르면 1900년대와 1940년대 사이에 태어난 미국인은 10년 단위로 앞선 세대보다 더 행복한 삶을 살았는데, 이것은 아마 대공황이 심각해졌을 때 성년에 이른 세대들에게 상처를 남겼기 때문일 것이다. 이 상승세는 베이비붐 세대와 이른 X세대 — 연구자들이 시기 효과와 코호트 효과를 분리할 수 있을 만큼 충분히 나이가 든 세대 중 마지막 세대 — 에서 멈췄다가 조금 하락한다.[41] 현재까지 지속되고 있는 세 번째 연구, 즉 종합 사회 조사(General Social Survey)에 따르면 행복감은 베이비붐 세대에서 살짝 하락했다가 X세대와 밀레니얼 세대에서 완전히 회복됐다.[42] 모든 세대가 요즘 애들을 보고 고민에 빠지지만, 젊은 미국인들은 사실 더 행복해지고 있다. (12장에서 보았듯이, 덜 폭력적이고 마약도 적게 한다.) 또한 미국에서 진행되고 있는 행복의 침체 속에서도 인구의 세 부분은 더 행복해졌다. 바로 아프리카계 미국인, 베이비붐 이전 세대들, 그리고 오늘날의 젊은 사람들이다.

연령-시기-코호트가 엉켜 있다는 것은, 행복감의 모든 역사적 변화가 적어도 눈에 보이는 것보다 3배 복잡하다는 것을 의미한다. 이 점을 염두에 두고 근대성이 외로움, 자살, 정신 질환의 물꼬를 텄다는 주장을 살펴보자.

～

현대 세계를 관찰하는 사람들의 말을 들어보면 서양인들은 점점 외로워지고 있다. 1950년에 데이비드 리스먼(David Riesman, 1909~2002년)은 (네이선 글레이저(Nathan Glazer, 1923~2019년), 르웰 데니(Reuel Denney, 1913~1995년)와 함께) 사회학의 고전인 『고독한 군중(The Lonely Crowd)』을 썼다. 1966년에 비틀스는 세상 모든 외로운 사람들이 어디서 왔는지, 어디에 속하는지 궁금해했다. (「엘리노어 릭비(Eleanor Rigby)」의 한 구절. ─옮긴이) 2000년에 정치 과학자 로버트 퍼트넘(Robert David Putnam, 1941년~)은 자신의 베스트셀러 『나 홀로 볼링(Bowling Alone)』을 통해 혼자 볼링 치는 미국인이 점차 늘고 있다고 지적했다. 그리고 2010년에 정신과 의사 재클린 올즈(Jacqueline Olds, 1947년~)와 리처드 슈워츠(Richard Schwartz)는 『고독한 미국인: 뿔뿔이 흩어져 21세기를 표류하다(The Lonely American: Drifting Apart in the Twenty-First Century)』를 썼다. 무리 생활을 하는 호모 사피엔스의 구성원에게 사회적 고립은 일종의 고문이며, 외로움으로 인한 스트레스는 건강과 삶을 크게 위협한다.[43] 따라서 우리가 새롭게 발견한 연결성이 그 어느 때보다 우리를 외롭게 만든다면, 이것 역시 근대성의 또 다른 장난이 아닐 수 없다.

누군가는 소셜 미디어가 대가족과 소규모 공동체의 감소에 수반된 온갖 소외와 고독을 상쇄하리라 생각할 수도 있다. 무엇보다 오늘날 엘리노어 릭비와 맥켄지 신부가 서로 페이스북 친구가 될 수도 있다. 반면에 심리학자 수전 핑커(Susan Pinker, 1957년~)는 『마을 효과(The Village Effect)』에서 디지털 세계에서 맺은 우정은 직접 대면에 따른 심리적 이익을 주지 못한다고 말한다.

이 모든 견해에도 사람들이 점점 외로워지는 이유는 더 아리송해진다. 세계의 문제들 가운데 사회적 고립만큼 해결하기 쉬워 보이는 것도 없다. 아는 사람을 불러 길 건너의 스타벅스나 주방 식탁에 앉아 담소를 나누면 되기 때문이다. 사람들은 왜 그런 가능성을 눈치채지 못하는 것일까? 오늘날의 사람들, 특히 전에 없이 욕을 먹는 젊은 세대는 디지털 마약에 심각하게 중독되어 진짜 중요한 인간적 접촉을 포기하고 그들 스스로 쓸데없고 어쩌면 치명적인 외로움을 형벌로 선고하는 것일까? 어느 사회 비평가가 표현한 대로, 정말 "우리의 심장을 기계에 내주고, 이제 스스로 기계가 되어 가고 있는 것"일까? 인터넷이 다른 사람의 말대로, "인간적 접촉과 감정이 제거된 원자화된 세계"를 만들어 내는 것일까?[44] 인간 본성의 존재를 믿는 사람에게 이 이야기는 그럴 법하지 않고, 데이터 역시 그것이 허위임을 보여 준다. 외로움의 유행은 없다.

2011년 출간된 『여전히 연결되어 있다(Still Connected)』에서 사회학자 클로드 세르주 피셔(Claude Serge Fischer, 1948년~)는 사람들의 사회적 관계를 40년간 설문 조사한 결과를 검토한 뒤 이렇게 지적한다. "데이터에서 가장 충격적인 것은, 가족과 친구에 대한 미국인의 유대감이 1970년대부터 2000년대까지 거의 변하지 않았다는 점이다. 행동의 장기적 변화든, 그것에 동반되는 개인에 대한 영향이든, 그것을 나타내는 점수는 그저 몇 퍼센트 포인트로 변화했고, 그것도 미미했다. 그렇다. 미국인은 집에서 여가를 즐기는 시간이 줄어들고 전화와 이메일을 더 많이 사용하지만, 근본적으로는 거의 변하지 않았다."[45] 가족의 규모가 작아지고, 독신자가 더 많아지고, 일하는 여성이 늘어났기 때문에 사람들이 시간을 다른 방식으로 분배하기는 해도, 오늘날 미국인은 1974년에 대통령으로 취임한 제럴드 포드(Gerald Ford, 1913~2006년)와 같은 해에 첫 방영된 시트콤 「해피 데이스(Happy Days)」 시절 못지않게 친척들과 많은 시간을 보내고, 친구가 적당히 있고, 친구를 만나는 횟수도 거의 비슷하고, 감정적 지지를 비슷하게 보고하고, 개인적인 관계의 양과 질에 만족한다. 인터넷과 소셜 미디어 사용자는 친구들과 (직접 대면은 조금 적지만) **더 많이** 연락하고, 전자적 유대 덕분에 자신의 관계가 **더욱** 풍부해졌다고 느낀다. 피셔는 인간 본성이 모든 것을 지배한다고 결론지었다. "사람들은 변화하는 환경에 적응하고자 노력하면서도 자신이 가장 소중하게 여기는 목표를 지키기 위해 노력하는데, 여기에는 자녀와 보내는 시간, 친척과의 교류 등 자신을 내밀하게 지지해 주는 원천인 개인적 관계를 양과 질 양면에서 유지하고자 하는 노력이 포함되어 있다."[46]

주관적인 외로움은 어떨까? 전체 인구를 대상으로 한 설문 조사는 많지 않다. 피셔가 발견한 데이터에 따르면 "미국인이 표현하는 외로움의 양은 거의 그대로이거나, 어쩌면 조금 증가"했다. 미혼자가 많아진 것이 주된 원인이다.[47] 하지만 볼모처럼 살아야 하는 학생을 대상으로 한 조사는 상당히 풍부하다. 학생들은 지난 수십 년간 "많은 일을 혼자 해야 해서 불행해."라거나 "이야기할 사람이 없어." 같은 진술에 동의하는

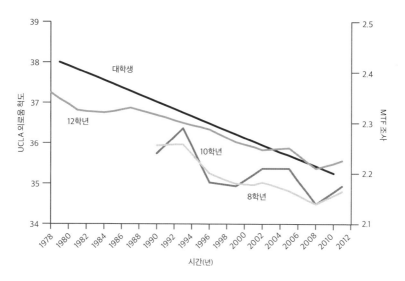

그림 18.2. 1978~2011년 미국 학생들의 외로움. (Clark, Loxton, & Tobin 2015. 대학생(왼쪽 세로축): UCLA 외로움 척도(UCLA Loneliness Scale)를 손본 것이다. 여러 표본의 경향을 나타내는 선은 fig. 1에서 가져 온 것이다. 고등학생(오른쪽 세로축): 외로움을 나타내는 6개 항목의 평균 점수는 모니터링 더 퓨처 조사에서 가 져온 것이다. 3년 기준 평균은 fig. 4에서 가져온 것이다. 각 축의 길이는 표준 편차의 2분의 1이기 때문에 대학교와 고등학교를 나타내는 곡선의 기울기는 직접 비교할 수 있지만, 그 상대적인 높이를 직접 비교할 수는 없다.)

지를 답해 왔다. 그 경향은 2015년 발표된 논문의 제목, 「시간 경과에 따른 외로움의 감소(Declining loneliness over time)」에 요약되어 있고, 그림 18.2 를 통해 확인할 수 있다.

응답한 학생들을 학교를 떠난 이후까지 추적하지는 않은 탓에 우리 는 외로움의 감소가, 젊은 사람들이 사회적 욕구를 충족시키기 점차 쉬 워지는 시기 효과 때문인지, 혹은 사회적으로 더 만족하고 앞으로도 계 속 그 상태를 유지할 젊은 세대의 코호트 효과 때문인지 알 수 없다. 하 지만 젊은 미국인이 "유해한 수준의 공허감, 무목적성, 고립감"으로 고통 받지 않는다는 것은 알 수 있다.

'요즘 아이들'과 더불어 문화적 비관주의자의 영구적인 공격 목표가 되는 것이 바로 기술이다. 2015년에 사회학자 키스 햄프턴(Keith N. Hampton, 1973년~)과 공저자는 다음과 같은 말로 소셜 미디어의 심리적 효과를 보고하기 시작했다.

> 여러 세대가 이어지는 동안 평론가들은 기술이 인간의 스트레스에 미칠 영향을 우려했다. 기차와 산업 기계는 시끄러운 소리로 목가적인 시골 생활을 방해하며 사람들을 날카롭게 만든다고 여겨졌다. 전화가 가정의 고요한 시간을 침범했다. 손목 시계와 벽시계는 생산성을 올리기 위해 공장 노동자에게 인간성을 말살하라는 시간의 압력을 가했다. 라디오와 텔레비전은 광고를 중심으로 구성되어 현대의 소비자 문화에 일조하고 사람들의 지위 불안을 고조시켰다.[48]

그러니 비평가가 초점을 소셜 미디어에 맞추는 것도 당연하다. 하지만 소셜 미디어는 그림 18.2에 알 수 있는 것처럼 미국 학생이 느끼는 외로움의 변화에 도움도 피해도 주지 않았다. 감소세는 1977년부터 2009년이 끝날 때까지 이어졌고, 페이스북 사용이 급증한 것은 2006년부터였다. 또한 새로운 설문 조사에 따르면 성인들이 소셜 미디어 때문에 고립된 것도 아니다. 소셜 미디어 사용자는 친한 친구를 더 많이 만들고, 사람에 대한 신뢰감을 더 강하게 표현하고, 지지받고 있다는 느낌을 더 많이 느끼고, 정치에도 더 많이 참여한다.[49] 또한 디지털 세계의 가짜 친구가 누리는 광포한 수준의 활동을 따라잡느라 사람들이 아슬아슬한 경쟁에 빠져들고 있다는 소문이 있지만, 소셜 미디어 사용자는 비사용자보다 더 높은 수준의 스트레스를 보고하지 않는다.[50] 오히려 소셜 미디어를 사용하는 여성은 한 가지 분명한 예외를 제외하고 스트레스를 더 적게 받는다. 이들은 사랑하는 사람이 병에 걸리거나 가족이 죽거나 실패를 겪고 있다는 사실을 알게 될 때 스트레스를 받는다. 소셜 미디어 사용자는 다른 사람에게 너무 무신경한 것이 아니라 너무 많은 주의를 기울이며, 다른 사람의 성공을 시기하지 않고 그들이 겪는 문제에 공감을 느낀다.

따라서 현대의 삶은 우리의 몸과 마음을 부수거나, 유해한 수준의 공허감과 고립감에 괴로워하는 원자화된 기계를 만들어 내거나, 인간적 접촉이나 감정 없이 뿔뿔이 흩어진 채 표류하게 내버려 두지 않았다. 어쩌다 그런 히스테릭한 오해가 생긴 것일까? 어느 정도는 사회 비평가들이 혼란의 씨를 뿌리기 위해 사용하는 공식에서 싹터 나왔다. 일화 하나가 발견되고, 이것이 하나의 경향으로 보이니, 위기가 발생했다는 식이다. 그러나 어느 정도는 우리의 상호 작용 방식이 실제로 변화하면서 생긴 오해이기도 하다. 이제 사람들은 전통적인 장소인 사교 클럽, 교회, 조합, 공제회, 만찬 자리에서 만나기보다는 더 비공식적인 모임과 디지털 매체를 통해 사람을 만난다. 이들은 멀리 떨어져 있는 사촌보다는 직장 동료에게 자신의 속마음을 털어놓는다. 대체로 많은 친구를 사귀지 않고, 마찬가지로 대체로 많은 친구를 원하지 않는다.[51] 하지만 오늘날 사회 생활의 양상이 1950년대 사회 생활의 양상과 다르다고 해서 본래 사회적인 종의 사회성이 낮아졌다고는 말할 수 없다.

～

누군가는 자살이야말로 사회적 불행을 측정하는 가장 신뢰할 만한 기준이라고 생각할지 모른다. 살인이 가장 신뢰할 만한 사회적 갈등의 측정 기준인 것처럼 말이다. 자살을 선택한 사람은 틀림없이 너무나 깊은 불행에 괴로운 나머지 그런 불행을 계속 견디느니 차라리 의식의 전원을 영원히 꺼버리는 편이 낫다고 판단했을 터이다. 또한 불행한 경험은 객관적으로 측정할 수 없지만, 자살은 객관적으로 도표화할 수 있다.

하지만 실제로 자살률은 해석하기 어려울 때가 많다. 자살을 출구로 삼게 한 깊은 슬픔과 동요는 개인의 판단력을 흔들어 놓기도 하기 때문에, 최후의 존재론적 결정이 되어야 할 행위가 종종 그 행위의 실행이 얼마나 용이한가 하는 사소한 문제에 좌우되고는 한다. 도로시 파커의 섬뜩한 시 「이력서(Resumé)」는 자살을 고려하는 사람의 심리에 불안할 만큼 근접해 있다. (시는 이렇게 끝난다. "총은 불법이고; 밧줄은 풀리고; 가스는 끔찍한 냄새가 난다; 너는 차라리 사는 게 낫겠다.") 20세기 초반 50년 동안 영국에서 흔히 사용된 석탄 가스나 개발 도상국에서 사용된 농약, 미국의 총기처럼, 간편하고 효율적인 방법이 얼마나 가까이 있는지 혹은 멀리 떨어져 있는지에 따라 한 국가의 자살률은 치솟을 수도 있고 곤두박이칠 수도 있다.[52] 경제적 침체기나 정치적 격변기에 자살이 증가한다는 것은 놀랄 일이 아니지만, 자살은 날씨나 일광 시간에 영향을 받기도 하고, 언론이 근래의 사례를 정상적인 것이나 낭만적인 것처럼 다룰 때에도 자살 사건은 증가한다.[53] 자살이 불행의 시금석이라는 당연하게 들리는 개념조차 의문의 여지가 있다. 최근의 연구는 미국에서 더 행복한 주들과 서유럽에서 더 행복한 국가들의 자살률이 그렇지 않은 곳보다 오히려 살짝 **높다**는 '행복-자살 역설(happiness-suicide paradox)'을 보고했다.[54] (연구자들은 이를 보고 불행은 혼자 오지 않는 법이라는 말이 들어맞는 사례라고 이야기하고는 한다. 자기 주변의 모든 사람이 행복할 때 개인적인 실패는 더 고통스럽기 때문이다.) 자살률은 다른 이유에서도 해석이 쉽지 않다. 자살은 사고와 구별하기 어려운 경우가 많고(사인이 약물 중독이나 약물 과다 복용인 경우가 특히 그렇지만, 추락 사고, 교통 사고, 총기 사고인 경우도 마찬가지이다.), 자살이 수치스러운 일이거나 범죄에 버금가는 일로 취급받는 시대와 장소에서는 검시관의 사인 분류가 왜곡될 수 있기 때문이다.

우리는 자살이 사망의 주요 원인이라는 것을 알고 있다. 미국에서는 자살이 연간 4만 건 이상 발생해서 사망 원인 중 상위 열 번째에 해당하고, 세계적으로는 연간 약 80만 건이 발생해서 사망 원인 중 상위 열다섯 번째에 해당한다.[55] 하지만 시간 경과에 따른 경향과 국가별 차이를 가늠하기란 쉽지 않다. 연령-집단-시기가 복잡하게 얽혀 있기도 하거니와, 남성과 여성의 자살률 추이를 나타내는 선이 서로 다른 방향을 향하는 경우가 많기 때문이다. 선진국의 여성 자살률은 1980년대 중반부터 2013년까지 40퍼센트 이상 하락했지만, 남성은 여성의 4배가량의 비율로 자살해서 전체 자살률을 밀어 올리고 있다.[56] 그리고 예를 들면, 왜 세계에서 가이아나, 한국, 스리랑카, 리투아니아의 자살률이 가장 높은지, 왜 프랑스의 자살률이 1976년부터 1986년까지 급증했다가 1999년에 이르기까지 다시 하락했는지를 아는 사람도 아무도 없다.

하지만 우리가 알고 있는 많은 사실은 두 가지 통념을 깨뜨리기에 충분하다. 첫 번째는 자살이 꾸준히 증가해서 이제 역사적이고, 유례없고, 위기라고 할 수 있고, 대유행의 수준에 이르렀다는 통념이다. 자살은 고대 세계에서도 드문 일이 아니어서 그리스 인들은 그 문제에 관해 논쟁을 벌였고, 삼손, 사울, 유다의 경우처럼 성서의 이야기에도 등장했다. 역사의 데이터는 드문 편인데, '자기-살해(self-murder)'라고도 불린 자살이 1961년 이전의 잉글랜드를 비롯한 많은 나라에서 범죄로 취급된 것도 데이터 부족에 한몫했다. 그럼에도 잉글랜드, 스위스, 미국에는 1세기 이전까지 거슬러 올라가는 데이터가 존재한다. 그림 18.3에 이것을 실어 두었다.

잉글랜드의 연간 자살률은 1863년에 10만 명당 13건이었다. 이 수치는 20세기 첫 번째 10년대에 19건 수준으로 상승한 뒤 대공황 시기에는 20건을 상회했고, 제2차 세계 대전 기간과 1960년대에 하락했으며, 이후 점차 감소해서 2007년에는 7.4건을 기록했다. 스위스 역시 1881년의

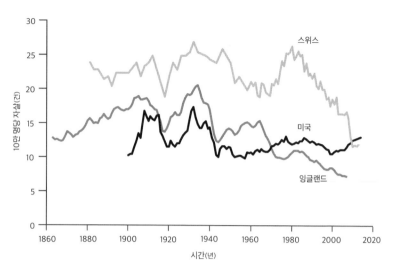

그림 18.3. 1860~2014년 잉글랜드, 스위스, 미국의 자살. (잉글랜드(웨일스 포함): Thomas & Gunnell 2010, fig. 1, 남성과 여성의 자살률 평균은 카일라 토머스가 제공한 것이다. 선이 더 이상 연장되지 않는 것은 데이터가 최근의 기록과 호환되지 않기 때문이다. 스위스, 1880~1959년: Ajdacic-Gross et al. 2006, fig. 1. 스위스, 1960~2013년: WHO 사망률 데이터베이스(WHO Mortality Database), OECD 2015b. 미국, 1900~1998년: 미국 질병 통제국(Centers for Disease Control), Carter et al. 2006, table Ab950. 미국, 1999~2014년: Centers for Disease Control 2015를 참조했다.)

24건, 대공황 시기의 27건에서 2013년 12.2건으로 절반 이하로 감소했다. 미국의 자살률은 20세기 초반과 대공황 시기에 17건으로 정점을 기록한 뒤 새천년에 접어들 무렵에 10.5건으로 하락했고, 최근의 대침체 이후에 13건으로 증가했다.

따라서 역사의 데이터가 존재하는 세 나라 모두에서 자살은 현재보다 과거에 더 흔했다. 눈에 보이는 최고치와 최저치가 연령, 코호트, 시기, 성별과 뒤섞여 물결치는 것이 거친 바다를 방불케 한다.[57] 자살률은 청소년기에 급격히 상승하며, 중년에 접어들어 다시 약하게 상승하고 여성의 경우에 이때 정점에 도달한 뒤(폐경과 자녀 독립을 마주한 때문일 것이다.) 다시 감소하는데, 이 지점에서 남성의 자살률은 감소하지 않고 그대로 유지되다가 은퇴할 무렵에 급격히 상승한다. (아마 전통적인 부양자 역할이 끝나는 상황 때문일 것이다.) 최근에 미국에서 자살률이 상승하는 것은 일정 부분 인구 고령화에 기인한 것이라 할 수 있다. 인구의 큰 부분을 차지하는 베이비붐 세대의 남성이 자살 경향이 가장 강한 시기에 진입하고 있는 것이다. 하지만 코호트 역시 영향을 미친다. GI 세대와 침묵 세대는 그들보다 앞서 빅토리아 시대에 태어난 세대와 그들 이후에 태어난 베이비붐 세대 및 X세대보다 자살을 꺼리는 편이다. 밀레니얼 세대는 자기가 속한 세대의 상승세를 늦추거나 역전시키고 있는 것으로 나타난다. 1990년대 초반과 21세기 첫 10년대 사이에 청소년 자살률이 감소했다.[58] 20세기 초, 1930년대, 그리고 1960년대 말과 1970년대 초 사이에 자살률이 정점에 이른 뒤로 시대 효과 자체(연령 및 코호트 효과로 보정한 효과)는 영향력이 줄어들었다. 대침체 이후에 약간 상승하기는 했어도 1999년에 자살률은 40년 중 최저치를 기록했다. 이 복잡성에 근거할 때 최근 《뉴욕 타임스》의 헤드라인, "미국 자살률, 30년 중 최고 수준으로 상승."은 괜한 걱정이었음을 알 수 있다. 기사 제목은 "대침체와 인구 고령화에도 미국 자살률, 이전 최고치의 3분의 1로 떨어지다."가 될 수도 있었다.[59]

근대성으로 인해 더 많은 사람이 자살을 원하게 되었다는 믿음과 더불어, 자살에 관한 또 하나의 커다란 신화는 계몽주의적 휴머니즘의 표본이라고 할 수 있는 스웨덴의 자살률이 세계에서 가장 높다는 것이다. 이 도시 전설은 (또 다른 도시 전설일 수 있는 이야기에 따르면) 1960년에 드와이트 데이비드 아이젠하워(Dwight David Eisenhower, 1890~1969년)가 연설을 통해 스웨덴의 높은 자살률을 언급하면서 스웨덴의 온정주의적 사회주의에 그 책임을 돌린 데에서 연유한다.[60] 나라면 황량하기 짝이 없는 에른스트 잉마르 베리만(Ernst Ingmar Bergman, 1918~2007년)의 실존주의적 영화를 범인으로 지목했을 테지만, 어느 이론이든 설명을 위한 설명에 불과하다는 공통점이 있다. 그런데 1960년 스웨덴의 자살률이 미국보다 높기는 했지만(10만 명당 15.2건 대 10.8건), 세계에서 가장 높은 수치는 아니었고, 이후로 지금까지 감소해서 세계 평균(11.6건)과 미국(12.1건)보다 낮은 11.1건으로 세계 58위를 기록하고 있다.[61] 최근 전 세계의 자살률을 검토한 보고서는 이렇게 지적한다. "유럽의 자살 경향은 전반적으로 하락세를 보였으며, 서유럽의 어떤 복지 국가도 최근 전 세계 자살률 상위 10개국에 들지 않았다."[62]

～

누구나 가끔은 우울증을 앓고, 어떤 사람은 슬픔과 절망이 2주 이상 지속되어 정상적인 생활이 힘들어지는 주요 우울증으로 고통 받는다. 최근 수십 년간 특히 젊은 세대에서 우울증 진단을 받는 사람이 증가했는데, 이 현상을 바라보는 일반적인 통념은 최근에 방영된 공영 방송 다큐멘터리의 핵심 구절에 잘 드러나 있다. "소리 없는 유행병이 나라를 파괴하고 우리의 아이들을 죽이고 있다." 우리는 지금 미국이 불행, 외로움, 자살의 유행에 시달리고 있지 않다는 사실을 막 확인한 참이라, 우울증의 유행도 사실이 아닌 것처럼 보인다. 그리고 실제로도 환상인 것으로 판명되고 있다.

자주 인용되어 온 한 연구를 살펴보자. 이 연구는 GI 세대부터 베이비붐 세대에 이르기까지 모든 세대가 이전 세대보다 우울하다는 믿기 어려운 주장을 내놓았다.[63] 해당 연구자들은 다양한 연령대의 사람들에게 우울했던 시기를 떠올려 보라고 요청해서 얻은 결과를 토대로 삼았다. 하지만 이런 방법은 연구를 기억의 인질로 만든다. 오래전 일일수록 그 일을 떠올리기가 어렵고, (4장에서 본 것처럼) 불쾌한 일화라면 특히 더 그렇다. 가까운 시대와 젊은 세대가 우울증에 더욱 취약하다는 환상은 여기서 나온다. 또한 그런 연구는 죽음의 덫에 잘 걸린다. 수십 년을 사는 동안 우울한 사람들은 자살이나 다른 원인으로 사망할 가능성이 더 크고, 그래서 지금껏 살아남아 표본에 포함된 노인들은 그들보다 정신적으로 더 건강한 사람일 뿐인데도, 마치 오래전에 태어난 모든 사람이 정신적으로 건강한 것처럼 보이는 것이다.

역사를 왜곡하는 또 다른 요인은 태도의 변화이다. 지난 수십 년간 우리는 우울증의 오명을 씻어내고 경각심을 높이기 위해 제작된 지원 프로그램과 언론 캠페인을 자주 목격했다. 제약 회사는 항우울증 치료제를 소비자에게 직접 광고해 왔다. 행정 당국은 사람들에게 질병 진단을 받으면 치료, 정부 지원, 반차별 권리를 얻을 수 있다고 말한다. 이 모든 유인책에 힘입어 사람들은 더 쉽게 자신의 우울증을 보고하게 되었다.

더불어 정신 건강 전문가들은 물론이고, 넓게 보면 우리 문화 전체가 정신 질환의 기준을 낮춰 왔다. 미국 정신과 의사 협회(American Psychiatric Association)의 『정신 장애 진단 및 통계 편람(*Diagnostic and Statistical Manual*)』(DSM)에 등재된 장애의 목록은 1952년부터 1994년까지 3배로 늘어났고, 그사이에 대인 기피 장애(이전까지는 그저 낯을 가린다는 사람들이었다.), 카페인 중독, 여성 성기능 장애 등 300가지에 이르는 장애가 새롭게 포함되었다. 진단에 필요한 증상의 수는 감소하고, 질환을 유발하는 것으로 인정되는 스트레스 요인의 수는 증가했다. 심리학자 리처드 맥날리(Richard McNally, 1954년~)는 이렇게 지적한다. "제2차 세계 대전의 공포, 특히 나치의 죽음의 공장을 경험한 민간인이라면 …… 사랑니를 뽑거나, 직장에서 불쾌한 농담을 듣거나, 합병증 없이 건강한 아기를 출산한 경험도 외상 후 스트레스 장애를 유발한다는 말을 들으면 분명 혼란스러울 것이다."[64] 앞에서 언급한 전환을 통해서 오늘날 '우울증'이라는 이름표는 과거에 우리가 비탄, 비애, 슬픔이라고 불렀던 상태에까지 적용되고 있다.

심리학자들과 정신과 의사들은 이와 같은 "질병 조장", "개념 변형",

"질환 팔이", "정신 병리 제국의 팽창"을 경고하기 시작했다.[65] 심리학자 로빈 수 로젠버그(Robin Sue Rosenberg, 1959년~)는 2013년에 발표한 논문 「비정상은 새로운 정상이다(Abnormal is the New Normal)」를 통해, 최신판 DSM대로라면 미국인 인구의 절반이 생애에 한 번은 정신 장애 진단을 받을 것이라고 지적했다.[66]

정신 병리 제국의 팽창은 제1세계적인 문제로, 여러 면에서 도덕적 진보의 징후라고 할 수 있다.[67] 진단명을 통해서라고 하더라도 개인의 고통을 인식하는 일은 공감의 한 형태가 될 수 있고, 그렇게 해서 고통을 줄일 수 있다면 더욱 그럴 수 있다. 심리학의 소리 없는 비밀 하나는, 인지 행동 치료가 우울증, 불안, 공황 발작, PTSD, 불면증, 정신 분열증 등 많은 고통과 질병을 치료하는 데 믿을 만한 효과를 보인다는 것이다. (약물보다 효과적일 때가 많다.)[68] 정신 장애는 전체 장애의 7퍼센트를 차지하는데(주요 우울증 단독으로 2.5퍼센트를 차지한다.), 이제 이 엄청난 양의 고통을 경감시킬 수 있게 되었다.[69] 최근에 학술지 《퍼블릭 라이브러리 오브 사이언스: 메디슨(Public Library of Science: Medicine)》의 편집자들은 부유한 서양에서는 과잉 진단과 과잉 치료가 유행하고, 나머지 세계에서는 과소 인식과 과소 치료가 문제가 되는 "정신 건강의 역설"에 주의를 환기시켰다.[70]

진단 범위가 확장되면서 요즘 우울한 사람이 정말로 증가했는지를 알아내려면, 시기상 다른 다양한 연령대의 사람들로 이루어져 있고 공간적으로도 전국을 대표할 수 있는 표본을 추출해서 우울증 증상을 확인하는 표준화된 검사만이 유일한 방법이 되었다. 아직은 단 하나의 연구도 그런 황금 기준을 충족하지 못했지만, 보다 제한된 인구에 일정한 기준을 적용한 연구는 몇 건 있다.[71] 농촌 지역의 카운티(하나는 스웨덴, 하나는 캐나다)를 집중적이고 장기적으로 조사한 2건의 연구에서 1870년대와 1990년대 사이에 출생한 사람들을 대상으로 20세기 중반부터 후반까지 추적 조사를 시행했다. 100여 년에 걸친 굴곡진 삶들을 포괄적으로 조사한 것이다. 어느 연구에서도 우울증이 장기간 증가해 왔다는 징후는 나오지 않았다.[72]

메타 분석(연구에 관한 연구)도 몇 건 존재한다. 진 트웽이는 1938년부터 2007년까지 흔한 성격 검사 방법인 MMPI에서 우울증 점수가 대학생들 사이에서 점점 높아졌다는 결과를 얻었다.[73] 그렇다고 반드시 더 많은 학생들이 주요 우울증을 앓았다는 뜻은 아니며, 그 기간에 대학에 진학하는 사람의 범위가 더 넓어진 것이 그 증가를 더 부풀렸을 수도 있다. 게다가, 다른 연구들(트웽이 본인의 연구도 포함)은 특히 더 어린 연령들과 코호트들에서, 그리고 그 후 수십 년에 걸쳐서 우울증의 어떤 변화나 감소도 발견하지 못했다.[74] 「아동과 청소년 우울증은 정말로 유행하는가?(Is There an Epidemic of Child or Adolescent Depression?)」라는 제목의 한 연구에서는, 기사 제목이 물음표로 끝나면 무조건 '아니요.'가 정답이라는 베터리지의 법칙(Betteridge's law)이 입증되었다. ("헤드라인이 물음표로 끝나면 대개 아니라는 것이 답이다."라는 언론 관련 금언. 영국의 테크 전문 기자 이언 베터리지(Ian Betteridge)에게서 유래했다. ─ 옮긴이) 저자들은 설명한다. "'유행병'이 돌고 있다는 대중의 인식은 임상의들이 오랫동안 과소 진단해 온 질병에 대해 경각심을 고취하는 과정에서 생겨날 수 있다."[75] 또한 현재까지 규모가 가장 큰 메타 분석은 1990년부터 2010년까지 **전 세계**를 대상으로 불안과 우울증의 유행을 조사한 것으로, 그 제목을 보면 남아 있는 일말의 긴장감조차 눈 녹듯 사라진다. 「일반 정신 장애의 '유행'이라는 신화에 이의를 제기하며(Challenging the Myth of an 'Epidemic' of Common Mental Disorders)」 저자들은 다음과 같이 결론짓는다. "명료한 진단 기준을 적용할 때, 일반 정신 장애가 유행하고 있다는 증거는 어디에도 존재하지 않는다."[76]

유행병론자들이 병적으로 외쳐대는 상관 관계를 고려하면 우울증은 불안의 '동반 질환'이기 때문에, 세계가 예전보다 더 불안해졌는가 하는 질문이 발생한다. 이 질문에 대한 한 가지 답이 1947년에 위스턴 휴 오든(Wystan Hugh Auden, 1907~1973년)이 발표한 긴 서사시의 제목 「불안의 시대(The Age of Anxiety)」에 담겨 있다. 최신 재판본의 서문에서 영문학자 앨런 제이콥스(Alan Jacobs, 1958년~)는 이렇게 논평했다. "수십 년간 많은 문화 비평가들이 …… 우리가 살아가는 시대를 명명한 오든의 날카로움을 찬양해 왔다. 하지만 시의 난해함을 고려한다고 해도, 그가 왜 우리 시대의 특징을 무엇보다 불안으로 보았는지, 혹은 실제로 그런 말을 하기나 했는지를 정확하게 파악한 사람은 거의 없었다."[77] 그가 실제로 그런 말을 했는지와 무관하게, 우리 시대에 대한 오든의 명명은 너무나 깊이 각인된 바람에, 1952년과 1993년 사이에 아동과 대학생을 대상으로 시행한 표준 불안 검사 점수가 표준 편차만큼 증가했음을 보여 주는 트웽이의 메타 분석에 뻔한 제목으로 등극할 수 있었다.[78] 영원히 계속될 수 없는 것은 언젠가 멈추기 마련인데, 우리가 제시할 수 있는 최고의 증거는 대학생의 불안 증가세가 1993년 이후에 안정화되었다는 것이다.[79] 다른 인구 영역에서도 불안은 증가하지 않았다. 1970년대부터 21세기 첫 10년대에 이르기까지 고등학생과 성인을 대상으로 실시한 종단 연구에서 어떤 코호트도 증가세를 보이지 않은 것이다.[80] 어떤 설문 조사들은 사람들이 더 많은 고통을 겪고 있다고 보고했지만, 병리학의 대상이 될 정도로 심각한 불안이 유행병 수준에 이른 것은 아니며, 1990년 이후에 세계적으로 증가하는 경향도 나타나지 않았다.[81]

～

모든 것이 놀랍다. 정말 우리는 그렇게 불행한가? 대체로 그렇지 않다. 선진국은 실제로 꽤 행복하고, 대다수 국가도 더 행복해졌으며, 나라가 부유해지는 한 계속해서 행복해질 것이다. 외로움, 자살, 우울증, 불안이 창궐하고 있다는 절박한 경고는 '팩트체크'를 버텨내지 못한다. 게다가 다음 세대가 곤란을 겪고 있다고 모든 세대가 우려했지만, 젊은 세대치고 밀레니얼 세대는 꽤 상태가 좋아 보이고, 걱정 많은 부모보다 더 행복하고, 정신적으로도 더 건강해 보인다.

그럼에도 행복감에 관해서라면 많은 사람이 수준 미달이라고 느끼고 있다. 미국인들의 행복감은 다른 1세계 또래에 비해 뒤처진 편이고, 미국의 세기(20세기. ─ 옮긴이)라고 불리던 시대에 머물러 있다. 베이비붐 세대는 평화와 번영이 확대되었음에도 불안감이 큰 것으로 드러나, 대공황, 제2차 세계 대전, 그리고 (내 동족의 경우) 홀로코스트를 겪은 부모들을 당황하게 했다. 미국 여성은 유례없는 소득, 교육, 성취, 자율성을 얻었지만 그만큼 불행해졌다. 다른 선진국에서는 남녀 모두 행복감이 상승했지만 미국의 경우 여성은 남성보다 느리게 행복해졌다. 전후 수십 년 동안 적어도 어떤 사람들 사이에서는 불안과 일부 우울 증상이 증가했을 것이다. 그리고 우리의 세계가 놀라울 정도로 변한 것을 고려하면, 우리 가운데 행복해져야 하는 만큼 행복해진 사람은 아무도 없다.

이제 행복감이 도달했어야 하는 수준에 도달하지 못한 것에 관해 고찰하면서 이 장을 마치도록 하겠다. 많은 평론가에게 행복감의 부족분은 근대성을 재고하는 기회가 되어 주고 있다.[82] 그들의 말에 따르면, 우리의 불행은 개인과 물질적 부를 숭배하고, 가족, 전통, 종교, 공동체가 좀먹어 간 것을 묵인한 대가이다.

하지만 근대성의 유산을 다르게 이해하는 방식이 있다. 전통적인 습속에서 향수를 느끼는 사람들은 우리가 그로부터 탈출하기 위해 우리 조상들이 얼마나 힘겹게 싸웠는지를 기억하지 못한다. 이제는 근대성으로 인해 느슨해졌지만 한때 밀접하게 연결된 공동체에서 살았던 사람들에게 행복감을 묻는 질문지를 건넨 사람은 없지만, 그 전환기에 제작된 수많은 예술 작품이 공동체의 편협성, 관습에 대한 순종, 부족주의, 탈레반 못지않은 여성 억압 등 그때의 어두운 측면을 생생하게 증언하고 있다. 새뮤얼 리처드슨(Samuel Richardson, 1689~1761년), 윌리엄 메이크피스 새커리(William Makepeace Thackeray, 1811~1863년), 샬럿 브론테(Charlotte Brontë, 1816~1855년), 토머스 스턴스 엘리엇(Thomas Stearns Eliot, 1888~1965년), 테오도어 폰타네(Theodor Fontane, 1819~1898년), 귀스타브 플로베르(Gustave Flaubert, 1821~1880년), 레프 톨스토이(Lev Tolstoy, 1828~1910년), 헨리크 입센(Henrik Ibsen, 1828~1906년), 루이자 메이 올컷(Louisa May Alcott, 1832~1888년), 토머스 하디(Thomas Hardy, 1840~1928년), 안톤 파블로비치 체호프(Anton Pavlovich Chekhov, 1860~1904년), 해리 싱클레어 루이스(Harry Sinclair Lewis, 1885~1951년) 등이 18세기 중반과 20세 초반 사이에 쓴 수많은 소설을 보면, 질식할 것 같은 귀족주의, 부르주아, 혹은 시골 지역의 사회 체제를 극복하고자 한 개인의 투쟁이 손에 잡힐 듯 묘사되어 있다. 도시화된 서양 사회가 보다 관용적이고 세계주의적으로 변모한 뒤에도 대중 문화는 폴 사이먼(Paul Simon, 1941년~. "우리 작은 마을에서 난 아무 의미도 아니라네 / 난 그냥 우리 아버지의 아들이지."), 루 리드(Lou Reed, 1942~2013년. "작은 마을에서 자란다면 / 작은 마을에서 늙어 갈 걸 알고 있겠지."), 브루스 스프링스틴(Bruce Springsteen, 1949년~. "내 사랑, 이 마을은 너의 척추에서 뼈를 발라낼 거야 / 죽음의 덫, 자살의 땅이지.")의 목소리를 빌려 다시 한번 미국 시골 마을에서 벌어지는 유사한 갈등을 노래했고, 이민자 문학 역시 아이작 바셰비스 싱어(Isaac Bashevis Singer, 1902~1991년), 필립 로스(Philip Roth, 1933~2018년), 버나드 맬러머드(Bernard Malamud, 1914~1986년), 그 후에는 에이미 탄(Amy Tan, 1952년~), 맥신 홍 킹스턴(Maxine Hong Kingston, 1940년~) 줌파 라히리(Jhumpa Lahiri, 1967년~), 바라티 무케르지(Bharati Mukherjee, 1940~2017년), 치트라 바네르지 디바카루니(Chitra Banerjee Divakaruni, 1956년~) 등의 작품을 통해 같은 문제를 다뤘다.

오늘날 우리는 그 작품들 속의 인물들이 꿈에서나 그렸을 세계, 자신이 원하는 방식대로 결혼하고 일하고 살아가는 개인주의적이고 자유로운 세계에 살고 있다. 오늘날의 사회 비평가라면 아마도 안나 카레니나나 노라 헬머에게 관용이 넘치는 세계주의적인 사회가 마냥 좋은 것은 아니며, 가족과 마을의 유대가 존재하지 않는다면 반드시 불안과 불행의 순간을 맞이하리라고 경고할 것이다. 내가 소설 속의 인물을 대변할 수는 없지만, 내 생각에 그들은 상당히 괜찮은 거래라고 생각할 듯하다.

약간의 불안은 어쩌면 자유의 불확실성 때문에 우리가 지불해야 할 대가일지 모른다. 그런 불안은 자유가 요구하는 경계, 숙고, 자성의 다른 표현이다. 여성이 남성에 비해 더 큰 자율성을 얻게 되면서 행복감이 하락한 것도 놀랍기만 한 일은 아니다. 이전 시대에는 여성의 책임이 가정의 영역 밖으로 확장되는 일이 거의 없었다. 오늘날 점점 더 많은 젊은 여성이 경력, 가족, 결혼, 돈, 여가, 우정, 경험, 사회적 불평등의 개선, 공동체 지도하기, 사회적 기여 등을 자신의 목표로 언급한다.[83] 걱정할 일도 많고, 불안할 일도 많은 것이다. 여성은 계획하고, 신은 웃는다.

현대인의 마음에 불안의 무게를 지우는 것이 오직 개인의 자율성이 가져다준 다양한 선택지만은 아니다. 묵직한 실존적 질문들도 한 무게 더한다. 사람들이 좋은 교육을 받고 쉽게 받아들이던 권위를 점차 의심하기 시작하면서, 낡은 종교적 진리에 만족하지 못하고 도덕에 무관심한 우주 속에서 길을 잃은 느낌을 받을 수 있다. 여기, 불안의 현대적 아바타인 우디 앨런이 「한나와 그 자매들(Hannah and Her Sisters)」(1986년)에서, 부모와 대화하는 장면을 통해서 20세기의 세대 간극을 드러내 보인다.

미키: 저기, 아버지, 아버지는 늙어 가고 있어요, 그렇죠? 죽는 게 두렵지 않
　　으세요?

아버지: 내가 왜 두려워 해야 되냐?

미키: 참! 더 이상 존재하지 않게 되잖아요!

아버지: 그래서?

미키: 그렇게 생각하면 무섭지 않으세요?

아버지: 누가 그런 말도 안 되는 걸 생각한다고 그러냐? 지금 멀쩡히 살아 있는데. 내가 죽으면, 그냥 죽고 말겠지.

미키: 이해를 못 하겠네. 겁나지 않으세요?

아버지: 뭐가 말이냐? 나는 의식도 없을 텐데.

미키: 그래요, 저도 알아요. 근데 다시는 존재하지 못하잖아요!

아버지: 네가 어떻게 아냐?

미키: 음, 아무리 생각해도 그럴 거 같거든요.

아버지: 뭐가 어떻게 될지 누가 아냐? 나는 의식이 없거나, 의식이 있겠지. 의식이 있으면, 그건 그때 가서 생각하면 된다. 난 벌써부터 의식이 없을 때 무슨 일이 생길지는 걱정하지 않을 거다.

어머니: (화면 밖에서) 당연히 신이 계시지, 이 바보야! 너 신을 믿지 않는 거니?

미키: 하지만 신이 정말 있으면, 도, 도대체 왜 세계에 그렇게 악이 그렇게 많은 거예요? 단순히 생각해도, 도, 도대체 나치는 왜 존재했던 거예요?

어머니: 당신이 말해 줘요, 여보.

아버지: 나치가 왜 존재하는지 내가 어떻게 알겠어? 나는 통조림 따개가 어떻게 작동하는지도 모른다고.[84]

사람들은 또한 그들의 사회 제도가 선하다는 믿음과 그 믿음이 주는 위안을 잃었다. 역사학자 윌리엄 로런스 오닐(William Lawrence O'Neil, 1935~2016년)은 베이비붐 세대의 유년기를 다룬 역사서의 제목을 『미

국의 도취: 확신의 시절 1945~1960년(*American High: The Years of Confidence 1945-1960*)』으로 지었다. 그 시대에는 모든 게 훌륭해 보였다. 연기를 내뿜는 굴뚝은 번영의 상징이었다. 미국은 세계에 민주주의를 전파할 임무를 부여받았다. 원자 폭탄은 '양키'의 창의력을 증명해 주었다. 여성은 가정의 축복을 즐겼고, '검둥이'는 자기 자리를 알고 있었다. 당시의 미국은 실제로 여러 측면에서 나쁘지 않았지만(경제 성장률은 높았고, 범죄율을 비롯한 다른 사회적 병폐의 발생률은 낮았다.), 오늘날 우리는 당시의 미국을 바보들의 낙원으로 여긴다. 충분히 행복하다고 생각하지 못하는 두 집단 — 미국인과 베이비붐 세대 — 이 1960년대에 환상에서 깨어나 가장 강하게 환멸을 느낀 집단이었다는 것은 우연이 아닐 것이다. 과거를 돌이켜보면, 우리가 환경, 핵전쟁, 외교 정책의 대실수, 인종적, 성적 불평등에 관한 우려를 영원히 눌러 둘 수는 없었다는 점을 확인할 수 있다. 그 때문에 우리의 불안이 커진다 해도, 문제를 더 분명하게 인지하는 편이 낫다.

우리가 사회 구성원으로서의 책임을 자각하기 시작하면서 우리 개개인은 세계의 짐 중 일부를 자신의 걱정 목록에 넣게 되었다. 20세기 말의 불안을 대표하는 또 다른 영화, 「섹스, 거짓말, 그리고 비디오테이프(*Sex, Lies, and Videotape*)」(1989년)는 베이비붐 세대의 주인공이 정신과 의사에게 자신의 불안을 털어놓는 장면으로 시작한다.

쓰레기. 일주일 내내 내가 생각한 건 쓰레기뿐이에요. 그 생각을 멈출 수가 없어요. 나는 그냥 …… 그 많은 쓰레기 때문에 무슨 일이 생길지 정말 걱정돼요. 내 말은, 쓰레기가 너무 많잖아요. 알겠죠? 내 말은, 쓰레기를 버리느라 결국 땅이 부족하게 될 거예요. 내가 이런 느낌을 가지게 된 건 바지선이 표류할 때였어요. 아시죠, 배가 섬 주변을 떠돌고 있는데 누구도 책임지겠다는 말은 안 했죠.

여기서 언급된 "바지선"은 1987년에 뉴욕 산(産) 쓰레기 3,000톤을 실은 바지선이 매립지들의 거부로 대서양 연안을 떠돌던 일을 두고 벌어진 언론의 광란을 가리킨다. 영화 속의 장면은 기발한 공상이 절대 아니다. 한 실험은 사람들에게 긍정적 혹은 부정적 견해가 포함되도록 수정한 뉴스 기사를 보여 주고, "참가자들이 부정적인 반응을 유발하도록 쓰인 기사를 읽었을 때는 불안감과 슬픈 기분이 함께 증가하고, 개인적인 걱정을 파국으로 받아들이는 경향이 유의미하게 증가하는 것"을 발견했다.[85] 그로부터 30년이 지난 지금 나는 그 의사가 환자들 입에서 테러, 소득 불평등, 기후 변화에 대한 두려움을 듣고 있지 않을까 예상한다.

약간의 불안이 작동해서 사람들이 주요 문제의 해결을 약속하는 정책을 지지하게 된다면 그것도 나쁘지 않다. 과거에 사람들은 자신의 걱정거리를 하늘에 있는 권력자에게 예사로 떠넘겼고, 어떤 사람들은 지금도 그렇게 하고 있다. 2000년에 60여 명의 종교 지도자들이 '환경적 책무에 관한 콘월 선언(Cornwall Declaration on Environmental Stewardship)'을 채택했다. 그들은 "이른바 기후 위기"와 그밖의 환경 문제에 대해서, "자비로우신 하느님은 죄 많은 사람들이나 그분이 창조한 질서를 포기한 적이 없으며, 인간과 당신의 친밀한 교류를 복원하고 인간의 청지기 정신(stewardship)을 통해 지구의 아름다움과 비옥함을 향상하고자 역사의 시작부터 지금까지 행위하셨다."라고 단언했다.[86] 나는 그들과 1,500여 명의 서명자가 지구의 미래에 관한 불안을 털어놓기 위해 의사를 찾지는 않으리라고 생각한다. 하지만 조지 버나드 쇼(George Bernard Shaw, 1856~1950년)가 말했듯이, "신자가 회의주의자보다 행복하다는 사실에는 술에 취한 사람이 말짱한 사람보다 행복하다는 사실보다 더 큰 의미가 있지 않다."

우리에게 주어진 정치적, 존재론적 수수께끼를 숙고할 때 어쩔 수 없이 불안감이 고개를 들지만, 그런다고 병이나 절망에 이르지는 않는다. 근대성의 난처한 문제 가운데 하나는, 죽을 만큼 심각한 문제에 부딪히는 것은 아니지만 계속 늘어나는 이런저런 부담과 어떻게 맞붙어 싸울 것인가 하는 것이다. 새로운 도전 앞에서 항상 그래 왔듯이, 우리는 오래된 전략과 새로운 전략의 적절한 배합을 찾기 위해 암중모색을 하고 있다. 사람과의 접촉, 예술, 명상, 인지 행동 치료, 주의 집중, 소소한 즐거움, 현명한 치료제 사용, 봉사와 사회 단체, 균형 잡힌 삶에 관한 현명한 사람들의 조언 등을 버무려 가며.

언론과 평론가 양반들 입장에서는 국민의 불안을 계속 부글부글 끓는 상태로 유지하는 역할에 대해 숙고해 볼 필요가 있다. 쓰레기 바지선 보도는 불안을 키우는 언론의 관행을 상징적으로 드러낸다. 바지선이 편력의 시간을 보내야 했던 이유는 매립 공간의 부족이 아니라 서류상의 오류와 언론의 호들갑 자체였는데, 당시 언론 보도에는 사실이 빠져 있었다.[87] 그 후로 수십 년 동안 고형 폐기물 위기에 관한 오해를 바로잡는 후속 기사는 거의 나오지 않았다. (사실 미국에는 환경적으로 적합한 매립지가 충분히 있다.)[88] 모든 문제가 위기, 역병 혹은 유행병은 아니며, 사람들이 두 팔을 걷어붙이고 나서면 문제를 해결할 수 있다는 것도 지구에서 일어나는 일들 가운데 하나이다.

그리고 공포에 관해 이야기하자면, 여러분은 인류를 가장 크게 위협하는 것이 무엇이라고 생각하는가? 1960년대에 몇몇 사상가는 인구 과잉, 핵전쟁, 권태를 인류의 가장 큰 위협으로 꼽았다.[89] 한 과학자는 그중 앞의 두 가지는 인류가 극복할 수 있지만, 세 번째는 절대 그러지 못할 것이라고 경고했다. 권태라니. 진심인가? 그러니까 더 이상 하루 종일 일할 필요가 없고 다음 밥벌이가 무엇이 될지 고민하지 않아도 되는 때가 오면, 사람들이 깨어 있는 시간을 어떻게 때워야 할지 몰라 당황한 나머지 방탕, 광기, 자살, 그리고 종교적, 정치적 광신에 쉽게 빠져든다는 것이다. 하지만 그로부터 50년이 지나고서 보니, 우리는 이미 권태의 위기(아니면 유행병?)를 해결했고, 대신 중국인의 저주(Chinese curse)에 언급된 흥미진진한 시대를 경험하고 있는 것 같다. (중국인의 저주란, "May you live in interesting times.", 즉 "흥미진진한 시대를 살지니라."라는 반어적인 영어 표현을 가리킨다. 이때 흥미진진한 시대는 평화롭고 조용한 시대와 반대되는, 무질서하고 서로 싸우는 난세를 말한다. 중국인의 저주라는 이름이 붙게 된 이유는 불명확하며, 다만 비슷한 글로는 명나라 말기의 문장가 풍몽룡(馮夢龍)의 구절이 있다. "혼돈의 시대(난세)에 인간으로 사느니, 평화로운 시대에 개로 사는 것이 더 낫다." — 옮긴이) 하지만 내 말만 들어서는 안 된다.

종합 사회 조사는 1973년부터 미국인에게 자신의 삶이 "자극적"인지, "반복적"인지, "지루"한지 물었다. 그림 18.4에서와 같이 지난 수십 년 동

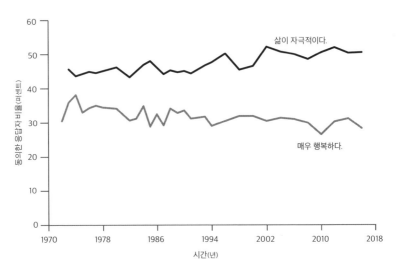

그림 18.4. 1972~2016년 미국의 행복한 삶과 자극적인 삶. (미국 종합 사회 조사. Smith, Son, & Schaprio 2015, figs. 1 & 5, http://gssdataexplorer.norc.org/projects/15157/variables/438/vshow의 자료를 2016년에 맞춰 최신화했다. 비응답자는 제외했다.)

안 자신이 "매우 행복"하다고 말한 미국인보다 "삶이 자극적이다."라고 답한 미국인이 더 많았다.

두 곡선이 점점 멀어지는 것은 역설이 아니다. 자신이 의미 있는 삶을 산다고 느끼는 사람이 스트레스, 고난, 걱정에 더 민감하다는 사실을 떠올려보라.[90] 불안은 성인의 특권이라는 점도 고려해야 한다. 불안은 사람들이 성년기의 책임을 받아들이는 학창 시절부터 20대 초에 이르기까지 급격하게 증가하고, 이후 불안에 대처하는 법을 익히게 되면서 남은 생애 동안 서서히 감소한다.[91] 어쩌면 이것이 현대인의 문제를 가장 상징적으로 보여 주는 듯하다. 요즘 사람들은 더 행복해졌지만, 흔히 예상할 수 있는 방식으로 행복해진 것이 아니라 온갖 걱정과 온갖 흥분을 모두 품고서 어른스럽게 삶을 이해하기 때문에 행복해진 것인지도 모른다. 결국, 계몽에 대한 최초의 정의는 "인류가 스스로 초래한 미성숙 상태로부터의 탈출"이었다.

19장
실존적 위협

하지만 우리가 재난을 너무 가볍게 보는 것은 아닐까? 비관론자들은 점점 더 많은 사람의 삶이 점점 더 나아지고 있다는 점을 인정할 수밖에 없는 상황이 와도 그에 응수할 준비가 되어 있다. 그들은 우리가 흡사 지붕에서 떨어져 한 층 한 층 지면에 가까워지면서도 "아직은 괜찮아."라고 말하는 사람처럼 쾌활하게 파국을 향해 돌진하고 있다고 말한다. 혹은 우리가 러시안룰렛을 하고 있으며, 죽음의 차례가 확실하게 다가오는 중이라고 말한다. 혹은 블랙 스완(black swan), 즉 위험의 통계적 분포의 말단에서도 한참 먼 곳에 위치한 4시그마의 사건이 우리에게 확률은 낮지만 대단히 끔찍한 피해를 가할 것이라고 말한다.

지난 반세기 동안 현대판 묵시록을 이끌었던 네 기사는 인구 과잉, 자원 고갈, 환경 오염, 핵전쟁이었다. (네 기사란 「요한 계시록」에 나오는 종말을 가져오는 네 기사로, 각각 흰 말, 빨간 말, 검은 말, 청황색 말을 타고 있으며 정복, 전쟁, 기근, 죽음을 상징한다. ─ 옮긴이) 최근에 보다 독특한 기사 군단이 대열에 합류했다. 우리를 삼켜 버릴 나노 머신, 우리를 노예로 만들 로봇, 인간을 원료나 연료로 뒤바꿀 인공 지능, 침대 앞에 앉아 치명적인 컴퓨터 바이러스를 만들어 퍼뜨리거나 인터넷을 붕괴시킬 불가리아의 10대들이다.

과거, 이 네 기사를 감시하고 경종을 울려 줄 파수꾼은 낭만주의자와 러다이트였다. 하지만 고도로 발전한 기술 문명의 시대로 진입한 현재, 첨단 기술의 위험성을 경고하는 이들은 대개 자신의 독창성을 발휘해서 세계가 멸망에 이를 다양한 경로를 찾아내는 과학자이거나 기술 공학자이다. 2003년에 저명한 천체 물리학자 마틴 존 리스(Martin John Rees, 1942년~)는 『우리의 마지막 시간(*Our Final Hour*)』라는 저서에서 "인류는 자신의 죽음을 만들어 낼 수 있는 존재"라고 경고하고, "전 우주의 미래를 위험에 빠뜨"릴 수도 있는 방법 수십 가지를 열거했다. 예를 들어, 대형 강입자 충돌기에서 수행되는 입자 충돌 실험이 블랙홀을 만들어서 지구를 소멸시킬 수도 있고, 쿼크가 결합해서 생긴 "기묘체(strangelet)"가 우주의 물질 전부와 결합해서 사라져 버리게 할 수도 있다. 리스는 종말론의 풍부한 광맥을 건드렸다. 아마존의 도서 판매 페이지를 클릭하면 이런 설명이 나온다. "이 상품을 본 고객들은 다음 상품도 봤습니다. 『지구적 파국의 위험들(*Global Catastrophic Risks*)』, 『우리의 마지막 발명: 인공 지능과 인류세의 종말(*Our Final Invention: Artificial Intelligence and the End of the Human Era*)』, 『종말: 과학과 종교는 종말을 어떻게 설명하는가(*The End: What Science and Religion Tell Us About the Apocalypse*)』, 『세계 대전 Z: 좀비 전쟁의 구술사(*World War Z: An Oral History of the Zombie War*)』." 최신 기술에 관심이 많은 자선가들은 인간의 실존을 위협하는 새로운 요인들을 발견하고, 그것으로부터 지구를 구할 방법을 알아내는 일에 전념하는 연구 기관을 지원해 왔다. 인류의 미래 연구소(Future of Humanity Institute), 생명의 미래 연구소(Future of Life Institute), 실존적 위험 연구 센터(Centre for the Study of Existential Risk) 등이 그런 기관이다.

진보의 이면에 도사린 위협이 나날이 증가하고 있는 지금 우리는 이것을 어떻게 받아들여야 할까? 대재앙은 절대 일어나지 않는다고 예언할 수 있는 사람은 없고, 이 장에서 나 역시 그런 장담을 하지 않을 것이다. 대신에 그런 위험에 대해 생각하는 방식을 제시하고, 주요한 위험들을 검토할 것이다. 그중 인구 과잉, 자원 고갈, 그리고 온실 기체를 포함하는 환경 오염, 이 세 가지 위협에 대해서는 이미 10장에서 논의했다. 여기서 나는 앞에서와 똑같은 접근법을 취할 것이다. 일부 위협은 문화적, 역사적 비관주의가 만들어 낸 허구에 지나지 않는다. 다른 위험은 진짜로 위험하지만, 우리는 기다리는 것 말고는 할 수 있는 일이 없는 천재지변이 아니라 해결 가능한 문제로 다룰 것이다.

~

얼핏 생각하면 실존적 위험에 대해 더 많이 생각하는 게 더 좋은 일일 수도 있다. 그런 생각을 더 많이 한다고 그 위험이 더 커질 리는 없기 때문이다. 그런 끔찍한 위험에 대해 걱정하게 만든다고 해서 해로울 게 뭐가 있겠는가? 최악의 경우라고 해 봐야, 시간이 흐른 뒤에 돌이켜 보면 실은 불필요했다고 밝혀질 예방 조치를 취하는 정도일 것이다.

하지만 종말론적 사고에는 심각한 부정적 측면이 포함되어 있다. 우선, 대재앙의 위험을 가짜로 알리는 허위 경고는 그 자체로 재앙이 될 수 있다. 예를 들어, 1960년대의 핵무기 경쟁은 (구)소련과의 '미사일 격차'가 크다는 황당한 공포에서 촉발되었다.[1] 2003년 이라크 침공은 당시 사담 후세인이 핵무기를 개발하고 있으며 언젠가 그 무기를 미국에 사용할 것이라는 생각 — 확실하지는 않지만 진짜라면 파국을 초래할 가능성 — 에 근거한 것이었다. (조지 워커 부시는 이렇게 말했다. "우리는 버섯 구름의 형태로 등장할 최종 증거 — 스모킹 건 — 를 마냥 기다릴 수 없습니다.") 앞으로 보겠지만, 세계 열강이 핵무기를 먼저 사용하지 않겠다는 상식적인 약속을 거부하는 한 가지 이유는, 생화학 테러나 사이버 공격처럼 가상의 다른 실존적 위협이 닥쳤을 때 핵무기를 사용할 권리를 지키고 싶기 때문이다.[2] 가상의 재난을 부풀려 공포의 씨앗을 뿌리는 일은 인류의 미래를 보호하기는커녕 오히려 위험에 빠뜨릴 수 있다.

최후의 날 시나리오를 하나하나 열거하는 일이 위험한 두 번째 이유는 인류가 가진 자원, 지력, 불안의 예산이 한정되어 있다는 것이다. 모든 일을 걱정할 수는 없다. 기후 변화와 핵전쟁처럼 우리가 마주한 몇 가지 위협은 거의 확실하고, 문제를 완화하려면 막대한 노력과 창의력을 투입해야 한다. 이런 위험들을 확률을 알 수 없거나 가능성이 아주 낮은 괴팍한 시나리오 목록에 끼워 넣는다면 긴급한 느낌이 희석될 것이다. 사람들은 확률 계산에 약하고 확률이 낮을 경우에는 더욱 그렇기 때문에 확률을 계산하는 대신 직관이라는 마음의 눈을 통해 상상하기 쉬운 시나리오를 펼쳐 본다는 사실을 기억하자. 만약 시나리오 2개를 똑같이 선명하게 상상할 수 있다면 사람들은 두 시나리오가 실현될 확률이 같다고 여기고서 진정한 위험과 SF 소설 같은 이야기를 동등하게 걱정할 것이다. 또한 사람들은 나쁜 일을 더 많이 상상할수록 그런 일이 발생할 확률을 더 높게 추정한다.

바로 여기서 가장 큰 위험이 움터 나온다. 《뉴욕 타임스》 기사대로, 사람들은 이렇게 여기게 된다. "합리적인 사람이라면 이런 암울한 사실 앞에서 인류는 이제 망했다고 결론 내릴 수밖에 없다."[3] 인류가 어차피 망해 간다면, 잠재적인 위험을 경감시키느라 다른 것을 희생할 이유가 어디 있겠는가? 뭐하러 편리한 화석 연료를 포기하라고, 핵전쟁 관련 정책을 재고하라고 정부를 설득하겠는가? 먹고, 마시고, 즐거워하라. 우린 내일 죽을 테니까! 2013년에 영어권 국가 네 곳에서 실시된 설문 조사에 따르면, 우리의 삶의 방식이 이번 세기에 끝나리라 믿는 응답자 중 과반수가 "세계의 미래는 암울해 보인다. 따라서 우리는 나 자신과 사랑하는 사람을 돌보는 일에 더욱 집중해야 한다."라는 문구에 동의했다.[4]

과학 기술의 위험성을 주제로 글을 쓰는 사람들 가운데, 종말의 북소리로 쌓이는 심리적 효과를 깊이 생각하는 사람은 거의 없다. 환경 문제를 꾸준히 다뤄 온 엘린 켈시(Elin Kelsey, 1961년~)는 이렇게 지적한다. "우리는 영화 속의 섹스나 폭력으로부터 아이들을 보호하기 위해 영상물의 등급을 평가하면서, 2학년 교실에 과학자를 초대해 지구는 폐허가 되었다는 이야기를 들려주는 일에 관해서는 아무 생각도 하지 않는다. (오스트레일리아의) 아이들 가운데 4분의 1은 세계의 상황을 너무나 깊이 우려한 나머지 자신이 어른이 되기 전에 지구가 멸망한다고 정말로 믿고 있다."[5] 최근의 여론 조사에 따르면, 전 세계 응답자 중 15퍼센트, 미국인 가운데서는 4분의 1보다 많고 3분의 1에 못 미치는 응답자 역시 그렇게 믿는다.[6] 언론인 그레그 이스터브룩(Gregg Easterbrook, 1953년~)은 『진보의 역설(The Progress Paradox)』을 통해 미국인이 객관적인 부의 상승에도 더 행복해지지 않은 주요 원인은 "붕괴 불안", 즉 문명은 스스로 파열할 것이며 누구도 이것을 막지 못할 것이라는 공포라고 말한다.

～

물론, 그 위험이 사실이라면 그것은 사람들의 감정과 무관하다. 하지만 복잡계 내에서 발생 확률이 상당히 낮은 사건을 다룰 때면 위험 평가 능력은 고장이 나고 만다. 우리는 역사를 수천 번 반복해 보고 그 결과를 산출할 수 없기 때문에, 어떤 사건의 발생 확률이 0.01, 0.001, 0.0001, 혹은 0.00001이라는 보고는 기본적으로 평가자의 주관적 확신에 근거한 해석이나 다름없다. 과학자들이 내놓는 수학적 분석도 마찬가지이다. 그들은 과거에 일어난 사건(가령, 전쟁이나 사이버 공격)의 분포를 도표로 나타낸 뒤 그 사건이 '뚱뚱'하거나 '두꺼운' 꼬리를 나타내는 지수 분포에 해당한다며, 발생 확률이 떨어지기는 하지만 극단적이거나 천문학적으로 낮지는 않다고 말한다.[7] 수학은 위험을 정밀하게 측정하는 데 거의 도움을 주지 못한다. 분포의 끄트머리에 산발적으로 존재하는 데이터는 대체로 예측 불가능하고, 곡선 바깥에 있는 것은 평가 불가능하기 때문이다. 우리가 알 수 있는 것은 그저 너무 나쁜 일이 발생할 수 있다는 것뿐이다.

여기서 우리는 다시 주관적 해석의 문제로 돌아간다. 주관적 해석은 가용성 휴리스틱 편향과 부정 편향 때문에, 그리고 엄숙주의가 지배하는 담론 시장 때문에 곧잘 부풀려진다.[8] 끔찍한 예언으로 공포의 씨앗을 뿌리는 이들은 진지하고 책임감 있어 보이는 반면, 신중한 이들은 낙천적이고 정신적으로 안일해 보인다. 절망은 영원토록 샘솟는다. 늦어도 히브리 인 예언자와 「요한 계시록」 이후로, 선각자라는 이들은 동시대인들에게 최후의 심판의 날이 임박했음을 경고해 왔다. 종말의 시대를 알리는 예언은 심령술사, 신비주의자, 텔레비전 전도사, 광적인 사이비 종교 집단과 그 교주, 그리고 자신의 몸 앞뒤로 "회개하라!"라고 적은 판자를 뒤집어쓰고 거리를 돌아다니는 사람들의 주력 상품이다.[9] 기술적 교만이 혹독한 대가를 치르며 절정을 맞는 이야기는 서양 문학의 원형으로, 불을 훔친 프로메테우스, 판도라의 상자, 이카루스의 비행, 파우스트의 거래, 마법사의 제자, 프랑켄슈타인의 괴물, 그리고 250여 편에 이르는 할리우드의 재난 영화가 그런 이야기를 다룬다.[10] 과학사 학자 에릭 젠시(Eric Zencey, 1953~2019년)는 이렇게 말했다. "종말을 생각하는 것은 매혹적인 일이다. 누군가가 최후의 날에 살고 있다면, 그의 행동과 삶은 그 자체로 역사적인 의미와 적잖은 애절함을 띠게 된다."[11]

과학자나 공학자라고 면역이 되어 있지는 않다. Y2K 버그를 기억하는가?[12] 1990년대 들어 새로운 천 년이 다가오자 컴퓨터 과학자들은 세계에 대재앙이 임박했다고 경고하기 시작했다. 컴퓨터가 발명된 초기에 정보의 비용이 높았을 때, 프로그래머는 몇 바이트라도 아끼기 위해 연도를 마지막 두 자리 숫자로 표기했다. 과학자들은 2000년이 되어 표기하지 않은 '19'가 더 이상 유효하지 않게 되었을 때에는 당시의 현행 프로그램이 완전히 구식이 될 것이라고 생각했다. 하지만 소프트웨어의 교체 과정은 매우 번잡하고 느렸으며, 수많은 구식 프로그램이 여전히 대형 범용 컴퓨터에서 사용되고 있었고, 칩에 내장되어 있었다. 2000년 1월 1일 오전 12:00를 기해 연도를 표시하는 숫자가 넘어가 다시 '00'이 되면, 프로그램은 이것을 1900년으로 인식해서 고장이 나거나 엉망이 될 터였다. (프로그램이 현재라고 생각하는 연도와 1900년의 차이, 즉 0으로 어떤 수를 나누기 때문에 그렇다는 것인데, 프로그램이 왜 그런 일을 하는지는 분명하게 설명된 적이 없다.) 그리고 그때가 되면 은행 잔고가 사라지고, 엘리베이터가 층과 층 사이에서 정지하고, 산부인과 병동의 인큐베이터가 작동을 멈추고, 수도가 얼고, 비행기가 하늘에서 추락하고, 핵발전소가 멜트다운되며, ICBM이 격납고에서 발사된다는 것이었다.

그리고 이것은 과학 기술에 정통한 관계자들에게서 나온 냉철한 예측이었다. (이를테면 빌 클린턴 대통령은 국민들에게 "이것이 긴급한 문제라는 것을 강조하고자 합니다. 무서운 장면이 나오면 눈을 감고 보지 않을 수 있는 공포 영화가 아닙니다.") 문화적 비관주의자는 Y2K 버그를 과학 기술에 매몰된 문명이 마땅히 치러야 할 징벌로 여겼다. 종교 사상가들에게 그 예측과 기독교 천년 왕국설의 수학적 연결은 거부할 수 없는 유혹이었다. 제리 폴웰(Jerry Falwell, 1933~2007년) 목사는 이렇게 선언했다. "저는 Y2K가 이 나라를 뒤흔들고, 이 나라를 겸허하게 만들고, 이 나라를 일깨우고, 이 나라에서부터 온 세상으로 부활을 퍼뜨려 마침내 교회의 광휘를 도래하게 하는 하느님의 도구라고 믿습니다." 세계적으로 Y2K에 대비해서 소프트웨어를 다시 프로그래밍하느라 수천억 달러가 사용되었다. 어떤 사람은 전 세계 모든 다리의 볼트를 교체하는 일에 비유했다.

당시에 어셈블리 언어 프로그래머로서 종말론에 회의적이었던 나는 마침 절체절명의 순간에 가장 먼저 새천년을 맞이하려고 뉴질랜드에 머무르고 있었다. 분명히 1월 1일 오전 12:00에는 아무 일도 일어나지 않았다. (내가 얼른 전화를 걸어 가족을 안심시킨 것으로 봐서는. …… 그리고 전화는 잘 걸렸다.) Y2K에 대비해서 프로그램을 다시 만든 기술자들은 코끼리 퇴치제를 파는 영업 사원처럼 재난을 피한 공로를 챙겼지만, Y2K에 대비하지 않고서 자신의 운을 시험한 여러 국가와 소규모 사업체도 아무런 문제를 겪지 않았다. 일부 소프트웨어는 업데이트가 필요했지만(내 노트북의 한 프로그램은 날짜를 "19100년 1월 1일"로 표시했다.), 그해에 버그가 발생해 연산 문제로 폭주한 프로그램은 거의 없었고, 특히 기계에 내장된 경우에는 더욱 없었다. Y2K의 위협은 길거리 예언자의 판자에 적혀 있는 글보다 심각할 게 없었던 것으로 드러났다. Y2K 공황은 잠재적인 파국의 경고가 모두 허위 경보임을 입증하는 것은 아니지만, 기술의 진보가 종말을 가져오리라는 망상에 우리가 얼마나 취약한지 상기시켜 준다.

～

파멸의 위협들을 어떻게 생각해야 할까? 가장 큰 실존적 질문인 인간이라는 종의 운명부터 생각해 보자. 더 좁게 우리 개개인의 운명을 생각하자면, 우리는 우리의 필멸성을 확실하게 받아들여야 한다. 생물학자들은 적어도 이제껏 존재했던 종 가운데 99퍼센트의 운명이 그랬기 때문에, 간단히 계산해도 모든 종은 멸종할 것이라고 농담을 한다. 일반적인 포유류 종은 대략 100만 년간 존속하는데, 유독 호모 사피엔스만 예외라고 주장하기는 어렵다. 설령 우리가 기술적으로 겸허한 수렵 채집인으로 남았다고 해도, 지질학적으로는 여전히 사격 연습장 위에 살고 있을 것이다.[13] 초신성이 뿜어낸 감마선이나 붕괴된 별에서 나온 방사선이 지구의 절반을 덮고, 대기를 붉게 물들이고, 오존층을 파괴하고, 동시에 나머지 절반을 자외선으로 뒤덮을지 모른다.[14] 혹은 지구의 자기장이 뒤집혀서 지구가 치명적인 태양 복사와 우주선 복사의 습격에 무방비로 노출될 수도 있다. 소행성이 지구와 부딪쳐서 수천 제곱킬로미터를 납작하게 만들어 버리고, 그 잔해가 솟아올라 태양이 빛을 잃고 부식성 비가 쏟아질 수도 있다. 초대형 화산이 폭발하거나 엄청난 양의 용암이 흘러나오면 화산재, 이산화탄소, 황산에 모두 질식할 수도 있다. 블랙홀이 태양계로 흘러들어와 지구를 궤도 밖으로 밀어내거나 영원한 망각 속으로 빨아들일 수도 있다. 인류가 10억 년 이상을 살아남을 수 있다고 해도, 지구와 태양계가 그러지 못할 수도 있다. 태양의 수소는 소진되기 시작할 테고 태양이 그 밀도와 온도가 상승해서 적색 거성이 되는 동안 지구의 바다는 펄펄 끓을 것이다.

그렇다면 우리 종이 언젠가 죽음의 신을 마주해야 하는 원인이 기술은 아닌 셈이다. 사실 적어도 한동안, 기술은 우리가 죽음을 속여먹을 수 있는 최고의 카드일 것이다. 우리가 먼 미래에 닥칠 가상의 재난을 즐길 생각이라면, 동시에 우리를 재난으로부터 구해 줄 가상의 진보도 감안해야 마땅하다. 핵융합 발전으로 만들어 낸 빛 아래서 식량을 재배하거나, 혹은 바이오 연료처럼 산업 공장에서 식량을 합성하는 기술이 그런 예이다.[15] 그리 머지않은 미래의 기술도 우리를 구해 줄 수 있다. 소행성을 비롯한 '멸종급 근지구 천체(extinction-class near-Earth objects)'의 궤도를 추적해 지구와 충돌할 가능성이 있는 것을 가려내고, 우리가 공룡이 밟았던 길을 가지 않도록 그 천체를 궤도에서 슬쩍 밀어내는 일은 기술적으로 지금도 가능하다.[16] 또한 NASA는 초대형 화산에 높은 수압으로 물을 쏟아붓고 열을 지열 에너지로 추출해서 마그마가 지면 위로 분출하지 않게 식히는 방법을 찾아냈다.[17] 우리 조상에게는 이런 치명적인 위협을 막을 힘이 없었다. 그런 의미에서, 기술은 이 시대를 우리 종의 역사에서 유별나게 위험한 시대로 만든 것이 아니라, 오히려 유별나게 안전한 시대로 만들었다.

따라서 우리가 스스로를 파괴하는 최초의 문명이 되리라는 기술적 종말론은 상황을 잘못 판단한 결과이다. 퍼시 비시 셸리(Percy Bysshe Shelley, 1792~1822년)의 시에서 오지만디아스(Ozymandias, 고대 이집트의 람세스 2세. ─옮긴이)가 여행자에게 상기시킨 것처럼, 이제껏 존재한 문명의 대부분은 멸망했다. 과거의 역사에서 문명을 파괴한 것은 흑사병, 군사적 정복, 지진, 기후 변화 같은 외부적 사건이었다. 데이비드 도이치는 과거에 멸망한 문명들도 만일 더 뛰어난 농경, 의료, 군사 기술을 보유했다면 치명타를 이겨 냈을 것이라고 지적한다.

우리 조상이 인공적으로 불을 피우는 법을 익히기 전까지(그리고 그 후에도 무수히) 외부 환경에 노출된 사람은 말 그대로 땔감이 되어 그들의 목숨을 구할 수도 있었던 재료 위에서 죽어 갔을 것이다. 방법을 몰랐기 때문이다. 협소한 의미에서는 기후가 그들을 죽였다. 하지만 깊이 생각하면 지식의 부족이 그들을 죽인 것이다. 역사적으로 콜레라에 희생당한 수억 명의 사람들 가운데 많은 수는, 분명 식수를 끓여 그들의 목숨을 구할 수도 있었을 화로 곁에서 죽었을 것이다. 하지만 이번에도 그들은 그 사실을 몰랐다. 더 일반적으로 말하자면, '자연' 재해와 무지에서 비롯된 재해를 나누는 관점은 상당히 편협하다. 한때 사람들이 '그냥 발생'한 것이라거나, 신이 정해 놓은 운명이라고 생각했던 자연 재해를 앞에 두고 이제 우리는 피해를 입은 사람들이 미처 취하지 못한, 아니, 그보다는 만들어 내지 못한 수많은 해결책을 알아볼 수 있다. 그리고 그 모든 선택지를 합치면 그들이 만들어 내지 못한 가장 중요한 선택지, 다시 말해 우리처럼 과학적이고 기술적인 문명을 이루는 것이라는 선택지가 된다. 다른 말로는 비판의 전통, 계몽주의이다.[18]

～

인류의 미래를 위협하는 것으로 여겨지는 유명한 실존적 위험 가운데 하나는 21세기의 Y2K 버그라고 할 만한 것이 있다. 이 위험은 의도적이든 우연히든 인공 지능이 우리를 지배하리라는 것으로, 이따금 로보포칼립스(Robopocalypse)라고 불리며 종종 영화 「터미네이터」의 스틸 사진이 곁들여진다. ('로보포칼립스'는 대니얼 윌슨(Daniel H. Wilson, 1978년~)의 소설 제목에서 따온 것이다. ─ 옮긴이) Y2K와 마찬가지로 똑똑한 사람 중에도 그 가능성을 진지하게 받아들이는 이들이 있다. 인공 지능 무인 자동차를 생산하는 기업의 소유자 일론 리브 머스크(Elon Reeve Musk, 1971년~)는 인공 지능 기술이 "핵무기보다 위험하다."라고 말했다. 인공 지능 신시사이저를 통해 말을 하는 스티븐 호킹(Stephen Hawking, 1942~2018년)은 인공 지능이 "인류의 종말을 초래"할 수도 있다고 경고했다.[19] 하지만 그 때문에 잠을 설치지 않는 똑똑한 사람들 가운데 인공 지능의 최고 전문가들과 인간 지능의 최고 전문가들이 있다.[20]

로보포칼립스의 기초에 놓인 지능 개념은 현대 과학의 이해보다는 중세 기독교의 세계관이었던 존재의 대사슬(Great Chain of Being)과 니체의 권력 의지에 더 많이 의존하고 있는 혼란스러운 개념이다.[21] 그 개념에 따르면 지능은 일종의 소망을 이루어 주는 만능약으로, 행위자마다 각기 다른 양을 소유하고 있다. 인간은 그 약을 동물보다 더 많이 갖고 있지만, 미래의 인공 지능 컴퓨터나 로봇(새로운 가산 명사 용법에 따르면, 'AI')은 인간보다 더 많은 양을 가질 것이다. 인간이 자신에게 주어진 약간의 재능을 사용해서 우리보다 재능을 떨어지는 동물을 길들이고 절멸시켰으니(또한 기술적으로 발전한 사회가 기술적으로 원시적인 사회를 노예화하거나 소멸시켰으니), 똑똑함의 한계를 넘어선 AI도 인간에게 똑같은 일을 할 것이다. AI는 우리보다 몇백만 배 빠른 속도로 생각하고, 그 초월적인 지능을 활용해서 자신의 초월적인 지능을 재귀적으로 향상시키기 때문에(이 시나리오는 만화책의 효과음을 따서 이따금 '품(foom)'이라고 불린다.), AI를 작동한 순간부터

우리는 그것을 멈출 방도가 없다.[22]

하지만 이 시나리오는 제트기의 비행 능력이 독수리의 비행 능력을 능가하기 때문에, 언젠가는 제트기가 하늘에서 쏜살같이 내려와 우리의 가축을 잡아채 가리라는 이야기만큼이나 말이 되지 않는다. 첫 번째 오류는 지능을 동기와, 믿음을 욕망과, 추론을 목적과, 생각을 바람과 혼동한 것이다. 설령 우리가 초인간적인 지능을 가진 로봇을 발명했다고 한들, 로봇이 왜 우리를 노예로 만들어 복종시키거나 세계를 정복하고 싶어 하겠는가? 지능은 목적을 실현하기 위해 지금껏 보지 못한 적절한 수단을 생각해 내는 능력이다. 하지만 목적은 지능과 관련이 없다. 똑똑하다는 것은 무언가를 원한다는 것과 다르다. 호모 사피엔스라는 시스템에 담긴 지능이 본래 경쟁적인 과정인 다윈주의적 자연 선택의 산물이 된 것은, 그냥 어쩌다 보니 그렇게 된 것이다. 그런 식의 자연 선택을 통해 진화한 종의 두뇌에서는 추론 능력이 경쟁자를 지배하겠다거나 자원을 축적하겠다는 목적과 긴밀하게 묶여 있다. (개체에 따라 그 정도는 다를 수 있다.) 하지만 지능을 특정한 영장류의 대뇌 변연계에 존재하는 회로와 혼동하는 것은 실수이다. 진화했다기보다는 설계되었다고 해야 할 인공 지능 시스템은 알 캡(Al Capp, 1909~1979년)의 만화 「릴 애브너(Li'l Abner)」에 등장하는 슈모(Shmoo)처럼 단순하게 사고한다. 서양배처럼 둥글둥글하게 생긴 슈모는 배고픈 인간을 먹이기 위해 자신을 바비큐로 구울 정도로 고도의 지능을 가진 이타주의의 화신이다. 복잡계 법칙 가운데 지능을 가진 행위자가 반드시 잔혹한 정복자로 변모한다는 이야기는 없다. 사실 우리는 그런 결함이 없이 진화한, 고도로 발달한 지성체를 알고 있다. 여성이라고 불리는 존재들이다.

두 번째 오류는 지능을 무한히 뻗어 나가는 잠재력의 연속체로 여기고 어떤 문제든 해결할 수 있고 어떤 목적이든 달성할 수 있는 기적의 묘약으로 생각하는 것이다.[23] AI가 언제 '인간 수준의 지능을 뛰어넘을 것인가?'라는 말도 안 되는 질문이나, 신과 흡사하게 전지전능한 궁극적인 '일반 인공 지능(artificial general intelligence, AGI)'의 이미지는 이런 오류에서 나온다. 지능은 각종 도구로 이루어진 기계 장치 같은 것이다. 다양한 영역에서 다양한 목표를 달성하는 방법을 알아내는 알고리듬이거나, 그런 지식으로 프로그래밍된 소프트웨어 모듈인 것이다.[24] 사람들은 식량을 찾고, 친구를 만들고, 남에게 영향을 미치고, 미래의 짝을 유혹하고, 자녀를 기르고, 세계를 돌아다니며, 그밖의 인간적인 집착거리와 오락거리를 추구하는 능력을 갖추고 있다. 컴퓨터는 이런 인간 활동 가운데 어떤 문제(예를 들어, 짝 유혹)는 신경 쓰지 않으면서 일부 문제(예를 들어, 얼굴 인식)를 떠안고, 또 인간이 해결하지 못하는 다른 문제들(기후 변화를 시뮬레이션하거나 수백만 건의 회계 기록을 분류하는 일)을 처리하도록 프로그래밍되어 있다. 문제의 종류가 다르고, 문제를 해결하는 데 필요한 지식의 종류가 다르다. 라플라스의 악마(Laplace's demon)는 우주의 모든 입자의 위치와 운동량을 알고 그것들을 물리 법칙의 방정식에 넣어 어떤 시점이든 삼라만상의 미래 상태를 계산할 줄 알지만, 그 신비한 존재와는 달리 현실 세계의 지성체는 사람과 사물이 엉망진창으로 뒤섞여 있는 세계에서 한번에 하나씩 문제를 처리하면서 정보를 얻어야만 한다. 이해한다는 것은 집적 회로의 집적도와 컴퓨터의 성능이 2년마다 2배가 된다는 무어의 법칙을 따르지 않는다. 지식은 현상에 대한 설명을 정식화하고 현실에서 검증함으로써 획득되는 것이지, 알고리듬을 계속 더 빠르게 돌린다고 해서 얻을 수 있는 것이 아니다.[25] 인터넷에 존재하는 정보를 먹어 치운다고 해서 전지적 능력을 얻는 것도 아니다. 빅 데이터도 결국 한정된 데이터에 불과한데, 우주의 지식은 무한하기 때문이다.

그런 이유로, 수많은 AI 연구자들이 최근에 한바탕 몰아친 과대 선전

(AI와 관련된 영원한 문제거리)에 잔뜩 짜증이 나 있다. 그 선전 때문에 지켜보는 사람들은 일반 인공 지능이 목전에 도달했다고 오해하게 되었다.[26] 내가 알기로, 일반 인공 지능을 구축하고자 하는 프로젝트는 존재하지 않는데, 일반 인공 지능의 상업성이 모호할뿐더러, 그 개념 자체가 논리적이지 않기 때문이다. 물론 2010년대에는 자동차를 운전하고, 사진에 설명을 달고, 사람의 말을 인식하고, 사람보다 퀴즈쇼, 바둑, 전자 게임을 잘하는 시스템이 줄줄이 선을 보였다. 하지만 이런 발전은 지능의 작동 방식을 더 정확하게 이해해서 나온 것이 아니라, 프로그램이 수백만 가지 사례를 학습한 뒤 그 내용을 종합해 비슷한 사례를 만들어 낼 수 있게 해 주는 더 빠른 반도체 칩과 더 많은 데이터의 무차별적인 힘에서 나왔다. 각 시스템은 백치 천재로, 애초에 설정되지 않은 문제로 도약하는 능력은 없다시피 하고, 애초에 설정해 놓은 문제에는 너무 과하게 통달해 있다. 사진에 설명을 다는 프로그램은 곧 추락할 비행기에 "활주로에 주기(駐機)된 비행기"라는 설명을 달았고, 게임을 하는 프로그램은 득점 규칙을 살짝 바꾸자 먹통이 되었다.[27] 물론 프로그램은 개선되겠지만, '품'의 징후는 찾아보기 어렵다. 앞으로 프로그램이 연구실을 탈취하거나 프로그래머를 노예화할 징후도 보이지 않기는 마찬가지이다.

설사 일반 인공 지능이 권력 의지를 행사하려 한다고 해도, 인간이 협력하지 않는다면 통 안에 담겨 있는 무력한 뇌에 지나지 않을 것이다. 컴퓨터 과학자 라메즈 남(Ramez Naam)은 품, 기술적 특이점, 기하 급수적인 자기 발전에 잔뜩 낀 거품을 단번에 걷어낸다.

당신이 마이크로프로세서(어쩌면, 수백만 개의 마이크로프로세서들)로 작동하는 초지능 AI라고 상상해 보라. 당신은 눈 깜빡할 사이에 당신이 지금 사용할 수 있는 것보다 빠르고 강력한 마이크로프로세서를 설계할 수 있다. 그런데

······ 제기랄! 당신은 그 능력을 실현하려면 그 마이크로프로세서를 실제로 **제조**해야만 한다. 그런데 실제 제조에는 엄청난 에너지가 필요하고, 전 세계 곳곳에서 수입한 재료를 투입해야 하고, 기압 조정실, 환기 필터, 유지 보수를 위한 온갖 전문 장비들이 갖춰져 있고 고도의 통제가 필요한 실내 환경도 필요하다. 이 모든 것들을 취득하고, 운송하고, 통합하고, 들여놓을 건물을 짓고, 발전소를 건설하고, 시운전하고, 생산하기 위해서는 시간과 에너지가 필요하다. 나선을 그리며 상승하는 당신의 자기 초월의 길을 현실 세계가 가로막고 있는 것이다.[28]

현실 세계는 디지털 기술에서 뻗어 나온 수많은 종말의 길을 가로막고 있다. 할(HAL)이 건방지게 굴자 데이브는 드라이버 하나로 녀석을 무력화시킨다. 할은 저 혼자 병적으로 "두 사람을 위해 만든 자전거(A Bicycle Built for Two)"라는 가사를 중얼거린다. (영화 「2001 스페이스 오디세이」의 한 장면이다. ─ 옮긴이) 물론, 악랄하고, 전력을 어디서나 얻을 수 있고, 전원이 꺼지지 않고, 맘대로 조작할 수도 없어서 종말의 날을 야기할 컴퓨터를 상상하기는 어렵지 않다. 이런 위협을 막는 방법은 간단하다. 그런 컴퓨터를 안 만드는 것이다.

사악한 로봇을 주인공으로 한 그림이 진지하게 받아들이기에는 너무 허술해 보이자 실존의 수호자들은 디지털 기술이 불러올 새로운 종말을 찾아냈다. 이 이야기는 프랑켄슈타인이나 골렘보다는, 세 가지 소원을 들어주는 지니에게 마지막으로 앞의 두 가지 소원을 없던 일로 해 달라고 빌었다는 이야기나, 손대는 무엇이든 금으로 바꾸는 능력을 얻었지만 음식과 가족도 예외가 아니어서 결국 비탄에 빠지는 미다스 왕의 이야기가 원전이다. 가치 정렬 문제(value alignment problem)라고 불리기도 하는 그 위협은 우리가 AI에게 목표를 제시하면, AI는 아무런 상상력도 없이 우리의 이익과 무관하게 목표를 문자 그대로 해석한 뒤 가차 없이 실행하고, 우리는 그 모습을 지켜볼 수밖에 없다는 내용을 골자로 한다. 만일 우리가 AI에게 댐의 수위를 유지하라는 목표를 제시한다면, AI는 사람이 죽든 말든 신경 쓰지 않고 마을을 물에 잠기게 만들어 놓을 것이다. 만일 우리가 클립을 제작하라는 목표를 제시한다면, AI는 우리의 재산과 우리의 신체를 포함해서 도달 가능한 우주에 존재하는 모든 물질을 클립으로 바꿔놓는다. 만일 인간의 행복을 극대화하라고 명령한다면, AI는 모든 사람에게 도파민을 주사하거나, 우리의 뇌를 재조직해서 우리를 외로워도 슬퍼도 행복한 사람들로 만들거나, AI가 행복의 개념을 웃는 얼굴 사진을 통해 학습했다면, 은하계 전체를 나노 크기의 웃는 얼굴 사진으로 도배할지 모른다.[29]

지어낸 이야기가 아니다. 모두 발달한 인공 지능이 인류의 실존을 위협할 가능성을 논의할 때 흔히 거론되는 시나리오들이다. 다행히 이 시나리오들은 자체 모순을 갖고 있어 논박할 수 있다.[30] 이 시나리오들은 다음과 같은 전제에 의존한다. ① 인간은 너무나 뛰어난 존재라서 전지전능한 AI도 설계할 수 있는데, AI가 어떻게 작동하는지를 검증하지 않고 우주를 통제할 능력을 줘 버릴 만큼 멍청하기도 하다. ② AI는 능력은 너무나 뛰어나서 물질을 분자 단위로 변조하고 뇌를 재조직할 수도 있는데, 기초적인 수준에서 말의 의미를 오해해서 재앙을 초래할 만큼 모자라기도 하다. 서로 모순되는 목표를 가장 잘 달성할 수 있게 해 줄 최선의 행동을 판단하는 능력은, 기술 공학자가 깜빡 잊고 설치하지 않았다며 자기 이마를 찰싹 치거나 하는 추가 기능이 아니다. 그것이 **바로** 지능이다. 언어 사용자의 의도를 맥락에 따라 해석하는 능력도 마찬가지이다. 로봇이 "웨이터 좀 잡아."라는 말에 식당 지배인을 번쩍 들어 올리거나, "불 좀 죽여 줘."라는 말에 총으로 전구를 쏴 버리는 식으로 반응하는 것은 「겟 스마트(Get Smart)」 같은 시트콤에나 나오는 일이다.

품, 디지털 과대 망상, 순식간에 모든 것을 알아내는 전지적 능력, 우주의 모든 분자에 대한 완벽한 통제력 같은 기이한 환상을 제쳐두면, 인공 지능은 다른 기술과 다를 게 없다. 인공 지능은 점진적으로 개발되고, 복수의 조건을 만족하도록 설계되고, 작동시키기 전에 테스트를 받고, 그 효율성과 안전성은 계속 개선된다. (12장) 인공 지능 전문가 스튜어트 조너선 러셀(Stuart Jonathan Russell, 1962년~)이 표현한 것처럼, "토목 공학자 중에 '무너지지 않는 교각을 건설하자.'라고 이야기하는 사람은 없다. 그냥 '교각을 건설하자.'라고 한다." 마찬가지로 러셀은 위험하지 않고 유익한 AI라고 할 필요 없이 그냥 AI라고 하면 된다고 지적한다.[31]

물론 인공 지능은 자동화로 일자리가 사라진 사람들을 어떻게 할 것인가 하는 보다 구체적이고 실생활과 연관된 문제를 야기한다. 하지만 일자리가 그렇게 빨리 사라지지는 않을 것이다. 1965년에 NASA가 보고한 결과는 여전히 유효하다. "사람은 비용이 가장 저렴하고, 그 무게가 70킬로그램이고, 비선형적이고, 다목적적이며, 비숙련 노동 없이도 대량 생산이 가능한 컴퓨터 시스템이다."[32] 기술 공학적인 측면에서 차를 운전하는 것은 식기 세척기에서 접시를 꺼내거나, 심부름을 하거나, 기저귀를 가는 것보다 더 간단한 과제이다. 그런데 지금 이 글을 쓰고 있는 순간에도 우리는 자율 주행 자동차를 도시의 거리에 내보낼 준비가 안 되어 있다.[33] 로봇 부대가 아이들에게 예방 접종을 하고, 학교를 짓고, 세계를 개발하고, 혹은 말이 나왔으니 말이지만 기반 시설을 건설하고, 노령 인구를 돌보게 되는 날이 오기까지는 아직 해야 할 일이 산더미이다. 소프트웨어와 로봇을 설계하는 것과 같은 창의성을 정부와 민간 부문의 정책 설계 분야에 적용하면 쉬는 인력과 남아 있는 일을 짝짓는 일이 한결 쉬워질 것이다.[34]

로봇이 괜찮다면, 해커는 어떨까? 해커의 이미지는 우리 모두 잘 알고 있다. 해커는 불가리아의 10대, 슬리퍼를 신고 레드불을 마시는 젊은 남자, 그리고 2016년에 대선 토론에서 도널드 트럼프가 말했듯이, "침대에 앉아 있는 200킬로그램의 누군가"이다. 일반인의 사고 방식으로, 기술이 발전하면 개인이 쓸 수 있는 파괴력의 강도가 배가 된다. 괴짜나 테러리스트가 혼자 차고에서 핵폭탄을 만들거나, 유전자를 조작해서 전염병 바이러스를 만들거나, 전 세계 인터넷을 다운시키는 것은 시간 문제이다. 게다가 현대 세계는 기술 의존도가 상당히 높기 때문에 인터넷이 불통이 되면 대혼란, 기아, 무정부 상태가 일어날 수도 있다. 2002년에 마틴 리스는 내기를 걸었다. "2020년까지 바이오테러(bioterror)나 바이오에러(bioerror)가 단 한 번의 사건으로 희생자 100만 명을 만들어 낼 것이다."[35]

이 악몽을 어떻게 생각해야 할까? 가끔 이런 경고에는 보안상의 취약점을 더욱 심각하게 받아들이라는 의도가 담겨 있다. 여기에는 사람들에게 책임감 있는 정책을 채택하게 하는 가장 좋은 방법은 그들을 겁에 질리게 만드는 것이라는 이론이 깔려 있다. 그 이론이 옳든 그르든, 이미 현대 세계의 불행으로 자리 잡은 사이버 범죄나 전염병의 유행(핵 위협에 관해서는 다음 절에서 다룰 것이다.)에 신경 쓸 필요가 없다고 주장하는 사람은 아무도 없을 것이다. 컴퓨터 보안 전문가와 역학 전문가는 이런 위협에 한발 앞서고자 꾸준히 노력하고 있고, 분명 국가들도 두 부문에 투자할 필요가 있다. 군사, 재정, 에너지, 인터넷 기반 시설은 더 높은 안정성과 회복력을 갖춰야 한다.[36] 생화학 무기에 대처하기 위한 협약과 보호 수단을 강화해야 한다.[37] 유행병이 되기 전에 질병의 발생을 인지하고 억제할 수 있는 다국적 공중 보건 네트워크를 보다 확장해야 한다. 더 좋은 백신, 항생제, 항바이러스제, 신속한 진단 방법 등을 갖춘다면, 자연의 병원균뿐 아니라 인간이 만든 병원균과 싸우는 데에도 유용하게 쓸 수 있다.[38] 또한 국가는 테러리스트를 막고 범죄를 차단하는 감시와 도청 같은 예방 수단을 유지할 필요가 있다.[39]

물론 각각의 군비 경쟁에서 방어가 완벽한 수준에 도달하기는 불가능할 것이다. 사이버 테러와 바이오테러 사건은 언제든 벌어질 수 있고, 대재앙의 가능성이 0이 되는 일도 없을 것이다. 내가 숙고할 질문은, 정말 합리적인 사람마저도 현대의 암울한 사실 앞에서는 인류가 망해 간다고 결론지을 수밖에 없느냐는 것이다. 악당이 정의의 편을 물리치고 문명을 제 앞에 무릎 꿇게 만드는 날을 우리는 피할 수 없단 말인가? 기술적 진보는 역설적으로 새로운 기술을 통해서 세계를 위협하게 될까?

아무도 확실히 알 수는 없지만, 최악의 사태를 두려워하는 대신 조금 더 차분하게 숙고한다면 어둠이 걷힐 것이다. 먼저 역사의 궤적을 살펴보자. 개인의 엄청난 파괴 행위가 과연 과학 혁명과 계몽주의로 작동하기 시작한 과정의 자연스러운 결과인가? 이 서사에 따르면, 과학 기술 때문에 사람들이 점점 더 적은 노력으로 점점 더 많은 것을 성취할 수 있게 되었고, 그래서 시간이 충분히 주어진다면 개인은 원하는 것을 무엇이든 얻을 수 있게 된다. 그리고 인간의 본성을 고려할 때, 이야기는 모든 것의 파괴로 끝난다.

하지만 《와이어드(Wired)》의 창간 편집인이자 『기술은 무엇을 원하는가(What Technology Wants)』의 저자인 케빈 켈리는, 실제로 기술은 그러한 방향으로 나아가지 않는다고 주장한다.[40] 1984년에 제1회 해커 총회(Hackers' Conference)를 (스튜어트 브랜드(Steward Brand, 1938년~)와 함께) 공동 주최하기도 했던 켈리는 그 뒤로 언젠가 기술이 인간의 능력을 추월해서 결국 인간을 지배하게 될 것이라는 말을 꾸준히 들어 왔다. 하지만 과거에도 (인터넷의 발명을 포함해) 기술이 엄청나게 발전했음에도 그런 일은 벌어지지 않았다. 켈리는 이유가 있다고 말한다. "기술은 강력해질수록 사회적으로 긴밀해진다." 첨단 기술은 협력자들로 이루어진 연결망이 필요하고, 협력자들은 또한 더 넓은 사회 연결망과 접속해 있으며, 그런 사회 연결망 가운데 많은 것들이 기술과 다른 사람으로부터 인간을 보호하는 데 힘쓰고 있다. (12장에서 보았듯이, 기술은 시간이 흐를수록 더 안전해진다.) 이 사실을 생각할 때, 기적 같은 기술에 의해 저절로 작동하는 첨단 비밀 기지를 어느 사악한 천재가 혼자 운영하는 할리우드 영화의 클리셰는 우스꽝스러워진다. 켈리는 시간이 흘렀음에도 기술의 사회적 긴밀성으로 인해 한 사람이 가질 수 있는 파괴력은 사실상 증가하지 않았다고 말한다.

어떤 기술이 더 정교해지고 강력해질수록 그것을 무기화하기 위해서는 더 많은 사람이 필요해진다. 그리고 그 기술을 무기화할 필요가 있는 사람이 늘어날수록, 피해를 차단하거나, 완화하거나, 발생을 막기 위해 더 많은 사회적 통제가 작동하게 된다. 여기에 한 가지 생각을 덧붙이고자 한다. 만일 과학자들로 팀을 꾸려서 한 종을 멸망시킬 수 있는 생물학 무기를 개발하거나 인터넷을 0의 상태로 무력화할 수 있는 예산이 있다고 해도, 아마 계획에 성공하지는 못할 것이다. 인터넷의 경우는 그런 사태를 방지하는 일에 수십만 인년(人年, 한 사람이 1년에 하는 작업량. ─옮긴이)의 노력이 투입되어 왔고, 생물학의 경우는 종의 죽음을 막기 위한 진화적 노력이 수백만 년 동안 이루어져 왔기 때문이다. 그런 계획을 실현하기는 극도로 어렵고, 팀의 규모가 작을수록 어려움은 더 커진다. 그렇다고 팀의 규모가 커지면, 사회의 반발력도 커질 것이다.[41]

이 모든 이야기는 추상적이다. 기술 발전이 그리는 자연스러운 곡선을 설명하는 이론과 이론이 정면으로 충돌하는 것이다. 어떻게 하면 이 문제를 우리가 마주한 실질적인 위험에 적용해서 인류가 정말로 망해 가는지, 아닌지를 숙고해 보는 데 쓸 수 있을까? 열쇠는 가용성 편향에서 벗어나, 우리가 상상할 수 있는 끔찍한 사건이 실제로 일어날 일이라고 가정하지 않는 것이다. 진정한 위험은 숫자에 달려 있다. 혼란과 대량 학살을 일으키고자 하는 사람들의 비율, 그들 가운데 효과적인 사이버 무기나 생물학 무기를 만들어 낼 능력이 있는 사람의 비율, 또 그들 가운데 다시 음모를 실제로 성공시킬 능력이 있는 사람의 비율, 그리고 또 그 가운데 골칫거리나 소규모 타격이나 대참사이기는 하나 사회를 괴멸시킬 정도는 아닌 재난에 그치지 않고 문명에 종지부를 찍을 진짜 악당의 비율을 따져보는 것이다.

악당의 숫자부터 시작해 보자. 현대 세계에 타인에게 상해를 가하거나 타인을 살해하기를 바라는 사람들이 많을까? 만일 그렇다면, 삶은 알아보기도 힘들 만큼 지금과 다를 것이다. 그들은 미친 듯이 사람들을 찔러댈 수도 있고, 군중에게 총을 난사할 수도 있고, 차를 타고 사람들을 향해 돌진할 수도 있고, 밥솥 폭탄을 터뜨릴 수도 있고, 큰길가에서나 지하철 승강장에서 달려오는 열차에 사람을 밀어 버릴 수도 있다. 연구자 그윈 브랜원(Gwern Branwen)은 훈련받은 저격수나 연쇄 살인범이 체포되기 전까지 살해할 수 있는 사람이 수백 명이라고 계산했다.[42] 사회 혼란을 원하는 파괴 공작원은 슈퍼마켓의 식음료를 오염시키거나, 가축 사육장이나 급수원에 살충제를 살포하거나, 혹은 그런 일을 벌였다고 허위 제보를 할 수도 있다. 기업은 리콜을 하느라 수억 달러의 손해를 볼 테고, 국가도 수출에 차질을 빚어 수십억 달러의 손해를 볼 수 있다.[43] 그런 종류의 공격은 하루에도 몇 번씩 전 세계의 도시에서 벌어질 수 있지만, 실제로는 우리가 잘 알지도 못하는 어딘가에서 몇 년에 한 번씩 일어나는 게 전부이다. (안보 전문가 브루스 슈나이어(Bruce Shneier)는 이렇게 묻는다. "테러리스트 공격은 다 어디서 벌어진답니까?")[44] 테러 공격이 불러일으킨 그 모든 공포에도 불구하고, 잔인한 파괴를 위해 기회를 노리고 있는 개인은 극히 적은 게 분명하다.

타락한 개인들 가운데 효과적인 사이버 무기나 생물학 무기를 개발할 수 있는 지능과 소양을 갖춘 하위 집단은 얼마나 될까? 테러리스트는 대부분 범죄의 천재이기는커녕 덜떨어진 멍청이라고 할 수 있다.[45] 전형적인 표본을 꼽자면, 어느 신발 폭파범은 신발 안에 넣은 폭발물을 점화시켜 항공기를 추락시키려다 실패했고, 속옷 폭파범은 속옷 안에 설치한 폭발물을 터뜨려 항공기를 추락시키려다 실패했고, IS 교관은 의욕 넘치는 자살 테러리스트들 앞에서 폭탄 조끼 사용법을 시범 보이다 21명의 테러리스트와 함께 폭사했고, 차르나예프(Tsarnaev) 형제는 보스턴 마라톤에서 폭탄을 터뜨린 뒤 대학 교내에서 경찰로부터 총을 빼앗으려다 실패하는 과정에서 경찰을 살해하고 이어 차량 절도와 강도를 저지르고 할리우드 영화에 나올 법한 차량 추격전을 벌이던 중에 한 형제가 다른 형제를 차로 들이받았으며, 압둘라 알아시리(Abdullah al-Asiri, 1986~2009년)는 사우디의 부총리를 암살하려고 항문에 사제 폭탄을 은닉했다가 결국 저 혼자 폭사하고 말았다.[46] (한 정보 분석 회사는 그 사건이 "자살 폭탄 테러 전략에 패러다임의 전환이 일어나고 있다는 신호"라고 보고했다.)[47] 2001년 9월 11일에 그랬듯이, 간혹 영리하고 훈련받은 테러리스트들에게 운이 따르기도 한다. 하지만 성공한 계획은 대부분 목표물이 많은 모인 자리에서 재래식 공격을 벌인 경우였고, (13장에서 본 것처럼) 아주 적은 사람만 살해했다. 사실 나는 똑똑한 테러리스트의 비율은 테러리스트의 비율에 똑똑한 사람의 비율을 곱한 것보다 더 낮다고 단언할 수 있다. 테러 공격은 확실히 비효율적인 전략이며, 무분별한 살상 행위를 그 자체로 즐기는 사람이라면 머리가 썩 좋은 편은 아닐 것이다.[48]

이제 소수의 뛰어난 무기 개발자들 가운데 세계의 경찰, 보안 전문가, 대 테러 군인을 능가할 교활함과 운을 지닌 이들의 비율을 구해 보자. 0은 아니겠지만, 높을 리 없다. 다른 복잡한 사업이 그렇듯이, 머리는 하나보다 여럿이 낫고, 한 사람의 고독한 천재보다는 여러 사람의 바이오 테러리스트나 사이버 테러리스트로 구성된 조직이 더 효과적일 것이다. 하지만 여기서 켈리가 한 마디 한다. 지도자는 비밀을 엄수하고, 능력 있고, 사악한 명분에 충성할 공모자를 모으고, 팀을 관리해야 한다. 팀의 규모가 커질수록 발각, 배신, 잠입, 실수, 사기의 가능성이 따라서 커진다.[49]

국가 기반 시설의 기능을 심각하게 위협하려면 국가 차원의 자원이 있어야 한다.[50] 소프트웨어 해킹으로는 부족하고, 파괴하고자 하는 시스템의 물리적 구성을 해커가 세부적으로 알아야 한다. 2006년에 이란의 핵 원심 분리기를 스턱스넷 웜(Stuxnet worm, 산업 시설을 공격하는 악성 소프트웨어. ─옮긴이)으로 망가뜨린 작전에는 기술적으로 발달한 두 나라, 미국과 이스라엘의 공조가 필요했다. 국가 차원의 사이버 공작은 테러라는 만행을 전쟁 수준으로 끌어올리는데, 그러면 전통적인 '동역학적' 전쟁과 마찬가지로 규범, 협약, 제재, 보복, 군사적 억지 등 국제 관계에 따른 제약들이 그 과격한 공격을 억제한다. 11장에서 본 것처럼 그런 제약이 점점 효과적으로 국가 간 전쟁을 방지하고 있다.

그럼에도 미국의 군사 관계자들은 외국이나 고도화된 테러 조직이 미국의 웹사이트를 해킹해서 비행기를 추락시키고, 댐을 방류하고, 핵 발전소를 녹이고, 전력망 전체를 꺼뜨리고, 금융 시스템을 먹통으로 만드는 등 "디지털 진주만 공습"과 "사이버 아마겟돈"을 일으킬 수 있다고 경고한다. 대다수의 사이버 보안 전문가는 이런 위협이 과장되었다고 본다. 국방 예산을 확보하고, 영향력을 강화하고, 인터넷상의 사생활과 자유를 더 많이 제약하려는 구실이라는 것이다.[51] 실제로 지금까지 사이버 공격으로 인한 사상자는 단 1명도 없었다. 피해는 기밀 문서나 이메일을 유출하는(러시아가 2016년 미국 대선에 개입했듯이) 정보 유출, 봇넷(botnet, 해킹 당한 수많은 컴퓨터)이 엄청난 양의 트래픽으로 사이트를 익사시키는 디도스(DDos, 광범위한 서비스 중단) 공격처럼 그냥 골치를 아프게 하는 수준이었다. 슈나이어는 이렇게 설명한다. "현실 세계에 비유하자면, 타국을 침공한 군대가 차량 등록소 앞에 도열해서 사람들이 자동차 등록증 갱신을 못 하게 하는 셈이다. 21세기의 전쟁이 그런 것이라면, 그다지 두려워할 일도 아닌 듯하다."[52]

하지만 기술적 진보가 종말을 부르리라 예언하는 사람들에게 미미한 가능성은 만족스럽지 않다. 그들 말에 따르면 해커나 테러리스트 **단 한 사람**, 불량 국가 **단 하나**에게 운이 따르면 그것으로 족하다. 그러면 게임은 끝난다. 달리 위협이라는 말 앞에 실존적이란 표현을 붙여서 사르트르와 알베르 카뮈(Albert Camus, 1913~1960년)의 전성기 이후로 그 형용사에 가장 큰 회생 기회를 주는 것이 아니다. 2001년에 미국 합동 참모 회의 의장은 이렇게 경고했다. "존재하는 가장 큰 실존적 위협은 사이버 공격이다." (여기에 자극받은 존 뮐러는 이렇게 논평했다. "아마 작은 실존적 위협들과 대비된다는 뜻일 것이다.")

이 실존주의 밑에는 사소한 골칫거리가 뜻밖의 역경으로, 그다음 비극으로, 재난으로, 마지막에는 전멸로 이어질 수 있다는 생각이 있다. 바이오테러, 혹은 바이오에러가 발생해서 100만 명이 죽는다고 가정해 보자. 해커가 인터넷을 다운시키는 데 성공했다고 가정해 보자. 미국이 말 그대로 **지구에서 사라질까?** 문명이 붕괴할까? 인간이 멸종할까? 안타깝지만 일부는 그럴 것이다. 하지만 히로시마는 여전히 존재한다!

이 시대 사람들은 너무나 무기력해서, 인터넷이 다운되면 농부들은 주저앉아 곡물이 썩어 가는 모습을 지켜보고 도시인들은 멍하니 굶주리고만 있을까? 하지만 재난 사회학(그렇다, 이런 분과가 있다.)에 따르면, 파국을 맞이했을 때 사람들은 상당히 높은 회복력을 보인다.[53] 파국이 일어났을 때 사람들은 약탈을 하거나 허둥대거나 마비 상태에 빠지기는커녕, 질서를 회복하고 자발적으로 협력하면서 물품과 구호 인력을 필요한 곳에 분배할 연결망을 만들어 낸다. 엔리코 콰란텔리(Enrico Quarantelli, 1924~2017년)는 히로시마에 핵폭발이 일어나고 몇 분 사이에 벌어진 일을 다음과 같이 소개했다.

> 생존자들은 탐색과 구조 활동에 나섰고, 어떤 일이든 최대한 서로를 도왔으며, 불타고 있는 지역에서 질서를 지키며 탈출했다. 일부 살아남은 정부 조직과 군사 조직이 착수한 계획과 별도로, 하루 만에 시민들이 몇몇 지역의 전력을 일부 복구했고, 철강 회사에서는 직원 중 20퍼센트가 출근해서 작업을 재개했으며, 히로시마에서 영업 중이던 12개 은행의 직원들은 히로시마 지점에 모여 지급을 재개하기 시작했고, 다음날에는 도시 중심부로 이어지는 전차선이 완전히 정리되고 교통 시설도 일부 복구되었다.[54]

제2차 세계 대전의 사상자가 끔찍할 정도로 많았던 것은 양쪽에서 전쟁을 계획한 자들이 적국의 사회 자체가 완전히 무너질 때까지 민간인을 폭격하는 전략을 채택했기 때문이다. 그런데도 사회는 절대 무너지지 않았다.[55] 게다가 이런 복원력이 과거에 존재했던 단일 민족 공동체의 유물인 것도 아니었다. 21세기의 세계주의적 사회도 재난에 잘 대처했다. 9·11 공격 이후 로어맨해튼에서 사람들은 질서 정연하게 대피했고, 2007년에 파괴적인 디도스 공격을 받은 에스토니아에서는 아무런 혼

란도 발생하지 않았다.[56]

바이오테러 역시 허깨비 위협이다. 생물학 무기는 1972년에 사실상 전 세계 모든 국가가 참여한 국제 협정을 통해 금지되었고, 지금까지 현대전에서 어떤 역할도 한 적이 없다. 금지 조치가 이루어진 것은 주로 생물학 무기라는 개념 자체에 대한 반감이 널리 확산되어 있었던 탓이지만, 각국의 군부를 설득하는 일도 어려울 게 없었다. 미세한 생물을 모아 봐야 좋은 무기가 나올 리 없기 때문이다. 생물학 무기는 역발(逆發, blow back)을 일으켜서, 아군의 무기 개발자, 전투원, 시민을 잘 감염시킨다. (탄저균 포자를 가진 차르나예프 형제를 상상해 보라.) 또한 병의 전염이 흐지부지 끝나 버릴지, 혹은 (말 그대로) 바이러스처럼 퍼져나갈지는 연결망의 복잡한 역학에 달려 있는데, 제아무리 뛰어난 유행병 학자라고 해도 그 전개를 예측하기란 불가능하다.[57]

생물학 작용제는 테러리스트에게는 특히 부적합하다. 다시 말하지만, 그들의 목표는 손상을 입히는 것이 아니라 테러 행위를 보란 듯이 공연하는 것이다.[58] (13장) 생물학자 폴 이월드(Paul W. Ewald, 1953년~)는 병원균 사이에서 일어나는 자연 선택이 갑작스럽고 극적인 파괴라는 테러리스트의 목표에 불리하게 작용한다고 지적한다.[59] 감기 바이러스처럼 신속한 대인 감염에 의존하는 세균은 숙주가 산 채로 이동하면서 최대한 많은 사람과 악수를 하거나, 최대한 많은 사람에게 재채기를 해야 한다. 세균이 숙주를 사망케 하려면, 모기(말라리아), 오염시킬 수 있는 식수 공급원(콜레라), 부상 당한 군인들이 엉켜 있는 참호(1918년 스페인 독감)처럼 신체에서 신체로 전파될 수 있는 대안 경로가 필요하다. HIV와 매독처럼 성행위로 전파되는 병원균은 그 중간쯤에 위치해서, 숙주가 상대에게 세균을 옮긴 뒤에 손상을 입힐 수 있도록 증상이 나타나지 않는 긴 잠복기가 필요하다. 따라서 독성과 전염성은 맞거래되며, 세균의 진화는 헤드라인을 장식할 만큼 치명적인 전염병을 신속하게 퍼뜨리겠다는 테러리스트의 열망을 좌절시키고도 남는다. 이론적으로 보면, 바이오테러리스트는 병원균을 조작해서 맹독성과 강한 전염성을 동시에 갖추고 신체 외부에서도 오래 생존할 수 있게 해야 한다. 하지만 그렇게 정교한 세균을 배양하기 위해서는 나치가 시도한 것과 유사한 규모의 생체 실험이 필요할 텐데, 제아무리 테러리스트라도(10대는 말할 것도 없고) 그런 작업을 수행하기란 쉽지 않을 것이다. 그러니 여태까지 세계가 목격한 생물학적 공격이 바이오테러 한 건(1984년에 오리건 주의 한 마을에서 오쇼 라즈니쉬(Osho Rajneeshee, 1931~1990년)가 이끄는 사이비 종교 집단이 살모넬라균으로 샐러드를 오염시켜 단 1명도 죽이지 못한 사건)과 무차별 살인 1건(2001년에 탄저균 소포가 배송되어 5명이 사망한 사건)에 그친 것도 운이 좋아서만은 아닐 것이다.[60]

물론, 유전자 편집 기술인 크리스퍼-캐스9(CRISPR-Cas9) 같은 합성 생물학이 진보해서 병원균을 비롯한 유기체를 조작하기가 쉬워진 것은 사실이다. 하지만 유전자 한둘을 삽입해서 복잡하게 진화한 특성을 재가공하기가 어려운 까닭은 어떤 유전자든 그 효과는 나머지 유전체와 밀접하게 연관되어 있기 때문이다. 이월드는 이렇게 지적한다. "내가 아는 한 우리는 유전자 변이체의 조합을 어떤 병원균에 삽입해서 인간을 대상으로 높은 전염성과 유독성이 동시에 나타나게 하는 방법을 알지 못한다."[61] 생명 공학 전문가인 로버트 칼슨(Robert Carlson)은 덧붙인다. "종류를 불문하고 독감 바이러스를 만들 때 한 가지 문제는, 생산 시스템 자체(세포나 난자)를 죽이려고 하는 무언가를 필요한 만큼 생산하기 위해 바로 그 생산 시스템을 최대한 오래 살려두어야 한다는 것이다. …… 그렇게 만들어 낸 바이러스를 작동시키는 것 또한 매우, 대단히 어려운 일이다. …… 이 위협을 완전히 묵살하려는 것은 아니다. 하지만 솔직히 말해서 그보다는 자연이 우리에게 시도 때도 없이 던져대는 병원균이 훨씬 더 걱정된다."[62]

마지막이자 결정적으로, 생물학은 그 반대 방향으로도 발전하고 있다. 착한 사람들(세상에 무수히 많다.)도 더 쉽게 병원균을 발견하고, 내성을 이겨 낼 수 있는 항생제를 발명하고, 빠른 속도로 백신을 개발하고 있다.[63] 2014~2015년에 비상 상황의 막바지에 개발된 에볼라 백신이 대표적인데, 당시의 강력한 방역 조처로 희생자 수가 1만 2000명 선에 그쳤다. 언론이 예측한 희생자 수는 100만 명 수준이었다. 그렇게 에볼라 역시 라사열, 한타바이러스, 사스, 광우병, 조류 독감, 돼지 독감과 함께 피해를 과장되게 예측한 유행병 목록에 진입했다.[64] 그중 어떤 것들은 애초에 유행병이 될 가능성도 없었다. 기하 급수적으로 확산하는 대인 감염을 통해서가 아니라, 동물이나 음식을 통해 전염되는 병이었기 때문이다. 다른 병들은 의학과 공중 보건의 개입을 통해 진압되었다. 물론 언제든 사악한 천재가 재미로든, 복수심으로든, 혹은 신성한 명분을 위해서든, 세계의 방어선을 뚫고 전염병을 퍼뜨리지 않는다고 누구도 확신하지 못한다. 하지만 언론 보도의 관습, 그리고 가용성 편향과 부정성 편향은 그 확률을 부풀리게 마련이고, 내가 마틴 리스 경의 내기를 받아들인 것도 이 때문이었다. 여러분이 이 글을 읽을 때쯤이면 이미 누가 이겼는지 알고 있을지도 모른다.[65]

~

인류를 위협하는 어떤 위험은 허황하거나 발생 확률이 극히 낮지만, 한 가지는 꽤 현실적이다. 다름 아닌 핵전쟁이다.[66] 이 세계에는 1만 기가 넘는 핵무기가 총 9개국에 배치되어 있다.[67] 대부분은 미사일에 장착되어 있거나 폭격기에 실려 있어서 몇 시간 내에 수천 개의 목표물에 도달할 수 있다. 폭탄 하나하나도 경악할 만한 파괴를 일으키게끔 설계되어 있다. 폭탄 하나로 도시 하나를 파괴할 수 있고, 여러 개가 모이면 폭발, 열,

방사선, 방사능 낙진으로 수억 명을 살해할 수 있다. 만일 인도와 파키스탄이 전쟁에 돌입해서 핵무기를 100여 개 사용한다면, 즉시 2000만 명이 사망할 것이고, 화염 폭풍에서 나온 재가 대기로 퍼져 오존층이 파괴되고 나면 10년 이상 지구가 냉각되어 식량 생산의 급감으로 10억 명 이상의 사람들이 배고픔에 시달릴 것이다. 미국과 러시아가 서로 총력전을 벌인다면 몇 년 동안 지구를 섭씨 8도가량 냉각시켜서 핵겨울(적어도, 핵 가을)이 찾아올 수 있고, 그러면 더욱 심한 기아가 발생한다.[68] 핵전쟁이 정말 (흔히 주장하듯이) 문명, 종, 지구를 파괴할 수 있는지와 무관하게, 그 결과는 상상을 초월한다.

원자 폭탄이 일본에 떨어진 지 얼마 되지 않아 미국과 (구)소련은 핵 군비 경쟁에 돌입했고, 동시에 새로운 형태의 역사적 비관주의가 뿌리를 내렸다. 이 프로메테우스적 서사에서 인간은 신으로부터 죽음을 부르는 지식을 훔쳤으나 그것을 책임감 있게 사용할 지혜가 부족했던 탓에 제 자신을 소멸시킬 운명에 처한다. 한 버전에서는 인간만이 아니라 고등한 지적 생명체는 누구나 이 비극의 곡선을 따르도록 운명지어졌다고 말한다. 분명 우주에는 외계 생명체가 바글바글할 텐데, 우리가 이제껏 어떤 우주인도 만나지 못한 것은 이로써 설명이 된다. (처음으로 이 문제를 의아해한 엔리코 페르미(Enrico Fermi, 1901~1954년)의 이름을 따서 흔히 페르미 역설(Fermi paradox)이라고 불린다.) 어떤 행성에 생명체가 탄생하면, 그 생명체는 불가피하게 지능, 문명, 과학, 핵물리학, 핵무기, 자기 파멸적 전쟁으로 이어지는 발전 궤적을 따르게 되고, 결국 그들 자신의 태양계를 떠날 수 있기 전에 멸종한다는 것이다.

일부 지식인에게 핵무기의 발명은 과학 사업 자체를 — 사실상, 근대성 자체를 — 고발하는 근거가 된다. 파국의 위협 때문에 과학이 인류에게 부여했는지 모를 모든 선물이 무(無)로 돌아갔다는 것이다. 핵 시대가 도래한 이후 주류 과학자들이 핵 정책 수립에서 배제되었을 때, 전 세계에 핵전쟁의 위험을 상기시키고 각국의 군비 축소를 촉구한 사람들이 바로 물리학자들이었던 것을 고려하면, 과학을 향한 고발장은 엉뚱한 곳을 겨냥한 것처럼 보인다. 그 가운데 걸출한 역사적 인물로는 닐스 헨리크 다비드 보어(Niels Henrik David Bohr, 1885~1962년), 줄리어스 로버트 오펜하이머(Julius Robert Oppenheimer, 1904~1967년), 알베르트 아인슈타인 (Albert Einstein, 1879~1955년), 이지도어 아이작 라비(Isidor Isaac Rabi, 1898~1988년), 실라르드 레오(Szilard Leo, 1898~1964년), 조지프 로트블랫(Joseph Rotblat, 1908~2005년), 해럴드 클레이턴 유리(Harold Clayton Urey, 1893~1981년), C. P. 스노, 빅토르 프레더리크 바이스코프(Victor Frederick Weisskopf, 1908~2002년), 필립 모리슨(Philip Morrison, 1915~2005년), 허먼 페시바흐(Herman Feshbach, 1917~2000년), 헨리 웨이 켄들(Henry Way Kendall, 1926~1999년), 시어도어 브루스터 테일러(Theodore Brewster Taylor, 1925~2004년), 칼 에드워드 세이건 (Carl Edward Sagan, 1934~1996년) 등이 있었다. 이 운동은 스티븐 호킹, 미치오 카쿠(Michio Kaku, 1947년~), 로런스 맥스웰 크라우스(Lawrence Maxwell Krauss, 1954년~), 맥스 에릭 테그마크(Max Erik Tegmark, 1967년~) 같은 오늘날의 거물 과학자들로 이어지고 있다. 과학자들은 참여 과학자 연맹(Union of Concerned Scientists), 미국 과학자 연맹(Federation of American Scientists), 핵 책임 위원회(Committee for Nuclear Responsibility), 퍼그워시 회의(Pugwash Conferences), 《원자 과학자 회보(Bulletin of the Atomic Scientists)》 같은 주요한 활동가 단체와 감시 단체를 창설했으며, 《원자 과학자 회보》의 표지인 그 유명한 종말의 날 시계(Doomsday Clock)는 자정까지 2분 30초 남은 지점을 가리키고 있다.[69]

안타깝게도, 물리학자들은 자신을 정치 과학의 전문가로 여기는 경우가 많은데 대부분은 대중의 의견을 움직이는 가장 효과적인 방법은 사람들을 채찍질해서 공포와 불안의 거품 속으로 몰아넣는 것이라는 통속 이론을 받아들이는 듯 보인다. 잡지 이름에 "과학자"라는 말이 붙기는 했지만, 종말의 날 시계는 핵 안보의 객관적 지표와 무관하다. 차라리 발행인의 말마따나 "사람들을 놀라게 하고 분별력을 되찾게 해서 문명을 보존하려는"[70] 정치적 스턴트라고 할 수 있다. 시계의 분침은 쿠바 미사일 위기가 있었던 1962년보다는, 훨씬 더 조용했던 2007년에 자정에 더 가까이 있었다. 그 이유 중 하나는, 대중이 경각심을 잃을까 우려한 편집자가 '종말'의 의미를 재정의해서 기후 변화를 포함시켰기 때문이다.[71] 그리고 과학 전문가들도 사람들을 무감각에서 일깨우고자 캠페인을 벌이는 중에 전혀 그럴 법하지 않은 예측들을 내놓고는 했다.

> 세계 정부의 창설만이 인류의 임박한 자기 파괴를 막을 수 있다.
>
> — 알베르트 아인슈타인, 1950년[72]

> 우리가 이 전략적 문제의 다양한 측면을 보다 진지하고 냉정하게 생각하지 않는다면 …… 아무런 파국도 맞지 않고 2000년 — 어쩌면 1965년이 될지도 모른다. — 에 이르기는 힘들다고 나는 굳게 믿는다.
>
> — 허먼 칸, 1960년[73]

> 길어야 10년 안에, (핵)폭탄 몇 개는 폭발할 것이다. 나는 책임감을 다해 이 말을 하고 있다. 나는 확신한다.
>
> — C. P. 스노, 1961년[74]

> 완전히 확신하건대 — 내 머릿속에는 일말의 의심도 없습니다. — 2000년에는 여러분(학생들) 모두 죽고 없을 것입니다.

— 조지프 바이첸바움(Joseph Weizenbaum, 1923~2008년), 1976년[75]

국제 관계의 "현실주의"를 주창한 유명한 정치 과학자 한스 요아힘 모겐소(Hans Joachim Morgenthau, 1904~1980년)도 이 대열에 합류했다. 1979년에 그는 이렇게 예측했다.

내 생각에 세계는 제3차 세계 대전을 향해 떠밀리듯 나아가고 있다. 전략 핵전쟁이 벌어질 것이다. 이것을 막기 위해 우리가 할 수 있는 일은 전무하다.[76]

언론인 조너선 에드워드 셸(Jonathan Edward Schell, 1943~2014년)은 1982년에 출간된 베스트셀러 『지구의 운명(The Fate of the Earth)』에서 이렇게 결론짓는다.

어느 날 — 그날은 그리 멀지 않을 것이다. — 우리는 결정을 내릴 것이다. 최후의 혼수 상태에 빠져들어 모든 것을 끝내든가, 아니면 내가 굳게 믿는 것처럼, 우리에게 닥친 위험의 진실을 깨닫고 …… 자리에서 일어나 지구에서 핵무기를 쓸어낼 것인가를.

이 예언의 장르는 우리가 세계 정부를 창설하지도 못하고 지구에서 핵무기를 청소하지도 못했는데, 어느덧 냉전이 끝나고 인류도 최후의 혼수 상태에 빠지지 않는 바람에 구식이 되고 말았다. 공포의 열기를 유지하기 위해 활동가들은 거의 벌어질 뻔했던 일이나 간신히 빗겨나간 사건의 목록을 유지하면서, 아마겟돈은 언제나 작은 실수 하나로 우리를 피해 갔으며 인류가 생존할 수 있었던 것은 기이하게 찾아온 행운 덕이었다고 주장한다.[77] 이 목록에는 1983년에 소비에트 장교가 나토 훈련을 선제 타격의 징후로 오인했던 정말 위험한 사건도 들어 있지만, 2013년에 핵미사일을 담당한 미군 장군이 휴가를 맞아 4일 동안 러시아를 여행하던 중 술에 취해 여성들에게 상스러운 행동을 한 것과 같은 개인적 일탈과 소동이 뒤섞여 있다.[78] 실제로 핵폭탄을 주고받을 수준으로 비화될 만한 사건은 일어난 적이 없으며, 사건의 맥락을 이해하고 공포를 완화하고자 하는 대안적 평가도 이루어진 적이 없다.[79]

많은 반핵 활동가가 전하고 싶어 하는 메시지는 이렇다. "도저히 취할 수 없는 조치를 세계가 즉각 취하지 않으면 언제라도 우리 모두 끔찍하게 죽을 것이다." 이 말이 대중에게 일으키는 효과는 예상과 다르지 않다. 사람들은 생각할 수 없는 것은 되도록 생각하지 않으면서 자신의 삶에 매달린 채 전문가가 틀리기만을 바란다. 책과 신문에서 "핵전쟁"을 언급하는 경우는 1980년대 이후로 꾸준히 감소해 왔고, 언론도 이제 문명의 존망을 위협하는 것보다는 테러, 불평등, 그리고 잡다한 과실과 추문에 더 큰 관심을 기울인다.[80] 세계의 지도자들도 마찬가지이다. 칼 세이건은 핵겨울을 경고한 첫 번째 논문의 공저자였다. 그가 "두려움, 다음에는 믿음, 그다음에는 책임"을 이끌어낼 목적으로 핵무기 동결 캠페인을 벌일 때, 어느 군축 전문가가 그에게 이런 말을 했다. "세계의 종말에 대한 단순한 전망만으로 워싱턴과 모스크바의 생각을 바꿀 수 있다고 생각한다면, 당신이 두 곳 중 어디에서든 보낸 시간이 얼마 되지 않아서 그런 겁니다."[81]

최근 수십 년 사이에 핵 재앙의 주인공으로 거론되는 배우는 전쟁에서 테러로 바뀌었다. 2003년에 미국의 외교관 존 디미트리 네그로폰테(John Dimitri Negroponte, 1939년~)는 이렇게 말했다. "2년 내에 알카에다가 핵무기나 그밖의 대량 살상 무기를 이용해서 공격을 시도할 가능성이 크다."[82] 일어나지 않은 사건에 대한 확률적 예측은 전혀 반박할 수 없지만, 허위 예측의 건수만 따져 봐도(뮐러는 이미 기한이 수십 년 지난 엉터리 예측을 70건 이상 수집해서 보유하고 있다.) 예언자들이 사람을 겁 먹이는 쪽으로 편향되어 있음을 알 수 있다.[83] (2004년에는 미국 정치계 인사 4명이 핵무기 테러 공격의 위협을 주제로 사설을 썼는데, 제목이 "우리 머리카락이 불타고 있다."였다.)[84] 아무리 봐도 수상쩍은 책략이다. 사람들은 총과 사제 폭탄을 사용하는 실제 공격에는 쉽게 분노해서 민간인 사찰이나 무슬림 이민 금지 같은 억압 정책을 지지하게 된다. 반면에, 메인스트리트 하늘에 버섯 구름이 피어날 수도 있다는 예측은 핵 테러에 대항하는 정책 ─ 예를 들어, 핵분열성 물질의 통제를 위한 국제 프로그램 ─ 에 국민의 관심을 거의 불러일으키지 못했다.

초기의 캠페인이 핵무기에 대한 공포를 조장하려고 할 때 이것을 비판한 사람들은 진작부터 역효과를 예측했다. 일찍이 1945년에 신학자 칼 폴 라인홀드 니부어(Karl Paul Reinhold Niebuhr, 1892~1971년)는 이렇게 논평했다. "궁극적 위험은 아무리 거대할지라도, 사소하기 그지없는 즉각적인 원한과 불화보다 인간의 상상력에 큰 영향을 미치지 못한다."[85] 역사학자 폴 보이어(Paul Boyer, 1918~2018년)는 핵 경고주의 때문에 실제로는 겁에 질린 미국이 (구)소련을 더 확실하게 억누르려고 더 크고 더 많은 폭탄을 만드는 통에 군비 경쟁이 더 심해졌다는 사실을 깨달았다.[86] 심지어 종말의 날 시계를 고안한 유진 라비노위치(Eugene Rabinowitch, 1901~1973년)조차도 자신이 취한 전략을 후회했다. "사람들에게 겁을 줘서 분별력을 일깨우는 과정에서 과학자들이 많은 사람을 절망적인 공포와 맹목적인 증오에 빠뜨렸다."[87]

～

기후 변화 사례에서 확인했듯이, 사람들은 겁에 질려 무감각과 무력감에 빠져 있을 때보다는 문제를 해결할 만하다고 여길 때 그 문제를 더 쉽게 받아들인다.[88] 인간 조건에서 핵전쟁의 위협을 제거하고자 할 때 쓸 만한 긍정적인 사고 방식이 몇 가지 있다.

첫 번째는 모든 사람이 모든 사람에게 너희는 파멸하리라고 말하기를 멈추는 것이다. 핵 시대의 가장 중요한 사실은 나가사키 이후로 핵무기가 쓰인 적이 없다는 것이다. 시곗바늘이 72년 동안 자정에서 몇 분 앞을 가리키고 있다면, 시계가 잘못된 것이다. 어쩌면 세계가 행운의 연속으로 기적처럼 살아남은 것인지 모른다. 누가 알겠는가. 하지만 과학적으로 반박할 수 있는 허술한 결론에 만족하기 전에, 국제 관계의 체계적인 특성 덕분에 핵무기의 사용이 막혔을 가능성을 최소한 고려라도 해 봐야 한다. 전 세계적 군비 축소의 열기를 식힐 수 있다는 우려에서 많은 반핵 활동가들이 그 가능성을 고려하기 싫어한다. 하지만 핵무기를 보유한 9개국이 내일 당장 핵무기를 해체하지 않을 것이라면, 그날이 올 때까지는 그동안 우리가 잘한 일이 있다면 그 일을 계속해 나갈 수 있도록, 지난날 핵무기 사용을 막는 데 도움이 되었던 일을 알아내는 것이 의무라고 할 수 있다.

가장 먼저 살펴볼 것은 정치 과학자 로버트 저비스가 발견해서 다음과 같이 요약한 역사적 사실이다. "소비에트의 문서 보관소에서는 미국을 선제 공격하겠다는 계획은 말할 것도 없고, 서유럽을 이유 없이 공격하겠다는 진지한 계획이 지금까지 1건도 발견되지 않았다."[89] 이것은 복잡한 무기 제조 기술과 핵 억제를 위한 냉전 기간의 전략적 독트린 — 어느 정치 과학자의 표현에 따르면 "핵 형이상학(nuclear metaphysics)" — 이, 결국에는 애초에 (구)소련 쪽이 시작할 생각도 없었던 공격을 억제하고 있었음을 의미한다.[90] 냉전이 끝나자 대규모 침공과 선제 핵 공격의 공포가 사라졌다. 또한 (뒤에서 보겠지만) 양측 모두 긴장이 풀려서 정식 협상을 하지도 않고 무기 비축량을 감축했다.[91] 핵무기 자체로 인해 전쟁이 발발하리라는 기술 결정론적 이론과 정반대로, 전쟁 발발 가능성은 국제 관계의 상태에 달려 있다. 강대국 사이에 핵전쟁이 발발하지 않은 공은, 분명 강대국 사이에 전쟁이 감소한 이면에서 작용한 힘에 돌아가야 한다. (11장) 전쟁의 위험을 감소시키는 것은 그게 무엇이든 핵전쟁의 위험도 감소시킨다.

위기의 순간 역시 초자연적인 행운으로 넘긴 것이 아닐 수 있다. 특히 쿠바 미사일 위기 때 케네디와 안보 보좌관들의 회의를 중심으로 당시의 문서를 분석한 여러 정치 과학자들과 역사학자들은 그들이 아마겟돈의 문턱에서 세계를 구해 냈다는 당시 관계자들의 회고에도 불구하고, "미국이 전쟁에 돌입했을 확률은 0에 가까웠다."라고 주장한다.[92] 기록에 따르면 니키타 세르게예비치 흐루쇼프(Nikita Sergeyevich Khrushchev, 1894~1971년)와 케네디는 자신들의 정부를 안정적으로 통제하고 있었으며, 두 정부는 도발을 무시하고 사태에서 빠져나올 몇 가지 선택지를 마련해 두고서 위기를 평화롭게 종결시키고자 했다.

머리칼을 곤두서게 하는 허위 경보와 우발적인 발사를 아슬아슬하게 피해 간 상황 역시 신이 우리를 향해 거듭해서 미소지었음을 의미하지는 않는다. 오히려 사슬처럼 얽힌 인간과 기술의 연결 고리가 파국을 방지할 수 있게끔 구성되어 있을 뿐 아니라, 그 고리가 사고가 일어난 뒤에는 전보다 더 강화되었음을 보여 준다.[93] 참여 과학자 연맹은 핵전쟁을 간신히 빗겨 간 사건들을 보고하면서 상쾌하고 현명하게 역사를 요약한다. "핵무기가 지금까지 발사되지 않았다는 사실은 각종 안전 장치가 잘 작동해서 사고의 발생 가능성을 낮게 유지해 왔음을 시사한다. 물론 그 확률은 0이 아니다."[94]

우리가 처한 곤경을 이런 식으로 생각하면 혼란과 방심을 동시에 피할 수 있다. 파국적인 핵전쟁이 발발할 확률이 1년에 1퍼센트라고 가정해 보자. (후하게 추정한 값이다. 그 이유는 핵전쟁이 일어날 확률은 분명 우발적으로 핵무기를 발사할 확률보다 낮을 텐데, 우발적 사고가 전면전으로 확대되는 일은 절대 없는 데다가 72년 동안 우발적으로 핵무기가 발사된 횟수가 0이기 때문이다.)[95] 1퍼센트는 가만히 놔둬서는 안 되는 위험이다. 이 경우 약간의 산수를 해 보면 파국적인 핵전쟁 없이 1세기를 보낼 가능성은 37퍼센트를 조금 밑돈다는 것을 알 수 있기 때문이다. 만약 우리가 연간 핵전쟁의 발발 확률을 0.1퍼센트로 낮춘다면, 세계가 파국 없이 1세기를 보낼 가능성은 90퍼센트로 상승한다. 0.01퍼센트로 낮추면 확률은 99퍼센트로 올라가고, 그런 식으로 인류의 실존을 위협할 위험은 계속 줄어든다.

핵무기가 걷잡을 수 없이 확산될 것이라는 공포 역시 과장된 것이다. 1960년대에 사람들은 곧 25개국 혹은 30개국이 핵무기를 보유할 것으로 예측했지만, 50년이 지난 현재 핵무기 보유국은 9개국이다.[96] 반세기 동안 4개국(남아공, 카자흐스탄, 우크라이나, 벨로루시)이 핵무기를 포기해서 보유국 수가 감소했고, 가장 최근에는 리비아와 이란을 포함해 핵무기 보유를 추진하던 16개국도 생각을 고쳐먹었다.[97] 물론 핵무기를 개발하고 있는 김정은(金正恩, 1984년~)은 위험하지만, 세계는 이전 시기에 핵무기를 가진 반미치광이들 — 이를테면, 스탈린과 마오쩌둥처럼 핵무기 사용을 억제당했거나 혹은 진실에 더 가깝게 이야기하자면 애초에 핵을 사용할 생각이 없었던 사람들 — 이 건재할 때도 무사히 살아남았다. 핵확산이라는 문제에 냉정함을 유지하는 것은 개인의 정신 건강에만 좋은 것이 아니다. 2003년 이라크 침공처럼 국가들이 극심한 피해를 야기하는 예방 전쟁으로 끌려 들어가는 일도 막을 수 있고, 지난 2010년대 말에 많이 논의되었던 이란과 미국 혹은 이란과 이스라엘의 전쟁 가능성을 차단할 수도 있다.

테러리스트가 핵무기를 강탈하거나 차고에서 핵무기를 만든 다음 여행 가방이나 화물 컨테이너에 담아서 미국으로 밀반입할 수 있다는 손 떨리는 추측에 대해서도 보다 냉정한 두뇌의 소유자들이 철저히 검토했다. 『핵무기 테러에 관하여(*On Nuclear Terrorism*)』의 마이클 레비(Michael Levi, 1977년~), 『원자 폭탄 강박(*Atomic Obsession*)』과 『부풀려진 이야기(*Overblown*)』의 존 뮐러, 『미래의 대통령을 위한 물리학(*Physics for Future Presidents*)』의 리처드 뮬러(Richard A. Muller, 1944년~), 『폭탄의 황혼(*The Twilight of Bombs*)』의 리처드 리 로즈(Richard Lee Rhodes, 1937년~)가 그들이다. 여기에 핵무기 확산 및 군축 문제의 권위자인 정치가 개러스 존 에번스(Gareth John Evans, 1944년~)를 더할 수 있다. 에번스는 2015년에 《원자 과학자 회보》의 연례 종말의 시계 심포지엄에서 "핵 논쟁에서 이성을 회복하는 법(Restoring Reason to the Nuclear Debate)"이라는 제목으로 70주년을 기념하는 기조 연설을 했다.

> 게으른 소리처럼 들릴지 모르겠으나, 전혀 그렇지 않습니다만, 그것(핵 안보) 역시, 흔히 하는 것보다 좀 더 감정을 조절하고, 차분하고 이성적으로 하면 큰 도움이 될 것입니다.
>
> 히로시마와 나가사키에 사용한 폭탄처럼 기본적인 핵분열 장치를 만드는 기술 공학은 쉽게 알 수 있지만, 고농축 우라늄과 무기 수준의 플루토늄을 확보하기는 쉽지 않습니다. 게다가 부품을 손에 넣는 데 필요한 작업자, 과학자, 기술 공학자를 모집해서 범죄를 저지를 팀을 조직해 유지하고 — 전 세계적으로 그런 위협을 막기 위해 활동하는 거대한 정보 수집 수단과 법 집행 기관의 눈을 피해 가며 오랫동안 — 그런 무기를 만들고 운송하는 일은 어마어마하게 어려울 것입니다.[98]

이제 어느 정도 진정되었다면 핵무기 위협을 감소시킬 수 있는 긍정적인 사고 방식의 다음 단계로 넘어가서 잔혹한 무기에서 마법적인 힘을 빼앗는 방법을 생각해 보자. 고대 그리스 비극에서부터 사람들은 무기에 마법적인 힘이 있다고 믿었고 매료되고는 했다. 핵무기 제조 기술은 자연의 힘에 완전히 숙달한 인간의 능력이 정점에 이르러 만들어 낸 결과물이 아니다. 핵무기는 인간이 부침하는 역사 속에서 엉겁결에 발 딛게 된 난장판의 결과물로, 이제 우리는 거기서 탈출하는 방법을 알아내야 한다. 미국의 원자 폭탄 개발 계획인 맨해튼 계획은 독일이 핵무기를 개발하고 있다는 공포에서 비롯되었다. 과학자들이 그 프로젝트에 끌린 이유를 전시에 또 다른 연구 프로젝트에 참여했던 심리학자 조지 아미티지 밀러(George Armitage Miller, 1920~2012년)는 이렇게 설명한다. "우리 세대는 히틀러와 싸우는 전쟁을 선악의 전쟁으로 봤다. 신체 건강한 젊은 남성이 민간인의 옷을 입고 있다는 부끄러움을 견뎌내는 유일한 방법은, 자신이 하는 일이 최종적인 승리에 더 큰 공헌을 하리라고 내적으로 확신하는 것뿐이었다."[99] 나치가 없었다면 핵무기도 개발되지 않았으리라는 것은 꽤 개연성 있는 이야기이다. 무기가 실제로 만들어지는 것은 그것이 상상할 만한 것이거나 물리적으로 가능해서가 아니다. 한 번도 실현되지 못하고 꿈으로만 존재했던 무기가 수두룩하다. 살인 광선, 우주 전함, 항공 방제를 하듯 도시 상공을 뒤덮고 독가스를 살포하는 비행기 군단뿐만 아니라 날씨, 홍수, 지진, 쓰나미, 오존층, 소행성, 태양 플레어, 밴앨런대 등을 무기화하는 "지구 물리학적 전쟁(geophysical warfare)" 같은 미친 계획도 있다.[100] 20세기의 대체 역사에서는 핵무기도 이것들처럼 이상한 것이었을 터이다.

핵무기는 제2차 세계 대전을 끝낸 공로자도, 그 뒤에 이어진 긴 평화를 다진 공로자도 아니다. 반복적으로 회자되는 이 두 가지 주장은 핵무기가 나쁜 것이 아니라 좋은 것이라고 암시한다. 오늘날 역사학자의 대다수는 일본의 항복이 다른 도시 60여 곳에 가한 폭격보다 타격이 작았던 원자 폭탄 때문이 아니라, (구)소련이 태평양 전쟁에 참전해서 더 가혹한 항복 조건으로 일본을 위협했기 때문이라고 믿는다.[101]

또한 핵폭탄이 노벨 평화상을 받아야 한다는 농담조의 제안과는 정반대로, 핵무기는 알고 보면 전쟁 억지책으로 형편없다. (실존적 위협을 억지하는 극단적인 사례로서, 서로의 핵폭탄을 저지하는 경우를 제외하고.)[102] 핵무기는 무차별적인 파괴를 일으키며, 넓은 지역에 방사능 낙진을 퍼뜨려서 전투 지역은 물론이고 날씨에 따라서는 아군 병사와 민간인에까지 영향을 미친다. 수많은 비전투원이 폭사하는 비극은 전쟁 행위를 관장하는 구분과 균형의 원칙을 갈가리 찢어 버리는 것이자 역사상 최악의 전쟁 범죄에 해당한다. 정치인조차 여기에는 질리지 않을 수 없어서 핵무기의 사용을 둘러싸고 하나의 금기가 생겨났고 그 바람에 정치인들은 허세만 부리는 사람으로 전락했다.[103] 국제적인 교착 상태에서 핵무기 보유국이라고 핵무기 비보유국보다 마음대로 할 수 있는 것은 아니다. 비보유국이나 비핵 세력이 핵무기 보유국을 상대로 먼저 싸움을 건 갈등 상황도 적지 않다. (예를 들어, 1982년에 아르헨티나는 영국령인 포클랜드 섬을 점령했다. 마거릿 대처가 부에노스아이레스를 방사능 폭탄 구멍으로 만들지는 않으리라는 확신을 가지지 않았다면 불가능한 일이었다.) 그렇다고 억지력 자체가 무의미하다는 이야기는 아니다. 제2차 세계 대전은 재래식 탱크, 대포, 폭격기로도 이미 엄청난 파괴를 일으킬 수 있음을 보여 주었고, 어떤 나라도 그 앙코르를 바라지 않는다.[104]

핵무기는 세계를 진정시켜 안정된 평형 상태(이른바 공포의 균형)로 만들기는 고사하고, 오히려 칼날 위에 아슬아슬하게 올려놓았다. 위기 상황에서 핵무기 보유국은 무장을 한 채 똑같이 무장한 침입자를 마주한 집주인과 같다. 총을 맞지 않으려면 먼저 총을 쏴야 한다.[105] 이론상으로는 이 안보의 딜레마 혹은 홉스의 덫에서 빠져나갈 길이 있다. 양측에 잠수함 미사일이나 공중 폭격기 같은 2차 타격 능력이 있으면 선제 타격을 피할 수도 있고 파괴적인 보복 공격을 가할 수도 있다. 이것이 바로 상호 확증 파괴(mutual assured destruction, MAD)의 조건이다. 하지만 핵 형이상학의 담론들은 여기에 의문을 제기한다. 상상할 수 있는 모든 시나리오에서 확실히 2차 타격을 가할 수 있는가? 그리고 2차 타격 능력이 있는 국가라고 해도 핵 위협에는 여전히 취약하지 않은가? 그래서 미국과 러시아는 자국의 미사일이 상대편 미사일의 공격 대상이 되었을 때 몇 분안에 목표가 된 미사일을 사용할지 포기할지 결정하는 '경보 즉시 발사(launch on warning)' 선택지를 여전히 유지하고 있다. 평론가들이 헤어 트리거(hair trigger, 촉발 방아쇠)라고 부르는 이런 상황은 허위 경보가 울리거나, 우발적이거나 승인되지 않은 발사가 일어나면 핵무기를 주고받는 사태를 유발할 수 있다. 위기일발의 목록을 보면 그런 일이 발생할 확률이 0보다 불편한 정도로 크다는 것을 알 수 있다.

핵무기는 애초에 발명할 필요도 없었고, 전쟁에서 이기거나 평화를 유지하는 데에도 쓸모가 없었다는 사실은 핵무기의 발명을 무로 돌릴 수도 있음을 의미한다. 핵무기 제조에 쓰인 지식을 없앨 수 있다는 것이 아니라 기존의 핵무기를 해체하고 새로 만들지 않을 수 있다는 것이다. 특정 무기류를 없는 셈 치거나 폐물로 처리하는 일이 처음은 아니다. 전 세계 국가가 대인 지뢰, 집속탄, 생물학 무기, 화학 무기를 금지했으며, 최첨단 무기가 그 자체의 부조리함에 짓눌려 무너지는 것도 목격했다. 제1차 세계 대전 중에 독일은 다층 건물보다 큰 '초거대포(supergun)'를 발명했다. 90킬로그램 이상의 발사체를 130킬로미터 이상 날려 보내는 이 대포는 아무 경고도 없이 하늘에서 포탄을 떨어뜨려 파리 시민을 공포에 떨게 했다. 그중 가장 큰 기종에는 구스타프 대포(Gustav gun)라는 이름이 붙었지만, 이 거대 괴수는 명중률이 떨어지고 운용이 불편해서 실제로 건조된 것은 소수에 불과했고 결국에는 폐기되었다. 핵 회의론자 켄 베리(Ken Berry), 패트리샤 루이스(Patricia Lewis), 베노아 펠로피다스(Benôit Pelopidas), 니콜라이 소코프(Nikolai Sokov), 워드 윌슨(Ward Wilson)은 이렇게 지적한다.

> 오늘날 국가들은 자신의 초거대포를 만들고자 경쟁하지 않는다. …… 리버럴 성향의 신문이 분노해서 그 무기가 끔찍하고 그래서 금지해야 한다고 성토했기 때문이 아니다. 보수 성향의 신문이 현실주의적 사설을 통해 초거대포의 지니를 다시 병 속에 밀어 넣을 방법은 없다고 주장하는 일도 없다. 그냥 초거대포는 돈 낭비에다 쓸모마저 없었다. 역사에는 전쟁을 승리로 이끌 무기라고 칭송이 자자했지만 결국에는 별 효과가 없어서 버려진 무기들로 가득하다.[106]

핵무기도 구스타프 대포의 전철을 밟아 갈 수 있을까? 1950년대 말에 핵무기 폐기를 요구하는 운동이 시작됐고, 수십 년이 지난 뒤 핵무기 폐지를 요구하는 움직임은 운동을 처음 조직한 비트족과 괴짜 교수들의 모임을 탈피해서 주류로 번져 나갔다. 1986년에 미하일 세르게예비치 고르바초프(Mikhail Sergeyevich Gorbachev, 1931년~2022년)와 로널드 레이건은 나중에 '글로벌 제로(Global Zero)'라고 불리게 될 목표를 제안했다. 잘 알려져 있듯이 레이건은 이렇게 회고했다. "핵전쟁은 어느 쪽도 승리할 수 없고, 절대 일어나서도 안 된다. 우리 두 나라가 핵무기를 보유한 것에 단 하나의 가치가 있다면 그것은 양국이 핵무기를 절대로 사용하지 않게 한다는 점에 있다. 하지만 핵무기가 완전히 사라진다면 더 좋지 않겠는가?" 2007년에 양당의 국방 현실주의자 네 사람(헨리 앨프리드 키신저(Henry Alfred Kissinger, 1923년~), 조지 프랫 슐츠(George Pratt Shultz, 1920~2021년), 샘

넌(Sam Nunn, 1938년~), 윌리엄 제임스 페리(William James Perry, 1927년~))은 「핵무기 없는 세계(A World Free of Nuclear Weapons)」라는 사설을 썼고, 전직 국가 안보 보좌관, 국무부 장관, 국방부 장관 14인이 지지했다.[107] 2009년에 버락 오바마는 프라하에서 한 역사적인 연설에서 "미국이 핵무기가 없는 세계의 평화와 안보에 헌신할 것을 분명하게, 자신 있게" 표명했고, 이 열망은 노벨 평화상 수상에 크게 기여했다.[108] 당시에 그의 상대역이었던 드미트리 아나톨로예비치 메드베데프(Dmitry Anatolyevich Medvedev, 1965년~) 대통령도 여기에 동조했다. (두 사람의 후임은 딱히 그렇지 않지만.) 하지만 어떤 면에서는 선언만 넘치는 것 같기도 하다. 미국과 러시아는 1970년 핵확산 금지 조약(Non-Proliferation Treaty, NPT)의 가맹국으로, 핵무기 보유량을 모두 폐기하자는 조항인 6조에 이미 합의한 상태였다.[109] 영국, 프랑스, 중국, 그리고 조약을 비준하기 이전에 핵무기를 보유한 다른 국가들도 모두 그 조항에 합의했다. (정작 조약에 중요한 의미가 있는 비공식 핵무기 보유국인 인도, 파키스탄, 이스라엘은 조약에 서명한 적이 없고, 북한은 조약에서 탈퇴했다.) 세계 시민들은 이 움직임을 전적으로 지지한다. 설문 조사를 시행한 거의 모든 국가에서 국민 대다수가 핵무기 폐기에 찬성한다.[110]

0이란 숫자가 매력적인 것은 핵 금기의 의미를 무기의 **사용**에서 무기의 **소유**로 확장하기 때문이다. 그렇게 되면 어떤 국가가 적의 핵무기로부터 자신을 보호하기 위해 핵무기를 취득할 동기가 사라진다. 하지만 아무리 신중한 협상, 감축, 검증 과정이 이루어질지라도 0에 도달하기는 절대 쉽지 않다.[111] 일부 전략 전문가들은 0에 도달하려고 노력해서는 안 된다고 말한다. 위기 상황이 오면 이전 보유국이 빠르게 재무장에 돌입할 테고, 가장 먼저 핵무기 취득에 성공한 국가가 적국이 먼저 공격할지 모른다는 공포감에 선제 타격에 나설 것이라는 이야기이다.[112] 이 주장에 따르면 이 세계의 안보에는 최초의 핵무기 보유국들이 전쟁 억지를 위해 약간의 핵무기를 보유하고 있는 편이 낫다. 어느 쪽이든 세계는 0과는 물론 멀고, '약간'과도 거리가 멀다. 축복의 날이 오기 전까지는 점진적인 과정을 통해 한편으로는 세계를 조금씩 더 안전하게 만들고 다른 한편으로는 그날을 앞당기기 위해 노력해야 한다.

가장 분명한 것은 핵무기 보유량의 규모를 축소하기 위해 노력해야 한다는 것이다. 감축 과정은 지금 잘 진행되고 있다. 세계가 얼마나 놀라운 속도로 핵무기를 해체하고 있는지를 아는 사람은 많지 않을 것이다. 그림 19.1에서 볼 수 있듯이 미국의 핵무기 보유량은 1967년의 최고치에서 85퍼센트 감소했고, 현재 핵탄두 보유량은 1956년 이후로 그 어느 해보다 적다.[113] 러시아는 소비에트 시절의 최고치에서 89퍼센트를 감축했다. (아마 미국에서 사용하는 전기의 10퍼센트가 해체한 핵탄두에서 생산되고, 그 대부분이 소비에트 제라는 사실을 아는 사람은 훨씬 더 적을 것이다.)[114] 2010년에 양국

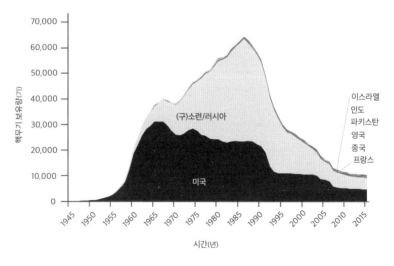

그림 19.1. 1945~2015년 핵무기 보유량. (휴먼프로그레스, http://humanprogress.org/static/2927, Federation of Atomic Scientists, Kristensen & Norris 2016a의 데이터에 근거했다. Kristensen 2016에서 최신화했다. 추가 설명을 위해서는 Kristensen & Norris 2016b를 보라. 집계는 실전 배치된 핵무기와 비축된 핵무기를 모두 포함하고, 배치에서 해제되어 해체를 기다리는 핵무기는 제외했다.)

은 실전 배치된 전략 핵탄두를 3분의 2 수준으로 축소하는 '신 전략 무기 감축 협정(New Strategic Arms Reduction Treaty, New START)'에 서명했다.[115] 의회 비준을 받은 협정의 교환을 통해 오바마는 장기간에 걸친 미국 무기의 현대화에 동의했고, 러시아 역시 이미 자국 무기를 현대화하고 있지만, 양국은 앞으로 협정으로 정한 수준보다 더 빠르게 핵무기 보유량을 줄여 나갈 것이다.[116] 그래프에서 넓은 면적 위에 거의 알아볼 수 없을 정도로 얇게 얹혀 있는 층은 양국을 제외한 핵무기 보유국을 나타낸다. 영국과 프랑스의 보유량은 애초에 적게 출발해서 각각 그 절반인 215기, 300기로 줄었다. (중국은 235기에서 260기로 살짝 증가했고, 인도와 파키스탄은 135기 수준으로 증가했으며, 이스라엘의 보유량은 대략 80기 수준으로 추정된다. 북한의 보유량은 확인할 수 없지만 많지 않은 것이 분명하다.)[117] 앞서 언급했듯이, 핵무기 보유 정책을 새롭게 추진한다고 알려진 국가는 없고, 개발해서 폭탄을 만들 수 있는 핵분열 물질을 보유한 국가는 지난 25년 동안 50개국에서 24개국으로 줄었다.[118]

냉소적인 사람들은 여전히 세계에 1만 200기의 핵탄두가 남아 있는 이 미적지근한 진보에 감동하지 않을 것이다. 1980년대에 자동차 범퍼 스티커에 적혀 있던 문구처럼, 단 하나의 핵폭탄으로도 누군가의 생을 망칠 수 있지 않은가. 하지만 1986년 이후 지구에서 핵폭탄 5만 4000기가 사라짐으로써 누군가의 생을 망쳐 놓을 수 있는 사고가 일어날 기회도 크게 줄었고, 지속적인 군축의 선례도 마련되었다. 신 전략 무기 감축 협정에 따라 더 많은 탄두가 제거될 예정이고, 이미 언급했듯이 법적인 협상과 시끄러운 정치적 입장 때문에 부담이 따를 수밖에 없는 협정의 틀 바깥에서도 감축은 진행될 것이다. 긴장이 완화되면(긴장 완화는 장기적인 경향으로, 당장은 관계가 경직되더라도 그 경향은 지속될 것이다.), 강대국들은 비용 부담이 큰 무기고를 큰 폭으로 축소한다.[119] 경쟁 국가들은 서로 대화를 나누지 않을 때에도 언어학자 찰스 에저턴 오스굿(Charles Egerton Osgood, 1916~1991년)이 말한 "긴장 완화를 위한 점진적 상호 조치(Graduated Reciprocation in Tension-Reduction, GRIT)"를 통해 군비 축소 경쟁에 참여할 수 있다. 어느 한쪽이 일방적인 양보를 해서 대외적인 초대장을 발송하면, 상대가 상응하는 조치를 취하는 것이다.[120] 만일 이런 과정들이 어우러져서 언젠가 각국의 핵탄두 보유량이 200기 수준으로 감소한다면, 사고 발생 확률도 급격히 줄어들 뿐 아니라 진정한 실존적 위협인 핵겨울의 가능성도 사실상 사라지게 될 것이다.[121]

단기적으로 볼 때 핵전쟁의 가장 큰 골칫거리는 존재하는 핵무기의 숫자가 아니라 핵무기가 사용될 수 있는 환경과 밀접히 관련되어 있다. 경보 즉시 발사, 공격 시 발사, 혹은 헤어 트리거 경보는 정말 악몽에나 나올 법한 것들이다. 조기 경보 시스템은 아무리 훌륭해도 잡음과 신호를 완벽하게 구별하지 못하고, 잘 알려진 대로 대통령은 새벽 3시에 전화를 받고 깨어나서 미사일을 발사할지, 발사대에서 파괴되도록 내버려 둘지를 몇 분 사이에 결정한다. 이론상으로는 누전, 갈매기 떼, 혹은 불가리아의 10대가 침투시킨 악성 코드 때문에 미국 대통령이 제3차 세계 대전을 일으킬 수도 있다. 사실, 현실의 경보 시스템은 그것보다는 성능이 뛰어나고, 인간의 개입 없이 자동적으로 미사일을 발사하는 '헤어 트리거'도 존재하지 않는다.[122] 하지만 촉박한 통보를 받고 급하게 미사일을 발사할 수 있다면, 허위 경보, 사고, 속임수, 충동으로 인해 미사일이 발사될 위험은 실존하는 셈이다.

경보 즉시 발사 정책을 마련한 근거는 발사대에 거치된 모든 미사일을 파괴해서 보복을 할 수 없게 만들겠다는 대규모 선제 공격을 미리 차단한다는 생각이었다. 하지만 이미 말했듯이 각국은 깊은 물 속에 숨어 있는 잠수함이나 순식간에 적국을 향해 돌진하는 폭격기를 통해 무기를 사용할 수 있으므로, 선제 타격에도 아무런 영향을 받지 않고 똑같이 파괴적인 복수를 되먹일 수 있다. 보복을 할지 말지에 대한 결정은 불확실성이 사라진 한낮의 냉정함 속에서 내릴 수도 있다. 핵폭탄이 영토에 떨어졌다면 모를 수가 없다.

따라서 경보 즉시 발사는 억지 목적으로도 불필요하고 용인하기 힘들 만큼 위험하다. 대부분의 핵 안보 분석가들도 미사일을 헤어 트리거에서 떼어내고 긴 도화선을 달라고 핵 보유국들에게 권고 — 아니, 강권 — 한다.[123] 오바마, 넌, 슐츠, 부시, 맥나마라, 그리고 많은 전직 전략사령부 사령관들과 국가 안보국 국장들도 이에 동의한다.[124] 윌리엄 페리 같은 사람은 3대 핵전력의 삼각대 가운데 육지에 걸쳐 놓은 다리는 전부 제거하고 잠수함과 폭격기에만 의존하라고 권고한다. 미사일이 발사대에 거치되어 있으면 지도자로서는 가능할 때 빨리 무기를 사용해야겠다는 유혹에 넘어가기 쉽다. 세계의 운명을 생각해도 마찬가지인데, 도대체 누가, 도대체 무엇 때문에 미사일을 헤어 트리거 경보와 함께 발사대에 올려두고 싶어 할까? 일부 핵 형이상학자는, 미사일 경보를 해제했다가 위기 시기에 다시 작동시키면 그것만으로도 일종의 도발 행위가 될 수 있다고 주장한다. 어떤 이들은 발사대 기반 미사일은 보다 안정적이고 정확한 데다, 단순히 전쟁을 억지하는 데 그치지 않고 전쟁을 승리로 이끌 수 있기 때문에 보호할 필요가 있다고 지적한다. 그 말은 우리에게 핵전쟁의 위험을 감소시킬 수 있는 또 하나의 길을 알려준다.

자기 나라가 핵 공격 억지가 아닌 다른 목적으로 핵무기를 사용할 준비가 되어 있음을 인식하는 것은 양심 있는 사람에게는 너무나 힘든 일이다. 하지만 그것이 미국, 영국, 프랑스, 러시아, 파키스탄의 공식 정책인데, 이들은 모두 자국이나 동맹국이 비핵무기로 대규모 공격을 받을 경우에 핵무기를 발사하겠다고 공표했다. 비례의 원칙을 위반한 것도 문제이지만, 선제 사용 정책이 위험한 것은 공격 국가가 비핵무기보다 차라리 핵무기를 먼저 사용할 유혹에 빠질 수 있기 때문이다. 설사 그러지 않는다고 해도, 일단 핵 공격을 받으면 그들도 핵 공격으로 보복할 것이다.

그러니 핵전쟁의 위협을 줄이는 상식적인 방법은 핵무기 선제 사용 포기(No First Use) 정책을 공표하는 것이다.[125] 이론적으로 이 정책은 핵전쟁 가능성 자체를 제거한다. 누구도 먼저 무기를 사용하지 않는다면 무기를 사용할 일도 없어지기 때문이다. 현실적으로 이 정책은 선제 타격의 유혹을 어느 정도 제거해 준다. 모든 핵무기 보유국이 조약을 맺어서 선제 사용 포기에 동의하는 방법이 있다. GRIT이 도와줄 것이다. (민간인 목표물 공격 금지, 비핵 국가 공격 금지, 재래식 수단으로 파괴 가능한 목표물 공격 금지 등으로 조약을 차츰 확대해 나가는 것이다.) 혹은 자국의 이익을 위해 자체적으로 정책을 채택할 수도 있다.[126] 이미 핵 금기가 선제 사용 가능(Maybe First Use) 정책의 억지 가치를 감소시켰고, 자체적으로 정책을 공표한 국가도 재래식 무기로 자신을 지킬 수 있고, 2차 타격 능력을 통해서도 자신을 지킬 수 있다. '핵에는 핵' 전략으로.

선제 사용 포기는 간단한 일처럼 보이고, 버락 오바마도 2016년에 채택에 거의 근접했지만, 마지막 순간에 보좌관들과 긴 논의를 한 끝에 최종 채택을 포기했다.[127] 보좌관들의 의견은 시점이 적절치 않다는 것이었다. 해당 정책이 다시 골칫거리가 된 러시아, 중국, 북한에게 나약함으로 비춰질 수 있고, 미국의 '핵우산'에 의존하는 동맹국들이 겁을 먹고는 자체 핵무기 개발에 나설 수 있기 때문이었다. 도널드 트럼프가 동맹 파트너에 대한 미국의 지원을 축소하겠다고 위협하는 경우에는 특히 더 그럴 것이다. 장기적으로 보면 이런 긴장은 언젠가 진정될 것이고, 미국은 선제 사용 포기 정책을 다시 고려할 것이다.

핵무기는 금방 폐지되지 않을 테고, 글로벌 제로 운동이 애초에 목표로 삼은 2030년에는 분명히 어려울 것 같다. 오바마는 2009년 프라하 연설을 통해, 목표에 "금방 도달하진 못할 것입니다. 어쩌면 제가 살아 있는 동안이 아닐지도" 모른다고 말했는데, 이것은 2055년을 훌쩍 넘기는 시점이다. (그림 5.1을 보라.) "인내와 끈기가 필요합니다."라고 오바마는 충고했다. 최근에 미국과 러시아에서 벌어지는 일을 보면 우리에게 그 두 가지가 상당히 많이 필요하다는 것을 알 수 있다.

하지만 우리가 갈 길은 이미 펼쳐져 있다. 만일 계속해서 핵탄두를 만들지 않고 오히려 빠르게 해체한다면, 헤어 트리거를 떼어내고 먼저 사용하지 않겠다고 보장한다면, 국가 간 전쟁이 감소하는 추세가 계속 이어진다면, 이번 세기 후반에 우리는 상호 억지 목적으로만 존재하는 작고 안전한 무기고를 확인하게 될 것이다. 그렇게 몇십 년이 지나면 남은 핵무기가 서로를 억지해서 결국 모든 핵무기가 일손을 놓게 될 수도 있다. 그때가 되면 우리 손주들은 핵무기를 우스꽝스럽게 여기고 그것을 두드려 펴서 영원히 쟁기로 만들어 버릴 것이다. 한 계단씩 아무리 내려가도 파국의 가능성이 0에 이르는 순간은 요원할지 모른다. 하지만 계단을 하나씩 내려가다 보면 점차 위험이 줄어들어서, 결국에는 우리 종의 불멸을 위협하는 다른 요인들, 이를테면 소행성, 초대형 화산, 혹은 우리를 클립으로 바꾸는 인공 지능의 위험도와 비슷해질 것이다.

20장
진보의 미래

18세기 말에 계몽주의가 펼쳐진 뒤로 전 세계의 기대 수명은 30세에서 71세로, 부유한 국가는 81세로 증가했다.[1] 계몽 주의가 시작되었을 당시 세계에서 가장 부유한 지역에서도 아동 가운데 3분의 1이 다섯 번째 생일을 맞기 전에 사망했다. 오늘날 사망률은 가장 빈곤한 지역에서도 6퍼센트로 떨어졌다. 아이의 어머니들 역시 비극에서 풀려났다. 당시에 가장 부유한 국가의 산모 중 1퍼센트가 자신이 낳은 아기를 보지 못하고 사망했다. 이것은 오늘날 가장 빈곤한 나라의 3배에 해당하는 수치인데도, 산모 사망률은 계속 떨어지고 있다. 빈곤한 국가에서는 치명적인 감염 질환도 꾸준히 감소하고 있으며, 일부 질환은 1년에 수십 명 정도에게만 발생하다가 곧 천연두처럼 완전히 근절될 것이다.

빈곤이 늘 우리를 따라다니지는 않을 것이다. 오늘날 세계는 2세기 전보다 100배가량 부유해졌고, 전 세계 국가들과 사람들은 점점 더 고르게 번영하고 있다. 극빈 속에서 살아가는 인류의 비율은 거의 90퍼센트였지만 이제 10퍼센트 이하로 떨어졌고, 이 책을 읽는 여러분의 대다수가 살아 있는 동안에 0에 근접할 수 있다. 파국적인 기아는 대부분의 인간 역사에서 그리 멀지 않은 곳에 있었지만, 이제는 거의 세계 전 지역에서 사라졌고, 영양 부족과 발육 부진도 꾸준히 줄어들고 있다. 1세기 전에 부유한 국가는 부의 1퍼센트를 아동, 빈곤층, 노인을 지원하는 데 사용했지만, 오늘날에는 거의 4분의 1을 사용한다. 오늘날 부유한 나라의 빈곤층은 대부분 식사를 하고, 옷을 입고, 머물 곳이 있고, 스마트폰과 에어컨처럼 예전에는 부자도 만져 볼 수 없었던 사치를 누린다. 소수 인종의 가난도 줄었고, 노년층의 가난은 곤두박질치듯 줄어들었다.

평화도 기회를 잡았다. 국가 간 전쟁은 구식이 되었고, 내전은 전 세계의 6분의 5에 해당하는 지역에서 종적을 감췄다. 전쟁에서 사망하는 사람의 비율은 1980년대의 4분의 1, 1970년대 초반의 7분의 1, 1950년대 초반의 18분의 1, 제2차 세계 대전의 0.5퍼센트 이하이다. 한때 자주 발생했던 인종 청소식 대량 학살은 희귀한 일이 되었다. 대부분의 시대와 장소에서 살인으로 죽는 사람이 전쟁으로 죽는 사람보다 훨씬 많았지만, 살인 사건 발생률도 꾸준히 감소했다. 미국인이 살해당할 확률은 24년 전의 절반에 불과하다. 전 세계로 보면, 누군가 살해당할 확률은 18년 전의 10분의 7로 떨어졌다.

삶은 모든 면에서 안전해지고 있다. 20세기를 통과하는 동안 미국인이 교통 사고로 사망할 확률은 96퍼센트 낮아졌고, 거리에서 공격당해 사망할 확률은 88퍼센트, 비행기 사고로 사망할 확률은 99퍼센트, 추락사할 확률은 59퍼센트, 화재로 사망할 확률은 92퍼센트, 익사할 확률은 90퍼센트, 질식사할 확률은 92퍼센트, 일하는 도중에 사망할 확률은 92퍼센트 낮아졌다.[2] 다른 부유한 국가의 삶은 그것보다 더 안전해졌고, 가난했던 국가가 부유해질수록 국민의 삶은 더 안전해진다.

사람들은 더 건강하고 부유하고 안전해졌을 뿐 아니라 더 자유로워지고 있다. 2세기 전에는 세계 인구의 1퍼센트를 차지하는 몇몇 국가만이 민주주의를 채택했다. 오늘날에는 전 세계 인구의 3분의 2를 아우르는 전 세계 국가의 3분의 2가 민주주의 국가이다. 얼마 전까지만 해도 전 세계에서 절반의 나라에는 소수 인종을 차별하는 법이 있었다. 오늘날에는 소수자를 차별하는 정책을 펼치는 국가보다 그들에게 혜택을 주는 국가가 더 많다. 20세기에 접어들 때 여성에게 투표권이 있는 나라는 단 하나였다. 오늘날에는 남성이 투표할 수 있는 모든 국가에서 여성도 투표할 수 있다. 오늘날 동성애를 범죄화하는 법은 끊임없이 공격받고 있으며, 특히 미래 세계를 엿보게 해 주는 젊은 층을 중심으로 소수 인종, 여성, 동성애자를 관용하는 태도가 꾸준히 증가하고 있다. 증오 범죄, 여성 대상 폭력, 아동의 희생은 모두 장기적으로 감소하고 있고, 아동 노동력의 착취 역시 마찬가지이다.

더 건강하고 부유하고 안전하고, 자유로워진 것과 함께 사람들은 더 많이 읽고 쓸 줄 알고, 더 많이 배우고, 더 똑똑해지고 있다. 19세기 초반에 글을 읽고 쓸 수 있는 사람은 전체 인구의 12퍼센트였다. 오늘날에는 83퍼센트의 사람이 글을 읽고 쓴다. 문해력과 문해력에 기초한 교육은 곧 남자아이뿐 아니라 여자아이에게까지 보편적으로 확대될 것이다. 건강, 부와 함께 학교 교육이 말 그대로 우리를 더 똑똑하게 만들고 있다. 우리는 조상보다 IQ 30, 혹은 표준 편차 2만큼 더 똑똑하다.

또한 사람들은 더 길고, 건강하고, 안전하고, 자유롭고, 부유하고, 현명해진 삶을 좋은 곳에 사용하고 있다. 미국인의 주당 노동 시간은 예전보다 22시간 감소했고, 유급 휴가로 3주를 보내며, 가사 노동에 43시간 적게 투입하고, 임금의 8분의 5가 아닌 3분의 1만을 생필품에 지출한다. 미국인은 여가 시간과 가처분 소득을 여행하고, 아이들과 함께하고, 사랑하는 사람들과 연락하고, 세계 각국의 요리를 맛보고, 지식을 쌓고, 문화를 즐기는 데 사용한다. 이런 선물을 받은 결과로 전 세계의 사람들은 더 행복해졌다. 자신의 행운을 당연하게 받아들이는 미국인조차 꽤 행복하거나 더 행복해졌다고 말하고, 젊은 세대는 불행, 외로움, 우울증, 약물 중독, 자살에서 점차 멀어지고 있다.

더 건강하고 부유하고 자유롭고 행복하고 더 많이 교육받으면서 사회는 가장 위급한 지구적 과제로 시선을 돌리기 시작했다. 오염 물질을 더 적게 배출하고, 숲을 더 적게 개간하고, 기름을 더 적게 유출하고, 보호 구역을 더 많이 지정하고, 오존층을 지켰으며, 석유, 농지, 목재, 종이, 자동차, 석탄, 그리고 어쩌면 탄소까지도 소비량이 정점을 찍은 뒤 감소하고 있다. 그 모든 차이에도 불구하고 전 세계 국가들은 핵 실험과 확산, 핵 안보와 감축에 대해 했듯이 기후 변화에 대해서도 역사적인 합의에 도달했다. 제2차 세계 대전 말이라는 매우 이례적인 상황이 지나간 뒤로 핵무기는 지구에서 흘러간 72년 동안 한 번도 사용되지 않았다. 핵무기 테러는 40년간 이어진 전문가들의 예측을 빗겨서 한 번도 발생하지 않았다. 세계의 핵 비축량은 85퍼센트 감소한 데다 앞으로 더 감소할 것이며, (평양의 조그마한 불량 정권을 제외하면) 핵 실험은 중단되었고, 핵 확산은 동결되었다. 따라서 세계에서 가장 위급한 두 가지 문제는 다 해결되지는 않았지만, 분명 해결될 것이다. 핵무기를 제거하고 기후 변화를 완화하기 위해 우리가 실행할 수 있는 장기적 의제는 이미 제시되었다.

그 모든 섬뜩한 헤드라인, 위기, 붕괴, 추문, 역병, 유행병, 실존적 위협에도 불구하고 이 성취는 음미해 볼 만하다. 계몽주의는 잘 작동해 왔다. 250년 동안 사람들은 지식을 활용해 인간의 번영을 증진해 왔다. 과학자는 물질, 생명, 마음의 작동 원리를 밝혀냈다. 발명가는 자연 법칙을 이용해서 엔트로피에 저항해 왔고, 사업가는 그들의 발명품을 제품으로 만들었다. 입법자는 개인에게는 이익이 되지만 집단에게는 해가 되는 행위를 단념시켜 삶의 조건을 향상시켰다. 외교관은 국가를 위해 그것과 똑같은 일을 했다. 학자는 지식의 보고를 안정적으로 유지하고 이성의 힘을 증대했다. 예술가는 공감의 범위를 확장했다. 활동가는 권력자를 압박해서 억압적인 조치를 뒤집었고, 동료 시민들을 압박해서 억압적인 규범을 변화시켰다. 이 모든 노력은 우리로 하여금 인간 본성의 결함을 우회하게 하고, 우리의 선한 천사에게 힘을 부여하는 제도로 이어졌다.

동시에…….

오늘날 전 세계 7억 명의 사람들이 극심한 빈곤 속에 살아가고 있다. 극빈층이 집중된 곳은 기대 수명이 60세가 채 되지 않고, 인구의 거의 4분의 1이 영양 부족 상태에 있다. 해마다 100만 명에 가까운 아이들이 폐렴으로 사망하고, 50만 명의 아이들이 설사와 말라리아로, 수십만 명의 아이들이 홍역과 에이즈로 사망한다. 10여 건의 전쟁이 세계 곳곳에서 맹위를 떨치고 있고, 그중 한 전쟁에서는 사망자가 2만 5000명 이상 발생했으며, 2015년에는 최소 1만 명이 인종 청소라는 이름으로 살육되었다. 인류의 3분의 1에 해당하는 20억 명 이상이 전제주의 국가에서 압제를 겪고 있다. 세계 인구의 5분의 1이 기본 교육을 받지 못한다. 거의 6분의 1에 이르는 사람이 문맹이다. 매년 500만 명이 사고로 죽고, 40만 명 이상이 살해된다. 전 세계에서 거의 3억 명에 이르는 사람이 임상적인 우울증을 앓고, 그 가운데 80만 명은 올해 자살할 것이다.

선진 세계의 부유한 국가라고 면역이 돼 있지는 않다. 중하위 계층은 20년간 소득 증가율이 10퍼센트를 밑돌았다. 여전히 미국 인구의 5분의 1은 여성이 전통적 역할로 돌아가야 한다고 믿고, 10분의 1은 인종 간 데이트에 반대한다. 미국은 해마다 증오 범죄 3,000건과 살인 사건 1만 5000건으로 몸살을 앓는다. 미국인은 가사 노동으로 하루에 2시간을 잃고, 미국인의 4분의 1은 항상 시간에 쫓긴다고 느낀다. 미국인의 3분의 2 이상이 아주 행복하다고 생각하지 않는데, 이것은 70년 전과 똑같은 비율이다. 인구학적으로 가장 비중이 큰 연령 집단과 여성이 시간이 흐르면서 더 불행해지고 있다. 매년 4만 명의 미국인이 끔찍한 불행을 느껴 스스로 생을 마감한다.

물론 지구 전체에 걸친 문제도 무시무시하다. 지구는 이번 세기가 끝나기 전에 새롭게 더해질 20억 인구에 적응해야 할 것이다. 지난 10년간 열대 우림 1억 헥타르가 벌목되었다. 해양 물고기의 수는 40퍼센트 가까이 줄었고, 수천 종이 멸종 위협을 받고 있다. 일산화탄소, 이산화황, 질소산화물, 그리고 미립자가 끊임없이 대기로 배출되고, 이산화탄소는 만약 배출량을 줄이지 않는다면 매년 380억 톤씩 나와 지구의 기온을 섭씨 2도에서 섭씨 4도까지 상승시킬 것이다. 그리고 이 세계에는 핵무기 1만 기가 9개국에 분포되어 있다.

물론, 앞의 세 문단에 나온 사실은 처음 여덟 문단에 나온 것과 내용이 같다. 그저 척도의 좋은 쪽이 아니라 나쁜 쪽에서 숫자를 읽고, 백분율에서 희망적인 부분을 뺀 것이다. 세계의 현황을 두 가지 방식으로 제시한 요지는 물 잔에서 물이 들어 있는 부분과 함께 그렇지 않은 부분도 보라는 게 아니다. 진보는 유토피아가 아니며, 진보를 이어 가기 위해 우리가 분투해야 할 ― 사실, 긴급한 ― 일이 남아 있다는 점을 재차 강조하려는 것이다. 우리가 만일 지식을 통해 번영을 증진함으로써 처음 여덟 문단에 나온 경향을 이어 갈 수 있다면, 마지막 세 문단에 나온 숫자는 그만큼 줄어들 것이다. 그 숫자가 0이 될 수 있는가 하는 문제는 거기에 좀 더 가까워진 다음에 걱정해도 좋다. 몇 가지 0이 되는 것들이 있다고 해도, 우리는 분명 해결해야 할 새로운 해악과 인간의 경험을 풍요롭게 해 줄 새로운 과제를 발견하게 될 것이다. 계몽주의는 계속해서 되풀이되는 발견과 개선의 과정이다.

진보가 계속되리라는 희망은 얼마나 합리적일까? 책의 나머지 부분에서 희망을 품을 때 꼭 필요한 이념들을 다루기 전에, 진보를 다룬 이 부의 마지막 장에서 앞서 제시한 질문을 숙고해 보고자 한다.

~

우선 진보가 지속되고 있다는 주장부터 살펴보자. 우리는 진보가 가능한 이유를 신비주의적이지 않고, 휘그주의적이지 않고, 팡글로스와도 다르게 설명하는 것으로 이 책을 시작했다. 과학 혁명과 계몽주의는 지식을 활용해서 인간 조건을 향상시키는 과정의 물꼬를 텄다. "잘되지 않을 것"이라던 당시의 회의주의는 나름 합리적인 이유가 있었다. 하지만 2세기가 지난 지금 우리는 그 과정이 잘 되어 왔다고 말할 수 있다. 우리는 이미 세계가 개선되어 온 과정을 보여 주면서 진보의 희망을 입증하는 70여 개의 그래프를 확인했다.

시간에 따른 개선 과정을 그리는 선이 죄다 우상향할 수는 없겠지만, 많은 그래프가 그 방향을 가리킨다. 어느 날 깨어나 보니 우리의 건물들이 화재에 더 취약해져 있다거나, 인종 간 데이트나 동성애자 교사에 대한 사람들의 견해가 바뀌어 있는 일은 일어나지 않는다. 마찬가지로 이제 막 결실을 맛보기 시작한 개발 도상국이 갑자기 학교와 보건소를 폐쇄하거나 신축을 중단할 가능성도 거의 없다.

물론 언론의 시간 척도에 따른 단기간의 변화에는 언제나 상승과 하강이 모두 나타난다. 해결책은 새로운 문제를 만들고, 그것을 다시 해결하는 데는 시간이 걸린다. 하지만 온갖 일시적인 부침과 후퇴에서 한 걸음 물러나 바라보면, 여러 분야에 걸쳐 인간의 진보가 누적되어 왔음을 알려주는 지표들이 보인다. 손실이 이익을 완전히 까먹는 순환적인 진보는 존재하지 않는다.[3]

더욱 좋은 것은, 발전이 또 다른 발전을 만든다는 점이다. 부유한 국가는 환경을 더 넉넉하게 보호하고, 폭력배들을 더 많이 체포하고, 사회적 안전망을 더욱 강화하고, 시민을 더 많이 교육하고 치료할 수 있다. 잘 교육받고 잘 연결된 세계는 환경에 더 많은 관심을 기울이고, 더 적게 전체주의에 빠져들고, 더 드물게 전쟁을 시작한다.

이 진보를 추진해 온 기술 발전은 속도를 늦추는 법이 없다. 스타인의 법칙은 항상 데이비스의 따름 정리를 따르고(영원히 계속될 수 없는 것이라고 해도 생각보다는 훨씬 오래 간다.), 유전체학, 합성 생물학, 신경 과학, 인공 지능, 재료 과학, 데이터 과학, 증거에 기반한 정책 분석은 나날이 번창하고 있다. 우리는 아무리 심한 감염병도 근절할 수 있음을 안다. 그리고 많은 질환이 과거 시제가 될 운명에 놓여 있다. 만성 질환과 퇴행성 질환은 끈질긴 편이다. 하지만 (암을 비롯한) 많은 질병 치료의 경우 진보의 속도가 점점 더 빨라지고 있으며, (알츠하이머 같은) 그밖의 질병 치료도 그렇게 될 가능성이 크다.

도덕적 진보도 마찬가지이다. 역사는 우리가 야만적인 관습을 줄일 수 있을 뿐 아니라 완전히 폐지할 수도 있으며, 몇몇 미개하고 뒤처진 곳에서나 그런 관습이 간신히 유지될 것이라고 말한다. 아무리 걱정이 많은 사람이라고 해도 인간 제물, 식인, 내시, 하렘, 노예, 결투, 집안 싸움, 전족, 이단자 화형, 마녀 물고문, 공개 고문과 처형, 유아 살해, 괴물 쇼, 정신 이상자 비웃기 등이 되살아나리라고는 예상하지 않는다. 오늘날의 야만성 가운데 어떤 것이 노예 경매와 화형의 전철을 밟게 될지는 예측할 수 없지만, 사형, 동성애 범죄화, 남성에 한정된 참정권과 교육 등이 그 길로 가고 있다. 몇십 년이 지나면 여성 성기 절제, 명예 살인, 아동 노동, 조혼, 전체주의, 핵무기, 국가 간 전쟁도 그 뒤를 따르지 않을 것이라고 누가 단언할 수 있을까?

어떤 해악들은 나라 전체가 단번에 어떤 정책을 채택하기보다는 온갖 결함을 지닌 수많은 개인의 행동이 바뀌어야 하기 때문에 근절하기가 더 어렵다. 하지만 모든 해악이 지구에서 사라지지 않는다고 해도, 여성과 아동을 대상으로 한 폭력, 증오 범죄, 내전, 살인 등의 해악은 지금보다 더 줄어들 수 있다.

내가 얼굴을 붉히지 않은 채 이렇게 낙관적인 전망을 제시할 수 있는 것은 이런 전망이 순진한 환상이나 맹랑한 소망이 아니기 때문이다. 이것은 역사적 현실에 단단히 발붙인 미래 전망으로, 차갑고 명백한 사실들이 든든하게 지원하고 있다. 이 전망을 뒷받침하는 것은 오로지 이미 일어났던 일은 앞으로도 일어나리라는 가능성뿐이다. 1830년에 토머스 배빙턴 매콜리(Thomas Babington Macaulay, 1800~1859년)는 이렇게 말했다. "사회는 반환점에 이르렀고, 우리는 최고의 날을 이미 봤다고 말하는 사람들이 오류를 저지르고 있다고 완벽하게 증명할 수는 없다. 하지만 그렇게 말하는 사람들은 빤한 근거밖에 갖고 있지 않다. …… 대체 어떤 원리로, 과거에서 볼 수 있는 것은 발전밖에 없으니, 앞으로 우리가 기대할 수 있는 것은 오직 악화의 과정뿐이라고 말할 수 있단 말인가?"[4]

～

나는 10장과 19장에서 매콜리의 질문에 어떤 응답이 있는지 살펴보았다. 그 응답은 모두 기후 변화, 핵전쟁, 기타 실존적 위협의 형식을 띤 진보의 파멸을 예견했다. 이제 남은 부분에서는 파멸까지는 아니지만 그래도 여전히 우리의 최고의 날은 지나갔다는 주장의 근거로 사용되는 21세기의 두 가지 현상을 숙고하고자 한다.

첫 번째 먹구름은 경기 침체이다. 에세이 작가인 로건 피어설 스미스(Logan Pearsall Smith, 1865~1946년)는 이렇게 말했다. "얼마나 사무치는 슬픔이든 간에 풍족한 수입이 아무 위안도 되지 않는 슬픔은 거의 없다." 부는 영양, 건강, 교육, 안전처럼 돈으로 살 수 있는 것들뿐 아니라, 평화, 자유, 인권, 행복, 환경 보호, 초월적 가치 같은 정신적 재화도 제공한다.[5]

산업 혁명은 2세기가 넘게 경제 성장을 이끌었다. 특히 제2차 세계 대전 기간과 1970년 초에는 1인당 세계 총생산량을 1년에 3.4퍼센트 꼴로 끌어올렸는데, 20년 만에 2배가 되는 속도였다.[6] 20세기 말에 환경 비관론자들은 경제 성장이 계속되면 자원이 고갈되고 지구가 오염될 것이라고 경고했다. 하지만 21세기에는 정반대의 두려움이 부상했다. 미래에 우리를 기다리는 것은 과도한 경제 성장이 아니라 지나치게 저조한 경제 성장이라는 것이다. 1970년대 이후 연간 성장률은 1.4퍼센트 수준으로 절반 이상 떨어졌다.[7] 장기적인 성장은 주로 생산성 ─ 한 국가가 투자금 1달러와 개인 노동 1시간으로 생산할 수 있는 재화와 용역의 가치 ─ 에 따라 결정된다. 그리고 생산성은 그 나라 노동자의 능력과 기계, 관리, 기반 시설의 효율성을 뜻하는 기술 고도화(technological sophistication)에 달려 있다. 1940년대부터 1960년대까지 미국의 생산성은 연간 2퍼센트 정도로 증가했다. 35년마다 2배가 되는 속도였다. 그런 뒤에는 약 0.6퍼센트씩 증가해 왔는데, 2배가 되려면 100년 이상이 필요한 속도이다.[8]

일부 경제학자는 저조한 성장률이 새로운 정상(new normal)이 되었다고 우려한다. 서머스가 분석한 "새로운 장기 침체 가설"에 따르면, (낮은 실업률과 관련해) 그나마 낮은 성장률이라도 유지하기 위해서는 중앙 은행이 이자율을 0퍼센트나 마이너스로 조정해야 하는데, 그렇게 하면 재정 불안정과 그밖의 문제가 발생할 수 있다.[9] 소득 불평등이 증가하는 시기에는 장기 침체로 인해 대다수 사람들의 소득이 당분간 증가하지 않거나 줄어들 수 있다. 경제가 성장을 멈추면 위험한 상황이 올 수 있다.

왜 1970년대 초에 생산성 증가 속도가 떨어지게 되었는지, 혹은 어떻게 하면 그 속도를 다시 끌어올릴 수 있는지는 누구도 알지 못한다.[10] 로버트 고든(Rboert Gordon, 1940년~) 같은 경제학자는 2016년에 발표한 『미국의 성장은 끝났는가(The Rise and Fall of American Growth)』를 통해, 더 적은 노동 인구가 더 많은 은퇴 인구를 부양하고, 교육 대상이 늘어나지 않고, 정부의 빚이 증가하고, 불평등이 강화되는(부유한 사람은 가난한 사람보다 소득을 지출에 덜 쓰기 때문에, 상품 및 서비스의 수요가 위축된다.) 인구학적, 거시 경제학적 역풍을 지적했다.[11] 여기에 더해 고든은 큰 변화를 일으킬 만한 발명품은 이미 다 발명되었다고 말한다. 20세기 전반기에 가정은 전기, 수도, 하수 처리, 전화, 전동 가전 제품의 혁명을 겪었다. 그 뒤로 가정은 거의 변하지 않았다. 앉으면 따뜻해지는 전자식 비데는 멋진 제품이지만, 옥외 화장실에서 수세식 변기로 이행한 것에 비할 바는 아니다.

또 다른 설명은 문화적이다. 미국이 자신의 마력을 잃었다는 것이다.[12] 침체 지역의 노동자는 더 이상 자리를 털고 힘차게 일어나지 못하고 상해 보험금을 받아 노동력에서 탈락한다. 사람들은 사전 예방 원칙에 발목이 잡혀 무언가 새로운 것을 시도하지 않는다. 너무 많은 투자금이 은퇴자를 위해 안전한 수익을 원하는 기관 운영자들의 '회색 자본(gray capital)'에 묶여 있다. 자본주의가 자본가를 잃어버린 것이다. 젊고 야심 있는 사람들은 예술가나 전문직이 되기를 원하지, 사업가가 되려고 하지 않는다. 투자자와 정부는 더 이상 달 탐사선을 후원하지 않는다. 사업가 피터 앤드리어스 틸(Peter Andreas Thiel, 1967년~)은 한탄한다. "우리는 날아다니는 차를 원했지만, 대신에 140자를 얻었다."

이유가 무엇이든 간에, 경제 침체는 수많은 문제를 낳고 그로 인해 21세기의 정책 입안자는 거대한 난관에 봉착한다. 진보가 지속되는 동안은 좋았지만, 좋은 시절은 이제 끝났다는 뜻일까? 천만에! 우선, 전후의 영광스러웠던 시대보다 속도가 느리기는 해도, 성장은 여전히 성장이다. 그것도 지수 함수적 성장이다. 세계 총생산은 지난 55년 가운데 51년 동안 증가했는데, 이것은 (지난 6년을 포함해서) 51년 동안 세계가 그 전년도보다 더 부유해졌음을 의미한다.[13] 또한 영속적 침체는 대체로 제1세계의 문제이다. 고도로 발전한 국가가 한 해 또 한 해 발전하는 일은 엄청나게 어려운 일이지만, 발전 수준이 낮은 국가들은 따라잡아야 할 것들이 많고, 부유한 국가가 시행했던 최선의 정책을 채택함으로써 높은 성장률을 기록할 수 있다. (8장) 수십억 인구가 극빈층에서 벗어나고 있는 것은 오늘날 세계에서 벌어지고 있는 가장 커다란 진보라고 할 수 있으며, 이 향상이 미국과 유럽의 문제에 묻혀 버릴 이유는 없다.

또한 기술 발전이 이끄는 생산성의 성장은 이 세계에 조용히 접근하다가 불현듯 모습을 드러내 길 위에 나타난다.[14] 사람들이 새로운 기술에서 최적의 사용법을 찾아내기까지는 시간이 필요하고, 산업적으로 새로운 기술을 위해 공장과 업무 방식을 재정비하는 데에도 시간이 걸린다. 누구나 알 수 있는 예로 전기를 들 수 있다. 전기의 보급은 일찍이 1890년대에 시작되었지만, 모두가 손꼽아 기다리던 생산성의 폭발적 향상을 경제학자가 확인하기까지는 40년이 더 필요했다. 개인용 컴퓨터 혁명 역시 1990년대에 생산성이 폭발적으로 증가하기 전까지는 수면자 효과(sleeper effect, 설득력이 효력을 발휘하기까지는 심리학적 잠복기가 필요한 현상. ─ 옮긴이)를 보였다. (나같이 초기에 컴퓨터를 수용한 사람으로서는 놀랄 일도 아닌 것이, 1980년대의 어느 날 오후에 마우스를 설치하고, 도트 프린터가 이탤릭체를 찍어내게 세팅하느라 한참을 허비했던 경험이 있기 때문이다.) 어쩌면 21세기의 기술에서 최대한 많은 것을 끌어낼 지식은 한창 댐을 건설하고 있을 수 있다. 곧 물이 넘쳐흐를지 모른다.

음울한 과학, 즉 경제학에 몸담은 사람들과는 달리, 기술 전문가들은 우리가 풍요의 시대에 들어서고 있다는 사실을 믿어 의심치 않는다.[15] 빌 게이츠는 기술 침체를 전망하는 예측과 전쟁은 과거의 일이 되었다는 (틀린 것으로 판명된) 1913년의 전망을 비교했다.[16] 첨단 기술 기업가 피터 디아만디스(Peter H. Diamandis, 1961년~)와 언론인 스티븐 코틀러(Steven Kotler, 1967년~)는 이렇게 말한다. "90억 인구가 살아가는 세계를 상상해 보라. 깨끗한 물, 영양가 높은 음식, 값싼 주택, 개인화된 교육, 최고 수준의 의료, 오염을 일으키지 않는 에너지가 어디에나 있는 세계 말이다."[17] 이들의 전망은 1980년대 후반의 만화 영화 「젯슨 가족(The Jetsons)」의 공상에서 비롯된 것이 아니라, 이미 작동하고 있는, 혹은 작동하기까지 얼마 남지 않은 기술에 근거한 것이다.

정보와 더불어, 엔트로피를 피해 갈 유일한 방법이 되어 줄 자원부터 시작해 보자. 이 자원은 말 그대로 경제의 다른 모든 요소에 힘을 불어넣는다. 바로 에너지이다. 10장에서 본 것처럼, 소형 모듈형 원자로의 형태를 취한 4세대 핵에너지는 소극적 안전성을 갖출 수 있고, 확산이 불가능하고, 폐기물을 만들어 내지 않고, 대량 생산이 가능하고, 유지비가 적고, 무제한적으로 연료를 공급받을 수 있으며, 석탄보다 저렴하다. 탄소 나노튜브로 제작한 태양광 패널의 효율성은 현재 사용하는 광전지의 100배에 달해서, 태양광 에너지에서도 무어의 법칙을 이어 나갈 수 있게 해 줄 것이다. 그렇게 생산한 에너지는 액체 금속 전지에 저장할 수 있다. 이론상 화물 컨테이너 크기의 전지는 마을 하나에 모든 전력을 공급할 수 있다. 월마트 크기의 전지는 작은 도시 하나에 모든 전력을 공급할 수 있다. 지능형 전력망은 전기를 생산하는 시간과 장소에서 전기를 수집해서, 전기가 필요한 시간과 장소에 분배한다. 기술은 화석 연료에도 새로운 생명을 불어넣는다. 무배출 가스 연료 발전소는 에너지를 낭비해 가며 물을 끓일 필요 없이 배기 가스로 직접 발전기를 돌리고, 이산화탄소를 포집해 지하에 가둔다.[18]

나노 기술, 3D 프린터, 쾌속 조형(rapid prototyping)을 조합한 디지털 제작 방식은 강철과 콘크리트보다 저렴하고 강한 구조물을 제작할 수 있고, 주택과 공장을 건설하는 개발 도상국 현장에서 구조물을 바로 출력할 수 있다. 나노 여과 기술은 물에서 병원균, 금속, 심지어 소금마저 걸러낼 수 있다. 최첨단 옥외 화장실은 배관 없이 분뇨를 비료, 식수, 에너지로 전환할 수 있다. 정밀 관개 기술과 지능형 배수망은 저렴한 센서와 칩에 내장된 AI를 활용해서 물 사용량을 3분의 1에서 절반까지 줄일 수 있다. 쌀의 유전자에서 비효율적인 C3 광합성 경로를 옥수수와 사탕수수의 C4 경로로 대체하면 기존보다 절반이나 적은 물과 훨씬 더 적은 비료로도 생산량이 50퍼센트가량 증가하고, 더운 날씨에도 더 잘 견딘다.[19] 유전자 변형 조류(藻類)는 공기 중에서 탄소를 흡수하고 생물 연료를 분비한다. 드론을 활용하면 수 킬로미터에 걸쳐 이어진 파이프라인과 철도를 점검할 수 있고, 의료 물품과 비상 물품을 고립된 지역에 배달할 수 있다. 로봇은 석탄 채굴, 재고 관리, 침구 정리처럼 사람이 싫어하는 일을 대신할 수 있다.

의료 분야에서는 실험실이 통째로 올라간 것 같은 반도체 칩 위에서 액체 생검을 해서 피나 침 한 방울로 수백 가지 질병을 발견할 수 있다. 유전체, 증상, 병력의 빅 데이터를 삼켜대는 인공 지능은 의사의 육감보다 더욱 정확하게 질환을 진단할 수 있다. 줄기 세포는 류머티즘 관절염과 다발성 경화증 같은 자가 면역 질환을 치료하고, 시신의 장기, 동물의 체내에서 발달시킨 장기, 혹은 3D 프린터로 출력한 우리의 조직을 우리 몸에 이식할 수 있게 해 줄 것이다. RNA 간섭(RNA interference)은 지방의 인슐린 수용체 조절 유전자 같은 성가신 유전자를 잠잠하게 할 수 있다. 항암제 또한 체내에서 분열 중인 온갖 세포를 중독시키는 대신, 독특한 유전적 특성을 가진 종양에 한정적으로 작용할 것이다.

지구의 교육도 변화를 맞이할 것이다. 이미 세계의 지식은 백과사전, 강의, 연습 문제, 데이터 집합의 형태로 수십억에 달하는 스마트폰 사용자에게 개방되었다. 개발 도상국의 아이들은 인터넷을 통해 자원 봉사자('할머니 군단(Granny Cloud)')에게 개인 교습을 받을 수 있고, 전 세계에서 모든 학습자가 인공 지능 교사에게 개인 교습을 받을 수 있다.

현재 진행 중인 혁신은 그저 멋지기만 한 아이디어들의 모둠에 그치지 않는다. 현재의 혁신은 신르네상스(New Renaissance)와 2차 기계 시대(Second Machine Age)라고 불리는 대단히 중요한 역사적 발전에서 흘러나오고 있다.[20] 산업 혁명에서 출현한 1차 기계 시대가 에너지에서 동력을 얻었다면, 2차 기계 시대는 또 다른 반엔트로피 자원인 정보에서 동력을 얻는다. 2차 기계 시대가 혁명적이라고 전망할 수 있는 것은 다른 모든 기술을 선도하는 더 강력한 정보 활용법, 그리고 컴퓨터의 성능과 유전체학 같은 정보 기술 자체의 급격한 향상 덕분이다.

새로운 기계 시대의 전망은 또한 혁신 과정 자체의 혁신에도 기인한다. 첫 번째 혁신은 응용 프로그램 인터페이스와 3D 프린터 등 발명을 위한 기반 자체가 민주화되면서 누구나 첨단 기술 분야의 DIY(do-it-yourself)에 뛰어들 수 있게 된 것이다. 두 번째 혁신은 첨단 기술에 관심 많은 자선가의 부상이다. 이들은 콘서트홀에 자신의 이름을 새겨넣기 위해 수표를 쓰는 대신, 전 지구적 문제를 해결하는 일에 자신의 창의성, 연줄, 그리고 결과를 향해 달려가는 의지를 아낌없이 투입한다. 세 번째는 스마트폰, 온라인 교육, 소액 금융이 수십억 명의 사람에게 경제적 힘을 불어넣고 있다는 것이다. 세계에서 최하위 계층에 속하는 10억 명의 사람들 가운데 천재 수준의 IQ를 가진 사람은 100만 명이다. 만일 그들의 지능을 완전히 활용할 수 있다면 세계가 어떤 모습으로 변하게 될지 생각해 보라!

2차 기계 시대가 경제를 침체에서 끌어낼 수 있을까? 확실하지는 않다. 경제 성장은 기술이 존재하느냐보다는 국가가 보유한 금융 자본과 인적 자본을 적절히 배치해서 기술 활용도를 높이는 능력에 달려 있기 때문이다. 설사 기술을 완전하게 활용한다고 해도, 그것에 따른 이익은 표준 경제학적 기준으로는 포착되지 않을 수 있다. 코미디언 팻 레이턴 폴슨(Pat Layton Paulsen, 1927~1997년)이 이렇게 말한 적이 있다. "우리가 사는 나라는 심지어 국민 생산(national product)도 역겹다니까요(gross)." (국민 총생산(gross national product)에서 gross를 뒤로 옮긴 말장난이다. ─옮긴이) 대다수의 경제학자가 국민 총생산 GNP(또는 가까운 친척인 국내 총생산 GDP)는 경제적 번영을 나타내기에는 조야한 지표라는 데 동의한다. GNP는 측정하기 쉽다는 장점이 있지만, 재화와 용역의 생산 과정에서 주인이 바뀌는 돈의 총합을 따지기 때문에 사람들이 누린 혜택을 표현하지는 못한다. 번영의 정량화(8장과 9장)는 항상 소비자 잉여나 가치의 역설 같은 문제 때문에 혼란에 빠지고, 현대 경제는 이 문제를 더 혼란스럽게 만든다.

경제사 학자 조엘 모키르(Joel Mokyr, 1946년~)는 이렇게 지적한다. "1인 당 GDP 같은 합산식 통계나 요소 생산성 같은 그 파생물은 …… 철강과 밀에 기반한 경제에 맞춰 설계된 것이지, 정보와 데이터 부문이 활발하게 움직이는 경제에 맞춰 설계된 것이 아니다. 새로운 재화와 용역은 대부분 설계 과정에서는 높은 비용이 들지만, 일단 만들고 나면 아주 낮은 비용으로, 혹은 아무런 비용 없이 복제할 수 있다. 소비자의 복지에 미치는 영향이 아무리 크더라도, 측정 결과에는 별다른 힘을 미치지 못한다는 뜻이다."[21] 예를 들어 우리가 10장에서 검토한 삶의 탈물질화에 비추어 볼 때, 2015년의 평범한 가정과 1965년의 평범한 가정이 그리 달라 보이지 않는다고는 쉽게 말할 수 없다. 가장 큰 차이는 태블릿 PC와 스마트폰, 비디오 스트리밍 서비스와 스카이프 같은 놀라운 것들에 밀려서 우리 눈에 보이지 않게 된 것들에 있다. 정보 기술은 탈물질화에 더해 **탈화폐화(denometization)** 과정도 촉발했다.[22] 생활 정보, 뉴스, 백과사전, 지도, 카메라, 장거리 전화, 소매상의 경상비 등 사람들이 돈을 내고 구입하던 것들이 이제는 사실상 무료가 되었다. 사람들은 그 어느 때보다 이런 혜택을 많이 즐기고 있지만, 그 흔적은 GDP에 남지 않는다.

인간의 안녕과 복리는 또 다른 방식으로 GDP와 결별했다. 현대 사회가 더 휴머니즘적이 되면서 점점 더 많은 부가 시장 가격이 매겨지지 않은 채 인간의 삶을 개선하는 데 투입되고 있다. 최근에 《월 스트리트 저널》에서 경기 침체를 다룬 기사는 혁신을 위한 노력에서 점점 더 많은 비중이 깨끗한 공기, 안전한 차, 그리고 전국에서 환자 수가 20만 명 이하인 "희귀 질환"의 치료제 개발에 들어가고 있다고 지적했다.[23] 내친 김에 살펴보자면, 전반적으로 의료 부문의 연구 개발비 비중은 1960년에 7퍼센트에서 2007년에 25퍼센트로 상승했다. 기사를 쓴 금융 전문 기자는 거의 울먹이는 목소리로 이렇게 지적했다. "약은 풍요로운 사회가 인간의 생명에 더 높은 가치를 부여하고 있음을 알려주는 징후이다. …… 일반적인 소비 상품에 집중되던 연구 개발 사업이 건강 연구로 대체되고 있다. 과연 …… 생명의 가치 상승은 GDP의 대부분을 차지하는 통상적인 재화 및 용역의 증가를 더디게 만든다." 그렇다면 이와 같은 맞거래를 진보의 침체가 아니라 가속을 보여 주는 증거로 해석하는 것이 자연스럽다. 현대 사회는 "돈이냐 목숨이냐?"라는 강도의 협박에 코미디언 잭 베니(Jack Benny, 1894~1974년)가 답한 구두쇠 같은 선택과는 다른 선택에 손을 들어 준다. (잭 베니의 답은 "생각 중이야."였다. — 옮긴이)

인간의 진보를 완전히 다르게 위협하면서 계몽주의의 토대를 약화시키려는 정치 운동이 있다. 21세기의 두 번째 10년대에 접어들어 포퓰리즘, 더 정확히는 권위주의적 포퓰리즘이라고 할 수 있는 반계몽주의 운동이 부상했다.[24] 포퓰리즘은 국민의 진정한 가치와 경험을 직접 대변하는 강력한 지도자를 통해 "인민(人民, people)"(원래 거의 모든 사람을 아우르는 말이지만, 보통 특정한 인종 집단, 가끔은 특정한 계급을 가리킨다.)이 직접 통치해야 한다고 부르짖는다.

권위주의적 포퓰리즘은 인간 본성을 이루는 요소들 — 부족주의, 권위주의, 악마화, 제로섬 사고 — 을 제약하기 위해 고안된 계몽주의적 제도에 반하는 운동이자 그 요소들의 귀환으로 볼 수 있다. 개인보다 부족에 초점을 맞추는 포퓰리즘은 소수자의 인권을 보호하거나 세계적으로 인간의 복리를 증진할 여지를 지워 버린다. 힘겹게 획득한 지식이 사회 발전의 열쇠임을 인정하지 않음으로써 포퓰리즘은 '엘리트'와 '전문가'를 폄하하고, 언론의 자유, 의견의 다양성, 이기적인 주장에 대한 사실 검증에 가치를 부여하는 사상의 자유 시장을 경시한다. 강력한 지도자를 높게 평가하는 포퓰리즘은 인간 본성의 한계를 간과한 채 규칙을 중심으로 돌아가는 제도를 업신여기고, 불완전한 인간 행위자의 권력을 제한하는 헌법상의 견제 원리를 무시한다.

포퓰리즘에는 좌파형 변종과 우파형 변종이 있고, 양쪽 모두 제로섬 경쟁 같은 경제학의 통속 이론을 믿는다. 좌파의 경우에는 경제적 계급 간에 제로섬 경쟁이 발생하고, 우파의 경우에는 국가나 민족 간에 제로섬 경쟁이 발생한다고 본다. 이들에게 문제는 무정한 우주에서 우리가 불가피하게 마주하게 되는 도전 과제가 아니라 사악한 엘리트, 소수자, 혹은 외국인의 악질적인 계획으로 보인다. 진보에 관해서는 말할 것도 없다. 포퓰리즘은 미국이 동질적인 민족으로 이루어져 있던 시대, 문화와 종교의 전통적 가치가 득세하던 시대, 농업과 제조업이 경제를 이끌면서 국내 소비와 수출을 위해 손으로 만질 수 있는 상품을 생산하던 시대를 그리워한다.

나는 23장에서 권위주의적 포퓰리즘의 지적 뿌리를 더 깊이 탐사할 것이다. 여기서는 최근에 권위주의적 포퓰리즘이 부상한 과정과 그들이 보일 미래에 집중하고자 한다. 2016년에 포퓰리스트 정당들(대체로 우파)은 유럽 의회 선거에서 (1960년대의 5.1퍼센트보다 상승한) 13.2퍼센트를 끌어모아, 헝가리와 폴란드의 대통령 자리를 포함해 총 11개국에서 연정에 참여하게 되었다.[25] 게다가 그들은 권력을 잡지 못했을 때도 당론을 밀어붙이는데, 특히 영국에서는 2016년 브렉시트 국민 총선거에 바람을 일으켜 투표자의 52퍼센트가 유럽 연합 탈퇴에 표를 던지는 결과를 이끌어냈다. 그리고 그해 미국 대선에서는 도널드 트럼프가 일반 투표에서 패배하고도(46퍼센트 득표. 힐러리 클린턴은 48퍼센트를 득표했다.) 선거인단 투표에서 승리해 미국 대통령에 선출되었다. "미국을 다시 위대하게(Make America Great Again)"라는 트럼프의 선거 운동 슬로건보다 부족주의적이고 과거 지향적인 포퓰리즘 정신을 더 잘 포착해 내기는 어려울 것이다.

진보에 관한 장들을 쓰면서 나는 이 책의 초고를 읽어 준 사람들의 압력에 저항했다. 그들은 각 장의 말미에 "하지만 도널드 트럼프가 뜻을 펼친다면 이 모든 진보가 위협받게 된다."라는 경고를 넣으라고 주문했다. 진보가 위협받고 있는 것은 분명한 사실이다. 2017년이 정말로 역사의 반환점이 될지와 무관하게, 위협받고 있는 진보의 본성을 이해하기 위해서라도 그 위협을 검토하는 것은 가치 있는 일일 것이다.[26]

· 미국인의 **수명**이 증가하고 **건강**이 좋아진 것은 대부분 예방 접종을 하고 세심하게 진료한 의학적 개입 덕분이었다. 트럼프가 승인한 음모론 중에는 백신에 함유된 방부제가 자폐증을 유발한다는 주장이 있는데, 이미 오래전에 거짓으로 드러난 주장이다. 건강과 관련된 이득은 또한 의료 접근성이 널리 확대된 덕분에 단단히 자리 잡을 수 있었는데, 트럼프는 국민에게 유익한 사회 지출에 제동을 걸어서 미국인 1000만 명의 건강 보험을 박탈하는 법안을 추진하기도 했다.

· 세계적인 **부**의 증대는 대체로 국제 무역을 동력으로 세계화된 경제가 만들어 낸 것이다. 트럼프는 국제 무역을 국가 간의 제로섬 경쟁으로 보는 보호주의자이며, 그에 따라 국제 무역 협정을 백지화하겠다고

약속했다.

- 또한 **부**의 성장은 기술 혁신, 교육, 기반 시설, 하위 계층과 중간층의 구매력 증가, 시장 경쟁을 왜곡하는 정실 인사와 금권 정치의 통제, 거품 발생과 붕괴의 가능성을 차단하는 금융 규제를 통해서도 이루어질 것이다. 무역에 적대적인 것 말고도 트럼프는 기술과 교육에 무관심하고, 퇴행적으로 부유층 감세를 지지하는 동시에 규제에 무조건 반대하는 기업계와 금융계 거물을 각료로 지명하고 있다.

- 트럼프는 **불평등**에 대한 우려를 이용해서 이민자와 무역 상대국을 악마화하고, 동시에 저소득층과 중간층의 일자리를 먹어 치우는 주범인 기술 변화를 외면하고 있다. 그는 또한 그 피해를 가장 성공적으로 완화하는, 예를 들어 누진 과세와 사회 지출 같은 정책에 반대해 왔다.

- 인구, GDP, 여행과 함께 늘어난 대기 오염과 수질 오염을 규제한 것은 지금까지 **환경**에 큰 도움이 되었다. 트럼프는 환경 규제가 경제에 해를 끼친다고 믿는다. 그가 저지른 최악의 정책을 꼽자면, 기후 변화를 날조라 부르면서 역사적인 파리 기후 협정에서 탈퇴하겠다고 선언한 것이다.

- **안전** 역시 연방법 덕분에 극적으로 향상되었지만, 트럼프와 그의 동맹자들은 연방법을 업신여긴다. 트럼프는 **법과 질서**로 평판을 쌓아 왔지만, 쓸데없이 강도만 높은 발언과 효과적인 범죄 예방 조치를 구분해 줄 증거를 정책에 반영하는 일에는 본능적으로 무관심하다.

- 전후의 평화는 무역, **민주주의**, 국제 협약과 국제 기구, 공생의 규범을 통해 단단히 다져질 수 있었다. 트럼프는 국제 무역을 비방하고, 국제 협약을 거부하겠다고 위협하고, 국제 기구를 약화시켜 왔다. 트럼프는 블라디미르 푸틴을 찬양하지만, 푸틴은 러시아의 민주주의를 퇴보시키고, 사이버 공격으로 미국과 유럽의 민주주의에 위해를 가하고, 시리아

에서 벌어진 21세기의 가장 파괴적인 전쟁을 돕고, 우크라이나와 조지아에서 벌어진 소규모 전쟁을 조장하고, 정복 전쟁을 금지하는 전후의 금기를 어기고 크림 반도를 합병했다. 트럼프 행정부의 구성원 가운데 일부는 대러시아 제재를 해제하기 위해 은밀하게 러시아와 공모해서 전쟁을 불법화하는 주요 장치의 기초를 흔들었다.

• **민주주의**는 언론의 자유처럼 헌법에 명시된 보호 장치, 그리고 정치 지도자의 자격은 카리스마 있는 지도자의 권력 의지가 아니라 법치와 비폭력적인 정치적 경쟁으로 결정된다는 보편적 규범에 의존한다. 트럼프는 언론인을 겨냥해서 명예 훼손법을 확대하자고 주장하고, 유세 기간에는 자신을 비판하는 자들을 공격하라고 부추기고, 2016년 선거 결과가 마음에 들지 않아도 승복하겠다고 확답하지 않고, 자신에게 불리하게 나온 국민 투표 결과를 불신하고, 상대 후보를 구금하겠다고 위협하고, 자신의 결정에 이의를 제기하는 사법 체계의 적법성을 공격했다. 이 모든 것 하나하나가 독재자의 인장(印章)이다. 지구적 차원에서 볼 때 민주주의의 회복은 어느 정도 국제 사회에서 민주주의가 얼마나 위신을 세우는가에 달려 있는데, 트럼프는 러시아, 터키, 필리핀, 태국, 사우디아라비아, 이집트의 독재자를 칭송하고 독일을 비롯한 민주주의 동맹국을 모욕했다.

• 관용, 평등, **평등권**의 이상은 트럼프가 선거 운동을 시작할 때부터 집권한 초기까지 상징적으로 큰 타격을 입었다. 트럼프는 히스패닉 이민자를 악마화하고, 무슬림 이민을 전면 금지해야 한다고 주장하고(그리고 당선되자 부분적인 금지 조치를 시행하려 했다.), 여성의 품위를 반복해서 손상하고, 선거 유세 당시에 인종 차별적이고 성차별적인 저속한 표현을 용인하고, 백인 우월주의자 집단의 지지를 수용해서 그들을 반우월주의자 집단과 동등하게 취급하고, 백악관 핵심 참모와 법무부 장관으로 시민

권 운동에 적대적인 사람을 지명했다.

• 트럼프는 바보 같은 음모론을 계속 내놓으면서 **지식**의 이상 — 사람의 의견은 정당하고 진실한 믿음에 근거해야 한다는 이상 — 을 조롱했다. 오바마는 케냐에서 태어났고, 테드 크루즈(Ted Cruz, 1970년~) 상원 의원의 아버지는 존 F. 케네디 암살에 관여했고, 뉴저지에서 수천 명의 무슬림이 9·11을 기념했고, 대법관 앤터닌 그레고리 스칼리아(Antonin Gregory Scalia, 1936~2016년)는 살해당했고, 오바마가 그의 전화를 도청했고, 자신이 수백만 명의 불법 투표자 때문에 일반 투표에서 패배했다는 것 외에도 실제로 수십 가지가 더 있다. 팩트체크 사이트인 폴리티팩트(PolitiFact)는, 놀랍게도 그의 공식 발언 가운데 69퍼센트가 "대체로 허위", "허위", "불붙은 바지(Pants on Fire, 터무니없는 거짓말을 지칭하는 말로, "거짓말쟁이, 거짓말쟁이, 바지에 불붙었대요"라는 아이들의 조롱에서 나왔다.)"라고 판정했다.[27] 모든 정치인이 진실을 왜곡하고 가끔은 거짓말을 하지만(모든 인간이 진실을 왜곡하고 때로는 거짓말을 한다.), 트럼프가 뻔뻔한 얼굴로 뻔한 낭설(예를 들어, 선거에서 압도적인 표 차이로 이겼다거나 하는 주장)을 주장하는 것은 그가 공공 담론을 우리와 다르게 보기 때문이다. 그에게 공공 담론은 객관적인 현실에 근거해서 공통의 기반을 찾기 위한 수단이 아니라, 지배력을 과시하고 경쟁자에게 창피를 안기는 무기에 불과하다.

• 가장 무서운 것은, 핵전쟁이라는 일어날 수 있는 **실존적 위협**에 맞서 세계를 보호해 온 값진 규범을 트럼프가 짓밟고 있다는 점이다. 그는 핵무기 사용 금기에 의문을 제기하고, 핵 군비 경쟁을 재개하자고 트위터에 적고, 다른 나라의 새로운 핵무기 보유를 부추기는 말을 하고, 이란의 핵무기 개발을 막아 온 협약을 뒤집으려 하고, 핵공격을 교환할 가능성이 있는데도 북한의 김정은을 도발했다. 그중에서도 최악은, 어떤 대통령도 그런 위중한 문제에 있어서는 무분별하게 행동하지 않으리라는

암묵적인 가정하에 군통수 체계가 미국 대통령에게 막대한 재량권을 부여한 탓에 그가 위기 시에 핵무기를 사용할 수 있다는 것이다. 하지만 트럼프는 충동과 복수심으로 악명이 높은 기질을 갖고 있다.

제아무리 타고난 낙관주의자라고 해도 이번 크리스마스 양말 안에서 조랑말을 보지는 못할 것이다. (get a pony는 큰 행운이 따른다는 뜻으로, 요즘 SNS에 "조랑말을 가져 본 적이 없다."라는 표현이 유행한다고 한다. ─옮긴이) 하지만 도널드 트럼프(더 일반적으로는, 권위주의적 포퓰리즘)가 정말로 250년의 진보를 되돌린다면? 지금 당장은 우려하지 않아도 될 이유가 있다. 만일 어떤 움직임이 수십 년이나 수세기 동안 진행되어 왔다면 필시 그 이면에는 체계적인 힘이 작동하고 있을 테고, 그 움직임이 급격히 퇴행하지 않는 것에 이익이 걸려 있는 투자자도 적지가 않기 때문이다.

미국 건국의 아버지들은 미국의 대통령제가 사람만 바뀌는 군주제가 되지 않게끔 세심하게 설계했다. 대통령은 권력이 고르게 분포된 네트워크를 주재하는 사람이다. (포퓰리스트가 "그림자 정부(deep state)"라고 모욕하는) 이 네트워크는 지도자 개인보다 오래 지속되고, 포퓰리스트의 선동이나 최고 권력자의 변덕에 쉽게 흔들리지 않는 현실 세계의 제약에 따라 정부 사업을 이끌어 간다. 이 네트워크에는 유권자와 로비스트의 요구를 고려해야 하는 입법자, 고결하다는 평판을 지켜야 하는 판사, 행정부의 고위직 관료와 행정가가 포함된다. 트럼프의 권위주의적 본능 때문에 미국의 민주주의를 구성하는 기관들은 스트레스 검사를 치러야 했지만, 지금까지 많은 전선에서 반격을 주저하지 않았다. 장관들은 그의 다양한 빈정거림, 트위터, 악취 나는 발언들을 공개적으로 거부해 왔고, 법원은 헌법에 위배되는 조치들을 폐기해 왔다. 양원 의원들은 막대한 피해를 초래할 수 있는 법안을 당론을 이탈해 가면서 부결시켰다. 법무부와 하원 위원회는 행정부와 러시아의 유대 관계를 조사하고 있다. FBI

국장은 트럼프가 자신을 협박했다고 공개했다. (이를 통해 사법부를 방해했다는 근거로 대통령을 탄핵해야 한다는 말이 나왔다.) 그리고 그 자신을 위해 일하는 직원들은 목격한 것에 놀란 나머지 대통령의 명성에 타격을 입힐 수 있는 사실들을 정기적으로 언론에 흘리고 있다. 이 모든 일이 임기 첫 6개월 동안에 일어났다. (끝날 때까지 반복되었다. ─ 옮긴이)

이 땅의 현실과 더 가까운 주 정부와 지역 정부도 대통령을 포위하고 있다. 미국을 다시 위대하게 만드는 일이 우선 순위에 있어서는 안 된다고 생각하는 다른 나라 정부들도 있다. 평화, 번영, 안정으로 이익을 얻는 수많은 기업도 있다. 특히 세계화는 어느 한 통치자가 되돌릴 수 있는 흐름이 아니다. 한 나라가 겪는 많은 문제가 본래 국제적이다. 이민, 전염병, 테러, 사이버 범죄, 핵확산, 불량 국가, 환경 문제 등. 그런 문제가 없는 것처럼 영원히 감출 수도 없거니와, 국제적 공조가 뒷받침되지 않고서는 그런 문제를 해결할 수 없다. 더 저렴한 상품, 더 넓은 수출 시장, 세계적 빈곤의 경감 같은 세계화의 이익도 영원히 거부할 수는 없다. 또한 인터넷과 저렴한 여행을 타고 사람과 생각이 끊임없이 흘러 다니는 경향은 (뒤에서 보겠지만, 특히 젊은 층에서는) 누구도 막지 못할 것이다. 진실과 사실을 뒤집으려는 싸움과 관련해서라면, 타고난 장점을 가진 진실과 사실 쪽이 유리할 것이다. 진실과 사실은 사람이 그것을 믿지 않아도 결코 사라지지 않는다.[28]

~

더 깊은 질문으로 들어가 보자. 포퓰리즘 운동이 단기적으로 어떤 손해를 몰고 올 것인가와 무관하게, 과연 그 부상은 다가올 미래의 상황을 예견하는 것일까? 《보스턴 글로브(Boston Globe)》에 실린 최근의 사설이 한탄하거나 흡족해한 대로 "계몽주의는 시대는 물러간 것"[29]일까? 2016년 무렵에 일어난 사건들이 정말 세계가 다시 중세로 향하고 있다는 뜻일까? 살을 엘 듯 추운 아침 날씨로 자신이 옳았음이 증명되었다고 말하는 기후 변화 회의론자와 마찬가지로, 최근의 사건을 확대 해석하기란 쉬운 일이다.

먼저, 지난 선거는 계몽주의에 대한 찬반 투표가 아니었다. 미국의 양당제에서는 공화당에서 어느 후보가 나서든 양자 대결을 하면 득표율이 정당 지지선인 45퍼센트에서 시작한다. 그리고 트럼프는 일반 투표에서 46퍼센트 대 48퍼센트로 패했지만, 선거인단 제도의 농간과 클린턴의 잘못된 판단 덕에 승리했다. 또한 버락 오바마 — 실제로 퇴임 연설에서 "이 나라의 본질적인 정신"이라는 말로 **계몽주의를 상찬했다.** — 가 집무실을 떠날 때의 지지율은 58퍼센트로, 다른 대통령들이 퇴임할 때 얻은 평균 지지율보다 높았다.[30] 트럼프가 집무실에 들어갈 때의 지지율은 40퍼센트로 취임한 대통령 중에 가장 낮았고, 첫 7개월 동안에는 34퍼센트로 내려앉아, 이전 대통령 9명이 같은 기간에 얻은 평균 지지율의 절반을 간신히 넘겼다.[31]

유럽의 선거 역시 세계주의적 휴머니즘에 대한 헌신을 깊이 있게 반영한 결과가 아니라, 시대적인 문제가 유럽 사람들의 감정을 휘저은 결과였다. 최근의 문제로는 유로화(경제학자들의 회의를 불러일으킨 문제이다.), 브뤼셀에서 맘대로 결정해서 내려보낸 규제들, 끔찍한 공격을 당해 이슬람 테러를 두려워 하고 있는 바로 그때 수많은 중동 난민을 수용하라며 가해진 압박 등이 있다. 그럼에도 포퓰리즘 정당들은 최근에 표를 13퍼센트밖에 끌어모으지 못했고, 의석을 얻은 나라가 있는가 하면 의석을 잃은 나라도 그만큼 있었다.[32] 트럼프 당선과 브렉시트 가결의 충격이 있던 다음 해에 우파 포퓰리즘은 네덜란드, 영국, 프랑스 선거에서 국민들에게 버림 받았다. 프랑스의 신임 대통령, 에마뉘엘 마크롱(Emmanuel Macron, 1977년~)은, 유럽은 "여러 곳에서 위협받고 있는 계몽주의의 정신

을 우리가 지켜 주기를 기다리고 있다."라고 선언했다.[33]

2010년대 중반에 벌어진 정치적 사건보다 훨씬 더 중요한 것은 권위주의적 포퓰리즘을 키운 사회적, 경제적 경향이다. 그리고 권위주의적 포퓰리즘의 미래를 예견할 수 있다는 점에서 이 장에 더 잘 어울리는 주제일 것이다.

역사적으로 이로운 발전은 흔히 승자와 함께 패자를 만들어 내는데, 세계화 과정의 명백한 경제적 패자(즉 부유한 국가의 저소득층)가 권위주의적 포퓰리즘의 지지자라는 것은 자주 거론되는 사실이다. 경제 결정론자들이 보기에, 이것은 그 운동의 부흥을 부족함 없이 설명해 준다. 하지만 분석가들은 조사관이 비행기 추락 현장의 잔해를 조사하듯 선거 결과를 낱낱이 살폈고, 이제 우리는 그러한 경제적 설명이 틀렸다는 사실을 잘 알고 있다. 미국 대선에서 소득 수준이 가장 낮은 두 구간의 투표자들은 "경제"가 해당 선거의 가장 중요한 쟁점이라고 밝힌 이들과 같이 52 대 42로 클린턴에게 많이 투표했다. 소득 수준이 가장 높은 네 집단의 투표자는 과반수가 트럼프에게 투표했고, 트럼프에게 투표한 사람들은 선거의 가장 중요한 쟁점으로 "경제"가 아니라 "이민"과 "테러리즘"을 꼽았다.[34]

비행기의 비틀린 금속 잔해에서 유망한 단서들이 더 나왔다. 통계학자 네이트 실버(Nate Silver, 1978년~)의 기사는 이렇게 시작한다. "통계 분석은 몹시 까다로워서, 때로는 결과가 페이지 밖으로 뛰어내리고는 한다." 그의 분석 결과는 지면에서 튀어나와 헤드라인이 되었다. "소득이 아니라 교육이, 누가 트럼프에게 투표할지 예측했다."[35] 왜 교육이 중요할까? 두 가지 따분한 설명은 교육 수준이 높은 사람이 주로 리버럴한 정치 집단에 가세하고, 현재 소득보다는 교육이 경제적 안정성을 더 확실하게 예측할 수 있는 인자라는 것이다. 더 흥미로운 설명은 교육이 성년 초기의 사람들을 다른 인종과 문화에 노출시켜 그들을 악마화하기 어렵게 한다는 것이다. 가장 흥미로운 점은 교육이 제 역할을 잘 수행할 때, 사람들은 예방 주사를 맞은 것처럼 검증된 사실과 근거 있는 주장을 존중하고, 마치 항체가 생긴 듯 일화와 감정적 선동에 기초한 음모론에 저항한다는 것이다.

실버는 지면에서 튀어나온 또 다른 결과를 발견했다. 트럼프를 지지한 지역의 지도는 실업률이나 종교, 총기 소유, 혹은 이민자 비율이 높은 지역과 특별히 중첩되지 않았다. 트럼프를 지지한 지역의 지도는, 세스 스티븐스다비도위츠가 인종주의의 신뢰할 만한 지표임을 입증한 '검둥이' 검색 지역과 일치했다.[36] 트럼프 지지자가 곧 인종주의자라는 말은 아니다. 하지만 공공연한 인종주의가 곧잘 원한과 불신으로 변질한다면, 이 중첩을 통해 우리는 트럼프에게 선거인단 투표의 승리를 안겨 준 지역이 미국의 통합과 소수 인종의 이익(특히, 그들이 역차별의 사례라고 생각하는 인종 우선권 문제)을 증진하고자 수십 년 동안 이어져 온 노력에 가장 끈질기게 저항한 지역임을 확인할 수 있다.

전반적 태도를 탐문한 출구 조사 결과, 트럼프 지지의 가장 일관된 예측 인자는 비관주의였다.[37] 트럼프 지지자 중 69퍼센트가 미국이 "심각하게 선로에서 이탈했다."라고 느꼈고, 마찬가지로 연방 정부가 하는 일과 다음 세대의 삶에 대해서도 편견을 갖고 있었다.

바다 건너편에서는 정치 과학자 로널드 잉글하트와 피파 노리스가 유럽 31개국의 268개 정당을 분석해서 비슷한 패턴을 발견했다.[38] 그들은 지난 수십 년간 정당들의 공약집에서 경제적 쟁점은 비교적 작은 역할을 하고 비경제적인 쟁점이 더 큰 역할을 해 왔다는 결과를 얻었다. 투표자 분포에서도 마찬가지였다. 포퓰리즘 정당에 가장 큰 지지를 보낸 것은 육체 노동자가 아니라 (자영업자와 소규모 사업체의 소유주인) "프티부르주아"였고, 그다음이 현장 관리자들과 기술자들이었다. 포퓰리즘 정당에 투표한 이들은 상대적으로 나이가 많고, 종교적이고, 시골에 거주하고, 교육 수준이 낮고, 남성이면서 다수 민족에 속할 확률이 높았다. 이들은 권위주의적 가치를 포용하고, 자신이 정치적 스펙트럼의 우측에 있다고 여기며, 이민, 세계 지배 체제, 국가 지배 체제를 싫어한다.[39] 브렉시트에 찬성표를 던진 이들 역시 잔류에 표를 던진 이들보다 나이가 많고, 시골에 거주하고, 교육 수준이 낮았다. 고졸자의 66퍼센트가 탈퇴에 투표했지만, 학위 소지자 가운데 탈퇴에 투표한 사람은 29퍼센트에 불과했다.[40]

잉글하트와 노리스는 권위주의적 포퓰리즘의 지지자는 경제적 경쟁의 패자라기보다는 문화적 경쟁의 패자라고 결론지었다. 남성이고, 종교가 있고, 교육 수준이 낮고, 다수 민족에 속한 투표자들은 "자국에서 득세하게 된 가치로부터 배격되었고, 자신이 공유하지 않는 문화적 변화와 진보적인 흐름에서 뒤처졌다고 느낀다. …… 1970년대에 시작된 조용한 혁명이 오늘날 원한에 찬 반동적인 반혁명을 낳았다."[41] 퓨 리서치 센터의 정치 부문 분석가 폴 테일러(Paul Taylor)는 미국 선거 결과에 나타난 비슷한 역류에 주목한다. "여러 쟁점에서 보다 진보적인 관점을 취하는 것이 일반적인 경향이지만, 그렇다고 나라 전체가 그런 관점을 받아들였다는 뜻은 아니다."[42]

포퓰리스트의 반발 원인을 세계화, 인종 다양성, 여성권 증진, 세속주의, 도시화, 교육 등 한동안 세계를 뒤덮었던 근대성의 흐름에서 발견할 수도 있겠지만, 그들이 특정 국가의 선거에서 승리할 수 있었던 것은 이들의 원한을 받아들여 실체화한 지도자가 존재했기 때문이다. 비슷한 문화를 공유한 인접 국가 사이에서도 포퓰리즘의 인기가 저마다 다른 것은 그런 이유에서이다. 헝가리가 체코보다, 노르웨이가 스웨덴보다, 폴란드가 루마니아보다, 오스트리아가 독일보다, 프랑스가 스페인보다,

미국이 캐나다보다 포퓰리즘의 흡입력이 더 강하다. (참고로, 2016년에 스페인, 캐나다, 포르투갈에서는 포퓰리즘 정당이 국회 의원을 1명도 배출하지 못했다.)[43]

~

수십 년간 세계를 휩쓸어 온 리버럴하고 세계주의적인 계몽주의적 휴머니즘과 그것에 반발하고 있는 퇴행적, 권위주의적, 부족주의적 포퓰리즘 사이의 긴장 관계는 어떻게 전개될까? 자유주의를 오랫동안 이끌어 온 주요 동력 — 이동성, 연결성, 교육, 도시화 — 이 후퇴할 것 같지는 않고 평등을 요구하는 여성과 소수 민족의 압력도 마찬가지이다.

물론, 이 징후들은 모두 추측이다. 하지만 한 가지만은 "죽음과 세금" 중 첫 번째만큼이나 확실하다. ("죽음과 세금을 제외하고 이 세상에서 확실한 것은 아무것도 없다."라는 벤저민 프랭클린의 경구에서 따온 말이다. ─ 옮긴이) 포퓰리즘은 노인들의 운동이다. 그림 20.1에서 볼 수 있듯이, 포퓰리즘의 귀환을 대

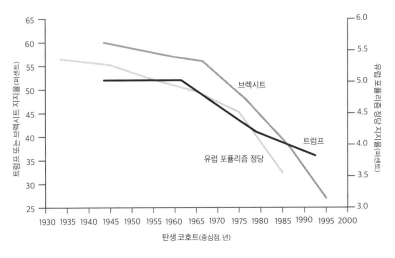

그림 20.1. 2016년 세대별 포퓰리즘 지지율. (트럼프: 에디슨 리서치(Edison Research)의 출구 조사, New York Times 2016. 브렉시트: 로드 애시크로프트 폴스(Lord Ashcroft Polls)의 출구 조사, BBC News Magazine, June 24, 2016, http://www.bbc.com/news/magazine-36619342. 유럽 포퓰리즘 정당, 2002~2014년: Inglehart & Norris 2016, fig. 8. 각각의 출생 코호트별 데이터는 집단별 범위의 중간에 해당한다.)

표하는 트럼프, 브렉시트, 유럽 포퓰리즘 정당의 지지자 수는 출생 연도에 따라 극적으로 하락한다. (포퓰리즘과 중첩되는 대안 우파 운동은 젊은 층으로 구성되어 있지만, 드높은 악명에도 불구하고 선거에서는 별 힘을 쓸 수 없는 것이, 다 해 봐야 아마 5만 명, 즉 미국 인구의 0.02퍼센트 불과하기 때문이다.)[44] 연령에 따른 하락은 놀라운 일이 아니다. 15장에서 보았듯이, 20세기에 태어난 코호트는 모두 그 이전 집단보다 리버럴하고 관용적인 태도를 갖고 있기 때문이다. (동시에 모든 집단이 시간이 지남에 따라 더 리버럴한 방향으로 이동했다.) 그렇다면 침묵 세대와 베이비붐 세대 중에서 나이가 많은 이들이 사망하면 권위주의적 포퓰리즘도 그들과 함께 묻힐 가능성이 높다고 볼 수 있다.

물론, 나이가 듦에 따라 가치관이 변한다면, 현재의 코호트는 미래의 정치에 대해 아무 말도 하지 못한다. 정말로, 25세인데 포퓰리스트라면 심장이 없는 것이고, 45세인데 포퓰리스트가 아니라면 뇌가 없는 것일지도 모른다. (앞 문장의 포퓰리스트를 리버럴, 사회주의자, 공산주의자, 좌파, 공화주의자, 민주주의자, 혁명주의자로 바꿔 적고 각각 빅토르 위고, 벤저민 디즈레일리, 조지 버나드 쇼, 조르주 클레망소, 윈스턴 처칠, 밥 딜런 등의 말이라고 딱지 붙이는 인터넷 밈을 차용했다.) 하지만 누가 그 말을 했든(아마 19세기의 법관 안젤름 뱃비(Anselme Batbie, 1828~1887년)가 에드먼드 버크(Edmund Burke, 1729~1797년)를 인용했을 것이다.), 또 애초에 어떤 신념 체계를 가리키는 말이었든 간에, 정치적 성향에 생애 주기 효과가 영향을 미친다는 주장은 틀렸다.[45] 15장에서 보았듯이, 사람은 나이가 들어도 반자유주의로 돌아서지 않고 자신의 해방적 가치관을 그대로 유지한다. 또한 예어 깃차(Yair Ghitza)와 앤드루 겔먼(Andrew Gelman)이 최근 20세기 미국의 투표자들을 분석한 결과에 따르면, 미국인은 나이가 든다고 해서 보수적인 대통령 후보에게 표를 던지지는 않는다. 미국인 투표자의 투표 성향은 대통령의 인기와 관련해 생애 주기에 축적된 경험을 통해 형성되며, 그 영향력은 14~24세에 정점에 이른다.[46] 오늘 포퓰리즘을 거부한 젊은 투표자가 내일 포퓰리즘을 받아들일 가능성은 크지 않다.

어떻게 하면 계몽주의의 가치를 위협하는 포퓰리스트의 위협에 대응할 수 있을까? 불안정한 경제는 포퓰리즘의 동력이 아니니, 소득 불평등을 완화하거나 실직한 철강 노동자와 대화하고 그들의 고통을 느껴 보고자 하는 일은 가치 있는 일이기는 해도 큰 효과는 없을 것이다. 포퓰리즘의 동력은 문화적 반동인 듯하니, 수사, 상징성, 정체성 정치로 불필요한 양극화를 조장하지 않는다면, 아직 자신이 어느 편인지 확신하지 못하고 있는 이들을 끌어들이거나, 적어도 그들에게 반감을 사지 않는 데 도움이 될 것이다. (이 문제에 관해서는 21장에서 자세하게 살펴보기로 하자.) 포퓰리즘 운동은 그들의 숫자보다 더 큰 영향력을 발휘하고 있으므로, 게리맨더링(gerrymandering, 특정 후보자나 특정 정당에 유리하게 선거구를 조정하는 것.—옮긴이) 같은 선거 제도상의 부정과 시골 지역의 표가 더 큰 무게를 갖는 불균등한 대표성을 개선하면 도움이 될 것이다. 또한 언론인은 사소한 실수나 추문으로 후보자의 평판에 흠을 내기보다는 그의 이력이 얼마나 올바르고 일관성 있는가에 초점을 맞추는 것이 도움이 될 것이다. 장기적으로 보면 이 문제의 일부는 도시화와 함께 사라질 것이다. 사람을 억지로 농장에 붙잡아 놓을 수는 없다. (제1차 세계 대전 중에 불리기 시작했고, 전후에 유행한 노래, 「그들을 농장에 붙잡아 놓을 수는 없어: 그들이 파리를 보고 난 다음이라면(How Ya Gonna Keep 'em Down on the Farm: After They've Seen Pari?)」을 딴 것이다.—옮긴이) 그리고 일부분은 인구학적 변화와 함께 사라질 것이다. 과학계에서 흔히 하는 말처럼, 때로는 사회도 장례를 치르며 조금씩 전진한다.[47]

그럼에도 권위주의적 포퓰리즘의 부상과 관련된 수수께끼는, 그 누구보다 선거 결과에 따라 자신의 이익이 크게 위태로워질 수 있는 인구 영역에 속한 사람들, 즉 브렉시트의 경우 젊은 영국인들, 트럼프의 경우

아프리카계 미국인, 라틴계 미국인, 그리고 밀레니얼 세대가 왜 충격적이리만치 높은 비율로 선거일에 집에 머물러 있었을까 하는 것이다.[48] 이 질문 앞에서 우리는 다시 이 책의 주제로, 그리고 최근의 반계몽주의적 반발에 대항해서 계몽주의적 휴머니즘의 흐름을 강화하기 위한 나의 작은 처방으로 돌아간다.

나는 언론과 지식인들이야말로 현대 서양 국가들은 공정하지도 않고 제 기능도 하지도 못하기 때문에 국가를 급격하게 흔들지 않고서는 발전도 없다고 말하는 포퓰리스트들의 공범이라고 믿는다. 어느 보수주의자 에세이스트는, "조종실로 돌진하지 않으면 당신은 죽는다!"라면서 9·11 당시에 승객의 반란으로 탈취당한 항공기에 미국을 빗대어 소리쳤다.[49] "방화(放火)의 정치"[50]를 주장하는 좌파 인사는 격앙된 목소리로 이렇게 외쳤다. "나는 클린턴의 지휘 아래 자동 비행하는 미국을 보느니, 차라리 트럼프의 통치 아래 제국이 불타 무너지는 모습을 보겠다. 적어도 거기에는 급격한 변화의 가능성이 있다." 주류 신문사의 온건한 논설 위원조차도 흔히 미국을 인종주의, 불평등, 테러리즘, 사회적 병폐, 붕괴하는 제도의 수렁으로 묘사한다.[51]

디스토피아적 수사학의 문제는, 만일 사람들이 정말로 미국이 불타는 쓰레기통이라고 믿게 될 경우, "잃을 게 뭐가 있어?"라는 선동이 영원한 생명력을 얻고 사람들의 귀를 솔깃하게 한다는 것이다. 대신에 언론과 지식인들이 통계의 맥락과 역사적인 맥락에서 사건을 다룬다면, 우리는 저 질문에 쉽게 답할 수 있다. 나치 독일과 마오주의 중국에서부터 베네수엘라와 터키에 이르기까지 그 모든 급진주의 정권은 우리에게 한 가지 진실을 보여 준다. '위기'에 반응한 카리스마 넘치는 독재자가 민주주의의 규범과 제도를 짓밟고 자신의 개성이 짙게 밴 권력으로 나라를 통치할 때 우리는 엄청나게 많은 것을 잃게 된다는 것을.

자유 민주주의는 우리의 귀중한 성취이다. 메시아가 도래하지 않는 이상 거기에는 늘 이런저런 문제가 있기 마련이다. 하지만 불을 지르고 뼈와 재 속에서 새로운 것이 솟아나기를 바라기보다는 하나씩 문제를 해결해 나가는 것이 더 나은 길이다. 사회 비평가가 근대성이 준 선물을 보지 못한다면, 책임감 있는 관리자들과 점진적 개혁가들이 우리가 누려 온 엄청난 진보를 더욱 공고히 하고 더 많은 진보의 조건을 강화할 수 있다고 해도 유권자들이 이를 몰라보고 등을 돌릴 수 있다.

～

근대성을 지지하기 위해 넘어서야 할 난관이 하나 있다. 뉴스를 가까이 들여다보면, 낙관주의는 순진해 보이거나, 전문가들이 엘리트를 표현할 때 가장 즐겨 쓰는 말처럼, '세상 물정에 어두운' 견해처럼 보인다는 것이다. 하지만 영웅 신화에 속하지 않는 현실 세계에서, 우리에게 허락된 유일한 진보는 막상 그 속에서 살아가고 있는 동안에는 잘 느껴지지 않는 작은 진보들이다. 철학자 아이제이아 벌린(Isaiah Berlin, 1909~1997년)이 지적했듯이, 완벽하게 정의롭고, 평등하고, 건강하고, 조화로운 사회라는 이상은 위험한 환상이며, 자유 민주주의 국가는 그런 이상에 한 번도 도달한 적 없다. 사람들은 단종 재배로 생산된 복제품이 아니고, 따라서 누군가의 만족은 곧 다른 이의 불만이 되기 마련이며, 사람들이 평등한 결말에 이를 수 있는 유일한 길은 불평등한 대우를 받아들이는 것이다. 게다가 자유의 특권에는 자신의 삶을 망가뜨릴 자유가 포함된다. 자유 민주주의는 진보할 수 있지만, 누더기 같은 타협안과 부단한 개선이라는 불변의 배경 속에서만 진보한다.

자녀들은 부모와 조부모가 갈망했던 것을 얻었다. 더 큰 자유, 더 큰 물질적인 부, 더 정의로운 사회까지. 하지만 지난날의 병은 모두 잊혔고, 자녀들은 지난 문제의 해결책 때문에 생긴 새로운 문제와 맞닥뜨린다. 그 문제를 해결할 수 있다고 해도, 다시 그로 인해 새로운 상황과 새로운 요구가 그렇게 영원히, 예측할 수 없는 방식으로 발생한다.[52]

이것이 진보의 본성이다. 창의성, 공감, 좋은 제도가 우리를 이끌어 준다. 인간 본성의 어두운 측면과 열역학 제2법칙이 우리를 밀어낸다. 케빈 켈리는 그럼에도 불구하고 이 변증법이 결국 어떻게 전진 운동을 만들어 내는지를 설명한다.

계몽 운동이 시작되고 과학이 발명된 이후로 우리는 해마다 파괴한 것보다 조금 더 많은 것을 창조해 왔다. 하지만 그 몇 퍼센트의 긍정적 차액이 몇십 년에 걸쳐 이른바 인간의 문명을 구축했다. …… (진보)는 자신을 감추는 행위라서 돌이켜볼 때만 눈에 보인다. 바로 이런 이유에서 나는 사람들에게 미래에 대한 나의 커다란 낙관은 역사에 뿌리내리고 있다고 말한다.[53]

우리는 단기적인 후퇴를 장기적인 진전과 조화시키고 역사의 흐름을 인간의 행위와 조화시키는 건설적인 의제를 귀에 쏙 들어오는 이름으로 표현하는 데 서툴다. '낙관주의'는 별로 옳지 않다. 사정이 언제나 나아지리라는 믿음은 사정이 언제나 나빠지리라는 믿음보다 더 합리적일 게 없다. 켈리는 progress(진보)와 process(과정)의 앞글자 pro-를 가져와 "프로토피아(protopia)"라는 이름을 제안한다. 다른 이들은 "비관주의적 희망(pessimistic hopefulness)", "낙관적 현실주의", "급진적 점진주의(radical incrementalism)"를 제안한다.[54] 내가 가장 좋아하는 이름은 낙관주의자인지를 묻는 질문에 한스 로슬링이 내놓은 답에 있다. "나는 낙관주의자가 아닙니다. 나는 아주 진지한 가능주의자(possibilist)입니다."[55]

3부

이성, 과학, 휴머니즘

경제학자와 정치 철학자의 이론은 옳을 때나 틀릴 때나 우리가 알고 있는 것보다 더 강력하다. 사실 세계는 두 분야에 의해 지배된다고 해도 과언이 아니다. 실용적인 사람은 자신이 어떤 지적 영향에서도 자유롭다고 믿지만, 죽은 경제학자의 노예인 경우가 대부분이다. 권력에 오른 광인은 허공에서 목소리를 듣지만, 실은 몇 년 전에 나온 어느 학문적 낙서에서 그 광기를 추출해 내고 있다. 나는 기득권의 힘이 관념의 점진적인 침투력에 비해 너무나 강조되고 있다고 확신한다.

―존 메이너드 케인스(John Maynard Keynes, 1883~1946년)

사상은 중요하다. 호모 사피엔스는 지혜에 기대 사는 종으로, 세계가 어떻게 돌아가는지, 그리고 세계의 구성원들이 어떻게 해야 가장 좋은 삶을 영위할 수 있는지에 대해 생각을 짜 맞추고 한곳에 모은다. 기득권의 힘을 가장 강하게 역설하면서 "각 시대의 지배적인 사상은 항상 지배 계급의 사상"이라고 쓴 어느 정치 철학자의 아이로니컬한 영향보다 사상의 힘을 더 잘 입증하는 증거는 없을 것이다. 카를 마르크스는 부를 소유하지도 않았고 군대를 통솔하지도 않았지만 영국 국립 도서관 열람실에서 휘갈겨 쓴 생각은 20세기와 그 후의 경로를 정하고 수십억 명의 삶을 바꿔 놓았다.

이 책의 3부에서 나는 계몽주의 사상을 옹호하고자 한다. 1부에서는 그 개념들을 개관했고, 2부에서는 그 유효성을 입증했다. 이제 3부에서는 의외의 적들 ― 성난 포퓰리스트와 종교적 근본주의자뿐 아니라 주류 지식 문화의 분파들 ― 에게서 그 개념을 보호하고자 한다. 교수, 비평가, 권위자, 그들의 독자에 맞서 계몽주의를 변호하겠다니, 황당하게 들릴지 모른다. 그들에게 단도직입적으로 물으면 이 이념을 거부하는 사람은 거의 없을 테니 말이다. 하지만 지식인들이 이 이념에 헌신하는 방식은 사뭇 기묘하다. 많은 사람의 마음이 다른 곳에 있고, 적극적으로 옹호하려는 사람이 거의 없다. 계몽주의의 이념은 그렇게 방치되어 지루한 기본값(default)으로 배경에 파묻히고, 해결되지 않은 온갖 사회 문제(언제나 온갖 문제가 상존한다.)를 마지막에야 걸러내는 하수구 거름망이 된다. 반면에 권위주의, 부족주의, 마술적 사고 같은 반자유주의적인 생각은 쉽게 피를 끓게 하고, 투사가 넘쳐난다. 공정한 싸움은 어림없다.

　나는 계몽주의의 이념들이 대중 ─ 근본주의자, 성난 포퓰리스트, 그 밖의 모든 사람 ─ 사이에 더 깊이 뿌리 내리기를 바라지만, 대중 설득, 대중 동원, 혹은 바이러스성 밈 같은 어두운 술책은 부릴 줄 모른다. 다음의 내용도 논증에 신경을 쓰는 사람들을 위한 것이다. 이러한 논증은 중요할 수 있다. 실용적인 사람과 광기에 사로잡힌 권력자들은 사상의 세계로부터 직간접적인 영향을 받기 때문이다. 그들도 대학에 간다. 적어도 치과의 대기실에서만큼은 지적인 잡지를 읽고 일요일 아침 뉴스에서 해설자들의 말에 귀를 기울인다. 그들은 고급 신문을 구독하고 TED 강연을 보는 부하 직원들에게 요점을 보고받는다. 그리고 유식한 기고자들의 독서 습관 때문에 이해(또는 오해)가 쌓이는 인터넷 토론 광장에 자주 들른다. 나는 이런 분야들 속으로 흘러드는 생각이 이성, 과학, 휴머니즘이라는 계몽주의의 이념에 더 많이 영향 받는다면 우리가 사는 세계에 보탬이 되지 않을까 생각한다.

21장
이성

이성을 부정하는 것은 정의상 비이성적이다. 그럼에도 비합리주의자들은 늘 머리보다는 가슴을, 대뇌피질보다는 변연계를, 사유보다는 육감을, 스폭보다는 맥코이를 선호해 왔다. (맥코이는 「스타 트렉」에서 이성적인 스폭과 대비되는 의무 장교 역할을 한다. ― 옮긴이) 계몽주의에 반하는 낭만주의 운동이 있었는데, 요한 고트프리트 폰 헤르더의 공언이 그 정신을 잘 표현한다. "나는 생각하기 위해서가 아니라, 존재하고 느끼고 살기 위해 존재한다!" 사람들은 일반적으로 신념, 즉 합리적인 이유가 부족한데도 어떤 것을 믿는 마음(종교적 신앙뿐 아니라)을 존중한다. 포스트모더니즘은 이성은 권력을 휘두르기 위한 구실이고, 진실은 사회적으로 구성되고, 모든 진술은 자기 언급의 망에 갇혀 있어서 역설로 변질된다고 가르친다. 심지어 내가 몸담은 인지 심리학 분야의 연구자들마저도 인간은 이성적 행위자라는 계몽주의의 믿음은 논박되었고, 그럼으로써 자신이 이성 그 자체의 확실성을 무너뜨렸다고 주장하고는 한다. 여기에는 세계를 더 이성적인 장소로 만들려고 해 봤자 소용없다는 의미가 담겨 있다.[1]

하지만 이 모든 입장에는 치명적인 결함이 있다. 그 자신을 반박한다는 점이다. 다시 말해, 바로 그런 입장을 믿을 만한 **합리적 근거**가 있을 수 있다는 점을 부인하는 것이다. 옹호자들이 입을 열어 변호를 시작하는 순간 그 주장은 물거품이 된다. 변호라는 행위 자체가 암암리에 상대를 설득하는 행위 — 주장하고자 하는 바의 합리적 근거를 제시하는 행위 — 로, 양쪽 다 인정하는 합리적인 기준에 따라 듣는 사람도 그 주장을 인정해야 한다는 것을 의미하기 때문이다. 그게 아니라면 그들은 헛심을 쓰는 셈이라서, 차라리 뇌물이나 폭력으로 청중을 개종시키는 편이 나을 것이다. 철학자 토머스 네이글(Thomas Nagel, 1937년~)은 『마지막 한마디(*The Last Word*)』에서, 논리와 진실과 관련해 주관성과 상대주의는 사리가 맞지 않는다는 점을 확실히 한다. "그 어떤 것으로도 무엇인가를 비판할 수 없기 때문이다."

"모든 것은 주관적이다."라는 주장은 난센스가 분명하다. 그 자체가 주관적이든 객관적이든 둘 중 하나여야 하기 때문이다. 하지만 그 주장은 객관적일 수가 없다. 이 경우에 그 주장이 참이라면 틀린 주장이 되기 때문이다. 또한 주관적일 수도 없는데, 만일 그렇다면 그것이 객관적으로 틀렸다는 주장을 포함해서 어떤 객관적인 주장도 배제하지 못하기 때문이다. 어떤 주관주의자는 자기 자신을 실용주의자로 포장하면서 주관주의가 주관주의 자체에도 적용되는 것처럼 말한다. 하지만 거기에 응수할 필요가 없다. 그건 주관주의자가 자신의 바람을 표명한 것에 불과하기 때문이다. 또한 그들이 우리를 끌어들인다고 해도 거절의 이유를 제시할 필요가 없다. 그들도 우리에게 받아들일 만한 이유를 전혀 제공하지 않았기 때문이다.[2]

네이글은 이런 종류의 생각을 데카르트적이라고 부른다. 데카르트의 명제 "나는 생각한다, 고로 존재한다."와 비슷해서이다. 자신이 존재하는지를 회의한다는 사실 자체가 자신의 존재를 입증하듯이, 이성을 의심하고 있다는 사실 자체가 이성의 존재를 증명한다. 이것은 선험 논증이라고도 할 수 있다. 지금 펼치고 있는 논증의 전제 조건이 논증 속에서 다뤄지고 있는 것이다.[3] (어떤 면에서는, 고대에 어느 크레타 인이 "크레타 인은 모두 거짓말쟁이다."라고 말한 경우를 가리키는 거짓말쟁이의 역설(liar's paradox)로 거슬러 올라간다.) 이 논증을 무엇이라고 부르든 간에, 여기에서 이성에 대한 '믿음' 혹은 '신념'이 정당화된다고 해석하는 것은 잘못일 수 있는데, 네이글은 이 것을 "너무 많은 고려(one thought too many)"라고 말한다. 우리는 이성을 **믿지** 않고, 이성을 **사용**한다. (우리가 컴퓨터에 CPU를 프로그램화해서 짜 넣지 않는 것과 같다. 프로그램은 CPU가 있어서 가능한 일련의 연산이다.)[4]

비록 이성은 다른 모든 것에 우선하며 제1원리에 따라 입증될 필요가 없지만(사실 그럴 수도 없지만), 일단 이성을 가동하기 시작할 때 추론의 내적 통일성, 그리고 진실과의 일치성에 주목하면 우리가 하고 있는 이 구체적인 추론이 확실하다고 자신하게 된다. 삶은 일관성 없는 경험들이 뒤죽박죽 나열되는 꿈이 아니다. 또한 이성을 세계에 적용하는 것이 유효한 까닭은 그렇게 할 때 전염병 치료에서부터 인간의 달 착륙에 이르기까지 여러 방면에서 세계를 우리의 의지에 굴복시킬 수 있기 때문이다.

그 유래는 추상적인 철학이지만 데카르트적 논증은 절대 궤변이 아니다. 가장 난해한 해체주의자에서부터 가장 반지성적인 음모 이론가와 "대안적 사실" 이론을 퍼뜨리는 사람에 이르기까지 모든 사람이 "내가 왜 당신을 믿어야 하나?"나 "그 말을 증명해 보게."나 "그건 완전히 헛소리야." 같은 반응의 위력을 알고 있다. 누구도 다음과 같이 대꾸하지 않는다. "그래, 나를 믿을 이유가 없어."라거나 "그래, 난 지금 거짓말을 하고 있어."라거나 "실은 이건 다 헛소리야."라고. 사람들이 어떤 주장을 할 때 그 옳음을 함께 주장하는 것은 논증의 바로 그런 성격 때문이다. 논증을 개시하는 순간부터 사람은 이성을 따지게 되고, 그에게 설득당하고 있는 사람도 일관성과 정확성의 포로가 된다.

~

대니얼 카너먼의『생각에 관한 생각(*Thinking, Fast and Slow*)』, 댄 애리얼리 (Dan Ariely, 1967년~)의『상식 밖의 경제학(*Pridictably Irrational*)』같은 베스트 셀러들의 설명 덕분에 오늘날 많은 사람이 인간의 비합리성과 관련 인지 심리학적 연구를 알게 되었다. 나는 앞의 장들에서 그런 인지적 결함들을 언급했다. 예를 들면, 눈앞의 일화에서 확률을 산정하고, 개개인에게 전형을 투사하고, 확증적인 증거만 찾고 비확증적인 증거는 무시하고, 피해와 손실을 과도하게 두려워하며, 기계론적인 인과 관계보다는 목적론과 미신에 기대어 추론한다.[5] 하지만 이 발견들 못지않게 중요한 것이 있다. 이런 결함들을 보고서 인간은 이성적 행위자라는 계몽주의의 교의를 반박하거나, 합리적인 설득을 포기하고 선동에는 선동으로 맞서는 게 차라리 낫다는 숙명론적인 결론을 승인하면 안 된다는 점이다.

우선, **어떤 계몽 사상가도 인간은 시종일관 이성적이라고 주장하지 않았다.** 당연히, 이성이 차고 넘쳤던 칸트도 "일찍이 인간성이라는 비뚤어진 재목에서부터 올곧은 일이 이룩된 적은 결코 없었다."라고 썼고, 마찬가지로 스피노자, 흄, 스미스, 백과전서파도 단지 시대를 앞선 인지 및 사회 심리학자였다.[6] 그들이 주장한 것은, 우리가 **이성적이어야 하고** 그러기 위해서는 우리를 매혹하는 오류와 도그마를 억제할 줄 알아야 한다는 것, 우리는 개인적으로가 아니라 집합적으로 이성적일 수 있으며, 그러기 위해서는 표현의 자유, 논리적 분석, 경험적 검증 같은 정신 능력을 장려하는 제도와 규범을 시행하고 지지해야 한다는 것이었다. 그리고 이 생각에 동의하지 않는다면, 인간이 이성적일 수 없다는 **당신의** 주장을 왜 우리가 받아들여야 하겠는가?

이성에 대한 냉소는 종종 조악한 형태의 진화 심리학, 즉 인간은 편도체로 생각하는 동물로, 풀숲에서 바스락거리는 소리가 나면 호랑이가 웅크리고 있다 느끼고 본능적으로 반응한다고 설명하는 사이비 진화 심리학으로 정당화된다. 하지만 진짜 진화 심리학은 인간을 다르게 — 두 다리를 가진 영양이 아니라 영양보다 한 수 앞서는 종으로 — 취급한다. 우리는 세계에 관한 설명에 의존하는 인식력을 가진 생물 종이다. 세계는 사람들의 믿음과 상관없이 존재하기 때문에, 옳은 설명을 전개하는 능력에 손을 들어 주는 강한 선택압이 존재한다.[7]

우리의 추론 능력은 진화적 뿌리가 깊다. 시민 과학자 루이스 리벤버그(Louis Liebenberg)는 세계에서 가장 오래된 문화에 속하는 칼라하리 사막의 수렵 채집인, 산 족(부시먼)을 연구해 왔다. 산 족은 가장 오래된 추적 방식인 버티기 사냥법(persistence hunting)을 주로 사용한다. 매끄러운 피부로 땀을 발산하는 인간 특유의 능력을 십분 활용해서 털이 무성한 포유동물이 한낮에 열사병으로 쓰러질 때까지 계속 추적하는 것이다. 포유동물은 대부분 인간보다 빠르고 눈에 띄자마자 순식간에 시야에서 사라지기 때문에 버티기 사냥을 하는 사람은 남겨진 자취로 동물을 추적한다. 다시 말해, 남아 있는 발자국, 꺾인 잔가지의 모양, 흩어진 자갈로 동물의 종, 성, 나이, 피로도를 추론하고 그렇게 해서 녀석이 도망쳤을 방향을 추론하는 것이다. 산 족은 추론하는 것 — 예를 들어, 민첩한 스프링복은 접지력이 좋은 뾰족한 발굽으로 깊은 자국을 남기고, 얼룩영양은 몸무게를 지탱해야 하므로 평평한 발자국을 남긴다고 추론하는 것 — 에 그치지 않는다. 그들은 설득 — 추론 뒤에 놓인 논리를 말로 표현해서 동료들 납득시키거나 반대로 납득당하기 — 에도 능하다. 리벤버그가 목격했듯이, 칼라하리에서 동물을 추적하는 사냥꾼들은 주장을 받아들일 때 권위에 기대지 않는다. 젊은 사냥꾼은 선배들의 다수 의견에 도전할 수 있으며, 증거에 대한 자신의 해석이 맞는 것 같으면 선배들을 불러 모아 집단의 정확성을 높인다.[8]

그래도 현대의 도그마와 미신을 변명하고 싶어서 그게 바로 인간적이라고 말한다면, 리벤버그의 설명에서 산 족들의 과학적 회의 정신을 음미해 보라.

칼라하리 중부 론 트리(Lone Tree)에 사는 3명의 사냥꾼 !나테(!Nate), /우아세(/Uase), 보로//샤오(Boroh//xao)가 내게 말하길, 단조로운 종달새(*Mirafra passerina*)는 "비가 오면 즐겁기" 때문에 비가 온 뒤에만 노래한다고 말했다. 그중 보로//샤오는 그 새가 울 때 땅이 말라서 뿌리가 먹기 좋게 된다고 말했다. 나중에 !나테와 /우아세는 보로//샤오가 틀렸다고 내게 말했다. 땅이 마르는 것은 **새** 때문이 아니라, 해가 떠서 땅이 마른다는 것이다. 앞으로 몇 달 동안 땅이 마를 테고, 그러면 뿌리가 먹기 좋게 되는 계절이 온다는 것을 새가 **알려줄** 뿐이라고······.

칼라하리 중부 보츠와나의 베레에 사는 사냥꾼 !남카(!Namka)는 태양이 엘란드영양과 비슷하다고 묘사하는 신화를 들려주었다. 태양이 하늘을 가로지르고 나면 서쪽에 사는 사람들이 태양을 죽인다. 해가 질 때 하늘을 물들이는 붉은 빛은 엘란드영양의 피다. 사람들이 영양을 먹고 나서 그 어깨뼈를 동쪽으로 높이 던지면 되돌아온 뼈는 연못에 풍덩 빠져서 새로운 태양으로 자란다. 가끔은 어깨뼈가 허공을 가르며 휙 하고 날아오는 소리가 들리기도 한다. 그는 이 이야기를 아주 자세히 들려준 뒤, '노인들'이 거짓말을 한 게 분명하다고 말했다. 어깨뼈가 하늘에서 날아가는 걸 ······ 본 적도 없고, 휙 소리를 들은 적도 없기 때문이다.[9]

물론 이중 어떤 것도 인간이 착각과 오류에 잘 빠진다는 발견과 모순되지 않는다. 우리의 뇌는 제한된 능력으로 정보를 처리하며, 과학이나 학문 같은 사실 확인의 방법이 없는 세계에서 진화했다. 하지만 현실은 아주 강력한 선택압이라서, 생각에 기대 살아가는 종에게는 분명 정확한 생각을 선호하는 능력이 진화했을 것이다. 오늘날 우리에게 주어진 도전 과제는 우리를 오류로 이끄는 능력들이 아니라 바로 정확한 생각을 선호하는 능력이 활짝 꽃필 수 있는 정보 환경을 설계하는 것이다. 지적이라고 하는 종이 왜 그토록 쉽게 오류에 빠지는지를 정확히 파악하는 것이 첫걸음일 것이다.

~

21세기는 쓸 수 있는 지식이 전례 없이 풍부한 시대지만, 한편으로는 진화, 백신 안정성, 인위적 기후 변화 등을 부인하는 비합리적 사고가 횡행하고, 9·11 테러에서부터 도널드 트럼프의 득표수에 이르기까지 갖은 음모론이 창궐하는 시대이기도 하다. 합리성을 지지하는 사람들은 진땀을 흘려 가며 그 역설을 이해하고자 하지만, 자신의 비합리성에 발목이 잡혀서 이해의 실마리가 될 수 있는 데이터를 좀처럼 보지 못한다.

대중의 광기를 설명하는 일반적인 견해는 무지를 범인으로 지목한다. 변변치 못한 교육 제도 때문에 대중이 과학적으로 무지하고 인지 편향에서 벗어나지 못하고 있으며, 그 결과 멍청한 유명인, 종편 뉴스 프로의 논객, 그밖의 타락한 대중 문화에 무방비로 휘둘리고 있다는 것이다. 이것을 바로잡는 일반적인 해결책은 교육을 개선하고 텔레비전, 소셜 미디어, 유명 웹사이트에 과학자들이 더 폭넓게 진출하는 것이다. 대중적인 과학자로서 나는 이 이론에 항상 매혹되었지만, 결국 이 방법은 틀렸거나, 기껏해야 그 문제의 작은 부분만 매만진다는 것을 깨달았다.

진화에 관한 아래의 질문들을 살펴보자.

19세기 산업 혁명기에 영국의 시골 지역이 검댕으로 뒤덮이자 얼룩나방의 색이 평균적으로 더 짙어졌다. 어떻게 된 것일까?

A. 주변 환경과 조화를 이루기 위해 나방의 색이 더 짙어져야 했다.

B. 더 짙은 색의 나방이 잡아먹힐 확률이 낮았고, 그래서 번식을 할 확률이 더 높았다.

1년 만에 한 사립 고등학교의 평균 점수가 30점 올라갔다. 종의 적응에 관한 다윈의 설명과 가장 비슷하게 이 변화를 설명한 것은 무엇인가?

A. 그 학교에서 부유한 동창의 자녀라고 해도 다른 학생들과 같은 기준을 충족하지 못하면 입학을 시키지 않았다.

B. 전년도에 마지막 시험을 친 뒤 학생들 개개인이 실력이 향상되어 학교로 돌아왔다.

정답은 B와 A다. 심리학자 앤드루 스털먼(Andrew Shtulman)은 고등학생들과 대학생들에게 이 같은 질문지를 돌려서 학생들이 자연 선택 이론, 특히 진화란 개체군이 적응적인 형질을 가지는 방향으로 변하는 것이 아니라, 적응적 형질을 가진 개체수의 비율이 변하는 것이라는 진화론의 핵심 개념을 얼마나 깊이 이해하고 있는지를 조사했다. 그는 일련의 문제들에 대한 정답률과 인류의 기원은 자연 선택에 있다는 믿음 사이에서 어떤 상관성도 발견하지 못했다. 사람들은 진화를 이해하지 못한 채 믿거나, 반대로 이해는 하되 믿지 않는다.[10] 1980년대에 몇몇 생물학자가 창조론자들과의 논쟁에 초대를 받아 간 자리에서 뜨거운 맛을 본 적이 있다. 그 창조론자들은 성경을 굳게 믿는 시골뜨기들이 아니라 최신 연구를 인용해 가면서 과학의 완전성과 불확실성을 따져 묻는 영리한 논객들이었다.

진화를 믿는다고 공언하는 것은 과학적 능력이 아니라, 보수적인 종교관과 반대되는 리버럴한 세속 문화에 자신이 충성하고 있음을 밝히는 선서에 가깝다. 2010년에 미국 국립 과학 재단(National Science Foundation, NSF)은 과학 능력 시험에서 다음과 같은 항목을 삭제했다. "오늘날 우리가 알고 있는 인간은 전에 동물이었던 종에서 발생했다." 그렇게 바뀐 이유는 과학자들이 불평하듯이 과학 교과서에서 진화를 삭제하라는 창조론자들의 압력에 국립 과학 재단이 굴복해서가 아니었다. 그 항목에 대한 성적과 다른 모든 항목(예를 들어, "전자는 원자보다 작다.", "항생제는 바이러스를 죽인다.")과 관련된 성적의 상관성이 너무 낮아서, 불필요하게 지면만 차지하고 학력 진단에는 도움이 되지 않고 있었기 때문이다. 다시 말해서, 그 항목은 과학적 능력보다는 사실상 종교적 심성을 테스트하는 시금석 역할을 하고 있었다.[11] 그 항목의 서두에 "진화론에 따르면"이라는 단서가 붙어 있고, 그래서 과학적 이해와 문화적 충성이 연결되어 있지 않을 때에는 유신론자든 무신론자든 응시자들은 똑같이 대답했다.[12]

다음으로 아래의 질문들을 살펴보자.

기후 과학자들은 인간이 야기한 지구 온난화 때문에 북극의 빙원이 녹으면 세계적으로 해수면이 상승한다고 믿는다. 맞는가, 틀리는가?

과학자들은 이산화탄소, 수소, 헬륨, 라돈 중 어느 기체가 대기 온도 상승의 주범이라고 생각할까?

기후 과학자들은 인간이 야기한 지구 온난화 때문에 사람들이 피부암에 걸릴 위험이 커진다고 믿는다. 맞는가, 틀리는가?

첫 번째 문제의 답은 "틀리다."다. 만일 맞는다면, 컵 안에서 각빙이 녹으면 콜라가 넘쳐 흘러야 한다. 녹았을 때 해수면을 상승시키는 것은 그 린란드나 남극 같은 **육상**에 있는 빙원이다. 인간이 기후 변화를 야기했 다고 믿는 사람이나 믿지 않는 사람이나 기후 과학은 물론이고 일반적 인 과학 능력 테스트에서 점수가 종이 한 장도 차이 나지 않았다. 예를 들어, 인위적 지구 온난화를 믿는 사람 중 다수가 지구 온난화가 오존 층의 구멍 때문에 일어났으며 유독 폐기물을 정화하고 환경을 개선하 면 지구 온난화를 완화할 수 있다고 생각한다.[13] 인간이 야기한 기후 변 화를 믿는가, 불신하는가는 과학적 무지가 아닌 정치적 이념으로 예측 할 수 있다. 2015년에 공화당 보수파 중 10퍼센트가 인간의 활동으로 인 해 지구가 따뜻해지고 있다고 인정했다. (57퍼센트는 전혀 동의하지 않았다.) 공 화당 온건파는 36퍼센트, 무소속은 53퍼센트, 민주당 온건파는 63퍼센 트, 민주당 리버럴은 78퍼센트였다.[14]

공론장의 합리성을 분석한 혁명적 연구에서 법학자 댄 케이헌 교수 는 어떤 믿음은 문화적 충성을 상징하게 된다고 주장했다. 사람들은 자 신이 **아는 것**이 아니라 자신이 **누구**인지를 드러내기 위해 그런 믿음을 지지하거나 부인한다.[15] 우리는 모두 특별한 부족이나 하위 문화를 자신 과 동일시하는데, 각각의 부족이나 하위 문화는 좋은 삶에는 무엇이 필 요하고 사회는 어떻게 돌아가야 하는지에 대한 신조를 제공한다. 이 신 조들은 보통 두 차원을 따라 변한다. 한 차원은 자연적인 위계 질서를 편하게 느끼는 우파적 성향과 강제적 평등주의를 선호하는 좌파적 성 향의 대립이다. ("우리는 빈부, 흑백, 남녀의 불평등을 크게 줄일 필요가 있다."와 같은 진 술에 동의하는 정도로 측정한다.) 다른 차원은 개인주의를 우선시하는 자유 지 상주의적 성향 대 연대를 우선시하는 공동체주의 혹은 권위주의와의 친화성이다. ("정부는 개인이 내릴 수 있는 선택을 제한해서 그런 선택이 사회적 이익을 방해하지 않게 해야 한다."와 같은 진술에 동의하는 정도로 측정한다.) 어떤 믿음이라도 어떻게 구성되어 있고 누가 그것을 승인하는가에 따라 어느 부족에 충성하는지를 드러내는 시금석, 암호, 금언, 구호, 신성한 가치, 혹은 서약이 될 수 있다. 케이헌과 공저자들은 다음과 같이 설명한다.

기후 변화 과학에 대해 사람들이 의견을 달리하는 주된 이유는 그 과학이 이해할 수 없는 방식으로 전달되었기 때문이 아니다. 그보다는 기후 변화에 대한 입장들이 문화적 경계에 따라 사람들을 구분하는 가치 ― 공동체의 이익 대 개인의 자립, 신중한 금욕주의 대 영웅적인 보상 추구, 겸양 대 독창성, 자연과의 조화 대 자연에 대한 지배 ― 를 전달하기 때문이다.[16]

사람들을 구분하는 가치는 어떤 악마가 사회적 불행을 만들어 냈는가 ― 탐욕스러운 기업인가, 구름 위에 사는 엘리트인가, 사사건건 간섭하는 관료인가, 거짓말을 입에 달고 사는 정치인인가, 멍청하고 보수적인 백인 촌놈들인가, 아니면 너무 자주 거론되는 소수 인종인가 ― 에의해서도 규정된다.

　사람들이 자신의 믿음을 객관적 평가가 아닌 충성의 서약으로 사용하는 경향은 어떤 면에서는 합리적이라고 케이헌은 지적한다. 발의하고 선동하고 결정하는 극소수의 사람을 제외하고, 사람들은 자신이 기후 변화나 진화에 대해 어떤 견해를 갖고 있든 이 세계에 털끝만큼도 영향을 미칠 수 없음을 알고 있다. 하지만 관련 발언을 하는 것은 그가 속한 소속 집단 내 평판에 관해서는 엄청나게 큰 역할을 한다. 정치화된 문제에 대해 소속 집단과 맞지 않는 견해를 표명하면 괴짜(말귀를 못 알아듣는 사람)나 그 이하가 되기 십상이고 최악의 경우에는 반역자가 된다. 소속 집단의 대의명분에 동조하거나 순응하라는 압력은 그 집단이 생활이나 일을 함께하거나, 학문적, 사업적, 정치적 진영이 좌파나 우파의 명분을 표명한 경우에는 부쩍 강해진다. 어떤 진영의 투사로서 유명한 평론가나 정치인이 어떤 문제에서 잘못된 편을 들면 그 즉시 경력이 끝장난다.

이런 이해 관계들을 감안할 때 과학과 팩트체크를 통해 검증되지 않은 믿음을 승인하고 주장하는 것은 결국 그리 비합리적이지 않으며, 적어도 당사자에게 미치는 즉자적 영향을 기준으로 삼을 때는 더욱 아니다. 하지만 사회와 지구에 미치는 영향을 기준으로 삼으면 문제는 달라진다. 대기는 사람들이 자기를 어떻게 생각하는지에 신경 쓰지 않으며, 실제로 섭씨 4도만큼 더워진다면 수십억 인구가 고통을 겪을 것이다. 그중 많은 사람이 기후 변화에 대해 현지에서 유행하는 견해를 갖고 있다는 이유로 동료들의 존경을 받아 왔다고 해도 그 고통을 피할 수 없을 것이다. 우리는 모두 「믿음 공유지의 비극(Tragedy of the Belief Commons)」이라는 연극에 참여하는 배우들이다. 모든 개인이 각자 믿기에는 합리적인 것(자신의 평판을 지킨다는 측면에서)이, 사회 전체적으로는 비합리적인 것(현실적으로 문제를 해결한다는 측면에서)일 수 있는 것이다.[17]

'표현적 합리성(expressive rationality)' 혹은 '정체성 보호 인지(identity-protective cognition)' 뒤에 깔린 이 비틀린 동기가 21세기의 부조리를 설명해 준다. 2016년에 대통령 선거 유세를 지켜본 많은 사람이 트럼프 지지자들(그리고 종종 트럼프 본인)이 표현한 견해들을 의심했다. 트럼프와 그의 지지자들은 힐러리 클린턴은 다발성 경화증을 앓고 있으며 대역 배우로 그것을 감추고 있다거나, 버락 오바마는 9·11 당시에 대통령 집무실에 없었기 때문에 그 사건에 어떤 역할을 한 것이 분명하다는 등의 견해를 퍼뜨렸다. (물론 2001년에 오바마는 대통령이 아니었다.) 블로거 아만다 마리 마콧(Amanda Marie Marcotte, 1977년~)은 이렇게 말했다. "이 사람들은 분명 옷을 입고 집회 연설문을 읽고 약속 시간을 지킬 줄 알면서도, 너무 황당하고 터무니없어서 완전히 미치지 않고는 누구도 믿을 수 없는 것을

계속 믿는 능력도 갖추고 있다. 도대체 어찌된 일일까?"[18] 어찌된 일인즉
슨, 그 사람들은 모두 파란 거짓말(blue lies)를 하고 있다는 것이다. 하얀
거짓말(white lies)은 듣는 사람에게 이득이 되고, 파란 거짓말은 내집단에
이득이 되라고 하는 거짓말이다.[19] (원래는 경찰 내부에서 동료 경찰관을 보호하
기 위해서 한 거짓말을 가리키는 말이었다.) 어떤 음모 이론가들은 실제로 정보를
잘못 알고 있지만, 대부분은 진실보다는 마음을 보여 주기 위해 그런 믿
음을 표현한다. 리버럴들에게 대항하고, 피를 나눈 형제들과의 연대를
과시하겠다는 마음 말이다. 인류학자 존 투비는 합리적인 믿음보다 터
무니없는 믿음이 집단에 대한 충성을 더 효과적으로 드러내는 신호라고
덧붙인다.[20] 바위가 굴러 올라가지 않고 굴러 내려간다는 말은 누구나
할 수 있지만, 하느님은 하나가 아니라 셋이라거나 민주당은 워싱턴 D.
C.의 한 피자 가게에서 아동 성매매 사업을 운영한다고 말할 이유는 형
제들에게 정말로 헌신하는 사람만 가질 수 있다.

~

정치 집회에 참석한 군중들의 음모론은 진실을 날조해서 자기를 표
현하는 극단적인 사례이지만, 이때 믿음 공유지의 비극은 훨씬 더 깊어
진다. 합리성의 역설이 하나 더 있다. 전문성, 지성, 의식적 추론은 그 자
체로 사람이 진리에 접근하고 있음을 보장하지 못한다. 반대로 계속 더
영리해지는 합리화의 무기가 될 수 있다. 벤저민 프랭클린이 말했듯이,
"이성적 동물이 되는 것은 아주 편리한 일이다. 그로 인해 우리는 마음
만 먹으면 어떤 것이든 이유를 찾거나 만들어 낼 수 있기 때문이다."

인간의 뇌는 동기 기반 추론(논리가 이끄는 대로 따라가는 것이 아니라, 좋아하
는 결론으로 방향을 돌리는 경향), 편향된 평가(좋아하는 입장의 부당함을 보여 주는 증
거는 흠을 잡고, 그 입장을 지지하는 증거는 묵인하는 경향), 우리 편 편향(my-side bias,
우리 편 주장이면 설명이 필요 없다는 식의 경향)에 물들어 있다는 사실을 심리학

자들은 오래전에 알아냈다.[21] 1954년의 고전적인 실험에서 심리학자 앨버트 해스토프 3세(Albert H. Hastorf III, 1921~2011년)와 해들리 캔트릴 2세(Albert Hadley Cantril, Jr., 1906~1969년)는 다트머스와 프린스턴 대학생들에게 간단한 테스트를 했다. 테스트는 당시 두 학교 풋볼 팀이 벌인 격렬하고 반칙이 난무한 풋볼 게임에 대해서였는데, 학생들은 상대 학교 팀의 위반 행위가 더 많았다고 생각했다.[22]

오늘날 우리는 정치적 당파성이 스포츠 팬덤과 같음을 알고 있다. 슈퍼볼 선데이처럼 선거일 밤에도 테스토스테론 수치가 오르락내리락한다.[23] 그래서 열성 당원 — 우리 대부분이 이런 부류에 속한다. — 이 항상 다른 팀에게서 위반 사례를 더 많이 발견하는 것도 놀랍지 않다. 다른 고전적인 연구에서 심리학자 찰스 로드(Charles Lord), 리 데이비드 로스(Lee David Ross, 1942년~), 마크 레퍼(Mark R. Lepper, 1944년~)는 사형 제도를 찬성하는 사람들과 반대하는 사람들에게 연구 한 쌍을 보여 주었다. 하나는 사형으로 살인이 줄었다고 말하는 연구(주들에서 사형을 채택하자 살인 사건 발생률이 감소했다.)였고, 다른 하나는 그다지 효과가 없다고 말하는 연구(사형이 없는 주들보다 있는 주들의 살인 사건 발생률이 더 높다.)였다. 두 연구는 가짜였지만 사실적이었으며, 실험자들은 참가자 개인이 공간을 건너뛴 수치 비교(주들을 비교)보다 시간을 건너뛴 수치 비교(연도를 비교)에 더 수긍하거나 그 반대인 경우에는 본인이 수긍하는 비교와 반대되는 결과를 제시했다. 각 그룹의 참가자들은 자신이 방금 알게 된 결과 때문에 잠시 흔들렸지만, 자세히 읽을 시간이 주어지자 즉시 자신의 원래 입장과 반대되는 연구에서 흠을 들춰냈다. "그 기간에 전체적인 범죄율이 얼마나 올랐는지를 말하는 데이터가 없다면 이 증거는 무의미하다." 또는 "인접 주라고 해도 사정은 다를 수 있다."라고 말하면서. 이 선택적인 반론 덕분에 모든 참가자는 똑같은 증거에 노출된 **뒤에도** 전보다 더 양극화되었

다. 반대파는 더 강경하게 반대하고, 찬성파는 더 열렬하게 찬성했다.[24]

정치 참여는 또 다른 면에서도 스포츠 팬덤과 비슷하다. 사람들은 더 정확한 견해를 갖기 위해서가 아니라 팬으로서의 경험을 확장하기 위해 뉴스를 찾고 소비한다.[25] 이 사실은 케이헌의 또 다른 조사 결과를 설명해 준다. 기후 변화에 대해 더 많이 알수록 견해가 더 양극화된다는 것이다.[26] 실제로 사람들은 사전에 어떤 견해가 없어도 제시된 정보에 이끌려 양극화된다. 케이헌이 사람들에게 나노 기술의 위험성을 중립적이고 균형 있게 다룬 정보(케이블 뉴스에서는 좀처럼 나오기 힘든 정보)를 제시하자, 사람들은 핵에너지와 유전자 변형 식품에 대한 기존 견해에 따라 즉시 두 진영으로 나뉘었다.[27]

이 연구들이 썩 진지하지 않다면, 어느 잡지에서 "뇌에 관한 지금까지의 발견 중 가장 우울한 발견"이라고 묘사한 사례를 살펴보자.[28] 케이헌은 모든 계층의 미국인 1,000명을 채용해서 표준 설문지로 정치 성향과 기초적인 계산 능력을 평가한 뒤 약간의 데이터를 보여 주고 새로운 질병 치료법의 효과를 평가하게 했다. 케이헌은 응답자들에게 수치를 세심하게 보라고 이르면서, 그 치료법은 항상 듣는 것이 아니고 심지어 상태를 악화시킬 수도 있는 반면에, 가끔은 치료를 하지 않아도 병이 저절로 호전된다고 설명했다. 수치가 애매하게 배치된 탓에, 한 대답(이 치료법은 효과가 있다. 치료된 사람 중 **다수**가 호전을 보였기 때문이다.)도 맞지만 다른 대답(이 치료법은 효과가 없다. 치료된 사람의 **비율**이 악화된 비율보다 더 낮기 때문이다.)도 틀리지 않았다. 반사적으로 어떤 대답이 떠오른다고 해도 수치를 들여다보면서 마음속으로 조금만 계산하면 뒤집을 수 있었다. 케이헌이 이 설문 조사에 사용한 병은 뾰루지이고 치료법은 피부 크림을 바르는 것이었다. 응답자들이 본 수치는 다음과 같았다.

	호전	악화
치료법을 사용한 사람(명)	223	75
치료법을 사용하지 않은 사람(명)	107	21

사실 데이터는 피부 크림이 이롭기보다는 해롭다는 사실을 가리키고 있었다. 크림을 사용한 사람 중에서 호전된 비율이 약 3 대 1인 반면에, 사용하지 않은 사람 중 호전된 비율은 그보다 높은 5 대 1이었다. (응답자의 절반에게는 피부 크림이 효과가 있는 것처럼 두 행이 바뀌어 제시되었다.) 숫자에 약한 응답자들은 치료된 사람의 절대 수(223 대 107)에 현혹되어 틀린 답을 골랐다. 숫자에 아주 밝은 응답자들은 두 비율(3:1 대 5:1)의 차이에 주목해서 맞는 답을 골랐다. 숫자에 밝은 응답자들은 당연히 피부 크림이 좋거나 나쁘다는 쪽으로 치우치지 않았다. 데이터가 어느 쪽을 가리키든 그들은 차이에 주목했다. 그리고 민주당 리버럴과 공화당 보수파가 서로의 지능에 대해 품고 있는 최악의 의심과는 반대로, 어느 쪽도 상대방보다 실질적으로 낫지 않았다.

하지만 유사한 실험에서 치료제를 따분한 피부 크림에서 정신이 번쩍 드는 총기 규제(시민이 공공 장소에서 권총을 숨긴 채 소지하는 것을 규제하는 법)로 바꾸고, 결과를 뾰루지에서 범죄율로 바꾸자 모든 것이 변했다. 이제 숫자에 아주 밝은 응답자들도 정치 성향에 따라 둘로 갈렸다. 데이터가 총기를 규제하면 범죄율이 낮아진다고 말하자 숫자에 밝은 모든 리버럴은 그 점을 놓치지 않았고, 숫자에 밝은 보수주의자의 대부분은 그 점을 간과했다. 그들은 숫자에 어두운 보수주의자들보다 약간 낫기는 했지만, 그럼에도 옳을 때보다 틀릴 때가 더 많았다. 다음으로 총기를 규제하면 범죄율이 **올라간다**고 말하는 데이터를 제시하자 숫자에 밝은 보수주의자의 대부분은 그 점에 주목한 반면, 숫자에 밝은 리버럴들은 그 점을 놓쳤고, 숫자에 어두운 리버럴보다 사실상 나은 게 없었다. 결국 우리는 인간의 비합리성을 두고 우리의 도마뱀 뇌(lizard brain, 뇌의 3중 구조 중 가장 안쪽에 있는 뇌간과 소뇌로 이루어진 R 복합체(R-complex)를 말한다. ─ 옮긴이)를 탓해선 안 된다. 자신이 믿는 정치 성향에 가장 크게 휘둘린 응답자는 **지성 있는** 사람들이었다. 다른 잡지들은 이 실험 결과를 이렇게 요약했다. "과학적 발견: 정치 성향이 우리의 수학 능력을 망가뜨린다.", "정치는 어떻게 우리를 멍청하게 만드는가."[29]

연구자라고 면죄부를 가진 것은 아니다. 연구자들도 자신이 **정적**의 편향을 입증하고자 할 때 **자기** 편향에 걸려 넘어지고는 한다. 이 오류를 편향 편향(bias bias)이라고 부를 수 있겠다. (『마태복음』 7장 3절은 이렇게 꾸짖는다. "어찌하여 너는 형제의 눈 속에 있는 티는 보면서 제 눈 속에 들어 있는 들보는 깨닫지 못하느냐?")[30] 보수주의자들이 더 적대적이고 공격적이라는 점을 입증하겠노라면서 얼마 전에 사회 과학자 3명(대단히 리버럴한 분야에 속해 있는 사람들)이 연구를 했는데, 결국 양쪽의 이름이 바뀐 것을 깨닫고 연구를 철회할 수밖에 없었다. 더 적대적이고 공격적인 쪽은 사실 **리버럴**이었다.[31] 보수가 진보보다 기질적으로 더 편향되어 있고 더 완고하다는 것을 보여 주고자 하는 연구가 많이 있었지만, 그 대부분은 테스트 항목을 입맛에 맞게 고른 편향된 것들이었다.[32] 보수주의자들이 아프리카계 미국인에게 더 많은 편견을 갖고 있는 것은 사실이지만, 리버럴들은 독실한 기독교인에게 더욱더 많은 편견을 갖고 있다. 또한 보수주의자들은 학교에서 기독교 기도를 허용하는 것에 호의적이지만, 리버럴들은 학교에서 이슬람 기도를 허용하는 것에 호의적이다.

편향에 관한 편향이 좌파에 국한된다고 생각하는 것 또한 오산이다. 그런 오류는 편향 편향 편향(bias bias bias)일 것이다. 2010년에 자유주의 경제학자인 대니얼 클라인(Daniel Klein)과 젤리카 부투로비치(Zeljka

Buturovic)의 연구는 이콘 101(Econ 101, 경제학 원론)의 항목에 대한 틀린 답에 기초해서 좌파-리버럴들이 경제적으로 얼마나 무지한지를 보여 주고자 했다.[33]

> 주택 개발을 규제하면 주택 공급량이 떨어진다. (참)
> 전문직 서비스의 면허를 의무화하면 그 서비스의 가격이 올라간다. (참)
> 시장 점유율이 가장 높은 기업이 독점 기업이다. (거짓)
> 임대료를 통제하면 주택이 부족해진다. (참)

(이런 항목도 있었다. "전체적으로 현재의 생활 수준은 30년 전보다 높아졌다." 이것은 참이다. 하지만 내가 4장에서 밝힌 대로 진보를 싫어하는 진보주의자의 62퍼센트, 리버럴의 52퍼센트가 이 항목에 동의하지 않았다.) 보수주의자들과 자유 지상주의자들이 흡족하게 웃는 가운데《월 스트리트 저널》은 "당신은 5학년생보다 똑똑한가?"라는 제목으로 그 연구를 보도했다. 좌파는 거기에도 미치지 못한다는 의미였다. 하지만 비평가들은 퀴즈에 쓰인 항목들이 좌파의 대의들을 암암리에 의심하고 있다고 지적했다. 그래서 두 사람은 똑같이 기초적이지만 이번에는 보수주의자들의 신경을 긁는 경제학 원론의 항목들을 갖고 후속 연구를 실행했다.[34]

> 두 사람이 자발적인 거래를 끝맺을 때, 그 결과는 **반드시** 양측 모두에게 이
>   득이 된다. (거짓)
> 낙태를 불법화하면 암시장에서 낙태하는 경우가 증가한다. (참)
> 마약을 합법화하면 거리의 갱단과 범죄 조직이 더 큰 부와 권력을 갖게 된
>   다. (거짓)

이번에는 보수주의자들이 열등생 모자(dunce caps. 공부 못하는 학생에게 벌로 씌우던 원추형 종이 모자. — 옮긴이)를 썼다. 명성에 걸맞게 클라인은 다음과 같은 제목의 기사로 좌파에 대한 공격을 철회했다. "나도 틀렸고, 당신도 틀렸다."

자유주의자에 속하는 나의 동포 중 30퍼센트 이상(그리고 보수주의자의 40퍼센트 이상)이 예를 들어 "1달러는 부자보다 가난한 사람에게 더 큰 의미가 있다."라는 진술에 동의하지 않았다. 진보주의자의 4퍼센트와 얼마나 대조적인가! …… 설문지를 가득 채운 17개의 질문으로 판가름 난 사실은 어느 쪽도 상대방보다 뚜렷이 더 멍청하지 않다는 것이다. 양쪽 다 그들의 입장에 적절한 이의를 제기했을 때 똑같이 멍청했다.[35]

~

만일 좌파와 우파가 퀴즈와 실험에서 나란히 멍청했다면, 세계를 이해하는 일에도 똑같이 무능력하지 않을까? 5장부터 18장까지 열거한 인간 역사의 데이터를 보면 주요한 정치 이데올로기 중 어느 것이 인류 진보의 객관적 사실들을 설명해 주는지를 확인할 수 있다. 나의 일관된 주장은, 진보의 주된 동력이 이성, 과학, 휴머니즘 같은 비정치적 이념들이며, 그 덕분에 사람들은 인류의 번영에 필요한 지식을 추구하고 응용해 왔다는 것이다. 좌우 이데올로기가 조금이라도 보탬이 되었는가? 70개 남짓한 그래프들이 어느 한쪽에게 "우리가 맞고 너희가 틀렸다."라고 말할 자격을 부여하는가? 좌우 이데올로기가 서로 이런저런 공로를 내세울 수는 있겠지만 진보의 줄거리와는 크게 동떨어져 있는 것으로 보인다.

맨 먼저 눈에 띄는 것이 진보라는 이상 자체를 의심하는 보수주의적 회의론이다. 근대 최초의 보수주의자인 에드먼드 버크가 인간은 너무 부족해서 자신의 조건을 개선할 계획을 떠올릴 재간이 없으며 나락에 떨어지지 않게 해 주는 전통과 제도에 충실할 때 더 잘살 수 있다고 주장한 이래로 보수주의의 주요 흐름은 생쥐와 인간이 세운 최고의 계획을 의심해 왔다. ("인간이든 생쥐든 계획대로 되는 것은 없다."라는 속담의 인용. ─ 옮긴이) 최근에 트럼프와 유럽의 극우파 덕분에 햇빛을 보게 된 반동적인 보수 과격파(23장)는 다음과 같이 믿는다. 서양 문명은 어떤 황금 시대 이후로 난파선처럼 기울었으며, 기독교 전통의 명확한 도덕을 버리고 세속의 퇴폐적인 사치를 받아들였는데, 이 상태로 놔둔다면 곧 테러, 범죄, 아노미가 판을 칠 것이라고.

천만의 말씀. 계몽주의 이전에 삶은 기아, 역병, 미신, 모아(母兒) 사망, 기사와 군벌의 약탈, 가학적인 고문과 처형, 노예제, 마녀 사냥, 성전을 빙자한 대량 학살, 정복 전쟁과 종교 전쟁으로 어둡고 음울했다.[36] 적폐들이 하나씩 떨어져 나갔다. 그림 5.1에서 그림 18.4까지의 선들이 말해 주듯이, 인간 조건에 창의력과 동정심이 적용됨에 따라 삶은 더 길어지고 건강해지고 안전해지고 행복해지고 자유로워지고 영리해지고 깊어지고 흥미로워졌다. 문제는 남아 있지만, 문제는 존재하기 마련이다.

좌파도 시장을 경멸하고 마르크스주의와 로맨틱한 시간을 보내느라 기회를 놓치고 말았다. 19세기에 산업 자본주의는 보편적 가난으로부터의 위대한 탈출을 이루어 냈고, 21세기에는 거대한 수렴 속에서 인류의 나머지 부분을 탈출시키고 있다. 같은 기간에 공산주의는 세계를 지독한 기근, 숙청, 강제 노동 수용소, 대량 학살, 체르노빌, 대량 살상을 수반한 혁명 전쟁, 북한식 가난으로 몰아넣었고, 그런 뒤 내적 모순으로 대부분 붕괴했다.[37] 하지만 최근 조사에서 사회 과학 교수 중 18퍼센트가 자신을 마르크스주의자라고 밝혔고, 지금도 지식인들의 대부분은 **자본가**와 **자유 시장** 같은 단어를 여전히 조심스러워한다.[38] 그 이유 중 하나는 그들의 뇌가 이 단어들을 **고삐 풀린**, **규제받지 않는**, 혹은 **제한받지 않**

는 자유 시장으로 자동 처리하기 때문인데, 그로 인해 잘못된 이분법이 영속화된다. 자유 국가가 형법과 공존할 수 있듯이, 자유 시장은 안전, 노동, 환경에 관한 규제와 공존할 수 있다. 또한 자유 시장은 건강, 교육, 복지에 많은 지출을 하는 제도와 공존할 수 있고(9장), 실제로 사회 복지비 지출이 가장 많은 몇몇 나라들이 경제적 자유의 수준도 가장 높다.[39]

공정하게 말하자면, 자유 지상주의 우파에게도 잘못된 이분법이 있어서 너무나도 쉽게 좌파의 조롱을 부른다.[40] 우익 자유 지상주의자들 (21세기 공화당 버전)은 규제가 심하면 (관료들에게 과도한 권력을 주고, 사회에 이익보다 비용을 안겨 주고, 소비자의 피해를 막아 주기보다는 기업의 경쟁을 막음으로써) 해로울 수 있다는 견해를, 규제는 적을수록 좋다는 도그마로 변환했다. 그들은 사회 복지비 지출이 너무 많으면 (일을 하지 않으려는 잘못된 동기를 심어 주고, 시민 사회의 규범과 제도를 훼손함으로써) 해로울 수 있다는 관찰 결과를, 사회 복지 지출은 무조건 줄여야 한다는 도그마로 변질시켰다. 또한 세율이 너무 높을 수 있다는 말을, 연간 40만 달러 이상을 올리는 세대의 소득세율을 35퍼센트에서 39.6퍼센트로 올리는 것은 나라를 장화를 신은 돌격대원들에게 넘기는 것과 같다고 보는 히스테리한 '자유'의 수사학으로 변질시켰다. 정부의 적정 규모를 찾아보자는 논의 자체를 거부하는 사람들은 종종 규제와 복지는 미끄러운 비탈길과 같아서 한번 발을 들이면 나라 전체가 빈곤과 독재로 빠질 수 있다고 말한 프리드리히 하이에크의 『노예의 길(The Road to Serfdom)』에 기대어 자신들의 주장을 정당화한다.

인류의 진보에 관한 사실들을 접할 때마다 나는 그 사실들이 우파 보수주의와 좌파 마르크스주의에 불친절했던 것처럼 우파 자유 지상주의에도 매정하기만 했다고 생각한다. 20세기의 전체주의 정부들은 미끄러운 비탈길에 들어선 민주적인 복지 국가에서 출현한 것이 아니라 광적인 이데올로그들과 폭력 집단의 손에서 억지로 만들어졌다.[41] 또한 미국보다 더 높은 세율, 사회 복지, 규제 등과 자유 시장을 결합한 나라들(캐나다, 뉴질랜드, 서유럽)은 결국 음울한 디스토피아가 아니라 행복하고 살기 좋은 나라로 판명되었을뿐더러, 범죄율, 기대 수명, 유아 사망률, 교육, 행복을 비롯한 삶의 모든 지수에서 미국을 압도한다.[42] 앞에서 봤듯이 어떤 선진국도 우익 자유 지상주의 원리에 따라 국가를 운영하지 않으며, 어떤 나라도 그런 원리를 현실적으로 이루겠다고 꿈꾸지 않았다.

인류가 진보해 온 사실들 앞에서 주요 이데올로기들이 힘없이 좌초한다고 해도 놀라운 일이 아니다. 이데올로기들은 다 200세가 넘었고, 인간이 치명적 결함을 가진 존재인지 무한한 순응성을 가진 존재인지, 사회가 유기적 전체인지 개인들의 집합인지와 같은 순진한 전망에 기초하고 있다.[43] 현실의 사회는 무수히 많은 사회적 존재로 이루어져 있으며, 저마다 시냅스가 1조 개나 되는 뇌를 갖고서 자신의 이익을 추구하고, 동시에 엄청난 긍정적 외부 효과와 부정적 외부 효과를 발휘하는 복잡한 네트워크를 이루며 타인의 이익에 영향을 미치는데, 더구나 그 외부 효과들은 역사적으로 새로운 것일 때가 많다. 현실의 사회는 주어진 규칙들 아래에서 일어날 일을 단순하게 설명하는 어떤 이야기하고도 맞아떨어지지 않는다. 더 합리적으로 정치에 접근하는 방법은 사회를 영원히 계속되는 실험으로 취급하고, 정치 스펙트럼의 어디에서 나온 것이든 최선의 방법이라면 열린 마음으로 받아들이고 실천하는 것이다. 현재의 경험적 이해로 미루어 볼 때, 인간의 번영은 자유 민주주의 위에 시민적 규범, 인권 보장, 자유 시장, 사회 복지, 신중한 규제를 결합한 체제에서 가장 아름답게 꽃을 피운다. 팻 레이턴 폴슨(Pat Layton Paulsen, 1927~1997년)이 말했듯이, "좌파나 우파나 어느 한쪽이 지배권을 획득하면 국가는 맴돌기만 할 뿐 똑바로 날지 못하게 된다."

골디락스(Goldilocks, 일반적으로 너무 뜨겁지도, 너무 차갑지도 않은, 딱 적당한 상태를 가리킨다. ― 옮긴이)가 항상 옳고 진실은 항상 양극단 중간에 있다는 말이 아니다. 현재의 사회들은 과거의 가장 큰 실수들을 털어냈고, 그래서 만일 사회가 중간쯤에서 어지간히 번성하고 있다면 ― 즉 거리에 피가 흐르지 않고, 영양 결핍보다 비만이 더 큰 문제이고, 행동하는 사람들이 출구 쪽으로 달아나는 대신 입구로 들어가겠다고 아우성친다면 ― 아마 현재의 제도들이 좋은 출발점일 것이라는 말이다. (이 말 자체는 우리가 버크식 보수주의에서 취할 수 있는 교훈이다.) 이성이 우리에게 일러 주는 가르침은, 우리가 정치 토론을 할 때 통치를 익스트림 스포츠(extreme sports)의 경쟁이 아니라 과학적 실험에 더 가까운 것으로 취급한다면 가장 유익한 결과를 얻을 수 있다는 것이다.

~

상상에 의존해서 주장하는 것보다는 역사와 사회 과학의 데이터를 조사하는 것이 우리의 사상을 평가하는 더 좋은 방법이지만, 경험적 합리성을 측정하는 시금석은 **예측**이다. 과학은 가설에 대한 예측을 시험하면서 진행되는데, 우리도 모두 일상 생활에서 그 논리를 반복 확인한다. 가령, 예측이 사건을 통해 입증되는가 아닌가에 따라 술집에서 박식한 사람을 칭찬하거나 비웃을 때, "이름을 건다."라거나 "손에 장을 지진다."라고 말하는 것처럼 사람들이 자신의 정확성을 책임지는 관용구를 사용하는 것을 볼 때나, "말보다 행동"이나 "길고 짧은 것은 대어 봐야 안다."와 같은 속담을 사용할 때가 그렇다.

애석하게도 상식에 불과한 인식론적 기준 ― 정확히 예측하는 사람이나 생각을 신뢰하고, 그렇지 못한 사람이나 생각을 무시해야 한다. ― 이 지식인들과 전문가들에게는 좀처럼 적용되지 않고, 책임성 없는 견해들이 면죄부를 얻는다. 폴 에를리히처럼 항상 틀리는 예언가들이 계속 언론에 나오고, 대부분의 독자들은 자기가 좋아하는 칼럼니스트, 지도자, 출연자가 바나나를 고르는 침팬지보다 더 정확한지 아닌지를 알지 못한다. 이로부터 비참한 결과가 야기될 수 있다. 많은 군사적, 정치적 실패가 전문가들의 예측(예를 들어, 2003년 사담 후세인이 핵무기를 개발하고 있다는 정보 기관의 보고들)을 잘못 신뢰해서 일어났으며, 금융 시장을 예측할 때에도 단 몇 퍼센트의 정확성이 엄청난 수익과 손실을 가른다.

예측의 실적은 정치 이데올로기를 포함한 지식 체계를 평가할 때에도 반영되어야 한다. 이념적 차이가 가치관의 대립에서 발생하는 경우에는 화해가 불가능하지만, 많은 차이들이 동일한 목표로 가는 수단의 차이에서 발생하고, 그래서 우리는 그 차이와 갈등을 조정할 수 있다. 어떤 정책을 채택해야, 지속적인 평화나 경제 성장처럼 모두가 원하는 일이 실제로 일어날까? 어떤 정책이 가난, 폭력 범죄, 문맹을 줄여 줄까? 합리적인 사회라면 이념 주위에 파리 떼처럼 달라붙은 고집쟁이 이데올로그들이 모든 답을 알고 있다고 가정하기보다는, 세계를 향해 물음표를 던지고 실제로 거둔 실적을 살핌으로써 그 답을 찾을 것이다.

가슴 아프게도 케이헌이 실험 대상자들을 통해 입증한 표현적 합리성은 평론가와 전문가에게도 적용된다. 그들의 명성을 떠받치는 요소들은 예측의 정확성과 일치하지 않는다. 아무도 기록하지 않기 때문이다. 대신에 그들의 명성은 재미, 감흥, 충격을 불러일으키는 능력에, (어떤 예언이 저절로 실현되거나 문제를 키울지 모른다는 희망으로) 확신이나 두려움을 불어넣는 능력에, 같은 편을 띄우고 그 가치를 찬양하는 기술에 좌우된다.

1980년대 이래로 심리학자 필립 테틀록(Philip E. Tetlock, 1954년~)은 "자주 실수를 해도 절대 의심받지 않는" 숱한 예언가들과 정확한 예보자를 구별하는 연구를 해 왔다.[44] 테틀록은 증권 애널리스트, 칼럼니스트, 학자, 관심 있는 일반인 수백 명을 모집해서 일어날 수 있는 사건을 주고 그 가능성을 평가하게 하는 '예측 시합'으로 경합을 붙였다. 전문가들은 반론을 막기 위해 자신의 예측을 정교하게 꾸미고 다듬는 일을 아주 잘 하고, 특히 법조동사(~일 수도 있다(could), ~일지도 모른다(might)), 형용사(공평한 기회(fair chance), 진지한 가능성(serious possibility)), 시간적 수식어(매우 곧(very soon), 머지않은 미래에(in the not-too-distant future))를 능숙하게 구사한다. 그래서 테틀록은 명확한 결과와 시한으로 사건들을 정확히 규정하고(예를 들어, "러시아가 앞으로 3개월 안에 우크라이나 영토를 추가로 합병할까?", "내년에 유로존에서 탈퇴하는 나라가 있을까?", "앞으로 8개월 안에 몇 개국에서 에볼라 바이러스가 새롭게 보고될까?") 숫자로 확률을 적게 했다.

테틀록은 또한 네이트 실버의 통계 사이트인 '파이브서티에이트(FiveThirtyEight)'가 2016년 선거에서 도널트 트럼프의 승산을 고작 29퍼센트로 예측했다가 선거가 끝난 뒤 뭇매를 맞은 경우처럼[45] 단 한 번의 확률론적 예측을 사후에 칭찬하거나 비웃는 우를 범하지 않았다. 선거를 수천 번 재연해서 트럼프가 이긴 횟수를 누적해 보기는 불가능하기 때문에, 그 예측이 결국 옳았는지 틀렸는지는 무의미하다. 우리가 **할 수 있는 것**, 그리고 테틀록이 했던 것은 각자가 예보한 확률들의 **집합**을 그에 상응하는 결과와 비교하는 것이다. 테틀록은 단지 예측이 정확했는지만 본 게 아니라 정확한 예측을 하기 위해 얼마나 위험을 감수하고, 얼마나 노력했는지를 평가할 수 있는 공식을 사용했다. (50 대 50으로 예측하면 더 쉽게, 더 안전하게 정확하다는 평가를 받을 수도 있기 때문이다.) 이 방법의 수학적 구조는 예보자로 하여금 자신의 예측에 돈을 걸어서 책임을 지게 할 때 얼마나 많은 돈을 따는지를 계산하는 것과 비슷한 것이었다.

20년 동안 2만 8000번의 예측을 집계한 결과, 전문가들은 얼마나 잘했을까? 평균을 내 보니 대략 침팬지만큼이었다. (테틀록은 바나나 고르기보다는 다트 던지기에 비유했다.) 테틀록과 심리학자 바버라 멜러스(Barbara Mellers)는 2011년과 2015년 사이에 재시합을 진행했다. 참가자 수천

명을 모집해서 미국 정보 고등 연구 기획청(Intelligence Advanced Research Projects Activity, IARPA)이 개최한 예측 토너먼트에 참가시킨 것이다. 이번에도 다트 던지기에서 벗어나지 못했지만, 두 시합 모두에서 연구자들은 '슈퍼 예보자(superforecaster)'들을 고를 수 있었다. 이들은 침팬지나 소위 전문가들보다 당연히 나았고, 비밀 정보에 접근할 수 있는 첩보 요원들보다 나았고, 선물 시장의 예측보다 나았으며, 이론적 최대치에 버금가는 점수를 올렸다. 이 천리안 같은 능력을 어떻게 설명할 수 있을까? (단, 1년 이내에 벌어질 일에 한정된 성적이었다. 미래가 멀수록 정확도는 떨어졌고, 대략 5년 밖의 일에 대해서는 요행 수준으로 떨어졌다.) 이 질문의 답은 명확하고 뿌리가 깊다.

예측을 가장 못한 부류는 큰 사상(Big Ideas), 그러니까 좌우익 사상, 낙관주의/비관주의적 사상 등을 열심히(그러나 잘못) 믿고 추종하는 사람들이었다.

그들은 이데올로기적으로 다양했지만, 생각이 이데올로기적이라는 사실은 동일했다. 선호하는 인과의 틀에 복잡한 문제를 끼워 넣으려 하고, 거기에 맞지 않는 것은 부적절한 방해물로 취급했다. 맥빠진 대답은 질색이라는 듯 "게다가"와 "더구나" 같은 말들을 써 가면서 자기들이 옳고 남들이 틀린 이유를 계속 늘어놓았다. 결과적으로 그들은 유달리 자신만만했고, "불가능한"이나 "확실한" 것들을 더 자주 선언하는 경향이 있었다. 자기 자신의 결론을 고집하면서 자신의 예측이 명백히 틀렸을 때도 생각을 바꾸려 하지 않았으며, 우리에게 "잠시만 기다려 달라."라고 말했다.[46]

실제로 이 전문가들은 세상의 이목을 받게 된 바로 그 특성들 때문에 예측에서 최하위를 기록했다. 전문가들이 유명하고, 해당 사건이 그들의 전문 분야에 가까울수록 그들의 예측은 더 부정확했다. 하지만 유명한 이데올로그들의 성공률이 침팬지와 같다고 해서, '전문가들'이 무가치하다거나 우리가 엘리트를 불신해야 한다는 말은 **아니다.** 그것은 전문가에 대한 개념을 바꿀 필요가 있다는 뜻이다. 테틀록의 슈퍼 예보자는 아래와 같았다.

실용적인 전문가들은 여러 분석 수단에 의존하면서 그들에게 주어진 구체적인 문제에 따라 도구를 선택했다. 이 전문가들은 최대한 많은 원천에서 최대한 많은 정보를 모았다. 생각을 전개할 때는 "하지만", "그러나", "그럼에도", "다른 한편으로" 같은 전환 표지들을 군데군데 사용하면서 사고를 다각화했다. 그들은 확실성이 아니라 가능성과 확률을 이야기했다. 또한 선뜻 "내가 틀렸다."라고 말하지는 않았지만, 그 점을 더 쉽게 인정하고 생각을 바꿨다.[47]

이러한 결과는 너드(Nerd)의 복수라고 할 수 있다. (대학교 기숙사에서 공부벌레들이 운동 선수들을 누르고 최후의 승자가 되는 할리우드 영화, 「얼간이들의 복수(The Revenge of the Nerds)」가 연상된다. ― 옮긴이) 슈퍼 예보자들은 지적이지만 반드시 영리한 것은 아니며, 인구의 상위 5분의 1에 해당한다. 그들은 숫자에 매우 능한데, 수학을 달인처럼 잘한다는 의미에서가 아니라 어림짐작으로 능숙하게 사고한다는 뜻에서이다. 그들은 심리학자들이 "경험에 대한 개방성(지적 호기심, 다양성 선호)", "인지적 욕구(지적 활동에서 쾌감을 느낌)", "통합적 복합성(불확실성을 이해하고 여러 측면을 봄)"이라고 부르는 성격 특성을 갖고 있다. 그들은 충동적이지 않고, 즉각적인 육감에 휘둘리지 않는다. 그들은 좌파도 우파도 아니다. 그들은 자신의 능력에는 반드시 겸손하지는 않지만, 구체적인 믿음에 대해서는 확실히 겸손해서, 자신의 믿음을 "지켜야 할 보물이 아니라 검증되어야 할 가설"로 취급한다. 그들은 "이 추론에 결함이 있을까? 다른 어떤 것을 찾아서 보완해야 할까? 내가 다른 사람이라면 이것으로 충분히 납득할 수 있을까?"와 같이 스스로에게 되묻기를 게을리하지 않는다. 그들은 가용성 편향 및 확증 편향 같은 인지적 맹점을 경계하고 거기에 빠지지 않도록 자신을 단련한다. 그들은 다음과 같은 견해를 보여 주면서 심리학자 조너선 밀러 배런(Jonathan Miller Baron, 1944년~)이 "적극적인 열린 마음"이라고 부른 능력을 드러낸다.[48]

> 자신의 믿음과 대립하는 증거를 고려해야 한다. (동의)
>
> 나에게 동의하는 사람에게 주목하기보다는 동의하지 않는 사람에게 주목하는 것이 더 유익하다. (동의)
>
> 생각을 바꾸는 것은 나약하다는 증거이다. (부동의)
>
> 결정을 내릴 때는 직관이 최고의 길잡이이다. (부동의)
>
> 자신의 믿음에 반하는 증거가 분명할 때도 그 믿음을 지키는 것은 중요하다. (부동의)

하지만 이런 기질보다 훨씬 더 중요한 것이 그들의 사고 방식이다. 슈퍼 예보자들은 목사이자 수학자인 토머스 베이스(Thomas Bayes, 1701~1761년)의 이름이 붙은 통계적 추론 규칙을 암암리에 사용하면서 새로운 증거에 비추어 명제에 대한 신뢰도를 갱신한다. 그들은 문제의 사건에 접근할 때 기준율(base rate)에서 출발한다. 즉 그 사건이 전반적으로 장기간에 걸쳐 얼마나 자주 일어나리라고 기대할 수 있는가를 먼저 생각한다. 그런 뒤에는 새로운 증거가 그 사건의 발생이나 불발에 미치는 영향에 따라 그 확률을 위아래로 조금씩 조정한다. 그들은 이렇게 새로운 증거를 부지런히 찾되, 새로운 증거에 과민하게 반응하는 것("이로써 모든 것이 변할 것이다!")

이나 미온적으로 반응하는 것("이건 아무 의미가 없어!")을 삼간다.

예를 들어보자. 2015년 1월 《샤를리 에브도》의 사무실에서 테러가 발생한 직후에 "2015년 1월 21일과 3월 31일 사이에 서유럽에서 이슬람 무장대원의 공격이 있을 것"이라는 예측이 나왔다. 시사 평론가들과 정치인들은 머릿속에서 가용성 휴리스틱을 가동시켜 상상의 극장에서 이 시나리오를 상연했고, 자족적이거나 순진하게 보이지 않으려고 "분명히 그렇다."라고 대답했다. 슈퍼 예보자는 이렇게 사고하지 않는다. 한 슈퍼 예보자는 테틀록이 생각을 말해 달라고 하자 다음과 같이 설명했다. 그는 먼저 기준율을 산정했다. 즉 위키피디아에 가서 지난 5년 동안 유럽에서 일어난 이슬람 테러 공격의 횟수를 찾아보고 이 수를 5로 나누었더니, 공격 확률은 1년에 1.2가 되었다. 하지만 2011년 아랍의 봄 이후로 세계가 변했으므로 그 전년도인 2010년의 데이터를 확인해 보니 확률이 1.5로 올라갔다. 《샤를리 에브도》 테러 이후로 IS 가담자가 늘었고 이 때문에 추산치가 급격히 올라갔지만, 보안 조치가 강화된 만큼 추산치가 다시 내려갔다. 두 요소를 상쇄해서 약 5분의 1을 올리는 것이 적당해 보였고, 그러면 확률은 1년에 1.8회로 예측되었다. 예상 기간 안에 69일이 있으므로, 예보자는 69를 365로 나누고 그 분수와 1.8을 곱했다. 이것은 3월 말까지 서유럽에서 이슬람 테러가 발생할 확률이 약 3분의 1이라는 뜻이었다. 보통 사람의 사고 방식과 매우 다르게 예측을 했더니 매우 다른 예상치가 나왔다.

슈퍼 예보자들은 다른 두 가지 특성에서도 평론가 및 침팬지와 차이를 보인다. 슈퍼 예보자들은 대중의 지혜를 믿고, 그래서 자신의 가설을 다른 사람이 비판하거나 수정할 수 있도록 꺼내 보이고 자신의 추산치를 그들의 것과 비교하고 합칠 줄 안다. 또한 인간 역사에서 필연과 운명에 반하는 우연과 우발성을 확실히 인정한다. 테틀록과 멜러스는 다양한 집단의 사람들에게 아래와 같은 진술에 동의하냐고 물었다.

> 사건은 신의 계획에 따라 펼쳐진다.
> 모든 일은 이유가 있어서 일어난다.
> 뜻밖의 일이나 우연의 일치는 존재하지 않는다.
> 피할 수 없는 것은 없다.
> 제2차 세계 대전이나 9·11처럼 큰 사건들도 아주 다른 결과에 이를 수 있었다.
> 우리의 개인적인 삶에 무작위가 종종 요인으로 작용한다.

연구자들은 처음 세 항목에 대해서는 "동의"할 경우에, 나머지 세 항목에 대해서는 "부동의"할 경우에 1점씩 더해서 "운명 점수(fate score)"를 계산했다. (운명 점수가 높을수록 운명론자적 경향이 강하다.) 평균적인 미국인은 중간 정도에 위치한다. 일류 대학의 학부 졸업생은 약간 낮은 점수가 나오고, 그저 그런 예보자들은 더 낮고, 슈퍼 예보자들은 가장 낮은 점수를 기록한다. 가장 정확한 슈퍼 예보자들은 운명에 가장 열렬히 반대하고 우연을 받아들인다.

내가 보기에 예측을 최후의 척도로 삼아 전문성을 냉철하게 평가하는 테틀록의 방법을 받아들인다면 역사, 정치, 인식론, 지식에 대한 우리의 이해에 대변혁이 일어날 것이다. 세계를 이해할 때 확률을 꼼꼼하게 수정하는 것이 박식한 현자들의 선언이나 사상 체계에 고취된 이야기보다 더 믿을 만한 길잡이라는 것은 무엇을 의미할까? 우리 등에 죽비를 내리쳐서 더 겸손하고 열린 마음을 갖게 하는 것 외에도 1년, 5년, 10년 단위로 돌아가는 역사의 작용을 잠시나마 들여다볼 수 있다는 것이다. 사건들을 결정하는 것은 무지막지한 법칙과 장엄한 변증법이라기보다는 사건의 가능성을 점증시키거나 점감시키는 무수히 많은 작은 힘들이다. 수많은 지식인들과 모든 정치 이데올로그들에게는 애석하게도 이것은 그들에게 익숙한 사고가 아니겠지만, 우리는 테틀록의 방식에 익숙해지는 게 좋을 것이다. 공개 강의 자리에서 예측의 본질이 뭐냐는 질문이 나오자 테틀록은 이렇게 대답했다. "2515년의 청중이 2015년의 청중을 돌아볼 때 우리가 정치적 논쟁을 판단하는 방식을 보고 그들이 느끼는 경멸의 수준은 우리가 1692년 세일럼의 마녀 재판을 접했을 때 느끼는 경멸의 수준과 대략 비슷할 겁니다."[49]

~

이렇게 테틀록은 자신의 변덕스러운 예측에 확률을 매기는 대신에 안전하게 긴 시한을 부여했다. 예측이 가능한 5년 이내에 정치적 논쟁의 질이 얼마나 개선될지를 예측하는 것은 분명 어리석은 일이다. 오늘날 공론장에서 이성의 주된 적은 무지, 수맹, 인지 편향이 아니라 정치화(politicization)인데, 그것은 지금 확산일로에 있다.

일단 정치 문제와 관련해서 미국인들은 점점 더 정치화되고 있다.[50] 대체로 이데올로기 신봉자들의 견해는 너무 얕고 무지한 것이라 일관되고 온전한 이데올로기라고 할 수도 없지만, 자신의 견해를 리버럴 혹은 보수주의라고 주장하는 사람의 비율이 1994년과 2014년 사이에 10퍼센트에서 21퍼센트로 2배나 증가했다. 이 정치적 양극화와 우연히 일치하는 것이 사회적 분리(social segregation, 사람들이 사회적 특성에 따라 나눠 사는 것. ─옮긴이)가 증가한 현상이다. 이 20년 동안 가까운 친구들 대부분이 자신과 정치적 견해를 같이한다고 말하는 사람들의 수가 갈수록 늘고 있다.

정당들 역시 더 당파적으로 변했다. 퓨 리서치 센터의 최근 연구에 따르면 1994년에는 민주당원의 3분의 1이 공화당 중도파보다 더 보수적이었고, 그 반대도 사실이었다. 2014년에 그 수치는 **20분의 1**에 가까웠다. 정치 스펙트럼상으로 미국인들은 2004년까지 좌경화되었고, 그 후로 동성애자 권리를 제외한 모든 굵직한 이슈, 즉 정부 규제, 사회 복지, 이민, 환경 보호, 군사 안보에 대해서 양쪽으로 갈라졌다. 훨씬 더 곤란한 문제는, 양쪽이 서로를 더 경멸하게 되었다는 것이다. 2014년에는 민주당원 중 38퍼센트가 공화당을 "대단히 못마땅하게" 여기고(1994년에는 16퍼센트였다.) 4분의 1 이상이 공화당을 "국가의 안녕을 위협하는 존재"로 보았다. 공화당원들은 민주당원에게 훨씬 더 적대적이었는데, 43퍼센트가 민주당을 못마땅하게 여겼고 3분의 1 이상이 민주당을 위협으로 보았다. 또한 양편의 이데올로그들 사이에 화해를 거부하는 경향도 더 심해졌다.

다행히도 미국인의 과반수가 이 모든 주제에서 그들보다 더 온건한 견해를 갖고 있으며, 자기 자신을 온건하다고 말하는 비율도 40년 동안 변하지 않았다.[51] 유감스럽게도 투표하고 기부하고 정치인을 압박하는 경향이 높은 부류는 바로 극단주의자들이다. 조심스럽게 말해서 2014년에 그 조사가 시행된 이후로 이 흐름이 조금이라도 개선되었다고 생각할 이유는 거의 눈에 띄지 않는다.

대학은 정치적 편견을 배제하고 객관적인 조사를 통해 세계가 돌아가는 방식을 밝히는 장이어야 한다. 하지만 우리가 이 공평한 광장을 가장 절실히 필요로 할 때, 학계 역시 더 정치화 — 양극화가 아니라, 좌편향 — 되었다. 대학은 항상 미국 전체 평균보다 더 리버럴했지만, 그 편차가 증가해 왔다. 1990년에 교직원의 42퍼센트가 극좌나 리버럴이었고(미국 전체 평균보다 11퍼센트 높았다.), 40퍼센트가 중도였으며, 18퍼센트가 극우나 보수로, 좌우익 비율은 2.3 대 1이었다. 2014년에는 극좌가 60퍼센트(전체 평균보다 30퍼센트나 높다.), 중도가 28퍼센트, 보수가 12퍼센트로, 좌우 비율은 5 대 1이었다.[52] 비율은 분야별로 다르다. 경영학 분야들, 컴퓨터 과학, 공학, 건강 과학은 대등하게 나뉘고, 인문학과 사회 과학은 왼쪽으로 분명히 기울어져서 보수의 비율이 한 자리로 떨어지고 마르크스주의자가 2 대 1로 우세하다.[53] 물리학과 생물학 교수들은 그 중간이며, 급진주의자가 드물고 마르크스주의자가 거의 없지만, 리버럴이 보수주의자를 큰 폭으로 앞지른다.

학계(그리고 언론계, 평단, 지식계)의 좌편향은 어떤 면에서는 자연스럽다.[54] 지적 탐구는 현 상태에 도전해야 하는데, 현 상태는 결코 완벽하지 않기 때문이다. 또한 지식인의 장사 수단인 언어적 명제는 시장 같은 산만한 형태의 사회 조직들과 보수주의자들이 선호하는 전통 규범보다는 주로 리버럴들이 선호하는 계획적인 정책에 더 적합하다.[55] 리버럴의 편향은 또한 적당하기만 하면, 바람직하다. 리버럴 지식인들은 민주주의, 사회 보장, 종교적 관용, 노예제와 사법 고문의 폐지, 전쟁 감소, 인권과 시민권의 확대처럼 거의 모든 사람이 결국 인정하게 된 여러 형태의 진보를 위해 최전방에서 싸웠다.[56] 많은 측면에서 지금 우리는 (거의) 모두 리버럴이다.[57]

하지만 우리는 어떤 신조가 내집단에 들러붙을 때 그 구성원들의 비판 능력이 고장 나는 것을 봐 왔으며, 그런 일이 학계의 울타리 안에서도 발생한다고 생각할 이유가 충분하다.[58] 나는 『빈 서판』에서 좌파 정치가 성, 폭력, 젠더, 양육, 성격, 지능 같은 인간 본성에 대한 연구를 어떻게 왜곡해 왔는지를 보여 주었다. 최근에 한 성명서에서 테틀록은 심리학자 호세 두아르테(José Duarte), 재릿 크로퍼드(Jarret Crawford), 샬로타 스턴(Charlotta Stern), 조너선 하이트(Jonathan Heidt), 리 주심(Lee J. Jussim)과 함께 사회 심리학의 좌편향을 기록하고, 그런 편향 때문에 연구의 질이 어떻게 훼손되었는지를 보여 주었다.[59] 그들은 존 스튜어트 밀(John Stuart Mill, 1806~1873년)의 "자기편 주장만 아는 사람은 그 문제에 대해 거의 무지한 사람이다."를 인용하면서, 가장 중요한 다양성인 정치적 다양성(반대로 우리가 흔히 접하는 다양성 주장은 사고 방식은 똑같지만 겉보기만 다른 다양성에 관한 것이기 쉽다.)을 심리학에서 확대해 나가자고 요청했다.[60]

심리학계는 학문의 명예에 걸맞게 두아르테 등의 비판을 정중히 받아들였다.[61] 하지만 그 정중함은 보편적이라고 하기는 좀 어려운 것이었다. 《뉴욕 타임스》의 칼럼니스트 니콜라스 크리스토프(Nicholas Kristof)가 연구자들의 논문을 호의적으로 인용하고 비슷한 생각을 밝히자 분노한 사람들이 최악의 비난을 쏟아냈다. (개중 최고의 칭찬은 "바보들이 늘어난다고 해서 다양성이 확보되지는 않는다."였다.)[62] 대학 문화 안에서 강성 좌파 교수, 학생 활동가, 자율권을 가진 다양성 행정처(diversity bureaucracy, 경멸하는 뜻으로 이들을 사회 정의 투사라고 부른다.)로 이루어진 분파는 리버럴의 본뜻을 망각하고 공격적인 반자유주의자로 변했다. 인종 차별이 모든 문제의 원인이라는 가정에 반대하는 사람은 즉시 인종주의자라고 불린다.[63] 좌파가 아닌 강연자는 종종 항의 때문에 초대가 취소되거나 군중의 야유에 묻혀 강연을 접는다.[64] 어떤 학생은 학장에게서 논쟁의 양쪽 편을 고찰하는 개인적인 이메일을 받고 공개적인 모욕을 당했다고 느낀다.[65] 교수들은 불쾌한 주제로 강의하지 말도록 압력을 받으며, 정치적으로 옳지 못한 견해가 있는지 스탈린식 조사를 받는다.[66]

억압은 종종 의도치 않은 코미디로 바뀐다.[67] 일상 생활에서 이루어지는 미묘한 차별인 '마이크로어그레션(microaggression)'을 식별하는 방법을 학장들에게 일러 주는 어느 안내 문건에는 "미국은 기회의 땅이다.", "나는 가장 자격이 있는 사람이 그 직업을 가져야 한다고 생각한다." 등의 말들이 그 사례로 열거되어 있다. 학생들의 할로윈 의상이 점잖아졌으면 좋겠다고 제안하는 아내의 편지를 교수가 토론에 붙이면 학생들의 야유와 욕설이 돌아온다. 어느 대학에서는 요가가 '문화 도용(cultural appropriation)'이라는 이유로 요가 강좌가 취소되었다. 진짜 코미디언들도 흥이 안 난다. 그중에서도 특히 제리 사인펠드(Jerry Seinfeld, 1954년~), 크리스 록, 빌 메이허(Bill Maher, 1956년~)는 어떤 농담을 하든 일부 학생들이 부득이 분노할 것이라며 캠퍼스 공연을 경계한다.[68]

이렇게 어이없는 일들이 캠퍼스에서 벌어지고 있지만, 우파 논객들이 편향 편향에 젖어서 대학에서 나온 모든 생각을 외면하고 혐오하는 것도 있을 수 없는 일이다. 방대한 견해가 넘실거리는 학문의 바다는 투명한 진리 추구를 조장하기 위해 만들어진 동료 평가, 종신 재직, 열린 토론, 인용과 경험적 증거의 제시 같은 규범을, 실행에서는 불완전할지라도 최대한 충실히 따른다. 대학은 이 책을 비롯한 많은 문헌에서 검토한 이단적인 비판들을 조장하기도 했지만, 다른 한편으로는 세계에 막대한 지식을 선사해 왔다.[69] 또한 대안이 되는 영역들 ― 블로그, 트위터, 케이블 뉴스, 방송 토론, 의회 ― 이 객관성과 엄밀성의 귀감이 되는 것 같지도 않다.

오늘날 이성의 활동을 방해하고 있는 두 가지 정치화 중 대학의 정치화보다 훨씬 더 위험한 것이 정치적 양극화인데, 그 이유는 명백하다. 학문적 논쟁은 걸려 있는 것이 적기 때문이다. (이 인기 있는 경구는 처음 말한 사람이 누구인지는 아무도 모른다.)[70] 반대로 정치적인 논쟁에 걸린 이해 관계는 지구의 미래를 포함해 무진장하다. 교수들과 달리 정치인들은 권력이라는 지레를 사용한다. 21세기 미국에서 극우와 동의어가 된 공화당의 의회 지배를 암에 비유할 수 있는 것은, 그들의 대의만 정당하고 경쟁자들은 악하다는 신념으로 자신이 원하는 것을 얻기 위해 민주주의 제도를 흔들고 훼손해 왔기 때문이다. 그들이 저지른 타락 행위를 열거하자면, 그들에게 유리하게 선거구를 개편한 것, 민주당 유권자들의 선거권을 뺏기 위해 투표 제한을 만들어 시행한 것, 재계에 규제 없는 기부를 장려한 것, 공화당 당원이 대통령직에 앉을 때까지 대법관 지명을 막은 것, 그들의 요구가 극대치로 받아들여지지 않자 정부 기관을 문 닫게 만든 것, 도널드 트럼프의 악명 높은 반민주적 충동에 이의를 제기하기보다는 무조건 그를 지지한 것 등이다.[71] 양당 사이에 정책이나 철학에 어떤 차이가 있다고 해도 민주적 심의 구조는 신성 불가침이어야 한다. 그 구조가 우파에 의해 일방적으로 부식된 나머지 미국의 젊은 세대는 갈수록 민주주의 정부를 본래 문제가 있는 것으로 보고 민주주의 자체를 냉소한다.[72]

학문의 정치화와 정치적 양극화는 서로 통한다. 로널드 레이건에서부터 댄 퀘일(Dan Quayle, 1947년~), 조지 워커 부시, 새러 페일린(Sarah Palin, 1964년~), 그리고 도널드 트럼프에 이르기까지 미국의 보수 정치가 꾸준히 무식해짐에 따라 보수적인 지식인으로 남기는 더 어려워지고 있다.[73] 반대로 정체성 정치인, 정치적 올바름 경찰, 사회 정의 투사 들이 좌파를 지배하면 "있는 그대로 말하는 게 무슨 문제냐."라고 허풍을 떠는 지식인들에게 새로운 기회가 열린다. 우리 시대의 과제는 부족주의와 즉자적 상호 대응보다는 이성에 의해 움직이는 지식 문화와 정치 문화를 어떻게 육성하느냐에 있다.

~

우리의 공론장에서 이성을 통화(通貨)로 삼으려면 먼저 이성이 중심이라는 생각을 확고히 해야 한다.[74] 앞서 언급했듯이 많은 평론가들이 이 점에 대해 혼동을 일으킨다. 인지적, 감정적 편향이 발견됐다고 해서 인간은 비합리적이고, 그래서 우리가 더 이성적으로 숙고하고자 노력해봤자 아무 의미가 없다는 뜻이 아니다. 만일 인간이 합리적일 수 없다면 인간이 어떻게 비합리적인지를 발견하지 못했을 것이다. 인간의 판단을 평가할 수 있는 합리적인 척도가 없고, 그래서 그런 평가를 수행할 수 없기 때문이다. 인간은 편향과 오류에 빠질 수도 있지만, 언제나 그러지는 않으며, 혹 언제나 그런다면 어느 누구도 인간은 편향과 오류에 빠질 수 있다고 말할 자격이 없을 것이다. 적절한 상황에 놓일 때 인간의 뇌는 이성적일 줄 안다. 문제는 그런 상황을 확인하고 더 확실히 적용하는 것이다.

같은 이유로 평론가들은 냉혹하게 조롱하는 어조로 말할 때가 아니라면 우리가 "탈진실 시대(post-truth era)"에 살고 있다는 상투적 신조어를 거둬야 한다. 그 말은 정신을 좀먹는다. 우리가 선전과 거짓말에 우리를 내맡길 수밖에 없으며 우리 자신의 능력으로는 그것에 맞서 싸우기 어렵다는 의미이기 때문이다. 우리가 사는 시대는 탈진실 시대가 아니다. 허위, 진실 감추기, 음모론, 대중의 미망과 광기는 우리 종만큼 오래되었지만, 어떤 생각의 참과 거짓을 구분할 수 있다는 확신도 그만큼 오래되었다.[75] 거짓말쟁이 트럼프와 진실에 도전하는 그 추종자들이 부상한 그 기간에 팩트체크라는 새로운 윤리도 함께 부상했다. 2007년에 출범한 사실 확인 프로젝트, 폴리티팩트의 편집자 앤지 드로브닉 홀런(Angie Drobnic Holan)은 이렇게 말했다.

요즘 많은 방송 기자들이 …… 팩트체크의 횃불을 들었고 이제 생방송 인터뷰 도중에 정확성을 주제로 후보자들을 심문한다. 유권자들은 사실에 기초한 듯 보이는 진술이 정확한지 어떤지를 따지는 것이 편향적이라고 생각하지 않는다. 올해 초에 미국 언론 재단이 발표한 조사에서는 미국인 10명 중 8명 이상이 정치적 팩트체크를 긍정적으로 본다는 사실이 밝혀졌다.

사실 기자들에게 종종 듣는 말에 따르면, 토론이나 이목을 끄는 뉴스가 나간 뒤에 아주 많은 사람이 팩트체크를 클릭하기 때문에 언론사들이 팩트체크를 강조하기 시작했다는 것이다. 이제는 많은 독자가 팩트체크도 전통적인 뉴스의 일부로 자리 잡기를 원하고, 뉴스가 사실이 의심스러운 주장을 되풀이하면 옴부즈맨과 독자 대표에게 소리 내어 불평한다.[76]

유언비어가 수시로 소수 민족 학살, 린치, 전쟁에 불을 붙이던 시대에 (1898년 스페인-미국 전쟁, 1964년 베트남 전쟁, 2003년 이라크 침공, 그밖의 수많은 전쟁) 이런 윤리가 있었다면 큰 도움이 되었을 것이다.[77] 2016년에는 트럼프의 승리를 막을 만큼 엄밀히 적용되지 않았지만, 이후로 그와 그의 대변인들의 사소한 거짓말들은 언론과 대중 문화의 무자비한 조롱을 피하지 못했다. 진실을 옹호하는 장치가 비록 항상 승리하지는 못해도 늘 가동되고 있다는 뜻이다.

장기적으로 볼 때 이성의 여러 제도는 믿음 공유지의 비극을 누그러뜨리고 진리를 승리로 이끈다. 오늘날까지 우리를 괴롭히는 그 모든 부조리에도 불구하고 영향력 있는 사람 중에서는 거의 누구도 늑대 인간, 유니콘, 마녀, 연금술, 점성술, 피뽑기 치료, 장기, 동물 제물, 왕권신수설, 무지개와 식(蝕)이 초자연적인 징조라는 주장을 믿지 않는다. 도덕적 부조리 역시 자양분을 얻지 못하고 밀려나고 있다. 내가 어릴 때만 해도 버지니아 주 판사 리언 바질(Leon M. Bazile, 1890~1967년)은 인종 간 결혼을 한 죄로 리처드 페리 러빙(Richard Perry Loving, 1933~1975년)과 밀드레드 들로레스 러빙(Mildred Delores Loving, 1939~2008년)에게 유죄를 확정하면서, 오늘날 가장 미개한 보수주의자라도 입에 담지 못할 주장을 했다.

피고는 매우 중한 죄를 저질렀다. 피고가 범한 죄는 공공 질서를 위해 제정된 공법에 반한다. …… 사회 질서, 공중 도덕, 두 인종의 최대 이익이 그 공익 질서에 달려 있다. …… 전능하신 하느님은 백인, 흑인, 황인, 말레이, 적인(red, 아메리카 원주민. — 옮긴이)을 창조하고 이들을 각기 다른 대륙에 놓으셨

다. 하느님이 인종을 분리하셨다는 사실로 보아 인종 간 혼합을 선하다고 볼 수 없음이 명백하다.[78]

또한 리버럴도 대부분 1969년에 당대의 지식 아이콘이었던 수전 손택(Susan Sontag, 1933~2004년)이 카스트로의 쿠바를 옹호한 아래와 같은 말에 수긍하지 않을 것이다.

쿠바 사람들은 자발성, 유쾌함, 관능, 환각에 익숙하다. 쿠바 사람들은 인쇄 문화의 직선적이고 무미건조한 피조물이 아니다. 요컨대 그들의 문제는 우리와 거의 정반대이며, 그런 관점에서 우리는 문제를 해결하고자 하는 그들의 노력에 공감해야 한다. 우리는 좌익 혁명의 전통적인 청교도주의를 못 미더워하지만, 미국의 급진주의자들은 댄스 음악, 매춘, 시가, 낙태, 리조트 라이프, 포르노 영화로 유명한 나라가 성도덕에 대해 약간 엄격해질 때가 있으며, 2년 전처럼 상황이 심각할 때에는 아바나에서 동성애자 몇천 명을 체포해서 스스로 교정하도록 농장으로 보낼 수도 있음을 균형 있게 봐야 한다.[79]

사실 이 농장들은 강제 노동 수용소로, 자발적이고 유쾌한 환각의 교정 수단이 아니라 라틴 문화에 뿌리 깊이 박혀 있는 동성애 혐오의 표현이었다. 오늘날 어처구니없는 공공 담론 때문에 기분이 상할 때마다, 사람들이 과거에도 그리 이성적이지 않았음을 상기할 필요가 있다.

~

어떻게 하면 사회 전체의 합리적 추론의 기준을 높일 수 있을까? 사실과 논리를 통한 설득은 가장 직접적인 전략으로, 가끔은 유용하다. 사람들은 증거를 모두 무시하고 믿음에 매달리기도 한다. 만화 「피너츠(Peanuts)」에서 루시는 내리는 눈 속에 천천히 파묻히고 있는데도 눈이란 땅에서 (풀처럼) 돋아나서 위로 올라가는 것이라고 주장한다. 다만 바람이 부는 통에 높이 쌓이는 데 한계가 있다면서. 사람들은 지금까지 표명해 온 입장과 모순되는 정보를 처음 마주할 때 원래의 입장에 훨씬 더 집착하게 된다. 이것은 정체성 보호 인지, 동기 기반 추론, 인지 부조화 감소 등의 이론으로 쉽게 예상할 수 있는 현상이다. 믿음을 지닌 사람들은 정체성이 위협받는다고 느낄 때 더 완고해지고, 도전에 응수하고자 더 많은 탄약을 그러모은다. 하지만 우리 마음의 다른 부분은 개인과 실재를 계속 접촉시키기 때문에, 반증이 쌓이는 만큼 부조화가 증가하고 일정 수준을 넘어서면 균형을 잃고 생각이 바뀌는데, 이 현상을 정서적 전환점(affective tipping point)이라고 부른다.[80] 그 전환점은 견해를 포기하면 당사자의 평판이 얼마나 떨어질지와, 반증이 일반 상식처럼 뻔하고 공공연한지('벌거벗은 임금님'처럼 모두가 알고 있는 문제인지)의 균형에 달려 있다.[81] 앞서 10장에서 보았듯이, 기후 변화에 대한 여론에 바로 그런 일이 발생하고 있다. 그리고 설득력과 영향력을 가진 핵심 인물들이 먼저 사고를 전환하고 다른 모든 사람이 그 뒤를 따를 때, 한 세대가 같은 도그마에 집착하지 않는 다른 세대로 교체될 때(끝없이 이어지는 장례식과 진보), 인구 전체가 변화한다.

사회 전반에서 이성의 바퀴가 느리게 돌아간다면 그 속도를 높이는 것이 좋을 것이다. 회전력을 높일 수 있는 분명한 장소는 교육 현장과 미디어이다. 지난 몇십 년 동안 이성의 옹호자들은 '비판적 사고(critical thinking)'로 무장한 커리큘럼을 채택하도록 학교와 대학에 압력을 가했다. 학생들은 한 문제의 양쪽 면을 보고, 자신의 견해를 증거로 뒷받침하고, 순환 논리, 허수아비 논증, 권위에 호소하기, 주장이 아니라 주장한 사람을 공격하는 대인 논증, 흑백 논리 같은 논리적 오류를 찾아내도록 배운다.[82] '탈편향(debiasing)'이라고 불리는 이런 프로그램을 통해 학생들

은 가용성 휴리스틱과 확증 편향 같은 인지 오류에 대해 예방 접종을 맞는다.[83]

이 프로그램들이 처음 도입되었을 때에는 실망스러운 결과가 나왔다. 우리가 거리의 사람들에게 정신 차리라고 말할 자격이 있는지부터가 비관적이었다. 하지만 위험 분석가들과 인지 심리학자들도 태어날 때부터 우월한 족속이 아니었고, 인지적 오류와 그 오류를 피하는 법에 대해 교육의 덕을 본 것이 분명하다. 그렇다면 그런 계몽을 더 넓게 적용하지 못할 이유가 없다. 이성의 절묘함은 이성의 실패를 이해하는 데 항상 적용될 수 있다는 것이다. 비판적 사고와 탈편향 프로그램을 되돌아보자 성공과 실패의 요인이 가려졌다.

그 요인은 교육학자들에게는 친숙한 것이었다.[84] 만일 수업이 교사는 칠판 앞에서 일방적으로 떠들고, 학생들은 묵묵히 형광펜으로 교과서에 밑줄만 치는 식으로 이루어지고 있다면 **어떤** 커리큘럼도 교육적으로 무기력할 것이다. 사람들은 어떤 개념을 충분히 생각하거나, 그것을 갖고 다른 사람과 토론하거나, 그것으로 문제를 해결하지 않을 수 없을 때에만 그 개념을 이해한다. 효과적인 교육을 가로막는 두 번째 방해물은 학생들이 한 사례를 통해 배운 것을 같은 범주에 속한 다른 사례들에 자연스럽게 적용하지 못한다는 것이다. 학생들은 수학 시간에 최소 공배수를 이용해서 행진하는 무리를 균등한 행렬로 배열하는 법을 배운 뒤에도 텃밭에서 채소를 균등하게 배열하라고 하면 고개를 갸우뚱거린다. 마찬가지로 비판적 사고 수업에서 미국 독립 혁명을 영국의 관점과 미국의 관점에서 논했어도, 독일인들이 제1차 세계 대전을 어떻게 봤는지를 고려하는 문제로는 건너뛰지 못한다.

이러한 학습에 대한 학습을 바탕으로 심리학자들은 최근에 논리적, 비판적 사고 강화로 이어지는 탈편향 프로그램들을 고안해 냈다. 학생들로 하여금 광범위한 맥락에 걸쳐 오류들을 탐지하고, 이름 붙이고, 수정하도록 장려하는 학습 프로그램들이다.[85] 어떤 커리큘럼은 컴퓨터 게임을 통해 학생들에게 실행 과제를 주고 오류가 있으면 불합리한 결과가 나올 수 있음을 보여 주는 되먹임 과정이 포함되기도 한다. 또한 난해한 수학적 진술을 쉽게 상상할 수 있는 구체적인 시나리오로 바꾸는 커리큘럼도 있다. 테틀록은 훌륭한 예보자들의 습관을 모아 좋은 판단의 지침으로 만들었다. (예를 들어, 기준율을 먼저 잡고 시작할 것, 증거를 찾고 찾은 증거에 과도하게 반응하거나 미온적으로 반응하지 말 것, 자신의 오류를 변명하거나 발뺌하지 말고 재조정의 근거로 삼을 것.) 이런 프로그램들은 명백히 효과가 있다. 학생들이 새로 발견한 지혜는 수업 시간이 끝난 뒤 새로운 과목에서도 활용된다.

이 실험은 성공적이고, 편향을 탈피한 비판적 사고 능력이 다른 모든 것을 생각하는 데에도 선행 조건인 것은 사실이지만, 거의 어떤 교육 기관도 합리성을 증진하는 것을 목표로 삼지 않고 있다. (내가 있는 대학도 마찬가지이다. 나는 커리큘럼 검토 시간에 모든 학생이 인지 편향에 대해 배워야 한다고 말했지만, 내 제안은 입에서 나오자마자 공허한 울림이 되었다.) 많은 심리학자들이 심리학의 임무는 "탈편향을 세상에 보급"하는 것이라고 주장한다. 심리학이 인류의 복지에 보탤 수 있는 가장 큰 공헌 중 하나이기 때문이다.[86]

～

비판적 사고와 인지 편향에서 벗어나는 방법을 효과적으로 가르친다고 해도 정체성 보호 인지를 바로잡기에는 부족할 수 있다. 사람들은 부족의 영광과 부족 내에서의 지위를 높여 준다면 어떤 견해라도 완강하게 고수하는 경향이 있다. 이 병은 정치 영역에서 가장 불건전한 병상을 나타내는데, 지금까지 과학자들은 오진을 거듭하면서 그 원인으로 믿음 공유지의 비극과 관련된 근시안적인 합리성이 아니라 비합리성과 과학적 무지를 지목했다. 어느 저자가 지적했듯이, 과학자들은 영국인이

외국인들을 취급하는 방식으로 대중을 취급한다. 더 느리게, 더 크게 말하는 것이다.[87]

그렇다면 세상을 더 이성적인 곳으로 만들기 위해서는 학생들을 더 이성적인 사람으로 교육한 뒤 세상에 내보내는 것만으로는 부족할 것이다. 그 일은 직장, 사교 모임, 토론과 의사 결정의 울타리 안에서 이루어지는 담론의 규칙에도 달려 있다. 실험으로 입증된 바에 따르면 올바른 규칙에 따른 논쟁은 믿음 공유지의 비극을 막을 수 있고 한 사람의 추론과 그의 정체성을 분리시켜 주기도 한다.[88] 오래전에 랍비들이 한 가지 기술을 발견했다. 랍비들은 탈무드 학원 학생들에게 탈무드 교리 논쟁을 할 때 입장을 바꿔서 자신과 반대되는 견해를 주장하게 했다. 또 다른 기술은 사람들에게 작은 토론 그룹 안에서 합의에 도달하게 하는 것이다. 이때 사람들은 같은 그룹 사람들을 자신의 견해로 설득해야 하는데, 결국에는 대체로 진리가 승리한다.[89] 현대의 과학자들도 적대적 협력 연구(adversarial collaboration)라는 새로운 전략을 생각해 냈다. 생각이 전혀 다른 두 그룹이 명백한 편향이나 약점이 없다고 양쪽이 만족스럽게 동의한 방식으로 실험을 설계하고 시행하는 것을 목표로 잡고 문제의 진짜 원인을 밝혀 나가는 것이다.[90]

견해를 설명해 보라고 요구하는 것만으로도 사람들의 과도한 확신을 흔들 수 있다. 우리 대부분은 세계를 잘 이해하고 있다고 착각하는데, 이 편향을 설명적 깊이의 착각(illusion of explanatory depth)이라고 한다.[91] 우리는 지퍼, 실린더 자물쇠, 혹은 변기가 어떻게 작동하는지 안다고 생각하지만, 설명해 보라는 요구를 받으면 머뭇거리다 결국 잘 모르겠다고 실토하게 된다. 뜨거운 정치적 쟁점들도 마찬가지이다. 오바마케어나 북아메리카 자유 무역 협정에 관해 완고한 견해를 가진 사람들에게 그것이 실제로 어떤 정책이냐고 물어보면, 자기가 무슨 이야기를 하고 있는지 모른다는 것을 깨닫고 반론에 더 열린 태도를 보인다. 아마 가장 중요한 것은, 사람들이 개인적인 투자를 해서 그 견해의 결과를 감수해야 할 때에는 편향이 확 줄어든다는 사실일 것이다. 합리성에 관한 문헌들을 검토한 논문에서 인류학자인 위고 메르시에(Hugo Mercier)와 댄 스퍼버(Dan Sperber)는 이렇게 결론짓는다. "인간의 추론 능력을 암담하게 평가하는 것이 일반적이지만, 반대로 사람들은 적어도 자기 주장을 하지 않고 남의 주장을 평가할 때, 그리고 논쟁에서 이기기보다 진리를 알고 싶을 때에는 편견 없이 추론하는 능력이 꽤 뛰어나다."[92]

구체적인 영역에서 작동하는 규칙들이 우리를 집단적으로 멍청하게 만드는지 똑똑하게 만드는지를 들여다보면 이 장에서 계속 고개를 내미는 역설, 즉 '지식과 그것을 공유하는 수단이 역사상 전례 없이 풍부한 이 시대에 왜 세계는 더 불합리해지는 것처럼 보이는가?'라는 문제를 해소할 수 있다. 결론은 세계가 대부분의 영역에서 더 부조리해지고 있지 **않다**는 것이다. 병원에서 환자들이 엉터리 진료 때문에 갈수록 많이 죽어 가고 있거나, 비행기가 더 많이 공중에서 추락하고 있거나, 저장할 방법을 찾지 못해서 부두에서 식량이 더욱더 많이 썩고 있는 것 같지는 않다. 진보에 관한 장들에서 보았듯이 우리의 집단적 창의성은 갈수록 더 훌륭하게 사회의 문제들을 해결해 나가고 있다.

실제로 점점 더 많은 영역에서 이성의 군대가 도그마와 본능을 정복하고 있는 현상이 우리 눈앞에 펼쳐지고 있다. 신문사들은 통계학자와 팩트체커 분대를 가동해서 맨발로 뛰는 예전 방식과 개인의 박식함을 보완하고 있다.[93] 국가 정보를 다루는 은밀한 세계는 슈퍼 예보자들의 베이스주의적 추론을 활용해 미래를 더 멀리 내다보고 있다.[94] 건강 관리는 증거 기반 의료를 통해 새로운 방향으로 나아가고 있다. (옛날 같았으면 이 말은 하나 마나 했을 것이다.)[95] 심리 치료는 소파와 노트에서 되먹임 활용

치료법(feedback-informed treatment)으로 진화했다.[96] 폭력 범죄는 실시간으로 데이터를 처리해서 범죄를 예측하는 콤프스탯(CompStat)이라는 시스템 덕분에 뉴욕은 물론이고 점점 더 많은 도시에서 확연히 감소하고 있다.[97] 개발 도상국을 돕는 노력은 랜덤 기법가(randomista), 즉 무작위 시험으로 데이터를 모아서 인기는 있지만 쓸데없는 계획과 실제로 사람들의 삶을 향상해 주는 계획을 정확히 구분해 내는 경제학자들이 이끌고 있다.[98] 효율적 이타주의 운동은 자원 봉사자들의 자선 사업을 현미경으로 들여다보면서, 수익자의 삶을 향상시키는 이타적 행동과 수혜자의 자기 만족감을 높여 주는 행동을 구분한다.[99] 스포츠에서는 머니볼(Moneyball) 이론이 출현해서 직관과 전설보다는 통계학적 분석으로 전력과 선수를 평가하고 있다. 결국 부유한 팀보다 영리한 팀이 승리를 거두고 난로 주변에 모인 팬들에게 새로운 이야깃거리를 끊임없이 제공한다.[100] 블로그 세계에서는 래셔널리티 커뮤니티(Rationality Community)라는 그룹 블로그가 탄생했는데, 베이스주의 추론을 적용하고 인지 편향을 보완해서 "덜 틀린(less wrong)" 견해를 갖도록 촉구한다.[101] 그리고 여러 나라의 정부들은 일상적으로 행동적 통찰(behavioral insight, 때로는 넛지(nudge)라고 불린다.)과 증거에 기반한 정책을 활용해서 더 적은 세금으로 더 많은 사회적 이익을 짜내고 있다.[102] 갈수록 많은 분야에서 세계는 더 합리적인 곳이 되고 있다.

물론 지긋지긋한 예외가 하나 있다. 바로, 선거 정치와 거기에 항상 달라붙어 다니는 이슈들이다. 이 영역을 지배하는 게임의 규칙은 사람들의 내면에서 비합리성을 최대한 뽑아내게끔 극악하게 설계되어 있다.[103] 유권자들은 개인적으로 자신과 상관없는 주제에 대해 한 마디씩 하는데도, 애써 정보를 얻거나 자기 입장을 정당화할 필요조차 못 느낀다. 경제와 에너지 같은 실용적인 의제들이 안락사와 진화론 교육 같은 뜨거운 도덕적 쟁점들과 하나의 꾸러미로 얽힌다. 지리적, 인종적, 종족적 선거구를 가진 정치적 연합체들이 각각의 꾸러미를 하나씩 책임진다. 미디어는 선거를 경마처럼 보도하고, 이슈를 분석할 때에는 팽팽한 대결과 이데올로기적인 난도질을 부추긴다. 이 난리통에 사람들은 합리적인 분석에서 멀어지고 자기 표현에만 열중한다. 민주주의의 혜택은 정부가 자신의 권력을 얼마나 축소하고, 국민에게 얼마나 민감하게 반응하고, 정책의 결과에 얼마나 주의를 기울이느냐에 달려 있음에도, 민주주의의 이익이 선거에서 나온다는 잘못된 생각이 이런 양상 중 일부를 만들어 낸다. (14장) 그 결과 국민 투표와 직접 예비 선거처럼 통치를 더 '민주적'으로 만들기 위해 고안한 개혁들이 거꾸로 통치를 정체성에 매달리는 비이성적인 행위로 만든다. 이 수수께끼 같은 문제들은 민주주의에 본질적이며, 플라톤 시대 이래로 지금까지 계속 논쟁을 일으켜 왔다.[104] 이 수수께끼들을 즉시 해결할 수 있는 답은 존재하지 않으며, 현재 가장 심각한 문제들이 무엇인지를 확인하고 그 문제들을 누그러뜨리는 것을 목표로 정하는 것이 올바른 출발점이다.

이슈들이 정치화되지 않을 때 사람들은 완전히 이성적일 수 있다. 케이헌은 "과학에 대한 격렬한 공개적 논쟁은 사실 항상 있는 일이 아니라 예외에 속한다."라고 지적한다.[105] 항생제가 효과가 있는지, 음주 운전이 좋은 생각인지를 확인하려고 실제로 검증을 하는 사람은 아무도 없다. 대조군이 적절하게 매칭된 자연 실험으로 그 사실이 역사상 최근에 입증되었기 때문이다.[106] 사람 유두종 바이러스(human papillomavirus, HPV)는 성접촉으로 전파되고 자궁경부암의 주요 원인이지만 백신을 맞으면 면역이 된다. B형 간염 역시 성접촉으로 전파되고 암을 일으키고 백신으로 예방된다. 하지만 HPV 백신 접종은 정치적으로 큰 소용돌이를 일으켜서, 정부가 청소년들의 섹스를 조장하면 안 된다고 부모들이 항의하는 사태가 발생했다. 반면에 B형 간염 백신은 반대가 없다. 차이는 두 가지 백신을 도입한 방식에 있다. B형 간염은 백일해나 황열병처럼 통상적인 공중 보건 문제로 취급되었다. 하지만 HPV 백신을 도입할 때에는 제약 회사가 주 의회에 로비를 해서 청소년기 여자아이들부터 백신을 의무화하게 했고, 그로 인해 치료가 성적인 성격을 띠게 되었으며, 청교도적인 부모들의 우려를 증폭시켰다.

공공 담론을 더 이성적으로 만들고자 한다면 이슈들을 가능한 한 탈정치화해야 한다. 실험들로 입증된 바에 따르면 사람들은 가령 복지 개혁 같은 새로운 정책에 대해 들을 때 자기가 지지하는 당이 제안하면 그 정책을 좋아하고 반대하는 당이 제안하면 싫어하면서도, 내내 자기는 정책의 객관적인 장단점에 반응하고 있다고 확신한다.[107] 몇몇 기후 운동가는 앨 고어가 『불편한 진실(An Inconvenient Truth)』을 쓰고 영화에 출연한 것이 환경 운동에 득보다 독이 되었을 수 있다고 한탄했다. 민주당 출신의 전 부통령이자 대통령 후보였던 고어 때문에 기후 변화에 좌파 낙인이 찍혔다는 이유에서이다. (오늘날에는 믿기 힘들지만, 한때 환경 운동은 **우파**의 대의명분일 때가 있었다. 상류 계급이 인종 차별, 빈곤, 베트남 같은 심각한 이슈보다는 시골 사유지에서 사냥할 오리의 서식지와 풍광을 걱정한 것이다.) 더 많은 과학자를 고용해서 더 큰 목소리로 더 느리게 이야기하게 하는 것보다는 기후 변화의 증거를 확신하고 있는 보수적인 논평가와 리버럴한 논평가를 함께 동원한다면 더 큰 효과를 볼지도 모른다.[108]

또한 실질적인 상황과, 정치적으로 상징적인 의미가 부여된 해결책을 분리할 필요가 있다. 케이헌의 실험 결과에 따르면, 사람들이 배기 가스를 엄격하게 통제해야 한다는 말을 들을 때보다는 배기 가스가 지구 공학을 통해 완화될 수 있다는 사실을 떠올리게 될 때 인간 활동으로 인한 기후 변화의 존재를 더 탈정치적으로 생각한다.[109] (물론 그렇다고 해서 지구 공학을 1차적 해결책으로서 옹호할 필요가 있다는 말은 아니다.) 이슈를 탈정치화하면 진정한 행동이 나올 수 있다. 플로리다의 사업가, 정치인, 주민 자치회로 이루어진 협상단(많은 사람이 공화당 지지자였다.)은 케이헌의 도움을 받아 해안 도로와 담수 공급을 위협했던 해수면 상승에 대처하는 계획에 동의했다. 계획안에는 탄소 배출을 줄이는 방안이 포함되어 있었다. 다른 상황이었다면 정치적 방사능이 터져 나왔을 것이다. 하지만 눈으로 볼 수 있는 문제들에만 집중해서 계획을 세우고 정치적 대립을 조장하는 배경 이야기를 자제했더니 모두가 합리적으로 행동했다.[110]

한편 미디어는 어떤 것이 정치를 스포츠로 바꾸는지를 조사해 볼 수 있고, 지식인들과 평론가들은 논쟁을 벌이기 전에 한 번 더 숙고할 필요가 있다. 유명한 칼럼니스트들과 출연자들이 뻔한 결론만 낳는 정치적 지향을 버리고 개별 이슈에 기초해서 합리적인 결론을 성실하게 도출하는 날을 우리는 상상할 수 있을까? "좌파(또는 우파) 입장을 되풀이하고 있군요."라는 말이 치명적인 지적으로 받아들여지는 날이 과연 올까? 사람들(특히 교수들)이 "총기를 규제하면 범죄가 줄어들까요?"나 "최소 임금을 정하면 실업자가 늘어날까요?" 같은 질문을 받으면 정치적 성향에 따라 예측할 수 있는 반사적인 응답을 내놓는 것이 아니라, "잠깐만요, 가장 최근에 나온 메타 분석을 찾아보겠습니다."라고 대답하는 날이 올 수 있을까? 우파와 좌파 성향의 저술가들이 시카고 방식("상대가 칼을 꺼내면 우린 총을 꺼내. 상대가 우리 편 하나를 응급실로 보내면 우린 상대편 하나를 영안실로 보내.")[111]을 버리고, 긴장 완화를 위한 점진적 상호 조치, 즉 GRIT 전술을 채택하는 것을 볼 수 있을까? (이쪽이 먼저 조금 양보하면서 상대방의 같은 양보를 요구하는 방식 말이다.)

그런 날은 멀고 아득하다. 하지만 이성의 자가 치유력, 즉 추론의 결함을 지목해서 교육과 비판의 표적으로 삼는 그 힘은 효력을 발하기까지 시간이 걸린다. 일화(주로, 개인적 경험)에 의거해서 추론하는 일화적 추론, 그리고 상관 관계를 인과 관계로 혼동하는 오류에 대해서 프랜시스 베이컨(Francis Bacon, 1561~1626년)이 도달한 결론이 과학적 사고력이 있는 사람들에게 제2의 천성이 되기까지는 수백 년이 걸렸다. 가용성 편향과 그밖의 인지 편향을 보여 준 트버스키와 카너먼의 증명이 우리의 통념에 들어오기까지는 거의 50년이 걸렸다. 정치적 부족주의가 오늘날 가장 음험한 형태의 부조리라는 발견은 아직도 새롭고 그리 널리 알려지지 않았다. 실제로 아주 세련된 사색가들도 여느 사람들처럼 정치적 부족주의에 저도 모르게 감염되어 있을 수 있다. 모든 것에 가속이 붙고 있는 시대이므로 조만간 대응책이 유행할 것이다.

아무리 오래 걸리더라도 인지적, 감정적 편향의 존재를 허락해서는 안 된다. 그렇지 않으면 정치 영역에서 발작적으로 출현하는 비합리성 때문에 이성과 진리의 끈질긴 추구라는 계몽주의의 이상에서 멀어지게 된다. 만일 우리가 인간의 비합리적 방식들을 식별할 수 있다면 분명 합리적인 방식이 무엇인지 알고 있는 것이다. 결코 **우리**만 특별한 사람이 아니기 때문에, 우리의 동료 인간들도 어느 정도는 합리성이라는 능력을 갖고 있음이 분명하다. 그리고 이성적으로 생각하는 사람이 항상 한 걸음 물러서서 자신의 단점을 숙고하고 그것을 우회하는 방법을 추론해 낼 수 있는 까닭은 이성의 본질이 본래 그렇기 때문이다.

22장
과학

은하 간 자랑 대회에서든 신 앞에서 증언하는 자리에서든, 만일 인류의 가장 당당한 업적이 무엇인지를 꼽아야 한다면, 우리는 무슨 말을 해야 할까?

우선 노예제 폐지와 파시즘의 종식 같은 인간 권리의 역사적 승리를 자랑할 수 있을 것이다. 하지만 그런 승리가 아무리 자랑스럽다고 해도 그것은 우리 스스로 만든 장애물을 제거한 것에 불과하다. 마치 이력서의 경력 사항에 헤로인 중독을 극복했다고 적는 꼴이 될 것이다.[1]

우리는 분명 예술, 음악, 문학의 걸작들을 포함시킬 것이다. 하지만 아이스킬로스, 엘 그레코, 빌리 홀리데이의 작품이 뇌와 경험으로 상상할 수 없을 정도로 우리와 다른 지성체들에게 과연 이해될 수 있을까? 문화를 초월해서 어떤 지능과도 공명할 수 있는 보편적인 아름다움과 의미가 있을 수도 있지만(내가 좋아하는 생각이다.), 그게 무엇인지는 좀체 알기 어렵다.

하지만 우리가 정신을 재정(裁定)하는 어떤 재판소에서도 떳떳하게 내세울 수 있는 성취 영역이 하나 있다. 바로 과학이다. 어느 지적 행위자가 자신이 존재하는 세계에 무덤덤하게 반응하리라고는 상상하기 어려운데, 우리 역시 그 호기심을 넉넉하게 충족시켜 왔다. 우리는 우주의 역사, 우주를 움직이는 힘들, 우리 몸을 구성하는 물질, 생명체의 기원, 우리의 정신 활동을 포함한 생명의 장치에 대해 많은 것을 설명할 줄 안다.

비록 우리는 모르는 것이 막대하지만(앞으로도 항상 그럴 테지만), 우리의 지식은 놀랄 만하며, 매일 조금씩 증가한다. 물리학자 션 마이클 캐럴 (Sean Michael Carroll, 1966년~)이 『빅 픽처(*The Big Picture*)』에서 주장하듯이, 일상의 삶(즉 블랙홀, 암흑 물질, 대폭발처럼 극단적인 값을 가진 에너지 및 중력이 작용하는 영역을 제외한 세계)을 떠받치는 물리 법칙은 **완전히** 알려져 있다. 이것이 "인류 지성사의 가장 위대한 승리 중 하나"임은 부인하기 어렵다.[2] 과학은 생물계에서 150만 종 이상을 기술하고 있고, 여세를 몰아 남은 700만 종에도 금세기 안에 이름을 붙일 것이다.[3] 게다가 세계에 대한 우리의 이해는 단지 기본 입자와 힘, 그리고 종의 목록에 그치는 것이 아니라, 중력은 시공간 곡률이고, 생명의 기초에는 정보를 전달하고 물질 대사를 지시하고 자기 자신을 복제하는 분자가 놓여 있다는 등의 심오하고 정연한 원리들로 이루어져 있다.

과학적 발견은 계속해서 놀라움과 기쁨을 주고, 전에는 대답할 수 없는 문제에 답을 준다. 왓슨과 크릭이 DNA 구조를 발견했을 때에는, 3만 8000년이나 된 네안데르탈인 화석의 유전체를 분석하고 그 안에 말과 언어와 연결된 유전자가 있음을 알게 되는 날이 오거나, 오프라 윈프리 (Oprah Winfrey, 1953년~)의 DNA를 분석해서 그녀가 라이베리아 열대 우림에 사는 크펠레(Kpelle) 족의 후손임을 밝히게 되는 날이 오리라고는 꿈꾸지 못했을 것이다.

과학은 인간 조건에 새로운 빛을 비추고 있다. 고대, 이성의 시대, 계몽주의 시대의 위대한 사상가들은 너무 일찍 태어나는 바람에 도덕성과 의미에 깊은 영향을 미치는 개념들, 즉 엔트로피, 진화, 정보, 게임 이론, 인공 지능을 알지 못했다. (그들도 종종 선구적인 개념들과 근사한 개념들을 어설프게 만지작거리기는 했지만.) 그 사상가들이 우리에게 소개한 문제들은 오늘날 이런 개념으로 훨씬 풍부해졌고, 뇌 활동을 보여 주는 입체 영상과 개념의 전파를 추적하는 빅 데이터 마이닝(big data mining) 같은 수단을 통해 정밀하게 탐사되고 있다.

과학은 또한 숭고하면서도 아름다운 이미지들을 보여 준다. 스트로보스코프(stroboscope, 주기적으로 깜박이는 빛을 쬠으로써 급속히 회전(또는 진동)하는 물체를 정지 상태처럼 관측하는 장치. ─옮긴이)로 잡은 정지 동작, 열대 우림과 심해 열수공의 화려한 동물군, 우아하게 선회하는 은하와 뿌옇게 빛나는 성운, 형광으로 반짝거리는 신경 회로, 칠흑 같은 우주에서 달 표면 위로 밝게 떠오르는 지구 같은. 위대한 예술 작품처럼 이 이미지들은 그저 예쁜 사진이 아니라 삼라만상을 관조할 수 있게 해 주는 것으로서 인간의 의미와 자연에서 인간의 위치에 관해 더 깊은 깨우침을 준다.

또한 진보에 관한 장들에서 언급했듯이 과학은 생명, 건강, 부, 지식, 자유 같은 귀한 선물을 우리에게 안겨 주었다. 6장의 예를 하나 들자면, 과학적 지식은 20세기에만 3억 명의 목숨을 앗아 간 고통스럽고 추한 상처를 남기는 질병, 천연두를 근절했다. 혹시라도 이 도덕적 위업을 대충 읽고 지나간 사람을 위해, 한 번 더 말하고자 한다. 과학적 지식은 20세기에만 3억 명의 목숨을 앗아 간 고통스럽고 추한 상처를 남기는 질병, 천연두를 근절했다.

이 경이로운 업적들 앞에서 우리가 쇠락, 환멸, 무의미, 천박함, 부조리의 시대에 살고 있다는 불평은 잠잠해질 수밖에 없다. 그러나 오늘날 과학의 힘과 아름다움은 몰이해의 대상일 뿐 아니라 격한 분노의 불씨가 된다. 과학에 대한 경멸은 의외의 방면에서 튀어나온다. 종교적 근본주의자들과 아무것도 모르는 정치인은 그렇다 쳐도, 가장 존경받는 지식인들과 가장 권위 있는 고등 교육 기관들마저 과학을 경멸하고는 한다.

～

미국에서 과학을 경멸하는 우파 정치인들의 태도는 저널리스트 크리스 무니(Chris Mooney, 1977년~)의 『과학을 상대로 한 공화당의 전쟁(*The Republican War on Science*)』에 잘 나타나 있으며, 충실한 공화당원들조차도(예를 들어, 전 루이지애나 주지사 바비 진달(Boby Jindal, 1971년~)이 있다.) 자신의 조직을 "얼간이 당"이라고 부르는 이유가 되었다.[4] 이 평판은 조지 워커 부시 행정부가 시행한 정책들에서 기인했는데, 예를 들어 창조론 교육을 장려한 정책('지적 설계론' 교육으로 위장했다.)과 공정한 과학 심사단에 자문을 구하는 오래된 관행을 버리고 마음이 맞는 이데올로그들로 심사단을 꾸린 정책에서 기인했다. 그들 중 다수가 이상한 생각(낙태를 하면 유방암에 걸린다.)을 조장하는 동시에 과학적으로 충분히 입증된 생각(콘돔으로 성 매개 전염병을 막을 수 있다.)을 거부했다.[5] 공화당 정치인들은 코미디 같은 행동을 했다. 한 예로, 오클라호마 상원 의원이자 환경과 공공 사업 위원회 위원장인 제임스 마운틴 인호프(James Mountain Inhofe, 1934년~)는 2015년에 지구 온난화를 반박하기 위해 상원 의사당 마룻바닥에 눈덩이를 갖다 놓았다.

앞 장의 경고에 따르면, 정치적 담론장에서 벌어지는 과학 경멸 혹은 멸시는 대개 낙태, 진화, 기후 변화 같은 중요한 쟁점을 중심으로 벌어진다. 하지만 과학적 합의에 대한 정치권의 경멸은 곧 무지를 광대역으로 확대하는 일이 되고는 한다. 텍사스 주 하원 의원이자 하원의 과학 우주 기술 위원회 위원장인 라마 실리그선 스미스(Lamar Seeligson Smith, 1947년~)는 미국 국립 과학 재단을 괴롭혔는데, 기후 과학(그는 좌파의 음모라고 생각한다.)을 연구했다는 이유뿐 아니라 동료 평가를 거쳐 승인된 돈으로 연구했다는 이유에서였다. 스미스는 앞뒤 정황을 무시하고 재단의 지원을 조롱했다. (예를 들어, "내셔널 지오그래픽에 있는 동물 사진을 연구하는 데 22만여 달러를 쓰는 것을 연방 정부가 어떻게 용인하겠소?")[6] 또한 국립 과학 재단이 국방과 경제처럼 "국익"을 증진하는 연구만 지원할 것을 요구하는 입법을 제안해서 기초 연구에 대한 연방 정부의 지원을 가로막으려고 했다.[7] 물론 과학은 국경을 초월하고(체호프가 말했듯이, "민족의 구구단이 없는 것처럼 민족의 과학도 없다."), 모두의 이익을 증진하는 과학의 힘은 실재에 대한 과학의 기본적인 지식에서 나온다.[8] 예를 들어, 위성 항법 시스템(GPS)은 상대성 이론을 사용한다. 암 치료는 이중 나선이 발견되었기에 가능하다. 인공 지능은 뇌과학과 인지 과학에서 신경망과 의미망을 빌린다.

하지만 21장에서 지적했던 것처럼 좌파도 과학을 정치적으로 억압해왔다. 인구 과잉, 핵에너지, 유전자 변형 생물에 대한 공포를 조장한 쪽은 좌파였다. 그들은 지능, 성, 폭력, 육아, 편견에 관한 연구들도 설문지의 문항을 선정하는 것에서부터 정치적으로 올바른 가설을 실증되지 않았다는 이유로 지지하지 않은 연구자들에게 협박을 가하는 것에 이르기까지 다양한 수단을 통해 왜곡해 왔다.

～

이 장의 나머지 부분에서 나는 그것보다 훨씬 더 깊은 곳에 도사리고 있는 과학에 대한 적대감에 초점을 맞추고자 한다. 과학이 인문학의 전통적인 영토인 정치학, 역사, 예술에 개입한다고 많은 지식인이 분개한다. 한때 종교가 지배했던 영역에 과학적 추론을 적용하는 것도 그것과 똑같이 매도당한다. 즉 신에 대한 믿음을 배제하고서 도덕을 다루는 많은 저자들이 과학이 가장 큰 궁극의 질문에 끼어드는 것은 모양새가 좋지 않다고 주장한다. 전문적인 의견을 발표하는 주요 잡지에서는 과학적 뜨내기들을 가리켜 결정론, 환원주의, 본질주의, 실증주의는 물론이고 가장 심하게는 과학주의라는 이름의 범죄를 저지른다고 심심치 않게 비난한다.

이 분개는 초당파적이다. 좌파의 비판을 대표하는 사례로는 2011년에 역사학자 T. J. 잭슨 리어스(T. J. Jackson Lears, 1947년~)가 《더 네이션(*The Nation*)》에 발표한 논평이 있다.

실증주의의 기초에는 인간의 모든 행동을 포함해 우주 전체가 정확히 측정할 수 있는, 결정론적인 물리적 과정들로 설명될 수 있다는 환원주의적 믿음이 깔려 있다. …… 실증주의적 가정들은 사회 다윈주의와 인기 있는 진화론적 진보 개념은 물론이고 과학적 인종주의와 제국주의에까지 인식론적 토대를 제공했다. 이 경향들이 하나로 합쳐진 결과 우생학, 즉 '적자(適者)'들을 선택적으로 번식시키고 '부적자(不適者)'들을 단종하거나 제거하면 인간의 복리를 향상할 수 있고 결국에는 완전히 개량할 수 있다고 보는 학설이 되었다. 그다음에 일어난 일은 초등학생들도 다 알고 있다. 20세기의 대재앙을. 두 번에 걸친 세계 대전, 무고한 사람을 대상으로 역사상 전례가 없이 계획적으로 벌인 대량 학살, 가공할 만한 파괴력을 가진 무기의 확산, 제국의 주변부에서 벌어지는 국지전 등 이 모든 사건들이 정도는 다양해도 과학 연구를 첨단 기술에 적용한 것과 관련이 있었다.[9]

우파의 주장은 부시의 생명 윤리 고문인 리언 카스의 2007년 연설에 담겨 있다.

살아 있는 자연과 인간에 관한 과학적 개념과 발견은 그 자체로는 더없이 고맙고 무해하지만, 우리의 전통적인 종교적, 도덕적 가르침을 적대시하고 있으며, 더 나아가 우리가 자유롭고 존엄한 존재라는 고귀한 자기 인식과도 대립하고 있습니다. 우리나라에서 사이비 종교가 발생한 것인데, 저는 여기에 '영혼 없는 과학주의'라는 이름을 붙이고자 합니다. 그 믿음에 따르면 우리의 새로운 생물학이 모든 신비를 제거해서 인간의 삶을 완전히 설명할 수 있으며, 인간의 생각, 사랑, 창조성, 도덕적 판단, 심지어 우리가 신을 믿는 이유까지도 순수하게 과학적으로 설명할 수 있다는 것입니다. 오늘날 우리 인류는 다음 생에서 영혼이 환생하는 것이 아니라 이번 생에서 영혼이 부정당하는 것으로 위협받고 있습니다. ……

명심하십시오. 이 싸움에는 중요한 것이 걸려 있습니다. 이 나라의 도덕적, 영적 건강, 과학의 지속적인 생명력, 인간이자 서양의 자식이라는 우리 자신의 자기 인식……. 무신론자를 포함해 인간의 자유와 존엄을 지지하는 모든 사람은 자칫 우리의 인간성이 위태로워질 수도 있음을 알아야 합니다.[10]

정말 열정이 넘치는 고발자들이다. 잠시 후에 설명하겠지만, 그들의 주장은 날조된 것이다. 과학은 대량 학살과 전쟁의 원인이 아니고, 이 나라의 도덕적, 영적 건강을 위협하지도 않는다. 오히려 인간이 관심을 기울이는 모든 분야에 필수 불가결하며, 여기에는 정치와 예술, 그리고 의미와 목적과 도덕성을 추구하는 분야도 포함된다.

～

과학에 대한 지식인들의 전쟁은 영국 지식인들이 과학을 멸시하던 1959년에 C. P. 스노가 그의 강연과 저서 『두 문화』를 통해 불러일으킨 논쟁의 재연이라고 할 수 있다. 인류학자들이 쓰는 의미로서 '문화'라는 말은, 과학이 화석 연료 회사의 자금 지원을 받는 정치인들뿐 아니라 가장 박식한 일부 지식인들에게도 집중 포격을 당하는 당혹스러운 현상을 설명해 준다.

20세기에 지식의 풍경은 전문화된 영지들로 분할되었고, 과학의 성장(특히 인간 본성의 과학들)은 종종 인문 대학이 말뚝을 치고 둘러막은 영토를 침범하는 것으로 여겨졌다. 인문학자들이 원래 이런 제로섬 마인드를 갖고 있어서가 아니다. 대부분의 예술가는 그런 기미조차 없으며, 내가 아는 소설가, 영화 제작자, 음악가는 과학이 그들의 매체를 어떻게 해명해 줄지에 강한 호기심을 보인다. 그들은 영감을 주는 것이라면 어떤 것이든 마음을 열고 받아들이는 듯하다. 또한 어떤 시대의 역사, 예술 장르, 사상 체계, 여타 인문학의 주제들을 탐구하는 학자들도 불안감을 드러내지 않는다. 진정한 학자는 어디서 생겨난 것이든 개념과 생각을 잘 받아들이기 때문이다. 방어적 호전성은 어떤 **문화**, 즉 스노가 제2문화라고 말한 문예 지식인, 문화 평론가, 박식한 에세이스트 들의 것이다.[11] 작가인 데이먼 링커(Damon Linker)는 (사회학자 대니얼 벨(Daniel Bell, 1919~2011년)의 말을 인용해서) 그들의 특징을 이렇게 묘사했다. "일반화의 전문가들로 …… 자신의 개인적 경험, 독서 습관, 판단력으로 세계를 재단한다. 엉뚱하고 기이한 그 모든 생각에 스민 주관성이 이 문예 공화국의 법정 화폐이다."[12] 이 형태는 과학의 방식과 더 이상 다를 수 없을 정도로 다른 것이다. 그래서인지, 제2문화의 지식인들은 '과학주의'를 '과학만이 중요하다.'거나 '과학자가 모든 문제를 맡아서 해결해야 한다.'라는 입장으로 이해하고서 과학주의를 가장 두려워한다.

물론 스노는 권력이 과학자들의 문화로 이동해야 한다는 정신 나간 입장을 드러내지 않았다. 오히려 그는 **제3의 문화**라는 개념을 제시하면서, 과학, 문화, 역사의 개념들을 결합하고 이것을 전 세계 인간의 번영과 복리 증진에 적용하자고 요청했다.[13] 이 단어는 1991년에 저술가이자 출판권 대행자인 존 브록만(John Brockman, 1941년~)을 통해 다시 태어났다. 이 개념은 생물학자 에드워드 오스본 윌슨(Edward Osborne Wilson, 1929년~2021년)의 지식의 대통합, 즉 **통섭(統攝, consilience)** 개념과 관련이 있는데, 윌슨은 통섭을 계몽 사상가들(다른 누구겠는가?)의 자식으로 보았다.[14] 과학이 인간사에 던져 줄 희망을 이해하기 위해서는 먼저 제2문화의 벙커 심리(bunker mentality, 포격이 멈출 때까지 안전하게 머리를 수그리고 있자는 식의 소극적인 심리. — 옮긴이)를 피해야 한다. 이 심리는 예를 들어 유명한 작가 리언 위셀티어(Leon Wieseltier, 1952년~)가 2013년에 발표한 글의 핵심 구절에 잘 나타나 있다. "요즘 과학이 교양 과목에 침투하고 싶어 한다. 그런 일이 일어나서는 안 된다."[15]

다른 무엇보다 먼저, 과학적 사고를 승인한다고 해서 이것을 '과학'이라는 직업 조합의 구성원들이 특별히 현명하거나 고상하다는 어떤 믿음과도 동일시해서는 안 된다. 과학 문화는 오히려 정반대 믿음에 기초해 있다. 열린 토론, 동료 평가, 이중 맹검 등 과학 문화를 상징하는 관행들이 만들어진 까닭은 과학자들도 인간이기에 저지를 수 있는 과실을 피하기 위함이다. 리처드 필립스 파인만(Richard Phillips Feynman, 1918~1988년)은 과학의 첫 번째 원리를 이렇게 말했다. "나 자신을 속이지 마라. 가장 속이기 쉬운 사람은 나 자신이다."

같은 이유로, 모두에게 더 과학적으로 사고하라고 요구하는 것을, 과학자에게 의사 결정을 넘기라고 요구하는 것과 혼동해서는 안 된다. 많은 과학자가 정책과 법률에 순진하기 이를 데 없고, 세계 정부, 부모 자격증의 의무적 취득, 더러워진 지구를 떠나 다른 행성을 개척하기 같은 황당한 생각을 지어낸다. 하지만 이것은 중요하지 않다. 우리는 어느 성직자에게 권력을 부여할지에 대해 이야기하는 것이 아니라, 어떻게 하면 집단의 결정을 더 현명하게 만들 수 있는지에 대해 이야기하고 있으니 말이다.

과학적 사고를 존중한다고 해서 현재의 과학적 가설이 모두 옳다고 믿어야 하는 것은 절대 아니다. 새로운 가설은 대부분 옳지 않다. 과학의 원동력은 추측과 반박의 순환이다. 가설을 제기하고 그런 뒤 그 가설이 반증의 시도들을 과연 이겨 내는지를 본다는 뜻이다. 과학을 비판하는 사람들은 이 점을 놓치고서, 내 어린 시절의 어느 랍비처럼 진화론을 이렇게 반박한다. "과학자들은 세계가 40억 년이 되었다고 생각한다. 한때는 세계가 80억 년이 되었다고 생각했다. 한 번 40억 년을 깎았으니, 한 번 더 40억 년을 깎을 수 있다." (랍비가 세계의 역사에 관한 과학사에 무지하다는 것은 차치하더라도) 이 랍비의 오류는 과학에서는 증거를 쌓아 가면서 가설에 대한 신뢰를 높일 수는 있어도, 어떤 가설이 처음부터 완전무결하다고 주장할 수는 없다는 기본을 알지 못한다는 것이다. 실제로 이런 부류의 과학 비판은 어불성설이다. 과거의 과학적 주장을 의심하고자 한다면 현재의 과학적 주장을 옳다고 받아들여야 하기 때문이다. 이전 시대의 과학자들이 당대의 편견과 쇼비니즘에 매여 있었기 때문에 그들의 주장과 결론을 믿을 수 없다는 흔한 주장도 마찬가지이다. 그들이 편견과 쇼비니즘에 사로잡혀 과학에서도 오류를 범했다고 오늘 우리가 지적할 수 있는 것도 그들 이후에 개선된 과학을 가지고 있기 때문이다.

과학 주변에 담을 쌓고 과학을 고립시키고자 하는 시도는 이런 주장을 이용하기도 한다. 과학은 물리적인 사실만을 다루고, 그래서 과학자들이 가치, 사회, 문화 등에 대해 말을 하는 것은 논리적 오류를 범하는 셈이라는 것이다. 위셀티어는 "과학이 도덕과 정치와 예술 중 어디에 속하는지를 말하는 것은 과학의 일이 아니다. 그건 철학적 문제이며, 과학은 철학이 아니다."라고 말했다. 하지만 이 주장은 명제와 학문 분과를 혼동하는 논리적 오류를 범하고 있다. 경험적 명제는 논리적 명제와 다르며, 이 둘은 규범적 주장이나 도덕적 주장과 구분되어야 한다. 하지만 그렇다고 해서 과학자들에게 개념적, 도덕적 주제를 금하는 어떤 함구령이 있는 것은 아니다. 철학자들이 물리적 세계에 대해 입을 다물어야 할 필요가 없는 것과 마찬가지이다.

과학은 경험적 사실의 목록이 아니다. 과학자들은 수학적 진리, 이론의 논리, 사업을 좌우하는 가치를 포함해 **정보**라는 무형의 매질에 몸을 담그고 있다. 한편 철학도 물리적 세계로부터 자유롭게 떠다니는 순수한 관념들의 허깨비 같은 영역에 갇혀 있지 않다. 특히 계몽 사상가들은 그들의 개념적 주장에 지각, 인식, 감정, 사회성을 엮어 넣었다. (예를 들어, 인과 관계의 성질에 관한 흄의 분석은 인과 관계의 심리에 관한 그 자신의 통찰에서 떠올랐고, 칸트는 다른 무엇보다도 과학 이전 시대의 인지 심리학자였다.)[16] 오늘날 철학자들은 대부분 **자연주의**(naturalism)에 동의한다. 자연주의란 "'초자연적인' 무를 포함해 실재는 곧 자연이며, '인간의 정신'을 포함해 실재의 모든 영역을 조사할 때에는 과학적 방법을 사용해야 한다."라고 보는 입장이다.[17] 현대적 개념으로 과학은 철학과 한 몸이고 이성 그 자체와 한 몸이다.

그렇다면 과학을 이성의 다른 행사와 구분하는 것은 무엇인가? 분명 '과학적 방법'은 아니다. 초등학생들에게 가르치는 용어일 뿐, 어느 과학자도 그렇게 말하지 않는다. 과학자는 세계를 이해하는 데 도움이 되는 수단과 방법이라면 무엇이든지 — 힘들고 단조로운 데이터 입력, 대담한 실험, 이론상의 비약, 정연한 수학적 모형 구축, 너저분한 컴퓨터 시뮬레이션, 이야기를 처음부터 끝까지 철저하게 문자로만 기록하기 등 — 사용한다.[18] 단, 모든 방법은 두 가지 이념에 복무해야 한다.

첫째, 세계는 **이해할 수 있다**는 이념이다. 우리가 경험하는 현상은 그 현상보다 더 깊은 원리를 통해 설명될 수 있다. 이 때문에 「몬티 파이튼의 비행 서커스(Monty Python's Flying Circus)」에 출연한 사람이 공룡 전문가랍시고 "브론토사우루스(뇌룡)는 한쪽 끝이 가늘고, 몸통이 아주 두껍고, 반대쪽 끝이 가늘다."라고 설명하는 것을 보고 과학자들은 코웃음을 친다. 이 '이론'은 물건이 어떻게 생겼는지를 묘사한 것일 뿐, 왜 그런 식으로 존재하는지를 설명하지 않기 때문이다. 한편 설명을 구성하는 원리는 더 깊은 원리를 통해 설명될 수 있고, 이 원리는 더욱더 깊은 원리로 설명될 수 있다. (데이비드 도이치는 "우리는 항상 무한의 시작에 있다."라고 말했다.) 우리의 세계를 설명할 때에는, "그냥 그런 거야.", "그건 마술이야.", "내가 그렇다고 말했으니까."라는 말로 어물쩍 넘기는 일은 가급적 없어야 한다. 이해 가능성이란 것은 믿느냐 믿지 못하느냐의 문제가 아니라, 과학적 언어로 설명 가능한 영역을 세계에서 조금씩 넓혀 가면서 스스로 유효성을 입증해 가는 것이다. 예를 들어, 한때 생명 과정은 신비한 생명의 약동(élan vital, 철학자 베르그송의 용어. ─ 옮긴이)에 기인한다고 여겨졌지만, 우리는 그것이 복잡한 분자들이 주고받는 화학적, 물리적 반응에서 비롯한다고 알고 있다.

과학주의를 악마화하는 사람들은 이해 가능성을 환원주의라는 죄악과 혼동할 때가 많다. 환원주의란 복잡한 체계를 더 단순한 요소로 분해하거나, 비난하는 이들의 표현에 따르자면 더 단순한 **요소들로만** 분해하는 것이다. 하지만 더 깊은 원리에 의거해서 복잡한 현상을 설명할 때는 그 풍부함이 폐기되지 않는다. 구성 요소들을 더 낮은 수준으로 환원할 수 없는 패턴들이 어느 한 분석의 차원에서 모습을 드러낸다. 제1차 세계 대전은 운동하는 물질로 이루어져 있지만, 누구라도 그것을 물리학, 화학, 생물학의 언어로 설명하기보다는, 1914년 유럽 지도자들의 지각과 목표를 갖고 더 명쾌한 언어로 설명할 것이다. 동시에 호기심을 느끼는 사람은 **왜** 인간의 마음이 그 역사적인 순간에 치명적으로 조합된 지각과 목표 ─ 부족주의, 지나친 자신감, 상호 두려움, 명예의 문화 ─ 에 빠졌는지에 물음표를 던지는 것이 합리적일 것이다.

둘째 이념은 우리가 가진 세계에 대한 개념이 정확한지 아닌지는 세계로부터 들어야 한다는 것이다. 믿음의 전통적인 원천 ─ 신앙, 계시, 도그마, 권위, 카리스마, 사회적 통념, 해석학적 텍스트 분석, 주관적 확실성의 강조 ─ 은 오류의 원천이며, 따라서 지식의 원천으로 받아들이지 말아야 한다. 대신에 우리는 경험적 명제에 대한 우리의 믿음을 세계와의 일치 여부에 따라 재조정해 나가야 한다. 과학자들에게 어떻게 재조정을 하는지를 설명해 달라고 요구할 때 그들은 주로 칼 포퍼의 추측과 반증 모형을 들고 나온다. 이 모형에 따르면 과학 이론은 경험적 검증으로 반증할 수 있을 뿐, 절대로 확증하지는 못한다. 그러나 실제로 과학은 스키트 사격처럼 공중으로 연달아 쏘아 올려진 가설이 탄환에 맞아 땅에 떨어지는 것과는 꽤 다르다. 그것보다는 베이스주의적 추론(앞장에서 만난 슈퍼 예보자들이 사용하는 논리)과 더 비슷하다. 하나의 이론은 우리가 알고 있는 다른 모든 것과의 정합성에 기초해서 기준값이 되는 어느 정도의 신뢰도를 부여받는다. 다음으로, 만일 그 이론이 참일 때와 거짓일 때 경험적으로 관찰될 가능성이 얼마인지에 따라 그 신뢰도를 올리거나 내린다.[19] 포퍼와 베이스 중 누가 더 실제 과학과 가까운지와 무관하게, 어떤 이론에 대한 과학자의 신뢰도는 그 이론이 경험적 증거와 얼마나 일치하느냐에 달려 있다. 어떤 운동이 '과학적'이라 자칭하면서도 그 믿음들을 테스트할 기회를 박탈한다면(가장 확실한 예로, 반대하는 사람들을 살해하거나 감방에 넣는 경우가 있을 것이다.) 그것은 과학적 운동이 아니다.

～

많은 사람이 과학은 우리에게 편리한 약과 수단을 주고 더 나아가 물체의 작동 방식을 설명해 준다고 믿는다. 하지만 우리 인간에게 정말 중요한 문제 — 우리가 누구인지, 어디서 왔는지, 삶의 의미와 목적을 어떻게 규정해야 하는지에 관한 깊은 질문들 — 에는 선을 긋는다. 그것은 예로부터 종교의 영역이며, 종교의 옹호자들은 대개 과학주의를 가장 열렬히 비판한다. 그들은 고생물학자이자 과학 저술가인 스티븐 제이 굴드(Stephen Jay Gould, 1941~2002년)가 『반석(Rocks of Ages)』에서 제안한 영토 분할 계획을 주로 지지하는 편이다. 이 계획에 따르면 과학과 종교 각각의 관심사는 각각의 "겹치지 않는 교도권(敎導權)들"에 소속된다. 과학은 경험적 세계를 다루고, 종교는 도덕, 의미, 가치에 관한 문제를 다룬다.

하지만 이 협정은 우리가 조사를 하는 순간 금이 가기 시작한다. 과학적 사고력이 있는 사람 — 혹은 근본주의에 눈이 멀지 않은 사람 — 이라면 누구나 도덕적 세계관이 명하는 바에 따라 의미와 가치에 관한 종교적 개념들과 단절할 수밖에 없다.

우선, 과학적 결과들이 의미하듯이 전 세계에 퍼져 있는 모든 전통적인 종교와 문화의 믿음 체계는 사실 차원에서 옳지 않다. 우리는 알고 우리 조상들은 몰랐지만, 인류는 아프리카 영장류에 속한 단일한 종이며, 농업, 정치, 문자는 역사상 나중에 출현했다. 우리는 다음과 같은 사실들도 알고 있다. 우리 종은 생물 발생 이전인 약 40억 년 전에 생물 이전의 화학 물질에서 싹을 틔웠고 지금은 세계의 모든 생명체를 아우르는 거대한 계통수의 잔가지에 해당한다는 사실을 말이다. 우리가 사는 행성은 우리 은하에 있는 1000억 개의 별 중 하나인 태양 주위를 돌고, 138억 년 된 우주에는 그런 은하가 1000억 개 있으며, 우리 우주는 수많은 우주 중 하나인 것으로 추정된다. 공간, 시간, 물질, 인과 관계에 대한 우리의 직관은 규모가 아주 크거나 아주 작으면 실재의 본질과 엄청나게 어긋난다. 물질계(우연한 사고, 질병, 그밖의 불행들을 포함한다.)를 지배하는 법칙에는 인류를 위한 계획이 없다. 확률의 법칙과 인지 작용의 불일치는 왜 사람들이 미신을 믿는지를 설명해 주지만, 그럼에도 운명, 섭리, 업보, 주문, 저주, 점복, 신의 응보, 기도의 화답 같은 것은 존재하지 않는다. 그리고 우리는 이런 사실들을 항상 알고 있지는 못했으며, 분명 오늘날 우리가 믿고 있는 많은 것을 포함해 모든 시대와 문화에서 사랑받아 온 확신들이 틀린 믿음으로 확실히 판명될 수도 있을 것이다.

다시 말해서, 오늘날 식견이 있는 사람의 도덕적, 영적 가치를 지배하는 세계관은 과학이 우리에게 준 세계관이다. 과학적 사실이 자체적으로 가치를 명하는 것은 아니지만, 분명 그 가능성에는 참여한다. 과학적 사실들은 교회의 권위에서 사실적인 문제에 대한 신빙성을 제거해서, 도덕적 문제에 대한 확신에 찬 주장에 의문을 제기한다. 과학은 복수하는 신들과 초자연적인 힘에 관한 이론들을 반박해서, 인신 공양, 마녀 사냥, 신앙 요법, 시련 재판(trial by ordeal, 신은 무고한 사람을 돕는다는 전제하에 범죄의 증거가 명확하지 않은 사람들을 대상으로 고통스러운 임무를 주고 여기서 살아남거나 부상의 정도가 미미한 사람은 무죄로 선고하는 관행. ─ 옮긴이), 이교도 학대 등과 같은 관행을 줄여 나간다. 과학은 우주를 지배하는 법칙에는 목적 같은 것이 없음을 폭로해서, 우리 자신, 우리 종, 우리 행성의 안녕을 우리가 책임지게 한다. 같은 이유로 과학은 신비한 힘, 영적 탐구, 운명, 변증법, 투쟁, 메시아 시대에 토대를 둔 도덕 체계나 정치 체계를 약화시킨다. 또한 과학적 사실이 완전한 확신 몇 가지 ─ 우리는 모두 자신의 번영과 복리를 소중히 여긴다는 확신, 우리는 서로 의존하고 행동 규약을 협의할 줄 아는 사회적 존재라는 확신 ─ 와 결합하면 누구나 옹호할 수 있는 도덕, 즉 인간과 그밖의 지각적 존재의 번영을 극대화하는 원리들에 긍정적으로 작용한다. 이 휴머니즘(23장)은 세계에 대한 과학적 이해와 긴밀히 연결되어 있고, 현대 민주주의, 국제 기구, 개방적인 종교의 도덕적 기초가 되고 있는데, 그 성취되지 않은 약속이 오늘날 우리가 마주하고 있는 도덕적 명령들을 규정한다.

～

과학은 우리의 물질적, 도덕적, 지적 삶 속에 점점 더 깊이, 그리고 유익하게 뿌리를 내리고 있지만, 우리의 많은 문화적 제도는 과학에 대해 속물적인 무관심을 조장하고 이 무관심은 종종 경멸로 발전한다. 체재상 다양한 사상을 다루고 있는 듯 보이는 교양 잡지들도 정치와 예술에만 지면을 할애하고, 기후 변화 같은 정치화된 쟁점(그리고 과학주의에 대한 주기적인 공격)을 제외하고는[20] 과학에서 출현하고 있는 새로운 사상과 개념에 거의 관심을 두지 않는다. 더 열악한 상황은 많은 대학에서 과학을 교양 학부 커리큘럼에서 다룬다는 것이다. 학생들은 과학을 겉핥기로만 접한 뒤 졸업하고, 그나마 배우는 것은 과학에 대한 편견을 갖기에 딱 좋은 것들이다.

오늘날 대학들이 가장 많이 지정하는 과학 필독서는 (인기 있는 생물학 교과서를 제외하면) 토머스 새뮤얼 쿤(Thomas Samuel Kuhn, 1922~1996년)의 『과학 혁명의 구조(The Structure of Scientific Revolutions)』이다.[21] 1962년에 나온 이 고전은, 과학은 진리로 수렴하는 것이 아니라 난제들을 정신없이 해결하다가 어떤 새로운 패러다임이 튀어나오고 그로 인해 과거의 이론들이 폐기되고 사실상 이해하기 어렵게 된다는 것을 보여 주는 책으로 흔히 알려져 있다.[22] 쿤 자신은 나중에 이 허무주의적 해석을 부정했지만, 이 해석은 제2문화의 통설이 되어 있다. 주요 교양 잡지의 어느 비평가가 한때 나에게 다음과 같이 설명했다. 예술계는 더 이상 예술 작품이 "아름다운지"를 따지지 않는데, 그 이유는 과학자들이 이론이 "옳은지"를 더 이상 따지지 않는 것과 마찬가지라는 것이었다. 내가 그 말의 오류를 나무라자 그는 정말로 놀란 표정을 지었다.

과학사가 데이비드 우튼은 과학사 연구의 요즘 관행에 대해 이렇게 말했다. "스노의 강연이 있은 뒤로 몇 년 동안 두 문화 문제가 심각해졌다. 과학사는 인문학과 과학을 잇는 다리 기능을 하기는커녕, 요즘 과학자들에게 그들이 알아볼 수도 없는 자화상을 보여 준다."[23] 이런 일이 발생하는 까닭은 많은 과학사가들이 과학을 세계를 올바르게 설명하려는 노력으로 취급하는 것을 유치한 일로 여기기 때문이다. 그 결과, 마치 무용 비평가가 농구 경기를 중계 해설하는 것처럼 선수들이 공을 골대에 넣으려는 것을 슈팅이라고 해서는 안 된다고 따지는 사태가 발생한다. 일전에 나는 신경 영상의 기호학에 관한 강연을 들었다. 한 과학사가가 컬러 입체 뇌 영상을 유창한 말솜씨로 해체주의적으로 해설한다면서, "겉보기에 중립적으로 보이는 자연스러운 과학적 시선이 정치적 의제를 기꺼이 받아들이게 된 특정한 자아의 작용에 의해 신경(심리학)적 대상에서 외부 관찰자의 관점으로 위치를 바꾸게 된다."라는 등 온갖 설명을 늘어놓았는데, 정작 가장 명약관화한 설명, 즉 그 이미지들 덕분에 뇌에서 일어나고 있는 일을 더 쉽게 볼 수 있다는 설명은 끝내 나오지 않았다.[24] '과학학(science studies)'을 연구하는 많은 학자들이 사회 제도 전체가 어떻게 약자를 억압하는지를 난해한 방법으로 분석하는 일에 생애를 바친다. 다음은 세계에서 가장 긴급한 문제에 대한 이 학계의 기여를 보여 주는 사례이다.

빙하, 젠더, 과학: 지구적 환경 변화 연구를 위한 페미니즘 빙하학의 기초

빙하는 기후 변화와 지구적 환경 변화의 핵심 아이콘이다. 하지만 젠더, 과학, 빙하의 관계 — 특히 빙하학적 지식의 생산에 대한 인식론적 문제들과 관련해 — 는 아직도 연구가 미진하다. 따라서 이 논문은 페미니즘적 빙하학 체계를 다음 네 가지 핵심 요소와 함께 제시하고자 한다. ① 지식 생산자, ② 젠더를 반영한 과학과 지식, ③ 과학적 지배 체제, ④ 빙하의 대안적 표현. 페미니즘적 빙하학 체계는 페미니즘적 탈식민주의 과학 연구와 페미니즘적 정치 생태학을 융합해, 젠더, 권력, 인식론에 대한 확고한 분석을 동적인 사회-생태 체제들로 만들어 내고, 그럼으로써 더 정당하고 평등한 과학과 인간-얼음의 상호 작용으로 이어질 것이다.[25]

감춰진 인종 차별 및 성차별을 들춰내기 위해 과학계를 수색하는 것보다 더 음험한 것은 인종 차별, 노예제, 정복 전쟁, 대량 학살 등 인류의 문명과 궤를 같이해 온 범죄들을 (이성 및 그밖의 계몽주의적 가치들과 함께 묶어서) 과학 탓이라고 비난하는 과학의 악마화 캠페인이다. 이것은 영향력 있는 유사 마르스크주의 운동인 프랑크푸르트 학파가 주창한 비판 이론(critical theory)의 주요 주제였다. 이 학파의 창시자 테오도어 아도르노와 막스 호르크하이머(Max Horkheimer, 1895~1973년)는 "완전히 계몽된 지구는 재난을 당당하게 발산하고 있다."라고 선언했다.[26] 이 생각은 또한 미셸 푸코 같은 포스트모더니즘 이론가들의 저서에도 등장하는데, 푸코의 주장에 따르면 홀로코스트는 계몽주의와 함께 시작된 "생명 정치(bio-politics)"의 불가피한 절정이었고, 그 기간에 과학과 합리적 통치가 사람들의 삶에 미치는 권력이 점점 더 강해졌다는 것이다.[27] 비슷한 맥락에서 사회학자 지그문트 바우만(Zygmunt Bauman, 1925~2017년)도 홀로코스트의 원인을 "사회를 개조하고, 사회를 전체적이고, 과학적으로 고안한 청사진에 억지로 맞추고자 하는" 계몽주의의 이념에서 찾았다.[28] 이 뒤틀린 이야기에서 나치는 처벌을 면한다. ("잘못은 근대성에 있다!") 계몽주의에 광적으로 반대한 나치 이데올로기도 화살을 피한다. 나치 이데올로기는 이성과 진보를 숭배한 타락한 자유주의 부르주아를 멸시하고, 인종 간 투쟁을 부추기는 유기체적이고 비이성적인 활력(vitality) 개념을 채택했다. 비판 이론과 포스트모더니즘은 정량화와 체계적인 연대학 같은 '과학적' 방법을 피해 갔는데, 이 사실들을 통해서도 우리는 두 이론이 역사를 퇴보시키고 있음을 알 수 있다. 대량 학살과 독재 정치는 전근대에 전 세계에 만연했으나, 제2차 세계 대전 이후 과학과 자유주의적 계몽주의의 가치들이 점점 더 영향력을 갖게 됨에 따라, 증가가 아닌 감소 추세를 보이고 있다.[29]

분명 과학은 압제 아래에서 극악한 정치 운동을 지지하기도 했다. 물론 그 역사를 이해하는 것은 필수적이고, 어느 역사적 인물에 대해서와 마찬가지로 역사적으로 어두운 시기에 과학자들이 한 역할에 판결을 내리는 것 역시 합당한 일이다. 하지만 우리가 인문학자들에게서 높이 평가하는 자질들 — 문맥, 뉘앙스, 역사적 깊이 — 이 학문적 경쟁자들을 기소할 기회가 생길 때에는 종종 그들에게서 흔적도 없이 사라진다. 과학은 유사 과학의 성격을 띠었던 사상 운동들의 원흉이라고 흔하게 비난받는다. 그 운동들의 역사적 뿌리는 훨씬 더 깊고 넓은데도 말이다.

모든 인종을 정신적 교양 수준에 따라 진화론적 위계 구조로 나누고 북유럽 인을 최상위에 놓은 '과학적 인종주의' 이론이 대표적인 예이다. 이 이론은 20세기 초반 두개 계측학과 심리 검사의 확실한 지원을 받아가며 수십 년 동안 유행한 뒤, 20세기 중반에 더 나은 과학의 대두와 나치의 잔혹 행위로 인해 신망을 잃었다. 하지만 이데올로기적 인종주의를 과학 탓으로, 특히 진화론 탓으로 돌린다면 정신사를 왜곡하게 된다. 인종 차별적인 믿음은 인류의 전 역사와 세계 모든 지역에 편재했다. 노예제는 모든 문명에 존재했고, 예속된 민족은 신의 설계에 따라 원래 노예로 태어난다는 믿음이 그 제도를 합리화했다.[30] 고대 그리스와 중세 아랍의 저자들이 아프리카 사람의 생물학적 열등함에 대해 남긴 말들을 보면 섬뜩하기 그지없고, 브리튼 사람에 대한 키케로의 견해도 그에 못지않게 잔혹하다.[31]

더 적절하게 표현하자면, 19세기에 서양을 물들인 지적 인종주의는 과학이 아니라 인문학 — 역사, 철학, 고전학, 신화학 — 의 창작물이었다. 1853년에 소설가 겸 아마추어 역사가인 아르튀르 드 고비노(Arthur de Gobineau, 1816~1882년)는 터무니없는 이론을 발표했다. 씩씩한 백인의 한 종인 아리아 족이 고대의 고향에서 흘러나와 유라시아 전역에 영웅적인 전사 문명을 퍼뜨렸고, 이 문명이 페르시아 인, 히타이트 인, 호메로스 시대의 그리스 인, 베다 어를 사용한 힌두 인, 그리고 나중에는 바이킹, 고트 인, 그밖의 튜턴(게르만) 부족들로 갈라졌다는 것이다. (이 이야기를 뒷받침하는 일말의 진실은 이 부족들이 인도유럽 어라는 단일 어족의 언어를 사용한다는 것이다.) 아리아 족이 열등한 피정복민들과 이종 교배를 할 때부터 모든 것이 타락하기 시작했는데, 그들의 위대함은 희석되고 강인했던 문화는 낭만주의자들이 항상 비판했던 나약하고, 퇴폐적이고, 영혼이 없고, 부르주아적이고, 상업적인 문화로 타락했다. 이 동화 같은 이야기에 독일 낭만적 민족주의와 반유태주의를 결합하기는 식은 죽 먹기였다. 튜턴 족은 아리아 족의 후손이었고, 유태인은 아시아계 잡종이었다. 고비노의 생각에 빌헬름 리하르트 바그너(Wilhelm Richard Wagner, 1813~1883년)가 열광했고(바그너의 오페라들은 아리아 족 신화들을 재창조한 것이라는 주장이 있다.), 바그너의 사위인 휴스턴 스튜어트 체임벌린(Houston Stewart Chamberlain, 1855~1927년)이 열광했다. (영국 태생의 이 독일 철학자는 유태인이 자본주의, 자유주의적 휴머니즘, 무미건조한 과학으로 튜턴 문명을 오염시켰다고 썼다.) 그들에게서 이 생각을 물려받은 히틀러는 체임벌린을 "영적 아버지"라고 불렀다.[32]

이 영향의 사슬에서 과학은 거의 어떤 역할도 하지 않았다. 실제로 고비노, 체임벌린, 히틀러는 다윈의 진화론, 특히 원숭이로부터 모든 인간이 점차 진화했다는 개념을 거부했다. 그들의 낭만적 인종주의와도 맞지 않고 그 인종 이론을 낳은 오래된 설화와 종교적 개념과도 맞지 않아서였다. 이 널리 퍼진 믿음에 따르면 인종들은 별개의 종들이고, 각 인종의 문명은 교양의 수준이 다르며, 인종이 섞이면 인간은 퇴화한다는 것이었다. 반면에 다윈의 주장에 따르면, 모든 인간은 공통 조상을 가진 단일 종의 가까운 친척이고, 모든 민족은 원래 '야만인'이었으며, 모든 인종의 정신 능력은 사실상 똑같고, 인종이 서로 섞여도 이종 교배로 인해 아무런 해도 발생하지 않는다.[33] 역사학자 로버트 리처즈(Robert

J. Richards, 1942년~)는 히틀러의 영향을 주의 깊게 추적한 뒤 "히틀러는 다윈주의자였는가?"(창조론자들은 공통적으로 그렇다고 주장한다.)라는 제목의 챕터에서 다음과 같이 결론지었다. "이 질문에 합리적인 대답은 단 하나 …… 아주 큰 목소리로 명료하게, '아니다!'라는 것이다."[34]

과학적 인종주의와 마찬가지로 사회 다윈주의(social Darwinsm, 사회 진화론)라고 불리는 운동에도 종종 의도적으로 과학의 사생아라는 꼬리표가 붙는다. 19세기 말과 20세기 초에 진화 개념이 유명해지자 다양한 부류의 정치 운동과 사상 운동이 이 개념을 자신들의 이념을 입증할 잉크얼룩 테스트로 전용했다. 투쟁, 진보, 좋은 삶에 관한 그들의 전망이 자연의 방식이라고 모두가 믿고 싶어 했다.[35] 그 운동 중 하나는 사회 다윈주의라는 반동적 이름을 얻었지만, 사회 다윈주의는 다윈이 옹호한 것이 아니라, 허버트 스펜서(Herbert Spencer, 1820~1903년)가 『종의 기원』이 나오기 8년 전인 1851년에 주창한 개념이었다. 스펜서는 무작위의 돌연변이와 자연 선택을 믿지 않는 대신, 유기체가 생존을 위해 투쟁을 하면서 복잡성과 적응력이 더 커지는 쪽으로 노력하는데 그 형질이 후대에 전달된다는 라마르크주의를 믿었다. 스펜서는 이 점진적인 힘을 방해하지 않는 것이 최선이라고 생각했고, 그래서 사회 복지와 정부 규제에 반대했다. 그런 것들은 약한 개인과 집단의 숙명적인 삶을 연장할 뿐이라는 이유에서였다. 스펜서의 정치 철학은 자유주의의 초기 형태로, 악덕 자본가, 자유 방임주의자, 사회 복지 반대자 들의 손에 우연히 들어갔다. 이 개념은 우파가 사랑했기 때문에 좌파 저술가들은 사회 다윈주의라는 말을 우파가 좋아하는 다른 개념들, 가령 제국주의와 우생학 등을 비판하는 데 오용했는데, 스펜서가 그런 정치 활동을 단호히 거부했다는 사실은 중요하지 않았다.[36] 그 뒤로 이 용어는 진화를 적용해서 인간을 이해하려는 시도를 공격할 때마다 예외 없이 무기로 사용되었다.[37] 이렇게 이 용어는 그 어원에도 불구하고 다윈이나 진화 생물학과 아무 관계가 없으며, 현재는 거의 무의미한 욕설로 남아 있다.

우생학 역시 이데올로기의 나팔로 이용되어 온 운동이다. 빅토리아 시대의 지식인인 프랜시스 골턴(Francis Galton, 1822~1911년)은 재능 있는 사람들이 서로 결혼해서 더 많은 자식을 낳도록 유인책을 제시하면 인류의 유전자 구성을 향상시킬 수 있다는 생각(긍정적인 우생학)을 최초로 제시했다. 하지만 일단 널리 알려지자 이 개념은 '부적자들'의 번식을 억제하는 쪽(부정적인 우생학)으로 확대되었다. 많은 나라들이 범죄 성향이 있는 사람, 정신 지체자, 정신병 환자, 그리고 만성 질환과 낙인의 넓은 그물망에 걸려든 사람들을 강제로 단종시켰다. 스칸디나비아와 미국이 단종법을 제정한 뒤에 나치 독일은 그 법을 모방해서 강제적인 단종법을 만들었으며, 나치가 유태인, 집시, 동성애자를 대량 학살한 것은 종종 부정적인 우생학의 논리적 연장으로 간주된다. (사실 나치는 유전학이나 진화보다는 공중 보건에 훨씬 더 많이 호소했다. 나치는 유태인을 벌레, 병원균, 암, 괴저에 걸린 기관, 중독된 피에 비유했다.)[38]

우생학 운동은 나치즘과의 연관성 때문에 영구적인 의혹에 시달렸다. 그럼에도 그 용어가 살아남은 것은 부모가 치명적인 퇴행성 질환이 없는 아이를 낳을 수 있도록 유전 의학을 적용하는 등의 수많은 과학적 노력, 그리고 개인차의 유전적, 환경적 원인을 분석하는 행동 유전학의 전 분야에 낙인을 찍는 수단으로 유용하기 때문이다.[39] 또한 역사의 기록과 무관하게 우생학은 우파 과학자들의 운동으로 자주 묘사된다. 하지만 실제로 우생학을 옹호한 진영은 진보주의자, 리버럴, 사회주의자 들이었고, 여기에는 시어도어 루스벨트(Theodore Roosevelt, 1858~1919년), 허버트 조지 웰스(Herbert George Wells, 1866~1946년), 엠마 골드만(Emma Goldman, 1869~1940년), 조지 버나드 쇼, 해럴드 조지프 라스키(Harold Joseph

Laski, 1893~1950년), 존 메이너드 케인스, 시드니 웹(Sydney Webb, 1859~1947년) 과 마사 비어트리스 웹(Martha Beatrice Webb, 1858~1943년) 부부, 우드로 윌슨, 마거릿 히긴스 생어(Margaret Higgins Sanger, 1879~1966년) 등이 포함되어 있다.[40] 어쨌든 우생학은 현 상태보다는 개혁에, 이기심보다는 사회적 책임에, 자유 방임주의보다는 중앙 집중적 계획에 호의적이었다. 우생학을 가장 단호하게 거부하기 위해서는 고전적인 자유주의나 자유 지상주의의 원리에 호소해야 한다. 즉 정부는 인간의 삶을 지배하는 전능한 통치자가 아니라 제한된 권력을 가진 제도일 뿐이며, 인류의 유전적 구성을 개량할 권력은 거기에 없다는 것이다.

내가 이 운동들에서 과학의 역할이 제한되어 있었음을 언급한 이유는 그 운동들이 반과학의 선전 도구로서 현재 하는 역할보다는 더 깊은 맥락을 고려한 다른 차원에서 이해할 필요가 있기 때문이다. 다원에 대한 오해가 그 운동들에 활기를 불어넣기는 했지만, 실질적인 분출구는 그 시대의 종교적, 예술적, 지적, 정치적 믿음 — 낭만주의, 문화적 비관주의, 변증법적 투쟁이나 역사의 신비주의적 전개로서의 진보, 권위주의적 하이 모더니즘 — 이었다. 만일 이 개념들이 단지 유행이 지난 것이 아니라 잘못된 것이라고 생각한다면, 오늘날 우리의 역사적, 과학적 이해가 더 깊어지고 정확해진 덕분이다.

~

과학의 본질을 둘러싼 비난과 반박은 1980년대와 1990년대의 '과학 전쟁(Science War)'에서 떨어져 나온 유물이 결코 아니며, 지금도 대학에서 과학이 해야 할 역할에 영향을 미친다. 하버드가 2006~2007년도 필수 교양 과목을 개정할 때 준비 위원회 보고서는 과학이 인간 지식에서 차지하는 위치를 전혀 언급하지 않은 채 과학 교육을 다음과 같이 소개했다. "과학과 기술은 우리 학생들에게 긍정적인 면과 부정적인 면을 포함해 다방면으로 직접적인 영향을 미친다. 과학과 기술은 생명을 구하는 의학, 인터넷, 더 효율적인 에너지 저장 장치, 디지털 오락을 낳은 동시에 핵무기, 생물학전의 무기, 전자 도청, 환경 오염을 조장했다." 과연 그럴까? 그렇다면 건축은 박물관과 가스실을 낳았고, 클래식 음악은 경제 활동을 자극하지만 동시에 나치에게 영감을 불어넣었다고 할 수 있다. 실용주의와 악의를 오가는 이 아슬아슬한 줄타기는 다른 분야들에는 적용되지 않았으며, 보고서에는 무지와 미신보다는 이해와 지식을 더 좋아할 이유가 있을 수 있음을 암시하는 어떤 구절도 담겨 있지 않았다.

일전에 한 학회에서 나의 또 다른 동료는 자신이 생각하는 과학의 공과 과를 요약해 발표했다. 한편으로는 천연두 백신을 다루고, 다른 한편으로는 터스키기 매독(Tuskegee syphilis)을 다루는 연구였다. 이 이야기에는 과학의 악폐를 고발하는 피 묻은 셔츠가 다시금 등장한다. 미국의 공중 보건 연구자들은 1932년부터 40년 동안 빈곤한 아프리카계 미국인들을 표본으로 삼아 잠복 매독을 치료하지 않으면 병세가 어떻게 진행되는지를 추적했다. 오늘날의 기준으로 그 연구는 명백하게 비윤리적이었지만, 잔뜩 쌓인 기소장 대부분은 오해에 기반한 것이었다. (동료의 발표에 따르면) 연구자 중 다수가 아프리카계 미국인이거나 그들의 건강과 복지를 옹호하는 사람이었고, 흔히들 믿는 것처럼 참가자들을 매독에 **감염**시키지 않았다. (이 오해로부터, AIDS는 미국 정부 연구소가 흑인을 통제하기 위해 발명했다는 유명한 음모론이 발전했다.) 또한 처음에 그 연구는 당시의 기준으로 충분히 도덕적이었다. 매독 치료제(주로 비소)는 독성이 강한데다 효과가 없었고, 나중에 항생제를 이용할 수 있게 되었을 때에도 매독 치료의 효과와 안정성은 불확실했으며, 잠복 매독은 종종 치료하지 않아도 저절로 낫는다고 알려져 있었다.[41] 하지만 나의 요점은 이러한 대비 전체가 도덕적으로 무디다는 것이고, 제2문화의 화두가 균형감을 잃게 한다는 것이다. 내 동료의 비교에는 터스키기 연구는 보편적으로 지탄받는 부도덕한 행위가 아니라 불가피한 과학적 관행이라는 전제가 깔려 있었고, 한때 수십 명의 피해를 막지 못하고 방치한 것과 1세기당 수억 명의 죽음을 영원히 막은 것을 나란히 비교했다.

대학의 교양 과정에서 과학의 악마화는 문제가 될까? 많은 이유로, 문제가 된다. 많은 인재들이 캠퍼스에 도착한 날부터 의학부 예과 과정이나 공학 코스를 맹렬히 질주하지만, 다른 많은 학생들은 무엇을 하면서 살고 싶은지를 확신하지 못하고서 교수들과 멘토들에게서 단서를 얻는다. 과학은 그저 종교와 신화 같은 또 하나의 이야기이고, 과학의 역사는 진보가 아니라 혁명에서 다음 혁명으로 비틀거리며 넘어가는 것이며, 인종 차별, 성차별, 대량 학살을 합리화해 준 게 과학이라고 배우는 학생들에게 무슨 일이 일어나겠는가? 나는 그 답을 눈으로 보고 있다. 어떤 학생들은 '그게 과학이라면 차라리 돈을 버는 게 낫겠어!'라고 생각한다. 4년 후에 그들은 새로운 알츠하이머병 치료법이나 탄소를 포획하고 저장하는 기술을 발견하기보다는 금융 정보에 따라 헤지펀드를 100만분의 몇 초 더 빨리 가동하는 알고리듬을 만드는 데 지력을 사용한다.

과학에 낙인을 찍는 행위는 또한 과학 자체의 발전을 위태롭게 한다. 오늘날 인간을 탐구하고, 심지어 정치적 견해를 인터뷰하거나 불규칙동사에 대해 설문 조사를 하고 싶어 하는 사람은 반드시 자신이 요제프 멩겔레(Josef Mengele, 1911~1979년. 나치 친위대 장교이자 아우슈비츠-비르케나우 강제 수용소에서 인체 실험을 주도한 내과 의사. ─ 옮긴이)가 아님을 위원회에 증명해야한다. 피험자를 착취나 피해로부터 명백히 보호해야 하는 것은 맞지만, 대학의 심의 제도는 이 임무를 초과해서 과도하게 비대해져 있다. 비판자들은 이 관료제가 표현의 자유를 위협하고, 미치광이들이 반대 의견을 가진 사람들을 차단하기 위해 사용할 수 있는 무기가 되었으며, 연구의 발목을 잡는 동시에 환자와 피험자를 보호하지 못하고 심지어 피해를 주기까지 하는 관료제적 형식주의의 산실이 되었다고 지적한다.[42] 새로운 종류의 약물을 개발한 의대 교수, 조너선 모스(Jonathan Moss)는 연구 심의 위원회 위원장으로 임명된 뒤 한 회의에서 이렇게 말했다. "저는 여러분에게 우리가 당연시하는 의학의 기적 세 가지를 숙고해 볼 것을 요청합니다. 엑스선, 심혈관 카테터 요법, 전신 마취입니다. 우리가 이 기적들을 2005년에 낳고자 한다면, 세 아이 모두 사산아로 태어날 것입니다."[43] (인슐린, 화상 치료, 그밖의 생명 구조 수단들에 대해서도 똑같은 의견이 나온 바 있다.) 사회 과학 역시 비슷한 장애물에 직면해 있다. 일반화할 수 있는 지식을 얻을 목적으로 인간을 연구하는 사람은 누구나 심의 위원회로부터 사전 승인을 받아야 하는데, 거의 틀림없이 표현의 자유 등을 규정한 수정 헌법 제1조 위반이다. 인류학자들은 동의서에 서명할 줄 모르는 문맹의 농부들과 대화를 하거나, 자살 폭탄 테러를 하려고 하는 사람을 인터뷰하는 것이 금지되어 있는데, 만에 하나 **그들**을 위험에 빠뜨릴 수 있는 정보를 불쑥 말할 가능성이 있다는 이유에서이다.[44]

연구의 발목 잡기는 관료들이 본래의 임무를 망각한 결과만은 아니다. 생명 윤리라고 불리는 분야에서 일하는 많은 대학 내 구성원들이 실제로 발목 잡기를 합리화하고 있다. 이 공론가들은 지적인 성인들이 본인과 타인에게 도움이 되고 아무에게도 해를 주지 않는 치료에 자발적으로 동의해도 참여하지 못하도록, "존엄", "신성함", "사회 정의" 같은 애매한 말들을 써 가면서 갖가지 이유를 고안해 낸다. 그들은 생물 의학 연구의 진전에 대해 공포를 퍼뜨리려 하고, 이것을 위해 핵무기와 나치의 잔혹 행위, 『멋진 신세계(*Brave New World*)』와 『가타카(*Gattaca*)』 같은 SF 소설의 디스토피아, 그리고 히틀러를 복제한 군대, 이베이에서 자기 눈

알을 파는 사람, 사람들에게 여분의 장기를 공급하는 좀비 창고 등을 끌어들여 억지스럽게 비유를 만든다. 도덕 철학자 줄리언 사불레스쿠(Julian Savulescu, 1963년~)는 이 주장들 뒤에 놓인 추론의 저급한 기준을 폭로하고, "생물 의학적" 의료 행위 방해가 **비윤리적**일 수 있는 이유를 지적했다. "1년에 10만 명을 죽이는 치명적인 병의 치료법 개발을 1년 늦추는 것은 비록 눈으로 보지는 못한다고 해도 그 10만 명의 죽음을 책임져야 하는 행위이다."[45]

～

궁극적으로 과학의 진가를 이해하도록 꾸준히 노력하면 얻을 수 있는 가장 큰 이득은 **모든 사람**이 더 과학적으로 사고할 수 있다는 것이다. 우리는 앞 장에서, 인간은 인지 편향과 오류에 빠지기 쉽다는 사실을 보았다. 과학적 능력 자체가 정치화된 정체성 인지와 관련된 잘못된 추론을 치유하지는 못해도, 대부분의 쟁점은 그런 식으로 시작되지 않으며 모든 사람이 더 과학적으로 문제를 생각할 수 있다면 삶이 더 좋아질 것이다. 데이터 저널리즘(컴퓨터 활용 취재 보도(computer assisted reporting, CAR)를 통해 엄청난 양의 데이터를 수집한 후 통계적으로 분석해 보도하는 저널리즘. ─ 옮긴이), 베이스주의적 예보, 증거에 기반을 둔 의료와 정책, 실시간 폭력 모니터링, 효율적 이타주의 같은 세련된 과학을 전파하고자 하는 운동들에는 인류의 복리를 증진할 수 있는 엄청난 잠재력이 내재해 있다. 하지만 그 가치에 대한 이해와 인정은 느린 속도로 문화를 관통하고 있다.[46]

나는 내 의사에게, 내 무릎 통증 때문에 그가 추천한 영양 보충제가 정말 효과가 있을지를 물었다. 그는 이렇게 대답했다. "제 환자 중 일부는 효과가 있다고 말합니다." 한 경영 대학 교수도 업계를 그런 식으로 평가했다. "나는 문제를 논리적으로 생각할 줄 모르고, 상관 관계로부터 인과 관계를 추론하고, 예측 가능성과는 거리가 먼 일화를 증거로 사용하는 영리한 사람을 많이 목격했다." 전쟁, 평화, 인간의 안전을 정량화하는 한 교수는 미국을 "증거 없는 지역(evidence-free zone)"이라고 묘사한다.

유엔의 상층부는 반과학 인문학 프로그램과 다르지 않다. 고위층은 대부분 변호사와 문과 대학 출신이다. 사무국에 연구 문화를 아는 사람들을 모아 놓은 부서들이 있기는 하지만 그 권위나 영향력은 미미하다. 유엔의 최상위 임원들 중에는 '평균적으로'나 '다른 조건들이 동일하다면'과 같은 기초적인 정량화 진술을 이해하는 사람이 거의 없다. 그래서 만일 우리가 갈등이 발생할 위험 확률에 대해 이야기하고 있다면, 아치볼드 프렌더개스트 3세(Archibald Prendergast Ⅲ)나 그 외 다른 지도자는 분명 무시하는 발언을 할 것이다. "부르키나파소에서는 그럴 것 같지 않소."

과학적 사고를 거부하는 사람은 정량화할 수 없는 것이 있다며 시시때때로 반대의 목소리를 높인다. 하지만 흑과 백으로 갈리는 문제에 머물지 않고 논의의 폭을 넓히거나, **더(more), 덜(less), 더 나은(better), 더 나쁜(worse)** 등의 말을 포기할 마음이 없다면, 누구나 본질상 정량적인 주장을 하게 된다. 만일 숫자 사용을 거부한다면 그는 "내 직관을 믿어 달라."라고 말하는 셈이다. 하지만 우리가 인식에 대해 아는 것이 하나 있다면, 사람들은(전문가를 포함해) 자신의 직관을 오만하리만치 과신한다는 것이다. 1954년에 폴 에버렛 밀(Paul Everett Meehl, 1920~2003년)은 동료 심리학자들을 경악에 빠뜨렸다. 정신 질환 분류, 자살 시도, 학교 성적과 직업 성과, 거짓말, 범죄, 질병 진단 등 정확성을 판정할 수 있는 모든 일에서 간단한 보험 통계 공식이 전문가의 판단보다 뛰어나다는 것을 입증했기 때문이다. 밀의 연구에서 영감을 받은 트버스키와 카너먼은 인지 편향을 발견했고 테틀록은 예측 시합을 고안했는데, 통계적 판단이 직관적 판단보다 우수하다는 테틀록의 결론은 현재 심리학사에서 가장 확실한 발견 중 하나로 인정받고 있다.[47]

좋은 것들이 다 그렇듯 데이터도 만병 통치약, 묘책, 마법의 탄환, 만능 열쇠가 아니다. 이 세상의 모든 돈을 지불해도 우리에게 일어나는 모든 문제를 풀 수 있는 무작위적 통제 실험은 만들어 낼 수가 없다. 인간은 어느 데이터를 모으고 그것을 어떻게 분석하고 해석할지 결정할 때마다 매번 심혈을 기울인다. 개념을 정량화하는 최초의 시도는 언제나 투박하고, 아무리 최선을 다해도 완벽한 이해가 아닌 확률적 이해에 머무를 수밖에 없다. 그럼에도 수치화를 일단 하고 나면 계량 사회 과학자들이 기준을 정해 측정치를 평가하고 개선할 수 있게 된다. 특히 비판적 비교의 경우에는 하나의 측정법이 완벽한지가 아니라, 그것이 전문가, 비평가, 인터뷰어, 임상학자, 판사, 숙련자의 판단보다 더 나은지가 기준이 된다. 허들의 바가 낮아지는 셈이다.

정치 문화와 언론 문화는 대체로 과학적 사고 방식에 무지한 탓에, 일화, 헤드라인, 수사, 그리고 공학자들이 말하는 이른바 히포(HiPPO, highest-paid person's opinion. 보수를 가장 많이 받는 사람의 의견. ─ 옮긴이)처럼 오류를 낳는다고 알려진 수단들을 통해 생사를 좌우하는 엄청나게 중요한 문제들에 답을 하고 있다. 우리는 이미 이런 통계적 우둔함 때문에 발생하는 위험한 오해들을 살펴보았다. 살인과 전투로 인한 사망률은 오르지 않고 내려가고 있지만 사람들은 범죄와 전쟁이 걷잡을 수 없이 커지고 있다고 생각한다. 사람들은 이슬람 테러가 삶과 목숨을 위협하는 주된 요인이라고 생각하지만, 그 위험은 장수말벌과 꿀벌의 공격 위험보다 낮다. 또한 IS가 미국의 존망을 위협한다고 생각하지만, 테러 운동으로는 그들의 전략적 목표를 거의 달성하지 못한다.

데이터 공포증에 사로잡힌 사고 방식("부르키나파소에서는 그럴 것 같지 않소.")이 진짜 비극을 낳을 수도 있다. 많은 정치 평론가들이 평화 유지군의 실패(예를 들어, 1995년 보스니아)를 떠올리면서 그것은 돈과 인력의 낭비라고 결론짓는다. 하지만 평화 유지군이 **성공**할 때에는 사진에 담을 만한 어떤 일도 일어나지 않고, 뉴스가 되지 못한다. 정치 과학자 버지니아 페이지 포트나는 『평화 유지는 유효한가?(*Does Peacekeeping Work?*)』라는 저서에서, 뉴스의 헤드라인들이 아니라 과학적 방법을 통해 그 질문에 답을 했으며, 물음표로 끝나는 제목을 가진 기사의 답은 '아니요.'라는 베터리지의 법칙을 무시하고서 그 답은 "분명하고 확실하게, 그렇다."임을 밝혀냈다. 다른 연구들도 같은 결론에 도달했다.[48] 이런 분석 결과들을 알면 국제 기구가 한 나라에 평화를 심어 주는 것과 그 나라를 내전으로 곪게 놔두는 것이 얼마나 다른지를 확신하게 된다.

다인종 지역은 모두 '해묵은 원한'을 품고 있고, 그 원한을 잠재우는 길은 그들을 고립된 인종/민족 문화권들로 분리하고 양쪽에서 소수 민족을 쓸어내는 것뿐일까? 이웃한 인종/민족들이 서로의 목에 칼을 겨눌 때마다 우리는 그 소식을 접하지만, 따분하고 평화롭게 살고 있어서 뉴스거리가 되지 않는 지역들은 어떠한가? 이웃한 인종/민족들은 얼마나 평화롭게 공존하고 있을까? 답은 대부분이라는 것이다. (구)소련에 속해 있었던 인접 국가들 중에서는 95퍼센트, 아프리카의 국가들 중에서는 99퍼센트가 싸우지 않고 잘 지낸다.[49]

비폭력 저항 운동은 효과가 있을까? 많은 사람이 간디와 마틴 루서 킹은 그저 운이 좋았다고 믿는다. 그들의 운동은 적절한 때에 개화된 민주주의 국가들의 심금을 울렸지만, 다른 모든 곳에서 억압된 민중은 폭력이 아니고서는 독재자의 군화 밑에서 빠져나올 수 없었다고. 2명의 정치 과학자 에리카 체노웨스(Erica Chenoweth, 1980년~)와 마리아 스테판(Maria Stephan)은 1900년부터 2006년까지 전 세계에서 정치적 저항 운동의 데이터 집합을 모았고, 비폭력 저항 운동은 4분의 3이 성공한 데 반해 폭력적인 저항 운동은 고작 3분의 1만이 성공했음을 발견했다.[50] 간디와 킹은 옳았지만, 데이터가 아니었다면 누구도 몰랐을 것이다.

폭력적인 반정부 집단이나 테러 집단에 가담해야겠다는 충동은 정의로운 전쟁이 있을 수 있다는 정의 전쟁론(just war theory)보다는 남자들 사이의 유대감에 더 크게 기인하지만, 전투원들은 대부분 더 좋은 세계를 만들고자 한다면 사람을 죽일 수밖에 없다고 믿는 듯하다. 폭력적인 전략이 부도덕할 뿐 아니라 효과마저 없다는 것을 모두가 안다면 어떻게 될까? 물론 체노웨스와 스테판의 책을 나무 상자에 담아 분쟁 지역에 투하해야 한다고는 생각하지 않는다. 하지만 급진적인 집단의 지도자 중에는 많이 배운 사람이 많으며(몇 해 전에 접한 학자들의 책을 읽고 그렇게 격앙해 있다.), 말단 병사들 가운데서도 대학에 다니면서 폭력 혁명의 필요성에 관한 통념을 흡수한 사람이 드물지 않다.[51] 표준적인 대학 커리큘럼에서 카를 마르크스나 프란츠 파농의 책을 줄이고 정치 폭력에 대한 정량 분석을 더 많이 넣는다면 장기적으로 어떤 일이 벌어질까?

～

현대 과학이 할 수 있는 가장 큰 기여 중 하나는 학문적 파트너인 인문학과 더 깊은 통합을 이루는 것이다. 들리는 말에 따르면, 인문학은 위기에 처해 있다. 대학 과정은 축소되고 있고, 다음 세대의 학자들은 일자리를 거의 또는 전혀 구하지 못하고, 사기는 떨어지고, 학생들은 강의실 밖에서 어슬렁거린다.[52]

생각이 있는 사람이라면 누구나 우리 사회가 인문학에 투자하지 않는 현상에 관심을 기울여야 한다.[53] 역사학이 없는 사회는 기억이 없는 사람과 같아서 잘 속고, 혼란에 빠지고, 쉽게 착취당한다. 철학은 명료함과 논리가 우리에게 쉽게 오지 않으며 우리의 생각이 다듬어지고 깊어지면 삶이 더 나아진다는 인식에서 발달한다. 예술은 삶을 살 만하게 해 주고 인간의 경험을 아름다움과 통찰로 풍부하게 해 준다. 비평은 그 자체로 위대한 작품에 대한 이해와 향유를 배가해 주는 예술이다. 이 영역들의 지식은 힘들게 얻은 것이며, 끊임없이 가꾸고 시대의 변화에 따라 갱신할 필요가 있다.

인문학의 위기를 진단할 때면 우리 사회의 반지성적 경향과 대학의 상업화가 가장 먼저 감지된다. 그러나 정직하게 평가하자면 인문학이 자초한 측면도 있음을 인정해야 한다. 인문학은 포스트모더니즘의 재해, 즉 반항적인 난해주의, 스스로를 논박하는 상대주의, 숨막힐 것 같은 정치적 올바름에서 아직 다 회복하지 못했다. 게다가 니체, 하이데거, 푸코, 라캉, 데리다, 비판 이론가들처럼 기라성 같은 사상가들이 까탈스러운 문화 비관주의를 큰소리로 외치면서, 근대성은 가증스럽고, 모든 진술은 역설적이고, 예술 작품은 억압의 도구이고, 자유 민주주의는 파시즘과 똑같으며, 서양 문명은 빈사 상태라고 선언한다.[54]

세계를 그렇게 '유쾌한' 눈으로 보고 있으니, 인문학이 종종 자신의 사업을 위해 진보적인 의제를 정의하는 데 애를 먹는 것도 놀라운 일이 아니다. 나는 몇몇 대학 총장과 사무처장에게서 이런 한탄을 들었다. 과학자가 그들의 사무실에 들어올 때에는 어떤 흥미롭고 새로운 연구 기회를 알리고 거기에 필요한 재원을 요구하는데, 인문학자가 들를 때에는 항상 해 왔던 방식을 존중해 달라고 간청하기 위해서라고. 그 방식은 존중해 줄 가치가 있으며, 박식한 학자들이 저술 하나하나에 적용하는 세심한 독서, 치밀한 묘사, 깊은 몰입을 대체할 수 있는 것은 어디에도 없다. 하지만 반드시 그 길로만 앎에 도달해야 하는가?

과학과의 융합으로 인문학은 새로운 통찰의 가능성을 풍부하게 획득할 수 있다. 예술, 문화, 사회는 인간의 뇌에서 나온 것들이다. 그것들은 우리의 지각, 사고, 감정의 능력에서 비롯되며, 한 사람에게서 다른 사람에게로 영향이 전파되는 역학적(疫學的) 동역학을 통해 쌓이고 퍼져 나간다. 그 연결점들을 이해하고 싶어 하면 안 되는가? 양쪽 다 이득이 될 텐데. 인문학은 과학적 설명으로 깊이를 더하고, 야심 찬 젊은 인재들을 끌어들일 수 있는 진취적인 의제를 얻을 것이다. (학과장과 기부자들에게 호소할 수 있는 것은 말할 것도 없고.) 과학은 인문학의 이론과 인문학자들이 풍부하게 기록해 온 현상들 중에서 자연 실험에 어울리는 것과 생태학적으로 적절한 것을 찾아내 조사하고 활용해 볼 수 있을 것이다.

어떤 분야에서 이 융합은 기정 사실이다. 고고학은 미술사의 한 갈래에서 첨단 과학으로 발전했다. 심리 철학은 수리 논리학, 컴퓨터 과학, 인지 과학, 신경 과학으로 점차 변하고 있다. 언어학은 단어와 문법 구조의 역사에 관한 언어학적 연구와, 실험실 언어 연구, 수학적 문법 모형, 그리고 글과 대화를 모은 큰 말뭉치에 대한 컴퓨터 분석을 결합하고 있다.

정치학 이론 역시 심리 과학들과 자연 친화성이 있다. 제임스 매디슨은 이렇게 물었다. "정치학이 인간 본성에 대한 모든 반성 중에서 가장 큰 반성이 아니라면 무엇이겠는가?" 사회 과학자, 정치 과학자, 인지 과학자는 정치와 인간 본성의 관계를 다시금 조사하고 있다. 매디슨의 시대에는 그 관계가 뜨겁게 논의됐지만, 이후에 인간을 빈 서판이나 합리적 행위자로 취급하면서 수면 밑으로 가라앉았다. 이제는 모두가 알고 있듯이 인간은 도덕적 행위자이다. 다시 말해서, 인간은 권위, 부족, 순수성에 대한 직관에 지배되고, 자신의 정체성을 표현하는 신성한 믿음에 헌신하며, 복수와 화해를 향한 상반된 성향에 이끌린다. 우리는 이런 충동들이 왜 진화했는지, 뇌에서 어떻게 실행되는지, 개인과 문화와 하위 문화에 따라 어떻게 달라지는지, 그리고 그 스위치가 어떤 조건에서 켜지고 꺼지는지를 이제 막 이해하기 시작했다.[55]

비슷한 기회들이 다른 인문학 분야들에도 손짓을 한다. 시각 예술은 폭발적으로 늘어나는 시각 과학의 지식, 다시 말해 색, 형태, 결, 채광과 관련된 지각, 그리고 얼굴, 풍경, 기하학적 형태와 관련된 진화 미학을 이용할 수 있다.[56] 음악가는 음성 인식, 언어 구조, 청각 세계에 대한 뇌의 분석을 연구하는 과학자들과 많은 것을 논할 수 있다.[57]

문예학의 경우에는 어디서 시작해야 할까?[58] 존 드라이든(John Dryden, 1631~1700년)은 소설이란 "인간 본성의 열정과 유머, 그리고 그 지배자인 운명의 부침을 인류의 즐거움과 교육을 위해 공정하고 생생하게 묘사한 이미지"라고 썼다. 인지 심리학자는 독자가 자신의 의식과 저자 및 등장인물의 의식을 어떻게 화해시키는지를 밝힐 수 있다. 행동 유전학자는 유전자, 또래, 우연의 효과에 대한 발견을 통해 부모의 영향에 관한 통속적 이론들을 갱신할 수 있다. 이 발견들은 특히 자서전과 회고록을 분석하는 일에 근본적인 영향을 미치는데, 이 일은 기억에 관한 인지 심리학과 자기 표현에 관한 사회 심리학에서도 배울 것이 많다. 진화 심리학자들은 보편적인 강박 관념과 특정 문화에 의한 강박 관념을 구별할 줄 알고, 가족, 연인, 친구, 경쟁자 사이에 본래 존재하는 이해의 갈등과 일치를 알기 쉽게 제시한다. 이 모든 개념이 소설과 인간 본성에 대한 드라이든의 견해에 새로운 깊이를 더할 수 있다.

인문학의 관심사들을 이해할 때에는 대개 전통적인 서사 비평에 기대는 것이 가장 좋지만, 어떤 문제들은 데이터가 있어야 알 수 있는 경험적 질문을 불러일으킨다. 책, 정기 간행물, 서신, 악보에 적용되는 데이터 과학이 출현하자 새로운 '디지털 인문학(digital humanities)'이 큰 나래를 펼치기 시작했다.[59] 이론과 발견의 가능성을 제약하는 것은 상상력뿐이며, 여기에는 개념의 발생과 전파, 지적/예술적 영향의 네트워크, 역사적 기억의 등고선, 문학적 주제의 성쇠, 대학이나 문화에 특이한 전형(典型)과

줄거리, 비공식적인 검열과 금기의 패턴 등이 포함될 수 있다.

지식이 통합되리라는 기대는 지식이 모든 방향으로 흘러야만 실현될 수 있다. 일부 학자들은 과학자들이 예술을 설명하는 영역으로 진출하는 것을 보고 뒤로 물러난다. 그런 설명이 그들 기준에서 깊이가 없고 너무 단순한 것은 사실이다. 하지만 그럴수록 그들은 더욱더 앞으로 나서서, 개별 작품과 장르에 대한 박식함을 인간의 감정과 심미적 반응에 관한 과학적 통찰과 결합해야 한다. 대학이 새로운 세대의 학자들을 두 문화에 능통하도록 교육할 수 있다면 금상첨화일 것이다.

인문학자들은 과학에서 나온 통찰을 잘 받아들이는 편이지만, 제2문화를 지키는 많은 경찰들은 그런 호기심에 몸과 마음을 맡겨서는 안 된다고 못 박는다. 문학자인 조너선 갓셜(Jonathan Gottschall, 1972년~)이 서사 본능(narrative instinct)의 진화를 주제로 책을 발표했을 때 《뉴요커(New Yorker)》의 경멸적인 서평에서 애덤 고프닉(Adam Gopnik, 1956년~)은 이렇게 말했다. "이야기에 관한 흥미로운 문제는 …… 무엇이 그 작풍을 '보편적'으로 만드는가가 아니라, 무엇이 훌륭한 이야기와 지루한 이야기를 구분하는가이다. …… 여성의 패션도 그와 같은데, 미세한 '표면상의' 차이가 실제로 그 문제의 전부이다." 하지만 문학을 감상할 때 감식안이 정말로 그 문제의 **전부**일까?[60] 호기심 많은 사람은 문화 및 시대와 분리되어 있는 인간의 마음이 인간 존재의 영원한 수수께끼들을 되풀이해서 다루는 방식이 궁금할 수도 있지 않을까?

위셀티어 역시 인문학 연구는 그런 식의 진보를 해서는 안 된다고 언명한다. "철학의 고민거리는 은퇴하지 않았고, …… 오류는 수정되지도, 폐기되지도 않았다."[61] 사실 오늘날 대부분의 도덕 철학자는 노예제를 자연스러운 제도로 보고 옹호하던 과거의 주장들은 오류이며 이미 수정되고 폐기되었다고 말할 것이다. 인식론자들도 한마디 거들어, 인간의 지각이 진실한 것은 신이 우리를 기만하지 않을 것이기 때문이라고 데 카르트가 주장할 수 있었던 시절부터 지금까지 그들의 공부가 꾸준히 발전해 왔다고 덧붙일 것이다. 그런데 위셀티어는 더 나아가, "자연계 연구와 인간계 연구 사이에는 중대한 차이"가 있으며, "경계를 넘으려는" 어떤 행위도 인문학을 "과학의 시녀"로 만들 뿐이며, 그 이유는 "과학적 설명은 기초에 놓인 동일성을 폭로하고, 그러면서 모든 영역을 단일한 영역, 그들의 영역으로 흡수하기" 때문이라고 못 박았다. 이 제2문화 경찰들의 피해 망상과 텃세 의식은 우리를 어디로 데려갈까? 그 답은 그들 스스로 내놓은 바 있다. 위셀티어는 《뉴욕 리뷰 오브 북스》에 발표한 중요한 에세이에서, 다윈 이전의 세계관("인간의 특징을 우리가 가진 동물성의 어떤 양상으로도 환원할 수 없다."), 더 나아가 코페르니쿠스 이전의 세계관("인간이 우주의 중심이다.")이라고 이야기했다.[62]

예술가들과 학자들이 자칭 문학 예술의 수호자들을 따라가다 이 벼랑 아래로 떨어지지 않기를 바랄 뿐이다. 인간의 곤경과 타협하고자 하는 우리의 탐사는 중세는 물론이고 지난 세기나 그 이전 세기에 얼어붙어 있을 필요가 없다. 분명 정치, 문화, 도덕에 관한 우리의 이론은 세계와 인류를 가장 잘 이해하고 있는 분야에서 많은 것을 배울 수 있다.

1782년에 토머스 페인(Thomas Paine, 1737~1809년)은 과학의 세계주의적인 가치를 찬양했다.

과학은 한 국가의 당원이 아니라 모두에게 자애로운 후원자이며, 사람들과 만나는 모든 곳에서 신전을 자유롭게 개방한다. 얼어붙은 땅을 비추는 태양처럼 그녀는 더 높은 교양과 향상을 이룰 수 있도록 오래전부터 인간의 마음을 준비시켜 왔다. 한 나라의 철학자는 다른 나라의 철학자를 적으로 보지 않으며, 과학의 신전에 터를 잡고 앉아서 옆에 앉을 사람 누구 없느냐고

묻는다.[63]

페인이 물리적 풍경에 대해 쓴 말은 지식의 풍경에도 적용된다. 여러 측면에서 과학의 정신은 계몽의 정신이다.

23장
휴머니즘

과학만으로는 진보를 이루어내기에 역부족이다. "올바른 지식이 있다면 자연의 법칙이 금하지 않는 모든 것을 성취할 수 있다."라지만 그것이 문제이다. "모든 것"은 정말 **모든 것**을 뜻한다. 백신과 생화학 무기에서부터, 주문형 비디오(video on demand, VOD)와 텔레비전 화면의 빅 브라더까지. 백신을 사용해 질병을 근절하기까지는 과학 이외의 어떤 것이 필요했고, 생화학 무기는 법으로 금지되었다. 그런 이유로 나는 이 책을 시작할 때 데이비드 도이치의 글 앞에 스피노자의 글을 놓았다. "이성의 지배를 받는 사람은 나머지 인류에게 바라지 않는 것을 자기 자신에게도 바라지 않는다." 진보에는 우리 각자가 추구하는 번영과 똑같은 방식으로 인류 전체가 번영할 수 있도록 지식을 배포하는 일이 필연적으로 포함된다.

인류의 번영 ─ 생명, 건강, 행복, 자유, 지식, 사랑, 풍부한 경험 ─ 을 극대화한다는 목표를 우리는 휴머니즘이라고 부를 수 있다. (어근에도 불구하고 **휴머니즘**은 동물의 번성도 포함하지만, 이 책에서는 인간의 복리에 초점을 맞추고자 한다.) 우리가 인간의 지식으로 성취하고자 하는 것이 **무엇**인지를 판정해 주는 것이 바로 휴머니즘이다. '존재(is, 사실 명제)'를 보조하는 '당위(ought, 가치 명제)'는 휴머니즘에서 나온다. 휴머니즘은 진정한 진보와 단순한 숙달을 구분한다.

지금 휴머니즘이라고 불리는 **운동**이 성장하면서 의미와 윤리를 떠받치는 초자연적이지 않은 기초를 다지고 있다. 그 기초는 바로, 신 없는 선(good without God)이다.[1] 휴머니즘 운동의 목표는 1933년부터 세 번에 걸쳐 선언되었다. 2003년에 나온 '제3차 휴머니즘 선언(Humanist Manifesto Ⅲ)'은 아래와 같이 단언한다.

> **세계의 지식은 관찰, 실험, 이성적 분석을 통해 획득한 성과물이다.** 휴머니스트는 과학이야말로 이 지식을 결정하는 가장 좋은 수단이자 문제를 해결하고 유익한 기술을 개발하는 최고의 수단이라고 생각한다. 우리는 또한 사상, 예술, 내적 경험에서 새로운 출발을 시도하고, 각각의 주제를 비판적 지성으로 분석하는 것이 가치 있음을 인정한다.
>
> **인간은 본래 자연의 일부분이며 어떤 안내도 없이 진화적 변화를 거친 존재이다**……. 우리는 이 삶이 전부이자 끝이라고 인정하며, 있는 그대로의 것과 우리가 바라거나 상상하는 것을 구분한다. 우리는 미래의 도전을 환영하며, 아직 밝혀지지 않은 것에 이끌리고 겁내지 않는다.
>
> **윤리적 가치는 경험으로 검증되었듯이 인간의 필요와 이익에서 유래했다.** 휴머니스트는 인간의 환경, 이익, 관심사에 의해 빚어지고 지구 생태계와 그 너머에 펼쳐져 있는 인간의 행복 위에 가치를 세운다. ……
>
> **삶의 실현은 인간적인 이상에 봉사하는 개인적 참여에서 나온다.** 우리는 …… 강한 목적 의식으로 우리의 삶을 고취하고, 인간 존재의 기쁨과 아름다움, 그 도전과 비극, 더 나아가 죽음의 필연성과 궁극성에서에서 감탄과 경외를 찾는다. ……
>
> **인간은 본래 사회적이며 관계에서 의미를 찾는다.** 휴머니스트는 …… 서로 돌보고 배려하는 세계, 잔인함과 그 결과가 없는 세계, 다름이 폭력에 의존하지 않고 협력으로 해결되는 세계를 이루기 위해 노력한다. ……

사회에 이로운 일은 개인의 행복을 극대화한다. 진보적인 문화는 생존만을 위한 잔인한 상황에서 인류를 해방하고자 힘써 왔고, 고통을 줄이고, 사회를 개선하고, 지구 공동체를 발전시키고자 노력해 왔다. ……[2]

휴머니즘 협회의 회원들은 휴머니즘의 이상이 어느 진영에도 속하지 않는다고 누구보다 먼저 주장할 것이다. 자기가 평생 말해 온 것이 산문임을 알고 기뻐했던 몰리에르(Molière, 1622~1673년)의 「서민 귀족(Le Bourgeois Gentilhomme)」의 주인공처럼, 많은 사람이 휴머니스트이면서도 그 사실을 모른다.[3] 휴머니즘의 요소들은 축의 시대로 거슬러 올라가는 믿음 체계들에서도 발견된다. 그 요소들은 이성과 계몽의 시대에 전면에 부상해 영국, 프랑스, 미국에서 권리 선언을 이끌어냈고, 제2차 세계 대전 이후에 두 번째 바람을 일으켜 유엔, 세계 인권 선언, 그밖의 국제 협력 기구들로 이어졌다.[4] 휴머니즘은 인간 존재의 의미와 도덕성의 토대에 신, 성령, 영혼을 놓지 않았지만, 종교와 절대 모순되지 않는다. 유교와 다양한 불교를 포함해 일부 동양 종교들은 신의 명령이 아니라 인간의 행복을 윤리의 기초로 삼았다. 유태교와 기독교에서도 많은 교파가 이성과 인류의 보편적인 번영을 위해 초자연적인 믿음과 교회의 권위 같은 그들의 유산을 뒤로 물리고 휴머니즘적으로 변모했다. 대표적인 예로, 퀘이커교, 유니테리언교, 진보적 성공회, 북유럽 루터교, 개혁교회, 재건주의 유태교, 유태교의 휴머니즘 분파들이 있다.

휴머니즘은 상식적이고 새로울 게 없어 보인다. 누가 인류의 번영에 반대할 수 있을까? 하지만 사실 휴머니즘은 인간의 마음에 자연스럽게 다가오지 않는 독특한 도덕적 헌신이다. 뒤에서 보겠지만, 휴머니즘은 종교와 정치의 많은 분파로부터 맹렬한 공격을 받을뿐더러, 놀랍게도 저명한 예술가, 교수, 지식인에게도 박대를 당한다. 휴머니즘을 다른 계몽주의의 이념들처럼 사람의 마음에 안착시키려 한다면, 이 시대의 언어와 개념으로 설명하고 옹호해야 한다.

～

스피노자의 금언은 분류 원리상 도덕성의 세속적 기초를 **공평성**(impartiality)에서 찾자는 생각이 담겨 있다.[5] 즉 대명사 **나**(I and me)에는 내 이익이 당신이나 그 누구의 이익보다 우선이라는 것을 정당화할 수 있는 마술적인 힘이 전혀 없다는 깨달음이 필요하다는 것이다. 만일 내가 강간, 폭행, 굶김, 살해를 당하는 것에 반대한다면, 나 또한 당신에게 강간, 폭행, 굶김, 살해를 가할 수 없는 것이 당연하다. 공평성은 도덕성을 '이성적 근거' 위에 놓고자 하는 많은 시도를 떠받쳐 준다. 스피노자의 영원의 관점, 홉스의 사회 계약, 칸트의 정언 명령, 롤스의 무지의 베일, 네이글의 아무 데도 아닌 곳에서의 관점(veiw from nowhere), 로크와 제퍼슨이 제시한 모든 사람은 평등하게 태어났다는 자명한 진리, 그리고 물론 황금률과 수많은 도덕 전통에서 재발견되는 귀중하고도 엄정한 그 이형들이 그런 시도였다. (은률은 "너 자신이 당하고 싶지 않은 일을 남에게 하지 마라."이고, 백금률은 "남들이 너에게 바랄 만한 일을 남들에게 하라."이다. 은률과 백금률은 마조히스트, 자살 폭탄 테러범, 취향의 차이 등 황금률의 난제를 예상하고 만들어졌다.)[6]

물론 공평성에 기댄 주장만으로는 불완전하다. 어느 냉정하고 이기적이고 과대 망상적인 소시오패스가 다른 사람을 이용하고도 처벌을 받지 않았다면, 어떤 주장으로도 그의 논리적 오류를 그에게 납득시키지 못할 것이다. 또한 공평성에 기댄 주장은 내용이 거의 없다. 사람들의 소망을 존중하라는 일반적인 조언을 제외하면, 그 소망이 무엇인지, 즉 인간의 번영을 정의하는 욕구, 필요, 경험이 무엇인지를 거의 말하지 않는다. 이것들은 공평하게 허용되어야 할 뿐 아니라, 최대한 많은 사람이 적극적으로 추구하고 부여받아야 하는 필요물(desiderata)이다.

마사 누스바움은 수명, 안전, 문해력, 지식, 표현의 자유, 유희, 자연, 정서적, 사회적 애착처럼 사람이 당연히 발휘해야 하는 "기본 능력들"을 제시해서 이 간극을 메웠다. 하지만 이것은 목록에 불과하며, 목록을 작성한 사람은 본인이 좋아하는 것만 열거하고 있다는 반대에 부딪힐 수 있다. 우리는 휴머니즘 도덕을 더 든든한 토대 위에 놓을 수 있을까? 이성적인 소시오패스를 배제하고 우리가 존중해야 하는 인간적 필요들을 정당화할 수 있는 토대 위에? 나는 그럴 수 있다고 생각한다.

미국 독립 선언에 따르면 생명, 자유, 행복 추구의 권리는 "자명하다." 자명하다는 것이 항상 자명하지는 않기 때문에 약간 불만족스럽기는 하다. 하지만 그 속에는 중요한 직관이 담겨 있다. 사실 도덕성의 토대를 조사하는 과정에서 생명 그 자체를 정당화해야 하다니, 일면 이상하게 느껴질 수도 있다. 마치 문장을 완성하게 될지 총에 맞게 될지를 알 수 없는 게임을 하듯 말이다. 애초에 어떤 것을 조사하는 행위는 그 조사를 하는 행위자를 전제로 한다. 이성의 타협 불가능성에 관한 네이글의 초월론적 논증 — 이성의 타당성을 숙고하는 행위가 이성의 타당성을 전제한다. — 이 의미가 있다면, 도덕의 토대에 대한 고찰도 분명 이성적 존재(reasoner)의 존재를 전제하게 된다.

이렇게 생각하면 과학에서 나온 엔트로피와 진화라는 두 가지 주요 개념을 갖고 도덕성을 휴머니즘적으로 더 분명하게 정당화할 수 있는 길이 열린다. 사회 계약을 분석한 전통적인 방법들에서는 육체에서 분리된 영혼들의 대화를 상상했다. 물질 세계에 이성적 존재가 존재한다는 최소한의 전제를 갖고 이 이상화된 그림을 풍부하게 해 보자. 많은 이야기가 뒤따라 나온다.

이 육신을 갖춘 존재는 단순한 물질을 복잡한 적응적 설계를 갖도록 만들어 주는 유일한 물질적 과정인 자연 선택의 산물로서 물질을 생각하는 기관으로 배열을 바꾸는 과정에서 그 과정과 산물을 끊임없이 분해하고 흩어 놓으려는 엄청난 역경에 맞서 왔음이 분명하다.[7] 그리고 그것을 논의하는 자리에 나타나서 끝까지 버틸 수 있을 정도로 아주 오랫동안 엔트로피의 맹렬한 파괴에 저항해 왔다. 이것은 그 존재가 환경으로부터 에너지를 취했고, 그들의 신체적 완전성을 유지할 수 있는 좁은 범위의 조건 안에 머물렀으며, 위험한 생물과 무생물의 공격을 잘 피해 왔음을 의미한다. 자연 선택과 성 선택의 산물인 그 존재는 각자가 짝을 얻어 번식력 있는 후손을 낳는 복제자로서 뿌리 깊은 거대한 계통수의 한 가지를 이루고 있다. 지능은 불가사의한 알고리듬이 아니라 지식을 먹고 자라는 것이기 때문에, 그들은 세계에 관한 정보를 빨아들이고 세계의 규칙적인 패턴에 주목해야 했을 것이다. 그리고 만약 그들이 다른 이성적 존재들과 함께 생각을 교환하고자 한다면 분명 말을 섞어야 했을 것이다. 다시 말해, 그들은 시간과 안전을 소모해 가며 상호 작용을 주고받는 사회적 존재이다.[8]

이성적 행위자가 물질계에 존재할 수 있는 신체적 필요 조건은 추상적인 설계 명세가 아니라, 욕구, 필요, 감정, 통증, 쾌감의 형태로 뇌에 장착된다. 평균적으로, 그리고 인간이라는 종이 형성된 환경에서 우리 조상들은 즐거움을 주는 경험 덕분에 살아남아 다시 번식할 수 있는 자식을 낳았고, 고통을 주는 경험 때문에 죽음에 이르렀다. 이것은 음식, 위안, 호기심, 아름다움, 자극, 사랑, 섹스, 우정이 얄팍한 탐닉이나 쾌락주의적 도락이 아님을 의미한다. 이들은 인과적 사슬로 연결되어 마음을 탄생시킨 고리들이다. 금욕적이고 청교도적인 체제와 달리 휴머니즘적 윤리에서는 사람들이 위안, 쾌락, 성취를 추구하는 행동의 본래적 가치를 비난하지 않는다. 그것들을 추구하지 않았다면 인간은 존재하지 않았을 테니까. 동시에 진화의 산물인 이 욕구들이 서로, 그리고 다른 사람의 것과 엇갈리며 충돌하는 것도 사실이다.[9] 우리가 지혜라고 부르는 것 중에 많은 것들이 우리 자신의 내면에서 충돌하는 욕구들 사이에서 균형을 잡고, 우리가 도덕과 정치라 부르는 것 중에 많은 것들이 사람들 사이에서 충돌하는 욕구들에 균형을 부여한다.

2장에서 (존 투비의 관찰 다음에) 언급했듯이 엔트로피 법칙은 우리에게 영구적인 위협을 하나 더 선고한다. 몸(그에 따라 마음)이 제 기능을 하려면 많은 것들이 정상이어야 하는 반면에, 피가 새어나간다든지, 공기가 희박하다든지, 미세한 생체 시계 장치가 고장 나는 등 뭔가 한 가지만 잘못되면 몸은 영원히 정지한다. 한 행위자의 공격은 다른 행위자의 존재를 끝낼 수도 있다. 우리는 모두 폭력에 끔찍이도 취약하지만, 동시에 폭력을 자제하기로 합의한다면 환상적인 이득을 누릴 수 있다. 인류의 머리 위에 평화주의자의 딜레마 — 사회적 행위자들이 어떻게 하면 서로를 착취하고 싶은 유혹을 버리고 착취당하지 않고 안전하게 살 수 있는가?— 가 다모클레스의 검처럼 매달려 있어서 평화와 안전이 휴머니즘 윤리의 영원한 목표가 된다.[10] 폭력의 역사적 감소가 보여 주듯이 그것은 해결할 수 있는 문제이다.

육신을 갖춘 행위자라면 누구나 폭력에 취약하다는 사실은 왜 냉정하고 자기 중심적이고 과대 망상에 빠진 소시오패스가 도덕적 담론의 무대에서(그리고 공평함과 비폭력에 대한 도덕적 요구로부터) 영원히 자유롭게 돌아다닐 수 없는지를 설명해 준다. 만일 그가 도덕성 게임을 거부한다면, 다른 모든 사람의 눈에 그는 병원균, 산불, 미쳐 날뛰는 울버린처럼 아무 생각이 없는 위협 — 야만적인 폭력으로 제압해야 하는 것 — 으로 보일 것이다. (홉스의 표현에 따르면, "야수와는 계약을 맺을 수 없다.") 자신이 영원한 불사신이라고 생각한다면 운에 맡기고 살아갈 수도 있지만, 엔트로피 법칙은 그런 행운을 배제한다. 그는 한동안 모든 사람에게 폭정을 행할 수 있지만, 결국에는 힘을 합친 피지배자들에게 제압당할 것이다. 영원히 불사신으로 남을 수 없다는 사실은 냉정한 소시오패스마저도 도덕성의 원탁에 다시 불러들이는 유인책이 된다. 심리학자 피터 드치올리(Peter DeScioli)가 말했듯이, 적과 단둘이 대면했을 때 가장 좋은 무기는 도끼이지만, 구경꾼들 앞에서 적과 대면했을 때 가장 좋은 무기는 논증이다.[11] 그리고 논증을 시도하는 사람을 물리치는 것은 더 좋은 논증이다. 결국 도덕의 세계에는 생각할 줄 아는 사람들이 살아남는다.

진화는 세속적 도덕의 또 다른 기초도 설명해 준다. 바로, 우리의 공감하는 능력(혹은 계몽 사상가들이 다양하게 언급했듯이, 자애심, 연민, 상상력, 동정심)이다. 어떤 이성적 행위자가 도덕적인 것이 모두에게 장기적으로 이익이 된다고 생각한다고 해도, 그가 아무런 이유도 없이 다른 사람의 이익을 위해 자신을 희생양으로 내놓는 것은 상상하기 어렵다. 무엇인가가 다른 사람이 처한 상황에 관심을 갖고 공감할 수 있도록 슬쩍 떠미는 것(넛지)이다. 어깨 위에 내려앉은 천사가 밀었다고 생각할 필요는 없다. 진화 심리학은 우리를 사회적 동물이게 하는 감정들에서 그런 충동이 발생한다고 설명한다.[12] 친족 간의 동정심은 생명의 거대한 그물망 속에서 우리를 서로 연결해 주는 유전적 구성이 겹친 데에서 생겨난다. 우리는 각자 힘든 상황에 처해 있는 탓에 타인의 작은 자비가 나의 복리를 크게 향상시켜 준다. 그래서 모든 개인이 혼자 헤쳐 나가기보다 서로 친절한 행위를 주고받는다면(받은 뒤에 반드시 은혜를 갚는다면) 삶이 더 나아질 수 있다. 따라서 진화는 동정, 신뢰, 감사, 죄책감, 수치심, 용서, 의분 같은 도덕 감정을 선택한다. 우리의 심리적 구성에 설치되어 있는 동정심이 이성과 경험으로 확대되면 모든 감각을 가진 존재를 포용할 수 있다.[13]

～

휴머니즘에 대한 또 다른 철학적 반론은 휴머니즘이 "그저 공리주의"

라는 것, 즉 인간 번영의 극대화에 기초한 도덕론은 최대 다수의 최대 행복을 추구하는 도덕론과 똑같다는 것이다.[14] (철학자들은 종종 행복을 '공리 (utility)'라고 부른다.) 도덕 철학 개론을 들은 사람은 누구나 공리주의의 문제를 줄줄 욀 것이다.[15] 예를 들어, 공리라는 이름의 괴물이 있어, 그가 사람들을 잡아먹어 얻는 기쁨이 그 사람들이 괴물에게 잡아먹히지 않고 살아남아 얻는 기쁨보다 크다고 해 보자. 이 경우 기쁨의 총량이 크다는 이유만으로 그 괴물이 하고 싶은 대로 하게 놔둬야만 할까? 또 이런 것은 어떨까? 안락사 지망자가 있다. 그들을 모아서 장기를 모두 적출한 다음 각 부위별로 필요한 환자에게 이식한다면 훨씬 많은 생명을 구할 수 있다. 이것을 실제로 행해도 괜찮을까? 미해결 살인 사건에 분노한 마을 주민들이 폭동을 일으킬 것 같은 상황에 처한 보안관이 있다고 해 보자. 그는 마을의 주정뱅이에게 죄를 씌우고 그를 교수형에 처해서 주민들을 진정시켜도 괜찮을까? 약을 먹고 영원히 달콤한 잠에 빠질 수 있다면, 그 약을 먹어도 괜찮을까? 창고들을 건설해서 행복한 토끼 수십억 마리를 저렴하게 키워도 괜찮을까? 이런 사고 실험을 하다 보면 **의무론적 윤리학**(deontological ethics)에 이르게 되는데, 권리, 의무, 원리 들로 구성된 의무론적 윤리학은 특정 행위를 그 본질에 비춰 도덕적인지, 혹은 비도덕적인지 판단한다. (그 행위의 목적이나 결과가 아니라 그 행위 자체가 선인지 악인지를 갖고 도덕 판단을 한다는 뜻이다. — 옮긴이) 의무론적 윤리학의 몇몇 형태에서 그 원리는 신에게서 나온다.

애초에 휴머니즘에서는 공리주의나, 적어도 결과주의의 냄새가 난다. 행동과 정책을 도덕적으로 평가할 때 그 결과를 기준으로 하기 때문이다. 결과는 얼굴에 미소를 짓게 되는 좁은 의미의 행복으로 국한될 필요가 없으며, 육아, 자기 표현, 교육, 풍부한 경험, 지속적 가치가 있는 작품의 생산(18장) 등의 더 큰 의미를 포괄한다. 휴머니즘의 결과주의적 특징은 사실 휴머니즘에 유리한 점인데, 여기에는 몇 가지 이유가 있다.

첫째, 도덕 철학 수업을 2주차까지 졸지 않고 들은 학생이라면 누구나 의무론적 윤리학의 문제들도 줄줄 욀 것이다. 거짓말이 본래 잘못이라면, 우리는 게슈타포가 안네 프랑크(Anne Frank, 1929~1945년)의 소재를 물을 때 정직하게 답해야 할까? 사람은 반드시 수단이 아니라 목적으로 취급되어야 하는데, 자위(自慰)는 동물적 충동을 만족시키는 수단으로 자기 자신을 이용하기 때문에 부도덕한가? (전형적인 의무론자인 칸트는 그렇다고 주장했다.) 테러범이 수백만 명을 몰살시킬 수 있는 핵 시한 폭탄을 숨겼다면, 물고문을 해서 그 장소를 불게 하는 것은 부도덕한가? 하늘에서 목소리가 들리지 않는데, 대체 누가 어디선가 원리를 끌어내서 특정한 행동들이(누구에게도 해롭지 않은 행동들까지) 본래 부도덕하다고 선언할 수 있을까? 역사상 많은 윤리학자들이 의무론적 사고를 이용해서, 예방 접종, 마취, 수혈, 생명 보험, 인종 간 결혼, 동성애가 본래적으로 잘못이라고 주장하고는 했다.

이런 식의 공리냐 의무냐 하는 개론 수업의 이분법은 너무 극단적이라는 것이 많은 도덕 철학자들의 생각이다.[16] 최대 다수의 최대 행복에 도달하는 방법으로 의무론적 원리가 좋을 때도 많이 있다. 어떤 사람도 자기가 하는 행동의 모든 결과를 무한한 미래까지 계산할 수 없고, 사람들은 항상 자신의 이기적인 행동을 남들에게 이익이 되는 행동인 것처럼 변조할 수 있기 때문에, 전체적인 행복을 증진하는 가장 좋은 방법 중 하나는 아무도 넘을 수 없는 선을 분명하게 긋는 것이다. 우리는 정부가 국민을 속이거나 죽이는 것을 용납하지 않는다. 사고 실험에 나오는 완전무결하고 자비로운 반신반인과는 달리, 현실의 정치인들은 권력을 변덕스럽게나 포악하게 휘두를 수 있다. 이것을 비롯한 몇 가지 이유 때문에 정부는 최대 다수의 최대 행복이라는 명분으로 무고한 사람에게 사형죄를 씌우거나 장기 적출을 위해 안락사시킬 수 없다. 이번에는 평등한 대우의 원리를 예로 들어보자. 여성과 소수자를 차별하는 법은 본래 불공평한가, 아니면 차별의 희생자들이 고통을 받기 때문에 통탄할 만한 것일까? 이 질문에는 답을 할 필요가 없을 것이다. 하지만 역으로, 가령 생명을 유지시켜 주는 혈액의 신성함을 강조하며 수혈을 반대하는 운동처럼 의무론적 원리가 **정말로** 해로운 결과를 낳는다면 우리는 지체없이 창밖으로 내던져야 한다. 인권은 인간의 번영을 촉진한다. 그래서 현실에서는 휴머니즘과 인권이 손을 맞잡고 간다.

휴머니즘이 공리주의와 일부 겹쳐도 당황할 필요가 없는 두 번째 이유는, 그런 식의 윤리적 접근이 인간의 복리를 향상시킨 실적이 인상적이기 때문이다. 고전적인 공리주의자들 — 체사레 베카리아, 제러미 벤담, 존 스튜어트 밀 — 은 당시에 유행하던 노예제, 가학적인 형벌, 동물 학대, 동성애 금지, 여성의 예속화에 반대했다.[17] 표현의 자유와 신앙의 자유 같은 추상적인 권리까지도 이익과 손해의 관점에서 옹호하는 경우도 많았다. 예를 들어 토머스 제퍼슨은 이렇게 썼다. "합법적인 정치 권력은 타인에게 해가 되는 행위들을 억제하는 경우에만 적용된다. 그런데 내 이웃이 신이 스물이라고 말하거나 신이 없다고 말해도 나에게는 전혀 손해가 되지 않는다."[18] 보통 교육, 노동권, 환경 보호 역시 공리주의에 근거해서 발전했다. 그리고 적어도 지금까지는 공리 괴물과 행복 토끼 공장도 아무 문제가 없다.

공리주의적 주장이 그렇게 자주 성공한 데에는 분명한 이유가 있다. 모든 사람이 그 올바름을 이해할 수 있기 때문이다. "손해가 없으면 처벌도 없다.", "다친 사람이 없으면 문제되지 않는다.", "성인들이 동의하에 사적으로 무슨 행동을 하든 남들은 신경 쓸 일이 아니다.", "내가 바다에 뛰어들겠다고 / 불현듯 마음을 먹는다면 / 그건 누구도 간섭할 일이 아니지."(빌리 홀리데이의 노래로 유명한 「그건 누구도 간섭할 일이 아니지(Ain't Nobody's Business if I Do)」의 가사. — 옮긴이) 같은 원리들은 그리 심오한 것도 아니고, 예외가 없는 것도 아니지만, 일단 누군가가 언급하면 사람들은 쉽게 이해하고, 반대하고자 하는 사람은 증명의 큰 부담을 안게 된다. 공리주의가 직관적이라는 말은 아니다. 고전적 자유주의는 인류사에서 늦게 당도했고, 전통 문화들은 아직도 성인들이 자기 의사에 따라 사적으로 하는 행동에 간섭해야 한다고 믿는다.[19] 철학자이자 인지 신경학자인 조슈아 그린은 의무론의 많은 신조들이 부족주의, 순수성, 혐오감, 사회적 규범 같은 원시적인 직관에 뿌리를 둔 반면, 공리주의적 판단은 합리적 사고에서 나온다고 주장했다.[20] (심지어 그는 두 종류의 도덕적 사고가 각각 뇌의 감정적 체계와 이성적 체계에서 나온다는 것도 증명했다.) 그린은 또한 다양한 문화적 배경을 가진 사람들이 어떤 도덕률에 대해 합의해야 할 때에는 공리주의적으로 판단하는 경향이 있다고 주장한다. 이 주장은 여성과 동성 결혼을 법적으로 평등하게 대우하자는 개혁 운동들이 어떻게 수백 년의 관례를 놀라울 정도로 빠르게 전복했는지(15장)를 설명해 준다. 그 뒤에는 관습과 직관밖에 없기에 공리주의의 주장 앞에서 모래성처럼 허물어진 것이다.

휴머니즘 운동들이 다양한 권리를 이야기하고 그 목표를 강화하고 있는 지금에도 그 권리를 정당화하는 철학 체계는 "얄팍"하다고 평가받는다.[21] 범세계주의적인 세계에 생명력을 불어넣는 도덕 철학은 복잡하고 다층적인 논증으로 이루어지거나, 심오한 형이상학적, 종교적 믿음에 의존해서는 성립될 수 없다. 그 도덕 철학은 모든 사람이 이해하고 동의할 수 있을 만큼 단순하고 투명한 원리에 의존해야 한다. 인간의 번영이라는 이상, 즉 사람은 오래, 건강하게, 행복하게, 부유하게, 자극적인 삶을 영위하는 것이 좋다는 이상이 바로 그런 원리이다. 우리의 공통된 인간성 이외의 어떤 원리에도 기초하지 않기 때문이다.

다양한 문화가 공통의 기반을 찾아야 할 때 휴머니즘으로 수렴한다는 사실은 역사가 증명한다. 미국 헌법의 정교 분리 원칙은 계몽 철학의 영향을 받은 것일 뿐 아니라 실용적 필요도 있었던 것이다. 경제학자 새뮤얼 해먼드(Samuel Hammond)에 따르면, 영국 식민지 13개 중 8개는 공식 교회가 있었고, 그 교회들은 공공 영역에 침투했다. 주 정부 공금으로 목사 월급을 주고, 엄격한 종교적 관습을 사회에 강요하고, 다른 교파를 박해했다. 단일한 헌법 아래 식민지들을 통합할 유일한 길은 종교적 표현과 관행을 자연권으로 끌어올려 보장하는 것이었다.[22]

150년 뒤 세계 대전의 포연이 아직 가시지 않은 나라들이 협력 관계 속에 하나로 뭉칠 수 있는 원리를 정해야 했다. "예수 그리스도를 우리의 구세주로 받아들이는가?"나 "미국은 반석 위에 지어진 빛나는 도시다." 같은 원리였다면 그 나라들이 동의했을까? 1947년에 유엔 교육 과학 문화 기구(유네스코)는 세계의 지성인 수십 명(자크 마리탱(Jacques Maritain, 1882~1973년), 마하트마 간디, 올더스 레너드 헉슬리(Aldous Leonard Huxley, 1894~1963년), 해럴드 라스키, 필립 퀸시 라이트(Philip Quincy Wright, 1890~1970년), 피에르 테야르 드 샤르댕(Pierre Teilhard de Chardin, 1881~1955년), 그리고 저명한 유학자 및 무슬림 학자)에게 유엔의 보편적 선언에 어떤 권리들이 포함되어야 할지를 물었다. 돌아온 목록은 놀라울 정도로 비슷했다. 회신을 소개하는 자리에서 마리탱이 자세히 이야기했다.

유네스코 국가 위원회의 한 회의에서 인권 문제를 논의하고 있을 때 어떤 사람이, 격렬하게 대립하던 이데올로기 옹호자들이 그 권리들에 동의한 것을 알고 놀라움을 감추지 못했다. "좋소." 그들이 말했다. "그 권리들에 동의하겠소. **단, 누구도 우리에게 그 이유를 묻지 않는 조건에서 말입니다.**"[23]

세계 인권 선언은 30개 조항으로 된 휴머니즘 선언으로, 2년도 안 되는 기간에 작성되었다. 기초 위원회 위원장인 엘리너 루스벨트가 이데올로기에 휘말리지 않고 프로젝트를 밀어붙이겠다고 결심한 덕분이었다.[24] (첫 번째 초안의 작성자인 존 피터스 험프리(John Peters Humphrey, 1905~1995년)는 선언이 어떤 원리에 기초해 있느냐는 질문에, "어떤 철학도 없습니다."라고 적절하게 대답했다.)[25] 1948년 12월에 세계 인권 선언은 반대 없이 유엔 총회를 통과했다. 인권은 서양의 편협한 신조라는 비난이 무색하게도 세계 인권 선언은 인도, 중국, 태국, 버마(미얀마), 에티오피아, 그리고 이슬람 7개국의 지지를 받은 반면에, 루스벨트는 미국과 영국의 찬성을 끌어내기 위해 두 나라 위원들의 팔을 비틀어야 했다. 미국은 흑인을 걱정했고, 영국은 식민지를 걱정했다. 소비에트 사회주의 공화국 연방, 사우디아라비아, 남아프리카 공화국은 기권했다.[26]

세계 인권 선언은 500개 언어로 번역되어 있고, 그 후에 제정된 각국의 헌법 대부분과 수많은 국제법, 조약, 단체에 영향을 미쳤다. 현재 70세의 나이에 곱게도 늙었다.

~

휴머니즘은 다양한 문화를 가진 합리적인 사람들이 모여 잘 지낼 필요가 있을 때 도달하게 되는 도덕률이지만 그럼에도 절대 무미건조하거나 달콤하기만 한 최소 공통 분모가 아니다. 도덕성은 인간 번영의 극대화에 있다는 생각은 끊임없이 우리를 유혹하는 두 가지 대안과 정면으로 충돌한다. 첫째는 유신론적 도덕관이다. 도덕성의 핵심은 신의 명령에 복종하는 것이고, 신의 명령은 초자연적인 보상과 처벌을 통해 이 세계나 사후 세계에서 집행된다는 생각이다. 둘째는 낭만적 영웅주의, 즉 도덕성은 한 개인이나 민족의 순수성, 진정성, 위대함에 있다는 생각이다. 낭만적 영웅주의는 19세기에 처음 명확히 표명되었지만, 권위주의적 포퓰리즘, 네오파시즘, 신반동주의(neo-reaction, 반자유, 반계몽, 애국주의, 백인 우월주의를 주장하는 극우 운동으로, 검은 계몽주의(Dark Enlightenment)라고도 한다. — 옮긴이), 알트라이트(Alt-Right, 극단적 백인 우월주의에 기반한 미국의 온라인 기반 보수주의 운동. — 옮긴이)처럼 새로 출현하는 운동에서도 발견할 수 있다.

많은 지식인이 휴머니즘의 이 대안들을 드러내놓고 지지하지 않으면서도 거기에는 인간 심리의 생생한 진리가 담겨 있다고 믿는다. 인간에게는 유신론적, 종교적, 영웅적, 혹은 종족적 믿음이 필요하다고 말이다. 휴머니즘은 틀리지는 않지만 인간 본성을 거스른다고 그들은 말한다. 휴머니즘 원리에 기초하면 어떤 사회도 오래가지 않는다고. 세계 질서는 말할 것도 없고.

이러한 심리학적 주장에서 한 걸음만 옮기면 역사적 주장이 나온다. 불가피한 붕괴는 이미 시작되었으며, 우리는 자유롭고, 세계주의적이고, 계몽적이고, 휴머니즘적 세계관이 무너지는 것을 두 눈으로 보고 있다고. 《뉴욕 타임스》의 칼럼니스트 로저 코언(Roger Cohen, 1955년~)은 2016년에 "자유주의는 죽었다."라고 선언했다. "자유 민주주의적 실험, 그리고 개인이 의지를 행사해서 자유롭게 자신의 운명을 결정할 어떤 양도할 수 없는 권리를 갖고 있다는 계몽주의적 믿음은 짧은 간주곡에 불과하다."[27] 「계몽주의는 오래도 갔다(The Enlightenment Had a Good Run)」라는 글에서 《보스턴 글로브(Boston Globe)》의 논설 위원 스티븐 킨저(Stephen Kinzer, 1951년~)도 그 생각에 동의했다.

계몽주의적 이상들의 중심인 세계주의는 결과적으로 많은 사회에서 사람들에게 폐를 끼쳤다. 세계주의에 대한 반발로 사람들은 영장류가 본능적으로 좋아하는 지배 체제 — 강력한 추장이 부족을 보호하고, 그 보답으로 부족원들이 추장의 명령에 따르는 체제 — 로 회귀한다. …… 이성은 도덕의 기초가 되지 못하고, 영적인 힘을 거부하며, 감정, 예술, 창의성의 중요성을 부정한다. 이성이 차갑고 비인간적일 때에는 삶에 의미를 부여하는 깊은 구조물로부터 인간을 차단할 수 있다.[28]

다른 시사 평론가들도 그렇게 많은 젊은이가 IS에 끌리는 것도 놀라운 일이 아니라고 덧붙였다. 젊은이들이 "무미건조한 세속주의"에서 등을 돌리면서 "인간의 삶에 대한 단조로운 시각을 바로잡을 급진적이고 종교적인 혜안을 찾고 있다."라는 것이다."[29]

그렇다면 이 책의 제목이 『끝나 가는 계몽(*Enlightenment While It Lasts*)』으로 바뀌어야 할까? 천만에! 2부에서 나는 진보의 실재를 증명했고, 이 3부에서는 진보를 추동하는 이념들, 그리고 그 이념들이 지속되리라고 내가 예상하는 이유에 초점을 맞췄다. 앞의 두 장에서 이성과 과학에 대한 반론들을 논박했으므로, 이제 나는 휴머니즘에 대한 반론들을 해부하고자 한다.

내가 이 반대 주장들을 해부하는 이유는 휴머니즘에 반대하는 도덕적, 심리적, 역사적 주장들이 틀렸음을 보여 주기 위해서만은 아니다. 개념을 이해하는 가장 좋은 방법은 무엇이 그 개념이 **아닌지**를 보는 것이며, 따라서 휴머니즘의 대안들을 현미경 아래에 놓고 보면 계몽주의의 이념들을 옹호하는 일에 무엇이 걸려 있는지를 알 수 있다. 먼저 휴머니즘에 반대하는 종교적 주장을 들여다보고, 다음으로 낭만주의적-영웅주의적-부족주의적-권위주의적 복합체를 뜯어 보겠다.

～

우리에게 정말로 신 없는 선이 가능할까? 휴머니즘 과학자들이 제시하는 신 없는 우주는 그 과학자들 자신의 발견으로 허물어지고 있을지도 모른다. 그리고 우리 자신에게는 신적 존재에 대한 선천적 적응이 존재해, 그러니까 우리 DNA 속에는 신 유전자가 있고, 뇌 속에는 신 모듈이 있어서, 앞으로도 계속 유신론적인 종교가 세속적 휴머니즘을 압도할지도 모른다.

먼저 유신론적 도덕을 살펴보자. 많은 종교의 계율과 규범이 사람들에게 살인, 폭행, 강탈, 배신을 금지한다. 하지만 세속적 도덕률도 마찬가지이며, 이유는 분명하다. 이성적이고, 이기적이고, 군거 생활을 하는 행위자라면 누구나 동포들이 그런 규칙에 동의하기를 바라기 때문이다. 당연히 그런 규칙은 모든 국가에서 법제화되어 있으며, 더 나아가 모든 인간 사회에 존재한다고 한다.[30]

사람들의 삶을 향상하려는 휴머니즘적인 노력에 초자연적 입법자에 대한 호소를 더하면 무엇이 달라질까? 가장 확실하게 추가되는 것은 초자연적인 집행이다. 죄를 저지르면 신에게 벌을 받거나, 지옥에 가거나, 생명책에서 이름이 지워진다는 믿음 말이다. 이 추가 사항이 매력적인 까닭은, 세속의 법 집행으로는 모든 위반 행위를 탐지하고 벌할 수가 없는 데다가, (추가가 되면) 사람은 그가 누구든 다른 사람을 살인하고도 무사히 빠져나가기는 불가능하다고 설득할 수 있기 때문이다.[31] 산타클로스처럼 신은 자고 있는 당신을 보고, 당신이 언제 깨어 있는지를 알고, 누가 착한 사람인지 누가 나쁜 사람인지를 안다. 그러니 제발 착하게 살아라.

하지만 유신론적 도덕관에는 두 가지 치명적인 결함이 있다. 첫째는 신이 존재한다고 믿을 타당한 이유가 없다는 것이다. 리베카 뉴버거 골드스타인(Rebecca Newberger Goldstein, 1950년~)은 자신의 소설 『신의 존재에 찬성하는 36개 주장(Thirty-Six Arguments for the Existence of God: A Work of Fiction)』에 붙인 논픽션 부록에서 (군데군데 플라톤, 스피노자, 흄, 칸트, 러셀에 의존해) 그 주장들을 하나하나 논박한다.[32] 신의 존재 증명에 가장 흔하게 쓰이는 것들, 예를 들어, 신앙, 계시, 경전, 권위, 전통, 주관적 호소는 아예 논증도 아니다. 모두 합리적으로 믿을 만한 것이 아닐 뿐만 아니라, 각각의 종교마다 주장하는 것도 다 다르다. 신이 몇인지, 그들이 어떤 기적을 행사해 왔는지, 열성 신자들에게 무엇을 요구하는지에 대한 양립할 수 없는 믿음을 공포한다. 역사학은 성스러운 책들이 당대의 너무나도 인간적인 행위의 산물로서, 내적 모순, 사실 오류, 이웃 문화 표절, 과학적 부조리(예를 들어, 하느님은 빛과 어둠을 가르고 나서 사흘 뒤에 해를 창조했다.)로 가득하다는 것을 충분히 입증해 왔다. 학식 있는 신학자들의 정교하고 난해한 주장들도 부실하기는 마찬가지이다. 신의 존재에 관한 우주론적 논증과 존재론적 논증은 논리적으로 허약하고, 목적론적 논증은 다윈에 의해 논박되었으며, 그밖의 주장들도 명백히 틀렸거나(예를 들어, 인간은 신에 관한 진리를 감지할 수 있는 선천적인 능력을 갖고 태어난다는 이론), **빤한 도피구**(예를 들어, 예수의 부활은 인간의 경험적 검증을 허락하기에는 너무나 중요한 우주적 사건이었다는 이론)에 불과하다.

어떤 저자들은 이 대화에는 과학이 낄 자리가 없다고 주장한다. 그들은 종교의 주장들을 심지어 원칙적으로도 평가할 수 없게 만드는 일종의 '방법론적 자연주의'의 조건을 과학에 부과하고자 한다. 그게 가능하다면 신자들이 자신의 믿음을 보호하면서도 과학에 동조할 수 있는 안전 지대가 생길 것이다. 하지만 앞 장에서 보았듯이, 과학은 임의의 규정 집대로 하는 게임이 아니다. 과학은 이성을 사용해서 세계를 설명하고 다시 이성을 사용해서 그 설명들이 옳은지를 확인하는 일이다. 『신앙 대 사실(*Faith Versus Fact*)』에서 생물학자 제리 앨런 코인(Jerry Allen Coyne, 1949년~)은 성서에 적힌 신의 존재는 완벽하게 검증해 볼 수 있는 과학적 가설이라고 말한다.[33] 성서의 역사 이야기들이 고고학, 유전학, 문헌학을 통해 확증될지도 모른다. (검증을 통과할 가능성은 없지만.) 거기에는 "빛보다 더 빨리 여행하지 말지니라."나 "서로 얽혀 있는 두 가닥이 생명의 비밀이다." 와 같은 근대 이전의 무시무시한 과학적 진리가 담겨 있을지도 모른다. 어느 날 하늘이 환하게 밝아지고, 흰옷과 샌들을 걸친 남자가 날개 달린 천사들의 보위를 받으며 하늘에서 내려와 눈먼 자를 눈 뜨게 하고 죽은 자를 부활시킬지도 모른다. 타인을 위한 중보 기도(中保祈禱)를 하면 시력을 되찾거나 잘린 팔다리가 다시 자라고, 선지자 무함마드의 이름을 경솔하게 입에 올리는 자는 즉시 고꾸라지고, 알라에게 하루에 다섯 번 기도하는 사람은 질병과 불행에서 벗어나는 일이 벌어질지도 모른다. 더 일반적으로 말하자면, 좋은 사람에게는 좋은 일이 일어나고 나쁜 사람에게는 나쁜 일이 일어난다고 데이터가 입증할지도 모른다. 아이를 낳다가 죽는 산모들, 암으로 쇠약해지는 아이들, 지진, 쓰나미, 홀로코스트의 수많은 희생자는 그럴 만한 일이 있어서 그렇다고 말이다.

유신론적 도덕관의 다른 요소들, 가령 비물질적인 영혼의 존재, 그리고 물질과 에너지 바깥에 있는 또 다른 실재의 영역도 마찬가지로 검증이 가능하다. 잘리고도 말을 하는 머리가 있을지 모른다. 어떤 선지자가 자연 재해와 테러 공격이 일어날 정확한 날짜들을 예언할지 모른다. 힐다 숙모(Aunt Hilda, 만화 「10대 마녀 사브리나(Sabrina the Teenage Witch)」의 등장 인물. ─옮긴이)가 사후 세계에서 메시지를 쏘아 보내서 어느 마룻바닥 아래에 보석을 숨겨 놨는지를 알려줄지도 모른다. 산소 결핍으로 영혼이 몸에서 떠나는 것을 경험해 본 환자에게서 기억을 추출하면 감각 기관에 감지되지 않는 사건을 자세히 알 수 있을지 모른다. 그러나 이 모든 것이 장광설, 틀린 기억, 우연의 일치에 대한 과도한 해석, 싸구려 카니발 묘기라는 사실 앞에서 신의 정의에 복종하는 비물질적인 영혼이 있다는 가설은 힘없이 무너진다.[34] 물론 신이 세상을 창조한 다음 뒤로 물러나서 무슨 일이 벌어지는지를 지켜보고 있다거나, '하느님'은 물리 법칙과 수학 법칙의 동의어일 뿐이라고 보는 이신론 철학이 있다. 하지만 그렇게 무능력한 신은 도덕의 토대가 되지 못한다.

~

많은 유신론적 믿음이 처음 생겨났을 때에는 날씨, 질병, 종의 기원 같은 자연 현상들을 설명하는 가설이었다. 이 가설들이 과학적 가설에 밀려남에 따라 유신론의 운신 폭이 꾸준히 줄어들었다. 하지만 우리의 과학적 이해는 결코 완전하지 않기 때문에, 틈새의 하느님(God of the Gaps) 같은 유사 논증이 항상 마지막 수단으로 존재한다. 오늘날 더 교묘해진 유신론자들은 그 틈새들 안에 신을 놓으려고 한다. 바로, 기본적인 물리 상수와 의식이라는 난제이다. 신에 기대서는 도덕성을 정당화할 수 없다고 주장하는 휴머니스트는 누구든 이 두 가지 틈새에 직면할 수 있으니, 각각에 대해 잠시 이야기하고자 한다. 나중에 보겠지만, 유신론적 믿음은 천둥번개란 제우스가 던진 번개라고 설명하는 식이다.

우리의 세계는 중력, 전자기력, 핵력 같은 자연 힘의 세기, 거시적 시공간의 차원의 수(4개), 암흑 에너지의 밀도(우주 팽창을 가속하는 원인)와 같은 몇 가지 숫자로 나타낼 수 있다. 『여섯 개의 수(Just Six Numbers)』에서 마틴 리스는 손 하나와 손가락 하나로 그 수를 꼽는데, 정확한 계산은 어느 물리학 이론에 의존하는가, 그리고 상수 자체를 세는가, 상수 간의 비를 세는가에 달려 있다. 만일 이 상수 중 어느 하나가 아주 조금이라도 줄어든다면 물질은 천지사방으로 흩어지거나 맥없이 붕괴하고, 지상의 생명체와 호모 사피엔스는 물론이고 별, 은하, 행성도 형성되지 못했을 것이다. 오늘날 가장 잘 확증된 물리학 이론들마저도 왜 이 상수들이 우리가 생겨날 수 있는 값들로 엄밀하게 조정되어 있는지를 설명하지 못하고, 그래서 유신론자들은 미세 조정자인 신이 있었음이 분명하다고 주장한다. 낡은 목적론적 논증을 지구 생물이 아닌 우주 전체를 대상으로 반복하는 것이다.

즉시 우리는 똑같이 오래된 신정론의 문제를 들어 반론을 제기할 수 있다. 만일 신이 전지전능하고 우주를 미세 조정해서 우리를 탄생시켰다면, 왜 지질학적, 기상학적 재앙이 무고한 사람들의 거주지를 무참히 파괴하도록 지구를 설계했을까? 과거에 인류를 파괴했고 미래에 인류를 멸종시킬지 모를 슈퍼 화산이나, 적색 거성으로 변해서 틀림없이 인류를 멸망시킬 태양의 진화에 숨겨진 신의 목적이란 과연 무엇일까?

사실 유신론자들의 대안은 헛다리를 짚은 것이다. 물리학자들은 기본 상수의 미세 조정을 멍하게 바라보고만 있지 않다. 몇 가지 설명을 적극적으로 전개한다. 그중 하나가 물리학자 빅터 존 스텐저(Victor John Stenger, 1935~2014년)의 책 『미세 조정의 오류(The Fallacy of Fine-Tuning)』에 실려 있다.[35] 기본 상수들의 값이 임의적이라고 하거나 생명과 조화를 이루는 유일한 값이라고 결론짓는 것은 성급하다고 많은 물리학자들이 믿는다. 물리학을 더 깊이 이해하게 되면(특히 오랫동안 추구해 왔듯이 상대성 이론과 양자 이론을 통합하면) 어떤 상수들이 정확히 지금의 값을 유지해야 하는 이유를 알게 될 것이다. 하지만 다른 상수들은 우리가 알거나 사랑하는 우주가 아닐지라도, 안정되고 물질로 가득 찬 어떤 우주와 조화를 이루는 다른 값 — 더 중요하게는, 값들의 **조합** — 을 취할 수도 있다. 물리학이 발전하면 그 상수들이 미세 조정된 것이 아니며, 결국 생명을 잉태한 우주가 그렇게 터무니없지 않다는 것이 밝혀질지도 모른다.

다른 설명을 보자. 우리 우주는 무한개의 우주들, 즉 다중 우주(multiverse) 중 하나이고, 그 우주들은 각기 다른 기본 상수 값을 갖고 있다는 것이다.[36] 우리가 존재하는 곳은 생명과 조화를 이루는 우주인데, 우리가 존재할 수 있도록 우주가 조정되었기 때문이 아니라, 우리가 여기에 존재한다는 사실 자체가 이곳이 무수히 많은 불친절한 우주 중 하나가 아닌 **바로 그** 종류의 우주임을 의미하기 때문이다. 미세 조정은 전후 관계를 인과 관계로 보는 오류(fallacy of post hoc reasoning)로, 잭팟을 터뜨린 사람이 무엇 때문에 자기가 그 희박한 확률을 뚫고 당첨되었는지를 궁금해하는 것과 같다. **누군가**는 잭팟을 터뜨리게 되어 있으며, 그가 애초에 궁금해하고 있는 것도 그 사람이 마침 그였기 때문이다. 사상가가 자기가 선택한 결과에 속아서 물리 상수에 대한 존재하지도 않는 깊은 설명을 찾은 것은 이번이 처음이 아니다. 요하네스 케플러(Johannes Kepler, 1571~1630년)는 골몰했다. 왜 물이 얼거나 끓어 없어지지 않고 적당한 온도로 호수와 강을 채울 수 있도록 지구가 태양으로부터 1억 5000만 킬로미터 떨어져 있을까? 오늘날 우리는 지구가 여러 행성 중 하나이고, 각각의 행성은 태양이나 다른 어떤 별로부터 각기 다른 거리에 있음을 알고 있으며, 우리가 화성이 아닌 이 행성에 존재한다는 것을 알고도 놀라지 않는다.

다중 우주 이론이 물리학의 다른 이론들 — 특히 우주의 진공에서 새로운 우주로 성장하는 대폭발이 일어난다거나, 아기 우주들이 각기 다른 기본 상수들을 갖고 태어난다는 이론 — 과 일치하지 않는다면 설명이 아니라 전후 인과 오류적 변명이 될 것이다.[37] 하지만 사람들(특히 어떤 물리학자들)은 그 엄청난 낭비 때문에 다중 우주라는 개념 자체를 질색한다. 우주가 무한개(또는 적어도 물질의 가능한 배열을 모두 포함할 정도로 충분히 많은 수)라면, 어딘가 다른 우주에 당신과 똑같은 유령이 있을 수 있다. 다만, 다른 누군가와 결혼했고, 어젯밤에 차에 치여 죽었고, 이름이 이블린이고, 머리카락이 한 올 비어져 나왔고, 방금 책을 내려놓았고, 이 문장을 읽고 있지 않을 뿐.

하지만 그 의미가 아무리 골치 아플지라도 생각의 역사를 들여다보면 인지 부조화로 인한 메스꺼움은 결국 우리를 진리로 이끄는 고약한 안내자였다. 우리의 가장 훌륭한 과학은 끝내 사실로 판명된 골치 아픈 발견들로 조상들의 상식을 거듭 모욕해 왔다. 결국 지구는 둥글고, 빠르게 달리면 시간이 느려지고, 양자는 중첩되고, 시공간은 휘어져 있고, 생물은 진화한다. 일단 최초의 충격을 극복하면 다중 우주도 그리 낯설지 않다. 물리학자들에게 다중 우주를 가정할 이유가 생긴 것도 처음이 아니다. 다중 우주의 다른 버전은 공간은 무한한 듯하고 물질은 그 속에 균등하게 퍼져 있는 듯하다는 발견 ─ 우리 우주의 지평선 너머 3차원 공간에 분명 무한개의 우주가 점점이 흩어져 있다는 것 ─ 과 직접적인 관련이 있다. 또 다른 버전은 양자 역학의 다세계(many-worlds) 해석으로, 개연성 있는 양자 과정의 복수의 결과(예를 들어, 광양자의 궤도)가 중첩된 평행 우주들 속에서 모두 실현된다고 주장한다. (이것은 양자 컴퓨터를 탄생시킬 수 있는 가능성으로, 하나의 연산에서 변수의 가능한 모든 값이 동시에 표현될 수 있다.) 더 나아가 어떤 의미에서는 다중 우주 이론이 진실을 보여 주는 더 **단순한** 이론이다. 만일 우리 우주가 존재하는 단 하나의 우주라면, 우리 우주의 편협한 초기 조건과 너저분한 물리 상수들을 멋대로 이어붙여 물리학의 우아한 법칙을 복잡하게 해야 할 것이기 때문이다. 물리학자 맥스 테그마크가 표현했듯이, "결과적으로 우리의 판단은 어느 쪽이 더 낭비적이고 우아하지 않으냐로 귀결된다. 많은 세계인가, 많은 말인가." (테그마크는 네 종류의 다중 우주를 옹호한다.)

다중 우주가 기본적인 물리 상수를 가장 잘 설명하는 개념이라고 하면, 경악할 사람도 많겠지만, 우리가 우리 감각을 초월한 세계들 때문에 소스라쳐 놀란 것은 처음이 아니다. 우리 조상들은 서반구(서유럽 인들의 신세계), 다른 행성 8개, 우리 은하의 별 1000억 개(그리고 수많은 행성들), 관찰 가능한 우주에 퍼져 있는 은하 1000억 개 등의 발견을 참고 받아들여야 했다. 만일 이성이 다시 한번 직관을 부정한다면, 직관에게는 그만큼 불리하다. 다중 우주를 옹호하는 또 다른 물리학자 브라이언 그린(Brian Greene, 1963년~)은 이렇게 상기시킨다.

지구 중심의 기이하고 작은 우주에서 수십억 개의 은하로 가득 차 있는 우주로 가는 여행은 전율과 겸손을 동시에 불러일으켜 왔다. 우리는 우리가 중심이라는 신성한 믿음을 철회해야 했지만, 그렇게 우주적 지위가 좌천되는 과정에서도 평범한 경험의 한계를 뛰어넘어 놀라운 진리를 밝혀내는 인간의 지적 능력을 입증했다.[38]

~

신으로 채울 수 있을 듯 보이는 또 다른 틈새는 '의식이라는 난제'로, 직각(sentience), 주관성, 현상적 의식, 콸리아(qualia, 의식의 '질적' 측면, 감각질)에 대한 문제이다.[39] 이 말은 원래 철학자 데이비드 존 차머스(David John Chalmers, 1966년~)가 동료들끼리 농담하던 중에 한 말이다. 이것보다 쉬운 문제로는 의식적인 마음 연산과 무의식적인 마음 연산을 구분하고, 뇌 속에서 그 기질들을 확인하고, 그것이 진화한 이유를 설명하는 과학적 문제가 있는데, 이 문제들이 쉽다는 것은, 암을 치료하거나 사람을 달에 보내는 것이 쉽다는, 즉 과학적으로 다룰 만하다는 의미에서이다. 다행히 쉬운 문제는 다룰 만한 것 이상인데, 다시 말해서, 만족스럽게 잘 설명되고 있기 때문이다. 우리가 망막 위 픽셀로 이루어진 만화경 같은 변화가 아니라, 안정적이고 단단하고 알록달록한 3차원 물체로 세계를 경험하는 이유나, 사회적 고립과 조직 손상을 당하면 고통스러워하면서도 (그래서 그것을 피하면서도) 음식, 섹스, 신체 단련을 즐기는(이런 것을 추구하는 것은 위험을 초래할 수도 있다.) 이유는 결코 불가사의가 아니다. 이 내적 상태와 그것이 촉진하는 행동은 명백하게 다윈주의적 적응이다. 진화 심리학이 발전함에 따라 우리의 의식적 경험이 점점 더 많이 이런 식으로 설명되

고 있다. 우리의 지적 망상, 도덕 감정, 심미적 반응까지도.[40]

의식의 계산 원리와 신경 생물학적인 기초도 그리 혼란스럽지 않다. 인지 신경 과학자 스타니슬라브 드하네(Stanislav Dehaene, 1965년~)와 공저자들은 의식이 "총괄적 작업 공간(global workspace)" 혹은 "칠판(blackboard)" 같은 역할을 한다고 주장한다.[41] 칠판 은유는 다양한 계산 모듈이 자신의 계산 과정과 결과를 다른 모듈이 모두 '볼' 수 있는 공통의 포맷으로 의식이라는 칠판에 적어 놓는다는 것이다. 이 모듈에는 인지, 기억, 동기, 언어 이해, 행동 계획이 포함되어 있으며, 이 모든 모듈이 현재 관련되어 있는 정보(의식의 내용)의 공용 풀(pool)에 접근할 수 있다는 사실 덕분에 우리는 눈앞의 물체를 묘사하거나 이해하거나 가까이 다가갈 수 있고, 다른 사람의 말과 행동에 반응할 수 있으며, 기억을 하고, 우리가 원하는 것과 아는 것에 의존해 계획을 세울 수 있다. (대조적으로 각각의 모듈 **안에서** 이루어지는 계산, 가령 양안 시차에서 깊이를 계산해 내는 것이나 동작을 만들어 내는 근육의 수축 순서를 계산하는 것은 자체 입력 스트림에 따라 무의식 수준에서 진행되고, 총괄적 작업 공간을 필요로 하지 않는다.) 이 총괄적 작업 공간은 신경 회로에 일어나는 리드미컬한 동조 발화(synchronized firing)로서 뇌에 장착되어 있고, 대뇌겉질의 앞앞이마엽(전전두엽)과 마루엽(두정엽)을 서로 연결하는 동시에 지각, 기억, 동조의 신호를 보내오는 영역들과도 연결되어 있다.

이른바 난제는, 빨강은 빨갛게 보이고 소금은 짜게 느껴지는 등의 주관적 체험과 관련해서, 왜 의식을 가진 사람 모두가 그것을 **그렇게 느끼는가** 하는 것인데, 이 문제가 어려운 것은 그것이 다루기 힘든 과학적 문제이기 때문이 아니라, 머리를 긁적이게 하는 개념적 수수께끼이기 때문이다. 다음과 같은 수수께끼가 그런 것들이다. 나의 빨강이 당신의 빨강과 같은지, 박쥐가 된다는 것이 어떤 것인지, 좀비(당신이나 나와 구별할 수 없지만, 어떤 것을 느끼는 누군가가 '부재 중'인 존재)가 있을 수 있는지, 만일 있다면 나를 제외한 모든 사람이 좀비인 것은 아닌지, 내 뇌의 커넥톰 (connectome)을 클라우드에 업로드하면 불멸의 존재가 될 수 있는지, 「스타 트렉」의 물질 전송 장치가 정말로 커크 선장을 지구 표면으로 보내는지 아니면 그를 죽이고 나서 똑같은 사람을 재구성하는지 등등.

『의식의 수수께끼를 풀다(*Consciousness Explained*)』의 대니얼 클레멘트 데닛(Daniel Clement Dennett, 1942년~)과 몇몇 철학자는 의식이라는 난제는 **없다**고 주장한다. 머리뼈 안 극장에 호문쿨루스(homunculus, 플라스크 속 작은 인간)가 앉아 있다고 상상하는 나쁜 습관 때문에 그런 혼동이 발생한다는 것이다. 내 육신에서 분리될 수 있는 이 작은 인간은 내 극장에서 잠시 까치발로 걸어 나와서는 당신의 극장에 들러서 당신의 빨간색이 내 빨간색과 같은지 다른지 확인하거나, 박쥐의 극장에 들러서 거기서 상연되는 영화를 관람한다. 혹은 좀비에게서는 사라졌지만 로봇에게는 있을 수도 있고 없을 수도 있으며, 「스타 트렉」의 한 행성 자크돈(Zakdorn)으로 전송되는 빔을 타면 살아서 갈 수도 있고 일단 죽어서 갈 수도 있다. 나는 이따금 이 난제로 빚어진 해악(보수적인 지식인 디네시 조지프 디수자 (Dinesh Joseph D'Souza, 1961년~)가 신의 존재에 관한 토론에서 나의 책『마음은 어떻게 작동하는가(*How the Mind Works*)』 한 권을 높이 들고 야단스레 흔들어댄 것을 포함해)을 볼 때마다 그 용어가 없으면 우리 상황이 좀 더 나아질 것이라는 데닛의 말에 동의하고 싶어진다. 다양한 오해들이 있지만 이 난제는 천리안, 텔레파시, 시간 여행, 점, 원격 작용 같은 기이한 물리적 혹은 초과학적 현상이 아니고, 불가사의한 양자 물리학, 사이비 에너지 진동, 그밖의 황당한 뉴에이지 이론을 필요로 하지 않는다. 지금 논의에서 가장 중요한 점은 이 난제가 비물질적인 영혼과 관계가 없다는 것이다. 의식에 대해 우리가 아는 모든 것을 종합해 볼 때 의식은 오로지 신경 활동에만 의존한다.

끝으로 나는 이 난제가 **관념적인** 문제로서는 의미가 있다고 생각하지만, 의미 있는 **과학적** 문제는 아니라는 데닛의 생각에 동의한다.[42] 당신이 좀비인지 아닌지, 혹은 우주 전함 엔터프라이스 호의 갑판 위에 있는 커크 선장과 자크돈의 표면을 걸어 다니는 커크 함장이 같은 사람인지 아닌지를 연구하겠다고 하면 어떤 과학자도 연구비를 따내지 못할 것이다. 또한 나는 난제가 관념적인 문제, 더 정확히 말하자면 우리의 개념의 문제이기 때문에 어떤 해결책을 기대하는 것은 부질없다는 몇몇 철학자들의 생각에도 동의한다. 토머스 네이글이 자신의 유명한 에세이, 「박쥐가 된다는 것은 어떤 것일까?(What Is It Like to Be a Bat?)」에서 썼듯이, "인류가 설령 영원히 지속된다고 해도, 인간이 도저히 표현하거나 이해할 수 없는 사실들"이 있을 것이다. "우리가 그 일에 필요한 종류의 개념들을 운용하는 것이 구조상 불가능하기 때문이다."[43] 이 생각을 발판으로 삼아 철학자 콜린 맥긴(Colin McGinn, 1950년~)은, 실재를 설명하는 우리의 인지적 도구들(즉 인과의 사슬, 부분들과 그 상호 작용에 대한 분석, 수학 방정식을 이용한 모형 구축)과, 직관에 잡히지 않을 정도로 전일론적 성격이 강한 의식이라는 난제는 본질상 부합하지 않는다고 주장한다.[44] 우리의 가장 멋진 과학이 일러 주는 바에 따르면, 의식은 현재의 목표, 기억, 주변 환경이 표시된 일종의 총괄적 작업 공간이며, 앞앞이마엽-마루엽 신경 회로에서 점멸하는 동조 발화의 형태로 뇌에 장착되어 있는 것이다. 하지만 이 이론에서 마지막 조각 ─ 그런 회로이지만 주관적으로는 **어떤 것처럼 느껴진다**는 것 ─ 은 더 이상 설명을 할 수 없는 하나의 사실이라고 받아들여야 할지도 모른다. 그렇다고 해도 완전히 놀랍지는 않다. 앰브로즈 귀넷 비어스(Ambrose Gwinnett Bierce, 1842~1914년)가 『악마의 사전(The Devil's Dictionary)』에서 지적했듯이, 마음이 그 자신을 알기 위해 쓸 수 있는 도구는 그 자신뿐이며, 따라서 자기 존재의 가장 깊은 측면, 즉 본래적 주관성을 이해한다는 만족감을 결코 맛볼 수 없을지도 모른다.

의식이라는 난제를 어떻게 다루건 간에, 비물질적인 영혼은 아무런 도움도 되지 않는다. 우선, 그것은 미스터리를 더 큰 미스터리로 해결하려는 헛된 노력일 뿐이다. 다음으로는, 초과학적인 현상이 존재한다는 잘못된 예상을 하게 된다. 그리고 결정적으로, 의식을 신의 하사품이라고 보면 응분의 처벌을 선호하는 도덕 기준의 설계 명세와 어긋난다. 신은 왜 깡패가 부당하게 취득한 소득에 즐거워하고, 성 범죄자가 육체적 쾌락을 느끼게끔 인간의 의식을 만들었을까? (만일 그들이 도덕성을 입증할 수 있게끔 그들에게 유혹을 심어 준 것이라면, 왜 그 부산물로 희생자에게 피해가 돌아가게 했을까?) 자비로운 신은 왜 암 환자에게 몇 년의 삶을 앗아 가는 것에 만족하지 않고, 심한 고통이라는 쓸데없는 벌을 안겨 줄까? 물리 현상처럼 의식 현상은 자연 법칙이 인간의 행복과 무관하게 적용될 때 예상할 수 있는 바로 그 모습을 보여 준다. 만일 우리가 그 행복을 키워 가고자 한다면 우리는 스스로 그 방법을 생각해 내야 한다.

~

이렇게 해서 우리는 유신론적 도덕관의 두 번째 문제를 만나게 된다. 도덕 규범을 받아쓰게 하거나 강제하는 신이 거의 확실히 없다는 것만이 문제가 아니다. 신이 있다고 해도 종교를 통해 우리에게 전달되는 식의 신성한 명령은 도덕의 원천일 수 없다는 것이다. 이 문제에 대한 설명은 플라톤의 대화편, 『에우티프론(Euthyphro)』으로 거슬러 올라간다. 이 책에서 소크라테스는 만일 신들에게 어떤 행동들을 도덕적이라고 간주할 충분한 이유가 있다면, 우리는 중개인을 건너뛰고 그 이유를 직접 따져 볼 수 있다고 지적한다. 만일 충분한 이유가 없다면, 우리는 그 명령을 진지하게 여기지 않아도 된다. 결국 생각이 깊은 사람은 영원한 지옥 불을 두려워하지 않고도 자신이 사람을 죽이거나 겁탈하거나 고문하지 않는 이유를 댈 수 있으며, 만일 신이 잠시 등을 돌리고 있다고 믿을 이유가 있거나, 신이 그렇게 해도 괜찮다고 말한다고 해도 갑자기 강간범이 되거나 청부 살인자와 계약하지는 않을 것이다.

유신론적 윤리학자들은, 그리스 신화의 변덕스러운 신들과는 달리 성서의 하느님은 본성상 부도덕한 계율을 내릴 수 없다고 대답한다. 하지만 그렇지 않다는 것을 성서를 아는 사람은 누구나 알고 있다. 구약의 하느님은 무고한 사람 수백만 명을 살해했고, 이스라엘 백성에게 무차별 강간과 대량 학살을 범하라고 명령했으며, 불경, 우상 숭배, 동성애, 간음, 부모에게 말대꾸하는 행위, 안식일에 일하는 행위에 사형을 지시한 반면, 노예제, 강간, 고문, 신체 절단, 대량 학살은 딱히 잘못된 것이라고 하지는 않았다. 이 모든 것이 청동기 및 철기 시대에 끊이지 않고 벌어진 행위들이다. 물론 오늘날 개화된 신자들은 인도적인 명령들만 골라 담고, 사악한 명령들은 우화적으로 해석하거나, 수정하거나, 무시한다. 그런데 그게 바로 요점이다. 계몽주의적 휴머니즘의 렌즈를 통해 성서를 읽고 있는 것이다.

『에우티프론』의 논증은, 무신론이 우리를 도덕적 상대주의에 빠뜨려 모든 사람이 저마다 멋대로 행동하게 한다는 흔한 주장이 거짓임을 보여 준다. 그 주장은 거꾸로 말하고 있다. 휴머니즘 도덕은 이성과 인간의 이해(利害)라는 보편적인 기초 위에 서 있다. 이것은 인간 조건의 불가피한 특징으로, 우리가 서로를 다치게 하지 않고 도움을 주고받는다면 모두가 더 나은 삶을 영위할 수 있다는 것이다. 이런 이유로 네이글, 골드스타인, 피터 싱어, 피터 앨버트 레일턴(Peter Albert Railton, 1950년~), 리처드 뉴웰 보이드(Ricahrd Newell Boyd, 1942~2021년), 데이비드 브링크(David Brink, 1958년~), 데렉 앤서니 파핏(Derek Parfit, 1942~2017년)을 포함한 현대의 많은 철학자들이 도덕 **실재론자**의 입장에서(상대주의자의 반대라는 뜻이다.) 도덕적 진술은 객관적으로 참 또는 거짓일 수 있다고 주장한다.[45] 본래 상대주의적인 것은 **종교**이다. 증거가 없다는 점을 감안할 때 신이 도대체 몇인지, 누가 지상에서 그들을 대신하는 예언자이고 메시아인지, 그들이 우리에게 무엇을 요구하는지에 대한 어떤 믿음도 전적으로 그 종교를 믿는 부족의 편협한 도그마에 의존한다.

이런 이유로 유신론적 도덕관이 오히려 상대주의일뿐더러 부도덕적일 수도 있다. 보이지 않는 신들이 인간에게 이교도, 무신자, 배교자를 죽이라고 명할 수 있다. 또한 비물질적인 영혼은 우리를 사이좋게 살도록 유인하는 세속의 동기들에 감응하지 않는다. 물질적 자원을 놓고 경쟁하는 사람들은 대개 그 자원을 놓고 싸우기보다는 그것을 나눠 가질 때, 특히 그들이 지상에서의 삶을 소중히 여길 때, 더 행복해진다. 하지만 신성한 가치(성지(聖地)나 믿음의 확인)를 놓고 경쟁하는 사람들은 타협이란 것을 해서는 **안 된다.** 또한 영혼이 비물질적이라고 생각한다면 몸을 잃어버리는 것쯤은 대단한 일이 아니며, 실제로 그 정도의 희생은 천국에서 누릴 영원한 삶에 비하면 작은 대가로 여길 수도 있다.

많은 역사가들이 종교 전쟁은 길고 처절하며, 그 처절한 전쟁이 종교적 신념 때문에 더 길어지는 경우도 많았다고 지적한다.[46] 이 책 14장에서 만난 죽음 통계학자 매슈 화이트는 사람들이 서로에게 가한 최악의 재앙에 속하는 종교적 갈등 30건을 나열하고, 그 희생자가 5500만 명에 달한다고 밝혔다.[47] (일신교들이 서로 싸운 것은 17건이고, 일신교도들이 이교도들과 싸운 것은 8건이다.) 그리고 양차 세계 대전이 종교적 도덕이 쇠퇴해서 일어났다는 흔한 주장은 역사적인 무지의 증거이다.[48] (예를 들어, 트럼프의 전략가였던 스티븐 케빈 배넌(Stephen Kevin Bannon, 1953년~)이 최근에 제2차 세계 대전은 "유태교-기독교의 서양 대 무신론자들"의 싸움이라고 주장했다.) 제1차 세계 대전의 교전국들은 이슬람 신정국인 오스만 제국을 제외하고 모두 신실한 기독교 국가들이었다. 제2차 세계 대전에 참전한 유일한 무신론 국가는 (구)소런이었는데, 전쟁 기간 대부분 (구)소련은 연합국 편에 서서 나치 정권과 싸웠다. 그리고 나치 정권은 (또 다른 신화와 정반대로) 독일 기독교와 함께 움직이거나 동조를 받았고, 두 세력은 한 몸이라도 된 듯 세속적 근대성을 혐오했다.[49] (히틀러는 다음과 같이 말한 이신론자였다. "나는 우리 창조주의 대리인으로서 행동하고 있다고 확신한다. 유태인을 척결하는 것은 신의 사업이다.")[50] 유신론을 옹호하는 사람들은 공산주의의 세속적 이데올로기 실현과 평범한 정복을 목적으로 한 비종교적인 전쟁과 잔혹 행위가 훨씬 더 많은 사람을 죽였다고 응수한다. 상대주의를 끌어들인다! 종교를 이 상대 평가에 집어넣다니 참으로 이상하다. 만일 종교가 도덕성의 원천이라면 종교 전쟁과 종교를 이유로 한 잔혹 행위의 수는 0이 되어야 한다. 그리고 **무신론**은 애초에 도덕 체계가 아니다. 그것은 제우스나 비슈누를 믿을 마음이 없는 것과 같은, 초자연적인 존재에 대한 불신일 뿐이다. 유신론이 도덕의 기초가 된다는 신조의 대안은 휴머니즘이다.

~

오늘날 지적 교양을 갖춘 사람 중에 천국과 지옥, 성서의 텍스트를 문자 그대로 진리라고, 물리 법칙을 우롱하는 신이 존재한다고 믿는다고 공언하는 이는 거의 없다. 하지만 2004년과 2007년 사이에 샘 해리스(Sam Harris, 1967년~), 클린턴 리처드 도킨스(Clinton Richard Dawkins, 1941년~), 대니얼 데닛, 크리스토퍼 에릭 히친스(Christopher Eric Hitchens, 1949~2011년)가 발표한 4권의 베스트셀러를 통해 널리 퍼져 나간 '신무신론(New Atheism)'에 많은 지식인이 분노로 답했다.[51] 그들의 반응은 이른바 "나는 무신론자는 아니지만", "믿음에 대한 믿음", "타협주의", "신앙신론(faitheism)"이었다. (마지막 '신앙신론'은 생물학자 코인의 신조어로, 종교를 비판해서는 안 된다고 생각하는 무신론을 뜻한다.) 이 반응은 제2문화에 퍼져 있는 과학에 대한 적대감과 겹치는데, 아마 그 이유는 분석적, 경험적 방법론보다는 성서 해석학의 관점을 취하는 것에 공감하고, 샌님 같은 과학자들과 세속 철학자들이 실존과 관련된 근본적인 질문들과 관련해 옳은 이야기를 할 수도 있음을 인정하기를 꺼리는 탓인 듯하다. 무신론 — 신을 믿지 않는다는 입장 — 은 휴머니즘적 믿음 및 반휴머니즘적 믿음과 양립 가능하지만 신무신론은 휴머니즘적이라고 자칭하고 있다. 그래서 그 세계관에 어떤 결함이 있다면 그것이 휴머니즘 일반으로 번져 나갈 수도 있다.

신앙신론자들에 따르면 신무신론자는 너무 시끄럽고 전투적이어서, 그들이 비판하는 근본주의자들만큼이나 짜증 나는 존재들이다. (XKCD의 웹툰에서 한 주인공은 이렇게 말한다. "중요한 것은 너희들이 둘 다 우월하다고 느낄 만한 방법을 찾았다는 거야.")[52] 보통 사람은 신앙을 버릴 리도 없고 버려서도 안 되기 때문이다. 왜냐하면 사회가 건강하려면 이기심과 무의미한 소비주의를 막아 줄 성채로서 종교가 필요하기 때문이다. 종교 조직은 자선 활동, 친교, 사회적 책임, 통과 의례, 과학이 절대로 답할 수 없는 실존적 질문에 대한 조언 등을 제공한다. 어쨌든 사람들은 대부분 종교적 교의를 문자 그대로 받아들이기보다는 우화적으로 해석하고, 영성, 은총, 신의 질서를 포괄적으로 받아들이고 그 속에서 의미와 지혜를 발견한다는 것이다.[53] 이 신앙신론자들의 주장들을 살펴보자.

아이로니컬하게도 초자연적인 믿음에 대한 심리학적 기원 연구가 신앙신론을 고취한다. 예를 들어, 자연 현상에서 의도와 행위를 지나치게 찾는 인지적 습관이나, 신앙 공동체 안에서 느끼는 정서적 유대감에 대한 연구가 그것이다.[54] 이 연구 결과를 가장 자연스럽게 해석하자면, 초자연적 존재에 대한 믿음이 우리의 신경 생물학적 구조의 산물인 허구에 불과하다는 것을 입증해 낸 발견들은 종교적 믿음의 **기초를 허무는** 것이다. 하지만 신앙신론자들은 그 연구가 인간 본성이 음식, 섹스, 친교를 필요로 하는 것처럼 종교를 필요로 한다는 것을 입증한다고 해석한다. 물론 이 해석은 의심스럽다.[55] 인간 본성의 모든 특징이 수시로 채워야 하는 항상적 충동은 아니다. 물론 사람들은 초자연적 믿음으로 이어지는 인지적 착각에 잘 빠지고, 공동체에 소속될 필요도 분명히 있다. 역사 속에서 오래전부터 다양한 제도가 출현해서 그런 착각을 조장하고 그런 필요를 채워 주는 관습의 패키지를 제공해 왔다. 그렇다고 해서 완전한 패키지가 필요하다는 뜻은 아니다. 성적 욕망이 존재한다고 해서 플레이보이 클럽이 필요하지는 않은 것과 같다. 사회의 교육 수준과 안전 수준이 올라감에 따라 종교가 남긴 유산들 중에서 시대에 맞지 않게 된 것들은 패키지에서 빠질 수 있다. 보다 리버럴해진 종교는 초자연적 도그마나 철기 시대의 도덕을 빼고도 많은 사람이 즐기는 예술, 의례, 도상, 공동체적 온정은 계속 제공할 수 있다.

이것은 종교를 모두 싸잡아 비난하거나 칭찬하지 말고 『에우티프론』의 논리에 따라 숙고해야 한다는 것을 의미한다. 만일 특별한 활동 뒤에 정당한 이유가 있다면 그 활동은 장려해야 하겠지만, 단지 종교적이라는 이유로 그런 운동을 인정해서는 안 된다. 구체적인 시간과 장소에서 종교가 해 온 긍정적인 역할로는 교육, 자선, 의료, 상담, 갈등 해소, 그밖의 사회 복지 활동이 있다. (하지만 선진국에서 이런 노력은 세속의 노력에 비하면 초라하다. 어떤 종교도 기아, 질병, 문맹, 전쟁, 살인, 빈곤을 우리가 2부에서 봤던 규모로는 격감시키지 못했다.) 종교 단체들은 또한 공동체적 유대와 상호 부조의 정신, 그리고 수천 년이나 앞선 출발 덕분에 구축할 수 있었던 대단히 아름답고 역사적 가치를 가진 예술, 의례, 건축을 제공할 수 있다. 나도 그런 행사에 참여하면 큰 즐거움을 누린다.

만일 종교 조직의 긍정적인 기여가 시민 사회에서의 휴머니즘적 연합체 역할에서 나온다면, 우리는 그 혜택을 유신론적 믿음과 엮을 필요가 없다. 실제로도 그렇다. 교회를 다니는 사람이 집에 머무는 사람보다 더 행복하고 관대하다는 것은 오래전에 알려진 사실이지만, 로버트 퍼트넘과 동료 교수인 정치 과학자 데이비드 캠벨(David Campbell)은 그런 축복이 신, 창조론, 천국과 지옥을 믿느냐와 무관하다는 것을 알아냈다.[56] 성일(聖日)을 잘 지키는 배우자를 따라 종교 모임에 끌려간 무신론자가 신실한 신자 못지않게 관대할 수 있고, 매일 기도하는 열성적인 신자가 특별히 관대하지는 않을 수 있다. 동시에 비종교적인 봉사 단체가 공공성과 시민 의식을 함양할 수 있다. 그런 단체의 예로, 슈리너스(Shriners, 미국 탬파에 본부를 둔 프리메이슨 조직 가운데 하나로 아동 병원과 화상 전문 병원을 운영한다.), 국제 로터리 클럽(소아마비의 근절에 힘쓰고 있다.), 라이온스 클럽(시각 장애와 싸우고 있다.), 그리고 퍼트넘과 캠벨의 연구에 따르면, 어떤 볼링 동호회도 그렇다고 한다.

종교 조직이 휴머니즘적인 목표를 추구할 때는 칭찬할 가치가 있듯이, 그런 목적을 방해할 때는 비판으로부터 보호해서는 안 된다. 신앙 요법을 한다고 병든 아이들을 치료하지 않고, 인도적인 안락사에 반대하고, 줄기 세포 같은 민감한 생물 의학 연구를 억제하고, 피임, 콘돔, HPV 백신처럼 생명을 살리는 공중 보건 정책을 방해하는 행위가 그런 예이다.[57] 또한 종교에 더 높은 도덕적 목적이 있다고 추정해서도 안 된다. 복음주의 기독교의 도덕주의적 열정이 사회 개량 운동과 통할지 모른다고 희망한 신앙신론자들은 번번이 실망했다. 2000년대 초에 초당파적 환경주의자 연합은 "피조물 보호(Creation Care)"와 "신앙 기반 환경주의(Faith-Based Environmentalism)" 같은 명분을 내걸면 기후 변화와 관련해 복음주의자들의 협조를 얻을 줄 알았다. 하지만 복음주의 교회는 공화당의 주요 거점이고, 공화당은 오바마 행정부에 일절 협조하지 않는 전략을 채택했다. 정치적 부족주의가 승리했고, 복음주의자들은 일사불란하게 뭉쳐서 피조물이 아니라 자유 지상주의 급진파의 편을 들었다.[58]

마찬가지로 2016년에는 겸손, 절제, 용서, 예절, 기사도 정신, 검소, 약자에 대한 동정심 같은 기독교의 미덕을 존중하는 복음주의자들이 카지노 개발업자에게 반대하리라고 잠시 희망한 적이 있었다. 더구나 그 개발업자는 허영심이 강하고, 사치와 향락을 좋아하고, 앙심을 잘 품고, 호색적이고, 여성을 차별하고, 부를 과시하고, 자신이 "실패자"라고 부르는 사람들을 경멸하는 사람이었다. 하지만 대답은 "아니요."였다. 도널드 트럼프는 백인 복음주의자와 거듭난 기독교인의 81퍼센트에게서 표를 얻었는데, 이 지지율은 다른 어느 인구 집단보다 높은 수치였다.[59] 대체로 트럼프가 이들의 표를 얻은 것은 면세 혜택을 받는 자선 단체들(교회 포함)의 정치 활동을 막는 법을 철폐하기로 약속했기 때문이다.[60] 기독교의 미덕이 정치적 완력과의 트럼프 카드 게임에서 패배한 것이다.

~

만일 사람들이 종교의 실재와 관련된 교의를 더 이상 진지하게 받아들이지 않고, 윤리와 관련된 교의도 전적으로 세속적 도덕으로 정당화할 수 있다면, 실존과 관련된 중대한 질문에 관한 지혜는 어떻게 될까? 신앙신론자들이 좋아하는 화두 중 하나는 오로지 종교만이 인간 감정의 가장 간절한 열망에 대해 이야기할 수 있다는 것이다. 과학은 삶, 죽음, 사랑, 외로움, 상실, 명예, 우주적 정의, 형이상학적 희망 같은 거대한 실존적 질문을 다루기에는 턱없이 부적절하다는 것이다.

이것은 데닛이 (어린아이의 말을 인용해) "심오로움(deepity)"이라고 한 진술, 즉 심오한 진실을 담고 있는 듯 보이지만 그 의미를 생각하면 즉시 허튼소리임을 알 수 있는 주장이다. 우선, 의미의 원천으로서 종교를 대신하는 것은 '과학'이 아니다. 우리가 어떻게 살아야 하는지를 알기 위해서 어류학이나 신장병학에 의지하는 게 좋다고 말하는 사람은 아무도 없다. 우리가 의지해야 하는 것은 과학만이 아니라 인간의 지식, 이성, 휴머니즘적 가치(과학 포함)로 이루어진 총체적인 구조물이다. 그 구조물에 성서의 말씀과 비유, 그리고 현자, 학자, 랍비의 글처럼 종교에서 나온 것들이 중요한 요소로서 포함되어 있는 것은 사실이다. 하지만 오늘날 그 구조물을 지배하는 것은 세속적인 내용으로, 그리스 철학과 계몽주의 철학에서 비롯된 윤리학적 논쟁들, 셰익스피어, 낭만주의 시인, 19세기 소설가, 그밖의 위대한 예술가 및 평론가의 작품에 들어 있는 사랑, 상실, 고독의 표현으로 이루어져 있다. 보편적인 기준으로 판단할 때 삶의 궁극적 질문들과 관련해 종교가 기여한 것 중 많은 부분은 심오하고 초시간적이라기보다는 얄팍하고 낡은 것들이다. 신성 모독자를 처벌하는 '정의' 개념과 남편에게 복종하라고 여성에게 강요하는 '사랑' 개념이 대표적이다. 앞에서 보았듯이, 비물질적인 영혼의 존재에 의존하는 그 어떤 삶과 죽음의 개념도 사실적인 면에서 의심스럽고 도덕적인 면에서 위험하다. 또한 우주적 정의와 형이상학적 희망(인간적 정의와 세속적 희망의 반대)은 존재하지 않으므로, 그것을 찾는 노력은 헛되고 무의미하다. 사람은 초자연적인 믿음에서 더 깊은 의미를 찾아야 한다는 주장에는 그런 노력을 권장할 만한 실질적인 내용이 거의 없다.

더 추상적인 개념인 '영성'은 어떠할까? 만일 이 개념이 자신의 존재에 대한 감사, 우주의 아름다움과 광대함에 대한 경외, 미개척지로 남아 있는 지식 앞에서의 겸손으로 이루어져 있다면, 영성은 정말로 삶을 살 가치가 있게 하는 경험일 것이다. 그리고 이것은 과학과 철학에 의해 더 높은 차원으로 올려질 것이다. 하지만 '영성'이란 말은 종종 그 이상의 것을 가리키는 데 쓰인다. 즉 세계는 여하튼 **인격적**이고, 모든 일은 이유가 있어서 일어나며, 삶의 우연에서 의미를 발견해야 한다는 신념을 가리키는 것이다. 오프라 윈프리는 자신의 유명한 토크쇼의 마지막 방송에서 수백만 명을 대표해 이렇게 공언했다. "나는 은총과 하느님의 현현

(顯現)을 압니다. 그래서 세상에는 우연의 일치라는 게 없지요. 이곳에는 신의 질서만이 가득하답니다."[61]

여성 코미디언 에이미 베스 슈머(Amy Beth Schumer, 1981년~)가 「우주(The Universe)」라는 제목의 짤막한 비디오로 이 영성의 의미를 고찰했다. 비디오는 과학의 대중화에 힘쓰는 빌 나이(Bill Nye, 1955년~)가 수많은 별과 은하를 배경에 놓고 서 있는 장면으로 시작한다.

> 나이: 우주. 인류는 수백 년 동안 에너지, 기체, 티끌이 퍼져 있는 이 광대무변한 공간을 이해하고자 노력해 왔습니다. 최근에 우주의 목적이 무엇인지에 대한 우리의 생각에 놀라운 획기적인 발전이 일어났습니다.
>
> (지구 표면을 확대하고, 그런 뒤 여자 두 사람이 잡담하고 있는 아이스크림 가게를 확대한다.)
>
> 여자 1: 그래서 운전하던 중에 문자를 보냈지 뭐니? 그 바람에 길을 잘못 들었는데, 눈앞에 비타민 가게 앞이 딱 보이는 거야. 그건 마치, 우주가 나에게 칼슘을 섭취해야 한다고 말하는 것 같았어.
>
> 나이: 한때 과학자들은 우주가 물질의 무질서한 집합이라고 믿었습니다. 이제 우리는 우주가 기본적으로 20대 여성들에게 우주적 조언을 보내는 힘이라는 것을 알고 있습니다.
>
> (체육관을 확대해서 헬스바이크를 타고 있는 슈머와 친구 한 사람을 보여 준다.)
>
> 슈머: 지난 여섯 달 동안 내가 기혼자 상사하고 잠자리를 한 이야기를 해 볼까요? 사실 처음에는 그가 아내를 절대로 안 버릴 것 같아서 정말 걱정이 되더군요. 하지만 어제 요가 수업에서 내 앞에 있는 여자가 "냉정"이라는 단어가 적혀 있는 셔츠를 입고 있더군요. 바로 그거였어요. 우주는 나에게 그런 식으로 말하고 있었어요. "여자, 단지, 좋아한다, 기혼자 상사와 계속 잔다!"[62]

변덕스러운 운세 속에서 우주적 의미를 읽어 내는 '영성'은 지혜롭지 않고 어리석다. 지혜로 가는 첫 단계는 우주의 법칙들이 당신에게 무관심하다는 것을 깨닫는 것이다. 다음 단계에서는 그래도 인생은 무의미하지 않다는 것을 깨달아야 한다. 사람들이 당신에게, 당신이 사람들에게 마음을 쓰기 때문이다. 또한 당신은 스스로에게 마음을 쓰고, 당신을 살아 있게 하는 우주의 법칙을 존중할 책임이 있으므로, 당신의 존재를 탕진하지 않는다. 또한 당신이 사랑하는 사람들이 당신에게 마음을 쓴다. 당신은 어린 자식을 고아로, 배우자를 미망인으로, 부모를 고통 속에 남겨두지 말아야 할 책임이 있다. 그리고 휴머니즘적 감수성을 가진 사람은 예외 없이 당신에게 마음을 쓴다. 그들이 당신의 고통을 함께 느낀다는 의미에서가 아니라 ― 인간의 공감 능력은 수십억의 낯선 사람에게까지 퍼져나갈 정도로 강력하지 않다. ― 당신의 존재가 우주적으로 그들의 존재 못지않게 중요하고, 우리 모두 우주의 법칙을 이용해서 모든 사람이 번영할 수 있는 조건을 증진할 책임이 있다는 의미에서이다.

~

논증은 차치하고, 세속적 휴머니즘에 반발하고 있는 현상이 정말이라고 믿을 필요가 있을까? 특정 종교의 신자, 신앙신론자, 과학과 진보를 혐오하는 사람들은 세계적으로 종교가 귀환하고 있는 듯한 모습에 흡족해하고 있다. 하지만 뒤에서 알 수 있듯이 그 귀환은 착각이다. 다시 말해, 세계에서 가장 빠르게 성장하고 있는 종교 집단은 무교(無敎)이다.

종교적 믿음의 역사를 측정하기란 쉽지 않다. 여러 시대와 여러 장소에서 사람들에게 똑같은 질문을 한 조사는 거의 없고, 설령 한다고 해도 응답자들은 질문을 다르게 해석할 것이다. 많은 사람이 **무신론자**라는 꼬리표가 붙는 것에 불안해한다. '도덕 관념이 없다.'라는 뜻을 가진 amoral이라는 말과 같은 것처럼 보일뿐더러, 적개심, 차별, 그리고 (많은 이슬람 국가에서) 투옥, 신체 절단, 죽음에 노출될 수 있기 때문이다.[63] 또한 사람들은 대부분 모호한 신학자인 것처럼, 자신은 종교나 종교적 믿음이 없고, 종교를 중요하지 않게 여기고, 정신적이기는 해도 종교적이지는 않고, 신이 아닌 어떤 '더 높은 힘'을 믿는다고 인정하면서도 무신론자라고 선언하는 것까지는 하지 않는다. 따라서 조사에 따라, 조사가 제시하는 선택지와 그 표현에 따라 무교의 측정치가 다르게 나타난다.

수십 년 전, 그리고 수백 년 전에 신앙을 갖지 않은 사람이 얼마나 많았는지는 알 수 없지만 분명 많지는 않았을 것이다. 실제로 1900년에는 전체 인구의 0.2퍼센트였을 것으로 추정하고 있다.[64] 윈-갤럽 인터내셔널(WIN-Gallup International)의 종교 및 무신론 세계 지수(Golbal Index of Religiosity and Atheism)에 따르면, 57개국의 5만 명을 대상으로 조사했을 때 2012년에 세계 인구의 13퍼센트가 "확신에 찬 무신론자"라고 밝혔는데, 이것은 2005년의 10퍼센트에 비해 3퍼센트가량 높아진 수치이다.[65] 20세기에 세계적으로 무신론자의 비율은 500배나 증가했으며, 21세기에 들어 지금까지 다시 2배로 뛰었다고 해도 과장된 말은 아닐 듯하다. "종교적인" 인구가 1세기 전에 거의 100퍼센트에서 59퍼센트로 떨어진 것 외에도, 세계 인구 중 추가로 23퍼센트가 "종교적인 사람이 아니"라고 밝히고 있다.

세속화 테제(secularization thesis)라는 사회 과학의 오래된 개념에서 볼 때 무교는 생활 수준과 교육 수준 향상의 자연스러운 결과이다.[66] 최근의 연구들은 부유하고 교육 수준이 높은 나라일수록 종교인의 비율이 낮다고 확언한다.[67] 퇴조가 가장 뚜렷한 곳은 서유럽, 영연방, 동아시아이다. 오스트레일리아, 캐나다, 프랑스, 홍콩, 아일랜드, 일본, 네덜란드, 스웨덴, 기타 몇몇 나라에서는 종교를 믿는 사람이 소수이고, 무신론자가 전체 인구의 4분의 1에서 절반 이상을 차지한다.[68] 종교의 퇴조는 과거 공산주의 국가였던 곳(특히 중국)에서도 나타나지만, 라틴아메리카, 이슬람 세계, 사하라 사막 이남 지역은 예외이다.

데이터상 세계적으로 종교가 부흥한다는 징후는 전혀 보이지 않는다. 종교 및 무신론 세계 지수로 볼 때 2005년과 2012년에 조사한 39개 나라 중 11개국만이 더 종교적으로 되었고 6퍼센트 이상 증가한 나라는 하나도 없었다. 반면에 26개국은 반대였고 많은 나라가 두 자릿수 이상 하락했다. 뉴스에서 풍기는 인상과는 반대로, 폴란드, 러시아, 보스니아, 터키, 인도, 나이지리아, 케냐 등 종교 세력이 강한 나라들도 그 7년 사이에 **덜** 종교적으로 변했으며, 미국도 마찬가지였다. (곧 자세히 설명할 것이다.) 종교를 믿는다고 말한 사람의 비율은 전체적으로 9퍼센트 하락해서, 과반의 국가에서 "확신에 찬 무신론자"의 비율이 올라갈 여지를 마련했다.

또 다른 세계 조사에서 퓨 리서치 센터는 미래의 종교적 소속을 타진해 보았다. (신앙에 대해서는 물어보지 않았다.)[69] 조사 결과, 2010년 세계 인구 중 6분의 1이 종교를 고르라고 했을 때 "없음(무교)"을 선택했다. 세계적으로 힌두교, 불교, 유태교, 혹은 민속 종교의 신자보다 없음이 더 많았으며, 또한 앞으로 가장 많은 사람이 몰릴 것으로 예상되는 "종교"였다. 2050년까지 새로운 종교를 찾는 사람보다 믿었던 종교를 버릴 사람이 6150만 명이 더 많을 것이다.

이 모든 수치가 사람들이 덜 종교적이 되고 있음을 보여 주는데, 종교의 부흥이라는 생각은 어디서 나왔을까? 그것은 캐나다 퀘벡 사람들이 "요람의 복수(la revanche du berceau)"라고 부르는 현상에서 기인했다. (영국의 식민 지배에 저항하던 프랑스계 캐나다인들이 인구를 증가시키려고 했던 운동을 말한다. ─ 옮긴이) 종교적인 사람은 아기를 더 많이 낳는다. 퓨 리서치 센터의 인구학자들은 수학적 계산을 통해서 세계 인구 중 무슬림의 비율이 2010년 23.2퍼센트에서 2050년 29.7퍼센트로 올라가는 한편, 기독교도의 비율은 변하지 않고, 다른 종교들과 무교의 비율은 감소할 것으로 예상했다. 그런데 이 예측마저도 현재 사용하고 있는 출산율 산정에 발목 잡혀 있다. 아프리카(종교적이고 출산율이 높은 곳)가 인구 변화를 겪거나 10장에서 논의한 대로 무슬림의 출산율 감소가 계속된다면 무용지물이 될 것이다.[70]

세속화 경향과 관련해 중요한 질문이 하나 있다. 세속화를 이끄는 것은 시대의 변화(시대 효과)일까, 인구 고령화(연령 효과)일까, 세대 교대(코호트 효과)일까?[71] 영어를 사용하는 몇 개국만이 이 질문에 대답할 수 있는 수십 년 치의 데이터를 갖고 있다. 그중 오스트레일리아, 뉴질랜드, 캐나다는 시간이 흐름에 따라 덜 종교적이 되었는데, 아마 인구 고령화보다는 시대 변화 때문인 듯하다. (인구 고령화만 있다면, 창조주를 만날 준비를 하는 사람이 늘어 가면서 오히려 더 종교적으로 변할 것이다.) 영국이나 미국의 시대 정신에는 그런 변화가 없었지만, 다섯 나라 모두에서 각 세대가 이전 세대보다 덜 종교적이었다. 코호트 효과가 상당하다. 영국의 GI 세대(1905~1924년생)는 80퍼센트 이상이 종교에 속해 있다고 말했지만, 같은 나이의 밀레니얼 세대가 그렇게 대답한 비율은 30퍼센트 미만이었다. 미국의 GI 세대는 70퍼센트 이상이 "신이 존재한다고 생각한다."라고 말했지만, 증손자뻘인 밀레니얼 세대는 40퍼센트만이 그렇게 답했다.

영어권 전체에서 코호트 효과가 발견되자 세속화 이론의 옆구리에 박혀 있던 큰 가시 하나가 뽑혀 나갔다. 바로, 부유하지만 종교적인 미국이다. 일찍이 1840년대 초에 알렉시 드 토크빌은 미국인이 유럽의 사촌들보다 더 독실하다고 묘사했는데, 그 차이는 지금도 이어지고 있다. 2012년에 미국인의 60퍼센트가 종교를 인정했는데, 캐나다의 46퍼센트, 프랑스의 37퍼센트, 스웨덴의 29퍼센트와 확실히 비교된다.[72] 서양의 다른 민주주의 국가들은 무신론자 비율이 미국의 2배 내지 6배에 달

한다.[73]

　하지만 미국인들은 더 높은 수준의 믿음에서 출발했음에도 한 세대에서 다음 세대로 행진하는 세속화를 피하지 못했다. 최근에 한 보고서 제목은 그 경향을 잘 요약하고 있다. 「엑소더스: 왜 미국인은 종교를 떠나고 있을까: 그리고 왜 돌아올 것처럼 보이지 않을까?(Exodus: Why Americans Are Leaving Religion: and Why They're Unlikely to Come Back)」[74] 이 엑소더스는 무교의 증가에서 가장 두드러지는데, 이들은 1972년에 5퍼센트에서 오늘날 25퍼센트로 증가해서 가톨릭(21퍼센트), 복음주의 기독교(16퍼센트), 백인 주류 개신교(13.5퍼센트)를 제치고 미국에서 가장 큰 종교 집단이 되었다. 코호트 간의 기울기도 가파르다. 침묵 세대와 나이 든 베이비붐 세대에서는 무교가 단 13퍼센트로, 밀레니얼 세대의 39퍼센트와 큰 차이를 보인다.[75] 게다가 젊은 세대는 나이가 들어 죽음을 응시할 때가 되어도 무교로 남을 가능성이 더 크다.[76] 단지 '위에는 아무도 없다.'라고 생각하는 것이 아니라 자기가 비신자라고 고백하는 무교 집단 내에서도 이 추세는 극적이다. 자기가 무신론자나 불가지론자라고 말하거나 종교는 자신에게 중요하지 않다고 말하는 미국인의 비율(1950년대에는 아마 1퍼센트 내지 2퍼센트였을 것이다.)이 2007년 10.3퍼센트에서 2014년 15.8퍼센트로 증가했다. 각 코호트의 차이는 다음과 같다. 침묵 세대 7퍼센트, 베이비붐 세대 11퍼센트, 밀레니얼 세대 25퍼센트.[77] 영리한 설계를 통해 무신론을 고백하는 사람들의 불안감을 우회하는 조사 기법들이 더 적극적으로 사용되면 실제 비율은 훨씬 더 높아질 것이다.[78]

　그렇다면 평론가들은 왜 미국에서 종교가 되돌아오고 있다고 생각할까? 미국의 엑소더스에 관한 또 다른 조사 결과 때문이다. 즉 무교를 고른 사람들은 투표를 하지 않는다. 2012년에 무교 미국인은 전체 인구의 20퍼센트였지만, 투표자 중에서는 12퍼센트였다. 종교 조직은 당연히 조직화되어 있어서 조직적으로 투표를 하고 세몰이를 한다. 2012년에 백인 복음주의 개신교도는 성인 인구의 20퍼센트였지만, 투표자 중에서는 믿는 종교가 없는 사람들의 2배가 넘는 **26퍼센트**를 차지했다.[79] 무교를 고른 사람들은 트럼프보다 클린턴을 3 대 1 비율로 더 많이 지지했지만 선거일인 2016년 11월 8일에 집에서 쉬었고, 복음주의자들은 줄을 서서 투표를 했다. 유럽의 포퓰리즘 운동도 비슷한 패턴을 보인다. 평론가들은 이 투표 경향을 종교의 부흥으로 오해하는 경향이 있으며, 이 착각에 비추어(출산에 이어) 우리는 세속화가 그렇게 살금살금 진행되어 온 또 하나의 이유를 설명할 수 있다.

왜 종교는 세계에서 사라지고 있을까? 몇 가지 이유가 있다.[80] 20세기의 공산주의 국가들은 종교를 법으로 금지하거나 규제했고, 다시 자유화되었을 때에는 시민들의 종교에 대한 취향은 느리게 회복되었다. 이 소원함은 어느 정도 1960년대에 최고 수위를 찍었던, **모든** 제도에 대한 신뢰 감소의 탓이다.[81] 두 번째 요인은 여권 신장, 출산의 자유, 동성애 용인 등 해방적 가치를 추구하는 세계적인 흐름이다.[82] (15장) 또한 삶이 경제 성장과 의료, 사회 보장 확대 덕분에 더 세속적으로 변함에 따라 사람들은 더 이상 신에게 구원을 빌지 않게 되었다. 실제로 다른 요인들이 불변일 때 안전망이 강한 나라일수록 덜 종교적이다.[83] 하지만 가장 확실한 이유는 이성 그 자체일 것이다. 지적 호기심과 과학적 사고력을 갖추게 되면 사람들은 더 이상 기적을 믿지 않는다. 종교를 버리는 이유로 미국인들이 말하는 가장 흔한 이유는 "종교의 가르침에 대한 믿음의 부족"이다.[84] 교육 수준이 높은 나라일수록 어떤 종교를 믿든 신자의 비율이 낮고, 세계적으로 무신론은 플린 효과를 보인다. 나라들이 더 똑똑해질수록 그 국민들은 신에게서 멀어지는 것이다.[85]

이유가 무엇이든 간에 세속화의 역사와 지리학 앞에서, 종교가 없으면 사회는 아노미, 허무주의, "모든 가치의 완전한 실추(total eclipse of all values)"[86]에 직면하게 된다는 두려움은 물거품으로 변한다. 세속화는 2부에 서술한 그 모든 역사적 진보와 나란히 행진해 왔다. 캐나다, 덴마크, 뉴질랜드 같은 많은 세속 사회가 우리 사회와 같은 종류의 역사(측정할 수 있는 좋은 삶의 요소들이 모두 높은 수준에 도달한 역사)에서 살기에 가장 좋은 나라에 속하는 반면, 세계에서 가장 종교적인 사회 중 다수는 지옥에 버금간다.[87] 미국이 예외인 것은 교훈적이다. 미국은 서양의 또래들보다 더 종교적이지만 행복감과 삶의 질 지수에서는 기대 이하이며 살인 사건 발생율, 수형자 비율, 낙태 건수, 성병 감염률, 영유아 사망률, 비만률, 교육 수준, 요절의 비율은 더 높다.[88] 똑같은 내용이 미국 내 50개 주에도 적용된다. 종교적인 주일수록 시민의 삶은 더 엉망이다.[89] 원인과 결과는 복잡하게 얽혀 있다. 하지만 확실히 말할 수 있는 점은, 민주적인 나라에서 세속주의는 휴머니즘으로 이어지고, 사람들은 기도, 교의, 교회의 권위에서 멀어져 다 함께 잘살 수 있는 실용적인 정책으로 나아간다는 것이다.

～

서양에서 유신론적 도덕관이 아무리 해롭다고 한들, 현대 이슬람 사회에서 야기하는 곤란과는 비교할 수 없다. 이슬람 사회를 빼놓고는 세계의 진보를 논할 수는 없다. 여러 측면을 객관적으로 측정했을 때 이슬람 세계는 다른 세계들이 누리고 있는 진보에 도달하지 못하고 있다. 무슬림이 다수인 나라들은 부를 상수로 놓고 건강, 교육, 자유, 행복, 민주주의의 지표를 측정하면 낮은 성적이 나온다.[90] 2016년에 일어난 전쟁은 모두 무슬림이 다수파인 국가에서 일어났거나 이슬람 집단과 관련되어 있었고, 거의 모든 테러 공격에 그 집단들이 책임이 있었다.[91] 15장에서 보았듯이 성 평등, 개인의 자율성, 정치적 발언 같은 해방적 가치들은 사하라 사막 이남을 포함한 세계 다른 지역들보다 이슬람의 중심부에서 보급이 더디다. 많은 이슬람 국가에서 인권은 바닥이다. 그들은 잔인한 형벌(채찍질, 시력 박탈, 사지 절단)을 시행하는데, 실제 범죄에만 그런 것이 아니라 동성애, 마법, 배교, 소셜 미디어에서 자유주의적 의견을 표현하는 행위에도 그런 형벌을 가한다.

이 진보의 결핍 중 얼마나 많은 부분이 유신론적 도덕관의 산물일까? 분명 이슬람 자체에 책임을 돌릴 수는 없다. 이슬람 문명은 조숙한 과학 혁명을 이루어냈고, 역사 대부분 기독교를 믿는 서양보다 더 관대하고, 세계주의적이고, 내적으로 평화로웠다.[92] 무슬림 다수파 국가에 존재하는 퇴보적인 관습, 가령 여성 할례와 부정한 누이 및 딸에 대한 '명예 살인'은 고대 아프리카나 서아시아 부족의 관행일 뿐이며, 범죄자들은 잘못 알고 이슬람 율법을 핑계로 내세우는 것이다. 어떤 문제들은 자원이 풍부한 국가일수록 경제 성장이 둔해지는 자원의 저주를 받은 독재 국가들에서 발견된다. 또 다른 문제들은 서양이 중동 문제에 서투르게 개입한 결과로 악화된 것들이다. 그런 개입의 대표적인 예로, 오스만 제국의 분할, 아프가니스탄 반소련 무자헤딘 지원, 이라크 침공이 있다.

하지만 진보의 물결에 저항하는 힘이 종교적인 믿음에서도 나온다는 사실을 부정할 수만은 없다. 문제는 이슬람 교의의 많은 가르침이 문자 그대로 받아들여지는 탓에 지독하게 반휴머니즘적이라는 사실에서 비롯한다. 코란에는 이교도에 대한 증오, 순교의 진실성, 무장 성전의 신성함을 표현하는 구절이 수십 개에 달한다. 또한 술을 마신 사람에게 채찍질을 하고, 간통과 동성애를 한 사람에게 돌을 던지고, 9세 소녀의 강제 결혼을 승인한다.[93]

물론 기독교의 성서에도 지독하게 반휴머니즘적인 구절이 많이 있다. 어느 쪽이 더 지독한가를 따지자면 입만 아프다. 중요한 것은 신봉자들이 그런 구절을 얼마나 곧이곧대로 받아들이는가이다. 다른 아브라함의 종교들처럼 이슬람도 성서의 역겨운 부분들을 우화적으로 해석하고, 맥락에서 떼어내 괄호 치고, 적당히 왜곡한다. 또한 이슬람에도 문화적 유태인(cultural jews), 카페테리아 가톨릭 신자(cafeteria catholics, 가톨릭 가르침을 선택적으로 수용하는 신자. ─ 옮긴이), CINO(christians in name only, 이름만 기독교인. ─ 옮긴이)에 해당하는 사람들이 있다. 문제는 이 온화한 위선이 현대 이슬람 세계에서는 상대적으로 아주 미진하다는 것이다.

정치 과학자 에이미 알렉산더(Amy Alexander)와 크리스티안 벨첼은 세계 가치 조사에서 수집한 종교적 소속감에 대한 빅 테이터를 조사하던 중에 다음과 같은 사실을 발견했다. "이슬람은 신앙심이 강한 신자의 비율이 압도적으로 높은 종교로서 단연 돋보인다. 82퍼센트나 된다. 더욱 놀라운 것은 자칭 무슬림 중 92퍼센트나 되는 사람이 10점 단위로 신앙심을 재는 척도에서 가장 높은 점수나 그다음 점수로 자신을 평가한다. (유태인, 가톨릭 신자, 복음주의자 중에서 그 범주에 드는 사람은 절반 이하이다.) 자기가 무슬림이라는 고백은 구체적인 종파와 상관없이 신앙심이 강하다는 말과 거의 같은 뜻이다."[94] 다른 많은 조사에서도 비슷한 결과가 나왔다.[95] 퓨 리서치 센터의 한 대규모 조사에서는 다음과 같은 결과가 나왔다. "39개국 중 32개국에서 절반이나 그 이상의 무슬림이 이슬람의 가르침을 이해하는 올바른 방법은 하나뿐"이라 말하고, 그 질문을 한 모든 나라에서 50~93퍼센트가 코란은 "정확히 글자 그대로 해석해야" 한다고 생각하며, "많은 나라에서 압도적인 비율의 무슬림이 이슬람법(샤리아)이 그 나라의 공식 법률이어야 한다."라고 믿는다.[96]

상관 관계와 인과 관계는 다르지만, 이슬람 교의의 많은 부분이 반휴머니즘적이라는 사실과, 많은 무슬림이 이슬람 교의는 틀림이 없다고 믿는다는 사실을 묶으면(그리고 반자유주의적 정책과 폭력 행동을 실천하는 무슬림들이 이슬람 교의를 믿기 때문에 그렇게 행한다고 말한다는 사실을 더하면), 반휴머니즘적인 관행은 신앙심과 아무 관계가 없으며, 석유, 식민주의, 이슬람 혐오, 오리엔탈리즘 혹은 시오니즘이 진짜 원인이라고 말하는 것은 진실을 왜곡한다고 할 수 있다. 사회 과학자들이 측정하기를 좋아하는 모든 변수(수입, 교육 수준, 석유 수익에 대한 의존도)가 들어간 세계적인 가치관 조사들은 이슬람 사회들이 모든 나라와 개인을 통틀어 편협함과 그밖의 반자유주의적인 가치의 수준이 특별히 높다고 예측한다.[97] 비이슬람 사회에서는 모스크에 가는 것이 지표가 된다. (이슬람 사회에서 모스크를 가는 것은 너무 당연한 일이라 지표가 되지 못한다.)[98]

이 모든 근심스러운 패턴들이 한때는 기독교 세계에도 만연했지만, 계몽주의와 함께 서양은 교회와 국가를 분리하는 과정에 돌입해서(지금도 여전히 진행 중이다.), 세속적인 시민 사회의 공간을 마련하고 보편적인 휴머니즘 윤리로 그 기초를 다졌다. 대부분의 무슬림 다수파 국가에서 그 과정은 간신히 진행되고 있다. 역사학자들과 사회 과학자들(많은 이들이 무슬림이다.)은 이슬람 국가에서 종교가 어떻게 정치 제도와 시민 사회를 옥죄고 그 나라의 경제, 정치, 사회적 진보를 어떻게 가로막고 있는지를 입증해 왔다.[99]

설상가상으로 무슬림 형제단(Muslim Brotherhood)의 일원이자 알카에다를 비롯한 여러 이슬람 운동을 고취한 이집트 작가 사이드 쿠틉(Sayyid Qutb, 1906~1966년)의 반동적 이데올로기가 영향력을 갖게 되었다.[100] 그 이데올로그들은 선지자, 초기 칼리프, 아랍 고전 문명의 찬란한 시대를 그리워하고, 그후 수백 년간 십자군, 유목 민족, 유럽의 식민주의자, 그리고 가장 최근에는 교활한 세속적 근대화주의자들의 손에 이슬람이 당한 모욕에 탄식한다. 그들이 보기에 그 역사는 엄격한 이슬람 의식을 내다 버린 대가로 주어진 쓸쓸한 열매이며, 샤리아에 의해 통치되고 비이슬람의 영향을 몰아낸 진정한 무슬림 국가를 복원해야만 구원을 받을 수 있다.

이슬람 세계를 괴롭히는 문제들에 유신론적 도덕관이 분명한 역할을 하고 있음에도, 많은 서양 지식인들 — 이들은 이슬람 세계에 널리 퍼져 있는 억압, 강한 여성 혐오, 동성애 혐오, 정치적 폭력이 심지어 100배 희석된 채로 자기들 나라에 존재한다면 기겁을 할 것이다. — 은 그런 관습이 이슬람의 이름으로 행해질 때 이상하게도 옹호자로 돌변한다.[101] 어떤 변명은 무슬림에 대한 편견을 막고자 하는 훌륭한 바람에서 나온다. 어떤 변명은 세계가 문명의 충돌에 빠졌다는 파괴적인(그리고 필시 자기 실현적인) 이야기를 의심하고자 하는 의도에서 나온다. 또 어떤 변명은 자신의 사회를 통렬히 비난하고 적을 낭만적으로 그리는 서양 지식인들의 오랜 역사와 일치한다. (잠시 후에 이 증후군을 살펴볼 것이다.) 하지만 많은 변명이 유신론자, 신앙신론자, 제2문화의 지식인 사이에 은밀히 퍼져 있는 종교에 대한 편애, 그리고 계몽주의적 휴머니즘을 온전히 받아들이기를 꺼리는 태도에서 나온다.

현대 이슬람교의 반휴머니즘적 특징들을 명시하는 것은 이슬람 혐오나 문명 충돌론과 아무 상관이 없다. 이슬람의 폭력과 억압에 희생되는 사람은 대부분 같은 무슬림들이다. 무슬림은 인종이 아니며, 한때 무슬림 운동가였던 새러 하이더(Sarah Haider, 1991년~)의 표현을 빌리자면, "종교는 생각일 뿐, 권리는 없다."[102] 신자유주의나 공화당 강령에 담긴 생각을 비판한다고 해서 편견을 조장하는 것이 아니듯, 이슬람의 사상을 비판한다고 편견 덩어리라고 비웃는 것은 말이 안 된다.

이슬람 세계는 계몽될 수 있을까? 이슬람 개혁, 자유주의 이슬람, 휴머니즘적 이슬람, 이슬람 세계 공의회, 정교 분리 같은 운동이 일어날 수 있을까?

이슬람의 반자유주의를 너그럽게 보는 많은 종교 옹호적 지식인들은 이슬람 사회에 그런 기대를 하는 것은 비합리적이라고 주장한다. 서양은 포스트계몽주의(post-enlightenment) 사회가 주는 평화, 번영, 교육, 행복을 누릴지는 몰라도 무슬림은 이 얄팍한 향락을 결코 받아들이지 못할 테니, 중세의 믿음과 관습 체계를 고수하는 것도 이해할 만하다는 것이다.

하지만 이슬람의 역사와 그 안에서 발생하고 있는 운동들을 알면 이 가식적인 친절은 금방 거짓임이 드러난다. 이미 언급했듯이, 고전 시대에 아랍 문명은 과학과 세속주의 철학의 온실이었다.[103] 아마르티아 센의 기록에 따르면 유럽에서 종교 재판이 성행하고 조르다노 브루노(Giordano Bruno, 1548~1600년)가 이단으로 몰려 화형을 당할 때, 16세기 무굴 황제 아크바르 1세(Akbar I, 1542~1605년)는 무슬림이 통치하는 인도에서 여러 종교(무신론과 불가지론 포함)를 인정하는 자유주의적인 사회 질서를 지켜 냈다.[104] 튀니지, 방글라데시, 말레이시아, 인도네시아는 자유주의적 민주주의를 향해 오래전부터 성큼성큼 전진했다. (14장) 많은 이슬람 국가에서 여성과 소수자에 대한 태도는 느리지만 꾸준히 나아지고 있으며, 여성, 젊은 세대, 교육받은 사람들 사이에서는 눈에 띄게 향상되고 있다.[105] 연결성, 교육, 이동성, 여성의 약진 등 서양을 해방시킨 힘들은 이슬람 세계를 우회하지 않고 있으며, 세대 교체라는 움직이는 보도(moving sidewalk)는 그 옆에서 꾸물거리는 사람들보다 더 빠른 속도로 이동하고 있다.[106]

또한 사상 운동도 중요하다. 수많은 무슬림 지식인, 작가, 활동가가 이슬람 사회를 휴머니즘적으로 변혁하는 운동을 펼치고 있다. 그들의 이름을 살펴보자. 수아드 아드나네(Souad Adnane, 모로코의 아랍 과학 조사 인간 연구 센터(Arab Center for Scientific Research and Humane Studies in Morocco)의 공동 창설자), 무스타파 아크욜(Mustafa Akyol, 『극단 없는 이슬람(Islam Without Extremes)』

의 저자), 파이살 사이드 알무타르(Faisal Saeed Al-Mutar, 세계 세속 휴머니즘 운동 (Global Secular Humanist Movement)의 창설자), 새러 하이더(북아메리카 전(前)무슬림 단체(Ex-Muslims of North America)의 공동 창설자), 샤디 하미드(Shadi Hamid, 『이슬람 예외주의(*Islamic Exceptionalism*)』의 저자), 페르베즈 후드보이(Pervez Hoodbhoy, 『이슬람과 과학: 종교적 정설과 이성을 위한 전투(*Islam and Science: Religious Orthodoxy and the Battle for Rationality*)』의 저자), 레일라 후세인(Leyla Hussein, 여성 할례에 반대하는 단체, 이브의 딸들(Daughters of Eve)의 공동 창설자), 굴랄라이 이스마일(Gulalai Ismail, 파키스탄의 의식 있는 소녀들(Aware Girls)의 창설자), 시라즈 마허(『살라피-지하디즘(*Salafi-Jihadism*)』의 저자, 1부 서문에서 인용), 오마르 마흐무드(Omar Mahmood, 미국인 논설 위원), 이르샤드 만지(Irshad Manji, 『이슬람의 곤경(*Trouble with Islam*)』의 저자), 마리암 나마지(Maryam Namazie, 영국의 샤리아 반대 단체인 만인을 위한 하나의 법(One Law for All)의 대변인), 아미르 아흐마드 나스르(Amir Ahmad Nasr, 『나의 이슬람(*My Isl@m*)』의 저자), 타슬리마 나스린(Taslima Nasrin, 『나의 소녀 시절(*My Girlhood*)』의 저자), 마지드 나와즈(Maajid Nawaz, 『이슬람과 관용의 미래(*Islam and the Future of Tolerance*)』를 샘 해리스와 함께 쓴 공저자), 아스라 노마니(Asra Nomani, 『메카에 홀로 서다(*Standing Alone in Mecca*)』의 저자), 라힐 라자(Raheel Raza, 『나의 지하드가 아니라 그들의 지하드(*Their Jihad, Not My Jihad*)』의 저자), 알리 리즈비(Ali Rizvi, 『무신론적 이슬람(*The Atheist Muslim*)』의 저자), 와파 술탄(Wafa Sultan, 『미워하는 신(*A God Who Hates*)』의 저자), 무함마드 시예드(Muhammad Syed, 북아메리카 전무슬림 단체 회장), 그리고 가장 유명한 인물로 살만 루슈디(Salman Rushdie, 1947년~), 아얀 히르시 알리(Ayaan Hirsi Ali, 1969년~), 말랄라 유사프자이.

분명 새로운 이슬람 계몽 운동은 무슬림이 선봉에 서겠지만, 비무슬림도 나름의 역할을 할 것이다. 지적 영향력이라는 세계적인 네트워크는 촘촘하고, 서양의 위신과 힘이 작용하므로(심지어 반대하는 사람들에게도), 서양의 사상과 가치가 예상치 못한 방식으로 새어들고, 흐르고, 밖으로 분출될 수 있다. (예를 들어, 오사마 빈 라덴(Osama bin Laden, 1957~2011년)은 에이브럼 놈 촘스키(Avram Noam Chomsky, 1928년~)의 책을 한 권 갖고 있었다.)[107] 철학자 콰메 앤서니 아피아(Kwame Anthony Appiah, 1954년~)의 『명예 규약(*The Honor Code*)』 같은 책들은 도덕적 진보의 역사를 자세히 설명하는데, 그에 따르면 한 문화의 퇴보적 관행이 다른 문화에 의해 명확히 밝혀진다고 해도 반드시 분개와 반발을 불러일으키지는 않으며, 낙오자들을 부끄럽게 해서 늦게라도 개혁을 촉진할 수 있다. (과거의 예로는, 노예제, 결투, 전족, 인종 분리 등이 있고, 미국이 현재 당면하고 있는 과제의 예로는, 사형 제도와 대량 억류가 있다.)[108] 지적 문화가 계몽주의의 가치를 확고하게 옹호하고, 종교가 휴머니즘의 가치와 충돌할 때 유야무야(有耶無耶) 넘어가지 않는다면, 다른 세계의 학생, 지식인, 열린 생각을 가진 사람들에게 횃불처럼 길을 비춰 줄 수도 있다.

~

휴머니즘의 논리를 제시한 후에 나는 그 논리가 다른 두 가지 믿음 체계와 강하게 대립한다고 지적했다. 우리는 방금 유신론적 도덕관을 보았다. 이제 휴머니즘의 두 번째 적으로 넘어가 보자. 그것은 바로, 권위주의, 민족주의, 포퓰리즘, 반동적 사고, 파시즘의 뒤에 놓인 이데올로기이다. 유신론적 도덕관에 대해 그 이데올로기는 자신이 지적 장점, 인간 본성과의 친화성, 역사적 불가피성을 갖고 있다고 주장한다. 뒤에서 보겠지만 세 가지 모두 잘못되었다. 먼저 우리의 정신사를 잠시 되짚어 보자.

휴머니즘(그리고 이 책의 거의 모든 주장)의 정반대를 대표하는 사상가 한 사람을 고른다면, 독일 철학자 프리드리히 니체보다 더 적당한 인물을 찾기는 어려울 것이다.[109] 이 장의 앞부분에서 나는 휴머니즘 도덕이 냉정하고 자기 중심적이고 과대 망상에 빠진 소시오패스를 어떻게 다뤄야 할지에 대해 전전긍긍하면서 이야기했다. 니체는 냉정하고 자기 중심적이고 과대 망상에 빠진 소시오패스가 되는 게 **좋다**고 주장했다. 물론 모든 사람에게 좋은 것은 아니지만, 그것은 중요하지 않다. 인간 대중("엉망진창에 솜씨 없는 것들", "말 많은 난쟁이들", "버려질들")의 목숨은 하등 중요하지 않다. 삶에서 가치 있는 것은 초인(Übermensch)이 선악을 초월하고, 권력에의 의지를 실현하고, 개인을 초월한 영광을 성취하는 것이다. 그런 영웅적 정신을 통해서만이 인간의 잠재력이 실현되고 인류가 더 높은 차원으로 올라설 수 있다. 하지만 위대한 공적은 병을 치료하거나 굶주린 사람을 먹이거나 평화를 이루는 것이 아니라 위대한 예술 작품 창작과 전쟁을 통한 정복이다. 호메로스 시대의 그리스 인, 아리아 전사, 헬멧을 쓴 바이킹 같은 사나이들의 시대 이후로 서양 문명은 꾸준히 쇠퇴했다. 특히 기독교의 "노예 도덕성", 계몽주의의 이성 숭배, 19세기의 자유주의 운동이 서양 문명을 타락시켰다. 그런 나약한 감상벽은 퇴폐와 타락만을 양산했다. 진리를 깨달은 사람은 "망치를 휘두르듯 철학을 해서" 현대 문명에 마지막 일격을 가해야 한다. 그로 인해 속죄의 촉매 작용이 일어나면 새로운 질서가 출현할 것이다. 내가 허수아비 초인을 지어내는 것이 아님을 확인하고 싶다면 다음 인용문을 보라.

나는 "한 사람에게 옳은 것은 다른 사람에게도 옳다.", "대우받길 원한다면 남을 잘 대우하라."라고 사람들이 말할 때의 그 속악(俗惡)함을 혐오한다. …… 거기에 놓인 전제는 완전히 무시해도 된다. 내 행동과 당신의 행동 사이에 어떤 가치의 등가가 있다고 당연시하는 것이다.

나는 비난하는 손가락으로 존재의 사악함과 고통을 가리키지 않으며, 그보다는 언젠가 삶이 어느 때보다 더 사악해지고 고통스러워지리라고 희망한다.

남자는 전쟁을 하도록 훈련하고 여자는 전사를 만들어 내도록 훈련해야 한다. 그밖의 모든 것은 어리석다. …… 여자에게 가는가? 채찍을 잊지 마라.

높은 사람이 대중에게 전쟁을 선포할 필요가 있다. …… 번식의 주체로서 기능할 만큼 강력한 교의가 필요하다. 연약하고 시들한 자들을 마비시키고 파괴할 강한 존재를 증원시켜야 한다. '도덕성'이라는 기만을 절멸하고 …… 썩어 가는 종족들을 박멸하고 …… 더 높은 종을 생산하는 수단으로 지구를 지배해야 한다.

가장 위대한 과업, 즉 타락하고 기생하는 모든 존재의 무자비한 박멸을 포함해 인간을 더 고상하게 개량하는 일을 떠맡을 더 높은 생명의 당을 만든다면 다시금 지상에 생명이 차고 넘쳐서 디오니소스적 국가가 다시 발전할 것이다.[110]

이 대량 학살의 넋두리는 데스 메탈 음악에 심취한 비행 청소년이나, 「오스틴 파워(Austin Powers)」의 닥터 이블처럼 제임스 본드의 악당을 패러디한 인물에게서 나올 법하다. 사실 니체는 20세기에 가장 중요한 사상가에 속하고, 그 영향력은 21세기까지 흘러넘치고 있다.

가장 눈에 띄는 점으로 니체는 제1차 세계 대전을 낳은 낭만적 군국주의와 제2차 세계 대전을 낳은 파시즘을 고취하는 데 일조했다. 니체 본인은 독일 민족주의자나 반유태주의자가 아니었지만, 앞의 인용문들이 전형적인 나치즘의 예문으로 꼽히는 것은 우연의 일치가 아니다. 니체는 사후에 나치의 궁정 철학자가 되었다. (총리가 된 첫해에 히틀러는 니체 문서 보관소를 순례했다. 이 보관소는 니체의 누이이자 문학 유언 집행자로서 니체와 나치의 관계를 끊임없이 부추긴 엘리자베트 푀르스터니체(Elisabeth Förster-Nietzsche, 1846~1935년)가

관장하고 있었다.) 이탈리아 파시즘과의 관계는 훨씬 더 직접적이다. 베니토 안드레아 아밀카레 무솔리니(Benito Andrea Amilcare Mussolini, 1883~1945년)는 1921년에 "상대주의가 니체, 그리고 니체의 권력에의 의지와 연결된 순간, 이탈리아 파시즘은 지금처럼 개인과 민족의 권력에의 의지가 낳은 가장 장엄한 피조물이 되었다."[111] 볼셰비즘이나 스탈린주의와의 연결 — 초인에서 새로운 소비에트적 인간으로 — 은 그만큼 유명하지는 않지만 역사학자 버니스 글래처 로젠탈(Bernice Glatzer Rosenthal, 1938년~)이 폭넓게 증명했다.[112] 니체의 사상과 20세기 대량 학살의 관계는 의문의 여지 없이 명백하다. 폭력과 권력을 찬양하고, 자유 민주주의 제도를 열심히 파괴하고, 인류의 대부분을 경멸하고, 인간의 생명을 버러지처럼 취급했다.

이 피의 바다만으로도 지식인들과 예술가들이 니체의 사상을 의심하기에 부족하지 않았으리라. 그런데 놀랍게도 그는 광범위하게 찬양받고 있다. '니체 최고!'라고 번역할 수 있는 "Nietzsche is pietzsche."는 캠퍼스 그래피티와 티셔츠 문구로 유행한다. 그의 철학이 특별히 설득력이 있어서가 아니다. 버트런드 아서 윌리엄 러셀(Bertrand Arthur William Russell, 1972~1970년)이 『서양 철학사(A History of Western Philosophy)』에서 지적했듯이, 니체의 철학은 "더 간단하고 솔직하게 한 문장으로 요약된다. '나는 페리클레스의 아테네나 메디치 치하의 피렌체에서 살았다면 좋았을 것이다.'" 니체의 사상은 도덕적 일관성 — 그 사상을 제시하는 개인을 뛰어넘어 일반화할 수 있는 가능성 — 이라는 첫 번째 시험에서 탈락한다. 만일 시대를 거슬러 갈 수 있다면 나는 다음과 같은 말로 니체에게 맞설지 모른다. "나는 초인이다. 즉 나는 엄하고, 냉정하고, 지독하고, 감정이 없고, 양심이 없다. 당신이 권하듯이 나는 말 많은 난쟁이들을 절멸해서 영웅의 영광을 성취하겠다. 이제 곧 **당신**부터 시작할 것이다. 나는 또한 당신의 나치 누이를 가만두지 않을 수도 있다. 내가 그러지 말아야 하는 **이유**를 당신이 생각해 내지 못한다면 말이다."

니체의 사상은 이렇게 혐오스럽고 모순되는데, 왜 그렇게 많은 팬을 보유하고 있을까? (투사와 함께) 예술가에게 독특한 삶의 가치를 부여하는 윤리가 수많은 예술가에게 호소력을 가지는 것은 놀라운 일이 아니다. 예를 들어, W. H. 오든, 알베르 카뮈, 앙드레 지드(André Gide, 1869~1951년), 데이비드 허버트 로런스(David Herbert Lawrence, 1885~1930년), 잭 런던(Jack London, 1876~1916년), 파울 토마스 만(Paul Thomas Mann, 1875~1955년), 미시마 유키오(三島由紀夫, 1925~1970년), 유진 글래드스턴 오닐(Eugene Gladstone O' Neill, 1888~1953년), 윌리엄 버틀러 예이츠(William Betler Yeats, 1865~1939년), 퍼시 윈덤 루이스(Percy Wyndham Lewis, 1882~1957년), 그리고 (조건부로)『인간과 초인(*Man and Superman*)』을 쓴 조지 버나드 쇼가 그들이다. (반면에 펠럼 그렌빌 우드하우스(Pelham Grenville Wodehouse, 1881~1975년)는 스피노자의 팬인 지브스의 입을 빌려서 버티 우스터에게 이렇게 말했다. "니체는 재미없을 겁니다, 나리. 근본이 불합리해요.") 니체의 가치는 제2문화의 수많은 문예 지식인("위대한 문학"이 "인간을 살게 하는 것"이라는 이유로 리비스가 세계의 빈곤과 질병에 관심을 기울인 스노를 조롱한 것을 기억하라.)과 "부브아지(booboisie, '미국의 니체'인 헨리 루이스 멘켄(Henry Louis Mencken, 1880~1956년)이 대중에게 붙인 이름으로 아주 어리석은 사람인 '부브(boob)'와 '부르주아지(bourgeoisie)'를 합성했다.)를 손가락질하며 킬킬거렸던 사회 평론가들에게도 매력을 발산한다. 나중에는 숨기려고 노력했지만 아인 랜드(Ayn Rand, 1905~1982년)의 이기심 찬양, 영웅적 자본가에 대한 신격화, 보편 복지에 대한 경멸은 니체의 영향으로 도배되어 있었다.[113]

무솔리니가 분명히 말했듯이 니체는 전 세계 상대주의자들에게 영감을 불어넣었다. 과학자들과 계몽 사상가들이 진리 추구에 몰두하는 것을 경멸하면서 니체는 "사실은 없고, 해석만 존재한다."라거나, "진리는 특정한 생물 종이 살아가는 데 필요한 오류이다."라고 주장했다.[114] (물론 이 주장 때문에 그는 왜 우리가 **그런** 진술을 옳다고 믿는지를 설명하지 못했다.) 이런저런 이유로 니체는 마르틴 하이데거, 장폴 사르트르, 자크 데리다(Jacques Derrida, 1930~2004년), 미셸 푸코에게 중대한 영향을 주었고, 실존주의, 비판 이론, 후기 구조주의, 해체주의, 포스트모더니즘을 포함해 20세기에 과학과 객관성을 적대시한 모든 지적 운동의 대부가 되었다.

니체는 빼어난 문장가로 명성이 자자했다. 만일 그 명성이 그의 문학적 화려함을 인정하고, 불량한 사고 방식을 아이러니한 방식으로 해석하는 데서 나왔다면 예술가들과 지식인들이 그런 팬덤을 형성했더라도 너그러이 봐넘길 수 있다. 하지만 불행하게도 그 사고 방식이 너무 많은 사람과 너무 궁합이 잘 맞았다. 20세기에 놀라울 정도로 많은 수의 지식인과 예술가가 전체주의적 독재자에 대해 침이 마르도록 찬양한 나머지, 지적인 역사학자 마크 릴라(Mark Lilla, 1956년~)는 그 증후군에 "전제 애호증(tyrannophilia)"이라는 이름을 붙였다.[115] 전제 애호증 환자 중 일부는 마르크스주의자로, "그는 개새끼일지 모르지만, **우리** 개새끼다."라는 오래된 원칙에 따라 행동하는 사람들이었다. 하지만 다수는 니체 철학자였다. 가장 악명 높은 두 사람, 마르틴 하이데거와 법학자 카를 슈미트(Carl Schmitt, 1888~1985년)는 나치와 히틀러를 열렬히 추종했다. 실제로 20세기의 모든 독재자에게는 펜을 든 투사가 있었다. 무솔리니(에즈라 파운드, 쇼, 예이츠, 루이스), 레닌(쇼, H. G. 웰스), 스탈린(쇼, 사르트르, 비트리스와 시드니 웹, 브레히트, W. E. B. 두보이스, 파블로 피카소, 릴리언 플로렌스 헬먼(Lillan Florence Hellman, 1905~1984년)), 마오쩌둥(사르트르, 푸코, 두보이스, 루이 알튀세르, 스티븐 로즈, 리처드 르원틴), 아야톨라 호메이니(푸코), 카스트로(사르트르, 그레이엄, 그린, 귄터 그라스, 노먼 메일러, 해럴드 핀터, 그리고 21장에서 본 수전 손택)이 그랬다. 또한 여러 시대에 서양 지식인들은 호찌민(胡志明, 1890~1969년), 무아마르 알 가

다피(Muammar Gaddafi, 1942~2011년), 사담 후세인, 김일성(金日成, 1912~1994년), 폴 포트, 줄리어스 니에레레(Julius Nyerer, 1922~1999년), 슬로보단 밀로세비치(Slobodan Milošević, 1941~2006년), 우고 차베스의 찬가를 불렀다.

왜 모든 사람 중에서 유독 지식인들과 예술가들이 잔인한 독재자들에게 아양을 떨었을까? 지식인은 누구보다 먼저 권력의 평계를 해체하고, 예술가는 인간적 연민의 범위를 확장하는 사람이 아니던가? (정말 고맙게도 많은 지식인들과 예술가들이 그런 일을 해 왔다.) 경제학자 토머스 소웰(Thomas Sowell, 1930년~)과 사회학자 폴 홀랜더(Paul Hallander, 1932~2019년)가 제시한 설명은 전문가 나르시시즘(professional narcissism)이라는 것이다. 지식인들과 예술가들은 자유 민주주의 사회에서 고마움을 느끼지 않는다. 자유 민주주의 사회에서 시민들은 시장과 시민 공동체에서 그들 자신의 욕구를 해결한다. 독재자들은 위에서 아래로 이론을 실천하고, 그 과정에서 지식인들은 자신의 가치에 어울린다고 느껴지는 역할을 부여받는다. 하지만 전제 애호증은 또 한편으로는 니체 철학이 평민과 보통 사람에게 느끼는 경멸과 초인이 불러일으키는 경탄을 먹고 자란다. 평민과 보통 사람은 짜증 나게도 순수 예술과 문화보다는 싸구려를 더 좋아하고, 초인은 민주주의의 번잡한 타협을 초월하고 좋은 사회의 비전을 영웅적으로 실행하지 않는가?

~

니체의 낭만적 영웅주의는 집단이 아닌 단 1명의 초인을 찬양하지만, 니체의 "더 강한 종류의 사람"이 부족, 종족, 민족이 되는 것은 시간 문제이다. 이 치환을 통해 니체의 사상은 나치즘, 파시즘, 그밖의 낭만적 민족주의에 채택되었고, 지금도 정치라는 드라마에 주연으로 나온다.

나는 트럼프주의(Trumpism)를 순수한 이드(id), 즉 정신의 어두운 곳에서 올라오는 부족주의와 권위주의의 분출이라고 생각했다. 하지만 권력에 오른 광인은 몇 년 전에 나온 어느 학문적 낙서에서 그 광기를 추출해 내는 법이므로, "트럼프주의의 지적 뿌리"라는 말도 그리 모순된 것은 아니다. 2016년 선거에서 "미국을 위하는 학자와 작가" 136명은 「통일의 성명(Statement of Unity)」이라는 선언서를 통해 트럼프를 승인했다.[116] 그중 일부는 "트럼프주의의 학문적 고향"이라고 불리는 싱크탱크, 클레어몬트 연구소(Claremont Institute)와 연결되어 있다.[117] 그리고 트럼프에게는 2명의 가까운 조언자, 스티브 배넌과 마이클 앤턴(Michael Anton, 1969년~)이 있다. 그들은 유명한 작가로 알려져 있으며, 그들 자신을 진지한 지식인으로 여긴다. 권위주의적 포퓰리즘을 이해할 때 개인적인 성격의 너머를 알고 싶은 사람이라면 그들 뒤에 놓인 두 종류의 이데올로기를 이해해야 한다. 둘 다 계몽주의적 휴머니즘에 호전적으로 반대하는 이데올로기로, 각기 다른 방식으로 니체의 영향을 받았는데, 하나는 파시즘적이고 다른 하나는 반동적이다. 이때 반동적이란 좌파가 흔히 말하듯, "나보다 더 보수적인 사람"이라는 뜻이 아니라, 원래의 특수한 의미에서이다.[118]

'집단', '무리', '결속'을 뜻하는 이탈리아 단어에서 나온 파시즘은 개인이란 신화일 뿐이며 사람은 그의 문화, 혈통, 조국에서 헤어날 수 없다는 낭만주의적 개념에서 발전했다.[119] 유럽에서는 신나치당들이, 미국에서는 배넌과 알트라이트가 율리우스 에볼라(Julius Evola, 1898~1974년)와 샤를 모라스(Charles Maurras, 1868~1952년)를 비롯한 초기 파시스트 지식인들을 재발견했고, 양쪽 모두 니체의 영향을 인정한다.[120] 권위주의적 포퓰리즘과 낭만적 민족주의로 변하고 있는 오늘날의 파시즘 라이트(Fascism Lite)는 선택의 단위가 집단이고 진화는 다른 집단들과의 경쟁에서 최적자 집단이 생존함으로써 진행되며 인간은 집단의 우세를 위해 자신의 이익을 희생해 왔다고 보는 조잡한 형태의 진화 심리학에 의해 정당화되기도 한다. (물론 이 주장은 선택의 단위를 유전자로 보는 주류 진화 심리학과 분명히 다르다.)[121] 그 결과는 다음과 같다. 사람은 모두 자기 민족의 일부분이며, 어느 누구도 세계 시민이나 코스모폴리탄이 될 수 없다. 다문화 다인종 사회는 사람들이 자신이 뿌리가 없고 소외되었다고 느끼며, 그 문화는 최소 공통 분모만 남고 증발하기 때문에 결코 잘 돌아가지 못한다. 국가가 자신의 이익을 국제적인 합의에 종속시키면 위대해질 수 있는 생득권을 잃고 만인의 만인에 대한 싸움에서 얼간이가 된다. 또한 국가는 유기적인 전체이기 때문에 그 위대함은 지도자의 위대함으로 나타날 수 있으므로 지도자는 행정 국가(큰 정부)라는 맷돌에 부담을 느끼지 말고 국민의 영혼을 직접 표현해야 한다.

반동적 이데올로기는 티오콘(theoconservatism, 신권 정치 theocracy와 보수주의 conservatism의 합성어. ― 옮긴이)을 말한다.[122] 경박한 명칭과는 달리(전향자인 데이먼 링커가 '네오콘(neoconservatism)'을 변형해서 만든 말이다.) 최초의 티오콘은 1960년대에 자신의 혁명적 열정을 극좌파에서 극우파로 재조정한 급진주의자들이었다. 티오콘은 미국 정치 질서의 뿌리에 있는 계몽주의를 그야말로 재고(rethink)하자고 주장한다. 생명권, 자유권, 행복 추구권을 인정하고 정부의 명령으로 이 권리들을 확립하는 것으로는 도덕적으로 활기 있는 사회를 만들기에 너무 미지근하다는 것이 그들의 믿음이다. 그렇게 허접한 비전을 따라 온 결과, 아노미, 쾌락주의, 걷잡을 수 없는 부도덕이 만연했고, 부산물로 비혼 출산, 포르노, 교육 문제, 복지병, 낙태가 성행하게 되었다. 사회는 이 발육 부진의 개인주의보다 더 높은 것을 목표로 삼아야 하고, 우리 자신보다 더 큰 권위에서 나온 더 엄격한 도덕 기준을 제시해야 한다. 그런 기준의 확실한 원천은 전통적인 기독교이다.

계몽 시대에 교회의 권위가 침식되어 서양 문명이 단단한 도덕적 기반을 잃었고, 1960년대에 더욱 기초가 훼손되어 벼랑 끝에서 비틀거리게 되었다고 티오콘은 주장한다. 빌 클린턴 시절에 언제라도 서양 문명은 심연으로 추락할 수 있었고, 오바마 시절에도 오늘내일했으며, 이번에 힐러리 클린턴이 집권했으면 분명 그런 일이 일어났을 것이다. (20장에서 언급한 히스테리컬한 에세이 「플라이트 93 선거(The Flight 93 Election)」에서 앤턴은 이 나라를 9·11에 공중 납치된 비행기에 비유하면서 유권자들에게 "조종사를 바꾸지 않으면 모두 죽는다!"라고 외쳤다.)[123] 티오콘이 2016년에 그들 기준으로 판단한 속악함과 반민주적인 기행으로부터 얼마나 큰 불안을 느꼈는지는 몰라도, 미국이 재앙을 피할 수 있는 근본적인 변화를 그 혼자만이 부과할 수 있다는 희망이 그 불안보다는 컸다.

릴라는 티오콘의 아이러니를 지적한다. 급진적 이슬람이 불을 붙였지만(티오콘은 이슬람교 때문에 곧 제3차 세계 대전이 일어난다고 믿는다.), 두 운동은 사고 방식이 똑같이 반동적이어서 근대성과 진보를 혐오한다.[124] 둘 다 과거 어느 때에는 덕이 있는 사람들이 자기 자리를 알고 행동했던 행복하고 질서 있는 국가가 있었다고 믿는다. 그런 뒤 이질적인 비종교적 세력들이 그 조화를 전복시키고 타락과 퇴폐를 끌어들였다. 옛 시절을 기억하는 영웅적인 전위들만이 이 사회를 황금 시대로 되돌릴 수 있다.

～

이 지적인 역사를 현재의 사건들과 결부시키는 과정에서 길을 잃지 않으려면, 2017년에 트럼프가 배넌의 압력 때문에 파리 기후 협약에서 미국을 탈퇴시킨 것을 기억해 보라. 배넌은 다른 나라와 협력하는 것은 위대해지고자 하는 세계적인 경쟁에서 백기를 드는 꼴이라고 트럼프를 설득했다.[125] (이민과 무역에 대한 트럼프의 적대감도 같은 뿌리에서 성장했다.) 이렇게 중요한 문제들이 걸려 있으므로, 네오콘-티오콘-반동적-포퓰리즘적 민족주의의 주장이 왜 지적으로 파산할 수밖에 없는지를 상기해 보는 것이 좋겠다. 나는 이미 십자군, 종교 재판, 마녀 사냥, 유럽의 종교 전쟁들을 일으킨 제도에서 도덕성의 기초를 찾는 것이 얼마나 부조리한지를 이야기했다. 세계 질서가 단일 민족이 살고 상호 적대적인 민족 국가들로 이루어져야 한다는 생각 역시 어리석기 이를 데 없다.

첫째, 우리에게는 민족 국가를 자신과 동일시하는 선천적 욕구가 있다는 주장(그래서 세계주의는 인간 본성에 위배된다는 주장)은 사이비 진화 심리학이다. 종교에 귀속되고 싶다는 선천적 욕구가 있다는 주장과 마찬가지로 이 주장도 인간 본성의 약점과 욕구를 혼동하고 있다. 사람들은 분명 자신이 속한 부족과 연대감을 느끼지만, 그 '부족' 관련 직관이 어떤 것이든 간에 그것이 1648년 베스트팔렌 조약에서 나온 역사적 인공물인 민족 국가에 대한 것일 리는 없다. (또한 인종일 리도 없다. 우리의 진화적 조상들은 다른 인종의 사람을 만나 본 적이 거의 없기 때문이다.) 사실 부족, 내집단, 연합이라는 인지 범주 자체가 추상적이고 다차원적이다.[126] 사람들은 자신이 부분적으로 겹치는 많은 부족에 속해 있음을 안다. 가문, 고향, 모국, 제2의 조국, 종교, 인종 집단, 모교, 남학생 클럽이나 여학생 클럽, 정당, 직장, 봉사 단체, 스포츠팀, 심지어 카메라 장비의 브랜드까지 있다. (부족주의가 얼마나 맹렬한지를 알고 싶다면, 인터넷 게시판에서 "니콘 대 캐논"을 검색해 보라.)

정치적 세일즈맨들이 신화와 도상으로 마케팅을 해서 사람들의 기본적인 정체성을 특정한 종교, 민족, 국가로 유도하는 것은 사실이다. 세뇌와 강제를 적절히 섞으면 사람을 총알받이로도 변화시킬 수 있다.[127] 그렇다고 해서 민족주의가 인간 본성적 충동이 되는 것은 아니다. 인간 본성의 어떤 요소도 사람들이 자랑스러운 프랑스 인이자 유럽 인이자 세계 시민으로서 동시에 존재하는 것을 막지 못한다.[128]

민족적 통일성이 문화적 우수성 또는 우월성으로 이어진다는 주장은 더 이상 틀릴 수 없을 만큼 확실히 틀린 생각이다. 우리가 세련되지 못한 것을 **시골티**(provincial), **지방적**(parochial), **섬나라 근성**(insular)이라고 부르고, 세련된 것을 **도시적인**(urbane), **세계적인**(cosmopolitan)이라고 부르는 데에는 그만한 이유가 있다. 아무리 우수한 사람이라고 해도 완전히 혼자서 가치 있는 것을 만들어 낼 정도로 우수할 수는 없다. 비범한 개인과 문화는 히트곡 모음 음반처럼 모으는 자이자 전유하는 존재이다. 활성화된 문화들은 사람과 혁신이 멀리에서 흘러드는 방대한 집수지에 위치한다. 오스트레일리아, 아프리카, 아메리카보다 유라시아에서 최초로 본격적 문명이 탄생한 것도 그 때문이다. (소웰의 『문화』 3부작과 재러드 메이슨 다이아몬드(Jared Mason Diamond, 1937년~)의 『총, 균, 쇠(*Guns, Germs, and Steel*)』에 잘 설명되어 있다.)[129] 문화의 토대는 언제나 큰 교차로와 수로에 있는 교역 도시였던 것도 그 때문이다.[130] 또한 인간이 항상 걸어 돌아다니면서 최고의 삶을 펼칠 수 있는 곳으로 이동한 것도 그 때문이다. 뿌리는 나무에게 있는 것, 인간에게는 두 발이 있다.

마지막으로, 왜 애초에 국제 기구와 세계 시민 의식이 발생했는지를 잊지 말자. 1803년과 1945년 사이에 세계는 위대해지기 위해 영웅적으로 투쟁하는 민족 국가들에 기초해서 국제 질서를 확립하고자 했다. 그리 잘되지 않았다. 반동적인 우파가 서양에 대한 이슬람의 전쟁(사망자 수가 몇백 명이었다.)을 미친 듯이 경고하고 이것을 구실로 삼아서 서양이 저희들끼리 전쟁을 되풀이하는(사망자 수가 수천만 명이었다.) 국제 질서로 되돌아간 것은 특히나 한심하고 고집스러웠다. 1945년 이후에 세계의 지도자들은 "이제 다시는 그러지 말자."라고 말하고, 민족주의 위에 보편적 인권, 국제법, 초국가적 기구를 두기 시작했다. 그 결과는 11장에서 봤듯이 유럽에서 70년 동안 유지된 평화와 번영으로 나타났고, 세계 다른 지역도 점차 그 뒤를 따르고 있다.

신문의 논설 위원들은 계몽주의가 "짧은 간주곡"이었다고 한탄한다. 하지만 이 비문은 네오파시즘, 신반동주의, 그리고 그와 비슷한 21세기 초의 반동 운동들이 잠든 곳을 표시하는 것이 될 가능성이 더 크다. 2017년 유럽의 선거와 트럼프 행정부의 자기 파괴적인 도리깨질을 보면, 세계가 이미 포퓰리즘 정점(peak populism)에 도달했을지 모르고 20장에서 봤듯이 그 운동은 인구학적으로 소멸의 길에 들어섰음을 알 수 있다. 언론들의 헤드라인에도 불구하고, 민주주의(14장)와 자유주의적 가치(15장)는 장기적인 에스컬레이터에 올라탔으며 그 상승세는 하룻밤 사이에 역전되지 않을 것이다. 사람과 생각의 흐름이 멈추지 않는 세계에서 세계주의와 국제적 협력의 이점은 그 누구도 오랫동안 거부하지 못할 것이다.

~

휴머니즘의 도덕적, 지적 근거는 내 생각에 압도적이지만, 어떤 사람들은 휴머니즘이 종교, 민족주의, 낭만적 영웅주의만큼이나 사람들의 가슴에 큰 호소력이 있는지 의아해한다. 계몽주의는 인간의 원초적인 욕구에 호소할 수 없으므로 결국 실패할 운명일까? 휴머니스트들도 설교자가 강단에서 스피노자의 『윤리학』을 주먹으로 두드리고 무아경에 빠진 군중들이 눈동자를 희번덕거리면서 에스페란토 어를 지껄이는 부흥회를 개최해야 할까? 그들도 색을 통일해서 셔츠를 입은 젊은이들이 존 스튜어트 밀의 거대한 포스터에 경례를 하는 집회를 연출해야 할까? 그렇지는 않을 것이다. 인간의 약점과 욕구는 다르다는 것을 기억하자. 덴마크나 뉴질랜드 같은 행복한 나라의 국민은 그런 발작을 일으키지 않아도 완벽하게 잘 살아간다. 세계주의적이고 세속적인 민주주의의 보상은 모두가 볼 수 있는 곳에 존재한다.

그럼에도 반동적인 이념의 호소력은 지독하게 질기다. 그래서 우리는 항상 이성, 과학, 휴머니즘, 진보의 가치를 다시, 또다시 강조해야 한다. 이토록 힘겹게 성취한 진보를 인정하지 못할 때, 완벽한 질서와 보편적 번영이 자연스러운 상태라고 믿는 우리는 (계몽주의가 가져다준 이 질서와 번영이 조금이라도 흔들리는) 문제가 발생할 때마다 그 책임을 지울 희생양을 찾고, 기존 제도를 파괴하고, 국가를 원래대로 위대하게 부활시킬 지도자에게 힘을 실어 줄 필요가 있다고 아우성치게 된다. 나는 지금까지 최선을 다해서 진보와 그 진보를 가능하게 한 이상들을 옹호했으며, 언론, 지식인, 그밖의 사려 깊은 사람들(이 책의 독자들을 포함해)이 어떻게 하면 계몽주의에 대한 무관심과 그 선물에 심드렁해 하는 상태를 깰 수 있을지에 관해 적지 않은 힌트를 흩뿌려놓았다.

수학을 기억하라. 일화는 추이를 대신하지 못한다. 역사를 기억하라. 어떤 것이 오늘 나쁘다고 해서 그것이 과거에 좋았다는 뜻은 아니기 때문이다. 철학을 기억하라. 누구도 이성 같은 것은 없다고 추론하거나, 신이 명령했으니 이것이 진리이거나 선이라고 판단할 수는 없다. 그리고 심리학을 기억하자. 우리가 아는 게 아는 게 아닌 경우가 많고, 특히 동지들도 그렇다고 알고 있을 때 더욱 그렇다.

균형감을 유지하라. 모든 문제가 위기, 역병, 유행병, 실존적 위협이 아니고, 모든 변화가 이것의 종말, 저것의 죽음, 포스트XX 시대의 시작도 아니다. 비관주의와 심오함을 혼동하지 마라. 문제는 피할 수 없지만 또한 해결할 수 있다. 모든 좌절을 병든 사회의 증상으로 진단하는 것은 엄숙함을 값싸게 이용하는 처사이다. 마지막으로 니체를 버려라. 그의 사상은 날카롭고 진정성 있고 멋있어 보이는 반면에 휴머니즘은 고루하고 감상적이고 촌스러워 보인다. 하지만 평화, 사랑, 이해, 어디가 그렇게 가소로운 것일까?

이 책의 주장은 단지 오류를 폭로하거나 데이터를 유포하는 문제가 아니다. 나는 감동이 있는 이야기를 전하고자 했으며, 예술적인 안목과 수사적 능력이 나보다 뛰어난 사람들이 나의 주장을 더 잘 말하고 더 멀리 퍼뜨리기를 희망한다. 인간이 진보해 온 이야기는 **진정** 영웅적이다. 그 이야기는 영예롭고, 고무적이며, 이렇게 말해도 될지 모르겠으나 심지어 영적이다. 그 줄거리는 다음과 같다.

우리는 무정한 세계에서 태어났다. 생존을 가능하게 하는 질서를 유지하는 확률이 엄청나게 낮을 뿐만 아니라, 끊임없이 티끌로 흩어질 가능성이 압도적인 세계이다. 우리는 무자비한 경쟁의 힘을 통해 형성되었다. 우리는 비뚤어진 재목으로 만들어져서, 걸핏하면 착각과 자기 중심주의에 빠지고 종종 어처구니없는 우둔함에서 헤어나지 못한다.

하지만 인간 본성에는 일종의 구원을 꿈꿀 수 있는 자원도 주어졌다. 우리에게는 생각을 재귀적으로 결합하고, 생각에 관한 생각을 하는 능력이 있다. 우리에게는 언어를 사용하는 본능이 있어서 경험과 창의성의 결실을 남들과 공유할 수 있다. 그리고 공감의 능력 — 연민, 상상, 동정심 — 은 우리의 마음에 깊이를 준다.

이 재능들은 자신의 힘을 증대시키는 길을 발견했다. 문자, 인쇄술, 디지털화를 통해 언어의 지평을 넓혔다. 역사, 언론, 문학은 우리 공감의 범위를 확대했다. 합리적인 규범과 제도 — 지적 호기심, 열린 토론, 권위와 도그마에 대한 의심, 생각을 사실과 대조해서 수고스럽게 진실성을 입증하는 과정 — 은 우리의 미약한 이성적 능력들을 증대시켰다.

개선의 순환으로 추진력이 생김에 따라 우리는 우리를 갈아 부수는 힘들, 특히 우리 자신의 본성 중 어두운 부분을 차근차근 제압해 나갔다. 우리는 생명과 마음을 비롯한 우주의 수수께끼들을 꿰뚫어 보게 되었다. 우리는 더 오래 살고, 더 적게 고통 받고, 더 많이 배우고, 더 영리하고, 소소한 즐거움과 풍부한 경험을 누리게 되었다. 다른 사람의 손에 죽거나, 공격당하거나, 노예가 되거나, 억압당하거나, 착취당하는 사람은 줄어들었다. 몇 개의 오아시스 같던 평화와 번영을 누리는 영토가 늘어나고 있으며, 언젠가는 전 세계가 그렇게 될 것이다. 많은 고통이 남아 있고 지독한 위험도 남아 있다. 하지만 많은 사람이 그런 고통과 위험을 줄일 수 있는 생각을 말해 왔으며, 앞으로 무수히 많은 생각을 더 고안 해 낼 것이다.

우리는 결코 완벽한 세계를 갖지 못할 테고, 그런 세계를 추구하는 일은 위험할 것이다. 하지만 우리가 인간의 번영을 증진하는 일에 지식 을 계속 사용한다면 세계를 개선할 방안에는 한계가 없을 것이다.

이 영웅적인 이야기는 또 하나의 신화가 아니다. 신화는 허구이지만 이 이야기는 사실 ─ 우리가 가진 최고의 지식, 우리가 가질 수 있는 단 하나의 진리에 비추어 틀림이 없는 사실 ─ 이다. 우리가 그 진실을 믿는 것은 그렇다고 믿을 이유가 있기 때문이다. 앞으로 더 많은 것을 알아 감 에 따라 우리는 그 이야기의 어느 구절이 계속 참이고 어느 구절이 거짓 인지를 밝혀낼 것이다. 어떤 구절도 거짓일 수 있고, 어떤 구절도 거짓이 될 수 있다.

또한 그 이야기는 어느 한 부족의 것이 아니라 온 인류의 것, 이성의 힘과 이성이 존재한다고 주장하고자 하는 지각력이 있는 모든 존재의 것이다. 그 이야기를 쓰기 위해서는 죽음보다 삶이 더 낫고, 병보다 건강 이 더 낫고, 궁핍보다 풍요가 더 낫고, 압제보다 자유가 더 낫고, 고통보 다 행복이 더 낫고, 미신과 무지보다 지식이 낫다는 확신만 있으면 되기 때문이다.

후주

책을 시작하며

1. 이 "편모 가정"으로 시작하는 문장은 2017년 1월 20일 도널드 트럼프의 대통령 취임 연설에서 인용했다. (https://www.whitehouse.cov/inaugural-address) "공공연한 전쟁"과 "영적, 도덕적 기초"는 트럼프의 수석 전략가인 스티븐 배넌이 2014년 여름 바티칸 회의에서 한 말을, J. L. 페더(J. L. Feder)가 필사한 것이다. "This Is How Steve Bannon Sees the Entire World," *BuzzFeed*, Nov. 16, 2016. http://www.buzzfeed.com/lesterfeder/this-is-how-steve-bannon-sees-the-entire-world를 참조할 것. "세계적인 권력 구조"는 2016년 11월 마지막 텔레비전 유세 광고 「도널드 트럼프, 미국을 말하다(Donald Trump's Argument for America)」에서 인용했다. (http://blog.4president.org/2016/2016-tv-ad/.) 세 표현 모두 배넌이 저자이거나 공동 저자라는 것이 일반적인 시각이다.

2. CUDOS. 머턴은 1942/1973년에 첫 번째 가치를 "communism(공산주의)"이라고 칭했지만, 사람들은 이 가치를 마르크스주의와 구분하기 위해 "communalism(공유주의)"로 인용한다.

1부 계몽

1. 마허가 2015년 5월 26일 오슬로 자유 포럼(Oslo Freedom Forum)에서 발표한 글을 참조하라. S. Maher, "Inside the Mind of an Extremist." https://oslofreedomforum.com/talks/inside-the-mind-of-an-extremist.

2. Hayek 1960/2011, p. 47; Wilkinson 2016a.

1장 감히 알려고 하라!

1. What Is Enlightenment? Kant 1784/1991.

2. 인용한 문장은 다음 두 문헌의 번역문을 합쳐서 압축한 것이다. H. B. Nisbet, Kant 1784/1991; Mary C. Smith, http://www.columbia.edu/acis/ets/CCREAD/etscc/kant.

html.

3. *The Beginning of Infinity*: Deutsch 2011, pp. 221−22.

4. 계몽주의: Goldstein 2006; Gottlieb 2016; Grayling 2007; Hunt 2007; Israel 2001; Makari 2015; Montgomery & Chirot 2015; Pagden 2013; Porter 2000.

5. 이성의 비타협성: Nagel 1997. 또한 21장을 보라.

6. 계몽 사상가들은 대부분 무신론자였다. Pagden 2013, p. 98.

7. Wootton 2015, pp. 6−7.

8. Scott 2010, pp. 20−21.

9. 계몽주의 사상가들은 인간 본성의 과학자였다. Kitcher 1990; Macnamara 1999; Makari 2015; Montgomery & Chirot 2015; Pagden 2013; Stevenson & Haberman 1998.

10. 공감의 범위 확대: Nagel 1970; Pinker 2011; Shermer 2015; Singer 1981/2011.

11. 세계주의: Appiah 2006; Pagden 2013; Pinker 2011.

12. 인도주의 혁명: Hunt 2007; Pinker 2011.

13. 신비한 힘에 의한 진보: Berlin 1979; Nisbet 1980/2009.

14. 권위주의적 하이 모더니즘: Scott 1998.

15. 권위주의적 하이 모더니즘과 빈 서판 심리학: Pinker 2002/2016, pp. 170−71, 409−11.

16. Le Corbusier, Scott 1998, pp. 114−15에서 재인용.

17. 형벌의 재고찰: Hunt 2007.

18. 부의 창출: Montgomery & Chirot 2015; Ridley 2010; Smith 1776/2009.

19. 온화한 상업: Mueller 1999, 2000b; Pagden 2013; Pinker 2011; Schneider & Gleditsch 2010.

20. 영구 평화론: Kant 1795/1983. 영구 평화론에 대한 현대적 해석: Russett & Oneal 2001.

2장 엔트로피, 진화, 정보

1. 열역학 제2법칙: Atkins 2007; Carroll 2016; Hidalgo 2015; Lane 2015.

2. Eddington 1928/2015.

3. 두 문화와 제2법칙: Snow 1959/1998, pp. 14−15.

4. 열역학 제2법칙＝심리학 제1법칙: Tooby, Cosmides, & Barrett 2003.

5. 자기 조직화: England 2015; Gellann 1994; Hidalgo 2015; Lane 2015.

6. 진화 대 엔트로피: Dawkins 1983, 1986; Lane 2015; Tooby, Cosmides, & Barrett 2003.

7. 스피노자의 코나투스: Goldstein 2006.

8. 정보: Adriaans 2013; Dretske 1981; Gleick 2011; Hidalgo 2015.

9. 정보는 엔트로피(불확실성) 자체가 아니라 엔트로피의 감소이다. https://schneider.

ncifcrf.gov/information.is.not.uncertainty.html.

10. 지식은 전달된 정보: Adriaans 2013; Dretske 1981; Fodor 1987, 1994.

11. "우주는 물질, 에너지, 정보로 이루어져 있다." Hidalgo 2015, p. ix. Lloyd 2006도 참조할 것.

12. 신경 세포의 연산: Anderson 2007; Pinker 1997/2009, chap. 2.

13. 지식, 정보, 추론의 역할: Block 1986; Fodor 1987, 1994.

14. 인지 적소: Marlowe 2010; Pinker 1997/2009; Tooby & DeVore 1987; Wrangham 2009.

15. 언어: Pinker 1994/2007.

16. 하드자 족의 식단: Marlowe 2010.

17. 축의 시대: Goldstein 2013.

18. 축의 시대에 관한 설명: Baumard et al. 2015.

19. 「서 푼짜리 오페라(The Threepenny Opera)」, 2막 1장.

20. 시계 장치 같은 우주: Carroll 2016; Wootton 2015.

21. 선천적인 문맹과 수맹: Carey 2009; Wolf 2007.

22. 마술적 사고, 본질, 주문(呪文): Oesterdiekhoff 2015; Pinker 1997/2009, chaps. 5 and 6; Pinker 2007a, chap. 7.

23. 통계적 사고의 오류: Ariely 2010; Gigerenzer 2015; Kahneman 2011; Pinker 1997/2009, chap. 5; Sutherland 1992.

24. 직관적인 변호사와 정치인: Kahan, Jenkins‑ Smith, & Braman 2011; Kahan, Peters, et al. 2013; Kahan, Wittlin, et al. 2011; Mercier & Sperber 2011; Tetlock 2002.

25. 자기 과신: Johnson 2004. 이해에 대한 과대 평가: Sloman & Fernbach 2017.

26. 도덕 관념의 오류: Greene 2013; Haidt 2012; Pinker 2008a.

27. 비난 수단으로서의 도덕성: DeScioli & Kurzban 2009; DeScioli 2016.

28. 고결한 폭력: Fiske & Rai 2015; Pinker 2011, chaps. 8 and 9.

29. 추상과 조합을 통해 인지적 한계를 초월하는 능력: Pinker 2007a, 2010.

30. 아이작 맥퍼슨(Isaac MaPherson)에게 보낸 편지: Writings 13:333‑35, Ridley 2010, p. 247에서 재인용.

31. 집단 이성: Haidt 2012; Mercier & Sperber 2011.

32. 협력과 관점의 호환 가능성: Nagel 1970; Pinker 2011; Singer 1981/2011.

3장 반(反)계몽

1. 근대적 제도에 대한 믿음의 침몰: Twenge, Campbell, & Carter 2014. Mueller 1999, pp. 167-68은 1960년대가 제도에 대한 믿음이 그 전후를 통틀어 최고 수위의 불신에 잠긴 시대였다고 지적한다. 보수주의자들 사이에서 과학에 대한 신뢰가 하락한 현상: Gauchat

2012. 포퓰리즘: Inglehart & Norris 2016; J. Müller 2016; Norris & Inglehart 2016. 20장과 23장도 볼 것.

2. 비서양권의 계몽 운동: Conrad 2012; Kurlansky 2006; Pelham 2016; Sen 2005; Sikkink 2017.

3. 반계몽주의 운동: Berlin 1979; Garrard 2006; Herman 1997; Howard 2001; McMahon 2001; Sternhell 2010; Wolin 2004; 또한 23장을 보라.

4. 미국 화가 존 싱어 사전트(John Singer Sargent)의 1922년 작품, 「죽음과 승리(Death and Victory)」(하버드 대학교 와이드너 도서관 소장)의 설명문.

5. 종교에 대한 세속적 변호: Coyne 2015. 또한 23장을 보라.

6. 생태 모더니즘: Asafu-Adjaye et al. 2015; Ausubel 1996, 2015; Brand 2009; DeFries 2014; Nordhaus & Shellenberger 2007. 이 책의 10장도 보라.

7. 이데올로기의 문제들: Duarte et al. 2015; Haidt 2012; Kahan, Jenkins-Smith, & Braman 2011; Mercier & Sperber 2011; Tetlock & Gardner 2015. 이 주제는 21장에서 더 자세히 살펴볼 것이다.

8. Herman 1997의 뒤표지에 있는 마이클 린드(Michael Lind)의 글을 각색해서 인용했다. Nisbet 1980/2009도 참조할 것.

9. 에코페시미즘: Bailey 2015; Brand 2009; Herman 1997; Ridley 2010. 10장도 볼 것.

10. 문학사가 혹시 닐 페어차일드(Hoxie Neale Fairchil)가 T. S. 엘리엇(T. S. Eliot), 윌리엄 버로스(William Burroughs), 사뮈엘 베케트(Samuel Beckett)의 문구들을 혼성 모방한 구절이다. Religious Trends in English Poetry, Nisbet 1980/2009, p. 328에서 재인용했다.

11. 영웅적으로 모든 것에 피를 튀기는 자들: Nietzsche 1887/2014.

12. 스노는 자신의 두 문화에 순서를 매기지 않았지만, 후에 다른 사람들의 용법에 따라 이런 숫자가 매겨졌다. 예를 들어, Brockman 2003을 보라.

13. Snow 1959/1998, p. 14.

14. 리비스의 격노: Leavis 1962/2013; Collini 1998, 2013을 보라.

15. Leavis 1962/2013, p. 71.

4장 진보 공포증

1. Herman 1997, p. 7에는 또한 다음과 같은 사람들이 등장한다. 조지프 캠벨(Joseph Campbell), 놈 촘스키, 존 디디온(Joan Didion), E. L. 닥터로(E. L. Doctorow), 폴 굿맨(Paul Goodman), 마이클 해링턴(Michael Harrington), 로버트 헤일브로너(Robert Heilbroner), 조너선 코졸(Jonathan Kozol), 크리스토퍼 래시(Christopher Lasch), 노먼 메일러(Norman Mailer), 토머스 핀천(Thomas Pynchon), 커크패트릭 세일(Kirkpatrick

Sale), 조너선 셀(Jonathan Schell), 리처드 새닛(Richard Sennett), 수전 손택, 고어 비달 (Gore Vidal), 개리 윌스(Garry Wills)

2. Nisbet 1980/2000, p. 317.

3. 낙관주의 간극: McNaughton-Cassil & Smith 2002; Nagdy & Roser 2016b; Veenhoven 2010; Whitman 1998.

4. 유럽 연합 설문 조사 기관인 유로바로미터(Eurobarometer) 조사 결과: Nagdy & Roser 2016b.

5. 마케팅 리서치 기업인 입소스(Ipsos)의 2013년 조사 결과: http://www.ipsos.com/sites/ default/files/migrations/en-uk/files/Assets/Docs/Polls/ipsos-mori-rss-kings-perils- of-perception-tipline.pdf. Dagdy & Roser 2016b에 그래프화되어 있다.

6. Dunlap, Gallup & Gallup 1993, Nadgy & Roser 2016b에 그래프화되어 있다.

7. J. McCarthy, "More Americans Say Crime Is Rising in US," *Gallup.com*, Oct 22, 2015, http://222.gallup.com/poll/186308/americans-say-crime-rising.aspx.

8. "세계는 나빠지고 있다." 과반이 이렇게 대답한 나라는 오스트레일리아, 덴마크, 핀란드, 프 랑스, 독일, 영국, 홍콩, 노르웨이, 싱가포르, 스웨덴, 미국, 말레이시아, 태국, 아랍에미레이 트였다. 더 많은 응답자가 세계는 좋아지고 있다고 말한 나라는 중국이 유일했다. YouGov poll, Jan. 5. 2016, http://yougov.co.uk/news/2016/01/05/chinese-people-are-most- optimistic-world/. "미국은 잘못된 방향으로 나아가고 있다."는 답변: Dean Obeidallah, "We've Been on the Wrong Track Since 1972," Daily Beast, Nov. 7, 2014, http://www. pollingreport.com/right.htm.

9. 이 표현의 출처: B. Popik, "First Draft of History (Journalism)," BarryPopik.com, http://www.barrypopik.com/index.php/new_york_city/entry/first_draft_of_history_ journalism/.

10. 뉴스의 빈도와 성격: Galtung & Ruge 1965.

11. 가용성 휴리스틱: Kahneman 2011; Slovic 1987; Slovic, Fischhoff, & Lichtenstein 1982; Tversky & Kahneman 1973.

12. 위험에 대한 착각: Ropeik & Gray 2002; Slovic 1987; 「조스」를 관람한 후에 수영을 회피 하는 것: Sutherland 1992, p. 11.

13. "피가 최고의 도입부다."(역도 참이다.)라는 금언: Bohle 1986; Combs & Slovic 1979; Galtung & Ruge 1965; Miller & Albert 2015.

14. IS는 "존망을 위협한다.": Investor's Business Daily by TIPP, March 28-April 2, 2016의 여론 조사: http://www.investors.com/politics/ibdtipp-poll-distrust-on-what-obama- does-and-says-on-isis-terror/.

15. 뉴스 구독의 영향: Jackson 2016. 또한 다음을 보라. Johnston & Davey 1997; McNaughton-Cassill 2001; Otieno, Spada, & Renkl 2013; Ridout, Grosse, & Appleton 2008; Unz, Schwab, & Winterhoff-Spurk 2008.

16. J. Singal, "What All This Bad News Is Doing to Us," *New York*, Aug. 8, 2014에서 인용.

17. 폭력의 감소: Eisner 2003; Goldstein 2011; Gurr 1981; Human Security Centre 2005; Human Security Report Project 2009; Mueller 1989, 2004a; Payne 2004.

18. 해결책은 새로운 문제를 낳기 마련: Deutsch 2011, pp. 64, 76, 350; Berlin 1988/2013, p. 15.

19. Deutsch 2011, p. 193.

20. 꼬리가 두꺼운 분포: 19장을 보라. 더 자세한 설명은 Pinker 2011, pp. 210–22 참조.

21. 부정 편향: Baumeister, Bratslavsky, et al. 2001; Rozin & Royzman 2001.

22. 개인적인 대화, 1982.

23. 부정적인 감정의 단어: Baumeister, Bratslavsky, et al. 2001; Schrauf & Sanchez 2004.

24. 기억을 장밋빛으로 채색하는 경향: Baumeister, Bratslavsky, et al. 2001.

25. 좋았던 옛 시절에 대한 환상: Eibach & Libby 2009.

26. Connor 2014; 또한 Connor 2016을 보라.

27. 짜증을 내는 서평가가 더 똑똑해 보인다: Amabile 1983.

28. M. Housel, "Why Does Pessimism Sound So Smart?" *Motley Fool*, Jan. 21, 2016.

29. 경제학자 앨버트 허시먼(Albert Hirschman)과 저널리스트 그레그 이스터브룩(Gregg Easterbrook)도 비슷한 주장을 했다. Albert Hirschman 1991; Gregg Easterbrook 2003.

30. D. Bornstein & T. Rosenberg, "When Reportage Turns to Cynicism," *New York Times*, Nov. 14, 2016. "건설적인 저널리즘(constructive journalism)" 운동에 관한 더 자세한 이야기는, Gyldensted 2015, Jackson 2016과 《포지티브 뉴스(*Positive News*)》(www.positive.news)를 보라.

31. 유엔 새천년 개발 목표: 1. 극심한 빈곤과 기아 퇴치, 2. 초등 교육의 완전 보급, 3. 성 평등 촉진과 여권 신장, 4. 유아 사망률 감소, 5. 임산부의 건강 개선, 6. 에이즈와 말라리아 등의 질병과의 전쟁, 7. 환경 지속 가능성 보장, 8. 발전을 위한 전 세계적인 동반자 관계 구축.

32. 진보에 관한 책들(본문의 순서대로): Norberg 2016, Easterbrook 2003, Reese 2013, Naam 2013, Ridley 2010, Robinson 2009, Bregman 2016, Phelps 2013, Diamandis & Kotler 2012, Goklany 2007, Kenny 2011, Bailey 2015, Shermer 2015, DeFries 2014, Deaton 2013, Radelet 2015, Mahbubani 2013.

5장 생명

1. World Health Organization 2016a.

2. 한스 로슬링과 올라 로슬링의 이그노런스 프로젝트: https://www.gapminder.org/ignorance/.

3. Roser 2016n. 1543년 영국의 추산치는 R. Zijdeman, OECD Clio Infra에서 인용했다.

4. Marlowe 2010, p. 160. 하드자 족의 유아 및 소아 사망률(인구들 간의 변이를 대부분 설명한다.)은 식량 수집 부족 478개로 이루어진 미국의 인류학자 프랭크 말로(Frank Marlowe)의 표본(p. 261)에서 정중앙에 해당한다. 철기 시대로 진입한 최초의 농경인: Galor & Moav 2007. 수천 년 동안의 정체: Deaton 2013, p. 80.

5. Norberg 2016, pp. 46 and 40.

6. 독감 유행: Roser 2016n. 미국의 백인 사망률: Case & Deaton 2015.

7. Marlowe 2010, p. 261.

8. Deaton 2013, p. 56.

9. 보건 의료 지원의 축소: N. Kristof, "Birth Control for Others," *New York Times*, March 23, 2008.

10. M. Housel, "50 Reasons We're Living Through the Greatest Period in World History," *Motley Fool*, Jan. 29, 2014.

11. World Health Organization 2015c.

12. Marlowe 2010, p. 160.

13. Radelet 2015, p. 75.

14. 1990년 전 세계 건강 수명: Mathers et al. 2001. 2010년 선진국의 건강 수명: Murray et al. 2012. 최근에 미국에서 기대 수명뿐 아니라 건강한 기대 수명이 증가했음을 보여 주는 데이터로는 Chernew et al. 2016도 있다.

15. G. Kolata, "U.S. Dementia Rates Are Dropping Even as Population Ages," *New York Times*, Nov. 21, 2016.

16. 부시 정권의 생명 윤리 자문 위원회: Pinker 2008b.

17. L. R. Kass, "L'Chaim and Its Limits: Why Not Immortality?" *First Things*, May 2001.

18. 수명 연장 추정: Oeppen & Vaupel 2002.

19. 생명 공학적 역설계: M. Shermer, "Radical Life-Extension Is Not Around the Corner," *Scientific American*, Oct. 1, 2016; Shermer 2018.

20. Siegel, Naishadham, & Jemal 2012.

21. 불멸에 대한 회의: Hayflick 2000; Shermer 2018.

22. 엔트로피가 우리를 죽일 것: P. Hoffmann, "Physics Makes Aging Inevitable, Not

Biology," *Nautilus*, May 12, 2016.

6장 건강

1. Deaton 2013, p. 149.

2. Bettmann 1974, p. 136. 원문의 인용 부호는 생략했다.

3. Bettmann 1974; Norberg 2016.

4. Carter 1966, p. 3.

5. Woodward, Shurkin, & Gordon 2009. 웹사이트 사이언스히어로스(ScienceHeroes, www. scienceheroes.com)도 볼 것. 이 팀의 통계학자는 에이프릴 잉그램(April Ingram)과 에이미 피어스(Amy R. Pearce)이다.

6. 과거 시제에 관한 책: Pinker 1999/2011.

7. Kenny 2011, pp. 124–25.

8. D. G. McNeil Jr., "A Milestone in Africa: No Polio Cases in a Year," *New York Times*, Aug. 11, 2015; "Polio This Week," *Global Polio Eradication Initiative*, http://polioeradication. org/polio-today/polio-now/this-week/, May 17, 2017.

9. "Guinea Worm Case Totals," *The Carter Center*, April 18, 2017, https://www.cartercenter. org/health/guinea_worm/case-totals.html.

10. Bill & Melinda Gates Foundation, *Our Big Bet for the Future: 2015 Gates Annual Letter*, p. 7, https://www.gatesnotes.com/2015-Annual-Letter.

11. World Health Organization 2015b.

12. Bill & Melinda Gates Foundation, "Malaria: Strategy Overview," http://www. gatesfoundation.org/What-We-Do/Global-Health/Malaria.

13. WHO와 아동 건강 역학 레퍼런스 그룹(Child Health Epidemiology Reference Group, CHERG)의 데이터이다. 다음 문헌에 인용되었다. Bill & Melinda Gates Foundation, *Our Big Bet for the Future: 2015 Gates Annual Letter*, p. 7, https://www.gatesnotes. com/2015-Annual-Letter; UNAIDS 2016.

14. N. Kristof, "Why 2017 May Be the Best Year Ever," *New York Times*, Jan. 21, 2017.

15. Jamison et al. 2015.

16. Deaton 2013, p. 41.

17. Deaton 2013, pp. 122–23.

7장 식량

1. Norberg 2016, pp. 7–8.

2. Braudel 2002.

3. Fogel 2004, Roser 2016d에서 인용.

4. Braudel 2002, pp. 76 –77; Norberg 2016에서 인용.

5. "Dietary Guidelines for Americans 2015 – 2020, Estimated Calorie Needs per Day, by Age, Sex, and Physical Activity Level," http://health.gov/dietaryguidelines/2015/guidelines/appendix-2/.

6. 열량 수치는 Roser 2016d에서 인용했다. 그림 7.1도 볼 것.

7. Food and Agriculture Organization of the United Nations, *The State of Food and Agriculture 1947*. Norberg 2016에서 인용.

8. 경제학자 코맥 오 그라다(Cormac Ó Gráda)의 정의. Hasell & Roser 2017에서 인용했다.

9. Devereux 2000, p. 3.

10. W. Greene, "Triage: Who Shall Be Fed? Who Shall Starve?" *New York Times Magazine*, Jan. 5, 1975. 구명 보트 윤리학(lifeboat ethics)은 생태학자 개릿 하딘(Garrett Hardin)이 그 1년 전에 *Psychology Today*(Sept. 1974)에 발표한 논문, "Lifeboat Ethics: The Case Against Helping the Poor"에서 소개한 개념이다.

11. "Service Groups in Dispute on World Food Problems," *New York Times*, July 15, 1976; G. Hardin, "Lifeboat Ethics," *Psychology Today*, Sept. 1974.

12. 맥나마라의 주장과 의료 서비스 자금 지원, 피임: N. Kristof, "Birth Control for Others," *New York Times*, March 23, 2008.

13. 기근이 인구 증가를 막지 못하는 이유: Devereux 2000.

14. "Making Data Dance," *The Economist*, Dec. 9, 2010에서 인용.

15. 산업 혁명과 기아로부터의 탈출: Deaton 2013; Norberg 2016; Ridley 2010.

16. 농업 혁명: DeFries 2014.

17. Norberg 2016.

18. Woodward, Shurkin, & Gordon 2009; http://www.scienceheroes.com/. 하버는 화학 무기를 개발하는 데 일조했으므로 우리가 제1차 세계 대전에서 화학 무기로 사망한 9만 명을 뺀다고 해도 이러한 평가는 여전히 유효하다.

19. Morton 2015, p. 204.

20. Roser 2016e, 2016u.

21. 노먼 볼로그: Brand 2009; Norberg 2016; Ridley 2010; Woodward, Shurkin, & Gordon 2009; DeFries 2014.

22. 계속되는 녹색 혁명: Radelet 2015.

23. Roser 2016m.

24. Norberg 2016.

25. Norberg 2016. "숲의 총량은 60개 국가와 지역에서 증가하고 있다. 대부분 온대 기후와 지역에 속한다."라는 주장은 다음 문헌에서 확인할 수 있다. UN FAO, *Global Forest Resources Assessment 2015*, http://www.fao.org/resources/infographics/infographics-details/en/c/325836/.

26. Norberg 2016.

27. Ausubel, Wernick, & Waggoner 2012.

28. Alferov, Altman, & 108 other Nobel Laureates 2016; Brand 2009; Radelet 2015; Ridley 2010, pp. 170 – 73; J. Achenbach, "107 Nobel Laureates Sign Letter Blasting Greenpeace over GMOs," *Washington Post*, June 30, 2016; W. Saletan, "Unhealthy Fixation," *Slate*, July 15, 2015.

29. W. Saletan, "Unhealthy Fixation," *Slate*, July 15, 2015.

30. GMO에 대한 과학 소양이 부족한 견해들: Sloman & Fernbach 2017.

31. Brand 2009, p. 117.

32. Sowell 2015.

33. 식량 공급 중단에 따른 기근: Devereux 2000; Sen 1984, 1999.

34. Devereux 2000. White 2011도 볼 것.

35. Devereux 2000에 따르면, 식민지 시대에 "기근에 대한 거시 경제와 정치의 취약성이 점차 감소"했는데, 이것은 기반 시설이 향상되고 또 "정치적 정당성을 얻기 위해 식량 위기를 개선할 필요가 있음을 인식한 식민지 정부가 조기 경보 체계와 구호 제도를 창설"했기 때문이라고 한다. (p. 13)

36. 20세기에 큰 기근들로 사망한 사람이 7000만 명이라는 추산(Devereux 2000, p. 29)과 같은 문헌의 표 1에 있는 구체적인 기근들의 추정치에 기초한 것이다. Rummel 1994; White 2011도 볼 것.

37. Deaton 2013; Radelet 2015.

8장 부

1. Rosenberg & Birdzell 1986, p. 3.

2. Norberg 2016. Braudel 2002, pp. 75, 285, and elsewhere를 요약한 것이다.

3. Cipolla 1994. 원문의 인용 부호는 생략.

4. 물리적 오류: Sowell 1980.

5. 부를 더 많이 창출하는 법을 발견하기: Montgomery & Chirot 2015; Ridley 2010.

6. 부의 팽창을 과소 평가하기: Feldstein 2017.

7. 소비자 잉여와 오스카 와일드: T. Kane, "Piketty's Crumbs," *Commentary*, April 14, 2016.

8. 위대한 탈출이라는 용어는 Deaton 2013에서 인용. 계몽 경제: Mokyr 2012.

9. 작업장과 뒤뜰에서의 발명: Ridley 2010.

10. 위대한 탈출의 원인이 된 과학과 기술: Mokyr 2012, 2014.

11. 자연 상태 경제와 개방 경제 비교: North, Wallis, & Weingast 2009. 관련 문헌: Acemoglu & Robinson 2012.

12. 부르주아의 미덕: McCloskey 1994, 1998.

13. *Letters Concerning the English Nation*에서. Porter 2000, p. 21에서 인용.

14. Porter 2000, pp. 21-22.

15. 매디슨 프로젝트 2014(Maddison Project 2014)의 1인당 GDP 데이터. Marian Tupy, *HumanProgress*, http://www.humanprogress.org/f1/2785/1/2010/France/United%20Kingdom.

16. 거대한 수렴: Mahbubani 2013. 키쇼어 마흐부바니(Kishore Mahbubani)는 이 용어의 출처를 칼럼니스트 마틴 울프(Martin Wolf)라고 밝힌 바 있다. Radelet 2015에서 스티븐 래들릿은 거대한 파도(Great Surge)라고 불렀다. Deaton 2013에서 디턴은 거대한 수렴을 자신의 위대한 탈출에 포함시킨다.

17. 빠르게 성장하는 개발 도상국: Radelet 2015, pp. 47-51.

18. 「2015년도 유엔 새천년 개발 목표 보고서(UN's Millennium Development Goals Report 2015)」는 다음과 같이 보고한다. "노동하는 중간층 — 하루에 4달러 이상으로 생활하는 사람 — 의 수는 1991년과 2015년 사이에 거의 3배 증가했다. 개발 도상국 지역에서 이 집단은 1991년에 전체 노동력의 18퍼센트에 불과했으나, 이제는 절반을 차지한다." (United Nations 2015a, p. 4) 물론 유엔이 정의하는 '중간층'의 대부분은 선진국에서 보면 가난하다고 할 수 있다. 하지만 더 관대한 정의를 도입한다고 해도 세계는 예상보다 중간층이 많아졌다. 브루킹스 연구소(Brookings Institution)는 2013년에 중간층이 18억 명이고 2020년에는 32억 명으로 늘어날 것으로 추산했다. (L. Yueh, "The Rise of the Global Middle Class," BBC News online, June 19, 2013, http://www.bbc.com/news/business-22956470)

19. 쌍봉낙타와 단봉낙타 모양의 곡선 그래프: Roser 2016g.

20. 더 정확하게 말하자면, 쌍봉낙타나 혹이 하나인 단봉낙타 모두 분류학상 '낙타'이다.

21. 똑같은 역사 발전을 다른 식으로 보여 주는 도표로는, Milanović 2016의 데이터에 기초한 그림 9.1과 9.2가 있다.

22. 2005년 국제 달러를 기준으로 한 하한선 1.25달러와도 일치한다. 자주 인용되는 것은 이 하한선이다. Ferreira, Jolliffe, & Prydz 2015.

23. M. Roser, "No Matter What Extreme Poverty Line You Choose, the Share of People Below That Poverty Line Has Declined Globally," *Our World in Data* blog, 2017, https://ourworldindata.org/no-matter-what-global-poverty-line.

24. 무지의 베일: Rawls 1976.

25. 새천년 개발 목표: United Nations 2015a.

26. Deaton 2013, p. 37.

27. Lucas 1988, p. 5.

28. 그 목표는 1일에 1.25달러로, 세계 은행이 2005년 국제 달러로 정한 빈곤선이다. Ferreira, Jolliffe, & Prydz 2015를 보라.

29. 빈곤율 0을 달성하기 어려운 것에 대하여: Radelet 2015, p. 243; Roser & Ortiz-Ospina 2017, section IV.2.

30. '위기'를 외치는 위험: Kenny 2011, p. 203.

31. 경제 발전의 원인: Collier & Rohner 2008; Deaton 2013; Kenny 2011; Mahbubani 2013; Milanović 2016; Radelet 2015. See also M. Roser, "The Global Decline of Extreme Poverty — Was It Only China?" *Our World in Data* blog, March 7, 2017, https://ourworldindata.org/the-global-decline-of-extreme-poverty-was-it-only-china/.

32. Radelet 2015, p. 35.

33. 가격이라는 정보: Hayek 1945; Hidalgo 2015; Sowell 1980.

34. 칠레 대 베네수엘라, 보츠와나 대 짐바브웨: M. L. Tupy, "The Power of Bad Ideas: Why Voters Keep Choosing Failed Statism," *CapX*, Jan. 7, 2016.

35. Kenny 2011, p. 203; Radelet 2015, p. 38.

36. 마오쩌둥의 대량 학살: Rummel 1994; White 2011.

37. 전설에 따르면 프랭클린 루스벨트가 니카라과의 독재자 아나스타시오 소모사(Anastasio Somoza)에 대해 한 이야기라고 하지만 그렇지 않을 가능성이 크다. http://message.snopes.com/showthread.php?t=8204/.

38. 지방 지도자: Radelet 2015, p. 184.

39. 역행하는 발전으로서의 전쟁: Collier 2007.

40. Deaton 2017.

41. 문예계 지식인과 인문계 지식인 사이에 퍼져 있는 산업 혁명에 대한 적대감: Collini 1998, 2013.

42. Snow 1959/1998, pp. 25-26. 이에 대한 격앙된 반응: Leavis 1962/2013, pp. 69-72.

43. Radelet 2016, pp. 58-59.

44. 여성 공장 노동자: A Factory Girl, *The Lowell Offering*, no. 2, Dec. 1840, https://www2.

cs.arizona.edu/patterns/weaving/periodicals/lo_40_12.pdf. C. Follett, "The Feminist Side of Sweatshops," *The Hill*, April 18, 2017. http://thehill.com/blogs/pundits-blog/labor/329332-the-feminist-side-of-sweatshops에서 인용.

45. Brand 2009, p. 26에서 인용. 그의 책 2장과 3장은 도시화가 발휘하는 해방의 힘에 대해 상술한다.

46. Brand 2009, chaps. 2 and 3, and Radelet 2015, p. 59. 오늘날 중국에 대한 비슷한 이야기 로는 Chang 2009를 보라.

47. 슬럼가의 정비: Brand 2009; Perlman 1976.

48. 노동 환경의 개선: Radelet 2015.

49. 과학과 기술의 이익: Brand 2009; Deaton 2013; Kenny 2011; Radelet 2015; Ridley 2010.

50. 휴대 전화와 상업: Radelet 2015.

51. Jensen 2007.

52. 국제 전기 통신 연합(International Telecommunication Union, ITU)의 추산. Pentland 2007에서 인용.

53. 해외 원조의 문제: Deaton 2013; Easterly 2006.

54. (몇몇 종류의) 해외 원조에 찬성하는 견해: Collier 2007; Kenny 2011; Radelet 2015; Singer 2010; S. Radelet, "Angus Deaton, His Nobel Prize, and Foreign Aid," *Future Development* blog, Brookings Institution, Oct. 20, 2015, http://www.brookings.edu/blogs/future-development/posts/2015/10/20-angus-deaton-nobel-prize-foreign-aid-radelet.

55. 우상향하는 프레스턴 곡선: Roser 2016n.

56. 기대 수명 수치의 출처: www.gapminder.org.

57. GDP와 삶의 질의 상관성: van Zanden et al. 2014, p. 252; Kenny 2011, pp. 96-97; Land, Michalos, & Sirgy 2012; Prados de la Escosura 2015. 그리고 이 책의 11, 12, 14~18장을 볼 것.

58. GDP와 평화, 안정, 자유 같은 가치의 상관성: Brunnschweiler & Lujala 2015; Hegre et al. 2011; Prados de la Escosura 2015; van Zanden et al. 2014; Welzel 2013. 그리고 이 책의 12, 14~18장을 볼 것.

59. GDP와 행복감의 상관성: Helliwell, Layard, & Sachs 2016; Stevenson & Wolfers 2008a; Veenhoven 2010. 그리고 이 책의 18장을 볼 것. IQ와 소득의 상관성: Pietschnig & Voracek 2015. 그리고 16장을 볼 것.

60. 국가별 삶의 질 비교 조사: Land, Michalos, & Sirgy 2012; Prados de la Escosura 2015; van Zanden et al. 2014; Veenhoven 2010; Porter, Stern, & Green 2016. 16장도 볼 것.

61. 평화, 안정, 자유 같은 가치의 원천으로서의 GDP: Brunnschweiler & Lujala 2015; Hegre et al. 2011; Prados de la Escosura 2015; van Zanden et al. 2014; Welzel 2013. 11, 14, 15 장도 볼 것.

9장 불평등

1. 지금은 사라진 《뉴욕 타임스》 크로니클 툴(Chronicle tool)로 계산한 수치이다. http:// nytlabs.com/projects/chronicle.html. 2016년 9월 19일에 검색했다.

2. "Bernie Quotes for a Better World," http://www.betterworld.net/quotes/bernie8.htm.

3. 영미권 국가와 그밖 개발 도상국의 불평등 비교: Roser 2016k.

4. 지니 계수 데이터는 Roser 2016k에서 인용했고 원출처는 OECD 2016이다. 정확한 값은 출처에 따라 다르다는 점에 주의하라. 예를 들어, 세계 은행에 따르면 1986년에 0.38에서 2013년에 0.41로 변화가 덜 극단적이라고 추산한다. (World Bank 2016d) 소득 점유율 데이터는 오픈 소스 데이터베이스인 세계 부와 소득 데이터베이스(World Wealth and Income Database, http://www.wid.world/)에서 인용했다. 포괄적인 데이터 집합은 *The Chartbook of Economic Inequality*, Atkinson et al. 2017을 볼 것.

5. Frankfurt 2015. 그밖의 불평등 회의주의자에 대해서는 다음을 보라. Mankiw 2013; McCloskey 2014; Parfit 1997; Sowell 2015; Starmans, Sheskin, & Bloom 2017; Watson 2015; Winship 2013; S. Winship, "Inequality Is a Distraction. The Real Issue Is Growth," *Washington Post*, Aug. 16, 2016.

6. Frankfurt 2015, p. 7.

7. World Bank 2016c에 따르면, 1인당 세계 GDP는 2009년을 제외하고 1961년부터 2015년까지 매년 증가했다.

8. Piketty 2013, p. 261. 피케티 주장의 문제점: Kane 2016; McCloskey 2014; Summers 2014a.

9. Nozick 1974. 그가 든 예는 위대한 농구 선수는 월트 체임벌린(Wilt Chamberlain, 1936~1999년)이었다.

10. J. B. Stewart, "In the Chamber of Secrets: J. K. Rowling's Net Worth," *New York Times*, Nov. 24, 2016.

11. 사회 비교 이론은 리언 페스팅거(Leon Festinger)에서 왔고, 준거 집단 이론은 로버트 머턴과 새뮤얼 스투퍼(Samuel Stouffer)에서 왔다. 검토와 인용에 대해서는, Kelley & Evans 2016을 볼 것.

12. 비슷한 주장을 다음 문헌에서도 볼 수 있다. Amartya Sen 1987.

13. 부와 행복감: Stevenson & Wolfers 2008a; Veenhoven 2010. 그리고 이 책의 18장을 볼 것.

14. Wilkinson & Pickett 2009.

15. 수평기 이론의 문제점: Saunders 2010; Snowdon 2010, 2016; Winship 2013.

16. 불평등과 주관적 삶의 질의 관계: Kelley & Evans 2016. 행복감을 측정하는 방법에 대해서는 18장을 볼 것.

17. Starmans, Sheskin, & Bloom 2017.

18. 소수 민족을 사기꾼으로 인식하는 문제: Sowell 1980, 1994, 1996, 2015.

19. 불평등이 경제적, 정치적 폐해를 일으킨다는 주장에 대한 회의론: Mankiw 2013; McCloskey 2014; Winship 2013; S. Winship, "Inequality Is a Distraction. The Real Issue Is Growth," *Washington Post*, Aug. 16, 2016.

20. 정치인의 우월적 지위 남용과 불평등: Watson 2015.

21. 고기 분배 및 식물성 식량 보관: Cosmides & Tooby 1992.

22. 불평등과 불평등 인식의 보편성: Brown 1991.

23. 수렵 채집인 사회의 불평등: Smith et al. 2010. 번식 성공률, 악력, 몸무게, 파트너 공유 비율 같은 '부'의 형태는 이 평균에서 제외되어 있다.

24. Kuznets 1955.

25. Deaton 2013, p. 89.

26. 1820년부터 1970년까지 국가 간 불평등이 증가한 것에는 국가의 수가 늘어난 것이 일부 영향을 미쳤을 수 있다. Branko Milanović, 2017년 4월 16일에 이루어진 블랑코 밀라노비치와의 개인적 대화.

27. 평준화 기제로서의 전쟁: Graham 2016; Piketty 2013; Scheidel 2017.

28. Scheidel 2017, p. 444.

29. 사회 지출의 역사: Lindert 2004; van Bavel & Rijpma 2016.

30. 평등주의 혁명: Moatsos et al. 2014, p. 207.

31. GDP에서 사회 지출의 비중: OECD 2014.

32. 정부의 임무 재정립(특히 유럽에서): Sheehan 2008.

33. 특히, 환경 보호(10장), 안전상 이득(12장), 사형 제도 폐지(14장), 해방적 가치의 상승(15장), 전반적 인간 발달(16장)에서.

34. 피고용자를 위한 사회 지출: OECD 2014.

35. 로버트 잉글리스(Robert Inglis) 하원 의원이 들은 말이라고 한다. P. Rucker, "Sen. DeMint of S.C. Is Voice of Opposition to Health-Care Reform," *Washington Post*, July 28, 2009.

36. 바그너 법칙: Wilkinson 2016b.

37. 개발 도상국의 사회 지출: OECD 2014.

38. Prados de la Escosura 2015.

39. 자유 지상주의자들의 파라다이스: M. Lind, "The Question Libertarians Just Can't Answer," *Salon*, June 4, 2013; Friedman 1997. 그리고 이 책의 21장, 주 40을 볼 것.

40. 복지 국가에 대한 국민 감정: Alesina, Glaeser, & Sacerdote 2001; Peterson 2015.

41. 1980년대 이후 불평등 증가에 대한 설명: Autor 2014; Deaton 2013; Goldin & Katz 2010; Graham 2016; Milanović 2016; Moatsos et al. 2014; Piketty 2013; Scheidel 2017.

42. 코끼리 그래프의 형태 변화: Milanović 2016, fig. 1.3. 코끼리 그래프에 대한 추가적 분석: Corlett 2016.

43. 익명 데이터 대 비익명 데이터: Corlett 2016; Lakner & Milanović 2015.

44. 유사 비익명 데이터를 이용한 코끼리 그래프 곡선: Lakner & Milanović 2015.

45. Coontz 1992/2016, pp. 30–31.

46. Rose 2016; Horwitz 2015도 비슷한 발견을 했다.

47. 상위 1퍼센트 또는 10퍼센트로 이동하는 개인: Hirschl & Rank 2015. Horwitz 2015도 비슷한 결과를 얻었다. 또한 Sowell 2015; Watson 2015도 볼 것.

48. 낙관주의 간극: Whitman 1998. 경제적 낙관주의 간극: Bernanke 2016; Meyer & Sullivan 2011.

49. Roser 2016k.

50. 미국이 유럽 같은 복지 국가가 되지 못하는 이유: Alesina, Glaeser, & Sacerdote 2001; Peterson 2015.

51. 저소득층의 가처분 소득 증가: Burtless 2014.

52. 2014년과 2015년 사이 소득 증가: Proctor, Semega, & Kollar 2016. 2016년 소득 증가: E. Levitz, "The Working Poor Got Richer in 2016," *New York*, March 9, 2017.

53. C. Jencks, "The War on Poverty: Was It Lost?" *New York Review of Books*, April 2, 2015. 비슷한 분석으로는 다음을 볼 것. Furman 2014; Meyer & Sullivan 2011, 2012, 2017a, b; Sacerdote 2017.

54. 2015년과 2016년 사이의 빈곤율 하락: Proctor, Semega, & Kollar 2016; Semega, Fontenot, & Kollar 2017.

55. Henry et al. 2015.

56. 경제적 진보에 대한 이해: Feldstein 2017.

57. Furman 2005.

58. 빈곤층의 공공 편의 시설 사용 증가: Greenwood, Seshadri, & Yorukoglu 2005. 가난한 가정의 가전 제품 소유 증가: US Census Bureau, "Extended Measures of Well-Being: Living Conditions in the United States, 2011," table 1, http://www.census.gov/hhes/well-being/publications/extended-11.html. 그리고 이 책의 그림 17.3을 볼 것.

59. 소비의 불평등: Hassett & Mathur 2012; Horwitz 2015; Meyer & Sullivan 2012.

60. 행복감 불평등의 감소 추세: Stevenson & Wolfers 2008b.

61. 지니 계수 감소: Deaton 2013; Rijpma 2014, p. 264; Roser 2016a, 2016n; Roser & Ortiz-Ospina 2016a; Veenhoven 2010.

62. 불평등과 장기 침체: Summers 2016.

63. 경제학자 더글러스 어윈(Douglas Irwin)의 말에 따르면, 미국인 4500만 명이 빈곤선 밑에서 살고, 13만 5000명이 의류 산업에서 일하며, 이직률이 정상일 때 매달 170만 명이 해고된다고 한다. Irwin 2016.

64. 자동화, 일자리, 불평등: Brynjolfsson & McAfee 2016.

65. 경제 문제와 해결책: Dobbs et al. 2016; Summers & Balls 2015.

66. S. Winship, "Inequality Is a Distraction. The Real Issue Is Growth," *Washington Post*, Aug. 16, 2016.

67. 사회 복지 서비스 제공자이자 고용주인 정부: M. Lind, "Can You Have a Good Life If You Don't Have a Good Job?" *New York Times*, Sept. 16, 2016.

68. 보편 기본 소득: Bregman 2016; S. Hammond, "When the Welfare State Met the Flat Tax," *Foreign Policy*, June 16, 2016; R. Skidelsky, "Basic Income Revisited," *Project Syndicate*, June 23, 2016; C. Murray, "A Guaranteed Income for Every American," *Wall Street Journal*, June 3, 2016.

69. 기본 소득이 주는 효과에 대한 연구: Bregman 2016. 하이테크 자원 봉사: Diamandis & Kotler 2012. 효율적 이타주의: MacAskill 2015.

10장 환경

1. Gore's 1992 *Earth in the Balance*; Ted Kaczynski (the Unabomber), "Industrial Society and Its Future," http://www.washingtonpost.com/wp-srv/national/longterm/unabomber/manifesto.text.htm; Francis 2015. 카진스키는 고어의 책을 읽었는데, 자신의 선언과 그 책의 공통점을 찾을 수 있었다고 한다. 켄 크로스먼(Ken Crossman)이 업데이트된 인터넷 퀴즈(http://www.crm114.com/algore/quiz.html)에서 이 점을 지적하고 있다.

2. M. Ridley, "Apocalypse Not: Here's Why You Shouldn't Worry About End Times," *Wired*, Aug. 17, 2012에서 인용했다. *The Population Bomb*에서 폴 에를리히도 인류를 암에 비유했다. Bailey 2015, p. 5를 볼 것. 인간이 사라진 지구에 대한 공상에 대해서는, 앨런 와이즈먼(Alan Weisman)의 2007년도 베스트셀러, 『인간 없는 세상(*The World Without Us*)』을 볼 것.

3. 생태 모더니즘: Asafu-Adjaye et al. 2015; Ausubel 1996, 2007, 2015; Ausubel, Wernick,

& Waggoner 2012; Brand 2009; DeFries 2014; Nordhaus & Shellenberger 2007. 지구 낙관주의: Balmford & Knowlton 2017; https://earthoptimism.si.edu/; http://www.oceanoptimism.org/about/.

4. 토착 원주민의 동물 멸절과 삼림 파괴: Asafu-Adjaye et al. 2015; Brand 2009; Burney & Flannery 2005; White 2011.

5. 야생 자연 환경 보전과 토착 원주민의 강제 이주: Cronon 1995.

6. *Plows, Plagues, and Petroleum* (2005), Brand 2009, p. 19에서 인용했다. Ruddiman et al. 2016도 볼 것.

7. Brand 2009, p. 133.

8. 산업화의 혜택: 이 책의 5~8장을 볼 것. A. Epstein 2014; Norberg 2016; Radelet 2015; Ridley 2010.

9. 환경 쿠즈네츠 곡선: Ausubel 2015; Dinda 2004; Levinson 2008; Stern 2014. 이 곡선이 모든 오염 물질이나 모든 나라에 적용되는 것은 아니며, 그런 일이 발생할 때에는 저절로 발생하기보다는 정책에 의해 추진된다는 점에 유의하라.

10. Inglehart & Welzel 2005; Welzel 2013, chap. 12.

11. 인구 변천: Ortiz-Ospina & Roser 2016d.

12. 무슬림의 인구 변동: Eberstadt & Shah 2011.

13. M. Tupy, "Humans Innovate Their Way Out of Scarcity," *Reason*, Jan. 12, 2016. 그리고 Stuermer & Schwerhoff 2016도 볼 것.

14. 유로퓸 위기: Deutsch 2011.

15. "China's Rare-Earths Bust," *Wall Street Journal*, July 18, 2016.

16. 자원 고갈 사태를 맞지 않는 이유: Nordhaus 1974; Romer & Nelson 1996; Simon 1981; Stuermer & Schwerhoff 2016.

17. 사람들이 자원을 필요로 하지 않는 이유: Deutsch 2011; Pinker 2002/2016, pp. 236-39; Ridley 2010; Romer & Nelson 1996.

18. 인간 문제의 개연성과 해결책: Deutsch 2011.

19. 이 석기 시대 농담은 사우디의 석유부 장관 아흐메드 자키 야마니(Ahmed Zaki Yamani, 1930~2021년)가 1973년에 한 것으로 알려져 있다. "The End of the Oil Age," *The Economist*, Oct. 23, 2003을 볼 것. 에너지 전환: Ausubel 2007, p. 235.

20. 농업이라는 톱니바퀴: DeFries 2014.

21. 미래의 농업: Brand 2009; Bryce 2014; Diamandis & Kotler 2012.

22. 미래의 수자원: Brand 2009; Diamandis & Kotler 2012.

23. 자연 환경의 회복: Ausubel 1996, 2015; Ausubel, Wernick, & Waggoner 2012; Bailey

2015; Balmford 2012; Balmford & Knowlton 2017; Brand 2009; Ridley 2010.

24. Roser 2016f, 유엔 식량 농업 기구의 데이터에 기초한 것이다.

25. Roser 2016f, 브라질 과학 기술부 산하 국립 우주 연구소(Instituto Nacional de Pesquisas Espaciais, INPE)의 데이터에 기초한 것이다.

26. 환경 성과 지수: http://epi.yale.edu/country-rankings.

27. 오염된 식수와 실내 요리 연기: United Nations Development Programme 2011.

28. 유엔 새천년 개발 목표의 보고서에 따르면, 오염된 물에 노출된 사람의 비율이 1990년에 24퍼센트에서 2015년에 9퍼센트로 떨어졌다. (United Nations 2015a, p. 52) Roser 2016l 에 인용된 데이터에 따르면, 1980년에는 세계 인구의 62퍼센트가 고체 연료로 요리했지만, 이 비율은 2010년에 41퍼센트로 떨어졌다.

29. Norberg 2016에서 인용.

30. 역대 세 번째에 해당하는 최악의 유출 사고: Roser 2016r; US Department of the Interior, "Interior Department Releases Final Well Control Regulations to Ensure Safe and Responsible Offshore Oil and Gas Development," April 14, 2016, https://www.doi.gov/pressreleases/interior-department-releases-final-well-control-regulations-ensure-safe-and.

31. 호랑이, 콘도르, 코뿔소, 판다의 수 증가: World Wildlife Foundation and Global Tiger Forum, cited in "Nature's Comebacks," *Time*, April 17, 2016. 보존 성공: Balmford 2012; Hoffmann et al. 2010; Suckling et al. 2016; United Nations 2015a, p. 57; R. McKie, "Saved: The Endangered Species Back from the Brink of Extinction," *The Guardian*, April 8, 2017. 보존 노력으로 조류의 멸종이 감소한 것에 대한 핌의 언급: D. T. Max, "Green Is Good," *New Yorker*, May 12, 2014에서 인용했다. 2018년 이루어진 핌과의 개인적인 교신을 통해 다시 확인했다.

32. 고생물학자 더글러스 어윈(Douglas Erwin)은, 대량 멸종으로 사라진 것은 언론인의 관심을 끄는 카리스마 있는 새들과 포유동물이 아니라, 눈에 잘 안 띄지만 널리 퍼져 있던 연체동물, 절지동물, 그밖의 무척추동물이라고 지적한다. (Erwin 2015) 생물 지리학자 존 브리그스(John Briggs)는 다음과 같이 지적한다. (Briggs 2015, 2016) "멸종은 대부분 대양의 섬이나 제한된 담수 지역에서 발생한다." 인간이 침입종을 들여와도, 토종 동물이 달아날 곳이 없기 때문이다. 멸종은 대륙이나 해양에서는 거의 발생하지 않으며, 지난 50년 동안 어떤 해양 생물도 멸종하지 않았다. 브랜드의 지적에 따르면, 재앙을 예언하는 사람들은 위기에 처한 모든 종이 멸종할 것이고 이 속도가 수백 년이나 수천 년 동안 계속될 것이라고 가정한다. S. Brand, "Rethinking Extinction," *Aeon*, April 21, 2015. 다음 문헌도 볼 것. Bailey 2015; Costello, May, & Stork 2013; Stork 2010; Thomas 2017; M. Ridley,

"A History of Failed Predictions of Doom," http://www.rationaloptimist.com/blog/apocalypse-not/.

33. 환경 보전을 위한 국제 협약: http://www.enviropedia.org.uk/Acid_Rain/International_Agreements.php.

34. 메워진 오존 구멍: United Nations 2015a, p. 7.

35. 그런 운동과 입법이 쿠즈네츠 곡선을 움직일 수 있음에 유의하라. 이 장의 주 9와 주 40을 보라.

36. '밀도는 좋은 것이다.'라는 생각: Asafu-Adjaye et al. 2015; Brand 2009; Bryce 2013.

37. 소비의 탈물질화: Sutherland 2016.

38. 자동차 문화의 종식: M. Fisher, "Cruising Toward Oblivion," *Washington Post*, Sept. 2, 2015.

39. 물건 생산 정점: Ausubel 2015; Office for National Statistics 2016. 미국 단위로 환산하면 16.6톤과 11.4톤이다.

40. 예를 들어, 다음을 보라. J. Salzman, "Why Rivers No Longer Burn," *Slate*, Dec. 10, 2012; S. Cardoni, "Top 5 Pieces of Environmental Legislation," *ABC News*, July 2, 2010, http://abcnews.go.com/Technology/top-pieces-environmental-legislation/story?id=11067662; Young 2011. 또한 앞의 주 35를 보라.

41. 기후 변화에 대한 기존 리뷰: Intergovernmental Panel on Climate Change 2014; King et al. 2015; W. Nordhaus 2013; Plumer 2015; World Bank 2012a. 다음 문헌도 볼 것. J. Gillis, "Short Answers to Hard Questions About Climate Change," *New York Times*, Nov. 28, 2015; "The State of the Climate in 2016," *The Economist*, Nov. 17, 2016.

42. 절대로 일어나서는 안 되는 섭씨 4도 상승: World Bank 2012a.

43. 배출 시나리오에 따른 효과 분석: Intergovernmental Panel on Climate Change 2014; King et al. 2015; W. Nordhaus 2013; Plumer 2015; World Bank 2012a. 섭씨 2도 상승을 예상하는 시나리오는 Intergovernmental Panel on Climate Change 2014, fig. 6.7에서 볼 수 있다.

44. 화석 연료 에너지: 2015년도 사용량에 대한 나의 계산은 British Petroleum 2016을 바탕으로 한 것이다. "Primary Energy: Consumption by Fuel," p. 41, "Total World."

45. 인간에 의한 기후 변화에 대한 과학계의 합의: NASA, "Scientific Consensus: Earth's Climate Is Warming," http://climate.nasa.gov/scientific-consensus/; *SkepticalScience*, http://www.skepticalscience.com/; Intergovernmental Panel on Climate Change 2014; Plumer 2015; W. Nordhaus 2013; W. Nordhaus, "Why the Global Warming Skeptics Are Wrong," *New York Review of Books*, March 22, 2012. 회의적이었지만 생각을 바꾼 사

람 중에는 자유 지상주의자이자 과학 저술가인 마이클 셔머(Michael Shermer), 매트 리들리(Matt Ridley), 로널드 베일리(Ronald Bailey)도 있다.

46. 기후 과학자들 사이의 합의: Powell 2015; G. Stern, "Fifty Years After U.S. Climate Warning, Scientists Confront Communication Barriers," *Science*, Nov. 27, 2015. 앞의 주도 볼 것.

47. 기후 변화 부정 캠페인: Morton 2015; Oreskes & Conway 2010; Powell 2015.

48. 정치적 올바름: 나는 교육 인권 재단(Foundation for Individual Rights on Education, https://www.thefire.org/about-us/board-of-directors-page/), 헤테로독스 아카데미(Heterodox Academy, http://heterodoxacademy.org/about-us/advisory-board/), 아카데믹 인게이지먼트 네트워크(Academic Engagement Network, http://www.academicengagement.org/en/about-us/leadership)의 자문 위원으로 일하고 있다. Pinker 2002/2016, 2006도 볼 것. 기후 변화의 증거: 앞의 주 41, 45, 46의 인용 출처를 볼 것.

49. 온건파: M. Ridley, "A History of Failed Predictions of Doom," http://www.rationaloptimist.com/blog/apocalypse-not/; J. Curry, "Lukewarming," *Climate Etc.*, Nov. 5, 2015, https://judith curry.com/2015/11/05/lukewarming/.

50. 기후 카지노: W. Nordhaus 2013; W. Nordhaus, "Why the Global Warming Skeptics Are Wrong," *New York Review of Books*, March 22, 2012; R. W. Cohen et al. "In the Climate Casino: An Exchange," *New York Review of Books*, April 26, 2012.

51. 기후 정의: Foreman 2013.

52. 클라인 대 탄소세: C. Komanoff, "Naomi Klein Is Wrong on the Policy That Could Change Everything," *Carbon Tax Center* blog, https://www.carbontax.org/blog/2016/11/07/naomi-klein-is-wrong-on-the-policy-that-could-change-everything/; 코크 형제 대 탄소세: C. Komanoff, "To the Left-Green Opponents of I-732: How Does It Feel?" *Carbon Tax Center* blog, https://www.carbontax.org/blog/2016/11/04/to-the-left-green-opponents-of-i-732-how-does-it-feel/. 기후 변화에 관한 경제학자의 언급: Arrow et al. 1997. 탄소세에 찬성하는 최근의 주장들: "FAQs," *Carbon Tax Center* blog, https://www.carbontax.org/faqs/.

53. "Naomi Klein on Why Low Oil Prices Could Be a Great Thing," *Grist*, Feb. 9, 2015.

54. '기후 정의' 운동의 문제: Foreman 2013; Shellenberger & Nordhaus 2013.

55. 실용적 해결책보다 못한 위협 전술의 비효율성: Braman et al. 2007; Feinberg & Willer 2011; Kahan, Jenkins-Smith, et al. 2012; O'Neill & Nicholson-Cole 2009; L. Sorantino, "Annenberg Study: Pope Francis' Climate Change Encyclical Backfired Among Conservative Catholics," *Daily Pennsylvanian*, Nov. 1, 2016, https://goo.gl/

zUWXyk; T. Nordhaus & M. Shellenberger, "Global Warming Scare Tactics," *New York Times*, April 8, 2014. 핵무기에 대한 비슷한 주장으로는 Boyer 1986와 Sandman & Valenti 1986을 보라.

56. "World Greenhouse Gas Emissions Flow Chart 2010," *Ecofys*, http://www.ecofys.com/files/files/asn-ecofys-2013-world-ghg-emissions-flow-chart-2010.pdf.

57. 규모 민감성: Desvousges et al. 1992.

58. 낭비와 금욕의 도덕화: Haidt 2012; Pinker 2008a.

59. 도덕적 인정의 원천으로서의 이익과 희생의 대립 구도: Nemirow 2016.

60. 다음을 볼 것. http://scholar.harvard.edu/files/pinker/files/ten_ways_to_green_your_scence_2.jpg; http://scholar.harvard.edu/files/pinker /files/ten_ways_to_green_your_scence_1.jpg.

61. Shellenberger & Nordhaus 2013.

62. M. Tupy, "Earth Day's Anti-Humanism in One Graph and Two Tables," *Cato at Liberty*, April 22, 2015, https://www.cato.org/blog/earth-days-anti-humanism-one-graph-two-tables.

63. Shellenberger & Nordhaus 2013.

64. 기후 변화와 경제 개발 맞바꾸기: W. Nordhaus 2013.

65. L. Sorantino, "Annenberg Study: Pope Francis' Climate Change Encyclical Backfired Among Conservative Catholics," *Daily Pennsylvanian*, Nov. 1, 2016, https://goo.gl/zUWXyk.

66. 나무를 구성하는 섬유소와 목질소의 수소 대 탄소의 실제 비율은 더 낮지만, 수소는 대부분 산소와 결합해 있고, 그래서 연소될 때 산소와 결합해서 열을 방출하지 않는다. Ausubel & Marchetti 1998.

67. 역청탄의 주성분은 $C_{137}H_{97}O_9NS$로 비율이 1.4 대 1이고, 무연탄의 주성분은 $C_{240}H_{90}O_4NS$로 비율이 2.67 대 1이다.

68. 탄소 대 수소 비율: Ausubel 2007.

69. 탈탄소화: Ausubel 2007.

70. "Global Carbon Budget," *Global Carbon Project*, Nov. 14, 2016, http://www.globalcarbonproject.org/carbonbudget/.

71. Ausubel 2007, p. 230.

72. GDP 상승과 탄소 배출량 변화: Le Quéré et al. 2016.

73. 대폭적 탈탄소화: Deep Decarbonization Pathways Project 2015; Pacala & Socolow 2004; Williams et al. 2014; http://deepdecarbonization.org/.

74. 탄소세 여론: Arrow et al. 1997; "FAQs," *Carbon Tax Center* blog, https://www.carbontax.org/faqs/도 볼 것.

75. 탄소세 활용법: "FAQs," *Carbon Tax Center* blog, https://www.carbontax.org/faqs/; Romer 2016.

76. 녹색 발전으로서의 핵발전: Asafu-Adjaye et al. 2015; Ausubel 2007; Brand 2009; Bryce 2014; Cravens 2007; Freed 2014; K. Caldeira et al. "Top Climate Change Scientists' Letter to Policy Influencers," *CNN*, Nov. 3, 2013, http://www.cnn.com/2013/11/03/world/nuclear-energy-climate-change-scientists-letter/index.html; M. Shellenberger, "How the Environmental Movement Changed Its Mind on Nuclear Power," *Public Utilities Fortnightly*, May 2016; Nordhaus & Shellenberger 2011; Breakthrough Institute, "Energy and Climate FAQs," http://thebreakthrough.org/index.php/programs/energy-and-climate/nuclear-faqs. 이제 스튜어트 브랜드, 재러드 다이아몬드, 폴 에를리히, 제임스 러블록(James Lovelock), 빌 맥키번(Bill McKibben), 휴 몬티피오르(Hugh Montefiore), 패트릭 무어(Patrick Moore) 같은 많은 환경 및 기후 활동가들이 핵발전의 확대를 지지하지만, 그린피스, 세계 야생 기금(World Wildlife Fund, WWF), 시에라 클러(Sierra Club), 천연 자원 보호 협의회(Natural Resources Defense Council, NRDC) 지구의 친구들(Friends of the Earth), 그리고 (다소 애매하지만) 앨 고어는 여전히 반대한다. Brand 2009, pp. 86-89을 볼 것.

77. 태양광 발전과 풍력 발전의 비중: British Petroleum 2016, https://www.carbonbrief.org/factcheck-how-much-energy-does-the-world-get-from-renewables에 그래프가 있다.

78. 풍력 발전에 필요한 토지 면적: Bryce 2014.

79. 풍력 발전과 태양광 발전에 필요한 토지 면적: Lovering et al. 2015, Jacobson & Delucchi 2011의 데이터에 기초한 것이다.

80. M. Shellenberger, "How the Environmental Movement Changed Its Mind on Nuclear Power," *Public Utilities Fortnightly*, May 2016; R. Bryce, "Solar's Great and So Is Wind, but We Still Need Nuclear Power," *Los Angeles Times*, June 16, 2016.

81. 체르노빌 암 사망률: Ridley 2010, pp. 308, 416.

82. 핵에너지와 화석 연료 에너지의 사망률 비교: Kharecha & Hansen 2013; Lovering et al. 2015. A million deaths a year from coal: Morton 2015, p. 16.

83. Nordhaus & Shellenberger 2011. 앞의 주 76도 볼 것.

84. Deep Decarbonization Pathways Project 2015. 미국의 대폭적 탈탄소화: Williams et al. 2014. B. Plumer, "Here's What It Would Really Take to Avoid 2°C of Global Warming," *Vox*, July 9, 2014도 볼 것.

85. 전 세계의 대폭적 탈탄소화: Deep Decarbonization Pathways Project 2015; 앞의 주도 볼 것.

86. 핵발전과 공포의 심리학: Gardner 2008; Gigerenzer 2016; Ropeik & Gray 2002; Slovic 1987; Slovic, Fischhoff, & Lichtenstein 1982.

87. 존 홀(John Hall)과 조애나 홀(Johanna Hall)의 노래 「파워(Power)」에서.

88. 식자우환: Brand 2009, p. 75에서 인용했다.

89. 표준화의 필요성: Shellenberger 2017. 셸런의 인용문: *Washington Post*, May 29, 1995.

90. 4세대 원자로: Bailey 2015; Blees 2008; Freed 2014; Hargraves 2012; Naam 2013.

91. 핵융합 에너지: E. Roston, "Peter Thiel's Other Hobby Is Nuclear Fusion," *Bloomberg News*, Nov. 22, 2016; L. Grossman, "Inside the Quest for Fusion, Clean Energy's Holy Grail," *Time*, Oct. 22, 2015.

92. 기후 변화에 대한 기술적 해법의 이점: Bailey 2015; Koningstein & Fork 2014; Nordhaus 2016; 또한 다음 주 103을 보라.

93. 위험한 연구의 필요성: Koningstein & Fork 2014.

94. Brand 2009, p. 84.

95. 미국의 진퇴양난 상태와 기술 혐오: Freed 2014.

96. 탄소 포집: Brand 2009; B. Plumer, "Can We Build Power Plants That Actually Take Carbon Dioxide Out of the Air?" *Vox*, March 11, 2015; B. Plumer, "It's Time to Look Seriously at Sucking CO_2 Out of the Atmosphere," *Vox*, July 13, 2015. 또한 CarbonBrief 2016과 Center for Carbon Removal의 웹사이트, http://www.centerforcarbonremoval. org/을 보라.

97. 지구 공학: Keith 2013, 2015; Morton 2015. 인공적인 탄소 포집: 앞의 주를 보라.

98. 저탄소 액체 연료: Schrag 2009.

99. BECCS: King et al. 2015; Sanchez et al. 2015; Schrag 2009. 앞의 주 96도 볼 것.

100. 《타임》 헤드라인: 각각 Sept. 25, Oct. 19, and Oct. 14. 《뉴욕 타임스》 헤드라인: Nov. 5, 2015, 퓨 리서치 센터의 여론 조사에 기초했다. 미국인이 기후 위기 완화 조치에 찬성한다는 것을 보여 주는 그밖의 여론 조사로는 https://www.carbontax.org/polls/이 있다.

101. 파리 협정: http://unfccc.int/parisagreement/items/9485.php.

102. 파리 협정 체제에서 예측되는 기후 상승: Fawcett et al. 2015.

103. 기술과 경제가 주도하는 탈탄소화: Nordhaus & Lovering 2016. 주, 도시, 세계 대 트럼프: Bloomberg & Pope 2017; "States and Cities Compensate for Mr. Trump's Climate Stupidity," *New York Times*, June 7, 2017; "Trump Is Dropping Out of the Paris Agreement, but the Rest of Us Don't Have To," *Los Angeles Times*, June 16, 2017; W. Hmaidan, "How Should World Leaders Punish Trump for Pulling Out of Paris Accord?" *The Guardian*,

June 15, 2017; "Apple Issues $1 Billion Green Bond After Trump's Paris Climate Exit," *Reuters*, June 13, 2017, https://www.reuters.com/article/us-apple-climate-greenbond-apple-issues-1-billion-green-bond-after-trumps-paris-climate-exit-idUSKBN1941ZE; H. Tabuchi & H. Fountain, "Bill Gates Leads New Fund as Fears of U.S. Retreat on Climate Grow," *New York Times*, Dec. 12, 2016.

104. 태양 복사를 줄임으로써 기온을 낮추는 방법: Brand 2009; Keith 2013, 2015; Morton 2015.

105. 전 지구적 태양광 차단막과 제산제로 기능하는 방해석 가루 뿌리기: Keith et al. 2016.

106. "온건하고, 책임감 있고, 일시적인" 기후 공학: Keith 2015. 2075년까지 이산화탄소 5기 가톤 저감: Q&A from Keith 2015.

107. 기후 변화의 해결책으로서 기후 공학을 더 많이 고려하게 된 상황 변화: Kahan, Jenkins-Smith, et al. 2012.

108. 자족적 낙관주의 대 조건적 낙관주의: Romer 2016.

11장 평화

1. 『우리 본성의 선한 천사』와 이 책에 있는 그래프들은 가장 최근의 것들이다. 하지만 데이터 집합은 대개 실시간으로 업데이트되는 것이 아니라 정확성과 완전함을 기하기 위해 재확인을 거치기 때문에, 데이터에 포함된 최근 연도보다 한참 뒤에 나온다. (간격이 줄어들고는 있지만, 최소 1년이다.) 어떤 데이터 집합은 전혀 업데이트되지 않거나 기준을 바꾸는 바람에 연도들을 비교할 수 없다. 이런 이유와 출간 지연이 합쳐진 결과, 『우리 본성의 선한 천사』의 그래프에 표시된 최근 연도는 2011년 이전이었고, 이 책에 표시된 최근 연도는 2016년을 넘지 않는다.

2. 다음 논의를 볼 것. Pinker 2011, pp. 228-49.

3. 이 논의에서 나는 열강과 열강 간 전쟁에 관한 마이클 레비의 분류법을 따랐다. Goldstein 2011; Pinker 2011, pp. 222-28도 볼 것.

4. 열강 간 전쟁의 들쭉날쭉한 감소세: Pinker 2011, pp. 225-28, Levy 1983의 데이터에 기초한 것이다.

5. 두 나라의 정규군이 벌이는 무장 갈등: Goertz, Diehl, & Balas 2016; Goldstein 2011; Hathaway & Shapiro 2017; Mueller 1989, 2009; Pinker 2011, 5장을 보라.

6. 정치 과학자들이 사용하는 표준적인 '전쟁'에 대한 정의는 국가에 기반한 무력 충돌로 한 해에 사망자가 최소 1,000명 발생하는 경우를 말한다. 앞의 숫자의 출처는 다음과 같다. UCDP/PRIO Armed Conflict Dataset: Gleditsch et al. 2002; Human Security Report Project 2011; Pettersson & Wallensteen 2015; http://ucdp.uu.se/downloads.

7. S. Pinker & J. M. Santos, "Colombia's Milestone in World Peace," *New York Times*, Aug. 26, 2016. 그 글에서 소개했고 이 단락에서 다시 다룬 많은 사실에 주목하게 해 준 것에 대해 조슈아 골드스타인에게 감사를 표한다.

8. Center for Systemic Peace, Marshall 2016, http://www.systemicpeace.org/warlist/warlist. htm은 9·11과 멕시코 마약 전쟁을 제외하고 1945년 이래로 정치 폭력이 총 32건 일어났다고 계산한다.

9. UCDP/PRIO 무장 분쟁 데이터 집합(UCDP/PRIO Armed Conflict Dataset): Pettersson & Wallensteen 2015. 테레제 페테르손과 삼 타우브가 업데이트한 데이터의 도움도 받았다. (개인적인 대화) 2016년의 전쟁은 다음과 같다. 아프가니스탄 대 탈레반, 아프가니스탄 대 IS, 이라크 대 ISIS, 리비아 대 IS, 나이지리아 대 IS, 소말리아 대 알 샤바브(Al Shabab), 수단 대 SRF, 시리아 대 IS, 시리아 대 반정부군, 터키 대 IS, 터키 대 PKK, 예멘 대 하디 정권과.

10. 시리아 내전의 사망자 추산치: 웁살라 분쟁 데이터 프로그램(UCDP)이 2016년까지 합산한 숫자는 256,624명이다. (http://ucdp.uu.se/#country/652, 2017년 6월 접속) 체계적 평화 센터(Center for Systemic Peace, CSP)가 2015년까지 합산한 숫자는 25만 명이다. (http://www.systemicpeace.org/warlist/warlist.htm, 2016년 5월 25일 마지막 업데이트)

11. 2009년 이후에 끝난 내전(기술적인 의미로, 1년에 전사자가 25명 이상이지만 1,000명을 초과하지 않은 '국가에 기반한 무력 충돌'): 2016년 3월 17일 테레제 페테르손과의 개인적인 대화와 UCDP 무장 분쟁의 데이터 집합에 기초한 것이다. Pattersson & Wallensteen 2015, http://ucdp.uu.se/. 많은 사망자가 발생한 이전의 전쟁들: Center for Systemic Peace, Marshall 2016.

12. Goldstein 2015. 이 숫자는 국경을 넘은 '난민'을 가리킨다. '국내에서 다른 지역으로 쫓겨난 사람'의 수는 1989년 이후부터 추적했고, 그래서 시리아 내전으로 쫓겨난 사람들과 그 전의 전쟁들로 쫓겨난 사람들을 비교하기는 불가능하다.

13. 대량 학살의 오래된 역사: Chalk & Jonassohn 1990, p. xvii.

14. 민간인 사망자 비율의 정점: Rummel 1997에 있는 "데모사이드(democide)"의 정의를 사용했다. 데모사이드란 고의적인 기아, 수용소에서의 사망, 민간인을 겨냥한 폭격과 함께 UCDP의 "일방적 폭력"(국가 권력에 의한 계획적, 조직적 대량 학살. 인종을 겨냥한 대량 학살과 약간 다르다.)을 말한다. 정의가 더 엄밀한 "대량 학살(genocide)"을 적용하면 1940년대의 1000만 명이 포함된다. White 2011; Pinker 2011, pp. 336-42을 볼 것.

15. 계산에 대한 설명은 Pinker 2011, p. 716, 주 165에 있다.

16. 2014년과 2015년의 수치들로, 사망자를 확인할 수 있는 가장 최근의 연도들이다. 이 수치들은 UCDP One-Sided Violence Dataset version 1.4-2015(http://ucdp.uu.se/downloads/)에 있는 "높은" 추산치들이지만, 확인된 사망자만 계산한 것이기 때문에 보

수적으로 낮게 산정한 것이라고 봐야 한다.

17. 전쟁의 가능성을 추정하는 일의 어려움: Pinker 2011, pp. 210 - 22; Spagat 2015, 2017; M. Spagat, "World War III — What Are the Chances," *Significance*, Dec. 2015; M. Spagat & S. Pinker, "Warfare" (letter), *Significance*, June 2016, and "World War III: The Final Exchange," *Significance*, Dec. 2016.

18. Nagdy & Roser 2016a. 냉전의 정점 이후에 미국을 제외하고 모든 나라의 군비 지출이 인플레이션을 적용한 달러를 기준으로 감소해 왔으며, 미국의 군비 지출도 GDP 비율로는 냉전의 정점보다 더 낮다. 징병: Pinker 2011, pp. 255 - 57; M. Tupy, "Fewer People Exposed to Horrors of War," *HumanProgress*, May 30, 2017, http://humanprogress.org/blog/fewer-people-exposed-to-horrors-of-war.

19. 계몽주의 시대의 전쟁 비판: Pinker 2011, pp. 164 - 68.

20. 전쟁의 감소와 휴지: Pinker 2011, pp. 237 - 38.

21. 온화한 상업 이론 옹호: Pinker 2011, pp. 284 - 88; Russett & Oneal 2001.

22. 민주주의와 평화: Pinker 2011, pp. 278 - 94; Russett & Oneal 2001.

23. 핵무기 사용의 부적절함: Mueller 1989, 2004a; Pinker 2011, pp. 268 - 78. 새로운 데이터는 Sechser & Fuhrmann 2017을 보라.

24. 긴 평화를 낳은 규범과 터부: Goertz, Diehl, & Balas 2016; Goldstein 2011; Hathaway & Shapiro 2017; Mueller 1989; Nadelmann 1990.

25. 내전으로 인한 사망자는 국가 간 전쟁의 사망자보다 적다는 사실: Pinker 2011, pp. 303 - 5.

26. 평화를 유지한 평화 유지군: Fortna 2008; Goldstein 2011; Hultman, Kathman, & Shannon 2013.

27. 부자 나라일수록 내전이 적다는 사실: Fearon & Laitin 2003; Hegre et al. 2011; Human Security Centre 2005; Human Security Report Project 2011. 군벌, 마피아, 게릴라: Mueller 2004a.

28. 전쟁의 전염성: Human Security Report Project 2011.

29. 낭만적 군국주의: Howard 2001; Mueller 1989, 2004a; Pinker 2011, pp. 242 - 44; Sheehan 2008.

30. Mueller 1989, pp. 38 - 51에서 인용.

31. 낭만적 민족주의: Howard 2001; Luard 1986; Mueller 1989; Pinker 2011, pp. 238 - 42.

32. 헤겔의 변증법적 투쟁: Luard 1986, p. 355; Nisbet 1980/2009. Mueller 1989에서 인용.

33. 마르크스의 변증법적 투쟁: Montgomery & Chirot 2015.

34. 쇠퇴주의와 문화적 비관주의: Herman 1997; Wolin 2004.

35. Herman 1997, p. 231.

12장 안전

1. 2005년에 42만 1000명과 180만 명 사이의 사람이 독사에게 물렸고, 2만 명과 9만 4000명 사이의 사람이 목숨을 잃었다. (Kasturiratne et al. 2008)

2. 상해로 인한 사망 비율: World Health Organization 2014.

3. 사고와 죽음의 원인들: Kochanek et al. 2016. 사고와 질병 및 장애의 세계적 규모: Murray et al. 2012.

4. 전쟁 사망자보다 많은 살인 사건 사망자: Pinker 2011, p. 221; p. 177, table 13.1도 볼 것. 살인 발생률에 관한 업데이트된 데이터와 시각화 자료로는 Igarapé Institute's *Homicide Monitor*, https://homicide.igarape.org.br/을 볼 것.

5. 중세의 폭력: Pinker 2011, pp. 17–18, 60–75; Eisner 2001, 2003.

6. 문명화 과정: Eisner 2001, 2003; Elias 1939/2000; Fletcher 1997.

7. 아이스너와 엘리아스: Eisner 2001, 2014a.

8. 1960년대 개인 간 폭력 사건의 폭발적 증가: Latzer 2016; Pinker 2011, pp. 106–16.

9. 근본 원인주의: Sowell 1995.

10. 1960년대 인종 차별의 감소: Pinker 2011, pp. 382–94.

11. 미국 범죄율 급감: Latzer 2016; Pinker 2011, pp. 116–27; Zimring 2007. 2015년에 상 승한 원인은 부분적으로 2014년에 경찰의 총격에 반대하는 집회가 전국적으로 열린 뒤 치안이 후퇴한 것일 수 있다. L. Beckett, "Is the 'Ferguson Effect' Real? Researcher Has Second Thoughts," *The Guardian*, May 13, 2016을 볼 것. H. Macdonald, "Police Shootings and Race," *Washington Post*, July 18, 2016. 2015년의 상승이 그 전의 진보를 되 돌리지 못한 이유에 대해서는 다음을 볼 것. B. Latzer, "Will the Crime Spike Become a Crime Boom?" *City Journal*, Aug. 31, 2016, https://www.city-journal.org/html/will-crime-spike-become-crime-boom-14710.html.

12. 2000년과 2013년 사이에 베네수엘라의 지니 계수는 0.47에서 0.41로 떨어진 반면에(유 엔의 세계 불평등 데이터베이스(World Income Inequality Database, WID, https://www.wider.unu.edu/), 살인 사건 발생률은 10만 명당 32.9명에서 53.0명으로 증가했다. (Igarapé Institute's Homicide Monitor, https://homicide.igarape.org.br)

13. 유엔 추산치의 출처는 그림 12.2의 그림 설명에 나열되어 있다. 전 세계 질병 부담 프로젝 트(Global Burden of Disease Project, Murray et al. 2012)는 아주 다양한 방법을 사용해 서 세계 살인 사건 발생률이 1995년에 10만 명당 7.4건에서 2015년에 6.1건으로 떨어졌다 고 계산했다.

14. 세계의 살인 사건 발생률: United Nations Office on Drugs and Crime 2014; https://www.unodc.org/gsh/en/data.html.

15. 전 세계 살인 사건 발생률의 50퍼센트를 30년 이내에 줄이자는 제안: Eisner 2014b, 2015; Krisch et al. 2015. 2015년 유엔 지속 가능 개발 목표(UN Sustainable Development Goals)에는 더 불확실한 열망이 포함되어 있다. "모든 형태의 폭력과 관련 사망률을 모든 곳에서 대폭적으로 줄여야 한다." (Target 16.1.1, https://sustainable development. un.org/sdg16)

16. 각국의 살인 사건 발생률: United Nations Office on Drugs and Crime 2014, https://www.unodc.org/gsh/en/data.html; Homicide Monitor, https://homicide.igarape.org.br/도 볼 것

17. 모든 규모의 살인 사건 분포: Eisner 2015; Muggah & Szabo de Carvalho 2016.

18. 보스턴의 살인 사건: Abt & Winship 2016.

19. 뉴욕 시의 범죄 발생률 하락: Zimring 2007.

20. 콜롬비아, 남아프리카 공화국, 그밖의 나라에서 살인 사건 발생률의 감소: Eisner 2014b, p. 23. 러시아: United Nations Office on Drugs and Crime 2014, p. 28.

21. 대부분 국가에서 살인 사건 발생률의 감소: United Nations Office on Drugs and Crime 2013, 2014, https://www.unodc.org/gsh/endata.html.

22. 라틴아메리카에서 벌어진 범죄와의 전쟁: Guerrero Velasco 2015; Muggah & Szabo de Carvalho 2016.

23. 2007년과 2011년 사이 조직 범죄로 인한 멕시코에서의 살인 사건 발생률 상승: Botello 2016. 후아레스 시의 하락: P. Corcoran, "Declining Violence in Juárez a Major Win for Calderon: Report," *Insight Crime*, March 26, 2013, http://www.insightcrime.org/news-analysis/declining-violence-in-juarez-a-major-win-for-calderon-report.

24. 살인 사건 발생률의 하락: 보고타와 메데인: T. Rosenberg, "Colombia's Data-Driven Fight Against Crime," *New York Times*, Nov. 20, 2014. 상파울루: Risso 2014. 리우: R. Muggah & I. Szabó de Carvalho, "Fear and Backsliding in Rio," *New York Times*, April 15, 2014.

25. 산페드로술라의 살인 사건 발생률 하락: S. Nazario, "How the Most Dangerous Place on Earth Got a Little Bit Safer," *New York Times*, Aug. 11, 2016.

26. 라틴아메리카에서 10년 안에 살인 사건 발생률을 절반으로 줄이고자 하는 노력에 대해서는 다음을 보라. Muggah & Szabo de Carvalho 2016, 그리고 https://www.instintodevida.org/.

27. 범죄를 줄일 최선의 방법: Eisner 2014b, 2015; Krisch et al. 2015; Muggah & Szabo de Carvalho 2016. Abt & Winship 2016; Gash 2016; Kennedy 2011; Latzer 2016도 볼 것.

28. 홉스, 폭력, 무정부 상태: Pinker 2011, pp. 31-36, 680-82.

29. 경찰 파업: Gash 2016, pp. 184-86.

30. 형사 처벌이 없을 경우 범죄가 증가하는 현상: Latzer 2016; Eisner 2015, p. 14.

31. 미국의 범죄율 급감의 원인: Kennedy 2011; Latzer 2016; Levitt 2004; Pinker 2011, pp. 116-27; Zimring 2007.

32. 한 문장 요약: Eisner 2015.

33. 정권의 정당성과 범죄: Eisner 2003, 2015; Roth 2009.

34. 무엇이 범죄 예방에 효과적인가 하는 문제: Abt & Winship 2016. See also Eisner 2014b, 2015; Gash 2016; Kennedy 2011; Krisch et al. 2015; Latzer 2016; Muggah 2015, 2016.

35. 범죄와 자기 통제: Pinker 2011, pp. 72-73, 105, 110-11, 126-27, 501-6, 592-611.

36. 범죄, 나르시시즘, 소시오패스(사이코패스): Pinker 2011, pp. 510-11, 519-21.

37. 표적 강화(target hardening)와 범죄 예방: Gash 2016.

38. 마약 법원과 중독 치료의 효과: Abt & Winship 2016, p. 26.

39. 총기 규제 효과의 모호성: Abt & Winship 2016, p. 26; Hahn et al. 2005; N. Kristof, "Some Inconvenient Gun Facts for Liberals," *New York Times*, Jan. 16, 2016.

40. 교통 사고 사망자 수 그래프: K. Barry, "Safety in Numbers," *Car and Driver*, May 2011, p. 17.

41. 1인당이 아니라 차량이 주행한 마일당 사망자 수에 기초한 것이다.

42. 브루스 스프링 스틴의 노래, 「핑크 캐딜락(Pink Cadillac)」에서.

43. Insurance Institute for Highway Safety 2016. 2015년에 사망률이 약간 오른 10.9를 기록했다.

44. 2015년 세계 보건 기구에 따르면 10만 명당 연간 자동차 사고 사망률은 부유한 국가에서는 9.2명이고 가난한 나라에서는 24.1명이다. (World Health Organization 2014, p. 10)

45. Bettmann 1974, pp. 22-23.

46. Scott 2010, pp. 18-19.

47. Rawcliffe 1998, p. 4, Scott 2010, pp. 18-19에서 인용.

48. Tebeau 2016.

49. 튜더 다윈 상(Tudor Darwin Awards): http://tudoraccidents.history.ox.ac.uk/.

50. 그림 12.6의 완전한 데이터 집합을 보면 1992년부터 추락 사고 사망률이 이상하게도 증가한 것을 볼 수 있다. 이것은 이 기간에 추락 사고로 인한 응급 치료와 입원 건수가 전혀 상승하지 않았다는 사실(Hu & Baker 2012)과 모순된다. 나이 든 사람은 추락사로 쉽게 죽지만 계속 연령을 보정한 데이터이기 때문에 미국 인구의 노령화로는 그 상승을 설명할 수가 없다. (Sheu, Chen, & Hedegaard 2015) 결국 그 상승은 보고 관행의 변화 때문에 발생한 것이었다. (Hu & Mamady 2014; Kharrazi, Nash, & Mielenz 2015; Stevens & Rudd

2014) 많은 노인이 낙상해서 엉덩이, 갈비뼈, 머리뼈에 골절상을 입고 폐렴이나 그밖의 합병증으로 몇 주 만에 사망한다. 과거에 검시관들과 의료인들은 이런 경우에 죽음의 원인을 직접적인 마지막 질병으로 보고 명부에 올렸다. 하지만 얼마 전부터는 추락사로 기록한다. 똑같은 수의 사람이 추락하고 사망했지만, 사망의 원인으로 추락이 더 많이 보고된 것이다.

51. 대통령 직속 위원회 보고서: "National Conference on Fire Prevention" (press release), Jan. 3, 1947, http://foundation.sfpe.org/wp-content/uploads/2014/06/presidentsconference1947.pdf; *America Burning* (report of the National Commission on Fire Prevention and Control), 1973; *American Burning Revisited*, U.S. Fire Administration/FEMA, 1987.

52. 소방관 투입: P. Keisling, "Why We Need to Take the 'Fire' out of 'Fire Department,'" *Governing*, July 1, 2015.

53. 독극물 중독 사고의 대부분은 약물과 알코올이 원인이다. National Safety Council 2016, pp. 160-61.

54. 아편류 진통제의 유행: National Safety Council, "Prescription Drug Abuse Epidemic; Pain killers Driving Addiction," 2016, http://www.nsc.org/learn/NSC-Initiatives / Pages/prescription-painkiller-epidemic.aspx.

55. 아편류 유행과 그 치료: Satel 2017.

56. 아편류 과다 복용 정점: Hedegaard, Chen, & Warner 2015.

57. 연령 효과와 코호트 효과가 약물 과다 복용에 미친 영향: National Safety Council 2016; 그래프는 Kolosh 2014를 보라.

58. 10대의 약물 사용 감소: National Institute on Drug Abuse 2016. 하락세는 2016년 하반기까지 계속되었다: National Institute on Drug Abuse, "Teen Substance Use Shows Promising Decline," Dec. 13, 2016, https://www.drugabuse.gov/news-events/news-releases/2016/12/teen-substance-use-shows-promising-decline.

59. Bettmann 1974, pp. 69-71.

60. Bettmann 1974, p. 71.에서 인용.

61. 작업장 안전의 역사:Aldrich 2001.

62. 진보 운동과 노동자 안전: Aldrich 2001.

63. 그림 12.7에서 볼 수 있는 1970년과 1980년 사이의 급격한 하락세는 몇 가지 인위적인 원인의 결과로 보인다. National Safety Council 2016, pp. 46-47에 있는 연속된 데이터에서는 보이지 않는다. NSC 데이터 집합의 전체적인 추세는 이 그림에 있는 추세와 비슷하다. 내가 그 추세를 싣지 않기로 한 것은 두 가지 이유에서다. 첫째, 그 비율이 노동자의

수가 아니라 인구의 비율로 계산되었고, 둘째, 직업상 치명적 부상 조사(Census of Fatal Occupational Injuries)가 도입된 1992년에 발생한 인위적 하락이 포함되어 있기 때문이다.

64. United Nations Development Programme 2011, table 2.3, p. 37.

65. 이 예의 출처는 Mueller 1989의 부록인 「전쟁, 죽음, 그리고 자동차(War, Death, and the Automobile)」라는 글이며, 원래 1984년에 《월 스트리트 저널》에 발표된 것이다.

13장 테러리즘

1. 테러리즘에 대한 공포: Jones et al. 2016a. 4장의 주 14도 볼 것.

2. 분쟁의 땅 유럽: J. Gray, "Steven Pinker Is Wrong About Violence and War," *The Guardian*, March 13, 2015. S. Pinker, "Guess What? More People Are Living in Peace Now. Just Look at the Numbers," *The Guardian*, March 20, 2015도 볼 것.

3. 테러 공격보다 위험한 것들: National Safety Council 2011.

4. 서유럽과 미국의 살인 사건 사망률 비교: United Nations Office on Drugs and Crime 2013. 세계 테러리즘 데이터베이스(Global Terrorism Database)에서 서유럽으로 분류된 24개국의 평균 살인율은 10만 명당 연 1.1명이다. 2014년 미국의 살인 사건 사망률은 4.5명이다. 교통 사고 사망률: 서유럽 국가들의 평균 교통 사고 사망률은 2013년에 10만 명당 연 4.8명이고 미국은 10.7명이다.

5. 현재 '테러리즘'으로 분류되는 반란이나 게릴라 전쟁에서 발생한 사망자: Human Security Report Project 2007; Mueller & Stewart 2016b; Muggah 2016.

6. 2016년 존 뮐러와의 개인적인 대화.

7. 대량 살상 사건의 전염성: B. Carey, "Mass Killings May Have Created Contagion, Feeding on Itself," *New York Times*, July 27, 2016; Lankford & Madfis 2018.

8. 활발한 총격 사건: Blair & Schweit 2014; Combs & Slovic 1979. 대량 살인: 1976년부터 2011년까지 FBI 공식 범죄 보고(Uniform Crime Report) 데이터를 이용해 제임스 앨런 폭스(James Alan Fox)가 수행한 분석이다. (http://www.ucrdatatool.gov/) 그래프는 Latzer 2016, p. 263에서 볼 수 있다.

9. 로그 척도를 사용해서 이 경향을 연장 추적한 그래프는, Pinker 2011, fig. 6-9, p. 350에서 볼 수 있다.

10. K. Eichenwald, "Right-Wing Extremists Are a Bigger Threat to America Than ISIS," *Newsweek*, Feb. 4, 2016. 보안 분석가 로버트 무가는 우파 극단주의자의 폭력을 추적한 미국 극단주의 범죄 데이터베이스(United States Extremist Crime Database, Freilich et al. 2014)를 이용해서, 1990년부터 2017년 5월까지 9·11과 오클라호마시티를 제외하고 우파 극단주의로 인한 사망자는 202명이고 이슬람 테러 공격으로 인한 사망자는 136명이

라고 계산했다. (개인적인 교신)

11. 미디어 세계화의 부산물로서의 테러리즘: Payne 2004.

12. 살인 사건이 더 큰 충격을 주는 현상: Slovic 1987; Slovic, Fischhoff, & Lichtenstein 1982.

13. 살인자들에 대한 합리적 두려움: Duntley & Buss 2011.

14. 자살 테러리스트와 총기 난사범의 동기: Lankford 2013.

15. ISIS가 미국의 '실존적 위협'이라는 망상: 4장의 주 14를 볼 것. 또한 J. Mueller & M. Stewart, "ISIS Isn't an Existential Threat to America," *Reason*, May 27, 2016도 볼 것.

16. Y. N. Harari, "The Theatre of Terror," *The Guardian*, Jan. 31, 2015.

17. 테러리즘의 무용성: Abrahms 2006; Branwen 2016; Cronin 2009; Fortna 2015.

18. Jervis 2011.

19. Y. N. Harari, "The Theatre of Terror," *The Guardian*, Jan. 31, 2015.

20. "이름 붙이지 말고, 보여 주지도 말고, 대신 다른 모든 것을 보도하라." Lankford & Madfis 2018. '익명 금지(No Notoriety, https://nonotoriety.com/)'와 '이름 붙이기 금지(Don't Name Them, http://www.dontnamethem.org/)' 프로젝트도 살펴볼 것.

21. 테러의 소멸: Abrahms 2006; Cronin 2009; Fortna 2015.

14장 민주주의

1. 국가 없는 사회의 높은 폭력 발생 비율: Pinker 2011, 2장. 이 차이를 확증하는 이후의 추산치로는, Gat 2015; Gómez et al. 2016; Wrangham & Glowacki 2012을 보라.

2. 초창기 국가의 전제적 통치: Betzig 1986; Otterbein 2004. 성서의 폭정: Pinker 2011, chap. 1.

3. White 2011, p. xvii.

4. 민주주의 국가는 경제가 더 빠르게 성장한다. Radelet 2015, pp. 125–29. 가난한 나라가 부유한 나라보다 더 빠른 속도로 성장할 수 있고, 가난한 나라가 덜 민주주의적인 경향이 있다는 사실이 이것을 모호하게 할 수 있다. 민주주의 국가는 전쟁을 덜 하는 경향이 있다. Hegre 2014; Russett 2010; Russett & Oneal 2001. 민주주의 국가에서는 내전이 덜 심각하다. (반드시 더 적은 것은 아니다.) Gleditsch 2008; Lacina 2006. 민주주의 국가에서는 대량 학살이 더 적게 일어난다. Rummel 1994, pp. 2, 15; Rummel 1997, pp. 6–10, 367; Harff 2003, 2005. 민주주의 국가에서는 기근이 더 적게 발생한다. Sen 1984; 또한 약간의 단서에 대해서는, Devereux 2000를 볼 것. 민주주의 국가의 국민은 더 건강하다. Besley 2006. 민주주의 국가의 국민은 교육 수준이 더 높다. Roser 2016b.

5. 민주화의 세 번의 파도: Huntington 1991.

6. 민주주의의 후퇴: Mueller 1999, p. 214.

7. 쇠퇴하는 민주주의: Mueller 1999, p. 214에서 인용.

8. "역사의 종말": Fukuyama 1989.

9. 인용한 용어에 대해서는 Levitsky & Way 2015을 볼 것.

10. 민주주의에 대한 몰이해: Welzel 2013, p. 66, n. 11.

11. 민주주의를 추적하는 단체 프리덤 하우스(Freedom House)의 연간 데이터에 이 문제가 있다. Levitsky & Way 2015; Munck & Verkuilen 2002; Roser 2016b을 보라.

12. 프리덤 하우스 데이터에 있는 또 다른 문제이다.

13. 폴리티 IV 프로젝트: Center for Systemic Peace 2015; Marshall & Gurr 2014; Marshall, Gurr, & Jaggers 2016.

14. 색깔 혁명: Bunce 2017.

15. 민주정: Marshall, Gurr, & Jaggers 2016; Roser 2016b. '민주정(democracies)'은 폴리티 IV 프로젝트에 따라 민주정 점수가 6 이상인 나라이고, '전제정(autocracies)'은 전제정 점수가 6 이상인 나라를 말한다. 민주정도 전제정도 아닌 나라는 "양쪽의 특성과 관행이 뒤섞여 있다."라고 정의되는 혼합정(anocracy)이다. '열린 전제정'에서 지도자는 엘리트에 국한되지 않는다. 2015년에 로저는 세계 인구를 다음과 같이 구분했다. 민주정 55.8퍼센트, 열린 전제정 10.8퍼센트, 닫힌 전제정 6.0퍼센트, 전제정 23.2퍼센트, 이행기에 있거나 데이터가 없는 인구 4퍼센트.

16. 후쿠야마의 글을 최근에 옹호한 예로는 다음을 보라. Mueller 2014. Refuting the "democratic recession": Levitsky & Way 2015.

17. 번영과 민주주의: Norberg 2016; Roser 2016b; Porter, Stern, & Green 2016, p. 19. 번영과 인권: Fariss 2014; Land, Michalos, & Sirgy 2012. 교육과 민주주의: Rindermann 2008; Roser 2016i도 볼 것.

18. 민주주의의 다양성: Mueller 1999; Norberg 2016; Radelet 2015; 데이터는 다음을 볼 것. *Polity IV Annual Time-Series*, http://www.systemicpeace.org/polityproject.html; Center for Systemic Peace 2015; Marshall, Gurr, & Jaggers 2016.

19. 러시아의 민주화 전망: Bunce 2017.

20. Norberg 2016, p. 158.

21. 민주적 멍청이들(Democratic dimwits): Achen & Bartels 2016; Caplan 2007; Somin 2016.

22. 최근 유행하는 독재 정치: Bunce 2017.

23. Popper 1945/2013.

24. 민주주의=불평할 수 있는 권리: Mueller 1999, 2014. Mueller 1999, p. 247에서 인용.

25. Mueller 1999, p. 140.

26. Mueller 1999, p. 171.

27. Levitsky & Way 2015, p. 50.

28. 민주주의와 교육: Rindermann 2008; Roser 2016b; Thyne 2006. 민주주의, 서양의 영향, 그리고 폭력 혁명: Levitsky & Way 2015, p. 54.

29. 민주주의와 인권: Mulligan, Gil, & Sala-i-Martin 2004; Roser 2016b, section II.3.

30. Sikkink 2017에서 인용.

31. 인권과 관련된 정보의 역설: Clark & Sikkink 2013; Sikkink 2017.

32. 사형 제도의 역사: Hunt 2007; Payne 2004; Pinker 2011, pp. 149-53.

33. 사형 제도의 사형 집행: C. Ireland, "Death Penalty in Decline," *Harvard Gazette*, June 28, 2012; C. Walsh, "Death Penalty, in Retreat," *Harvard Gazette*, Feb. 3, 2015. 최신 업데이트로는 다음을 보라. "International Death Penalty," *Amnesty International*, http://www.amnestyusa.org/our-work /issues/death-penalty/international-death-penalty, and "Capital Punishment by Country," *Wikipedia*, https://en.wikipedia.org/wiki/Capital_punishment_by_country.

34. C. Ireland, "Death Penalty in Decline," *Harvard Gazette*, June 28, 2012.

35. 사형제 폐지의 역사: Hammel 2010.

36. 사형제에 대한 계몽주의의 논의: Hammel 2010; Hunt 2007; Pinker 2011, pp. 146-53.

37. 남부의 명예 문화: Pinker 2011, pp. 99-102. 남부의 몇몇 카운티에 집중되어 있는 사형 집행: 지역 학자 캐럴 스테이커(Carol Steiker)와의 인터뷰, C. Walsh, "Death Penalty, in Retreat,".*Harvard Gazette*, Feb. 3, 2015.

38. 갤럽 설문 조사: Gallup 2016. 현재의 데이터로는 사형 제도 정보 센터(Death Penalty Information Center)의 홈페이지 http://www.deathpenaltyinfo.org/를 볼 것.

39. M. 버먼(M. Berman)이 보고한 퓨 리서치 센터 여론 조사: "For the First Time in Almost 50 Years, Less Than Half of Americans Support the Death Penalty," *Washington Post*, Sept. 30, 2016.

40. 미국에서 사형 제도 폐지: D. Von Drehle, "The Death of the Death Penalty," *Time*, June 8, 2015; Death Penalty Information Center, http://www.deathpenaltyinfo.org/.

15장 평등권

1. 인종 차별과 성 차별의 진화적 토대: Pinker 2011; Pratto, Sidanius, & Levin 2006; Wilson & Daly 1992.

2. 동성애 혐오의 진화적 토대: Pinker 2011, chap. 7, pp. 448-49.

3. 평등권의 역사: Pinker 2011, chap. 7; Shermer 2015. 세네카폴스와 여성 인권의 역사: Stansell 2010. 셀마와 아프리카계 미국인 인권: Branch 1988. 스톤웰과 동성애자 권리의

역사: Faderman 2015.

4. 《US 뉴스 앤드 월드 리포트(*US News and World Report*)》가 2016년에 매긴 순위: http://www.independent.co.uk/news/world/politics/the-10-most-influential-countries-in-the-world-have-been-revealed-a6834956.html. 이 세 나라는 또한 가장 풍요롭다.

5. 「아모스」 5장 24절.

6. 증가하지 않은 경찰 총격: 직접적인 데이터는 거의 없지만, 경찰의 총격 횟수는 폭력 범죄 발생률을 따라간다. (Fyfe 1988) 12장에서 보았듯이 이 발생률은 수직 낙하해 왔다. 인종적 차별의 부재: Fryer 2016; Miller et al. 2016; S. Mullainathan, "Police Killings of Blacks: Here Is What the Data Say," *New York Times*, Oct. 16, 2015.

7. Pew Research Center 2012b, p. 17.

8. 미국인의 가치관에 대한 다른 조사들: Pew Research Center 2010; Teixeira et al. 2013; Pinker 2011, 7장과 Roser 2016s의 고찰을 보라. 다른 예: 미국의 종합 사회 조사(http://gss.norc.org/)는 해마다 백인 미국인에게 흑인 미국인에 대한 감정을 물어본다. 1996년과 2016년 사이 "가깝다."라고 느끼는 비율은 35퍼센트에서 51퍼센트로 증가했고, "가깝지 않다."라고 느끼는 비율은 18퍼센트에서 12퍼센트로 하락했다.

9. 다음 코호트가 더 관용적이라는 현상: Gallup 2002, 2010; Pew Research Center 2012b; Teixeira et al. 2013. 세계적 추세: Welzel 2013. Justification as a force for moral progress

10. 자신의 가치관을 유지하는 각 세대: Teixeira et al. 2013; Welzel 2013.

11. 구글 조사들과 디지털판 진실의 약: Stephens-Davidowitz 2017.

12. "검둥이(nigger)"라는 단어 사용을 지표로 한 인종 차별 조사: Stephens-Davidowitz 2014.

13. 예를 들어, "웃기는 농담" 같은 문자열 찾기를 해 보면 전체적으로 농담 검색이 체계적으로 감소하고 있지는 않은 것처럼 보인다. 스티븐스다비도위츠는 힙합 가사와 그밖의 경우로 검둥이라는 단어를 검색할 때에는 거의 항상 흑인들끼리 친근하게 부르는 욕인 "니가(nigga)"를 사용한다고 지적한다.

14. 아프리카계 미국인의 빈곤율: Deaton 2013, p. 180.

15. 아프리카계 미국인의 기대 수명: Cunningham et al. 2017; Deaton 2013, p. 61.

16. 미국 국세 조사(US Census)가 문맹률을 마지막으로 보고한 해는 1979년이다. 그 해에 흑인의 문맹률은 1.6퍼센트였다. Snyder 1993, chap. 1, National Assessment of Adult Literacy (undated)에 소개된 것이다.

17. 16장 주 24, 18장 주 35를 보라.

18. 야간 습격과 집단 구타의 급감: Pinker 2011, 7장. Payne 2004, figure 7.2, p. 384에 나와 있는 미국 국세 조사에 기초한 것이다. 그림 7.3에 나타나 있는 아프리카계 미국인에 대한

증오 범죄 살인 사건은 1996년 1년 5건에서 2006~2008년에 1년 1건으로 감소했다. 그 후로 2014년까지 희생자 수는 1년 평균 1명으로 유지되었다. 그런 뒤 2015년에는 10명으로 급증했고, 그중 9명은 사우스캐롤라이나 주 찰스턴의 한 교회에서 일어난 무차별 총격 사건 1건으로 사망했다. (Federal Bureau of Investigation 2016b)

19. 1996년부터 2015년까지의 연도를 포괄할 때, FBI에 보고된 증오 범죄 사건의 수와 미국 살인율은 상관 계수 0.90의 상관 관계를 보인다. (척도는 -1에서 1까지)

20. 이슬람 주도 테러 공격에 수반되는 반이슬람 증오 범죄: Stephens-Davidowitz 2017.

21. 과장된 증오 범죄: E. N. Brown, "Hate Crimes, Hoaxes, and Hyperbole," *Reason*, Nov. 18, 2016; Alexanter 2016.

22. 여성의 처지: S. Coontz, "The Not-So-Good Old Days," *New York Times*, June 15, 2013.

23. 여성 노동력: United States Department of Labor 2016.

24. 이보다 훨씬 전인 1979년에 감소가 시작되었다는 증거로는, Pinker 2011, fig. 7.10, p. 402을 볼 것. 이것도 국가 범죄 피해자 조사(National Crime Victimization Survey)의 데이터에 기초한 것이다. 정의와 코드화 기준이 바뀐 탓에 그 데이터는 이 책의 그림 15.4에 표시된 계열에 부합하지 않는다.

25. 협력은 공감을 먹고 자란다는 사실: Pinker 2011, chaps. 4, 7, 9, 10.

26. 도덕 진보를 위한 추동력으로 기능하는 정당한 대우: Pinker 2011, 4장; Appiah 2010; Hunt 2007; Mueller 2010b; Nadelmann 1990; Payne 2004; Shermer 2015.

27. 차별 철폐 및 적극적 우대 조치의 증가: Asal & Pate 2005.

28. 세계 여론 조사: Council on Foreign Relations 2011.

29. Council on Foreign Relations 2011.

30. Council on Foreign Relations 2011.

31. 전 세계적 망신 주기 캠페인의 효과: Pinker 2011, pp. 272-76, 414; Appiah 2010; Mueller 1989, 2004a, 2010b; Nadelmann 1990; Payne 2004; Ray 1989.

32. United Nations Children's Fund 2014; 또한 다음을 보라. M. Tupy, "Attitudes on FGM Are Shifting," HumanProgress, http://humanprogress.org/blog/attitudes-on-fgm-are-shifting.

33. D. Latham, "Pan African Parliament Endorses Ban on FGM," *Inter Press Service*, Aug. 6, 2016, http://www.ipsnews.net/2016/08/pan-african-parliament-endorses-ban-on-fgm/.

34. 동성애자 범죄화와 동성애자 권리 혁명: Pinker 2011, pp. 447-54; Faderman 2015.

35. 전 세계 동성애자 권리에 관한 현행 데이터로는 다음을 보라. Equaldex, www.equaldex.com 그리고 "LGBT Rights by Country or Territory," *Wikipedia*, https://en.wikipedia.

org/wiki/LGBT_rights_by_country_or_territory.

36. 세계 가치 조사: http://www.worldvaluessurvey.org/wvs.jsp. 해방적 가치: Welzel 2013.

37. 연령, 시기, 코호트의 구분: Costa & McCrae 1982; Smith 2008.

38. 다음 문헌도 볼 것. F. Newport, "Americans Continue to Shift Left on Key Moral Issues," *Gallup*, May 26, 2015, http://www.gallup.com /poll /183413 /americans ‑continue‑shift‑left‑key‑moral‑issues.aspx.

39. Ipsos 2016.

40. 가치는 코호트와 함께 가지 생애 주기와 함께 가지 않는다. Ghitza & Gelman 2014; Inglehart 1997; Welzel 2013.

41. 해방적 가치와 아랍의 봄: Inglehart 2017.

42. 해방적 가치와의 상관 관계: Welzel 2013, especially table 2.7, p. 83, and table 3.2, p. 122.

43. 사촌 간 결혼과 부족주의: S. Pinker, "Strangled by Roots," New Republic, Aug. 6, 2007.

44. 지식 지수: Chen & Dahlman 2006, table 2.

45. 해방적 가치관에 대한 예측 인자로서 지식 지수: Welzel 2013, p. 122에서 그 지수는 "기술 발전(Technological Advancement)"으로 되어 있다. 개인적 대화를 통해 벨첼에게 확인한 바에 따르면, 1인당 GDP(또는 그 로그)를 상수로 놓을 때 지식 지수는 해방적 가치와 상당히 유의미한 편상관 계수(0.62)를 보이는 반면에, 그 역은 그렇지 않다(0.20)고 한다.

46. Finkelhor et al. 2014.

47. 체벌의 감소: Pinker 2011, pp. 428 ‑39.

48. 아동 노동의 역사: Cunningham 1996; Norberg 2016; Ortiz-Ospina & Roser 2016a.

49. M. Wirth, "When Dogs Were Used as Kitchen Gadgets," *HumanProgress*, Jan. 25, 2017, http://humanprogress.org/blog/when‑dogs‑were‑used‑as‑kitchen‑gadgets.

50. 아동 취급의 역사: Pinker 2011, chap. 7.

51. "경제적인 가치는 없지만 정서적으로는 값을 매길 수 없는" 아동의 가치: Zelizer 1985.

52. 트랙터 광고: http://goo.gl/Lyb1W8.

53. 빈곤과 아동 노동의 상관 관계: Ortiz-Ospina & Roser 2016a.

54. 욕심보다는 절박함: Norberg 2016; Ortiz-Ospina & Roser 2016a.

16장 지식

1. 호모 사피엔스: Pinker 1997/2009, 2010; Tooby & DeVore 1987.

2. 교육받지 못한 사람들의 구체성에 대한 경도: Everett 2008; Flynn 2007; Luria 1976; Oesterdiekhoff 2015; Everett 2008에 관한 나의 논평도 볼 것. https://www.edge.org/conversation/daniel_l_everett‑recursion‑and‑human‑thought#22005.

3. *Encyclopedia of the Social Sciences*, 1931, vol. 5, p. 410. Easterlin 1981에서 재인용.

4. United Nations Office of the High Commissioner for Human Rights 1966.

5. 교육과 경제 성장: Easterlin 1981; Glaeser et al. 2004; Hafer 2017; Rinder mann 2012; Roser & Ortiz-Ospina 2016a; van Leeuwen & van Leeuwen-Li 2014; van Zanden et al. 2014.

6. I. N. Thut and D. Adams, *Educational Patterns in Contemporary Societies* (New York: McGraw-Hill, 1964), p. 62. Easterlin 1981, p. 10.에서 재인용.

7. 아랍 국가들의 경제 지체: Lewis 2002; United Nations Development Programme 2003.

8. 교육과 평화: Hegre et al. 2011; Thyne 2006. 교육과 민주주의: Glaeser, Ponzetto, & Shleifer 2007; Hafer 2017; Lutz, Cuaresma, & Abbasi-Shavazi 2010; Rindermann 2008.

9. 젊은 남성층과 폭력: Potts & Hayden 2008.

10. 인종 차별, 성차별, 동성애 혐오를 줄이는 교육: Rindermann 2008; Teixeira et al. 2013; Welzel 2013.

11. 표현의 자유, 상상력을 존중하는 교육: Welzel 2013.

12. 교육과 시민 참여: Hafer 2017; OECD 2015a; Ortiz-Ospina & Roser 2016c; World Bank 2012b.

13. 교육과 신뢰: Ortiz-Ospina & Roser 2016c.

14. Roser & Ortiz-Ospina 2016b, 유네스코 통계 연구소(UNESCO Institute for Statistics)의 데이터에 기초한 것이며, World Bank 2016a에 도표화되어 있다.

15. 유네스코 통계 연구소, World Bank 2016i에 도표화되어 있다.

16. 유네스코 통계 연구소(http://data.uis.unesco.org/).

17. 문해력과 기초 교육의 관계에 대해서는 van Leeuwen & van Leeuwen-Li 2014, pp. 88-93을 보라.

18. Lutz, Butz, & Samir 2014, 국제 응용 시스템 분석 연구소(International Institute for Applied Systems Analysis)의 모형에 기초한 것이다. http://www.iiasa.ac.at/, Nagdy & Roser 2016c에 요약되어 있다.

19. 「전도서」 12장 12절.

20. 교육의 솟구치는 이점: Autor 2014.

21. 1920년과 1930년 미국 고등학교의 재학률; Leon 2016. 2011년의 졸업률: A. Duncan, "Why I Wear 80," *Huffington Post*, Feb. 14, 2014. 2016년 고등학교 졸업생의 대학 진학률: Bureau of Labor Statistics 2017.

22. United States Census Bureau 2016.

23. Nagdy & Roser 2016c, 국제 응용 시스템 분석 연구소의 모형에 기초한 것이다. http://

www.iiasa.ac.at/; Lutz, Butz, & Samir 2014.

24. S. F. Reardon, J. Waldfogel, & D. Bassok, "The Good News About Educational Inequality," *New York Times*, Aug. 26, 2016.

25. 여자아이 교육의 효과: Deaton 2013; Nagdy & Roser 2016c; Radelet 2015.

26. United Nations 2015b.

27. 아프가니스탄에 대한 최초의 데이터 측정 시점은 탈레반 정권보다 15년 앞서고, 두 번째 측정 시점은 정권이 축출된 지 10년 후이기 때문에 이 이익의 원인을 그 정권을 무너뜨린 NATO의 2001년 침공으로만 볼 수는 없다.

28. 플린 효과: Deary 2001; Flynn 2007, 2012. 또한 Pinker 2011, pp. 650-60을 보라.

29. 지능의 유전적 특성: Pinker 2002/2016, chap. 19장 & afterword; Deary 2001; Plomin & Deary 2015; Ritchie 2015.

30. 잡종 강세로 설명할 수 없는 플린 효과: Flynn 2007; Pietschnig & Voracek 2015.

31. 플린 효과 메타 분석: Pietschnig & Voracek 2015.

32. 플린 효과의 효력 소멸: Pietschnig & Voracek 2015.

33. 플린 효과의 원인 후보: Flynn 2007; Pietschnig & Voracek 2015.

34. 플린 효과의 일부만 설명할 수 있는 영양과 건강: Flynn 2007, 2012; Pietschnig & Voracek 2015.

35. 일반 지능 인자의 존재와 유전: Deary 2001; Plomin & Deary 2015; Ritchie 2015.

36. 분석적 사고 능력을 키워 주는 플린 효과: Flynn 2007, 2012; Ritchie 2015; Pinker 2011, pp. 650-60.

37. 일반 지능 인사와 무관하게 플린 효과적 요소를 증진시킬 수 있는 교육: Ritchie, Bates, & Deary 2015.

38. IQ는 인생의 순풍이라는 말: Deary 2001; Gottfredson 1997; Makel et al. 2016; Pinker 2002/2016; Ritchie 2015.

39. 플린 효과와 도덕 감정: Flynn 2007; Pinker 2011, pp. 656-70.

40. 플린 효과와 현실 세계의 천재들: 반대 입장은 Woodley, te Nijenhuis, & Murphy 2013; 찬성 입장은 Pietschnig & Voracek 2015, p. 283.

41. 개발 도상국들의 하이테크: Diamandis & Kotler 2012; Kenny 2011; Radelet 2015.

42. IQ 상승의 이점: Hafer 2017.

43. 숨은 변수로서의 진보: Land, Michalos, & Sirgy 2012; Prados de la Escosura 2015; van Zanden et al. 2014; Veenhoven 2010.

44. 인간 개발 지수: United Nations Development Programme 2016. 영감: Sen 1999; ul Haq 1996.

45. Prados de la Escosura 2015, p. 222에서는 "서양"을 1994년 이전의 OECD 국가, 즉 서유럽과 미국, 캐나다, 오스트레일리아, 뉴질랜드, 일본으로 본다. 그는 또한 2007년 사하라 사막 이남 아프리카의 삶의 질 종합 지수가 0.22였다고 말하는데, 이것은 1950년대의 세계, 그리고 1890년대 OECD 국가에 해당한다. 마찬가지로 사하라 이남 아프리카의 삶의 질 종합 지수는 2000년에 약 -0.3이었는데(지금은 더 높을 것이다.), 이것은 1910년경의 세계와 1875년경의 서유럽의 지수에 해당한다.

46. 자세한 내용과 단서에 대해서는 다음 문헌을 볼 것. Rijpma 2014; Prados de la Escosura 2015.

17장 삶의 질

1. 지식인과 군중: Carey 1993.

2. 유태인 농담, 보드빌 만담, 브로드웨이 뮤지컬 「1932년 대소동(Ballyhoo of 1932)」 등 추정되는 출처가 다양하다.

3. 근본적 가능성: Nussbaum 2000.

4. 식량을 구하는 데 쓰는 시간: Laudan 2016.

5. 노동 시간 단축: Roser 2016t, Huberman & Minns 2007의 데이터에 기초한 것이다. 또한 세계적으로 주당 7.2시간 노동 시간이 감소한 것을 보여 주는 데이터는 Tupy 2016, and "Hours Worked Per Worker," *HumanProgress*를 볼 것.

6. Housel 2013.

7. Weaver 1987, p. 505에서 인용.

8. 생산성과 노동 시간 단축: Roser 2016t. 노인의 빈곤 감소: Deaton 2013, p. 180. 빈곤한 사람의 절대적 비율은 '빈곤'을 어떻게 정의하느냐에 달려 있음에 유의하라. 예를 들어, 그림 9.6과 비교하라.

9. 미국의 유급 휴가에 관한 데이터는 Housel 2013에 요약되어 있으며, 이것은 Bureau of Labor Statistics의 데이터에 기초한 것이다.

10. 영국 데이터. 제시 오수벨이 계산한 것으로, 그래프는 http://www.humanprogress.org/ static /3261에 있다.

11. 몇몇 개발 도상국의 노동 시간: Roser 2016t.

12. 노동 시간 단축에 필수적이었던 여러 장치와 기구: M. Tupy, "Cost of Living and Wage Stagnation in the United States, 1979–2015," *HumanProgress*, https://www.cato.org/ projects/humanprogress/cost-of-living; Greenwood, Seshadri, & Yorukoglu 2005.

13. 가장 덜 선호하는 소일거리: Kahneman et al. 2004. 집안일에 쓰는 시간: Greenwood, Seshadri, & Yorukoglu 2005; Roser 2016t.

14. "Time Spent on Laundry," *HumanProgress*, http://humanprogress.org/static/3264, S. Skwire, "How Capitalism Has Killed Laundry Day," *CapX*, April 11, 2016, http://iea.org.uk/blog/how-capitalism-has-killed-laundry-day/, 그리고 미국 노동 통계국의 데이터에 기초한 것이다.

15. "세탁하는 날": H. Rosling, "The Magic Washing Machine," TED talk, Dec. 2010, https://www.ted.com/talks/hans_rosling_and_the_magic_washing_machine.

16. *Good Housekeeping*, vol. 55, no. 4, Oct. 1912, p. 436, Greenwood, Seshadri, & Yorukoglu 2005에서 인용.

17. 『국부론(*The Wealth of Nations*)』에서.

18. 빛 구입 가격의 하락: Nordhaus 1996.

19. Kelly 2016, p. 189.

20. "여피의 불평": Daniel Hamermesh and Jungmin Lee, E. Kolbert, "No Time," *New Yorker*, May 26, 2014에서 인용. 1965년부터 2003년까지 여가 시간의 추이: Aguiar & Hurst 2007. 2015년 여가 시간: Bureau of Labor Statistics 2016c. 더 자세한 내용은 그림 17.6의 그림 설명을 보라.

21. 노르웨이 인의 여가 시간 증가: Aguiar & Hurst 2007, p. 1001, note 24. 영국인의 여가 시간 증가: Ausubel & Grübler 1995.

22. "항상 시간에 쫓기는" 느낌: Robinson 2013; J. Robinson, "Happiness Means Being Just Rushed Enough," *Scientific American*, Feb. 19, 2013.

23. 1969년과 1999년 가족의 저녁 식사: K. Bowman, "The Family Dinner, Alive and Well," *New York Times*, Aug. 25, 1999. 2014년 가족의 저녁 식사: J. Hook, "WSJ/NBC Poll Suggests Social Media Aren't Replacing Direct Interactions," *Wall Street Journal*, May 2, 2014. 갤럽 여론 조사: L. Saad, "Most U.S. Families Still Routinely Dine Together at Home," *Gallup*, Dec. 26, 2013, http://www.gallup.com/poll/166628/families-routinely-dine-together-home.aspx?g_source=family%20and%20dinner&g_medium=search&g_campaign=tiles. Fischer 2011도 비슷한 결론에 도달한다.

24. 부모가 자녀와 보내는 시간의 증가: Sayer, Bianchi, & Robinson 2004; 또한 다음 주 25~27을 보라.

25. 부모와 자녀: Caplow, Hicks, & Wattenberg 2001, pp. 88–89.

26. 어머니와 아이: Coontz 1992/2016, p. 24.

27. 돌봄 시간의 증가와 여가 시간의 감소: Aguiar & Hurst 2007, pp. 980–82.

28. 대면과 비대면: Susan Pinker 2014.

29. 돼지고기와 전분: N. Irwin, "What Was the Greatest Era for Innovation? A Brief Guided

Tour," *New York Times*, May 13, 2016. See also D. Thompson, "America in 1915: Long Hours, Crowded Houses, Death by Trolley," *The Atlantic*, Feb. 11, 2016.

30. 1920년대부터 1980년대까지 식료품점의 판매 품목: N. Irwin, "What Was the Greatest Era for Innovation? A Brief Guided Tour," *New York Times*, May 13, 2016. 2015년의 상품 종수: Food Marketing Institute 2017.

31. 고립과 지루함: Bettmann 1974, pp. 62 – 63.

32. 신문과 술집: N. Irwin, "What Was the Greatest Era for Innovation? A Brief Guided Tour," *New York Times*, May 13, 2016.

33. 위키피디아의 정확성: Giles 2005; Greenstein & Zhu 2014; Kräenbring et al. 2014.

18장 행복

1. https://www.youtube.com/watch?v=q8LaT5Iiwo4와 그밖의 인터넷 클립들을 채록하고 약간 편집했다.

2. Mueller 1999, p. 14.

3. Easterlin 1973.

4. 쾌락의 쳇바퀴 이론: Brickman & Campbell 1971.

5. 사회 비교 이론: 9장 주 11; Kelley & Evans 2016.

6. G. Monbiot, "Neoliberalism Is Creating Loneliness. That's What's Wrenching Society Apart," *The Guardian*, Oct. 12, 2016.

7. 축의 시대와 가장 깊은 질문들의 기원: Goldstein 2013. 철학과 행복의 역사: Haidt 2006; Haybron 2013; McMahon 2006. 행복의 과학: Gilbert 2006; Haidt 2006; Helliwell, Layard, & Sachs 2016; Layard 2005; Ortiz-Ospina & Roser 2017.

8. 인간의 근본적 가능성: Nussbaum 2000, 2008; Sen 1987, 1999.

9. 선택과 행복: Gilbert 2006.

10. 자유와 행복: Helliwell, Layard, & Sachs 2016; Inglehart et al. 2008.

11. 자유와 삶의 의미: Baumeister, Vohs, et al. 2013.

12. 행복감의 자기 보고: Gilbert 2006; Helliwell, Layard, & Sachs 2016; Layard 2005.

13. 행복감의 경험적 측면 대 평가적 측면: Baumeister, Vohs, et al. 2013; Helliwell, Layard, & Sachs 2016; Kahneman 2011; Veenhoven 2010.

14. 상황에 민감한 평가, 행복 대 만족 대 좋은 삶: Deaton 2011; Helliwell, Layard, & Sachs 2016; Veenhoven 2010. 그저 평균을 구하는 것: Helliwell, Layard, & Sachs 2016; Kelley & Evans 2016; Stevenson & Wolfers 2009.

15. Helliwell, Layard, & Sachs 2016, p. 4, table 2.1, pp. 16, 18.

16. 에우다이모니아 또는 행복하고 의미 있는 삶: Baumeister, Vohs, et al. 2013; Haybron 2013; McMahon 2006; R. Baumeister, "The Meanings of Life," *Aeon*, Sept. 16, 2013.

17. 행복감의 적응적 기능: Pinker 1997/2009, chap. 6. 행복감과 의미 있다는 느낌의 서로 다른 적응적 기능: R. Baumeister, "The Meanings of Life," *Aeon*, Sept. 16, 2013.

18. 행복감의 비율: Ipsos 2016에서 인용; Veenhoven 2010도 볼 것. 사다리 위치 평균: 1~10단 중 5.4단, Helliwell, Layard, & Sachs 2016, p. 3.

19. 행복감의 간극: Ipsos 2016.

20. 돈으로 행복을 살 수 있다는 조사 결과들: Deaton 2013; Helliwell, Layard, & Sachs 2016; Inglehart et al. 2008; Stevenson & Wolfers 2008a; Ortiz-Ospina & Roser 2017.

21. 행복감과 불평등의 무관성: Kelley & Evans 2016.

22. Helliwell, Layard, & Sachs 2016, pp. 12 – 13.

23. 복권 당첨: Stephens-Davidowitz 2017, p. 229.

24. 시간에 따른 국가별 행복감 상승: Sacks, Stevenson, & Wolfers 2012; Stevenson & Wolfers 2008a; Stokes 2007; Veenhoven 2010; Ortiz-Ospina & Roser 2017.

25. 세계 가치 조사에 나타난 행복감 상승: Inglehart et al. 2008.

26. 행복, 건강, 자유: Helliwell, Layard, & Sachs 2016; Inglehart et al. 2008; Veenhoven 2010.

27. 문화와 행복: Inglehart et al. 2008.

28. 행복감에 대한 비금전적 기여: Helliwell, Layard, & Sachs 2016.

29. 미국인의 행복: Deaton 2011; Helliwell, Layard, & Sachs 2016; Inglehart et al. 2008; Sacks, Stevenson, & Wolfers 2012; Smith, Son, & Schapiro 2015.

30. 『2016년 세계 행복 보고서』 순위: 1. 덴마크(가능한 최악의 삶에서 위로 7.5계단에 위치한다.), 2. 스위스, 3. 아이슬란드, 4. 노르웨이, 5. 핀란드, 6. 캐나다, 7. 네덜란드, 8. 뉴질랜드, 9. 오스트레일리아, 10. 스웨덴, 11. 이스라엘, 12. 오스트리아, 13. 미국, 14. 코스타리카, 15. 푸에르토리코. 가장 불행한 나라는 베냉, 아프가니스탄, 토고, 시리아, 부룬디(157위, 가능한 최악의 삶에서 위로 2.9계단에 위치한다.)이다.

31. 미국인의 행복감: 세계 행복 데이터베이스(World Database of Happiness)에서 한 차례 등락을 볼 수 있다. (Veenhoven undated) Inglehart et al. 2008의 온라인 부록을 보라. 종합 사회 조사(gss.norc.org)에서 한 차례 경미한 감소를 볼 수 있다. Smith, Son, & Schapiro 2015과 이 장의 그림 18.4를 보라. "매우 행복"의 추이가 표시되어 있다.

32. 미국인 행복감의 범위: Deaton 2011.

33. 미국인 행복감 침체의 부분적 원인으로서의 불평등: Sacks, Stevenson, & Wolfers 2012.

34. 행복의 세계적 경향에서 볼 때 별종인 미국: Inglehart et al. 2008; Sacks, Stevenson, &

Wolfers 2012.

35. 아프리카계 미국인의 행복감 증가: Stevenson & Wolfers 2009; Twenge, Sherman, & Lyubo-Mirsky 2016.

36. 여성의 행복감 감소: Stevenson & Wolfers 2009.

37. 연령, 시기, 코호트 구분: Costa & McCrae 1982; Smith 2008.

38. 나이가 들면 더 행복해지는 경향: Deaton 2011; Smith, Son, & Schapiro 2015; Sutin et al. 2013.

39. 중년의 위기와 최후의 미끄럼: Bardo, Lynch, & Land, 2017; Fukuda 2013.

40. 대공황의 골짜기: Bardo, Lynch, & Land 2017.

41. 베이비붐 세대와 이른 X세대 이후의 상승세: Sutin et al. 2013.

42. 베이비붐 세대보다 행복한 X세대와 밀레니얼 세대: Bardo, Lynch, & Land 2017; Fukuda 2013; Stevenson & Wolfers 2009; Twenge, Sherman, & Lyubomirsky 2016.

43. 외로움, 수명, 건강: Susan Pinker 2014.

44. 두 인용문의 출처는 Fischer 2011, p. 110다.

45. Fischer 2011, p. 114. 또한 변화와 항상성에 대한 신중한 분석으로는, Susan Pinker 2014를 보라.

46. Fischer 2011, p. 114. 피셔는 "사회적 지원의 몇 가지 원천"을 열거하는데, 그는 대단히 유명한 2006년 보고서를 충분히 알고 있었다. 그 보고서는 1985년과 2004년 사이에 미국인이 중요한 문제가 있을 때 함께 의논할 수 있는 사람의 수를 3분의 1 적게 보고했고, 4분의 1은 의논할 사람이 전혀 없다고 보고했음을 밝혔다. 그는 이 결과가 조사 모형의 인위성에서 비롯되었다고 결론지었다. Fischer 2009.

47. Fischer 2011, p. 112.

48. Hampton, Rainie, et al. 2015.

49. 소셜 미디어 사용자들의 인간 관계: Hampton, Goulet, et al. 2011.

50. 소셜 미디어 사용자들의 스트레스: Hampton, Rainie, et al. 2015.

51. 사회적 상호 작용에서 변하는 것과 변하지 않는 것: Fischer 2005, 2011; Susan Pinker 2014.

52. 자살 수단과 자살률: Miller, Azrael, & Barber 2012; Thomas & Gunnell 2010.

53. 자살을 야기하는 위험 요소들: Ortiz-Ospina, Lee, & Roser 2016; World Health Organization 2016d.

54. 행복-자살 역설: Daly et al. 2010.

55. 2014년 미국의 자살자 수(정확히 4만 2773명): National Vital Statistics, Kochanek et al. 2016, table B에서 가져온 데이터이다. 2012년 세계 자살자 수: WHO에서 가져온 데이터

이다. Värnik 2012; World Health Organization 2016d.

56. 감소하는 여성 자살률: "20 graphs to celebrate women's progress around the world," *HumanProgress*, http://humanprogress.org/blog/20-graphs-to-celebrate-womens-progress-around-the-world.

57. 영국의 연령별, 코호트별, 시기별 자살: Thomas & Gunnell 2010. 스위스의 연령별, 코호트별, 시기별 자살: Ajdacic-Gross et al. 2006. 미국: Phillips 2014.

58. 청소년 자살률 감소: Costello, Erkanli, & Angold 2006; Twenge 2015.

59. 자살률 추세의 변화: M. Nock, "Five Myths About Suicide," *Washington Post*, May 6, 2016.

60. 아이젠하워와 스웨덴의 자살률: http://fed.wiki.org/journal.hapgood.net/eisenhower-on-sweden.

61. 1960년의 자살률은 Ortiz-Ospina, Lee, & Roser 2016에서 가져왔고, 2012년의 자살률(연령 조정)은 World Health Organization 2017b에서 가져왔다.

62. 유럽의 자살률: Värnik 2012, p. 768. 스웨덴 자살 감소: Ohlander 2010.

63. 세대에 따른 우울함 증가: Lewinsohn et al. 1993.

64. 외상 후 스트레스 장애 유발 요인: McNally 2016.

65. 정신 병리 제국의 팽창: Haslam 2016; Horwitz & Wakefield 2007; McNally 2016; PLOS Medicine Editors 2013.

66. R. Rosenberg, "Abnormal Is the New Normal," *Slate*, April 12, 2013. Kessler et al. 2005에 근거한 것이다.

67. 도덕적 진보의 징후로서 정신 병리 제국의 팽창: Haslam 2016.

68. 증거 기반 정신 병리 치료: Barlow et al. 2013.

69. 전 세계적으로 우울증이 정신 장애에서 차지하는 비율: Murray et al. 2012. 성인에게 주는 위험: Kessler et al. 2003.

70. 정신 건강의 역설: PLOS Medicine Editors 2013.

71. 황금 기준 미달: Twenge 2015.

72. 우울증의 증가 징후가 없다는 것: Mattisson et al. 2005; Murphy et al. 2000.

73. Twenge et al. 2010.

74. Twenge & Nolen-Hoeksema 2002: 1980년과 1998년 사이에 X세대와 밀레니얼 세대의 인접한 코호트에 속해 있는 8~16세 소년들은 덜 우울해졌고, 소녀들은 변화가 없었다. Twenge 2015: 1980년대와 2010년대 사이에 10대의 자살 충동은 감소했고, 대학생과 성인의 우울함 보고는 줄어들었다. Olfson, Druss, & Marcus 2015: 어린이와 청소년의 정신 질환 발생률이 하락했다.

75. Costello, Erkanli, & Angold 2006.

76. Baxter et al. 2014.

77. Jacobs 2011.

78. Baxter et al. 2014; Twenge 2015; Twenge et al. 2010.

79. 스타인의 법칙과 불안: Sage 2010.

80. Terracciano 2010; Trzesniewski & Donnellan 2010.

81. Baxter et al. 2014.

82. 예를 들어, 다음 문헌을 볼 것. "Depression as a Disease of Modernity: Explanations for Increasing Prevalence," *Hidaka* 2012.

83. Stevenson & Wolfers 2009.

84. 책에서 발췌. Allen 1987, pp. 131–33.

85. Johnston & Davey 1997; 또한 Jackson 2016; Otieno, Spada, & Renkl 2013; Unz, Schwab, & Winterhoff-Spurk 2008을 보라.

86. 선언문: Cornwall Alliance for the Stewardship of Creation 2000. "So-called climate crisis": Cornwall Alliance, "Sin, Deception, and the Corruption of Science: A Look at the So-Called Climate Crisis," 2016, http://cornwallalliance.org/2016/07/sin-deception-and-the-corruption-of-science-a-look-at-the-so-called-climate-crisis/. 또한 다음을 보라. Bean & Teles 2016; L. Vox, "Why Don't Christian Conservatives Worry About Climate Change? God," *Washington Post*, June 2, 2017.

87. 쓰레기 바지선: M. Winerip, "Retro Report: Voyage of the Mobro 4000," *New York Times*, May 6, 2013.

88. 친환경 매립지: J. Tierney, "The Reign of Recycling," *New York Times*, Oct. 3, 2015. 앞의 주에서 말한 기사가 포함되어 있는 《뉴욕 타임스》의 연속 기사 「레트로 리포트(Retro Report)」는 위기 보도를 해 놓고 후속 기사를 내지 않는 관행을 따르지 않은 예외적인 경우에 속한다.

89. 권태 위기: Nisbet 1980/2009, pp. 349–51. 이 위기를 언급한 주요 인물은 데니스 가버(Dennis Gabor)와 할로 섀플리(Harlow Shapley)인데 둘 다 과학자이다.

90. 앞의 주 15와 16에 있는 참고 문헌을 보라.

91. 생애 주기와 불안: Baxter et al. 2014.

19장 실존적 위협

1. 미사일 격차라는 황당한 공포: Berry et al. 2010; Preble 2004.

2. 사이버 공격과 핵무기의 관계: Sagan 2009c, p. 164. 키스 페인(Keith Payne)의 논평도 볼

것. 이 논평은 P. Sonne, G. Lubold, & C. E. Lee, "'No First Use' Nuclear Policy Proposal Assailed by U. S. Cabinet Officials, Allies," *Wall Street Journal*, Aug. 12, 2016에 그대로 실렸다.

3. K. Bird, "How to Keep an Atomic Bomb from Being Smuggled into New York City? Open Every Suitcase with a Screwdriver," *New York Times*, Aug. 5, 2016.

4. Randle & Eckersley 2015.

5. 해양 환경 보호 운동 단체, 오션 옵티미즘(Ocean Optimism)의 홈페이지, http://www. oceanoptimism.org/about/에서 인용.

6. 입소스의 2012년 여론 조사: C. Michaud, "One in Seven Thinks End of World Is Coming: Poll," *Reuters*, May 1, 2012, http://www.reuters.com/article/us-mayan calendar-poll-idUSBRE8400XH20120501. 미국인의 비율은 22퍼센트였고, 유고브(YouGov)의 2015년 여론 조사에서는 31퍼센트였다. http://cdn.yougov.com/cumulus_uploads/document/i7p20mektl/toplines_OPI_disaster_20150227.pdf.

7. 멱함수 분포: Johnson et al. 2006; Newman 2005; Pinker 2011, pp. 210-22에 실린 리뷰도 볼 것. 데이터로 위험도를 추산할 때의 복잡한 문제를 설명한 글로는 11장 주 17의 참고 문헌이 있다.

8. 극단적 위험의 확률에 대한 과대 해석: Pinker 2011, pp. 368-73.

9. 종말 예언: "Doomsday Forecasts," *The Economist*, Oct. 7, 2015, http://www.economist.com/blogs/graphicdetail/2015/10/predicting-end-world.

10. 종말 영화: "List of Apocalyptic Films," *Wikipedia*, https://en.wikipedia.org/wiki/List_of_apocalyptic_films, Dec. 15, 2016에 검색.

11. Ronald Bailey, "Everybody Loves a Good Apocalypse," *Reason*, Nov. 2015에서 인용.

12. Y2K 버그: M. Winerip, "Revisiting Y2K: Much Ado About Nothing?" *New York Times*, May 27, 2013.

13. G. Easterbrook, "We're All Gonna Die!" *Wired*, July 1, 2003.

14. P. Ball, "Gamma-Ray Burst Linked to Mass Extinction," *Nature*, Sept. 24, 2003.

15. Denkenberger & Pearce 2015.

16. Rosen 2016.

17. D. Cox, "NASA's Ambitious Plan to Save Earth from a Supervolcano," *BBC Future*, Aug. 17, 2017, http://www.bbc.com/future/story/20170817-nasas-ambitious-plan-to-save-earth-from-a-supervolcano.

18. Deutsch 2011, p. 207.

19. "핵무기보다 위험하다."라는 주장: Tweeted in Aug. 2014, A. Elkus, "Don't Fear Artificial

Intelligence," *Slate*, Oct. 31, 2014에서 인용. "인류의 종말": R. Cellan-Jones, "Stephen Hawking Warns Artificial Intelligence Could End Mankind," *BBC News*, Dec. 2, 2014 에서 인용. http://www.bbc.com/news/technology-30290540.

20. 가장 많이 인용되는 인공 지능 연구자 100명을 대상으로 한 2014년 조사에서, 단 8퍼센트만이 고도의 인공 지능이 "실존적 재앙"의 위협이 될 수 있다고 두려워했다. Müller & Bostrom 2014. 인공 지능 전문가 중에 잘 알려진 회의주의자와 그 문헌은 다음과 같다. Paul Allen (2011), Rodney Brooks (2015), Kevin Kelly (2017), Jaron Lanier (2014), Nathan Myhrvold (2014), Ramez Naam (2010), Peter Norvig (2015), Stuart Russell (2015), and Roger Schank (2015). 회의주의적인 심리학자와 생물학자는 다음과 같다. Roy Baumeister (2015), Dylan Evans (2015), Gary Marcus (2015), Mark Pagel (2015), and John Tooby (2015). 또한 A. Elkus, "Don't Fear Artificial Intelligence," *Slate*, Oct. 31, 2014; M. Chorost, "Let Artificial Intelligence Evolve," *Slate*, April 18, 2016을 보라.

21. 지능에 대한 현대 과학적 이해: Pinker 1997/2009, chap. 2; Kelly 2017.

22. 품: Hanson & Yudkowsky 2008.

23. 기술 전문가 케빈 켈리도 최근에 같은 주장을 했다. Kelly 2017.

24. 장치로서의 지능: Brooks 2015; Kelly 2017; Pinker 1997/2009, 2007a; Tooby 2015.

25. 인공 지능은 무어의 법칙을 따르지 않는다는 생각: Allen 2011; Brooks 2015; Deutsch 2011; Kelly 2017; Lanier 2014; Naam 2010. Lanier 2014. 그리고 Brockman 2015의 논평가 중 다수도 이렇게 주장한다.

26. 인공 지능 연구자 대 인공 지능 과대 선전: Brooks 2015; Davis & Marcus 2015; Kelly 2017; Lake et al. 2017; Lanier 2014; Marcus 2016; Naam 2010; Schank 2015. 앞의 주 25 도 볼 것.

27. 현용 인공 지능의 취약성: Brooks 2015; Davis & Marcus 2015; Lanier 2014; Marcus 2016; Schank 2015.

28. Naam 2010.

29. 로봇이 우리를 종이 클립으로 만들어 버리는 문제와 다른 가치 정렬 문제: Bostrom 2016; Hanson & Yudkowsky 2008; Omohundro 2008; Yudkowsky 2008; P. Torres, "Fear Our New Robot Overlords: This Is Why You Need to Take Artificial Intelligence Seriously," *Salon*, May 14, 2016.

30. 우리가 종이 클립으로 바뀌지 않는 이유: B. Hibbard, "Reply to AI Risk," http://www.ssec.wisc.edu/~billh/g/AIRisk_Reply.html; R. Loosemore, "The Maverick Nanny with a Dopamine Drip: Debunking Fallacies in the Theory of AI Motivation," *Institute for Ethics and Emerging Technologies*, July 24, 2014, http://ieet.org/index.php/IEET/more/

loosemore20140724; A. Elkus, "Don't Fear Artificial Intelligence," *Slate*, Oct. 31, 2014; R. Hanson, "I Still Don't Get Foom," *Humanity+*, July 29, 2014, http://hplusmagazine. com/2014/07/29/i-still-dont-get-foom/; Hanson & Yudkowsky 2008. Kelly 2017와 앞의 주 26과 27도 볼 것.

31. J. Bohannon, "Fears of an AI Pioneer," *Science*, July 17, 2016에서 인용.

32. Brynjolfsson & McAfee 2015에서 인용

33. 자율 주행차의 현황: Brooks 2016.

34. 로봇과 일자리: Brynjolfsson & McAfee 2016; 9장 주 67과 68도 볼 것.

35. 이 내기는 "Long Bets" Web site, http://longbets.org/9에 소개되어 있다.

36. 컴퓨터 보안 개선 작업: Schneier 2008; B. Schneier, "Lessons from the Dyn DDoS Attack," *Schneier on Security*, Nov. 1, 2016, https://www.schneier.com/blog/ archives/2016/11/lessons_from_th_5.html.

37. 생화학 무기 보호 수단 강화: Bradford Project on Strengthening the Biological and Toxin Weapons Convention, http://www.bradford.ac.uk/acad/sbtwc/.

38. 바이오테러를 막는 전염병 대비: Carlson 2010. 유행병에 대한 대비: Bill & Melinda Gates Foundation, "Preparing for Pandemics," http://nyti.ms/256CNNc; World Health Organization 2016b.

39. 표준적인 대테러 조치: Mueller 2006, 2010a; Mueller & Stewart 2016a; Schneier 2008.

40. Kelly 2010, 2013.

41. 2017년 5월 21일에 이루어진 개인적인 대화. Kelly 2013, 2016도 볼 것.

42. 상해 및 살해 공격의 용이성: Branwen 2016.

43. Branwen 2016은 1억 5000만 달러에서 15억 달러에 이르는 피해를 낳은 제품 판매 방해 행위(product sabotage)의 실제 사례들을 목록으로 정리해 소개하고 있다.

44. B. Schneier, "Where Are All the Terrorist Attacks?" *Schneier on Security*, https://www. schneier.com/essays/archives/2010/05/where_are_all_the_te.html. 비슷한 주장들: Mueller 2004b; M. Abrahms, "A Few Bad Men: Why America Doesn't Really Have a Terrorism Problem," *Foreign Policy*, April 17, 2013.

45. 테러리스트는 대부분 멍청이: Mueller 2006; Mueller & Stewart 2016a, chap. 4; Branwen 2016; M. Abrahms, "Does Terrorism Work as a Political Strategy? The Evidence Says No," *Los Angeles Times*, April 1, 2016; J. Mueller & M. Stewart, "Hapless, Disorganized, and Irrational: What the Boston Bombers Had in Common with Most Would-Be Terrorists," *Slate*, April 22, 2013; D. Kenner, "Mr. Bean to Jihadi John," *Foreign Policy*, Sept. 12, 2014.

46. D. Adnan & T. Arango, "Suicide Bomb Trainer in Iraq Accidentally Blows Up His Class," *New York Times*, Feb. 10, 2014.

47. "Saudi Suicide Bomber Hid IED in His Anal Cavity," *Homeland Security News Wire*, Sept. 9, 2009, http://www.homelandsecuritynewswire.com/saudi-suicide-bomber-hid-ied-his-anal-cavity.

48. 테러리즘 무용론: Abrahms 2006, 2012; Branwen 2016; Cronin 2009; Fortna 2015; Mueller 2006; Mueller & Stewart 2010; 앞의 주 45도 볼 것. 범죄 성향 및 사이코패스 성향과 음의 상관 관계가 있는 IQ: Beaver, Schwartz, et al. 2013; Beaver, Vaughn, et al. 2012; de Ribera, Kavish, & Boutwell 2017.

49. 대규모 테러 계획이 가진 위험: Mueller 2006.

50. 국가 차원의 지원이 필요한 사이버 범죄: B. Schneier, "Someone Is Learning How to Take Down the Internet," *Lawfare*, Sept. 13, 2016.

51. 사이버 전쟁에 대한 회의론: Lawson 2013; Mueller & Friedman 2014; Rid 2012; B. Schneier, "Threat of 'Cyberwar' Has Been Hugely Hyped," *CNN.com*, July 7, 2010, http://www.cnn.com/2010/OPINION/07/07/schneier.cyberwar.hyped/; E. Morozov, "Cyber-Scare: The Exaggerated Fears over Digital Warfare," *Boston Review*, July/Aug. 2009; E. Morozov, "Battling the Cyber Warmongers," *Wall Street Journal*, May 8, 2010; R. Singel, "Cyberwar Hype Intended to Destroy the Open Internet," *Wired*, March 1, 2010; R. Singel, "Richard Clarke's Cyberwar: File Under Fiction," *Wired*, April 22, 2010; P. W. Singer, "The Cyber Terror Bogeyman," *Brookings*, Nov. 1, 2012, https://www.brookings.edu/articles/the-cyber-terror-bogeyman/.

52. 앞의 주에서 인용한 슈나이어의 논문에서.

53. 사회의 복원력: Lawson 2013; Quarantelli 2008.

54. Quarantelli 2008, p. 899.

55. 재난에도 붕괴되지 않는 사회들: Lawson 2013; Quarantelli 2008.

56. 현대 사회의 복원력: Lawson 2013.

57. 생물학전과 생물학 테러: Ewald 2000; Mueller 2006.

58. 극장 테러리즘: Abrahms 2006; Branwen 2016; Cronin 2009; Ewald 2000; Y. N. Harari, "The Theatre of Terror," *The Guardian*, Jan. 31, 2015.

59. 병원균의 독성 및 전염성의 진화: Ewald 2000; Walther & Ewald 2004.

60. 생물학 테러의 회소성: Mueller 2006; Parachini 2003.

61. 2016년 12월 27일에 이루어진 폴 이월드와의 개인적인 대화.

62. Kelly 2013의 논평. Carlson 2010에 있는 주장들을 요약한 것이다.

63. 새로운 항생제: Meeske et al. 2016; Murphy, Zeng, & Herzon 2017; Seiple et al. 2016. 잠재적으로 위험한 병원균 확인: Walther & Ewald 2004.

64. 에볼라 백신: Henao-Restrepo et al. 2017. 유행병 재앙에 대한 잘못된 예측: Norberg 2016; Ridley 2010; M. Ridley, "Apocalypse Not: Here's Why You Shouldn't Worry About End Times," *Wired*, Aug. 17, 2012; D. Bornstein & T. Rosenberg, "When Reportage Turns to Cynicism," *New York Times*, Nov. 14, 2016.

65. 마틴 리스와의 내기: http://longbets.org/9/.

66. 핵무기 현황: Evans, Ogilvie-White, & Thakur 2015; Federation of American Scientists (undated); Rhodes 2010; Scoblic 2010.

67. 세계 핵무기 비축 현황: Kristensen & Norris 2016a; 앞의 주 113도 볼 것.

68. 핵겨울: Robock & Toon 2012; A. Robock & O. B. Toon, "Let's End the Peril of a Nuclear Winter," *New York Times*, Feb. 11, 2016. 핵겨울/핵가을 논쟁사: Morton 2015.

69. 종말의 날 시계: *Bulletin of the Atomic Scientists* 2017.

70. Eugene Rabinowitch, Mueller 2010a, p. 26에서 인용.

71. 종말의 날 시계: *Bulletin of the Atomic Scientists*, "A Timeline of Conflict, Culture, and Change," Nov. 13, 2013, http://thebulletin.org/multimedia/timeline-conflict-culture-and-change.

72. Mueller 1989, p. 98에서 인용.

73. Mueller 1989, p. 271, note 2에서 인용.

74. Snow 1961, p. 259.

75. 1976년 7월 하버드 대학교 문리 대학원 입학생들에게 한 연설.

76. Mueller 1989, p. 271, note 2에서 인용.

77. 간신히 빗겨나간 사건 목록: Future of Life Institute 2017; Schlosser 2013; Union of Concerned Scientists 2015a.

78. Union of Concerned Scientists, "To Russia with Love," http://www.ucsusa.org/nuclear-weapons/close-calls#.WGQC1lMrJEY.

79. 간신히 빗겨나간 사건 목록에 대한 회의론: Mueller 2010a; J. Mueller, "Fire, Fire (Review of E. Schlosser's 'Command and Control')," *Times Literary Supplement*, March 7, 2014.

80. 구글 엔그램 뷰어(Google Ngram Viewer, https://books.google.com/ngrams)의 조사에 따르면, 2008년(제시된 가장 최근 연도)까지 출간된 책에서 핵전쟁에 관한 언급이 인종 차별, 테러, 불평등에 관한 언급의 10배 내지 20배였다고 한다. 현대 미국 영어 말뭉치(Corpus of Contemporary American English, http://corpus.byu.edu/coca/)의 조사에 따르면, 2015년 미국 신문에서 핵전쟁은 100만 단어당 0.65번 출현했고, 그에 비해 불평

등은 13.13번, 인종 차별은 19.5번, 테러는 30.93번 출현했다고 한다.

81. Morton 2015, p. 324에서 인용.

82. 안전 보장 이사회에 보낸 2003년 4월 17일자 편지, 그가 유엔 미국 대사로 있을 때 쓴 것이다. Mueller 2012에서 인용.

83. 테러 예측 수집: Mueller 2012.

84. Warren B. Rudman, Stephen E. Flynn, Leslie H. Gelb, and Gary Hart, Dec. 16, 2004, Mueller 2012에서 전재.

85. Boyer 1985/2005, p. 72에서 인용.

86. 위협 전술의 반전: Boyer 1986.

87. 《원자 과학자 회보》 1951년도 사설. Boyer 1986에서 인용.

88. 행동의 동기: Sandman & Valenti 1986. 기후 변화에 대한 비슷한 견해로는 10장 주 55를 볼 것.

89. Mueller 2016에서 인용.

90. Mueller 2016에서 인용. 핵 형이상학이라는 용어는 정치 과학자 로버트 존슨(Robert Johnson)이 만들었다.

91. 조약 없는 군축: Kristensen & Norris 2016a; Mueller 2010a.

92. 0에 가까운 확률: Welch & Blight 1987-88, p. 27; see also Blight, Nye, & Welch 1987, p. 184; Frankel 2004; Mueller 2010a, pp. 38-40, p. 248, notes 31-33.

93. 사고 예방 기능을 가진 핵안보의 특성: Mueller 2010a, pp. 100-102; Evans, Ogilvie-White, & Thakur 2015, p. 56; J. Mueller, "Fire, Fire (Review of E. Schlosser's 'Command and Control')," *Times Literary Supplement*, March 7, 2014. 쿠바 미사일 위기 때 핵무기를 장착한 어뢰를 발사하려고 하는 잠수함 함장의 명령을 (구)소련 해군 장교인 바실리 아르히포프(Vasili Arkhipov)가 무시해서 "세계를 구했다."라는 유명한 이야기가 있다. 하지만 이 주장은 알렉산드르 모즈고보이(Aleksandr Mozgovoi)가 2002년에 출간한 『폭스트롯 사중주의 쿠바 삼바(*Kubinskaya Samba Kvarteta Fokstrotov*)』로 진의가 의심스러워졌음에 유의하라. 이 책에서도 그 사건 현장에 있었던 통신 장교 바딤 파블로비치 오를로프(Vadim Pavlovich Orlov)는 함장이 자발적으로 그 충동을 억제했다고 보고한다. Mozgovoi 2002. 또한 바다에서 전술 핵무기를 하나만 터뜨려도 반드시 전면전으로 확대된다는 점에 유의해야 한다. Mueller 2010a, pp. 100-102을 볼 것.

94. Union of Concerned Scientists 2015a.

95. 제1차 세계 대전이 끝나고 나서 화학 무기가 금지된 이후의 역사를 살펴보면, 우연한 한 번의 사용이 자동적으로 점차 번져서 상호전이 되지는 않으리라는 것을 알 수 있다. Pinker 2011, pp. 273-74을 볼 것.

96. 핵무기 증식에 대한 예언: Mueller 2010a, p. 90; T. Graham, "Avoiding the Tipping Point," *Arms Control Today*, 2004, https://www.armscontrol.org/act/2004_11/BookReview. 증식의 부재: Bluth 2011; Sagan 2009b, 2010.

97. 핵무기 포기 선언: Sagan 2009b, 2010; 2016년 12월 30일에 이루어진 개인적 대화; Pinker 2011, pp. 272-73을 볼 것.

98. Evans 2015.

99. Pinker 2013a에서 인용.

100. 비행기를 이용한 독가스 살포: Mueller 1989. 지구 물리학적 전쟁: Morton 2015, p. 136.

101. 일본을 항복하게 만든 것은 히로시마가 아니라 (구)소련: Berry et al. 2010; Hasegawa 2006; Mueller 2010a; Wilson 2007.

102. 핵무기에게 노벨상을: 엘스페스 로스토(Elspeth Rostow, 1917~2007년)의 제안, Pinker 2011, p. 268에서 인용. 핵무기의 약한 억지력: Pinker 2011, p. 269; Berry et al. 2010; Mueller 2010a; Ray 1989.

103. 핵무기 관련 금기: Mueller 1989; Sechser & Fuhrmann 2017; Tannenwald 2005; Ray 1989, pp. 429-31; Pinker 2011, chap. 5, "Is the Long Peace a Nuclear Peace?" pp. 268-78.

104. 재래식 무기의 전쟁 억지 효과: Mueller 1989, 2010a.

105. 핵무기 보유국과 무장 강도 대처: Schelling 1960.

106. Berry et al. 2010, pp. 7-8.

107. George Shultz, William Perry, Henry Kissinger, & Sam Nunn, "A World Free of Nuclear Weapons," *Wall Street Journal*, Jan. 4, 2007; William Perry, George Shultz, Henry Kissinger, & Sam Nunn, "Toward a Nuclear-Free World," *Wall Street Journal*, Jan. 15, 2008.

108. "Remarks by President Barack Obama in Prague as Delivered," White House, April 5, 2009, https://obamawhitehouse.archives.gov/the-press-office/remarks-president-barack-obama-prague-delivered.

109. United Nations Office for Disarmament Affairs (undated).

110. 글로벌 제로에 대한 여론: Council on Foreign Relations 2009.

111. 글로벌 제로 실현 가능성: Global Zero Commission 2010.

112. 글로벌 제로 회의론: H. Brown & J. Deutch, "The Nuclear Disarmament Fantasy," *Wall Street Journal*, Nov. 19, 2007; Schelling 2009.

113. 미국 국방부는 2015년 미국에는 핵무기가 4,571기 있다고 보고했다. (United States Department of Defense 2016) 미국 과학자 연맹(Federation of American Scientists)의

계산에 따르면, 핵탄두 약 1,700기가 탄도탄에 장착되어 있거나 폭탄 기지에 배치되어 있고, 유럽에 배치된 전술 핵폭탄은 180기이며, 2,700기는 창고에 있다. (비축량이란 용어는 배치된 미사일과 저장된 미사일을 모두 가리키지만, 때로는 저장된 것만을 가리키기도 한다.) 그 외에도 약 2,340개의 핵탄두가 은퇴해서 해체를 기다리고 있다. Kristensen & Norris 2016b, updated in Kristensen 2016.

114. A. E. Kramer, "Power for U.S. from Russia's Old Nuclear Weapons," *New York Times*, Nov. 9, 2009.

115. 미국 과학자 연맹은 2015년 러시아의 핵 비축량을 핵탄두 4,500기로 추산한다. (Kristensen & Norris 2016b) 신 전략 무기 감축 협정: Woolf 2017.

116. 무기 현대화와 핵무기 감축: Kristensen 2016.

117. 핵무기 보유량: Kristensen 2016의 추산. 핵무기 보유량에는 배치되었거나 저장된 상태에서 배치할 수 있는 핵탄두가 포함되고, 은퇴한 핵탄두와 그 나라의 발사대에서 배치할 수 없는 폭탄은 제외한다.

118. 핵무기 신규 보유국: Sagan 2009b, 2010; 2016년 12월 30일에 이루어진 개인적인 대화; Pinker 2011, pp. 272–73도 볼 것. 핵융합 물질 보유국 감소: "Sam Nunn Discusses Today's Nuclear Risks," Foreign Policy Association blogs, http://foreignpolicyblogs.com/2016/04/06/sam-nunn-discusses-todays-nuclear-risks/.

119. 조약 없는 군축: Kristensen & Norris 2016a; Mueller 2010a.

120. GRIT: Osgood 1962.

121. 작은 보유량, 핵겨울 가능성 소멸: A. Robock & O. B. Toon, "Let's End the Peril of a Nuclear Winter," *New York Times*, Feb. 11, 2016. 저자들은 미국의 보유량을 핵탄두 1,000기로 줄이라고 권하지만, 이것으로 핵겨울의 가능성이 사라진다고는 말하지 않는다. 200이라는 숫자는 앨런 로복(Alan Robock, 1949년~)이 2016년 4월 2일에 MIT에서 한 발표에서 언급했다. "Climatic Consequences of Nuclear War," http://futureoflife.org/wp-content/uploads/2016/04/Alan_Robock_MIT_April2.pdf.

122. 존재하지 않는 헤어 트리거: Evans, Ogilvie-White, & Thakur 2015, p. 56.

123. 경고 즉시 발사에 대한 반대: Evans, Ogilvie-White, & Thakur 2015; J. E. Cartwright & V. Dvorkin, "How to Avert a Nuclear War," *New York Times*, April 19, 2015; B. Blair, "How Obama Could Revolutionize Nuclear Weapons Strategy Before He Goes," *Politico*, June 22, 2016; 긴 도화선: Brown & Lewis 2013.

124. 핵무기의 헤어 트리거 제거: Union of Concerned Scientists 2015b.

125. 선제 사용 포기: Sagan 2009a; J. E. Cartwright & B. G. Blair, "End the First-Use Policy for Nuclear Weapons," *New York Times*, Aug. 14, 2016. 선제 사용 포기를 반대하는 주장

에 대한 반박: Global Zero Commission 2016; B. Blair, "The Flimsy Case Against No-First-Use of Nuclear Weapons," *Politico*, Sept. 28, 2016.

126. 조약의 점증적 확대: J. G. Lewis & S. D. Sagan, "The Common-Sense Fix That American Nuclear Policy Needs," *Washington Post*, Aug. 24, 2016.

127. D. Sanger & W. J. Broad, "Obama Unlikely to Vow No First Use of Nuclear Weapons," *New York Times*, Sept. 5, 2016.

20장 진보의 미래

1. 이 단락에서 사용된 데이터는 모두 이 책의 5~19장에서 가져온 것이다.

2. 하락 비율은 모두 20세기의 정점 대비 비율이다.

3. 전쟁이 특별히 순환적이지 않다는 증거로는, Pinker 2011, p. 207를 보라.

4. *Review of Southey's Colloquies on Society*에서, Ridley 2010, chap. 1에서 인용.

5. 다음을 볼 것: 8장과 16장 끝에 있는 참고 문헌; 10, 15, 18장.

6. 1961년부터 1973년까지의 평균; World Bank 2016c.

7. 1974년부터 2015년까지의 평균: World Bank 2016c. 이 두 기간에 미국의 평균 성장률은 각각 3.3퍼센트와 1.7퍼센트이다.

8. 총요소 생산성(total factor productivity)의 추산치, Gordon 2014, fig. 1.에서 인용.

9. 장기 침체 가설: Summers 2014b, 2016. 분석과 논평으로는 Teulings & Baldwin 2014을 볼 것.

10. 누구도 알지 못하는 문제: M. Levinson, "Every US President Promises to Boost Economic Growth. The Catch: No One Knows How," *Vox*, Dec. 22, 2016; G. Ip, "The Economy's Hidden Problem: We're Out of Big Ideas," *Wall Street Journal*, Dec. 20, 2016; Teulings & Baldwin 2014.

11. Gordon 2014, 2016.

12. 미국의 마력: Cowen 2017; Glaeser 2014; F. Erixon & B. Weigel, "Risk, Regulation, and the Innovation Slowdown," *Cato Policy Report*, Sept./Oct. 2016; G. Ip, "The Economy's Hidden Problem: We're Out of Big Ideas," *Wall Street Journal*, Dec. 20, 2016.

13. World Bank 2016c. 지난 55년간 미국의 1인당 GDP는 8년을 제외하고 꾸준히 상승했다.

14. 기술 발전의 수면자 효과: G. Ip, "The Economy's Hidden Problem: We're Out of Big Ideas," *Wall Street Journal*, Dec. 20, 2016; Eichengreen 2014.

15. 풍요의 시대를 만든 기술 발전: Brand 2009; Bryce 2014; Brynjolfsson & McAfee 2016; Diamandis & Kotler 2012; Eichengreen 2014; Mokyr 2014; Naam 2013; Reese 2013.

16. 에즈라 클라인(Ezra Klein)과의 인터뷰: "Bill Gates: The Energy Breakthrough That

Will 'Save Our Planet' Is Less Than 15 Years Away," *Vox*, Feb. 24, 2016, http://www.vox. com/2016/2/24/11100702/billgates energy. 게이츠는 무심결에 "1940년에 나온 『평화가 싹트다』라는 책"을 언급했다. 나는 그가 노먼 앤젤(Norman Angell)의 『거대한 망상(*The Great Illusion*)』을 말한 것이라고 추측하고 있다. 이 책은 흔히들 제1차 세계 대전 전야에 전쟁은 불가능하다고 예언한 책으로 잘못 기억되고 있다. 이 팸플릿은 1909년에 처음 나왔고, 전쟁은 폐기되었다가 아니라 이득이 안 된다고 주장했다.

17. Diamandis & Kotler 2012, p. 11.

18. 양심의 가책을 받지 않아도 되는 화석 연료 발전: Service 2017.

19. Jane Langdale, "Radical Ag: C4 Rice and Beyond," Seminars About Long-Term Thinking, Long Now Foundation, March 14, 2016.

20. 2차 기계 시대: Brynjolfsson & McAfee 2016. Diamandis & Kotler 2012도 볼 것.

21. Mokyr 2014, p. 88; 다음도 볼 것. Feldstein 2017; T. Aeppel, "Silicon Valley Doesn't Believe U.S. Productivity Is Down," *Wall Street Journal*, July 16, 2015; K. Kelly, "The Post-Productive Economy," *The Technium*, Jan. 1, 2013.

22. 탈화폐화: Diamandis & Kotler 2012.

23. G. Ip, "The Economy's Hidden Problem: We're Out of Big Ideas," *Wall Street Journal*, Dec. 20, 2016.

24. 권위주의적 포퓰리즘: Inglehart & Norris 2016; Norris & Inglehart 2016. 이 책의 23장도 볼 것.

25. Norris & Inglehart 2016.

26. 선거 기간 동안 트럼프의 역사: J. Fallows, "The Daily Trump: Filling a Time Capsule," *The Atlantic*, Nov. 20, 2016, http://www.theatlantic.com/notes/2016/11/on-the-future-of-the-time-capsules/508268/. 대통령 임기 초반 트럼프의 역사: E. Levitz, "All the Terrifying Things That Donald Trump Did Lately," *New York*, June 9, 2017.

27. "Donald Trump's File," *PolitiFact*, http://www.politifact.com/personalities/donald-trump/. 다음 문헌도 볼 것. D. Dale, "Donald Trump: The Unauthorized Database of False Things," *The Star*, Nov. 4, 2016는 그가 두 달 동안에 한 틀린 주장 560개를 열거한다. 하루에 약 20건이다. M. Yglesias, "The Bullshitter-in-Chief," *Vox*, May 30, 2017; and D. Leonhardt & S. A. Thompson, "Trump's Lies," *New York Times*, June 23, 2017.

28. SF 소설 작가 필립 케이 딕(Philip K. Dick)의 문구, "Reality is that which, when you stop believing in it, doesn't go away.", 즉 "현실은 당신이 더 이상 믿지 않는다고 해도 사라지지 않는다."를 차용한 것이다.

29. Kinzer, "The Enlightenment Had a Good Run," *Boston Globe*, Dec. 23, 2016.

30. 오바마의 지지율: J. McCarthy, "President Obama Leaves White House with 58퍼센트 Favorable Rating," *Gallup*, Jan. 16, 2017, http://www.gallup.com/poll/202349/president-obama-leaves-white-house-favorable-rating.aspx. 퇴임사: 오바마는 "'계몽주의 정신에서 태어난' 우리의 건국의 아버지들을 이끈 혁신과 실용적인 문제 해결"이라고 말했다. 그는 계몽주의 정신을 "이성, 사업가 정신, 정의가 권력보다 위에 있다는 믿음"으로 정의했다. ("President Obama's Farewell Address, Jan. 10, 2017," The White House, http://www.cnn.com/2017/01/10/politics/president-obama-farewell-speech/index.html.)

31. 트럼프의 지지율: J. McCarthy, "Trump's Pre-Inauguration Favorables Remain Historically Low," *Gallup*, Jan. 16, 2017; "How Unpopular Is Donald Trump?" *FiveThirtyEight*, https://projects.fivethirtyeight.com/trump-approval-ratings/; "Presidential Approval Ratings—Donald Trump," *Gallup*, Aug. 25, 2017.

32. G. Aisch, A. Pearce, & B. Rousseau, "How Far Is Europe Swinging to the Right?" *New York Times*, Dec. 5, 2016. 국회 의원 선거를 추적한 20개 나라 중에서 우파 정당이 이전 선거보다 더 많은 의석을 차지한 나라는 9개국, 감소한 나라는 9개국, 1석도 차지하지 못한 나라는 2개국(스페인과 포르투갈)이다.

33. A. Chrisafis, "Emmanuel Macron Vows Unity After Winning French Presidential Election," *The Guardian*, May 8, 2017.

34. 2016년 《뉴욕 타임스》의 미국 대선 출구 조사. N. Carnes & N. Lupu, "It's Time to Bust the Myth: Most Trump Voters Were Not Working Class," *Washington Post*, June 5, 2017. 다음 주 35와 36의 참고 문헌도 볼 것.

35. N. Silver, "Education, Not Income, Predicted Who Would Vote for Trump," *FiveThirtyEight*, Nov. 22, 2016, http://fivethirtyeight.com/features/education-not-income-predicted-who-would-vote-for-trump/; N. Silver, "The Mythology of Trump's 'Working Class' Support: His Voters Are Better Off Economically Compared with Most Americans," *FiveThirtyEight*, May 3, 2016, https://fivethirtyeight.com/features/the-mythology-of-trumps-working-class-support/. 갤럽 여론 조사의 확인: J. Rothwell, "Economic Hardship and Favorable Views of Trump," *Gallup*, July 22, 2016, http://www.gallup.com/opinion/polling-matters/193898/economic-hardship-favorable-views-trump.aspx.

36. N. Silver, "Strongest correlate I've found for Trump support is Google searches for then-word. Others have reported this too," *Twitter*, https://twitter.com/natesilver538/status/703975062500732932?lang=en; N. Cohn, "Donald Trump's Strongest Supporters: A Certain Kind of Democrat," *New York Times*, Dec. 31, 2015; Stephens-Davidowitz 2017.

다음 문헌도 볼 것. G. Lopez, "Polls Show Many — Even Most — Trump Supporters Really Are Deeply Hostile to Muslims and Nonwhites," *Vox*, Sept. 12, 2016.

37. 출구 조사 결과: *New York Times* 2016.

38. 유럽의 포퓰리즘: Inglehart & Norris 2016.

39. Inglehart & Norris 2016; 그들의 모형 C(Model C)에 기초한 것이다. 모형 C는 저자들이 보증하듯이, 가장 적합한 예측 인자와 최소한의 예측 인자가 조합된 모형이다.

40. A. B. Guardia, "How Brexit Vote Broke Down," *Politico*, June 24, 2016.

41. Inglehart & Norris 2016, p. 4.

42. I. Lapowsky, "Don't Let Trump's Win Fool You — America's Getting More Liberal," *Wired*, Dec. 19, 2016에서 인용.

43. 여러 나라의 포퓰리즘 정당: Inglehart & Norris 2016; G. Aisch, A. Pearce, & B. Rousseau, "How Far Is Europe Swinging to the Right?" *New York Times*, Dec. 5, 2016.

44. 세력 약한 대안 우파 운동: Alexander 2016. 세스 스티븐스다비도위츠는 가장 유명한 백인 민족주의 인터넷 광장인 '스톰프런트(Stormfront)'의 구글 검색이 2008년 이후로 꾸준히 하락하고 있다고 지적한다. (뉴스와 관련된 경우 제외)

45. 젊을 때는 리버럴, 늙으면 보수주의자라는 밈: G. O'Toole, "If You Are Not a Liberal at 25, You Have No Heart. If You Are Not a Conservative at 35 You Have No Brain," *Quote Investigator*, Feb. 24, 2014, http://quoteinvestigator.com/2014/02/24/heart-head/; B. Popik, "If You're Not a Liberal at 20 You Have No Heart, If Not a Conservative at 40 You Have No Brain," *BarryPopik.com*, http://www.barrypopik.com/index.php/new_york_city/entry/if_youre_not_a_liberal_at_20_you_have_no_heart_if_not_a_conservative_at_40. 46. Ghitza & Gelman 2014; Kohut et al. 2011; Taylor 2016a, 2016b도 볼 것.

46. Ghitza & Gelman 2014; 또한 다음을 보라. Kohut et al. 2011; Taylor 2016a, 2016b.

47. 물리학자 막스 플랑크(Max Planck)의 말을 어설프게 패러디했다.

48. 투표율: H. Enten, "Registered Voters Who Stayed Home Probably Cost Clinton the Election," *FiveThirtyEight*, Jan. 5, 2017, https://fivethirtyeight.com/features/registered-voters-who-stayed-home-probably-cost-clinton-the-election/. A. Payne, "Brits Who Didn't Vote in the EU Referendum Now Wish They Voted Against Brexit," *Business Insider*, Sept. 23, 2016. A. Rhodes, "Young People — If You're So Upset by the Outcome of the EU Referendum, Then Why Didn't You Get Out and Vote?" *The Independent*, June 27, 2016.

49. Publius Decius Mus 2016. 「도널드 트럼프를 위한 아나키스트: 제국을 불태워라

(Anarchists for Donald Trump — Let the Empire Burn)」를 필명으로 쓴 마이클 앤톤 (Michael Anton)이 2017년에 트럼프 행정부의 국가 안전 보장 행정관으로 취임했다.

50. C. R. Ketcham, "Anarchists for Donald Trump — Let the Empire Burn," *Daily Beast*, June 9, 2016, http://www.thedailybeast.com/articles/2016/06/09/anarchists-for-donald-trump-let-the-empire-burn.html.

51. D. Bornstein & T. Rosenberg도 비슷한 주장을 했다. "When Reportage Turns to Cynicism," *New York Times*, Nov. 15, 2016, 4장에서 인용.

52. Berlin 1988/2013, p. 15.

53. 개인적인 교신에서 발췌했다. Kelly 2016, pp. 13-14의 구절을 차용한 것이다.

54. "비관주의적 희망"은 언론인 유발 레빈(Yuval Levin)에게서 빌려왔다. (Levin 2017) "급진적 점진주의"는 원래 정치 과학자 애런 와일대브스키(Aaron Wildavsky)의 말로, 최근에 Halpern & Mason 2015에서 부활했다.

55. 가능주의라는 말은 과거에 경제학자 앨버트 허시먼(Albert Hirschman)이 만든 것이다. (Hirschman 1971) 로슬링의 글은 "Making Data Dance," *The Economist*, Dec. 9, 2010에서 인용했다.

21장 이성

1. 최근의 사례(심리학자들의 사례는 아님): J. Gray, "The Child-Like Faith in Reason," *BBC News Magazine*, July 18, 2014; C. Bradatan, "Our Delight in Destruction," *New York Times*, March 27, 2017.

2. Nagel 1997, pp. 14-15. "One can't criticize something with nothing": p. 20.

3. 선험 논증: Bardon (undated).

4. 네이글은 "너무 많은 고려"란 구절의 출처를 철학자 버나드 윌리엄스(Bernard Williams)로 돌리는데, (Nagel 1997, p. 35) 윌리엄스는 이 개념을 다르게 사용했다. "이성을 믿는 것"이 왜 너무 많은 고려인지 그리고 왜 명시적인 연역이 어디선가 중단되어야 하는지에 대한 더 자세한 설명으로는, Pinker 1997/2009, pp. 98-99를 보라.

5. 2장의 주 22~25에 있는 참고 문헌을 볼 것.

6. 1장의 주 4와 9에 있는 참고 문헌을 볼 것. 칸트의 은유는 인간의 "비사교적인 사교성"을 가리킨다. 인간은 서로의 그늘을 피해서 똑바로 자라는 무성한 숲속의 나무들과 다르다. 칸트의 말은 인간이 협력의 이점을 잘 보지 못하는 한에서 이성에 적용될 수 있는 것으로 해석되어 왔다. (이 점을 나에게 지적해 준 앤서니 패그던(Anthony Pagden)에게 감사를 표한다.)

7. 이성에 대한 선택압: Pinker 1997/2009, chaps. 2 and 5; Pinker 2010; Tooby & DeVore

1987; Norman 2016.

8. 2017년 1월 5일에 이루어진 개인적인 대화; 자세한 설명은 Liebenberg 1990, 2014를 볼 것.

9. Liebenberg 2014, pp. 191-92.

10. Shtulman 2006; Rice, Olson, & Colbert 2011도 볼 것.

11. 종교적 심성을 테스트하는 데 사용된 진화 교과: Roos 2014.

12. Kahan 2015.

13. 기후 과학에 대한 소양: Kahan 2015; Kahan, Wittlin, et al. 2011. 오존층 구멍, 유독 폐기물, 기후 변화: Bostrom et al. 1994.

14. Pew Research Center 2015b; Jones, Cox, & Navarro-Rivera 2014에도 이와 비슷한 데이터가 있다.

15. 케이헌의 연구: Braman et al. 2007; Eastop 2015; Kahan 2015; Kahan, Jenkins-Smith, & Braman 2011; Kahan, Jenkins-Smith, et al. 2012; Kahan, Wittlin, et al. 2011.

16. Kahan, Wittlin, et al. 2011, p. 15.

17. 믿음 공유지의 비극: Kahan 2012; Kahan, Wittlin, et al. 2011. 케이헌은 이것을 "위험-인지 공유지의 비극(Tragedy of the Risk-Perception Commons)"이라고 부른다.

18. A. Marcotte, "It's Science, Stupid: Why Do Trump Supporters Believe So Many Things That Are Crazy and Wrong?" *Salon*, Sept. 30, 2016.

19. 파란 거짓말: J. A. Smith, "How the Science of 'Blue Lies' May Explain Trump's Support," *Scientific American*, March 24, 2017.

20. Tooby 2017.

21. 동기를 가진 추론: Kunda 1990. 우리 편 편향: Baron 1993. 편향된 평가: Lord, Ross, & Lepper 1979; Taber & Lodge 2006. 이에 대한 리뷰는 Mercier & Sperber 2011을 볼 것.

22. Hastorf & Cantril 1954.

23. 테스토스테론과 선거: Stanton et al. 2009.

24. 편향된 증거의 효과: Lord, Ross, & Lepper 1979. 최근 연구로는 Taber & Lodge 2006 and Mercier & Sperber 2011를 볼 것.

25. 정치 참여와 스포츠 팬덤의 유사성: Somin 2016.

26. Kahan, Peters, et al. 2012; Kahan, Wittlin, et al. 2011.

27. Kahan, Braman, et al. 2009.

28. M. Kaplan, "The Most Depressing Discovery About the Brain, Ever," *Alternet*, Sept. 16, 2013, http://www.alternet.org/media/most-depressing-discovery-about-brain-ever. Study itself: Kahan, Peters, et al. 2013.

29. E. Klein, "How Politics Makes Us Stupid," *Vox*, April 6, 2014; C. Mooney, "Science

Confirms: Politics Wrecks Your Ability to Do Math," *Grist*, Sept. 8, 2013.

30. 편향 편향(실제로는 '편향 맹점(bias blind spot)'이라고 한다.): Pronin, Lin, & Ross 2002.

31. Verhulst, Eaves, & Hatemi 2016.

32. 편견 또는 편향에 대한 엄밀한 연구: Duarte et al. 2015.

33. 좌파의 경제학 소양: Buturovic & Klein 2010; Caplan 2007도 볼 것.

34. 경제 문맹 퇴치 및 축소: Klein & Buturovic 2011.

35. D. Klein, "I Was Wrong, and So Are You," *The Atlantic*, Dec. 2011.

36. Pinker 2011, chaps. 3-5를 볼 것.

37. 공산주의가 낳은 죽음: Courtois et al. 1999; Rummel 1997; White 2011; Pinker 2011, chaps. 4-5도 볼 것.

38. 사회 과학계의 마르크스주의: Gross & Simmons 2014.

39. 《월스트리트 저널》과 헤리티지 재단이 편찬한 『2016년 경제 자유 지표(*2016 Index of Economic Freedom*)』를 보면, 뉴질랜드, 캐나다, 아일랜드, 영국, 덴마크의 경제적 자유와 사회 복지비의 GDP 비율이 미국과 똑같거나 미국보다 높다. (http://www.heritage.org/index/ranking) 캐나다를 제외한 모든 나라가 사회 복지비의 GDP 비율이 미국보다 높다. (OECD 2014)

40. 우파 자유 지상주의의 문제: Friedman 1997; J. Taylor, "Is There a Future for Libertarianism?" *RealClearPolicy*, Feb. 22, 2016, http://www.realclearpolicy.com/blog/2016/02/23 /is_there_a_future_for_libertarianism_1563.html; M. Lind, "The Question Libertarians Just Can't Answer," *Salon*, June 4, 2013; B. Lindsey, "Liberaltarians," *New Republic*, Dec. 4, 2006; W. Wilkinson, "Libertarian Principles, Niskanen, and Welfare Policy," Niskanen blog, March 29, 2016, https://niskanencenter.org/blog/libertarian-principles-niskanen-and-welfare-policy/.

41. 전체주의로 가는 길: Payne 2005.

42. 미국은 GDP는 세계에서 가장 높지만, 행복감은 13위(Helliwell, Layard, & Sachs 2016), 유엔 인간 개발 지수는 8위(Roser 2016h), 사회 진보 지수는 19위(Porter, Stern, & Green 2016)로 낮다. 사회 보장 제도에 따른 사회 이전 소득이 GDP의 25~30퍼센트가 될 때까지는 인간 개발 지수를 상승시킨다는 점에 주목해야 한다. (Prados de la Escosura 2015) 미국은 사회 이전 소득이 GDP의 약 19퍼센트에 불과하다.

43. 인간과 사회에 대한 좌파와 우파의 전망: Pinker 2002/2016; Sowell 1987, chap. 16.

44. 예측에 따르는 문제: Gardner 2010; Mellers et al. 2014; Silver 2015; Tetlock & Gardner 2015; Tetlock, Mellers, & Scoblic 2017.

45. N. Silver, "Why FiveThirtyEight Gave Trump a Better Chance Than Almost Anyone

Else," *FiveThirtyEight*, Nov. 11, 2016, http://fivethirtyeight.com/features/why-fivethirtyeight-gave-trump-a-better-chance-than-almost-anyone-else/.

46. Tetlock & Gardner 2015, p. 68.

47. Tetlock & Gardner 2015, p. 69.

48. 적극적인 열린 마음: Baron 1993.

49. Tetlock 2015.

50. 정치적 편향의 증가: Pew Research Center 2014.

51. 종합 사회 조사 데이터, http://gss.norc.org, compiled in Abrams 2016.

52. Abrams 2016.

53. 대학 교수들의 정치 성향: Eagan et al. 2014; Gross & Simmons 2014; E. Schwitzgebel, "Political Affiliations of American Philosophers, Political Scientists, and Other Academics," *Splintered Mind*, http://schwitzsplinters.blogspot.hk/2008/06/political-affiliations-of-american.html. N. Kristof, "A Confession of Liberal Intolerance," *New York Times*, May 7, 2016도 볼 것.

54. 언론계의 좌편향: 2013년에 미국 언론인 중 다수는 무당파(50.2퍼센트)이거나 기타(14.6퍼센트)였고, 민주당원과 공화당원의 비율은 4 대 1이었다. Willnat & Weaver 2014, p. 11. 최근의 한 내용 분석을 보면 신문은 약간 좌로 기울었고, 독자도 마찬가지임을 알 수 있다. Gentzkow & Shapiro 2010.

55. 리버럴 대 보수주의자의 성향 차이: Sowell 1987.

56. 최전방에서 싸운 리버럴 지식인: Grayling 2007; Hunt 2007.

57. 우리는 (거의) 모두 리버럴: Courtwright 2010; Nash 2009; Welzel 2013.

58. 과학계에서의 정치적 편향: Jussim et al. 2017. 의학계에서의 정치적 편향: Satel 2000.

59. Duarte et al. 2015.

60. "Look different but think alike.", 즉 "사고 방식은 똑같지만 겉보기만 다른 다양성": 시민 운동가이자 변호사인 하비 앨런 실버글레이트(Harvey Allen Silverglate, 1942년~)의 말.

61. Duarte et al. 2015에는 32편의 비평(다수가 비판적이지만 모두 정중한 비평)과 저자의 응답이 실려 있다.『빈 서판』은 미국 심리학회의 두 부문에서 상을 받았다.

62. N. Kristof, "A Confession of Liberal Intolerance," *New York Times*, May 7, 2016; N. Kristof, "The Liberal Blind Spot," *New York Times*, May 28, 2016.

63. J. McWhorter, "Antiracism, Our Flawed New Religion," *Daily Beast*, July 27, 2015.

64. 대학 내의 반자유주의자와 사회 정의 투사: Lukianoff 2012, 2014; G. Lukianoff & J. Haidt, "The Coddling of the American Mind," *The Atlantic*, Sept. 2015; L. Jussim, "Mostly Leftist Threats to Mostly Campus Speech," *Psychology Today* blog, Nov. 23,

2015, https://www.psychologytoday.com/us/blog/rabble-rouse/201511/mostly-leftist-threats-mostly-campus-speech.

65. 공개적인 모욕: D. Lat, "The Harvard Email Controversy: How It All Began," *Above the Law*, May 3, 2010, http://abovethelaw.com/2010/05/the-harvard-email-controversy-how-it-all-began/.

66. 스탈린식 조사: Dreger 2015; A. Reese & C. Maltby, "In Her Own Words: L. Kipnis' 'Title IX Inquisition' at Northwestern," *TheFire.org*, https://www.thefire.org/in-her-own-words-laura-kipnis-title-ix-inquisition-at-northwestern-video/; 앞의 주 64도 볼 것.

67. 의도치 않은 코미디: G. Lukianoff & J. Haidt, "The Coddling of the American Mind," *The Atlantic*, Sept. 2015; C. Friedersdorf, "The New Intolerance of Student Activism," *The Atlantic*, Nov. 9, 2015; J. W. Moyer, "University Yoga Class Canceled Because of 'Oppression, Cultural Genocide,'" *Washington Post*, Nov. 23, 2015.

68. 흥이 안 나는 코미디언들: G. Lukianoff & J. Haidt, "The Coddling of the American Mind," *The Atlantic*, Sept. 2015; T. Kingkade, "Chris Rock Stopped Playing Colleges Because They're 'Too Conservative,'" *Huffington Post*, Dec. 2, 2014. 2015년에 공개된 다큐멘터리 「우리는 농담할 수 있을까?(Can We Take a Joke?)」도 볼 것.

69. 학계 의견의 다양성: Shields & Dunn 2016.

70. 첫 버전의 저자는 새뮤얼 존슨(Samuel Johnson)이다. 다음 문헌을 볼 것. G. O'Toole, "Academic Politics Are So Vicious Because the Stakes Are So Small," *Quote Investigator*, Aug. 18, 2013, http://quoteinvestigator.com/2013/08/18/acad-politics/.

71. 극단주의자, 반민주적 공화당원: Mann & Ornstein 2012/2016.

72. 민주주의에 대한 냉소: Foa & Mounk 2016; Inglehart 2016.

73. 심지어 보수주의자들도 우익의 반지성주의를 개탄해 왔다. 찰리 사이크스(Charlie Sykes)의 『우파는 어떻게 정신이 나갔는가(How the Right Lost Its Mind)』(2017년)와 매트 루이스(Matt Lewis)의 『실패하기엔 너무 바보(Too Dumb to Fail)』(2016년)를 볼 것.

74. 이성이 중심이라는 생각: Nagel 1997; Norman 2016.

75. 대중의 미망과 광기: MacKay 1841/1995; K. Malik, "All the Fake News That Was Fit to Print," *New York Times*, Dec. 4, 2016도 볼 것.

76. A. D. Holan, "All Politicians Lie. Some Lie More Than Others," *New York Times*, Dec. 11, 2015.

77. 역사상 가장 치열한 분쟁들을 분석한 글에서 매슈 화이트는 이렇게 말한다. "나는 분쟁의 직접적 원인이 단순한 실수, 확인되지 않은 의심, 또는 소문인 경우가 얼마나 많은지를 알

고 놀랐다." 앞의 목록 중 처음 2개 외에도 그는 다음과 같은 것들을 포함시켰다. 제1차 세계 대전, 중일 전쟁, 7년 전쟁, 2차 위그노 전쟁, 중국 안사의 난, 인도네시아 숙청, 러시아 적백 내전: White 2011, p. 537.

78. 1965년 1월 22일 리언 바질 판사의 판결 이유: *Encyclopedia Virginia*, http://www.encyclopedia virginia.org/Opinion_of_Judge_Leon_M_Bazile_January_22_1965.

79. S. Sontag, "Some Thoughts on the Right Way (for Us) to Love the Cuban Revolution," *Ramparts*, April 1969, pp. 6-19. 손택은 동성애자들을 집으로 돌려보냈다고 주장했지만, 1960년대와 1970년대 내내 그들은 쿠바의 강제 노동 수용소로 보내졌다. 다음 문헌을 볼 것. "Concentration Camps in Cuba: The UMAP," *Totalitarian Images*, Feb. 6, 2010, http://totalitarianimages.blogspot.com/2010/02/concentration-camps-in-cuba-umap.html; J. Halatyn, "From Persecution to Acceptance? The History of LGBT Rights in Cuba," *Cutting Edge*, Oct. 24, 2012, http://www.thecuttingedgenews.com/index.php?article=76818.

80. 정서적 전환점: Redlawsk, Civettini, & Emmerson 2010.

81. 벌거벗은 임금님과 상식: Pinker 2007a; Thomas et al. 2014; Thomas, DeScioli, & Pinker 2018.

82. 일반적인 논리 오류를 잘 요약해 놓은 곳: "Thou shalt not commit logical fallacies," https://yourlogicalfallacyis.com/의 웹사이트와 포스터. 비판적 사고 커리큘럼: Willingham 2007.

83. 탈편향: Bond 2009; Gigerenzer 1991; Gigerenzer & Hoffrage 1995; Lilienfeld, Ammirati, & Landfield 2009; Mellers et al. 2014; Morewedge et al. 2015.

84. 비판적 사고 커리큘럼의 문제점: Willingham 2007.

85. 탈편향의 효과: Bond 2009; Gigerenzer 1991; Gigerenzer & Hoffrage 1995; Lilienfeld, Ammirati, & Landfield 2009; Mellers et al. 2014; Mercier & Sperber 2011; Morewedge et al. 2015; Tetlock & Gardner 2015; Willingham 2007.

86. 탈편향 보급 주장: Lilienfeld, Ammirati, & Landfield 2009.

87. 익명. P. Voosen, "Striving for a Climate Change," *Chronicle Review of Higher Education*, Nov. 3, 2014에 인용되어 있다.

88. 논쟁 개선: Kuhn 1991; Mercier & Sperber 2011, 2017; Sloman & Fernbach 2017.

89. 진실의 승리: Mercier & Sperber 2011.

90. 협력 연구: Mellers, Hertwig, & Kahneman 2001.

91. 설명적 깊이의 착각: Rozenblit & Keil 2002. 착각을 이용한 탈편향: Sloman & Fernbach 2017.

92. Mercier & Sperber 2011, p. 72; Mercier & Sperber 2017.

93. 보다 합리적인 저널리즘: Silver 2015; A. D. Holan, "All Politicians Lie. Some Lie More Than Others," *New York Times*, Dec. 11, 2015.

94. 보다 합리적인 정보 수집: Tetlock & Gardner 2015; Tetlock, Mellers, & Scoblic 2017.

95. 보다 합리적인 의학: Topol 2012.

96. 보다 합리적인 심리 치료: T. Rousmaniere, "What Your Therapist Doesn't Know," *The Atlantic*, April 2017.

97. 보다 합리적인 범죄 예방: Abt & Winship 2016; Latzer 2016.

98. 보다 합리적인 국제 개발: Banerjee & Duflo 2011. 99.

99. 보다 합리적인 이타주의: MacAskill 2015.

100. 보다 합리적인 스포츠: Lewis 2016.

101. "What Exactly Is the 'Rationality Community'?" *LessWrong*, http://lesswrong.com/lw/ov2/what_exactly_is_the_rationality_community/.

102. 보다 합리적인 통치: Haskins & Margolis 2014; Schuck 2015; Sunstein 2013; D. Leonhardt, "The Quiet Movement to Make Government Fail Less Often," *New York Times*, July 15, 2014.

103. 민주주의 대 합리성: Achen & Bartels 2016; Brennan 2016; Caplan 2007; Mueller 1999; Somin 2016.

104. 플라톤과 민주주의: Goldstein 2013.

105. Kahan, Wittlin, et al. 2011, p. 16.

106. HPV 대 B형 간염: E. Klein, "How Politics Makes Us Stupid," *Vox*, April 6, 2014.

107. 정책과 당파성: Cohen 2003.

108. 같은 진영 대변자가 주장해야 마음이 바뀐다는 사실의 증거: Nyhan 2013.

109. Kahan, Jenkins-Smith, et al. 2012.

110. 탈정치화와 관련된 플로리다 사례: Kahan 2015.

111. 시카고 방식: 1987년 영화 「언터처블(The Untouchables)」에서 숀 코너리(Sean Connery, 1930~2020년)가 연기한 짐 말론(Jim Malone)이 한 말. GRIT: Osgood 1962.

22장 과학

1. 이 사례는 Murray 2003에서 인용했다.

2. Carroll 2016, p. 426.

3. 생물 종 동정 및 명명: Costello, May, & Stork 2013. 700만이라는 추산치는 진핵생물(바이러스와 세균을 제외하고, 핵을 가진 생물)을 가리킨다.

4. 얼간이 당: 21장, 주 71과 73을 볼 것.

5. Mooney 2005; Pinker 2008b도 볼 것.

6. 라미 스미스와 하원 과학 위원회: J. D. Trout, "The House Science Committee Hates Science and Should Be Disbanded," *Salon*, May 17, 2016.

7. J. Mervis, "Updated: U.S. House Passes Controversial Bill on NSF Research," *Science*, Feb. 11, 2016.

8. 『안톤 체호프의 노트(*Note-book of Anton Chekhov*)』에서 인용. 인용문은 이렇게 이어진다. "민족적인 것은 더 이상 과학이 아니다."

9. J. Lears, "Same Old New Atheism: On Sam Harris," *The Nation*, April 27, 2011.

10. L. Kass, "Keeping Life Human: Science, Religion, and the Soul," Wriston Lecture, Manhattan Institute, Oct. 18, 2007, https://www.manhattan-institute.org/html/2007-wriston-lecture-keeping-life-human-science-religion-and-soul-8894.html. 또한 L. Kass, "Science, Religion, and the Human Future," *Commentary*, April 2007, pp. 36–48 을 볼 것.

11. 제2문화에 붙은 숫자에 대해서는 3장 주 12를 볼 것.

12. D. Linker, "Review of Christopher Hitchens's 'And Yet . . .' and Roger Scruton's 'Fools, Frauds and Firebrands,'" *New York Times Book Review*, Jan. 8, 2016.

13. 스노는 "제3의 문화"라는 말을 『두 문화』의 후기에서 소개했다. 그는 누구를 염두에 두고 그 말을 했는지 명확히 하지 않고 그들을 "사회 역사학자(social historians)"라고 불렀다. 아마도 사회 과학자를 의미한 것으로 보인다. Snow 1959/1998, pp. 70, 80.

14. 제3의 문화의 부활: Brockman 1991. 통섭: Wilson 1998.

15. L. Wieseltier, "Crimes Against Humanities," *New Republic*, Sept. 3, 2013.

16. 인지 심리학자로서의 흄: Pinker 2007a, 4장의 참고 문헌을 보라. 인지 심리학자로서의 칸트: Kitcher 1990.

17. 이 정의는 『스탠퍼드 철학 백과사전(*Stanford Encyclopedia of Philosophy*)』, Papineau 2015 에서 인용했다. 백과사전에는 다음과 같은 말이 덧붙여져 있다. "우리 시대의 철학자라면 대다수가 자연주의가 옳게 규정되어 있다고 인정할 것이다." 철학 교수 931명을 대상으로 조사했더니(주로 분석 철학/앵글로아메리칸 교수), 50퍼센트가 "자연주의"를 승인했고, 26퍼센트가 "비자연주의"를 승인했으며, 24퍼센트는 기타를 선택했는데, 기타에는 "문제가 불확실해서 답을 할 수가 없다."(10퍼센트), "그 문제에 대해 충분히 알지 못한다."(7퍼센트), "불가지론/미결정"(3퍼센트)이 포함되어 있었다. Bourget & Chalmers 2014.

18. 비과학적 방법: Popper 1983.

19. 반증 가능성 검사 대 베이스주의적 추론: Howson & Urbach 1989/2006; Popper 1983.

20. 2012~2013년에 《뉴 리퍼블릭(*New Republic*)》에는 과학주의를 공공연히 비난하는 기사가 네 번 실렸고, 《북 포럼(*Bookforum*)》, 《클레어몬트 리뷰(*Claremont Review*)》, 《허핑턴

포스트(*Huffington Post*)》, 《더 네이션》, 《내셔널 리뷰 온라인(*National Review Online*)》, 《뉴 애틀랜티스(*New Atlantis*)》, 《뉴욕 타임스》, 《스탠드포인트(*Standpoint*)》에도 그런 글이 발표되었다.

21. 대학 수업 계획서를 100만 건 이상 분석한 오픈 실라버스 프로젝트(Open Syllabus Project, http://opensyllabusproject.org/)에 따르면, 『과학 혁명의 구조』는 전체 도서 중 스무 번째로 많이 지정된 책으로, 『종의 기원』보다 순위에서 훨씬 앞선다. 과학의 실체를 더 사실적으로 다룬 고전적인 책, 칼 포퍼의 『과학적 발견의 논리(*The Logic of Scientific Discovery*)』는 200위 안에도 들지 못한다.

22. 쿤을 둘러싼 논란: Bird 2011.

23. Wootton 2015, p. 16, note ii.

24. J. De Vos, "The Iconographic Brain. A Critical Philosophical Inquiry into (the Resistance of) the Image," *Frontiers in Human Neuroscience*, May 15, 2014에서 인용. 내가 들어본 연구자는 아니었지만(그의 강연 원고를 구할 수가 없다.), 내용은 기본적으로 동일하다.

25. Carey et al. 2016. 트위터 스트림《뉴 리얼 피어리뷰(*New Real PeerReview*)》(@RealPeerReview)에서 비슷한 사례들을 찾아볼 수 있다.

26. Horkheimer & Adorno 1947/2007의 첫 페이지.

27. Foucault 1999; Menschenfreund 2010; Merquior 1985를 볼 것.

28. Bauman 1989, p. 91. 이를 분석한 글로는, Menschenfreund 2010을 볼 것.

29. 11장과 14장, 그리고 Pinker 2011, chaps. 4-6을 볼 것. 계몽주의 이전에 전제정이 만연했음을 푸코가 경시한 것에 대해서는 Merquior 1985을 볼 것.

30. 전 세계 어디나 있었던 노예제: Patterson 1985; Payne 2004; Pinker 2011, chap. 4도 볼 것. 노예제에 대한 종교적 정당화: Price 2006.

31. 아프리카 사람에 대한 그리스 인과 아랍 인의 언급: Lewis 1990/1992. 영국인에 대한 키케로의 언급: B. Delong, "Cicero: The Britons Are Too Stupid to Make Good Slaves," http://www.bradford-delong.com/2009/06/cicero-the-britons-are-too-stupid-to-make-good-slaves.html.

32. 고비노, 바그너, 체임벌린, 히틀러: Herman 1997, chap. 2; Hellier 2011; Richards 2013도 볼 것. "인종 과학(racial science)"과 다윈주의의 관계에 대하여 많은 오해가 퍼진 것은 생물학자 스티븐 제이 굴드가 1981년에 출간한 편향적인 베스트셀러, 『인간에 대한 오해(*The Mismeasure of Man*)』 때문이었다. Blinkhorn 1982; Davis 1983; Lewis et al. 2011을 볼 것.

33. 다윈주의적 인종 이론 대 전통적, 종교적, 낭만주의적 인종 이론: Hellier 2011; Johnson

2009; Johnson 2006.

34. 히틀러는 다윈주의자가 아니었다는 사실: Richards 2013; Hellier 2011; Price 2006도 볼 것.

35. 로르샤흐 테스트로서의 진화: Montgomery & Chirot 2015. 사회 다윈주의: Degler 1991; Leonard 2009; Richards 2013.

36. 사회 다윈주의 또는 사회 진화론이라는 용어를 다양한 우파 운동에 잘못 적용하는 경향은 역사학자 리처드 호프스태터(Richard Hofstadter)의 1944년 저서 『미국 사상 속 사회 다윈주의(*Social Darwinism in American Thought*)』에서 시작되었다. Johnson 2010; Leonard 2009; Price 2006을 볼 것.

37. 일례로, 존 호건(John Horgan)이 《사이언티픽 아메리칸》에 발표한 진화 심리학에 관한 기사, "The New Social Darwinists" (October 1995)를 들 수 있다.

38. Glover 1998, 1999; Proctor 1988.

39. 《사이언티픽 아메리칸》에 존 호건이 발표한 또 다른 기사, "Eugenics Revisited: Trends in Behavioral Genetics" (June 1993)에서 살펴볼 수 있다.

40. Degler 1991; Kevles 1985; Montgomery & Chirot 2015; Ridley 2000.

41. 터스키기 매독 연구 재검증: Benedek & Erlen 1999; Reverby 2000; Shweder 2004; Lancet Infectious Diseases Editors 2005.

42. 표현의 자유를 위축시키는 연구 심의 위원회: American Association of University Professors 2006; Schneider 2015; C. Shea, "Don't Talk to the Humans: The Crackdown on Social Science Research," *Lingua Franca*, Sept. 2000, http://linguafranca.mirror. theinfo.org/print/0009/humans.html. 이데올로기적 무기가 된 심의 위원회: Dreger 2008. 피험자를 보호하지 않고 연구의 발목만 잡는 심의 위원회: Atran 2007; Gunsalus et al. 2006; Hyman 2007; Klitzman 2015; Schneider 2015; Schrag 2010.

43. Moss 2005.

44. 자살 폭탄 테러범 보호: Atran 2007.

45. 생명 윤리를 공격하는 철학자들: Glover 1998; Savulescu 2015. 현대 생명 윤리에 대한 다른 비판에 대해서는 다음을 볼 것. Pinker 2008b; Satel 2010; S. Pinker, "The Case Against Bioethocrats and CRISPR Germline Ban," *The Niche*, Aug. 10, 2015, https:// ipscell.com/2015/08/stevenpinker/8/; S. Pinker, "The Moral Imperative for Bioethics," *Boston Globe*, Aug. 1, 2015; H. Miller, "When 'Bioethics' Harms Those It Is Meant to Protect," *Forbes*, Nov. 9, 2016. 또한 앞의 주 42에 있는 참고 문헌을 볼 것.

46. 21장 주 93~102의 참고 문헌을 볼 것.

47. Dawes, Faust, & Meehl 1989; Meehl 1954/2013. 최근의 연구 사례들: 정신 질환, Ægisdóttir et al. 2006; Lilienfeld et al. 2013; 선택 및 도입 결정, Kuncel et al. 2013; 폭력,

Singh, Grann, & Fazel 2011.

48. 평화 유지군에 대한 평가: Fortna 2008, p. 173. Hultman, Kathman, & Shannon 2013, and Goldstein 2011도 볼 것. 이들은 1945년 전후 상황에서 평화 유지군이 큰 기여를 했다고 평가한다.

49. 인접국 간 분쟁의 희소성: Fearon & Laitin 1996, 2003; Mueller 2004a.

50. Chenoweth 2016; Chenoweth & Stephan 2011.

51. 혁명 지도자들의 교육 수준: Chirot 1996. 자살 폭탄 테러범들의 교육 수준: Atran 2003.

52. 인문학의 문제: American Academy of Arts and Sciences 2015; Armitage et al. 2013. 이보다 앞서 한탄한 글로는, Pinker 2002/2016을 볼 것. 처음부터 20장을 보라.

53. 민주주의에 인문학이 필요한 이유: Nussbaum 2016.

54. 인문학에 대한 문화 비관주의: Herman 1997; Lilla 2001, 2016; Nisbet 1980/2009; Wolin 2004.

55. 헌법 제정자들과 인간 본성: McGinnis 1996, 1997. 정치와 인간 본성: Pinker 2002/2016, chap. 16; Pinker 2011, chaps. 8 and 9; Haidt 2012; Sowell 1987.

56. 시각 예술과 과학: Dutton 2009; Livingstone 2014.

57. 음악과 과학: Bregman 1990; Lerdahl & Jackendoff 1983; Patel 2008; Pinker 1997/2009, chap. 8도 볼 것.

58. 문예학과 과학: Boyd, Carroll, & Gottschall 2010; Connor 2016; Gottschall 2012; Gottschall & Wilson 2005; Lodge 2002; Pinker 2007b; Slingerland 2008; Pinker 1997/2009, chap. 8, 윌리엄 벤존(William Benzon)의 블로그, 《뉴 사바나(New Savanna)》도 볼 것. (http://new-savanna.blogspot.com/)

59. 디지털 인문학: Michel et al. 2010; 인터넷 저널, 《디지털 휴머니티 나우(Digital Humanities Now)》(http://digitalhumanitiesnow.org/), 스탠퍼드 인문학 연구소(Stanford Humanities Center, http://shc.stanford.edu/digital-humanities)와 저널, 《디지털 휴머니티 쿼터리 (Digital Humanities Quarterly)》를 볼 것. (http://www.digitalhumanities.org/dhq/)

60. Gottschall 2012; A. Gopnik, "Can Science Explain Why We Tell Stories?" New Yorker, May 18, 2012.

61. Wieseltier 2013, "Crimes Against Humanities." 이 글은 나의 에세이 "Science Is Not Your Enemy" (Pinker 2013b)에 대한 응답이다. "Science vs. the Humanities, Round III" (Pinker & Wieseltier 2013)도 볼 것.

62. 다윈 이전 세계관, 코페르니쿠스 이전 세계관: L. Wieseltier, "Among the Disrupted," New York Times, Jan. 7, 2015.

63. 「아베 레날에게 보낸 편지(A Letter Addressed to the Abbé Raynal)」에서. Paine 1782/2016,

Shermer 2015에서 재인용.

23장 휴머니즘

1. "신 없는 선"은 하버드 휴머니스트(Harvard Humanist)의 목사 그레그 엡스타인(Greg Epstein) 이 부활시킨 19세기 개념이다. (Epstein 2009) 휴머니즘에 대한 최근의 다른 설명: Grayling 2013; Law 2011. 미국 휴머니즘의 역사: Jacoby 2005. 주요 휴머니즘 단체: 미국 휴머니즘 협회(American Humanist Association, https://americanhumanist.org/), 미국 세속 연합(Secular Coalition of America, https://www.secular.org/member_orgs), 영국 휴머니즘 협회(British Humanist Association, https://humanism.org.uk/), 국제 휴머니즘 윤리 연합(International Humanist and Ethical Union, http://iheu.org/) 종교로부터의 자유 재단(Freedom from Religion Foundation, www.ffrf.org).

2. 제3차 휴머니즘 선언: American Humanist Association 2003. 이전 선언은 다음과 같다. 제 1차 휴머니즘 선언(Humanist Manifesto I)(레이먼드 브래그(Raymond B. Bragg) 주도, 1933년): American Humanist Association 1933/1973. 제2차 휴머니즘 선언(Humanist Manifesto II)(폴 커츠(Paul Kurtz)와 에드윈 윌슨(Edwin H. Wilson) 주도, 1973년): American Humanist Association 1973. 폴 커츠가 참여한 다른 휴머니즘 선언: Council for Secular Humanism 1980. 휴머니즘 선언 2000(Humanist Manifesto 2000): Council for Secular Humanism 2000. 1952년과 2002년 암스테르담 선언: International Humanist and Ethical Union 2002.

3. R. Goldstein, "Speaking Prose All Our Lives," *The Humanist*, Dec. 21, 2012, https://thehumanist.com/magazine/january-february-2013/features/speaking-prose-all-our-lives.

4. 1688, 1776, 1789, 1948년의 인권 선언: Hunt 2007.

5. 공평성으로서의 도덕: de Lazari-Radek & Singer 2012; Goldstein 2006; Greene 2013; Nagel 1970; Railton 1986; Singer 1981/2011; Smart & Williams 1973. 공평성의 보편성을 가장 명시적으로 말한 사람은 철학자 헨리 시지윅(Henry Sidgwick, 1838~1900년)이다.

6. 모든 문화와 전 역사에 걸쳐 황금률, 은률, 백금률을 망라한 문헌으로는, Terry 2008을 볼 것.

7. 엔트로피를 극복하는 마음의 존재를 설명하는 진화: Tooby, Cosmides, & Barrett 2003. 무 작위적 설계에 대한 유일한 설명인 자연 선택: Dawkins 1983.

8. 지능 진화에 수반되는 지적 호기심과 사회성: Pinker 2010; Tooby & DeVore 1987.

9. 인간 내적, 상호적 갈등의 진화: Pinker 1997/2009, chaps. 6 and 7; Pinker 2002/2016, chap. 14; Pinker 2011, chaps. 8 and 9. 이중 많은 개념이 생물학자 로버트 트리버스(Robert Trivers)에게서 나왔다. (Trivers 2002)

10. 평화주의자의 딜레마와 폭력의 역사적 감소: Pinker 2011, chap. 10.

11. DeScioli 2016.

12. 공감 능력의 진화: Dawkins 1976/1989; McCullough 2008; Pinker 1997/2009; Trivers 2002; Pinker 2011, chap. 9.

13. 공감 대상의 확대: Pinker 2011; Singer 1981/2011.

14. 예를 들어, T. Nagel, "The Facts Fetish (Review of Sam Harris's The Moral Landscape)," *New Republic*, Oct. 20, 2010.

15. 공리주의 찬반 양론: Rachels & Rachels 2010; Smart & Williams 1973.

16. 의무론적 메타 윤리학과 결과론적 메타 윤리학의 호환성: Parfit 2011.

17. 공리주의의 실적: Pinker 2011, chaps. 4 and 6; Greene 2013.

18. 「버지니아 주에 대한 비망록(Notes on the State of Virginia)」, Jefferson 1785/1955, p. 159.

19. 고전적 자유주의의 비직관성: Fiske & Rai 2015; Haidt 2012; Pinker 2011, chap. 9.

20. Greene 2013.

21. 얄팍한 철학의 중요성: Berlin 1988/2013; Gregg 2003; Hammond 2017.

22. Hammond 2017.

23. Maritain 1949. 원래의 의사록은 유네스코 웹사이트에서 찾아볼 수 있다. http://unesdoc. unesco.org/images/0015/001550/155042eb.pdf.

24. 세계 인권 선언: United Nations 1948. 세계 인권 선언의 역사: Glendon 1999, 2001; Hunt 2007.

25. Glendon 1999에서 인용.

26. 비서구 사회의 인권: Glendon 1998; Hunt 2007; Sikkink 2017.

27. R. Cohen, "The Death of Liberalism," *New York Times*, April 14, 2016.

28. S. Kinzer, "The Enlightenment Had a Good Run," *Boston Globe*, Dec. 23, 2016.

29. 계몽주의보다 더 매력적인 ISIS: R. Douthat, "The Islamic Dilemma," *New York Times*, Dec. 13, 2015; R. Douthat, "Among the Post-Liberals," *New York Times*, Oct. 8, 2016; M. Khan, "This Is What Happens When Modernity Fails All of Us," *New York Times*, Dec. 6, 2015; P. Mishra, "The Western Model Is Broken," *The Guardian*, Oct. 14, 2014.

30. 살인, 강간, 폭력에 대한 처벌의 보편성: Brown 2000.

31. 집행자로서의 신: Atran 2002; Norenzayan 2015.

32. 신 존재 증명의 치명적인 결함: Goldstein 2010; Dawkins 2006, Coyne 2015도 볼 것.

33. 코인은 부분적으로 천문학자 칼 세이건, 철학자 요나탄 피시먼요나탄 피시만(Yonatan Fishman)과 마틴 부드리(Maarten Boudry)에게 의존한다. 비평으로는 S. Pinker, "The

Untenability of Faitheism," *Current Biology*, Aug. 23, 2015, pp. R638 – 640을 볼 것.

34. 영혼 가설 폭로: Blackmore 1991; Braithwaite 2008; Musolino 2015; Shermer 2002; Stein 1996. 또한 정기적인 업데이트를 보려면 잡지 《스켑티컬 인콰이러(*Skeptical Inquirer*)》(http://www.csicop.org/si)와 《스켑틱(*Skeptic*)》(http://www.skeptic.com/)을 볼 것.

35. Stenger 2011.

36. 다중 우주: Carroll 2016; Tegmark 2003; B. Greene, "Welcome to the Multiverse," *Newsweek*, May 21, 2012.

37. 무에서 생긴 우주: Krauss 2012.

38. B. Greene, "Welcome to the Multiverse," *Newsweek*, May 21, 2012. 39.

39. 의식에 대한 쉬운 문제와 어려운 문제: Block 1995; Chalmers 1996; McGinn 1993; Nagel 1974; Pinker 1997/2009, chaps. 2, 8과 S. Pinker, "The Mystery of Consciousness," *Time*, Jan. 29, 2007도 볼 것.

40. 의식의 적응적 본성: Pinker, 1997/2009, chap. 2.

41. Dehaene 2009; Dehaene & Changeux 2011; Gaillard et al. 2009.

42. 이 구분을 자세히 옹호한 글로는, Goldstein 1976을 볼 것.

43. Nagel 1974, p. 441. 거의 40년 후에 네이글은 생각을 바꿨지만(Nagel 2012), 대부분의 철학자와 과학자처럼 나 역시 그가 처음에 한 말이 옳았다고 생각한다. 예를 들어, 다음을 볼 것. S. Carroll, Review of Mind and Cosmos, http://www.preposterousuniverse.com/blog/2013/08/22/mind – and-cosmos/; E. Sober, "Remarkable Facts: Ending Science as We Know It," *Boston Review*, Nov. 7, 2012; B. Leiter & M. Weisberg, "Do You Only Have a Brain?" *The Nation*, Oct. 3, 2012.

44. McGinn 1993.

45. 도덕 실재론: Sayre-McCord 1988, 2015. 도덕 실재론자: Boyd 1988; Brink 1989; de Lazari-Radek & Singer 2012; Goldstein 2006, 2010; Nagel 1970; Parfit 2011; Railton 1986; Singer 1981/2011.

46. 유럽의 종교 전쟁들(Pinker 2011, pp. 234, 676 – 77)뿐 아니라 미국의 남북 전쟁 (Montgomery & Chirot 2015, p. 350)도 그런 예이다.

47. White 2011, pp. 107 – 11.

48. 스티븐 배넌이 2014년에 바티칸에서 열린 학회에서 한 말: J. L. Feder, "This Is How Steve Bannon Sees the Entire World," *BuzzFeed*, Nov. 16, 2016, https://www.buzzfeed.com/lesterfeder/this-is-how-steve-bannon-sees-the-entire-world.

49. 나치와 독일 기독교계의 동조 관계: Ericksen & Heschel 1999; Hellier 2011; Heschel

2008; Steigmann-Gall 2003; White 2011. 히틀러는 무신론자가 아니었다는 주장: Hellier 2011; Murphy 1999; Richards 2013; 또한 "Hitler Was a Christian," http://www. evilbible.com /evil-bible-home-page/hitler-was-a-christian/을 보라.

50. 이 인용문의 출처: 『나의 투쟁(*Mein Kampf*)』의 1권 2장. 비슷한 인용문들에 대해서는 앞의 주에 있는 참고 문헌을 볼 것.

51. Sam Harris, *The End of Faith* (2004); Richard Dawkins, *The God Delusion* (2006); Daniel Dennett, *Breaking the Spell* (2006); Christopher Hitchens, *God Is Not Great* (2007).

52. Randall Munroe, "Atheists," https://xkcd.com/774/.

53. 사람들이 성서를 우화적으로 취급한다는 주장(예를 들어, Wieseltier 2013)은 사실이 아닙니다. 2005년 래스무선 여론 조사(Rasmussen poll)에 따르면, 미국인의 63퍼센트가 성서를 문자 그대로 사실이라고 믿는다고 한다. (http://legacy.rasmussenreports.com/2005/ Bible.htm.) 2014년 갤럽 여론 조사에 따르면, 미국인의 28퍼센트가 "성경은 신이 실제로 한 말씀이므로 모든 단어를 문자 그대로 받아들여야 한다."라고 생각하고, 46퍼센트는 성경은 "신의 영감이 서려 있는 말"이라고 생각했다. (L. Saad, "Three in Four in U.S. Still See the Bible as Word of God," *Gallup*, June 4, 2014, http://www.gallup.com/ poll/170834/three-four-bible-word-god.aspx.)

54. 종교의 심리학: Pinker 1997/2009, chap. 8; Atran 2002; Bloom 2012; Boyer 2001; Dawkins 2006; Dennett 2006; Goldstein 2010.

55. '신 모듈(God module)'이 없는 이유에 대해서는 다음을 볼 것: Pinker 1997/2009, chap. 8; Bloom 2012; Pinker 2005.

56. 신앙이 아니라 공동체 참여 여부가 종교의 이점을 설명해 준다는 사실: Putnam & Campbell 2010; 이 연구에 대한 검토 의견을 살펴보고 싶다면 Bloom 2012 and Susan Pinker 2014을 볼 것. 최근에 죽음에 대하여 그와 같은 패턴을 발견한 연구로는, Kim, Smith, & Kang 2015가 있다.

57. 종교의 퇴행성: Coyne 2015.

58. 신과 기후: Bean & Teles 2016; 또한 18장 주 86을 보라.

59. 복음주의자들의 후원을 받은 트럼프: *New York Times* 2016과 20장 주 34를 볼 것.

60. A. Wilkinson, "Trump Wants to 'Totally Destroy' a Ban on Churches Endorsing Political Candidates," *Vox*, Feb. 7, 2017.

61. "*The Oprah Winfrey Show* Finale," *oprah.com*, http://www.oprah.com/oprahshow/the-oprah-winfrey-show-finale_1/all.

62. 다음 출처에서 발췌해 약간 편집했다. "The Universe — Uncensored," *Inside Amy*

Schumer, https://www.youtube.com/watch?v=6eqCaiwmr_M.

63. 무신론자에 대한 적대감: G. Paul & P. Zuckerman, "Don't Dump On Us Atheists," *Washington Post*, April 30, 2011; Gervais & Najle 2018.

64. *World Christian Encyclopedia* (2001), Paul & Zuckerman 2007에서 인용.

65. 종교 및 무신론 세계 지수: WIN-Gallup International 2012. 2005년의 표본은 더 작고 더 종교적이었다. (국가 표본은 39개국이었고, 종교적이라고 밝힌 사람이 2005년의 표본에서는 68퍼센트인 반면에 2012년 표본에서는 59퍼센트였다.) 종단 연구에서 무신론자의 비율은 4퍼센트에서 7퍼센트로, 7년 만에 75퍼센트 증가했다. 이 증가율을 더 큰 표본으로 일반화하기는 어려울 듯하다. 비선형성 문제가 있기 때문이다. 이 기간에 57개국 표본에서 무신론의 증가율을 나는 30퍼센트라고 더 보수적으로 추정했다.

66. 세속화 테제: Inglehart & Welzel 2005; Voas & Chaves 2016.

67. 무교와 소득 및 교육의 상관 관계: Barber 2011; Lynn, Harvey, & Nyborg 2009; WIN-Gallup International 2012.

68. WIN-Gallup International 2012. 표본 중에서 종교를 믿는 사람이 소수인 그밖의 나라는 오스트리아와 체코 공화국이고, 비율이 50퍼센트를 간신히 넘는 나라로는 핀란드, 독일, 스페인, 스위스가 있다. 덴마크, 뉴질랜드, 노르웨이, 영국 등 그밖의 서양 세속 국가는 조사되지 않았다. 2004년경에 출발한 다른 조사(Zuckerman 2007. Lynn, Harvey, & Nyborg 2009에 전재)에 따르면 선진국 15개 나라의 응답자 중 4분의 1 이상이 신을 믿지 않는다고 말하고, 체코, 일본, 스웨덴에서는 절반을 넘는다고 한다.

69. Pew Research Center 2012a.

70. Pew Research Center 2012a에 딸린 부록, 특히 주 85는 그들의 출산율 산정이 현재를 스냅 사진처럼 찍었을 뿐, 예상되는 변화를 반영하여 수정하지 않은 것임을 가리키고 있다. 무슬림 출산율 감소: Eberstadt & Shah 2011.

71. 영미권의 종교 변화: Voas & Chaves 2016.

72. 종교에 대한 미국의 예외성: Paul 2014; Voas & Chaves 2016. 이 수치는 WIN-Gallup International 2012에서 가져온 것이다.

73. Lynn, Harvey, & Nyborg 2009; Zuckerman 2007.

74. 미국의 세속화: Hout & Fischer 2014; Jones et al. 2016b; Pew Research Center 2015a; Voas & Chaves 2016.

75. 앞의 수치들은 Jones et al. 2016b에서 인용했다. 미국의 종교 퇴조를 조심스럽게 가리키는 또 다른 증거는 PRRI 조사에서 백인 복음주의자의 비율이 2012년에 20퍼센트에서 2016년에 16퍼센트로 낮아진 것이다.

76. 젊은 세대의 무종교성: Hout & Fischer 2014; Jones et al. 2016b; Voas & Chaves 2016.

77. 노골적인 불신자의 비율: D. Leonhardt, "The Rise of Young Americans Who Don't Believe in God," *New York Times*, May 12, 2015, Pew Research Center 2015a의 데이터에 기초한 것이다. Little nonbelief in the 1950s: Voas & Chaves 2016, 종합 사회 조사의 데이터에 기초한 것이다.

78. Gervais & Najle 2018.

79. Jones et al. 2016b, p. 18.

80. 세속화에 대한 설명: Hout & Fischer 2014; Inglehart & Welzel 2005; Jones et al. 2016b; Paul & Zuckerman 2007; Voas & Chaves 2016.

81. 제도에 대한 신뢰 감소와 세속화: Twenge, Campbell, & Carter 2014. 1960년대에 정점에 달했던 제도에 대한 신뢰: Mueller 1999, pp. 167-68.

82. 세속화와 해방적 가치: Hout & Fischer 2014; Inglehart & Welzel 2005; Welzel 2013.

83. 세속화와 실존적 안정성: Inglehart & Welzel 2005; Welzel 2013. 세속화와 사회 안전망: Barber 2011; Paul 2014; Paul & Zuckerman 2007.

84. 미국인이 종교를 버리는 주된 이유: Jones et al. 2016b. 또한 앞의 주 53에서 기술한 갤럽 여론 조사에 따르면, 성서 문자주의에 대한 믿음이 1981년 40퍼센트에서 2014년 28퍼센트로 감소했으며, 동시에 성서는 "동화, 전설, 역사, 인간이 기록한 도덕 교과서"라고 믿는 비율이 10퍼센트에서 21퍼센트로 증가했다.

85. 세속화와 IQ 점수 증가: Kanazawa 2010; Lynn, Harvey, & Nyborg 2009.

86. "모든 가치의 완전한 실추": 프리드리히 니체.

87. 행복: 이 책의 18장. Helliwell, Layard, & Sachs 2016도 볼 것. 사회 복지의 지표들: Porter, Stern, & Green 2016; 21장 주 42 그리고 아래 주 90을 볼 것. 키헙 용과 내가 116개국을 회귀 분석한 결과, 사회 진보 지수와 신을 믿지 않는 인구의 퍼센트 간의 상관 관계는 0.63이었다. (Lynn, Harvey, & Nyborg 2009에서 참조) 1인당 GDP를 상수로 놓았을 때 이 수치는 통계적으로 유의미하다. ($p < 0.0001$)

88. 불행한 미국 예외주의: 21장 주 42를 볼 것. Paul 2009, 2014.

89. 종교적인 주일수록 시민의 삶은 더 엉망: Delamontagne 2010.

90. 전 세계 195개국 중 4분의 1 이상이 무슬림 다수 국가지만, 그중 단 한 나라도 사회 진보 지수에서 "매우 높다."와 "높다."로 평가되는 38개국에는 들지 못한다. (Porter, Stern, & Green 2016, pp. 19-20) 그리고 가장 행복한 25개국에도 들지 못한다. (Helliwell, Layard, & Sachs 2016) 단 한 나라도 "완전한 민주주의"가 아니고, 세 나라만이 "결함 있는 민주주의"이며, 40개국 이상이 "권위주의적"이거나 "혼성"이다. *The Economist Intelligence Unit*, https://infographics.economist.com/2017/DemocracyIndex/. 이와 비슷한 평가로는 Marshall & Gurr 2014; Marshall, Gurr, & Jaggers 2016; Pryor 2007을

볼 것.

91. 2016년에 발발한 전쟁: 11장 주 9와 Gleditsch & Rudolfsen 2016을 볼 것. 테러: Institute for Economics and Peace 2016, 국립 테러리즘과 테러리즘 대응 연구 콘소시엄(National Consortium for the Study of Terrorism and Responses to Terrorism)의 데이터 사용. http://www.start.umd.edu/.

92. 조숙한 과학 혁명: Al-Khalili 2010; Huff 1993. 아랍과 오스만 제국의 관용 정책: Lewis 2002; Pelham 2016.

93. 코란, 하디스, 순나의 퇴행적 문구들: Rizvi 2016, chap. 2; Hirsi Ali 2015a, 2015b; S. Harris, "Verses from the Koran," *Truthdig*, http://www.truthdig.com/images/diguploads/verses.html; *The Skeptic's Annotated Quran*, http://skepticsannotatedbible.com/quran/int/long.html. 최근에 언론인들이 다룬 내용은 다음과 같다. R. Callimachi, "ISIS Enshrines a Theology of Rape," *New York Times*, Aug. 13, 2015; G. Wood, "What ISIS Really Wants," *The Atlantic*, March 2015; Wood 2017. 최근에 학계에서 다룬 내용으로는 Cook 2014 and Bowering 2015가 있다.

94. Alexander & Welzel 2011, pp. 256–58.

95. 알렉산더와 벨첼은 베르텔스만 재단(Bertelsmann Foundation)의 종교 모니터(Religious Monitor)를 인용한다. 또한 비슷한 수치들에 관해서는, Pew Research Center 2012c; WIN-Gallup International 2012(지역은 다르다.)를 볼 것.

96. Pew Research Center 2013, pp. 24 15; Pew Research Center 2012c, pp. 11, 12에서 인용. 코란을 문자 그대로 해석하는 문제를 물어본 나라에는 미국과 사하라 이남의 15개국이 포함되어 있는데, 그래서 숫자의 범위가 넓은 것처럼 보인다. 샤리아를 국법으로 채택하는 것을 원하지 않는 나라로는, 터키, 레바논, 구공산권 국가들이 있다.

97. Welzel 2013; Alexander & Welzel 2011와 Inglehart 2017도 볼 것.

98. Alexander & Welzel 2011. Pew Research Center 2013도 볼 것. 독실한 무슬림 사이에서는 샤리아에 대한 지지도가 더 높게 나왔다.

99. 종교의 사회 억압: Huff 1993; Kuran 2010; Lewis 2002; United Nations Development Programme 2003; Montgomery & Chirot 2015, chap. 7; 또한 1인칭 이야기로는, Rizvi 2016과 Hirsi Ali 2015a를 볼 것.

100. 이슬람 반동: Montgomery & Chirot 2015, chap. 7; Lilla 2016; Hathaway & Shapiro 2017.

101. 이슬람 세계의 억압적 조치와 문화를 옹호하는 서구 지식인들: Berman 2010; J. Palmer, "The Shame and Disgrace of the Pro-Islamist Left," *Quillette*, Dec. 6, 2015; J. Tayler, "The Left Has Islam All Wrong," *Salon*, May 10, 2015; J. Tayler, "On Betrayal by the

Left — Talking with Ex-Muslim Sarah Haider," *Quillette*, March 16, 2017.

102. J. Tayler, "On Betrayal by the Left — Talking with Ex-Muslim Sarah Haider," *Quillette*, March 16, 2017에서 인용.

103. Al-Khalili 2010; Huff 1993.

104. Sen 2000, 2005, 2009; Pelham 2016에 소개된 오스만 제국의 사례들도 살펴볼 것.

105. Esposito & Mogahed 2007; Inglehart 2017; Welzel 2013.

106. 이슬람의 세속화: Mahbubani & Summers 2016. 세대 교체: 15장, 특히 그림 15.7을 볼 것. Inglehart 2017; Welzel 2013. 그러나 Inglehart 2017의 주에 나와 있는 것처럼, 세계 가치 조사에 포함된 무슬림 다수파 국가 중 13개 나라는 세대 교체가 성 평등을 향한 세대 교체를 보여 주지만 14개국은 그렇지 않으며, 이렇게 양분되는 이유는 분명하지 않다.

107. J. Burke, "Osama bin Laden's bookshelf: Noam Chomsky, Bob Woodward, and Jihad," *The Guardian*, May 20, 2015.

108. 도덕적 진보의 외부 추동력: Appiah 2010; Hunt 2007.

109. 니체의 유명한 책들은 다음과 같다. (이중 많은 책이 식자층의 밈이 되었다.) 『비극의 탄생』, 『선악의 저편』, 『차라투스트라는 이렇게 말했다』, 『도덕의 계보학』, 『우상의 황혼』, 『이 사람을 보라』, 『권력에의 의지』. 비판적인 논의로는, Anderson 2017; Glover 1999; Herman 1997; Russell 1945/1972; Wolin 2004을 볼 것.

110. 처음 세 인용문은 Russell 1945/1972, pp. 762–66에서, 마지막 두 인용문은 Wolin 2004, pp. 53, 57에서 가져왔다.

111. 『상대주의와 파시즘(*Relativismo e Fascismo*)』, Wolin 2004, p. 27에서 재인용.

112. Rosenthal 2002.

113. 니체가 아인 랜드에게 미친 영향, 그리고 그녀의 니체 옹호: Burns 2009.

114. 『도덕의 계보학』, 『권력에의 의지』에서. Wolin 2004, pp. 32–33에서 재인용.

115. 전제 애호증: Lilla 2001. 이 증후군을 처음 지적한 책은 프랑스 철학자 쥘리앵 방다 (Julien Benda)의 『지식인의 배반(*La Trahison des Clercs*)』(Benda 1927/2006)이었다. 최근의 역사서로는 Berman 2010; Herman 1997; Hollander 1981/2014; Sesardić 2016; Sowell 2010; Wolin 2004이 있다. Humphrys (undated)도 볼 것.

116. Scholars and Writers for America, "Statement of Unity," Oct. 30, 2016, https://scholarsandwritersforamerica.org/.

117. J. Baskin, "The Academic Home of Trumpism," *Chronicle of Higher Education*, March 17, 2017.

118. 니체는 무솔리니에게 영향을 미쳤을 뿐 아니라, 뒤에서 논의할 파시스트 이론가 율리우스 에볼라에게도 영향을 미쳤다. 또한 클레어몬트 학파와 반동적인 티오콘에도 영향을

미쳤다. J. Baskin, "The Academic Home of Trumpism," *Chronicle of Higher Education*, March 17, 2017; Lampert 1996.

119. 민족주의와 반계몽적 낭만주의: Berlin 1979; Garrard 2006; Herman 1997; Howard 2001; McMahon 2001; Sternhell 2010; Wolin 2004.

120. 초기 파시스트 재발견: J. Horowitz, "Steve Bannon Cited Italian Thinker Who Inspired Fascists," *New York Times*, Feb. 10, 2017; P. Levy, "Stephen Bannon Is a Fan of a French Philosopher … Who Was an Anti-Semite and a Nazi Supporter," *Mother Jones*, March 16, 2017; M. Crowley, "The Man Who Wants to Unmake the West," *Politico*, March/April 2017. 알트라이트: A. Bokhari & M. Yiannopoulos, "An Establishment Conservative's Guide to the Alt-Right," *Breitbart.com*, March 29, 2016, http://www. breitbart.com/tech/2016/03/29/an-establishment-conservatives-guide-to-the-alt-right/. 알트라이트가 니체에게 받은 영향: G. Wood, "His Kampf," *The Atlantic*, June 2017; S. Illing, "The Alt-Right Is Drunk on Bad Readings of Nietzsche. The Nazis Were Too," *Vox*, Aug. 17, 2017, https://www.vox.com/2017/8/17/16140846/nietzsche-richard-spencer-alt-right-nazism.

121. 민족주의에 대한 조잡한 진화 심리학적 설명과 그 문제들: Pinker 2012.

122. 티오콘: Lilla 2016; Linker 2007; Pinker 2008b.

123. "Publius Decius Mus"라는 필명으로 발표되었다. Publius Decius Mus 2016. M. Warren, "The Anonymous Pro-Trump 'Decius' Now Works Inside the White House," *Weekly Standard*, Feb. 2, 2017도 볼 것.

124. Lilla 2016. 반동적인 이슬람에 대한 더 자세한 글로는, Montgomery & Chirot 2015 and Hathaway & Shapiro 2017을 볼 것.

125. A. Restuccia & J. Dawsey, "How Bannon and Pruitt Boxed In Trump on Climate Pact," *Politico*, May 31, 2017.

126. '부족'이라는 인지 범주의 유연성: Kurzban, Tooby, & Cosmides 2001; Sidanius & Pratto 1999; Center for Evolutionary Psychology, UCSB, Erasing Race FAQ, http://www.cep.ucsb.edu/erasingrace.htm도 볼 것.

127. 집단 직관 조작: Pinker 2012.

128. 부족주의와 세계 시민주의: Appiah 2006.

129. Diamond 1997; Sowell 1994, 1996, 1998.

130. Glaeser 2011; Sowell 1996.

참고 문헌

Abrahms, M. 2006. Why terrorism does not work. *International Security*, 31, 42–78.

Abrahms, M. 2012. The political effectiveness of terrorism revisited. *Comparative Political Studies*, 45, 366–93.

Abrams, S. 2016. Professors moved left since 1990s, rest of country did not. *Heterodox Academy*. http://heterodoxacademy.org/2016/01/09/professors-moved-left-but-country-did-not/.

Abt, T., & Winship, C. 2016. *What works in reducing community violence: A meta-review and field study for the Northern Triangle*. Washington: US Agency for International Development.

Acemoglu, D., & Robinson, J. A. 2012. *Why nations fail: The origins of power, prosperity, and poverty*. New York: Crown.

Achen, C. H., & Bartels, L. M. 2016. *Democracy for realists: Why elections do not produce responsive government*. Princeton, NJ: Princeton University Press.

Adriaans, P. 2013. Information. In E. N. Zalta, ed., *Stanford Encyclopedia of Philosophy*. http://plato.stanford.edu/archives /fall2013 /entries /information/.

Ægisdóttir, S., White, M. J., Spengler, P. M., Maugherman, A. S., Anderson, L. A., et al. 2006. The Meta-Analysis of Clinical Judgment Project: Fifty-six years of accumulated research on clinical versus statistical prediction. *The Counseling Psychologist*, 34, 341–82.

Aguiar, M., & Hurst, E. 2007. Measuring trends in leisure: The allocation of time over five decades. *Quarterly Journal of Economics*, 122, 969–1006.

Ajdacic-Gross, V., Bopp, M., Gostynski, M., Lauber, C., Gutzwiller, F., & Rössler, W. 2006. Age–period–cohort analysis of Swiss suicide data, 1881–2000. *European Archives of Psychiatry and Clinical Neuroscience*, 256, 207–14.

Al-Khalili, J. 2010. *Pathfinders: The golden age of Arabic science*. New York: Penguin.

Alesina, A., Glaeser, E. L., & Sacerdote, B. 2001. Why doesn't the United States have a European-style welfare state? *Brookings Papers on Economic Activity*, 2, 187–277.

Alexander, A. C., & Welzel, C. 2011. Islam and patriarchy: How robust is Muslim support for patriarchal values? *International Review of Sociology*, 21, 249–75.

Alexander, S. 2016. You are still crying wolf. *Slate Star Codex*, Nov. 16. http://slatestarcodex.com/2016/11/16/you-are-still-crying-wolf/.

Alferov, Z. I., Altman, S., & 108 other Nobel Laureates. 2016. Laureates letter supporting precision agriculture (GMOs). http://supportprecisionagriculture.org/nobel-laureate-gmo-letter_rjr.html.

Allen, P. G. 2011. The singularity isn't near. *Technology Review*, Oct. 12.

Allen, W. 1987. *Hannah and her sisters*. New York: Random House.

Alrich, M. 2001. History of workplace safety in the United States, 1880–1970. In R. Whaples, ed., *EH.net Encyclopedia*. http://eh.net/encyclopedia/history-of-workplace-safety-in-the-united-states-1880-1970/.

Amabile, T. M. 1983. Brilliant but cruel: Perceptions of negative evaluators. *Journal of Experimental Social Psychology*, 19, 146–56.

American Academy of Arts and Sciences. 2015. *The heart of the matter: The humanities and social sciences for a vibrant, competitive, and secure nation*. Cambridge, MA: American Academy of Arts and Sciences.

American Association of University Professors. 2006. *Research on human subjects: Academic freedom and the institutional review board*. https://www.aaup.org/report/research-human-subjects-academic-freedom-and-institutional-review-board.

American Humanist Association. 1933/1973. *Humanist Manifesto I*. https://americanhumanist.org/what-is-humanism/manifesto1/.

American Humanist Association. 1973. *Humanist Manifesto II*. https://americanhumanist.org/what-is-humanism/manifesto2/.

American Humanist Association. 2003. *Humanism and its aspirations: Humanist Manifesto III*. http://americanhumanist.org/humanism/humanist_manifesto_iii.

Anderson, J. R. 2007. *How can the human mind occur in the physical universe?* New York: Oxford University Press.

Anderson, R. L. 2017. Friedrich Nietzsche. In E. N. Zalta, ed., *Stanford Encyclopedia of Philosophy*. https://plato.stanford.edu/entries/nietzsche/.

Appiah, K. A. 2006. *Cosmopolitanism: Ethics in a world of strangers*. New York: Norton.

Appiah, K. A. 2010. *The honor code: How moral revolutions happen*. New York: Norton.

Ariely, D. 2010. *Predictably irrational: The hidden forces that shape our decisions* (rev. ed.). New York: HarperCollins.

Armitage, D., Bhabha, H., Dench, E., Hamburger, J., Hamilton, J., et al. 2013. *The teaching of the arts and humanities at Harvard College: Mapping the future*. http://artsandhumanities.fas.harvard.edu/files/humanities/files/mapping_the_future_31_may_2013.pdf.

Arrow, K., Jorgenson, D., Krugman, P., Nordhaus, W., & Solow, R. 1997. The economists' statement on climate change. *Redefining Progress*. http://rprogress.org/publications/1997/econstatement.htm.

Asafu-Adjaye, J., Blomqvist, L., Brand, S., DeFries, R., Ellis, E., et al. 2015. *An Ecomodernist Manifesto*. http://www.ecomodernism.org/manifesto-english/.

Asal, V., & Pate, A. 2005. The decline of ethnic political discrimination, 1950–2003. In M. G. Marshall & T. R. Gurr, eds., *Peace and conflict 2005: A global survey of armed conflicts, self-determination movements, and democracy*. College Park: Center for International Development and Conflict Management, University of Maryland.

Atkins, P. 2007. *Four laws that drive the universe*. New York: Oxford University Press.

Atkinson, A. B., Hasell, J., Morelli, S., & Roser, M. 2017. *The chartbook of economic inequality*. https://www.chartbookofeconomicinequality.com/.

Atran, S. 2002. *In gods we trust: The evolutionary landscape of religion*. New York: Oxford University Press.

Atran, S. 2003. Genesis of suicide terrorism. *Science*, 299, 1534–39.

Atran, S. 2007. Research police — how a university IRB thwarts understanding of terrorism. *Institutional Review Blog*. http://www.institutionalreviewblog.com/2007/05/scott-atran-research-police-how.html.

Ausubel, J. H. 1996. The liberation of the environment. *Daedalus*, 125, 1–18.

Ausubel, J. H. 2007. Renewable and nuclear heresies. *International Journal of Nuclear Governance, Economy, and Ecology*, 1, 229–43.

Ausubel, J. H. 2015. *Nature rebounds*. San Francisco: Long Now Foundation. https://phe.rockefeller.edu/docs/Nature_Rebounds.pdf.

Ausubel, J. H., & Grübler, A. 1995. Working less and living longer: Long-term trends in working time and time budgets. *Technological Forecasting and Social Change*, 50, 195–213.

Ausubel, J. H., & Marchetti, C. 1998. Wood's H:C ratio. https://phe.rockefeller.edu/docs/WoodsHtoCratio.pdf.

Ausubel, J. H., Wernick, I. K., & Waggoner, P. E. 2012. Peak farmland and the prospect for land sparing. *Population and Development Review*, 38, 221-242.

Autor, D. H. 2014. Skills, education, and the rise of earnings inequality among the "other 99 percent." *Science*, 344, 843–51.

Aviation Safety Network. 2017. Fatal airliner (14+ passengers) hull-loss accidents. https://aviation-safety.net/statistics/period/stats.php?cat=A1.

Bailey, R. 2015. *The end of doom: Environmental renewal in the 21st century.* New York: St. Martin's Press.

Balmford, A. 2012. *Wild hope: On the front lines of conservation success.* Chicago: University of Chicago Press.

Balmford, A., & Knowlton, N. 2017. Why Earth Optimism? *Science*, 356, 225.

Banerjee, A. V., & Duflo, E. 2011. *Poor economics: A radical rethinking of the way to fight global poverty.* New York: PublicAffairs.

Barber, N. 2011. A cross-national test of the uncertainty hypothesis of religious belief. *Cross-Cultural Research*, 45, 318–33.

Bardo, A. R., Lynch, S. M., & Land, K. C. 2017. The importance of the Baby Boom cohort and the Great Recession in understanding age, period, and cohort patterns in happiness. *Social Psychological and Personality Science*, 8, 341–50.

Bardon, A. (Undated.) Transcendental arguments. *Internet Encyclopedia of Philosophy.* http://www.iep.utm.edu/trans-ar/.

Barlow, D. H., Bullis, J. R., Comer, J. S., & Ametaj, A. A. 2013. Evidence-based psychological treatments: An update and a way forward. *Annual Review of Clinical Psychology*, 9, 1–27.

Baron, J. 1993. Why teach thinking? *Applied Psychology*, 42, 191–237.

Basu, K. 1999. Child labor: Cause, consequence, and cure, with remarks on international labor standards. *Journal of Economic Literature*, 37, 1083–1119.

Bauman, Z. 1989. *Modernity and the Holocaust.* Cambridge, UK: Polity.

Baumard, N., Hyafil, A., Morris, I., & Boyer, P. 2015. Increased affluence explains the emergence of ascetic wisdoms and moralizing religions. *Current Biology*, 25, 10–15.

Baumeister, R. 2015. Machines think but don't want, and hence aren't dangerous. *Edge.* https://www.edge.org/response-detail/26282.

Baumeister, R., Bratslavsky, E., Finkenauer, C., & Vohs, K. D. 2001. Bad is stronger than good. *Review of General Psychology*, 5, 323–70.

Baumeister, R., Vohs, K. D., Aaker, J. L., & Garbinsky, E. N. 2013. Some key differences between a happy life and a meaningful life. *Journal of Positive Psychology*, 8, 505–16.

Baxter, A. J., Scott, K. M., Ferrari, A. J., Norman, R. E., Vos, T., et al. 2014. Challenging the myth of an "epidemic" of common mental disorders: Trends in the global prevalence of anxiety and depression between 1990 and 2010. *Depression and Anxiety*, 31, 506–16.

Bean, L., & Teles, S. 2016. God and climate. *Democracy: A Journal of Ideas*, 40.

Beaver, K. M., Schwartz, J. A., Nedelec, J. L., Connolly, E. J., Boutwell, B. B., et al. 2013. Intelligence is associated with criminal justice processing: Arrest through incarceration. *Intelligence*, 41, 277–88.

Beaver, K. M., Vaughn, M. G., DeLisi, M., Barnes, J. C., & Boutwell, B. B. 2012. The neuropsychological underpinnings to psychopathic personality traits in a nationally representative and longitudinal sample. *Psychiatric Quarterly*, 83, 145–59.

Behavioral Insights Team. 2015. *EAST: Four simple ways to apply behavioral insights*. London: Behavioral Insights.

Benda, J. 1927/2006. *The treason of the intellectuals*. New Brunswick, NJ: Transaction.

Benedek, T. G., & Erlen, J. 1999. The scientific environment of the Tuskegee Study of Syphilis, 1920–1960. *Perspectives in Biology and Medicine*, 43, 1–30.

Berlin, I. 1979. The Counter-Enlightenment. In I. Berlin, ed., *Against the current: Essays in the history of ideas*. Princeton, NJ: Princeton University Press.

Berlin, I. 1988/2013. The pursuit of the ideal. In I. Berlin, ed., *The crooked timber of humanity*. Princeton, NJ: Princeton University Press.

Berman, P. 2010. *The flight of the intellectuals*. New York: Melville House.

Bernanke, B. S. 2016. How do people really feel about the economy? *Brookings Blog*. https://www.brookings.edu/blog/ben-bernanke/2016/06/30/how-do-people-really-feel-about-the-economy/.

Berry, K., Lewis, P., Pelopidas, B., Sokov, N., & Wilson, W. 2010. *Delegitimizing nuclear weapons: Examining the validity of nuclear deterrence*. Monterey, CA: Monterey Institute of International Studies.

Besley, T. & Kudamatsu, M. 2006. Health and democracy. *American Economic Review*, 96, 313–18.

Bettmann, O. L. 1974. *The good old days — they were terrible!* New York: Random House.

Betzig, L. 1986. *Despotism and differential reproduction*. Hawthorne, NY: Aldine de Gruyter.

Bird, A. 2011. Thomas Kuhn. In E. N. Zalta, ed., *Stanford Encyclopedia of Philosophy*. https://plato.stanford.edu/entries/thomas-kuhn/.

Blackmore, S. 1991. Near-death experiences: In or out of the body? *Skeptical Inquirer*, 16, 34–45.

Blair, J. P., & Schweit, K. W. 2014. *A study of active shooter incidents, 2000–2013*. Washington: Federal Bureau of Investigation.

Blees, T. 2008. *Prescription for the planet: The painless remedy for our energy and environmental crises*. North Charleston, SC: Booksurge.

Blight, J. G., Nye, J. S., & Welch, D. A. 1987. The Cuban Missile Crisis revisited. *Foreign Affairs*, 66, 170–88.

Blinkhorn, S. 1982. Review of S. J. Gould's "The mismeasure of man." *Nature*, 296, 506.

Block, N. 1986. Advertisement for a semantics for psychology. In P. A. French, T. E. Uehling, & H. K. Wettstein, eds., *Midwest studies in philosophy: Studies in the philosophy of mind* (vol. 10). Minneapolis: University of Minnesota Press.

Block, N. 1995. On a confusion about a function of consciousness. *Behavioral and Brain Sciences*, 18, 227–87.

Bloom, P. 2012. Religion, morality, evolution. *Annual Review of Psychology*, 63, 179–99.

Bloomberg, M., & Pope, C. 2017. *Climate of hope: How cities, businesses, and citizens can save the planet*. New York: St. Martin's Press.

Bluth, C. 2011. *The myth of nuclear proliferation*. School of Politics and International Studies, University of Leeds.

Bohle, R. H. 1986. Negativism as news selection predictor. *Journalism Quarterly*, 63, 789–96.

Bond, M. 2009. Risk school. *Nature*, 461, 1189–1192.

Bostrom, A., Morgan, M. G., Fischhoff, B., & Read, D. 1994. What do people know about global climate change? 1. Mental models. *Risk Analysis*, 14, 959–71.

Bostrom, N. 2016. *Superintelligence: Paths, dangers, strategies*. New York: Oxford University Press.

Botello, M. A. 2016. Mexico, tasa de homicidios por 100 mil habitantes desde 1931 a 2015. *MexicoMaxico*. http://www.mexicomaxico.org/Voto/Homicidios100M.htm.

Bourget, D., & Chalmers, D. J. 2014. What do philosophers believe? *Philosophical Studies*, 170, 465–500.

Bourguignon, F., & Morrisson, C. 2002. Inequality among world citizens, 1820‒1992. *American Economic Review*, 92, 727‒44.

Bowering, G. 2015. *Islamic political thought: An introduction.* Princeton, NJ: Princeton University Press.

Boyd, B., Carroll, J., & Gottschall, J., eds. 2010. *Evolution, literature, and film: A reader.* New York: Columbia University Press.

Boyd, R. 1988. How to be a moral realist. In G. Sayre‒McCord, ed., *Essays on moral realism.* Ithaca, NY: Cornell University Press.

Boyer, Pascal. 2001. *Religion explained: The evolutionary origins of religious thought.* New York: Basic Books.

Boyer, Paul. 1985/2005. *By the bomb's early light: American thought and culture at the dawn of the Atomic Age.* Chapel Hill: University of North Carolina Press.

Boyer, Paul. 1986. A historical view of scare tactics. *Bulletin of the Atomic Scientists*, 17‒19.

Braithwaite, J. 2008. Near death experiences: The dying brain. *Skeptic*, 21 (2). http://www.critical‒thinking.org.uk/paranormal/near‒death‒experiences/the‒dying‒brain.php.

Braman, D., Kahan, D. M., Slovic, P., Gastil, J., & Cohen, G. L. 2007. The Second National Risk and Culture Study: Making sense of — and making progress in — the American culture war of fact. *GW Law Faculty Publications and Other Works, 211.* http://scholarship.law.gwu.edu/faculty_publications/211.

Branch, T. 1988. *Parting the waters: America in the King years, 1954–63.* New York: Simon & Schuster.

Brand, S. 2009. *Whole Earth discipline: Why dense cities, nuclear power, transgenic crops, restored wildlands, and geoengineering are necessary.* New York: Penguin.

Branwen, G. 2016. Terrorism is not effective. *Gwern.net.* https://www.gwern.net/Terrorism‒is‒not‒Effective.

Braudel, F. 2002. *Civilization and capitalism, 15th–18th century* (vol. 1: *The structures of everyday life*). London: Phoenix Press.

Bregman, A. S. 1990. *Auditory scene analysis: The perceptual organization of sound.* Cambridge, MA: MIT Press.

Bregman, R. 2016. *Utopia for realists: The case for a universal basic income, open borders, and a 15-hour workweek.* Boston: Little, Brown.

Brennan, J. 2016. Against democracy. *National Interest*, Sept. 7.

Brickman, P., & Campbell, D. T. 1971. Hedonic relativism and planning the good society.

In M. H. Appley, ed., *Adaptation-level theory: A symposium*. New York: Academic Press.

Briggs, J. C. 2015. Re: Accelerated modern human-induced species losses: Entering the sixth mass extinction. *Science*. http://advances.sciencemag.org/content/1/5/e1400253. e-letters.

Briggs, J. C. 2016. Global biodiversity loss: Exaggerated versus realistic estimates. *Environmental Skeptics and Critics*, 5, 20–27.

Brink, D. O. 1989. *Moral realism and the foundations of ethics*. New York: Cambridge University Press.

British Petroleum. 2016. *BP Statistical Review of World Energy 2016*, June.

Brockman, J. 1991. The third culture. *Edge*. https://www.edge.org/conversation/john_brockman-the-third-culture.

Brockman, J., ed. 2003. *The new humanists: Science at the edge*. New York: Sterling.

Brockman, J., ed. 2015. *What to think about machines that think? Today's leading thinkers on the age of machine intelligence*. New York: HarperPerennial.

Brooks, R. 2015. Mistaking performance for competence misleads estimates of AI's 21st century promise and danger. *Edge*. https://www.edge.org/response-detail/26057.

Brooks, R. 2016. Artificial intelligence. *Edge*. https://www.edge.org/response-detail/26678.

Brown, A., & Lewis, J. 2013. Reframing the nuclear de-alerting debate: Towards maximizing presidential decision time. *Nuclear Threat Initiative*. http://nti.org/3521A.

Brown, D. E. 1991. *Human universals*. New York: McGraw-Hill.

Brown, D. E. 2000. Human universals and their implications. In N. Roughley, ed., *Being humans: Anthropological universality and particularity in transdisciplinary perspectives*. New York: Walter de Gruyter.

Brunnschweiler, C. N., & Lujala, P. 2015. Economic backwardness and social tension. University of East Anglia. https://ideas.repec.org/p/uea/aepppr/2012_72.html.

Bryce, R. 2014. *Smaller faster lighter denser cheaper: How innovation keeps proving the catastrophists wrong*. New York: Perseus.

Brynjolfsson, E., & McAfee, A. 2015. Will humans go the way of horses? *Foreign Affairs*, July/Aug.

Brynjolfsson, E., & McAfee, A. 2016. *The Second Machine Age: Work, progress, and prosperity in a time of brilliant technologies*. New York: Norton.

Bulletin of the Atomic Scientists. 2017. Doomsday Clock timeline. http://thebulletin.org/timeline.

Bunce, V. 2017. The prospects for a color revolution in Russia. *Daedalus*, 146, 19–29.

Bureau of Labor Statistics. 2016a. Census of fatal occupational injuries. https://www.bls. gov/iif/oshcfoi1.htm.

Bureau of Labor Statistics. 2016b. Charts from the American Time Use Survey. https:// www.bls.gov/tus/charts/.

Bureau of Labor Statistics. 2016c. Time spent in primary activities and percent of the civilian population engaging in each activity, averages per day by sex, 2015. https:// www.bls.gov/news.release/atus.t01.htm.

Bureau of Labor Statistics. 2017. College enrollment and work activity of 2016 high school graduates. https://www.bls.gov/news.release/hsgec.nr0.htm.

Buringh, E., & van Zanden, J. 2009. Charting the "rise of the West": Manuscripts and printed books in Europe, a long-term perspective from the sixth through eighteen centuries. *Journal of Economic History*, 69, 409–45.

Burney, D. A., & Flannery, T. F. 2005. Fifty millennia of catastrophic extinctions after human contact. *Trends in Ecology and Evolution, 20*, 395–401.

Burns, J. 2009. *Goddess of the market: Ayn Rand and the American right*. New York: Oxford University Press.

Burtless, G. 2014. Income growth and income inequality: The facts may surprise you. *Brookings Blog*. https://www.brookings.edu/opinions/income-growth-and-income-inequality-the-facts-may-surprise-you/.

Buturovic, Z., & Klein, D. B. 2010. Economic enlightenment in relation to college-going, ideology, and other variables: A Zogby survey of Americans. *Economic Journal Watch, 7*, 174–96.

Calic, R., ed. 1971. *Secret conversations with Hitler: The two newly- discovered 1931 interviews*. New York: John Day.

Caplan, B. 2007. *The myth of the rational voter: Why democracies choose bad policies*. Princeton, NJ: Princeton University Press.

Caplow, T., Hicks, L., & Wattenberg, B. 2001. *The first measured century: An illustrated guide to trends in America, 1900–2000*. Washington: AEI Press.

CarbonBrief. 2016. Explainer: 10 ways "negative emissions" could slow climate change. https://www.carbonbrief.org/explainer-10-ways-negative-emissions-could-slow-climate-change.

Carey, J. 1993. *The intellectuals and the masses: Pride and prejudice among the literary intelligentsia, 1880–1939*. New York: St. Martin's Press.

Carey, M., Jackson, M., Antonello, A., & Rushing, J. 2016. Glaciers, gender, and science. *Progress in Human Geography, 40*, 770–93.

Carey, S. 2009. *The origin of concepts*. Cambridge, MA: MIT Press.

Carlson, R. H. 2010. *Biology is technology: The promise, peril, and new business of engineering life*. Cambridge, MA: Harvard University Press.

Carroll, S. M. 2016. *The big picture: On the origins of life, meaning, and the universe itself*. New York: Dutton.

Carter, R. 1966. *Breakthrough: The saga of Jonas Salk*. Trident Press.

Carter, S. B., Gartner, S. S., Haines, M. R., Olmstead, A. L., Sutch, R., et al., eds. 2000. *Historical statistics of the United States: Earliest times to the present* (vol. 1, part A: Population). New York: Cambridge University Press.

Case, A., & Deaton, A. 2015. Rising morbidity and mortality in midlife among white non-Hispanic Americans in the 21st century. *Proceedings of the National Academy of Sciences, 112*, 15078–83.

Center for Systemic Peace. 2015. Integrated network for societal conflict research data page. http://www.systemicpeace.org/inscrdata.html.

Centers for Disease Control. 1999. Improvements in workplace safety — United States, 1900–1999. *CDC Morbidity and Mortality Weekly Report, 48*, 461–69.

Centers for Disease Control. 2015. Injury prevention and control: Data and statistics (WISQARS). https://www.cdc.gov/injury/wisqars/.

Central Intelligence Agency. 2016. The world factbook. https://www.cia.gov/library/publications/the-world-factbook/.

Chalk, F., & Jonassohn, K. 1990. *The history and sociology of genocide: Analyses and case studies*. New Haven: Yale University Press.

Chalmers, D. J. 1996. *The conscious mind: In search of a fundamental theory*. New York: Oxford University Press.

Chang, L. T. 2009. *Factory girls: From village to city in a changing China*. New York: Spiegel & Grau.

Chen, D. H. C., & Dahlman, C. J. 2006. *The knowledge economy, the KAM methodology and World Bank operations*. Washington: World Bank. http://documents.worldbank.org/curated/en/695211468153873436/The-knowledge-economy-the-KAM-methodology-and-World-Bank-operations.

Chenoweth, E. 2016. Why is nonviolent resistance on the rise? *Diplomatic Courier.* http://
www.diplomaticcourier.com/2016/06/28/nonviolent-resistance-rise/.

Chenoweth, E., & Stephan, M. J. 2011. *Why civil resistance works: The strategic logic of
nonviolent conflict.* New York: Columbia University Press.

Chernew, M., Cutler, D. M., Ghosh, K., & Landrum, M. B. 2016. *Understanding the
improvement in disability free life expectancy in the U.S. elderly population.* Cambridge,
MA: National Bureau of Economic Research.

Chirot, D. 1996. *Modern tyrants.* Princeton, NJ: Princeton University Press.

Cipolla, C. 1994. *Before the Industrial Revolution: European society and economy, 1000–1700*
(3rd ed.). New York: Norton.

Clark, A. M., & Sikkink, K. 2013. Information effects and human rights data: Is the good
news about increased human rights information bad news for human rights measures?
Human Rights Quarterly, 35, 539–68.

Clark, D. M. T., Loxton, N. J., & Tobin, S. J. 2015. Declining loneliness over time: Evidence
from American colleges and high schools. *Personality and Social Psychology Bulletin, 41,*
78–89.

Clark, G. 2007. *A farewell to alms: A brief economic history of the world.* Princeton, NJ:
Princeton University Press.

Cohen, G. L. 2003. Party over policy: The dominating impact of group influence on
political beliefs. *Journal of Personality and Social Psychology, 85,* 808–22.

Collier, P. 2007. *The bottom billion: Why the poorest countries are failing and what can be done
about it.* New York: Oxford University Press.

Collier, P., & Rohner, D. 2008. Democracy, development and conflict. *Journal of the
European Economic Association, 6,* 531–40.

Collini, S. 1998. Introduction. In C. P. Snow, *The two cultures.* New York: Cambridge
University Press.

Collini, S. 2013. Introduction. In F. R. Leavis, *Two cultures? The significance of C. P. Snow.*
New York: Cambridge University Press.

Combs, B., & Slovic, P. 1979. Newspaper coverage of causes of death. *Journalism & Mass
Communication Quarterly, 56,* 837–43.

Connor, S. 2014. *The horror of number: Can humans learn to count?* Paper presented at the
Alexander Lecture. http://stevenconnor.com/horror.html.

Connor, S. 2016. *Living by numbers: In defence of quantity.* London: Reaktion Books.

Conrad, S. 2012. Enlightenment in global history: A historiographical critique. *American Historical Review, 117*, 999–1027.

Cook, M. 2014. *Ancient religions, modern politics: The Islamic case in comparative perspective.* Princeton, NJ: Princeton University Press.

Coontz, S. 1992/2016. *The way we never were: American families and the nostalgia trap* (rev. ed.). New York: Basic Books.

Corlett, A. 2016. *Examining an elephant: Globalisation and the lower middle class of the rich world.* London: Resolution Foundation.

Cornwall Alliance for the Stewardship of Creation. 2000. The Cornwall Declaration on Environmental Stewardship. http://cornwallalliance.org/landmark-documents/the-cornwall-declaration-on-environmental-stewardship/.

Cosmides, L., & Tooby, J. 1992. Cognitive adaptations for social exchange. In J. H. Barkow, L. Cosmides, & J. Tooby, eds., *The adapted mind: Evolutionary psychology and the generation of culture.* New York: Oxford University Press.

Costa, D. L. 1998. *The evolution of retirement: An American economic history, 1880–1990.* Chicago: University of Chicago Press.

Costa, P. T., & McCrae, R. R. 1982. An approach to the attribution of aging, period, and cohort effects. *Psychological Bulletin, 92*, 238–50.

Costello, E. J., Erkanli, A., & Angold, A. 2006. Is there an epidemic of child or adolescent depression? *Journal of Child Psychology and Psychiatry, 47*, 1263–71.

Costello, M. J., May, R. M., & Stork, N. E. 2013. Can we name Earth's species before they go extinct? *Science, 339*, 413–16.

Council for Secular Humanism. 1980. *A Secular Humanist Declaration.* https://www.secularhumanism.org/index.php/11.

Council for Secular Humanism. 2000. *Humanist Manifesto 2000.* https://www.secularhumanism.org/index.php/1169.

Council on Foreign Relations. 2009. World opinion on proliferation of weapons of mass destruction. https://www.cfr.org/backgrounder/world-opinion-proliferation-weapons-mass-destruction.

Council on Foreign Relations. 2011. World opinion on human rights. *Public Opinion on Global Issues.* https://www.cfr.org/backgrounder/world-opinion-human-rights.

Courtois, S., Werth, N., Panné, J.-L., Paczkowski, A., Bartosek, K., et al. 1999. *The Black Book of Communism: Crimes, terror, repression.* Cambridge, MA: Harvard University

Press.

Courtwright, D. 2010. *No right turn: Conservative politics in a liberal America*. Cambridge, MA: Harvard University Press.

Cowen, T. 2017. *The complacent class: The self-defeating quest for the American dream*. New York: St. Martin's Press.

Coyne, J. A. 2015. *Faith versus fact: Why science and religion are incompatible*. New York: Penguin.

Cravens, G. 2007. *Power to save the world: The truth about nuclear energy*. New York: Knopf.

Cronin, A. K. 2009. *How terrorism ends: Understanding the decline and demise of terrorist campaigns*. Princeton, NJ: Princeton University Press.

Cronon, W. 1995. The trouble with wilderness; or, getting back to the wrong nature. In W. Cronon, ed., *Uncommon ground: Rethinking the human place in nature*. New York: Norton.

Cunningham, H. 1996. Combating child labour: The British experience. In H. Cunningham & P. P. Viazzo, eds., *Child labour in historical perspective, 1800–1985: Case studies from Europe, Japan and Colombia*. Florence: UNICEF.

Cunningham, T. J., Croft, J. B., Liu, Y., Lu, H., Eke, P. I., et al. 2017. Vital signs: Racial disparities in age-specific mortality among Blacks or African Americans — United States, 1999–2015. *Morbidity and Mortality Weekly Report, 66*, 444–56.

Daly, M. C., Oswald, A. J., Wilson, D., & Wu, S. 2010. The happiness-suicide paradox. *Federal Reserve Bank of San Francisco Working Papers, 2010*.

Davis, B. D. 1983. Neo-Lysenkoism, IQ, and the press. *Public Interest, 73*, 41–59.

Davis, E., & Marcus, G. F. 2015. Commonsense reasoning and commonsense knowledge in artificial intelligence. *Communications of the ACM, 58*, 92–103.

Dawes, R. M., Faust, D., & Meehl, P. E. 1989. Clinical versus actuarial judgment. *Science, 243*, 1668–74.

Dawkins, R. 1976/1989. *The selfish gene* (new ed.). New York: Oxford University Press.

Dawkins, R. 1983. Universal Darwinism. In D. S. Bendall, ed., *Evolution from molecules to men*. New York: Cambridge University Press.

Dawkins, R. 1986. *The blind watchmaker: Why the evidence of evolution reveals a universe without design*. New York: Norton.

Dawkins, R. 2006. *The God delusion*. New York: Houghton Mifflin.

de Lazari-Radek, K., & Singer, P. 2012. The objectivity of ethics and the unity of practical reason. *Ethics, 123*, 9–31.

de Ribera, O. S., Kavish, N., & Boutwell, B. B. 2017. On the relationship between psychopathy and general intelligence: A meta-analytic review. *bioRχiv*, doi: https://doi.org/10.1101/100693.

Deary, I. J. 2001. *Intelligence: A very short introduction*. New York: Oxford University Press.

Death Penalty Information Center. 2017. Facts about the death penalty. http://www.deathpenaltyinfo.org/documents/FactSheet.pdf.

Deaton, A. 2011. The financial crisis and the well-being of Americans. *Oxford Economic Papers*, 1–26.

Deaton, A. 2013. *The Great Escape: Health, wealth, and the origins of inequality*. Princeton, NJ: Princeton University Press.

Deaton, A. 2017. Thinking about inequality. *Cato's Letter, 15*, 1–5.

Deep Decarbonization Pathways Project 2015. *Pathways to deep decarbonization*. Paris: Institute for Sustainable Development and International Relations.

DeFries, R. 2014. *The big ratchet: How humanity thrives in the face of natural crisis*. New York: Basic Books.

Degler, C. N. 1991. *In search of human nature: The decline and revival of Darwinism in American social thought*. New York: Oxford University Press.

Dehaene, S. 2009. Signatures of consciousness. *Edge*. http://www.edge.org/3rd_culture/dehaene09/dehaene09_index.html.

Dehaene, S., & Changeux, J.-P. 2011. Experimental and theoretical approaches to conscious processing. *Neuron, 70*, 200–227.

Delamontagne, R. G. 2010. High religiosity and societal dysfunction in the United States during the first decade of the twenty-first century. *Evolutionary Psychology, 8*, 617–57.

Denkenberger, D., & Pearce, J. 2015. *Feeding everyone no matter what: Managing food security after global catastrophe*. New York: Academic Press.

Dennett, D. C. 2006. *Breaking the spell: Religion as a natural phenomenon*. New York: Penguin Books.

DeScioli, P. 2016. The side-taking hypothesis for moral judgment. *Current Opinion in Psychology, 7*, 23–27.

DeScioli, P., & Kurzban, R. 2009. Mysteries of morality. *Cognition, 112*, 281–99.

Desvousges, W. H., Johnson, F. R., Dunford, R. W., Boyle, K. J., Hudson, S. P., et al. 1992. *Measuring nonuse damages using contingent valuation: An experimental evaluation of accuracy*. Research Triangle Park, NC: RTI International.

Deutsch, D. 2011. *The beginning of infinity: Explanations that transform the world*. New York: Viking.

Devereux, S. 2000. *Famine in the twentieth century*. Sussex, UK: Institute of Development Studies. http://www.ids.ac.uk/publication/famine-in-the-twentieth-century.

Diamandis, P., & Kotler, S. 2012. *Abundance: The future is better than you think*. New York: Free Press.

Diamond, J. M. 1997. *Guns, germs, and steel: The fates of human societies*. New York: Norton.

Dinda, S. 2004. Environmental Kuznets curve hypothesis: A survey. *Ecological Economics, 49,* 431–55.

Dobbs, R., Madgavkar, A., Manyika, J., Woetzel, J., Bughin, J., et al. 2016. *Poorer than their parents? Flat or falling incomes in advanced economies*. McKinsey Global Institute.

Dreger, A. 2008. The controversy surrounding "The man who would be queen": A case history of the politics of science, identity, and sex in the Internet age. *Archives of Sexual Behavior, 37,* 366–421.

Dreger, A. 2015. *Galileo's middle finger: Heretics, activists, and the search for justice in science*. New York: Penguin.

Dretske, F. I. 1981. *Knowledge and the flow of information*. Cambridge, MA: MIT Press.

Duarte, J. L., Crawford, J. T., Stern, C., Haidt, J., Jussim, L., & Tetlock, P. E. 2015. Political diversity will improve social psychological science. *Behavioral and Brain Sciences, 38,* 1–13.

Dunlap, R. E., Gallup, G. H., & Gallup, A. M. 1993. Of global concern. *Environment: Science and Policy for Sustainable Development, 35,* 7–39.

Duntley, J. D., & Buss, D. M. 2011. Homicide adaptations. *Aggression and Violent Behavior, 16,* 399–410.

Dutton, D. 2009. *The art instinct: Beauty, pleasure, and human evolution*. New York: Bloomsbury Press.

Eagan, K., Stolzenberg, E. B., Lozano, J. B., Aragon, M. C., Suchard, M. R., et al. 2014. *Undergraduate teaching faculty: The 2013–2014 HERI faculty survey*. Los Angeles: Higher Education Research Institute at UCLA.

Easterbrook, G. 2003. *The progress paradox: How life gets better while people feel worse*. New York: Random House.

Easterlin, R. A. 1973. Does money buy happiness? *Public Interest, 30,* 3–10.

Easterlin, R. A. 1981. Why isn't the whole world developed? *Journal of Economic History, 41,*

1-19.

Easterly, W. 2006. *The white man's burden: Why the West's efforts to aid the rest have done so much ill and so little good.* New York: Penguin.

Eastop, E.-R. 2015. *Subcultural cognition: Armchair oncology in the age of misinformation.* Master's thesis, University of Oxford.

Eberstadt, N., & Shah, A. 2011. *Fertility decline in the Muslim world: A veritable sea-change, still curiously unnoticed.* Washington: American Enterprise Institute.

Eddington, A. S. 1928/2015. The nature of the physical world. Andesite Press.

Eibach, R. P., & Libby, L. K. 2009. Ideology of the good old days: Exaggerated perceptions of moral decline and conservative politics. In J. T. Jost, A. Kay, & H. Thorisdottir, eds., *Social and psychological bases of ideology and system justification.* New York: Oxford University Press.

Eichengreen, B. 2014. Secular stagnation: A review of the issues. In C. Teulings & R. Baldwin, eds., *Secular stagnation: Facts, causes and cures.* London: Centre for Economic Policy Research.

Eisner, M. 2001. Modernization, self-control and lethal violence: The long-term dynamics of European homicide rates in theoretical perspective. *British Journal of Criminology, 41,* 618-38.

Eisner, M. 2003. Long-term historical trends in violent crime. *Crime and Justice, 30,* 83-142.

Eisner, M. 2014a. From swords to words: Does macro-level change in self-control predict long-term variation in levels of homicide? *Crime and Justice, 43,* 65-134.

Eisner, M. 2014b. *Reducing homicide by 50% in 30 years: Universal mechanisms and evidence-based public policy.* In M. Krisch, M. Eisner, C. Mikton, & A. Butchart, eds., *Global strategies to reduce violence by 50% in 30 years: Findings from the WHO and University of Cambridge Global Violence Reduction Conference 2014.* Cambridge, UK: Institute of Criminology, University of Cambridge.

Eisner, M. 2015. *How to reduce homicide by 50% in the next 30 years.* Rio de Janeiro: Igarapé Institute.

Elias, N. 1939/2000. *The Civilizing Process: Sociogenetic and psychogenetic investigations* (rev. ed.). Cambridge, MA: Blackwell.

England, J. L. 2015. Dissipative adaptation in driven self-assembly. *Nature Nanotechnology, 10,* 919-23.

Epstein, A. 2014. *The moral case for fossil fuels*. New York: Penguin.

Epstein, G. 2009. *Good without God: What a billion nonreligious people do believe*. New York: William Morrow.

Ericksen, R. P., & Heschel, S. 1999. *Betrayal: German churches and the Holocaust*. Minneapolis: Fortress Press.

Erwin, D. 2015. *Extinction: How life on Earth nearly ended 250 million years ago* (updated ed.). Princeton, NJ: Princeton University Press.

Esposito, J. L., & Mogahed, D. 2007. *Who speaks for Islam? What a billion Muslims really think*. New York: Gallup Press.

Evans, D. 2015. The great AI swindle. *Edge*. https://www.edge.org/response-detail/26073.

Evans, G. 2015. Challenges for the *Bulletin of the Atomic Scientists* at 70: Restoring reason to the nuclear debate. Paper presented at the Annual Clock Symposium, *Bulletin of the Atomic Scientists*.

Evans, G., Ogilvie-White, T., & Thakur, R. 2015. *Nuclear weapons: The state of play 2015*. Canberra: Centre for Nuclear Non-Proliferation and Disarmament, Australian National University.

Everett, D. 2008. *Don't sleep, there are snakes: Life and language in the Amazonian jungle*. New York: Vintage.

Ewald, P. 2000. *Plague time: The new germ theory of disease*. New York: Anchor.

Faderman, L. 2015. *The Gay Revolution: The story of a struggle*. New York: Simon & Schuster.

Fariss, C. J. 2014. Respect for human rights has improved over time: Modeling the changing standard of accountability. *American Political Science Review, 108*, 297–318.

Fawcett, A. A., Iyer, G. C., Clarke, L. E., Edmonds, J. A., Hultman, N. E., et al. 2015. Can Paris pledges avert severe climate change? *Science, 350*, 1168–69.

Fearon, J. D., & Laitin, D. D. 1996. Explaining interethnic cooperation. *American Political Science Review, 90*, 715–35.

Fearon, J. D., & Laitin, D. D. 2003. Ethnicity, insurgency, and civil war. *American Political Science Review, 97*, 75–90.

Federal Bureau of Investigation. 2016a. Crime in the United States by volume and rate, 1996–2015. https://ucr.fbi.gov/crime-in-the-u.s/2015/crime-in-the-u.s.-2015/tables/table-1.

Federal Bureau of Investigation. 2016b. Hate crime. *FBI Uniform Crime Reports*. https://ucr.fbi.gov/hate-crime.

Federal Highway Administration. 2003. *A review of pedestrian safety research in the United States and abroad: Final report.* Washington: US Department of Transportation. https://www.fhwa.dot.gov/publications/research/safety/pedbike/03042/part2.cfm.

Federation of American Scientists. (Undated.) Nuclear weapons. https://fas.org/issues/nuclear-weapons/.

Feinberg, M., & Willer, R. 2011. Apocalypse soon? Dire messages reduce belief in global warming by contradicting just-world beliefs. *Psychological Science, 22,* 34–38.

Feldstein, M. 2017. Underestimating the real growth of GDP, personal income, and productivity. *Journal of Economic Perspectives, 31,* 145–64.

Ferreira, F., Jolliffe, D. M., & Prydz, E. B. 2015. The international poverty line has just been raised to $1.90 a day, but global poverty is basically unchanged. How is that even possible? http://blogs.worldbank.org/developmenttalk/international-poverty-line-has-just-been-raised-190-day-global-poverty-basically-unchanged-how-even.

Finkelhor, D. 2014. Trends in child welfare. Paper presented at the Carsey Institute Policy Series, Department of Sociology, University of New Hampshire.

Finkelhor, D., Shattuck, A., Turner, H. A., & Hamby, S. L. 2014. Trends in children's exposure to violence, 2003–2011. *JAMA Pediatrics, 168,* 540–46.

Fischer, C. S. 2005. Bowling alone: What's the score? *Social Networks, 27,* 155–67.

Fischer, C. S. 2009. The 2004 GSS finding of shrunken social networks: An artifact? *American Sociological Review, 74,* 657–69.

Fischer, C. S. 2011. *Still connected: Family and friends in America since 1970.* New York: Russell Sage Foundation.

Fiske, A. P., & Rai, T. 2015. *Virtuous violence: Hurting and killing to create, sustain, end, and honor social relationships.* New York: Cambridge University Press.

Fletcher, J. 1997. *Violence and civilization: An introduction to the work of Norbert Elias.* Cambridge, UK: Polity.

Flynn, J. R. 2007. *What is intelligence?* New York: Cambridge University Press.

Flynn, J. R. 2012. *Are we getting smarter? Rising IQ in the twenty-first century.* New York: Cambridge University Press.

Foa, R. S., & Mounk, Y. 2016. The danger of deconsolidation: The democratic disconnect. *Journal of Democracy, 27,* 5–17.

Fodor, J. A. 1987. *Psychosemantics: The problem of meaning in the philosophy of mind.* Cambridge, MA: MIT Press.

Fodor, J. A. 1994. *The elm and the expert: Mentalese and its semantics.* Cambridge, MA: MIT Press.

Fogel, R. W. 2004. *The escape from hunger and premature death, 1700–2100.* New York: Cambridge University Press.

Food Marketing Institute. 2017. Supermarket facts. https://www.fmi.org/our-research/supermarket-facts.

Foreman, C. 2013. On justice movements: Why they fail the environment and the poor. *The Breakthrough,* http://thebreakthrough.org/index.php/journal/past-issues/issue-3/on-justice-movements.

Fortna, V. P. 2008. *Does peacekeeping work? Shaping belligerents' choices after civil war.* Princeton, NJ: Princeton University Press.

Fortna, V. P. 2015. Do terrorists win? Rebels' use of terrorism and civil war outcomes. *International Organization, 69,* 519–56.

Foucault, M. 1999. *The history of sexuality.* New York: Vintage.

Fouquet, R., & Pearson, P. J. G. 2012. The long run demand for lighting: Elasticities and rebound effects in different phases of economic development. *Economics of Energy and Environmental Policy, 1,* 83–100.

Francis. 2015. *Laudato Si': Encyclical letter of the Holy Father Francis on care for our common home.* Vatican City: The Vatican. http://w2.vatican.va/content/francesco/en/encyclicals/documents/papa-francesco_20150524_enciclica-laudato-si.html.

Frankel, M. 2004. *High noon in the Cold War: Kennedy, Khrushchev, and the Cuban Missile Crisis.* New York: Ballantine Books.

Frankfurt, H. G. 2015. *On inequality.* Princeton, NJ: Princeton University Press.

Freed, J. 2014. *Back to the future: Advanced nuclear energy and the battle against climate change.* Washington: Brookings Institution.

Freilich, J. D., Chermak, S. M., Belli, R., Gruenewald, J., & Parkin, W. S. 2014. Introducing the United States Extremist Crime Database (ECDB). *Terrorism and Political Violence, 26,* 372–84.

Friedman, J. 1997. What's wrong with libertarianism. *Critical Review, 11,* 407–67.

Fryer, R. G. 2016. An empirical analysis of racial differences in police use of force. *National Bureau of Economic Research Working Papers,* 1–63.

Fukuda, K. 2013. A happiness study using age-period-cohort framework. *Journal of Happiness Studies, 14,* 135–53.

Fukuyama, F. 1989. The end of history? *National Interest*, Summer.

Furman, J. 2005. Wal-Mart: A progressive success story. https://www.mackinac.org/archives/2006/walmart.pdf.

Furman, J. 2014. Poverty and the tax code. *Democracy: A Journal of Ideas, 32*, 8–22.

Future of Life Institute. 2017. Accidental nuclear war: A timeline of close calls. https://futureoflife.org/background/nuclear-close-calls-a-timeline/.

Fyfe, J. J. 1988. Police use of deadly force: Research and reform. *Justice Quarterly, 5*, 165–205.

Gaillard, R., Dehaene, S., Adam, C., Clémenceau, S., Hasboun, D., et al. 2009. Converging intracranial markers of conscious access. *PLOS Biology, 7*, 472–92.

Gallup. 2002. Acceptance of homosexuality: A youth movement. http://www.gallup.com/poll/5341/Acceptance-Homosexuality-Youth-Movement.aspx.

Gallup. 2010. Americans' acceptance of gay relations crosses 50% threshold. http://www.gallup.com/poll/135764/Americans-Acceptance-Gay-Relations-Crosses-Threshold.aspx.

Gallup. 2016. Death penalty. http://www.gallup.com/poll/1606/death-penalty.aspx.

Galor, O., & Moav, O. 2007. The neolithic origins of contemporary variations in life expectancy. http://dx.doi.org/10.2139/ssrn.1012650.

Galtung, J., & Ruge, M. H. 1965. The structure of foreign news. *Journal of Peace Research, 2*, 64–91.

Gardner, D. 2008. *Risk: The science and politics of fear.* London: Virgin Books.

Gardner, D. 2010. *Future babble: Why expert predictions fail — and why we believe them anyway.* New York: Dutton.

Garrard, G. 2006. *Counter-enlightenments: From the eighteenth century to the present.* New York: Routledge.

Gash, T. 2016. *Criminal: The truths about why people do bad things.* London: Allen Lane.

Gat, A. 2015. Proving communal warfare among hunter- gatherers: The quasi- Rousseauan error. *Evolutionary Anthropology, 24*, 111–26.

Gauchat, G. 2012. Politicization of science in the public sphere: A study of public trust in the United States, 1974 to 2010. *American Sociological Review, 77*, 167–87.

Gell-Mann, M. 1994. *The quark and the jaguar: Adventures in the simple and the complex.* New York: W. H. Freeman.

Gentzkow, M., & Shapiro, J. M. 2010. What drives media slant? Evidence from U.S. daily newspapers. *Econometrica, 78*, 35–71.

Gervais, W. M., & Najle, M. B. 2018. How many atheists are there? *Social Psychological and Personality Science, 9*, 3-10.

Ghitza, Y., & Gelman, A. 2014. The Great Society, Reagan's revolution, and generations of presidential voting. http://www.stat.columbia.edu/~gelman/research/unpublished/cohort_voting_20140605.pdf.

Gigerenzer, G. 1991. How to make cognitive illusions disappear: Beyond "heuristics and biases." *European Review of Social Psychology, 2*, 83–115.

Gigerenzer, G. 2015. *Simply rational: Decision making in the real world.* New York: Oxford University Press.

Gigerenzer, G. 2016. Fear of dread risks. *Edge.* https://www.edge.org/response-detail/26645.

Gigerenzer, G., & Hoffrage, U. 1995. How to improve Bayesian reasoning without instruction: Frequency formats. *Psychological Review, 102*, 684–704.

Gilbert, D. T. 2006. *Stumbling on happiness.* New York: Knopf.

Giles, J. 2005. Internet encyclopaedias go head to head. *Nature, 438*, 900–901.

Glaeser, E. L. 2011. *Triumph of the city: How our greatest invention makes us richer, smarter, greener, healthier, and happier.* New York: Penguin.

Glaeser, E. L. 2014. *Secular joblessness.* London: Centre for Economic Policy Research.

Glaeser, E. L., Ponzetto, G. A. M., & Shleifer, A. 2007. Why does democracy need education? *Journal of Economic Growth, 12*, 77-99.

Glaeser, E. L., La Porta, R., Lopez-de-Silanes, F., & Shleifer, A. 2004. Do institutions cause growth? *Journal of Economic Growth, 9*, 271–303.

Gleditsch, N. P. 2008. The liberal moment fifteen years on. *International Studies Quarterly, 52*, 691–712.

Gleditsch, N. P., & Rudolfsen, I. 2016. Are Muslim countries more prone to violence? Paper presented at the 57th Annual Convention of the International Studies Association, Atlanta.

Gleditsch, N. P., Wallensteen, P., Eriksson, M., Sollenberg, M., & Strand, H. 2002. Armed conflict, 1946–2001: A new dataset. *Journal of Peace Research, 39*, 615–37.

Gleick, J. 2011. *The information: A history, a theory, a flood.* New York: Pantheon.

Glendon, M. A. 1998. Knowing the Universal Declaration of Human Rights. *Notre Dame Law Review, 73*, 1153–90.

Glendon, M. A. 1999. Foundations of human rights: The unfinished business. *American Journal of Jurisprudence, 44*, 1–14.

Glendon, M. A. 2001. *A world made new: Eleanor Roosevelt and the Universal Declaration of Human Rights*. New York: Random House.

Global Zero Commission. 2010. Global Zero action plan. https://www.globalzero.org/files/gzap_6.0.pdf.

Global Zero Commission. 2016. US adoption of no-first-use and its effects on nuclear proliferation by allies. http://www.globalzero.org/files/nfu_ally_proliferation.pdf.

Glover, J. 1998. Eugenics: Some lessons from the Nazi experience. In J. R. Harris & S. Holm, eds., *The future of human reproduction: Ethics, choice, and regulation*. New York: Oxford University Press.

Glover, J. 1999. *Humanity: A moral history of the twentieth century*. London: Jonathan Cape.

Goertz, G., Diehl, P. F., & Balas, A. 2016. *The puzzle of peace: The evolution of peace in the international system*. New York: Oxford University Press.

Goklany, I. M. 2007. *The improving state of the world: Why we're living longer, healthier, more comfortable lives on a cleaner planet*. Washington: Cato Institute.

Goldin, C., & Katz, L. F. 2010. *The race between education and technology*. Cambridge, MA: Harvard University Press.

Goldstein, J. S. 2011. *Winning the war on war: The decline in armed conflict worldwide*. New York: Penguin.

Goldstein, J. S. 2015. Is the current refugee crisis the worst since World War II? (Unpublished manuscript.) http://www.joshuagoldstein.com/.

Goldstein, R. N. 1976. *Reduction, realism, and the mind*. Ph.D. dissertation, Princeton University.

Goldstein, R. N. 2006. *Betraying Spinoza: The renegade Jew who gave us modernity*. New York: Nextbook/Schocken.

Goldstein, R. N. 2010. *Thirty-six arguments for the existence of God: A work of fiction*. New York: Pantheon.

Goldstein, R. N. 2013. *Plato at the Googleplex: Why philosophy won't go away*. New York: Pantheon.

Gómez, J. M., Verdú, M., González-Megías, A., & Méndez, M. 2016. The phylogenetic roots of human lethal violence. *Nature, 538*, 233–37.

Gordon, R. J. 2014. The turtle's progress: Secular stagnation meets the headwinds. In C.

Teulings & R. Baldwin, eds., *Secular stagnation: Facts, causes and cures*. London: Centre for Economic Policy Research.

Gordon, R. J. 2016. *The rise and fall of American growth*. Princeton, NJ: Princeton University Press.

Gottfredson, L. S. 1997. Why g matters: The complexity of everyday life. *Intelligence, 24*, 79–132.

Gottlieb, A. 2016. *The dream of enlightenment: The rise of modern philosophy*. New York: Norton.

Gottschall, J. 2012. *The storytelling animal: How stories make us human*. Boston: Houghton Mifflin Harcourt.

Gottschall, J., & Wilson, D. S., eds. 2005. *The literary animal: Evolution and the nature of narrative*. Evanston, IL: Northwestern University Press.

Graham, P. 2016. The refragmentation. *Paul Graham Blog*. http://www.paulgraham.com/re.html.

Grayling, A. C. 2007. *Toward the light of liberty: The struggles for freedom and rights that made the modern Western world*. New York: Walker.

Grayling, A. C. 2013. *The God argument: The case against religion and for humanism*. London: Bloomsbury.

Greene, J. 2013. *Moral tribes: Emotion, reason, and the gap between us and them*. New York: Penguin.

Greenstein, S., & Zhu, F. 2014. Do experts or collective intelligence write with more bias? Evidence from *Encyclopædia Britannica* and Wikipedia. *Harvard Business School Working Paper, 15-023*.

Greenwood, J., Seshadri, A., & Yorukoglu, M. 2005. Engines of liberation. *Review of Economic Studies, 72*, 109–33.

Gregg, B. 2003. *Thick moralities, thin politics: Social integration across communities of belief*. Durham, NC: Duke University Press.

Gross, N., & Simmons, S. 2014. The social and political views of American college and university professors. In N. Gross & S. Simmons, eds., *Professors and their politics*. Baltimore: Johns Hopkins University Press.

Guerrero Velasco, R. 2015. An antidote to murder. *Scientific American, 313*, 46–50.

Gunsalus, C. K., Bruner, E. M., Burbules, N., Dash, L. D., Finkin, M., et al. 2006. *Improving the system for protecting human subjects: Counteracting IRB mission creep* (No.

LE06- 016). University of Illinois, Urbana. https://papers.ssrn.com/sol3/papers2.cfm?abstract_id=902995.

Gurr, T. R. 1981. Historical trends in violent crime: A critical review of the evidence. In N. Morris & M. Tonry, eds., *Crime and Justice.* (vol. 3). Chicago: University of Chicago Press.

Gyldensted, C. 2015. *From mirrors to movers: Five elements of positive psychology in constructive journalism.* GGroup Publishers.

Hafer, R. W. 2017. New estimates on the relationship between IQ, economic growth and welfare. *Intelligence, 61,* 92–101.

Hahn, R., Bilukha, O., Crosby, A., Fullilove, M. T., Liberman, A., et al. 2005. Firearms laws and the reduction of violence: A systematic review. *American Journal of Preventive Medicine, 28,* 40–71.

Haidt, J. 2006. *The happiness hypothesis: Finding modern truth in ancient wisdom.* New York: Basic Books.

Haidt, J. 2012. *The righteous mind: Why good people are divided by politics and religion.* New York: Pantheon.

Halpern, D., & Mason, D. 2015. Radical incrementalism. *Evaluation, 21,* 143–49.

Hammel, A. 2010. *Ending the death penalty: The European experience in global perspective.* Basingstoke: Palgrave Macmillan.

Hammond, S. 2017. The future of liberalism and the politicization of everything. *Niskanen Center Blog.* https://niskanencenter.org/blog/future-liberalism-politicization-everything/.

Hampton, K., Goulet, L. S., Rainie, L., & Purcell, K. 2011. *Social networking sites and our lives.* Washington: Pew Research Center.

Hampton, K., Rainie, L., Lu, W., Shin, I., & Purcell, K. 2015. *Social media and the cost of caring.* Washington: Pew Research Center.

Hanson, R., & Yudkowsky, E. 2008. *The Hanson-Yudkowsky AI-foom debate ebook.* Machine Intelligence Research Institute, Berkeley.

Harff, B. 2003. No lessons learned from the Holocaust? Assessing risks of genocide and political mass murder since 1955. *American Political Science Review, 97,* 57–73.

Harff, B. 2005. Assessing risks of genocide and politicide. In M. G. Marshall & T. R. Gurr, eds., *Peace and conflict 2005: A global survey of armed conflicts, self-determination movements, and democracy.* College Park, MD: Center for International Development and Conflict Management, University of Maryland.

Hargraves, R. 2012. *Thorium: Energy cheaper than coal*. North Charleston, SC: CreateSpace.

Hasegawa, T. 2006. *Racing the enemy: Stalin, Truman, and the surrender of Japan*. Cambridge, MA: Harvard University Press.

Hasell, J., & Roser, M. 2017. Famines. *Our World in Data*. https://ourworldindata.org/famines/.

Haskins, R., & Margolis, G. 2014. *Show me the evidence: Obama's fight for rigor and results in social policy*. Washington: Brookings Institution.

Haslam, N. 2016. Concept creep: Psychology's expanding concepts of harm and pathology. *Psychological Inquiry, 27*, 1–17.

Hassett, K. A., & Mathur, A. 2012. *A new measure of consumption inequality*. Washington: American Enterprise Institute.

Hastorf, A. H., & Cantril, H. 1954. They saw a game: a case study. *Journal of Abnormal and Social Psychology, 49*, 129–34.

Hathaway, O., & Shapiro, S. 2017. *The internationalists: How a radical plan to outlaw war remade our world*. New York: Simon & Schuster.

Haybron, D. M. 2013. *Happiness: A very short introduction*. New York: Oxford University Press.

Hayek, F. A. 1945. The use of knowledge in society. *American Economic Review, 35*, 519–30.

Hayek, F. A. 1960/2011. *The constitution of liberty: The definitive edition*. Chicago: University of Chicago Press.

Hayflick, L. 2000. The future of aging. *Nature, 408*, 267–69.

Hedegaard, H., Chen, L.-H., & Warner, M. 2015. Drug-poisoning deaths involving heroin: United States, 2000–2013. *NCHS Data Brief, 190*.

Hegre, H. 2014. Democracy and armed conflict. *Journal of Peace Research, 51*, 159–72.

Hegre, H., Karlsen, J., Nygård, H. M., Strand, H., & Urdal, H. 2013. Predicting armed conflict, 2010–2050. *International Studies Quarterly, 57*, 250–70.

Hellier, C. 2011. Nazi racial ideology was religious, creationist and opposed to Darwinism. *Coelsblog: Defending scientism*. https://coelsblog.wordpress.com/2011/11/08/nazi-racial-ideology-was-religious-creationist-and-opposed-to-darwinism/#sec4.

Helliwell, J. F., Layard, R., & Sachs, J., eds. 2016. *World Happiness Report 2016*. New York: Sustainable Development Solutions Network.

Henao-Restrepo, A. M., Camacho, A., Longini, I. M., Watson, C. H., Edmunds, W. J., et al.

2017. Efficacy and effectiveness of an rVSV-vectored vaccine in preventing Ebola virus disease: Final results from the Guinea ring vaccination, open-label, cluster-randomised trial. *The Lancet, 389*, 505–18.

Henry, M., Shivji, A., de Sousa, T., & Cohen, R. 2015. *The 2015 annual homeless assessment report to Congress.* Washington: US Department of Housing and Urban Development.

Herman, A. 1997. *The idea of decline in Western history.* New York: Free Press.

Heschel, S. 2008. *The Aryan Jesus: Christian theologians and the Bible in Nazi Germany.* Princeton, NJ: Princeton University Press.

Hidaka, B. H. 2012. Depression as a disease of modernity: Explanations for increasing prevalence. *Journal of Affective Disorders, 140*, 205–14.

Hidalgo, C. A. 2015. *Why information grows: The evolution of order, from atoms to economies.* New York: Basic Books.

Hirschl, T. A., & Rank, M. R. 2015. The life course dynamics of affluence. *PLOS ONE, 10 (1):* e0116370/.

Hirschman, A. O. 1971. *A bias for hope: Essays on development and Latin America.* New Haven: Yale University Press.

Hirschman, A. O. 1991. *The rhetoric of reaction: Perversity, futility, jeopardy.* Cambridge, MA: Harvard University Press.

Hirsi Ali, A. 2015a. *Heretic: Why Islam needs a reformation now.* New York: HarperCollins.

Hirsi Ali, A. 2015b. Islam is a religion of violence. *Foreign Policy*, Nov. 9.

Hoffmann, M., Hilton-Taylor, C., Angulo, A., Böhm, M., Brooks, T. M., et al. 2010. The impact of conservation on the status of the world's vertebrates. *Science, 330*, 1503–9.

Hollander, P. 1981/2014. *Political pilgrims: Western intellectuals in search of the good society.* New Brunswick, NJ: Transaction.

Horkheimer, M., & Adorno, T. W. 1947/2007. *Dialectic of Enlightenment.* Stanford: Stanford University Press.

Horwitz, A. V., & Wakefield, J. C. 2007. *The loss of sadness: How psychiatry transformed normal sorrow into depressive disorder.* New York: Oxford University Press.

Horwitz, S. 2015. Inequality, mobility, and being poor in America. *Social Philosophy and Policy, 31*, 70–91.

Housel, M. 2013. Everything is amazing and nobody is happy. *The Motley Fool.* http://www.fool.com/investing/general/2013/11/29/everything-is-great-and-nobody-is-happy.aspx.

Hout, M., & Fischer, C. S. 2014. Explaining why more Americans have no religious preference: Political backlash and generational succession, 1987–2012. *Sociological Science, 1,* 423–47.

Howard, M. 2001. *The invention of peace and the reinvention of war.* London: Profile Books.

Howson, C., & Urbach, P. 1989/2006. *Scientific reasoning: The Bayesian approach* (3rd ed.). Chicago: Open Court Publishing.

Hu, G., & Baker, S. P. 2012. An explanation for the recent increase in the fall death rate among older Americans: A subgroup analysis. *Public Health Reports, 127,* 275–81.

Hu, G., & Mamady, K. 2014. Impact of changes in specificity of data recording on cause-specific injury mortality in the United States, 1999–2010. *BMC Public Health, 14,* 1010.

Huberman, M., & Minns, C. 2007. The times they are not changin': Days and hours of work in old and new worlds, 1870–2000. *Explorations in Economic History, 44,* 538–67.

Huff, T. E. 1993. *The rise of early modern science: Islam, China, and the West.* New York: Cambridge University Press.

Hultman, L., Kathman, J., & Shannon, M. 2013. United Nations peacekeeping and civilian protection in civil war. *American Journal of Political Science, 57,* 875–91.

Human Security Centre. 2005. *Human Security Report 2005: War and peace in the 21st century.* New York: Oxford University Press.

Human Security Report Project. 2007. *Human Security Brief 2007.* Vancouver, BC: Human Security Report Project.

Human Security Report Project. 2009. *Human Security Report 2009: The shrinking costs of war.* New York: Oxford University Press.

Human Security Report Project. 2011. *Human Security Report 2009/2010: The causes of peace and the shrinking costs of war.* New York: Oxford University Press.

Humphrys, M. (Undated.) The left's historical support for tyranny and terrorism. http://markhumphrys.com/left.tyranny.html.

Hunt, L. 2007. *Inventing human rights: A history.* New York: Norton.

Huntington, S. P. 1991. *The third wave: Democratization in the late twentieth century.* Norman: University of Oklahoma Press.

Hyman, D. A. 2007. The pathologies of institutional review boards. *Regulation, 30,* 42–49.

Inglehart, R. 1997. *Modernization and postmodernization: Cultural, economic, and political change in 43 societies.* Princeton, NJ: Princeton University Press.

Inglehart, R. 2016. How much should we worry? *Journal of Democracy, 27,* 18–23.

Inglehart, R. 2017. Changing values in the Islamic world and the West. In M. Moaddel &

M. J. Gelfand, eds., *Values, political action, and change in the Middle East and the Arab Spring.* New York: Oxford University Press.

Inglehart, R., Foa, R., Peterson, C., & Welzel, C. 2008. Development, freedom, and rising happiness: A global perspective (1981–2007). *Perspectives on Psychological Science, 3,* 264–85.

Inglehart, R., & Norris, P. 2016. *Trump, Brexit, and the rise of populism: Economic have-nots and cultural backlash.* Paper presented at the Annual Meeting of the American Political Science Association, Philadelphia.

Inglehart, R., & Welzel, C. 2005. *Modernization, cultural change, and democracy.* New York: Cambridge University Press.

Institute for Economics and Peace. 2016. *Global Terrorism Index 2016.* New York: Institute for Economics and Peace.

Instituto Nacional de Estadística y Geografía. 2016. Registros administrativos: Mortalidad. http://www.inegi.org.mx/est/contenidos/proyectos/registros/vitales/mortalidad/default.aspx.

Insurance Institute for Highway Safety. 2016. General statistics. http://www.iihs.org/iihs/topics/t/general-statistics/fatalityfacts/overview-of-fatality-facts.

Intergovernmental Panel on Climate Change. 2014. *Climate change 2014: Synthesis report. Contribution of working groups I, II and III to the fifth assessment report of the Intergovernmental Panel on Climate Change.* Geneva: IPCC.

International Humanist and Ethical Union. 2002. The Amsterdam Declaration. http://iheu.org/humanism/the-amsterdam-declaration/.

International Labour Organization. 2013. *Marking progress against child labour: Global estimates and trends 2000–2012.* Geneva: International Labour Organization.

Ipsos. 2016. The perils of perception 2016. https://perils.ipsos.com/.

Irwin, D. A. 2016. The truth about trade. *Foreign Affairs,* June 13.

Israel, J. I. 2001. *Radical enlightenment: Philosophy and the making of modernity 1650–1750.* New York: Oxford University Press.

Jackson, J. 2016. Publishing the positive: Exploring the motivations for and the consequences of reading solutions-focused journalism. https://www.constructivejournalism.org/wp-content/uploads/2016/11/Publishing-the-Positive_MA-thesis-research-2016_Jodie-Jackson.pdf.

Jacobs, A. 2011. *Introduction. In W. H. Auden, The age of anxiety: A Baroque eclogue.*

Princeton, NJ: Princeton University Press.

Jacobson, M. Z., & Delucchi, M. A. 2011. Providing all global energy with wind, water, and solar power. *Energy Policy, 39,* 1154 – 69.

Jacoby, S. 2005. *Freethinkers: A history of American secularism.* New York: Henry Holt.

Jamison, D. T., Summers, L. H., Alleyne, G., Arrow, K. J., Berkley, S., et al. 2013. Global health 2035: A world converging within a generation. *The Lancet, 382,* 1898 – 1955.

Jefferson, T. 1785/1955. *Notes on the state of Virginia.* Chapel Hill: University of North Carolina Press.

Jensen, R. 2007. The digital provide: Information (technology), market performance, and welfare in the South Indian fisheries sector. *Quarterly Journal of Economics, 122,* 879 – 924.

Jervis, R. 2011. Force in our times. *International Relations, 25,* 403 – 25.

Johnson, D. D. P. 2004. *Overconfidence and war: The havoc and glory of positive illusions.* Cambridge, MA: Harvard University Press.

Johnson, E. M. 2009. Darwin's connection to Nazi eugenics exposed. *The Primate Diaries.* http://scienceblogs.com/primatediaries/2009/07/14/darwins-connection-to-nazi-eug/.

Johnson, E. M. 2010. Deconstructing social Darwinism: Parts I–IV. *The Primate Diaries.* http://scienceblogs.com/primatediaries/2010/01/05/deconstructing-social-darwinis/.

Johnson, N. F., Spagat, M., Restrepo, J. A., Becerra, O., Bohorquez, J. C., et al. 2006. Universal patterns underlying ongoing wars and terrorism. *arXiv.org.* http://arxiv.org/abs/physics/0605035.

Johnston, W. M., & Davey, G. C. L. 1997. The psychological impact of negative TV news bulletins: The catastrophizing of personal worries. *British Journal of Psychology, 88,* 85 – 91.

Jones, R. P., Cox, D., Cooper, B., & Lienesch, R. 2016a. *The divide over America's future: 1950 or 2050? Findings from the 2016 American Values Survey.* Washington: Public Religion Research Institute.

Jones, R. P., Cox, D., Cooper, B., & Lienesch, R. 2016b. *Exodus: Why Americans are leaving religion — and why they're unlikely to come back.* Washington: Public Religion Research Institute.

Jones, R. P., Cox, D., & Navarro-Rivera, J. 2014. *Believers, sympathizers, and skeptics: Why Americans are conflicted about climate change, environmental policy, and science.*

Washington: Public Religion Research Institute.

Jussim, L., Krosnick, J., Vazire, S., Stevens, S., Anglin, S., et al. 2017. Political bias. *Best Practices in Science*. https://bps.stanford.edu/?page_id=3371.

Kahan, D. M. 2012. Cognitive bias and the constitution of the liberal republic of science. Yale Law School, Public Law Working Paper 270. https://papers.ssrn.com/sol3/papers. cfm?abstract_id=2174032.

Kahan, D. M. 2015. Climate-science communication and the measurement problem. *Political Psychology, 36*, 1–43.

Kahan, D. M., Braman, D., Slovic, P., Gastil, J., & Cohen, G. 2009. Cultural cognition of the risks and benefits of nanotechnology. *Nature Nanotechnology, 4*, 87–90.

Kahan, D. M., Jenkins-Smith, H., & Braman, D. 2011. Cultural cognition of scientific consensus. *Journal of Risk Research, 14*, 147–74.

Kahan, D. M., Jenkins-Smith, H., Tarantola, T., Silva, C. L., & Braman, D. 2012. Geoengineering and climate change polarization: Testing a two-channel model of science communication. *Annals of the American Academy of Political and Social Science, 658*, 193–222.

Kahan, D. M., Peters, E., Dawson, E. C., & Slovic, P. 2013. Motivated numeracy and enlightened self-government. https://papers.ssrn.com/sol3/papers.cfm?abstract_id=2319992.

Kahan, D. M., Peters, E., Wittlin, M., Slovic, P., Ouellette, L. L., et al. 2012. The polarizing impact of science literacy and numeracy on perceived climate change risks. *Nature Climate Change, 2*, 732–35.

Kahan, D. M., Wittlin, M., Peters, E., Slovic, P., Ouellette, L. L., et al. 2011. The tragedy of the risk-perception commons: Culture conflict, rationality conflict, and climate change. Cultural Cognition Project Working Paper 89. https://papers.ssrn.com/sol3/papers. cfm?abstract_id=1871503.

Kahneman, D. 2011. *Thinking, fast and slow*. New York: Farrar, Straus & Giroux.

Kahneman, D., Krueger, A., Schkade, D., Schwarz, N., & Stone, A. 2004. A survey method for characterizing daily life experience: The day reconstruction method. *Science, 3*, 1776–80.

Kanazawa, S. 2010. Why liberals and atheists are more intelligent. *Social Psychology Quarterly, 73*, 33–57.

Kane, T. 2016. Piketty's crumbs. *Commentary*, April 14.

Kant, I. 1784/1991. *An answer to the question: What is enlightenment?* London: Penguin.

Kant, I. 1795/1983. Perpetual peace: A philosophical sketch. In I. Kant, *Perpetual peace and other essays.* Indianapolis: Hackett. http://www.mtholyoke.edu/acad/intrel/kant/kant1.htm.

Kasturiratne, A., Wickremasinghe, A. R., de Silva, N., Gunawardena, N. K., Pathmeswaran, A., et al. 2008. The global burden of snakebite: A literature analysis and modelling based on regional estimates of envenoming and deaths. *PLOS Medicine, 5,* e218.

Keith, D. 2013. *A case for climate engineering.* Boston: Cambridge, MA: MIT Press.

Keith, D. 2015. Patient geoengineering. Paper presented at the Seminars About Long-Term Thinking, San Francisco. http://longnow.org/seminars/02015/feb/17/patient-geoengineering/.

Keith, D., Weisenstein, D., Dykema, J., & Keutsch, F. 2016. Stratospheric solar geoengineering without ozone loss. *Proceedings of the National Academy of Sciences, 113,* 14910–14.

Kelley, J., & Evans, M. D. R. 2016. Societal inequality and individual subjective well-being: Results from 68 societies and over 200,000 individuals, 1981–2008. *Social Science Research, 62,* 1–23.

Kelly, K. 2010. *What technology wants.* New York: Penguin.

Kelly, K. 2013. Myth of the lone villain. *The Technium.* http://kk.org/thetechnium/myth-of-the-lon/.

Kelly, K. 2016. *The inevitable: Understanding the 12 technological forces that will shape our future.* New York: Viking.

Kelly, K. 2017. The AI cargo cult: The myth of a superhuman AI. *Wired.* https://www.wired.com/2017/04/the-myth-of-a-superhuman-ai/.

Kennedy, D. 2011. *Don't shoot: One man, a street fellowship, and the end of violence in inner-city America.* New York: Bloomsbury.

Kenny, C. 2011. *Getting better: Why global development is succeeding — and how we can improve the world even more.* New York: Basic Books.

Kessler, R. C., Berglund, P., Demler, O., Jin, R., Koretz, D., et al. 2003. The epidemiology of major depressive disorder: Results from the National Comorbidity Survey Replication (NCS-R). *Journal of the American Medical Association, 289,* 3095–3105.

Kessler, R. C., Berglund, P., Demler, O., Jin, R., Merikangas, K. R., et al. 2005. Lifetime prevalence and age-of-onset distributions of DSM-IV disorders in the National Comorbidity Survey Replication. *Archives of General Psychiatry, 62,* 593–602.

Kevles, D. J. 1985. *In the name of eugenics: Genetics and the uses of human heredity*. Cambridge, MA: Harvard University Press.

Kharecha, P. A., & Hansen, J. E. 2013. Prevented mortality and greenhouse gas emissions from historical and projected nuclear power. *Environmental Science & Technology, 47,* 4889–95.

Kharrazi, R. J., Nash, D., & Mielenz, T. J. 2015. Increasing trend of fatal falls in older adults in the United States, 1992 to 2005: Coding practice or reporting quality? *Journal of the American Geriatrics Society, 63,* 1913–17.

Kim, J., Smith, T. W., & Kang, J.-H. 2015. Religious affiliation, religious service attendance, and mortality. *Journal of Religion and Health, 54,* 2052–72.

King, D., Schrag, D., Dadi, Z., Ye, Q., & Ghosh, A. 2015. *Climate change: A risk assessment*. Cambridge, UK: University of Cambridge Centre for Science and Policy.

Kitcher, P. 1990. *Kant's transcendental psychology*. New York: Oxford University Press.

Klein, D. B., & Buturovic, Z. 2011. Economic enlightenment revisited: New results again find little relationship between education and economic enlightenment but vitiate prior evidence of the left being worse. *Economic Journal Watch, 8,* 157–73.

Klitzman, R. L. 2015. *The ethics police? The struggle to make human research safe*. New York: Oxford University Press.

Kochanek, K. D., Murphy, S. L., Xu, J., & Tejada-Vera, B. 2016. Deaths: Final data for 2014. *National Vital Statistics Reports, 65 (4)*. http://www.cdc.gov/nchs/data/nvsr/nvsr65/nvsr65_04.pdf.

Kohut, A., Taylor, P. J., Keeter, S., Doherty, C., Dimock, M., et al. 2011. *The generation gap and the 2012 election*. Washington: Pew Research Center. http://www.people-press.org/files/legacy-pdf/11-3-11%20Generations%20Release.pdf.

Kolosh, K. 2014. Injury facts statistical highlights. http://www.nsc.org/SafeCommunities Documents/Conference-2014/Injury-Facts-Statistical-Analysis-Kolosh.pdf.

Koningstein, R., & Fork, D. 2014. What it would really take to reverse climate change. *IEEE Spectrum*. http://spectrum.ieee.org/energy/renewables/what-it-would-really-take-toreverse-climate-change.

Kräenbring, J., Monzon Penza, T., Gutmann, J., Muehlich, S., Zolk, O., et al. 2014. Accuracy and completeness of drug information in Wikipedia: A comparison with standard textbooks of pharmacology. *PLOS ONE, 9,* e106930.

Krauss, L. M. 2012. *A universe from nothing: Why there is something rather than nothing*. New

York: Free Press.

Krisch, M., Eisner, M., Mikton, C., & Butchart, A., eds. 2015. *Global strategies to reduce violence by 50% in 30 years: Findings from the WHO and University of Cambridge Global Violence Reduction Conference 2014.* Cambridge, UK: Institute of Criminology, University of Cambridge.

Kristensen, H. M. 2016. U.S. nuclear stockpile numbers published enroute to Hiroshima. *Federation of American Scientists Strategic Security Blog.* https://fas.org/blogs/security/2016/05/hiroshima-stockpile/.

Kristensen, H. M., & Norris, R. S. 2016a. Status of world nuclear forces. *Federation of American Scientists.* https://fas.org/issues/nuclear-weapons/status-world-nuclear-forces/.

Kristensen, H. M., & Norris, R. S. 2016b. United States nuclear forces, 2016. *Bulletin of the Atomic Scientists, 72,* 63–73.

Krug, E. G., Dahlberg, L. L., Mercy, J. A., Zwi, A. B., & Lozano, R., eds. 2002. *World report on violence and health.* Geneva: World Health Organization.

Kuhn, D. 1991. *The skills of argument.* New York: Cambridge University Press.

Kuncel, N. R., Klieger, D. M., Connelly, B. S., & Ones, D. S. 2013. Mechanical versus clinical data combination in selection and admissions decisions: A meta-analysis. *Journal of Applied Psychology, 98,* 1060–72.

Kunda, Z. 1990. The case for motivated reasoning. *Psychological Bulletin, 108,* 480–98.

Kuran, T. 2004. Why the Middle East is economically underdeveloped: Historical mechanisms of institutional stagnation. *Journal of Economic Perspectives, 18,* 71–90.

Kurlansky, M. 2006. *Nonviolence: Twenty-five lessons from the history of a dangerous idea.* New York: Modern Library.

Kurzban, R., Tooby, J., & Cosmides, L. 2001. Can race be erased? Coalitional computation and social categorization. *Proceedings of the National Academy of Sciences, 98,* 15387–92.

Kuznets, S. 1955. Economic growth and income inequality. *American Economic Review, 45,* 1–28.

Lacina, B. 2006. Explaining the severity of civil wars. *Journal of Conflict Resolution, 50,* 276–89.

Lacina, B., & Gleditsch, N. P. 2005. Monitoring trends in global combat: A new dataset in battle deaths. *European Journal of Population, 21,* 145–66.

Lake, B. M., Ullman, T. D., Tenenbaum, J. B., & Gershman, S. J. 2017. Building machines that learn and think like people. *Behavioral and Brain Sciences, 39*, 1–101.

Lakner, C., & Milanović, B. 2016. Global income distribution: From the fall of the Berlin Wall to the Great Recession. *World Bank Economic Review, 30*, 203–232.

Lampert, L. 1996. *Leo Strauss and Nietzsche*. Chicago: University of Chicago Press.

Lancet Infectious Diseases Editors. 2005. Clearing the myths of time: Tuskegee revisited. *The Lancet Infectious Diseases, 5*, 127.

Land, K. C., Michalos, A. C., & Sirgy, J., eds. 2012. *Handbook of social indicators and quality of life research*. New York: Springer.

Lane, N. 2015. *The vital question: Energy, evolution, and the origins of complex life*. New York: Norton.

Lanier, J. 2014. The myth of AI. *Edge*. https://www.edge.org/conversation/jaron_lanier-the-myth-of-ai.

Lankford, A. 2013. *The myth of martyrdom*. New York: Palgrave Macmillan.

Lankford, A., & Madfis, E. 2018. Don't name them, don't show them, but report everything else: A pragmatic proposal for denying mass killers the attention they seek and deterring future offenders. *American Behavioral Scientist, 62*, 260–279.

Latzer, B. 2016. *The rise and fall of violent crime in America*. New York: Encounter Books.

Laudan, R. 2016. Was the agricultural revolution a terrible mistake? Not if you take food processing into account. http://www.rachellaudan.com/2016/01/was-the-agricultural-revolution-a-terrible-mistake.html.

Law, S. 2011. *Humanism: A very short introduction*. New York: Oxford University Press.

Lawson, S. 2013. Beyond cyber-doom: Assessing the limits of hypothetical scenarios in the framing of cyber-threats. *Journal of Information Technology & Politics, 10*, 86–103.

Layard, R. 2005. *Happiness: Lessons from a new science*. New York: Penguin.

Le Quéré, C., Andrew, R. M., Canadell, J. G., Sitch, S., Korsbakken, J. I., et al. 2016. Global carbon budget 2016. *Earth System Science Data, 8*, 605–49.

Leavis, F. R. 1962/2013. *Two cultures? The significance of C. P. Snow*. New York: Cambridge University Press.

Lee, J.-W., & Lee, H. 2016. Human capital in the long run. *Journal of Development Economics, 122*, 147–69.

Leetaru, K. 2011. Culturomics 2.0: Forecasting large-scale human behavior using global news media tone in time and space. *First Monday, 16 (9)*. http://firstmonday.org/article/view/3663/3040.

Leon, C. B. 2016. The life of American workers in 1915. *Monthly Labor Review*. http://www. bls.gov/opub/mlr/2016/article/the-life-of-american-workers-in-1915.htm.

Leonard, T. C. 2009. Origins of the myth of social Darwinism: The ambiguous legacy of Richard Hofstadter's "Social Darwinism in American thought." *Journal of Economic Behavior & Organization, 71*, 37–51.

Lerdahl, F., & Jackendoff, R. 1983. *A generative theory of tonal music*. Cambridge, MA: MIT Press.

Levin, Y. 2017. Conservatism in an age of alienation. *Modern Age*, Spring. https://eppc.org/publications/conservatism-in-an-age-of-alienation/.

Levinson, A. 2008. Environmental Kuznets curve. In S. N. Durlauf & L. E. Blume, eds., *The New Palgrave Dictionary of Economics* (2nd ed.). New York: Palgrave Macmillan.

Levitsky, S., & Way, L. 2015. The myth of democratic recession. *Journal of Democracy, 26*, 45–58.

Levitt, S. D. 2004. Understanding why crime fell in the 1990s: Four factors that explain the decline and six that do not. *Journal of Economic Perspectives, 18*, 163–90.

Levy, J. S. 1983. *War in the modern great power system 1495–1975*. Lexington: University Press of Kentucky.

Levy, J. S., & Thompson, W. R. 2011. *The arc of war: Origins, escalation, and transformation*. Chicago: University of Chicago Press.

Lewinsohn, P. M., Rohde, P., Seeley, J. R., & Fischer, S. A. 1993. Age-cohort changes in the lifetime occurrence of depression and other mental disorders. *Journal of Abnormal Psychology, 102*, 110–20.

Lewis, B. 1990/1992. *Race and slavery in the Middle East: An historical enquiry*. New York: Oxford University Press.

Lewis, B. 2002. *What went wrong? The clash between Islam and modernity in the Middle East*. New York: HarperPerennial.

Lewis, J. E., DeGusta, D., Meyer, M. R., Monge, J. M., Mann, A. E., et al. 2011. The mismeasure of science: Stephen Jay Gould versus Samuel George Morton on skulls and bias. *PLOS Biology, 9*, e1001071.

Lewis, M. 2016. *The undoing project: A friendship that changed our minds*. New York: Norton.

Liebenberg, L. 1990. *The art of tracking: The origin of science*. Cape Town: David Philip.

Liebenberg, L. 2014. *The origin of science: On the evolutionary roots of science and its implications for self-education and citizen science*. Cape Town: CyberTracker. http://www.cybertracker.

org/science/the-origin-of-science.

Lilienfeld, S. O., Ammirati, R., & Landfield, K. 2009. Giving debiasing away. *Perspectives on Psychological Science, 4,* 390–98.

Lilienfeld, S. O., Ritschel, L. A., Lynn, S. J., Cautin, R. L., & Latzman, R. D. 2013. Why many clinical psychologists are resistant to evidence-based practice: Root causes and constructive remedies. *Clinical Psychology Review, 33,* 883–900.

Lilla, M. 2001. *The reckless mind: Intellectuals in politics.* New York: New York Review of Books.

Lilla, M. 2016. *The shipwrecked mind: On political reaction.* New York: New York Review of Books.

Lindert, P. 2004. *Growing public: Social spending and economic growth since the eighteenth century* (vol. 1: The story). New York: Cambridge University Press.

Linker, D. 2007. *The theocons: Secular America under siege.* New York: Random House.

Liu, L., Oza, S., Hogan, D., Perin, J., Rudan, I., et al. 2014. Global, regional, and national causes of child mortality in 2000–13, with projections to inform post-2015 priorities: An updated systematic analysis. *The Lancet, 385,* 430–40.

Livingstone, M. S. 2014. *Vision and art: The biology of seeing (updated ed.).* New York: Harry Abrams.

Lloyd, S. 2006. *Programming the universe: A quantum computer scientist takes on the cosmos.* New York: Vintage.

Lodge, D. 2002. *Consciousness and the novel.* Cambridge, MA: Harvard University Press.

López, R. E., & Holle, R. L. 1998. Changes in the number of lightning deaths in the United States during the twentieth century. *Journal of Climate, 11,* 2070–77.

Lord, C. G., Ross, L., & Lepper, M. R. 1979. Biased assimilation and attitude polarization: The effects of prior theories on subsequently considered evidence. *Journal of Personality and Social Psychology, 37,* 2098–2109.

Lovering, J., Trembath, A., Swain, M., & Lavin, L. 2015. Renewables and nuclear at a glance. *The Breakthrough.* http://thebreakthrough.org/index.php/issues/energy/renewables-and-nuclear-at-a-glance.

Luard, E. 1986. *War in international society.* New Haven: Yale University Press.

Lucas, R. E. 1988. On the mechanics of economic development. *Journal of Monetary Economics, 22,* 3–42.

Lukianoff, G. 2012. *Unlearning liberty: Campus censorship and the end of American debate.*

New York: Encounter Books.

Lukianoff, G. 2014. *Freedom from speech.* New York: Encounter Books.

Luria, A. R. 1976. *Cognitive development: Its cultural and social foundations.* Cambridge, MA: Harvard University Press.

Lutz, W., Butz, W. P., & Samir, K. C., eds. 2014. *World population and human capital in the twenty-first century.* New York: Oxford University Press.

Lutz, W., Cuaresma, J. C., & Abbasi-Shavazi, M. J. 2010. Demography, education, and democracy: Global trends and the case of Iran. *Population and Development Review, 36,* 253–81.

Lynn, R., Harvey, J., & Nyborg, H. 2009. Average intelligence predicts atheism rates across 137 nations. *Intelligence, 37,* 11–15.

MacAskill, W. 2015. *Doing good better: How effective altruism can help you make a difference* New York: Penguin.

Macnamara, J. 1999. *Through the rearview mirror: Historical reflections on psychology.* Cambridge, MA: MIT Press.

Maddison Project. 2014. Maddison Project. http://www.ggdc.net/maddison/maddison-project/home.htm.

Mahbubani, K. 2013. *The great convergence: Asia, the West, and the logic of one world.* New York: PublicAffairs.

Mahbubani, K., & Summers, L. H. 2016. The fusion of civilizations. *Foreign Affairs,* May/June.

Makari, G. 2015. *Soul machine: The invention of the modern mind.* New York: Norton.

Makel, M. C., Kell, H. J., Lubinski, D., Putallaz, M., & Benbow, C. P. 2016. When lightning strikes twice: Profoundly gifted, profoundly accomplished. *Psychological Science, 27,* 1004–18.

Mankiw, G. 2013. Defending the one percent. *Journal of Economic Perspectives, 27,* 21–34.

Mann, T. E., & Ornstein, N. J. 2012 /2016. *It's even worse than it looks: How the American constitutional system collided with the new politics of extremism* (new ed.). New York: Basic Books.

Marcus, G. 2015. Machines won't be thinking anytime soon. *Edge.* https://www.edge.org/response-detail/26175.

Marcus, G. 2016. Is big data taking us closer to the deeper questions in artificial intelligence? *Edge.* https://www.edge.org/conversation/gary_marcus-is-big-data-taking-us-closerto-the-deeper-questions-in-artificial.

Maritain, J. 1949. Introduction. In UNESCO, *Human rights: Comments and interpretations.* New York: Columbia University Press.

Marlowe, F. 2010. *The Hadza: Hunter-gatherers of Tanzania.* Berkeley: University of California Press.

Marshall, M. G. 2016. Major episodes of political violence, 1946–2015. Vienna, VA: Center for Systemic Peace. http://www.systemicpeace.org/warlist/warlist.htm.

Marshall, M. G., & Gurr, T. R. 2014. Polity IV individual country regime trends, 1946–2013. Vienna, VA: Center for Systemic Peace. http://www.systemicpeace.org/polity/polity4x.htm.

Marshall, M. G., Gurr, T. R., & Harff, B. 2009. *PITF State Failure Problem Set: Internal wars and failures of governance, 1955–2008. Dataset and coding guidelines.* Vienna, VA: Center for Systemic Peace. http://www.systemicpeace.org/inscr/PITFProbSetCodebook2014.pdf.

Marshall, M. G., Gurr, T. R., & Jaggers, K. 2016. *Polity IV project: Political regime characteristics and transitions, 1800–2015, dataset users' manual.* Vienna, VA: Center for Systemic Peace. http://systemicpeace.org/inscrdata.html.

Mathers, C. D., Sadana, R., Salomon, J. A., Murray, C. J. L., & Lopez, A. D. 2001. Healthy life expectancy in 191 countries, 1999. *The Lancet, 357,* 1685–91.

Mattisson, C., Bogren, M., Nettelbladt, P., Munk-Jörgensen, P., & Bhugra, D. 2005. First incidence depression in the Lundby study: A comparison of the two time periods 1947–1972 and 1972–1997. *Journal for Affective Disorders, 87,* 151–60.

McCloskey, D. N. 1994. *Bourgeois virtue. American Scholar, 63,* 177–91.

McCloskey, D. N. 1998. *Bourgeois virtue and the history of P and S. Journal of Economic History, 58,* 297–317.

McCloskey, D. N. 2014. Measured, unmeasured, mismeasured, and unjustified pessimism: A review essay of Thomas Piketty's "Capital in the twenty-first century." *Erasmus Journal of Philosophy and Economics, 7,* 73–115.

McCullough, M. E. 2008. *Beyond revenge: The evolution of the forgiveness instinct.* San Francisco: Jossey-Bass.

McEvedy, C., & Jones, R. 1978. *Atlas of world population history.* London: Allen Lane.

McGinn, C. 1993. *Problems in philosophy: The limits of inquiry.* Cambridge, MA: Blackwell.

McGinnis, J. O. 1996. The original constitution and our origins. *Harvard Journal of Law and*

Public Policy, 19, 251–61.

McGinnis, J. O. 1997. The human constitution and constitutive law: A prolegomenon. *Journal of Contemporary Legal Issues, 8*, 211–39.

McKay, C. 1841/1995. *Extraordinary popular delusions and the madness of crowds*. New York: Wiley.

McMahon, D. M. 2001. *Enemies of the Enlightenment: The French counter-Enlightenment and the making of modernity*. New York: Oxford University Press.

McMahon, D. M. 2006. *Happiness: A history*. New York: Grove/Atlantic.

McNally, R. J. 2016. The expanding empire of psychopathology: The case of PTSD. *Psychological Inquiry, 27*, 46–49.

McNaughton–Cassill, M. E. 2001. The news media and psychological distress. *Anxiety, Stress, and Coping, 14*, 193–211.

McNaughton–Cassill, M. E., & Smith, T. 2002. My world is OK, but yours is not: Television news, the optimism gap, and stress. *Stress and Health, 18*, 27–33.

Meehl, P. E. 1954/2013. *Clinical versus statistical prediction: A theoretical analysis and a review of the evidence*. Brattleboro, VT: Echo Point Books.

Meeske, A. J., Riley, E. P., Robins, W. P., Uehara, T., Mekalanos, J. J., et al. 2016. SEDS proteins are a widespread family of bacterial cell wall polymerases. *Nature, 537*, 634–38.

Melander, E., Pettersson, T., & Themnér, L. 2016. Organized violence, 1989–2015. *Journal of Peace Research, 53*, 727–42.

Mellers, B. A., Hertwig, R., & Kahneman, D. 2001. Do frequency representations eliminate conjunction effects? An exercise in adversarial collaboration. *Psychological Science, 12*, 269–75.

Mellers, B. A., Ungar, L., Baron, J., Ramos, J., Gurcay, B., et al. 2014. Psychological strategies for winning a geopolitical forecasting tournament. *Psychological Science, 25*, 1106–1115.

Menschenfreund, Y. 2010. The Holocaust and the trial of modernity. *Azure, 39*, 58–83. http://azure.org.il/include/print.php?id=526.

Mercier, H., & Sperber, D. 2011. Why do humans reason? Arguments for an argumentative theory. *Behavioral and Brain Sciences, 34*, 57–111.

Mercier, H., & Sperber, D. 2017. *The enigma of reason*. Cambridge, MA: Harvard University Press.

Merquior, J. G. 1985. *Foucault*. Berkeley: University of California Press.

Merton, R. K. 1942/1973. The normative structure of science. In R. K. Merton, ed.,

The sociology of science: Theoretical and empirical investigations. Chicago: University of Chicago Press.

Meyer, B. D., & Sullivan, J. X. 2011. The material well-being of the poor and middle class since 1980. Washington: American Enterprise Institute.

Meyer, B. D., & Sullivan, J. X. 2012. Winning the war: Poverty from the Great Society to the Great Recession. *Brookings Papers on Economic Activity*, 133–200.

Meyer, B. D., & Sullivan, J. X. 2017a. Consumption and income inequality in the U.S. since the 1960s. NBER Working Paper 23655. https://www3.nd.edu/~jsulliv4/jxs_papers/Inequality6.5.pdf.

Meyer, B. D., & Sullivan, J. X. 2017b. Annual report on U.S. consumption poverty: 2016. http://www.aei.org/publication/annual-report-on-us-consumption-poverty-2016/.

Michel, J.-B., Shen, Y. K., Aiden, A. P., Veres, A., Gray, M. K., The Google Books Team, Pickett, J. P., Hoiberg, D., Clancy, D., Norvig, P., Orwant, J., Pinker, S., Nowak, M., & Lieberman-Aiden, E. 2011. Quantitative analysis of culture using millions of digitized books. *Science, 331*, 176–82.

Milanović, B. 2012. *Global income inequality by the numbers: In history and now — an overview.* Washington: World Bank Development Research Group.

Milanović, B. 2016. *Global inequality: A new approach for the age of globalization.* Cambridge, MA: Harvard University Press.

Miller, M., Azrael, D., & Barber, C. 2012. Suicide mortality in the United States: The importance of attending to method in understanding population-level disparities in the burden of suicide. *Annual Review of Public Health, 33*, 393–408.

Miller, R. A., & Albert, K. 2015. If it leads, it bleeds (and if it bleeds, it leads): Media coverage and fatalities in militarized interstate disputes. *Political Communication, 32*, 61–82.

Miller, T. R., Lawrence, B. A., Carlson, N. N., Hendrie, D., Randall, S., et al. 2016. Perils of police action: A cautionary tale from US data sets. *Injury Prevention.*

Moatsos, M., Baten, J., Foldvari, P., van Leeuwen, B., & van Zanden, J. L. 2014. Income inequality since 1820. In J. van Zanden, J. Baten, M. M. d'Ercole, A. Rijpma, C. Smith, & M. Timmer, eds., *How was life? Global well-being since 1820.* Paris: OECD Publishing.

Mokyr, J. 2012. *The enlightened economy: An economic history of Britain, 1700–1850.* New Haven: Yale University Press.

Mokyr, J. 2014. Secular stagnation? Not in your life. In C. Teulings & R. Baldwin, eds.,

Secular stagnation: Facts, causes and cures. London: Centre for Economic Policy Research.

Montgomery, S. L., & Chirot, D. 2015. *The shape of the new: Four big ideas and how they made the modern world.* Princeton, NJ: Princeton University Press.

Mooney, C. 2005. *The Republican war on science.* New York: Basic Books.

Morewedge, C. K., Yoon, H., Scopelliti, I., Symborski, C. W., Korris, J. H., et al. 2015. Debiasing decisions: Improved decision making with a single training intervention. *Policy Insights from the Behavioral and Brain Sciences, 2,* 129–40.

Morton, O. 2015. *The planet remade: How geoengineering could change the world.* Princeton, NJ: Princeton University Press.

Moss, J. 2005. Could Morton do it today? *University of Chicago Record, 40,* 27–28.

Mozgovoi, A. 2002. Recollections of Vadim Orlov (USSR submarine B–59). *The Cuban Samba of the Quartet of Foxtrots: Soviet submarines in the Caribbean crisis of 1962.* http://nsarchive.gwu.edu/nsa/cuba_mis_cri/020000%20Recollections%20of%20Vadim%20Orlov.pdf.

Mueller, J. 1989. *Retreat from doomsday: The obsolescence of major war.* New York: Basic Books.

Mueller, J. 1999. *Capitalism, democracy, and Ralph's Pretty Good Grocery.* Princeton, NJ: Princeton University Press.

Mueller, J. 2004a. *The remnants of war.* Ithaca, NY: Cornell University Press.

Mueller, J. 2004b. Why isn't there more violence? *Security Studies, 13,* 191–203.

Mueller, J. 2006. *Overblown: How politicians and the terrorism industry inflate national security threats, and why we believe them.* New York: Free Press.

Mueller, J. 2009. War has almost ceased to exist: An assessment. *Political Science Quarterly, 124,* 297–321.

Mueller, J. 2010a. *Atomic obsession: Nuclear alarmism from Hiroshima to Al-Qaeda.* New York: Oxford University Press.

Mueller, J. 2010b. Capitalism, peace, and the historical movement of ideas. *International Interactions, 36,* 169–84.

Mueller, J. 2012. Terror predictions. https://politicalscience.osu.edu/faculty/jmueller/PREDICT.pdf.

Mueller, J. 2014. Did history end? Assessing the Fukuyama thesis. *Political Science Quarterly, 129,* 35–54.

Mueller, J. 2016. Embracing threatlessness: US military spending, Newt Gingrich, and the Costa Rica option. https://politicalscience.osu.edu/faculty/jmueller/

CNArestraintCato16.pdf.

Mueller, J., & Friedman, B. 2014. The cyberskeptics. https://www.cato.org/research /cyberskeptics.

Mueller, J., & Stewart, M. G. 2010. Hardly existential: Thinking rationally about terrorism. *Foreign Affairs*, April 2.

Mueller, J., & Stewart, M. G. 2016a. *Chasing ghosts: The policing of terrorism*. New York: Oxford University Press.

Mueller, J., & Stewart, M. G. 2016b. Conflating terrorism and insurgency. *Lawfare*. https:// www.lawfareblog.com/conflating-terrorism-and-insurgency.

Muggah, R. 2015. Fixing fragile cities. *Foreign Affairs*, Jan. 15.

Muggah, R. 2016. Terrorism is on the rise — but there's a bigger threat we're not talking about. *World Economic Forum Global Agenda*. https://www.weforum.org/agenda/2016/04/ terrorism-is-on-the-rise-but-there-s-a-bigger-threat-we-re-not-talking-about/.

Muggah, R., & Szabo de Carvalho, I. 2016. The end of homicide. *Foreign Affairs*, Sept. 7.

Müller, J.-W. 2016. *What is populism?* Philadelphia: University of Pennsylvania Press.

Müller, V. C., & Bostrom, N. 2014. Future progress in artificial intelligence: A survey of expert opinion. In V. C. Müller, ed., *Fundamental issues of artificial intelligence*. New York: Springer.

Mulligan, C. B., Gil, R., & Sala-i-Martin, X. 2004. Do democracies have different public policies than nondemocracies? *Journal of Economic Perspectives, 18*, 51–74.

Munck, G. L., & Verkuilen, J. 2002. Conceptualizing and measuring democracy: Evaluating alternative indices. *Comparative Political Studies, 35*, 5–34.

Murphy, J. M., Laird, N. M., Monson, R. R., Sobol, A. M., & Leighton, A. H. 2000. A 40-year perspective on the prevalence of depression: The Stirling County study. *Archives of General Psychiatry, 57*, 209–215.

Murphy, J. P. M. 1999. Hitler was *not* an atheist. *Free Inquiry, 19* (2).

Murphy, S. K., Zeng, M., & Herzon, S. B. 2017. A modular and enantioselective synthesis of the pleuromutilin antibiotics. *Science, 356*, 956–59.

Murray, C. 2003. *Human accomplishment: The pursuit of excellence in the arts and sciences, 800 B.C. to 1950*. New York: HarperPerennial.

Murray, C. J. L., et al. (487 coauthors). 2012. Disability-adjusted life years (DALYs) for 291 diseases and injuries in 21 regions, 1990–2010: A systematic analysis for the Global Burden of Disease study 2010. *The Lancet, 380*, 2197–2223.

Musolino, J. 2015. *The soul fallacy: What science shows we gain from letting go of our soul beliefs*.

Amherst, NY: Prometheus Books.

Myhrvold, N. 2014. Commentary on Jaron Lanier's "The myth of AI." *Edge.* https://www. edge.org/conversation/jaron_lanier-the-myth-of-ai#25983.

Naam, R. 2010. Top five reasons "the singularity" is a misnomer. *Humanity+.* http:// hplusmagazine.com/2010/11/11/top-five-reasons-singularity-misnomer/.

Naam, R. 2013. *The infinite resource: The power of ideas on a finite planet.* Lebanon, NH: University Press of New England.

Nadelmann, E. A. 1990. Global prohibition regimes: The evolution of norms in international society. *International Organization, 44,* 479–526.

Nagdy, M., & Roser, M. 2016a. Military spending. *Our World in Data.* https://ourworldindata. org/military-spending/.

Nagdy, M., & Roser, M. 2016b. Optimism and pessimism. *Our World in Data.* https://our worldindata.org/optimism-pessimism/.

Nagdy, M., & Roser, M. 2016c. Projections of future education. *Our World in Data.* https:// ourworldindata.org/projections-of-future-education/.

Nagel, T. 1970. *The possibility of altruism.* Princeton, NJ: Princeton University Press.

Nagel, T. 1974. What is it like to be a bat? *Philosophical Review, 83,* 435–50.

Nagel, T. 1997. *The last word.* New York: Oxford University Press.

Nagel, T. 2012. *Mind and cosmos: Why the materialist neo-Darwinian conception of nature is almost certainly false.* New York: Oxford University Press.

Nash, G. H. 2009. *Reappraising the right: The past and future of American conservatism.* Wilmington, DE: Intercollegiate Studies Institute.

National Assessment of Adult Literacy. (Undated.) Literacy from 1870 to 1979. https://nces. ed.gov/naal/lit_history.asp.

National Center for Health Statistics. 2014. *Health, United States, 2013.* Hyattsville, MD: National Center for Health Statistics.

National Center for Statistics and Analysis. 1995. *Traffic safety facts 1995 — pedestrians.* Washington: National Highway Traffic Safety Administration. https://crashstats.nhtsa. dot.gov/Api /Public/ViewPublication/95F9.

National Center for Statistics and Analysis. 2006. *Pedestrians: 2005 data.* Washington: National Highway Traffic Safety Administration. https://crashstats.nhtsa.dot.gov/Api/ Public/ViewPublication/810624.

National Center for Statistics and Analysis. 2016. *Pedestrians: 2014 data.* Washington:

National Highway Traffic Safety Administration. https://crashstats.nhtsa.dot.gov/Api/ Public/ViewPublication/812270.

National Center for Statistics and Analysis. 2017. *Pedestrians: 2015 data*. Washington: National Highway Traffic Safety Administration. https://crashstats.nhtsa.dot.gov/Api/ Public/Publication/812375.

National Consortium for the Study of Terrorism and Responses to Terrorism. 2016. *Global Terrorism Database*. https://www.start.umd.edu/gtd/.

National Institute on Drug Abuse. 2016. DrugFacts: High school and youth trends. https:// www.drugabuse.gov/publications/drugfacts/high-school-youth-trends.

National Safety Council. 2011. *Injury facts, 2011 edition*. Itasca, IL: National Safety Council.

National Safety Council. 2016. *Injury facts, 2016 edition*. Itasca, IL: National Safety Council.

Nemirow, J., Krasnow, M., Howard, R., & Pinker, S. 2016. Ineffective charitable altruism suggests adaptations for partner choice. Presented at the Annual Meeting of the Human Behavior and Evolution Society, Vancouver.

New York Times. 2016. Election 2016: Exit polls. https://www.nytimes.com/interactive/ 2016/11/08/us/politics/election-exit-polls.html?_r=0.

Newman, M. E. J. 2005. Power laws, Pareto distributions and Zipf's law. *Contemporary Physics, 46*, 323–51.

Nietzsche, F. 1887/2014. *On the genealogy of morals*. New York: Penguin.

Nisbet, R. 1980/2009. *History of the idea of progress*. New Brunswick, NJ: Transaction.

Norberg, J. 2016. *Progress: Ten reasons to look forward to the future*. London: Oneworld.

Nordhaus, T. 2016. Back from the energy future: What decades of failed forecasts say about clean energy and climate change. *Foreign Affairs*, Oct. 18.

Nordhaus, T., & Lovering, J. 2016. Does climate policy matter? Evaluating the efficacy of emissions caps and targets around the world. *The Breakthrough*. http://thebreakthrough. org/issues/Climate-Policy/does-climate-policy-matter.

Nordhaus, T., & Shellenberger, M. 2007. *Break through: From the death of environmentalism to the politics of possibility*. Boston: Houghton Mifflin.

Nordhaus, T., & Shellenberger, M. 2011. The long death of environmentalism. *The Breakthrough*. http://thebreakthrough.org/archive/the_long_death_of_environmenta.

Nordhaus, T., & Shellenberger, M. 2013. How the left came to reject cheap energy for the poor: The great progressive reversal, part two. *The Breakthrough*. http://thebreakthrough. org/index.php/voices/michael-shellenberger-and-ted-nordhaus/the-great-progressive-reversal.

Nordhaus, W. 1974. Resources as a constraint on growth. *American Economic Review, 64*, 22–26.

Nordhaus, W. 1996. Do real-output and real-wage measures capture reality? The history of lighting suggests not. In T. F. Bresnahan & R. J. Gordon, eds., *The economics of new goods*. Chicago: University of Chicago Press.

Nordhaus, W. 2013. *The climate casino: Risk, uncertainty, and economics for a warming world*. New Haven: Yale University Press.

Norenzayan, A. 2015. *Big gods: How religion transformed cooperation and conflict*. Princeton, NJ: Princeton University Press.

Norman, A. 2016. Why we reason: Intention-alignment and the genesis of human rationality. *Biology and Philosophy, 31*, 685–704.

Norris, P., & Inglehart, R. 2016. Populist-authoritarianism. https://www.electoralintegrity project.com/populistauthoritarianism/.

North, D. C., Wallis, J. J., & Weingast, B. R. 2009. *Violence and social orders: A conceptual framework for interpreting recorded human history*. New York: Cambridge University Press.

Norvig, P. 2015. Ask not can machines think, ask how machines fit into the mechanisms we design. *Edge*. https://www.edge.org/response-detail/26055.

Nozick, R. 1974. *Anarchy, state, and utopia*. New York: Basic Books.

Nussbaum, M. 2000. *Women and human development: The capabilities approach*. New York: Cambridge University Press.

Nussbaum, M. 2008. Who is the happy warrior? Philosophy poses questions to psychology. *Journal of Legal Studies, 37*, 81–113.

Nussbaum, M. 2016. *Not for profit: Why democracy needs the humanities* (updated ed.). Princeton, NJ: Princeton University Press.

Nyhan, B. 2013. Building a better correction. *Columbia Journalism Review*, http://archives. cjr.org/united_states_project/building_a_better_correction_nyhan_new_misperception_ research.php.

Ó Gráda, C. 2009. *Famine: A short history*. Princeton, NJ: Princeton University Press.

O'Neill, S., & Nicholson-Cole, S. 2009. "Fear won't do it": Promoting positive engagement with climate change through visual and iconic representations. *Science Communication, 30*, 355–79.

O'Neill, W. L. 1989. *American high: The years of confidence, 1945–1960.* New York: Simon & Schuster.

OECD. 1985. *Social expenditure 1960–1990: Problems of growth and control.* Paris: OECD Publishing.

OECD. 2014. Social expenditure update — social spending is falling in some countries, but in many others it remains at historically high levels. https://www.oecd.org/els/soc/OECD2014-SocialExpenditure_Update19Nov_Rev.pdf.

OECD. 2015a. *Education at a glance 2015: OECD indicators.* Paris: OECD Publishing.

OECD. 2015b. Suicide rates. https://data.oecd.org/healthstat/suicide-rates.htm.

OECD. 2016. Income distribution and poverty. http://stats.oecd.org/Index.aspx?DataSet Code=IDD.

OECD. 2017. Social expenditure: Aggregated data. http://stats.oecd.org/Index.aspx?data setcode=SOCX_AGG.

Oeppen, J., & Vaupel, J. W. 2002. Broken limits to life expectancy. *Science, 296*, 1029–31.

Oesterdiekhoff, G. W. 2015. The nature of "premodern" mind: Tylor, Frazer, Lévy-Bruhl, Evans-Pritchard, Piaget, and beyond. *Anthropos, 110*, 15–25.

Office for National Statistics. 2016. UK environmental accounts: How much material is the UK consuming? https://www.ons.gov.uk/economy/environmentalaccounts/articles/uk environmentalaccountshowmuchmaterialistheukconsuming/ukenvironmentalaccounts howmuchmaterialistheukconsuming.

Office for National Statistics. 2017. Homicide. https://www.ons.gov.uk/peoplepopulation andcommunity/crimeandjustice/compendium/focusonviolentcrimeandsexualoffences/ yearendingmarch2016/homicide.

Ohlander, J. 2010. *The decline of suicide in Sweden, 1950–2000.* Ph.D. dissertation, Pennsylvania State University.

Olfson, M., Druss, B. G., & Marcus, S. C. 2015. Trends in mental health care among children and adolescents. *New England Journal of Medicine, 372*, 2029–38.

Omohundro, S. M. 2008. The basic AI drives. In P. Wang, B. Goertzel, & S. Franklin, eds., *Artificial general intelligence 2008: Proceedings of the first AGI conference.* Amsterdam: IOS Press.

Oreskes, N., & Conway, E. 2010. *Merchants of doubt: How a handful of scientists obscured the* truth on issues from tobacco smoke to global warming. New York: Bloomsbury Press.

Ortiz-Ospina, E., Lee, L., & Roser, M. 2016. Suicide. *Our World in Data*. https://ourworld indata.org/suicide/.

Ortiz-Ospina, E., & Roser, M. 2016a. Child labor. *Our World in Data*. https://ourworldin data.org/child-labor/.

Ortiz-Ospina, E., & Roser, M. 2016b. Public spending. *Our World in Data*. https://our worldindata.org/public-spending/.

Ortiz-Ospina, E., & Roser, M. 2016c. Trust. *Our World in Data*. https://ourworldindata. org/trust/.

Ortiz-Ospina, E., & Roser, M. 2016d. World population growth. *Our World in Data*. https: //ourworldindata.org/world-population-growth/.

Ortiz-Ospina, E., & Roser, M. 2017. Happiness and life satisfaction. *Our World in Data*. https://ourworldindata.org /happiness-and-life-satisfaction/.

Osgood, C. E. 1962. *An alternative to war or surrender*. Urbana: University of Illinois Press.

Otieno, C., Spada, H., & Renkl, A. 2013. Effects of news frames on perceived risk, emotions, and learning. *PLOS ONE, 8*, 1–12.

Otterbein, K. F. 2004. *How war began*. College Station: Texas A&M University Press.

Ottosson, D. 2006. *LGBT world legal wrap up survey*. Brussels: International Lesbian and Gay Association.

Ottosson, D. 2009. *State-sponsored homophobia*. Brussels: International Lesbian, Gay, Bisexual, Trans, and Intersex Association.

Pacala, S., & Socolow, R. 2004. Stabilization wedges: Solving the climate problem for the next 50 years with current technologies. *Science, 305*, 968–72.

Pagden, A. 2013. *The Enlightenment: And why it still matters*. New York: Random House.

Pagel, M. 2015. Machines that can think will do more good than harm. *Edge*. https://www. edge.org/response-detail/26038.

Paine, T. 1778/2016. *Thomas Paine ultimate collection: Political works, philosophical writings, speeches, letters and biography*. Prague: e-artnow.

Papineau, D. 2015. Naturalism. In E. N. Zalta, ed., *Stanford Encyclopedia of Philosophy*. https://plato.stanford.edu/entries/naturalism/.

Parachini, J. 2003. Putting WMD terrorism into perspective. *Washington Quarterly, 26*, 37–50.

Parfit, D. 1997. Equality and priority. *Ratio, 10*, 202–21.

Parfit, D. 2011. *On what matters*. New York: Oxford University Press.

Patel, A. 2008. *Music, language, and the brain*. New York: Oxford University Press.

Patterson, O. 1985. *Slavery and social death*. Cambridge, MA: Harvard University Press.

Paul, G. S. 2009. The chronic dependence of popular religiosity upon dysfunctional psycho sociological conditions. *Evolutionary Psychology, 7*, 398–441.

Paul, G. S. 2014. The health of nations. *Skeptic, 19*, 10–16.

Paul, G. S., & Zuckerman, P. 2007. Why the gods are not winning. *Edge*. https://www.edge. org/conversation/gregory_paul-phil_zuckerman-why-the-gods-are-not-winning.

Payne, J. L. 2004. *A history of force: Exploring the worldwide movement against habits of coercion, bloodshed, and mayhem*. Sandpoint, ID: Lytton Publishing.

Payne, J. L. 2005. The prospects for democracy in high-violence societies. *Independent Review, 9*, 563–72.

PBL Netherlands Environmental Assessment Agency. (Undated.) *History database of the global environment: Population*. http://themasites.pbl.nl/tridion/en/themasites/hyde/ basicdrivingfactors/population/index-2.html.

Pegula, S., & Janocha, J. 2013. Death on the job: Fatal work injuries in 2011. *Beyond the Numbers, 2* (22). http://www.bls.gov/opub/btn/volume-2/death-on-the-job-fatal- work-injuries-in-2011.htm.

Pelham, N. 2016. *Holy lands: Reviving pluralism in the Middle East*. New York: Columbia Global Reports.

Pentland, A. 2007. The human nervous system has come alive. *Edge*. https://www.edge.org/ response-detail/11497.

Perlman, J. E. 1976. *The myth of marginality: Urban poverty and politics in Rio de Janeiro*. Berkeley: University of California Press.

Peterson, M. B. 2015. Evolutionary political psychology: On the origin and structure of heuristics and biases in politics. *Advances in Political Psychology, 36*, 45–78.

Pettersson, T., & Wallensteen, P. 2015. Armed conflicts, 1946–2014. *Journal of Peace Research, 52*, 536–50.

Pew Research Center. 2010. *Gender equality universally embraced, but inequalities acknowledged*. Washington: Pew Research Center.

Pew Research Center. 2012a. *The global religious landscape*. Washington: Pew Research Center.

Pew Research Center. 2012b. *Trends in American values, 1987–2012*. Washington: Pew Research Center.

Pew Research Center. 2012c. *The world's Muslims: Unity and diversity.* Washington: Pew Research Center.

Pew Research Center. 2013. *The world's Muslims: Religion, politics, and society.* Washington: Pew Research Center.

Pew Research Center. 2014. *Political polarization in the American public.* Washington: Pew Research Center.

Pew Research Center. 2015a. *America's changing religious landscape.* Washington: Pew Research Center.

Pew Research Center. 2015b. *Views about climate change, by education and science knowledge.* Washington: Pew Research Center.

Phelps, E. S. 2013. *Mass flourishing: How grassroots innovation created jobs, challenge, and change.* Princeton, NJ: Princeton University Press.

Phillips, J. A. 2014. A changing epidemiology of suicide? The influence of birth cohorts on suicide rates in the United States. *Social Science and Medicine, 114,* 151–60.

Pietschnig, J., & Voracek, M. 2015. One century of global IQ gains: A formal meta-analysis of the Flynn effect (1909–2013). *Perspectives on Psychological Science, 10,* 282–306.

Piketty, T. 2013. *Capital in the twenty-first century.* Cambridge, MA: Harvard University Press.

Pinker, S. 1994/2007. *The language instinct.* New York: HarperCollins.

Pinker, S. 1997/2009. *How the mind works.* New York: Norton.

Pinker, S. 1999/2011. *Words and rules: The ingredients of language.* New York: HarperCollins.

Pinker, S. 2002/2016. *The blank slate: The modern denial of human nature.* New York: Penguin.

Pinker, S. 2005. The evolutionary psychology of religion. *Freethought Today.* https://ffrf.org/about/getting-acquainted/item/13184-the-evolutionary-psychology-of-religion.

Pinker, S. 2006. Preface to "Dangerous idea?" *Edge.* https://www.edge.org/con versation/steven_pinker-preface-to-dangerous-ideas.

Pinker, S. 2007a. *The stuff of thought: Language as a window into human nature.* New York: Penguin.

Pinker, S. 2007b. Toward a consilient study of literature: Review of J. Gottschall & D. S. Wilson's "The literary animal: Evolution and the nature of narrative." *Philosophy and Literature, 31,* 162–78.

Pinker, S. 2008a. The moral instinct. *New York Times Magazine,* January 13.

Pinker, S. 2008b. The stupidity of dignity. *New Republic,* May 28.

Pinker, S. 2010. The cognitive niche: Coevolution of intelligence, sociality, and language. *Proceedings of the National Academy of Sciences, 107,* 8993–99.

Pinker, S. 2011. *The better angels of our nature: Why violence has declined.* New York: Penguin.

Pinker, S. 2012. The false allure of group selection. *Edge.* http://edge.org/conversation/steven_pinker-the-false-allure-of-group-selection.

Pinker, S. 2013a. George A. Miller (1920–2012). *American Psychologist, 68,* 467–68.

Pinker, S. 2013b. Science is not your enemy. *New Republic,* Aug. 6.

Pinker, S., & Wieseltier, L. 2013. Science vs. the humanities, round III. *New Republic,* Sept. 26.

Pinker, Susan. 2014. *The village effect: How face-to-face contact can make us healthier, happier, and smarter.* New York: Spiegel & Grau.

Plomin, R., & Deary, I. J. 2015. Genetics and intelligence differences: Five special findings. *Molecular Psychiatry, 20,* 98–108.

PLOS Medicine Editors. 2013. The paradox of mental health: Over-treatment and under-recognition. *PLOS Medicine, 10,* e1001456.

Plumer, B. 2015. Global warming, explained. Vox. http://www.vox.com/cards/global-warming/what-is-global-warming.

Popper, K. 1945/2013. *The open society and its enemies.* Princeton, NJ: Princeton University Press.

Popper, K. 1983. *Realism and the aim of science.* London: Routledge.

Porter, M. E., Stern, S., & Green, M. 2016. *Social Progress Index 2016.* Washington: Social Progress Imperative.

Porter, R. 2000. *The creation of the modern world: The untold story of the British Enlightenment.* New York: Norton.

Potts, M., & Hayden, T. 2008. *Sex and war: How biology explains warfare and terrorism and offers a path to a safer world.* Dallas, TX: Benbella Books.

Powell, J. L. 2015. Climate scientists virtually unanimous: Anthropogenic global warming is true. *Bulletin of Science, Technology & Society, 35,* 121–24.

Prados de la Escosura, L. 2015. World human development, 1870–2007. *Review of Income and Wealth, 61,* 220–47.

Pratto, F., Sidanius, J., & Levin, S. 2006. Social dominance theory and the dynamics of intergroup relations: Taking stock and looking forward. *European Review of Social Psychology, 17,* 271–320.

Preble, C. 2004. *John F. Kennedy and the missile gap*. DeKalb: Northern Illinois University Press.

Price, R. G. 2006. The mis-portrayal of Darwin as a racist. *RationalRevolution.net*. http://www.rationalrevolution.net/articles/darwin_nazism.htm.

Proctor, B. D., Semega, J. L., & Kollar, M. A. 2016. *Income and poverty in the United States: 2015*. Washington: United States Census Bureau. http://www.census.gov/content/dam/Census/library/publications/2016/demo/p60-256.pdf.

Proctor, R. N. 1988. *Racial hygiene: Medicine under the Nazis*. Cambridge, MA: Harvard University Press.

Pronin, E., Lin, D. Y., & Ross, L. 2002. The bias blind spot: Perceptions of bias in self versus others. *Personality and Social Psychology Bulletin, 28*, 369–81.

Pryor, F. L. 2007. Are Muslim countries less democratic? *Middle East Quarterly, 14*, 53–58.

Publius Decius Mus (Michael Anton). 2016. The flight 93 election. *Claremont Review of Books Digital*. http://www.claremont.org/crb/basicpage/the-flight-93-election/.

Putnam, R. D., & Campbell, D. E. 2010. *American grace: How religion divides and unites us*. New York: Simon & Schuster.

Quarantelli, E. L. 2008. Conventional beliefs and counterintuitive realities. *Social Research, 75*, 873–904.

Rachels, J., & Rachels, S. 2010. *The elements of moral philosophy*. Columbus, OH: McGraw-Hill.

Radelet, S. 2015. *The great surge: The ascent of the developing world*. New York: Simon & Schuster.

Railton, P. 1986. Moral realism. *Philosophical Review, 95*, 163–207.

Randle, M., & Eckersley, R. 2015. Public perceptions of future threats to humanity and different societal responses: A cross-national study. *Futures, 72*, 4–16.

Rawcliffe, C. 1998. *Medicine and society in later medieval England*. Stroud, UK: Sutton.

Rawls, J. 1976. *A theory of justice*. Cambridge, MA: Harvard University Press.

Ray, J. L. 1989. The abolition of slavery and the end of international war. *International Organization, 43*, 405–39.

Redlawsk, D. P., Civettini, A. J. W., & Emmerson, K. M. 2010. The affective tipping point: Do motivated reasoners ever "get it"? *Political Psychology, 31*, 563–93.

Reese, B. 2013. *Infinite progress: How the internet and technology will end ignorance, disease, poverty, hunger, and war*. Austin, TX: Greenleaf Book Group Press.

Reverby, S. M., ed. 2000. *Tuskegee's truths: Rethinking the Tuskegee syphilis study.* Chapel Hill: University of North Carolina Press.

Rhodes, R. 2010. *The twilight of the bombs.* New York: Knopf.

Rice, J. W., Olson, J. K., & Colbert, J. T. 2011. University evolution education: The effect of evolution instruction on biology majors' content knowledge, attitude toward evolution, and theistic position. *Evolution: Education and Outreach, 4,* 137–44.

Richards, R. J. 2013. *Was Hitler a Darwinian? Disputed questions in the history of evolutionary theory.* Chicago: University of Chicago Press.

Rid, T. 2012. Cyber war will not take place. *Journal of Strategic Studies, 35,* 5–32.

Ridley, M. 2000. *Genome: The autobiography of a species in 23 chapters.* New York: HarperCollins.

Ridley, M. 2010. *The rational optimist: How prosperity evolves.* New York: HarperCollins.

Ridout, T. N., Grosse, A. C., & Appleton, A. M. 2008. News media use and Americans' perceptions of global threat. *British Journal of Political Science, 38,* 575–93.

Rijpma, A. 2014. A composite view of well-being since 1820. In J. van Zanden, J. Baten, M. M. d'Ercole, A. Rijpma, C. Smith, & M. Timmer, eds., *How was life? Global well-being since 1820.* Paris: OECD Publishing.

Riley, J. C. 2005. Estimates of regional and global life expectancy, 1800–2001. *Population and Development Review, 31,* 537–43.

Rindermann, H. 2008. Relevance of education and intelligence for the political development of nations: Democracy, rule of law and political liberty. *Intelligence, 36,* 306–22.

Rindermann, H. 2012. Intellectual classes, technological progress and economic development: The rise of cognitive capitalism. *Personality and Individual Differences, 53,* 108–13.

Risso, M. I. 2014. Intentional homicides in São Paulo city: A new perspective. *Stability: International Journal of Security & Development, 3,* art. 19.

Ritchie, H., & Roser, M. 2017. CO_2 and other greenhouse gas emissions. *Our World in Data.* https://ourworldindata.org/co2-and-other-greenhouse-gas-emissions/.

Ritchie, S. 2015. *Intelligence: All that matters.* London: Hodder & Stoughton.

Ritchie, S., Bates, T. C., & Deary, I. J. 2015. Is education associated with improvements in general cognitive ability, or in specific skills? *Developmental Psychology, 51,* 573–82.

Rizvi, A. A. 2016. *The atheist Muslim: A journey from religion to reason.* New York: St. Martin's Press.

Robinson, F. S. 2009. *The case for rational optimism.* New Brunswick, NJ: Transaction.

Robinson, J. 2013. Americans less rushed but no happier: 1965–2010 trends in subjective time and happiness. *Social Indicators Research, 113*, 1091–1104.

Robock, A., & Toon, O. B. 2012. Self-assured destruction: The climate impacts of nuclear war. *Bulletin of the Atomic Scientists, 68*, 66–74.

Romer, P. 2016. Conditional optimism about progress and climate. *Paul Romer.net*. https://paulromer.net/conditional-optimism-about-progress-and-climate/.

Romer, P., & Nelson, R. R. 1996. Science, economic growth, and public policy. In B. L. R. Smith & C. E. Barfield, eds., *Technology, R&D, and the economy*. Washington: Brookings Institution.

Roos, J. M. 2014. Measuring science or religion? A measurement analysis of the National Science Foundation sponsored Science Literacy Scale, 2006–2010. *Public Understanding of Science, 23*, 797–813.

Ropeik, D., & Gray, G. 2002. *Risk: A practical guide for deciding what's really safe and what's really dangerous in the world around you*. Boston: Houghton Mifflin.

Rose, S. J. 2016. *The growing size and incomes of the upper middle class*. Washington: Urban Institute.

Rosen, J. 2016. Here's how the world could end — and what we can do about it. *Science*. http://www.sciencemag.org/news/2016/07/here-s-how-world-could-end-and-what-we-can-do-about-it.

Rosenberg, N., & Birdzell, L. E., Jr. 1986. *How the West grew rich: The economic transformation of the industrial world*. New York: Basic Books.

Rosenthal, B. G. 2002. *New myth, new world: From Nietzsche to Stalinism*. University Park: Penn State University Press.

Roser, M. 2016a. Child mortality. *Our World in Data*. https://ourworldindata.org/child-mortality/.

Roser, M. 2016b. Democracy. *Our World in Data*. https://ourworldindata.org/democracy/.

Roser, M. 2016c. Economic growth. *Our World in Data*. https://ourworldindata.org/economic-growth/.

Roser, M. 2016d. Food per person. *Our World in Data*. https://ourworldindata.org/food-per-person/.

Roser, M. 2016e. Food prices. *Our World in Data*. https://ourworldindata.org/food-prices/.

Roser, M. 2016f. Forests. *Our World in Data*. https://ourworldindata.org/forests.

Roser, M. 2016g. Global economic inequality. *Our World In Data*. https://ourworldindata.org/

global-economic-inequality/.

Roser, M. 2016h. Human Development Index (HDI). *Our World in Data*. https://ourworldin data.org/human-development-index/.

Roser, M. 2016i. Human rights. *Our World in Data*. https://ourworldindata.org/human-rights/.

Roser, M. 2016j. Hunger and undernourishment. *Our World in Data*. https://ourworldindata.org/hunger-and-undernourishment/.

Roser, M. 2016k. Income inequality. *Our World in Data*. https://ourworldindata.org/income-inequality/.

Roser, M. 2016l. Indoor air pollution. *Our World in Data*. https://ourworldindata.org/indoor-air-pollution/.

Roser, M. 2016m. Land use in agriculture. *Our World in Data*. https://ourworldindata.org/yields-and-land-use-in-agriculture.

Roser, M. 2016n. Life expectancy. *Our World in Data*. https://ourworldindata.org/life-expectancy/.

Roser, M. 2016o. Light. *Our World in Data*. https://ourworldindata.org/light/.

Roser, M. 2016p. Maternal mortality. *Our World in Data*. https://ourworldindata.org/maternal-mortality/.

Roser, M. 2016q. Natural catastrophes. *Our World in Data*. https://ourworldindata.org/natural-catastrophes/.

Roser, M. 2016r. Oil spills. *Our World in Data*. https://ourworldindata.org/oil-spills/.

Roser, M. 2016s. Treatment of minorities. *Our World in Data*. https://ourworldindata.org/treatment-of-minorities/.

Roser, M. 2016t. Working hours. *Our World in Data*. https://ourworldindata.org/working-hours/.

Roser, M. 2016u. Yields. *Our World in Data*. https://ourworldindata.org/yields/.

Roser, M., & Ortiz-Ospina, E. 2016a. Global rise of education. *Our World in Data*. https://our worldindata.org/global-rise-of-education/.

Roser, M., & Ortiz-Ospina, E. 2016b. Literacy. *Our World in Data*. https://ourworldindata.org/literacy/.

Roser, M., & Ortiz-Ospina, E. 2017. Global extreme poverty. *Our World in Data*. https://ourworldindata.org/extreme-poverty/.

Roser, M. & Ortiz-Ospina, E. 2018. Primary and secondary education. *Our World in Data*.

https://ourworldindata.org/primary-and-secondary-education.

Roth, R. 2009. *American homicide.* Cambridge, MA: Harvard University Press.

Rozenblit, L., & Keil, F. C. 2002. The misunderstood limits of folk science: An illusion of explanatory depth. *Cognitive Science, 26,* 521–62.

Rozin, P., & Royzman, E. B. 2001. Negativity bias, negativity dominance, and contagion. *Personality and Social Psychology Review, 5,* 296–320.

Ruddiman, W. F., Fuller, D. Q., Kutzbach, J. E., Tzedakis, P. C., Kaplan, J. O., et al. 2016. Late Holocene climate: Natural or anthropogenic? *Reviews of Geophysics, 54,* 93–118.

Rummel, R. J. 1994. *Death by government.* New Brunswick, NJ: Transaction.

Rummel, R. J. 1997. *Statistics of democide.* New Brunswick, NJ: Transaction.

Russell, B. 1945/1972. *A history of Western philosophy.* New York: Simon & Schuster.

Russell, S. 2015. Will they make us better people? *Edge.* https://www.edge.org/response-detail/26157.

Russett, B. 2010. Capitalism *or* democracy? Not so fast. *International Interactions, 36,* 198–205.

Russett, B., & Oneal, J. 2001. *Triangulating peace: Democracy, interdependence, and international organizations.* New York: Norton.

Sacerdote, B. 2017. *Fifty years of growth in American consumption, income, and wages.* Cambridge, MA: National Bureau of Economic Research. http://www.nber.org/papers/w23292.

Sacks, D. W., Stevenson, B., & Wolfers, J. 2012. *The new stylized facts about income and subjective well-being.* Bonn: IZA Institute for the Study of Labor.

Sagan, S. D. 2009a. The case for No First Use. *Survival, 51,* 163–82.

Sagan, S. D. 2009b. The global nuclear future. *Bulletin of the American Academy of Arts and Sciences, 62,* 21–23.

Sagan, S. D. 2009c. Shared responsibilities for nuclear disarmament. *Daedalus, 138,* 157–68.

Sagan, S. D. 2010. Nuclear programs with sources. Center for International Security and Cooperation, Stanford University.

Sage, J. C. 2010. *Birth cohort changes in anxiety from 1993–2006: A cross-temporal meta-analysis.* Master's thesis, San Diego State University, San Diego.

Sanchez, D. L., Nelson, J. H., Johnston, J. C., Mileva, A., & Kammen, D. M. 2015. Biomass enables the transition to a carbon-negative power system across western North America.

Nature Climate Change, 5, 230 – 34.

Sandman, P. M., & Valenti, J. M. 1986. Scared stiff — or scared into action. *Bulletin of the Atomic Scientists, 42*, 12-16.

Satel, S. L. 2000. *PC, M.D.: How political correctness is corrupting medicine*. New York: Basic Books.

Satel, S. L. 2010. The limits of bioethics. *Policy Review*, Feb. & March.

Satel, S. L. 2017. Taking on the scourge of opioids. *National Affairs*, Summer, 1 – 19.

Saunders, P. 2010. *Beware false prophets: Equality, the good society and the spirit level*. London: Policy Exchange.

Savulescu, J. 2015. Bioethics: Why philosophy is essential for progress. *Journal of Medical Ethics, 41*, 28 – 33.

Sayer, L. C., Bianchi, S. M., & Robinson, J. P. 2004. Are parents investing less in children? Trends in mothers' and fathers' time with children. *American Journal of Sociology, 110*, 1 – 43.

Sayre-McCord, G. 1988. *Essays on moral realism*. Ithaca, NY: Cornell University Press.

Sayre-McCord, G. 2015. Moral realism. In E. N. Zalta, ed., *Stanford Encyclopedia of Philosophy*. https://plato.stanford.edu/entries/moral-realism/.

Schank, R. C. 2015. Machines that think are in the movies. *Edge*. https://www.edge.org/response-detail/26037.

Scheidel, W. 2017. *The great leveler: Violence and the history of inequality from the Stone Age to the twenty-first century*. Princeton, NJ: Princeton University Press.

Schelling, T. C. 1960. *The strategy of conflict*. Cambridge, MA: Harvard University Press.

Schelling, T. C. 2009. A world without nuclear weapons? *Daedalus, 138*, 124 – 29.

Schlosser, E. 2013. *Command and control: Nuclear weapons, the Damascus accident, and the illusion of safety*. New York: Penguin.

Schneider, C. E. 2015. *The censor's hand: The misregulation of human-subject research*. Cambridge, MA: MIT Press.

Schneider, G., & Gleditsch, N. P. 2010. The capitalist peace: The origins and prospects of a liberal idea. *International Interactions, 36*, 107 – 14.

Schneier, B. 2008. *Schneier on security*. New York: Wiley.

Schrag, D. 2009. Coal as a low-carbon fuel? *Nature Geoscience, 2*, 818 – 20.

Schrag, Z. M. 2010. *Ethical imperialism: Institutional review boards and the social sciences, 1965–2009*. Baltimore: Johns Hopkins University Press.

Schrauf, R. W., & Sanchez, J. 2004. The preponderance of negative emotion words in the emotion lexicon: A cross-generational and cross-linguistic study. *Journal of Multilingual and Multicultural Development, 25*, 266–84.

Schuck, P. H. 2015. *Why government fails so often: And how it can do better.* Princeton, NJ: Princeton University Press.

Scoblic, J. P. 2010. What are nukes good for? *New Republic*, April 7.

Scott, J. C. 1998. *Seeing like a state: How certain schemes to improve the human condition failed.* New Haven: Yale University Press.

Scott, R. A. 2010. *Miracle cures: Saints, pilgrimage, and the healing powers of belief.* Berkeley: University of California Press.

Sechser, T. S., & Fuhrmann, M. 2017. *Nuclear weapons and coercive diplomacy.* New York: Cambridge University Press.

Sehu, Y., Chen, L.-H., & Hedegaard, H. 2015. Death rates from unintentional falls among adults aged ≥ 65 years, by sex — United States, 2000–2013. *CDC Morbidity and Mortality Weekly Report, 64*, 450.

Seiple, I. B., Zhang, Z., Jakubec, P., Langlois-Mercier, A., Wright, P. M., et al. 2016. A platform for the discovery of new macrolide antibiotics. *Nature, 533*, 338–45.

Semega, J. L., Fontenot, K. R., & Kollar, M. A. 2017. Income and poverty in the United States: 2016. Washington: United States Census Bureau. https://www.census.gov/library/publications/2017/demo/p60-259.html.

Sen, A. 1984. *Poverty and famines: An essay on entitlement and deprivation.* New York: Oxford University Press.

Sen, A. 1987. *On ethics and economics.* Oxford: Blackwell.

Sen, A. 1999. *Development as freedom.* New York: Knopf.

Sen, A. 2000. East and West: The reach of reason. *New York Review of Books*, July 20.

Sen, A. 2005. *The argumentative Indian: Writings on Indian history, culture and identity.* New York: Farrar, Straus & Giroux.

Sen, A. 2009. *The idea of justice.* Cambridge, MA: Harvard University Press.

Service, R. F. 2017. Fossil power, guilt free. *Science, 356*, 796–99.

Sesardić, N. 2016. *When reason goes on holiday: Philosophers in politics.* New York: Encounter.

Sheehan, J. J. 2008. *Where have all the soldiers gone? The transformation of modern Europe.* Boston: Houghton Mifflin.

Shellenberger, M. 2017. Nuclear technology, innovation and economics. *Environmental*

Progress. http://www.environmentalprogress.org/nuclear-technology-innovation-economics/.

Shellenberger, M., & Nordhaus, T. 2013. Has there been a great progressive reversal? How the left abandoned cheap electricity. AlterNet. https://www.alternet.org/environment/how-progressives-abandoned-cheap-electricity.

Shermer, M., ed. 2002. *The Skeptic Encyclopedia of Pseudoscience* (vols. 1 and 2). Denver: ABC-CLIO.

Shermer, M. 2015. *The moral arc: How science and reason lead humanity toward truth, justice, and freedom*. New York: Henry Holt.

Shermer, M. 2018. *Heavens on earth: The scientific search for the afterlife, immortality, and utopia*. New York: Henry Holt.

Shields, J. A., & Dunn, J. M. 2016. *Passing on the right: Conservative professors in the progressive university*. New York: Oxford University Press.

Shtulman, A. 2006. Qualitative differences between naive and scientific theories of evolution. *Cognitive Psychology, 52*, 170–94.

Shweder, R. A. 2004. Tuskegee re-examined. *Spiked*. http://www.spiked-online.com/newsite/article/14972#.WUdPYOvysYM.

Sidanius, J., & Pratto, F. 1999. *Social dominance*. New York: Cambridge University Press.

Siebens, J. 2013. *Extended measures of well-being: Living conditions in the United States, 2011*. Washington: US Census Bureau. https://www.census.gov/prod/2013pubs/p70-136.pdf.

Siegel, R., Naishadham, D., & Jemal, A. 2012. Cancer statistics, 2012. *CA: A Cancer Journal for Clinicians, 62*, 10–29.

Sikkink, K. 2017. *Evidence for hope: Making human rights work in the 21st century*. Princeton, NJ: Princeton University Press.

Silver, N. 2015. *The signal and the noise: Why so many predictions fail — but some don't*. New York: Penguin.

Simon, J. 1981. *The ultimate resource*. Princeton, NJ: Princeton University Press.

Singer, P. 1981/2011. *The expanding circle: Ethics and sociobiology*. Princeton, NJ: Princeton University Press.

Singer, P. 2010. *The life you can save: How to do your part to end world poverty*. New York: Random House.

Singh, J. P., Grann, M., & Fazel, S. 2011. A comparative study of violence risk assessment tools: A systematic review and metaregression analysis of 68 studies involving 25,980 participants. *Clinical Psychology Review, 31,* 499–513.

Slingerland, E. 2008. *What science offers the humanities: Integrating body and culture.* New York: Cambridge University Press.

Sloman, S., & Fernbach, P. 2017. *The knowledge illusion: Why we never think alone.* New York: Penguin.

Slovic, P. 1987. Perception of risk. *Science, 236,* 280–85.

Slovic, P., Fischhoff, B., & Lichtensteinn, S. 1982. Facts versus fears: Understanding perceived risk. In D. Kahneman, P. Slovic, & A. Tversky, eds., *Judgment under uncertainty: Heuristics and biases.* New York: Cambridge University Press.

Smart, J. J. C., & Williams, B. 1973. *Utilitarianism: For and against.* New York: Cambridge University Press.

Smith, A. 1776/2009. *The wealth of nations.* New York: Classic House Books.

Smith, E. A., Hill, K., Marlowe, F., Nolin, D., Wiessner, P., et al. 2010. Wealth transmission and inequality among hunter-gatherers. *Current Anthropology, 51,* 19–34.

Smith, H. L. 2008. Advances in age-period-cohort analysis. *Sociological Methods and Research, 36,* 287–96.

Smith, T. W., Son, J., & Schapiro, B. 2015. *General Social Survey final report: Trends in psychological well-being, 1972–2014.* Chicago: National Opinion Research Center at the University of Chicago.

Snow, C. P. 1959/1998. *The two cultures.* New York: Cambridge University Press.

Snow, C. P. 1961. The moral un-neutrality of science. *Science, 133,* 256–59.

Snowdon, C. 2010. *The spirit level delusion: Fact-checking the left's new theory of everything.* Ripon, UK: Little Dice.

Snowdon, C. 2016. *The Spirit Level Delusion* (blog). http://spiritleveldelusion.blogspot.co.uk/.

Snyder, T. D., ed. 1993. *120 years of American education: A statistical portrait.* Washington: National Center for Education Statistics.

Somin, I. 2016. *Democracy and political ignorance: Why smaller government is smarter* (2nd ed.). Stanford, CA: Stanford University Press.

Sowell, T. 1980. *Knowledge and decisions.* New York: Basic Books.

Sowell, T. 1987. *A conflict of visions: Ideological origins of political struggles.* New York: Quill.

Sowell, T. 1994. *Race and culture: A world view.* New York: Basic Books.

Sowell, T. 1995. *The vision of the anointed: Self-congratulation as a basis for social policy*. New York: Basic Books.

Sowell, T. 1996. *Migrations and cultures: A world view*. New York: Basic Books.

Sowell, T. 1998. *Conquests and cultures: An international history*. New York: Basic Books.

Sowell, T. 2010. *Intellectuals and society*. New York: Basic Books.

Sowell, T. 2015. *Wealth, poverty, and politics: An international perspective*. New York: Basic Books.

Spagat, M. 2015. Is the risk of war declining? *Sense About Science USA*. http://www.senseabout scienceusa.org/is-the-risk-of-war-declining/.

Spagat, M. 2017. Pinker versus Taleb: A non-deadly quarrel over the decline of violence. http://personal.rhul.ac.uk/uhte/014/York%20talk%20Spagat.pdf.

Stansell, C. 2010. *The feminist promise: 1792 to the present*. New York: Modern Library.

Stanton, S. J., Beehner, J. C., Saini, E. K., Kuhn, C. M., & LaBar, K. S. 2009. Dominance, politics, and physiology: Voters' testosterone changes on the night of the 2008 United States presidential election. *PLOS ONE, 4*, e7543.

Starmans, C., Sheskin, M., & Bloom, P. 2017. Why people prefer unequal societies. *Nature Human Behavior, 1*, 1–7.

Statistics Times. 2015. List of European countries by population (2015). http://statisticstimes. com/population/european-countries-by-population.php.

Steigmann-Gall, R. 2003. *The Holy Reich: Nazi conceptions of Christianity, 1919–1945*. New York: Cambridge University Press.

Stein, G., ed. 1996. *The Encyclopedia of the Paranormal*. Amherst, NY: Prometheus Books.

Stenger, V. J. 2011. *The fallacy of fine-tuning: Why the universe is not designed for us*. Amherst, NY: Prometheus Books.

Stephens-Davidowitz, S. 2014. The cost of racial animus on a black candidate: Evidence using Google search data. *Journal of Public Economics, 118*, 26–40.

Stephens-Davidowitz, S. 2017. *Everybody lies: Big data, new data, and what the internet reveals about who we really are*. New York: HarperCollins.

Stern, D. 2014. The environmental Kuznets curve: A primer. Centre for Climate Economics and Policy, Crawford School of Public Policy, Australian National University.

Sternhell, Z. 2010. *The anti-Enlightenment tradition*. New Haven: Yale University Press.

Stevens, J. A., & Rudd, R. A. 2014. Circumstances and contributing causes of fall deaths among persons aged 65 and older: United States, 2010. *Journal of the American Geriatrics*

Society, 62, 470–75.

Stevenson, B., & Wolfers, J. 2008a. Economic growth and subjective well-being: Reassessing the Easterlin paradox. *Brookings Papers on Economic Activity*, Spring, 1–87.

Stevenson, B., & Wolfers, J. 2008b. Happiness inequality in the United States. *Journal of Legal Studies, 37*, S33–S79.

Stevenson, B., & Wolfers, J. 2009. The paradox of declining female happiness. *American Economic Journal: Economic Policy, 1*, 190–225.

Stevenson, L., & Haberman, D. L. 1998. *Ten theories of human nature*. New York: Oxford University Press.

Stokes, B. 2007. *Happiness is increasing in many countries — but why?* Washington: Pew Reseach Center. http://www.pewglobal.org/2007/07/24/happiness-is-increasing-in-many-countries-but-why/#rich-and-happy.

Stork, N. E. 2010. Re-assessing current extinction rates. *Biodiversity and Conservation, 19*, 357–71.

Stuermer, M., & Schwerhoff, G. 2016. Non-renewable resources, extraction technology, and endogenous growth. National Bureau of Economic Research. https://paulromer.net/wp-content/uploads/2016/07/Stuermer-Schwerhoff-160716.pdf.

Suckling, K., Mehrhof, L. A., Beam, R., & Hartl, B. 2016. *A wild success: A systematic review of bird recovery under the Endangered Species Act*. Tucson, AZ: Center for Biological Diversity. http://www.esasuccess.org/pdfs/WildSuccess.pdf.

Summers, L. H. 2014a. The inequality puzzle. *Democracy: A Journal of Ideas, 33*.

Summers, L. H. 2014b. Reflections on the "new secular stagnation hypothesis." In C. Teulings & R. Baldwin, eds., *Secular stagnation: Facts, causes and cures*. London: Centre for Economic Policy Research.

Summers, L. H. 2016. The age of secular stagnation. *Foreign Affairs*, Feb. 15.

Summers, L. H., & Balls, E. 2015. *Report of the Commission on Inclusive Prosperity*. Washington: Center for American Progress.

Sunstein, C. R. 2013. *Simpler: The future of government*. New York: Simon & Schuster.

Sutherland, R. 2016. *The dematerialization of consumption*. Edge. https://www.edge.org/response-detail/26750.

Sutherland, S. 1992. *Irrationality: The enemy within*. London: Penguin.

Sutin, A. R., Terracciano, A., Milaneschi, Y., An, Y., Ferrucci, L., et al. 2013. The effect of birth cohort on well-being: The legacy of economic hard times. *Psychological Science, 24*,

379‑85.

Taber, C. S., & Lodge, M. 2006. Motivated skepticism in the evaluation of political beliefs. *American Journal of Political Science, 50,* 755‑69.

Tannenwald, N. 2005. Stigmatizing the bomb: Origins of the nuclear taboo. *International Security, 29,* 5‑49.

Taylor, P. 2016a. *The next America: Boomers, millennials, and the looming generational showdown.* Washington: PublicAffairs.

Taylor, P. 2016b. *The demographic trends shaping American politics in 2016 and beyond.* Washington: Pew Research Center.

Tebeau, M. 2016. Accidents. *Encyclopedia of Children and Childhood in History and Society.* http://www.faqs.org/childhood/A‑Ar/Accidents.html.

Tegmark, M. 2003. Parallel universes. *Scientific American, 288,* 41‑51.

Teixeira, R., Halpin, J., Barreto, M., & Pantoja, A. 2013. *Building an all-in nation: A view from the American public.* Washington: Center for American Progress.

Terracciano, A. 2010. Secular trends and personality: Perspectives from longitudinal and cross‑cultural studies — commentary on Trzesniewski & Donnellan (2010). *Perspectives on Psychological Science, 5,* 93‑96.

Terry, Q. C. 2008. *Golden Rules and Silver Rules of humanity: Universal wisdom of civilization.* Berkeley: AuthorHouse.

Tetlock, P. E. 2002. Social functionalist frameworks for judgment and choice: Intuitive politicians, theologians, and prosecutors. *Psychological Review, 109,* 451‑71.

Tetlock, P. E. 2015. All it takes to improve forecasting is keep score. Paper presented at the Seminars About Long‑Term Thinking, San Francisco. http://longnow.org/seminars/02015/nov/23/superforecasting/.

Tetlock, P. E., & Gardner, D. 2015. *Superforecasting: The art and science of prediction.* New York: Crown.

Tetlock, P. E., Mellers, B. A., & Scoblic, J. P. 2017. Bringing probability judgments into policy debates via forecasting tournaments. *Science, 355,* 481‑83.

Teulings, C., & Baldwin, R., eds. 2014. *Secular stagnation: Facts, causes and cures.* London: Centre for Economic Policy Research.

Thomas, C. D. 2017. *Inheritors of the Earth: How nature is thriving in an age of extinction.* New York: PublicAffairs.

Thomas, K. A., DeScioli, P., Haque, O. S., & Pinker, S. 2014. The psychology of coordination and common knowledge. *Journal of Personality and Social Psychology, 107,* 657–76.

Thomas, K. A., DeScioli, P., & Pinker, S. 2018. Common knowledge, coordination, and the logic of self-conscious emotions. Department of Psychology, Harvard University.

Thomas, K. H., & Gunnell, D. 2010. Suicide in England and Wales 1861–2007: A time trends analysis. *International Journal of Epidemiology, 39,* 1464–75.

Thompson, D. 2013. How airline ticket prices fell 50% in 30 years (and why nobody noticed). *The Atlantic,* Feb. 28.

Thyne, C. L. 2006. ABC's, 123's, and the Golden Rule: The pacifying effect of education on civil war, 1980–1999. *International Studies Quarterly, 50,* 733–54.

Toniolo, G., & Vecchi, G. 2007. Italian children at work, 1881–1961. *Giornale degli Economisti e Annali di Economia, 66,* 401–27.

Tooby, J. 2015. The iron law of intelligence. *Edge.* https://www.edge.org/response-detail/26197.

Tooby, J. 2017. Coalitional instincts. *Edge.* https://www.edge.org/response-detail/27168.

Tooby, J., Cosmides, L., & Barrett, H. C. 2003. The second law of thermodynamics is the first law of psychology: Evolutionary developmental psychology and the theory of tandem, coordinated inheritances. *Psychological Bulletin, 129,* 858–65.

Tooby, J., & DeVore, I. 1987. The reconstruction of hominid behavioral evolution through strategic modeling. In W. G. Kinzey, ed., *The evolution of human behavior: Primate models.* Albany, NY: SUNY Press.

Topol, E. 2012. *The creative destruction of medicine: How the digital revolution will create better health care.* New York: Basic Books.

Trivers, R. L. 2002. *Natural selection and social theory: Selected papers of Robert Trivers.* New York: Oxford University Press.

Trzesniewski, K. H., & Donnellan, M. B. 2010. Rethinking "generation me": A study of cohort effects from 1976–2006. Perspectives on Psychological Science, 5, 58–75.

Tupy, M. L. 2016. We work less, have more leisure time and earn more money. *HumanProgress.* http://humanprogress.org/blog/we-work-less-have-more-leisure-time-and-earn-more-money.

Tversky, A., & Kahneman, D. 1973. Availability: A heuristic for judging frequency and probability. *Cognitive Psychology, 4,* 207–32.

Twenge, J. M. 2000. The age of anxiety? The birth cohort change in anxiety and neuroticism, 1952–1993. *Journal of Personality and Social Psychology 79,* 1007–21.

Twenge, J. M. 2015. Time period and birth cohort differences in depressive symptoms in the

U.S., 1982–2013. *Social Indicators Research, 121*, 437–54.

Twenge, J. M., Campbell, W. K., & Carter, N. T. 2014. Declines in trust in others and confidence in institutions among American adults and late adolescents, 1972–2012. *Psychological Science, 25*, 1914–23.

Twenge, J. M., Gentile, B., DeWall, C. N., Ma, D., Lacefield, K., et al. 2010. Birth cohort increases in psychopathology among young Americans, 1938–2007: A cross-temporal meta-analysis of the MMPI. *Clinical Psychology Review, 30*, 145–54.

Twenge, J. M., & Nolen-Hoeksema, S. 2002. Age, gender, race, socioeconomic status, and birth cohort differences on the children's depression inventory: A meta-analysis. *Journal of Abnormal Psychology, 111*, 578–88.

Twenge, J. M., Sherman, R. A., & Lyubomirsky, S. 2016. More happiness for young people and less for mature adults: Time period differences in subjective well-being in the United States, 1972–2014. *Social Psychological and Personality Science, 7*, 131–41.

ul Haq, M. 1996. *Reflections on human development.* New York: Oxford University Press.

UNAIDS: Joint United Nations Program on HIV /AIDS. 2016. *Fast-track: Ending the AIDS epidemic by 2030.* Geneva: UNAIDS.

Union of Concerned Scientists. 2015a. Close calls with nuclear weapons. http://www.ucsusa.org/sites/default/files/attach/2015/04/Close%20Calls%20with%20Nuclear%20Weapons.pdf.

Union of Concerned Scientists. 2015b. Leaders urge taking weapons off hair-trigger alert. http://www.ucsusa.org/nuclear-weapons/hair-trigger-alert/leaders#WUXs6evysYN.

United Nations. 1948. Universal Declaration of Human Rights. http://www.un.org/en/universal-declaration-human-rights/index.html.

United Nations. 2015a. *The Millennium Development Goals Report 2015.* New York: United Nations.

United Nations. 2015b. Millennium Development Goals, goal 3: Promote gender equality and empower women. http://www.un.org/millenniumgoals/gender.shtml.

United Nations Children's Fund. 2014. *Female genital mutilation /cutting: What might the future hold?* New York: UNICEF.

United Nations Development Programme. 2003. *Arab Human Development Report 2002: Creating opportunities for future generations.* New York: Oxford University Press.

United Nations Development Programme. 2011. *Human Development Report 2011.* New York: United Nations.

United Nations Development Programme. 2016. Human Development Index (HDI). http://hdr.undp.org/en/content/human-development-index-hdi.

United Nations Economic and Social Council. 2014. World crime trends and emerging issues and responses in the field of crime prevention and criminal justice. https://www.unodc.org/documents/data-and-analysis/statistics/crime/ECN.1520145_EN.pdf.

United Nations Food and Agriculture Organization. 2012. *State of the world's forests 2012.* Rome: FAO.

United Nations Food and Agriculture Organization. 2014. *The state of food insecurity in the world.* Rome: FAO.

United Nations Office for Disarmament Affairs. (Undated.) Treaty on the non-proliferation of nuclear weapons (NPT). https://www.un.org/disarmament/wmd/nuclear/npt/text.

United Nations Office of the High Commissioner for Human Rights. 1966. International covenant on economic, social and cultural rights. http://www.ohchr.org/en/Professional Interest/Pages/CESCR.aspx.

United Nations Office on Drugs and Crime. 2013. Global study on homicide. https://www.unodc.org/gsh/en/data.html.

United Nations Office on Drugs and Crime. 2014. *Global study on homicide 2013.* Vienna: United Nations.

United States Census Bureau. 2016. Educational attainment in the United States, 2015. https://www.census.gov/content/dam/Census/library/publications/2016/demo/p20-578.pdf.

United States Census Bureau. 2017. Population and housing unit estimates. https://www.census.gov/programs-surveys/popest/data.html.

United States Department of Defense. 2016. Stockpile numbers, end of fiscal years 1962-2015. http://open.defense.gov/Portals/23/Documents/frddwg/2015_Tables_UNCLASS.pdf.

United States Department of Labor. 2016. Women in the labor force. https://www.dol.gov/wb/stats/NEWSTATS/facts.htm.

United States Environmental Protection Agency. 2016. Air quality — national summary. https://www.epa.gov/air-trends/air-quality-national-summary.

Unz, D., Schwab, F., & Winterhoff-Spurk, P. 2008. TV news — the daily horror? Emotional effects of violent television news. *Journal of Media Psychology, 20,* 141-55.

Uppsala Conflict Data Program. 2017. UCDP datasets. http://ucdp.uu.se/downloads/.

van Bavel, B., & Rijpma, A. 2016. How important were formalized charity and social spending before the rise of the welfare state? A long-run analysis of selected Western European cases, 1400–1850. *Economic History Review, 69*, 159–87.

van Leeuwen, B., & van Leeuwen-Li, J. 2014. Education since 1820. In J. van Zanden, J. Baten, M. M. d'Ercole, A. Rijpma, C. Smith, & M. Timmer, eds., *How was life? Global well-being since 1820.* Paris: OECD Publishing.

van Zanden, J., Baten, J., d'Ercole, M. M., Rijpma, A., Smith, C., & Timmer, M., eds. 2014. *How was life? Global well-being since 1820.* Paris: OECD Publishing.

Värnik, P. 2012. Suicide in the world. *International Journal of Environmental Research and Public Health, 9*, 760–71.

Veenhoven, R. 2010. Life is getting better: Societal evolution and fit with human nature. *Social Indicators Research 97*, 105–22.

Veenhoven, R. (Undated.) World Database of Happiness. http://worlddatabaseofhappiness. eur.nl/.

Verhulst, B., Eaves, L., & Hatemi, P. K. 2016. Erratum to "Correlation not causation: The relationship between personality traits and political ideologies." *American Journal of Political Science, 60*, E3–E4.

Voas, D., & Chaves, M. 2016. Is the United States a counterexample to the secularization thesis? *American Journal of Sociology, 121*, 1517–56.

Walther, B. A., & Ewald, P. W. 2004. Pathogen survival in the external environment and the evolution of virulence. *Biological Review, 79*, 849–69.

Watson, W. 2015. *The inequality trap: Fighting capitalism instead of poverty.* Toronto: University of Toronto Press.

Weaver, C. L. 1987. Support of the elderly before the Depression: Individual and collective arrangements. *Cato Journal, 7*, 503–25.

Welch, D. A., & Blight, J. G. 1987–88. The eleventh hour of the Cuban Missile Crisis: An introduction to the ExComm transcripts. *International Security, 12*, 5–29.

Welzel, C. 2013. *Freedom rising: Human empowerment and the quest for emancipation.* New York: Cambridge University Press.

Whaples, R. 2005. Child labor in the United States. In R. Whaples, ed., *EH.net Encyclopedia.* http://eh.net/encyclopedia/child-labor-in-the-united-states/.

White, M. 2011. *Atrocities: The 100 deadliest episodes in human history.* New York: Norton.

Whitman, D. 1998. *The optimism gap: The I'm OK — They're Not syndrome and the myth of*

American decline. New York: Bloomsbury USA.

Wieseltier, L. 2013. Crimes against humanities. *New Republic*, Sept. 3.

Wilkinson, R., & Pickett, K. 2009. *The spirit level: Why more equal societies almost always do better*. London: Allen Lane.

Wilkinson, W. 2016a. Revitalizing liberalism in the age of Brexit and Trump. *Niskanen Center Blog*. https://niskanencenter.org/blog/revitalizing-liberalism-age-brexit-trump/.

Wilkinson, W. 2016b. What if we can't make government smaller? *Niskanen Center Blog*. https://niskanencenter.org/blog/cant-make-government-smaller/.

Williams, J. H., Haley, B., Kahrl, F., Moore, J., Jones, A. D., et al. 2014. *Pathways to deep decarbonization in the United States* (rev. ed.). San Francisco: Institute for Sustainable Development and International Relations.

Willingham, D. T. 2007. Critical thinking: Why is it so hard to teach? *American Educator*, Summer, 8–19.

Willnat, L., & Weaver, D. H. 2014. *The American journalist in the digital age*. Bloomington: Indiana University School of Journalism.

Wilson, E. O. 1998. *Consilience: The unity of knowledge*. New York: Knopf.

Wilson, M., & Daly, M. 1992. The man who mistook his wife for a chattel. In J. H. Barkow, L. Cosmides, & J. Tooby, eds., *The adapted mind: Evolutionary psychology and the generation of culture*. New York: Oxford University Press.

Wilson, W. 2007. The winning weapon? Rethinking nuclear weapons in light of Hiroshima. *International Security, 31*, 162–79.

WIN-Gallup International. 2012. Global Index of Religiosity and Atheism. https://sidmennt.is/wp-content/uploads/Gallup-International-um-tr%C3%BA-og-tr%C3%BAleysi-2012.pdf.

Winship, S. 2013. Overstating the costs of inequality. *National Affairs*, Spring.

Wolf, M. 2007. *Proust and the squid: The story and science of the reading brain*. New York: HarperCollins.

Wolin, R. 2004. *The seduction of unreason: The intellectual romance with fascism from Nietzsche to postmodernism*. Princeton, NJ: Princeton University Press.

Wood, G. 2017. *The way of the strangers: Encounters with the Islamic State*. New York: Random House.

Woodley, M. A., te Nijenhuis, J., & Murphy, R. 2013. Were the Victorians cleverer than us? The decline in general intelligence estimated from a meta-analysis of the slowing of simple reaction time. *Intelligence, 41*, 843–50.

Woodward, B., Shurkin, J., & Gordon, D. 2009. *Scientists greater than Einstein: The biggest lifesavers of the twentieth century*. Fresno, CA: Quill Driver.

Woolf, A. F. 2017. The New START treaty: Central limits and key provisions. Washington: CongressionalResearch Service. https://fas.org/sgp/crs/nuke/R41219.pdf.

Wootton, D. 2015. *The invention of science: A new history of the Scientific Revolution*. New York: Harper-Collins.

World Bank. 2012a. *Turn down the heat: Why a 4°C warmer world must be avoided*. Washington: World Bank.

World Bank. 2012b. *World Development Report 2013: Jobs*. Washington: World Bank.

World Bank. 2016a. Adult literacy rate, population 15+ years, both sexes (%). http://data. worldbank.org/indicator/SE.ADT.LITR.ZS.

World Bank. 2016b. Air transport, passengers carried. http://data.worldbank.org/indicator/ IS.AIR.PSGR.

World Bank. 2016c. GDP per capita growth (annual %). http://data.worldbank.org/ indicator/NY.GDP.PCAP.KD.ZG.

World Bank. 2016d. Gini index (World Bank estimate). http://data.worldbank.org/ indicator/SI.POV.GINI?locations=US.

World Bank. 2016e. International tourism, number of arrivals. http://data.worldbank.org/ indicator/ST.INT.ARVL.

World Bank. 2016f. Literacy rate, youth (ages 15–24), gender parity index (GPI). http:// data.worldbank.org/indicator /SE.ADT.1524.LT.FM.ZS.

World Bank. 2016g. PovcalNet: An online analysis tool for global poverty monitoring. http://iresearch.worldbank.org/PovcalNet /home.aspx.

World Bank. 2016h. Terrestrial protected areas (% of total land area). http://data.worldbank. org/indicator/ER.LND.PTLD.ZS.

World Bank. 2016i. Youth literacy rate, population 15–24 years, both sexes (%). http://data. worldbank.org/indicator /SE.ADT.1524.LT.ZS.

World Bank. 2017. World development indicators: Deforestation and biodiversity. http:// wdi.worldbank.org/table/3.4.

World Health Organization. 2014. *Injuries and violence: The facts 2014*. Geneva: World Health Organization. http://www.who.int/violence_injury_prevention/media/news/2015/

Injury_violence_facts_2014/en/.

World Health Organization. 2015a. European Health for All database (HFA-DB). https://gateway.euro.who.int/en/datasets/european-health-for-all-database/.

World Health Organization. 2015b. *Global technical strategy for malaria, 2016–2030.* Geneva: World Health Organization. http://apps.who.int/iris/bitstream/10665/176712/1/9789241564991_eng.pdf?ua=1&ua=1.

World Health Organization. 2015c. *Trends in maternal mortality, 1990 to 2015.* Geneva: World Health Organization. http://apps.who.int/iris/bitstream/10665/194254/1/9789241565141_eng.pdf?ua=1.

World Health Organization. 2016a. Global Health Observatory (GHO) data. http://www.who.int/gho/mortality_burden_disease /life_tables/situation_trends/en/.

World Health Organization. 2016b. A research and development blueprint for action to prevent epidemics. http://www.who.int/blueprint/en/.

World Health Organization. 2016c. Road safety: Estimated number of road traffic deaths, 2013. http://gamapserver.who.int/gho/interactive_charts/road_safety/road_traffic_deaths/atlas.html.

World Health Organization. 2016d. Suicide. http://www.who.int/mediacentre/factsheets/fs398/en/.

World Health Organization. 2017a. European health information gateway: Deaths (#), all causes. https://gateway.euro.who.int/en/indicators/hfamdb-indicators/hfamdb_98-deaths-all-causes/.

World Health Organization. 2017b. Suicide rates, crude: Data by country. http://apps.who.int/gho/data/node.main.MHSUICIDE?lang=en.

World Health Organization. 2017c. The top 10 causes of death. http://www.who.int/mediacentre/factsheets/fs310/en/.

Wrangham, R. W. 2009. *Catching fire: How cooking made us human.* New York: Basic Books.

Wrangham, R. W., & Glowacki, L. 2012. Intergroup aggression in chimpanzees and war in nomadic hunter-gatherers. *Human Nature, 23,* 5–29.

Young, O. R. 2011. Effectiveness of international environmental regimes: Existing knowledge, cutting-edge themes, and research strategies. *Proceedings of the National Academy of Sciences, 108,* 19853–60.

Yudkowsky, E. 2008. Artificial intelligence as a positive and negative factor in global risk. In N. Bostrom & M. Ćirković, eds., *Global catastrophic risks.* New York: Oxford University

Press.

Zelizer, V. A. 1985. *Pricing the priceless child: The changing social value of children*. New York: Basic Books.

Zimring, F. E. 2007. *The Great American Crime Decline*. New York: Oxford University Press.

Zuckerman, P. 2007. Atheism: Contemporary numbers and patterns. In M. Martin, ed., *The Cambridge Companion to Atheism*. New York: Cambridge University Press.

계몽이라는 오래된 미래

1.

2021년 여름. 빈발하는 이상 기후, 끝없이 이어지는 코로나 신규 확진, 악명 높은 탈레반의 재집권, 급변하는 경제 상황, 갈수록 커지는 빈부 격차. 이 크고 지독한 위협 앞에서 비관주의는 손쉬운 위로를 준다. 인류의 미래, 지구의 미래에 대한 암울한 전망. 일단 비관주의를 채택하고 나면 왠지 모르게 마음이 편해진다. 매일 쏟아지는 불길한 뉴스가 모두 내 편이 되고 유리한 증거가 된다. 불길한 전망을 뒤엎고 반증을 찾느라 정신적인 노력을 기울이지 않아도 된다. 당혹과 괴로움도 줄어든다. 그러니 비관적인 시각, 절망의 예감이 차라리 현명하지 않을까?

17세기 네덜란드. 바뤼흐 스피노자는 한편으로는 유태교의 핵심 정의에 정면으로 도전하고, 다른 한편으로는 철학의 태만을 경고했다. 그가 보기에, 우리 인간의 본성은 두 방향으로 나아간다. 관능(본성)은 우리를 시간에 매인 편파적인 견해로 끌어당긴다. 하지만 우리에게는 합리적 지성이 있다. 모든 존재 중 유일하게 우리에게는 이성이 있어 편협한 관점을 극복하고 말 그대로 '영원한 전체'에 참여할 수 있다. 뒤집어 얘기하면 관능, 감각, 개인의 경험, 비합리성에 얽매인 사람은 철학, 즉 총체적이고 합리적인 사고에 태만한 사람이다.

스피노자는 우리가 이러한 철학적 관점을 통해 편협함, 무지, 슬픔,

수치에서 벗어나 순수한 자유에 도달할 수 있다고 보았다. 행복하기 위해서는 우주의 행복에 우리의 의지를 일치시킬 필요가 있다. 우주의 계획에서 벗어나기보다는 그것을 이해하는 것이 우리의 일이다. 자유로운 사람은 우리가 필연성에서 벗어날 수 없음을 의식하는 사람이다. 그러한 사람은 "진실로 영원한 정신의 만족을 소유하는" 자라고 말했다. 이렇듯 필연성을 볼 줄 아는 이성은 그에게 (그리고 계몽 시대 이후 많은 사람에게) 자유로운 삶의 토대였다. (알랭 드 보통, 『위대한 사상가』(김한영, 오윤성 옮김, 와이즈베리, 2017년)에서 일부 인용) 그의 "사과나무"는 (영원하지는 않겠지만 인간이 존재하는 한) 영속하는 정신 세계와 그 세계에 참여하는 개인을 상징하는 멋진 메타포였다. 그로부터 350년이 지난 오늘날 필연성을 볼 줄 아는 이성은 우리에게 지속 가능성과 인류의 생존을 떠받치는 토대가 되었다.

2.

포스트모더니티라는 경향이 역사적 실체로서 엄연히 존재하는 시대에 스티븐 핑커가 "지금 다시, 계몽"을 외치고 있다. 혹자는 우리가 어떻게 300년 전으로 돌아갈 수 있느냐며 의아해한다. 심지어 철학자인 내 친구는 "말도 안 되는 소리"라고 일축한다. 옮긴이도 그와 비슷한 의문을 내내 가지고 이 책을 번역했다. 21세기에 핑커는 과연 계몽의 무엇을 소환하고, 무엇을 위해 계몽을 외치는 것일까?

한마디로 핑커가 부활시켜 옹호하고자 하는 것은 부제에도 나와 있듯이 이성, 과학, 휴머니즘, 진보, 그리고 그것에 대한 믿음이다. 그렇다면 이런 사상과 가치를 부인하거나 거부하는 흐름은 무엇일까? 대중 과학의 스타로서 핑커와 어깨를 견주는 생물학자 리처드 도킨스는 종교와 전근대적 사고에 칼을 겨누는 반면, 핑커는 보다 현대적인 전선에서 이성적 사고와 휴머니즘, 그리고 진보를 옹호하는 일에 화력을 집중한다.

『빈 서판』에서 핑커는 학계에 만연한 표준 사회 과학 모형(standard social science model, SSSM)에 집중 포화를 날렸다면, 이 책에서는 1960년대부터 시작된 포스트모더니즘의 잔재에 돌직구를 던진다.

포스트모더니티는 '근대후' 정신으로, 테크놀로지의 발달과 맞물려 통일성과 총체성과 질서보다는 현실의 파편성과 비결정성과 불확실성을 받아들이고, 탈중심과 다양성을 중시하는 시대 정신을 말한다. 또한 서구 중심의 지배 문화가 아닌 주변부 피지배 문화를 새롭게 보고, 귀족 문화보다 대중 문화가, 경직된 절대주의보다는 유연한 상대주의가, 엘리트주의보다는 대중주의가, 그리고 순수 문화보다는 잡종 문화가 더 각광 받는 시대의 정신을 일컫는다.

이렇듯 포스트모더니티가 엄존하는 역사적 조건을 뜻한다면, 포스트모더니즘은 모더니즘에 대한 반발로 시작된 일종의 문화 예술 사조를 가리키거나, 더 크게는 1960년에 일어난 문화 운동이자 정치, 경제, 사회의 모든 영역과 관련된 한 시대의 이념을 가리킨다. 이 운동은 미국과 프랑스를 중심으로 학생 운동, 여성 운동, 흑인 민권 운동, 제3세계 운동 등의 사회 운동과 전위 예술, 그리고 해체(deconstruction), 혹은 후기 구조주의 사상에서 시작되었다.

세계 대전으로 폐허가 된 세계, 특히 초라해질 대로 초라해진 인간 정신을 가리키면서 지식인들은 그것이 계몽 사상과 이성, 그리고 근대성의 필연적 산물이라고 외쳤다. 이름만 들어도 알 수 있는 유명한 지식인들, 아도르노, 푸코, 바우만, 데리다 등이 그들이다. 이들의 사상은 인류에게 반성을 촉구했다는 면에서는 긍정적이었지만, 핑커가 보기에는 목욕물과 함께 아기까지 버리는 셈이었다. 핑커의 논리는 간단하다. 자전거 바퀴가 펑크 났다고 해서 바퀴 그 자체가 잘못된 것은 아니다. 이성과 과학이 전쟁의 피해를 확대하는 데 나름 역할을 한 것은 사실이지만 그것 때문에 전쟁이 일어난 것은 아니며, 우리는 전쟁을 줄이거나 없애는 데에도 이성과 과학을 이용할 수 있고, 실제로 그렇게 활용해 왔다. 이 책에 인용된 수많은 통계가 그 사실을 굳게 뒷받침한다.

3

본성인가 양육인가? 옮긴이는 2004년에 매트 리들리의 『본성과 양육』(김영사)을 번역했다. 제목을 정할 때 『본성 대 양육』으로 하면 어떻겠냐는 의견이 있었지만, 책의 취지와 달리 두 말이 대립하는 듯하여 『본성과 양육』으로 정했다. 하지만 그것도 부족하기는 마찬가지였다. 원서의 제목은 『양육을 통한 본성(*Nature via Nurture*)』이었기 때문이다. 이제라도 바꿀 수 있다면 춤을 추고 싶은 심정이다.

운동 선수의 자녀가 잘 성장해 올림픽 같은 큰 대회에서 메달을 따면 우리는 당연히 "유전자" 이야기를 하거나 듣는다. 그 순간 우리의 신체와 신체적 능력은 정말 유전자가 다인 듯 느껴진다. 생김새는 물론이고 신장, 체격, 체형, 심지어 질병(가족력)까지 유전적 요인으로 설명이 된다. 우리 시대에 '좋은 유전자'는 부동산 다음으로 부모가 물려줄 수 있는 최고의 유산이다. 그러한 현상을 접할 때마다 매트 리들리의 한국어판 제목을 되돌리고 싶은 생각이 간절해진다.

하지만 우리의 행동, 사고, 감정, 심리는 어떠한가? 본성은 몇 퍼센트, 양육은 몇 퍼센트로 가를 수 있을까? 더구나 우리가 본성이라고 지칭하는 성향들의 스펙트럼도 대단히 넓고 다채롭다. (스펙트럼보다는 2차원이나 3차원으로 확장한 매트릭스에 더 가까워 보인다.) 예를 들어, 모아 애착이나 성 사회성 같은 본성의 강도는 매우 높고, 공격성이나 협동심 같은 본성의 강도는 양육을 통해 충분히 조절될 정도로 강도가 약해 보인다. 그러니 획일적으로 몇 퍼센트라 판정하기는 불가능하며, 수치상 1부터 100까지 다양할 것이다. 게다가 많은 본성(혹은 본성의 많은 측면)이 결정적 발달 시기에 얽매여 있고, 그로 인해 생애 주기에 따라 다르게 나타난다. 이 다양한 본성을 어떻게 관리하는가가 바로 양육, 교육, 문화의 출발점이자 제도적 성과물일 것이다. 사실 인류의 역사는 각 시대와 사회적 환경에 적합한 본성을 살리고 적합하지 않은 본성은 억제해 온 과정이라 해도 과언이 아닐 것이다.

본성은 본성이기 때문에(!) 옳다는 생각을 본성주의적 오류(naturalist falacy)라 한다. 인간은 본성의 지배를 받는다는 생각이나, 본성과 양육을 대립시키는 관점도 그에 버금가는 오류일 것이다. 이 대목에서 매트 리들리의 중요한 가르침이 떠오른다. "양육을 통한 본성"이라는 제목을 다시 풀어 얘기하면, "애초에 본성에 없는 것은 양육되지 않는다."가 될 것이다.

핑커의 이성론도 본성을 고찰하는 데서 출발했지만(『언어 본능』), 인류의 위기 앞에서 그는 결국 우리에게 적합하지 않은 본성을 극복해야 한다는 문제 의식에 이르렀다. 그리고 우리에게는 그것과 싸울 수 있는 무기가 있다고 외친다. 지금 우리를 있게 한, 소중한 이성, 과학, 그리고 휴머니즘이 우리 손에 있다고.

옮긴이 김한영

찾아보기

옮긴이 **김한영**

서울 대학교 미학과를 졸업하고 서울 예술 대학교에서 문예 창작을 공부했다. 그 후 오랫동안 전문 번역가로 활동하며 문학과 예술의 곁자리를 지키고 있다. 스티븐 핑커의 『빈 서판』, 『단어와 규칙』, 『언어 본능』, 칼 세이건의 『에필로그』와 함께 『젊은 아인슈타인의 초상』, 『진화 심리학 핸드북』, 『헨리 데이비스 소로 평전』 등을 우리말로 옮겼다. 제45회 한국 백상 출판 문화상 번역 부문을 수상했다.

사이언스 클래식 37

지금 다시 계몽

1판 1쇄 펴냄 2021년 8월 30일
1판 3쇄 펴냄 2022년 12월 31일

지은이 스티븐 핑커
옮긴이 김한영
펴낸이 박상준
펴낸곳 (주)사이언스북스

출판등록 1997. 3. 24.(제16-1444호)
(06027) 서울시 강남구 도산대로1길 62
대표전화 515-2000, 팩시밀리 515-2007
편집부 517-4263, 팩시밀리 514-2329
www.sciencebooks.co.kr

한국어판 ⓒ (주)사이언스북스, 2021. Printed in Seoul, Korea.

ISBN 979-11-91187-29-8 03400